제11판

철근콘크리트

신현묵 · 이재훈 공저

REINFORCED CONCRETE

東明社

저자소개

신현묵(申鉉默)
서울공대 전문부 토목과 졸업
공학박사(영남대학교)
전 서울시립농업대학(현 서울시립대학교) 교수
전 성균관대학교 교수
한국콘크리트학회 2대 회장
토목구조기술사, 토목시공기술사

이재훈(李在訓)
서울대학교 공과대학 토목공학과 졸업
공학박사(University of Wisconsin–Madison)
삼성건설(주) 과장 근무
영남대학교 교수
한국콘크리트학회 13대 부회장
토목구조기술사, 미국 PE

철근콘크리트 개정11판

초판 1쇄 발행 1984년 2월 25일
개정11판 7쇄 발행 2023년 2월 10일

지은이 신현묵, 이재훈
펴낸이 최국주
펴낸곳 동명사
출판등록 1950년 11월 1일(제1–76호)
주소 (우 10881) 경기도 파주시 회동길 50(문발동)
전화 031–955–7200(대표)~2, 7203(편집부), 7204(물류)
팩스 031–955–7205
전자우편 webmaster@dmsbook.com
홈페이지 www.dmsbook.com

ISBN 978–89–411–8115–6 93530
값 36,000원

머리말 — 제10판에 즈음하여 —

1984년 초판을 발행한 이래 어언 20여년이 흘렀습니다. 그동안 졸저(拙著)를 이용해 주신 여러분께 깊은 감사를 드리는 동시에, 새삼 막중한 책임을 통감하고 있습니다.

콘크리트 구조물의 설계와 시공의 기본이 되는 '콘크리트 구조설계기준' 및 '콘크리트 표준시방서'가 토목분야와 건축분야를 통합한 새로운 모습으로 1999년 개정출간 된 바 있음은 주지하시는 바와 같으며, 이어 2003년 개정에 있어서는 전면적으로 SI단위계를 채택하는 큰 변화가 있었고, 그 후 4년이 지난 2007년 10월에는 중요한 의미를 가지는 개정이 이루어진 새로운 '콘크리트 구조설계기준'이 출간되기에 이르렀습니다.

금번 개정내용 중 크게 달라졌고 또 중요하다고 생각되는 것으로는

(1) 하중계수와 하중조합 및 강도감소계수

(2) 인장철근의 순 인장변형률에 따른 강도감소계수 ϕ의 변화

(3) 인장철근의 순 인장변형률에 따른 인장지배 단면과 압축지배 단면의 구분

(4) 균열의 제어 및 부록 V의 균열의 검증

(5) 부록 Ⅲ의 스트럿-타이 모델

등을 들 수 있습니다.

이에 금번 개정된 설계기준에 따라 본서를 수정 보완하면서 개정내용을 알기 쉽게 반영하도록 노력하였습니다.

일찍이 졸저에 관심을 가지고 유익한 조언을 아끼지 않으신 아주대학교 한만엽 교수, 영남대학교 이재훈 교수께 깊이 감사드리며, 금번 개정된 설계기준에 따라 '기둥강도 상관도'를 작성해주어 부록에 실을 수 있도록 도와주신 이재훈 교수께 거듭 사의를 표하는 바입니다.

끝으로 번거로운 수정작업에 노고를 아끼지 않으신 동명사 편집부 여러분께 깊이 감사드립니다.

2007년 11월 15일

신 현 묵

머리말 – 제11판에 즈음하여 –

1984년 초판을 발행한 이래 어언 30년이 흘렀습니다. 그동안 졸저(拙著)를 이용해주신 여러분께 깊은 감사를 드리는 동시에, 새삼 막중한 책임을 통감하고 있습니다.

1980년대 초까지 허용응력설계법을 사용하던 우리나라 콘크리트 구조물의 설계기준은 1980년 초중반부터 강도설계법을 근간으로 한 미국의 설계기준을 참조하여 개정되어 왔습니다. 그러나 2000년대부터 설계기준에 우리나라의 콘크리트 구조특성을 반영하려는 노력이 지속되고 많은 연구 성과가 축적되어, 2010년부터 콘크리트 구조물의 설계기준에 많은 변화가 생겼습니다.

2010년 도로교설계기준과 2011년 철도설계기준(노반편)의 내진설계기준에는 중약진 지진지역에 적합한 연성도설계법이 추가로 채택되었고, 2012년에 초판이 제정된 도로교설계기준 한계상태설계법에는 우리나라의 재료특성이 반영된 전통적 개념의 콘크리트 구조물 한계상태설계법이 채택되었습니다. 또 2012년에 개정된 콘크리트구조기준은 미국의 강도설계법 설계기준과 유사하지만, 우리나라의 재료특성과 구조특성을 고려한 연구 성과가 반영되어 새로운 내용이 많이 포함되었습니다.

이와 같은 최근의 변화를 반영하여, 이번 11판의 개정에서는 다음의 내용이 보강되었습니다.

• 재료 특성

고강도 철근의 개발에 따른 KS 표준과 설계기준의 개정 현황을 자세히 다루었고, 설계기준의 최대 설계기준항복강도의 제한 내용과 배경, 철근의 마디 형상에 따른 철근의 성능, 내진용 철근의 성능 조건 및 KS 표준의 제정 등 철근에 관한 최근의 변화를 소개하였습니다. 또 콘크리트의 탄성계수 계산법에 대한 설계기준의 개정내용과 경량콘크리트를 사용한 철근콘크리트 구조의 전단강도와 정착길이 산정 방법의 개정 내용을 반영하였습니다. 부록 C의 균형철근비, 최대 및 최소 철근비, 정착길이 표에는 고강도 재료를 포함하여 내용을 보강하였습니다.

• 설계법

설계법의 역사 및 개념에 대한 기술을 보완하였고, 특히 한계상태설계법과 강도설계법의 차이를 이해할 수 있도록, 3장(역학적 성질)과 4장(설계법과 안전성), 그리고 15장(극한해석과 한계상태설계)에서 변형률 한계상태와 설계를 위한 구조해석에서의 차이점 등을 중심으로 설명을 추가하였으며, 특히 15장(극한해석과 한계상태설계) 15.6절에 도로교설계기준 한계상태설계법(2012)에 따른 휨설계 내용을 추가 설명하였습니다.

• 하중조합과 하중계수

콘크리트구조기준(2012)의 하중조합 개정내용을 반영하여 기술하였고, 흙 등의 자중에 의한 연직방향 하중의 보정계수를 도입한 배경과 적용결과를 자세히 기술하였습니다.

• 전단 이론 및 설계 모델

강도설계법에 따른 보의 전단설계는 6장(전단과 비틀림)에서 다루어 전단마찰설계 등 콘크리트구조기준(2012)의 개정내용을 반영하였고, 뚫림전단(punching shear)은 10장(슬래브)에서 새로 개정된 콘크리트구조기준(2012)의 뚫림전단강도 기준과 도로교설계기준(2010)의 뚫림전단강도 기준을 설명하였으며, 11장(확대기초)의 예제를 통하여 이 두 기준에 따른 뚫림전단 설계강도의 차이를 비교하였습니다. 또 체계적으로 전단 이론을 이해할 수 있도록 6.8절과 부록 B에서 변각트러스 기본모델, ACI의 45도 트러스 모델, Eurocode와 도로교설계기준 한계상태설계법(2012)의 변각트러스 설계모델, AASHTO-LRFD와 캐나다 설계기준의 수정압축장 이론, 콘크리트구조기준(2012)의 스트럿-타이 모델을 다루었습니다.

• 철근의 정착

정착성능 검토방법의 이론적 배경과 설계기준의 적용방법을 보강하여 기술하였고,

고강도 철근의 적용에 따른 제한 사항과 경량콘크리트의 적용에 따른 정착길이 산정법 등 콘크리트구조기준(2012)의 개정 내용과 개정 배경을 기술하였습니다.

- 균열의 검증

인장철근의 간격으로 균열을 검증하는 방법에 대한 콘크리트구조기준(2012)의 개정 내용과 개정 배경을 기술하였고, 설계 균열폭을 계산하고 허용균열폭과 비교 검토하는 콘크리트구조기준(2012) 부록 III의 균열 검증 기준의 이론적 배경을 대폭 보완하였으며, 평균 균열간격 및 평균 변형률의 개정 내용과 개정 배경을 자세히 기술함과 동시에 예제를 통하여 이를 이해할 수 있도록 하였습니다.

- 기둥의 설계 및 장주의 해석과 설계

기둥의 설계에 있어서 축방향 철근의 상세와 횡방향 철근의 상세에 대하여 내용을 보강하였으며, 장주의 해석방법, 즉 비선형 2차 해석, 탄성 2차 해석, 모멘트확대계수법을 이용한 해석에 대한 자세한 설명을 추가 보완하였고, 장주 설계에 대한 콘크리트구조기준(2012)의 개정 내용과 개정 배경을 기술하였습니다.

- 교량설계

교량에 대해서는 13장(교량)에서 구조물 설계법에 따른 도로교설계기준의 역사 및 변천사를 기술하여 도로교설계기준(2010)과 도로교설계기준 한계상태설계법(2012)의 기본 설계개념을 설명하였고, 철도교설계기준의 체계 및 내용을 추가 보완하였습니다. 또 가로보와 중간격벽을 명확히 구분할 수 있도록 13.6절에 설명을 보충하였고, 수축·온도철근과 배력철근을 명확히 구분할 수 있도록 10장(슬래브) 10.4절에 설명을 보충하는 등 구조상세에 대한 설명을 추가 보완하였습니다.

- 내진설계

구조물 내진설계의 목적과 개념, 지진하중의 결정 방법 등 지진공학 및 내진설계의 기본 내용을 16장(내진설계)에 추가 보완하였으며, 콘크리트 구조물 내진설계에서의 철근의 요구 성능 등 주요 항목을 추가 기술하였습니다. 교량의 내진설계를 기술한 16.4절에서는 그 외의 추가사항으로 힘 기반 설계(force-based design), 변위 기반 설계(displacement-based design), 연성도 내진설계(ductility-based design)의 개념을 설명하였고, 지진에 의한 교량의 파괴 유형, 교량의 성능보장설계(capacity design) 개념 및 설계방법, 교량의 설계응답스펙트럼과 콘크리트 교량의 내진설계에 적용하여야 하는 중요 설계항목 및 적용 방법과 내진 철근 상세에 대하여 설명을 추가 보완하였습니다.

이러한 11판의 개정 내용으로 독자들이 철근콘크리트를 더 쉽게 이해하게 되기를 기대합니다. 끝으로 번거로운 수정작업에 노고를 아끼지 않으신 동명사 편집부 여러분께 깊이 감사드립니다.

2013년 1월 25일

저 자

차 례

차 례

차 례

제11장 확대기초 • 372

차 례

차 례

차 례

| 부록 | · 591

철근콘크리트

제1장 서 론

1.1 철근콘크리트의 정의

오래 전에는 집이나 다리 같은 구조물을 대개 나무(木材)나 돌(石材)로 만들었다. 그러나 근래에 이르러 재료가 발달함에 따라 교량이나 건물 등 대부분의 구조물을 강재(鋼材)나 콘크리트로 만들고 있다. 강재는 인장강도와 압축강도가 거의 같고, 또 강도가 크기 때문에 어떤 구조부재라도 강재만으로 만들 수 있다. 예를 들면 그림 1-1과 같은 단순보를 강재로 만들 경우, 강재의 휨압축강도와 휨인장강도가 같으므로 잘 견디어낸다. 그러나 이 보를 콘크리트만으로 만들었을 경우는 그렇지 못하다. 콘크리트는 압축에는 강하지만 인장에는 매우 약하기 때문이다. 콘크리트의 인장강도는 압축강도의 1/9~1/13 정도이고, 휨인장강도는 휨압축강도의 1/5~1/7 정도로 작다. 그러므로 그림 1-1의 보를 콘크리트만으로 만들었을 경우 콘크리트의 휨압축강도가 그 능력을 발휘하기 전에 인장 측에 균열이 일어나서 보로서의 구실을 다하지 못한다. 이러한 콘크리트 보의 인장 측에 그림 1-1과 같이 강봉(鋼棒, steel bar)을 묻어 넣어서 강봉으로 하여금 휨인장을 받게 한다면, 이 보는 외력에 효율적으로 견딜 수 있을 것이다. 이러한 보를 철근콘크리트 보라고 한다.

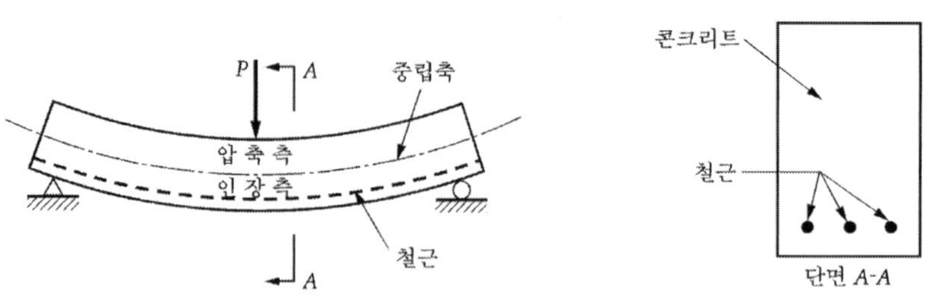

그림 1-1 철근콘크리트 보

이와 같이 콘크리트 속에 강봉을 묻어 넣어서 두 재료가 일체로 되어 외력에 저항하도록 한 콘크리트를 **철근콘크리트**(reinforced concrete)라고 하며, 약해서 RC라고 한다. 예를 들면 철근콘크리트 보를 RC보, 철근콘크리트 기둥을 RC기둥이라고 한다. 이때 사용한 강봉을 **철근**(reinforcing bar, Re-bar 또는 reinforcement)이라고 한다. 결국 철근콘크리트란 철근으로 보강한 콘크리트이다.

철근은 주로 인장을 보강하기 위하여 쓰이지만, 압축을 보강하기 위해서도 쓰인다. 예를 들면 철근콘크리트 보의 압축 측이나 기둥에도 철근이 쓰인다. 이렇게 하면 부재의 단면을 감소시킬 수 있다.

철근은 인장을 받는 데 적합한 재료이고, 콘크리트는 압축을 받는 데는 경제적인 재료이다. 철근콘크리트는 이 두 재료를 합리적으로 사용한 내구적인 구조재료로서 토목, 건축의 모든 구조물에 널리 사용되고 있다.

철근콘크리트 속에 구조용 강재를 묻어 넣어 보강하는 경우도 있다. 이것을 **철골철근콘크리트**라고 한다. 근래에는 고강도 강재를 사용하여 콘크리트에 프리스트레스를 도입하는 **프리스트레스트 콘크리트**(prestressed concrete)가 교량 등에 많이 사용되고 있다.

전술한 바와 같이 철근콘크리트는 콘크리트와 철근의 합성체이므로, 그 해석방법과 설계이론이 단일재료로 된 구조물의 그것과는 많이 다르며 또 복잡하다. 철근콘크리트 구조물의 부재는 축력(軸力), 휨, 전단(剪斷), 비틀림 또는 이들의 조합된 힘을 받는다. 이러한 힘들을 받는 철근콘크리트 부재를 설계하고 성능을 검증하는 기본원리를 다루는 것이 이 책의 목적이다.

1.2 기본개념

1.2.1 콘크리트와 철근의 상호작용

콘크리트는 시멘트, 물, 모래, 자갈 등으로 만들어지는 복합재료(複合材料)로서 비균등질이고 비탄성적인 성질을 가지며, 하중이 지속해서 작용하면 변형이 증가하고, 건조 등 기타 요인에 의하여 수축한다. 또, 콘크리트는 인장강도가 압축강도에 비하여 매우 작을 뿐 아니라, 늘어나는 능력도 매우 작기 때문에 인장응력에 의하여 균열

(crack)이 발생하기 쉽다.

철근은 탄성한도 이하의 응력에 대하여는 거의 완전한 탄성체이며, 또 파단될 때까지의 늘어나는 율이 크다.

이와 같이 콘크리트와 철근은 그 역학적 성질이 매우 다르다. 그러므로 철근콘크리트가 효율적으로 외력(外力)에 견디게 하기 위해서는, 압축은 주로 콘크리트가 받고 인장은 철근이 받도록 합성하는 것이 유리하다. 그러나 콘크리트는 인장응력을 받으면 쉽게 균열이 발생하기 때문에 인장응력을 받도록 배치된 철근 둘레의 콘크리트에는 균열이 발생할 수 있다.

철근콘크리트가 하중의 작용에 대하여 충분한 강도와 강성(剛性, rigidity)을 가지는 구조재료로서의 구실을 다하기 위해서는 콘크리트와 철근이 각각 충분한 강도를 가지는 것이 필요할 뿐 아니라, 이 양자 사이의 부착강도가 충분해야 하고, 또 인장 측 콘크리트에 균열이 발생된 상태에서도 철근이 콘크리트와 항상 일체적으로 작용할 수 있도록 설계시공이 되어야 한다.

철근콘크리트에 있어서 응력, 변형률, 균열 등은 작용하는 하중, 부재의 종류, 부재의 형상과 치수, 철근의 배치, 사용한 콘크리트와 철근의 성질 등에 따라 크게 다르며, 재하(載荷)의 초기로부터 파괴에 이르는 동안에 복잡하게 변화할 뿐 아니라, 콘크리트의 건조수축, 온도변화 등에 의해서도 영향을 받는다. 이것은 콘크리트와 철근의 상호작용이 매우 복잡하다는 것을 뜻하는 것이며, 또 콘크리트의 성질이 철근의 성질과 매우 다르고 복잡하다는 데에 기인하는 것이다.

1. 2. 2 철근콘크리트 성립의 이유

콘크리트 속에 묻힌 철근이 콘크리트와 일체가 되어 외력에 저항할 수 있는 것은 다음과 같은 몇 가지 이유 때문이다.

(1) 철근과 콘크리트 사이의 부착강도가 크다. 이 부착력이 두 재료 사이의 활동(滑動, slip)을 방지해서 일체작용을 하도록 한다.

(2) 콘크리트 속에 묻힌 철근은 녹슬지 않는다. 이것은 콘크리트가 완벽하지는 않지만 상당한 정도로 불투수성이기 때문이다.

(3) 콘크리트와 강재는 열에 대한 팽창계수가 거의 같다. 따라서 대기온도의 변화에 따른 팽창이나 수축으로 인하여 발생하는 두 재료 사이의 응력은 무시할 수 있다.

콘크리트의 열팽창계수는 1℃에 대해 $(1.0\sim1.3)\times10^{-5}$이고 강(鋼)은 1.2×10^{-5}이다.

1.2.3 철근콘크리트의 장점과 단점

[1] 철근콘크리트의 장점

철근콘크리트는 구조재료로서 다음과 같은 장점을 가지고 있다.

(1) 구조물의 형상과 치수에 제약받는 일이 없이 구조물을 만들 수 있다.

거푸집에 콘크리트를 쏟아 넣음으로써 임의의 형상과 치수의 콘크리트체를 만들 수 있기 때문이다.

(2) 구조물을 일체적으로 만들 수 있다.

콘크리트 구조물은 각 부재를 일체적으로 만들 수 있으므로 전체적으로 강성이 큰 구조를 얻을 수 있다.

(3) 구조물을 경제적으로 만들 수 있다.

콘크리트는 압축을 받는 데 경제적인 재료이고, 철근은 인장을 받는 데 경제적인 재료이므로, 두 재료를 적절히 합성한 철근콘크리트는 일반적으로 경제적인 구조가 된다. 각종 구조물에 철근콘크리트가 많이 쓰이고 있는 이유의 하나는 다른 구조재료에 비하여 경제적이기 때문이다.

(4) 내구성(耐久性)이 좋다.

일반적으로 콘크리트는 보통의 기상작용에 의하여 유해한 영향을 거의 받지 않으며, 설계에서 콘크리트의 균열폭을 제한함으로써 철근의 부식을 방지할 수 있으므로 내구적이다. 따라서 유지비가 거의 들지 않는다.

(5) 내화성(耐火性)이 좋다.

콘크리트는 단열 성능이 우수하여 철근콘크리트 부재를 장시간 가열해도 그 속에 묻힌 철근이 쉽게 적열(赤熱)되지 않으므로, 적열에 따른 소성변형이 발생하려면 매우 긴 시간 동안 화재가 지속되어야 한다. 따라서 화재가 발생했었던 철근콘크리트 구조물 가운데는 철근을 피복한 콘크리트를 보수하는 정도로 보수하여 다시 사용하고 있는 예가 적지 않다.

(6) 진동이 적고 소음이 덜 난다.

시가지의 고가교 등에서는 콘크리트교가 강교에 비하여 이 점에 있어서는 월등히 유리하다.

[2] 철근콘크리트의 단점

철근콘크리트는 다른 구조재료와 비교해서 다음과 같은 결점을 가지고 있다.

(1) 중량이 비교적 크다.

동일한 하중을 받는 동일한 지간의 휨부재를 만들 경우, 철근콘크리트는 강재나 프리스트레스트 콘크리트에 비하여 소요되는 재료의 중량이 크다. 지간이 긴 보, 높은 기둥, 또는 연약지반에 설치하는 구조물 등을 철근콘크리트로 할 경우, 재료의 중량이 커져서 구조 설계상의 결점이 될 수 있다.

(2) 콘크리트에 균열이 발생한다.

철근콘크리트 부재의 인장측 콘크리트에는 인장응력으로 말미암아 균열이 발생한다. 일반적으로 적절히 설계시공된 철근콘크리트 부재의 균열폭은 구조물의 내구성을 해칠 정도로 큰 것은 아니다. 그러나 균열폭이 어느 한도 이상으로 크면 주위의 공기와 습기의 침입으로 말미암아 철근이 부식될 가능성이 증가하고, 또 물이 침입해서 동결팽창하여 콘크리트를 파손시키는 경우도 있다. 또한, 균열은 구조물의 미관을 해치고 불안감을 불러일으킨다. 그러므로 철근콘크리트는 구조물의 사용목적과 주위의 환경조건에 따라 콘크리트의 균열폭이 어느 한도 이하로 되도록 설계할 필요가 있다. 또, 콘크리트는 건조수축, 온도변화 등에 의해서도 균열이 발생하므로, 이러한 균열의 발생을 방지하기 위한 조치도 필요하다.

(3) 부분적인 파손이 일어나기 쉽다.

콘크리트는 취성재료(脆性材料)이므로 콘크리트 부재의 모서리 등이 파손되는 결점이 있다. 그래서 부재의 모서리에서는 모따기를 하고 콘크리트 표면 가까이에 가는 철근을 좁은 간격으로 배치해서 이러한 결점을 줄이도록 해야 한다.

(4) 검사하기가 어렵다.

철근콘크리트 구조물은 완성 후에는 그 내부의 결함의 유무를 검사하기가 매우 어렵다. 콘크리트의 압축강도는 비파괴 시험으로 추정하는 방법이 있고, 콘크리트의 내부결함이나 철근의 위치, 부식상태 등은 방사선법, 초음파법 등으로 검사하는 방법이 있으나, 정확도의 관점에서 충분히 만족스러운 검사방법이라고 할 수는 없다.

(5) 개조(改造)하거나 보강(補强)하기가 어렵다.

완성된 콘크리트 구조물을 개조하거나 보강해야 할 필요가 있을 경우 그 방법이 어렵고, 또 경비가 많이 든다.

(6) 시공이 조잡해지기 쉽다.

철근콘크리트의 시공은 누구나 할 수 있는 쉬운 공사라는 생각에서 특별한 기술을 가지지 않은 노무 종사자가 시공에 종사하는 수가 많으므로, 결함이 있는 구조물이 만들어질 우려가 있다. 또, 완성된 후에는 내부결함을 발견하기가 어렵다는 약점 때문에 시공이 조잡(粗雜)해지기 쉽다. 재료가 고강도화해 가고 설계방법이 합리적으로 개선되어 가고 있는 현실에 비추어, 시공에 종사하는 현장 작업원의 기술능력을 향상시키는 일이 매우 중요하다.

참고 (1) 힘의 단위에 대하여

종래 우리는 힘의 단위로 kg(kilogram) 또는 t(ton)을 사용해 왔다. 그러나 힘을 질량과 구별해야 한다는 뜻에서 일찍이 한국산업규격(KS)에서는 kgf(킬로그램 힘) 또는 tf(톤힘)로 힘을 나타내 왔으며, 1999년 개정된 "콘크리트구조설계기준"에서는 kgf 또는 tonf로 힘을 나타내 왔다.

그러나 단위의 국제적 통일을 위한 세계적 추세에 따라 1990년을 전후해서 한국산업규격(KS)이 전면적으로 국제단위계(SI 단위계)를 채택하기에 이르렀고, 이에 2003년 개정된 "콘크리트구조설계기준"도 SI 단위로 전환하기에 이르렀다. 즉, 힘의 단위로 N (Newton)을, 응력의 단위로 N/mm^2 또는 MPa(Mega Pascal)를 주고 있다[부록 E 참조].

표 1-1은 이상과 같은 힘의 단위의 변천을 보인 것이다.

표 1-1 힘, 모멘트 및 응력의 단위의 변천

구 분	힘	모멘트	응 력
종래 사용해온 단위	kg, t	kg · m, t·m	kg/cm^2
종래 KS에서 주고 있었던 단위	kgf, tf	kgf · m, tf·m	kgf/cm^2
1999년 개정된 설계기준에서 주고 있는 단위	kgf, tonf	kgf · m, tonf·m	kgf/cm^2
현행 KS(KS A 0102) 및 현행 각 설계기준에서 주고 있는 단위	N, kN	N · m, kN · m	N/mm^2 (MPa)

[주] 1 kN(kilo Newton) = 10^3 N, 1N/mm^2 = 1 MPa = 10^6 Pa = 10^6 N/m^2 [부록 E 참조]

(2) 단위의 환산에 대하여

현행 각 설계기준에서는 CGS 단위로 된 계산식이나 값들을 SI 단위로 환산함에 있어서, 1 kgf = 9.8 N을 1 kgf ≒ 10 N으로 보고, 또 1 kgf/cm^2 = 0.098 MPa을 1 kgf/cm^2 ≒ 0.1 MPa로 보고 환산하고 있다[부록 E 참조]. 이 책에서도 이에 따라 환산하였다.

응력이 kgf/cm^{2}의 단위로 된 종래의 식들을 계산할 때는 힘은 kgf, 길이는 cm 단위이라야 했으나, 응력이 MPa(N/mm^2)의 단위로 된 식, 즉 SI 단위로 된 식들을 계산할 때는 힘은 N, 길이는 mm 단위이라야 한다는 점에 유의해야 한다.

(3) 용어에 대하여

토목분야와 건축분야에서 종래 서로 다르게 사용해온 용어들이 1999년 통합된 “콘크리트 구조설계기준”에서는 하나의 용어로 통일하고 있다. 그러한 용어 가운데 중요한 것들을 부록 F에 수록하였다. 이 책에서는 통합된 용어를 사용하도록 하였으며, 토목분야에서 종래 사용해온 용어를 병용한 곳도 있다.

제2장 재 료

2.1 콘크리트

콘크리트는 골재, 시멘트, 물의 세 가지 재료를 혼합하여 만든 건설재료이다. 이 기본 재료 외에 콘크리트의 성능 증진을 위하여 혼화재료를 더 넣는 경우도 있다.

2.1.1 시멘트와 물

시멘트는 골재(骨材)를 고형물질(固形物質)로 결합시킬 수 있는 점착성(adhesive)과 응집성(cohesive)을 가진 재료이다. 철근콘크리트에 사용되는 시멘트는 물을 만나면 응결(setting)하고 경화(hardening)하는 이른바 수경성 시멘트(hydraulic cement)이다. 이때 시멘트는 경화체(硬化體)를 형성하기 위하여 화학적으로 물과 결합한다. 즉 **수화작용**(hydration)을 일으킨다.

철근콘크리트에 쓰이는 수경성 시멘트는 **포틀랜드 시멘트**(portland cement)이다. 포틀랜드 시멘트는 KS L 5201에 그 품질이 규정되어 있으며, 가장 보편적으로 쓰이는 시멘트는 **보통 포틀랜드 시멘트**(ordinary portland cement)이다. 보통 포틀랜드 시멘트로 만든 콘크리트는 콘크리트를 친 후 14일 정도 지나면 거푸집을 제거할 수 있는 강도에 달한다. 즉, 14일 정도 지나면 고정하중이나 자중을 지탱할 수 있는 강도에 달하는 것이다. 설계강도는 재령 28일에 얻어진다. 급속한 공사를 위해서는 **조강 포틀랜드 시멘트**(high early strength portland cement)가 사용된다. 이 시멘트는 재령 1～3일에서 보통 포틀랜드 시멘트의 재령 28일 강도를 낸다.

시멘트는 물을 만나면 수화반응(水和反應)을 일으킨다. 이 수화작용은 시멘트 입자의 표면으로부터 속으로 진행되며, 굳어지면서 반응속도는 차차 떨어지고 고체화해 간다. 이것이 응결과 경화의 과정이다. H. Rüsch에 의하면 시멘트가 완전히 수화하는데 필요한 물의 양은 시멘트 중량의 25% 정도이다. 그러나 수화(水和)를 위해서는 물이 시멘트 입자에 도달할 수 있어야 하고, 그러기 위해서는 시멘트풀(cement paste) 속의 물이 유동성(mobility)을 가져야 하기 때문에 10~15% 정도의 물이 더 요구된다. 그래서 결국 시멘트의 수화를 위하여 필요로 하는 최소의 물-시멘트비는 일반적으로 35~40% 정도이다.

실제의 콘크리트의 배합에 있어서는 소요의 **유동성**(workability)을 얻기 위하여 일반적으로 위의 값보다 큰 물-시멘트비가 사용된다. 수화에 쓰이고 남은 물은 증발하여 시멘트풀 속에 공극(空隙)을 형성하게 된다. 경화한 시멘트풀의 강도는 공극이 차지하는 부피에 반비례하여 감소한다. 다시 말해서 시멘트풀의 강도는 고체가 차지하는 전체 부피에 비례하여 증가한다. 이것이 물-시멘트비가 증가함에 따라 시멘트풀의 강도가 저하되는 가장 큰 이유이다.

철근콘크리트 구조물용 콘크리트를 비빌 때 사용하는 물은 사람이 마실 수 있을 정도로 깨끗한 것이라야 한다. 기름, 산, 염류, 유기물 등을 유해량 이상 함유해서는 안 된다. 또, 철근콘크리트에서는 혼합수로 바닷물(海水)을 사용해서도 안 된다.

2.1.2 골 재

모르타르(mortar) 또는 콘크리트를 만들기 위하여 시멘트와 물에 혼합하는 모래, 부순 모래, 자갈, 부순 자갈, 부순 돌, 기타 이와 비슷한 재료를 **골재**(aggregate)라고 한다. 이 중에서 모래와 같은 골재를 **잔골재**(fine aggregate)라 하고, 자갈 따위를 **굵은 골재**(coarse aggregate)라고 한다.

콘크리트표준시방서에서는 잔골재와 굵은 골재를 각각 다음과 같이 정의하고 있다. 즉, 10 mm체를 전부 통과하고 5 mm체를 거의 다 통과하며 0.08 mm체에 거의 다 남는 골재를 잔골재, 5 mm체에 거의 다 남는 골재를 굵은 골재로 정의하고 있다. 이것은 자연 상태 또는 가공 후의 골재에 적용하는 정의이고, **시방배합**(specified mix)을 정할 경우에는 5 mm체를 다 통과하고 0.08 mm체에 다 남는 골재를 잔골재, 5 mm체에 다 남는 골재를 굵은 골재로 본다.

보통의 철근콘크리트 구조물에 있어서 골재가 차지하는 부피는 경화한 콘크리트 체적의 70~75% 정도가 된다. 나머지 부피는 경화한 시멘트풀이나 수화에 쓰이고 남은 물 및 기포로 되어 있다. 수화에 쓰이고 남은 물과 기포는 콘크리트 강도에 기여하지 못한다. 일반적으로 골재가 치밀하게 잘 채워질수록 콘크리트의 강도, 내구성, 경제성 등이 좋아진다. 골재가 치밀하게 채워진다는 것은 굵고 잔골재의 알이 고르게 섞여서 빈틈이 최소로 되는 경우를 말하며, 이때 시멘트풀은 가장 적게 소요될 것이다. 이것이 골재를 치밀하게 채우는 데 있어서 골재의 입도가 중요한 요소가 되는 이유이다. 이러한 목적을 위하여 골재의 입도가 콘크리트 표준 시방서에 규정되어 있으며, 골재의 품질에 대해서도 규정하고 있다.

〈굵은 골재의 최대치수〉

질량비로 90% 이상 통과하는 체 중에서 최소치수의 체의 눈의 호칭치수로 나타낸 굵은 골재의 치수를 굵은 골재의 최대치수라 한다. 철근콘크리트에 있어서 굵은 골재의 최대치수는 거푸집 양 측면 사이의 최소거리의 1/5(부재의 최소치수의 1/5) 이하라야 하고, 슬래브 두께의 1/3이하라야 하며, 철근의 최소수평 및 수직 순간격의 3/4이하라야 한다. 굵은 골재의 최대치수는 일반적인 경우 25 mm, 단면이 큰 경우 40 mm를 표준으로 하지만, 고강도 콘크리트에는 더 작은 치수를 사용한다.

2.1.3 혼화재료

콘크리트의 성질을 개선할 목적으로 시멘트, 물, 골재 이외에 제4의 재료로서 더 넣는 재료를 **혼화재료**(admixture)라고 한다. 사용량이 비교적 적어서 그 자체의 부피를 배합설계에서 무시할 수 있는 혼화재료를 **혼화제**라 하고, 사용량이 비교적 많아서 그 자체의 부피를 배합설계에 고려해야 하는 혼화재료를 **혼화재**라고 하여 구분하기도 한다. AE제, 감수제, 촉진제 등은 혼화제이고, 플라이 애쉬, 실리카 퓸 등은 혼화재이다.

혼화재료는 사용목적에 따라 그 종류가 많다. 따라서 반드시 그 품질을 확인한 후에 사용해야 한다. 아래에 주요한 혼화재료 몇 가지에 대하여 간단히 설명한다.

AE제(air-entraining admixture) : 콘크리트 속에 많은 미세한 독립된 기포를 균일하게 분포시켜서 워커빌리티를 개선하고, 동결 융해작용에 대한 저항성을 향상시키기 위하여 사용되는 혼화제이다.

감수제(water-reducing admixture) : 시멘트 입자에 대한 습윤·분산작용에 의해 콘크리트의 워커빌리티를 향상시켜서 소요의 슬럼프와 강도를 얻는 데 필요한 단위수량을 감소시키기 위하여 사용되는 혼화제이다.

AE 감수제 : AE제와 감수제의 양쪽 효과를 얻기 위하여 사용되는 혼화제이다.

유동화제(superplasticizer) : **고성능 감수제**(high-range water-reducing admixture)

라고도 하며, 단위수량의 감소나 워커빌리티의 개선을 목적으로 사용된다. 보통의 감수제에 비하여 감수성능이 우수하여 매우 작은 물-시멘트비로 높은 슬럼프를 유지시켜준다. 또한 미리 비빈 콘크리트에 첨가하여 교반함으로써 유동성을 증대시키는 데도 매우 효과적인 혼화제이다.

촉진제(accelerating admixture) : 시멘트의 수화를 촉진시켜서 응결시간의 단축이나 초기강도의 발현성의 개선을 위하여 사용되는 혼화제이다. 염화칼슘 등의 염화물이 가장 성능이 좋으나, 철근 등 강재를 부식시킬 우려가 있으므로 주의를 요한다.

그 밖에 지연제, 급결제, 방수제, 기포제, 방청제 등 화학혼화제의 종류는 다양하다.

다음에 광물질 혼화재 몇 가지에 대하여 간단히 설명한다.

플라이 애쉬(fly ash) : 화력발전소에서 미분탄을 연소시킬 때 발생되는 재의 미립자를 집진기로 포집한 것을 말한다. 양질의 플라이 애쉬는 장기에 걸쳐 강도가 증진되고, 수밀성, 내구성이 향상되어 화학저항성이 좋고, 단위수량의 저감, 워커빌리티의 개선 등의 효과가 있다.

실리카 퓸(silica fume) : 금속 실리콘(silicon metal), 페로실리콘 합금(ferro-silicon alloy) 등을 제조할 때 발생하는 폐 가스 중에 포함되어 있는 S_iO_2를 집진기로 모아서 얻어지는 초미립자의 산업 부산물을 말한다. 매우 미세하고 높은 결합성이 있어서, 조기재령에서의 강도증진에 크게 효과가 있다. 고강도 콘크리트의 제조에 사용된다.

끝으로 특수한 혼화재료인 폴리머에 대하여 간단히 언급한다.

폴리머(polymer) : 콘크리트의 결점인 인장강도, 휨강도 등을 개선할 목적으로 혼합수의 일부 또는 전부를 폴리머로 대체하는 것이다. 이렇게 만든 콘크리트는 인장강도 및 휨강도가 매우 증대되고, 건조수축이 개선되며, 접착성, 충격과 마모에 대한 저항성 등이 개선되어 그 용도가 다양하다.

혼합수의 일부를 폴리머로 대체한 콘크리트를 **폴리머시멘트 콘크리트**(polymer-modified concrete 또는 polymer-cement concrete)라고 하며, 교량 바닥판의 덧씌우기(overlay)와 교량이나 일반 구조물의 보수에 사용하고 있다.

2.1.4 압축강도

경화한 콘크리트의 성질 중에서 가장 중요한 것은 압축강도이다. 압축강도는 콘크리트 품질의 척도이다. 일반적으로 콘크리트의 강도라고 하면 압축강도를 말한다.

콘크리트의 압축강도는 물-시멘트비(water-cement ratio)에 의해 지배된다. 그림 2-1

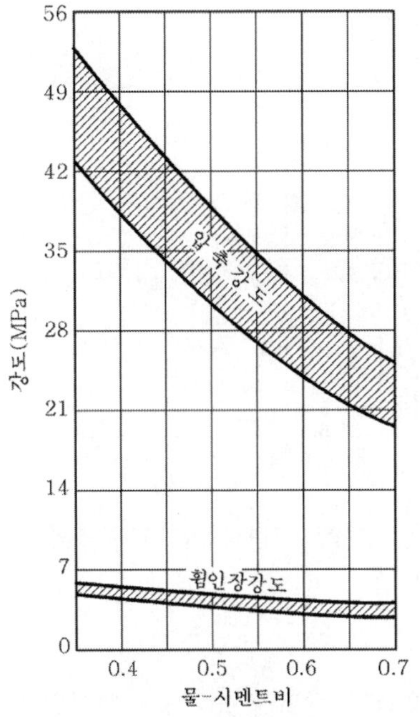

그림 2-1 물-시멘트비와 강도와의 관계[참고문헌 1]

은 물-시멘트비가 콘크리트의 압축강도에 결정적인 영향을 미친다는 것을 잘 보여 주고 있다. 그러나 휨인장강도에 대한 물-시멘트비의 영향은 압축강도에 대한 영향보다 훨씬 작다는 것을 이 그림은 보여 주고 있다. 그 까닭은 휨인장강도는 굵은 골재와 모르타르 사이의 부착강도에 크게 좌우되기 때문이다. 굵은 골재와 모르타르 사이의 부착강도는 물-시멘트비의 영향을 비교적 적게 받는다는 것이 실험결과로 알려져 있다.

한편, 콘크리트의 강도는 재령(材齡)과 더불어 증진된다. 특히, 콘크리트는 쳐 넣은 후 처음 며칠 또는 몇 주일 동안은 매우 빠르게 강도를 발현한다. 보통의 구조물의 설계는 일반적으로 재령 28일의 압축강도를 기준으로 하는데, 콘크리트는 쳐 넣은 후 처음 1주일 동안에 28일 강도의 70% 정도를 나타내며, 2주일 후에는 85~90%의 강도를 나타낸다. 그림 2-2는 이러한 관계를 잘 보여 주고 있다. 그 이후의 강도증진은 완만하다. 이것은 수화작용이 초기재령에서 왕성하며, 응결·경화의 과정을 거치면서 수화작용이 완만해지기 때문이다.

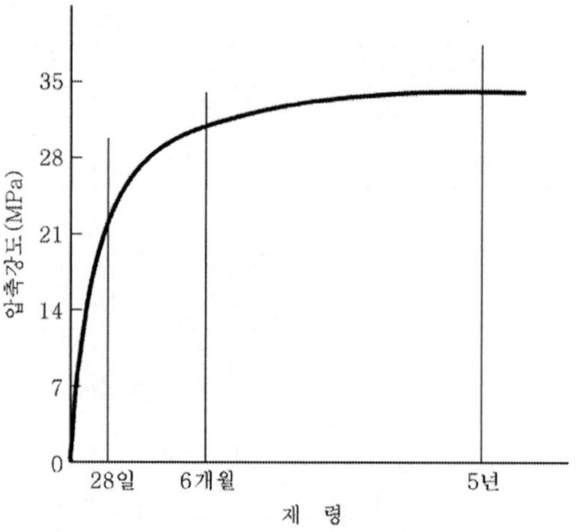

그림 2-2 재령과 압축강도와의 관계

〈양생의 중요성〉

그러므로 콘크리트의 최종적인 강도는 초기재령에서의 양생조건, 즉 습도 및 온도의 조건에 크게 좌우된다. 콘크리트를 너무 일찍 건조시키면 30% 이상의 강도손실을 가져오는 수가 있다. 초기의 며칠 동안 콘크리트의 온도를 4℃ 이하로 방치할 경우도 이와 비슷한 강도저하를 가져온다. 그 이후 아무리 오랫동안 계속해서 습기를 유지해 주더라도 저하된 강도는 회복되지 않는다.

콘크리트의 이러한 해를 막기 위해서는 적어도 처음 7일 동안은 습기를 잃지 않도록 콘크리트를 보호해야 하며, 중요한 공사에서는 14일 이상 잘 보호해야 한다. 굳지 않은 콘크리트가 얼게 되면 그 후 양생을 계속하더라도 강도는 그다지 증진되지 않는다. 따라서 콘크리트는 초기동해(初期凍害)를 입지 않도록 잘 보호해야 한다.

〈압축강도시험용 공시체〉

콘크리트의 압축강도는 $\phi150\times300$ mm의 원주형 공시체(cylinder specimen)를 사용하여 시험한다. 최대치수가 25 mm 이하인 비교적 잔 굵은 골재를 사용한 콘크리트는 $\phi100\times200$ mm의 원주형 공시체를 사용하여 시험해도 좋다. 공시체의 형상이 닮은꼴이면, 공시체의 치수가 작을수록 압축강도는 크게 나타나는 경향이 있다. 그래서 설계기준에서는 $\phi100\times200$ mm 공시체로 시험한 강도의 97%를 $\phi150\times300$ mm의 공시체 강도로 보도록 규정하고 있다.

굳지 않은 콘크리트 시료를 KS F 2401(굳지 않은 콘크리트의 시료 채취방법)에 따라 채취하여 KS F 2403(콘크리트 강도 시험용 공시체 제작방법)에 의하여 공시체를 제조하고 양생하되, 28일 동안 20°±3℃로 습윤양생하고[이것을 **표준양생**(standard curing)이라고 한다], KS F 2405(콘크리트의 압축강도시험방법)에 따라 압축강도를 시험한다. 이렇게 하여 얻은 콘크리트의 압축강도를 f_c 또는 f_{28}로 표시하며, 설계를 위하여 중요한 의미를 갖는다.

실제의 구조물에서 거푸집의 제거시기 등을 정하기 위하여 실시하는 압축강도시험용 공시체는 현장의 콘크리트와 같은 상태로 양생한다.

우리나라를 비롯하여 미국, 캐나다, 일본 등에서는 오래 전부터 원주형 공시체를 사용하고 있지만, 유럽에서는 2,000년대에 들어서 원주형 공시체를 표준으로 하였고 그 동안 기준으로 사용하였던 정육면체 공시체를 보조적으로 사용하고 있다. 이는 과거에 영국에서 150×150×150 mm의 정육면체 공시체(cube specimen)를 사용하였고, 독일은 200×200×200 mm 정육면체 공시체를 사용하고 있었기 때문이다. 국제표준화기구인 ISO(International Organization for Standardization)의 규격 ISO 1920−3 : 2004(E)에서는 원주형 공시체로 ϕ100×200 mm와 ϕ150×300 mm를 명시하고 있고, 정육면체 공시체로는 100×100×100 mm와 150×150×150 mm를 명시하고 있다. 150×150×150 mm 정육면체 공시체는 원주형 공시체 강도의 1.28배 정도의 강도를 보인다. 즉, ϕ150×300 mm의 원주형 공시체의 강도는 150×150×150 mm 정육면체 공시체 강도의 78% 정도이다. 예를 들어, 150×150×150 mm 정육면체 공시체로 시험한 압축강도가 30 MPa(30 N/mm^2)인 콘크리트는 ϕ150×300 mm 원주형 공시체의 강도로는 30×0.78≒23 MPa(23 N/mm^2) 정도로 볼 수 있다.

2.1.5 응력−변형률 곡선과 탄성계수

[1] 응력-변형률 곡선(응력-변형도 곡선)

그림 2-3은 원주형 공시체를 사용하여 재령 28일에서 콘크리트의 압축강도를 시험했을 때의 응력-변형률 곡선을 보인 것이다. 저강도(低强度)의 콘크리트로부터 고강도(高强度)의 콘크리트까지 6개의 응력-변형률 곡선이 나타나 있다. 강도가 낮은 것일수록 곡선은 옆으로 누었고, 강도가 높은 것일수록 곡선의 정부(頂部)는 뾰족해지고 있다. 저강도 콘크리트는 취성(脆性)이 적으므로, 고강도 콘크리트보다 더 큰 변형률(변형도)에서 파괴되고 있다. 그러나 어느 곡선이나 처음 부분은 거의 직선이다. 최대 응력 근처에서의 변형률(변형도)은 모든 콘크리트가 0.002∼0.003의 범위에 있고, 파괴시의 변형률(변형도)은 0.003∼0.004의 범위에 있다. 그림 2-3으로부터 알 수 있는 바

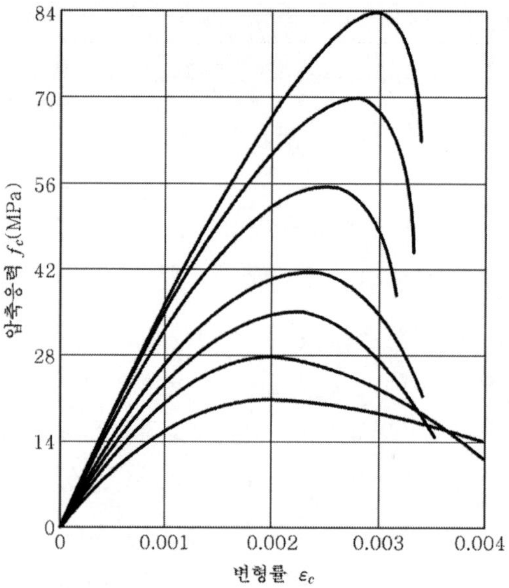

그림 2-3 콘크리트의 응력-변형률 곡선[참고문헌 2]

와 같이 콘크리트의 응력과 변형률(변형도)의 관계는 엄밀하게는 비선형(非線形)이지만 응력이 낮은 범위에서는 선형으로 볼 수 있다. 이러한 응력의 범위는 압축강도의 40~50% 정도이다.

[2] 탄성계수

일반적으로 콘크리트의 탄성계수는 응력의 함수이므로 정수(定數)로 나타낼 수 없다. 그래서 콘크리트의 탄성계수는 다음과 같은 세 가지의 정의가 제안되고 있다.

그림 2-3의 응력-변형률 곡선의 처음 부분을 나타낸 그림 2-4에 있어서 원점 0에서 이 곡선에 그은 접선이 이루는 각을 θ_1이라고 할 때, 다음 식으로 정의되는 E_{ci}를 **초기접선 탄성계수**(initial tangent modulus of elasticity)라고 한다. 즉, 초기접선 탄성계수는 응력-변형률 곡선의 처음 부분의 기울기이다.

$$E_{ci} = \left(\frac{df_c}{d\varepsilon}\right) = \tan\theta_1$$

여기서 E_{ci}는 재령 28일에서의 초기접선탄성계수이며, $E_{ci}(t')$는 재령 t'일에서의 초기접선탄성계수이다.

응력-변형률 곡선상의 임의점 A에서 이 곡선에 그은 접선이 이루는 각을 θ_2라고 할 때, 다음 식으로 정의되는 E_{ct}를 **접선 탄성계수**(tangent modulus of elasticity)라고 한다. 이것은 응력-변형률 곡선의 임의점에서의 기울기이다.

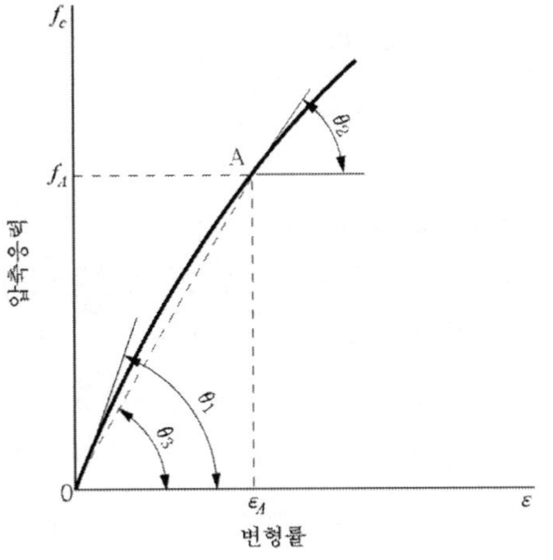

그림 2-4 콘크리트의 응력-변형률 곡선

$$E_{ct} = \left(\frac{df_c}{d\varepsilon}\right)_{\varepsilon = \varepsilon_A} = \tan\theta_2$$

그림 2-4에서 응력 f_A가 압축강도의 절반 정도의 응력일 때, 현 OA의 기울기를 **할선탄성계수**(secant modulus of elasticity)라고 한다. 즉

$$E_c = \frac{f_A}{\varepsilon_A} = \tan\theta_3$$

할선탄성계수가 철근콘크리트에서는 콘크리트의 탄성계수로 쓰인다. 할선탄성계수는 응력의 크기에 따라 달라지므로 응력의 크기를 지정하지 않으면 탄성계수를 정할 수 없다. 보통은 압축강도의 30~50% 정도의 응력을 사용하여 할선탄성계수를 구하고 있다. 콘크리트의 탄성계수는 여러 가지 요인에 의하여 변화하지만, 특히 콘크리트의 강도와 단위중량의 영향을 가장 크게 받는다.

[3] 설계기준에서 주고 있는 콘크리트의 탄성계수

콘크리트구조기준(2012)에서는 콘크리트의 탄성계수를 다음과 같이 주고 있다.

(1) 콘크리트의 단위중량이 $m_c = 1,450 \sim 2,500\text{kg/m}^3$인 모든 콘크리트의 탄성계수

$$E_c = 0.077 m_c^{1.5} \sqrt[3]{f_{cu}} \text{ (MPa)} \qquad (2 \cdot 1)$$

(2) 보통의 골재를 사용한 콘크리트의 탄성계수

보통 골재를 사용한 콘크리트의 단위중량은 대략 $m_c = 2,300\text{kg/m}^3$이므로, 이것을 식 (2·1)에 대입하면 다음과 같이 된다.

$$E_c = 8{,}500 \sqrt[3]{f_{cu}} \text{ (MPa)} \tag{2·2}$$

여기서 m_c : 콘크리트의 단위중량(kg/m^3)

f_{cu} : 재령 28일에서 콘크리트의 평균압축강도(MPa)

$$= f_{ck} + \Delta f \text{ (MPa)} \tag{2·3}$$

여기서 Δf는 f_{ck}가 40 MPa이하이면 4 MPa, 60 MPa이상이면 6 MPa이며, 그 사이는 직선보간으로 구한다.

f_{ck} : 콘크리트의 설계기준압축강도(MPa)

재령 28일에서 콘크리트의 평균압축강도 f_{cu}를 구할 때 사용하는 Δf는 우리나라에서 사용하는 레미콘의 압축강도에 대한 통계연구결과를 반영하여 2012년에 제정된 도로교설계기준 한계상태설계법과 2012년에 개정된 콘크리트구조기준에 규정된 것이다. f_{ck}가 40 MPa과 60 MPa 사이이면 Δf를 4 MPa과 6 MPa 사이에서 직선보간 하므로, f_{ck}가 50 MPa인 경우에는 Δf가 5 MPa이 된다.

표 2-1은 보통 골재를 사용한 콘크리트의 탄성계수를 보인 것이다.

표 2-1 보통 콘크리트의 탄성계수 E_c의 값

f_{ck} (MPa)	21	24	27	30	35	40	50	60
$f_{cu}(= f_{ck} + \Delta f)$ (MPa)	25	28	31	34	39	44	55	66
E_c (MPa)	24,900	25,800	26,700	27,500	28,800	30,000	32,300	34,400

(3) 크리프 계산에 사용되는 탄성계수

크리프 변형 계산에 사용되는 초기접선탄성계수는 다음과 같다.

$$E_{ci} = 1.18 E_c \tag{2·4}$$

여기서 E_{ci} : 콘크리트의 초기접선탄성계수(MPa)〔식 (2·23) 참조〕

E_c : 콘크리트 할선탄성계수(MPa)

[3] 전단 탄성계수

콘크리트의 전단 탄성계수 G_c는 다음 식으로 추정할 수 있다.

$$G_c = \frac{E_c}{2(1+\nu)}$$

여기서 E_c는 탄성계수이고, ν는 푸아송비(Poisson's ratio)이다. $0.7 f_{ck}$ 이하의 응

력에서는 $\nu=0.15\sim0.20$의 범위에 있으며, 일반적으로 $\nu=0.18$로 보아도 좋다.

2.1.6 크리프

[1] 크리프 변형률

동일한 콘크리트로 만든 공시체라도 재하조건이 다르면 그 응력-변형률 곡선의 모양이 달라진다. 그림 2-5는 그러한 하나의 예를 보인 것이다. 이 그림은 동일한 콘크리트로 만든 여러 개의 공시체에 대하여 재하기간을 달리했을 때의 응력-변형률 곡선을 보인 것이다. 그림에서 f_{28}은 재령 28일의 압축강도이고, f_c는 재하할 때의 압축강도이며, 그림의 오른쪽에 재하기간이 나타나 있다.

콘크리트의 내부붕괴를 의미하는 것으로 생각되는 곡선의 하강경향은 재하속도가 느린 경우보다 빠른 쪽이 현저하며, 또 최대강도를 나타내는 곡선의 최고점(peak)도 재하속도가 빠른 쪽이 더 크게 나타남을 이 그림은 보여 주고 있다. 결국 그림 2-5는 재하기간이 콘크리트의 거동에 크게 영향을 미친다는 것을 말해 주고 있다. 이러한 현상의 주된 이유는 콘크리트의 크리프(creep) 때문이다.

일정한 응력이 장시간 계속하여 작용하고 있을 때, 변형이 계속 진행되는 현상을 크리프라고 하며, 대부분의 재료가 크든 작든 이러한 성질을 가지고 있다. 콘크리트는 무시할 수 없을 정도로 크리프가 크게 일어나기 때문에 설계에 고려해야 하지만 강재의 크리프는 미미하기 때문에 특수한 경우를 제외하고 설계에 고려하지 않는다.

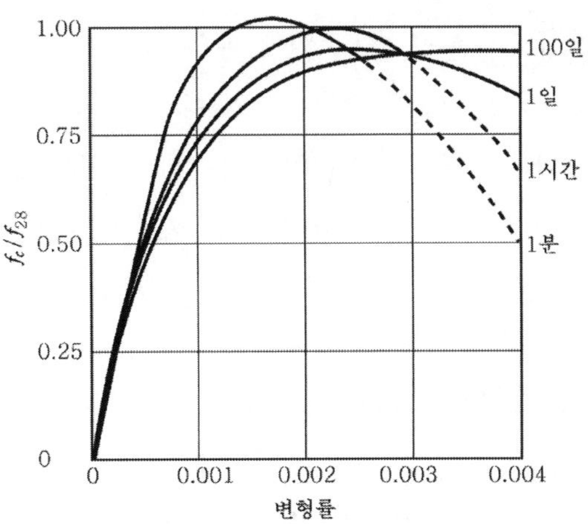

그림 2-5 재하기간을 달리했을 때의 응력-변형률 곡선[참고문헌 3]

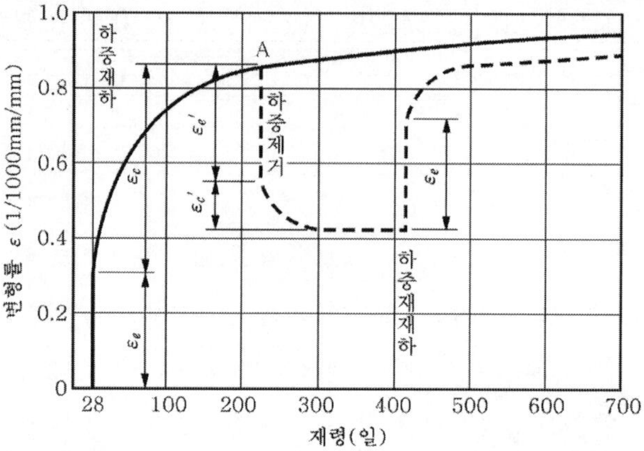

그림 2-6 콘크리트의 크리프 변형률[참고문헌 4]

그림 2-6은 콘크리트의 크리프의 진행과정을 보인 것이다. 이 그림은 재령 28일 만에 재하하여 4.1 MPa의 일정한 응력이 콘크리트에 일어나도록 재하한 경우이다. 그림에서 ε_e 는 하중이 실리자마자 일어난 변형률이며, 이것을 **탄성 변형률** 또는 **즉시 변형률**(순간 변형률, instantaneous strain)이라 한다. 하중을 제거하지 않고 그대로 두면 재하기간이 늘어남에 따라 변형률도 증가한다. 그림의 실선은 이 관계를 보인 것이다. 이와 같이 응력은 늘지 않는데 변형은 계속 진행되는 현상이 크리프이며, 크리프로 인하여 일어난 변형률을 크리프 변형률(creep strain)이라고 한다. 그림의 ε_c 는 A시점에서의 크리프 변형률이다. A시점은 재령 230일에 해당하고, 재하기간으로는 약 200일에 해당한다.

즉, 하중을 약 200일 동안 계속 실어두었을 때의 크리프 변형률(ε_c)은 재하 하자마자 일어난 탄성 변형률(ε_e)의 약 2배에 달하고 있다. 하중을 계속 실어두면 곡선은 실선과 같이 되며, A 시점에서 하중을 제거하면 곡선은 파선(dashed line)과 같이 되어 ε_e'만큼의 탄성회복이 일어나고, ε_c'만큼의 크리프 회복이 일어난다. 약 200일후 다시 재하하면 탄성변형과 크리프 변형이 그림의 파선과 같이 다시 진행된다.

콘크리트의 크리프 변형률은 원주형 공시체 강도 f_c의 1/2 이하의 응력 하에서는 가해진 응력에 비례한다. 또, 같은 응력 하에서는 고강도 콘크리트가 저강도 콘크리트보다 작은 크리프 변형률을 나타낸다. 그림 2-6에서 알 수 있는 바와 같이 재하기간이 경과함에 따라 크리프 변형의 진행은 점차로 감소한다. 재하 후 처음 28일 동안에 총 크리프 변형률의 1/2 정도가 진행되며, 처음 3～4개월 동안에 최종값의 3/4 이상이 진행되고, 2~5년 후에 최종값으로 정지한다. 그리고 크리프 변형률은 탄성 변형률의 1.5~3배 정도에 달한다.

콘크리트의 크리프는 다음과 같은 요인에 의해 변화한다.

① 물-시멘트비가 큰 콘크리트는 물-시멘트비가 작은 콘크리트보다 크리프가 크게 일어난다.

② 하중이 실릴 때의 콘크리트의 재령이 클수록 크리프는 작게 일어난다. 즉 고강도 콘크리트는 저강도 콘크리트보다 크리프가 작다.

③ 콘크리트가 놓이는 주위의 온도가 높을수록, 또 습도가 낮을수록 크리프 변형은 커진다.

실제의 구조물에서 크리프는 건조수축과 함께 일어난다. 그러므로 크리프와 건조수축을 분리하여 생각할 수 없는 것이다. 그러나 설계계산에서는 편의상 이들을 분리하여 다루고 있다.

[2] 크리프 계수

크리프 변형률은 작용응력에 비례한다. 바꾸어 말하면 크리프 변형률은 탄성 변형률에 비례한다. 이러한 관계는 콘크리트에 작용하는 응력이 원주형 공시체 강도의 50% 이하인 경우에 성립된다. 이것을 식으로 나타내면 다음과 같이 된다.

크리프 변형률을 ε_c, 초기 탄성 변형률을 ε_e, 비례상수를 C_u 로 놓으면

$$\varepsilon_c = C_u \varepsilon_e$$

$$\therefore C_u = \frac{\varepsilon_c}{\varepsilon_e} \qquad (2 \cdot 5)$$

이 C_u 를 크리프 계수(creep coefficient)라고 한다. 콘크리트에 작용하는 응력을 f_c, 콘크리트의 탄성계수를 E_c 라고 하면 탄성 변형률 ε_e 는

$$\varepsilon_e = \frac{f_c}{E_c}$$

이것을 식 (2・5)에 대입하면

$$\varepsilon_c = C_u \varepsilon_e = C_u \frac{f_c}{E_c} \qquad (2 \cdot 6)$$

보통의 콘크리트에 있어서는 C_u =1.5~3.0의 범위이다. 일반적으로 대기 중에 있는 콘크리트의 크리프 계수를 옥외 구조물에 대하여는 C_u =2.0, 옥내 구조물에 대하여는 C_u =3.0으로 본다. 수중에 있는 콘크리트의 크리프는 매우 작기 때문에 크리

프 계수는 1.0 이하로 보는 것이 좋다.

이상에서 설명한 바와 같이 콘크리트의 크리프는 매우 크다. 또, 콘크리트 구조물에 있어서는 주로 고정하중(사하중)이 지속하중(sustained load, 장기하중)의 구실을 한다. 건조수축, 온도변화의 영향도 지속하중으로 작용한다. 이러한 지속하중에 의하여 콘크리트에 크리프가 일어나며, 이 크리프 현상으로 인하여 구조물의 변형이나 처짐이 시간의 경과와 더불어 증대하게 된다. 그래서 부재의 처짐이 매우 커지거나, 부정정 구조물에 있어서는 부정정 반력이 변화하거나 한다. 따라서 일시적으로 실리는 하중에 비하여 지속하중이 큰 구조물에 있어서는 크리프의 영향을 설계에 고려해야 한다. 철근콘크리트에 있어서 압축철근이 없으면 최종 처짐은 초기 처짐의 2.5~3.0배에 달한다. 이와 같이 크리프로 인한 과대한 처짐이 문제로 될 경우에는 압축 측에 철근을 배치하여 보강하면 유효하다.

일반적으로 철근콘크리트 구조물의 설계에서 크리프의 영향을 강도계산에 고려할 필요가 있는 경우는 거의 없지만, 처짐을 구할 경우 또는 기둥이나 보의 압축철근의 응력을 검토할 때에는 콘크리트의 크리프의 영향을 고려해야 한다.

[3] 설계기준에서 주고 있는 크리프 변형률 및 크리프 계수

콘크리트구조기준(2012)에서는 콘크리트의 크리프 변형률 및 크리프 계수를 다음과 같이 주고 있다.

(1) 크리프 변형률

t'일(日)에서 작용응력 $f_c(t')$에 의한 콘크리트의 순간변형 및 크리프 변형을 함께 고려한 전체 변형률 $\varepsilon_{c\sigma}(t, t')$는 콘크리트의 압축강도, 부재의 크기, 평균상대습도, 재하시의 재령, 재하기간, 시멘트의 종류, 양생온도, 온도변화, 작용응력의 크기 등에 따라 다음 식 (2・7)로 구할 수 있다.

$$\varepsilon_{c\sigma}(t, t') = f_c(t')\left[\frac{1}{E_{ci}(t')} + \frac{\phi(t, t')}{E_{ci}}\right] \tag{2・7}$$

여기서 $\varepsilon_{c\sigma}(t, t')$: 재령 t'일에서 $f_c(t')$의 응력이 가해졌을 때, 시간 t일에서의 탄성 변형률과 크리프를 포함한 전체 변형률

t : 콘크리트의 재령(일)

t' : 하중이 가해질 때의 재령(일)

$f_c(t')$: 재령 t'일에서 콘크리트의 압축응력(MPa)

$\phi(t, t')$: 재령 t_s일에서 외기에 노출된 콘크리트의 재령 t일에서의

크리프 계수

t_s : 콘크리트가 외기에 노출되었을 때의 재령

E_{ci} : 재령 28일에서의 콘크리트의 초기 접선탄성계수(MPa)이며, 식 (2·23)으로 구한다.

$E_{ci}(t')$: 재령 t' 일에서의 콘크리트의 초기 접선탄성계수(MPa)이며, 식 (2·24)에 의해 구한다.

(2) 크리프 계수

식 (2·7)에서 크리프 계수 $\phi(t, t')$는 양생온도가 20℃이고, 하중이 작용하는 동안의 기온도 20℃인 경우를 기준으로 한 것으로서, 다음 식으로 구할 수 있다.

$$\phi(t, t') = \phi_0 \beta_c (t - t') \tag{2·8}$$

여기서 ϕ_0 : 콘크리트의 개념적 크리프 계수(notional creep coefficient)

$$= \phi_{RH} \beta(f_{cu}) \beta(t') \tag{2·9}$$

ϕ_{RH} : 외기의 상대습도와 부재두께가 크리프에 미치는 영향계수

$$= 1 + \frac{1 - 0.01RH}{0.10 \sqrt[3]{h}} \tag{2·10}$$

$\beta(f_{cu})$: 콘크리트 강도가 크리프에 미치는 영향함수

$$= \frac{16.8}{\sqrt{f_{cu}}} \tag{2·11}$$

$\beta(t')$: 지속하중이 가해지는 시간 t'가 크리프에 미치는 영향함수

$$= \frac{1}{0.1 + (t')^{0.2}} \tag{2·12}$$

$\beta_c(t - t')$: 재하기간에 따라 크리프에 미치는 영향함수

$$= \left[\frac{(t - t')}{\beta_H + (t - t')} \right]^{0.3} \tag{2·13}$$

β_H : 외기의 상대습도와 부재의 두께에 따른 계수

$$= 1.5 \left[1 + (0.012RH)^{18} \right] h + 250 \leq 1{,}500(\text{일}) \tag{2·14}$$

RH : 외기의 상대습도(%)

h : 개념적 부재치수(notional size of member)(mm) $= \dfrac{2A_c}{u}$

A_c : 부재의 단면적(mm^2)

u : 단면적 A_c의 둘레 중에서 수분이 외기로 확산되는 둘레길이(mm)

f_{cu} : (4)의 ② 및 식 (2 · 3) 참조

(3) 크리프 계수의 보정

작용응력의 크기, 온도 및 시멘트 종류에 따라 식 (2 · 8)의 크리프 계수를 다음과 같이 보정해야 한다.

① 양생온도 및 시멘트 종류에 따른 보정계수

양생동안 온도의 변화가 있거나, 20℃가 아닌 대기에 노출되어 있는 경우, 또는 시멘트 종류에 따른 재하재령 t'는 다음과 같이 보정해야 한다.

$$t' = t'_T\left[\frac{9}{2+(t'_T)^{1.2}}+1\right]^{\alpha} \leq 0.5(\text{일}) \qquad (2 \cdot 15)$$

$$t'_T = \sum_{i=1}^{n}\Delta t_i \exp\left(-\frac{4000}{273+T(\Delta t_i)}+13.65\right) \qquad (2 \cdot 16)$$

$$\alpha = \begin{cases} -1: & 2\text{종 시멘트} \\ 0: & 1\text{종}, 5\text{종 시멘트} \\ 1: & 3\text{종 시멘트} \end{cases}$$

여기서 t'_T : 온도가 20℃가 아닌 T℃에서 양생한 경우의 등가재령(일)

Δt_i : 일정한 온도가 지속된 기간(일)

$T(\Delta t_i)$: Δt_i일 동안 지속된 온도(℃)

n : 일정한 온도를 유지한 단계의 수

② 작용응력의 크기에 따른 보정계수

작용응력 $f_c(t')$가

$$0.4 f_{cu}(t') < |f_c(t')| < 0.6 f_{cu}(t')$$

인 경우에는 식 (2 · 9)의 ϕ_0를 다음과 같이 보정해야 한다.

$$\phi_{0,k} = \phi_0 \exp\left[1.5\left(\frac{|f_c(t')|}{f_{cu}(t')}-0.4\right)\right] \qquad (2 \cdot 17)$$

여기서 $\phi_{0,k}$: 작용응력의 크기에 따라 보정된 ϕ_0

$f_{cu}(t')$: 재령 t'일에서 콘크리트의 압축강도(MPa)이며, 식 (2 · 21) 및 식 (2 · 22)에 의해 구할 수 있다.

③ 온도변화에 따른 보정계수

지속하중이 작용하는 동안 온도가 5℃에서 80℃까지 변화할 때의 크리프 계수는, 식 (2 · 10)의 ϕ_{RH}를 식 (2 · 19)로 보정하고, 식 (2 · 14)의 β_H를 식 (2 ·

20)으로 보정하여 식 (2・18)로 구해야 한다.

$$\phi(t,t') = \beta_c(t-t')\phi_0 + 0.0004(T-20)^2 \qquad (2\cdot18)$$

$$\phi_{RH,T} = \phi_T + (\phi_{RH} - 1.0)\phi_T^{1.2} \qquad (2\cdot19)$$

여기서 $\phi_T = \exp[0.015(T-20)]$

$$\beta_{H,T} = \exp\left[\frac{1,500}{273+T} - 5.12\right]\beta_H \qquad (2\cdot20)$$

$\phi_{RH,T}$: 온도변화에 따라 보정된 ϕ_{RH} 〔식 (2・19)〕

$\beta_{H,T}$: 온도변화에 따라 보정된 β_H 〔식 (2・20)〕

T : 외기 또는 양생온도

(4) 재령에 따른 콘크리트의 압축강도

ϕ150mm × 300mm의 원주형 공시체 시험으로 얻어지는 평균압축강도를 재령에 따라 다음과 같이 구분할 수 있다.

① 재령 28일에서의 평균압축강도 f_{cu}

재령 28일에서의 평균압축강도 f_{cu}는 식 (2・3)에 주어진 바와 같으며, 이것을 여기에 옮겨 쓰면 다음과 같다.

$$f_{cu} = f_{ck} + \Delta f\,(\mathrm{MPa}) \qquad (2\cdot3)$$

여기서 Δf는 f_{ck}가 40 MPa이하이면 4 MPa, 60 MPa이상이면 6 MPa이며, 그 사이는 직선보간으로 구한다.

② 재령 t 일에서의 압축강도 $f_{cu}(t)$

재령에 따른 강도발현 즉, 재령 t 일에서의 압축강도 $f_{cu}(t)$는 다음 식으로 구해야 한다.

$$f_{cu}(t) = \beta_{cc}(t) f_{cu} \qquad (2\cdot21)$$

$$\beta_{cc}(t) = \exp\left(\beta_{sc}\left(1 - \sqrt{\frac{28}{t}}\right)\right) \qquad (2\cdot22)$$

$$\beta_{sc} = \begin{cases} 0.35: & \text{1종 시멘트 습윤 양생} \\ 0.15: & \text{1종 시멘트 증기 양생} \\ 0.25: & \text{3종 시멘트 습윤 양생} \\ 0.12: & \text{3종 시멘트 증기 양생} \\ 0.40: & \text{2종 시멘트} \end{cases}$$

여기서 $\beta_{cc}(t)$: 콘크리트 강도 발현에 대한 재령에 따른 보정계수

β_{sc} : 시멘트 종류에 따른 건조수축에 미치는 영향계수

(5) 초기접선탄성계수

식 (2・7)의 크리프 변형을 계산하기 위한 초기 접선탄성계수는 다음 식으로 구해야 한다.

$$E_{ci} = 10{,}000\ \sqrt[3]{f_{cu}} \qquad (2 \cdot 23)$$

초기접선탄성계수 $E_{ci}(t)$의 시간에 따른 변화는 다음 식으로 구한다.

$$E_{ci}(t) = \sqrt{\beta_{cc}(t)}\, E_{ci} \qquad (2 \cdot 24)$$

여기서 $\beta_{cc}(t)$는 식 (2・22)와 같다.

예제2-1 f_{ck} =24 N/mm^2(24 MPa)인 보통 콘크리트로 된 기둥이 f_c =8 N/mm^2 (8 MPa)의 응력을 장기하중으로 받을 때, 이 기둥은 크리프로 인하여 그 길이가 얼마나 줄어들겠는가? 기둥의 길이는 6 m이고 옥외에 있다.

풀이 크리프로 인한 변형을 계산하는 것이므로 탄성계수는 식 (2・2)로 계산해야한다.

$$f_{cu} = f_{ck} + \Delta f = 24 + 4 = 28\text{MPa}$$

$$E_c = 8{,}500\ ^3\sqrt{f_{cu}} = 8{,}500\ ^3\sqrt{28} = 25{,}800\text{MPa}$$

기둥이 옥외에 있으므로 크리프계수를 C_u = 2.0으로 본다.

그러면 이 콘크리트의 크리프 변형률은 식 (2・6)으로부터

$$\varepsilon_c = C_u\,\varepsilon_e = C_u \times \frac{f_c}{E_c} = 2.0 \times \frac{8}{25{,}800} = 0.00062\ (\text{mm/mm})$$

기둥길이가 6,000 mm이므로 크리프에 의하여 줄어들 길이는

$$0.00062 \times 6{,}000 = 3.7\ \text{mm}$$

예제2-2 앞의 예제 2-1을 설계기준에서 주고 있는 계산식들을 사용하여 계산해 보자. 기둥의 단면치수는 400×400mm이고, 콘크리트의 재령 t' = 65일에서 응력 8 MPa의 장기하중을 받기 시작했을 때, 콘크리트 재령 t = 365일에서의 크리프 계수 및 전체 크리프 변형률을 계산해 보자. 양생온도, 작용응력의 크기 및 온도변화에 따른 보정은 해당되지 않는다고 본다.

풀이 (i) 크리프 계수의 계산

상대습도를 RH=60%로 보고, 개념적 부재치수는

$h = \dfrac{2A_c}{u} = \dfrac{2 \times (400 \times 400)}{400 \times 4} = 200\text{mm}$ 이므로, 식 (2・10)으로부터

$$\phi_{RH} = 1 + \frac{1 - 0.01RH}{0.10^3\sqrt{h}} = 1 + \frac{1 - 0.01 \times 60}{0.10 \times {}^3\sqrt{200}} = 1.68$$

식 (2・11)로부터 ($f_{cu} = f_{ck} + \Delta f = 24 + 4 = 28$MPa 이므로)

$$\beta(f_{cu}) = \frac{16.8}{\sqrt{f_{cu}}} = \frac{16.8}{\sqrt{28}} = 3.17$$

식 (2・12)로부터

$$\beta(t') = \frac{1}{0.1 + (t')^{0.2}} = \frac{1}{0.1 + 65^{0.2}} = 0.416$$

식 (2・14)로부터

$$\beta_H = 1.5\left[1 + (0.012RH)^{18}\right]h + 250$$

$$= 1.5\left[1 + (0.012 \times 60)^{18}\right] \times 200 + 250 = 551 < 1{,}500$$

식 (2・13)으로부터

$$\beta_c(t - t') = \left[\frac{t - t'}{\beta_H + (t - t')}\right]^{0.3} = \left[\frac{365 - 65}{551 + (365 - 65)}\right]^{0.3} = 0.731$$

식 (2・9)를 식 (2・8)에 대입하여 계산하면, 크리프 계수$\phi(t, t')$는 다음과 같이 된다.

$$\phi(t, t') = \phi_0\beta_c(t - t') = \phi_{RH}\,\beta(f_{cu})\,\beta(t') \times \beta_c(t - t')$$

$$= 1.68 \times 3.17 \times 0.416 \times 0.731 = 1.62$$

예제 2-1에서 가정한 크리프 계수 2.0보다 작다.

(ii) 크리프 변형률의 계산

식 (2・23)으로부터($f_{cu} = 24 + 4 = 28$MPa이므로)

$$E_{ci} = 10{,}000^3\sqrt{f_{cu}} = 10{,}000^3\sqrt{28} = 30{,}400\text{MPa}$$

식 (2・22)로부터(1종 시멘트를 사용하고, 습윤양생 했다고 보고, $\beta_{sc} = 0.35$를 취한다)

$$\beta_{cc}(t) = \exp\left[\beta_{sc}\left(1 - \sqrt{\frac{28}{t}}\right)\right] = \exp\left[0.35\left(1 - \sqrt{\frac{28}{365}}\right)\right] = 1.29$$

식 (2・24)로부터

$$E_{ci}(t) = \sqrt{\beta_{cc}(t)}\,E_{ci} = \sqrt{1.29} \times 30{,}400 = 34{,}500\text{MPa}$$

따라서 전체 크리프 변형률 $\varepsilon_{c\sigma}(t, t)$는 식 (2・7)에 의하여 다음과 같이 된다.

$$\varepsilon_{c\sigma}(t, t') = f_c(t')\left[\frac{1}{E_{ci}(t')} + \frac{\phi(t, t')}{E_{ci}}\right]$$

$$= 8\left(\frac{1}{34,500} + \frac{1.62}{30,400}\right) = 0.00023 + 0.00043 = 0.00066(\mathrm{mm/mm})$$

이것은 하중과 크리프에 의한 총변형률로, 크리프 변형률 0.00043은 예제 2-1보다 작다.

2.1.7 건조수축

[1] 건조수축 변형률

콘크리트는 습기를 흡수하면 팽창하고 건조하면 수축한다. 이것은 시멘트풀이 팽창하고 수축하기 때문이다. 즉, 시멘트풀은 주위의 습도가 높을 때는 수분을 흡수하여 팽창하고, 주위의 습도가 낮을 때는 수분을 방출하여 수축한다. 그러므로 콘크리트 속에서 자유로이 이동할 수 있는 물이 적을수록, 또 경화한 시멘트풀 속의 공극(空隙)이 적을수록 팽창과 수축은 적게 일어난다. 경화한 시멘트풀 속의 공극이 같다면 시멘트풀의 양이 적을수록 팽창과 수축은 적게 일어난다.

콘크리트는 수화작용에 필요한 수량(水量)보다 많은 물을 사용한다. 따라서 수화하고 남은 물은 자유수(自由水)로서 콘크리트 속에 머물러 있다가 콘크리트가 대기 중에 방치될 때 증발한다. 그 결과 콘크리트는 **건조수축**(dry shrinkage)을 일으킨다. 따라서 단위수량(單位水量)이 많으면 건조수축은 크게 일어난다.

일반적으로 모르타르는 콘크리트의 2배 정도의 건조수축을 나타낸다. 이는 단위 시멘트량이 많으면 시멘트풀 경화제의 건조 수축량이 커짐을 의미한다.

이상에서 알 수 있는 바와 같이 콘크리트의 건조수축은 단위수량과 단위 시멘트량의 영향을 크게 받는다. 그 밖에 골재의 종류와 최대치수, 시멘트의 종류와 품질, 다지기 방법과 양생상태, 부재의 단면치수 등의 영향도 받는다. 따라서 콘크리트의 건조수축을 적게 하려면 단위수량을 되도록 적게 하는 것이 가장 중요하고, 부배합(富配合, rich mix)을 피해야 하며, 아울러 상당한 기간 세심한 주의를 기울여 양생하는 것이 필요하다.

건조수축은 콘크리트 구조물에 해롭다. 콘크리트 부재는 표면으로부터 내부로 향하여 건조해 들어가기 때문에 표면에는 인장응력이 일어나고 내부 콘크리트에는 압축응력이 일어난다. 건조가 계속되어 철근 둘레의 콘크리트까지 이르게 되면 철근이 콘크리트의 건조수축을 방해하기 때문에 철근 둘레의 콘크리트에는 인장응력이 발생하고 철근에는 압축응력이 발생한다. 그래서 콘크리트 표면에 수축균열이 발생하기도 하고, 또 부재의 변형이 구속된 구조물에서는 부재에 **수축응력**(shrinkage stress)을 일으키기도 한다. 특히 라멘, 아치 등과 같은 부정정 구조물에서는 건조수축으로 인한 부재의 변형 때문에 큰 수축응력이 발생한다.

보통 콘크리트의 최종 수축량은 일반적으로 0.0002～0.0007의 범위에 있다. 부정정 구조물의 설계계산에 사용할 건조수축 변형률은 일반적으로 표 2-2의 값을 표준으로 한다. 이 표의 값은 실제의 건조수축보다 작은 값이다. 그 까닭은 실제의 철근 콘크리트 구조물에 있어서는 콘크리트의 크리프의 영향과 철근의 존재 때문에 건조수축의 영향이 감소하기 때문이다.

표 2-2 콘크리트의 건조수축 변형률

구조물의 종류		건조수축 변형률
골조 (frame, 라멘)		0.00015
아치 (arch)	철근비 0.5% 이상	0.00015
	철근비 0.1%～0.5%	0.00020

[2] 수축응력

콘크리트 속에 묻힌 철근이 콘크리트의 건조수축에 어떤 영향을 미치는가를 알아보자. 콘크리트만으로 된 그림 2-7(a)의 무근 콘크리트 부재가 그 변형이 자유롭다면, 이 부재는 건조수축으로 인하여 그림 2-7(b)와 같이 ε_{sh} 만큼의 수축변형률이 일어날 것이다. 그림 2-7(a)의 콘크리트 부재의 중심에 철근을 묻어 넣어서 그림 2-7(d)와 같이 철근 콘크리트 부재로 했을 경우에는 철근이 콘크리트의 건조수축을 구속하기 때문에 그림 2-7(c)와 같이 부재의 전 길이는 덜 수축한다. 즉, 철근은 건조수축하는 성질이 없으므로 콘크리트의 건조수축을 방해한다. 따라서 철근에는 압축응력이 일어나고 콘크리트에는 인장응력이 일어난다. 즉, 그림 2-7(c)에 보인 바와 같이 철근에는 ε_{sc} 만큼의 압축 변형률이 일어나고, 콘크리트에는 ε_{ct} 만큼의 인장 변형률이 일어난다. 그래서 다음 관계가 성립한다.

$$\varepsilon_{sh} = \varepsilon_{ct} + \varepsilon_{sc} \tag{a}$$

이때 콘크리트에 일어나는 인장응력을 f_{ct}, 철근에 일어나는 압축응력을 f_{sc} 라고 하면 Hooke의 법칙에 의하여

$$\varepsilon_{ct} = \frac{f_{ct}}{E_c}, \qquad \varepsilon_{sc} = \frac{f_{sc}}{E_s}$$

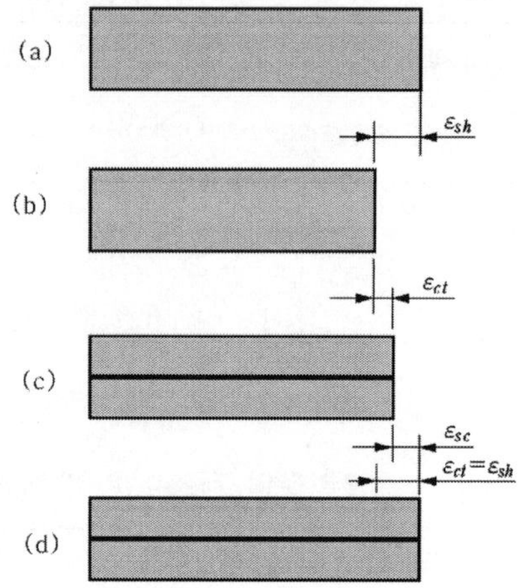

그림 2-7 콘크리트 부재의 건조수축

여기서 E_c 및 E_s 는 각각 콘크리트 및 철근의 탄성계수이다. 이 관계를 식 (a)에 대입하면

$$\varepsilon_{sh} = \frac{f_{ct}}{E_c} + \frac{f_{sc}}{E_s} \tag{b}$$

이 부재에서 콘크리트의 단면적을 A_c, 철근의 단면적을 A_s 라고 하면, 콘크리트 단면에 작용하는 인장력과 철근에 작용하는 압축력은 서로 비기고 있으므로

$$f_{ct} A_c = f_{sc} A_s$$

$$\therefore f_{ct} = \frac{A_s}{A_c} f_{sc} \tag{2・25}$$

이것이 콘크리트에 작용하는 수축응력(contraction stress, shrinkage stress)이다. 이 관계를 식 (b)에 대입하면

$$\varepsilon_{sh} = f_{sc}\left(\frac{A_s}{A_c E_c} + \frac{1}{E_s}\right)$$

$\dfrac{E_s}{E_c} = n$ 으로 놓으면

$$\varepsilon_{sh} = \frac{f_{sc}}{E_s}\left(\frac{nA_s}{A_c} + 1\right)$$

따라서 철근에 일어나는 압축응력은 다음과 같이 된다.

$$f_{sc} = \frac{\varepsilon_{sh} E_s}{1 + \dfrac{nA_s}{A_c}} \tag{2·26}$$

[3] 설계기준에서 주고 있는 건조수축 변형률

콘크리트구조기준(2012)에서는 콘크리트의 건조수축 변형률을 다음과 같이 주고 있다.

(1) 콘크리트의 건조수축 변형률

대기의 평균 상대습도, 부재의 크기 등을 고려하여, 다음 식 (2·27)로 구할 수 있다.

$$\varepsilon_{sh}(t, t_s) = \varepsilon_{sho} \beta_s (t - t_s) \tag{2·27}$$

여기서 $\varepsilon_{sh}(t,t_s)$: 재령 t_s 일에서 외기에 노출된 콘크리트의 재령 t 일에서의 전체 건조수축 변형률

ε_{sho} : 개념적 건조수축 계수(notional shrinkage coefficient)

$$= \varepsilon_s(f_{cu})\beta_{RH} \tag{2·28}$$

$$\varepsilon_s(f_{cu}) = [160 + 10\beta_{sc}(9 - f_{cu}/10)] \times 10^{-6} \tag{2·29}$$

β_{RH} : 외기습도에 따른 크리프와 건조수축에 미치는 영향계수

$$= \begin{cases} -1.55[1-(RH/100)^3] & (40\% \le RH < 99\%) \\ 0.25 & (RH \ge 99\%) \end{cases} \tag{2·30}$$

$\beta_s(t - t_s)$: 건조기간에 따른 건조수축 변형률 함수

$$= \sqrt{\frac{(t-t_s)}{0.035h^2 + (t-t_s)}} \tag{2·31}$$

β_{sc} : 시멘트 종류에 따른 건조수축에 미치는 영향계수

$$= \begin{cases} 4: & 2종\ 시멘트 \\ 5: & 1종, 5종\ 시멘트 \\ 8: & 3종\ 시멘트 \end{cases}$$

RH : 외기의 상대습도(%)

h : 개념적 부재치수(notional size of member)(mm)$= \dfrac{2A_c}{u}$

u : 단면적 A_c의 둘레 중에서 수분이 외기로 확산되는 둘레길이(mm)

t : 콘크리트의 재령(일)

t_s : 콘크리트가 외기에 노출되었을 때의 재령

f_{cu} : 식 (2 · 3) 참조

(2) β_{RH} 및 $\beta_s(t-t_s)$의 보정

외기의 온도가 20℃가 아닌 경우, β_{RH} 및 $\beta_s(t-t_s)$는 다음의 식 (2 · 32)와 식 (2 · 33)에 의하여 보정해야 한다.

$$\beta_{RH,T} = \left[1+\left(\frac{8}{103-RH}\right)\left(\frac{T-20}{40}\right)\right]\beta_{RH} \tag{2 · 32}$$

$$\beta_s(t-t_s) = \sqrt{\frac{(t-t_s)}{0.035h^2\exp[-0.06(T-20)]+(t-t_s)}} \tag{2 · 33}$$

여기서 T : 외기 또는 양생온도(℃)

예제2-3 단면이 400×500 mm이고, 길이가 6 m인 철근콘크리트 부재가 있다. 철근은 단면 도심에 대하여 대칭으로 배치하였으며, 단면적은 A_s =2,000 mm²이다. 콘크리트의 건조수축으로 인한 콘크리트의 수축응력을 계산하라. 콘크리트의 건조 수축률은 ε_{sh} = 0.00020이고, 콘크리트 및 철근의 탄성계수는 각각 E_c =2.6×10⁴ MPa, E_s =2.0×10⁵ MPa이다. 이 부재의 변형은 구속되어 있지 않다.

풀이 철근과 콘크리트의 탄성 계수비는

$$n = \frac{E_s}{E_c} = \frac{2.0\times10^5}{2.6\times10^4} = 7.7$$

따라서 철근에 일어나는 압축응력은 식 (2 · 26)으로부터

$$f_{sc} = \frac{\varepsilon_{sh}E_s}{1+\dfrac{nA_s}{A_c}} = \frac{0.00020\times2.0\times10^5(\mathrm{N/mm^2})}{1+\dfrac{7.7\times2{,}000(\mathrm{mm^2})}{400\times500(\mathrm{mm^2})}} = 37\,\mathrm{N/mm^2}\,(37\,\mathrm{MPa})$$

콘크리트에 일어나는 수축응력은 식 (2 · 25)로부터

$$f_{ct} = \frac{A_s}{A_c}f_{sc} = \frac{2{,}000}{400\times500}\times37 = 0.37\,\mathrm{N/mm^2}\,(0.37\,\mathrm{MPa})$$

예제 2-3에서 알 수 있는 바와 같이 철근콘크리트 부재가 외적으로 구속되어 있지 않다면 콘크리트의 건조수축에 의하여 철근 및 콘크리트에 일어나는 응력은 매우 작으므로 문제가 되지 않는다.

그러나 그림 2-7(d)의 철근콘크리트 부재가 양단이 고정되어 부재의 신축이 구속된 경우에는 $\varepsilon_{sc}=0$, $f_{sc}=0$이다. 즉, 이 경우에는 건조수축으로 인한 콘크리트

의 인장변형률 ε_{ct} 가 콘크리트의 건조수축 변형률 ε_{sh} 와 같게 되어 콘크리트에 매우 큰 인장응력이 일어난다. 그 인장응력은 다음과 같다.

$$f_{ct} = \varepsilon_{ct} E_c = \varepsilon_{sh} E_c \qquad (2 \cdot 34)$$

예제2-4) 예제 2-3의 부재가 외적으로 구속되었을 경우, 콘크리트에 일어나는 수축응력을 계산하라.

풀이 식 (2・34)로부터

$$f_{ct} = \varepsilon_{ct} E_c = \varepsilon_{sh} E_c = 0.00020 \times 2.6 \times 10^4 = 5.2\text{MPa}$$

예제 2-4에서 알 수 있는 바와 같이 변형이 구속된 철근콘크리트 부재에서는 매우 큰 수축응력이 일어난다. 이 수축응력이 콘크리트의 인장강도를 초과하면 콘크리트에 균열이 발생한다. 이러한 균열을 **수축균열**이라고 한다.

예제2-5) 예제 2-3의 부재의 재령 $t = 90$일에서의 건조수축 변형률을 설계기준에 따라 계산해 보자. 이 부재의 콘크리트가 외기에 노출되었을 때의 재령은 $t_s = 14$일이고, 건조수축 변형률을 계산할 시점인 재령 $t = 90$일까지는 외기의 온도가 20℃를 유지했다고 본다, 1종 시멘트를 사용하였으며, 콘크리트의 설계 기준강도는 $f_{ck} = 24\text{MPa}$이다.

풀이 1종 시멘트를 사용하였으므로 $\beta_{sc} = 5$이고, 식 (2・3)으로부터

$f_{cu} = 24 + 4 = 28\text{MPa}$이다. 따라서 식 (2・29)로부터

$$\varepsilon_s(f_{cu}) = \left[160 + 10\beta_{sc}\left(9 - \frac{f_{cu}}{10}\right)\right] \times 10^{-6}$$

$$= \left[160 + 10 \times 5 \times \left(9 - \frac{28}{10}\right)\right] \times 10^{-6} = 0.00047$$

상대습도를 $RH = 60\%$로 보면, 식 (2・30)의 첫 번째 식으로부터

$$\beta_{RH} = -1.55\left[1 - \left(\frac{RH}{100}\right)^3\right] = -1.55\left[1 - \left(\frac{60}{100}\right)^3\right] = -1.22$$

식 (2・28)로부터

$$\varepsilon_{sho} = \varepsilon_s(f_{cu})\beta_{RH} = 0.00047 \times (-1.22) = -0.000573$$

부재치수가 400×500 mm이므로, 개념적 부재치수는

$$h = \frac{2A_c}{u} = \frac{2 \times (400 \times 500)}{2 \times 400 + 2 \times 500} = 222\text{mm}$$

따라서 식 (2 · 31)로부터

$$\beta_s(t-t_s)=\sqrt{\frac{t-t_s}{0.035h^2+(t-t_s)}}$$

$$=\sqrt{\frac{90-14}{0.035\times 222^2+(90-14)}}=0.205$$

$t=90$일 동안 외기의 온도가 20℃를 유지하였으므로, β_{RH} 및 $\beta_s(t-t_s)$를 보정할 필요는 없다.

따라서 재령 90일에서의 건조수축 변형률은 식 (2 · 27)에 의하여 다음과 같이 된다.

$$\varepsilon_{sh}(t,t_s)=\varepsilon_{sho}\,\beta_s(t-t_s)=-0.000573\times 0.205=-0.000117$$

여기에 부호(−)가 붙은 것은 식 (2 · 30)의 첫 번째 식을 적용했기 때문이며, 이것은 대기에 노출된 콘크리트는 건조하여 수축된다는 의미를 나타내는 것이다.

2.1.8 온도변화

콘크리트는 온도가 올라가면 팽창하고 온도가 내려가면 수축한다. 온도에 의한 수축이 건조수축과 동시에 일어나면 심한 균열을 유발하며, 특히 부정정 구조물에서 온도변화로 인한 변형은 부재에 해로운 응력을 일으킨다. 즉 라멘, 아치 등의 부정정 구조물에서는 온도변화로 인한 신축 때문에 **온도응력**(thermal stress)이 크게 일어난다.

콘크리트 구조물의 온도변화는 구조물을 만드는 지역 또는 장소의 기온의 변화, 콘크리트 시공의 시기, 구조물의 단면치수, 구조물의 피복두께 등에 따라 다르다.

우리나라에서는 온도의 승강을 보통의 경우는 20℃, 부재의 최소치수가 700 mm 이상인 경우에는 15℃를 표준으로 하고 있다. 이것은 구조물의 시공완료 시기가 연평균 기온과 일치한다고 보고 연평균 기온과 월평균 기온의 최고값과 최소값과의 차를 그렇게 본 것이다.

예를 들어 연평균 기온을 10℃라고 하면, 완공했을 때 구조물의 온도를 10℃로 보고, 겨울에는 그 구조물의 온도가 −10℃까지 내려가며, 여름에는 +30℃까지 올라간다고 보아, 20℃의 온도 승강을 고려하여 구조물의 온도응력을 검토하는 것이다.

그러나 구조물의 시공완료 시기가 연평균 기온과 일치하지 않는 경우도 있다. 예를 들면 한여름 또는 한겨울에 시공이 완료되는 경우가 있는데 이러한 경우, 처음에는 위의 값보다 매우 큰 온도변화를 나타내지만 콘크리트의 크리프에 의하여 온도응력이 연평균 기온일 때를 기준으로 하여 상하(上下)로 변화한다고 볼 수 있게 되어, 일반적으로 시공시의 온도에 대하여는 고려하지 않아도 된다.

온도변화의 영향을 설계에 고려할 경우에는 콘크리트 및 철근의 열팽창 계수를 1℃에 대하여 10×10^{-6}으로 본다.

예제2-5) 예제 2-3의 부재가 변형이 구속되었다고 생각하고 온도응력을 계산하라.

풀이 콘크리트의 온도응력 f_{ct}는 Hooke 법칙에 의하여 다음과 같이 된다.

$$f_{ct}=\varepsilon_c E_c=(\alpha t)E_c$$

여기서 α : 콘크리트 및 철근의 열팽창 계수

t : 온도의 변화

E_c: 콘크리트의 탄성계수

부재 단면이 400×500 mm이므로 온도의 승강은 $t=20$℃로 보아야 하고 $\alpha=10\times10^{-6}$, $E_c=2.6\times10^4$ MPa이므로,

$$f_{ct}=(\alpha t)E_c=(10\times10^{-6}\times20)\times2.6\times10^4$$
$$=5.2\text{MPa}$$

즉, 온도가 내려갈 경우에는 5.2 MPa의 인장응력이 콘크리트에 일어나고, 온도가 올라갈 경우에는 5.2 MPa의 압축응력이 일어난다. 콘크리트의 인장강도가 5.2 MPa보다 작으면 온도가 내려갈 경우에는 콘크리트에 균열이 발생할 것이다.

일반적으로 정정구조물에서는 건조수축이나 온도변화에 의한 응력을 무시해도 좋으나, 부정정 구조물에서는 그들의 영향을 설계에 고려해야 한다.

2.1.9 압축강도 이외의 강도

콘크리트의 인장강도, 휨인장강도, 전단강도 등은 압축강도에 비하여 매우 작다. 그러나 압축강도가 큰 콘크리트일수록 이들 강도도 커진다. 이들 강도와 압축강도의 비는 대략 표 2-3과 같으며 고강도의 콘크리트일수록 그 강도비(强度比)는 작아진다.

콘크리트의 인장강도는 KS F 2423에 규정된 쪼갬인장강도시험(할렬시험, split cylinder test)으로 얻어지고, 휨강도는 KS F 2408에 규정된 3등분점 재하시험으로 구해지며, 전단강도의 시험방법은 아직 표준화된 것이 없다.

표 2-3 압축강도와 기타 강도의 비

콘크리트 \ 강도비	$\frac{\text{인장강도}}{\text{압축강도}}$	$\frac{\text{휨인장강도}}{\text{압축강도}}$	$\frac{\text{직접 전단강도}}{\text{압축강도}}$
보통 콘크리트	$\frac{1}{9} \sim \frac{1}{13}$	$\frac{1}{5} \sim \frac{1}{7}$	$\frac{1}{4} \sim \frac{1}{7}$
경량골재 콘크리트	$\frac{1}{9} \sim \frac{1}{15}$	$\frac{1}{6} \sim \frac{1}{10}$	$\frac{1}{6} \sim \frac{1}{10}$

콘크리트의 인장강도는 $\phi 150 \times 300$ mm의 원주형 공시체를 옆으로 뉘어서 가압하는 쪼갬인장강도시험으로 구한다. 이 시험으로 얻은 콘크리트의 인장강도를 **쪼갬인장강도**(splitting tensile strength)라고 하며, 보통 콘크리트의 쪼갬인장강도는 $0.5\sqrt{f_c} \sim 0.66\sqrt{f_c}$ 정도이다. 콘크리트의 휨인장강도는 $150 \times 150 \times 530$ mm의 무근 콘크리트 보 공시체를 사용하여 휨시험을 하고, My/I의 식으로 구한다. 이렇게 하여 얻은 휨인장강도를 **파괴계수**(modulus of rupture)라고도 한다. 보통 콘크리트의 휨인장강도는 $0.66\sqrt{f_c} \sim 1.0\sqrt{f_c}$ 의 범위이다. 여기서 f_c는 원주형 공시체의 압축강도(MPa)이다.

콘크리트의 전단강도는 압축강도의 35~80% 범위의 값을 나타낸다. 전단응력은 다른 응력과 분리하여 시험하기가 어려워서 이렇게 넓은 범위로 변화한다.

콘크리트는 압축강도를 주로 이용하는 것이지만 인장강도도 매우 중요하다. 철근콘크리트 휨부재의 인장 측에서의 균열의 발생과 발전은 전적으로 콘크리트의 인장강도에 좌우됨은 물론이고, 또 철근콘크리트 보의 전단저항이나 비틀림 저항도 1차적으로 콘크리트의 인장강도에 의존하기 때문이다.

교각이나 교대의 받침부의 콘크리트나 부재의 정착부의 콘크리트는 **지압응력**(支壓應力, bearing stress)을 받는다. 따라서 콘크리트의 **지압강도**(bearing strength)를 고려하여 설계하고 검증하여야 한다. 콘크리트의 지압강도는 보통의 압축시험으로 얻어지는 강도보다 큰 값을 나타낸다.

콘크리트도 다른 재료와 마찬가지로 **피로강도**는 정적하중(靜的荷重)에 대한 강도보다 매우 작다. 콘크리트는 금속과 달라서 **피로한도**를 가지지 않기 때문에 미리 반복횟수를 정하고 이 횟수에 견딜 수 있는 최대응력을 피로한도로 하고 있다. 콘크리트에서는 보통 100만 회로 하고 있다. 콘크리트의 압축에 대한 피로강도는 정적강도의 50~55%의 범위이고, 휨강도에 대한 피로강도는 정적강도의 30~60%(평균 55%) 정도이다.

2.1.10 조합응력을 받는 콘크리트의 강도

앞에서 논의한 콘크리트의 압축강도는 1축 응력(uniaxial stress)을 받는 경우에 대한 것이다. 즉, 원주형 공시체의 축방향으로만 압축을 가한 경우이다. 그러나 실제의 구조물에서 콘크리트는 여러 방향으로부터 여러 종류의 응력을 동시에 받는 것이 보통이다. 예를 들면 철근콘크리트 보는 압축응력과 전단응력을 동시에 받으며 슬래브나 확대기초는 서로 직교하는 두 방향의 압축과 전단을 동시에 받는다. 그러나 재료역학의 지식을 빌리면 이러한 조합(組合)된 응력들이 아무리 복잡하게 작용하더라도 이 응력들을 정육면체 요소(要素)에 작용하는 서로 직교하는 3방향의 주응력(主應力, principal stress)으로 바꾸어 놓을 수 있다. 이들 3개의 주응력은 전부가 인장일 때도 있고, 또 전부가 압축인 경우도 있으며, 또는 일부가 인장이고 나머지는 압축인 경우도 있다. 이들 3개의 주응력 가운데서 하나가 0이면 2축 응력(biaxial stress)을 받는 경우이고, 2개가 0이면 1축 응력을 받는 경우로 된다.

대개의 경우 우리는 재료의 1축 응력만을 간단한 시험에 의해서 알 수 있을 뿐이다. 원주형 공시체의 압축강도 f_c 나 인장강도(쪼갬인장강도) f_t 는 1축 시험에서 얻어지는 콘크리트의 강도이다. 최근의 많은 연구에도 불구하고 조합응력을 받는 콘크리트의 강도에 대한 이론은 아직도 확립되지 못하고 있다. 그러나 2축 응력상태에 있는 콘크리트의 강도는 시험에 의해 잘 확립되어졌다. 그 결과를 상관도(interaction diagram)의 형식으로 보인 것이 그림 2-8이다.

이 그림은 방향 1로 작용하는 응력(f_1)을 방향 2로 작용하는 응력(f_2)의 함수로 나타낸 것이다. 모든 응력들은 1축 압축응력 f_c 를 사용하여 무차원화 하였다. 2축 압축에서 콘크리트 강도는 1축 압축강도를 넘어 20% 정도 더 크게 나타남을 그림은 보여 주고 있다. 2축 인장상태에서는 방향 1의 응력과 방향 2의 응력은 서로 관련성이 없다. 그러나 방향 2의 인장이 방향 1의 압축과 결합될 때는 압축강도는 거의 직선적으로 감소한다. 즉, 1축 인장강도의 반 정도의 가로방향 인장은 세로방향 압축강도를 1축 압축강도의 반 정도로 감소시킨다. 이러한 사실은 깊은보(높이가 큰 보, deep beam)나 전단 벽(shear wall)에서의 균열발생을 예측하는 데 중요하다.

콘크리트의 3축 응력(triaxial stress)에 관한 실험적 연구는 적다. 그 이유는 재하장치를 이용하여 자유롭게 3방향에서 동시에 재하하기가 어렵기 때문이다. 현재까지의 연구로부터 얻을 수 있는 콘크리트의 3축 응력에 대한 결론은 다음과 같다.

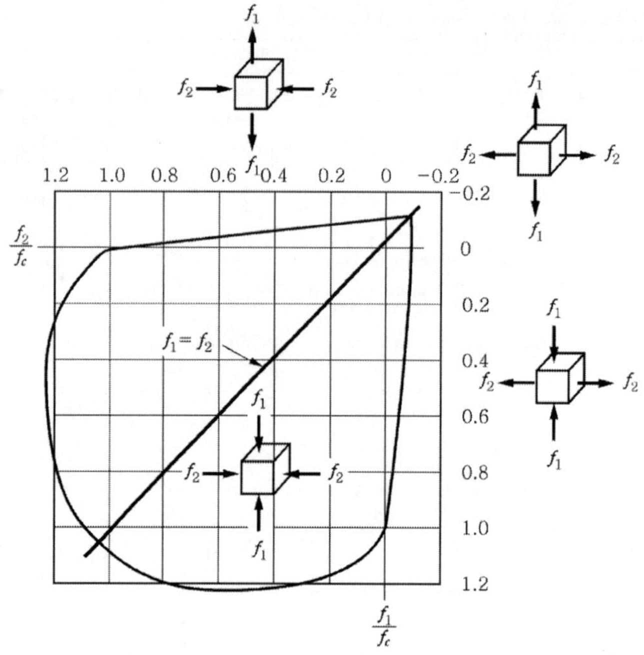

그림 2-8 2축 응력상태에 있는 콘크리트의 강도[참고문헌 5]

(1) 3방향의 응력의 크기가 서로 같은 3축 압축응력 상태에 있어서는 콘크리트의 강도는 1축 압축응력보다 큰 값을 나타낸다.

(2) 2축의 압축응력은 서로 크기가 같고, 제 3 방향의 압축응력이 작을 때는 콘크리트 강도는 20% 이상 증가한다.

(3) 압축이 적어도 하나의 인장과 결합된 응력상태에서는 중간 주응력은 거의 영향을 미치지 않으며, 따라서 콘크리트의 압축응력은 그림 2-8에 따라 안전하게 예측할 수 있다.

실제로 조합응력을 받는 콘크리트의 강도를 아직은 합리적으로 계산할 수 없다. 즉, 콘크리트 구조물에 있어서 모든 작용응력과 방향을 계산한다는 것은 거의 불가능하다. 따라서 철근콘크리트 구조물의 설계는 해석이론보다는 광범위한 실험결과에 더 근거하게 되고, 이것은 조합응력이 작용하는 곳에서 더욱 그러하다.

2.1.11 고강도 콘크리트

일반적으로 40 MPa 이상의 압축강도를 가지는 콘크리트를 고강도 콘크리트(high-strength concrete)라고 한다. 40∼80 MPa의 범위의 고강도 콘크리트가 사용되고 있으며, 미국에서는 120 MPa의 고강도 콘크리트가 구조물에 사용된 예도 있다.

고강도 콘크리트는 품질이 엄선된 시멘트와 골재에 고성능 감수제, 실리카 퓸, 플라이 애쉬 등의 혼화재료를 사용하여 제조된다. 고강도 콘크리트의 기본요건은 매우 작은 물-시멘트비이며, 그 값은 25% 이하이다. 그래서 고성능 감수제(유동화제)가 사용되고 플라이 애쉬가 첨가되며, 가장 중요한 것은 실리카 퓸의 첨가이다. 이렇게 함으로써 매우 작은 물-시멘트비로 워커빌리티가 좋은 콘크리트가 얻어지고, 경화한 후에는 매우 높은 강도를 나타낸다. 고강도 콘크리트는 압축강도뿐만 아니라 그 밖의 다른 성질들도 많이 개선되기 때문에 **고성능 콘크리트**(high-performance concrete)라고 부르기도 한다.

고강도 콘크리트는 높은 압축강도를 가지므로 부재의 단면을 축소시킬 수가 있어서, 구조물의 자중을 경감시킬 수 있기 때문에 긴 지간의 구조물이나 고층 건축물에 사용된다. 고강도 콘크리트는 탄성계수의 값은 커지고 건조수축과 크리프는 적어지므로, 고강도 콘크리트를 사용함으로써 초기처짐이나 장기처짐을 감소시킬 수 있고, 또 PSC교(프리스트레스트 콘크리트교)에 있어서는 프리스트레스(prestress)의 손실이 적어진다.

또한 고강도 콘크리트는 마모에 대한 저항성의 향상, 철근부식에 대한 방호, 내약품성(耐藥品性)의 향상 등 내구성 개선에도 유리하다. 그래서 교량 바닥판의 덧씌우기, 댐의 여수로, 화학공장의 바닥 슬래브, 해양구조물 등에 사용된다.

2.1.12 설계기준압축강도와 배합강도

콘크리트 부재를 설계할 때 기준으로 하는 압축강도를 **설계기준압축강도**(specified compressive strength)라고 하며, 콘크리트의 배합을 정할 때 목표로 하는 압축강도를 **배합강도**(required average strength, target mean strength)라고 한다. 그리고 이들 강도는 일반적인 경우 재령 28일의 압축강도를 기준으로 한다.

[1] 설계기준압축강도와 배합강도와의 관계

철근이나 구조용 강재는 시설이 갖추어진 제철공장에서 KS 규격에 맞도록 조직적인 품질관리 하에 생산된다. 그러므로 강재는 소요의 품질을 가지며 품질의 변동이 비교적 크지 않다. 그러나 콘크리트는 동일한 재료를 사용하여 동일한 배합과 방법으로 제조하더라도 여러 가지 요인에 의하여 그 품질이 어느 정도 변동한다. 그러므로 콘크리트는 공사기간 중 그 품질이 어느 정도 변동하는 것을 피할 수 없다.

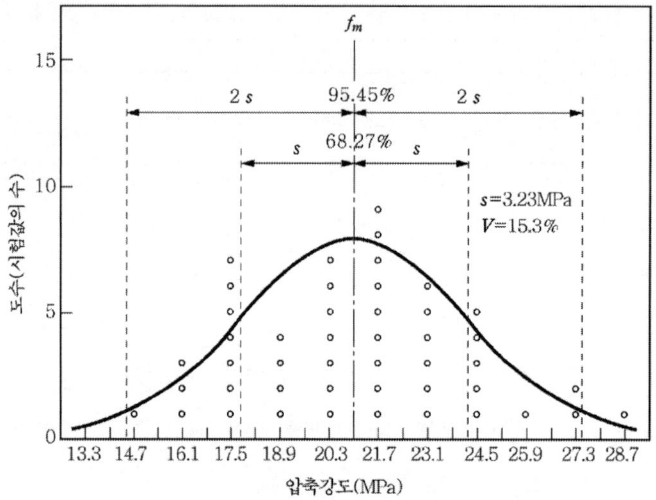

그림 2-9 압축강도의 도수분포의 예

그림 2-9는 동일한 재료를 사용하여 동일한 방법으로 제조한 콘크리트를 동일한 재령에서 압축강도시험을 한 결과를 보인 것이다. 시험값의 수는 46개로서 가로축에 압축강도를, 세로축에 시험값의 수, 즉 도수(度數)를 나타낸 것이다. 물론, 하나의 시험값은 같은 배치(batch)에서 취한 3개의 공시체의 압축강도의 평균값이다. 이 그림에서 알 수 있는 바와 같이 콘크리트의 압축강도와 도수는 일반적으로 정규분포(normal distribution)를 나타낸다.

이 콘크리트의 압축강도의 평균값은 $f_m = 21$ MPa이고, 표준편차는 $s = 3.23$ MPa이며, 변동계수는 $V = 15.3\%$이다.

또한, 이 정규분포 곡선은 평균강도 f_m을 중심으로 $\pm s$ 되는 위치의 점이 변곡점이고, 그 사이에 포함되는 분포곡선의 면적은 분포곡선 전체 면적의 68.27%이며, $\pm 2s$ 사이에서의 분포곡선의 면적은 95.45%이다.

그리고 46개의 시험값 가운데 22개의 시험값은 평균값보다 낮은 강도임을 알 수 있다. 다시 말해서 시험값의 총수의 절반 정도의 시험값은 평균값보다 낮은 강도를 나타내고 있다.

만약, 설계기준압축강도가 21 MPa인 경우, 처음부터 21 MPa의 압축강도를 목표로 콘크리트를 제조한다면, 그림 2-9로부터 알 수 있는 바와 같이 그 시험값의 수의 절반 정도는 21 MPa보다 낮은 강도를 나타낼 것이다. 이것은 구조물의 안전을 위하여 바람직하지 못하다. 그렇다고 모든 시험값이 21 MPa 이상 되도록 콘크리트를 만든다

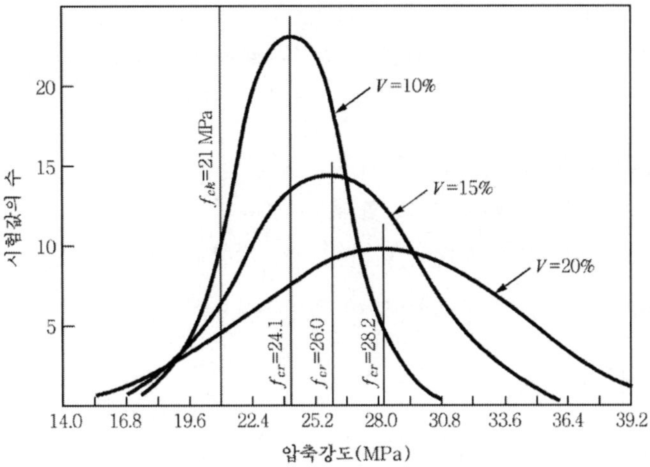

그림 2-10 설계기준압축강도와 배합강도의 관계[참고문헌 6]

는 것은 비경제적일 뿐 아니라 실제로 거의 불가능하다. 따라서 압축강도가 21 MPa 이하인 콘크리트가 다소는 만들어지더라도 구조물의 안전을 위협하는 일이 없도록 하기 위해서는 설계기준압축강도 21 MPa를 얼마간 웃도는 강도의 콘크리트를 만들 필요가 있다. 다시 말해서 설계기준압축강도를 확보하기 위하여, 미리 압축강도의 변동을 고려해서 설계기준압축강도를 적절한 수준으로 웃도는 강도를 얻도록 배합을 정하여 콘크리트를 제조해야 하는 것이다. 이것이 **배합강도**이며 배합강도를 설계기준압축강도보다 충분히 크게 정해야 하는 이유이다. 그것은 구조물의 어느 부분에 사용된 콘크리트의 압축강도도 구조물의 설계에서 기준으로 한 압축강도에 비하여 과소로 되지 않도록 보증하기 위해서이다.

설계기준압축강도 f_{ck} 와 배합강도 f_{cr} 의 관계를 알기 쉽게 보인 것이 그림 2-10이다. 이 그림은 설계기준압축강도를 21 MPa로 할 때 압축강도의 변동계수가 10%로 예상되면 배합강도를 24.1 MPa로 해야 한다는 것을 보여 주는 것이다. 변동계수가 15%로 예상된다면 배합강도는 26 MPa로 해야 하고, 변동계수가 20%로 예상될 경우에는 배합강도를 28.2 MPa로 해야 한다. 이것은 콘크리트 강도의 시험값이 설계기준압축강도 이하로 되는 일이 1/10의 확률로 일어나도록 했을 때의 배합강도이다. 이들 배합강도 24.1 MPa, 26 MPa 및 28.2 MPa는 각각 변동계수가 다른 세 종류의 콘크리트의 분포곡선에서 압축강도의 평균값을 나타내고 있다는 것에 주의해야 한다. 즉, 배합강도 f_{cr} 는 이와 동일한 배합으로 된 현장 콘크리트의 압축강도가 나타내는 모집단 분포(母

集團分布)의 평균값과 같다고 생각해도 좋다.

그림 2-10은 변동계수가 크면 배합강도를 크게 해야 함을 보여 주고 있다. 또, 품질관리가 잘된 콘크리트는 압축강도의 시험값이 평균값에 가깝게 집중하여 분포곡선이 높고 좁으며, 품질관리가 잘 안 된 콘크리트는 압축강도의 변동이 커서 분포곡선이 낮고 넓게 됨을 이 그림은 보여 주고 있다.

이상에서 설명한 바와 같이 배합강도는 설계기준압축강도에 비하여 충분히 커야 한다. 그러면 실제로 어느 정도 큰 값이라야 하는가 하는 것이 문제로 된다.

[2] 배합강도에 관한 ACI 214의 제안

ACI 214-77에서는 다음과 같이 제안하고 있다.

예상되는 변동계수를 알면 식 (2・35) 또는 그림 2-11로 배합강도를 구하고, 표준편차를 알고 있는 경우에는 식 (2・36)으로 배합강도를 계산한다.

$$f_{cr} = \frac{f_{ck}}{1-kV} \qquad (2 \cdot 35)$$

$$f_{cr} = f_{ck} + ks \qquad (2 \cdot 36)$$

여기서 f_{cr} : 배합강도

f_{ck} : 설계기준압축강도

k : f_{ck} 이하로 되는 확률에 의해 정해지는 계수(표 2-4)

V : 예상되는 변동계수

s : 예상되는 표준편차

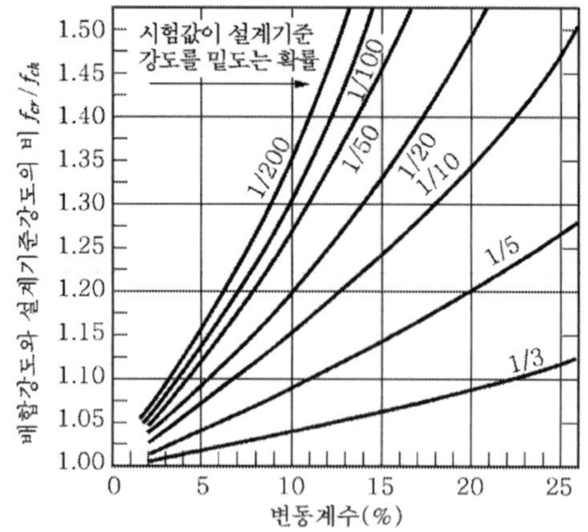

그림 2-11 시험값이 f_{ck} 이하로 되는 확률에 대한 변동계수와 f_{cr}/f_{ck} 와의 관계

위의 식 (2 · 36)은 압축강도시험값이 평균강도 $f_m(=f_{cr})$, 표준편차 s 를 가지고 그림 2-12(a)와 같이 정규분포를 한다고 보았을 때 얻어지는 식이고, 식 (2 · 35)는 식 (2 · 36)에 변동계수 V를 적용함으로써 얻어진 식이다.

시험횟수 n 이 주어졌을 경우에는, 식 (2 · 35)를 수정한 다음 식들을 사용하여 배합강도를 구해도 좋다고, ACI 214에 언급되어 있다.

$$f_{cr}=\frac{f_{ck}}{1-\dfrac{kV}{\sqrt{n}}} \qquad (2 \cdot 37)$$

$$f_{cr}=f_{ck}+\frac{ks}{\sqrt{n}} \qquad (2 \cdot 38)$$

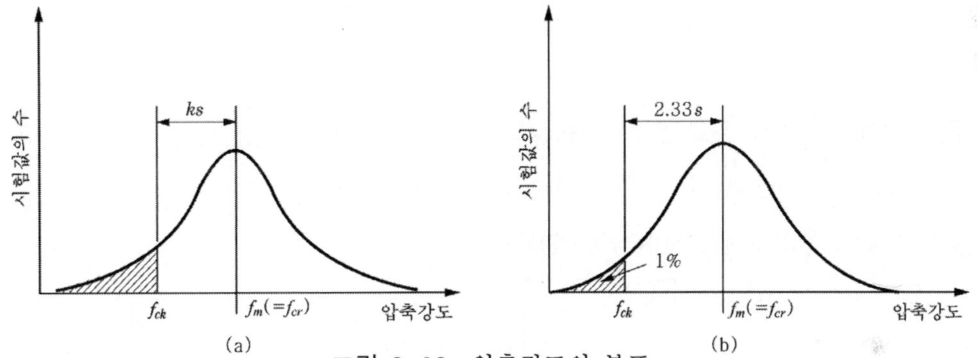

그림 2-12 압축강도의 분포

표 2-4 k의 값

시험값이 $f_m \pm ks$ 의 제한 내에 드는 백분율(%)	f_{ck} 이하로 되는 확률	k
40	3/10	0.52
50	2.5/10	0.67
60	2/10	0.84
68.27	1/6.3	1.00
70	1.5/10	1.04
80	1/10	1.28
90	1/20	1.65
95	1/40	1.96
95.45	1/44	2.00
98	1/100	2.33
99	1/200	2.58
99.73	1/741	3.00

표준편차 s 는 다음 두 식 가운데 하나로 계산한다.

$$s = \sqrt{\frac{(x_1 - \bar{x})^2 + (x_2 - \bar{x})^2 + \cdots + (x_n - \bar{x})^2}{n-1}} \qquad (2 \cdot 39)$$

또는

$$s = \sqrt{\frac{\Sigma x_i^2 - (\Sigma x_i)^2}{n-1}} \qquad (2 \cdot 40)$$

변동계수는 다음 식으로 계산한다.

$$V(\%) = \frac{s}{\bar{x}} \times 100 \qquad (2 \cdot 41)$$

여기서 $x_i (i = 1,\ 2,\ \cdots,\ n)$: 개개의 시험값

$\bar{x}$: 시험값의 평균$\left(= \dfrac{x_1 + x_2 + \ldots + x_n}{n} \right)$

n : 시험횟수

[3] 설계기준에서 주고 있는 배합강도

콘크리트구조기준(2012)에서는 배합강도를 다음과 같이 주고 있다.

(1) 30회 이상의 시험기록이 있는 경우

① $f_{ck} \le 35$ MPa인 경우

즉 설계기준강도 f_{ck}가 35 MPa이하인 경우에는 다음 두 식으로 계산되는 값 가운데 큰 값을 배합강도로 한다.

$$f_{cr} = f_{ck} + 1.34s \qquad (2 \cdot 42)$$

$$f_{cr} = (f_{ck} - 3.5) + 2.33s \qquad (2 \cdot 43)$$

② $f_{ck} > 35$ MPa인 경우

즉 설계기준강도 f_{ck}가 35 MPa보다 큰 경우에는 다음 두 식으로 계산되는 값 가운데 큰 값을 배합강도로 한다.

$$f_{cr} = f_{ck} + 1.34s \qquad (2 \cdot 42)$$

$$f_{cr} = 0.9 f_{ck} + 2.33s \qquad (2 \cdot 44)$$

여기서 f_{cr} : 콘크리트의 배합강도(MPa)

f_{ck} : 콘크리트의 설계기준압축강도(MPa)

s : 표준편차(MPa)

식 (2 · 42)는 연속 3회의 시험의 평균값이 설계기준압축강도 f_{ck} 이하로 되는 확률을 1/100(1%)로 되게 하려는 조건이고, 식 (2 · 43)은 개개의 시험값이 설계기준압축

강도 f_{ck}를 3.5 MPa 이상 밑도는 확률을 1/100(1%)로 되게 하려는 조건이다(이러한 경우의 강도분포를 보인 것이 그림 2-12(b)이다).

식 (2・44)는 개개의 시험값이 $0.9f_{ck}$ 이하로 되는 확률을 1/100(1%)로 되게 하려는 조건이다.

확률 1/100에 해당되는 k 값은 표 2-4로부터 $k=2.33$이다. 따라서 연속 3회의 시험의 평균값이 f_{ck} 이하로 되는 확률을 1/100로 제한하려는 조건인 식 (2・42)는 식 (2・38)에 $n=3$을 대입함으로써 얻어진다. 즉

$$f_{cr}=f_{ck}+\frac{2.33s}{\sqrt{3}}=f_{ck}+1.34\,s$$

한편 설계기준에서 주고 있는 식 (2・42), 식 (2・43) 및 식 (2・44)에 사용할 표준편차 s는 30회 이상의 시험에서 얻어진 값이라야 하고, 또 설계기준압축강도 f_{ck}와의 차이가 7 MPa 이내의 강도를 갖는 콘크리트에 의해 구해진 값이라야 한다.

(2) 시험횟수가 30회 미만이거나 시험기록이 없는 경우

시험횟수가 30회 미만이거나, 시험기록이 없는 경우에는 다음에 따라 배합강도를 정해도 좋다고 설계기준은 기술하고 있다.

① 15회 이상 29회 이하의 시험기록이 있는 경우

15회 이상 29회 이하의 시험기록이 있는 경우에는, 그 시험기록(45일 이상 실시된 연속시험의 기록)으로부터 구한 표준편차에 표 2-5(a)의 보정계수를 곱한 값을 표준편차로 하여 배합강도를 계산해도 좋다.

표 2-5(a) 시험횟수가 29회 이하일 때 표준편차의 보정계수

시 험 횟 수	보 정 계 수
15	1.16
20	1.08
25	1.03
30 이상	1.00

〔주〕 표에 명시되어 있지 않은 시험횟수에 대해서는 직선보간법에 의한다.

② 시험횟수가 14회 이하이거나 또는 시험기록이 없는 경우

설계기준에서 요구하는 요건에 맞는 표준편차계산을 위한 현장강도기록이 없거나, 또는 시험횟수가 14회 이하인 경우에는 표 2-5(b)에 의하여 배합강도를 결정해도 좋다.

표 2-5(b) 기록이 없거나 시험횟수가 14회 이하인 경우의 배합강도

설계기준압축강도 f_{ck} (MPa)	배합강도 f_{cr} (MPa)
21 미만	$f_{ck}+7$
21~35	$f_{ck}+8.5$
35 초과	$1.1f_{ck}+5$

2.1.13 28일 강도를 기준으로 하는 이유

공시체는 원주형을 사용하는 나라도 있고 정육면체를 사용하는 나라도 있지만 강도만은 어느 나라든지 재령 28일의 압축강도를 기준으로 하고 있다. 다시 말해서 설계기준강도나 배합강도는 모두 일반적인 경우 28일 강도를 기준으로 한다.

콘크리트는 재령의 경과와 더불어 강도가 증진된다. 초기에는 비교적 빠른 속도로 강도가 증진되며, 차차로 느린 속도로 계속하여 강도는 증진된다. 이러한 관계를 그림 2-2에서 보았으며, 그림 2-13에도 나타나 있다. 그림 2-2는 20°±3℃로 습윤양생한 원주형 공시체의 재령과 압축강도의 관계를 보인 전형적인 그림이고, 그림 2-13은 재령과 압축강도 f_c 와의 관계를 재령 28일 강도 f_{28} 을 기준으로 나타낸 것이다.

이들 그림에서 알 수 있는 바와 같이 초기재령에서는 매우 빠른 속도로 강도를 발현하며 점차로 강도의 증진이 둔화한다. 그러므로 콘크리트 구조물에 있어서는 어느 시점에서의 콘크리트 강도를 기준으로 하여 설계해야 할 것인가 하는 것이 문제로 된다.

일반적으로 보통의 콘크리트 구조물에서는 재령 28일의 압축강도를 설계를 위한 기준강도로 하고 있다. 즉, 28일간 20°±3℃로 습윤양생한 원주형 공시체의 압축강도를 그 콘크리트의 설계를 위한 기준강도로 하고 있는 것이다. 그 이유는 다음과 같다.

실제의 구조물에서는 공시체의 양생조건과 같은 양생방법을 기대할 수 없는 것이 보통이고, 따라서 표준양생한 공시체 강도를 현저하게 웃도는 강도를 실제 구조물의 콘크리트에서는 기대할 수 없기 때문이다. 다시 말해서, 실제의 구조물에 있어서는 표준양생한 공시체의 재령 28일의 압축강도에 비하여 그 콘크리트의 강도를 크게 증가시킬 수 있을 정도의 양생을 기대할 수 없는 경우가 많기 때문이다. 따라서 구조물이 실제로 사용되는 것이 수개월 후일지라도 재령 28일의 압축강도를 기준으로 하는 것이 안전하다. 이와 같은 관점에서 보통의 구조물에 대하여는 표준양생한 공시체의 재령 28일의 압축강도를 기준으로 하는 것이다.

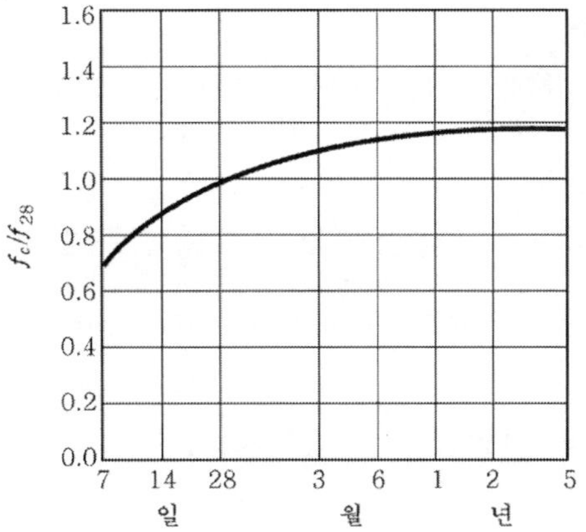

그림 2-13 재령과 f_c/f_{28}과의 관계

그러나 보통의 콘크리트 구조물과 다른 구조물, 예를 들면 댐 콘크리트나 공장제품 콘크리트의 경우는 다르다. 이 콘크리트에 대하여는 구조물의 사용 시기, 작용하중의 종류, 부재치수 등을 고려하여 다음과 같이 정하고 있다. 즉, 댐 콘크리트는 재령 91일 강도를, 공장제품 콘크리트는 재령 14일 강도를 각각 설계기준압축강도로 하고 있다.

전술한 바와 같이 일반적인 경우는 28일 강도를 기준으로 한다. 그러므로 28일이 지나야만 콘크리트의 강도를 알게 된다. 따라서 공사가 상당히 진행된 뒤에 비로소 콘크리트의 강도를 알게 되므로 품질관리, 기타에 불편이 많다. 그래서 최근에는 품질관리를 위하여 3일 또는 7일의 조기재령의 강도로부터 28일 강도를 추정하는 방법, 촉진 양생 강도로부터 28일 강도를 추정하는 방법 등이 강구되고 있으며, 또는 물-시멘트비에 의하여 콘크리트의 품질을 관리하는 방법이 제안되고 있다.

2.2 철 근

콘크리트를 보강할 목적으로 콘크리트 속에 묻어 넣은 강재를 철근이라 하며, 주로 봉강이 사용된다. 철근은 강도가 크고 항복점이 높으며 연성이 커서 가공하기 쉽고, 콘크리트와의 부착성이 좋다.

2.2.1 철근의 종류

철근은 표면의 요철(凹凸)의 유무에 따라 **원형철근**(round bar)과 **이형철근**(deformed bar)으로 구분된다. 즉, 그림 2-14와 같이, KS D 3504에서 '마디'라고 칭하는 횡방향 리브(rib)와 '리브'라고 칭하는 종방향 리브 등의 돌기가 철근 표면에 있는 봉강을 **이형철근**이라고 하며, 이러한 돌기가 없는 매끈한 표면으로 된 봉강을 **원형철근**이라고 한다. 이형철근은 콘크리트의 점착력에 의하여 발휘되는 정착력 외에, 돌기에 의한 역학적인 정착력까지 발휘되어 콘크리트와의 부착력과 정착성능이 증대된다. 따라서 부착 및 정착성능이 우수한 이형철근이 주로 사용되고 있으며, 원형철근은 거의 사용되지 않고 있다. KS D 3504(2001)에는 원형철근으로 항복강도가 240 MPa과 300 MPa인 SR240과 SR300 철근을 규정하였으나, 2007년 KS D 3504 개정판부터는 원형철근이 삭제되었다.

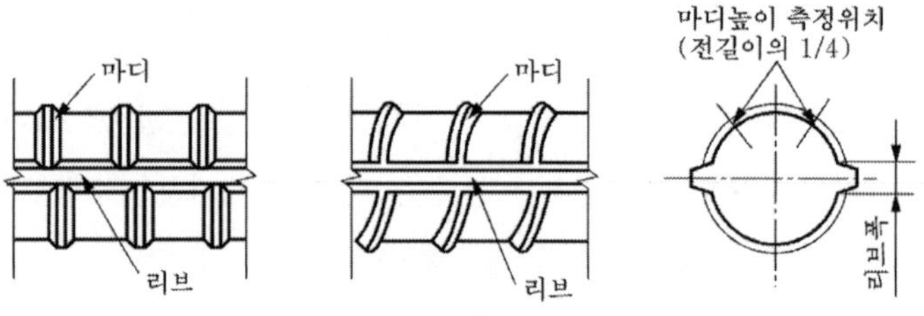

그림 2-14 이형철근의 마디와 리브

이형철근의 돌기는, 그림 2-14 첫 번째 그림의 철근과 같이 횡방향 리브가 철근의 축방향과 직각으로 배치되는 대나무 형태(bamboo type)와 그림 2-14 두 번째 그림의 철근과 같이 횡방향 리브가 철근의 축방향과 경사를 이루는 생선뼈 형태(fishbone type)가 있다. 동일한 마디면적비를 갖는 철근이라면 횡방향 리브가 대나무 형태인 철근이 생선뼈 형태인 철근에 비하여 부착성능이 다소 좋지만, 철근을 굽히거나 혹은 굽힌 후 다시 피는 가공성능은 생선뼈 형태인 철근이 더 좋다. 이것은 대나무 형태 철근의 경우 횡방향 리브의 위치에 따라 철근 단면적의 차이가 크지만, 생선뼈 형태 철근의 경우에는 횡방향 리브가 경사를 갖도록 배치되어 철근 단면적의 변화가 크지 않기 때문이다. 대나무 형태 철근의 이러한 단점을 보완하기 위해서는 종방향 리브를 두어 단면적의 차이를 줄일 수 있으며, 생선뼈 형태 철근이 단면적의 변화가 크지 않은 경우에는 종방향 리브를 만들지 않을 수도 있다. 우리나라에서는 대나무 형태의 마디모양으로 종방향 리브가 2개인 이형철근이 주로 생산되고 있으며, 생선뼈 형태의 마디를 가진 근도 생산되고 있다. 대나무 형태 이형철근은 종방향 리브가 2개인 경우가 일반적이지만, 외국에서는 종방향 리브를 2~4개를 두는 등 다양한 형상의 철근이 생산되고 있다.

표 2-6은 KS D 3504(2009)에 규정되어 있는 철근의 종류와 항복점 및 인장강도를 나타내며, 표 2-7은 이형철근의 공칭치수를 나타낸다. 이형철근에서 공칭지름, 공칭단면적, 공칭둘레라 함은 동일한 길이, 동일한 중량의 원형철근의 지름, 단면적, 둘레로 환산한 값을 말하며, 이들 값이 설계에 쓰인다. 이때 강(鋼)의 비중은 7.85로 본다.

표 2-6 철근의 종류 및 기계적 성질(KS D 3504 : 2009)

종류	기호	용도	항복점 또는 0.2% 항복강도(N/mm^2)	인장강도 (N/mm^2)
이형철근	SD300	일반용	300 이상	440 이상
	SD350		350 이상	490 이상
	SD400		400 이상	560 이상
	SD500		500 이상	620 이상
	SD600		600 이상	710 이상
	SD700		700 이상	800 이상
	SD400W	용접용	400 이상	560 이상
	SD500W		500 이상	620 이상

표 2-7 이 형 철 근(KS D 3504 : 2009)

호칭명	공칭지름 (mm)	공칭 단면적 (mm^2)	공칭둘레 (mm)	단위중량 (kg/m)
D 6	6.35	31.67	20	0.249
D 10	9.53	71.33	30	0.560
D 13	12.7	126.7	40	0.995
D 16	15.9	198.6	50	1.56
D 19	19.1	286.5	60	2.25
D 22	22.2	387.1	70	3.04
D 25	25.4	506.7	80	3.98
D 29	28.6	642.4	90	5.04
D 32	31.8	794.2	100	6.23
D 35	34.9	956.6	110	7.51
D 38	38.1	1140	120	8.95
D 41	41.3	1340	130	10.50
D 51	50.8	2027	160	15.9

종래에는 항복강도가 300 MPa 정도인 철근이 주로 사용되어 왔으나, 근래에는 항복강도가 400 MPa, 또는 그 이상의 철근도 사용되고 있다. 그러나 콘크리트구조기준(2012)은 휨부재나 압축부재의 주철근에 대하여 설계기준항복강도를 최대 600 MPa로, 전단철근에 대하여 최대 500 MPa로, 나선철근 기둥의 나선철근에 대하여 최대 700 MPa로 제한하고 있으므로, 이보다 높은 항복강도의 철근으로 설계해서는 안 된다. 도로교설계기준(2010)은 더 보수적으로, 전단철근은 최대 400 MPa로, 나머지 모든 철근은 최대 500 MPa로 제한하고 있다. 도로교설계기준 한계상태설계법(2012)은 전단설계에 변각 트러스 모델(variable angle truss model)을 사용하므로 전단철근에 대하여 철근의 최대항복강도를 제한할 필요가 없기 때문에 모든 철근에 대하여 최대 600 MPa까지 사용할 수 있도록 최대 설계기준항복강도를 규정하고 있으나, 내진설계에서 소성거동을 하는 교각의 주철근에 대해서는 최대 500 MPa까지 사용하도록 제한하고 있다. 고강도 철근을 휨부재의 주철근으로 사용하면 낮은 강도의 철근을 사용할 때보다 철근량을 줄일 수 있어서 경제적일 수 있으나, 철근량의 감소로 인하여 균열이 더 크게 발생하는 등의 문제가 발생할 수 있으므로, 설계에서 사용성 검증에 주의를 기울이는 것이 바람직하다.

보통의 구조물에서 설계가 잘 되고, 특히 철근에 대한 피복두께가 충분하면 철근이 녹스는 일은 거의 없다. 그러나 교량 바닥판, 해양 구조물, 폐수처리장 등과 같이 결빙방지제, 해수 그 밖의 염화물 등에 노출되는 구조물에서는 콘크리트의 열화(劣化, deterioration)로 인하여 철근이 부식하게 된다. 철근의 이러한 부식을 방지할 목적으로 최근에는 이형철근 표면에 에폭시 수지(epoxy resin)를 도포(塗布)한 철근을 사용하는 경우도 있다. 이 철근은 제조공정에서 에폭시 코팅이 이루어진다. 이러한 철근을 **에폭시 도막철근** 또는 **에폭시 피복철근**(epoxy coated bar)이라고 하며, 그 종류 및 기호, 품질, 제조방법 등이 KS D 3629에 규정되어 있다.

이 밖에 **아연도금철근**(galvanized reinforcing bar)이 사용되기도 한다. 이 철근은 가공(절단, 구부림) 후에 아연 도금하는 것이 보통이다.

내진설계에서 완전연성거동을 하도록 설계된 구조물의 경우 소성힌지가 발생하는 구조요소의 주철근은 소성상태에서 압축응력과 인장응력이 반복 작용하므로, 저주파피로(low-cycle fatigue)로 인하여 정적인장하중이 작용하였을 때의 연신율보다 작은 변형률에서 파단 될 수 있다. 이 경우 소성힌지에서 철근이 항복한 후에도 단면의 휨강도를 유지하여야 하고, 구조물의 연성거동을 확보하기 위한 성능보장설계개념을 뒷받침하기 위하여 내진용 철근에 대한 특별한 성능조건이 필요하다. 따라서 내진설계기준에서는 이러한 부분에 배치되는 철근의 요구성능을 규정하고 있는데, KS 표준에서는 이를 반영하여 고성능 철근에 대한 표준으로 KS D 3688(2011)을 제정하였다. KS D 3688(2011)은 SD400S와 SD500S 철근을 규정하고 있는데, 이 내진용 철근은 일반용 철근에 규정되지 않은 실제항복강도의 최대 허용값이 규정되어 있으며, 실제인장강도가 실제항복강도의 1.25배 이상(항복비 0.8 이하)이어야 한다는 규정을 두고 있다.

2. 2. 2 응력-변형률 곡선과 탄성계수

철근의 성질은 항복점과 탄성계수로 대표된다. 철근의 항복점은 인장이나 압축이나 거의 같다. 탄성계수는 모든 철근이 거의 비슷한 값을 나타내며 $2.0 \times 10^5 \sim 2.2 \times 10^5$ MPa의 범위에 있다. 설계기준에서는 철근의 탄성계수로 다음 값을 주고 있다.

$$E_s = 200{,}000 \text{ MPa} \qquad (2 \cdot 45)$$

그림 2-15는 철근의 응력-변형률 곡선을 보인 하나의 예로서, (a)는 완전한 응력-변형률 곡선이고, (b)는 이 곡선의 처음 부분을 10배로 확대한 것이다.

철근의 응력-변형률 곡선의 모양, 특히 처음 부분은 철근콘크리트에 있어서 중요한 의미를 가진다. 항복강도 f_y가 280 MPa인 저탄소강(低炭素鋼)은 항복고원(yield plateau)이 뒤따르는 탄성부분을 보이고 있다. 이러한 철근의 항복점은 항복고원이 형성되는 곳에서의 응력이다. 응력이 다시 증가하기 시작하면 속도는 느리지만 변형은 더욱 진행되어 이른바 변형률 경화(strain hardening)의 과정을 밟는다. 인장강도에 도달하게 되

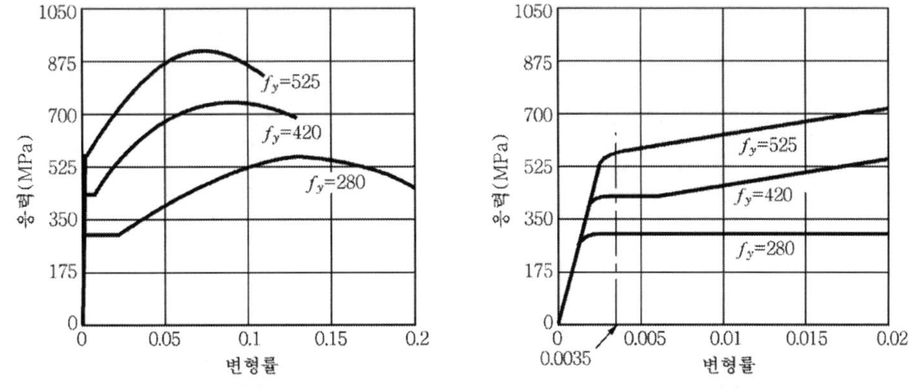

그림 2-15 철근의 응력-변형률 곡선[참고문헌 7]

면 곡선은 수평으로 되고 파괴가 일어날 때까지 곡선은 하강한다.

420 MPa 또는 525 MPa의 항복점을 가지는 고강도 탄소강은 매우 짧은 항복고원을 나타내거나, 또는 일정한 응력에서 항복이 계속되는 일 없이 즉시 변형률 경화에 들어간다. 일반적으로 고강도 강은 거의 항복고원을 나타내지 않고, 항복하기 시작한 상태에서 즉시변형률 경화에 들어간다. 철근의 인장시험은 KS B 0802에 따라 실시하며, KS B 0801에 규정된 시험편을 사용한다.

도로교와 같은 구조물에 있어서는 철근과 콘크리트는 응력의 변동을 매우 크게 받는다. 이러한 상태에서는 철근은 콘크리트와 마찬가지로 피로를 받는다. 금속재료의 피로는 반복응력이 작용한 후, 하나 또는 그 이상의 극히 미세한 균열을 형성한다. 이러한 피로균열은 응력이 집중되는 곳, 또는 흠이 있는 부분 등에서 일어나며, 응력의 반복횟수의 증가와 함께 점차적으로 커진다. 그리하여 외력에 견딜 수 없을 정도까지 단면이 감소하여 철근은 취성적으로 파괴된다.

철근의 피로강도는 파괴를 유발함이 없이 200만회 이상 반복 작용할 수 있는 응력을 말하며, 그 응력의 범위, 즉 최대응력과 최소응력의 차도 밝혀졌다. 이형철근에 있어서는 리브에서의 응력집중이 피로강도의 응력범위를 증가시켜 주는 경향이 있다. 철근이 피로를 받게 되는 곳에서는 용접이나 철근 구부리기 등을 하지 않는 것이 좋다.

제3장 역학적 성질

3.1 철근콘크리트 역학의 기본가정

철근은 보통의 사용상태에서 탄성적 성질을 나타내며, 하중제거 후 잔류 변형률이 생기지 않는 재료이다. 그러나 콘크리트는 엄밀하게는 비탄성적이고, 인장에 대하여 매우 약하며, 늘어나는 능력이 작고 지속하중에 의하여 크리프가 일어나며, 하중제거 후 잔류 변형률이 생기는 재료이다. 또, 건조하면 수축하는 성질도 있다. 이렇게 역학적 성질이 서로 다른 두 재료를 합성하여 일체적으로 작용하도록 한 철근콘크리트는 단일재료(單一材料)로 된 구조에서 볼 수 없는 복잡하고 특이한 성질을 나타낸다.

철근콘크리트의 역학적 해석은 다음과 같은 기본가정에 기초를 둔다.

(1) 콘크리트 속에 묻혀 있는 철근의 변형률은 철근을 둘러싸고 있는 콘크리트의 변형률과 같다.

바꾸어 말하면 철근과 콘크리트 사이의 부착이 완벽하여, 두 재료 사이에 활동(滑動)이 일어나지 않는다고 가정한다. 그러므로 철근이 변형하면 콘크리트도 변형한다. 이형철근은 콘크리트와의 점착력 외에 기계적인 물림(mechanical interlocking)에 의한 부착력이 추가되므로, 이 가정은 실제와 거의 일치한다.

(2) 하중을 받기 전에 평면인 단면은 하중을 받아 변형한 후에도 평면을 유지한다(평면 보존의 법칙).

정밀한 측정결과에 따르면, 이 가정은 철근콘크리트 부재가 파괴에 가까운 하중을 받을 때는 정확하지 않다. 그러나 그 차이는 일반적으로 작으며, 또 이 가정에 근거한 이론의 결과는 광범위한 시험의 결과와 잘 부합한다.

(3) 콘크리트는 인장강도가 매우 작고, 또 늘음능력이 철근에 비하여 작기 때문에

인장측 콘크리트에는 균열이 발생한다.

잘 설계된 부재에 있어서 이러한 균열들은 일반적으로 육안으로는 볼 수 없을 정도로 그 폭이 좁다. 이러한 균열들이 발생한 콘크리트는 인장응력에 저항할 수 없다. 그러므로 콘크리트는 인장응력에 저항하지 못하는 것으로 가정한다.

이 가정은 실용을 위하여 단순화한 것에 불과하며, 실제에 있어서는 균열발생 전의 콘크리트, 균열과 균열 사이의 콘크리트는 작은 크기의 인장응력에 저항한다. 그래서 철근콘크리트 보의 전단저항을 검토할 경우에는 콘크리트가 어느 정도의 인장강도에 저항하는 것으로 취급된다.

(4) 철근콘크리트의 근래의 이론은 두 구성재료의 응력－변형률 관계 및 강도특성, 또는 그들의 합리적인 단순화에 근거를 둔다.

이 이론은 강도설계법으로 알려진 이론으로서, 콘크리트와 철근이 설계 때 고려한 모든 응력 하에서 탄성적으로 거동한다는 가정에 기초를 두었던 종래의 해석방법을 밀어내었다. 비탄성 거동(nonelastic behavior)이 반영되고, 두 재료의 합동작용(joint action)이 고려된 이 이론은 그 해석방법이 단일재료로 된 부재의 그것보다 훨씬 복잡하다.

이상의 가정들은 단순한 경우에만 철근콘크리트 부재의 기능을 계산에 의하여 알 수 있게 할 뿐이다. 성질이 서로 다른 두 재료의 합동작용은 매우 복잡하기 때문에 아직도 순수한 해석적 방법이 수립되지 못하고 있다. 이러한 이유 때문에 설계와 해석은 위의 가정을 이용하는 한편, 광범위하고 계속적인 실험적 연구결과에 크게 의존한다.

아래와 같은 사항들도 많은 실험을 통하여 얻어진 특징들이다.

(1) 콘크리트와 철근은 변형특성이 서로 다르기 때문에 양자의 경계면 부근의 응력전달 기구, 즉 부착기구(附着機構)가 매우 복잡하다.

(2) 기둥이나 보의 압축부에서는 콘크리트의 크리프 때문에 철근과 콘크리트의 응력의 재분배가 일어난다.

구조물은 사용기간 중 작용하는 모든 외력에 대하여 안전하도록 설계되어야 하고, 또 그 기능을 다 하도록 설계되어야 한다. 다시 말해서 구조물은 안전성(safety)이 확보되어야 하고, 동시에 사용성(serviceability)도 확보되어야 한다. 안전성은 구조물의 강도, 즉 구조물이 파괴를 일으키는 하중의 크기로 검토되며, 사용성은 사용상태 하에서 발생하는 처짐, 균열, 피로 등으로 검토된다.

이 장에서는 철근콘크리트가 축방향 압축을 받는 경우와 휨을 받는 경우의 거동 및 역학적 성질에 대하여 논의한다. 전단과 사인장, 부착과 정착 등의 역학적 성질에 대하여는 해당되는 장(章)에서 논의한다.

3.2 축방향 압축을 받는 부재의 거동과 역학적 성질

그림 3-1 (a)와 같은 무근 콘크리트 기둥(단주)이 중심축 압축하중 P을 받으면 콘크리트의 응력은 $f_c = P/A$로 계산된다. 그러나 그림 3-1 (b)와 같이 축방향 철근을 넣어서 보강한 철근콘크리트 기둥(단주)은 그렇게 간단하지 않다.

그림 3-1 (b)의 철근콘크리트 기둥이 축방향 압축하중을 받으면 전단면이 동일한 압축 변형률을 일으킬 것이고, 또 콘크리트와 철근의 부착 때문에 두 재료의 변형률은 동일하다. 하중을 받고 있는 이러한 부재의 거동을 설명하기 위하여 두 재료의 응력-변형률 곡선을 그림 3-2에 나타내었다. 그림의 곡선 b, c 및 d는 설계기준 강도가 f_{ck}=28 MPa인 콘크리트에 대한 것이고, 곡선 a는 항복강도가 f_y =420 MPa인 철근에 대한 것이다.

그림 3-2의 곡선 b는 콘크리트의 원주형 공시체 시험에서 얻어진 것이다. 대부분의 구조물에서의 재하속도는 공시체 시험의 경우보다 느리며, 또 재하속도는 곡선의 모양에 영향을 미친다[그림 2-5 참조]. 곡선 c는 느린 재하속도하에서의 콘크리트의 특성을 보인 것이다. 이러한 조건하에서의 시험결과로부터 다음과 같은 사실을 알 수 있다. 즉, 철근콘크리트의 믿을 만한 최대 압축강도는 그림 3-2에서 알 수 있는 바와 같이 대략 $0.85f_{ck}$ 정도이다.

3.2.1 탄성거동

콘크리트는 약 $0.5f_{ck}$까지의 낮은 응력하에서는 탄성적 거동을 하는 것으로 볼 수 있다. 즉, 응력과 변형률은 거의 비례한다. 그림 3-2의 직선 d는 이 범위를 나타낸 것이다. 즉, 이 콘크리트는 약 0.0005의 변형률까지는 탄성거동을 한다. 한편, 철근은 항복점 420 MPa까지 탄성을 나타내며, 약 0.002보다 더 큰 변형률에서도 탄성적이다.

그림 3-1 (b)의 철근콘크리트 단주가 축방향 압축하중 P를 받으면 압축변형을 일으킨다. 이때 콘크리트의 압축 변형률 ε_c와 철근의 압축 변형률 ε_s'는 같다.

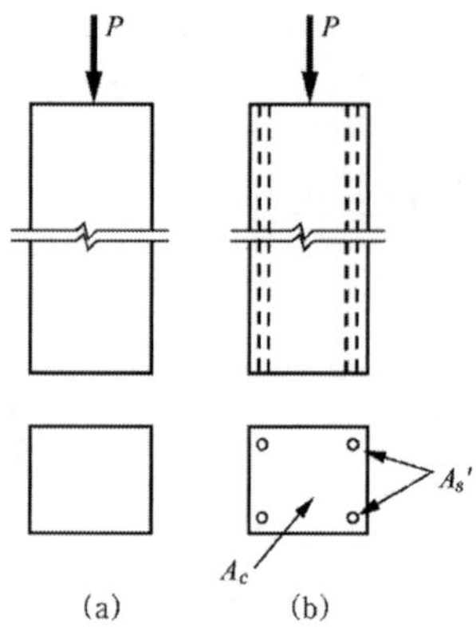

그림 3-1 콘크리트 기둥

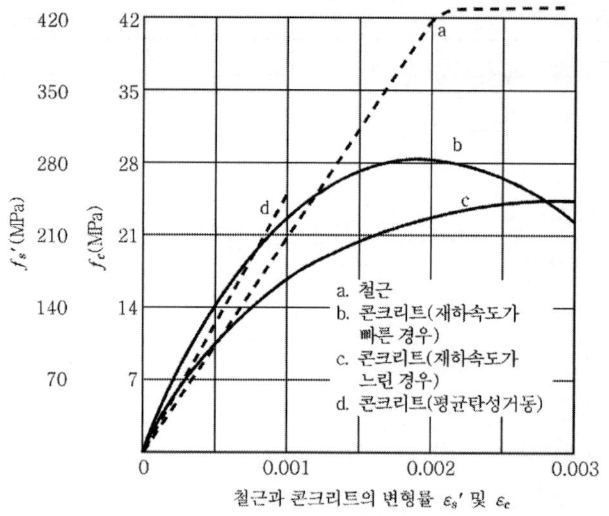

그림 3-2 철근과 콘크리트의 응력-변형률 곡선[참고문헌 8]

$$\varepsilon_c = \varepsilon_s' \tag{a}$$

응력이 작은 범위에서는 두 재료가 탄성거동을 한다고 볼 수 있으므로, Hooke의 법칙에 의하여

$$\varepsilon_c = \frac{f_c}{E_c}, \qquad \varepsilon_s' = \frac{f_s'}{E_s} \tag{b}$$

여기서 f_c : 콘크리트의 압축응력

f_s': 철근의 압축응력

E_c : 콘크리트의 탄성계수

E_s : 철근의 탄성계수

식 (b)를 식 (a)에 대입하면

$$f_s' = \frac{E_s}{E_c} f_c = n f_c \tag{3·1}$$

여기서

$$n = \frac{E_s}{E_c}$$

이 n을 **탄성 계수비**(modular ratio)라고 한다. 즉, 탄성범위 내에서는 압축을 받는 철근은 콘크리트 응력의 n배의 응력을 부담한다. 이 관계는 활하중(活荷重)과 같은 단

기하중(短期荷重)이 작용하여, 허용응력 이하의 낮은 응력이 일어날 때의 일이고, 자중(自重)이나 지속하중(持續荷重, sustained load)과 같은 장기하중(長期荷重)이 작용할 때는 콘크리트의 크리프, 건조수축 등의 영향 때문에 이렇게 되지 않는다.

그림 3-1 (b)의 기둥에서 콘크리트의 단면적을 A_c, 철근의 단면적을 A_s'라고 하면 콘크리트가 부담하는 내력(內力)은 $f_c A_c$이고, 철근이 부담하는 내력(內力)은 $f_s' A_s'$이다. 이 기둥의 내력(內力)의 합계는 외력(外力) P와 비겨야 하므로

$$P = f_c A_c + f_s' A_s' \tag{3·2}$$

식 (3·1)을 위의 식에 대입하면

$$P = f_c (A_c + nA_s') \tag{3·3}$$

이것은 하중 P를 콘크리트만으로 된 기둥으로 지지하려면 $(A_c + nA_s')$의 콘크리트 단면적이 필요함을 뜻한다. 바꾸어 말하면 A_s'의 철근 대신 nA_s'만큼의 콘크리트 단면적이 더 필요하다. 이 $(A_c + nA_s')$를 **환산 단면적**(transformed area)이라고 한다.

이 기둥의 총 단면적을 A_g라고 하면 $A_c = (A_g - A_s')$이므로, 식 (3·3)은 다음과 같이 된다.

$$P = f_c [A_g + (n-1)A_s'] \tag{3·4}$$

이상의 관계는 콘크리트가 탄성적 거동을 하는 범위에서 성립된다. 그 범위는 콘크리트의 응력으로는 원주형 공시체 강도의 50~60%까지이다. 구조물의 안전성과 사용성을 위하여 설계하중하에서 콘크리트의 응력을 이 범위 내에 들게 하는 것이 보통이다. 그러므로 위의 관계들을 이용하면 실제 작용하는 하중(사용하중, service load)에 의하여, 구조물에 일어나는 응력을 계산할 수 있다.

예제3-1) 그림 3-1 (b)와 같은 철근콘크리트 단주가 있다. 단면은 400 mm×400 mm이고, 철근은 4-D 32(=3,177 mm^2)이다. 그림 3-2에 보인 것과 같은 철근과 보통골재를 사용한 콘크리트를 사용하였다. 콘크리트에 8.4 MPa의 압축응력이 일어나게 하려면 어떤 크기의 축방향 하중을 작용시켜야 하겠는가? $f_{cu} = 28$MPa이다.

풀이 콘크리트의 응력 8.4 MPa는 f_{cu} = 28 MPa보다도 훨씬 낮은 응력이다. 따라서 이 상태에서 콘크리트는 탄성거동을 한다. 콘크리트의 탄성계수 E_c는 식 (2·2)로부터

$$E_c = 8{,}500\sqrt[3]{f_{cu}} = 8{,}500\sqrt[3]{28} = 25{,}800\text{ MPa}$$

철근의 탄성계수 E_s는 식 (2·45)로부터

$$E_s = 200{,}000\,\text{MPa}$$

$$\therefore n = \frac{E_s}{E_c} = \frac{200{,}000}{25{,}800} = 7.8$$

구하는 하중은 식 (3・4)로부터

$$P = f_c[A_g + (n-1)A_s{}']$$
$$= 8.4(\text{N/mm}^2)[400(\text{mm}) \times 400(\text{mm}) + (7.8-1) \times 3{,}177(\text{mm}^2)]$$
$$= 1{,}525{,}000\,\text{N} = 1{,}525\,\text{kN}$$

이 가운데서 콘크리트가 부담하는 하중은

$$P_c = f_c A_c = f_c(A_g - A_s{}')$$
$$= 8.4(400 \times 400 - 3{,}177) = 1{,}317{,}000\,\text{N} = 1{,}317\ \text{kN}$$

철근이 부담하는 하중은

$$P_s = f_s{}' A_s{}' = n f_c A_s{}'$$
$$= 7.8 \times 8.4 \times 3{,}177 = 208{,}200\,\text{N} = 208.2\,\text{kN}$$

총 하중에 대하여 철근이 부담하는 하중의 비율은

$$\frac{208.2}{1{,}525} = 0.137 = 13.7\%$$

3. 2. 2 비탄성 거동

앞에서 사용한 탄성이론은 콘크리트의 변형률이 0.0005 정도를 넘으면 사용할 수 없음을 그림 3-2로부터 알 수 있다. 보다 더 큰 하중이 작용해서 0.0005보다 큰 변형률이 일어난 부재의 거동을 알기 위해서는 그림 3-2를 직접 이용해야 한다.

예제3-2) 앞의 예제의 기둥에서 변형률이 $\varepsilon_c = \varepsilon_s{}' = 0.0010$에 달하게 될 축방향 하중의 크기를 계산해 보자.

풀이 변형률 0.0010에서 철근은 여전히 탄성을 나타내지만, 콘크리트는 비탄성 범위에 있음을 그림 3-2에서 알 수 있다. 따라서 철근의 응력은

$$f_s{}' = \varepsilon_s{}' E_s = 0.001 \times (2{,}0 \times 10^5) = 200\,\text{MPa}$$

와 같이 계산되지만, 콘크리트의 응력은 계산할 수 없다. 그러나 주어진 변형률에 대한 응력은 그림 3-2에서 읽을 수는 있다. 하중이 빠른 속도로 재하된다면 그림 3-2의 곡선 b로부터 $\varepsilon_c = 0.0010$에 대한 콘크리트의 응력은 $f_c = 22\,\text{MPa}$이다. 따라서 이 기둥이 받을 수 있는 하중은

$$P = f_c A_c + f_s' A_s' \tag{3·5}$$

로 계산할 수 있다. 즉

$$P = 22(400 \times 400 - 3,177) + 200 \times 3,177$$
$$= 3,450,000\,\text{N} + 635,400\,\text{N} = 4,085,400\,\text{N} = 4,085\,\text{kN}$$

이 하중에 대하여 철근이 부담하는 하중의 비율은

$$\frac{635,400}{4,085,000} = 0.155 = 15.5\%$$

재하속도가 느린 경우, 또는 지속하중이 작용할 경우에는 콘크리트는 곡선 c와 같이 거동한다. 따라서 곡선 c로부터 $\varepsilon_c = 0.0010$에 대한 콘크리트 응력을 읽으면 $f_c = 17$ MPa이다. 따라서 이 경우 기둥이 받을 수 있는 하중은

$$P = f_c A_c + f_s' A_s'$$
$$= 17 \times (400 \times 400 - 3,177) + 200 \times 3,177$$
$$= 2,666,000\text{N} + 635,000\,\text{N} = 3,301,000\,\text{N} = 3,301\,\text{kN}$$

이 하중에 대하여 철근이 부담하는 하중의 비율은

$$\frac{635,000}{3,301,000} = 0.192 = 19.2\%$$

위의 예제로부터 다음과 같은 두 가지 중요한 사실을 알 수 있다.

(1) 0.001의 변형률을 일으키는데 빠른 속도로 재하할 경우에는 약 4,085 kN의 하중이 실려야 하고, 느린 속도로 재하할 경우에는 3,301 kN이 실려야 한다. 이것은 동일한 기둥에 동일한 변형률을 일으키는 하중의 크기가 재하속도에 따라 다르다는 것을 말해 주는 것이다. 즉, 느린 속도로 재하되거나 하중이 상당한 기간 지속될 경우는 빠른 속도로 재하될 경우보다 0.001의 변형률을 일으키는데 필요한 하중의 크기가 작다.

(2) 철근이 부담하는 하중의 총 하중에 대한 비율은 탄성범위에서는 13.7%이고, 빠른 재하 속도 하에서 0.0010의 변형률을 일으키는 데 15.5%, 느린 재하 속도 하에서 동일한 변형률을 일으키는 데는 19.2%이다. 이것은 콘크리트가 탄성범위를 넘어서고, 또 하중이 매우 느리게 재하되거나 장기간 지속되면 콘크리트가 부담하는 하중의 비율은 작아지고 철근이 부담하는 비율은 보다 커진다는 것을 의미한다. 즉, $f_s' = nf_c$가 성립되는 것은 탄성범위에서이고, 탄성범위를 벗어난 지속하중하에서는 $f_s' > nf_c$로 되어 콘크리트의 응력이 증가하는 비율보다 철근의 응력이 증가하는 비율이 크다.

이상의 두 가지 사실은 콘크리트의 크리프와 건조수축에 기인하는 것이다. 콘크리트의 건조수축도 일종의 지속하중이므로, 결국 위의 두 가지 사실은 콘크리트의 크리프에 기인한다고 볼 수 있다.

3.2.3 극한강도

구조물 또는 부재가 지지할 수 있는 최대하중을 그 구조물 또는 부재의 **극한강도**(ultimate strength) 또는 **극한하중**(ultimate load)이라고 한다.

기둥에 대하여 이제까지 논의해 온 결과로부터 다음 두 가지 사실을 알 수 있다.

(1) 극한강도와 파괴에 앞서 일어나는 커다란 응력과 변형률의 범위에서는 탄성관계를 이용할 수 없으며,

(2) 빠른 재하 속도 하에서의 부재의 거동은 지속하중 하에서의 거동과 다르며, 후자의 경우가 전자의 경우보다 저항력이 작다.

보통의 구조물에는 자중을 비롯하여 대부분의 하중이 지속하중으로 작용하며, 또 그 밖의 하중도 느린 속도로 작용한다. 이러한 이유 때문에 신뢰할 만한 극한강도를 계산하기 위해서는 콘크리트의 응력-변형률 곡선은 그림 3-2의 곡선 c를 사용해야 한다.

그림 2-15에서 알 수 있는 바와 같이 철근의 극한강도(곡선의 피크)는 0.08 정도의 변형률에서 도달된다. 한편, 콘크리트는 0.003보다 작은 변형률에서 파괴된다. 그림 2-3 및 그림 3-2(곡선 c)에서 알 수 있는 바와 같이 콘크리트는 0.002~0.003의 변형률의 범위에서 극한강도에 도달한다. 기둥에서 철근과 콘크리트의 변형률의 크기는 같으므로, 철근이 항복하기 시작할 때의 하중은 그림 3-2로부터 계산할 수 있다.

철근의 응력-변형률 곡선에서 철근이 항복하기 전의 약간 굽은 부분을 무시한다면, 다시 말해서 철근이 모난 항복(sharp yielding)을 한다고 가정하면, 철근이 항복할 때의 변형률은 다음과 같이 된다.

$$\varepsilon_y = \frac{f_y}{E_s} \tag{3·6}$$

그림 3-2의 응력-변형률 곡선(a)에서 철근의 항복강도가 420 MPa이므로, 철근의 항복변형률은 다음과 같다. $E_s = 200{,}000$ MPa이므로

$$\varepsilon_y = \frac{420}{200{,}000} = 0.0021$$

이 변형률에 해당하는 콘크리트의 응력은 그림 3-2의 곡선 c로부터 22.5 MPa임을 읽을 수 있다. 따라서 철근이 항복하기 시작할 때의 기둥[그림 3-1 (b)]의 축하중은 식 (3·5)로부터

$$P_y = 22.5 \times (400 \times 400 - 3{,}177) + 420 \times 3{,}177$$
$$= 3{,}530{,}000 + 1{,}334{,}000 = 4{,}864{,}000\,\text{N} = 4{,}864\,\text{kN}$$

이 하중하에서 콘크리트는 극한강도에 도달하지 않는다. 앞서 언급한 바와 같이 콘크리트의 극한강도는 느린 재하속도나 지속하중 하에서는

$$0.85 f_{ck} = 0.85 \times 28 = 23.8\,\text{MPa}$$

로 볼 수 있으므로 기둥의 하중은 4,864 kN보다 커질 것이다. 이 하중단계에서 철근은 일정하게 항복점 응력을 유지한다. 결국, 철근이 항복함과 동시에 콘크리트가 파괴될 때 도달되는 기둥의 극한하중은 다음과 같이 된다.

$$P_n = 0.85 f_{ck} A_c + f_y A_s' \tag{3·7}$$

세장비(細長比)가 작아서 좌굴의 영향을 고려할 필요가 없는 철근콘크리트 기둥에서 중심축 방향 하중에 의한 기둥의 극한하중을 알아내는 데 있어서, 위의 식의 신뢰성이 많은 실험에 의해 입증되었다.

그림 3-1 (b)의 기둥의 극한하중은 식 (3·7)에 의하여

$$P_n = 0.85 \times 28 \times (400 \times 400 - 3{,}177) + 420 \times 3{,}177$$
$$= 3{,}730{,}000 + 1{,}334{,}000 = 5{,}064{,}000\,\text{N} = 5{,}064\,\text{kN}$$

이때 철근이 부담하는 하중의 비율은

$$\frac{1{,}334}{5{,}064} = 0.26 = 26\%$$

이상을 요약하면 다음과 같다. 낮은 응력의 탄성범위에서는 철근은 축방향 압축하중의 비교적 작은 몫을 부담한다. 그러나 극한하중에 가까워짐에 따라 콘크리트 및 철근이 부담하는 하중의 몫에 재분배가 일어나서 철근의 부담이 커진다. 결국, 부재의 극한하중은 식 (3·7)에 나타낸 것처럼, 항복점에 도달한 철근과 극한강도($0.85 f_{ck}$)에 도달한 콘크리트에 의해 얻어진다.

식 (3·7)의 P_n과 같은 값을 **공칭강도**(nominal strength)라고 하며 정확하게는 **공칭축강도**(nominal axial strength)라고 한다. 부재의 치수, 재료의 성질, 기타의 피할 수 없는 변동 때문에 부재의 실제의 극한강도는 계산된 공칭강도와 얼마간 차이가 있을 수 있으므로, 이것을 구별하기 위하여 설계기준 등에서는 공칭강도라는 용어를 사용하고 있다.

3.3 휨을 받는 부재의 거동과 역학적 성질

3.3.1 보의 휨거동

그림 3-3 (a)와 같은 철근콘크리트 보를 생각해 보자. 단면은 그림 3-3 (c)에 보인 바와 같은 직사각형이고, 인장 측에 철근을 배치하여 보강하였다. 이 보의 단면에는 휨 모멘트와 전단력이 작용한다. 여기서는 휨에 의한 보의 거동만을 생각하고, 전단에 대해서는 제6장에서 논의한다.

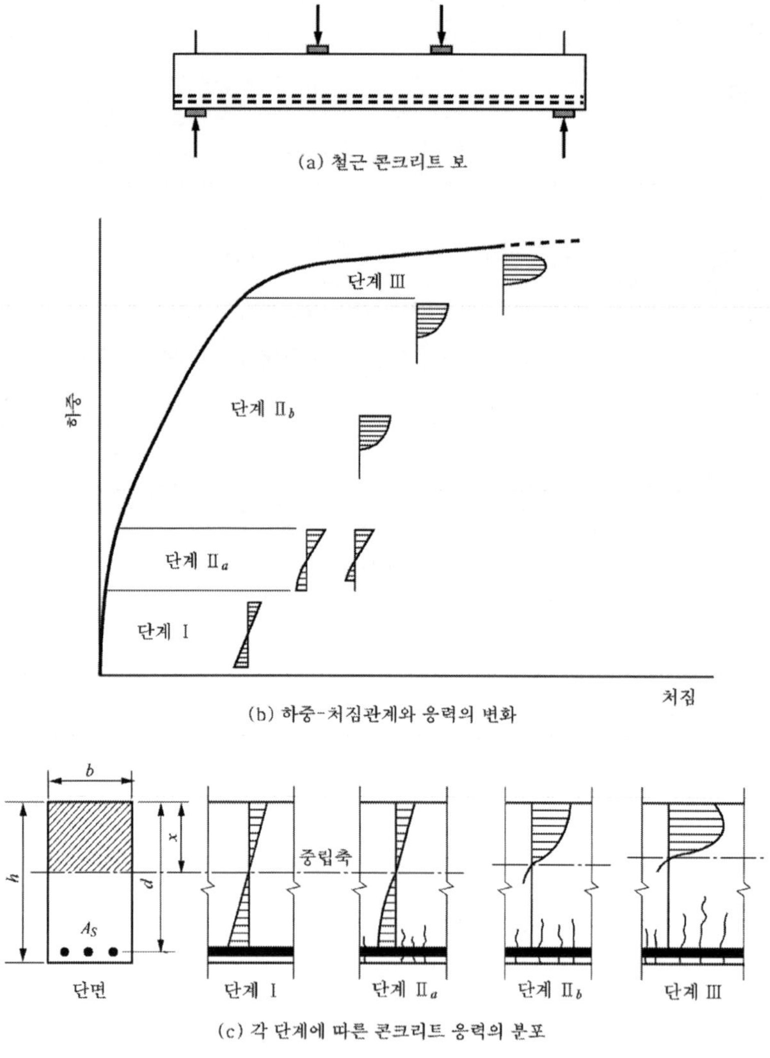

(a) 철근 콘크리트 보

(b) 하중-처짐관계와 응력의 변화

(c) 각 단계에 따른 콘크리트 응력의 분포

그림 3-3 철근콘크리트 보의 휨 거동

이 보에서 하중을 0으로부터 보가 파괴할 때까지 점차로 증가시켜 가면 보의 거동은 서로 다른 몇 개의 단계로 구분할 수 있다. 이러한 단계를 도식적으로 보인 것이 그림 3-3(b)이다. 하중이 작아서 단면에 일어나는 휨모멘트가 작으면 보는 탄성거동을 하며, 휨응력은 직선분포를 한다. 이것이 단계 Ⅰ이며, 이때의 응력분포가 그림 3-3(c)에 나타나 있다. 이 단계에서는 재료역학의 지식이 그대로 적용되며, 단면의 응력은 압축 측에서나 인장 측에서나 $\frac{M}{I}y$로 계산된다. 이 단계를 지나 하중이 더 증가하면 인장 측의 응력분포는 점차로 곡선으로 변하며, 균열이 발생하려는 단계에 이른다. 이것이 그림의 단계 II_a이다. 하중이 더 증가하여 인장 측 콘크리트의 응력이 콘크리트의 휨인장강도(파괴계수)를 넘게 되면 균열이 발생한다. 균열이 발생한 콘크리트는 인장에 저항하지 못한다. 따라서 이 단계서부터 인장은 전적으로 철근이 부담한다. 이것이 그림의 단계 II_b이다. 하중이 계속 증가하면 콘크리트의 압축응력의 분포는 점차로 곡선으로 변하며, 인장철근의 응력도 증대되어 항복하기 시작하고, 동시에 콘크리트의 응력도 증대되어 극한강도에 이르게 된다. 그리하여 보는 파괴에 가까운 상태 또는 파괴상태에 이르게 된다. 이것이 단계 Ⅲ이다.

그림 3-3(b)에서 알 수 있는 바와 같이 단계 Ⅰ 및 단계 II_a에서 보의 처짐은 매우 작다. 단계 II_b에서의 처짐은 비교적 크며, 이 단계의 최후상태에서 인장철근은 항복한다. 이때 보가 부담하는 하중은 그 극한내하력(極限耐荷力)에 어느 정도 가까운 값이 된다. 단계 Ⅲ에서는 하중의 증가는 그다지 크지 않지만, 처짐의 증가는 매우 크다.

단계 Ⅰ과 같은 응력분포를 보이는 것은 하중이 매우 작을 때 뿐이다. 하중이 증가하여 인장 측의 콘크리트 응력이 콘크리트의 휨인장강도에 달했을 때의 응력상태가 단계 II_a인 바, 이 상태는 짧은 시간밖에 계속되지 않는다. 인장 측에 균열이 발생하면 단계 II_b의 응력상태로 된다. 이 단계에서 인장응력은 전부 철근이 부담하고, 콘크리트는 압축 측에서만 응력을 받는다. 하중이 더 증가하면 인장철근이 항복하여 콘크리트가 압축파괴하면서 보는 파괴된다. 이 상태가 단계 Ⅲ이다. 이 상태를 **파괴상태** 또는 **극한강도 상태**라고 한다.

이러한 단계들을 거치는 동안 균열이 발전하면서 중립축은 압축 측으로 이동하며, 콘크리트 응력이 매우 커짐을 그림 3-3(c)는 잘 보여 주고 있다.

구조물이나 부재를 실제로 사용함에 있어서 가장 중요한 관심사는 그들의 파괴에 대한 안전도이다. 구조물 또는 부재의 안전도는 그 구조물 또는 부재의 내하력(耐荷力), 즉 극한강도에 의하여 판단한다. 그러므로 휨을 받는 철근콘크리트 보의 극한강도

(휨강도)를 알기 위해서는 Ⅲ의 상태, 즉 파괴의 단계를 근거로 해야 함은 물론이다.

그러나 단계 Ⅲ의 상태를 이론적으로 다루기가 이전에는 매우 어려웠기 때문에, 이론적으로 다루기 쉬운 단계 II_b의 상태를 기초로 하여 이 문제를 다루어 왔다. 즉, 단계 II_b의 응력상태가 파괴 가까이까지 계속된다는 생각에 기초를 두고 파괴에 대한 안전도를 다루어 온 것이다. 이는 이 단계의 마지막 상태에서 인장철근이 항복한 경우가 파괴상태와 일치한다는 생각에 근거한 것이다.

그러나 그 후의 많은 연구결과에 따르면 위의 생각은 적당하지 않다는 것이 판명되었으며, 단계 Ⅲ의 파괴상태를 근거로 하는 이론이 확립되어 사용되기에 이르렀다.

과거에 사용했던 설계법은 단계 II_b에 바탕을 둔 것이다. 즉, 단계 II_b의 콘크리트의 응력분포를 선형으로 가정하고, 이 단계에서 콘크리트는 탄성거동을 한다고 생각하고 설계하는 것이다. 이러한 생각에 기초를 둔 설계방법을 **허용응력설계법**(allowable stress design method, working stress design method)이라고 하며, 과거 이 설계법이 사용되어 왔었다. 그러나 근래에 와서는 앞에서 언급한 바와 같이 많은 연구의 결과 단계 Ⅲ의 극한강도 상태를 기초로 한 이론이 확립되어 널리 사용되고 있다. 이 이론에 바탕을 둔 설계법을 **강도설계법**(strength design method)이라고 하며, 근래에는 이 설계법이 사용되고 있다.

3.3.2 탄성응력

콘크리트는 $0.5f_{ck}$ 이하의 낮은 응력 하에서는 탄성거동을 한다고 볼 수 있으며, 철근은 항복점 이하의 응력에서는 완전히 탄성적이다. 그런데 철근콘크리트 구조물은 사용하중(service load)이 작용하는 보통의 사용상태에서는 위의 응력보다 낮은 응력을 받는다. 그러므로 철근콘크리트를 탄성체로 보고 탄성이론에 의하여 해석하여도 실용적으로 문제는 없다. 이 단계가 그림 3-3의 II_b의 상태에 해당한다.

이 단계에서 콘크리트는 탄성거동을 한다고 가정하므로 Hooke의 법칙이 성립된다. 따라서 콘크리트의 압축응력은 변형률에 비례한다. 3.1절의 기본가정 (2)에서 언급한 바와 같이, 휨을 받기 전에 평면인 보의 단면은 휜 후에도 평면이 유지된다고 가정한다. 바꾸어 말하면 변형은 중립축으로부터의 거리에 비례한다. 결국, 위의 두 가정에 의하여 콘크리트의 압축응력은 중립축으로부터의 거리에 비례하게 된다. 이것은 단계 II_b의 콘크리트 응력의 분포가 직선적으로 변한다는 것을 의미한다. 결국, 사용하중 하에서 그림 3-3 (c)의 단계 II_b와 같이 분포하는 콘크리트의 응력을 그림 3-4

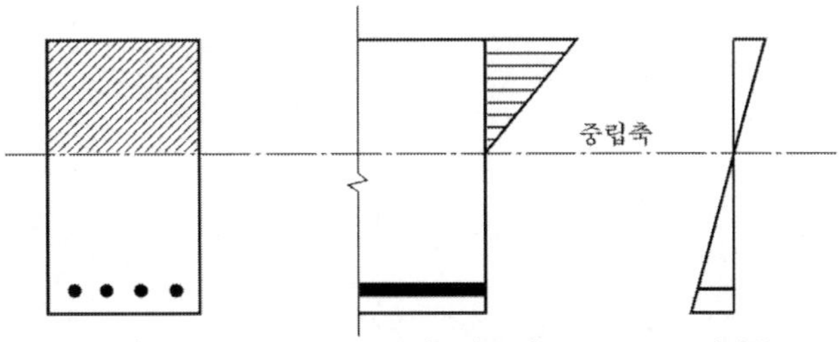

그림 3-4 철근콘크리트 보의 응력과 변형률(선형탄성이론)

(b)와 같이 된다고 보는 것이다. 이러한 생각으로 철근콘크리트를 해석하는 것을 **선형탄성이론**(linear elastic theory)이라고 하며, 이 이론에 의하여 계산된 응력이 허용응력 이하로 되게 하는 설계법이 허용응력설계법이다.

단계 II_b의 상태에서는 그림 3-3(c)에 보인 것처럼 인장 측 콘크리트에 균열이 발생한다. 균열이 발생된 콘크리트는 응력에 저항하지 못한다. 따라서 콘크리트의 인장응력은 무시하고 철근으로 하여금 인장을 부담하도록 한다. 보통의 사용상태에서 철근콘크리트 보에 발생하는 이러한 균열은 그 폭이 매우 작기 때문에 철근의 부식방지의 관점에서나 외관상으로나 아무런 지장이 없다.

이상과 같은 생각으로 그림 3-5(a)와 같은 단면을 가진 보를 해석해 보자. 이 단면이 정(正)의 휨모멘트 M을 받는다면 중립축을 경계로 위쪽은 압축을 받고, 아래쪽은 인장을 받을 것이다. 그런데 이 보는 콘크리트와 철근의 합성부재이고, 또 콘크리트의 인장응력을 무시하기 때문에 보의 중립면이 $h/2$의 곳에 있지 않다. 지금 이 단면의중립축이 그림과 같이 x의 거리에 있다고 가정하자. 철근의 전체 단면적은 A_s이고, 철근의 도심에서 압축 측 표면까지의 거리는 d이다. 콘크리트의 인장응력을 무시하므로 응력을 해석할 때는 단면의 높이로써 h를 사용하지 않고 d를 사용해야 한다. d를 **단면의 유효깊이**(effective depth) 또는 **유효높이**라고 한다.

이 단면이 휨을 받아 변형하면 변형률도는 평면보존의 법칙에 의하여 그림 3-5(d)와 같이 된다. 그러므로 압축 측 상단에서의 콘크리트의 변형률 ε_c와 철근의 도심에서의 변형률 ε_s 사이에는 다음과 같은 관계가 성립된다.

$$\frac{\varepsilon_s}{\varepsilon_c} = \frac{d-x}{x} \qquad \text{(a)}$$

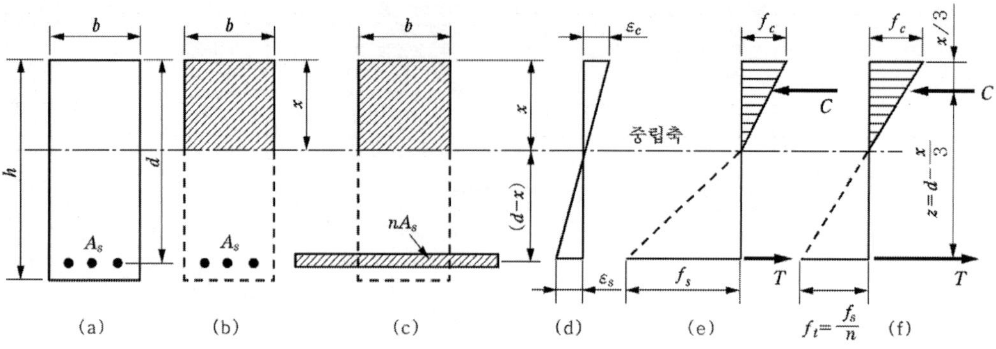

그림 3-5 선형 탄성이론에 의한 철근콘크리트 보의 해석

압축 측 상단의 콘크리트의 응력을 f_c, 철근의 인장응력을 f_s 라고 하면 Hooke의 법칙에 의하여

$$\varepsilon_s = \frac{f_s}{E_s}, \qquad \varepsilon_c = \frac{f_c}{E_c} \tag{b}$$

이 관계를 식 (a)에 대입하면

$$\frac{f_s}{f_c} = n\frac{d-x}{x} \tag{c}$$

여기서

$$n = \frac{E_s}{E_c}$$

한편, 콘크리트의 압축응력의 분포는 그림 3-5(e) 또는 (f)와 같이 되며, 따라서 콘크리트의 총 압축력 C의 크기는 그림 3-6을 참고하면 다음과 같이 되고

$$C = \frac{1}{2}f_c bx \tag{d}$$

철근의 총인장력은 다음과 같이 된다.

$$T = f_s A_s \tag{e}$$

이 단면이 평형상태에 있기 위해서는 C와 T는 비겨야 하므로

$$f_s A_s = \frac{1}{2}f_c bx$$

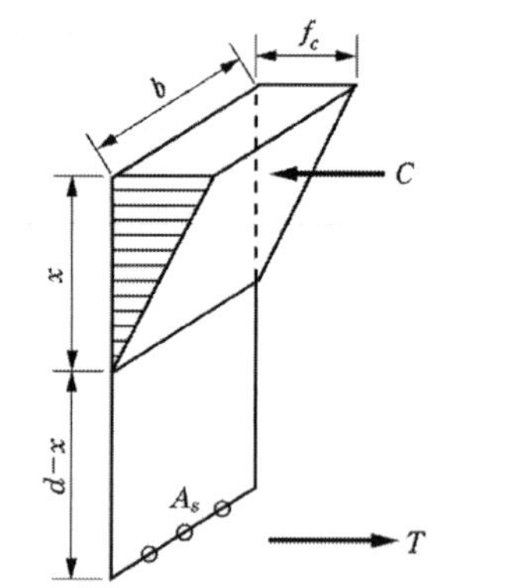

그림 3-6 콘크리트의 압축력 C

$$\therefore \frac{f_s}{f_c} = \frac{\frac{1}{2}bx}{A_s} \tag{f}$$

따라서 식 (c)와 식 (f)로부터 다음 관계가 얻어진다.

즉

$$\left.\begin{aligned} &\frac{1}{2}bx^2 = nA_s(d-x) \\ &\frac{1}{2}bx^2 - nA_s(d-x) = 0 \end{aligned}\right\} \tag{3・8}$$

위의 식으로부터 중립축의 위치 x가 구해진다.

위의 식에서 $\frac{1}{2}bx^2\left(= bx \times \frac{x}{2}\right)$는 압축 측 단면의 중립축에 대한 단면1차모멘트를 나타내고 있다. 그런데 탄성의 범위에서 휨을 받는 단면의 중립축은 도심축과 일치하며, 또 도심축에 대한 단면1차모멘트는 0이다. 결국, 위의 식은 이러한 관계가 철근콘크리트 보에서 성립되기 위해서는 철근 단면적 A_s가 nA_s로 환산되어야 함을 뜻한다. 이러한 관계를 보인 것이 그림 3-5(c)이며, 이 단면을 **균열환산단면**(cracked transformed section) 또는 **등가환산단면**(equivalent transformed section)이라고 한다. 식 (3・8)은 그림 3-5(c)의 균열환산단면에 대한 단면1차모멘트를 나타내고 있다.

다음에 콘크리트와 철근에 일어나는 응력을 계산해 보자. 전술한 바와 같이 콘크리트의 응력분포는 그림 3-5(e) 또는 (f)와 같이 되고, 그 합력의 크기는 $C = \frac{1}{2}f_c bx$이고, 작용점은 응력분포 삼각형의 도심이다. 철근의 총인장력은 $T = f_s A_s$이고, 그 작용점은 철근들의 도심이다. 단면의 내력은 비겨야 하므로 $C = T$이고, 이 우력의 팔 길이는 $z = d - \frac{x}{3}$이다. 이 내력 모멘트가 외력(外力)에 의한 휨모멘트 M과 비겨야 하므로

$$Cz = \frac{1}{2}f_c bx\left(d - \frac{x}{3}\right) = M$$

$$\therefore f_c = \frac{2M}{bx\left(d - \frac{x}{3}\right)} \tag{3・9}$$

또

$$Tz = f_s A_s\left(d - \frac{x}{3}\right) = M$$

$$\therefore f_s = \frac{M}{A_s\left(d - \frac{x}{3}\right)} \qquad (3 \cdot 10)$$

즉, 위의 식들로부터 콘크리트 및 철근의 응력이 얻어진다. 이 응력의 크기가 그림 3-5 (e)에 나타나 있다. 그림에서도 알 수 있는 바와 같이 철근의 응력은 콘크리트의 응력에 비하여 매우 크다. 따라서 보통은 그림 3-5 (f)와 같이 나타낸다. 즉, 콘크리트의 압축응력의 분포 삼각형을 연장하여 인장철근의 도심선과 만나서 잘라지는 길이를 f_t 라고 하면, $f_t = \frac{f_s}{n}$ 로 된다. 그 이유는 다음과 같다. 그림 3-5 (f)에서

$$\frac{f_t}{f_c} = \frac{d-x}{x}$$

위의 식에 식 (c)의 관계를 대입하면

$$f_t = \frac{f_s}{n} \qquad (3 \cdot 11)$$

콘크리트 및 철근의 응력은 그림 3-5 (f)를 이용하여 다음 식으로 계산할 수도 있다.

$$\left.\begin{aligned} f_c &= \frac{M}{I}x \\ f_s &= n\frac{M}{I}(d-x) \end{aligned}\right\} \qquad (3 \cdot 12)$$

여기서 I는 단면2차모멘트이며, 그림 3-5 (c)의 균열환산단면을 사용하여 다음과 같이 계산한다.

$$I = \frac{bx^3}{3} + nA_s(d-x)^2 \qquad (3 \cdot 13)$$

예제 3-3 $b=300$ mm, $h=600$ mm인 직사각형 단면의 보가 있다. $D25$의 철근 3개를 $d=540$ mm가 되도록 인장 측에 배치하였으며, 그 단면적은 $A_s=1{,}520$ mm^{2}이다. 콘크리트의 설계기준압축강도는 $f_{ck}=35$ MPa이고, 휨인장강도(파괴계수)는 3.7 MPa이며, 철근의 항복강도는 $f_y=400$ MPa이다.

다음 두 경우에 대하여 단면에 작용하는 콘크리트와 철근의 응력을 계산한다.

(i) 휨모멘트 $M=58$ kN·m가 작용할 때

(ii) 휨모멘트 $M=116$ kN·m가 작용할 때

풀이 (i) 휨모멘트 $M=58$ kN·m가 작용할 때

작용하는 휨모멘트가 작아서 단면의 인장 측 하단에 일어나는 콘크리트의 인장응

력이 콘크리트의 휨인장강도를 넘지 않을 것이 예상된다. 그렇다면 인장 측 콘크리트에는 균열이 발생하지 않을 것이며 전단면이 유효하게 작용할 것이다. 즉, 이 경우는 그림 3-3의 단계 I의 상태에 해당한다.

철근의 존재를 무시한다면 무근 콘크리트 보로 되어 균등질보에 대한 재료역학의 지식을 그대로 사용할 수 있다. 중립축은 단면의 도심축과 일치하므로

$$I=\frac{bh^3}{12}=\frac{1}{12}\times 300\times 600^3=54\times 10^8\ \text{mm}^4$$

따라서 단면의 상단 및 하단에 발생하는 콘크리트의 압축응력 및 인장응력은

$$f_c=\pm\frac{M}{I}y$$
$$=\pm\frac{58\times 10^3\times 10^3(\text{N·mm})}{54\times 10^8(\text{mm}^4)}\times\frac{600(\text{mm})}{2}=\pm 3.2\ \text{N/mm}^2=\pm 3.2\ \text{MPa}$$

단면 하단의 콘크리트의 인장응력 3.2 MPa는 휨인장강도 3.7 MPa보다 작으므로 균열은 발생하지 않을 것이다. 상단의 압축응력 3.2 MPa는 설계기준압축강도 35 MPa에 비하여 매우 작다.

그러나 실제로 철근이 인장 측을 보강하고 있으므로 그 영향을 고려하면 보다 정확한 결과를 얻을 수 있다. 인장측 콘크리트에 균열이 발생하지 않으므로 철근은 콘크리트의 인장응력의 n 배의 응력을 부담한다. 따라서 철근의 단면적 A_s 는 nA_s 의 콘크리트 단면적으로 환산된다. 다만 철근 단면적을 뺀 순수한 콘크리트 단면적에 대한 계산이 번거로우므로, 간편한 계산을 위해 철근 단면적을 $(n-1)A_s$ 의 콘크리트 단면적으로 환산한다.

콘크리트의 탄성계수는 식 (2 · 2)로부터($f_{cu}=35+4=39\text{MPa}$이므로)

$$E_c=8{,}500\sqrt[3]{f_{cu}}=8{,}500\sqrt[3]{39}=28{,}800\ \text{MPa}$$
$$\therefore n=\frac{E_s}{E_c}=\frac{200{,}000}{28{,}800}=7$$

중립축의 위치 x 는 그림 3-7을 참조하면

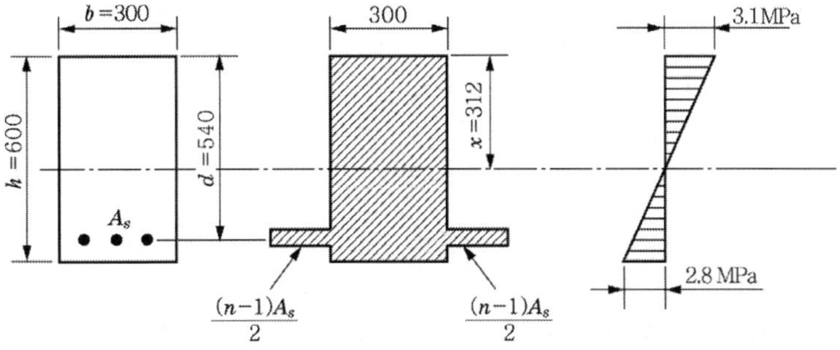

그림 3-7

$$x = \frac{bh \times \frac{h}{2} + (n-1)A_s \times d}{bh + (n-1)A_s}$$

$$= \frac{300 \times 600 \times \frac{600}{2} + (7-1) \times 1,520 \times 540}{300 \times 600 + (7-1) \times 1,520} = 312\,\text{mm}$$

중립축에 대한 단면2차모멘트는

$$I = \frac{bh^3}{12} + bh\left(x - \frac{h}{2}\right)^2 + (n-1)A_s(d-x)^2$$

$$= \frac{300 \times 600^3}{12} + 300 \times 600\left(312 - \frac{600}{2}\right)^2 + (7-1) \times 1,520(540-312)^2$$

$$= 59 \times 10^8\,\text{mm}^4$$

단면 상단의 콘크리트의 압축응력은

$$f_c = \frac{M}{I}x = \frac{58 \times 10^3 \times 10^3\,(\text{N·mm})}{59 \times 10^8\,(\text{mm}^4)} \times 312\,(\text{mm}) = 3.1\,\text{MPa}$$

단면 하단의 콘크리트의 인장응력은

$$f_t = -\frac{M}{I}(h-x) = -\frac{58 \times 10^3 \times 10^3}{59 \times 10^8} \times (600-312) = -2.8\ \text{MPa}$$

이 값은 콘크리트의 휨인장강도 3.7 MPa보다 작다. 그러므로 콘크리트에는 인장균열이 발생하지 않으며, 따라서 전단면을 유효하다고 보고 계산한 것이 옳았음을 알 수 있다. 철근에 일어나는 인장응력은 철근과 같은 위치에 있는 콘크리트의 인장응력의 n 배이므로

$$f_s = n \times \frac{M}{I}(d-x)$$

$$= 7 \times \frac{58 \times 10^3 \times 10^3}{59 \times 10^8} \times (540-312) = 7 \times 2.2 = 15.4\,\text{MPa}$$

이상의 결과를 보면 콘크리트의 상하단의 응력은 철근을 무시한 경우와 큰 차가 없으며, 콘크리트의 압축응력 및 철근의 인장응력은 그들 재료의 강도에 비하여 너무 작다. 이것은 작용하는 휨모멘트가 작아서 단면의 응력상태가 그림 3-3의 단계 I의 범위에 있기 때문이며, 이러한 상태는 설계에서 문제되지 않는다.

(ii) 휨모멘트 $M = 116\,\text{kN·m}$가 작용할 때

작용하는 모멘트가 (i)의 경우의 2배이므로 단면 하단에 일어나는 콘크리트의 인장응력은 2.8×2= 5.6 MPa로 되어 휨인장강도 3.7 MPa를 훨씬 초과한다. 따라서 인장 측 콘크리트에는 균열이 발생할 것이다. 즉, 이 경우는 그림 3-3의 단계 II_b에 해당하는 거동을 할 것이므로, 이 절에서 논의된 이론이 적용된다.

중립축의 위치는 식 (3・8)로부터[그림 3-8 참조]

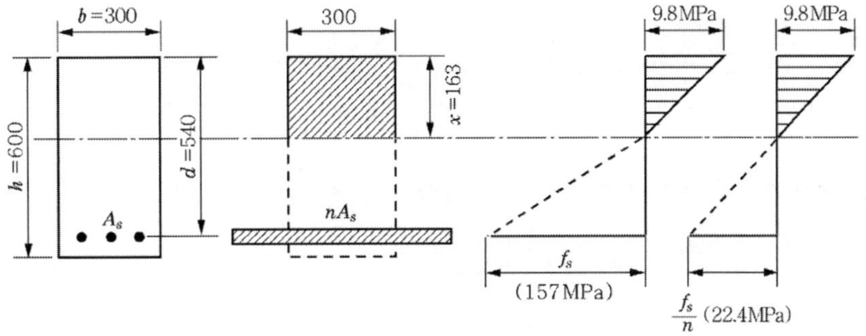

그림 3-8

$$\frac{1}{2}bx^2 - nA_s(d-x) = 0$$

$$\frac{1}{2} \times 300x^2 - 7 \times 1{,}520(540-x) = 0$$

$$\therefore x = 163\,\mathrm{mm}$$

압축 측 상단의 콘크리트의 압축응력은 식 (3·9)로부터

$$f_c = \frac{2M}{bx(d-x/3)} = \frac{2 \times 116 \times 10^3 \times 10^3}{300 \times 163(540 - 163/3)} = 9.8\,\mathrm{MPa}$$

철근의 인장응력은 식 (3·10)으로부터

$$f_s = \frac{M}{A_s(d-x/3)} = \frac{116 \times 10^3 \times 10^3}{1{,}520 \times 10^2(540 - 163/3)} = 157\ \mathrm{MPa}$$

중립축에 대한 균열환산단면의 2차 모멘트는 식 (3·13)으로부터〔그림 3-8 참조〕

$$I = \frac{bx^3}{3} + nA_s(d-x)^2$$

$$= \frac{1}{3} \times 300 \times 163^3 + 7 \times 1{,}520(540-163)^2 = 1{,}945 \times 10^6\mathrm{mm}^4$$

따라서 식 (3·12)를 사용하여 콘크리트 및 철근의 응력을 계산하면 다음과 같이 된다.

$$f_c = \frac{M}{I}x = \frac{116 \times 10^3 \times 10^3}{1{,}645 \times 10^6} \times 163 = 9.7\,\mathrm{MPa}$$

$$f_s = n\frac{M}{I}(d-x) = 7 \times \frac{116 \times 10^3 \times 10^3}{1{,}945 \times 10^6} \times (540-163) = 7 \times 22.5$$

$$= 158\mathrm{MPa}$$

이 예제로부터 다음과 같은 몇 가지 사실을 알 수 있다.

(1) 균열이 발생하기 전의 단면의 중립축은 단면 높이의 중앙에서 약간 아래쪽으로 위치하는 데 대하여, 균열발생 후의 중립축은 위쪽으로 많이 이동한다.

(2) 휨모멘트가 2배 증가한 것에 대하여 콘크리트의 압축응력은 약 3배, 철근의 인

장응력은 약 9배의 증가를 보이고 있다.

(3) 균열이 발생된 단면의 단면2차모멘트는 균열이 발생되지 않은 단면의 단면2차모멘트에 비하여 매우 작으며 이것은 처짐에 크게 영향을 미친다.

이상의 사실로부터 콘크리트의 인장균열이 철근콘크리트 보의 거동에 얼마나 큰 영향을 미치는가를 알 수 있다.

3.3.3 휨 강 도

구조물 또는 구조부재의 극한강도를 만족할 만한 정확도로 알아낼 수 있다면 구조물의 사용기간 중에 예상되는 최대하중에 대하여 구조물의 안전을 적절한 수준으로 확보할 수 있을 것이다. 이러한 이유 때문에 극한강도에 대한 연구가 많이 이루어져서, 탄성이론에 의한 설계법에 대신하여 강도이론에 의한 설계법이 주로 사용되기에 이르렀다.

[1] 일반적 해석

철근콘크리트 보의 휨에 대한 극한강도(휨강도)는 그림 3-3의 단계 Ⅲ의 상태, 즉 파괴상태 또는 파괴에 가까운 상태에 기초를 둔다. 이 상태에서의 콘크리트의 응력분포가 그림 3-3에 나타나 있으며, 이것을 더 자세히 보인 것이 그림 3-9이다. 그림 3-9 (c)는 응력분포를 보인 것이고, 그림 (b)는 변형률을 보인 것이다. 이 상태에서도 평면보존의 법칙은 성립된다고 가정한다.

인장철근 단면적이 비교적 적은 철근콘크리트 휨부재는 압축부 콘크리트가 파괴되기 전에 인장철근이 항복하게 되는데, 철근이 항복하더라도 파단 되는 것이 아니므로 콘크리트에 압축파괴가 발생할 때까지 하중을 지지할 수 있다. 따라서 일반적인 철근콘크리트 휨부재의 파괴는 콘크리트 압축연단이 파괴될 때 발생한다. 콘크리트가 압축으로 파괴될 때의 변형률, 즉 극한변형률은 하중작용에 따라 다른 값을 나타낸다. 일축압축응력을 받을 때에는 단면 전체가 동일한 변형률이 발생하여 응력-변형률 곡선의 최고점에서, 즉 최대응력이 작용할 때 파괴된다. 그러나 휨모멘트가 작용하여 콘크리트 압축부가 휨 압축응력을 받을 때에는 압축연단의 변형률이 최대로 발생하고 중립축에 가까울수록 변형률이 감소하여, 압축연단이 최대응력에 도달하더라도 즉시 파괴되지 않고 일축 압축응력-변형률 곡선의 최고점을 초과하는 변형률까지 파괴가 지연되는 변형률 경사(strain gradient) 효과가 나타난다. 횡구속이 되지 않은 콘크리트에 대한 실험결과는, 일축압축응력을 받을 때의 콘크리트 극한변형률이 0.002~0.0025의 범

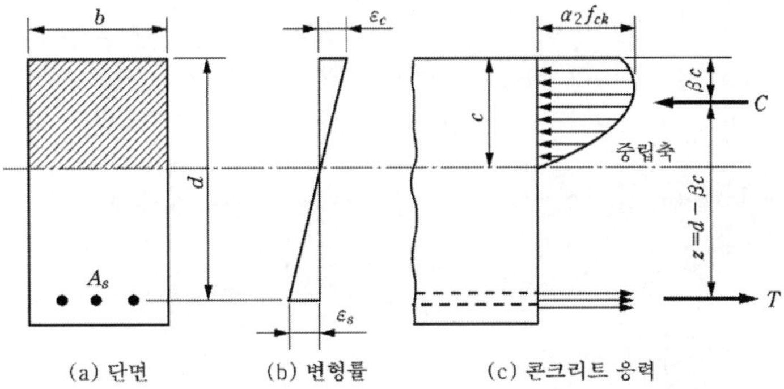

그림 3-9 강도 이론에 의한 철근콘크리트 보의 해석

위로서 압축강도가 증가함에 따라 커지는 경향을 보이며, 휨 압축응력을 받을 때의 콘크리트 극한변형률은 0.0025~0.0045의 범위를 보인다.

그러나 단면의 휨강도해석에서 콘크리트 극한변형률의 값이 해석결과에 미치는 영향이 매우 미미하므로, 설계기준에서는 콘크리트 압축강도와 무관하게 동일한 값을 사용하거나 압축강도에 따라 다소 변화하는 값을 사용하도록 규정하고 있다. 즉 미국형 강도설계법을 채택하고 있는 콘크리트구조기준(2012)과 도로교설계기준(2010)은 휨부재에 대한 콘크리트의 극한변형률로 콘크리트 압축강도와 무관하게 0.003을 사용하도록 규정하고 있으며, 유럽형 한계상태설계법을 채택하고 있는 도로교설계기준 한계상태설계법(2012)은 일축 압축의 경우와 휨 압축의 경우를 구분하고 콘크리트 압축강도에 따라 다른 값을 사용하도록 규정하고 있다. 도로교설계기준 한계상태설계법(2012)에서는 일축 압축의 극한변형률로 콘크리트 압축강도가 40 MPa 이하인 경우 0.002이고 압축강도가 증가함에 따라 증가하게 하여 압축강도가 100 MPa인 경우 0.0026을 사용하도록 하고 있으며, 휨 압축의 극한변형률로는 압축강도가 40 MPa 이하인 경우 0.0033이고 압축강도가 증가함에 따라 감소하게 하여 압축강도가 100 MPa인 경우 0.0027의 값을 사용하도록 규정하고 있다. 이와 같이 설계기준에서 채택하고 있는 설계법에 따라 다른 값을 규정한 이유는, 단면의 휨강도를 위주로 설계를 수행하는 강도설계법에서는 콘크리트 극한변형률의 값이 해석결과에 미치는 영향이 매우 미미하므로 해석의 편의성을 고려하여 콘크리트 압축강도와 무관하게 동일한 값을 사용하도록 한 것이며, 단면의 휨강도와 함께 휨 변형능력을 위주로 설계를 수행하는 한계상태설계법에서는 콘크리트의 압축강도에 따른 변형능력과 연성 및 취성의 파괴거동을 고려하여 극한변형률의 값을 정하였기 때문이다.

그림 3-9 (c)에서 알 수 있는 바와 같이 콘크리트의 최대 휨 압축응력은 압축연단에서 발생하지 않고 얼마간 안쪽으로 들어간 위치에서 발생한다. 그리고 최대 휨 압축응력은 콘크리트의 압축강도 f_{ck} 보다 약간 작다. 그러므로 최대 휨 압축응력은 f_{ck} 에 1.0보다 작은 계수 α_2 를 곱해서 $\alpha_2 f_{ck}$ 로 나타낼 수 있다. 또, 압축 측 단면 bc 에 작용하는 콘크리트의 평균 압축응력을 f_m 이라 하고

$$\frac{f_m}{\alpha_2 f_{ck}} = \alpha_1$$

으로 놓으면 $\alpha_2 < 1.0$이고, 평균응력은

$$f_m = \alpha_1 \alpha_2 f_{ck}$$

로 나타낼 수 있다. 그러면 압축 측 단면 bc 에 작용하는 압축력 C는 다음과 같이 된다.

$$C = f_m bc = \alpha_1 \alpha_2 f_{ck} bc$$

$\alpha_1 \alpha_2 = \alpha$ 로 놓으면

$$C = \alpha f_{ck} bc \qquad (3 \cdot 14)$$

C의 작용점은 응력 분포도의 도심이며, 그림에 보인 것처럼 βc 로 나타낼 수 있다. 여기서 c 는 중립축에서 압축 측 연단까지의 거리이다. 보가 인장으로 파괴되기 위해서는 철근의 응력이 항복강도 f_y 에 도달해야 한다. 따라서 이때 철근의 인장력 T는 다음과 같다.

$$T = f_y A_s \qquad (3 \cdot 15)$$

단면이 평형상태를 유지하기 위해서는 $C = T$이어야 하므로

$$\alpha f_{ck} bc = A_s f_y$$

$$\therefore c = \frac{A_s f_y}{\alpha f_{ck} b} \qquad (3 \cdot 16)$$

이 c가 인장파괴를 일으킬 때의 중립축의 위치이다. 이때 단면의 극한모멘트(ultimate moment)는 다음과 같이 된다.

$$\begin{aligned} M_n &= T(d - \beta c) = A_s f_y (d - \beta c) \\ &= A_s f_y \left(d - \frac{\beta}{\alpha} \cdot \frac{A_s f_y}{f_{ck} b} \right) \\ &= \rho f_y b d^2 \left(1 - \frac{\beta f_y \rho}{\alpha f_{ck}} \right) \qquad (3 \cdot 17) \end{aligned}$$

여기서 $\rho = \dfrac{A_s}{bd}$

이렇게 계산된 M_n을 단면의 공칭휨강도(nominal flexural strength)라고 한다. 또 ρ를 철근비(steel ratio, reinforcement ratio)라고 한다.

위의 식에서 α와 β의 값을 알면 M_n을 계산할 수 있다. 미국형 강도설계법에 기초한 연구결과에 의하면 α 및 β의 값은 콘크리트의 강도에 따라 다음과 같다.

(1) $f_{ck} \leq 28\,\text{MPa}$이면

$$\alpha = 0.72, \beta = 0.425$$

(2) $28\,\text{MPa} < f_{ck} \leq 56\,\text{MPa}$이면

$$\alpha = 0.72 - 0.04\left(\frac{f_{ck} - 28}{7}\right), \beta = 0.425 - 0.025\left(\frac{f_{ck} - 28}{7}\right)$$

(3) $f_{ck} > 56\,\text{MPa}$이면

$$\alpha = 0.56, \beta = 0.325$$

강도가 클수록 α 및 β의 값이 감소한다는 것은 고강도의 콘크리트가 보다 취성적이라는 사실과 관계가 있다. 이러한 관계를 알기 쉽게 보인 것이 그림 3-10이다.

위의 α 및 β의 값으로부터 $\dfrac{\beta}{\alpha} = 0.59$를 얻을 수 있으며, 이 값을 식 (3·17)에 대입하면 M_n은 다음과 같이 된다.

$$M_n = \rho f_y bd^2 \left(1 - 0.59\frac{\rho f_y}{f_{ck}}\right) \qquad (3 \cdot 18)$$

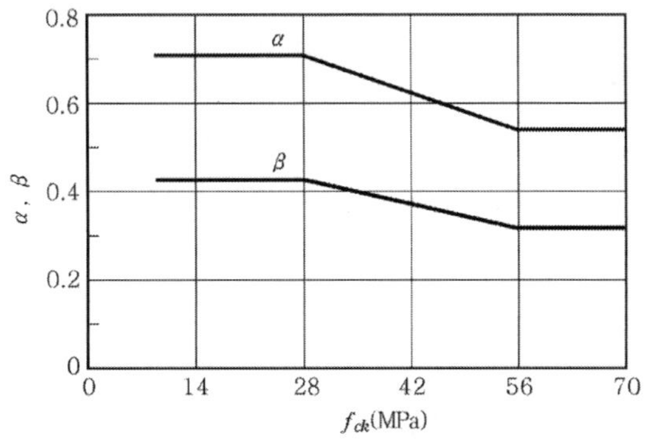

그림 3-10 f_{ck}에 따른 α 및 β의 값

이상에서 논의된 것은 보가 인장으로 파괴될 때에 대한 것이다. 즉, 인장철근이 항복한 후 압축 측 콘크리트가 파괴되는 경우이다. 인장철근이 항복함으로써 균열과 처짐이 크게 발달하여 중립축이 압축 측으로 이동하면서 콘크리트의 압축변형률이 극한변형률에 이르러 보가 파괴된다. 이러한 파괴는 철근이 항복한 후 상당한 연성(延性, ductility)을 나타내기 때문에 갑작스럽지 않다. 이러한 파괴를 **연성파괴**(ductile failure)라고 한다. 철근비를 어떤 한계의 값 이하로 하면 연성파괴로 거동하는 보를 만들 수 있다.

철근비가 어떤 한계의 값 이상인 보에서는 인장철근이 항복하기 전에 압축 측 콘크리트가 파괴된다. 이러한 파괴는 사전 징후 없이 갑작스럽게 일어난다. 이러한 취성파괴는 바람직하지 못하다. 그러므로 철근비를 어떤 한계값 이하로 하여 연성파괴가 되도록 하는 것이 좋다. 이 한계의 철근비를 **균형철근비**(balanced steel ratio) 또는 **평형철근비**라고 한다. 즉, 균형철근비는 인장철근의 항복과 콘크리트의 압축파괴가 동시에 일어날 때의 철근비이다. 바꾸어 말하면 철근이 항복함과 동시에 콘크리트의 압축변형률이 콘크리트의 극한변형률 0.003에 도달하게 되는 철근비이다.

여기서 균형철근비(ρ_b)를 구해 보자.

그림 3-9 (b)의 변형률도에서 삼각형의 닮음비를 이용하면

$$c = \frac{\varepsilon_c}{\varepsilon_c + \varepsilon_s} d \tag{a}$$

철근이 항복하여 항복변형률 ε_y에 도달할 때 콘크리트도 변형률 ε_c가 극한변형률 ε_{cu}에 도달해야 하므로, 식 (a)는 다음과 같이 된다.

$$c = \frac{\varepsilon_{cu}}{\varepsilon_{cu} + \varepsilon_y} d \tag{b}$$

위의 식에 식 (3·16)을 대입하면

$$\frac{A_s f_y}{\alpha f_{ck} b} = \frac{\varepsilon_{cu}}{\varepsilon_{cu} + \varepsilon_y} d$$

위의 식을 만족하는 철근비가 균형철근비이므로 $\frac{A_s}{bd} = \rho_b$로 놓고 정리하면(콘크리트의 극한변형률은 $\varepsilon_{cu} = 0.003$이므로)

$$\rho_b = \alpha \frac{f_{ck}}{f_y} \frac{\varepsilon_{cu}}{\varepsilon_{cu} + \varepsilon_y} = \frac{\alpha f_{ck}}{f_y} \cdot \frac{0.003}{0.003 + \varepsilon_y} \tag{3·19}$$

Hooke의 법칙에 의하여 $\varepsilon_y = \frac{f_y}{E_s}$이고, 철근의 탄성계수는 $E_s = 200{,}000\text{MPa}$이므로, 이들 값을 위의 식에 대입하면 균형철근비는 다음과 같이 된다.

$$\rho_b = \alpha \frac{f_{ck}}{f_y} \frac{600}{f_y + 600} \tag{3·20}$$

실제의 철근비 ρ가 균형철근비 ρ_b보다 작은 보 즉 $\rho < \rho_b$인 보를 **저보강 보**(under reinforced beam), 또는 **과소철근 보**라고 한다. ρ가 ρ_b보다 큰 보 즉 $\rho > \rho_b$인 보를 **과보강 보**(over reinforced beam) 또는 **과다철근 보**라고 한다. 연성파괴를 위하여 보는 저보강 보로 설계하는 것이 바람직하다.

예제3-4) 예제 3-3의 보가 파괴될 때의 모멘트, 즉 공칭휨강도 M_n을 계산해 보자.

풀이 $f_{ck} = 35\,\text{MPa}$이므로

$\alpha = 0.68, \qquad \beta = 0.40$

(1) 평형조건과 적합조건에 의한 해석

콘크리트의 압축력

$C = \alpha f_{ck} bc = 0.68 \times 35 \times 300 \times c = 7{,}140\,c$

공칭휨강도에서 인장철근이 항복한다고 가정하면, 인장철근의 인장력

$T = A_s f_y = 1{,}520 \times 400 = 608{,}000\,N$

평형조건에 의하여 $C = T$이므로,

$7{,}140\,c = 608{,}000$

따라서, 중립축

$c = 85.15\,\text{mm}$

공칭휨강도는

$$M_n = T(d - \beta c) = 608{,}000(540 - 0.40 \times 85.15)$$
$$= 307{,}600{,}000\,\text{N·mm} = 308\,\text{kN·m}$$

가정한 바와 같이 철근이 항복하는지 확인하기 위하여, 적합조건에 따라 그림 3-9(b)의 변형률도에서 삼각형의 닮음비를 이용하면

$$\varepsilon_s = \varepsilon_c \frac{d-c}{c} = 0.003\,\frac{540 - 85.15}{85.15} = 0.016$$

이 값은 철근의 항복변형률, $\varepsilon_y = f_y / E_s = 400/200{,}000 = 0.002$보다 크므로, 가정한 바와 같이 공칭휨강도에서 인장철근이 항복한다.

(2) 철근비와 휨강도 수식에 의한 해석

이 보의 철근비는

$$\rho = \frac{A_s}{bd} = \frac{1,520}{300 \times 540} = 0.00938$$

철근의 항복변형률은 $\varepsilon_y = 0.002$이므로 균형철근비는 식 (3 · 19)로부터

$$\rho_b = \frac{0.68 \times 35}{400} \times \frac{0.003}{0.003 + 0.002} = 0.0357 > 0.00938$$

즉 $\rho < \rho_b$이므로 이 보는 철근의 항복에 의하여 인장으로 파괴될 것이다. 따라서 이 보의 공칭휨강도는 식 (3 · 17)로부터

$$M_n = 0.00938 \times 400 \times 300 \times 540^2 \left(1 - \frac{0.40 \times 400 \times 0.00938}{0.68 \times 35}\right)$$
$$= 307,500,000 \text{ N mm} = 308 \text{ kN} \cdot \text{m}$$

M_n을 식 (3 · 18)로 계산해도 같은 결과를 얻는다.

보가 공칭휨강도에 도달했을 때의 중립축의 위치는 식 (3 · 16)으로부터

$$c = \frac{A_s f_y}{\alpha f_{ck} b} = \frac{1,520 \times 400}{0.68 \times 35 \times 300} = 85 \text{ mm}$$

예제 3-3과 예제 3-4는 동일한 보이다. 그런데 균열발생 전의 단면의 중립축은 312 mm의 위치에 있고, 균열발생 후에는 163 mm, 극한강도 상태에서는 85 mm의 위치에 있음을 보인다. 즉, 하중이 증가함에 따라 중립축이 점차로 압축 측으로 이동해 간다. 이것은 저보강보의 경우이고, 과보강보의 경우는 이와 반대의 현상을 보인다.

[2] 등가 직사각형 응력분포에 의한 해석

앞에서 논의한 강도이론은 직사각형 단면보에 대한 것이었다. 여기서 설명하는 방법은 단면형상에 관계없이, 또 휨뿐만 아니라 휨과 축방향력을 동시에 받는 부재에도 적용된다.

콘크리트 휨 압축응력의 합력의 크기 C와 그 작용점을 알 수 있다면 굳이 그 응력분포의 실제형상을 알 필요는 없다. C의 크기 및 작용점은 실험적 연구의 결과로부터 얻어져서 두 파라미터 α, β로 나타낼 수 있음을 앞에서 보았다. 그러므로 콘크리트의 실제의 응력분포를 이것과 동일한 C와 작용점을 가지는 어떤 단순한 가상의 분포로 바꾸어 놓을 수 있다. 그래서 많은 연구자들이 여러 가지 형상의 가상 등가 응력분포를 제안하였다. 이것들이 그림 3-11에 나타나 있다. 이 가운데서 Whitney가 제안한 그림 3-11 (a)의 등가 직사각형 응력분포가 일반적으로 통용되고 있다. 이것을 직사각형 응력블록(rectangular stress block)이라고도 한다.

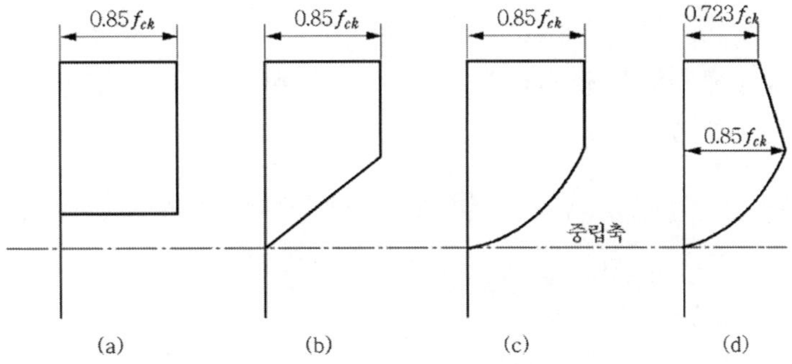

그림 3-11 콘크리트의 등가 응력분포의 여러 가지 형상

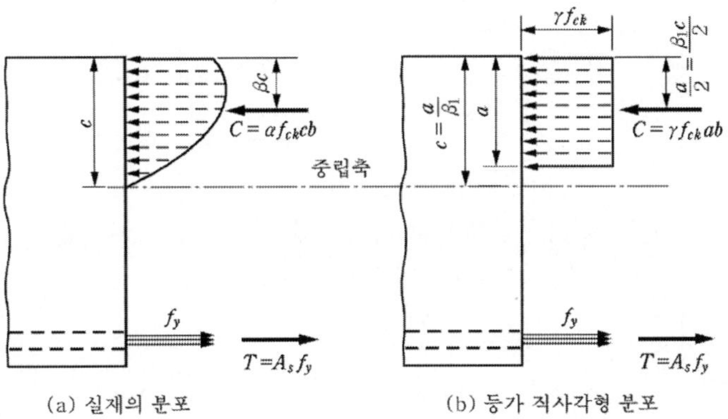

그림 3-12 콘크리트의 휨 압축응력의 분포

그림 3-12(a)는 파괴 직전의 실제의 응력분포를 보인 것이고, (b)는 가상 등가 직사각형 응력분포를 보인 것이다. 실제의 응력분포 (a)는 가상 사각형 분포 (b)로 대치된다. 즉, 실제의 응력분포의 합력 C의 크기와 작용점이 등가 사각형 분포의 합력의 크기 및 작용점과 일치한다. 그러므로

$$C=\alpha f_{ck}bc=\gamma f_{ck}ab$$

$$\therefore \gamma=\alpha\frac{c}{a}$$

$a=\beta_1 c$로 놓으면

$$\gamma=\frac{\alpha}{\beta_1}$$

C의 작용점도 실제의 경우와 등가의 경우가 같아야 하므로[그림 3-9 참조]

$$\beta c=\frac{a}{2}=\frac{1}{2}\beta_1 c$$

$$\therefore \beta_1 = 2\beta$$

표 3-1의 위의 두 줄은 그림 3-10의 α, β의 값을 표로 나타낸 것이고, 아래 두 줄은 직사각형 응력블록에 대한 β_1 및 γ의 값을 보인 것이다.

콘크리트 응력의 강도계수 γ는 본질적으로 f_{ck}와 무관하여 일률적으로 0.85를 취할 수 있음을 알 수 있다. 그러므로 폭 b인 직사각형 단면의 보가 파괴할 때의 콘크리트의 압축력 C는 다음과 같이 된다.

$$C = 0.85 f_{ck} ab \quad (3 \cdot 21)$$

표 3-1 콘크리트 응력블록의 파라미터

f_{ck}	≤28 MPa	35 MPa	42 MPa	49 MPa	≥56 MPa
α	0.72	0.68	0.64	0.60	0.56
β	0.425	0.400	0.375	0.350	0.325
$\beta_1(=2\beta)$	0.85	0.80	0.75	0.70	0.65
$\gamma(=\alpha/\beta_1)$	0.85	0.85	0.85	0.86	0.86

직사각형 응력블록의 깊이 a는 $f_{ck} \leq 28\,\text{MPa}$인 보통의 콘크리트에 대해서는 다음과 같다.

$$a = \beta_1 c = 0.85c \quad (3 \cdot 22)$$

여기서 c는 중립축까지의 거리이다. $a = \beta_1 c$의 β_1 값도 콘크리트의 강도에 따라 변화하는데 β_1의 값이 5장의 식 (5 · 3)에 주어져 있고, 또 표 3-1에도 나타나 있다.

이러한 값의 계수들을 가지는 등가 직사각형 응력분포로부터 공칭휨강도나 균형철근비 등이 쉽게 계산된다. 직사각형 응력블록은 그 기하학적 형상이 매우 단순하기 때문에 앞에서 유도된 공식들을 이용하지 않아도 쉽게 계산을 수행할 수 있다.

예제3-5 등가 사각형 응력분포를 사용하여 예제 3-4의 대한 보의 휨강도를 계산해 보자.

풀이 이 보의 등가응력 사각형과 변형률을 그림 3-13에 나타내었다. 단면의 내력은 비겨야 하므로

$$C = T$$

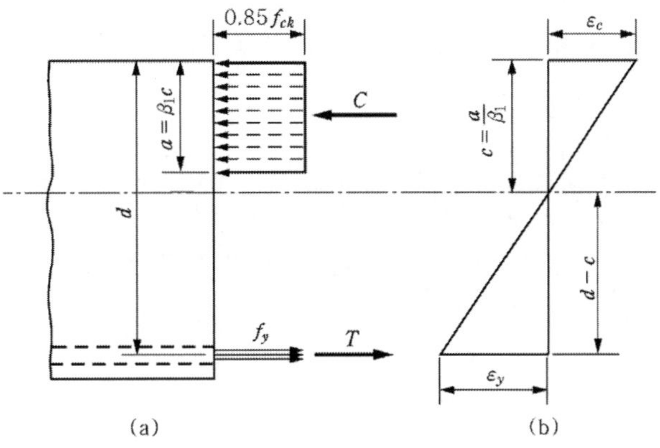

그림 3-13

즉 $0.85 f_{ck} ab = A_s f_y$

$$\therefore a = \frac{A_s f_y}{0.85 f_{ck} b} = \frac{1{,}520 \times 400}{0.85 \times 35 \times 300} = 68.1\,\text{mm}$$

f_{ck} =35 MPa에 대한 β_1의 값은 표 3-1로부터 β_1 =0.80이므로 중립축의 위치 c는 식 (3 · 22)로부터

$$c = \frac{a}{\beta_1} = \frac{a}{0.80} = \frac{68.1}{0.80} = 85.1\text{ mm}$$

보의 강도가 철근의 항복으로 좌우되는지 또는 콘크리트의 압축파괴로 지배되는지를 알아야 한다. 이것을 알아내는 방법의 하나는 철근이 항복하는 순간에 보 상단에 콘크리트 변형률이 0.003보다 작은가 또는 큰가를 알면 된다. 그런데 철근이 항복하는 순간의 시점에서 철근의 변형률은 다음과 같다.

$$\varepsilon_y = \frac{f_y}{E_s} = \frac{400}{200{,}000} = 0.002$$

그림 3-13 (b)의 변형률도에서 삼각형의 닮음비를 이용하면

$$\varepsilon_c = \frac{c}{d-c}\varepsilon_y = \frac{85.1}{540-85.1} \times 0.002 = 0.00037 < 0.003$$

그러므로 이 보의 파괴는 철근이 항복한 이후 시작된다. 따라서 공칭휨강도는 다음과 같다.

$$M_n = T\left(d - \frac{a}{2}\right) = A_s f_y \left(d - \frac{a}{2}\right) = 1{,}520 \times 400 \left(540 - \frac{68.1}{2}\right)$$
$$= 307{,}600{,}000\text{ N}\cdot\text{mm} = 308\text{ kN}\cdot\text{m}$$

이 값은 일반적 해석으로 구한 예제 3-4에서의 값과 같다.

참고로 이 보의 균형철근비를 계산해 보자. 철근이 항복할 때의 변형률 $\varepsilon_y = 0.002$를 알고 있고, 또 콘크리트의 극한변형률은 $\varepsilon_{cu} = 0.003$이므로 그림 3-13 (b)의 변형률도에서 삼각형의 닮음비를 이용하면

$$\frac{\varepsilon_c}{\varepsilon_y} = \frac{\varepsilon_{cu}}{\varepsilon_y} = \frac{0.003}{0.002} = \frac{c}{d-c}$$

$$\therefore c = \frac{\varepsilon_{cu}}{\varepsilon_{cu} + \varepsilon_y} d = \frac{0.003}{0.003 + 0.002} \times 540 = 324 \text{ mm}$$

그러므로

$$a = \beta_1 c = 0.80 \times 324 = 259 \text{ mm}$$

따라서 이때의 콘크리트의 압축력은

$$\begin{aligned} C &= 0.85 f_{ck}\, ab \\ &= 0.85 \times 35 \times 259 \times 300 = 2{,}312{,}000 \text{ N} \end{aligned}$$

이것이 인장력 T와 같아야 하므로 균형철근단면적 A_{sb}는 다음과 같이 된다.

$$A_{sb} = \frac{T}{f_y} = \frac{C}{f_y} = \frac{2{,}312{,}000}{400} = 5{,}780 \text{ mm}^2$$

그러므로 균형철근비는

$$\rho_b = \frac{A_{sb}}{bd} = \frac{5{,}780}{300 \times 540} = 0.0357$$

이 값도 일반적 해석방법에 따른 예제 3-4에서의 ρ_b의 값과 같다.

연습문제

3.1. 400 mm×500 mm인 단면에 $D\,29$ 철근 6개를 배치한 기둥이 있다. $f_{ck} = 28$ MPa이고, $f_y = 280$ MPa이다. 이 철근의 응력-변형률 곡선은 그림 2-15에 있다. 다음을 구하라.

(1) 콘크리트에 8.4 MPa의 압축응력을 일어나게 할 중심축 하중

(2) 철근이 항복을 시작할 때의 하중

(3) 축방향 강도

(4) 각 하중단계에서 철근이 부담하는 하중의 총 하중에 대한 비율

3.2. 자중 외에 36.5 kN/m의 등분포 하중을 받는 지간 6.1 m의 단순보가 있다. 단면은 $b = 250$ mm, $h = 640$ mm, $d = 580$ mm, $A_s = 3-D\,25 = 1{,}520$ mm^{2}이고 $f_{ck} = 28$ MPa, $f_y = 400$ MPa이다. 철근콘크리트의 단위중량은 2,500 kg/m^{3}이다.

(1) 자중과 주어진 하중이 작용할 때 철근 및 콘크리트에 일어나는 응력을 구하라.

(2) 주어진 하중 하에서 인장 측 콘크리트에 균열이 발생하겠는가 안 하겠는가? 콘크리트의 휨인장강도(파괴계수)는 3.3 MPa이다.

제4장 설계방법과 안전성

4.1 설계방법

구조물의 설계는 일반적으로 구조해석(構造解析, structural analysis)과 단면해석(斷面解析, section analysis)으로 이루어진다. 즉, 하중작용(荷重作用)에 의하여 구조물에 발생하는 단면력과 변형을 구조해석으로 구하고, 이를 감당하도록 단면을 선정하고 나서 단면의 강도 능력과 변형 능력을 단면해석으로 구한 후 부재단면의 성능을 검토하여 주어진 하중작용에 대해 안전하고 경제적인 단면을 결정하는 것이 설계의 일반적 절차이다.

앞장에서 본 바와 같이 철근콘크리트는 역학적 성질이 복잡하기 때문에 그 응력이나 변형상태를 단순이론에 의해 푼다는 것은 사실상 곤란하다. 근래 많은 실험연구가 이루어져서 그 결과 철근콘크리트의 역학적 성질이 많이 밝혀지고 있다. 그러나 아직도 확실하게 밝혀져야 할 점들이 적지 않다. 따라서 철근콘크리트는 아직도 완벽하게 설계방법이 확립되었다고 할 수 있는 상태는 아니다.

과거에는 허용응력설계법이 유일한 설계법이었으나 1960년대 초반부터 미국에서 강도설계법이 설계기준에 채택되었다. 1970년 초에는 한계상태설계법(limit state design)이 영국의 설계기준에 등장하였으며, 이 설계법으로 설계기준을 통일하려는 국제적 움직임이 유럽에서 태동하여 CEB-FIP 모델코드(1978, 1990)와 FIB 모델코드(2012)로 제안되고 있으나, 실제 유럽에서는 이러한 모델코드를 실무설계에 적용하기 쉽도록 만든 Eurocode가 실행되고 있는 설계기준이다. 우리나라 토목공학분야의 구조설계기준에서는 1983년부터 강도설계법을 채택하였고, 2012년부터 유럽개념의 한계상태설계법이 도입되었다. 이 장에서는 이들 설계법과 안전계수에 대하여 논의한다.

4.1.1 허용응력설계법

허용응력설계법은 3장의 3.3.2항에서 언급한 바와 같이

(1) 변형은 중립축으로부터의 거리에 비례하며,

(2) 콘크리트의 탄성계수는 정수(定數)이고,

(3) 콘크리트의 휨 인장응력은 무시하는

세 가지 가정을 전제로 한다. 이것은 콘크리트를 탄성체로 보고 탄성이론을 적용하겠다는 뜻과 같다. 결국, 허용응력설계법은 철근콘크리트를 탄성체로 보고 탄성이론에 의해 구한 콘크리트의 응력 f_c 및 철근의 응력 f_s가 각각 그 허용응력 f_{ca} 및 f_{sa}를 넘지 않도록 설계하는 방법이다. 즉, 다음 관계가 만족되도록 설계하는 것이다.

$$\left.\begin{array}{l} f_c \leq f_{ca} \\ f_s \leq f_{sa} \end{array}\right\} \tag{4·1}$$

여기서 f_{ca} : 콘크리트의 허용 휨 압축응력 $= \dfrac{f_{ck}}{\gamma_c}$

f_{sa} : 철근의 허용 인장응력 $= \dfrac{f_y}{\gamma_s}$

f_{ck} : 콘크리트의 설계기준압축강도

f_y : 철근의 항복강도

γ_c : 콘크리트 응력의 안전율

γ_s : 철근응력의 안전율

과거의 콘크리트구조설계기준(1999, 2003)에서는 이 설계법을 별도설계법이라는 이름으로 부록 I 에서 주고 있었다.

표 4-1 및 표 4-2는 콘크리트구조설계기준(1999, 2003) 부록 I 에서 주고 있는 콘크리트 및 철근의 허용응력을 보인 것이다. 허용응력설계법은 탄성이론으로 응력을 해석하기 때문에 철근과 콘크리트의 탄성계수비 $n(=E_s/E_c)$의 값이 필요하다. 여기서 E_s는 철근의 탄성계수이고, E_c는 콘크리트의 탄성계수이다. 표 4-3은 보통의 골재를 사용한 콘크리트에 대한 탄성계수비 n의 값을 보인 것이다. 허용응력설계법에서는 n의 값을 표 4-3에 보인 바와 같이 가장 가까운 정수(整數)를 취하는데, 표 4-3의 값은 콘크리트의 평균압축강도 결정방법이 개정된 콘크리트구조기준(2012)에 따라 계산된 콘크리트의 탄성계수로 구한 값이다.

콘크리트구조설계기준(2007)에서는 허용응력설계법이 삭제되었으나 2003년 기준의 허용응력설계법을 적용할 수 있다고 언급하였다. 그러나 콘크리트구조기준(2012)

에서는 허용응력설계법에 대한 어떠한 언급도 하지 않음으로, 완전히 삭제되었다.

이 책에서는 허용응력설계법을 부록 A에서 별도로 간략하게 다루었다.

표 4-1 콘크리트의 허용응력〔콘크리트구조설계기준(2003) 부록 I 별도설계법〕

응 력	부재 또는 조건		허용응력(MPa)
휨압축	휨부재		$0.40f_{ck}$
전 단	보, 1방향 슬래브, 확대기초	전단철근 없이 콘크리트가 부담하는 전단응력(v_{ca})	$0.08\sqrt{f_{ck}}$
		콘크리트와 전단철근이 부담하는 전단응력	$v_{ca}+0.32\sqrt{f_{ck}}$
	2방향 슬래브, 확대기초	콘크리트가 부담하는 전단응력	$0.08\left(1+\dfrac{2}{\beta_c}\right)\sqrt{f_{ck}}$ $\leq\ 0.16\sqrt{f_{ck}}$
지 압	전 단면에 재하될 때		$0.25f_{ck}$
	부분적으로 재하될 때		$0.25f_{ck}\sqrt{\dfrac{A_2}{A_1}}\left(\sqrt{\dfrac{A_2}{A_1}}\ \leq\ 2\right)$
휨인장	무근의 확대기초와 벽체		$0.13\sqrt{f_{ck}}$

〔주〕 β_c : 부록 A의 식 (A·47) 참조

A_1 및 A_2 : 제11장의 식 (11·5) 참조

표 4-2 철근의 허용응력〔콘크리트구조설계기준(2003) 부록 I 별도설계법〕

철근의 종류 또는 조건	허용응력(MPa)
SD300 (f_y =300 MPa)	150
SD350 (f_y =350 MPa)	175
SD400 (f_y =400 MPa)	180
지간 4 m 미만의 1 방향 슬래브에 배근된 지름 10 mm 이하의 휨 철근	$0.5f_y$ ≤200

표 4-3 탄성 계수비 n 의 값($E_s=200{,}000\text{MPa}$, $E_c=8500\sqrt[3]{f_{cu}}\ \text{MPa}$)

f_{ck}(MPa)	21	24	27	30	35	40	50	60
$f_{cu}(=f_{ck}+\Delta f)$ (MPa)	25	28	31	34	39	44	55	66
$n(=E_s/E_c)$	8	8	7	7	7	7	6	6

4.1.2 강도설계법

강도설계법은 3장의 3.3.3항에서 논의한 바와 같이 부재의 파괴상태 또는 파괴에 가까운 상태에 기초를 둔다. 파괴상태 또는 파괴에 가까운 상태에 있는 부재의 강도를 **극한강도**(ultimate strength)라고 한다. 이러한 논의들이 설계기준에서는 아래와 같은 가정으로 요약되었으며, 이 가정에 따라 휨 및 휨과 축방향력을 받는 부재의 강도를 계산하도록 하고 있다. 이렇게 계산된 부재의 강도를 **공칭강도**(nominal strength)라고 한다.

[1] 강도설계법의 기본가정

(1) 철근 및 콘크리트의 변형률은 중립축으로부터의 거리에 비례한다.

(2) 압축 측 연단에서 콘크리트의 극한변형률은 0.003으로 가정한다.

(3) 항복강도 f_y 이하에서 철근의 응력은 그 변형률의 E_s 배로 본다. 항복강도 f_y 에 해당하는 변형률보다 더 큰 변형률에 대하여도 철근의 응력은 그 변형률에 관계없이 f_y 와 같다고 가정한다.

(4) 콘크리트의 인장강도는 휨계산에서 무시한다.

(5) 콘크리트의 압축응력의 분포와 변형률의 관계는 직사각형, 사다리꼴, 포물선 또는 기타 어떤 형상으로든지 가정할 수 있으나, 적절한 시험에 의해 그 강도를 미리 알아낼 수 있는 것이라야 한다.

(6) 앞의 요구사항은 다음에 정의되는 등가 직사각형 응력분포로 생각해도 좋다. 즉, 콘크리트의 압축응력이 $0.85f_{ck}$ 로 균등하고, 이 응력이 압축연단으로부터 $a = \beta_1 c$ 까지 등분포한다고 가정한다.

여기서 c 는 압축연단에서 중립축까지의 거리이고, β_1 은 f_{ck} 가 28MPa까지인 콘크리트에 대해서는 0.85이고, f_{ck} 가 28 MPa에서 1 MPa씩 증가하는 데에 따라 0.85의 값을 0.007씩 감소시켜야 한다. 그러나 β_1 의 값이 0.65보다 작아서는 안 된다[3장의 3.3.3항 참조].

결국 설계기준에서는 콘크리트와 철근의 응력-변형률 곡선을 각각 그림 4-1 및 그림 4-2와 같이 실제의 거동을 나타내는 형태로 보고, 또 휨부재의 변형률과 응력분포가 그림 4-3과 같이 된다고 생각하고 부재의 강도를 계산한다. 이렇게 계산한 휨강도를 **공칭휨강도**(nominal flexural strength)라고 한다.

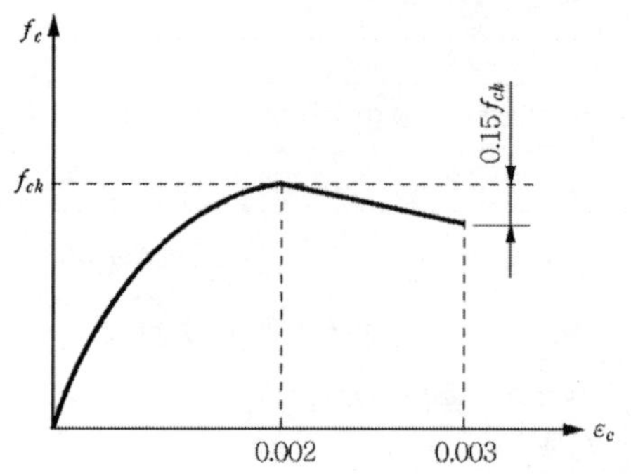

그림 4-1 강도설계법에 적용하는 콘크리트 응력-변형률 곡선의 예

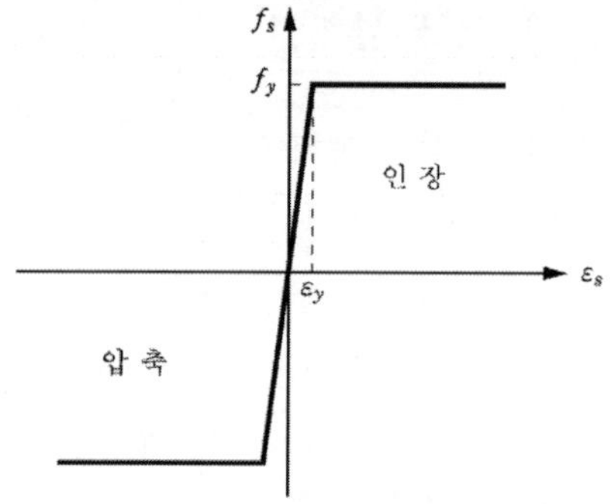

그림 4-2 강도설계법에 적용하는 철근의 응력-변형률 곡선

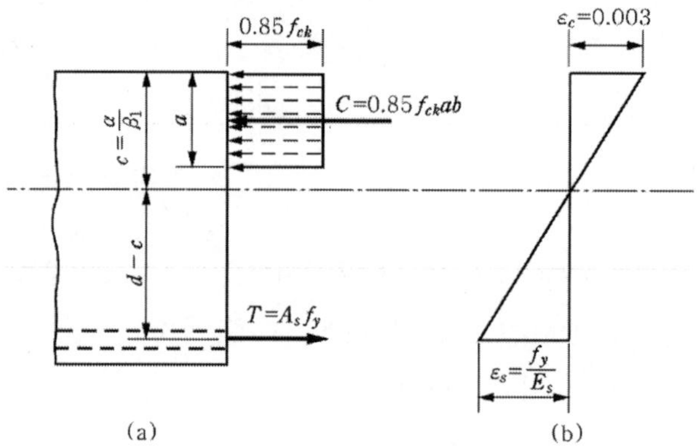

그림 4-3 휨부재의 콘크리트 응력과 변형률(강도설계법)

[2] 강도설계법의 기본개념

구조부재에서 가장 중요한 것은 그 부재의 실제의 강도, 즉 참된 강도이다. 실제의 강도는 구조물의 수명 동안 작용할 예측가능한 모든 하중에 대하여 파괴나 다른 결함을 유발함이 없이 어느 정도의 여유를 가지고 견딜 수 있는 충분한 크기의 것이라야 한다. 그러나 위의 공칭강도는 실제의 구조부재의 참된 강도와 다를지 모른다. 그것은 재료강도의 변동, 기타의 여러 가지 이유 때문이다. 작용하는 하중 역시 어떤 범위의 오차를 가지고 예측할 수 있을 뿐이지 작용하중의 참된 크기는 알지 못한다.

그러므로 구조부재가 안전하기 위해서는 그 공칭강도 R_n은 있을지 모를 강도의 결함을 고려하여 **강도감소계수**(strength reduction factor) ϕ에 의하여 감소시켜야 하고, 기준하중(specified load) L은 있을 수 있는 초과하중을 고려하여 **하중계수**(load factor) γ에 의하여 증가시켜야 한다. 그리고 전자의 값이 후자의 값보다 작아서는 안

된다. 즉, 다음 관계가 만족되어야 한다.

$$\phi R_n \geq \Sigma \gamma_i L_i \tag{4·2}$$

여기서, ϕ : 강도감소계수

R_n : 공칭강도

L_i : 부재에 동시에 작용하는 여러 하중 가운데 i 번째의 하중

γ_i : L_i 의 불확실성의 정도에 따라 정해지는 하중계수

이러한 이론에 근거를 둔 설계방법을 **강도설계법**(strength design method)이라고 한다.

사용하중(使用荷重, service load)이란 설계기준 등에 규정되어 있는 고정하중(사하중), 활하중 등을 말하며, 하중계수를 곱하기 전의 하중이다. 지금 사용 고정하중(使用固定荷重, service dead load)에 의한 단면력을 D, 사용 활하중(使用活荷重, service live load)에 의한 단면력을 L 이라 하고, 또 이들 하중에 대한 하중계수를 각각 γ_d, γ_l 이라고 하면 식 (4·2)의 우변은 다음과 같이 된다.

$$\Sigma \gamma_i L_i = \gamma_d D + \gamma_l L = U \tag{4·3}$$

그러면 식 (4·2)는 다음과 같이 고쳐 쓸 수 있다.

$$\phi R_n \geq U \tag{4·4}$$

위 식의 ϕR_n 을 **설계강도**(design strength), U를 **소요강도**(required strength)라고 한다. 즉, 설계강도가 소요강도보다 크게 되도록 설계하는 것이 강도설계법이다. 한편 강구조(steel structures) 분야에서는 이러한 설계법을 **하중저항계수설계법** 또는 LRFD (load and resistance factor design) 설계법이라고 하는데, 그 기본개념은 강도설계법과 동일하다. 물론 LRFD 설계법에서의 소성설계(plastic design)는 전통적 개념의 한계상태설계법(limit state design)(4장의 4.1.3항과 15장의 15.1절 참조)과 개념이 동일하다고 할 수 있다.

[3] 하중조합과 하중계수 및 강도감소계수

이상에서 알 수 있는 바와 같이 강도감소계수 ϕ 및 하중계수 γ는 안전을 위한 계수이다. ϕ는 응력의 종류, 부재의 중요도, 시공 등에 따라 변화하는 1보다 작은 값으로서 부재의 공칭강도에 곱해 주는 안전계수이고, γ는 하중의 종류와 조합에 따라 변화하는 1보다 큰 값으로서 사용하중에 곱해 주는 계수이다.

(1) 하중계수와 하중조합

콘크리트구조기준(2012)에서는 하중조합과 하중계수를 표 4-4와 같이 주고 있다.

표 4-4 하중조합과 하중계수[콘크리트구조기준(2012)]

하중조건	하중계수 및 하중조합	
고정하중 D, 액체하중 F	$U=1.4(D+F)$	(a)
온도 등의 영향 T, 적설하중 S, 강우하중 R, 풍하중 W	$U=1.2(D+F+T)+1.6(L+\alpha_H H_v+H_h)$ $+0.5(L_r$ 또는 S 또는 $R)$	(b)
	$U=1.2D+1.6(L_r$ 또는 S 또는 $R)+(1.0L$ 또는 $0.65W)$	(c)
	$U=1.2D+1.3W+1.0L+0.5(L_r$ 또는 S 또는 $R)$	(d)
	$U=1.2(D+F+T)+1.6(L+\alpha_H H_v)+0.8H_h$ $+0.5(L_r$ 또는 S 또는 $R)$	(e)
	$U=0.9(D+H_v)+1.3W+(1.6H_h$ 또는 $0.8H_h)$	(f)
지진하중 E	$U=1.2(D+H_v)+1.0E+1.0L+0.2S+(1.0H_h$ 또는 $0.5H_h)$	(g)
	$U=0.9(D+H_v)+1.0E+(1.0H_h$ 또는 $0.5H_h)$	(h)
기본[(b)의 단순식]	$U=1.2D+1.6L$	

여기서 U : 소요강도

D : 고정하중(사하중) 또는 이에 의해 일어나는 단면력

F : 유체의 중량 및 압력 또는 이에 의해 일어나는 단면력

T : 온도, 크리프, 건조수축 및 부등침하의 영향 등에 의해 일어나는 단면력

L : 활하중 또는 이에 의해 일어나는 단면력

H_v : 흙, 지하수 또는 기타 재료의 자중에 의한 연직방향 하중 또는 이에 의해 일어나는 단면력

H_h : 흙, 지하수 또는 기타 재료의 횡 압력에 의한 수평방향 하중, 또는 이에 의해 일어나는 단면력

L_r : 지붕 활하중 또는 이에 의해 일어나는 단면력

S : 적설하중 또는 이에 의해 일어나는 단면력

R : 강우하중 또는 이에 의해 일어나는 단면력

W : 풍하중 또는 이에 의해 일어나는 단면력

E : 지진하중 또는 이에 의해 일어나는 단면력

α_H : 토피의 두께 h에 따른 연직방향 하중 H_v에 대한 보정계수

$h \le 2\,\mathrm{m}$에 대하여 $\alpha_H = 1.0$

$h > 2\,\mathrm{m}$에 대하여 $\alpha_H = 1.05 - 0.025h > 0.875$

이 하중조합과 하중계수는, 미국에서 각기 다른 값과 조합을 적용하던 콘크리트구조와 강구조에 대하여 이를 통일하도록 한 미국토목학회의 ASCE 7-98의 하중조합과 하중계수를 기본적으로 참조하고, 고정하중, 토압, 풍하중 및 지진하중의 조합에 대한 국내 전문가들의 의견을 수렴하여 제시된 것이다.

토피의 두께 h에 따른 연직방향 하중 H_v에 대한 보정계수 α_H는 토목분야의 경험과 건축분야의 경험을 합리적으로 반영하기 위하여 도입된 보정계수이다. 지하구조물에서 토피의 두께가 큰 경우에는 흙의 무게의 변동성이 크지 않고 아치작용에 의한 저항 등으로 연직방향 하중 H_v에 대한 하중계수가 클 필요는 없다. 그러나 토피의 두께가 작은 경우에, 특히 설계 당시의 계획과 실제 시공에서의 현장상황 변화로 인하여 토피의 두께가 변할 가능성이 있는 경우에는 흙의 무게의 변동성이 크므로 연직방향 하중 H_v에 대한 하중계수가 클 필요가 있다. 따라서 토피의 두께가 $2\,\mathrm{m}$ 이하인 경우에는 α_H의 값을 1.0으로 하여 연직방향 하중 H_v에 대한 하중계수가 1.6이 되도록 하고, 토피의 두께가 $7\,\mathrm{m}$ 이하인 경우에는 α_H의 값을 0.875로 하여 연직방향 하중 H_v에 대한 하중계수가 1.4가 되도록 한 것이다. 토피의 두께가 $7\,\mathrm{m}$와 $2\,\mathrm{m}$ 사이인 경우에는 수식에 따라 α_H의 값이 0.875~1.0 사이의 값이 되어, 연직방향 하중 H_v에 대한 하중계수는 1.4~1.6 사이의 값을 갖게 된다.

한편 콘크리트구조기준(2012)에서는 표 4-4의 하중조합을 적용함에 있어서 고려해야 할 사항들을 아래와 같이 주고 있다.

① 차고, 공공의 집회장소 및 L이 $5.0\,\mathrm{kN/m^2}$ 이상인 모든 장소 이외에는 표 4-4의 식 (c), 식 (d) 및 식 (g)에서 활하중 L에 대한 하중계수를 0.5로 감소시킬 수 있다.

② 구조물에 충격의 영향이 가해지는 경우에는 활하중 L을 충격효과 I가 포함된 $(L+I)$로 대체해야 한다.

③ 부등침하, 크리프, 건조수축, 팽창 콘크리트의 팽창량 및 온도변화는 사용구조물의 실제적 상황을 고려하여 계산하여야 한다.

④ 포스트텐션 정착부의 설계에 있어서는 최대 프리스트레싱 강재 긴장력에 하중계수 1.2를 적용해야 한다.

(2) 강도감소계수

콘크리트구조기준(2012)에서는 강도감소계수를 표 4-5와 같이 주고 있다.

표 4-5 강도감소계수 ϕ의 값[콘크리트구조기준(2012)]

부재, 단면 또는 하중(단면력)의 종류		ϕ
인장지배단면[(1)]		0.85
압축지배단면[(2)]	나선 철근 부재	0.70
	그 이외의 부재	0.65
	공칭강도에서 최외단 인장철근의 순인장변형률 ε_t 가 압축지배와 인장지배단면 사이에 있을 경우	ε_t 가 압축지배 변형률 한계에서 0.005로 증가함에 따라 ϕ 값을 압축지배단면에 대한 값에서 0.85까지 증가시킨다.
전단력과 비틀림모멘트		0.75
콘크리트의 지압력(포스트텐션 정착부나 스트럿-타이모델은 제외)		0.65
포스트텐션 정착구역		0.85
스트럿-타이모델과 그 모델에서 스트럿, 타이, 절점부 및 지압부		0.75
긴장재 묻힘 길이가 정착 길이보다 작은 프리텐션 부재의 휨단면	부재의 단부에서 절단길이 단부까지	0.75
	전달길이 단부에서 정착길이 단부사이	0.75에서 0.85까지 선형적으로 증가시킨다.
무근콘크리트의 휨모멘트, 압축력, 전단력, 지압력		0.55

[주] (1) 및 (2) : 5장의 5. 2. 3항 참조

4. 1. 3 한계상태설계법

한계상태설계법(limit state design)은 동일하지 않은 두 가지 개념의 설계법을 지칭하는 용어이므로, 혼동을 피하기 위하여 매우 명확한 이해가 필요하다.

원래 한계상태설계법은 유럽의 구조공학자들에 의해 연구되어 1964년에 유럽콘크리트위원회(European Concrete Committee)가 추천한 설계법으로, 1970년 초에 영국의 설계기준 BS8110에 처음 채택된 것이다. 이를 '전통적 개념의 한계상태설계법'이라고 할 수 있는데, 구조물이 보유하고 있는 궁극적인 파괴거동을 설계에 반영하는 설계법

이다. 예를 들어, 연속보와 같은 부정정구조물은 최대 휨모멘트가 작용하는 위치의 단면이 충분한 소성변형능력(plastic deformation capacity, 연성)을 보유하고 있으면, 그 위치에 작용하는 휨모멘트가 단면의 공칭휨강도에 도달하더라도 구조물이 파괴되지 않고 더 큰 하중을 견딜 수 있다. 철근콘크리트 단면의 소성변형능력이란 인장철근이 항복한 후 콘크리트가 파괴될 때까지 휨강도를 유지하면서 보이는 회전 변형능력을 의미한다. 지점의 단면이 충분한 소성변형능력을 가지고 있는 연속보는 그 단면의 인장철근이 항복한 후 단면이 소성힌지로 작용하여, 부정정구조인 연속보가 단순보의 연속인 정정구조로 구조계(structural system)가 변화하고, 그 단순보의 중앙부 정모멘트로 인하여 단면의 파괴가 발생할 때까지 하중을 더 지지할 수 있게 된다(15장 참조). 전통적 개념의 한계상태설계법은 이러한 구조물의 파괴상태를 대상으로 설계하는 것이다.

이것이 강도설계법과의 차이로서, 강도설계법은 최대 부모멘트 또는 최대 정모멘트가 작용하는 단면들 중 어느 하나라도 공칭강도에 도달하면 그 하중을 파괴하중으로 간주하는데 비해서, 전통적 개념의 한계상태설계법은 구조시스템이 궁극적으로 붕괴되는 상태의 하중을 파괴하중으로 간주하는 차이점이 있다. 즉 강도설계법에서의 극한상태는 단면의 파괴를 의미하지만, 전통적 개념의 한계상태설계법에서는 구조시스템의 파괴를 의미한다고 할 수 있다. 따라서 강도설계법에서는 구조해석으로 선형탄성구조해석을 기본으로 하고 있고, 한계상태설계법에서는 비탄성·비선형 구조해석, 소성해석, 또는 탄성해석 후의 휨모멘트재분배기법을 기본으로 하고 있다.

표 4-6은 각 설계법에서 단면해석과 구조해석에 기본으로 적용하는 해석방법을 나타낸다. 허용응력설계법에서는 단면해석과 구조해석에 모두 선형탄성해석을 수행함으로써 콘크리트구조물의 실제 거동을 반영한다고는 할 수 없다. 강도설계법에서는 단면해석에는 비선형·비탄성해석을 수행함으로써 콘크리트구조물의 실제 거동을 반영하고 있지만, 구조해석에 선형탄성해석을 기본해석법으로 하고 있으므로 콘크리트구조물의 실제 거동을 반영한다고는 할 수 없다. 물론 강도설계법을 채택한 근래의 설계기준에서는 비선형·비탄성해석 또는 탄성해석 후의 휨모멘트재분배기법을 수행할 수 있도록 하고 있으나, 실제의 설계에서 이를 수행하는 경우는 많지 않다. 전통적 개념의 한계상태설계법에서는 단면해석과 구조해석에 모두 비탄성·비선형 구조해석을 기본으로 하고 있으므로, 콘크리트구조물의 실제 거동을 가장 잘 반영한다고는 할 수 있다. 물론 정정구조물에서는 비탄성·비선형 구조해석이 큰 의미가 없으므로 탄성구조해석을 수

행하게 된다.

표 4-6 콘크리트 구조물 설계법의 기본해석

구 분	단면해석	구조해석
허용응력설계법	선형탄성해석	선형탄성해석
강도설계법	비선형 · 비탄성해석	선형탄성해석
한계상태설계법	비선형 · 비탄성해석	비선형 · 비탄성해석

한편 전통적 개념의 한계상태설계법을 채택하고 있는 Eurocode 등에서는 저항계수(강도감소계수 또는 부분안전계수)를 재료별로 달리 적용하는 방법을 채택하고 있다. 즉 유럽연합(EU)의 콘크리트구조기준인 Eurocode 2에서는 1보다 큰 값의 재료부분안전계수로 설계기준강도를 나누어 단면의 설계강도를 계산하는데, 유럽의 국가별 기준에서 달리 규정하지 않는다면 콘크리트에는 1.5를 적용하고 철근에는 1.15를 적용하는 것이 기본이다. 전통적 개념의 한계상태설계법을 채택하고 있는 도로교설계기준 한계상태설계법(2012)에서는 1보다 작은 값의 재료저항계수를 각 재료의 설계기준강도에 곱하여 단면의 설계강도를 계산하는데, 콘크리트에는 0.65를 적용하고 철근에는 0.95를 적용한다. 이러한 재료저항계수는 재료별 강도의 분포를 고려한다는 의미가 없지는 않지만, 그 보다는 정상적으로 설계되고 시공된 콘크리트구조물에서는 목표설계수명(예를 들어 75년 또는 100년) 동안 최악의 경우를 제시하는 것으로 볼 수 있다. 즉 정상적으로 설계되고 시공된 콘크리트구조물이 오랜 기간 동안 노후가 진행되더라도, 콘크리트의 강도는 최소한 설계기준압축강도의 0.65배 이상이 되고, 철근의 부식이 진행되더라도 철근이 받을 수 있는 인장력은 설계기준항복강도와 철근 단면적을 곱한 값의 0.95배 이상이 된다는 의미가 있는 것이다[15.6~15.8 참조].

한편 1956년에 강도설계법을 부록에 채택하고, 1963년에 강도설계법과 허용응력설계법을 동등하게 기준의 본문에, 그리고 1971년에 강도설계법을 본문에 두고 허용응력설계법을 부록에 수록한 ACI 318 Code는, 초창기에 강도설계법의 개념에 충실하게 강도만을 중심으로 설계하도록 하였다. 그러나 강도설계법의 채택으로 단면이 감소한 설계결과로서 사용하중 상태에서 균열과 처짐이 과도하게 발생하는 경우가 종종 있었다. 따라서 설계에서 기준이 되는 하중상태를 계수하중 뿐만 아니라 사용하중에도 동등한 중요성을 부여하게 되었고 두 단계 하중에 대한 설계를 하도록 규정하게 되었다. 물론 이러한 두 단계 하중에 대한 설계는 전통적 개념의 한계상태설계법에도 동일하게 적용되는 것인데, 미국의 구조공학자들에 의해서 구조물의 기능 또는 안전성을 지배하는 어떤 특별한 상태를 **한계상태**(limit state)라고 정의하고 이에 대한 성능을 검토하는 개념이 제시되었다. 즉 **한계상태**(limit state)는 구조물 또는 부재가 그 사용목적의 요구조건들을 만족하지 못하는 상태를 말하는 것으로, 구조물이 한계상태를 넘으면 사용목적에 적합하지 않게 된다는 개념이다. 물론 이러한 개념은 한계상태라는 용어를 명시적으로 규정하지 않은 채 ACI 318 Code에서 적용해 오던 것이었지만, 1986년 미국의 강구조설계기준인 AISC-LRFD 초판이 발행되면서 명시적으로 한계상태(limit state)라는 용어를 사용하였으므로, 이를 한계상태설계법이라고 부르는 경우가 생겼다. 이러한 개념을 한계상태설계법(limit state design)이라는 동일한 용어로 부르는 경우, 전통적 개념의 한계상태설계법과 혼동되는 것이다.

한계상태는 일반적으로 다음과 같이 구분된다.

극한한계상태(ultimate limit state) : 구조물 또는 부재가 파괴 또는 파괴에 가까운 상태로 되어 그 기능을 상실한 상태를 말한다. 이것은 구조물의 최대내력(耐力)에 해당하는 상태이다. 이 상태는 구조물의 강도와 안전성에 관련된 한계상태인데, 전술한 바와 같이 전통적 개념의 한계상태설계법에서는 단면의 변형능력을 고려한 구조물의 최대내력(耐力)를 대상으로 하고 있으므로, 극한한계상태(ultimate limit state)라고 규정한다. 그러나 단면의 변형능력을 고려하지 않고 단면의 강도만을 기본 대상으로 하고 있는 강도설계법 또는 하중-저항계수설계법(LRFD)에서는 이 한계상태를 **강도한계상태**(strength limit state)라 부르고 있다.

사용한계상태(serviceability limit state) : 처짐, 균열, 진동 등이 과대하게 일어나서 정상적인 사용상태의 필요조건을 만족하지 않게 된 상태를 말한다.

피로한계상태(fatigue limit state) : 반복하중에 의하여 철근이 파단되거나 콘크리트가 압괴되는, 이른바 피로파괴를 일으킨 상태를 말한다.

또 구조물의 특성에 따라 화재한계상태(fire limit state)나 충돌한계상태(collision limit state)를 추가 정의하기도 한다.

4.1.4 각 설계법의 비교

이상에서 논의한 각 설계법을 비교해 보면 다음과 같은 몇 가지 특징들을 지적할 수 있다. 허용응력설계법은 설계계산이 매우 간편한 장점이 있는 반면에

① 부재의 강도를 알기 어렵고,

② 파괴에 대한 두 재료의 안전도를 일정하게 하기가 곤란하며,

③ 고정하중 또는 활하중과 같이 서로 성질이 다른 하중들의 영향을 설계에 반영할 수 없는 결점이 있다.

강도설계법과 한계상태설계법은 허용응력설계법에 비하여

① 파괴에 대한 안전도의 확보가 상대적으로 더 확실하고,

② 하중계수에 의하여 하중의 특성을 설계에 반영할 수 있는 장점이 있는 반면에,

③ 사용성 확보를 위해서 별도로 검토해야 하는 등 설계과정이 다소 복잡하다.

한편 미국형의 강도설계법에서는 휨, 전단, 축압축, 축인장 등 부재거동 별로 강도감소계수를 적용하는데, 이러한 개념은 거동 별 파괴특성을 고려한 안전율 변동개념을 반영할 수 있는 장점이 있는 반면, 서로 다른 재료의 특성을 설계에 합리적으로 반영하기에는 다소 어려운 면이 있다. 철근콘크리트 구조물과 같이 서로 다른 재료를 합성한 합성구조에서 서로 다른 재료의 특성을 설계에 합리적으로 반영하기 위해서는 재료별 안전계수(강도감소계수, 저항계수, 부분안전계수)를 적용하는 것이 합리적이다.

4.2 구조물의 안전성

설계방법이 합리적으로 발전함에 따라 구조물의 안전성을 확률론적으로 다루려는 추세에 있다. 여기서는 구조물의 안전성에 대하여 간략하게 논의한다.

4.2.1 안전성과 사용성

구조물은 붕괴에 대하여 안전해야 하고, 동시에 사용성(serviceability)이 확보되어야 한다. 사용성은 처짐이 작을 것, 균열은 허용한계 이내의 폭으로 작을 것, 진동이 작을 것 등을 요구한다. 안전성은 구조물의 강도가 작용하는 모든 하중에 대하여 적절한 수준으로 충분할 것을 요구한다. 구조물의 강도와 작용하는 하중을 정확하게 알 수 있다면 구조물의 안전성도 정확하게 추정할 수 있다. 그러나 철근콘크리트 구조물의 해석, 설계, 시공에는 불확실한 요소들이 많다. 그러한 요소들을 열거하면 다음과 같다.

① 실제하중은 설계 때 가정한 하중과 다를 수 있다.

② 하중의 실제의 분포가 설계 때 가정한 분포와 다를 수 있다.

③ 해석을 위한 가정에 따라 계산된 하중의 영향은 구조물에 실제로 일어나는 영향과 다를 수 있다.

④ 구조물의 실제 거동이 설계에서 가정한 거동과 다를 수 있다.

⑤ 부재의 실제치수가 설계에서 정한 치수와 다를 수 있다.

⑥ 철근이 설계에서 정한 위치에 있지 않을 수 있다.

⑦ 재료의 실제의 강도가 설계에서 정한 강도와 다를 수 있다.

그러므로 구조물의 안전율을 알맞게 정한다는 것은 간단한 일이 아니다. 그러나 설계기준이나 시방서에서의 안전규정은 이전보다 많이 합리적으로 개선되었다.

4.2.2 하중작용

구조물에 작용하는 하중은 고정하중(사하중), 활하중 및 기타하중의 세 가지로 대별할 수 있다.

고정하중은 주로 구조물의 자중이다. 따라서 고정하중은 설계시의 구조물의 치수로부터 정확하게 계산할 수 있다.

활하중은 주로 교량에서는 교통하중, 건물에서는 점유하중(占有荷重)이다. 활하중의 크기와 분포는 일정하지 않으며, 또 구조물의 수명 동안 받는 최대하중을 정확하게 알 수는 없다. 도로교설계기준 및 철도교설계기준에 각각 도로교 및 철도교에 대한 활하중이 규정되어 있다.

기타하중은 구조물이 놓이는 환경조건에 따라 작용하는 하중으로서 풍하중, 적설하중, 지진하중, 구조물의 지반에 작용하는 토압, 온도변화 등이 이것이다. 이러한 하중들은 크기와 분포가 분명하지 않다. 그러므로 예상되는 상한값(上限値)으로 나타낸다.

구조물이 그 수명 동안 받을 하중 가운데서 최대의 것은 불확실하므로, 이 최대하중을 확률변수(random variable)로 볼 수 있다. 이러한 불확실성(uncertainty)에도 불구하고, 우리는 목적에 맞는 적당한 구조물을 만들어야 하는 것이다. 최대하중에 대한 확률모델은 그림 4-4(a)의 도수곡선으로 나타낸 것처럼 하중의 확률밀도 함수(probability density function)의 평균값에 의하여 알아낼 수 있다. 이 분포곡선의 정확한 모양은 예를 들면 사무실 하중과 같은 특수한 하중형태에 대해서는 하중조사에서 얻은 통계자료에 의하여 결정할 수 있다. 이러한 자료가 부족한 하중형태에 대해서는 경험, 관찰, 판단으로부터 어느 정도 믿을 만한 자료를 얻을 수 있다.

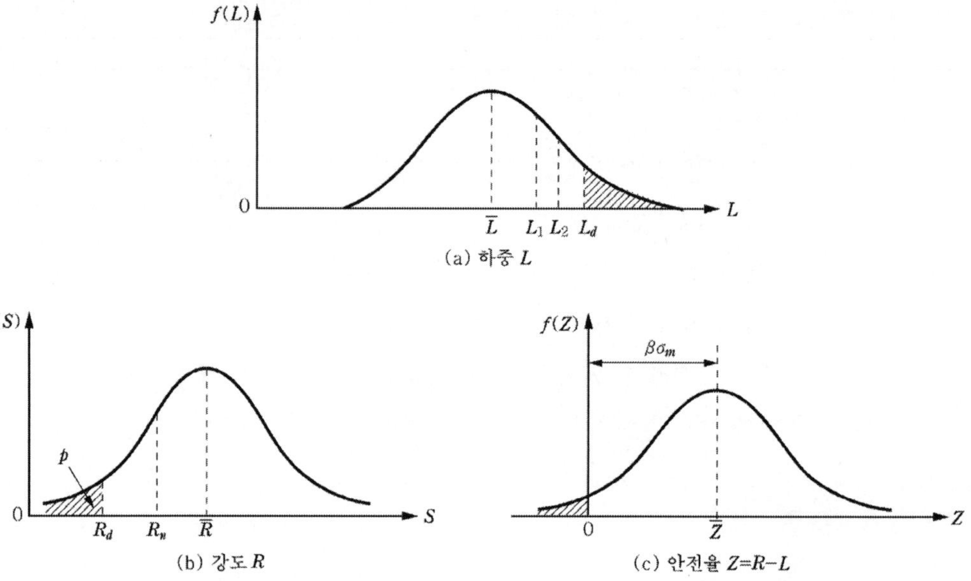

그림 4-4 하중 L, 강도 R 및 안전율 Z의 도수곡선

그림 4-4(a)의 도수곡선에서 하중 L_1과 L_2 사이의 면적은 $L_1 < L < L_2$의 크기를 가지는 하중 L의 발생확률을 나타낸다. 설계에 쓰일 하중 L_d는 그림에서와 같이 분포곡선의 상위구역(上位區域)에서 신중하게 선정된다. 따라서 L_d보다 큰 하중의 발생확률은 L_d의 오른쪽의 빗금 친 부분의 면적으로 주어진다. 하중 L_d는 구조물에 작용하는 평균하중(mean load) $\bar{L}$보다 상당히 크다. 이 평균하중 $\bar{L}$가 사용하중 L_d보다 더 많이 보통의 하중상태를 대표한다.

4.2.3 강 도

구조물의 강도는 1차적으로 사용한 재료의 강도에 좌우된다. 따라서 재료의 최소강도는 표준화의 방법으로 규정되어 있다. 실제 재료들의 강도를 정확하게는 알 수 없으므로 역시 무작위 변수로 보아야 한다. 구조물의 강도는 시공할 때 꼼꼼하게 했는가, 감독과 검사를 철저히 했는가에 더 크게 좌우된다. 부재의 치수가 설계도와 일치하는가, 철근이 소정위치에 있는가, 공극(空隙)이나 곰보가 생기지 않도록 콘크리트를 꼼꼼하게 다져 넣는가 하는 것 등이 그것이다.

전체 구조물, 또는 교량과 같이 반복하중을 받는 구조물의 강도 역시 그림 4-4 (b)

와 같은 확률밀도 함수를 가지는 확률변수로 볼 수 있다. 하중의 경우와 마찬가지로 이 함수의 정확한 형태는 알 수 없지만, 실측된 재료와 부재의 강도에 관한 통계자료 등에 의하여 근사적으로 알아낼 수 있다. 이러한 작업이 꽤 많이 수행되었고, 또 진행 중에 있으며, 많이 발전해서 이용되고 있다.

4.2.4 안 전 성

구조물의 강도 R이 하중작용 L보다 크다면, 즉 다음 관계가 성립하면 구조물은 안전율(safety margin) Z를 가졌다고 본다.

$$Z = R - L > 0 \tag{4·5}$$

R과 L이 확률변수이므로 안전율 Z도 확률변수이다. Z의 확률함수의 분포가 그림 4-4(c)에 나타나 있다. 파괴는 $Z < 0$일 때 일어난다. 따라서 파괴확률은 그림의 빗금 친 부분의 면적으로 나타내어진다.

R, L 및 Z의 확률밀도 함수의 정확한 형태를 모른다고 하더라도, 구조물의 안전에 대한 합리적인 접근은 가능하다. 이러한 방법의 하나는 그림에 보인 것처럼 평균 안전율 $\overline{Z}$가 0에서 표준편차 σ_m의 β배 되는 위치에 있기를 요구한다. 이러한 값 β를 **구조물의 신뢰성 지수**(reliability index) 또는 **안전성 지표**(safety index)라고 한다. 이 요구는 다음과 같은 관계로 나타낼 수 있다.

$$\gamma_s \overline{R} \geq \gamma_L \overline{L} \tag{4·6}$$

여기서 γ_L은 평균하중 $\overline{L}$에 적용하는 1보다 큰 부분 안전계수(partial safety factor)이고, γ_s는 평균강도 $\overline{R}$에 적용하는 1보다 작은 부분 안전계수이다. 이들 부분 안전계수의 크기는 L, R의 변동에 좌우되고, 또 선택된 안전성 지표 β의 값에 좌우된다. 안전성 지표 β=3~4는 1/100,000 정도의 파괴확률에 해당된다. 실제로는 β의 값은 잘 입증된 확실한 설계에 대하여 보정(calibration)함으로써 얻고 있다.

강도설계법에 대한 우리나라 설계기준 및 ACI code의 안전규정은 식 (4·6)의 형식으로 주어지고 있다. 그러나 설계기준의 부분 안전계수인 강도감소계수 및 하중계수는 강도 및 하중의 평균값 $\overline{R}$ 및 $\overline{L}$과는 무관하고, 공칭강도 R_n 및 사용하중 L_d에 관련되고 있다[식 (4·2), 식 (4·3) 및 식 (4·4) 참조]. 이들 계수는 어느 정도까지는 통계적 자료에 기초를 두고 있지만, 그보다 경험, 기술적 판단, 절충에 더 근거를 두고 있다.

구조물의 안전성에 관계되는 이들 계수에 대한 연구가 계속되고 있으므로 설계기준의 안전규정은 더 발전될 것이다. 그러나 그 안전규정은 전술한 바와 같은 확률론적 방법의 형태에 더 바탕을 둘 것은 분명하다. 이러한 경우 신뢰성 지수 β는 파괴의 경로, 즉 사소한 것으로부터 수명과 기능의 상실에 이르기까지의 모든 파괴과정에 따라 변화한다. 그러므로 설계기준의 안전규정은 이러한 이론에 경험과 판단에 의한 수정보완이 가해진 형태의 것으로 된다.

4.3 컴퓨터에 의한 해석과 설계

오래 전부터 전자계산기(computer)가 토목공학분야에도 많이 이용되어 왔었다. 근래에 와서는 그 이용형태도 사람이 손으로 계산하던 것을 기계가 대신한다는 이용형태에서 컴퓨터와 대화하면서 두뇌적으로 이용하는 형태로 바뀌어 가고 있다. 특히, PC(personal computer)의 발전과 보급은 철근콘크리트 구조물을 해석하고 설계하는 방법을 완전히 바꾸어 놓았다. 이제 컴퓨터는 구조설계 문제를 처리하는 데 있어서 없어서는 안 될 필수적인 도구가 되었다.

컴퓨터는 전자계산기라기보다는 정보처리기라고 해야 할 만큼 그 종류와 기능이 다양해졌지만, 결국은 인간이 컴퓨터에 그 수순(algorithm)을 가르쳐 주어야만 하는 것이다. 즉 기계가 이해할 수 있는 이른바 프로그램언어(program language)로 우리의 사고(思考)의 순서에 따라 논리적으로 프로그래밍(programing)하여 기계에 입력(input)해야만 되는 것이다.

현재 구조물의 해석과 설계를 위한 프로그램(program)이 많이 개발되어 있고, 또 나날이 개선되어 가고 있다. 우리나라에서는 1980년대 초에 처음으로 구조설계에 SAP(Structural Analysis Program) series인 SAP 4가 사용된 후 대용량 컴퓨터(main frame computer) 용으로 SAP 6가 구조전문가들에 의하여 사용되다가, 개인용 컴퓨터(personal computer) 용의 SAP 90이 많이 보급되어 널리 사용되었고, 그 밖에 SAP 90을 개선 발전시킨 SAP 2000과 그 외 LUSUS, GT-STRUDL 등의 범용 프로그램이 있다. 프리스트레스트 콘크리트 구조물의 해석이나 콘크리트 구조물의 시공단계 해석을 위한 전용 프로그램으로는 RM-Space Frame, SFRAME, Tango 등이 있다. 이들 프로그램은 외국에서 개발된 것들이지만, 시공단계 재료비선형 해석 용도의 SPCFRAME 등 국내에서 개발된 프로그램들이 있다. 이와 같은 프로그램은 해석용 프로그램으로서 설계자가 컴퓨터로 해석을 수행하고 해석결과를 검토하고 판단하여 설계를 수행한다. 최근에는 해석결과를 프로그램 내에서 자동으로 판단하고 다음 단계의 설계로 넘어가는 자동설계 프로그램을 이용하는 경우도 있다.

그러나 콘크리트 구조물의 설계에 이러한 컴퓨터 시스템을 사용하는 것은 매우 신중하여야 한다. 왜냐하면 설계자가 구조해석과 콘크리트 구조물의 거동 및 설계이론을 확실하게 이해하지 못한 상태에서 컴퓨터에 의한 자동설계를 수행하면, 해석결과에 대한 오류 여부를 판정할 수 없게 되어 엉뚱한 설계가 될 수도 있고 매우 위험한 결과를 초래할 수도 있기 때문이다. 또 설계자가 판단하여야 할 공학적 문제를 자동설계 프로그램이 대신 하는 일이 반복되면, 그 구조공학자의 공학적 기술적 지적수준이 높아지지 못하고 오히려 퇴보하게 되기 때문이다.

제5장 보의 휨해석과 설계

5.1 설계의 기본개념

3장과 4장에서 설명한 바와 같이 최근의 철근콘크리트 구조물의 설계는 가상의 초과 하중에 저항하기 위하여 충분한 강도를 가지도록 한다는 생각에 기초를 두고 있다. 설계에서 부재단면이 보유하고 있는 강도로 인정하는 강도를 **설계강도**(design strength)라고 하는데, 강도설계법에서는 단면강도 평균값의 의미를 가지고 있는 **공칭강도**(nominal strength)에 단면강도의 변동성 등을 고려한 **강도감소계수**(strength reduction factor) ϕ를 곱하여 구한다. 일반적으로 재료저항계수나 재료부분안전계수를 적용하는 전통적 개념의 한계상태설계법에서는 재료계수를 적용한 설계재료강도를 이용하여 설계강도를 직접 계산한다. 부재단면이 보유해야 할 단면강도로서 초과하중 단계를 나타내는 **소요강도**(required strength)는 **계수하중**(factored load)에 의해 얻어진다. 계수하중은 사용하중(service load)에 **하중계수**(load factor)를 곱한 하중을 말한다. 따라서 강도설계법에서는 다음 식들을 만족하도록 하여야 한다.

$$M_u \le M_d, \qquad M_d = \phi M_n \tag{5・1 a}$$

$$V_u \le V_d, \qquad V_d = \phi V_n \tag{5・1 b}$$

$$P_u \le P_d, \qquad P_d = \phi P_n \tag{5・1 c}$$

여기서 M_u, V_u, P_u는 각각 휨모멘트, 전단력, 축력의 소요강도로서 계수하중(factored load)을 대상으로 구조해석으로 계산되며, M_u는 **계수휨모멘트**(factored moment), V_u는 **계수전단력**(factored shear), P_u는 **계수축력**(factored axial force)이다. M_d, V_d, P_d는 각각의 설계강도이고 M_n, V_n, P_n은 각각의 공칭강도로서, M_n은 **공칭**

휨강도(nominal flexural strength), V_n 은 공칭전단강도(nominal shear strength), P_n 은 공칭축강도(nominal axial strength)이다. 강도감소계수 ϕ 는 4장의 설명과 같이 강도의 변동성과 부재의 중요성 등을 고려하여 정한 1보다 작은 값이다.

초과하중 단계에 대하여 적당한 강도를 가지도록 설계된 부재는 사용하중(service load) 하에서 사용성을 만족시켜야 한다. 즉, 처짐이 설계기준의 제한규정을 만족하여야 하고, 균열 역시 설계기준의 규정대로 그 폭이 좁고 인장 측에 고르게 분포되어야 한다. 이러한 사용성(serviceability)은 사용하중을 대상으로 검토한다.간접적인 방법으로는 사용하중 하에서 콘크리트와 철근의 응력을 제한함으로써 처짐을, 인장철근의 간격을 제한함으로써 균열을 각각 간접적으로 규제하는 방법이 사용되고 있다. 사용하중에 의한 응력은 일반적으로 탄성이론으로 계산한다.

5.2 단철근 직사각형 보

그림 5-1 (a)는 직사각형 단면으로 된 콘크리트 보의 인장측에만 철근을 배치한 단면을 보인 것이다. 이러한 보를 단철근 직사각형 보라고 한다. 이와 같이 인장철근만을 배치한 보를 **단철근보**(singly reinforced beam)라고 한다. 그림 5-6 (a)와 같이 압축측에도 철근을 배치한 보를 **복철근보**(doubly reinforced beam)라고 한다.

5.2.1 파괴형태

그림 5-1 (a)와 같은 단철근보가 정(+)의 휨모멘트(M)를 받으면 보는 아래로 휘어서 철근에는 인장 변형률(ε_s)이 일어나고, 콘크리트의 압축 측 연단에는 압축 변형률(ε_c)이 발생한다. 휨부재에서 인장 측 철근이 항복한 이후라 하더라도 파단에 이르는 경우가 매우 드물어서, 압축측 연단의 콘크리트 압축변형률이 극한변형률에 도달한 것을 콘크리트 단면의 파괴로 본다.

인장철근이 항복하여 그 변형률이 항복변형률 ε_y 에 도달되고, 동시에 콘크리트의 변형률이 그 극한변형률 0.003에 이르게 된 상태를 **균형변형률상태**(balanced strain condition)라고 한다. 균형변형률상태에 있는 보의 철근비를 **균형철근비**(balanced reinforcement ratio, balanced steel ratio)라 하고 ρ_b로 나타낸다. 이때의 단면의 변형률도가 그림 5-1 (b)에 나타나 있다.

균형철근비보다 적게 철근을 배치한 보를 **저보강 보**(과소철근 보, under reinforced beam)라 하고, 균형철근비보다 더 많이 철근을 배치한 보를 **과보강 보**(과다철근 보, over reinforced beam)라고 한다. 그래서 단철근보는 사용 철근량에 따라 다음과 같은 두 가지 파괴형태 가운데 하나로 파괴된다.

연성파괴(ductile failure) : 균형철근비보다 적은 양의 철근을 배치한 보, 즉 저보강 보는 이 파괴형태를 취한다. 이 보는 콘크리트의 변형률이 극한변형률에 도달되기 전에 철근이 먼저 항복한다. 하중이 계속 증가하면 철근은 그 연성으로 인하여 계속 늘어나서, 항복변형률 ε_y를 넘어서게 되어 인장 측 콘크리트에 균열이 진행되면서, 그림 3-3에 보인 바와 같이 중립축이 압축 측으로 이동하게 되고, 따라서 압축 측 콘크리트 면적이 감소하면서 콘크리트의 파괴(crushing)로 이어진다. 철근의 항복으로 시작되는 이 파괴는 철근이 항복한 후에도 보는 매우 큰 처짐을 보이면서 점진적으로 진행된다. 이러한 파괴를 **연성파괴**라고 한다. 파괴의 징후를 보이면서 점진적으로 진행되는 이 파괴형태가 바람직스러운 것이다.

취성파괴(brittle failure) : 균형철근비보다 많은 철근을 배치한 보, 즉 과보강 보는 이 파괴형태로 파괴된다. 즉, 이 보는 철근이 항복하기 전에 콘크리트의 변형률이 극한변형률에 도달한다. 그래서 콘크리트의 갑작스런 파쇄로 보가 파괴된다. 이때 중립축은 그림 5-1 (b)에 보인 바와 같이 균형보의 중립축보다 인장 측에 더 가까이 있게 되며 그 파괴는 갑작스럽다. 이러한 파괴를 **취성파괴**라고 한다.

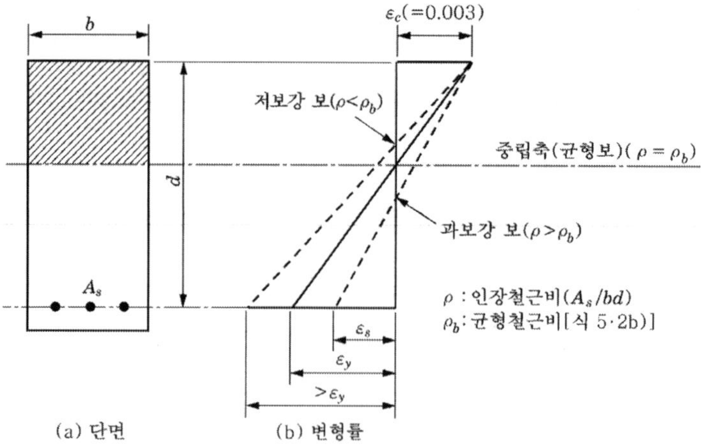

그림 5-1 중립축의 위치

보의 인장철근량이 너무 적어도 취성파괴를 일으킨다. 인장측 콘크리트의 인장응력이 그 휨인장강도를 초과하면 콘크리트에는 균열이 발생하여, 콘크리트가 받던 인장응력이 철근으로 옮겨감으로써, 지나치게 적은 철근량이 이를 감당하지 못하고 뚝 끊어지면서(snap), 단면의 전체적 파괴가 갑작스럽게 일어난다. 이러한 파괴를 피하기 위해서는 어느 한도 이상의 철근량을 배치해야 한다. 설계기준에서는 식 (5・4 a)와 식 (5・5 a)로 계산되는 값 중에서 큰 값 이상의 인장철근을 배치하도록 규정하고 있다.

5. 2. 2 균형철근비와 최소 철근비

철근비 ρ가 비교적 작으면 압축부 콘크리트가 파괴되기 전에 철근이 먼저 항복한다. 철근이 항복하면 중립축이 압축 측으로 이동함으로써 콘크리트의 압축면적이 감소하여 2차적인 압축파괴를 일으킨다. 이와 반대로 철근비가 크면 철근이 항복하기 전에 콘크리트가 극한능력에 도달한다. 철근의 항복으로 인한 파괴는 파괴의 징후를 보이면서 점진적인데 대하여, 콘크리트의 파쇄로 인한 파괴는 돌발적이고 징후가 없다. 그러므로 파괴는 전자의 경우가 바람직하다. 이것은 인장철근비에 상한(上限)을 둠으로써 얻을 수 있다. 인장철근비의 상한 즉 최대 철근비는 5. 2. 4항의 [1]에 논의되어 있다.

[1] 균형철근비

철근이 항복을 시작함과 동시에 콘크리트가 그 극한변형률에 도달할 때의 철근비, 즉 균형철근비 ρ_b는 3장의 3. 3. 3항에서 다음과 같이 유도되었다[식 (3・19) 참조].

$$\rho_b = \frac{\alpha f_{ck}}{f_y} \cdot \frac{\varepsilon_{cu}}{\varepsilon_{cu}+\varepsilon_y} = \frac{\alpha f_{ck}}{f_y} \cdot \frac{0.003}{0.003+\varepsilon_y} \qquad (5 \cdot 2\,\text{a})$$

철근콘크리트에서 보통 쓰이고 있는 $f_{ck} \leq 42$ MPa인 콘크리트에 대해서는 $\alpha = 0.85\beta_1$이므로[표 3-1 참조], 식 (5・2 a)와 식 (3・20)으로부터 균형철근비는 다음과 같이 된다.

$$\rho_b = 0.85\beta_1 \frac{f_{ck}}{f_y} \cdot \frac{0.003}{0.003+\varepsilon_y} \qquad (5 \cdot 2\,\text{b})$$

$$= 0.85\beta_1 \cdot \frac{f_{ck}}{f_y} \cdot \frac{600}{600+f_y} \qquad (5 \cdot 2\,\text{c})$$

여기서 β_1은 등가응력 사각형의 깊이 a와 중립축 c와의 비이다. 즉 $\beta_1 = \dfrac{a}{c}$이다

〔그림 3-12 (b) 참조〕. $f_{ck} \leq 28$ MPa인 경우에는 $\beta_1 = 0.85$이고, $f_{ck} > 28$ MPa인 경우에는 f_{ck} 가 1 MPa씩 증가할 때마다 β_1 의 값을 0.007씩 감소시키되, β_1 이 0.65보다 작아서는 안 된다. 이것을 식으로 나타내면 다음과 같이 된다.

$$\left.\begin{array}{l} f_{ck} \leq 28\text{ MPa이면} \\ \qquad \beta_1 = 0.85 \\ f_{ck} > 28\text{ MPa이면} \\ \qquad \beta_1 = 0.85 - 0.007(f_{ck} - 28) \\ \qquad\quad \geq 0.65 \end{array}\right\} \tag{5・3}$$

결국 균형철근비 ρ_b보다 적게 철근을 배치한 보 즉 $\rho < \rho_b$인 보가 저보강 보이고, 균형철근비보다 더 많이 철근을 배치한 보 즉 $\rho > \rho_b$인 보가 과보강 보이다.

여기서 ρ는 보에 실제로 배치된 인장철근비로서 $\rho = A_s/bd$이다.

[2] 최소 철근비

한편 인장철근을 너무 적게 넣어도 취성파괴를 일으키는 수가 있다. 인장철근을 지나치게 적게 배치한 보의 저항모멘트가, 철근을 무시하고 콘크리트의 인장강도(파괴계수)만으로 계산한 저항모멘트보다 작은 경우가 있다. 이러한 보는 인장균열의 발생과 동시에 갑작스럽게 파괴된다. 따라서 이러한 파괴를 피하기 위해서는 인장철근을 어느 한도 이상 배치해야 한다.

〈설계기준에서 주고 있는 최소 철근단면적〉

휨부재의 모든 단면에는 다음 두 식으로 계산되는 값 중에서 큰 값 이상의 인장철근을 배치해야 한다.

$$A_{s.\min} = \frac{0.25\sqrt{f_{ck}}}{f_y} b_w d \tag{5・4 a}$$

$$A_{s.\min} = \frac{1.4}{f_y} b_w d \tag{5・5 a}$$

여기서 f_{ck} : 콘크리트의 설계기준압축강도(MPa)

f_y : 철근의 설계기준항복강도(MPa)

b_w : 부재단면의 복부 폭(mm)

d : 인장철근의 유효깊이(mm)

식 (5・4 a)와 식 (5・5 a)의 양변을 각각 $b_w d$로 나누면 다음과 같이 최소 철근비

ρ_{min}이 얻어진다. 이 두식으로 계산되는 값 중에서 큰 값이라야 하며, 이 값이 부재의 최소 철근비 ρ_{min}이다. 즉,

$$\rho_{min} = \frac{0.25\sqrt{f_{ck}}}{f_y} \tag{5・4b}$$

$$\rho_{min} = \frac{1.4}{f_y} \tag{5・5b}$$

정정구조물로서 플랜지가 인장을 받는 T형 단면에 있어서는, 식 (5・4a) 및 식 (5・5a)의 b_w에 플랜지의 유효폭 b와 $2b_w$ 중 작은 값을 대입하여 얻어지는 값 중에서 큰 값 이상의 인장철근을 배치해야 한다.

계산상 필요로 하는 철근량보다 1/3 이상 인장철근을 더 배치한 경우에는 앞의 최소 철근량의 규정을 적용하지 않아도 좋다.

5. 2. 3 인장지배단면과 압축지배단면

2007년 개정된 설계기준에서는 최외단 인장철근(인장 측 연단에 가장 가까운 철근)의 순인장변형률(net tesile strain) ε_t의 크기에 따라 철근콘크리트 부재의 단면을 **인장지배단면**(tension-controlled section)과 **압축지배단면**(compression-controlled section)으로 구분하고 있다.

이때 압축 측 연단의 콘크리트 변형률은 극한변형률 $\varepsilon_{cu}(=0.003)$에 도달해야 한다.

[1] 압축지배단면

압축 측 연단의 콘크리트 변형률 ε_c가 0.003에 도달할 때, 최외단 인장철근의 순 인장변형률 ε_t가 압축지배 변형률 한계 이하인 단면을 압축지배단면이라고 한다. 여기서 압축지배 변형률 한계는 균형변형률상태에서의 인장철근의 순인장변형률 ε_y를 말한다. 철근의 항복강도 $f_y = 400\text{MPa}$를 기준으로 할 때 압축지배 변형률 한계는 다음과 같다.

$$\varepsilon_y = \frac{f_y}{E_s} = \frac{400}{2.0\times 10^5} = 0.002$$

따라서 다음 관계가 성립되는 단면이 압축지배단면이다.

$$\varepsilon_t \le \varepsilon_y \text{ 즉 } \varepsilon_t \le 0.002$$

여기서 인장철근의 순인장변형률 ε_t는 최외단 인장철근의 인장변형률에서 크리프, 건조수축, 온도변화, 프리스트레스 등에 의한 변형률을 제외한 변형률을 말한다.

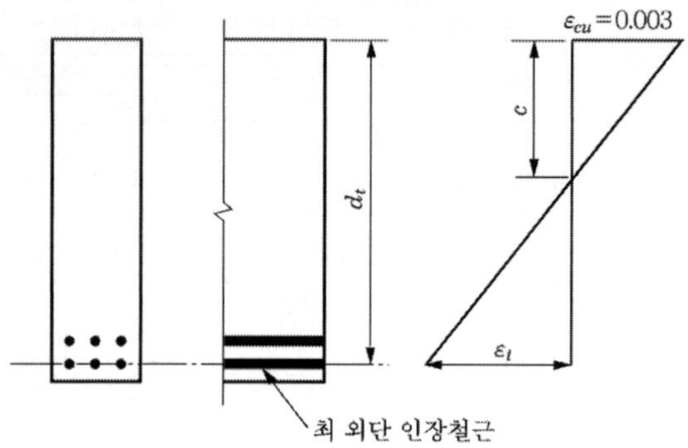

그림 5-2 변형률 분포 및 순인장변형률

최외단 인장철근의 순인장변형률은 그림 5-2에 보인 바와 같이 공칭강도에서의 변형률분포에 의해 정해진다.

여기서 d_t 는 최외단 철근의 중심으로부터 압축 측 연단까지의 깊이이고, ε_t 는 최외단 철근의 순인장변형률이다.

공칭강도에서 최외단 인장철근의 순인장변형률이 압축지배 변형률한계 미만으로 매우 작은 경우에는 파괴의 징후없이 취성파괴가 발생할 수 있다.

[2] 인장지배단면

압축 측 연단의 콘크리트의 변형률 ε_c 가 0.003에 도달할 때, 최외단 인장철근의 순인장변형률 ε_t 가 인장지배 변형률 한계이상인 단면을 인장지배단면이라고 한다. 여기서 인장지배 변형률 한계는 0.005이다. 즉 다음 관계가 성립되는 단면이 인장지배단면이다.

$$\varepsilon_t \geq 0.005$$

철근의 항복강도 f_y가 400 MPa를 초과하는 경우에는, 인장지배 변형률한계를 철근의 항복변형률 ε_y의 2.5배를 취한다. 즉 $\varepsilon_t = 2.5\varepsilon_y$ 이다.

압축 측 연단의 콘크리트의 변형률이 0.003에 도달했을 때, 최외단 인장철근의 순인장변형률이 0.005 이상으로 큰 경우에는 과도한 처짐이나 균열이 발생하여 파괴의 징후를 쉽게 알 수 있다.

[3] 변화구간(전이구간)

인장철근의 순인장변형률 ε_t 가 압축지배 변형률한계(0.002)와 인장지배 변형률한계(0.005)사이에 있을 때, 이 구간을 변화구간(전이구간, transition region)이라고 한다

(그림 5-3). 즉 ε_t가 다음과 같은 범위에 있을 때, 이 구간을 변화구간(전이구간)이라고 한다. 즉

$$0.002 < \varepsilon_t < 0.005$$

일반적으로 휨부재는 인장지배단면이고, 압축부재는 압축지배단면이지만, 축력이 작고 휨모멘트가 큰 부재는 압축지배단면과 인장지배단면 사이의 변화구간(전이구간)에 있게 된다. 이 변화 구간에 있어서 철근의 최소허용인장변형률(최소순인장변형률)를 설계기준에서는 $\varepsilon_{t\,\min} = 0.004$를 주고 있다(그림 5-3). 이 경우 강도감소계수 ϕ는 0.85보다 작아져서 그 최소값은 $\phi = 0.78$이다.

그림 5-3이 보인 바와 같이 변화구간에서는 강도감소계수 ϕ가 0.65~0.85의 범위에 있게 된다. 이 구간에서의 강도감수계수 ϕ는 직선보간법으로 구한다. 그림 5-3에는 직선보간법으로 구해 놓은 ϕ의 계산식이 주어져 있다.

공칭휨강도의 계산에는 콘크리트의 등가 응력사각형의 깊이 a의 결정이 필요하다. 그래서 $c = \dfrac{a}{\beta_1}$를 사용하여 $\dfrac{c}{d_t}$를 계산하는 것이 순인장변형률을 계산하는 것보다 편리할 때가 많다. 그림 5-4에 보인 바와 같이 평면보존의 법칙이 순 인장변형률 ε_t와 $\dfrac{c}{d}$와의 상호관계를 잘 보여주고 있다.

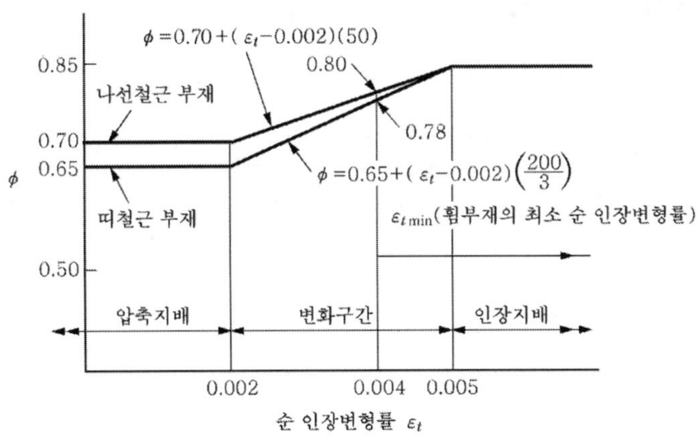

그림 5-3 순인장변형률 ε_t에 따른 강도감소계수 ϕ의 변화

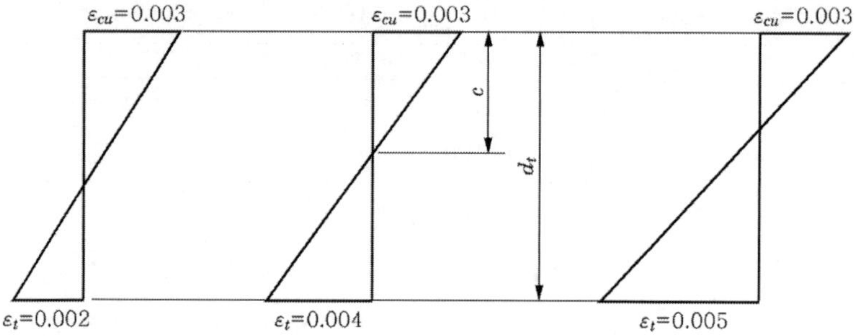

$\frac{c}{d_t} = \frac{0.003}{0.003+0.002} = 0.600$ (a) 압축지배 부재

$\frac{c}{d_t} = \frac{0.003}{0.003+0.004} = 0.429$ (b) 휨부재의 최소 순 인장변형률

$\frac{c}{d_t} = \frac{0.003}{0.003+0.005} = 0.375$ (c) 인장지배 부재

변화구간 $\begin{cases} \text{나선철근 부재 : } \phi = 0.70 + 0.15\left(\frac{1}{c/d_t} - \frac{5}{3}\right) \\ \text{띠철근 부재 : } \phi = 0.65 + 0.20\left(\frac{1}{c/d_t} - \frac{5}{3}\right) \end{cases}$

그림 5-4 순인장변형률 ε_t와 $\frac{c}{d_t}$

[4] 최소허용인장변형률

프리스트레스를 가하지 않은 휨부재 즉 RC 휨부재와 $0.10 f_{ck} A_g$보다 작은 계수 축하중을 받는 RC 휨부재의 순인장변형률(ε_t)은 최소허용인장변형률(최소순인장변형률, $\varepsilon_{t\,\min}$)이상이라야 한다. 이것은 연성파괴를 확보하기 위한 것으로서, 설계기준에서는 최소허용인장변형률 $\varepsilon_{t\,\min}$을 다음과 같이 주고 있다. 즉

$$f_y \le 400\text{MPa}\text{인 철근에 대해서는 } \varepsilon_{t\,\min} = 0.004$$

$$f_y > 400\text{MPa}\text{인 철근에 대해서는 } \varepsilon_{t\,\min} = 2\varepsilon_y$$

과거의 설계기준에서는 인장변형률 한계를 규정하지 않고, 균형철근비 ρ_b에 대한 비율로 최대 철근비 $\rho_{\max}(=0.75\rho_b)$를 주고 있었다. 그러나 최대 철근비로 철근량을 계산할 경우, T형 단면이나 박스단면과 같이 폭이 둘 이상인 경우 철근비를 결정하는데 다소 모호한 점이 있었다. 따라서 이 규정과 같이 인장변형률로 한계를 규정함으로서, 복철근단면이나 T형 단면에서 압축철근과 플랜지의 영향이 자동적으로 고려될 수 있게 되었다.

표 5-1 휨부재의 최소허용변형률 및 해당 철근비

f_y	허용치	
	최소 허용 변형률	철근비
300 MPa	0.004	0.643 ρ_b
400 MPa	0.004	0.714 ρ_b
500 MPa	0.005($2\varepsilon_y$)	0.688 ρ_b
600 MPa	0.006($2\varepsilon_y$)	0.667 ρ_b

표 5-1은 철근의 설계기준항복강도 f_y에 따른 휨부재의 최소허용변형률과 해당 철근비를 균형철근비 ρ_b에 대한 비율로 나타낸 것이다.

5. 2. 4 최대 철근비와 설계휨강도

[1] 최대 철근비(철근비의 상한)

인장철근의 최소 변형률은 보의 설계에 있어서 공칭휨강도에 연관되고, 강도감소계수는 인장변형률에 의해 정해진다. 이것은 그림 5-2에 보인 바와 같이 콘크리트의 압축 측 연단으로부터 가장 먼 철근 즉 깊이 d_t에 있는 최외단 철근의 순인장변형률 ε_t에 기초를 두어야 한다.

철근이 1열(1단)로 배치된 보에 있어서는 $d_t = d$이지만, 철근이 2열(2단)이상으로 배치된 보에서는 $d_t > d$이다. 여기서 d_t는 최외단 철근의 중심으로부터 압축 측 연단까지의 거리이고, ε_t는 최외단 철근의 순인장변형률이며, d는 유효깊이다.

그림 5-5(b)의 변형률도를 참고하면

$$\varepsilon_s = \varepsilon_{cu} \frac{d-c}{c}$$

$$\therefore \frac{c}{d} = \frac{\varepsilon_{cu}}{\varepsilon_{cu} + \varepsilon_s} \qquad (5 \cdot 6\,\mathrm{a})$$

$d = d_t$, $\varepsilon_y = \varepsilon_t$로 놓으면 위의 식은 다음과 같이 된다.

$$\frac{c}{d_t} = \frac{\varepsilon_{cu}}{\varepsilon_{cu} + \varepsilon_t} \qquad (5 \cdot 6\,\mathrm{b})$$

단철근 보의 철근비는 $\rho = \dfrac{A_s}{bd}$이고, $d = d_t$이므로, 철근의 인장력 T는

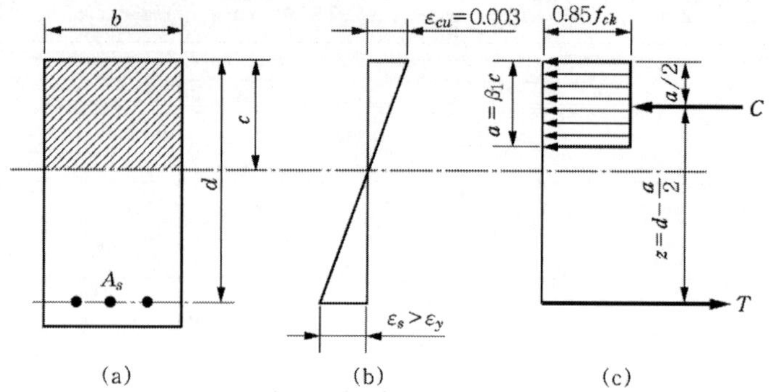

그림 5-5 단철근 직사각형 보

$$T=f_yA_s=\rho f_y b d_t$$

식 (3・21)에 $a=\beta_1 c$ [그림 3-12(b) 참조]를 대입하면 콘크리트의 압축력 C는

$$C=0.85\beta_1 f_{ck}bc$$

$C=T$로 놓고, 식 (5・6 b)를 고려하면 다음과 같이 철근비 ρ를 얻을 수 있다.

$$\rho=0.85\beta_1\cdot\frac{f_{ck}}{f_y}\cdot\frac{\varepsilon_{cu}}{\varepsilon_{cu}+\varepsilon_t} \tag{5・7}$$

한편 설계기준에서는 저보강 보의 거동을 확보하기 위하여, 공칭휨강도에서의 최소허용인장변형률(최소순인장변형률)로 $\varepsilon_{t\,\min}=0.004$를 주고 있다[5.2.3항 참조]. 따라서 위의 식에 $\varepsilon_t=0.004$를 대입함으로서, 다음과 같은 철근비의 상한(upper limit, 최대 철근비)를 얻을 수 있다.

$$\rho_{\max}=0.85\beta_1\cdot\frac{f_{ck}}{f_y}\cdot\frac{\varepsilon_{cu}}{\varepsilon_{cu}+0.004} \tag{5・8 a}$$

이 $\rho_{\max}$가 콘크리트의 변형률 ε_c가 0.003에 도달하자마자 인장철근의 최소순인장변형률 $\varepsilon_{t\,\min}$이 0.004에 도달하게 되는 인장철근비의 상한(최대 철근비)이다.

위의 식의 최대철근비 $\rho_{\max}$와 식 (5・2 b)의 균형철근비 ρ_b와의 비는 다음과 같이 된다.

$$\frac{\rho_{\max}}{\rho_b}=\left(\frac{\varepsilon_{cu}}{\varepsilon_{cu}+0.004}\right)\Bigg/\left(\frac{\varepsilon_{cu}}{\varepsilon_{cu}+\varepsilon_y}\right)=\left(\frac{0.003}{0.007}\right)\Bigg/\left(\frac{0.003}{0.003+\varepsilon_y}\right)$$
$$=\frac{0.003+\varepsilon_y}{0.007}$$

따라서

$$\rho_{max} = \frac{0.003 + \varepsilon_y}{0.007}\rho_b \qquad (5 \cdot 8b)$$

하나의 예로 $f_y = 400\mathrm{MPa}$인 철근에 대해 계산해보면 $\varepsilon_y = \frac{f_y}{E_s} = \frac{400}{2.0\times 10^5} = 0.002$ 이므로 위의 식으로부터 다음을 얻는다.

$$\rho_{max} = \frac{0.003 + 0.002}{0.007}\rho_b = 0.714\rho_b$$

설계기준항복강도 f_y에 따라 위와 같이 계산한 결과를 보인 것이 표 5-1이다.

표 5-2는 f_y에 따른 각 지배단면의 변형률한계와 인장지배 한계단면을 균형철근비 ρ_b에 대한 비율로 나타낸 것이다.

표 5-2 지배단면 변형률 한계 및 해당 철근비

f_y	압축지배 변형률 한계	인장지배	
		변형률 한계	해당 철근비
300 MPa	0.0015	0.005	0.563 ρ_b
400 MPa	0.002	0.005	0.625 ρ_b
500 MPa	0.0025	0.00625(2.5ε_y)	0.595 ρ_b
600 MPa	0.003	0.0075(2.5ε_y)	0.571 ρ_b

[2] 공칭휨강도와 설계휨강도

그림 5-5를 참고하면 단철근 직사각형 보의 공칭휨강도는 다음과 같이 된다.

그림 5-5에서 $C = T$이라야 하므로

$$C = 0.85 f_{ck} ab = A_s f_y = T$$

$$a = \frac{A_s f_y}{0.85 f_{ck} b} = \frac{\rho f_y d}{0.85 f_{ck}} \qquad (5 \cdot 9)$$

여기서 $\rho = \frac{A_s}{bd}$ (인장 철근비)

따라서 이 보의 공칭휨강도는 다음과 같이 된다.

$$M_n = A_s f_y\left(d - \frac{a}{2}\right) \qquad (5 \cdot 10)$$

위의 식에 식 (5 · 9)를 대입하면

$$M_n = \rho f_y bd^2\left(1-0.59\frac{\rho f_y}{f_{ck}}\right) \tag{5 · 11}$$

이 식은 3장의 3.3.3항에서 유도된 바 있다[식 (3 · 18) 참조].

따라서 이 보의 설계휨강도는 다음과 같이 된다.

$$M_d = \phi M_n = \phi A_s f_y\left(d-\frac{a}{2}\right) \tag{5 · 12}$$

또는

$$M_d = \phi M_n = \phi\rho f_y bd^2\left(1-0.59\frac{\rho f_y}{f_{ck}}\right) \tag{5 · 13}$$

여기서 ϕ는 강도감소계수이다.

[3] 강도감소계수 ϕ의 변화

설계기준에서는 부재의 종류와 극한상태에서의 순인장변형률에 따라 강도감소계수의 값을 결정하도록 하고 있다. 즉 f_y가 400MPa 이하인 경우 $\varepsilon_t \geq 0.005$인 인장지배 부재에 대해서는 ϕ=0.85를 주고 있고, $\varepsilon_t < \varepsilon_y$인 압축지배부재에 대해서는 $\phi = 0.65$(띠철근 부재) 또는 $\phi = 0.70$(나선철근 부재)을 주고 있다[4장의 표 4-5와 그림 5-3 참조].

$\varepsilon_t = \varepsilon_y \sim 0.005$(또는 $2.5\,\varepsilon_y$)인 변화구간에서는 그림 5-3에 보인 바와 같이 ϕ는 0.65~0.85 사이에서 직선적으로 변화한다. 이 구간에서의 ϕ는 직선보간법으로 구한다.

보통의 보의 단면은 인장지배의 범주에 속하며, 따라서 $\phi = 0.85$이다. 그러나 설계기준에서는 철근의 최소허용인장변형률(최소순인장변형률)이 $\varepsilon_{t\,\min} = 0.004$인 변화구간단면을 인정하고 있다. 이 경우의 강도감소계수 ϕ는 0.85보다 작아져서 그 최소값은 $\phi = 0.78$이

표 5-3 지배단면에 따른 강도감소계수 ϕ

단면의 구분	순인장변형률의 조건	ϕ
압축지배단면	ε_y 이하	0.65(띠철근 부재) 0.70(나선철근 부재)
변화구간단면	ε_y~0.005(또는 $2.5\varepsilon_y$)	0.65~0.85(띠철근 부재) 0.70~0.85(나선철근 부재)
인장지배단면	0.005(또는 $2.5\varepsilon_y$) 이상	0.85

다[그림 5-3 참조]. 표 5-3은 지배단면에 따른 강도감소계수를 보인 것이다.

예제5-1) $b=280\text{ mm}$, $d=500\text{ mm}$, $A_s=3\text{-}D\,25=1{,}520\text{ mm}^2$가 1열로 배치된 단철근 직사각형 단면의 설계휨강도를 계산하라. $f_{ck}=24\text{ MPa}$, $f_y=400\text{ MPa}$이다.

풀이 단면의 인장철근비는

$$\rho=\frac{A_s}{bd}=\frac{1{,}520}{280\times500}=0.0109$$

$f_{ck}=24\text{MPa}$이므로 $\beta_1=0.85$이다[식 (5·3) 참조]. 따라서 이 단면의 철근비의 상한(최대 철근비)는 식 (5·8a)로부터

$$\rho_{\max}=0.85\beta_1\frac{f_{ck}}{f_y}\cdot\frac{\varepsilon_{cu}}{\varepsilon_{cu}+0.004}=0.85\times0.85\times\frac{24}{400}\times\frac{0.003}{0.003+0.004}$$

$$=0.0186>\rho$$

이것은 $f_y\le400\text{MPa}$인 철근의 최소허용인장변형률 0.004에 대한 것으로서, 단면이 연성파괴로 된다는 것을 뜻한다.[5.2.3항의 (4) 참조]. [참고로 식 (5·2b)로 균형철근비를 계산하면 $\rho_b=0.0260$이다. 즉 $\rho_b>\rho$이다]. 즉 이 단면의 보는 저보강 보이다.

식 (5·9)로부터

$$a=\frac{A_sf_y}{0.85f_{ck}b}=\frac{1{,}520\times400}{0.85\times24\times280}=106\text{mm}$$

따라서 이 단면의 공칭휨강도는 식 (5·10)으로부터

$$M_n=A_sf_y\left(d-\frac{a}{2}\right)=1{,}520\times400\times\left(500-\frac{106}{2}\right)$$
$$=271{,}800{,}000\text{N}\cdot\text{mm}=272\text{kN}\cdot\text{m}$$

설계휨강도 ϕM_n의 계산에 앞서 강도감소계수 ϕ값의 결정이 필요하다. 그림 5-3에 보인 바와 같이 ϕ가 순인장변형률 ε_t에 따라 변하기 때문이다.

단면의 중립축의 위치는[그림 5-5 참조]

$$c=\frac{a}{\beta_1}=\frac{106}{0.85}=125\text{mm}$$

인장철근이 1열로 배치될 것이므로 순인장변형률 ε_t는 그림 5-5(b)를 참고하면[식 (5·6b) 참조]

$$\varepsilon_t=\varepsilon_s=\frac{d-c}{c}\varepsilon_{cu}=\frac{500-125}{125}\times0.003=0.009>0.005$$

즉 이 보의 단면은 인장지배단면이다[그림 5-3 참조].

그러므로 $\phi=0.85$이다.

따라서 설계휨강도는 다음과 같이 된다.

$$M_d=\phi M_n=0.85\times 272=231\text{kN}\cdot\text{m}$$

식 (5·4b)와 식 (5·5b)로 최소 철근비를 계산하면 $\rho_{min}=0.0035$를 얻는다. 즉

$$\rho_{min}(0.0035)<\rho(0.0109)<\rho_{max}(0.0186)$$

이므로 이 단면에 사용한 철근량은 적절하다.

예제 5-2 폭 $b=300$ mm, 유효깊이 $d=445$ mm인 직사각형 단면에 인장철근 4-D29가 1열로 배치되어 있다. $f_{ck}=27$ MPa, $f_y=400$ MPa이다. 이 단면의 설계 휨강도를 계산하라.

풀이 인장철근의 단면적은 표 2-7 또는 부록 C의 표 C-1로부터

$$A_s=4\times 642.4=2{,}570\text{mm}^2$$

인장 철근비는

$$\rho=\frac{A_s}{bd}=\frac{2{,}570}{300\times 445}=0.0193$$

$f_{ck}=27$ MPa이므로 식 (5·3)으로부터 $\beta_1=0.85$이다.

이 단면의 철근비의 상한(최대 철근비)은 식 (5·8a)로부터

$$\rho_{max}=0.85\beta_1\cdot\frac{f_{ck}}{f_y}\cdot\frac{\varepsilon_{cu}}{\varepsilon_{cu}+0.004}=0.85\times 0.85\times\frac{27}{400}\times\frac{0.003}{0.003+0.004}$$

$$=0.0209>\rho$$

따라서 이 보는 인장철근의 항복으로 파괴된다.

응력 사각형의 깊이 a는 식 (5·9)로부터

$$a=\frac{f_y A_s}{0.85 f_{ck} b}=\frac{400\times 2{,}570}{0.85\times 27\times 300}=149\text{ mm}$$

따라서 단면의 공칭휨강도는 식 (5·10)으로부터

$$M_n=A_s f_y\left(d-\frac{a}{2}\right)=2{,}570\times 400\left(445-\frac{149}{2}\right)=380{,}874{,}000\text{ N}\cdot\text{mm}$$

$$=381\text{ kN}\cdot\text{m}$$

설계휨강도를 계산하기 위해서는 순인장변형률 ε_t에 따른 강도감소계수 ϕ를 알아야 한다. 이 단면의 중립축의 위치는

$$c=\frac{a}{\beta_1}=\frac{149}{0.85}=175\text{mm}$$

철근의 순인장변형률 ε_t는 식 (5·6b)로부터

$$\varepsilon_t = \frac{d-c}{c}\varepsilon_{cu} = \frac{445-175}{175}\times 0.003 = 0.00463$$

$$\therefore 0.004 < \varepsilon_t < 0.005$$

그러므로 이 보의 단면은 변화구간에 해당된다[그림 5-3 참조]. 따라서 강도감소계수 ϕ를 수정해야 한다. 그림 5-3의 변화구간에서 직선보간법으로 구한 식 가운데 하나를 사용한다. 그러면 $\varepsilon_t = 0.00463$에 대한 강도감소계수 ϕ는 다음과 같이 된다.

$$\phi = 0.65 + (\varepsilon_t - 0.002)(200/3) = 0.65 + (0.00463 - 0.002)\times(200/3) = 0.825$$

따라서 설계휨강도는

$$M_d = \phi M_n = 0.825\times 381 = 314\,\text{kN}\cdot\text{m}$$

다음에 최소 철근비를 검토해 본다. 식 (5·4b) 및 식 (5·5b)로 계산되는 값 가운데 큰 값이 최소 철근비이다.

$$\rho_{\min} = \frac{0.25\sqrt{f_{ck}}}{f_y} = \frac{0.25\times\sqrt{27}}{400} = 0.0032$$

$$\rho_{\min} = \frac{1.4}{f_y} = \frac{1.4}{400} = 0.0035 > 0.0032$$

즉 이 단면의 최소철근비는 $\rho_{\min} = 0.0035$이고, 이 보의 실제의 철근비는 $\rho = 0.0193$이다. 즉 $\rho > \rho_{\min}$이므로 이 단면에 배치된 철근량은 적당하다.

5.2.5 단면의 계산

앞에서는 단면의 설계휨강도의 계산을 다루었다. 이것은 식 (5·1a)의 $M_u \le M_d$가 만족되는가의 여부를 알기 위해서이다. 즉, 단면의 설계휨강도 M_d가 계수하중에 의한 소요강도, 즉 계수 휨강도(계수 모멘트) M_u보다 작아서는 안 되기 때문이다. 여기서는 단면의 설계문제를 다룬다. 즉, 계수 휨강도를 지지할 수 있는 단면의 치수와 철근량을 계산하는 문제를 다룬다.

예제5-3 고정하중(자중 포함) 15.5 kN/m, 활하중 37 kN/m을 지지해야 할 지간 4.8 m의 단순보를 단철근 직사각형 단면으로 설계하려고 한다. 필요한 단면과 철근량을 계산하라. f_{ck} = 21 MPa이고, f_y = 300 MPa이다.

풀이 계수하중은 표 4-4로부터

$$w = 1.2D + 1.6L = 1.2\times 15.5 + 1.6\times 37 = 77.8\,\text{kN/m}$$

따라서 지간 중앙단면의 계수모멘트는

$$M_u = \frac{1}{8} \times 77.8 \times 4.8^2 = 224.1\text{kN} \cdot \text{m} = 224.1 \times 10^3 \times 10^3 \text{N} \cdot \text{mm}$$

콘크리트의 단면치수는 철근비의 선정에 따라 달라진다. 콘크리트 단면을 최소로 하기 위해서는 철근비를 허용 범위내에서 최대로 해야 한다. 그러나 강도감소계수 $\phi=0.85$를 유지하기 위해서는 순인장변형률 0.005에 해당하는 최대 철근비(철근비의 상한)를 선정해야 한다[그림 5-3 참조].

이런 경우의 철근비는 식 (5・7)로부터

$$\rho = 0.85\beta_1 \cdot \frac{f_{ck}}{f_y} \cdot \frac{\varepsilon_{cu}}{\varepsilon_{cu}+\varepsilon_t} = 0.85 \times 0.85 \times \frac{21}{300} \times \frac{0.003}{0.003+0.005} = 0.0190$$

식 (5・8 a)로부터 얻어지는 철근비의 상한은

$$\rho_{\max} = 0.85\beta_1 \cdot \frac{f_{ck}}{f_y} \cdot \frac{\varepsilon_{cu}}{\varepsilon_{cu}+0.004} = 0.85 \times 0.85 \times \frac{21}{300} \times \frac{0.003}{0.003+0.004}$$

$$= 0.0217$$

이 철근비로 계산할 경우에는 ϕ의 값이 0.85보다 작아진다. 따라서 $\rho = 0.0190$으로 계산한다.

식 (5・1 a)에 식 (5・13)을 대입하면

$$M_u \leq \phi \rho f_y b d^2 \left(1 - 0.59 \frac{\rho f_y}{f_{ck}}\right)$$

$$224.1 \times 10^3 \times 10^3 \leq 0.85 \times 0.0190 \times 300 b d^2 \left(1 - 0.59 \frac{0.0190 \times 300}{21}\right)$$

$$bd^2 \geq 55{,}037{,}000\text{mm}^3$$

단면의 폭을 $b = 280\text{mm}$로 한다면, 유효깊이는 $d = 443\text{mm}$로 된다. 그러면 필요한 철근단면적은

$$A_s = \rho b d = 0.0190 \times 280 \times 443 = 2{,}357\text{mm}^2$$

이에 대하여 $A_s = 3 - D32 = (2{,}383\text{mm}^2)$를 1열로 배치하기로 한다.

철근의 피복두께를 40mm로 하고, $D\,13$을 스터럽으로 사용한다면 보의 높이는 다음과 같이 된다.

$$h = 443(d) + \frac{1}{2} \times 31.8(D\,32\text{의 지름}) + 12.7(D\,13\text{의 지름}) + 40(\text{피복두께})$$

$$= 512\text{mm}$$

이에 대하여 보의 높이를 $h = 520\text{mm}$로 한다면 유효깊이는

$$d = 520 - 40 - 12.7 - \frac{31.8}{2} = 451\,\text{mm}$$

이 유효깊이에 대하여 철근량을 다시 계산해야 한다. 식 (5·12)를 사용하면 편리하다. 즉 a 값을 가정해서 A_s 를 계산하고, 이 A_s 값을 식 (5·9)에 대입하여 a 값을 검토한다. a 값이 가정한 값과 맞지 않으면 a 를 수정하여 A_s 를 다시 계산한다. 이 방법을 반복하면 쉽게 정답을 얻을 수 있다.

지금 $a = 138\,\text{mm}$로 가정하고, $M_d = M_u$ 로 놓고 식 (5·12)로 철근량을 계산하면

$$A_s = \frac{M_d}{\phi f_y\left(d - \dfrac{a}{2}\right)} = \frac{224.1\times10^3\times10^3}{0.85\times300\left(451 - \dfrac{138}{2}\right)} = 2{,}300\,\text{mm}^2$$

a 를 검토한다. 식 (5·9)로부터

$$a = \frac{f_y A_s}{0.85 f_{ck} b} = \frac{300\times2{,}300}{0.85\times21\times280} = 138.1\,\text{mm}$$

a 가 가정한 값과 일치하므로 더 이상 계산이 필요하지 않다. 이 철근량은 앞서 계산한 값과 큰 차이가 없으므로 3-D 32를 그대로 사용한다. 철근비를 검토해 보면

$$\rho = \frac{A_s}{bd} = \frac{2{,}383}{280\times451} = 0.0189 < 0.0190$$

최소 철근비는 식 (5·4 b), 식 (5·5 b)로부터 각각

$$\rho_{\min} = \frac{0.25\sqrt{f_{ck}}}{f_y} = \frac{0.25\sqrt{21}}{300} = 0.0038$$

$$\rho_{\min} = \frac{1.4}{f_y} = \frac{1.4}{300} = 0.0047 < 0.0189$$

즉 사용할 철근의 철근비 ρ가 다음 범위에 있으므로 철근량은 적당하다.

$0.0047(\rho_{\min}) < 0.0189(\rho) < 0.0190$〔식 (5·7)의 ρ〕

5.3 복철근 직사각형 보

5.3.1 설계휨강도

복철근보에서 인장 철근비 ρ 가 ρ_b 와 같거나 작으면 보의 강도는 압축철근을 무시하고 계산하더라도 오차가 크지 않아서 허용될 수 있는 근사값을 얻을 수 있다. 그러나 ρ 가 ρ_b 보다 크면 어느 정도 정밀한 계산을 해야 한다.

[1] 인장철근과 압축철근이 모두 항복할 경우

그림 5-6 (a)와 같은 복철근 직사각형 단면을 생각해 보자. A_s 와 A_s'가 다 같이 파괴시에 f_y 의 응력을 받는다고 가정한다. 그림 5-6 (c)로부터

$$A_s f_y = A_s' f_y + 0.85 f_{ck} ab$$

$$\therefore a = \frac{(A_s - A_s')f_y}{0.85 f_{ck} b} \qquad (5 \cdot 14\,\text{a})$$

$\rho = \dfrac{A_s}{bd}, \rho' = \dfrac{A_s'}{bd}$ 로 놓으면(ρ를 인장 철근비, ρ'를 압축 철근비라고 한다)

$$a = \frac{(\rho - \rho')f_y d}{0.85 f_{ck}} \qquad (5 \cdot 14\,\text{b})$$

단면의 저항 모멘트는 그림 5-6과 같이 두 가지 모멘트의 합으로 볼 수 있다. 하나는 그림 5-6 (d)와 같이 압축철근 A_s' 및 이와 같은 단면적에 해당하는 인장철근에 의해 이루어지는 우력 모멘트이다. 즉,

$$M_{n1} = A_s' f_y (d - d') \qquad \text{(a)}$$

다른 하나는 그림 5-6 (e)와 같이 나머지 인장철근 $(A_s - A_s')$와 압축 측 콘크리트가 이루는 우력 모멘트이다. 즉,

$$M_{n2} = (A_s - A_s')f_y\left(d - \frac{a}{2}\right) \qquad \text{(b)}$$

따라서 단면의 공칭휨강도는 다음과 같이 된다.

$$M_n = M_{n1} + M_{n2}$$
$$= f_y(A_s - A_s')\left(d - \frac{a}{2}\right) + f_y A_s'(d - d') \qquad (5 \cdot 15)$$

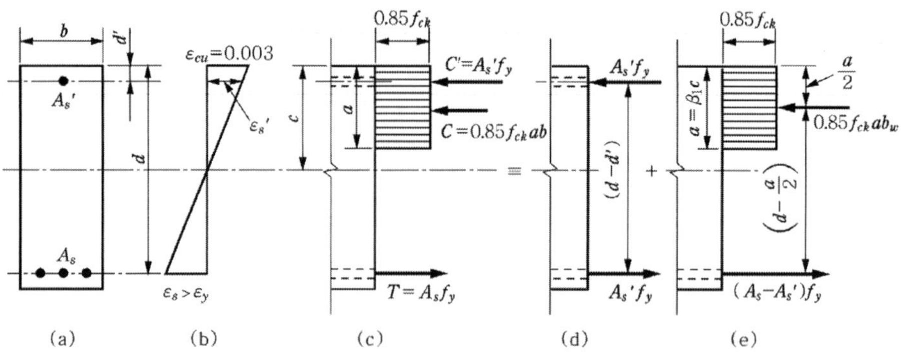

그림 5-6 복철근 직사각형 보

그러므로 설계휨강도는

$$M_d = \phi M_n = M_{d1} + M_{d2} = \phi M_{n1} + \phi M_{n2}$$
$$= \phi\left[f_y(A_s - A_s')\left(d - \frac{a}{2}\right) + f_y A_s'(d - d')\right] \qquad (5 \cdot 16)$$

여기서 강도감소계수 ϕ는 철근의 순인장변형률 ε_t에 의해 정해진다. 즉 $\varepsilon_t \geq 0.005$이면 $\phi = 0.85$이고, $0.004 < \varepsilon_t < 0.005$의 범위이면 직선보간법으로 구해야한다(그림 5-3).

(1) 인장철근비의 상한

단철근보에서와 같은 이유로 복철근보에서도 콘크리트가 압축파괴 되기 이전에 인장철근이 항복하는 것이 바람직하다. 이것은 인장 철근비에 상한을 둠으로써 가능하다. 지금 그림 5-6(a)의 단면이 균형파괴 상태에 있다면 변형률도는 그림 5-6(b)와 같이 인장철근의 변형률이 그 항복변형률 ε_y에 도달함과 동시에 콘크리트도 극한변형률 0.003에 도달해야 한다. 이때 압축철근도 항복한다고 가정하면 단면의 내력(內力)은 그림 5-6(c)의 상태로 되어 다음 관계가 성립한다.

$$A_s f_y = A_s' f_y + 0.85 f_{ck} ab$$

복철근보에 대한 균형철근비 $\overline{\rho_b}$를 구하기 위하여 $\overline{\rho_b} = \dfrac{A_s}{bd}$, $\rho' = \dfrac{A_s'}{bd}$로 놓으면 위의 식은 다음과 같이 된다.

$$\overline{\rho_b}\, bdf_y = \rho' bdf_y + 0.85 f_{ck}(\beta_1 c)b$$

그러므로 복철근보에서 인장철근의 균형철근비는 다음과 같이 된다.

$$\overline{\rho_b} = 0.85\beta_1 \frac{f_{ck}}{f_y}\frac{c}{d} + \rho' \qquad \text{(c)}$$

그런데 그림 5-6(b)로부터

$$\frac{c}{d} = \frac{\varepsilon_{cu}}{\varepsilon_{cu} + \varepsilon_y}$$

위의 식을 식 (c)에 대입하면

$$\overline{\rho_b} = 0.85\beta_1 \frac{f_{ck}}{f_y}\frac{\varepsilon_{cu}}{\varepsilon_{cu} + \varepsilon_y} + \rho' \qquad \text{(d)}$$

위의 식의 우변의 제1항은 식 (5·2b)의 ρ_b와 같다. 그러므로 식 (d)는 다음과 같이 된다.

$$\overline{\rho_b} = \rho_b + \rho' \tag{5·17}$$

여기서 $\overline{\rho_b}$: 복철근보에 있어서의 균형철근비

ρ_b : 식 (5·2 b)로 계산되는 단철근보의 균형철근비

설계기준에서는 순인장변형률을 제한하고 있지, 철근비를 제한하고 있지는 않다. 복철근보가 취성파괴에 대하여 단철근보의 경우와 동일한 여유를 가지도록 하기 위해서는 그 철근비의 상한(최대 철근비)을 다음 식의 $\overline{\rho}_{max}$ 로 제한해야 한다.

$$\overline{\rho}_{max} = \rho_{max} + \rho' \tag{5·18}$$

여기서 $\overline{\rho}_{max}$: 복철근보에 있어서의 인장철근비의 상한(최대 철근비)

ρ_{max} : 단철근보에 있어서의 인장철근비의 상한(최대 철근비)[식 (5·8 a)]

ε_t 의 검토는 강도감소계수 ϕ 의 결정을 위하여 필요하고, 또 순인장변형률의 조건이 충족되었는가를 확인하기 위해서도 필요하다. 식 (5·18)에서 ρ_{max} 대신에 $\varepsilon_t \geq 0.005$ 인 ρ[식 (5·7)]를 사용할 경우에는 $\phi = 0.85$ 이다.

(2) 인장철근비의 하한

다음에 보가 파괴할 때 압축철근이 항복하기 위한 조건을 알아보자. 그림 5-6 (b)에서 압축철근의 변형률을 $\varepsilon_s' = \varepsilon_y$ 로 놓으면 삼각형 닮음비에 의하여

$$c = \frac{\varepsilon_{cu}}{\varepsilon_{cu} - \varepsilon_y} d' \tag{e}$$

그림 5-6 (c)로부터

$$A_s f_y = 0.85 f_{ck} ab + A_s' f_y$$

$\overline{\rho_b} = \dfrac{A_s}{bd}$, $\rho' = \dfrac{A_s'}{bd}$, $a = \beta_1 c$ 를 대입하면

$$\overline{\rho_b} f_y bd = 0.85 \beta_1 f_{ck} bc + \rho' f_y bd$$

$$\therefore \overline{\rho_b} = 0.85 \beta_1 \frac{f_{ck}}{f_y} \frac{c}{d} + \rho'$$

따라서 파괴 때 압축철근이 항복하기 위한 인장 철근비 ρ 의 하한값은 위의 식에 식 (e)를 대입함으로써 다음과 같이 된다.

$$\rho_{min} = 0.85 \beta_1 \frac{f_{ck}}{f_y} \frac{d'}{d} \frac{\varepsilon_{cu}}{\varepsilon_{cu} - \varepsilon_y} + \rho' \tag{5·19}$$

인장 철근비 ρ 가 위의 식의 ρ_{min} 보다 크면 압축철근도 항복한다. 따라서 복철근보

에서 인장철근과 압축철근이 모두 항복하기 위해서는 인장 철근비 ρ는 다음 범위에 있어야 한다.

$$\bar{\rho}_{max} > \rho > \rho_{min}$$

[2] 압축철근이 항복하지 않을 경우

인장 철근비 ρ가 위의 식의 ρ_{min}보다 작으면 파괴시 압축철근의 응력은 f_y에 이르지 못한다. 이와 같이 파괴시에 압축철근이 항복하지 않을 경우의 균형철근비 $\overline{\rho_b}$는 다음과 같이 구해진다. 그림 5-6에서 압축철근의 응력을 f_s'로 보면

$$A_s f_y = (A_s - A_s')f_y + A_s' f_s'$$

여기서 $(A_s - A_s')$는 단철근보의 균형 철근량에 해당하므로 $(A_s - A_s') = \rho_b bd$로 놓을 수 있고, 또 $A_s = \overline{\rho_b}\, bd$, $A_s' = \rho' bd$이므로

$$\overline{\rho_b} f_y bd = \rho_b bdf_y + \rho' bdf_s'$$

$$\therefore \overline{\rho_b} = \rho_b + \rho' \frac{f_s'}{f_y} \qquad (5 \cdot 20)$$

여기서

$$f_s' = E_s \varepsilon_s' = E_s \left[\varepsilon_{cu} - \frac{d'}{d}(\varepsilon_{cu} + \varepsilon_y)\right] \le f_y \qquad (5 \cdot 21\,\text{a})$$

인장철근비의 상한(upper limit) ρ_{max}을 결정하기 위하여 위의 식의 ε_y에 $\varepsilon_t = 0.004$를 대입하면

$$f_s' = E_s \left[\varepsilon_{cu} - \frac{d'}{d}(\varepsilon_{cu} + 0.004)\right] \le f_y \qquad (5 \cdot 21\,\text{b})$$

따라서 인장철근비의 상한(최대 철근비)은 다음과 같이 된다.

$$\bar{\rho}_{max} = \rho_{max} + \rho' \frac{f_s'}{f_y} \qquad (5 \cdot 22)$$

여기서 f_s' : 식 (5 · 21 b)로 주어지는 압축철근의 응력

식 (5 · 21 a) 및 식 (5 · 21 b)의 f_s'는 최외단 인장철근의 변형률이 각각 ε_y 및 $\varepsilon_t = 0.004$인 보에 대해서만 적용된다.

인장 철근비 ρ가 식 (5 · 19)의 ρ_{min}보다 작고, 또 식 (5 · 20)의 $\overline{\rho_b}$보다 작으면 파괴 때 인장철근은 항복하지만 압축철근은 항복하지 않는다. 이때의 압축철근의 응력은

그림 5-6 (b)로부터

$$f_s' = E_s \varepsilon_s' = \varepsilon_{cu} E_s \frac{c-d'}{c}$$

또, 그림 5-6 (c)에서

$$A_s f_y = 0.85 \beta_1 f_{ck} bc + A_s' \varepsilon_{cu} E_s \frac{c-d'}{c}$$

위의 식에서 중립축의 위치 c만 미지수이다. 이것을 c에 관하여 풀면 중립축을 알 수 있고, 따라서 f_s'가 계산된다. 그러므로 압축철근이 항복하지 않을 때의 공칭강도는 다음과 같다.

$$M_n = 0.85 f_{ck} ab\left(d - \frac{a}{2}\right) + A_s' f_s' (d - d') \tag{5・23}$$

설계모멘트는

$$M_d = \phi M_n = \phi \left[0.85 f_{ck} ab\left(d - \frac{a}{2}\right) + A_s' f_s' (d - d')\right] \tag{5・24}$$

[3] 압축철근의 항복을 위한 보의 최소유효깊이

압축철근이 항복하기 위해서는 인장철근비 ρ가 $\bar{\rho}_{max}$보다 작아야하고 ρ_{min}보다 커야 한다. 식 (5・19)의 ρ_{min}을 식 (5・18)의 $\bar{\rho}_{max}$와 같다고 놓음으로써, 압축철근이 항복할 때의 $\dfrac{d'}{d}$의 비를 얻을 수 있다.

식 (5・18)의 ρ_{max}에 식 (5・8 a)을 대입한 $\bar{\rho}_{max}$와 식 (5・19)의 ρ_{min}을 같다고 놓으면

$$\begin{aligned} 0.85\beta_1 \cdot \frac{f_{ck}}{f_y} \cdot \frac{d'}{d} \cdot \frac{\varepsilon_{cu}}{\varepsilon_{cu} - \varepsilon_y} + \rho' \\ = 0.85\beta_1 \cdot \frac{f_{ck}}{f_y} \cdot \frac{\varepsilon_{cu}}{\varepsilon_{cu} + 0.004} + \rho' \end{aligned}$$

$$\therefore \frac{d'}{d} = \frac{\varepsilon_{cu} - \varepsilon_y}{\varepsilon_{cu} + 0.004} = \frac{0.003 - f_y/E_s}{0.003 + 0.004} \tag{f}$$

$\varepsilon_t = 0.005$로 대치한 식 (5・8 a)의 ρ_{max}를 대입한 식 (5・18)의 $\bar{\rho}_{max}$와 식 (5・19)의 ρ_{min}을 같다고 놓으면

$$0.85\beta_1 \cdot \frac{f_{ck}}{f_y} \cdot \frac{d'}{d} \cdot \frac{\varepsilon_{cu}}{\varepsilon_{cu} - \varepsilon_y} + \rho'$$
$$= 0.85\beta_1 \cdot \frac{f_{ck}}{f_y} \cdot \frac{\varepsilon_{cu}}{\varepsilon_{cu} + 0.005} + \rho'$$
$$\therefore \frac{d'}{d} = \frac{\varepsilon_{cu} - \varepsilon_y}{\varepsilon_{cu} + 0.005} = \frac{0.003 - f_y/E_s}{0.003 + 0.005} \qquad \text{(g)}$$

위의 식 (f)와 식 (g)를 철근의 항복강도별로 각각 계산한 결과를 보인 것이 표 5-4이다. 표에서 d는 보의 유효깊이고, d'는 압축철근의 도심으로부터 압축 측 연단까지의 거리로서 $d' = 60\text{mm}$로 가정하였다[그림 5-6 참조].

표 5-4 압축철근의 항복을 위한 최소유효깊이($d' = 60\text{mm}$)

	$\varepsilon_t = 0.004$ ($\phi < 0.85$)		$\varepsilon_t = 0.005$ ($\phi = 0.85$)	
f_y(MPa)	d'/d	d (mm)	d'/d	d (mm)
300	0.214	280	0.188	319
350	0.179	335	0.156	385
400	0.143	420	0.125	480
500	0.0625	960	0.054	1,111

유효깊이가 표 5-4의 최소유효깊이보다 작은 보에 있어서, 인장철근비가 ρ_{max}을 초과하지 않는다면 압축철근은 항복하지 않는다. 표 5-4의 최소유효깊이를 초과하는 보에 있어서는 압축철근은 항복한다.

예제5-4 $b=300$ mm, $d=460$ mm, $A_s=6\text{-}D32=4{,}765\ \text{mm}^2$, $A_s'=2\text{-}D29=1{,}284\ \text{mm}^2$, $d'=60$ mm인 복철근 직사각형 단면의 설계모멘트를 계산하라. $f_{ck}=35$ MPa, $f_y=350$ MPa이다.

풀이 철근비를 계산하면

$$\text{인장 철근비 } \rho = \frac{A_s}{bd} = \frac{4{,}765}{300 \times 460} = 0.0345$$

$$\text{압축 철근비 } \rho' = \frac{A_s'}{bd} = \frac{1{,}284}{300 \times 460} = 0.0093$$

$f_{ck}=35$ MPa에 대한 β_1의 값은 식 (5·3)으로부터

$$\beta_1 = 0.85 - 0.007(f_{ck} - 28) = 0.85 - 0.007(35 - 28) = 0.80$$

인장 철근비의 하한은 식 (5 · 19)로부터 $\left(\varepsilon_y = \dfrac{f_y}{E_s} = \dfrac{350}{2.0 \times 10^5} = 0.00175 \text{ 이므로}\right)$

$$\begin{aligned}\rho_{\min} &= 0.85\,\beta_1 \frac{f_{ck}}{f_y}\frac{d'}{d}\frac{\varepsilon_{cu}}{\varepsilon_{cu}-\varepsilon_y} + \rho' \\ &= 0.85 \times 0.80 \times \frac{35}{350} \times \frac{60}{460} \times \frac{0.003}{0.003 - 0.00175} + 0.0093 \\ &= 0.0306 < 0.0345\,(=\rho)\end{aligned}$$

즉, $\rho > \rho_{\min}$ 이므로 이 보는 압축철근도 항복한다.

단철근보로서의 인장철근비의 상한은 식 (5 · 8 a)로부터

$$\begin{aligned}\rho_{\max} &= 0.85\beta_1 \frac{f_{ck}}{f_y}\frac{\varepsilon_{cu}}{\varepsilon_{cu} + 0.004} \\ &= 0.85 \times 0.80 \times \frac{35}{350} \times \frac{0.003}{0.003 + 0.004} = 0.0291\end{aligned}$$

따라서 이 복철근보의 인장철근비의 상한은 식 (5 · 18)로부터

$$\bar{\rho}_{\max} = \rho_{\max} + \rho' = 0.0291 + 0.0093 = 0.0384 > \rho\,(= 0.0345)$$

즉, 이 보의 인장철근비 ρ가 그 상한값 $\bar{\rho}_{\max}$보다 작으므로 적절하다.

다음에 단면의 설계휨강도를 계산한다.

콘크리트의 등가 응력사각형의 깊이는 식 (5 · 14 a)로부터

$$a = \frac{(A_s - A_s{}')f_y}{0.85 f_{ck}\, b} = \frac{(4{,}765 - 1{,}284) \times 350}{0.85 \times 35 \times 300} = 136.5\text{mm}$$

중립축의 위치는 $\alpha = \beta_1 c$로부터

$$c = \frac{a}{\beta_1} = \frac{136.5}{0.80} = 171\text{mm}$$

철근의 순인장변형률은 식 (5 · 6 b)로부터

$$\varepsilon_t = \varepsilon_{cu} \times \frac{d_t - c}{c} = 0.003 \times \frac{460 - 171}{171} = 0.0051 > 0.005$$

즉 인장지배단면이므로 $\phi = 0.85$ 이다.

따라서 이 단면의 설계휨강도는 식 (5 · 16)으로부터

$$\begin{aligned}M_d &= \phi M_n = \phi\left[f_y(A_s - A_s{}')\left(d - \frac{a}{2}\right) + f_y A_s{}'(d - d')\right] \\ &= 0.85 \times \left[350(4{,}765 - 1{,}284)\left(460 - \frac{136.5}{2}\right) + 350 \times 1{,}284(460 - 60)\right] \\ &= 0.85 \times 657{,}050{,}000\text{N}\cdot\text{mm} = 559\text{kN}\cdot\text{m}\end{aligned}$$

5.3.2 단면의 계산

주어진 콘크리트 단면에 대하여 인장철근을 $\bar{\rho}_{max}$까지 배근해도 그 설계휨강도 M_d가 계수 휨강도 M_u보다 작으면 압축철근을 넣어서 복철근보로 설계해야 한다. 이와 같이 강도상의 이유 때문에 압축철근을 배치하는 것이지만, 압축철근은 콘크리트의 크리프와 건조수축으로 인한 장기처짐을 감소시키는 데도 효과적이다.

복철근보의 설계는 강도상 압축철근이 필요한가를 결정하는 일로부터 시작한다. 이것은 단철근보로써 허용될 수 있는 최대 철근량에 의한 휨강도를 소요 휨강도와 비교함으로써 알 수 있다. 이하는 예제에 의해 설명한다.

예제5-5) 활하중 35 kN/m, 자중을 포함한 고정하중 14.7 kN/m를 지지해야 할 지간 5.4 m의 단순지지보가 있다. 이 보를 직사각형 단면으로 설계하고자 한다. 구조상 이유로 단면이 폭 $b=260$ mm, 높이 $h=520$ mm로 제한된다. 필요한 철근량을 계산하라. $f_{ck}=27$ MPa, $f_y=400$ MPa이다.

풀이 계수하중(factored load)은

$$w = 1.2D + 1.6L = 1.2 \times 14.7 + 1.6 \times 35 = 73.64\text{kN/m}$$

지간 중앙의 계수휨모멘트(factored moment)는

$$M_u = \frac{1}{8} \times 73.64 \times 5.4^2 = 268.4\text{kN·m}$$

단면의 유효깊이 d 및 압축철근 도심에서 압축연단까지의 거리 d'를 각각 다음과 같이 가정한다.

$$d = 520 - 100 = 420\text{mm}, \qquad d' = 60\text{mm}$$

주어진 단면에 대하여 단철근보로서의 모멘트 용량을 계산한다. $\varepsilon_t = 0.005$인 인장지배 단면으로서의 철근비를 식 (5・7)로 계산하면

$$\rho = 0.85\beta_1 \frac{f_{ck}}{f_y} \cdot \frac{\varepsilon_{cu}}{\varepsilon_{cu} + \varepsilon_t} = 0.85 \times 0.85 \times \frac{27}{400} \times \frac{0.003}{0.003 + 0.005} = 0.0183$$

따라서 단철근보로서의 철근량은

$$A_s = \rho bd = 0.0183 \times 260 \times 420 = 1{,}998\text{mm}^2$$

등가 응력사각형의 깊이는

$$a = \frac{A_s f_y}{0.85 f_{ck} b} = \frac{1{,}998 \times 400}{0.85 \times 27 \times 260} = 134\text{mm}$$

그러므로 단철근 직사각형 단면으로서의 설계휨강도는

$$M_d = \phi A_s f_y\left(d - \frac{a}{2}\right) = 0.85 \times 1{,}998 \times 400\left(420 - \frac{134}{2}\right)$$
$$= 239{,}800{,}000\text{N·mm} = 239.8\text{kN·m} < M_u\ (268.4\text{kN·m})$$

즉, 단철근보로서의 설계휨강도 M_d가 계수 모멘트 M_u 보다 작다. 따라서 복철근보로 설계해야 한다. 즉 압축철근을 배치해야 하고, 인장철근을 추가해야 한다.

파괴할 때 압축철근도 항복한다고 가정하면, 필요로 하는 압축철근 단면적 A_s' 및 추가해야 할 인장철근 단면적 A_{s1}이 부담해야 할 모멘트는

$$M_{d1} = 268.4 - 239.8 = 28.6\text{kN·m}$$

보의 유효깊이 d가 압축철근의 항복응력을 전달하는데 필요한 깊이보다 작으므로[표 5-4 참조], 다음과 같은 압축철근의 감소된 응력 f_s'을 사용하여 계산해야 한다.

중립축의 위치는 $a = \beta_1 c$로부터

$$c = \frac{a}{\beta_1} = \frac{134}{0.85} = 158\text{mm}$$

또 압축철근의 변형률은 그림 5-6(b)로부터

$$\varepsilon_s' = \frac{c - d'}{c}\varepsilon_{cu} = \frac{158 - 60}{158} \times 0.003 = 0.00186$$

따라서 압축철근의 응력은

$$f_s' = \varepsilon_s' E_s = 0.00186 \times 2.0 \times 10^5 = 372\text{MPa}$$

이 응력으로 압축철근의 단면적을 계산한다. $f_y = f_s'$로 놓고 ϕ를 고려하면 식 (a)로부터

$$A_s' = \frac{\phi M_{n1}}{\phi f_y(d - d')} = \frac{M_{d1}}{\phi f_s'(d - d')} = \frac{28.6 \times 10^3 \times 10^3}{0.85 \times 372 \times (420 - 60)} = 251\text{mm}^2$$

그러면 필요한 인장철근의 총 단면적은

$$A_s = 1{,}998 + 251 \times \frac{372}{400} = 2{,}231\text{mm}^2$$

이에 대하여 $A_s = 4 - D\,29\,(2{,}570\text{mm}^2)$를 2단으로 배치하면 철근 간격, 피복두께 및 유효깊이를 확보할 수 있다.

압축철근은 $A_s' = 2 - D\,16\,(397\text{mm}^2)$를 배치한다.

끝으로 최종검정은 철근의 선정이 압축철근의 응력 $f_s' = 372\text{MPa}$로 된 것이 아니라는 것을 확인함으로서 이루어진다. 그런데 인장철근의 단면적은

$$A_s = 2{,}570(4 - D29) - 397(2 - D16) \times \frac{372}{400}$$
$$= 2{,}201\text{mm}^2 > 1{,}998\text{mm}^2\ (\varepsilon_t = 0.005\text{에 대한 단면적})$$

와 같이 되며, 따라서 강도감소계수는 $\phi < 0.85$ 이라야 한다.

이 경우의 등가 응력사각형의 깊이는

$$a = \frac{A_s f_y}{0.85 f_{ck} b} = \frac{2,201 \times 400}{0.85 \times 27 \times 260} = 148\text{mm}$$

중립축의 위치는

$$c = \frac{a}{\beta_1} = \frac{148}{0.85} = 174\text{mm}$$

압축철근의 변형률은

$$\varepsilon_s{}' = \frac{c - d'}{c} \varepsilon_{cu} = \frac{174 - 60}{174} \times 0.003 = 0.00197$$

따라서 압축철근의 응력은

$$f_s{}' = \varepsilon_s{}' E_s = 0.00197 \times 2.0 \times 10^5 = 394\text{MPa} > 372\text{MPa}$$

즉 처음 가정했던 응력보다 크다.

다음에 단면의 설계휨강도를 검토해 본다.

인장철근을 2열로 배치하므로, 피복두께, 스터럽의 지름, 인장철근의 지름 등을 감안하여 최외단 인장철근의 중심으로부터 인장연단까지의 거리를 80 mm로 한다면, 최외단 인장철근의 중심으로부터 압축측 연단까지의 거리는 $d_t = 520 - 80 = 440\text{mm}$ 로 된다(그림 5-2 참조).

따라서 최외단 인장철근의 순인장변형률 ε_t 는 다음과 같이 된다. 즉

$$\varepsilon_t = \frac{d_t - c}{c} \varepsilon_{cu} = \frac{440 - 174}{174} \times 0.003 = 0.00459 < 0.005$$

그러므로 강도감소계수 ϕ를 수정해야한다. 그림 5-3을 참고하면

$$\phi = 0.65 + (\varepsilon_t - 0.002)(200/3)$$
$$= 0.65 + (0.00459 - 0.002) \times (200/3) = 0.823$$

따라서 설계휨강도는 식 (5 · 16)으로부터

$$M_d = \phi \left[f_y (A_s - A_s{}') \left(d - \frac{a}{2} \right) + f_y A_s{}' (d - d') \right]$$
$$= 0.823 \left[400 \times 2,201 \times \left(420 - \frac{148}{2} \right) + 394 \times 397 (420 - 60) \right]$$
$$= 297,000,000\text{N} \cdot \text{mm} = 297.0\text{kN·m} > 268.4\text{kN·m} (= M_u)$$

즉 설계휨강도가 계수 휨 모멘트보다 크므로 사용할 철근량은 적당하다.

5.4 T형 보

5.4.1 T형 단면의 보

교량이나 건물에서는 그림 5-7 (a)에 보인 바와 같이 보와 슬래브가 일체로 되도록 철근을 배치하고 콘크리트를 치는 것이 보통이다. 그러므로 이러한 단면이 정(正)의 휨모멘트를 받는다면 슬래브의 일부는 보의 상부와 함께 휨압축을 받게 될 것이다. 따라서 그림 5-7 (a)의 빗금 친 부분은 하나의 보로 작용한다. 이러한 보를 **T형보**(T beam)라고 하며, 설계를 위하여 단순화한 것이 그림 5-7 (b)이다.

그림 5-7 (b)의 T형 단면에서 슬래브 부분을 **플랜지**(flange), 그 아래 부분을 **복부**(web 또는 stem)라고 한다. 그림 5-7 (a)에서 알 수 있는 바와 같이 T형 보의 플랜지는 보의 직각방향을 지간(支間)으로 하는 슬래브로 설계된다. 그러므로 T형 단면의 플랜지는 서로 직교하는 두 방향의 휨모멘트를 받는다. 이 슬래브 작용으로 인하여 플랜지와 복부의 경계면에 일어나는 가로방향 압축력은 보의 지간방향의 압축강도를 25% 정도 증가시키지만 플랜지 상면의 가로방향 인장력은 보의 지간방향 압축강도를 감소시킨다. 그러나 설계에서는 보통 이것을 무시한다.

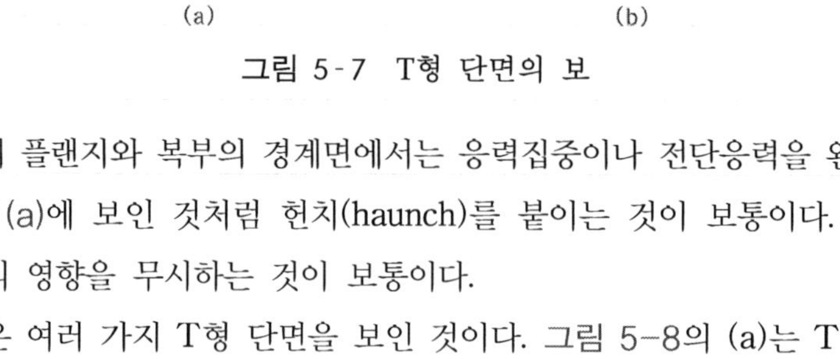

그림 5-7 T형 단면의 보

T형 단면의 플랜지와 복부의 경계면에서는 응력집중이나 전단응력을 완화할 목적으로 그림 5-7 (a)에 보인 것처럼 헌치(haunch)를 붙이는 것이 보통이다. 그러나 계산에서는 헌치의 영향을 무시하는 것이 보통이다.

그림 5-8은 여러 가지 T형 단면을 보인 것이다. 그림 5-8의 (a)는 T형 단면이 부(−)의 휨모멘트를 받는 경우이다. 이 경우는 복부 폭 b_w를 폭으로 하는 직사각형 단면으로 계산해야 한다. 그림 5-8 (b)는 정(+)의 휨모멘트를 받는 경우로서, 이때 중립축이 플랜지에 있으면 플랜지 폭 b를 폭으로 하는 직사각형 단면으로 계산해야 한다.

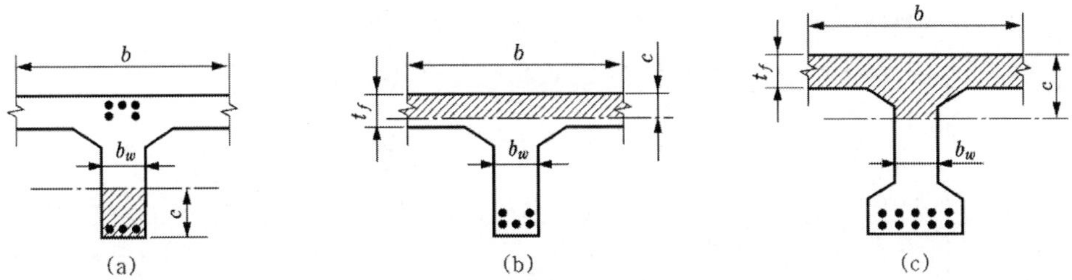

그림 5-8 T형 단면과 중립축

정(+)의 휨모멘트를 받는 T형 단면에서 그림 5-8(c)와 같이 중립축이 복부에 있을 때는 이 절에서 논의하는 방법으로 계산해야 한다. 인장 측의 콘크리트의 응력을 무시하므로 인장 측의 단면 모양은 관계가 없다.

T형 단면의 보에서는 일반적으로 플랜지 면적이 크기 때문에 콘크리트의 압축력이 커서 압축철근을 필요로 하지 않는 경우가 많다. 만약, 압축철근을 필요로 할 경우에는 복철근 직사각형 보의 경우와 같은 방법으로 응력을 계산할 수 있고 단면을 설계할 수 있다. 그러므로 여기서는 단철근 T형 보만을 다룬다.

5.4.2 플랜지의 유효폭

그림 5-7(b)에서 플랜지의 폭 b의 크기가 적당하면 T형 단면이 보로 작용하는 데 지장이 없다. 그러나 플랜지 폭이 너무 크면 휨응력에 관한 역학의 기본가정들이 성립하지 않는다. 즉, 플랜지 폭 b가 플랜지 두께 t_f와 복부 폭 b_w에 비하여 너무 크면 플랜지에 일어나는 휨 압축응력의 분포는 그림 5-9(a)에 보인 바와 같이 복부로부터 멀어질수록 플랜지의 압축응력은 감소한다.

설계계산에서 이 응력분포를 사실대로 반영하기란 매우 어렵고, 또 계산이 복잡해서 실용적이 못된다. 그림 5-9(b)에 보인 바와 같이, 플랜지의 폭을 적당히 감소시켜서 플랜지가 폭 방향으로 균일하게 압축응력을 받는다고 가정하면 설계계산은 훨씬 간편

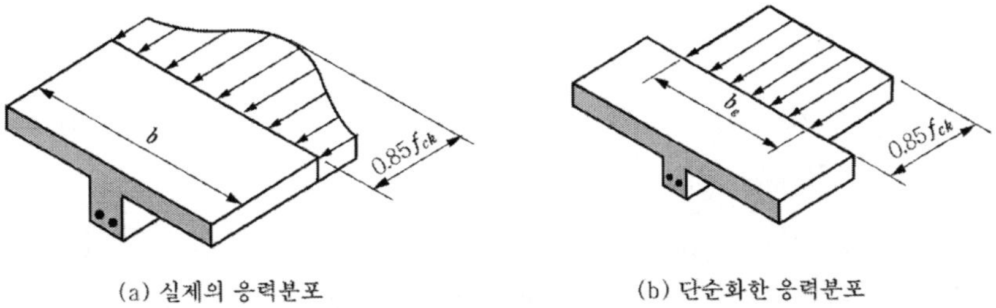

그림 5-9 T형 보의 플랜지에 있어서 압축응력의 분포

해질 것이다. 이와 같이 플랜지가 폭 방향으로 균일하게 압축응력을 받는다고 가정할 수 있는 한계의 플랜지 폭을 **플랜지의 유효폭**이라고 한다.

설계기준에서는 T형 단면의 플랜지의 유효폭을 다음과 같이 주고 있다.

<대칭 T형 단면>

다음 세 값 중에서 작은 값이다.

① $16t_f + b_w$

② 양쪽 슬래브의 중심간 거리

③ 보의 지간(支間)의 $\frac{1}{4}$

<비대칭 T형 단면>

다음 세 값 중에서 작은 값이다.

① $6t_f + b_w$

② $\left(\text{보의 지간의 } \frac{1}{12}\right) + b_w$

③ $\left(\text{인접한 보와의 내측 거리의 } \frac{1}{2}\right) + b_w$

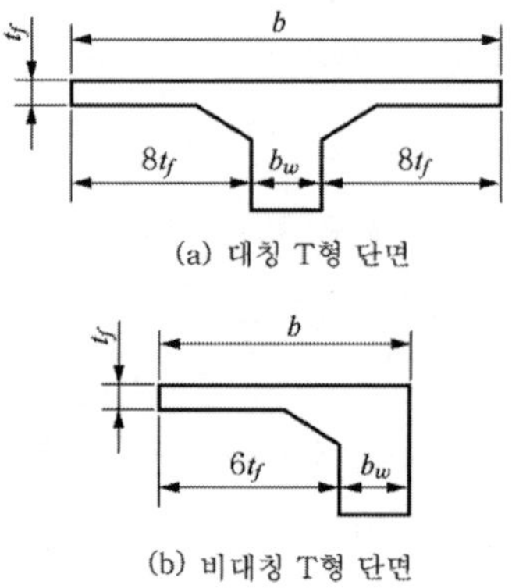

그림 5-10 플랜지의 유효폭

5.4.3 T형 단면 보의 계산

정(+)의 휨모멘트를 받는 T형 단면의 중립축이 그림 5-11 (a)와 같이 플랜지 안에 있거나 또는 플랜지와 복부의 경계면에 있으면 폭 b 인 직사각형 단면으로 계산하고, 그림 5-11 (b)와 같이 중립축이 복부에 있을 때는 T형 단면으로 계산한다.

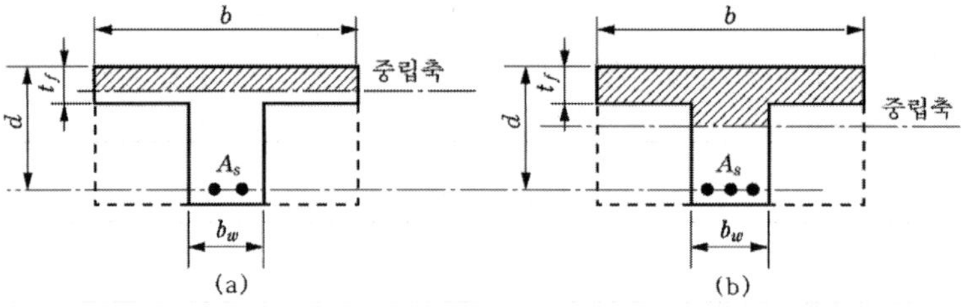

그림 5-11 T형 보의 유효단면

일반적으로 중립축이 플랜지 안에 약간 들어가도록 설계하는 것이 경제적으로는 유리하다. T형 단면보에서는 플랜지 면적이 커서 콘크리트의 압축력이 크기 때문에 일반적으로 압축철근을 필요로 하지 않는다. 만약, 압축철근을 필요로 할 경우에는 그 해석과 설계는 복철근 직사각형 보의 경우와 같은 방법으로 하면 된다. 따라서 여기서는 단철근 T형 단면에 대해서만 논의한다.

T형 단면에서도 직사각형 단면에서 사용했던 등가 사각형 응력분포를 사용한다. 이 등가 사각형 응력분포는 원래는 직사각형 보에 대한 시험을 기초로 하여 고안된 것이다. 그러므로 이것을 T형 단면에 적용한다는 것은 문제가 있다. 그러나 실제의 응력-변형률 곡선에 기초를 둔 광범위한 계산들은 등가 사각형 응력분포를 T형 단면에 사용해도 무방하다는 것을 보여 주고 있다. 이것은 T형 단면뿐 아니라 원형 단면, 삼각형 단면 등 어떤 모양의 단면에도 적용되며, 그 오차는 매우 작고 충분히 정확하다.

5.4.4 설계휨강도

[1] 중 립 축

정(+)의 휨모멘트를 받는 그림 5-12 (a)와 같은 단면을 생각해 보자. 앞에서 설명한 바에 따라 콘크리트의 응력분포는 그림 5-12 (c)와 같이 된다. 이 단면을 폭이 b 인 직사각형 단면이라고 생각하면

$$0.85 f_{ck} ab = f_y A_s$$

$$\therefore a = \frac{A_s f_y}{0.85 f_{ck} b} = \frac{\rho f_y d}{0.85 f_{ck}} \tag{5・25}$$

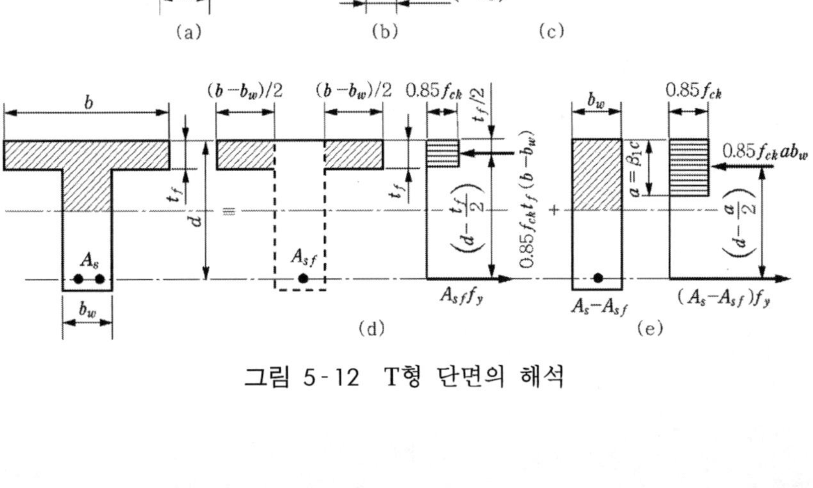

그림 5-12 T형 단면의 해석

여기서

$$\rho = \frac{A_s}{bd}$$

이렇게 계산된 응력분포 등가 사각형의 깊이 a가 플랜지 두께 t_f보다 작거나 같으면, 즉 $a \leq t_f$이면 플랜지 폭 b를 폭으로 하고 d를 유효높이로 하는 직사각형 단면으로 계산한다. 그러나 $a > t_f$이면 T형 단면으로 계산해야 한다.

중립축의 판정은 다음과 같이 해도 좋다. 즉, 플랜지 콘크리트의 압축력과 인장철근의 인장력을 비교하여

$$0.85 f_{ck} b t_f \geq A_s f_y$$

이면 중립축이 플랜지 안에 있거나 또는 플랜지 하단에 있음을 의미하며, 따라서 이 경우에는 플랜지 폭 b를 폭으로 하는 직사각형 단면으로 계산한다. 그러나

$$0.85 f_{ck} b t_f < A_s f_y$$

이면 중립축이 복부에 있음을 의미하므로 T형 단면으로 계산해야 한다.

[2] 설계휨강도

중립축이 복부에 있다는 것이 확인되면 설계휨강도는 아래와 같이 계산한다. T형 보의 강도는 인장철근의 항복에 의해 지배된다고 본다. 왜냐하면 T형 보에서는 일반적으로 플랜지의 넓은 면적이 큰 압축력을 발휘하기 때문이다. 또, 이렇게 되도록 철근비의 상한(上限)을 결정할 수 있다.

계산의 편리를 위하여 철근량 A_s를 그림 5-12(d) 및 (e)에 보인 바와 같이 두 부분으로 나누어 생각한다. 하나는 그림 5-12(d)에 보인 바와 같이 플랜지의 내민 부분의 압축력과 비길 수 있는 철근 단면적을 A_{sf} 라고 하면

$$0.85 f_{ck} t_f (b - b_w) = A_{sf} f_y$$

$$\therefore A_{sf} = \frac{0.85 f_{ck} t_f (b - b_w)}{f_y} \tag{5・26}$$

따라서 $A_{sf} f_y$와 $0.85 f_{ck} t_f (b - b_w)$가 발휘하는 공칭휨강도는 그림 5-12(d)로부터

$$M_{n1} = A_{sf} f_y \left(d - \frac{t_f}{2}\right) \tag{5・27}$$

나머지 철근량 $(A_s - A_{sf})$는 복부 폭 b_w를 폭으로 하는 직사각형 단면의 압축과 비겨야 하므로, 그림 5-12(e)로부터

$$(A_s - A_{sf})f_y = 0.85 f_{ck} a b_w$$

$$\therefore a = \frac{(A_s - A_{sf})f_y}{0.85 f_{ck} b_w} \tag{5·28}$$

따라서 $(A_s - A_{sf})f_y$ 와 $0.85 f_{ck} a b_w$ 가 나타내는 공칭휨강도는

$$M_{n2} = f_y(A_s - A_{sf})\left(d - \frac{a}{2}\right) \tag{5·29}$$

그러므로 단면의 총 공칭휨강도는

$$M_n = M_{n1} + M_{n2}$$

이고 설계휨강도는

$$M_d = \phi M_n = \phi\left[A_{sf} f_y\left(d - \frac{t_f}{2}\right) + f_y(A_s - A_{sf})\left(d - \frac{a}{2}\right)\right] \tag{5·30}$$

[3] 철근비의 상한 및 하한

T형 보에 있어서도 압축 측 콘크리트의 돌발적 파쇄에 앞서 인장철근이 항복해야 한다. 철근의 순인장변형률 ε_t 가 0.004보다 크냐 작으냐에 따라 철근의 항복여부가 결정된다.

그림 5-12(b)에서 $d = d_t$, $\varepsilon_s = \varepsilon_t$ 로 놓고, 삼각형의 닮음비를 이용하면

$$\frac{c}{d_t} \le \frac{\varepsilon_{cu}}{\varepsilon_{cu} + \varepsilon_t}$$

$\varepsilon_{cu} = 0.003$, $\varepsilon_t = 0.004$ 로 놓으면

$$\frac{c}{d_t} \le 0.429$$

로 된다〔그림 5-4 참조〕. 중립축의 깊이 c 가 $0.429 d_t$ 보다 작으면 순인장변형률의 조건은 확보된다. 그래서 이런 경우에는 $\rho_w\left(= \dfrac{A_s}{b_w d}\right)$ 가 다음 식의 $\rho_{w\,max}$ 보다 작다.

$$\rho_{w\,max} = \rho_{max} + \rho_f \tag{5·31}$$

여기서 $\rho_f = \dfrac{A_{sf}}{b_w d}$ 〔A_{sf} 는 식 (5·26) 참조〕

ρ_{max} = 식 (5·8 a)의 ρ_{max}

$\frac{c}{d_t}$가 0.429와 0.375사이에 있는 경우는, 식 (5 · 31)의 $\rho_{w\max}$와 $\varepsilon_t = 0.005$로 놓고 계산한 식 (5 · 7)의 ρ를 식 (5 · 31)의 $\rho_{\max}$에 대입해서 얻어진 $\rho_{w\max}$사이의 ρ_w에 해당하므로, 강도감소계수 ϕ는 ε_t에 따라 수정해야 한다[그림 5-4 참조].

식 (5 · 31)을 적용하면 대부분의 T형 보는 그 등가응력사각형이 플랜지내에 있게 되는 것이 보통이다. 그러므로 이런 경우에는 플랜지 폭을 폭으로 하는 직사각형 단면으로 계산해야 한다.

한편 단철근 T형 보에 있어서도 식 (5 · 4 a) 및 식 (5 · 5 a)로 주어지는 최소 철근 단면적의 제한이 그대로 적용된다.

예제5-6 플랜지의 유효폭 b=760 mm, 플랜지의 두께 t_f=180 mm, 보의 높이 h=1,000 mm, 유효깊이 d=910 mm, 복부 폭 b_w=360 mm인 T형 단면에 A_s= 8-D35= 7,652 mm^2인 인장철근이 2단으로 배치되어 있다. 이 단면의 설계휨모멘트를 계산하라. f_{ck}= 21 MPa, f_y= 350 MPa이다. 플랜지의 유효폭 760 mm는 설계기준의 규정에 의해 얻어진 값이다.

풀이 플랜지의 유효폭 b= 760 mm를 폭으로 하는 직사각형 단면의 응력 사각형의 깊이 a는 식 (5 · 25)로부터

$$a = \frac{A_s f_y}{0.85 f_{ck} b} = \frac{7,652 \times 350}{0.85 \times 21 \times 760} = 197\text{mm} > 180\text{mm}$$

즉, $a > t_f$이므로 T형 단면으로 계산해야 한다. 식 (5 · 26)에 의하여

$$A_{sf} = \frac{0.85 f_{ck} t_f (b - b_w)}{f_y} = \frac{0.85 \times 21 \times 180 \times (760 - 360)}{350} = 3,672\text{mm}^2$$

$$\therefore A_s - A_{sf} = 7,652 - 3,672 = 3,980\text{mm}^2$$

식 (5 · 27)로부터

$$M_{n1} = A_{sf} f_y \left(d - \frac{t_f}{2}\right) = 3,672 \times 350 \times \left(910 - \frac{180}{2}\right)$$

$$= 1,054 \times 10^6\ \text{N}\cdot\text{mm} = 1,054 \times 10^3\ \text{N}\cdot\text{m}$$

식 (5 · 28)로부터

$$a = \frac{(A_s - A_{sf}) f_y}{0.85 f_{ck} b_w} = \frac{3,980 \times 350}{0.85 \times 21 \times 360} = 217\ \text{mm}$$

식 (5 · 29)으로부터

$$M_{n2} = f_y(A_s - A_{sf})\left(d - \frac{a}{2}\right) = 350 \times 3,980 \times \left(910 - \frac{217}{2}\right)$$
$$= 1,116.5 \times 10^6 \text{ N·mm} = 1,116.5 \times 10^3 \text{ N·m}$$

그런데 이 단면의 중립축의 위치는 $a = \beta_1 c$ 로부터

$$c = \frac{a}{\beta_1} = \frac{217}{0.85} = 255\text{mm}$$

이고, 최외단 철근의 중심으로부터 인장 측 연단까지의 거리를 70 mm로 보면 최외단 철근의 중심으로부터 압축 측 연단까지의 거리는

$$d_t = 1,000 - 70 = 930\text{mm}$$

따라서

$$\frac{c}{d_t} = \frac{255}{930} = 0.274 < 0.375$$

이것은 최외단 철근의 순인장변형률이 $\varepsilon_t > 0.005$ 임을 뜻한다[그림 5-4 참조]. 따라서 강도감소계수는 $\phi = 0.85$ 이다.

따라서 이 단면의 설계휨강도는 다음과 같이 된다.

$$M_b = \phi M_n = \phi(M_{n1} + M_{n2}) = 0.85(1,054 \times 10^3 + 1,116.5 \times 10^3)$$
$$= 1,845 \times 10^3 \text{N·m} = 1,845 \text{kN·m}$$

5.4.5 단면의 계산

T형 보의 플랜지의 치수 및 T형 보의 간격은 대개의 경우 슬래브로서의 횡방향의 휨에 의해 결정된다. 그러므로 T형 보의 설계에서는 복부의 폭과 높이 및 철근량을 결정하면 된다. 압축 플랜지의 면적이 크기 때문에 대개의 경우 압축철근을 필요로 하지 않는다. 콘크리트의 압축으로 인한 취성파괴를 피하기 위하여 인장 철근비가 제한된다. 인장철근비가 제한되면 중립축이 플랜지 안에 있게 되는 것이 보통이다. 이러한 경우에는 플랜지 폭 b를 폭으로 하는 직사각형 보로 설계해야 한다.

예제5-7 슬래브 두께가 t_f=100 mm이고 보의 중심 간격이 2.44 m, 보의 지간이 l=6.7 m인 그림 5-13과 같은 구조가 있다. 슬래브와 보는 일체로 되어 있으며, 유효깊이 d= 480 mm, 복부의 폭 b_w= 300 mm이다. 이러한 T형 보로 사용 사하중 모멘트(service dead load moment) 84.5 kN·m과 사용 활하중 모멘트(service live load moment) 183 kN·m을 받도록 하고 싶다. 필요한 철근량을 계산하라.

f_{ck}= 30 MPa, f_y= 400 MPa이다.

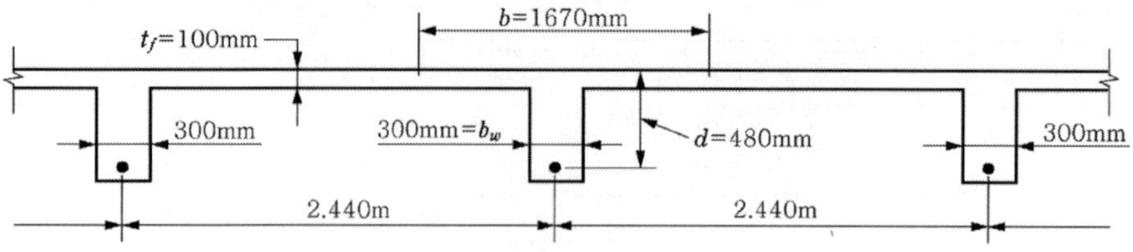

그림 5-13

풀이 먼저 T형 단면으로서의 플랜지의 유효폭을 결정해야 한다. 대칭 단면이므로

$$16t_f + b_w = 16 \times 100 + 300 = 1{,}900\text{mm}$$

양쪽 슬래브의 중심간 거리 $= 2{,}440\text{mm}$

보의 지간의 $\dfrac{1}{4} = 6700 \times \dfrac{1}{4} = 1{,}670\text{mm}$

위의 세 값 중 가장 작은 값이 유효폭이다.

즉

$$b = 1{,}670\text{mm}$$

이 T형 보의 소요강도 즉 계수 모멘트는 다음과 같이 된다.

$$M_u = 1.2D + 1.6L = 1.2 \times 84.5 + 1.6 \times 183 = 394.2\text{kN·m}$$

따라서 필요한 공칭휨강도는

$$M_n = \frac{M_u}{\phi} = \frac{394.2}{0.85} = 463.8\text{kN·m}$$

T형 단면으로 계산해야 하는지, 직사각형 단면으로 계산해야 하는지를 알기 위해서는 중립축이 복부에 있는지 플랜지에 있는지를 확인해야 한다. 그러기 위해서 콘크리트의 등가 응력사각형의 깊이 a를 계산하여 플랜지 두께 t_f와 비교해 본다.

등가 응력사각형의 깊이 a를 플랜지의 두께 t_f와 같다고 놓고 $a = 100\text{mm}$로 가정한다. 그러면

$$d - \frac{a}{2} = 480 - \frac{100}{2} = 430\text{mm}$$

이 단면을 플랜지 폭을 폭으로 하는 직사각형 단면으로 보면[그림 5-12(c) 참조]

$$\phi A_s f_y\left(d - \frac{a}{2}\right) = M_u$$

$$\therefore A_s = \frac{M_u}{\phi f_y\left(d - \dfrac{a}{2}\right)} = \frac{394.2 \times 10^3 \times 10^3}{0.85 \times 400 \times 430} = 2{,}696\text{mm}^2$$

철근비는

$$\rho = \frac{A_s}{b\,d} = \frac{2,696}{1,670 \times 480} = 0.00336$$

그러면 등가 응력사각형의 깊이 a는 식 (5·25)로부터

$$a = \frac{\rho\, f_y\, d}{0.85 f_{ck}} = \frac{0.00336 \times 400 \times 480}{0.85 \times 30}$$
$$= 25.3\text{mm} < t_f\,(= 100\text{mm})$$

즉 $a < t_f$ 이므로 이 T형단면의 중립축은 플랜지에 있다. 따라서 플랜지의 폭 b=1,670 mm를 폭으로 하는 직사각형 단면으로 계산해야 한다.

등가 응력사각형의 깊이를 $a = 25\text{mm}$로 가정하고 철근량을 계산하면

$$A_s = \frac{M_n}{f_y\left(d - \dfrac{a}{2}\right)} = \frac{463.8 \times 10^3 \times 10^3}{400 \times \left(480 - \dfrac{25}{2}\right)} = 2,480\text{mm}^2$$

a를 검토하면

$$a = \frac{A_s\, f_y}{0.85\, f_{ck}\, b} = \frac{2,480 \times 400}{0.85 \times 30 \times 1,670} = 23.3\text{mm}$$

25 mm보다 약간 작지만 실용상으로 같다고 볼 수 있다. 따라서 소요의 철근 단면적은 A_s =2,480 mm^{2}이다. a가 매우 작으므로 콘크리트의 압축파괴에 앞서 인장철근이 항복할 것이다. 따라서 철근비는 검토하지 않는다.

예제5-8) 앞의 예제에서 유효깊이를 d= 700 mm로 늘리고, 플랜지 폭을 b=1,625 mm로 제한하고 또 보의 지간을 6.5 m로 감소시킬 경우, 이 단면에 M_u= 2,360 kN·m가 작용한다면 필요한 철근량은 얼마나 될까?

풀이 a=100 mm로 가정하면

$$d - \frac{a}{2} = 700 - \frac{100}{2} = 650\text{mm}$$

플랜지 폭을 폭으로 하는 직사각형 단면의 철근량은

$$A_s = \frac{M_u}{\phi\, f_y\left(d - \dfrac{a}{2}\right)} = \frac{2,360 \times 10^3 \times 10^3}{0.85 \times 400 \times 650} = 10,679\text{mm}^2$$

철근비는

$$\rho = \frac{A_s}{b\,d} = \frac{10,679}{1,625 \times 700} = 0.00939$$

콘크리트의 등가 응력사각형의 깊이는

$$a = \frac{\rho f_y d}{0.85 f_{ck}} = \frac{0.00939 \times 400 \times 700}{0.85 \times 30} = 103\text{mm} > t_f\,(=100\text{mm})$$

즉 $a > t_f$ 이므로 중립축이 복부에 있다. 따라서 T형 단면으로 계산한다.

식 (5 · 26)과 식 (5 · 27)로부터

$$A_{sf} = \frac{0.85 f_{ck} t_f (b - b_w)}{f_y} = \frac{0.85 \times 30 \times 100 \times (1{,}625 - 300)}{400} = 8{,}447\text{mm}^2$$

$$M_{d1} = \phi M_{n1} = \phi A_{sf} f_y \left(d - \frac{t_f}{2}\right) = 0.85 \times 8{,}447 \times 400 \times \left(700 - \frac{100}{2}\right)$$
$$= 1{,}867 \times 10^6\text{N·mm} = 1{,}867\text{kN·m}$$

$$M_{d2} = M_u - M_{d1} = 2{,}360 - 1{,}867 = 493\text{kN·m}$$

$a = 118$ mm로 가정하면, 식 (5 · 29)로부터

$$A_s - A_{sf} = \frac{M_{d2}}{\phi f_y \left(d - \frac{a}{2}\right)} = \frac{493 \times 10^3 \times 10^3}{0.85 \times 400\left(700 - \frac{118}{2}\right)} = 2{,}262\text{mm}^2$$

식 (5 · 28)로 a를 검토하면

$$a = \frac{(A_s - A_{sf}) f_y}{0.85 f_{ck} b_w} = \frac{2{,}262 \times 400}{0.85 \times 30 \times 300} = 118.3\text{mm}$$

가정한 a 값과 거의 같다. 따라서 소요 철근량은

$$A_s = A_{sf} + (A_s - A_{sf}) = 8{,}447 + 2{,}262 = 10{,}710\text{mm}^2$$

이에 대하여 9-$D35$(8,609mm^2)와 3-$D32$(2,383mm^2)를 사용하되, 철근 간격, 피복두께 등을 고려하여 1열에 3개씩 도합 4열로 배치한다. 철근의 연직 순 간격을 25 mm로 하면 최외단 철근의 깊이는 $d_t = 790$mm 로 된다.

$f_{ck} = 30$MPa이므로 식 (5 · 3)으로부터 $\beta_1 = 0.84$를 얻는다. 따라서 중립축의 위치는

$$c = \frac{a}{\beta_1} = \frac{118.3}{0.84} = 141\text{mm}$$

식 (5 · 6 b)로부터

$$\varepsilon_t = \frac{d_t - c}{c}\varepsilon_{cu} = \frac{790 - 141}{141} \times 0.003 = 0.0138 > 0.005$$

즉 ε_t 가 인장지배단면의 한계인 0.005를 초과하므로 $\phi = 0.85$이다. 그러므로 앞에서 $\phi = 0.85$를 사용하여 설계휨강도를 계산한 것은 적절하였다.

연습문제

5.1. $b=380\,\text{mm}$, $d=480\,\text{mm}$인 단철근 직사각형 단면이 있다. 인장철근이 다음과 같을 때 단면의 설계휨강도 M_d를 계산하라. $f_{ck}=24\,\text{MPa}$, $f_y=400\,\text{MPa}$이다.

(1) 2-D25　(2) 4-D25　(3) 4-D29　(4) 4-D32

5.2. 활하중 18 kN/m와 고정하중 7.5 kN/m(자중 포함)을 지지해야 할 캔틸레버가 있다. 하중은 전부 사용하중이고, 캔틸레버의 지간은 3 m이다. 단면을 $b=350\,\text{mm}$, $d=530\,\text{mm}$, $h=600\,\text{mm}$인 단철근 직사각형으로 할 때 필요한 철근량을 계산하라. $f_{ck}=21\,\text{MPa}$, $f_y=300\,\text{MPa}$이다.

5.3. 활하중(사용하중) 22 kN/m를 지지할 지간 7.4 m의 단순보가 있다. 이 보를 다음의 두 가지 철근비에 대하여 단철근 직사각형 단면으로 설계하고자 한다. 유효깊이가 폭의 1.5배가 되도록 단면을 설계하고, 필요한 철근량을 계산하라. $f_{ck}=28\,\text{MPa}$, $f_y=300\,\text{MPa}$이다. ρ_b는 균형철근비이고, $\rho_{\max}$는 식 (5 · 8 a)에 주어져 있다.

(1) $\rho=0.50\rho_b$,　(2) $\rho=\rho_{\max}$

5.4. 자중 12 kN/m와 보의 중앙에 60 kN의 집중하중이 작용하는 지간 6 m의 단순지지보를 설계하라. $f_{ck}=27\,\text{MPa}$, $f_y=35\,\text{MPa}$이고 단면은 단철근 직사각형으로 한다.

5.5. D16을 150 mm 간격으로 배치한 그림 5-14와 같은 1방향 슬래브가 있다. 슬래브의 두께는 160 mm이고, 유효깊이는 $d=120\,\text{mm}$이다. 이 슬래브의 설계모멘트를 계산하라. $f_{ck}=24\,\text{MPa}$, $f_y=400\,\text{MPa}$이다.

1방향 슬래브의 모든 계산은 폭 $b=1\,\text{m}$인 직사각형 단면으로 보고 계산한다. 이것은 하중이 N/m^2 등으로 주어지기 때문에 1 m의 폭을 생각하면 하중을 N/m^2 등으로 계산할 수 있는 편리가 있기 때문이다. 또, 슬래브에서는 철근의 효과를 그 폭에 대하여 균등하게 분배시켜야 하므로, 단위 폭에 대한 철근의 수가 소수(小數)로 될 수 있다. 예를 들면, 그림 5-14의 슬래브에서 폭 1 m에 대한 철근 단면적은 다음과 같이 된다. 즉

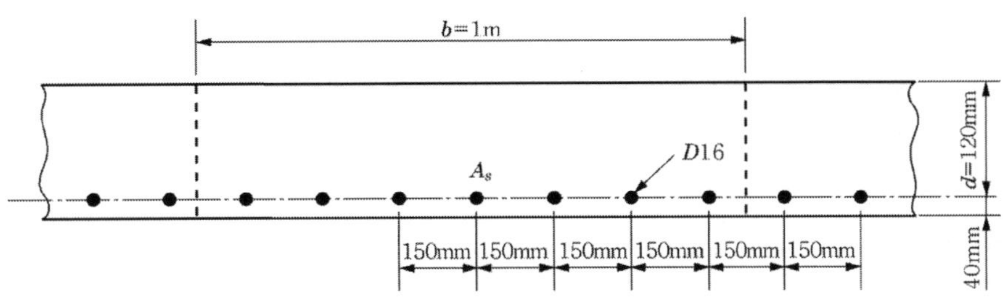

그림 5-14

$$A_s/m = \frac{198.6}{150} \times 1,000 = 1,324(\text{mm}^2)$$

여기서 198.6 mm^2는 D 16의 공칭 단면적이다.

5.6. $b=$ 300 mm, $d=$ 460 mm, $A_s{}'=$ 2-D 25=1013 mm^2, $d'=$ 60 mm인 복철근 직사각형 단면이 있다. 인장철근이 다음과 같을 때 설계휨강도를 계산하라. $f_{ck}=$ 28 MPa, $f_y=$ 400 MPa이다.

(1) $A_s=$ 3-D 32, (2) $A_s=$ 4-D 32, (3) $A_s=$ 6-D 32

5.7. 활하중 20 kN/m, 자중을 포함한 고정하중 16 kN/m를 지지해야 할 지간 4.8 m의 단순지지보가 있다. 구조상 단면치수는 폭 200 mm, 높이 400 mm(유효깊이 300 mm)로 제한된다. 필요한 철근량을 계산하라. $f_{ck}=$ 28 MPa, $f_y=$300 MPa이다.

5.8. 플랜지의 유효폭이 $b=$ 760 mm, 두께가 $t_f=$100 mm, 복부 폭이 $b_w=$ 300 mm, 유효깊이가 $d=$ 460 mm인 단철근 T형 단면에서 인장철근이 다음과 같을 때 설계휨강도 계산하라. $f_{ck}=$ 28 MPa, $f_y=$ 400 MPa이다.

(1) 3-D 25, (2) 6-D 25, (3) 4-D 35, (4) 6-D 35

5.9. 플랜지의 유효폭이 $b=$1.2 m, 두께가 $t_f=$100 mm, 복부 폭이 $b_w=$ 380 mm, 유효깊이가 $d=$ 610 mm인 T형 단면이 있다. 이 단면으로 사용 고정하중 모멘트 80 kN·m과 사용 활하중 모멘트 130 kN m을 받도록 하고 싶다. 필요한 철근량을 계산하라. $f_{ck}=$ 21 MPa, $f_y=$ 300 MPa이다.

제6장 전단과 비틀림

6.1 서 론

보에 하중이 작용하면 단면에는 휨모멘트와 전단력이 작용한다. 앞의 장에서는 보의 휨에 대한 해석과 설계에 대하여 설명하였다. 이 장에서는 철근콘크리트 보의 전단설계를 주로 다루되, 특수한 경우의 전단설계 및 비틀림에 대하여도 언급한다.

휨에 대하여 안전하도록 설계된 철근콘크리트 보가 전단력이 크게 작용하는 단면에서 사인장 균열(diagonal tension crack)이 발생하여 파괴되는 경우가 있다. 이러한 전단파괴(shear failure)는 휨 파괴와는 달리 돌발적으로 파괴되는 취성파괴이다. 따라서 전단파괴가 일어나지 않도록 설계할 필요가 있다.

전단작용에 의하여 철근콘크리트 보가 파괴에 이르는 역학적 거동은 매우 복잡하다. 이 전단거동은 보의 형상, 치수, 지지조건, 철근의 양과 배치, 재하조건, 콘크리트 및 철근의 성질 등 많은 요인에 의하여 변화한다. 따라서 현 단계에서는 이러한 전단거동의 복잡성 때문에 설계법이 완전하게 확립된 상태가 아니므로, 대부분의 설계기준이 실험과 경험에 근거한 설계법에 의존하고 있다. 콘크리트구조기준(2012)과 도로교설계기준(2010)의 전단설계법은 ACI 318 code의 '45도 트러스모델'을 따르고 있고, 도로교설계기준 한계상태설계법(2012)의 전단설계법은 Eurocode 2의 '변각 트러스모델'을 따르고 있다. 캐나다 설계기준과 미국의 교량설계기준인 AASHTO-LRFD는 근래에 개발된 **수정압축장 이론**(modified compression field theory)을 따르고 있다. 최근에는 많은 설계기준에서, 변형전의 평면이 변형 후에도 평면을 유지한다는 베르누이의 가정이 적용되지 않는 응력교란구역(disturbed region)에 **스트럿-타이 모델**(strut-and-tie model)을 적용하도록 규정하고 있다. 이들은 부록 B에 소개하였다.

6.2 사인장 응력

그림 6-1 (a)는 인장 측 콘크리트에 휨균열이 발생하였지만, 보는 아직도 탄성거동의 범위에 있을 때 철근콘크리트 보에 일어나는 휨응력 f 와 전단응력 v 의 분포를 보인 것이다. 균열이 발생하기 전에는 철근콘크리트 보를 균등질의 보로 볼 수 있고, 또 탄성거동을 하므로 다음 식이 성립된다.

$$\left.\begin{aligned} \left.\begin{matrix} f_1 \\ f_2 \end{matrix}\right\} &= \frac{f}{2} \pm \sqrt{\left(\frac{f}{2}\right)^2 + v^2} \\ \tan 2\theta &= -\frac{2v}{f} \end{aligned}\right\} \qquad (6 \cdot 1)$$

여기서 f_1 은 인장주응력이고, f_2 는 주 압축응력이며, θ 는 주응력면(主應力面)의 기울기이다.

그림 6-1 (a)에 보인 바와 같이 중립면 내의 미소한 정사각형 요소 A를 생각하면 중립면에서는 $f=0$, $v=v_{\max}$ 이므로 중립면 내에서의 주응력은 식 (6 · 1)에 의하여 다음과 같이 된다.

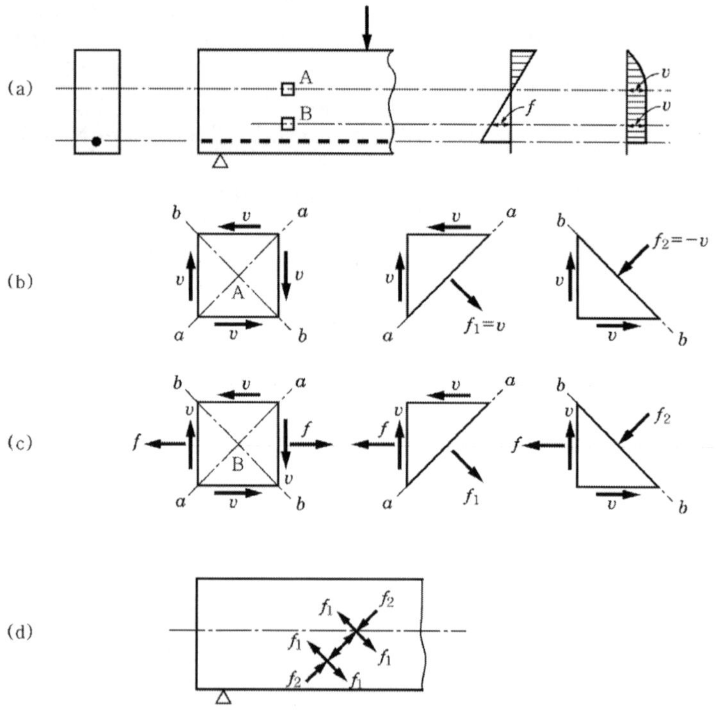

그림 6-1 철근콘크리트 보의 주응력

$$f_1 = v = v_{max}, \qquad f_2 = -v = -v_{max}$$

주응력면의 기울기는

$$\tan 2\theta = -\frac{2v}{f} = -\frac{2v_{max}}{0} = -\infty$$

$$2\theta = 90° \text{ 또는 } 270°$$

$$\therefore \theta = 45° \text{ 또는 } 135°$$

이러한 관계를 보인 것이 그림 6-1 (b) 및 (d)이다.

다음에 인장측의 정사각형 요소 B를 생각해 보자. 콘크리트에 인장균열이 발생하지 않았다면 식 (6·1)에 의하여 그림 6-1 (c)에 보인 바와 같이 인장주응력 f_1은 주 압축응력 f_2보다 절대값이 커진다는 것을 알 수 있다. 콘크리트에 인장균열이 발생하면 $f=0$로 되어 요소 A의 경우와 같게 된다. 그러므로 보통의 사용 상태에 있는 철근콘크리트 보의 인장측에 일어나는 주응력의 크기는 전단응력과 같고, 보의 축에 대하여 45°의 경사로 작용한다. 이것을 알기 쉽게 보인 것이 그림 6-1 (d)이다.

그림 6-1 (d)에 보이는 바와 같이 주 압축응력 $f_2(=-v)$는 콘크리트가 충분히 받을 수 있지만, 이것에 직각으로 작용하는 인장주응력 $f_1(=v)$은 철근콘크리트 보에 불리하게 작용하여 지점부근에서 사인장 균열(diagonal tension crack)을 일으키는 원인이 된다. 인장주응력은 보의 축에 대하여 45°의 경사로 작용하기 때문에 **사인장 응력**(diagonal tension stress)이라고도 한다. 허용응력설계법의 전단설계는 이 응력에 바탕을 두고 있으나, 국부적인 부분에서 계산된 전단응력이 부재의 전단 거동과 파괴를 적절히 설명하기에 한계가 있으므로, 강도설계법이나 한계상태설계법에서는 이 전단응력을 기반으로 하지 않고 단면의 전단강도를 기준으로 설계한다.

6.3 전단철근이 없는 보의 거동

6.3.1 사인장 균열

휨에 대하여 안전하도록 설계된 보가 전단에 대하여 어떠한 거동을 보이는가를 살펴보자. 철근콘크리트 보에 있어서는 앞 절에서 설명한 바와 같이 사인장 응력, 즉 전단응력에 의하여 사인장 균열이 발생할 것이다. 이러한 사인장 균열은 그림 6-2에 보인 바와 같이 크게 두 가지 형태로 나타난다.

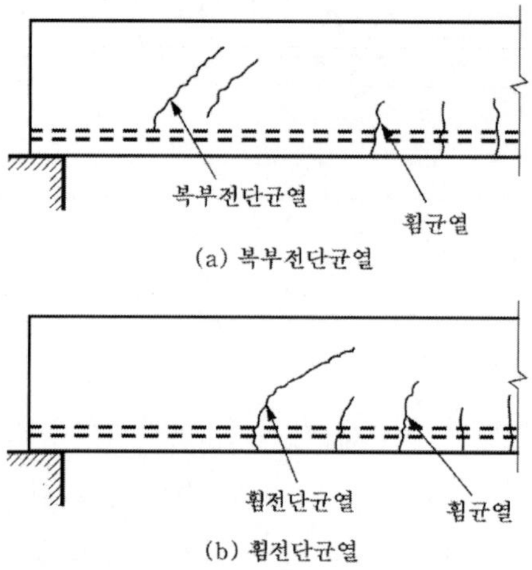

그림 6-2 철근콘크리트 보의 사인장 균열

그림 6-1 (a)에 보인 바와 같이 사인장 응력(전단응력)은 중립축에서 최대로 되며 45°의 기울기로 작용한다[부록 A 의 A. 2. 1 참조]. 따라서 휨응력은 작고 전단응력이 크게 일어나는 지점 가까이의 중립축 근처에서 그림 6-2 (a)와 같이 사인장 균열이 발생한다. 이런 형태의 균열을 **복부전단균열**(web shear crack)이라고 한다. 이 균열은 휨모멘트는 작고 전단력이 큰 단면에서 발생한다.

많은 시험결과에 의하면 휨모멘트는 작고 전단력이 큰 단면에서 전단응력이 약 0.29 $\sqrt{f_{ck}}$ MPa를 초과하면 복부전단균열이 발생한다고 한다. 따라서 이때 콘크리트가 부담할 수 있는 최대 전단응력은 다음과 같다.

$$v_{cr} = \frac{V_{cr}}{bd} = 0.29\sqrt{f_{ck}} \tag{6・2}$$

여기서 V_{cr} 는 복부전단균열을 일으키는 전단력이다.

그림 6-2 (b)와 같은 사인장 균열은 이미 발생된 휨균열의 선단(先端)에서 시작되고 발달된 균열이다. 이러한 사인장 균열을 **휨전단균열**(flexure shear crack)이라고 한다. 이 균열은 휨모멘트가 크고 전단력도 큰 단면에서 발생하며 RC보에서 흔히 볼 수 있는 사인장 균열이다. RC보에서 휨균열은 사용하중(service load)하에서 일어나며, 보에 대하여 부재축의 거의 직각방향으로 발생한다. 그 후 하중이 증가하여 휨응력과 전단응력의 조합응력이 휨균열의 선단에 이르게 되면 사인장 균열로 발전한다.

이러한 휨전단균열은 전단응력이 약 0.16 $\sqrt{f_{ck}}$ MPa를 초과하면 발생한다. 그러므로 이때 콘크리트가 지지할 수 있는 최대 전단응력은 다음과 같다.

$$v_{cr} = \frac{V_{cr}}{bd} = 0.16\sqrt{f_{ck}} \tag{6・3}$$

식 (6・2)와 식 (6・3)을 비교해 보면 식 (6・3)의 전단응력은 식 (6・2)의 절반 정도이다. 즉, 휨전단균열을 일으키는 전단력은 복부전단균열을 일으키는 전단력의 1/2 정도이다. 이것은 휨모멘트의 크기가 사인장 균열에 영향을 미친다는 것을 의미한다. 사인장 균열을 일으키는 전단력은 그 단면의 전단력 V와 휨모멘트 M과의 비 $\left(\frac{V}{M}\right)$에 좌우되며, 더 정확하게는 휨균열의 선단에서의 전단응력 v와 휨응력 f와의 비$\left(\frac{v}{f}\right)$에 지배된다는 것이 실험의 결과로 밝혀졌다.

6. 3. 2 $\frac{Vd}{M}$의 영향

전술한 바와 같이 보통의 철근콘크리트 보에서는 휨전단균열이 문제이고 휨전단균열은 $\frac{V}{M}$ 또는 $\frac{v}{f}$에 좌우된다.

전단응력 v는 일반적으로 다음과 같이 나타낼 수 있다[부록 A의 식 (A・30) 참조].

$$v = K_1 \frac{V}{bd}$$

여기서 K_1은 주로 균열의 높이에 좌우되는 상수(常數)로서 시험에 의해 구할 수 있다. 휨응력은 다음과 같이 나타낼 수 있다[부록 A의 식 (A・9) 참조].

$$f = K_2 \frac{M}{bd^2}$$

여기서 K_2는 균열의 상태에 따라 정해지는 상수로서 시험에 의해 구할 수 있다.
v와 f의 비를 만들면

$$\frac{v}{f} = \frac{K_1}{K_2}\frac{Vd}{M} \tag{6・4}$$

사인장 응력이 $\frac{v}{f}$의 함수임을 나타내는 식 (6・1)과 함께 생각할 때, 위의 식은 휨균열이 휨전단균열로 발전하는 데 있어서 $\frac{Vd}{M}$가 $\frac{v}{f}$에 영향을 미친다는 것을 말해주는 것이다.

그림 6-3에서 a를 전단지간(shear span) 또는 전단경간이라고 한다. 전단지간 a는 일반적으로 다음과 같이 나타낼 수 있다.

$$a = \frac{M}{V} \tag{6·5}$$

이것을 식 (6 · 4)에 대입하면

$$\frac{f}{v} = \frac{K_2}{K_1}\frac{a}{d} \tag{6·6}$$

위의 식은 식 (6 · 4)와 동일한 식이다. 이 식은 휨균열이 휨전단균열로 발전하는 데 있어서 $\frac{a}{d}$가 $\frac{f}{v}$에 영향을 미친다는 것을 나타내고 있다.

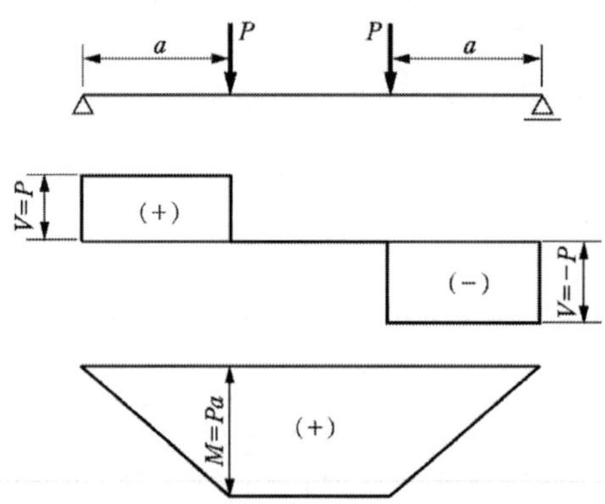

그림 6-3 전단지간

그림 6-4는 $\frac{a}{d}$의 변화에 따른 직사각형 보의 전단강도의 변화를 보인 것이다.

그림 6-4에 의하면 보의 파괴형태는 네 가지로 구분된다. $\frac{a}{d} \leq 1$ 인 깊은보(deep beam, 높이가 큰 보)는 보의 강도가 전단력에 의해 지배된다. 이러한 보는 사인장 균열이 발생한 후에는 타이드 아치(tied arch)와 같이 거동한다. 즉, 그림 6-5 (a)에 보인 바와 같이 압축은 음영부분의 콘크리트가 받고, 인장은 종방향 철근(인장철근)이 받는다. 이것을 철근콘크리트 보의 **아치작용**(arch action)이라고 한다.

$\frac{a}{d} = 1 \sim 2.5$ 정도로 깊은보에 있어서도 전단강도가 사인장 균열 강도보다 크기 때문에 그림 6-6과 같은 전단파괴를 보인다. $\frac{a}{d} = 2.5 \sim 6$ 정도인 보통의 보에서는 전단강도가 사인장 균열 강도와 같아서 그림 6-7과 같은 사인장 파괴를 나타낸다. $\frac{a}{d} > 6$ 인 지간(span)이 큰 보의 파괴는 전단강도보다 휨강도에 지배된다.

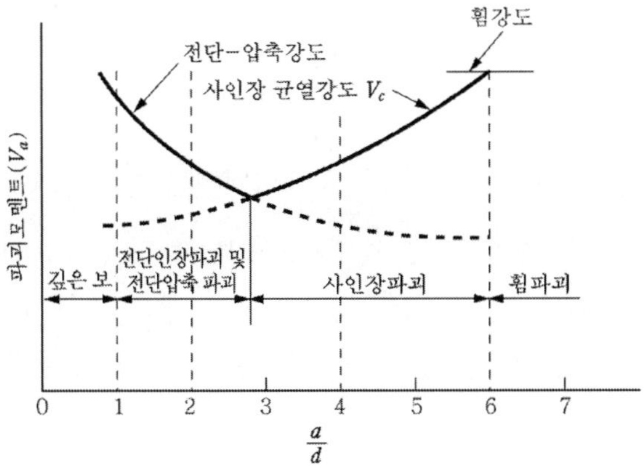

그림 6-4 a/d에 따른 전단강도의 변화 [참고문헌 9]

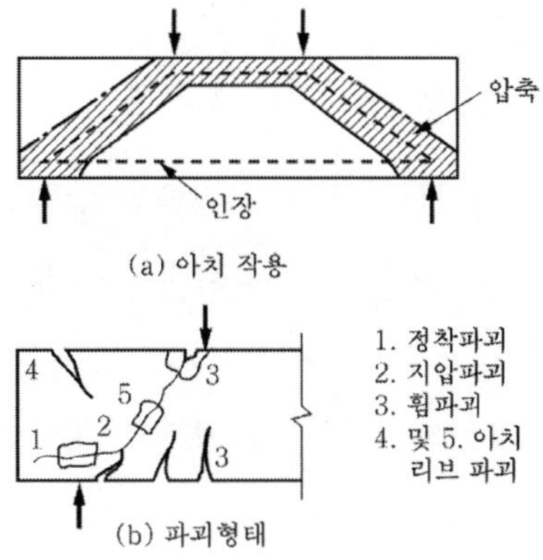

그림 6-5 깊은보 ($a/d \le 1.0$)의 파괴모델[참고문헌 9]

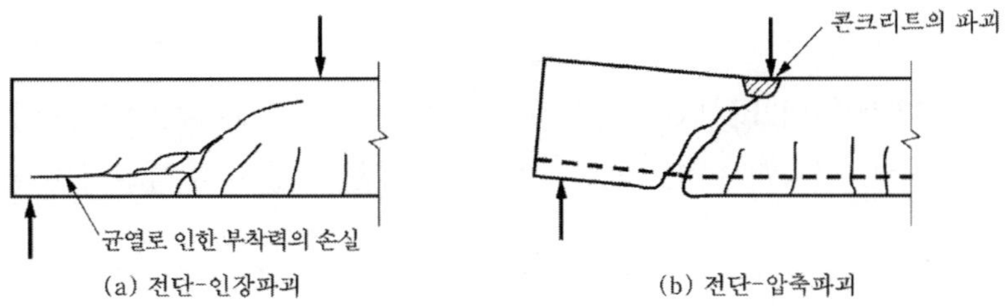

그림 6-6 짧은 보($a/d = 1 \sim 2.5$)의 전단파괴[참고문헌 9]

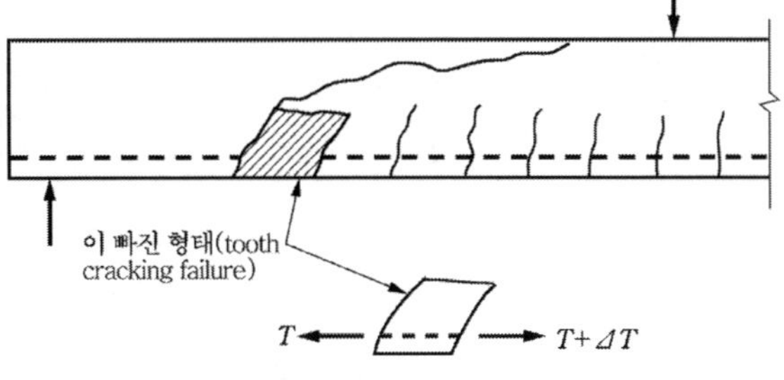

그림 6-7 보통의 보($a/d = 2.5 \sim 6$)의 사인장 파괴[참고문헌 10]

6.3.3 콘크리트의 균열전단강도

식 (6・2)는 $\frac{Vd}{M}$가 매우 큰 경우, 즉 $\frac{a}{d}$가 매우 작은 경우의 균열전단강도(cracking shear)이고, 식 (6・3)은 $\frac{Vd}{M}$가 매우 작을 때, 즉 $\frac{a}{d}$가 매우 클 때의 균열전단강도이다. 그러므로 $\frac{Vd}{M}$가 중간 정도의 값인 보통의 보, 즉 $\frac{a}{d}$=2.5~6 정도인 보통의 보의 균열전단강도 v_{cr}는 위의 두 극치(極値) 사이에 있게 된다.

많은 시험결과에 의하면 이러한 보에서 휨전단균열을 일으키는 콘크리트의 전단강도는 다음과 같다.

$$v_{cr} = \frac{V_{cr}}{bd} = 0.16\sqrt{f_{ck}} + 17.6\frac{\rho Vd}{M} \leq 0.29\sqrt{f_{ck}} \qquad (6 \cdot 7)$$

여기서 b는 단면의 폭, d는 유효깊이, $\rho = \frac{A_s}{bd}$이고, f_{ck}는 MPa 단위이다. 그러므로 보에서 콘크리트에 균열을 일으키는 전단력은 다음과 같다.

$$V_{cr} = v_{cr}\,bd \qquad (6 \cdot 8)$$

이상에서 본 바와 같이 RC보의 전단거동은 매우 복잡하며, 그 전단강도는 많은 요인에 의해 변화한다. 따라서 현재로서는 이것을 간단한 이론으로 계산하기 어려우므로, 많은 실험결과에 의존하고 있다.

6.4 전단철근

이상에서 본 바와 같이 철근콘크리트 보에는 사인장 균열이 발생하며, 이 사인장 균열은 보통의 사용상태에서 보에 직각으로 일어나는 휨균열과 달라서 보의 갑작스러운 파괴를 유발한다. 그러므로 이러한 파괴를 방지하기 위하여 따로 철근을 배치할 필요가 있다. 그림 6-8은 이러한 목적으로 배치한 철근들을 보인 것이고, 그림 6-9는 이들의 조립된 모양을 보인 것이다. 이러한 철근들을 **전단철근**(shear reinforcement)이라고 한다. 그림 6-8과 같이 보에 배치된 전단철근을 **복부철근**(web reinforcement) 또는 사인장 철근(diagonal tension bar)이라고 한다.

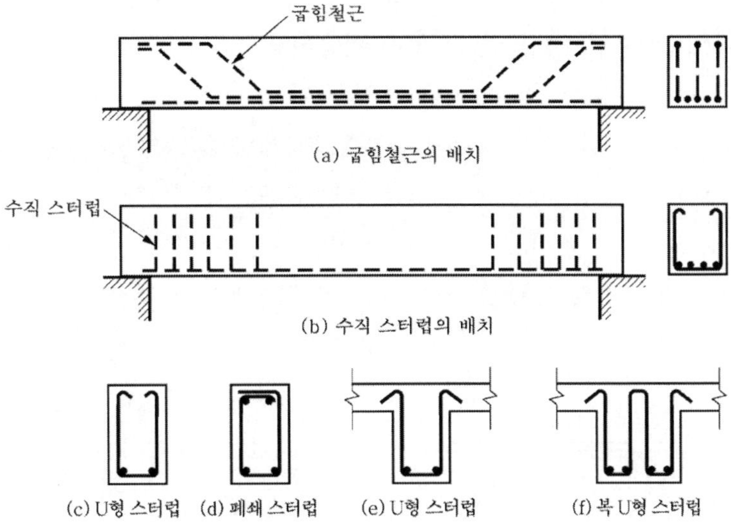

그림 6-8 전단철근(복부철근)

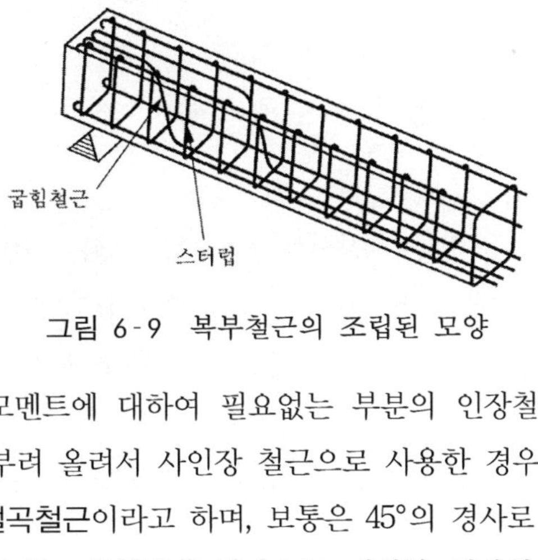

그림 6-9 복부철근의 조립된 모양

그림 6-8(a)는 휨모멘트에 대하여 필요없는 부분의 인장철근을 끊어버리지 않고 30° 이상의 경사로 구부려 올려서 사인장 철근으로 사용한 경우이다. 이것을 **굽힘철근**(bent-up bar) 또는 **절곡철근**이라고 하며, 보통은 45°의 경사로 구부려 올리거나 구부려 내린다. 그림 6-8(b)는 주철근에 직각으로 배치한 전단철근으로서, 이것을 **수직 스터럽**(vertical stirrup)이라고 한다.

스터럽을 주철근에 대하여 45° 이상의 경사로 배치하는 경우도 있다. 이것을 **경사 스터럽**(inclined stirrup)이라고 한다. 경사 스터럽은 사인장 응력의 작용방향에 거의 평행하기 때문에 응력상 유리하지만, 시공이 번거로워서 별로 사용되지 않는다.

그림 6-8(c) 및 (e)와 같은 스터럽을 **U형 스터럽**(U stirrup)이라 하고, 그림 6-8(f)와 같은 스터럽을 **복 U형 스터럽**(double U stirrup)이라고 한다. 그림 6-8(d)와

같은 스터럽을 **폐쇄 스터럽**(closed stirrup) 또는 **폐합 스터럽**이라고 하며, 부(−)의 모멘트를 받는 곳, 또는 비틀림을 받는 곳에 사용된다.

그림 6−10 (a)는 굽힘철근의 배치를 보인 것이고, 그림 6−10 (b)는 수직 스터럽의 배치를 보인 것이다. 이들 그림을 그림 6−1 (d)와 대비해 보면 굽힘철근이나 스터럽에는 인장이 작용하고, 파선방향으로는 압축이 작용함을 알 수 있다. 즉, 이러한 복부철근들은 마치 트러스에서 인장을 받는 사재(斜材) 또는 수직재(垂直材)의 구실을 한다. 이것을 **복부철근의 트러스 작용**(truss action)이라고 한다. 복부철근의 설계는 이 이론(truss analogy)에 따르고 있다[부록 B 의 B. 2 참조].

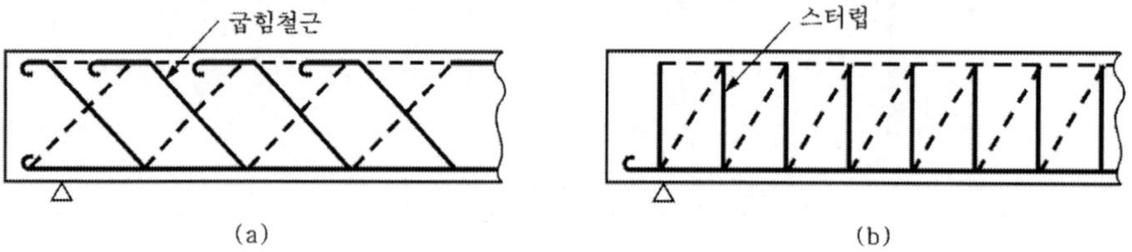

그림 6-10 복부철근의 트러스 작용

6.5 전단철근이 배치된 보의 거동

앞 절에서 본 바와 같이 사인장 균열에 대비하여 보에는 전단철근을 배치해야 한다. 여기서는 전단철근을 배치한 보의 전단거동을 살펴보기로 한다.

사인장 균열이 발생하기 전에는 전단철근은 아무 힘도 거의 받지 않는다. 그러나 일단 사인장 균열이 발생하면 유효하게 작용한다. 즉, 사인장 균열이 발생한 후 복부철근은 전단력의 일부를 받는 동시에 균열의 진행을 억제한다. 스터럽은 균열폭의 증대를 억제하고 축방향 철근을 결속시킨다.

일단 균열이 형성되면 복부철근의 거동은 아주 복잡해진다. 이것은 사인장 균열의 위치, 길이, 기울기 등에 따라 전단철근의 거동이 달라지기 때문이다. 균열의 위치, 길이, 기울기 등이 일정하지 않기 때문에 이것을 이론적으로 완벽하게 해석할 수는 없다. 현재 사용되고 있는 전단설계 방법이 완벽한 방법이라고는 할 수 없는 이유가 여기에 있다. 현재 사용되고 있는 설계방법은 합리적인 해석이 가능한 부분은 이론적 해석에 의하고, 그렇지 못한 부분은 실험에 의하고, 또 일부는 오랜 시일에 걸친 경험에 의존하여 이루어진 것이다.

6.5.1 수직 스터럽이 배치된 보

그림 6-11은 수직 스터럽으로 보강된 보의 지점 부근에서 사인장 균열이 발생한 경우를 보인 것이다. 이 보가 이 상태에서 비기고 있다면, 단면의 수직내력(垂直內力)은 외력(外力)에 의한 이 단면의 전단력 V와 비겨야 한다. 즉

$$V_c + V_s + V_d + V_{iy} = V \tag{a}$$

여기서 V_c : 균열이 발생하지 않은 부분의 콘크리트가 부담하는 전단력

V_s : 균열면과 교차된 스터럽이 부담하는 전단력

V_d : 인장철근의 장부작용(dowel action, 다월 작용)에 의한 수직내력

V_{iy} : 거치른 균열면의 맞물림(interlocking)에 의한 내력 V_i의 수직분력

식 (a)의 관계를 보인 것이 그림 6-12이다. 즉, 외력에 의한 전단력 V의 증가에 따라 변화하는 4개의 내력의 분포가 잘 나타나 있다. 사인장 균열의 발생 후 스터럽이 부담하는 전단력 V_s는 직선적으로 증가하지만, 나머지 세 내력 V_c, V_d, V_{iy}는 거의 변화하지 않는다는 것을 이 그림은 보여 주고 있다. 스터럽이 항복해도 스터럽의 인장력 V_s는 일정하게 유지되지만, V_d와 V_{iy}는 갑자기 작아진다는 것을 알 수 있다. 그리고 보는 즉시 파괴에 이른다.

보가 파괴할 때 균열선은 보의 전 높이에 이르게 될 것이고 균열의 기울기는 45°로 볼 수 있으므로 그림 6-11에서 $p = d$로 될 것이다. 여기서 d는 보의 유효깊이이다. 스터럽이 간격 s로 배치되었다면, 균열선과 교차하는 스터럽의 수 n은 $n = \dfrac{d}{s}$이고, 이때 스터럽 철근은 항복하므로 V_s는 다음과 같이 된다.

$$V_s = nA_v f_y = \frac{d}{s} A_v f_y \tag{b}$$

여기서 A_v는 스터럽 1개의 단면적이고, f_y는 스터럽 철근의 항복강도이다.

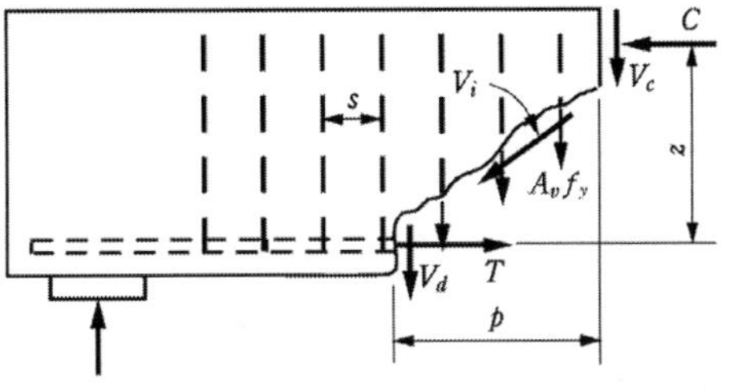

그림 6-11 수직 스터럽이 배치된 보의 균열면의 힘

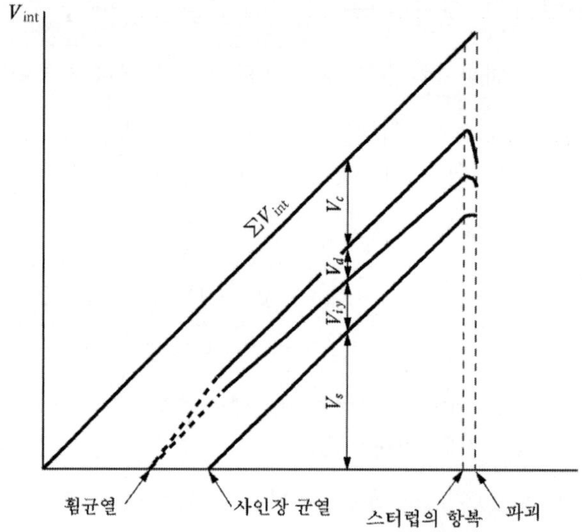

그림 6-12 스터럽이 배치된 보의 내적 전단력의 변화[참고문헌 11]

한편, 나머지 세 내력은 계산으로는 구할 수 없으며 시험에 의존하는 수밖에 없는 값이다. 따라서 이들 세 내력의 합을 식 (6·7)로 주어지는 콘크리트의 균열전단력 V_{cr} 와 같다고 본다. 즉

$$V_c + V_d + V_{iy} = V_{cr} \tag{c}$$

균열면의 맞물림(interlocking)에 의한 수직내력 V_{iy} 및 인장철근의 장부작용(dowel action)에 의한 수직내력 V_d 는 그림 6-12에 보인 바와 같이 스터럽이 항복하여 균열이 보의 전 높이에 이르게 되면 $V_{iy}=0$, $V_d=0$ 으로 볼 수 있다. 그러므로 스터럽이 항복하는 단계에서는 식 (c)는 다음과 같이 된다.

$$V_c = V_{cr} \tag{d}$$

결국, 수직 스터럽이 배치된 보가 전단파괴할 때의 전단강도 V_n 은 식 (b), 식 (d), $V_d=0$ 및 $V_{iy}=0$을 식 (a)에 대입함으로써 다음과 같이 된다.

$$V_n = V_{cr} + \frac{A_v f_y d}{s} \tag{6·9}$$

위의 식에서 V_{cr} 는 콘크리트가 부담하는 전단강도이고, $\dfrac{A_v f_y d}{s}$ 는 수직 스터럽이 부담하는 전단강도이다. 위의 식의 양변을 bd 로 나누면 전단응력 v_n 이 얻어진다.

$$v_n = \frac{V_n}{bd} = v_{cr} + \frac{A_v f_y}{sb} \tag{6·10}$$

6.5.2 경사 스터럽이 배치된 보

경사 스터럽 또는 종방향 철근(인장철근)을 구부려 올린 굽힘철근이 전단철근으로 사용된 경우를 생각해 보자. 이 경우도 수직 스터럽의 경우와 같은 생각으로 계산된다.

그림 6-13과 같이 α의 경사로 배치된 경사 스터럽이 θ의 기울기로 발생한 사인장 균열과 교차되었다고 하자. 경사 스터럽이 간격 s로 배치되었다면, 간격 s 사이에서의 사인장 균열의 길이 a는 sine 법칙에 의하여 다음과 같이 된다.

$$a = \frac{s}{\sin\theta(\cot\theta + \cot\alpha)}$$

균열의 길이 i는 그림 6-13에서 $i = \dfrac{p}{\cos\theta}$이다. 따라서 균열과 만나는 경사 스터럽의 수 n은

$$n = \frac{i}{a} = \frac{p}{s}(1 + \tan\theta \cot\alpha)$$

경사 스터럽 하나의 인장력은 $A_v f_s$이고 그 수직 분력은 $A_v f_s \cdot \sin\alpha$이다. 그러므로 균열면에 작용하는 경사 스터럽의 총 인장력의 수직분력 V_s는

$$V_s = nA_v f_s \sin\alpha = A_v f_s \frac{p}{s}(\sin\alpha + \cos\alpha \tan\theta)$$

경사 스터럽의 응력 f_s가 항복강도 f_y에 도달하면 균열은 압축측 상단까지 파급될 것이다. 이때 균열의 기울기는 $\theta = 45°$로 볼 수 있으므로 그림에서 $p = d$(유효높이)이다. 따라서 이때 V_s는 다음과 같이 된다.

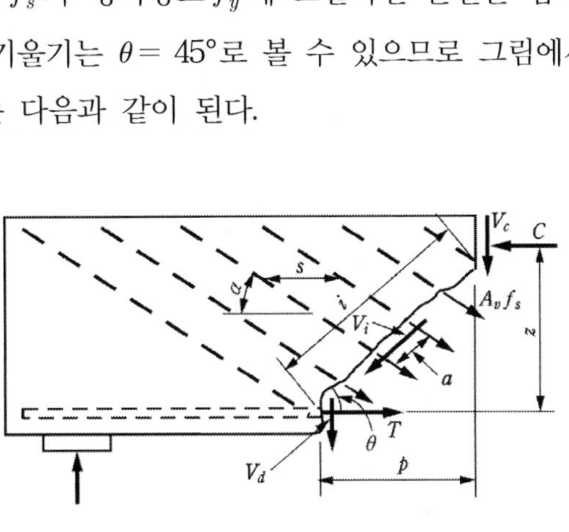

그림 6-13 경사 스터럽이 배치된 보의 균열면의 힘들

$$V_s = A_v f_y \frac{d}{s}(\sin\alpha + \cos\alpha) \tag{e}$$

결국, 경사 스터럽이 α 의 경사로 배치된 보가 전단파괴할 때의 전단강도는 식 (6・9)의 우변의 제2항 대신 식 (e)를 대입하면 된다. 즉

$$V_n = V_{cr} + \frac{A_v f_y d(\sin\alpha + \cos\alpha)}{s} \tag{6・11}$$

여기서 V_{cr} 는 콘크리트가 부담하는 전단강도이며, 식 (6・7)에 주어진 값이다. 우변의 두 번째 항은 α 의 경사를 가진 경사 스터럽이 부담하는 전단강도이다.

위의 식은 일반적인 식이라고 할 수 있다. 수직 스터럽의 경우는 위의 식에 $\alpha = 90°$ 를 대입함으로써 식 (6・9)를 얻을 수 있다.

식 (6・9) 및 식 (6・11)은 사인장 균열이 전단철근과 한 번 이상 교차될 때만 성립한다. 이것은 전단철근의 간격의 상한(上限)을 정하는 데 근거가 된다.

6.6 전단철근의 설계

6.6.1 설계의 원칙

휨과 전단을 받는 단면의 전단설계는 다음 식에 기초를 둔다.

$$V_u \le \phi V_n \tag{6・12}$$

여기서 V_u : 계수전단력(factored shear force), 즉 계수하중(factored load)에 의한 소요전단강도(required shear strength)]

V_n : 단면의 공칭전단강도(nominal shear strength)

ϕ : 전단에 대한 강도감소계수=0.75[4장의 표 4-5 참조]

단면의 공칭전단강도는 다음과 같다.

$$V_n = V_c + V_s \tag{6・13}$$

여기서 V_c : 콘크리트가 부담하는 전단강도

V_s : 전단철근이 부담하는 전단강도

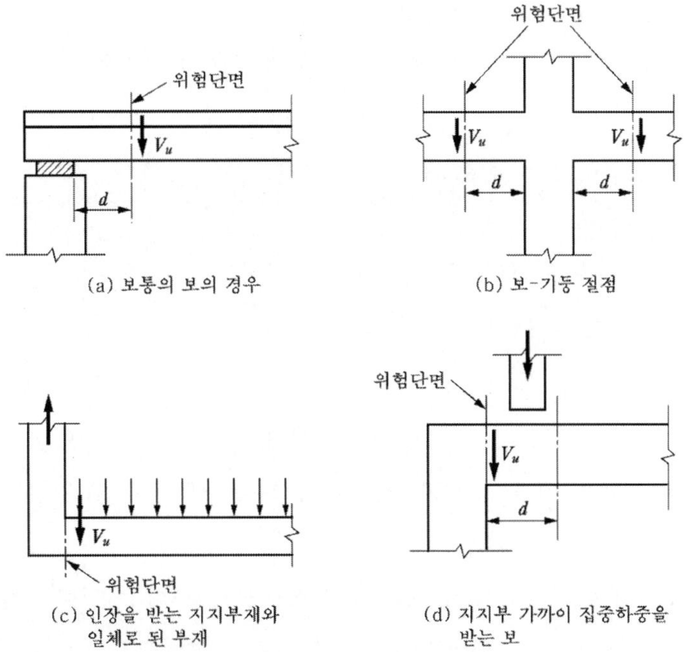

(a) 보통의 보의 경우 (b) 보-기둥 절점

(c) 인장을 받는 지지부재와 일체로 된 부재 (d) 지지부 가까이 집중하중을 받는 보

그림 6-14 전단에 대한 위험단면

보에서 전단에 대한 위험단면은 받침부 내면(內面)으로부터 경간(지간) 중앙쪽으로 유효깊이 d만큼 떨어진 단면으로 본다. 그림 6-14(a)가 이 경우이다. 따라서 식 (6·12)의 V_u는 받침부 내면에서 지간 중앙쪽으로 d만큼 떨어진 단면의 전단력을 취한다. 이 단면과 받침부 사이에서는 이 단면의 전단력 V_u를 사용하여 설계한다. 이것은 지점반력으로 인한 수직 압축력이 단면의 전단강도에 유리하게 작용하기 때문이다. 그 밖의 경우의 전단에 대한 위험 단면이 그림 6-14에 나타나 있다.

6.6.2 콘크리트가 부담하는 전단강도

콘크리트구조기준(2012)에서는 보에서 콘크리트가 부담하는 전단강도 V_c를 다음과 같이 주고 있다.

$$V_c = \frac{1}{6}\lambda\sqrt{f_{ck}}\,b_w d \qquad (6\cdot14)$$

여기서 f_{ck} : 콘크리트의 설계기준압축강도(MPa)

b_w : 단면의 복부 폭(mm)

d : 단면의 유효깊이(mm)

λ : 경량콘크리트계수, 전경량콘크리트는 0.75, 모래경량콘크리트는 0.85, 보통중량콘크리트는 1.0, f_{ps} 가 규정된 경우 $f_{sp}/(0.56\sqrt{f_{ck}}) \leq 1.0$로 계산.

좀 더 정밀한 V_c는 다음 식으로 계산하도록 하고 있다.

$$V_c = \left(0.16\lambda\sqrt{f_{ck}} + 17.6\rho_w\frac{V_u d}{M_u}\right)b_w d \leq 0.29\lambda\sqrt{f_{ck}}\,b_w d \quad (6 \cdot 15)$$

여기서 $\dfrac{V_u d}{M_u} \leq 1$이라야 한다. M_u는 전단을 고려하는 단면에서 V_u와 동시에 일어나는 계수휨모멘트이고 $\rho_w = A_s/b_w d$ 이다.

보통의 설계계산에서는 식 (6 · 14)의 V_c의 값을 사용해도 충분하다.

한편 설계기준에서는 전단강도의 계산에 있어서 $\sqrt{f_{ck}}$를 8.4 MPa보다 크게 취해서는 안 된다고 규정하고 있다. 따라서 식 (6 · 14) 및 식 (6 · 15)에서는 $\sqrt{f_{ck}}$를 8.4 MPa보다 크게 취해서는 안 된다.

그 이유는 f_{ck}가 어떤 값 이상의 강도를 가진 콘크리트라 하더라도 그 콘크리트가 $\sqrt{f_{ck}}$에 비례하여 전단에 기여하지 못한다는 것이 밝혀졌기 때문이다. 그 상한이 f_{ck}=70 MPa이며, $f_{ck} \geq$ 70 MPa인 콘크리트가 $\sqrt{f_{ck}}$에 비례하여 전단에 기여하지 못하기 때문이다. 그래서 $\sqrt{f_{ck}}$가 8.4 MPa(= $\sqrt{70}$ MPa)를 초과하지 않도록 한 것이다.

6. 6. 3 전단철근이 부담하는 전단강도

[1] 최소 전단철근량

계수전단력 V_u가 콘크리트가 부담하는 전단력 ϕV_c보다 크지 않으면, 즉 $V_u \leq \phi V_c$이면 이론상 전단철근이 필요 없다. 다시 말해서 소요 전단강도 V_u가 콘크리트의 설계전단강도 ϕV_c보다 크지 않으면 전단철근으로 보강할 필요는 없는 것이다.

그러나 V_u가 $\dfrac{1}{2}\phi V_c$보다 작지 않으면 최소량의 전단철근은 배치해야 한다.

설계기준에서는 $\dfrac{1}{2}\phi V_c < V_u \leq \phi V_c$인 경우 다음 식으로 계산되는 단면적 이상의 전단철근을 배치하도록 요구하고 있다.

$$\left.\begin{aligned} A_{v,\min} &= 0.0625\sqrt{f_{ck}}\frac{b_w s}{f_{yt}} \\ &\geq 0.35\frac{b_w s}{f_{yt}} \end{aligned}\right\} \quad (6 \cdot 16)$$

여기서 f_{yt} : 전단철근의 설계기준항복강도(MPa)

b_w : 단면의 복부 폭(mm)

s : 전단철근의 간격(mm)

그러나 다음의 각 경우에는 위의 규정을 적용하지 않는다.

① 보의 높이가 250 mm 이하이거나, 또는 I형보와 T형보에서 그 높이가 플랜지 두께의 2.5배와 복부 폭의 1/2 중, 큰 값보다 크지 않을 때

② 슬래브와 확대기초

③ 교대 벽체 및 날개벽, 옹벽의 벽체, 암거 등과 같이 휨이 주거동인 판 부재

④ 콘크리트 장선(joist)구조

[2] 전단철근이 부담하는 전단강도

$V_u > \phi V_c$ 인 경우에는 전단철근을 배치해서 콘크리트가 부담하고 남는 전단력을 받도록 해야 한다. 이때 전단철근이 부담하는 전단강도를 V_s 라고 하면 단면의 공칭전단강도는 다음과 같이 된다[식 (6・13) 참조].

$$V_n = V_c + V_s$$

(1) 수직 스터럽을 사용할 경우

수직 스터럽을 사용한다면 위의 식은 식 (6・9)에서 $V_{cr} = V_c$ 로 놓음으로써 다음과 같이 된다.

$$\left.\begin{aligned} V_n &= V_c + \frac{A_v f_{yt} d}{s} \\ \therefore\ V_s &= \frac{A_v f_{yt} d}{s} \end{aligned}\right\} \qquad (6 \cdot 17)$$

이 V_s 가 수직 스터럽이 부담하는 전단강도이다. 단면이 전단에 대하여 안전하기 위해서는 식 (6・12)로부터

$$V_u \leq \phi V_n = \phi\left(V_c + \frac{A_v f_{yt} d}{s}\right)$$

따라서 스터럽의 간격 s 는 위의 식으로부터 다음과 같이 된다.

$$s \leq \frac{\phi A_v f_{yt} d}{V_u - \phi V_c} \qquad (6 \cdot 18)$$

(2) 경사 스터럽 또는 굽힘철근을 사용할 경우

경사 스터럽 또는 굽힘철근을 사용할 경우에는 식 (6・11)로부터

$$\left.\begin{aligned} V_n &= V_c + \frac{A_v f_{yt} d(\sin\alpha + \cos\alpha)}{s} \\ \therefore\ V_s &= \frac{A_v f_{yt} d(\sin\alpha + \cos\alpha)}{s} \end{aligned}\right\} \qquad (6 \cdot 19)$$

이 V_s가 경사 스터럽 또는 굽힘철근이 부담하는 전단강도이다.

따라서 경사 스터럽 또는 굽힘철근의 간격 s는 $V_u \le \phi V_n$으로부터

$$s \le \frac{\phi A_v f_{yt} d(\sin\alpha + \cos\alpha)}{V_u - \phi V_c} \qquad (6 \cdot 20)$$

전단철근이 부담하는 전단강도, 즉 식 (6・17) 및 식 (6・19)로 계산되는 V_s는 $\frac{2}{3}\sqrt{f_{ck}}\,b_w d$ 이하라야 한다. 즉 $V_s \le \frac{2}{3}\sqrt{f_{ck}}\,b_w d$이라야 한다.

또 콘크리트구조기준(2012)에서는 전단철근의 설계기준항복강도 f_{yt}가 500 MPa를 초과하지 못하게 규정하고 있다. 즉 $f_{yt} \le 500$ MPa이라야 한다.

[3] 전단철근의 간격

수직 스터럽의 간격이 100 mm 이하로 되도록 설계하는 것은 바람직하지 못하다. 이런 경우에는 전단철근의 지름을 보다 큰 것을 사용해서 간격이 100 mm 이상 되도록 해야 한다. 스터럽을 배치해야 할 구간이 비교적 크지 않을 경우에는 등간격으로 하는 것이 좋다. 이때 간격은 위험단면에서 요구되는 최소간격을 사용한다. 그러나 상당한 구간에 걸쳐 스터럽이 필요하고 또 어느 정도 전단력의 크기가 변화할 경우에는, 그 구간을 몇 부분으로 나누어 서로 다른 간격으로 배치하는 것이 경제적이다.

그림 6-15 (a)와 같이 사인장 균열이 인장철근 도심에서 $0.5d$의 높이까지 45°의 경사로 발달한다고 가정하고, 전단철근이 한 번 이상 균열선과 교차하도록 그 간격을 정해야 한다. 설계기준에서는 다음과 같이 규정하고 있다.

① 수직 스터럽의 간격은 $0.5d$ 이하, 또 600 mm 이하라야 한다.

② 경사 스터럽 또는 굽힘철근은 부재 중간높이 $0.5d$에서 반력점 방향으로 인장철근까지 연장된 45°선과 한 번 이상 교차하도록 배치해야 한다[그림 6-15(b)참조].

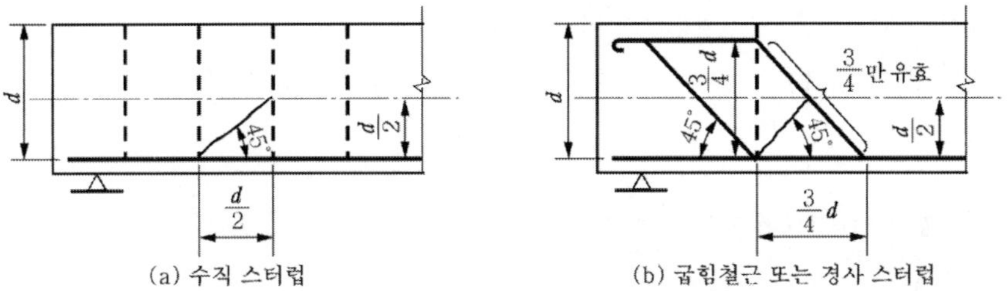

그림 6-15 전단철근의 간격

③ $V_s > \frac{1}{3}\sqrt{f_{ck}}\,b_w d$ 인 경우에는 전단철근의 간격을 위의 값의 $\frac{1}{2}$ 이하로 해야 한다.

전단철근의 정착에 대하여는 제7장의 7.3.5항에 설명되어 있다.

예제6-1 계수 전단강도 $V_u = 73\,\mathrm{kN}$을 받을 수 있는 직사각형 단면을 다음의 각 경우에 대하여 구하라. $f_{ck} = 21\,\mathrm{MPa}$이다.

(i) 전단철근없이 견딜 수 있는 콘크리트의 최소단면

(ii) 전단철근의 최소량을 사용할 경우 필요한 콘크리트의 최소단면

풀이 콘크리트가 부담할 수 있는 전단강도는 식 (6·14)로부터

$$V_c = \frac{1}{6}\lambda\sqrt{f_{ck}}\,b_w d$$

① 전단철근을 사용하지 않고 콘크리트만으로 계수 전단강도를 지지하려면 다음 관계가 만족되어야 한다(6.6.3항의 [1] 참조).

$$V_u \le \frac{1}{2}\phi V_c$$

따라서

$$V_u \le \frac{1}{2}\phi \times \frac{1}{6}\lambda\sqrt{f_{ck}}\,b_w d$$

$$73 \times 10^3 \le \frac{1}{2} \times 0.75 \times \frac{1}{6} \times 1.0\sqrt{21} \times b_w d$$

$$\therefore b_w d \ge 255{,}000\,\mathrm{mm}^2$$

그러므로 예를 들면, 단면의 폭을 $b = 400\,\mathrm{mm}$로 한다면 유효깊이는 $d = 638\,\mathrm{mm}$로 된다. 인장철근의 피복두께를 42 mm로 한다면 보의 높이는 $h = 680\,\mathrm{mm}$로 된다. 결국 보의 단면이 최소 400 mm×680 mm이면 전단철근을 배치하지 않아도 된다.

② 식 (6·16)의 전단철근의 최소 단면적을 사용할 수 있는 V_u 의 범위는

$$\frac{1}{2}\phi V_c < V_u \le \phi V_c$$

따라서 전단철근의 최소량을 사용할 수 있는 한계는

$$V_u \le \phi V_c$$

$$V_u \le \phi \times \frac{1}{6}\lambda\sqrt{f_{ck}}\,b_w d$$

$$73\times10^3 \le 0.75\times\frac{1}{6}\times1.0\sqrt{21}\times b_w d$$

$$\therefore b_w d \ge 127{,}500\text{mm}^2$$

그러므로 예를 들면, 단면의 폭을 $b=300$ mm로 한다면 유효깊이는 $d=425$ mm로 된다. 피복두께를 45 mm로 한다면 보의 높이는 $h=470$ mm로 되고, 따라서 보의 단면이 최소 300 mm×470 mm이면 전단철근의 최소량을 사용할 수 있다.

예제 6-2 고정하중(고정하중) 10.5 kN/m, 활하중 47.6 kN/m을 받고 있는 지간 6.1 m의 단순지지보가 있다. 단면은 폭 $b=350$ mm, 유효깊이 $d=560$ mm, 보의 높이 $h=600$ mm, 인장 철근량 $A_s=6360\text{ mm}^2$인 단철근 직사각형이다. $f_{ck}=21$ MPa일 때 전단철근을 필요로 하는 구간을 구하라.

풀이 철근콘크리트의 단위무게 2500 kg/m^{3}를 하중(힘)으로 보아야 하므로〔부록 E의 〔주 1〕 및 〔주 2〕 참조〕, 2,500 kgf/m^3=(2,500×10) N/m^{3}의 하중으로 된다.

따라서 보의 자중은

$$(2{,}500\times10)\text{N/m}^3\times(0.35\text{ m}\times0.60\text{ m})=5{,}250\text{N/m}=5.25\text{ kN/m}$$

계수하중(factored load)은 4장의 표 4-4로부터

$$1.2D+1.6L=1.2(10.5+5.25)+1.6\times47.6=95\text{kN/m}$$

최대 전단력은 지점에서 일어나며 그 값은

$$\frac{1}{2}\times95\times6.1=290\text{kN}$$

지점에서 $d=560$ mm만큼 떨어진 단면(위험단면)에서의 전단력은

$$V_u=290-95\times0.56=237\text{kN}$$

콘크리트가 부담할 수 있는 전단강도는 식 (6·14)로부터

$$V_c=\frac{1}{6}\times1.0\sqrt{21}\times350\times560=150{,}000\text{N}=150\text{kN}$$

따라서 콘크리트의 설계전단강도는

$$\phi V_c=0.75\times150=113\text{ kN}<V_u$$

그러므로 전단철근으로 보강해야 한다.

콘크리트가 부담하고 남는 전단력($V_u-\phi V_c$)은 전단철근이 받도록 해야 한다. 전단

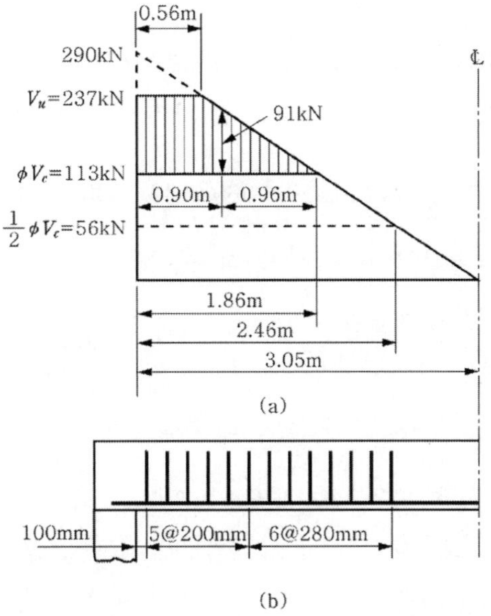

그림 6-16

철근이 부담해야 할 전단력은 그림 6-16(a)의 전단력도에서 줄친 부분으로 나타나 있다. 그러므로 전단철근이 필요한 구간은 그림 (a)에서 삼각형의 닮음비를 이용하면

$$\frac{290-113}{290}\times 3.05 = 1.86\text{m}$$

한편 $\frac{1}{2}\phi V_c < V_u \leq \phi V_c$ 인 구간에는 식 (6·16)의 최소 전단 철근량을 배치해야 한다.

$$\frac{1}{2}\phi V_c = \frac{1}{2}\times 113 = 56\text{kN}$$

따라서 최소 철근량이 필요한 단면까지의 거리는 그림 6-16(a)로부터

$$\frac{290-56}{290}\times 3.05 = 2.46\text{m}$$

즉, 지점(支點)으로부터 2.46 m까지의 구간에는 최소 전단철근 단면적이 필요하다. 따라서 지점에서 1.86 m까지의 구간에는 줄친 부분의 면적에 해당하는 전단력을 지지할 수 있는 전단철근을 배치해야 하고, 나머지 구간 0.60 m(=2.46 m−1.86 m), 즉 1.86 m의 단면서부터 2.46 m까지의 구간에는 최소 단면적의 전단철근을 배치해야 한다.

예제6-3) 앞의 예제의 보에서 수직 전단철근을 설계하라. 전단철근 철근은 $f_{yt}=$ 300 MPa이다.

풀이 그림 6-16(a)의 전단력도를 사용하여 설계한다. 그림에서 줄친 부분의 전단력을

스터럽이 부담하도록 설계해야 한다.

먼저 스터럽의 최대간격을 검토한다. 이것은 6.6.3의 [3]의 ③에 따라 V_s가 $\frac{1}{3}\sqrt{f_{ck}}\,b_w d$보다 크냐 또는 작으냐를 검토함으로써 알 수 있다.

$$\frac{1}{3}\sqrt{f_{ck}}\,b_w d = \frac{1}{3}\sqrt{21} \times 350 \times 560 = 300{,}000\text{N} = 300\text{ kN}$$

$V_u \le \phi(V_c + V_s)$로부터[식 (6・12) 및 식 (6・13) 참조]

$$V_s = \frac{V_u - \phi V_c}{\phi} = \frac{237 - 113}{0.75} = 165\text{kN} < 300\text{ kN}$$

즉, $V_s < \frac{1}{3}\sqrt{f_{ck}}\,b_w d$이므로 스터럽의 최대간격은

$$0.5d = 0.5 \times 560 = 280\text{mm} < 600\text{ mm}$$

D 13을 U형 스터럽으로 사용한다면, D 13의 단면적은 126.7 mm^{2}이므로 스터럽의 단면적은

$$A_v = 126.7 \times 2 = 253\text{mm}^2$$

식 (6・16)으로부터 얻어지는 간격은

$$s = \frac{A_v f_{yt}}{0.0625\sqrt{f_{ck}}\,b_w} = \frac{253 \times 300}{0.0625 \times \sqrt{21} \times 350} = 757\text{mm}$$

또는

$$s \le \frac{A_v f_{yt}}{0.35\,b_w} = \frac{253 \times 300}{0.35 \times 350} = 620\text{mm} > 280\text{mm}$$

따라서 스터럽의 최대간격은 280 mm이다.

받침부 전면(前面)과 위험단면 사이에서의 전단력은

$$V_u - \phi V_c = 237 - 113 = 124\text{kN} = 124{,}000\text{ N}$$

이 구간에서 요구되는 스터럽의 간격은 식 (6・18)로부터

$$s = \frac{\phi A_v f_{yt} d}{V_u - \phi V_c} = \frac{0.75 \times 253 \times 300 \times 560}{124{,}000} = 257\text{mm} < 280\text{ mm}$$

이 간격은 허용될 수 있는 최대간격 280 mm보다 작고, 또 배치하는 데 문제될 만큼 좁은 것도 아니므로, D 13의 U형 스터럽은 적절하다. 따라서 이 구간에서 스터럽의 간격은 200 mm로 한다.

스터럽의 간격을 최대간격 280 mm로 할 수 있는 전단력의 크기는 식 (6・18)로부터

$$V_u - \phi V_c = \frac{\phi A_v f_{yt} d}{s} = \frac{0.75 \times 253 \times 300 \times 560}{280} = 114{,}000\text{N} = 114\text{ kN}$$

따라서 280 mm로 배치할 수 있는 구간이, 그림 6-16(a)에서 ϕV_c(=113 kN)의 수평선이 전단력도와 만나는 점으로부터 지점쪽으로 x_1의 거리에 있다면 x_1은 그림 6-16(a)에서 삼각형의 닮음비를 이용하면

$$x_1 = \frac{114}{290-113} \times 1.86 = 1.20\text{m}$$

이것은 받침부 전면(前面)으로부터 1.86− 1.20= 0.66 m의 거리이다. 따라서 받침부 전면으로부터 0.66 m 떨어진 단면서부터 지간 중앙쪽으로는 280 mm 간격으로 할 수 있다.

첫 번째 스터럽은 지점으로부터 $\frac{s}{2}$ 이하인 곳에 배치하여야 한다. 따라서 스터럽의 배치를 다음과 같이 한다.

첫 번째 스터럽의 간격	= 100 mm
200 mm 간격×5 간격	= 1,000 mm
280 mm 간격×6 간격	= 1,680 mm
계	= 2,780 mm

스터럽을 이렇게 배치한 것이 그림 6-16(b)이다.

이것은 전단력의 변화에 따라 전단력이 큰 곳에서는 계산상 요구되는 간격으로 스터럽을 배치하고, 전단력이 감소함에 따라 그 간격을 넓혀서 배치한 경우이다. 그러나 실제의 설계와 시공에 있어서는 시공의 편의를 위하여 계산상 요구되는 간격의 등간격으로 배치하는 경우가 많다.

연습문제

6.1. 계수하중(factored load)에 의한 전단력 V_u = 36 kN를 지지할 수 있는 최소의 직사각형 단면을 결정하라. f_{ck} = 21 MPa이다.

(1) 전단철근을 사용하지 않을 경우　　　(2) 최소 전단철근량을 사용할 경우

6.2. 계수전단력(factored shear) V_u = 300 kN을 지지해야 할 보의 단면을 설계하려고 한다. f_{ck} = 21 MPa이고 단면은 직사각형으로 한다. 보의 단면이 전단에 의해 지배된다고 생각하고, 아래의 각 경우에 대하여 소요되는 단면의 폭 b와 유효높이 d를 구하라.

(1) 전단철근을 사용하지 않을 경우

(2) 전단철근의 최소 단면적을 사용할 경우

(3) 전단철근을 최대한도로 사용할 경우

6.3. 자중을 포함한 계수하중(factored load) 65 kN/m를 지지하는 단순보가 있다. 지간은 l = 7 m이고 단면은 b = 300 mm, d = 500 mm의 직사각형이다. 전단철근이 필요한가? 필요하다면 수직 스터럽으로 설계하라. f_{ck} = 21 MPa의 콘크리트를 사용하고, f_y = 300 MPa

의 철근을 사용한다.

6.4. 활하중 5 kN/m을 받고 있는 지간 8 m의 단순보가 있다. 단면은 300 mm×600 mm의 직사각형이고, d= 540 mm, A_s = 3-D 29=1,927 mm^2, f_{ck}= 21 MPa이다. 전단보강이 필요한가를 검토하라.

6.5. 앞의 문제에서 보의 중앙에 110 kN의 집중하중이 추가로 작용한다면 어떻게 될까? 전단철근이 필요하다면 수직 스터럽으로 설계하라. 스터럽 철근은 f_y= 300 MPa이다.

6.6. 그림 6-17과 같은 단면으로 된 지간 10 m의 단순보가 있다. 전단에 대하여 안전한가를 검토하라. 자중 외에 5 kN/m의 사용 활하중을 받고 있으며, f_{ck}= 21 MPa, f_y= 300 MPa, A_s = 3-D 29=1,927 mm^{2}이다.

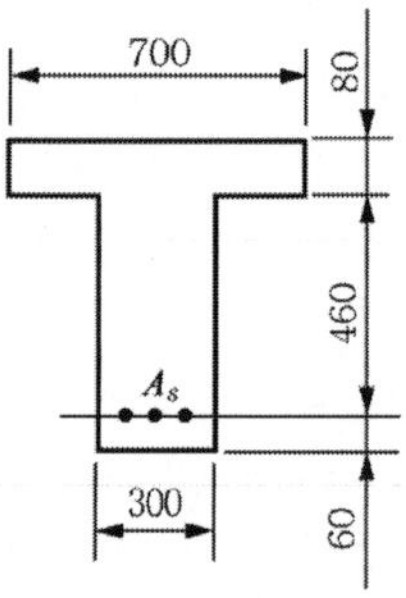

그림 6-17

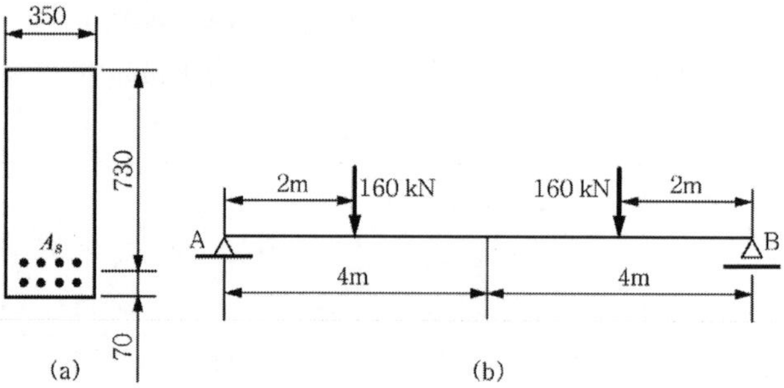

그림 6-18

6.7. 그림 6-18 (a)와 같은 단면으로 된 단순보가 그림 6-18 (b)과 같이 큰 집중하중을 받고 있다. 전단철근을 설계하라. 콘크리트의 설계기준압축강도는 f_{ck}= 21 MPa이고, 전단철근은 SD300(f_y= 300 MPa)을 사용한다.

6.8. 사용 활하중(service live load) 30 kN/m, 사용 고정하중 44 kN/m(자중 포함)을 받고 있는 단순보가 있다. 지간은 l= 3.2 m이고 받침부의 길이는 300 mm이다. 단면은 b= 280 mm, d= 480 mm, A_s= 1,246 mm^{2}인 단철근 직사각형이다. 필요한 전단철근을 수직 스터럽으로 설계하라. f_{ck}= 21 MPa, f_y= 300 MPa이다.

6.7 특수한 경우의 전단설계

6.7.1 높이가 변화하는 보

높이가 변화하는 보에서는 압축력과 인장력의 경사가 전단력에 적지 않은 영향을 미친다. 보의 상하면(上下面)이 이루는 각이 10°~15°의 범위를 넘지 않으면 모멘트에 미치는 영향은 크지 않지만, 전단에 미치는 영향은 10°에 대하여 30% 정도의 증감(增減)이 일어난다.

그림 6-19와 같이 보의 높이가 변화하는 보에서 설계를 위한 계수 전단강도는 다음 식으로 계산되는 V_1을 사용한다. 즉, 식 (6・12)의 V_u로서 다음 식의 V_1을 사용한다.

$$V_1 = V_u - \frac{M_u}{d}(\tan\alpha + \tan\beta) \qquad (6 \cdot 21)$$

여기서 V_u 및 M_u는 생각하는 단면의 계수전단력 및 계수 모멘트이고, α 및 β는 보의 하면(下面) 및 상면(上面)의 기울기이다. α 및 β의 부호는 M_u의 절대값이 증가함에 따라 유효깊이 d가 증가하는 경우에는 정(+)의 부호를 취하고, 감소하는 경우는 부(−)의 부호를 취한다. α와 β의 합계가 30° 이상으로 커지면 위의 식은 매우 부정확하게 된다. 그러나 30°를 넘지 않는다면 설계에 사용해도 좋다.

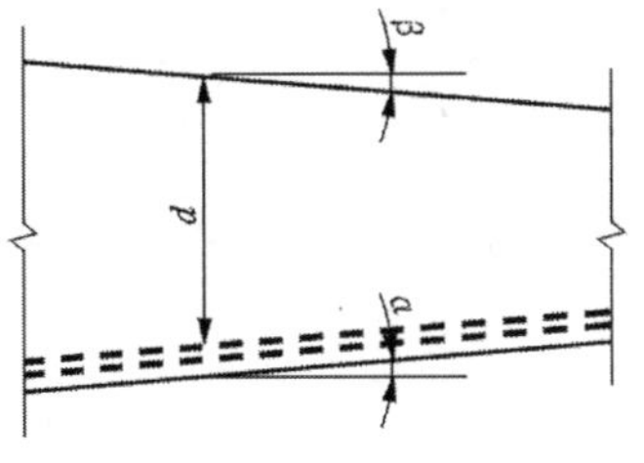

그림 6-19 높이가 변하는 보

6.7.2 축방향력을 받는 휨부재

휨부재에 축방향 압축이 작용하면 부재의 전단강도가 증가하고, 축방향 인장이 작용하면 감소한다.

[1] 축방향 압축을 받는 경우

휨부재에 축방향 압축력 N_u 가 작용하면, 사인장 균열을 유발하는 공칭전단강도 $V_c(=V_{cr})$가 커진다. 그래서 설계기준에서는 식 (6・15)의 M_u 대신에 다음 식의 M_m 을 대입하여 V_c를 계산하도록 하고 있다. 이때 $\dfrac{Vd}{M_u} \leq 1$ 이어야 한다는 제한을 받지 않는다.

$$M_m = M_u - N_u \frac{4h-d}{8} \tag{6・22}$$

여기서 h 는 부재의 두께이고, 축방향 압축력 N_u 는 정(+)의 부호를 취한다. 따라서 이 경우의 V_c는 식 (6・15)에 식 (6・22)를 대입함으로써 다음과 같이 된다.

$$V_c = \left[0.16\lambda\sqrt{f_{ck}} + 17.6\frac{\rho_w V_u d}{M_u - \frac{1}{8}N_u(4h-d)}\right] b_w d \tag{6・23}$$

그러나 위의 식으로 계산된 V_c를 다음 식의 V_c보다 크게 취해서는 안 된다.

$$V_c = 0.29\lambda\sqrt{f_{ck}}\, b_w d\sqrt{1+\frac{N_u}{3.5A_g}} \tag{6・24}$$

여기서 A_g 는 부재의 총 단면적이다. 식 (6・22)에 의해 계산된 M_m 이 부(−)일 경우에는 V_c는 식 (6・24)로 계산된 값을 설계에 사용한다.

V_c를 위의 식들로 계산하는 대신 다음 식을 적용한 간략 계산법을 사용하여도 좋다. 이 식은 설계기준에서 주고 있는 축방향 압축력을 받는 부재의 전단강도이다.

$$V_c = \frac{1}{6}\left(1+\frac{N_u}{14A_g}\right)\lambda\sqrt{f_{ck}}\, b_w d \tag{6・25}$$

[2] 축방향 인장을 받는 경우

부재가 현저한 축방향 인장력 N_u 를 받을 경우에는 V_c는 다음 식으로 계산한다.

$$V_c = \frac{1}{6}\left(1+\frac{N_u}{3.5A_g}\right)\lambda\sqrt{f_{ck}}\, b_w d \tag{6・26}$$

위의 식에서 N_u 의 부호는 부(−)를 취한다. 그러나 축방향 인장을 받는 부재에서는 $V_c=0$으로 보고 모든 전단력을 복부철근이 받도록 설계하기도 한다.

예제6-4) 폭 $b= 300$ mm, 유효높이 $d= 600$ mm, 보의 높이 $h= 670$ mm인 직사각형 단면의 보가 지간중앙에 하나의 계수 집중하중(factored load) 440 kN을 받고 있다. 다음 각 경우에 대하여 위험단면(지점에서 d 거리에 있는 단면)에 있어서 콘크리트가 부담할 수 있는 전단강도 V_c를 계산하라.

(1) 축방향력의 작용이 없는 경우

(2) 계수 축방향 압축력(factored axial compression) 270 kN이 작용할 경우

(3) 계수 축방향 인장력(factored axial tension) 270 kN이 작용할 경우

$f_{ck}= 27$ MPa이고, 전단에 대한 위험단면에서 인장철근은 3-$D32$= 2382 mm^{2}이다. 보의 자중은 무시한다. 보통중량콘크리트이므로 $\lambda=1$ 인 식을 사용한다.

풀이 전단에 대한 위험단면에서

계수전단력은 $V_u = \dfrac{440}{2} = 220\,\text{kN} = 220{,}000\,\text{N}$

계수휨모멘트는 $M_u = 220{,}000 \times 600 = 132 \times 10^6\,\text{N·mm}$

철근비는 $\rho_w = \dfrac{A_s}{b_w d} = \dfrac{2{,}382}{300 \times 600} = 0.013$

(1) 축방향력의 작용이 없는 경우

축방향력의 작용이 없으므로 보의 경우이다. $\dfrac{V_u d}{M_u} = \dfrac{220{,}000 \times 600}{132 \times 10^6} = 1$이므로 식 (6·15)로부터

$$V_c = \left(0.16\sqrt{f_{ck}} + 17.6\frac{\rho_w V_u d}{M_u}\right) b_w d$$
$$= \left(0.16\sqrt{27} + 17.6\frac{0.013 \times 220{,}000 \times 600}{132 \times 10^6}\right) \times 300 \times 600 = 190{,}800\text{N}$$

이 값이 다음 값보다 커서는 안 된다.

$$0.29\sqrt{f_{ck}}\, b_w d = 0.29\sqrt{27} \times 300 \times 600 = 271{,}400\text{N} > \text{V}_c \quad \text{(OK)}$$

식 (6·14)로 계산해 보면

$$\frac{1}{6}\sqrt{f_{ck}}\, b_w d = \frac{1}{6}\sqrt{27} \times 300 \times 600 = 156{,}000\text{N}$$

이 값은 식 (6·15)로 계산한 값보다 18% 정도 작다.

(2) 축방향 압축력 270 kN이 작용할 경우

식 (6·22)로부터

$$M_m = M_u - N_u \frac{4h - d}{8}$$
$$= 132 \times 10^6 - 270 \times 10^3 \times \frac{4 \times 670 - 600}{8} = 61{,}800{,}000\text{N·mm}$$

식 (6・23)으로부터

$$V_c = \left[0.16\sqrt{f_{ck}} + 17.6\frac{\rho_w V_u d}{M_u - N_u \dfrac{4h-d}{8}}\right] b_w d$$

$$= \left(0.16\sqrt{27} + 17.6 \times \frac{0.013 \times 220{,}000 \times 600}{61{,}800{,}000}\right) \times 300 \times 600 = 238{,}000\text{N}$$

이 값이 식 (6・24)의 V_c 보다 커서는 안 된다.

$$V_c = 0.29\sqrt{f_{ck}}\, b_w d \sqrt{1 + \frac{N_u}{3.5A_g}} = 0.29\sqrt{27} \times 300 \times 600 \sqrt{1 + \frac{1}{3.5} \times \frac{270 \times 10^3}{300 \times 670}}$$

$$= 319{,}000\text{N} > 238{,}000\text{N (OK)}$$

식 (6・25)로 계산해 보면

$$V_c = \frac{1}{6}\left(1 + \frac{N_u}{14A_g}\right)\sqrt{f_{ck}}\, b_w d$$

$$= \frac{1}{6}\left(1 + \frac{1}{14} \times \frac{270 \times 10^3}{300 \times 670}\right)\sqrt{27} \times 300 \times 600 = 171{,}600\text{N} < 238{,}000\text{N}$$

위의 (1)의 경우 및 (2)의 경우의 계산결과로부터 다음과 같은 사실을 알 수 있다. 즉 270 kN의 축방향 압축력이 작용하여 단면에

$$\frac{N_u}{A_g} = \frac{270 \times 10^3}{300 \times 670} = 1.3\text{N/mm}^2 = 1.3\text{ MPa}$$

의 압축응력이 작용함으로써 콘크리트의 전단강도[(2)의 경우의 V_c]가 축방향 압축력의 작용이 없는 경우의 전단강도[(1)의 경우의 V_c]보다 약 24%만큼 증가하였음을 보여 주고 있다.

(3) 축방향 인장력 270 kN이 작용할 경우

식 (6・26)으로부터

$$V_c = \frac{1}{6}\left(1 + \frac{N_u}{3.5A_g}\right)\sqrt{f_{ck}}\, b_w d$$

$$= \frac{1}{6}\left[1 + \frac{1}{3.5} \times \frac{(-270 \times 10^3)}{300 \times 670}\right]\sqrt{27} \times 300 \times 600 = 93{,}600\text{N}$$

이것은 축방향력의 작용이 없는 경우의 값[(1)의 경우의 V_c]보다 50% 정도 감소된 값이다.

6.7.3 깊은보

보의 높이가 지간(경간)에 비하여 보통의 경우보다 높고, 보의 폭이 지간이나 높이보다 매우 작은 보를 **깊은보**(deep beam)라고 한다. 설계기준에서는 다음 ① 또는 ②와 같은 부재를 깊은보로 정의하고 있다.

① 순경간 l_n이 부재 깊이 h의 4배 이하인 부재, 즉 $\frac{l_n}{h} \le 4$인 부재

② 집중하중이 받침점으로부터 부재 깊이 h의 2배 이내의 거리에 작용하는 부재

깊은보는 그 거동이 보통의 보와 달라서 그 해석, 설계 및 철근의 상세에 대하여 특별한 고려가 필요하다. 그래서 설계기준에서는 스트럿-타이모델(strut-and-tie model)을 사용하여 설계하거나 또는 비선형 해석(nonlinear analysis)에 의해 설계하도록 요구하고 있다.

깊은보의 강도는 전단에 지배된다. 또, 그 전단강도는 보통의 식으로 계산되는 값보다 크다. 이것은 파괴 전에 내력(內力)의 재분배가 일어나고 또 힘의 전달기구가 보통의 보와 판이하게 다르기 때문이다. 깊은보의 파괴형태를 보인 그림 6-5에서 알 수 있는 바와 같이 균열의 기울기가 45°보다 크며, 때로는 수직에 가깝게 된다. 그래서 깊은보에서는 수직 스터럽을 배치하는 외에 수평방향으로도 전단철근을 배치한다.

부록 B에 스트럿-타이 모델을 소개하였으며, 깊은보를 예제로 다루었다.

6.7.4 전단마찰

전단력의 작용방향으로 균열이 발생하는 경우가 있다. 이러한 현상은 $\frac{a}{d} < 1.0$ 인 경우에 볼 수 있다. 이 경우 균열을 가로질러 배치된 철근이 없으면 균열면을 따라 활동을 일으킬 것이다. 이러한 경우의 예를 들면 다음과 같다.

(1) 굳은 콘크리트와 여기에 이어 친 콘크리트와의 접합면(예를 들면 합성구조로 된 프리캐스트보와 슬래브의 접합면)

(2) 기둥과 브래킷(bracket) 또는 내민받침(corbel)과의 접합면[그림 6-20 (a)]

(3) 프리캐스트 구조에서 부재요소의 접합면[그림 6-20 (b)의 프리캐스트 보의 지압부]

(4) 콘크리트와 강재(鋼材)의 접합면(예를 들면, 콘크리트 기둥에 정착된 강재 브래킷)

이러한 곳에서는 사인장보다도 순수전단(pure shear) 또는 활동(slippage)이 지배적이다.

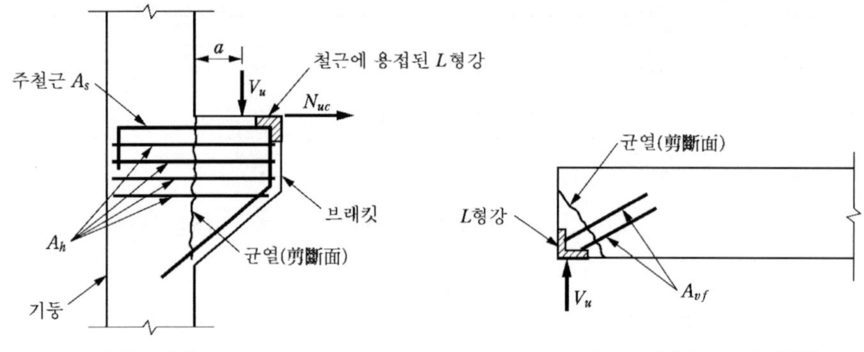

(a) 브래킷 (b) 프리캐스트 보의 지압부

그림 6-20 전단마찰의 예

따라서 이러한 곳에서는 그림 6-20에 보인 바와 같은 균열이 발생한다. 이러한 관계를 보다 알기 쉽게 보인 것이 그림 6-21이다.

그림 6-21 (a)에 보인 바와 같이 전단력 V_n 에 의하여 균열이 발생하면 상하 두 부분은 미끄럼(slip)을 일으켜 서로 분리되려고 한다. 이때 균열을 가로질러 배치된 철근(단면적 A_{vf})에는 인장응력이 일어나고, 파괴를 일으키는 시점에서는 항복강도 f_y 에 이르게 되어 그 인장력의 크기는 $A_{vf}f_y$ 로 된다. 이 철근의 인장력과 비기기 위해서는 그림 6-21 (b)에 보인 바와 같이 콘크리트에 압축응력이 작용해야 한다. 그 압축력의 크기는 $A_{vf}f_y$ 와 같아야 한다.

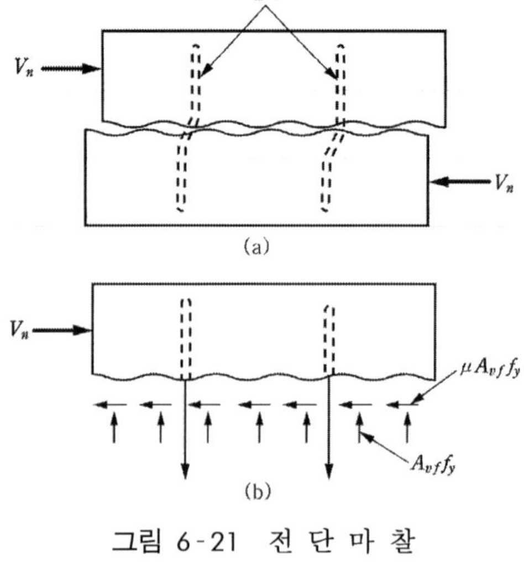

그림 6-21 전 단 마 찰

이 압축력은 다음과 같은 마찰력을 일으킨다.

$$\mu A_{vf} f_y$$

여기서 A_{vf} : 균열면(전단면, 剪斷面)에 직각으로 배치된 철근의 단면적

μ : 균열면의 마찰계수

결국, 균열면에서 전단에 대한 저항력은 이 마찰력뿐이므로 다음 관계가 성립한다.

$$V_n = \mu A_{vf} f_y$$

이런 경우의 전단설계 역시 식 (6・12)에 따라야 하는데, 이때 콘크리트가 부담할 전단강도는 $V_c = 0$으로 보아야 하므로

$$V_u = \phi V_n = \phi \mu A_{vf} f_y$$

$$\therefore A_{vf} = \frac{V_u}{\phi \mu f_y} \qquad (6 \cdot 27)$$

여기서 ϕ는 전단에 대한 강도감소계수이며, $\phi = 0.75$이다. A_{vf} 를 **전단마찰철근**(shear-friction reinforcement), $\mu A_{vf} f_y$를 **전단마찰력**(shear-friction force)이라 하며, 이 전단설계 이론을 **전단마찰 이론**(shear-friction theory)이라고 한다. 전단마찰철근의 설계기준항복강도 f_y는 500 MPa 이하로 하여야 한다.

전단마찰철근이 전단면(剪斷面, shear plane)과 α_f 의 각도로 경사를 이룰 경우에는 다음과 같이 된다. 그러나 이 식은 철근에 평행한 전단력의 분력 성분이 철근에 인장력을 일으키는 경우에만 사용하여야 한다.

$$\left.\begin{aligned} V_n &= A_{vf} f_y (\mu \sin\alpha_f + \cos\alpha_f) \\ A_{vf} &= \frac{V_u}{\phi f_y (\mu \sin\alpha_f + \cos\alpha_f)} \end{aligned}\right\} \qquad (6 \cdot 28)$$

콘크리트구조기준(2012)에서는 마찰계수 μ의 값을 다음과 같이 주고 있다.

일체로 친 콘크리트 ………………………………………………… $\mu = 1.4\lambda$

표면을 거칠게 처리한 굳은 콘크리트에 이어 친 콘크리트 …… $\mu = 1.0\lambda$

일부러 거칠게 하지 않은 굳은 콘크리트에 새로 친 콘크리트 …… $\mu = 0.6\lambda$

구조용 강재에 정착된 콘크리트 ……………………………………… $\mu = 0.7\lambda$

여기서 λ는 경량콘크리트계수이며, 표면을 거칠게 처리한 굳은 콘크리트란 접촉면에 요철의 크기가 대략 6 mm 정도 되도록 거칠게 만든 면을 말한다.

한편 공칭전단강도 V_n은 N 단위로 $0.2 f_{ck} A_c$ 이하, $(3.3 + 0.08 f_{ck}) A_c$ 이하이어야

하며, A_c는 전단전달을 위한 콘크리트의 단면적으로서 mm^2 단위이다. 전단면(剪斷面)을 가로지르는 순 인장력에 대하여도 철근을 추가로 배치해야 한다. 이 경우 전단면을 가로지르는 영구적인 순 압축력은 전단마찰철근의 힘 $A_{vf}f_y$에 합해도 좋다.

예제6-5 그림 6-22(a)와 같이 받침부에 80×80×12의 L형강을 정착시킨 프리캐스트 보가 있다. 이 받침부에 지점반력 V_u = 445 kN(factored shear)이 작용한다. 콘크리트의 크리프, 건조수축 및 온도의 영향으로 인한 체적변화를 구속함으로써 일어나는 수평력 N_{uc}를 수직반력의 20%로 본다. 즉 N_{uc} = 89 kN으로 본다. 받침부 보강에 필요한 철근을 설계하라. 보의 단면은 400 mm × 760 mm의 직사각형이고, f_{ck} = 35 MPa, f_y = 400 MPa이다.

풀이 보의 단부에 그림 6-22(a)와 같은 균열의 발생이 예상된다. 철근을 15°의 각도로 배치하면 균열면과 85°의 각도를 이루지만, 식 (6.28)은 철근에 평행한 전단력의 분력 성분이 철근에 인장력을 일으키는 경우에만 사용하여야 하므로 적용하지 않는다.

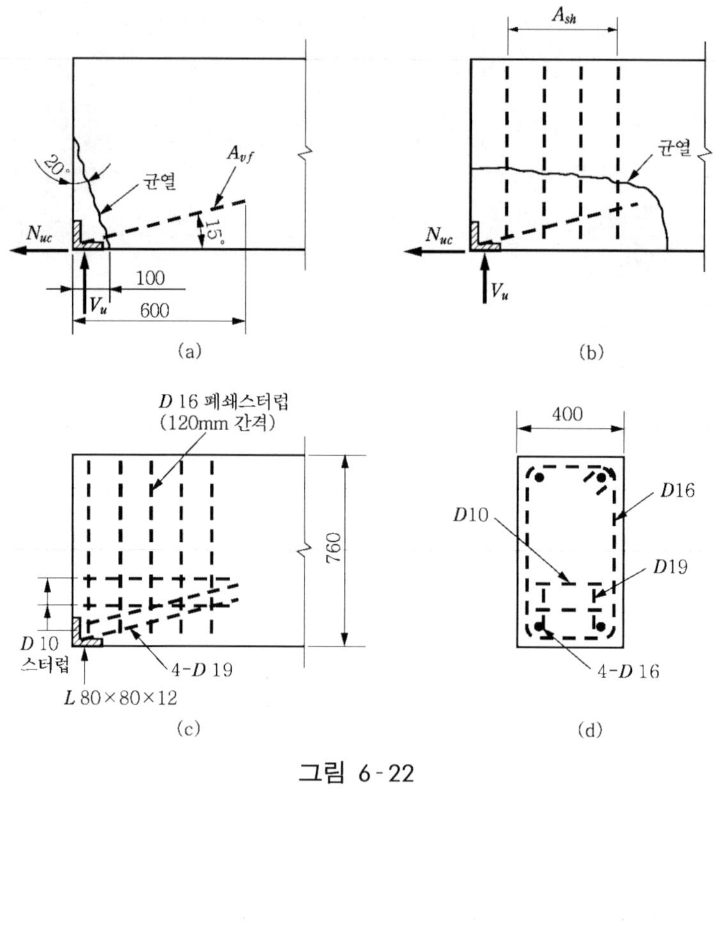

그림 6-22

V_u 의 전단면(剪斷面) 방향의 분력(分力)은 $V_u \cos 20°$ 이므로, 이에 필요한 철근량은 식 (6・27)로부터(이 보는 일체로 친 콘크리트이므로 마찰계수는 $\mu = 1.4$이다)

$$A_{vf} = \frac{V_u \cos 20°}{\phi \mu f_y} = \frac{445 \times 10^3 \times 0.940}{0.75 \times 1.4 \times 400} = 996\text{mm}^2$$

균열을 가로지르는 순 인장력 N_{uc} 의 전단면 방향 분력에 대해 추가해야 할 철근량은

$$\frac{N_{uc} \sin 20°}{\phi \mu f_y} = \frac{89 \times 10^3 \times 0.340}{0.75 \times 1.4 \times 400} = 72\text{mm}^2$$

따라서 필요한 전단마찰 철근량은 위의 두 값의 합계이다.

$$A_{vf} = 996 + 72 = 1{,}068\text{mm}^2$$

균열에 수직으로 작용하는 순 압축력은 $V_u \sin 20° - N_{uc} \cos 20° = 67{,}600\,\text{N}$이다. 이 압축력을 설계기준[7.7.2의 (6)]에 따라 A_{vf} 의 계산에 고려하면 A_{vf} 의 값이 위의 값보다 감소하겠지만 여기서는 무시하기로 한다. $D\,19$ 철근 4개(단면적 1,146 mm^2)를 그림 6-22 (a)와 같이 15°의 경사로 600 mm만큼 보 속으로 연장한다. 이 철근들을 L 형강에 용접한다.

균열면의 면적은

$$A_c = 400 \times \frac{100}{\sin 20°} = 117{,}000\text{mm}^2$$

설계전단강도는

$$\phi V_n = \phi V_n = \phi \mu A_{vf} f_y = 0.75 \times 1.4 \times 1{,}146 \times 400 = 0.75 \times 642{,}000 = 482{,}000\text{N}$$

공칭전단강도 V_n 의 값 642,000N은 다음 값 중 작은 값인 최대 허용값을 넘지 않는다.

$$0.2 f_{ck} A_c = 0.2 \times 35 \times 117{,}000 = 819{,}000\text{N}$$

$$(3.3 + 0.08 f_{ck}) A_c = (3.3 + 0.08 \times 35) \times 117{,}000 = 714{,}000\text{N} < 0.2 f_{ck} A_c$$

균열면에 작용하는 전단력은

$$V_u = 445 \times 10^3 \times \cos 20° + 89 \times 10^3 \times \sin 20° = 448{,}600\,\text{N} < \phi V_n \quad \text{(OK)}$$

전단마찰철근에 작용하는 인장력은 그림 6-22 (b)와 같은 제2의 균열을 유발할 것이다. 이 전단면(剪斷面)에 작용하는 전단력은 수직 스터럽 A_{sh} 로 부담케 한다. 그 설계도 전단마찰 이론에 따른다. 따라서

$$V_u = A_{vf} f_y \cos 15° = 1068 \times 400 \times 0.966 = 412{,}700\text{N}$$

$$A_{sh} = \frac{V_u}{\phi \mu f_y} = \frac{412{,}700}{0.75 \times 1.4 \times 400} = 983\text{mm}^2$$

이에 대해 $D\,16$의 폐쇄스터럽 4개를 그림 6-22 (b)와 같이 배치하면, 설계전단강도는

$$\phi V_n = \phi V_n = \phi \mu A_{vf} f_y = 0.75 \times 1.4 \times 1{,}589 \times 400 = 0.75 \times 890{,}000 = 668{,}000\text{N}$$

균열의 길이를 600mm로 가정하면, 공칭전단강도 V_n의 값 890,000N은 다음 값 중 작은 값인 최대 허용값을 넘지 않는다.

$$0.2 f_{ck} A_c = 0.2 \times 35 \times (600 \times 400) = 1{,}680{,}000\text{N}$$
$$(3.3 + 0.08 f_{ck}) A_c = (3.3 + 0.08 \times 35)(600 \times 400) = 1{,}464{,}000\text{N} < 0.2 f_{ck} A_c$$

따라서 $\phi V_n = 668{,}000\text{N} > V_u$ (OK)

다음에 수직방향의 할렬(splitting)에 대비하여, 그림 6-22(c)와 (d)에 보인 바와 같이 받침부 가까이에 수평 스터럽을 배치한다. 그 철근량을 PCI Design Handbook에서는 $V_u/8f_y$로 주고 있다. 즉

$$A_{cv} = A_{ch} = \frac{V_u}{8f_y} = \frac{445 \times 10^3}{8 \times 400} = 139\text{mm}^2$$

이에 대하여 D10의 스터럽 2개를 그림 6-22(c) 및 (d)와 같이 보의 바닥에 평행하게 배치한다. 또 D13의 폐쇄 수직 스터럽 1개를 그림 6-22(c)에 보인 것처럼, 단부 가까이에 추가 배치하는 동시에 그림 6-22(d)에 보인 바와 같이 D16 철근 1개씩을 수직 스터럽의 네 귀에 종방향으로 배치한다.

6.7.5 브래킷과 내민받침

브래킷(bracket) 또는 내민받침(corbel)이란 그림 6-23에 보인 바와 같이 기둥, 벽체 등으로부터 돌출되어 보 등 다른 구조물을 받치는 구조물을 말한다. 일반적으로 브래킷은 $\frac{a}{d} \le 1.0$이므로 그 강도는 전단으로 지배된다. 여기서 a는 전단지간으로서, 집중하중과 받침부 내면사이의 거리이고(그림 6-23). d는 브래킷의 유효깊이이다.

설계기준에서는 $\frac{a}{d} \le 1.0$이고, 계수전단력 V_u보다 크지 않은 수평인장력 N_{uc}를 받는 브래킷과 내민받침의 전단설계방법을 주고 있다. 여기서 N_{uc}는 브래킷 위에 놓인 보가 신축하고, 또 보가 브래킷에 부착됨으로서 크리프, 건조수축, 온도 등에 의해 보의 변형이 구속됨으로서 일어나는 수평인장력을 말한다(그림 6-23).

한편 콘크리트구조기준(2012)에서는 $\frac{a}{d} < 2$인 경우에는 스트럿-타이 모델을 이용하하여 설계할 수 있도록 하고 있다.

브래킷은 초과 하중 하에서 그림 6-20(a)에 보이는 균열이 발생한다. 하중이 더 증가하면 브래킷은 기둥면에 따라 직접전단에 의해 파괴된다. 따라서 그림 6-23(a)와 같이 전단마찰철근 A_h를 배치해야 한다. A_h는 보통 폐쇄스터럽으로 한다.

브래킷은 구조적으로는 그림 6-23(b)에 보인 바와 같이 이른바 스트럿-타이 모델

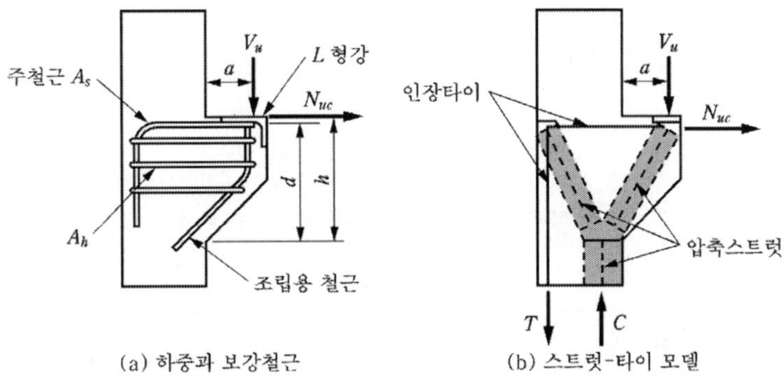

그림 6-23 철근콘크리트 브래킷

(strut-and-tie model)의 방법으로 나타낼 수 있다. 즉 외력 V_u 및 N_{uc}는 그림 6-23 (b)에 보인 바와 같은 압축 스트럿과 인장타이에 의해 평형을 이룬다는 생각이다[부록 B 의 B.6 참조].

그림 6-23(a)에 보인 것처럼 d는 기둥면에서 측정된 값이고, 지압면의 외단(外端)에서의 브래킷의 깊이는 $0.5d$ 이상이라야 한다.

받침부의 단면은 계수전단력 V_u, 계수휨모멘트 $M_u = [V_u a_v + N_{uc}(h-d)]$ 및 수평인장력 N_{uc}를 함께 지지할 수 있도록 설계해야 한다. 전단마찰철근 A_{vf}는 전단마찰이론에 따라 식 (6・27)로 계산한다. 이때 공칭전단강도 V_n은 일반콘크리트의 경우 $0.2f_{ck}b_w d$, $(3.3+0.08f_{ck})b_w d$ 및 $11\,b_w d$ 중 가장 작은 값을 초과할 수 없다.

계수휨모멘트 M_u에 저항하는 철근량 A_f는 보통의 휨설계 방법으로 계산한다. 즉

$$A_f = \frac{M_u}{\phi f_y\left(d - \dfrac{a}{2}\right)} \tag{6・29}$$

여기서

$$a = \frac{A_f f_y}{0.85 f_{ck} b}$$

여기에 인장력 N_{uc}에 저항시킬 철근량 A_n을 추가하여야 한다.

$$A_n = \frac{N_{uc}}{\phi f_y} \tag{6・30}$$

여기서 $N_{uc} \geq 0.2\,V_u$ 이라야 하고, 또 활하중으로 보아야 한다.

따라서 휨과 인장력에 대하여 브래킷 상부에 배치해야 할 철근량 A_s는 다음과 같다.

$$A_s \geq A_f + A_n \qquad (6 \cdot 31)$$

이 철근량 A_s는 전단과 인장력에 대하여 다음 조건을 만족해야 한다.

$$A_s \geq \frac{2}{3}A_{vf} + A_n \qquad (6 \cdot 32)$$

위의 식에서 A_{vf}는 전단마찰 이론으로 계산되는 전단마찰 철근량이며 식 (6·27)로 계산한다.

A_{vf}의 나머지 양 $\frac{1}{3}A_{vf}$는 그림 6-23(a)와 같이 A_h의 단면적을 가지는 수평 폐쇄 스터럽으로 배치한다. 또한, A_s는 휨 인장균열의 발생으로 인한 갑작스러운 파괴를 피하기 위하여 다음 값 이상이라야 한다.

$$A_s \geq 0.04\frac{f_{ck}}{f_y}bd \qquad (6 \cdot 33)$$

수평 폐쇄스터럽 A_h는 다음 조건을 만족해야 한다.

$$A_h \geq 0.5(A_s - A_n) \qquad (6 \cdot 34)$$

위의 식의 A_s에 식 (6·31)의 A_s를 대입하거나 또는 위의 식의 A_n에 식 (6·32)의 A_n을 대입하면 다음 관계를 얻는다.

$$A_h \geq \frac{1}{2}A_f \text{ 또는 } A_h \geq \frac{1}{3}A_{vf} \qquad (6 \cdot 35)$$

폐쇄스터럽 A_h는 그림 6-23(a)와 같이 A_s에 나란하게, 또 $\frac{2}{3}d$ 내에 등간격으로 배치한다.

예제6-6) 그림 6-24의 브래킷은 프리캐스트 거더를 지지하기 위한 것이다. 사용 고정하중 및 활하중으로 인한 수직반력은 각각 110 kN 및 210 kN이고, 기둥면에서 140 mm의 거리에 작용한다. 브래킷의 모서리에 앵커된 L 형강 위에 놓인 강재 지지판 위에 거더가 놓인다. 주철근 A_s는 L 형강 하면에 용접된다. 이 브래킷의 소요단면과 철근량을 계산하라. f_{ck} = 35 MPa, f_y = 400 MPa이다.

풀이 수직방향의 계수하중은[표 4-4 참조]

$$V_u = 1.2 \times 110 + 1.6 \times 210 = 468\text{kN}$$

거더가 롤러나 저마찰 받침 패드로 지지되어 있지 않으므로 $N_{uc} = 0.2V_u$로 본다. 즉

$$N_{uc} = 0.2V_u = 0.2 \times 468 = 94\text{kN}$$

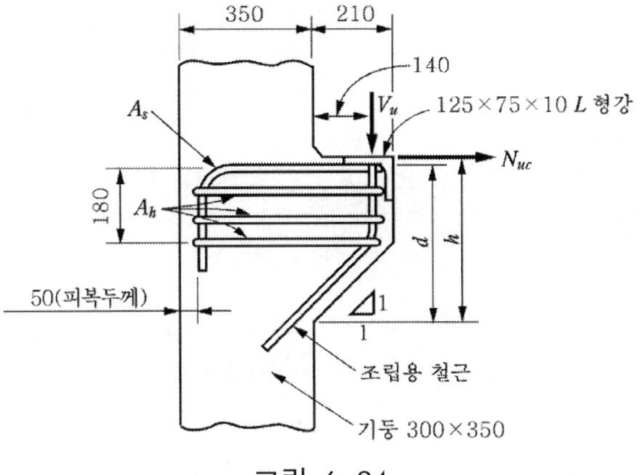

그림 6-24

공칭전단강도 V_n 은 $0.2 f_{ck} b_w d$, $(3.3+0.08f_{ck})b_w d$ 및 $11 b_w d$ 중 가장 작은 값을 초과할 수 없다.

$$0.2 f_{ck} b_w d = 0.2 \times 35 b_w d = 7 b_w d$$

$$(3.3+0.08 f_{ck}) b_w d = (3.3+0.08\times 35) b_w d = 6.1\, b_w d$$

그러므로 V_n 은 $6.1 b_w d$ 보다 커서는 안 된다. 브래킷의 폭을 기둥의 폭(300 mm)과 같게 한다면 $V_u \le \phi V_n$ 으로부터($V_n = 6.1\, b_w d$ 로 보고)

$$468{,}000 \le 0.75 \times 6.1(300\times d), \qquad \therefore d = 341\,\text{mm}$$

주철근 A_s 의 도심에서 브래킷 상면(上面)까지를 30 mm로 가정하면 브래킷의 총 높이는 $h = 341+30 = 371\,\text{mm}$이다. 그림 6-24와 같이 브래킷 하부를 45°의 경사로 한다면 받침부의 외측에서 브래킷의 깊이는 210 mm로 된다. 이 값은 $0.5d$ 보다 크다.

$$\frac{a}{d} = \frac{140}{341} = 0.41 < 1.0$$

따라서 이 브래킷의 강도는 전단으로 지배된다. 총 전단마찰 철근량은 식 (6·27)로부터

$$A_{vf} = \frac{V_u}{\phi \mu f_y} = \frac{468{,}000}{0.75\times 1.4 \times 400} = 1{,}114\text{mm}^2$$

휨모멘트는

$$M_u = V_u a + N_{uc}(h-d)$$
$$= 468{,}000 \times 140 + 94{,}000(401-371) = 68{,}340{,}000\text{N·mm}$$

콘크리트의 응력분포의 깊이를 a=40 mm로 가정하면 식 (6·29)로부터

$$A_f = \frac{M_u}{\phi f_y\left(d - \frac{a}{2}\right)} = \frac{68,340,000}{0.85 \times 400\left(371 - \frac{40}{2}\right)} = 573\text{mm}^2$$

응력분포 깊이를 검토하면

$$a = \frac{A_f f_y}{0.85 f_{ck} b} = \frac{573 \times 400}{0.85 \times 35 \times 300} = 26\text{mm} < 40\text{mm}$$

A_f 를 다시 계산하면

$$A_f = \frac{68,340,000}{0.85 \times 400 \times \left(371 - \frac{26}{2}\right)} = 561\text{mm}^2$$

인장력 N_{uc} 에 저항시키기 위하여 추가해야 할 철근량은 식 (6·30)으로부터

$$A_n = \frac{N_{uc}}{\phi f_y} = \frac{94,000}{0.85 \times 400} = 276\text{mm}^2$$

따라서 브래킷 상부에 배치해야 할 총 철근량은

$$A_s \geq A_f + A_n = 561 + 276 = 837\text{mm}^2$$

그러나 A_s 는 다음 값들보다 커야 한다.

$$A_s \geq \frac{2}{3}A_{vf} + A_n = \frac{2}{3} \times 1,114 + 276 = 1,019\text{mm}^2 > 837\text{mm}^2$$

$$A_s \geq 0.04\frac{f_{ck}}{f_y}bd = 0.04\frac{35}{400} \times 300 \times 371 = 390\text{mm}^2 < 837\text{mm}^2$$

이에 대하여 3-D 22를 배치한다면

$$A_s = 1,161\text{mm}^2 > 1,019\text{mm}^2$$

폐쇄스터럽 A_h 는 $0.5(A_s - A_n)$ 이상이어야 하므로, 이는 식 (6·35)의 조건들을 만족하면 얻어진다.

$$A_h \geq \frac{1}{2}A_f = \frac{1}{2} \times 561 = 281\text{mm}^2$$

또는

$$A_h \geq \frac{1}{3}A_{vf} = \frac{1}{3} \times 1,114 = 371\text{mm}^2 > 276\text{mm}^2$$

이에 대하여 3-D 10을 사용한다면 폐쇄스터럽의 총 단면적은 $A_h = 427\text{ mm}^2$이다. 이 폐쇄스터럽을 $\frac{2}{3}d$ 내에서 60 mm 간격으로 그림과 같이 배치한다.

주철근 A_s (3-D 22)는 그림 6-24에 보인 것처럼 갈고리를 만들어 기둥 속에 정착시켜야 한다.

6.8 변각트러스 모델과 수정압축장 이론 및 스트럿-타이 모델

이상에서 다루어 온 전단해석과 설계방법은 기본적으로 실험과 경험에 근거한 것으로서 45° 트러스 모델을 채택한 미국의 ACI 318 Code에 기반을 둔 것이다. 이 설계법은 균열의 각도가 45°라고 가정하고 전단강도를 구한다. 유럽에서는 균열의 각도를 하나의 값으로 고정하지 않고, 전단거동에 따라 균열의 각도가 변하는 **변각트러스 모델**(variable angle truss model 또는 variable strut inclination method)을 사용하고 있다. 또 캐나다에서는 **수정압축장 이론**(modified compression field theory)에 따라 전단설계를 수행하는데 이것도 균열의 각도를 하나의 값으로 고정하지 않고 각도를 계산에 따라 결정하도록 한다. 한편 45° 트러스 모델, 변각트러스 모델, 수정압축장 이론은 모두 '변형 전의 평면이 변형 후에도 평면을 유지한다'는 베르누이의 가정이 적용되는 구간에 대한 전단해석과 설계방법이다. 베르누이의 가정이 적용되지 않는 구간은 구조요소의 종류에 따라 경험적으로 개발된 설계방법을 적용하여 왔으므로, 하나의 개념이나 모델로 통일되지 않고 각각의 경험적 방법이 적용되었다. 근래에는 베르누이의 가정이 적용되지 않는 구간에 대한 통일된 설계법의 하나로 **스트럿-타이 모델**(strut-and-tie model)을 적용하도록 규정한 설계기준이 많아지고 있다.

45° 트러스 모델은 ACI 318 Code, 콘크리트구조기준(2012), 도로교설계기준(2010)에 채택되어 있는데, 이 장에서 자세히 다루고 있다. 변각트러스 모델은 Eurocode 2와 도로교설계기준 한계상태설계법(2012)에 채택되어 있고, 수정압축장 이론은 캐나다 설계기준 CSA와 미국의 교량설계기준 AASHTO-LRFD에 채택되어 있다. 스트럿-타이 모델은 콘크리트구조기준(2012)의 부록, ACI 318 Code의 부록, 도로교설계기준 한계상태설계법(2012)의 본문, AASHTO-LRFD의 본문, Eurocode 2의 본문 등 대부분의 설계기준에 규정되어 있다. 이 책에서는 이들을 부록 B에 따로 소개하였다.

6.8.1 변각트러스 모델

강도설계법의 45° 트러스 모델은 균열의 각도가 45°라고 가정하고 단면의 전단강도를 기반으로 한 것이기 때문에 콘크리트가 부담하는 전단강도와 전단철근이 부담하는 전단강도를 각각 계산한 후 더하여 공칭전단강도와 설계전단강도를 구한다. 전통적 개념의 한계상태설계법을 채택하고 있는 설계기준에서는 변각트러스 모델을 채택하고 있는데, 이는 인장 주철근, 전단철근, 콘크리트 압축대(strut)가 하나의 트러스 부재를 이룬다는 개념이다. 즉 인장 주철근은 트러스의 하현재(下絃財), 압축철근 또는 휨모멘트에 의해 압축력을 받게 되는 콘크리트는 상현재(上絃財), 전단철근은 수직재(垂直材), 경사진 방향의 압축 주응력을 받는 콘크리트를 압축대(strut)로 취급하여 트러스의 사재(斜材)와 같은 작용을 한다는 것이다. 따라서 철근콘크리트 보의 강도는 이 트러스의 강도와 같으므로, 상현재나 하현재가 파괴되면 휨파괴, 수직재나 사재가 파괴되면 전단파괴로 구분하는 것이다. 또 전단강도는 단면의 성능에 따라 결정되는 것이 아니라 구조요소의 성능에 따라 결정된다는 개념이므로 모든 구간에 최소전단철근 이상의 전단철근을 배치하여야 하며, 설계전단강도를 계산할 때는 수직재의 강도, 즉 전단철근에 의한 전단강도($f_{yt}A_v(0.9d)\cot\theta/s$)와 사재의 강도, 즉 콘크리트 압축대의 강도($f_{ck}b_w(0.9d)/(\cot\theta+\tan\theta)$) 중 작은 값으로 한다. 여기서 θ는 22°~45°의 균열 각도로서 $\tan\theta$는 1.0~2.5의 값을 갖는다[부록 B참조].

6. 8. 2 수정압축장 이론

ACI 318 Code에 따른 전단설계는 전단 거동의 복잡성으로 인하여 통일된 하나의 개념이나 수식을 사용하는 것이 아니라 경우에 따라 적용하는 수식이나 모델이 각기 다르다. 즉 ACI 318 Code에서는 철근콘크리트 보에 적용하는 수식이 프리스트레스트 콘크리트 보에는 적용하지 못하고 다른 수식을 사용하도록 되어 있다. 또 휨모멘트와 전단력 외에 축력이 압축으로 작용할 때와 인장력으로 작용할 때 각기 다른 수식을 적용하고 있다. 수정압축장 이론은 캐나다의 구조공학자들에 의해 개발된 것으로서, 유럽에서 콘크리트구조에 적용하던 압축장 이론을 수정 보완한 것인데, 부재의 종류가 다르거나 하중작용이 차이가 있더라도 통일된 하나의 개념이나 수식을 적용하는 통합설계법(unified design method)의 일환으로 만들어진 것이다[부록 B참조].

6. 8. 3 스트럿-타이 모델

깊은보(deep beam), 브래킷(bracket), 내민받침(corbel) 또는 집중하중 작용점 부근, 지점반력이 작용하는 부분, 부재들의 절점 등과 같은 부분에서는 보 이론(beam theory)을 적용할 수 없다. 이러한 부재나 부분에서는 작용하는 힘들의 실제흐름에 가까운 설계가 요구된다. 이 요구에 부응할 수 있는 설계방법이 스트럿-타이 모델

(strut-and-tie model)의 적용이다. 위에서 언급한 구조부재 또는 구조부분을 D-영역(discontinuity region, disturbed region)이라고 하는데, 스트럿-타이 모델은 D-영역의 설계에 적용되는 모델이다[부록 B참조].

6.9 비틀림 설계

휨부재는 일반적으로 휨과 전단을 받는다. 그러나 때에 따라서는 비틀림(torsion)까지 받는 수가 있다. 예를 들면, 교량에서의 가장자리 보나 슬래브의 가장자리 보가 그렇다. 이러한 보는 휨과 전단 외에 비틀림까지 받는다. 그러나 비틀림 응력은 그 성질이 전단응력과 같기 때문에 설계에서는 비틀림을 전단에 포함시켜서 생각하는 것이 보통이다.

종래는 콘크리트 구조물에 있어서 이와 같은 비틀림의 영향을 2차적인 것으로 보고 무시하여 왔다. 그러나 최근에는 구조물의 대형화, 제한된 입지조건으로 인한 비대칭 구조의 채택 등으로 말미암아 비틀림의 영향을 설계에 고려하지 않으면 안 될 경우가 많아졌다.

6.9.1 철근콘크리트 부재의 균열 비틀림모멘트

[1] 복부철근이 없는 보의 비틀림

그림 6-25는 양끝에서 크기가 같고 방향이 반대인 비틀림모멘트(torque) T를 받고 있는 직사각형 단면의 복부철근 없는 콘크리트 부재를 보인 것이다. 콘크리트가 탄성을 나타내는 동안에는 비틀림 전단응력(torsional shear stress)은 그림 6-25(b)와 같은 분포를 보인다. 이때 최대 비틀림 전단응력은 긴 변의 중앙에서 일어난다. 콘크리트가 비탄성 변형을 나타내면, 응력은 파선으로 나타낸 분포를 보인다.

이 전단응력은 그림 6-25(a)와 같이 작용한다. 즉, 전단방향에 대하여 45°의 기울기를 가지고, 요소의 면 뒤에서 같은 크기의 인장응력과 압축응력으로 작용한다. 이 경사된 인장응력은 6.2절에서 설명한 전단응력과 같다. 그러나 비틀림의 경우에는 그림 6-25(a)에 보인 바와 같이 사인장 응력은 서로 90°의 각을 이룬다.

사인장 응력이 콘크리트의 인장강도를 초과하면 균열이 발생한다. 사인장 균열을 일으키는 비틀림모멘트(torque)를 **균열 비틀림모멘트**(cracking torque, cracking torsional moment)라 하고 T_{cr}로 나타낸다.

[2] 철근콘크리트 보의 균열 비틀림모멘트

종래는 경사-휨이론(skew-bending theory)에 의해서 비틀림을 해석하고 설계해 왔으나, 최근에는 **박벽관 입체 트러스 이론**(thin-walled tube, space truss analogy)이 사용되고 있다.

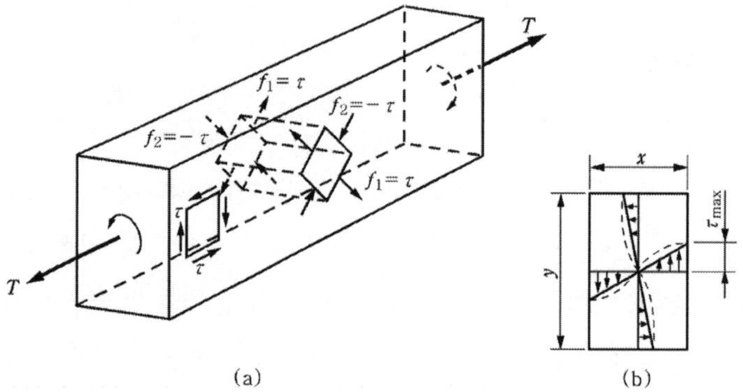

그림 6-25 비틀림에 의한 응력

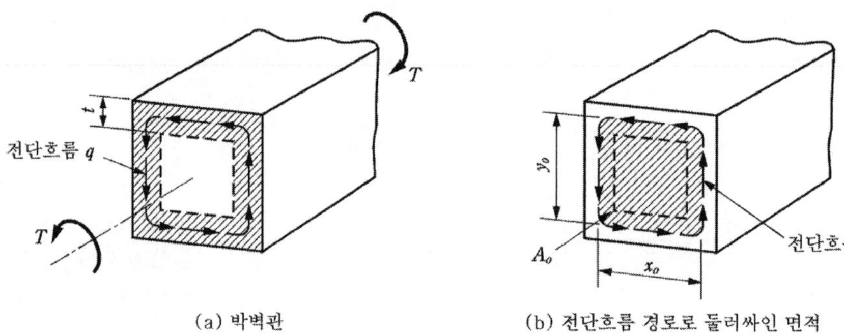

그림 6-26 박벽관

이 이론에서는 전단응력은 부재 둘레를 둘러감은 두께 t에 걸쳐서 일정한 것으로 본다. 그리고 부재는 그림 6-26과 같은 박벽관(thin-walled tube)으로 되어 있다고 생각한다. 관(tube)의 벽 안에서 비틀림모멘트는 **전단흐름**(shear flow) q에 의해 저항된다. q는 단위 길이에 대한 힘의 단위이다. 이 이론에서 q는 관의 둘레 길이에 따라 일정한 것으로 본다. 그림 6-26에 보인 바와 같이 전단흐름의 개개의 분력의 합력은 관의 벽 안에 있으며, 수직벽에서는 y_o의 길이에 작용하고, 수평벽에서는 x_o 길이에 작용한다. x_o 및 y_o는 벽의 중심에서 측정된 값이다.

비틀림모멘트 T와 전단흐름 q와의 관계는 관의 중심선에 대한 모멘트의 합계를 취함으로써 다음과 같이 된다.

$$T = 2qx_o y_o/2 + 2qy_o x_o/2 \qquad \text{(a)}$$

윗식의 우변은 저항 비틀림모멘트에 대한 수평벽 및 수직벽의 기여를 나타낸다. 위의 식을 정리하면

$$T = 2qx_o y_o \qquad \text{(b)}$$

$x_o y_o$는 전단흐름 경로(shear flow path)로 둘러싸인 면적이며, 이것을 A_o로 나타내면

$$T = 2qA_o \qquad \text{(c)}$$

따라서 전단흐름 q는

$$q = \frac{T}{2A_o} \qquad \text{(d)}$$

A_o는 속빈 박스단면(hollow box section)에도 적용된다. 이 경우 중앙의 속빈 부분의 면적도 A_o에 포함시킨다.

관의 벽 두께가 t일 때, 관의 벽 안에 작용하는 단위 전단응력 τ는 다음과 같이 된다.

$$\tau = \frac{q}{t} = \frac{T}{2A_o t} \qquad (6 \cdot 36)$$

그림 6-25 (a)에 보인 바와 같이 인장주응력은 $f_1 = \tau$이다. 그래서 $\tau = f_1 = f_r$ (f_r는 콘크리트의 인장강도)일 때만 콘크리트에 균열이 발생될 것이다. 콘크리트가 2축의 인장과 압축하에 있음을 감안하여, f_r를 보통 콘크리트의 파괴계수(휨 인장강도) 0.63 $\sqrt{f_{ck}}$ MPa보다 작게 $\frac{1}{3}\sqrt{f_{ck}}$ MPa를 취한다. 여기서 f_{ck}는 콘크리트의 설계기준 강도이다. 식 (6 · 36)에 $\tau = \tau_{cr} = \frac{1}{3}\sqrt{f_{ck}}$ MPa를 대입하고, T에 관하여 풀면 다음과 같이 균열 비틀림모멘트 T_{cr}를 얻을 수 있다.

$$T_{cr} = \frac{1}{3}\sqrt{f_{ck}}\,(2A_o t)\,(\text{N·mm}) \qquad (6 \cdot 37)$$

A_o가 전단흐름 경로에 의해 둘러싸인 면적이므로, A_o는 전체 콘크리트 단면 A_{cp}의 외측 둘레 길이로 둘러싸인 면적의 일부분이다. 일반적으로 t 값은 근사적으로 A_{cp}/p_{cp}로 나타낼 수 있다. 여기서 p_{cp}는 단면의 둘레 길이이다. 직사각형 단면의 속찬 부재에 있어서 t는 단면의 최소 폭의 1/6~1/4의 범위에 있다. 폭/높이 = 0.5인 부재에 대하여 1/4을 취한다면 A_o는 다음과 같이 된다.

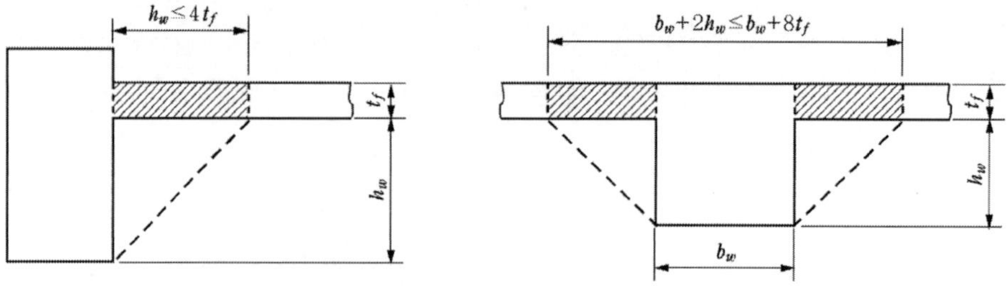

그림 6-27 보에 포함시켜야 할 슬래브 부분

$$A_o = \frac{2}{3} A_{cp}$$

따라서

$$t = \frac{3}{4} \frac{A_{cp}}{p_{cp}}$$

위의 값들을 식 (6・37)에 대입하면

$$T_{cr} = \frac{1}{3} \sqrt{f_{ck}} \frac{A_{cp}^2}{p_{cp}} \tag{6・38}$$

여기서 A_{cp} : 단면의 외부둘레로 둘러싸인 콘크리트 단면적

p_{cp} : 콘크리트 단면의 둘레길이

위의 T_{cr} 가 철근콘크리트 부재의 균열 비틀림모멘트이다.

보가 슬래브와 일체로 된 부재 또는 합성구조로 된 부재에서 A_{cp} 와 p_{cp} 를 계산할 경우에는 그림 6-27에 보인 바와 같이 슬래브의 내민부분을 보에 포함시켜 계산한다. 즉 슬래브의 위 또는 아래로 내민높이 중 큰 높이만큼을 보의 양쪽으로 연장한 슬래브 부분까지를 보로 본다.

6. 9. 2 비틀림철근이 배치된 보의 비틀림 해석

비틀림모멘트 T_{cr} 에 저항시키기 위하여 폐쇄스터럽(closed stirrup)과 종방향 철근(longitudinal bar)이 사용된다. 이들을 비틀림철근(torsion reinforcement)이라고 한다.

그림 6-28(a)는 비틀림철근으로 보강된 단면을 보인 것이다. 이 보가 균열 비틀림 모멘트를 받으면 그림 6-28(b)에 보인 바와 같은 나선형의 균열을 일으킨다. 이때 콘크리트의 비틀림 저항은 철근에 의해 저항되고 있는 비균열 부재의 저항강도의 1/2 정도로 저하된다. 이것은 내력(내적저항)의 재분배에 기인하는 것이다.

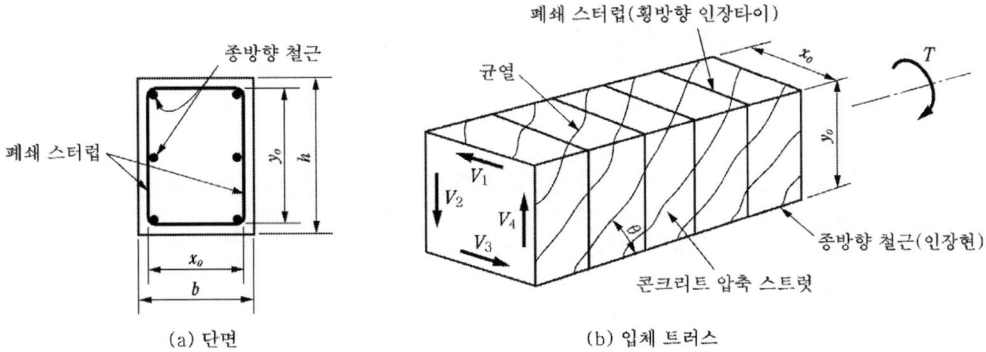

그림 6-28 입체트러스 이론

부재의 비틀림 저항의 해석은 부재를 나선형 콘크리트 사재(spiral concrete diagonal)로 이루어지는 입체 트러스(space truss)로 취급함으로써 이루어진다. 이 경우 횡방향 인장타이(transverse tension tie)는 폐쇄스터럽에 의해 얻어지고, 인장현(tension chord)은 종방향 철근에 의해 얻어진다. 이것이 박벽관 입체 트러스 이론의 생각이며, 그림 6-28에 보인 바와 같이 실제거동의 단순화를 잘 보여 주고 있다.

그림 6-28(b)를 참고하면 이 부재의 비틀림 저항은 등가의 속빈 관(equivalent hollow tube)의 네 변의 전단력의 합계로 나타낼 수 있다. 예를 들면, 관의 우측벽에 작용하는 전단력이 비틀림 저항에 기여하는 몫은 다음과 같다.

$$T_4 = \frac{V_4 x_o}{2} \tag{a}$$

각 θ 인 비틀림 균열에 평행한 한 변에서 수직벽의 단면의 평형은 그림 6-29(a)로부터 얻을 수 있다.

균열과 교차된 스터럽이 항복상태에 있다면, 수직벽에 있어서의 전단력은

$$V_4 = n A_t f_{yv} \tag{b}$$

여기서 A_t : 폐쇄스터럽의 다리(leg) 하나의 단면적

f_{yv} : 폐쇄스터럽(횡방향철근)의 설계기준항복강도($= f_{yt}$)

n : 균열과 교차된 스터럽의 수

콘크리트의 압축 스트럿의 기울기를 θ, 스터럽의 간격을 s 라고 하면, 균열의 수평 정사영(horizontal projection)은 $y_o \cot\theta$ 이고, 균열과 만나는 스터럽의 수는 $n = y_o \cot\theta / s$ 이므로 식 (b)는 다음과 같이 된다.

$$V_4 = \frac{A_t f_{yv} y_o}{s} cot\,\theta \tag{c}$$

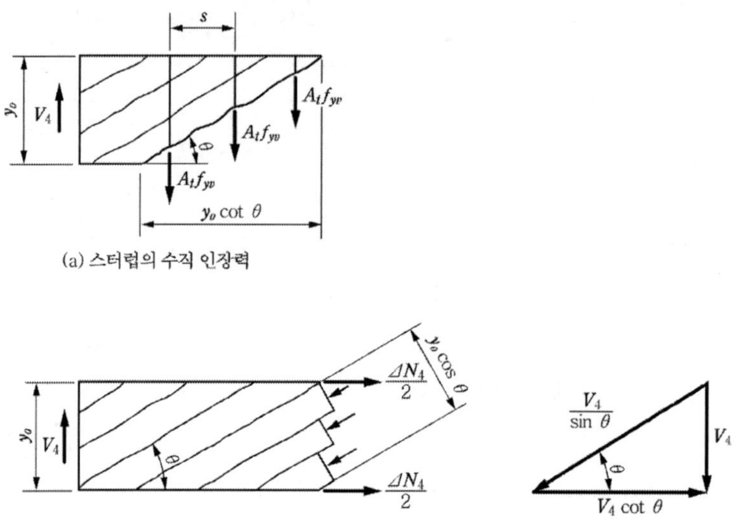

(a) 스터럽의 수직 인장력

(b) 수직벽의 경사 압축력

(c) 수직벽에서 힘의 평형

그림 6-29 비틀림의 설계

이것을 식 (a)에 대입하면

$$T_4 = \frac{A_t f_{yv} y_o x_o}{2s} cot\,\theta \tag{d}$$

각각의 수평 및 수직벽에 대하여 식 (d)와 같은 식을 얻을 수 있으므로, 이들 네 변의 값을 더하면 다음과 같이 공칭비틀림강도를 얻을 수 있다.

$$T_n = \sum_{i=1}^{4} T_i = \frac{2A_t f_{yv} y_o x_o}{s} cot\,\theta \tag{e}$$

$x_o y_o = A_{oh}$ (폐합 스터럽의 중심선으로 둘러싸인 면적)로 보면 위의 식은 다음과 같이 된다.

$$T_n = \frac{2A_{oh} A_t f_{yv}}{s} cot\,\theta \tag{6・39}$$

비틀림 균열에 평행한 경사 압축 스트럿은 단면의 평형에 필요하다. 그림 6-29 (b), (c)에 보인 바와 같이 수직벽에서 스트럿의 압축력의 수평분력은 축방향 인장력 ΔN_4 와 비겨야 한다. 부재 둘레의 전단흐름이 등분포한다면, 스트럿의 경사응력도 등분포로 볼 수 있다. 따라서 축방향력의 합력의 작용선은 벽의 중앙 높이와 일치한다. 그림 6-29(c)를 참고하면, 비틀림의 존재로 인한 축방향력의 변화에 대한 우측벽의 기여는 다음과 같이 된다.

$$\Delta N_4 = V_4 \cot\theta = \frac{A_t f_{yv} y_o}{s} cot^2\theta$$

따라서 네 변에 대한 값들을 합산하면, 전체 축방향력은

$$\Delta N = \sum_{i=1}^{4} \Delta N_i = \frac{A_t f_{yv}}{s} 2(x_o + y_o)\cot^2\theta = \frac{A_t f_{yv} p_h}{s} cot^2\theta \qquad (6 \cdot 40)$$

여기서 p_h : 폐합 스터럽 중심선의 둘레 길이 $= 2(x_o + y_o)$

ΔN은 종방향 철근이 지지해야 하므로 $A_l f_{yl} = \Delta N$에 의하여

$$A_l f_{yl} = \frac{A_t f_{yv} p_h}{s} cot^2\theta$$

$$\therefore A_l = \frac{A_t}{s} p_h \frac{f_{yv}}{f_{yl}} cot^2\theta \qquad (6 \cdot 41)$$

여기서 A_l : 비틀림에 저항하기 위한 종방향 철근의 총 단면적

f_{yl} : 종방향 철근의 설계기준항복강도

균열이 발생한 후에는 전단흐름 경로로 둘러싸인 유효면적은 앞에서 사용한 A_{oh} 보다 약간 작다는 것이 알려져 있다. 감소된 값으로 $A_o = 0.85 A_{oh}$가 추천되고 있다. 여기서 A_{oh}는 횡방향 철근의 중심선으로 둘러싸인 면적이다. 따라서 식 (6 · 39)에서 A_{oh}는 A_o로 대치되어야 한다. 극한하중(ultimate load)에 가까운 하중하에서 등가의 관 두께는 $t = A_{oh}/p_h$로 볼 수 있다. 여기서 p_h는 A_{oh}의 둘레 길이이다.

6.9.3 전단과 비틀림의 조합작용

철근콘크리트 보에 있어서 전단응력은 $v_v = V/b_w d$이고, 비틀림 전단응력은 식 (6 · 36)으로부터 $\tau_t = T/2A_o t$이다.

그림 6-30(a)에 보인 바와 같이 속빈 단면에 있어서 이 응력들은 부재의 한 변에서 서로 더하면 된다. 따라서 $A_o = 0.85 A_{oh}$ 및 $t = A_{oh}/p_h$인 균열단면에 있어서는 다음과 같이 된다.

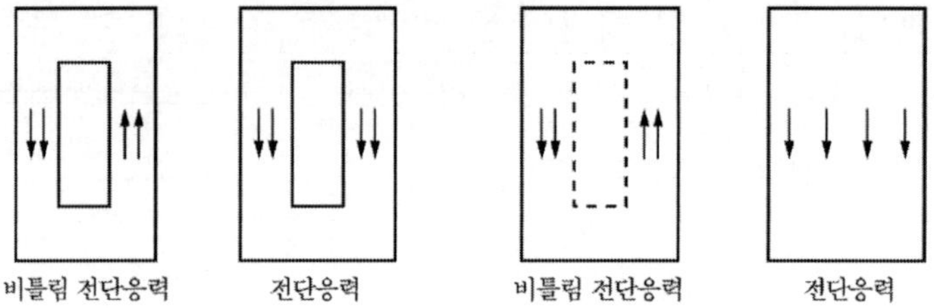

(a) 속이 빈 단면 (b) 속이 찬 단면

그림 6-30 비틀림응력과 전단응력의 합산

$$\tau = v_v + \tau_t = \frac{V}{b_w d} + \frac{T p_h}{1.7 A_{oh}^2} \qquad (6 \cdot 42)$$

한편, 그림 6-30(b)에 보인 바와 같이 속찬 단면에 있어서는 비틀림 전단응력 τ_t 는 속빈 관 유사법(hollow tube analogy)에 의해 나타내어진 바와 같이 단면의 둘레 길이에 분포된다. 그러나 전단력에 의한 전단응력 v_v 는 그림 6-30(b)의 오른쪽 그림과 같이 전체 단면에 분포된다. 그래서 속이 찬 단면의 τ는 식 (6·42) 대신 다음 식으로 주어진다.

$$\tau = \sqrt{\left(\frac{V}{b_w d}\right)^2 + \left(\frac{T p_h}{1.7 A_{oh}^2}\right)^2} \qquad (6 \cdot 43)$$

6.9.4 비틀림철근의 설계

[1] 설계의 원칙

비틀림 설계는 다음 조건이 만족되도록 해야 한다.

$$T_u \leq \phi T_n \qquad (6 \cdot 44)$$

여기서 T_u : 계수비틀림모멘트(factored torsional moment)[계수하중(factored load)에 의한 소요비틀림강도(required torsional strength)]

T_n : 부재의 공칭비틀림강도(nominal torsional strength)

ϕ : 비틀림에 대한 강도감소계수(= 0.75)

T_n 은 식 (6·39)에 A_{oh} 대신 A_o 를 대입함으로써 다음과 같이 된다.

$$T_n = \frac{2A_o A_t f_{yt}}{s} cot\theta \tag{6·45}$$

철근콘크리트 보에서 비틀림에 대한 위험단면은 받침부 전면으로부터 지간쪽으로 유효깊이 d만큼 떨어진 단면으로 본다. 그러나 집중적인 비틀림모멘트(concentrated torque)가 d 이내에서 작용할 때는 받침부 전면을 위험단면으로 본다.

[2] 비틀림의 영향을 고려하지 않아도 되는 최소의 비틀림모멘트

RC부재에 있어서 계수비틀림모멘트 T_u가 다음 식 (6·46)의 관계를 만족하면 비틀림의 영향을 무시한다.

$$T_u < \phi\left(\frac{1}{12}\lambda\sqrt{f_{ck}}\right)\frac{A_{cp}^2}{p_{cp}} \tag{6·46}$$

여기서 f_{ck} : 콘크리트의 설계기준압축강도(MPa)

A_{cp} : 외부 둘레로 둘러싸인 콘크리트 단면적$= x_o y_o$ (mm^2)

p_{cp} : 콘크리트 단면의 외부 둘레 길이$= 2(x_o + y_o)$(mm)

λ : 경량콘크리트계수

그러나 T_u가 식 (6·46)의 우변의 값과 같거나 크면 비틀림 설계를 해야 한다.

[3] 비틀림모멘트 강도와 단면치수의 제한

사용하중 하에서 전단과 비틀림의 조합작용으로 인한 경사균열의 폭은 계수전단력(factored shear) 및 계수비틀림모멘트(factored torque)로 계산된 전단응력 τ_{max}을 다음과 같이 제한함으로써 규제된다.

$$\tau_{max} \le \phi\left(\frac{V_c}{b_w d} + \frac{2}{3}\sqrt{f_{ck}}\right) \tag{6·47}$$

식 (6·42)를 고려하면 위의 식은 다음과 같이 속빈 단면의 단면치수에 대한 제한이 얻어진다.

$$\frac{V_u}{b_w d} + \frac{T_u p_h}{1.7 A_{oh}^2} \le \phi\left(\frac{V_c}{b_w d} + \frac{2}{3}\sqrt{f_{ck}}\right) \tag{6·48}$$

속이 찬 단면에 대하여는 식 (6·43)을 고려함으로써 다음과 같이 된다.

$$\sqrt{\left(\frac{V_u}{b_w d}\right)^2 + \left(\frac{T_u p_h}{1.7 A_{oh}^2}\right)^2} \le \phi\left(\frac{V_c}{b_w d} + \frac{2}{3}\sqrt{f_{ck}}\right) \tag{6·49}$$

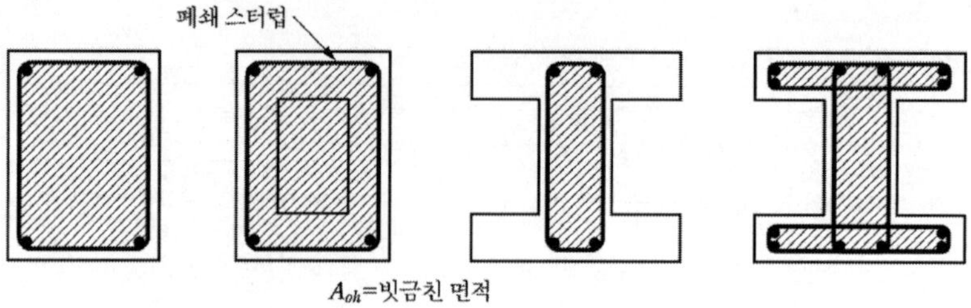

그림 6-31 A_{oh} 의 정의

식 (6・48) 및 식 (6・49)가 만족되지 않을 경우에는 부재의 단면치수를 늘리거나, 아니면 보다 큰 f_{ck} 의 콘크리트를 사용하거나 해야 한다.

균열이 발생된 후에는 비틀림모멘트는 가장 바깥쪽에 있는 폐쇄스터럽의 중심선으로 둘러싸인 면적 A_{oh} 에 의해 저항된다. 여러 가지 단면에 대한 A_{oh} 를 보인 것이 그림 6-31다.

벽 두께가 속빈 단면의 둘레 길이에 따라 변화할 경우에는, 식 (6・48)은 좌변이 최대로 되는 위치에서 검토되어야 한다. 벽 두께가 식 (6・42)에서 사용한 $t(=A_{oh}/p_h)$ 보다 작을 경우에는 실제의 t 값을 비틀림 전단응력의 계산에 사용해야 한다. 따라서, 이 경우 식 (6・48)의 좌변의 제 2 항은 다음 값을 취해야 한다.

$$\frac{T_u}{1.7A_{oh}t}$$

여기서 t 는 응력을 검토하는 위치에서 속빈 단면의 벽 두께이다.

[4] 비틀림철근

(1) 폐쇄스터럽

공칭비틀림강도는 식 (6・45)로 주어져 있다. 이 식에서 θ 는 30°보다 작거나 60°보다 크게 취해서는 안 된다. 철근콘크리트 보에서는 일반적으로 θ=45°로 본다.

또, 식 (6・45)에서 전단흐름으로 둘러싸인 면적은 $A_o=0.85A_{oh}$ 로 보아도 좋다.

식 (6・45)을 식 (6・44)에 대입함으로서, 비틀림에 필요한 스터럽의 다리(leg) 하나의 단면적은 다음과 같이 된다.

$$A_t=\frac{s\,T_u}{2\phi A_o f_{yt}\cot\theta} \tag{6・50}$$

비틀림과 전단에 대한 스터럽의 요구량을 서로 더해서, 최소한의 전체 소요량이 만족되도록 스터럽을 배치해야 한다. 따라서 스터럽의 전체 단면적은 다음과 같이 된다.

$$\left(\frac{A_{v+t}}{s}\right)=\frac{A_v}{s}+2\frac{A_t}{s} \tag{6·51}$$

여기서 A_v : 전단에 대한 스터럽의 단면적

A_t : 비틀림에 대한 폐쇄스터럽의 단면적

폐쇄스터럽의 간격은 $p_h/8$ 이하라야 하고, 또 300 mm 이하라야 한다.

(2) 종방향 철근

비틀림에 저항하는 데 요구되는 종방향 철근의 단면적 A_l 은 식 (6·41)에 주어져 있다. 이것을 여기에 다시 옮기면

$$A_l=\frac{A_t}{s}p_h\frac{f_{yv}}{f_{yl}}cot^2\theta \tag{6·41}$$

위의 식에서 θ 는 폐쇄스터럽 A_t 를 계산할 때의 θ 와 같게 취한다. 또, A_t/s 는 식 (6·50)으로 계산된 값을 사용한다.

종방향 철근은 단면 둘레에 분포시켜야 하며, 그 간격은 300 mm 이하라야 한다. 그 지름은 횡방향 철근 간격의 1/24 이상인 것이라야 한다.

(3) 최소 비틀림철근량

계수비틀림모멘트 T_u 가 식 (6·46)의 우변으로 계산되는 값을 초과하는 구역에서는 다음 식들로 계산되는 값 이상의 비틀림철근을 배치해야 한다.

〈최소 횡방향 철근량〉

$$\left.\begin{aligned} A_v+2A_t &= 0.063\sqrt{f_{ck}}\frac{b_w s}{f_{yt}} \\ &\geq 0.35\frac{b_w s}{f_{yt}} \end{aligned}\right\} \tag{6·52}$$

〈최소 종방향 철근량〉

$$\left.\begin{aligned} A_{l.\min} &= \frac{0.42\sqrt{f_{ck}}A_{cp}}{f_{yl}}-\frac{A_t}{s}p_h\frac{f_{yt}}{f_{yl}} \\ \frac{A_t}{s} &\geq 0.175\frac{b_w}{f_{yt}} \end{aligned}\right\} \tag{6·53}$$

비틀림철근은 계산상 필요한 점을 지나 (b_t+d) 이상 연장 배치해야 한다. 여기서 b_t는 폐쇄스터럽이 배치된 단면의 폭이다.

예제 6-7 그림 6-32에 보인 바와 같이 지간 8 m의 보가 그 중심선에서 1.8 m 내민 슬래브를 지지하고 있다. 이 역(逆) L형 보는 보의 중심선에 따라 8 kN의 활하중 슬래브에 분포된 등분포 활하중 2,330 N/m^{2}을 받고 있다. 보의 유효깊이는 d=546 mm 이고, f_{ck}= 35 MPa, f_y= 400 MPa이다. 이 보의 비틀림철근과 전단철근을 설계하라.

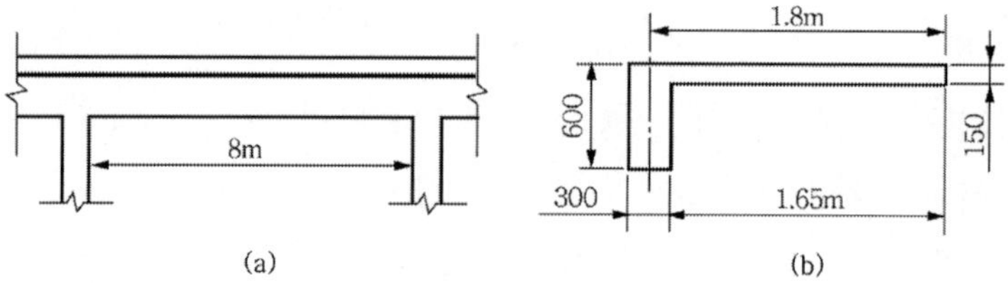

그림 6-32

풀이 (i) 전단력과 비틀림모멘트의 계산

철근콘크리트의 단위중량은

$$2,500\text{kg/m}^3 = 2,500\text{ kgf/m}^3 = 25,000\text{N/m}^3$$

내민 슬래브에 작용하는 계수하중(factored load)은

$$1.2\times(25,000\times0.15\times1.65)+1.6\times(2,330\times1.65)=13,600\text{N/m}$$

이 하중의 보 중심선에 대한 편심거리는

$$e=\frac{1.65}{2}+\frac{0.3}{2}=0.975\text{m}$$

보에 직접 작용하는 계수하중은

$$1.2\times(25,000\times0.3\times0.6)+1.6\times(8,000+2,330)=21,900\text{N/m}$$

따라서 보에는

$$13,600+21,900=35,500\text{N/m}$$

의 등분포하중과 다음과 같은 비틀림모멘트가 작용한다.

$$13,600\times0.975=13,300\text{N·m/m}$$

따라서 기둥의 전면(前面)에 작용하는 전단력과 비틀림모멘트는

$$V_u=\frac{1}{2}\times35,500\times8=142,000\text{N}$$

$$T_u=\frac{1}{2}\times13,300\times8=53,200\text{N·m}$$

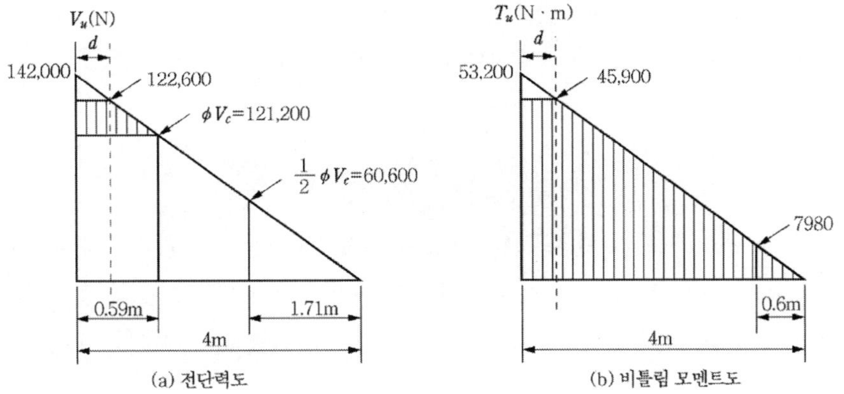

그림 6-33

기둥면으로부터 d 거리에 있는 단면에서는

$$V_u = 142,000 \times \frac{4-0.546}{4} = 122,600\text{N}$$

$$T_u = 53,200 \times \frac{4-0.546}{4} = 45,900\text{N·m}$$

이상의 계산결과가 그림 6-33에 나타내어져 있다.

(ii) 비틀림철근의 필요여부의 검토

그림 6-32(b)에 보인 바와 같이 보가 한쪽으로 내민 슬래브와 일체로 되어 있으므로, 슬래브 두께의 4배 이하만큼 연장된 슬래브 부분을 보에 포함시켜야 한다[그림 6-27 참조]. 여기서는 슬래브 두께의 3배를 취하기로 한다. 그러면 보의 전면(前面)에서 450 mm (=150 mm×3)까지의 슬래브를 보의 일부로 보아야 한다. 따라서

$$A_{cp} = 300 \times 600 + 450 \times 150 = 247,500\text{mm}^2$$

$$p_{cp} = 600 \times 2 + (300 + 450) \times 2 = 2,700\text{mm}$$

식 (6 · 46)의 우변의 값은

$$\phi\left(\frac{1}{12}\sqrt{f_{ck}}\right)\frac{A_{cp}^2}{p_{cp}} = 0.75 \times \frac{1}{12}\sqrt{35} \times \frac{247,500^2}{2,700} = 8,338,000\text{N·mm} < T_u$$

따라서 이 보는 비틀림철근으로 보강해야 한다.

이 보의 비틀림은 평형비틀림(equilibrium torsion)이므로 T_u의 감소는 생각하지 않는다[콘크리트구조기준 7.5.2 참조].

(iii) 단면의 검토

비틀림철근의 설계에 들어가기 전에 식 (6 · 49)에 따라 단면의 치수가 적당한가를 검토해야 한다.

비틀림에 대한 설계가 필요한가의 여부를 검토하기 위하여, 플랜지(내민 슬래브 450 mm

부분)를 고려하여 A_{cp} 를 계산했지만, 이후의 계산에서는 플랜지를 무시하기로 한다. 보의 표면으로부터 스터럽 철근의 중심까지의 거리를 45 mm로 보면

$$x_o = 300 - 45 \times 2 = 210\text{mm}$$
$$y_o = 600 - 45 \times 2 = 510\text{mm}$$
$$A_{oh} = x_o y_o = 210 \times 510 = 107{,}100\text{mm}^2$$
$$A_o = 0.85\,A_{oh} = 0.85 \times 107{,}100 = 91{,}000\text{mm}^2$$
$$p_{cp} = 2(x_o + y_o) = 2(210 + 510) = 1{,}440\,\text{mm} = p_h$$

콘크리트가 부담할 수 있는 전단강도는 식 (6 · 14)로부터 $V_c = \frac{1}{6}\sqrt{f_{ck}}\,b_w d$ 이므로 $\frac{V_c}{b_w d} = \frac{1}{6}\sqrt{f_{ck}}$ 이다. 따라서 식 (6 · 49)로부터

$$\sqrt{\left(\frac{122{,}600}{300 \times 546}\right)^2 + \left(\frac{45{,}900 \times 10^3 \times 1440}{1.7 \times 107{,}100^2}\right)^2} \le 0.75\left(\frac{1}{6}\sqrt{35} + \frac{2}{3}\sqrt{35}\right)$$
$$3.5\text{N/mm}^2 < 3.7\text{N/mm}^2$$

즉 식 (6 · 49)를 만족하므로 단면의 치수는 적당하다.

(iv) 횡방향 비틀림철근의 설계

식 (6 · 50)으로 비틀림에 필요한 스터럽의 단면적을 계산한다. $\theta = 45°$로 보고, 기둥면에 대하여 계산한다.

$$\frac{A_t}{s} = \frac{T_u}{2\phi A_o f_{yt}\cot\theta}$$
$$= \frac{53{,}200 \times 10^3}{2 \times 0.75 \times 91{,}000 \times 400 \times \cot 45°} = 0.974\text{mm}^2/\text{mm}$$

이것은 폐쇄스터럽의 다리(leg) 하나에 대한 값이다.

다음에 콘크리트가 부담할 전단강도는 식 (6 · 14)로부터

$$\phi V_c = \phi\left(\frac{1}{6}\lambda\sqrt{f_{ck}}\,b_w d\right) = 0.75 \times \frac{1}{6} \times 1.0 \times \sqrt{35} \times 300 \times 546 = 121{,}200\text{N}$$

보의 지지부 전면(기둥면)에서 전단에 필요한 스터럽의 단면적은 식 (6 · 18)로부터

$$\frac{A_v}{s} = \frac{V_u - \phi V_c}{\phi f_y d} = \frac{142{,}000 - 121{,}200}{0.75 \times 400 \times 546} = 0.127\text{mm}^2/\text{mm}$$

이것은 스터럽의 다리 2개에 대한 값이다.

따라서 전단과 비틀림의 조합작용에 대하여 필요로 하는 전단철근과 비틀림철근의 합계는 식 (6 · 51)로부터

$$\left(\frac{A_{v+t}}{s}\right) = \frac{A_v}{s} + 2\frac{A_t}{s} = 0.127 + 2 \times 0.974 = 2.08\text{mm}^2/\text{mm}$$

최소 횡방향 철근량은 식 (6 · 52)로부터

$$\frac{A_v}{s}+\frac{2A_t}{s}=0.063\sqrt{f_{ck}}\frac{b_w}{f_{yv}}\left(=0.063\sqrt{35}\times\frac{300}{400}\right)$$

$$2.08\text{mm}^2/\text{mm} > 0.279\text{mm}^2/\text{mm} \quad \text{(OK)}$$

또

$$\frac{A_v}{s}+\frac{2A_t}{s}\geq 0.35\frac{b_w}{f_{yt}}\left(=0.35\times\frac{300}{400}\right)$$

$$2.08\text{mm}^2/\text{mm} > 0.263\text{mm}^2/\text{mm} \quad \text{(OK)}$$

횡방향 철근으로 D 16을 사용한다면, 단면적은 198.6×2=397 mm²이므로 그 간격은

$$s=\frac{397}{2.08}=191\text{mm}$$

횡방향 비틀림철근의 최대간격은

$$\frac{p_h}{8}=\frac{1440}{8}=180\text{mm} \text{ 또는 } 300\text{mm}$$

전단에 대한 스터럽의 최대간격은

$$0.5d=0.5\times 546=273\text{mm} \text{ 또는 } 600\text{mm}$$

$V_u<\frac{1}{2}\phi V_c$ 인 점[그림 6-33 (a) 참조], 즉 지간중앙에서 지점쪽으로 1.71 m의 구간은 전단철근을 필요로 하지 않지만, 비틀림 스터럽은 $T_u<\phi\left(\frac{1}{12}\sqrt{f_{ck}}\frac{A_{cp}^2}{p_{cp}}\right)$[식 (6 · 46) 참조]인 점(비틀림 스터럽을 필요로 하지 않는 점), 즉 지간중앙에서 지점쪽으로 600mm인 점을 지나 $b_t+d\,(300+546=846\text{mm})$만큼 연장 배치해야 하므로, 결국 비틀림 스터럽은 전체 지간에 배치해야 한다.

따라서 D 16의 폐쇄스터럽을 위험단면에서는 150 mm의 간격으로 배치하고, 그 밖의 구간은 최대간격인 180 mm 간격으로 배치한다. 180 mm 간격으로 할 수 있는 단면이 지간중앙에서 위험단면쪽으로 x 거리에 있다면, 비례에 의하여

$$\frac{150(\text{최소간격})}{180(\text{최대간격})}=\frac{x}{4-0.546}$$

$$\therefore x=2.9\text{m}$$

따라서 지점에서 지간중앙쪽으로 1.1 m까지는 150 mm 간격으로, 이 단면에서 지간중앙까지 2.9 m 구간은 180 mm 간격으로 배치한다.

(v) 종방향 비틀림철근의 설계

식 (6 · 41)로부터

$$A_l = \frac{A_t}{s} p_h \frac{f_{yt}}{f_{yl}} \cot^2 \theta$$
$$= 0.974 \times 1440 \times \frac{400}{400} \times (\cot 45°)^2 = 1,403\text{mm}^2$$

최소 종방향 철근량은 식 (6 · 53)으로부터

$$A_{l.\min} = \frac{0.42\sqrt{f_{ck}}\,A_{cp}}{f_{yl}} - \frac{A_t}{s} p_h \frac{f_{yt}}{f_{yl}}$$
$$= \frac{0.42\sqrt{35} \times 247,500}{400} - 0.974 \times 1,440 \times \frac{400}{400}$$
$$= 103\text{mm}^2 < 1,403\,\text{mm}^2 \quad \text{(OK)}$$

또

$$\frac{A_t}{s} \geq 1.75\frac{b_w}{f_{yt}} \left(= 1.75\frac{300}{400}\right)$$
$$0.974\text{mm}^2/\text{mm} > 0.13\text{mm}^2/\text{mm} \quad \text{(OK)}$$

D 16(단면적=198.6 mm^2)을 종방향 철근으로 사용한다면, 필요한 철근수는

$$\frac{1,403}{198.6} = 7.1$$

D 16 철근 8개를 사용하되, 보의 단면 양변에 각각 4개씩을 배치한다. 그 간격은

$$\frac{546 - 45}{3} = 167\text{mm} < 300\,\text{mm}$$

D 16의 공칭지름 15.9 mm는

스터럽 간격 150 mm의 $\frac{1}{24} = 6.25\text{mm}$

보다 크므로 적당하다.

연습문제

6.9. 폭 $b = 300$ mm, 유효높이 $d = 560$ mm, 보의 높이 $h = 640$ mm인 직사각형 단면의 보가 사용 고정하중 20 kN/m(자중 포함), 사용 활하중 40 kN/m를 받고 있다. 다음 각 경우에 대하여 전단에 대한 위험 단면에 있어서 콘크리트가 부담할 수 있는 전단강도 V_c를 계산하라. 보는 지간 6 m의 단순지지이고, 휨 철근은 3-D 35가 지점 끝까지 연속되어 있다. $f_{ck} = 28$ MPa, $f_y = 400$ MPa이다.

(1) 축방향력의 작용이 없는 경우

(2) 계수 축방향 압축력 600 kN이 작용할 경우

(3) 계수 축방향 인장력 300 kN이 작용할 경우

6.10. 지지기둥에 프리캐스트 보의 반력을 전달할 수 있는 내민받침(corbel)을 설계하라. 지지해야 할 계수전단력은 680 kN이고, 기둥의 단면은 한 변이 420 mm인 정사각형이다. 지지해야 할 프리캐스트 보는 종방향 수축에 대하여 구속되어 있다. $f_{ck} = 35$ MPa, $f_y = 400$ MPa이다.

제7장 철근의 정착과 이음

7.1 철근 상세

철근콘크리트 구조물을 설계하고 시공함에 있어서는 철근을 가공(加工)해야 할 경우가 많다. 즉 철근을 구부려야 할 경우도 있고, 갈고리를 만들어야 할 경우도 있다. 또 철근의 간격이 적절해야 하고, 철근의 피복두께가 충분해야 한다. 콘크리트구조기준(2012)에서는 이들 철근 상세를 다음과 같이 주고 있다.

7.1.1 표준갈고리

철근의 정착을 위하여 철근단부에 갈고리를 붙이는 경우가 많다. 원형철근은 반드시 갈고리를 붙여야 하며, 중요한 부재에서는 이형철근에도 갈고리를 붙인다.

그림 7-1은 표준갈고리(standard hook)들을 보인 것이다. 그림 (a)를 180° 갈고리 또는 반원형 갈고리, 그림 (b), (c) 및 (d)를 90° 갈고리 또는 직각 갈고리, 그림 (e)를 135° 갈고리 또는 예각 갈고리라고 한다. 그림 (a) 및 (b)는 주철근의 표준갈고리이고, 그림 (c), (d) 및 (e)는 스터럽과 띠철근의 표준갈고리이다.

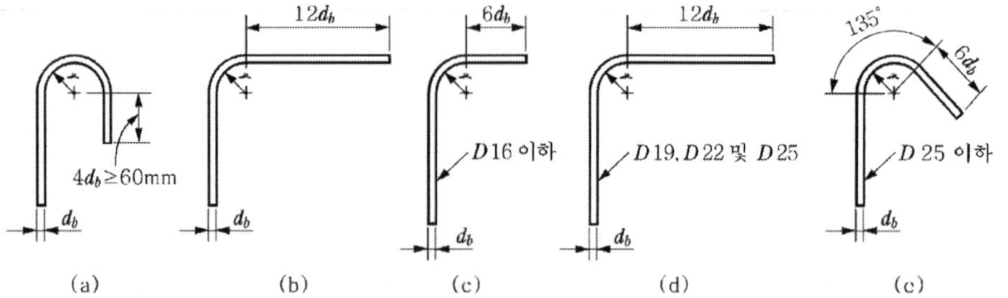

그림 7-1 표준갈고리

표 7-1은 철근의 재질을 손상시키지 않을 한도 내에서 정해진 표준갈고리의 최소 내면 반지름이다. 여기서 d_b는 철근의 공칭지름이다.

스터럽과 띠철근의 표준갈고리 내면 반지름은 사용철근이 $D19$이상이면 표 7-1에 따라야 한다.

표 7-1 표준갈고리의 최소 내면 반지름

철근의 크기	최소 내면 반지름(r)
D10∼D25	$3d_b$
D28∼D35	$4d_b$
D38 이상	$5d_b$

7.1.2 철근 구부리기

표준갈고리 이외의 부분에서 철근을 구부리는 반지름과 구부리는 방법은 다음과 같이 해야 한다. 이것은 철근의 재질에 손상을 주지 않기 위해서 필요하다.

굽힘철근(절곡철근)의 구부리는 내면 반지름은 그림 7-2에 보인 바와 같이 철근 지름의 5배 이상으로 해야 한다.

라멘구조의 모서리 부분의 외측(外側)에 두는 철근의 구부리는 내면 반지름은 철근 지름의 10배 이상으로 해야 한다(그림 7-3).

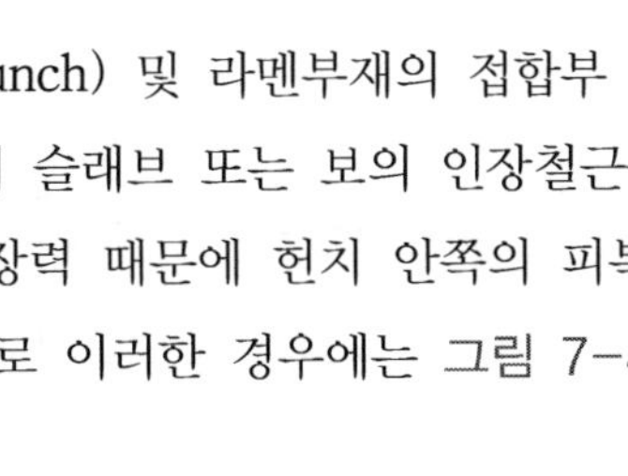

그림 7-2 굽힘 철근

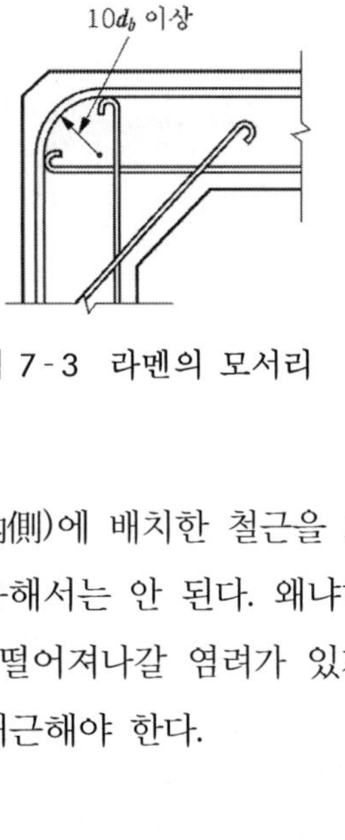

그림 7-3 라멘의 모서리

헌치(haunch) 및 라멘부재의 접합부 등에서 내측(內側)에 배치한 철근을 그림 7-4(a)와 같이 슬래브 또는 보의 인장철근을 구부려 사용해서는 안 된다. 왜냐하면 인장철근의 인장력 때문에 헌치 안쪽의 피복 콘크리트가 떨어져나갈 염려가 있기 때문이다. 그러므로 이러한 경우에는 그림 7-4(b)와 같이 배근해야 한다.

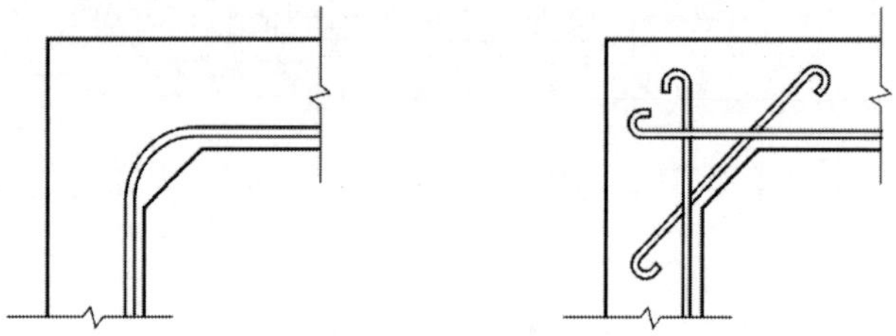

(a) (b)

그림 7-4 라멘의 모서리의 배근

7.1.3 철근의 간격

철근 둘레에 콘크리트를 잘 돌게 하여 철근표면이 완전히 콘크리트로 둘러싸여 부착력이 잘 발휘되도록 하기 위해서는 인접한 철근 사이에 일정한 간격을 둘 필요가 있다. 그래서 설계기준에서는 보의 주철근의 수평 순간격을 25 mm 이상, 철근의 공칭지름 이상으로 하도록 규정하고 있다.

주철근을 2단 이상으로 배치할 경우에는 그 연직 순간격은 25 mm 이상으로 하고, 상하철근을 동일 연직면 내에 두어야 한다.

기둥에서의 철근 간격은 9장에, 슬래브에서의 철근 간격은 10장에 설명되어 있다.

여러 개의 철근을 묶어서 다발로 사용하는 경우가 있는데, 이때 철근은 이형철근이라야 하고, 그 개수는 4개 이하로 해야 하며, 스터럽이나 띠철근으로 둘러싸야 한다. 그 간격은 설계기준에 규정되어 있다.

7.1.4 철근의 피복두께

철근은 부식되지 않도록 하기 위하여, 또 충분한 부착력을 발휘시키기 위하여, 또는 화재로 인한 피해를 받지 않도록 하기 위하여 필요로 하는 두께의 콘크리트로 보호해야 한다. 이 콘크리트 두께를 철근의 **피복두께** 또는 **덮개**(cover)라고 한다. 즉, 철근의 피복두께는 철근표면으로부터 콘크리트 표면까지의 최단거리이다. 콘크리트구조기준(2012)에서는 현장치기 콘크리트 구조물의 경우, 철근의 피복두께를 표 7-2 (a)의 값 이상으로 하도록 규정하고 있다.

콘크리트가 침식작용을 받거나, 염해(鹽害)를 받는 해안환경에 노출되거나 또는 심한 화학작용을 받는 경우와 같이, 특수한 환경에 노출되는 콘크리트의 피복두께를 설계기준에서는 따로 규정하고 있다[콘크리트구조기준(2012) 5.4.6 참조].

철근은 콘크리트를 치기 전에 소정위치에 정확하게 배치해야 하고, 움직이지 않도록 단단하게 조립해야 한다. 그래도 약간의 변위(變位)는 피하기 어렵다. 그래서 설계기준에서는 유효깊이(d)에 대한 오차와 휨부재, 벽체, 압축부재에 있어서 최소 피복두께에 대한 오차를 표 7-2(b)의 값 이하로 되도록 요구하고 있다.

표 7-2(a) 철근의 피복두께(현장치기 콘크리트의 경우)[콘크리트구조기준(2012)]

<table>
<tr><th colspan="3">환경조건과 부재의 종류</th><th>최소 피복두께(mm)</th></tr>
<tr><td rowspan="3">외기나 흙에 접하지 않는 콘크리트</td><td colspan="2">보, 기둥</td><td>40</td></tr>
<tr><td>슬래브, 벽체, 장선</td><td>D 35 이하의 철근
D 35를 초과하는 철근</td><td>20
40</td></tr>
<tr><td colspan="2">셸, 절판부재</td><td>20</td></tr>
<tr><td colspan="2">흙에 접하거나 외기에 노출되는 콘크리트</td><td>D 29 이상의 철근
D 25 이하의 철근
D 16 이하의 철근</td><td>60
50
40</td></tr>
<tr><td colspan="3">흙에 접하여 타설되고 영구히 흙에 묻히는 콘크리트</td><td>80</td></tr>
<tr><td colspan="3">수중(水中)에서 타설되는 콘크리트</td><td>100</td></tr>
</table>

표 7-2(b) 유효깊이 및 피복두께의 허용오차

유효깊이(d)	유효깊이의 허용오차	피복두께의 허용오차
$d \leq 200$ mm $d > 200$ mm	±10 mm ±13 mm	− 10 mm − 13 mm

7.2 부착과 정착

7.2.1 서 론

철근콘크리트는 철근과 콘크리트가 부착해서 일체로 되어, 외력에 저항하는 복합구조(複合構造)이다. 그러므로 철근과 콘크리트의 경계면에서 철근이 축방향으로 활동(滑動)하지 않도록 저항할 필요가 있으며, 이것이 철근콘크리트 성립의 가장 중요한 기본요건이다. 이와 같이 철근과 콘크리트 경계면에서 활동(slip)에 저항하는 것을 철근콘크리트의 부착(bond)이라고 한다.

철근과 콘크리트의 부착은 주로 다음 세 가지 작용에 의해 얻어진다.

① 시멘트풀과 철근표면의 교착(膠着) 작용

② 콘크리트와 철근표면의 마찰작용

③ 이형철근 표면의 요철(凹凸)에 의한 기계적 작용

①은 점착성의 시멘트풀이 철근표면에서 경화함으로써 얻어지는 작용으로서, 세 가지 작용 가운데 비교적 작은 편이다. 마찰작용은 콘크리트로부터 철근표면에 걸리는 압력이 클수록, 또 철근표면이 거칠수록 크다. ③은 콘크리트와 철근마디와의 맞물림(inter-locking)에 의한 기계적 저항력이다.

철근콘크리트는 철근이 콘크리트 속에 묻혀서 인장력이나 압축력을 부담하고 있으므로, 철근이 그 능력을 발휘하기 위해서는 철근의 단부(端部)가 콘크리트로부터 빠져나오지 않도록 해야 한다. 이와 같이 철근의 끝부분이 콘크리트 속에서 빠져나오지 않도록 고정하는 것을 철근의 **정착**(anchorage)이라고 한다. 철근의 정착은 대부분의 경우 철근과 콘크리트의 부착에 의해 얻어진다. 또, 철근콘크리트에서는 철근이 짧아서 2개의 철근을 겹침이음(겹이음)하여 사용하는 수가 많다. 이때 겹침이음 부분에서 철근과 콘크리트의 부착에 의해서 인장력이나 압축력이 전달된다.

철근의 정착부나 겹침이음(겹이음)부의 파괴가 부재의 파괴로 이어지는 수가 많으므로, 철근콘크리트 구조에서는 매우 중요한 구조부분이다.

7. 2. 2 부착에 영향을 미치는 요인

철근과 콘크리트 사이의 부착은 많은 요인에 의해 영향을 받는다. 그 요인들을 열거하면 다음과 같다.

[1] 철근의 표면상태

철근과 콘크리트의 부착은 마찰작용의 영향이 비교적 크다. 따라서 철근의 표면상태의 영향을 크게 받는다. 이형철근의 부착강도는 원형철근보다 훨씬 크다. 같은 이형철근이라도 직각마디의 이형철근이 경사마디의 이형철근보다 부착강도가 크다.

[2] 콘크리트의 강도

부착강도는 다른 조건이 일정한 경우에는 콘크리트의 압축강도나 인장강도가 클수록 커진다. 그러나 부착강도가 압축강도에 비례해서 커지는 것은 아니다.

이형철근을 사용한 경우에는 철근 둘레의 콘크리트에 철근에 평행한 종방향 균열이 발생하며, 이것이 부착파괴를 유발하는 경우가 많다. 이러한 경우에는 콘크리트의 인장강도가 부착을 좌우한다. 또, 이형철근의 마디 근처의 콘크리트에는 내부균열이 발생한다. 그러므로 부착은 콘크리트의 인장강도와 밀접한 관계가 있다.

[3] 철근의 묻힌 위치 및 방향

수평철근의 하면(下面)에는 콘크리트의 블리딩(bleeding)으로 인해서 수막(水膜)이나 공극(空隙)이 생기기 쉬우므로, 그 부착강도는 연직철근보다 작은 것이 보통이다. 같은 수평철근이라도 상부철근의 부착강도는 하부철근보다 작다.

[4] 피복두께

철근의 피복두께는 부착강도에 크게 영향을 미친다. 부착강도를 제대로 발휘시키기 위해서는 충분한 두께의 콘크리트 덮개(피복두께)가 필요하다. 콘크리트 덮개(피복두께)가 부족하면 덮개 콘크리트의 할렬(割裂)로 인해서 부착파괴를 유발한다.

[5] 다 지 기

콘크리트의 다지기가 불충분해도 부착강도가 저하된다.

7.2.3 휨 부 착

휨모멘트는 단면에 따라 변화하므로, 철근에 일어나는 인장력도 단면에 따라 변화한다. 그러므로 철근과 콘크리트의 경계면에는 그림 7-5 (b)에 보인 바와 같이 철근의 축방향으로 부착응력이 일어난다. 이것을 **휨부착 응력**(flexural bond stress)이라고 한다. 가장 큰 휨부착 응력은 철근의 인장응력의 변화가 가장 큰 곳에서 일어난다. 예를 들면, 연속보에서는 휨모멘트의 반곡점, 단순보에서는 지점 등이다.

그림 7-5 (a)와 같은 캔틸레버에서 미소 거리 dx 만큼 떨어진 단면 D 및 D'를 생각해 보자. 이 보의 내력 C와 T의 팔 길이를 z, 단면 D 및 D'의 휨모멘트를 M_D 및 $M_D{}'$, 단면 D 및 D'에서의 철근의 인장력을 T_D 및 $T_D{}'$라고 하면

$$M_D = T_D \cdot z, \qquad M_D{}' = T_D{}' \cdot z$$

$$\therefore T_D = \frac{M_D}{z}, \qquad T_D{}' = \frac{M_D{}'}{z}$$

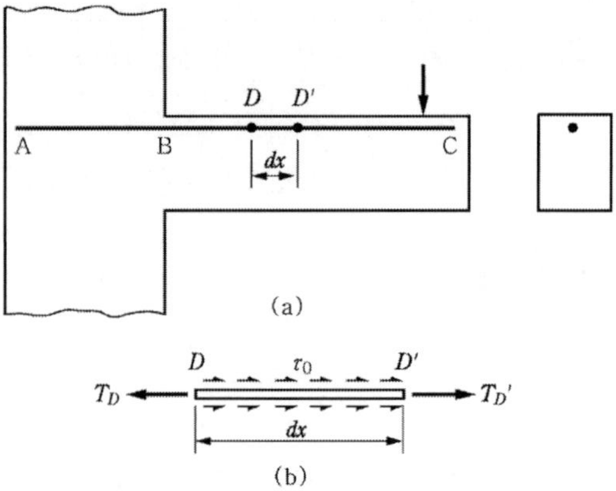

그림 7-5 휨부착 응력[참고문헌 12]

휨모멘트는 절대값을 사용해야 하므로 $M_D > M_D'$이고, 그 변화량은 $M_D - M_D' = dM$으로 놓을 수 있다. 또, dx구간에서 철근의 인장력의 차는 $T_D - T_D'$이다. 철근의 지름을 d_b라고 하면, dx 구간의 철근의 표면적은 $\pi d_b dx$이다. 이 구간에서 철근과 콘크리트의 경계면에 일어나는 부착응력을 τ_0라고 하면, 부착력은 $\tau_0 \pi d_b dx$이다. 이것이 $T_D - T_D'$와 비겨야 하므로 그림 7-5(b)의 자유 물체도를 참고하면

$$\tau_0 \pi d_b dx = T_D - T_D' = \frac{1}{z}(M_D - M_D') = \frac{dM}{z}$$

$$\therefore \tau_0 = \frac{1}{\pi d_b z} \cdot \frac{dM}{dx} = \frac{V}{\pi d_b z} \qquad (7 \cdot 1)$$

위의 식에서 V는 전단력이다. πd_b는 지름 d_b인 철근의 둘레이다. 같은 지름의 철근을 여러 개 사용한 경우에는 식 (7·1)은 다음과 같이 된다.

$$\tau_0 = \frac{V}{\Sigma(\pi d_b) z} \qquad (7 \cdot 2)$$

식 (7·1) 또는 식 (7·2)의 τ_0가 휨부착 응력이다.

허용응력설계법에서는 종래 이 식으로 휨부착을 검토해 왔다. 그러나 이 식은 이론상의 평균 부착응력이지, 실제의 부착응력을 나타내는 것은 아니며, 또 높은 휨부착응력으로 인한 국부활동(局部滑動)과 인장철근의 정착기능이 감소되었을 때의 보의 강도와 상관성이 적다는 이유 때문에 강도설계법에서는 사용되지 않고 있다.

7.2.4 정착부착

휨부재의 인장철근의 단면적은 휨모멘트에 의해 결정된다. 콘크리트와 철근 사이의 부착력이 철근의 인장력을 전달할 수 있을 만큼 충분히 콘크리트 속에 정착되지 않는다면 철근은 활동(滑動)할 것이다. 그러므로 보의 모멘트 저항능력은 철근의 단면적뿐만 아니라, 철근의 양끝을 잡아주는 철근의 묻힘길이(embedment length)와도 관계가 있다.

그림 7-6 (a)와 같은 캔틸레버를 생각해 보자. 주어진 하중에 대하여 지름이 d_b인 철근 1개로 인장에 견딘다고 가정한다. 고정지점 속에 묻힌 철근 AB의 부분을 그림 7-6 (b)와 같은 자유 물체도로 생각하면, B에서의 철근 인장력은 $\frac{\pi d_b^2}{4} f_s$이고, 이 인장력은 묻힘길이 l_1 (= AB)에서 발휘되는 부착응력에 의하여 콘크리트에 전달된다. 여기서 f_s는 철근에 일어나는 인장응력이다. AB부분의 철근 표면적 $\pi d_b l_1$에 일어나는 평균 부착응력을 τ_0라고 하면, 다음 관계가 성립된다.

$$\tau_0 \pi d_b l_1 = \frac{\pi d_b^2}{4} f_s$$

$$\therefore \tau_0 = \frac{f_s d_b}{4 l_1} \qquad (7 \cdot 3)$$

이러한 부착응력을 **정착 부착응력**(anchorage bond stress)이라고 한다. 위의 식으로부터

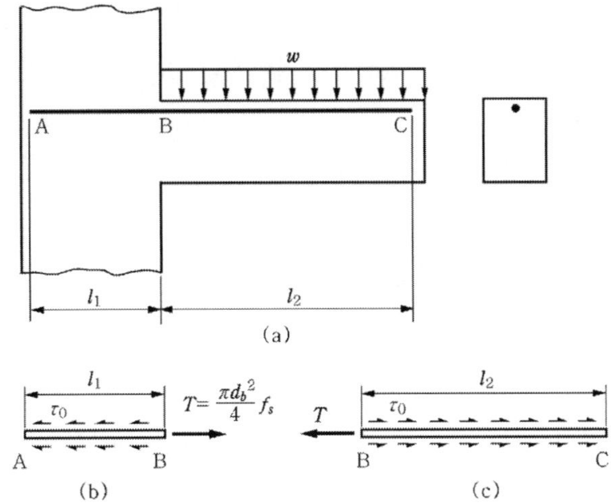

그림 7-6 정착 부착응력과 정착길이[참고문헌 13]

$$l_1 = \frac{f_s d_b}{4\tau_0} \qquad (7 \cdot 4)$$

이 l_1 이 인장응력 f_s 를 콘크리트에 전달하는 데 필요로 하는 묻힘길이이며, 이것을 철근의 **정착길이**(development length)라고 한다.

그림 7-6(c)의 자유 물체도에서도 B에서의 최대 인장력은 BA 또는 BC의 묻힘길이로 전달된다. 정착길이를 충분히 취할 수 없는 경우에는 표준갈고리를 사용한다. 그렇게 하면 갈고리의 기계적 정착작용 때문에 묻힘길이를 감소시킬 수 있다.

강도설계법에서는 철근이 항복할 경우를 생각하므로, 철근이 항복할 때까지 활동하는 일 없이 그 기능을 발휘할 수 있는 철근의 최소 묻힘길이, 즉 **정착길이** l_d 는 식 (7·4)로부터 다음과 같이 된다.

$$l_d = \frac{f_y d_b}{4\tau_u} \qquad (7 \cdot 5)$$

여기서 τ_u 는 극한 부착응력(ultimate bond stress)이고, f_y 는 철근의 항복강도이다.

7.2.5 부착파괴

부착응력이 어떤 값을 초과하면 부착파괴(bond failure)가 일어난다. 부착파괴가 일어날 때는 그림 7-7에 보인 바와 같이 철근에 따라서 콘크리트에 할렬(割裂, splitting)이 일어난다. 이러한 할렬은 이형철근의 리브(rib)가 콘크리트에 대하여 쐐기작용을 하기 때문이다. 그림 7-7(b)의 수평할렬은 사인장 균열에서 시작된다. 이것은 전단파괴와 부착파괴가 서로 복잡한 관계에 있음을 의미한다.

그림 7-8은 이형철근과 콘크리트 사이에서 부착력의 상호작용을 보인 것이다.

할렬이 부착파괴의 일반적인 형태이지만 초기할렬이 곧 보의 파괴를 가져오지는 않는다. 계속 진전하는 할렬은 부착력 감퇴의 첫 신호이고, 부착붕괴의 원인이 된다. 인장철근을 스터럽이나 나선철근으로 둘러 감으면 여러 개의 할렬이 일어날 때까지 부착파괴를 상당히 지연시킬 수 있다.

허용응력설계법에서는 부착을 휨부착과 정착부착으로 구분하여 다루어 왔다. 즉, 식 (7·2)로 계산된 휨부착 응력이 허용 부착응력을 초과하지 않도록 규제하는 동시에 식 (7·3) 또는 식 (7·4)의 정착부착에 의하여 철근단부의 정착을 규제해 왔었다. 그러나 7.2.3항에서 설명한 바와 같이 식 (7·2)는 정확한 부착응력을 나타내지 않을 뿐 아니라 이 절에서 설명한 부착파괴의 거동으로 보아, 휨균열 근처의 휨부착 파괴보다는 정착부 근처의 할렬이 부착파괴에 보다 더 지배적이기 때문에, 강도설계법에서는 휨부착의 검토는 폐지하고 정착부착, 즉 철근의 정착만을 검토하도록 하고 있다.

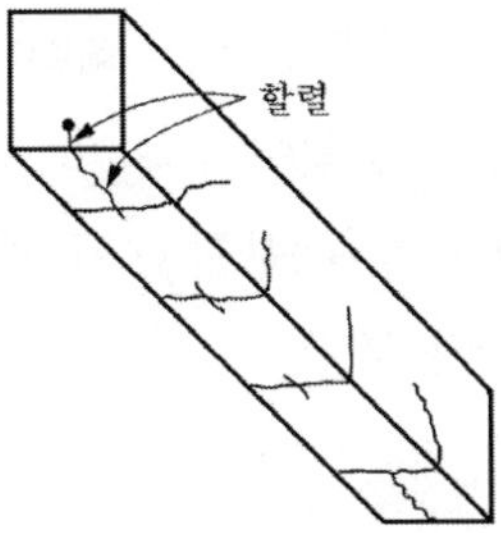

그림 7-7 부 착 파 괴[참고문헌 14]

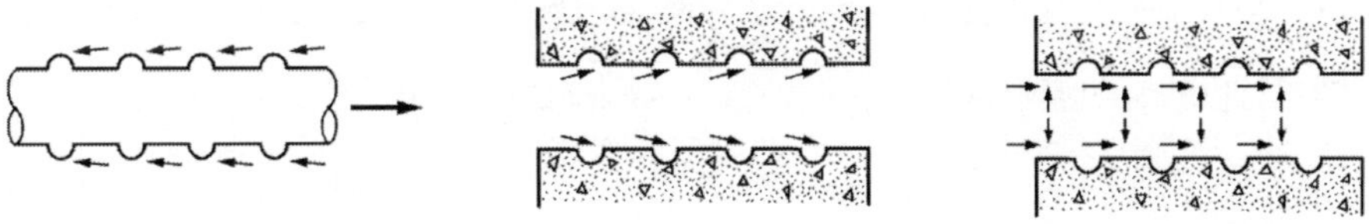

그림 7-8 철근과 콘크리트 사이의 부착력의 상호작용[참고문헌 15]

7.3 철근의 정착

7.3.1 정착방법

철근의 단부(端部)를 콘크리트에 정착시키기 위해서는 다음 방법 중에서 하나, 또는 두 가지 이상의 방법을 조합하여 사용한다.

[1] 묻힘길이에 의한 정착

이 방법은 철근을 직선인 채 그대로 콘크리트 속에 충분한 길이만큼 묻어 넣어서 콘크리트와의 부착에 의해 정착하는 방법이다. 이와 같이 철근의 전강(全强)을 발휘할 수 있도록 콘크리트 속에 묻어 넣는 철근의 묻힘길이를 **정착길이**(development length)라고 한다.

정착길이는 철근의 피복두께와 철근의 간격에 관계된다. 철근의 피복두께가 크고, 또 철근의 간격이 크면 정착길이는 짧아진다. 이 정착방법은 이형철근에 한하여 사용된다.

[2] 갈고리에 의한 정착

이 방법은 철근 끝에 표준갈고리(standard hook)를 만들어서 갈고리의 기계적 작용과 직선부분의 부착과의 조합작용으로 정착하는 방법이다. 갈고리는 정착력을 증가시키는 데 매우 효과적이다. 그러므로 종래 많이 사용되어 왔으며, 보통의 원형철근의 정착에는 반드시 갈고리를 두어야 한다. 이형철근을 사용할 경우라도 부재의 고정지점, 부재의 접합부, 확대기초, 캔틸레버의 고정단과 자유단 등의 정착부에서는 갈고리를 두는 것이 좋다.

[3] 기타 방법에 의한 정착

정착하고자 하는 철근의 가로방향에 따로 철근을 용접해 붙이는 방법이 있고, 또 특별한 정착장치 예를 들면 기계적 정착장치를 사용하는 경우도 있다. 콘크리트구조기준(2012)은 확대머리 이형철근에 대한 기준을 규정하고 있다.

일반적으로 인장철근의 정착에는 위의 [1] 또는 [2]의 방법이 쓰인다. 압축철근의 부착거동은 인장철근의 경우와 다르다. 실험결과에 의하면 압축철근의 정착길이는 인장철근보다 짧아도 되며, 또 갈고리의 효과도 별로 없어서 압축철근의 정착에는 갈고리를 사용하지 않는다.

7. 3. 2 묻힘길이에 의한 정착

하나의 예로, 그림 7-9와 같은 단순보를 생각해 보자. 이 보의 휨모멘트는 지점에서 0이고, 단면 a에서 최대이다. 단면 a에서의 철근의 응력을 f_s, 철근의 단면적을 A_b 라고 하면, 단면 a에서의 철근의 인장력은 $A_b f_s$ 이고, 철근의 끝에서는 0이다. 이 힘은 부착응력에 의하여 철근으로부터 콘크리트에 전달된다.

하중이 증가해서 철근의 응력이 f_y 에 달할 때 l 구간에서 부착파괴를 일으키지 않기 위해서는 l 은 정착길이 l_d 보다 커야 한다.

즉 철근의 전강($A_b f_y$)을 전달할 수 있도록, 전강을 받고 있는 단면을 지나서 지점쪽으로 충분한 길이만큼 철근을 연장하여 콘크리트 속에 묻어 넣어야 한다. 이렇게 묻어 넣은 철근의 길이가 **정착길이**이다. 정착길이의 계산에 사용되는 $\sqrt{f_{ck}}$ 의 값은 8.4 MPa를 초과해서는 안 된다(6장의 6.6.2항 참조). 그 이유는 f_{ck}가 70 MPa보다 크더라도 정착길이가 감소하지 않기 때문이다. 그래서 $\sqrt{f_{ck}}$ 의 값이 $\sqrt{f_{ck}} = \sqrt{70} = 8.4$ MPa를 초과해서는 안 된다고 상한을 둔 것이다.

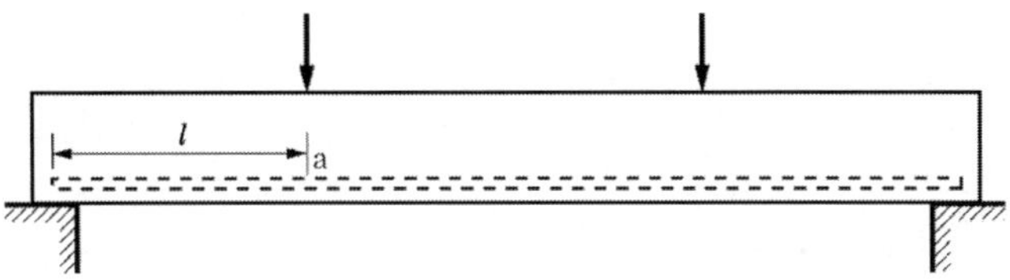

그림 7-9 철근의 정착길이[참고문헌 16]

[1] 인장 이형철근의 정착길이

갈고리 없이 묻힘길이만으로 인장 이형철근을 정착할 경우, 그 정착길이 l_d는 다음 (i) 또는 (ii)의 방법 중의 하나로 계산한다. 그러나 l_d는 300 mm 이상이라야 한다.

(i) 기본정착길이에 보정계수를 곱하는 방법

콘크리트구조기준(2012)은 인장철근의 기본정착길이 l_{db}를 다음과 같이 주고 있다.

$$l_{db} = \frac{0.6\, d_b f_y}{\lambda \sqrt{f_{ck}}} \tag{7·6}$$

여기서 d_b : 철근의 공칭지름(mm)

f_y : 철근의 설계기준항복강도(MPa)

f_{ck} : 콘크리트의 설계기준압축강도(MPa)

λ : 경량콘크리트계수, 전경량콘크리트는 0.75, 모래경량콘크리트는 0.85, 보통중량콘크리트는 1.0, f_{ps}가 규정된 경우 $f_{sp}/\left(0.56\sqrt{f_{ck}}\right) \le 1.0$로 계산.

정착길이 l_d는 철근의 종류, 철근의 간격, 피복두께 등에 따라 표 7-3의 보정계수를 기본정착길이 l_{db}에 곱하여 얻는다. 표 7-3의 α, β, λ는 각각 다음과 같다.

α : **철근배치 위치계수**이며, 그 값은 다음과 같다.

① 상부철근(정착길이 또는 겹침이음부 아래 300 mm를 초과되게 굳지 않은 콘크리트에 묻힌 수평철근) ································ 1.3

② 기타 철근 ………………………………………………………………… 1.0

β : **철근 도막계수**(표면처리 계수)이며, 그 값은 다음과 같다.

① 피복두께가 $3d_b$ 미만 또는 순간격이 $6d_b$ 미만인 에폭시 도막철근 또는 철선 ………………………………………………………………………… 1.5

② 기타 에폭시 도막철근 또는 철선 …………………………………… 1.2

③ 도막되지 않은 철근 ………………………………………………… 1.0

에폭시 도막철근이 상부철근인 경우에는 $\alpha\beta$의 값이 1.7보다 클 필요는 없다.

표 7-3 보정계수(인장철근)

철근의 간격, 피복두께 등의 조건 \ 철근의 종류	D 19 이하의 철근	D 22 이상의 철근
① 정착되거나 이어지는 철근의 순간격이 d_b 이상이고, 피복두께도 d_b 이상이면서, l_d 의 전 구간 간에 설계기준에 규정된 최소량 이상의 스터럽 또는 띠철근이 배근된 경우 ② 정착되거나 이어지는 철근의 순간격이 $2d_b$ 이상이고, 피복두께가 d_b 이상인 경우	$0.8\alpha\beta$	$\alpha\beta$
③ 그 밖의 경우	$1.2\alpha\beta$	$1.5\alpha\beta$

(ii) 정밀식으로 계산하는 방법

콘크리트구조기준(2012)은 인장철근의 정착길이를 식 (7・7)로 계산해도 좋다고 언급하고 있다. 그러나 엄밀하게 표현하면 이와 같이 정밀식으로 계산하는 방법이 정해이고, 기본정착길이에 보정계수를 곱하여 정착길이를 구하는 방법은 근사해법이다.

$$\left.\begin{aligned} l_d &= \frac{0.90\, d_b f_y}{\lambda\sqrt{f_{ck}}}\cdot\frac{\alpha\beta\gamma}{\left(\dfrac{c+K_{tr}}{d_b}\right)} \\ &\frac{c+K_{tr}}{d_b} \le 2.5 \\ K_{tr} &= \frac{40A_{tr}}{s\,n} \end{aligned}\right\} \qquad (7\cdot7)$$

여기서 α, β 및 λ : 앞의 (i)에서 주고 있는 계수

γ : **철근 또는 철선의 크기계수**이며, 그 값은 다음과 같다.

① D 19 이하의 철근과 이형철선 ………………………………… 0.8

② $D22$ 이상의 철근 ·· 1.0

c : 철근 간격 또는 피복두께에 관련된 치수(mm) (철근 또는 철선의 중심부터 콘크리트 표면까지 최단거리 또는 정착되는 철근 또는 철선의 중심간 거리의 1/2 중 작은 값을 사용하여 mm로 나타낸다.)

K_{tr} : 횡방향 철근지수

A_{tr} : 정착된 철근을 따라 쪼개질 가능성이 있는 면을 가로질러 배치된 간격 s 이내에 있는 횡방향 철근의 전체 단면적(mm^2)

s : l_d 내에 있는 횡방향 철근의 최대 중심간 간격(mm)

n : 쪼개질 가능성이 있는 평면을 따라 정착되거나 이음된 철근의 수

철근의 일부를 조기 절단하여 짧은 철근과 긴 철근을 배치하는 경우, 짧은 철근과 긴 철근의 정착길이가 겹쳐지는지, 아닌지를 검토하여 n의 값을 정하여야 한다. 즉, 두 철근의 정착길이가 겹쳐지면 모든 철근의 수가 n이 되며, 겹쳐지지 않으면 짧은 철근의 정착길이를 계산할 때 짧은 철근의 수가 n, 긴 철근의 정착길이를 계산할 때 긴 철근의 수가 n이 된다. 그러나 정착길이를 구할 때 사용되는 n의 값은 정착길이를 알아야 두 철근의 정착길이가 겹쳐지는지 알 수 있으므로, 반복 검토가 필요하다. 횡방향 철근이 배치되어 있더라도 간편하게 계산하기 위하여 $K_{tr}=0$으로 해도 좋다.

기본정착길이에 보정계수를 곱하여 정착길이를 구하는 방법은 K_{tr}을 고려하지 않는 근사해법으로 상대적으로 간편하지만 항상 더 긴 정착길이를 얻게 된다. 그러나 휨모멘트에 대하여 주철근이 더 이상 필요하지 않은 지점에서 전단작용을 고려한 최소연장길이만큼 지난 위치가 철근의 절단위치가 되는 경우가 대부분이므로, 두 가지 방법 중에서 어느 방법으로 정착길이를 계산하여도 설계결과는 동일한 경우가 많다.

(iii) 소요량 이상이 배근된 경우의 보정

인장철근이 계산상 필요로 하는 양 이상 배근된 휨부재에 대하여는 정착길이를

$$\frac{\text{소요 } A_s}{\text{배근 } A_s}$$

의 비만큼 감소시킬 수 있다. 즉 (i) 또는 (ii)의 방법으로 계산된 정착길이에 $\left(\frac{\text{소요 } A_s}{\text{배근 } A_s}\right)$를 곱하여 보정한다. 여기서 소요 A_s는 계산상 요구되는 철근량이고, 배근 A_s는 실제로 배근된 철근량이다. 그러나 f_y를 발휘하도록 정착을 특별히 요구하는 경우에는 적용하지 않는다.

(iv) 고강도철근을 사용하는 경우의 조건

설계기준항복강도가 550 MPa을 초과하는 고강도철근에 대해서는, 횡방향철근을 배치하지 않는 경우에는 c/d_b이 2.5 이상이어야 하며, 횡방향철근을 배치하는 경우에는 $K_{tr}/d_b \geq 0.25$와 $(c+K_{tr})/d_b \geq 2.25$을 만족하여야 한다.

예제 7-1 그림 7-10은 라멘구조에서 기둥과 보의 접합부를 보인 것이다. 해석결과 접합부에서 보의 단부(端部)에 필요한 부철근(負鐵筋)의 단면적은 1,780 mm^{2}인데, 실제로는 2개의 D 35(1,913 mm^2)가 배치되었다. 보에 사용된 스터럽 D 10의 피복두께는 40 mm이고, 접합부에서 스터럽의 간격은 120 mm이다. f_y = 400 MPa의 철근과 f_{ck} = 27 MPa인 보통골재의 콘크리트가 사용되었다. 인장력을 전달하는 데 필요한 보의 부철근의 정착길이 l_d를 다음의 각 경우에 대하여 계산하라.

(1) 식 (7 · 6)을 사용할 경우

(2) 식 (7 · 7)을 사용할 경우

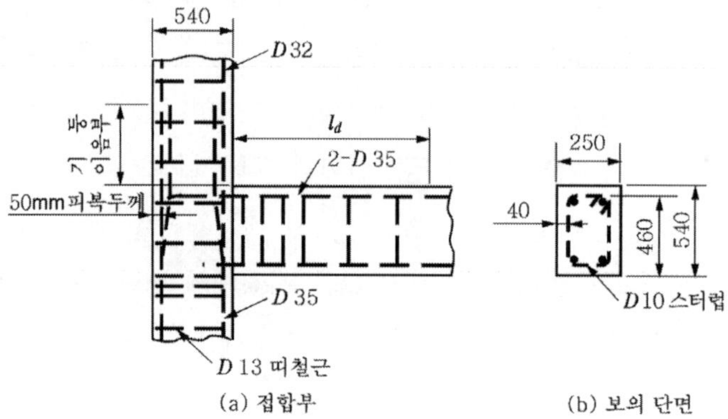

그림 7-10

풀이 부철근은 부(−)의 휨모멘트에 의해 인장을 받는 철근이므로, 이 예제는 인장철근의 정착길이 계산의 문제이다.

① 식 (7·6)을 사용할 경우

보의 부철근 2-D 35의 수평 순간격은 그림 7-10 (b)를 참고하면

$$250-2[40(\text{피복두께})+9.53(D10\text{의 지름})+34.9(D35\text{의 지름})]$$
$$=81\text{mm} > 2d_b(2\times 34.9=70\text{mm})$$

이 철근의 보의 측면에 있어서의 피복두께는

$$40+9.53=49.5\text{mm} > d_b(34.9\text{mm})$$

이 철근의 보 상면에 있어서의 피복두께는

$$(540-460)-34.9/2=62.5\text{mm}>d_b(34.9\text{mm})$$

이상의 값들은 表 7-3의 ②의 조건에 해당한다.

또한 이 부철근은 상부철근이므로 $\alpha=1.3$이고, 에폭시 도막철근이 아니므로 $\beta=1.0$이며, 보통중량콘크리트이므로 $\lambda=1.0$이다. 식 (7·6)에 곱해야 할 보정계수는 表 7-3으로부터

$$\alpha\beta=1.3\times1.0=1.3$$

기본정착길이는 식 (7·6)으로부터

$$l_{db}=\frac{0.6\,d_b f_y}{\lambda\sqrt{f_{ck}}}=\frac{0.6\times34.9\times400}{1.0\sqrt{27}}=1{,}611\text{mm}$$

이 값은 부록 C의 表 C-4로부터 바로 얻을 수 있다.

앞에서 얻은 보정계수로 보정하면 필요한 정착길이는

$$l_d=l_{db}\times\alpha\beta=1{,}611\times1.3=2{,}094\text{mm}$$

부철근이 계산상 필요한 양 이상 배치되어 있으므로

$$\frac{\text{소요 }A_s}{\text{사용 }A_s}=\frac{1{,}780}{1{,}913}=0.93$$

만큼 또 보정해야 한다. 따라서 이 철근의 필요한 정착길이는 다음과 같이 된다.

$$l_d=2{,}094\times0.93=1{,}950\text{mm}>300(\text{mm})\qquad(\text{OK})$$

② 식 (7·7)을 사용할 경우

부철근 2-D35의 수평 중심간격은

$$250-2(40+9.53+34.9/2)=116\text{mm}$$

$$\therefore 116/2=58\text{mm}$$

D35의 중심으로부터 가장 가까운 콘크리트 표면까지의 거리는

보의 측면에서 $40+9.53+34.9/2=67\text{mm}$

보의 상면에서 $540-460=80\text{mm}$

위의 세 값 중에서 가장 작은 값이 c이다. 즉 $c=58$ mm이다. 할렬(splitting)은 정착될 부철근의 상면에 일어날 것이다. 따라서 A_{tr}은 스터럽 D10의 단면적의 2배를 사용하여 계산한다(만약 상부의 피복두께가 지배적이라면 할렬면은 수직을 이룰 것이므로, 스터럽 철근 단면적의 1배를 사용하여 A_{tr}을 계산한다). D10 스터럽의 최대간격은 125 mm이고, D10의 단면적은 71.3 mm^{2}이며, 정착될 철근의 수는 $n=2$이므로 횡방향 철근지수 K_{tr}은 다음과 같이 된다.

$$K_{tr} = \frac{40A_{tr}}{s\,n} = \frac{40\times(71.3\times2)}{125\times2} = 22.8$$

$$\therefore \frac{c+K_{tr}}{d_b} = \frac{58+22.8}{34.9} = 2.32 < 2.5$$

따라서 식 (7 · 7)로부터(D 35에 대하여 $\gamma = 1.0$이므로)

$$l_d = \frac{0.90\,d_b f_y}{\lambda\sqrt{f_{ck}}}\cdot\frac{\alpha\beta\gamma}{\left(\dfrac{c+K_{tr}}{d_b}\right)}$$

$$= \frac{0.90\times34.9\times400}{1.0\sqrt{27}}\times\frac{1.3\times1.0\times1.0}{2.32} = 1{,}355\text{mm}$$

소요량 이상의 철근이 배근되어 있으므로, 필요한 정착길이는

$$l_d = 1{,}355\times\frac{1{,}780}{1{,}913} = 1{,}260\text{mm} > 300\text{mm} \qquad \text{(OK)}$$

정밀식인 식 (7 · 7)에 의한 경우가 간략식(실용식)인 식 (7 · 6)에 의한 경우의 정착길이 1,950 mm보다 정착길이가 많이 감소됨을 알 수 있다.

[2] 압축 이형철근의 정착길이

압축을 받는 이형철근의 기본정착길이와 보정계수를 설계기준에서는 표 7-4와 같이 주고 있다. 그러나 그 정착길이는 200 mm 이상이라야 한다.

표 7-4 압축 이형철근의 기본정착길이와 보정계수

기본정착길이		$l_{db} = \dfrac{0.25\,d_b f_y}{\lambda\sqrt{f_{ck}}} \geq 0.043 d_b f_y$
보정계수	계산상 필요한 양 이상으로 철근을 배치한 경우	$\dfrac{\text{소요 } A_s}{\text{배근 } A_s}$
	지름이 6 mm 이상이고 피치가 100 mm 이하인 나선철근, 또는 중심 간격이 100 mm 이하이고 설계기준의 띠철근 조건에 맞는 D 13 띠철근으로 둘러싸인 철근	0.75

7. 3. 3 표준갈고리에 의한 정착

철근의 인장력을 부착만으로 전달할 수 없는 경우에는 표준갈고리를 병용한다. 다시 말해서 필요한 정착길이를 확보할 수 없는 경우에는 철근 끝에 갈고리를 만들어서 그 기계적 정착력과의 합계에 의해 정착한다.

표준갈고리를 가지는 인장철근의 정착길이 l_{dh} 는 그림 7-11 (a)에 보인 바와 같이 위험단면으로부터 갈고리 외측(外側)까지의 거리로 나타낸다. 즉, l_{dh} 는 위험단면으로부터 갈고리 시점까지의 직선구간에, 갈고리의 구부린 내면 반지름과 철근 지름을 합한 길이이다. 그러나 l_{dh} 는 $8d_b$ 이상이라야 하고, 또 150 mm 이상이라야 한다.

압축을 받는 구역에서 갈고리는 정착에 유효하지 않으므로 압축철근에는 갈고리를 만들 필요는 없다.

표준갈고리를 가지는 인장 이형철근의 정착길이는 표 7-5의 기본정착길이에 보정계수를 곱하여 구한다. 이때 표준갈고리를 가지는 인장 이형철근의 정착길이는 직선 인장 이형철근 정착길이의 0.4배 수준이다.

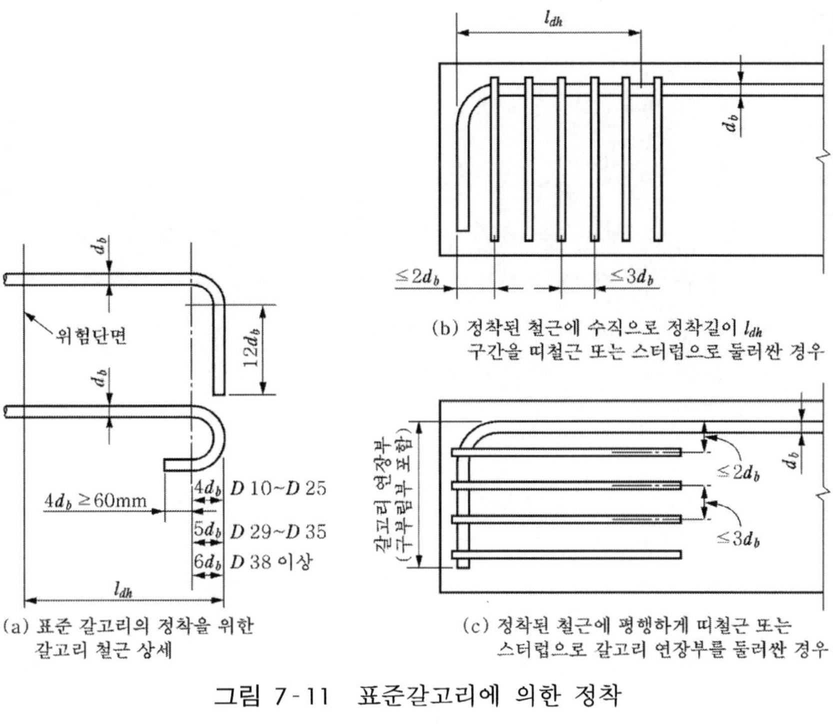

(a) 표준 갈고리의 정착을 위한 갈고리 철근 상세

(b) 정착된 철근에 수직으로 정착길이 l_{dh} 구간을 띠철근 또는 스터럽으로 둘러싼 경우

(c) 정착된 철근에 평행하게 띠철근 또는 스터럽으로 갈고리 연장부를 둘러싼 경우

그림 7-11 표준갈고리에 의한 정착

표 7-5 표준갈고리를 가지는 인장철근의 기본정착길이와 보정계수

	기본정착길이	$l_{hb} = \dfrac{0.24\beta d_b f_y}{\lambda\sqrt{f_{ck}}}$
보정계수	D 35 이하의 철근으로서 갈고리 평면에 직각인 측면의 피복두께가 70 mm 이상이고, 또 90° 갈고리의 경우, 그 연장 끝에서 피복두께가 50 mm 이상인 경우	0.7
	D 35 이하 90° 갈고리 철근에서 정착길이 l_{dh} 구간을 $3d_b$ 이하의 간격으로 띠철근 또는 스터럽이 정착되는 철근을 수직으로 둘러싼 경우〔그림 7-11 (b)〕 또는 갈고리 끝 연장부와 구부림부의 전 구간을 $3d_b$ 이하의 간격으로 띠철근 또는 스터럽이 정착되는 철근을 평행하게 둘러싼 경우〔그림 7-11 (c)〕	0.8
	D 35 이하 180° 갈고리 철근에서 정착길이 l_{dh} 구간을 $3d_b$ 이하 간격으로 띠철근 또는 스터럽이 정착되는 철근을 수직으로 둘러싼 경우(f_y가 550MPa을 초과하면 적용하지 않는다)	0.8
	휨부재의 철근이 소요량 이상 사용된 경우	$\dfrac{\text{소요 } A_s}{\text{배근 } A_s}$

예제 7-2 그림 7-10(예제 7-1)에서 부철근(2-D 35)을 기둥 속으로 연장하여 90° 갈고리로 정착시키고자 한다. 보의 폭 방향에 대한 기둥 폭은 400 mm이다. 기둥 속으로 묻어 넣어야 할 갈고리의 최소 묻힘길이를 계산하라.

풀이 갈고리의 기본정착길이는 표 7-5로부터

$$l_{hb} = \frac{0.24\beta d_b f_y}{\lambda\sqrt{f_{ck}}} = \frac{0.24\times1.0\times34.9\times400}{1.0\sqrt{27}} = 645\text{mm}$$

갈고리가 보의 폭보다 넓은 기둥 속에 연장되어 묻히기 때문에 부철근 D 35의 피복두께는 70 mm 이상이 되고, 또 90° 갈고리의 연장 끝에서 피복두께도 50 mm를 초과할 것이므로, 표 7-5로부터 보정계수 0.7을 얻는다. 또 철근량이 소요량 이상 배근되어 있으므로 그 보정계수는 앞의 예제 7-1에서 얻은 바와 같이 0.93이다. 그 밖에 보정할 사항이 없으므로, 이 갈고리 철근의 필요한 정착길이는 다음과 같이 된다.

$$l_{dh} = 645\times0.7\times0.93 = 420\text{mm}$$

그런데 보와의 접합부에서 기둥 속으로 갈고리 철근을 연장할 수 있는 길이는 그림 7-10 (a)를 참고하면

$$540 - 50 = 490\text{mm}$$

이다. 이 길이는 필요한 정착길이 420 mm를 수용하고도 여유가 있는 길이이다.

7.3.4 휨철근의 정착

휨철근의 단면적은 휨모멘트에 거의 비례하므로 휨모멘트의 크기에 따라 그 단면적을 알맞게 변화시킬 수 있다. 즉, 휨모멘트가 큰 단면에서는 철근량이 많아지고, 휨모멘트가 작은 곳에서는 철근량이 적어진다. 그러므로 응력을 받는데 철근을 더 연장할 필요가 없는 곳에서는 철근을 끊어 버리거나, 또는 연속보인 경우에는 구부려 내리거나 구부려 올리거나 한다. 이와 같이 철근이 절단(cut-off)된 점, 또는 절곡(折曲, bend)된 점은 정착에 특히 주의해야 한다. 이러한 곳은 지간(支間) 내에서의 최대 응력점과 함께 철근의 정착에 대한 위험단면이 되기 때문이다. 이러한 위험단면이 연속보의 경우, 그림 7-12의 "c" 또는 "x"이다.

휨철근은 일반적으로 다음 원칙에 따라 정착하도록 설계기준은 요구하고 있다.

[1] 정착의 일반원칙

(1) 휨철근을 지간 내에서 절단할 경우에는 휨을 저항하는 데 더 이상 필요로 하지 않는 단면을 지나서 유효높이 d 이상, 또 철근 지름 d_b 의 12배 이상 더 연장해야 한다[그림 7-12 참조]. 그 이유는 전단력 V_u 에 의하여 단면 상단과 하단에 각각 $0.5\,V_u\cot\theta$ 의 인장력이 추가되어, 휨모멘트가 0인 위치 바깥 부분에도 인장력이 작용하기 때문이다[부록 B참조]. θ 는 전단균열의 각도로서, 도로교설계기준 한계상태설계법(2012)은 이 힘에 저항하게 하기 위하여 $0.5(0.9d)\cot\theta$ 만큼 철근을 연장하도록 규정하고 있다. 그러나 단순지지보 받침부와 캔틸레버 자유단에는 해당되지 않는다.

(2) 인장구역에서 절단된 철근 또는 절곡된 철근에 인접한 철근으로서 더 연장되는 철근은 휨을 저항하는 데 더 이상 필요로 하지 않는 단면을 지나서 l_d (정착길이) 이상의 묻힘길이를 가지도록 연장해야 한다. 이러한 곳이 그림 7-12의 "x"로 표시된 단면이다. 즉, 부철근(부 모멘트철근) L은 지점면을 지나 l_d 이상 연장해야 하고, 또 이론적 절단점 "x"를 지나 d 또는 $12d_b$ 이상 연장해야 한다. 나머지 부철근 N(부철근의 1/3 이상)은 L철근의 이론적 절단점 "x"를 지나 l_d 이상 연장해야 하고, 또 부모멘트의 반곡점(변곡점)을 지나 d, $12d_b$, $l_n/16$ 중 큰 값 이상 연장해야 한다.

정철근 P는 최대 모멘트 점 "c"를 지나 l_d 이상 연장해야 하고, 또 이론적 절단점 "x"를 지나 d 또는 $12d_b$ 이상 연장해야 한다. 나머지 정철근 Q는 P철근의 이론적 절단점 "x"를 지나 l_d 이상 연장해야 하고, 또 지지부 속으로 150 mm 이상 묻어 넣어야 한다.

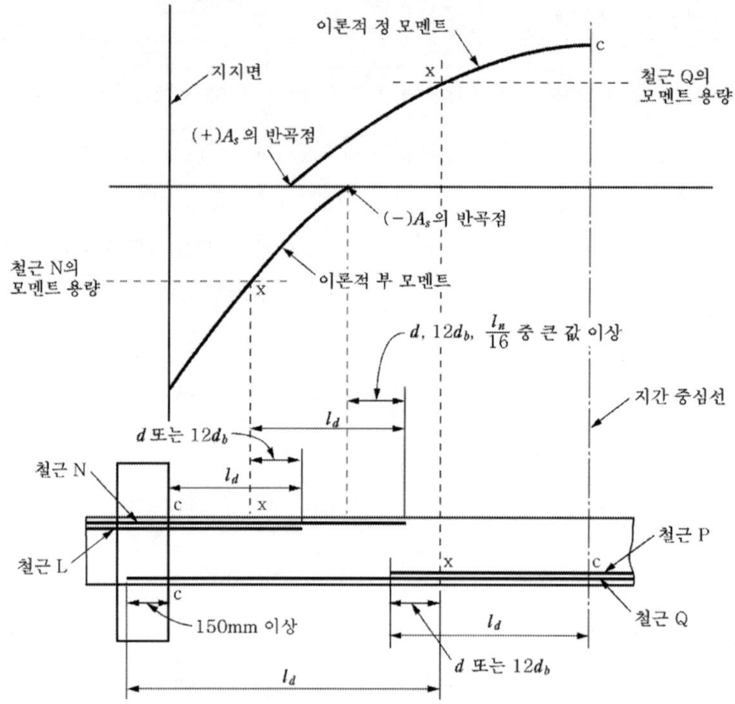

그림 7-12 연속보에 있어서 휨철근의 정착[참고문헌 17]

(3) 휨철근은 압축구역에서 절단하는 것을 원칙으로 한다. 그러나 다음 조건 중의 하나를 만족할 경우에는 인장구역에서 끊어내도 좋다. 그러나 전체 철근량의 1/2 이상을 한 인장구역에서 끊어내서는 안 된다.

① 끊는 점의 계수전단력 V_u가 설계전단강도 ϕV_n의 $\frac{2}{3}$ 이하인 경우, 즉 $V_u \le \frac{2}{3}\phi V_n$인 경우

② 전단과 비틀림에 필요로 하는 양 이상의 스터럽이 휨철근을 절단하는 점의 전후 $\frac{3}{4}d$ 구간에 촘촘하게 배치되어 있는 경우
이때, 스터럽의 간격 s 및 스터럽 단면적 A_v는 다음과 같아야 한다.

$$s \le \frac{d}{8\beta_b}, \qquad A_v \ge 0.42\frac{b_w s}{f_y}$$

여기서 β_b는 끊은 철근의 전체 철근에 대한 단면비이다.

③ $D\,35$ 이하의 철근에 대하여는 연장되는 철근량이 끊는 점에서 휨에 필요한 철근량의 2배 이상이고, 또 $V_u \le \frac{3}{4}\phi V_n$인 경우

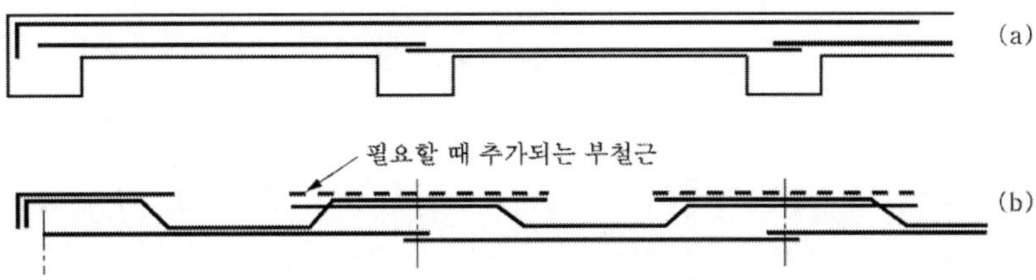

그림 7-13 연속보에서의 휨철근의 배근

철근을 끊는 대신 절곡하여 복부를 지나서 반대쪽까지 연장시키는 방법도 쓰인다. 그림 7-13(b)가 그런 경우이다. 그림 7-13(a)는 직선철근만으로 배근한 경우이다. 어느 경우이건 이들 휨철근의 끊는 점, 구부리는 위치 또는 묻힘길이, 정착길이 등은 모두 이 절에 설명된 방법에 따라 정해야 한다.

[2] 정철근의 정착

정(+)의 휨모멘트에 의하여 인장을 받는 철근을 **정철근**, 또는 **정(正)모멘트 철근**이라고 한다. 정철근은 이상에서 설명한 휨철근의 정착에 대한 일반사항을 지키는 외에 다음에 따라 정착해야 한다.

(1) 단순보에서는 정철근의 1/3 이상, 연속보에서는 1/4이상을, 지점을 넘어 150 mm 이상 받침부 속에 연장해야 한다.

(2) 단순지점과 반곡점(변곡점, point of inflection, PI)에서의 정철근은 그 정착길이 l_d가 다음 값을 넘지 않아야 한다. 도로교설계기준(2010)은 인장응력이 휨모멘트가 0인 지점에서 시작한다는 개념으로 l_a가 포함된 식으로 규정하고 있으나, 콘크리트구조기준(2012)은 인장철근의 단부에서 인장응력이 시작한다는 개념으로 l_a가 포함되지 않은 식으로 규정하고 있다.

$$l_d \le \frac{M_n}{V_u} + l_a \quad \text{또는} \quad l_d \le \frac{M_n}{V_u} \qquad (7 \cdot 8)$$

여기서 M_n : 단면의 모든 철근이 f_y에 도달한다고 가정하고 구한 공칭휨강도

V_u : 단면에 작용하는 계수전단력

l_a : 지점 또는 반곡점에서 추가되는 묻힘길이. 지점에서의 l_a는 받침부 중심을 지나서 연장된 묻힘길이이고, 반곡점에서의 l_a는 부재의 유효깊이 d와 철근 지름 d_b의 12배 중에서 큰 값이다.

단순보의 받침부와 같이 철근의 단부가 지점반력에 의해 압축될 경우에는 l_d는 다음

조건을 만족해야 한다.

$$l_d \le 1.3\frac{M_n}{V_u} + l_a \quad \text{또는} \quad l_d \le 1.3\frac{M_n}{V_u} \tag{7·9}$$

그림 7-14는 단순보의 받침부에서 이러한 관계를 보인 것이고, 그림 7-15는 연속보의 반곡점에서 이 관계를 보인 것이다.

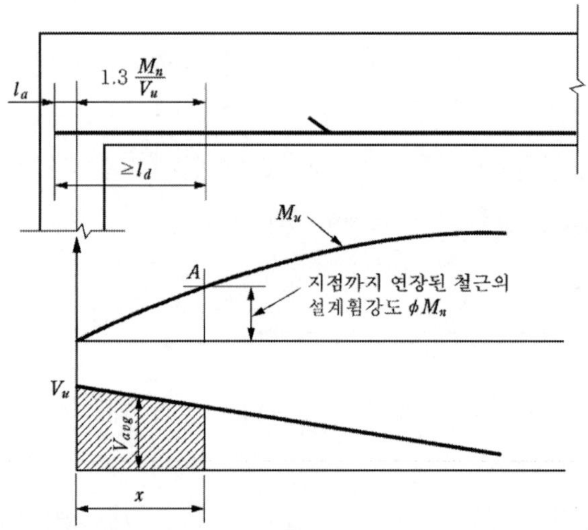

그림 7-14 단순보 받침부에서의 l_a 와 l_d [참고문헌 18]

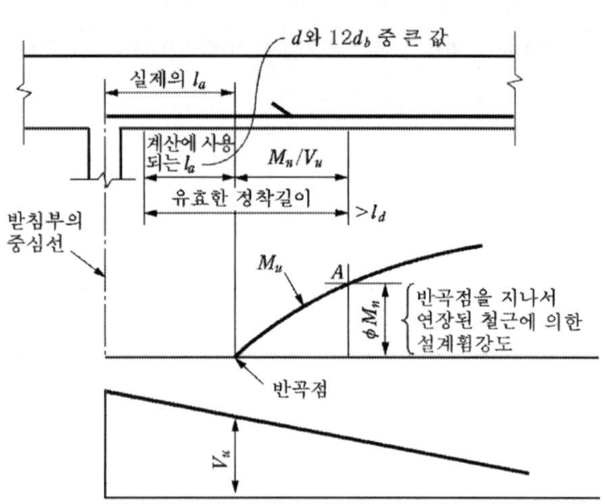

그림 7-15 연속보의 반곡점에서의 l_a 와 l_d [참고문헌 18]

[3] 부철근의 정착

부(−)의 휨모멘트에 의하여 인장을 받도록 배치된 철근을 **부철근** 또는 **부모멘트 철근**이라고 한다. 부철근의 정착도 앞에서 설명한 휨철근의 정착에 대한 일반사항을 지키는 외에 다음에 따라 정착해야 한다.

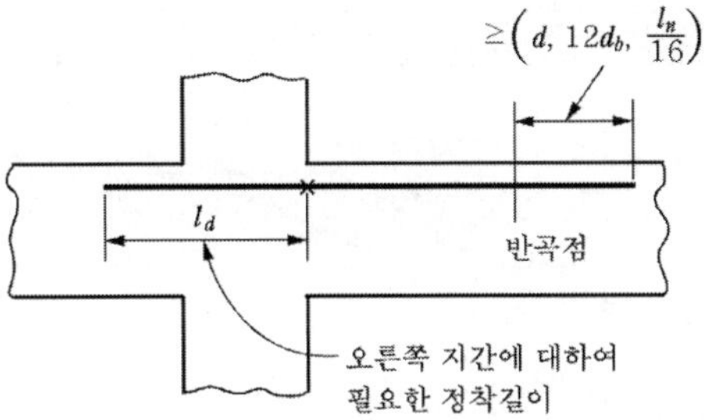

그림 7-16 연속보의 반곡점에서의 부철근의 정착

받침부에서 부철근의 $\frac{1}{3}$ 이상을 부재의 유효깊이 d 이상, 철근 지름 d_b 의 12배 이상, 또 순경간 l_n 의 $\frac{1}{16}$ 이상 반곡점을 넘어서 더 연장해야 한다. 이러한 관계를 보인 것이 그림 7-16이며, 그림 7-12에도 나타나 있다. 또, 부철근의 단부는 그림 7-11 (a)에 보인 바와 같이 90° 갈고리 또는 180° 갈고리를 붙여서 지지부 속에 정착하는 것이 보통이다.

예제7-3) 휨에 의해 단면이 결정되고, 전단에 의해 스터럽이 설계된 그림 7-17 (a)와 같은 단순보가 있다. 단면은 300×510 mm의 직사각형이고, 유효깊이는 $d=$ 445 mm이다. 인장철근은 1-D 32와 2-D 35가 그림에 보인 바와 같이 배치되었으며, 스터럽은 D 10을 U형으로 210 mm 간격으로 배치되어 있고, 피복두께는 40 mm이다. 철근을 끊을 수 있는 위치와 정착길이를 구하라. $f_{ck}=$ 21 MPa인 보통 콘크리트와, $f_y=$ 300 MPa인 보통의 이형철근이 사용되었다. 그림 7-17 (b) 및 (c)는 각각 계수하중(factored load)에 의한 휨모멘트도와 전단력도이다.

풀이 (i) 철근을 끊어낼 수 있는 단면의 위치

인장철근 3개 가운데 하나는 끊을 수 있다. 지금 D 32 철근을 끊기로 하면, 나머지 철근 2-D 35가 지지할 수 있는 모멘트는 다음과 같이 계산된다.

$$C=0.85f_{ck}ab=0.85\times21\times a\times300=5{,}355a$$

$$T=A_sf_y=(2\times956.6)\times300=574{,}000\text{N}$$

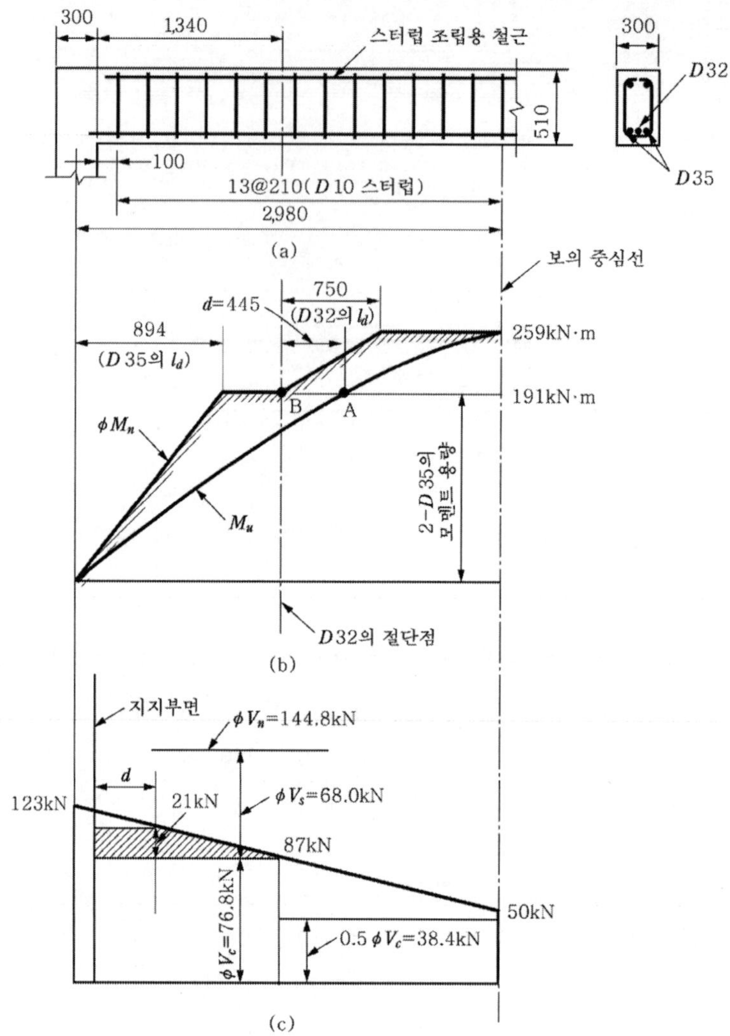

그림 7-17

$$\therefore a = \frac{574,000}{5355} = 107\text{mm}$$

$$M_n = T\left(d - \frac{a}{2}\right) = 574,000 \times \left(445 - \frac{107}{2}\right) = 2,247 \times 10^5 \text{N·mm} = 224.7\,\text{kN·m}$$

휨에 대한 강도감소계수 ϕ값을 결정짓기 위해서는 최외단 철근의 순인장변형률 ε_t를 알아야 한다. $f_{ck} = 21\text{MPa}$이므로 식 (5 · 3)으로부터 $\beta_1 = 0.85$이므로 중립축의 위치는

$$c = \frac{a}{\beta_1} = \frac{107}{0.85} = 126\text{mm}$$

인장철근이 1열로 배치되어 있으므로 $d_t = d = 445\text{mm}$이다. 따라서 이 철근의 순인장

변형률 ε_t는 식 (5·6 b)로부터[그림 5-2 참조]

$$\varepsilon_t = \frac{d_t - c}{c}\varepsilon_c = \frac{445 - 126}{126} \times 0.003 = 0.0076 > 0.005$$

즉 인장지배단면이므로 $\phi = 0.85$이다[4장의 표 4-5, 그림 5-3 참조]. 따라서 이 단면의 설계휨강도는 다음과 같이 된다.

$$\phi M_n = 0.85 \times 224.7 = 191\text{kN·m}$$

이 모멘트가 그림의 M_u 도의 점 A이다. 이론상으로는 점 A에서 D 32를 끊어낼 수 있다. 그러나 설계기준의 요구에 따라 단면 A로부터 지점쪽으로 유효깊이 d 이상, 또 철근 지름 d_b의 12배 이상 연장해야 한다. D 32의 공칭지름이 $d_b = 31.8\text{mm}$이므로

$$12d_b = 12 \times 31.8 = 382\text{mm} < d(= 445\text{mm})$$

즉, AB= 445 mm 되는 단면 B에서 D 32 철근을 끊어야 한다. 그러나 인장측에서 철근을 끊어낼 수 있는 것은 끊는 점의 전단력이 보의 전단강도의 $\frac{2}{3}$ 이하이거나, 또는 스터럽이 규정대로 촘촘하게 배치되어 있는 경우에 한한다.

그런데 콘크리트가 부담하는 전단강도는 식 (6·14)로부터

$$V_c = \frac{1}{6}\lambda\sqrt{f_{ck}}\,b_w d = \frac{1}{6} \times 1.0\sqrt{21} \times 300 \times 445 = 102{,}350\text{N}$$

수직 스터럽 D 10(71.3 mm^2)이 부담하는 전단강도는 6장의 식 (6·17)로부터

$$V_s = \frac{A_v f_y d}{s} = \frac{(2 \times 71.3) \times 300 \times 445}{210} = 90{,}650\text{N}$$

따라서 단면의 공칭전단강도는

$$\phi V_n = \phi(V_c + V_s) = 0.75(102{,}350 + 90{,}650) = 144{,}800\text{N}$$

이것의 $\frac{2}{3}$는

$$\frac{2}{3}\phi V_n = \frac{2}{3} \times 144{,}800 = 96{,}500\text{N} = 96.5\text{ kN}$$

그런데 점 B의 전단력 V_u는 그림 7-17 (c)로부터

$$V_u = 87\text{kN} < \frac{2}{3}\phi V_n$$

그러므로 D 32를 단면 B(인장구역)에서 끊어도 좋다.

(ii) D 32의 정착길이 계산

식 (7·7)로 계산한다. 전단철근이 U형의 D 10 스터럽이므로

$$A_{tr} = 2 \times 71.3 = 143\text{mm}^2$$

D 32에 대한 c 값은 그 하면에 대한 값으로 지배되므로

$$c = 40(\text{피복두께}) + 9.53(D10\text{의 지름}) + \frac{31.8}{2}\left(D32\text{의 지름의 }\frac{1}{2}\right) = 65\text{mm}$$

정착해야 할 철근은 D 32 1개이므로 $n=1$이고, 스터럽의 간격은 $s=210$ mm이므로, 횡방향 철근지수는 다음과 같이 된다.

$$K_{tr} = \frac{40\,A_{tr}}{s\,n} = \frac{40\times143}{210\times1} = 27.2$$

$$\therefore \frac{c+K_{tr}}{d_b} = \frac{65+27.2}{31.8} = 2.9 > 2.5$$

따라서 2.5를 계산에 사용한다. D 32는 상부철근이 아니므로 $\alpha=1.0$, 에폭시 도막철근이 아니므로 $\beta=1.0$, D 32이므로 $\gamma=1.0$, 또 보통의 콘크리트이므로 $\lambda=1.0$이다. 따라서 D 32의 소요 정착길이는 식 (7 · 7)로부터

$$l_d = \frac{0.90\,d_b f_y}{\lambda\sqrt{f_{ck}}}\cdot\frac{\alpha\beta\gamma}{\left(\dfrac{c+K_{tr}}{d_b}\right)}$$

$$= \frac{0.90\times31.8\times300}{1.0\sqrt{21}}\times\frac{1.0\times1.0\times1.0}{2.5} = 750\text{mm}$$

이 정착길이가 그림 7-17 (b)에 나타내어져 있다.

(iii) 지점까지 연장되는 D 35의 정착길이 계산

D 35의 중심으로부터 인장연단까지의 최단 거리는 67 mm(= 피복두께 40 + D 10의 지름 9.53 + D 35의 지름 34.9의 1/2)이고, 정착시켜야 할 이들 철근의 중심간 거리의 1/2도 67 mm이므로 $c=$ 67 mm이다. 따라서 횡방향 철근지수는

$$K_{tr} = \frac{40\,A_{tr}}{s\,n} = \frac{40\times143}{210\times2} = 13.6$$

$$\therefore \frac{c+K_{tr}}{d_b} = \frac{67+13.6}{34.9} = 2.3 < 2.5$$

따라서 2.3으로 계산한다. 식 (7 · 7)로부터

$$l_d = \frac{0.90\,d_b f_y}{\lambda\sqrt{f_{ck}}}\cdot\frac{\alpha\beta\gamma}{\left(\dfrac{c+K_{tr}}{d_b}\right)}$$

$$= \frac{0.90\times34.9\times300}{1.0\sqrt{21}}\times\frac{1.0\times1.0\times1.0}{2.3} = 894\text{mm}$$

이것이 지점까지 연장되는 D 35의 소요 정착길이이다.

(iv) 지점에서의 정착길이 검토

단순보이므로 지점에서는 식 (7 · 9)를 만족해야 한다.

2-D 35에 대한 휨모멘트는

$$M_n = \frac{191}{\phi} = \frac{191}{0.85} = 224.7\text{kN·m}$$

지점에서의 전단력은 그림 7-17 (c)로부터

$$V_u = 123\text{kN}$$

받침부의 중심을 넘어서 연장되는 묻힘길이, 즉 추가되는 묻힘길이 l_a를 지금의 경우 0으로 가정하면 식 (7·9)는 다음과 같이 된다.

$$1.3\frac{M_n}{V_u} = 1.3 \times \frac{224.7 \times 10^3 \times 10^3}{123 \times 10^3} = 2,380\text{mm} > l_d (= 894\text{mm})$$

받침부의 중심으로부터 단면 A까지의 거리가 l_d를 초과하므로 설계기준을 만족한다.

참고 정철근의 절단과 절곡에 대하여

(1) 연속교의 경우와 같이 이동하중이 실리는 연속보에 대하여는 영향선을 이용하여 재하위치에 따른 최대 모멘트 단면을 구하고, 이 모멘트도에 따라 철근의 정착과 철근의 절단 위치를 결정해야 한다.

(2) 정철근의 정착에 대한 설계기준의 규정 가운데 특히 휨모멘트가 0인 단면, 즉 연속보의 반곡점과 단순보의 지점에 있어서 정철근의 절단(cut off)과 절곡(bend)에 대하여 부연 설명한다.

식 (7·1)에서 철근의 인장력의 변화는 $dT = \frac{dM}{z}$이므로, 그림 7-5에서 dx 구간의 부착력을 $\tau_0 \pi d_b = F$로 놓으면 다음을 얻는다.

$$F = \frac{dT}{dx} = \frac{dM}{zdx}$$

위의 식은 휨부착력 F가 휨모멘트도의 기울기(slope)에 비례한다는 것을 나타내고 있다. 이것은 등분포 하중을 받고 있는 연속보의 M도인 그림 7-18 (a)로부터도 알 수 있다.

그림 7-18 (a)에서 정모멘트 구역의 최대부착력은 반곡점에 있으며, 점 c쪽으로 가면서 점차로 감소한다. 반곡점까지 연장된 철근의 부착력은 철근 끝에서부터 직선적으로 증가하여 철근의 인발(pull out)에 저항한다. 이것은 휨모멘트 증가의 최대비율, 즉 M도에서 $\frac{dM}{dx}$의 최대 기울기에 의해 지배된다.

한편 전단도 인장철근의 응력에 영향을 미친다. 즉 사인장 균열의 존재가 최대 모멘트 구역을 제외하고, 전단지간의 모든 점에서 인장철근의 힘을 증가시킨다. 그러나 설계기준과 ACI code에서는 인장력에 미치는 전단의 영향을 무시하고, 그 대신 인장철근을 휨에 대한 이론적 절단점을 지나 d 또는 $12d_b$ 이상 연장하도록 하고 있다.

$\frac{dM}{dx} = V$의 관계로부터, M도의 임의점의 기울기는 그 점의 전단력이다. 그러므로 그림 7-18에 있어서 반곡점에서의 M도의 기울기는 V_u이다. 그림에서 파선(dashed line)은 반곡점에서 M도에 그은 접선이다. M_n이 반곡점까지 연장된 철근에 의해 얻어지는

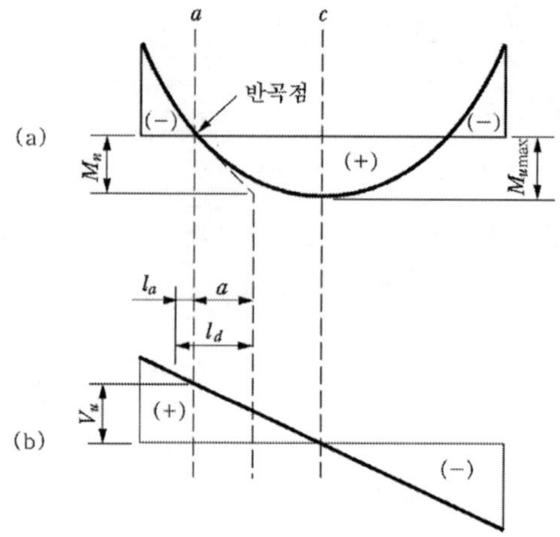

그림 7-18 반곡점에 있어서의 정착길이[참고문헌 19]

공칭휨강도이고, 또 M 도가 실제의 휨모멘트도에 그은 접선에 따라 직선적으로 변한다고 가정하면 $\frac{M_n}{a} = V_u$ 의 관계로부터 다음을 얻는다. 즉

$$a = \frac{M_n}{V_u}$$

만약 철근이 반곡점의 오른쪽으로 거리 a 에서 전체 응력을 받고 또 반곡점 쪽으로 모멘트가 직선적으로 감소한다면 철근의 인발(pull out)은 일어나지 않을 것이다.

만약 철근이 반곡점을 지나 지점쪽으로 연장되었다면 그 연장은 묻힘길이(embedment length)에 대한 요구를 만족하는 데 기여할 것이다. 그래서 설계기준에서는 반곡점에 있어서 인장철근의 정착길이 l_d 를 식 (7 · 8)과 같이 주고 있는 것이다.

위와 같은 일이 등분포 하중을 받는 단순지간의 지점 근처에서도 일어난다. 그러나 단순지지보의 단부(받침)에 작용하는 수직 압축력(지점반력)이 철근을 따라 일어날 수 있는 할렬과 부착파괴를 방지해주는 효과가 있어서, $\frac{M_n}{V_u}$ 의 값이 30% 정도 증가된다. 그래서 설계기준에서는 단순지지보의 단부에서의 l_d 를 식 (7 · 9)와 같이 주고 있는 것이다. 이것은 보다 작은 l_d 를 얻기 위하여 작은 지름의 철근을 사용하라는 요구이다.

이상의 논의로부터 다음과 같은 사실을 말할 수 있다. 즉 휨부재의 설계에 있어서 철근의 절단과 절곡은 매우 복잡하여 많은 시간이 소요된다. 그래서 철근의 절단을 최소한도로 줄이는 것이 설계와 시공의 단순화에 도움이 될 수 있다.

공사의 단순화는 공사비의 절감을 가져올 수 있으므로 모든 부철근을 엇갈리게 절단점을 두지 않고 반곡점을 지나 필요한 길이만큼 연장하는 경우도 많다. 그러나 철근 상세의 단순화는 철근재료비의 상승을 유발할 수 있으므로 합리적으로 검토하고 판단하는 것이 중요하다.

7.3.5 복부철근의 정착

극한하중(ultimate load)에 가까워지면 휨 인장균열이 보의 높이 깊숙이 뚫고 들어가기 때문에 스터럽은 될 수 있는 대로 압축면 가까이까지 연장하는 것이 효과적이다.

스터럽은 다음 방법 중의 하나로 정착해야 한다.

(1) $D\,16$ 이하의 철근으로 된 스터럽은 종방향 철근을 둘러싸는 표준갈고리로 정착한다. 이 정착을 보인 것이 그림 7-19 (a)와 (c)이다. 스터럽의 표준갈고리는 그림 7-1 (c), (d) 및 (e)의 조건을 만족해야 한다.

(2) f_y가 300 MPa 이상인 $D\,19$, $D\,22$, $D\,25$인 스터럽에 대하여는 종방향 철근을 둘러싸는 표준갈고리 외에 추가로 보의 중간 높이에서 갈고리의 바깥면까지 $0.17 d_b f_y / \sqrt{f_{ck}}$ 이상의 묻힘길이를 두어야 한다. 그림 7-19 (b)가 이 경우이다.

U형 스터럽으로 폐쇄스터럽을 만들 경우에는 그 겹침이음길이가 충분해야 한다. 이때 겹침이음길이는 $1.3 l_d$ 이상이라야 한다.

높이가 450 mm 이상인 부재에서 스터럽의 다리를 부재의 전 높이까지 연장한다면 폐쇄스터럽의 이음이 적절한 것으로 본다. 이때 인장력 $A_b f_y$가 다리 1개당 40 kN을 넘지 않아야 한다.

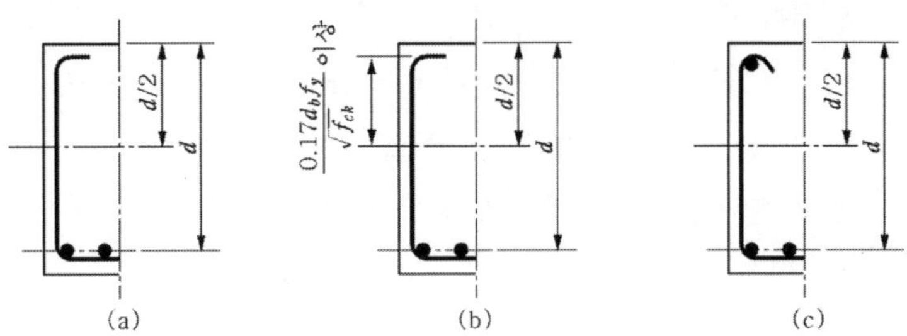

그림 7-19 스터럽의 정착

7.4 철근의 이음

철근은 이어대지 않는 것을 원칙으로 한다. 그러나 철근의 길이는 제한이 있으므로 부득이 이어야 할 때가 많다. 철근의 이음부는 구조상 약점이 되는 곳이므로, 최대 인

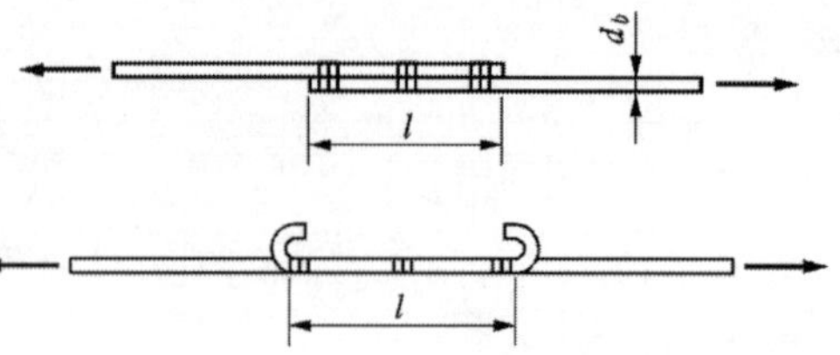

그림 7-20 철근의 겹침이음

장응력이 작용하는 곳에서는 이음을 하지 않는 것이 좋다. 또, 이음부를 한 단면에 집중시키지 말고 서로 엇갈리게 두는 것이 좋다.

철근의 이음방법에는 **겹침이음**(겹이음, lap splice), 용접이음, 가스 압접이음 또는 슬리브 너트(sleeve nut) 등을 사용하는 기계적인 이음방법이 있는데, 겹침이음이 가장 많이 사용된다.

겹침이음은 이어댈 2개의 철근의 단부를 그림 7-20과 같이 겹치고, 콘크리트를 칠 때까지 서로 떨어지지 않도록 하기 위하여 철사로 잡아맨다. 이 상태에서 콘크리트를 치고 콘크리트가 경화한 후에는 부착에 의하여 힘을 전달한다. 그러므로 겹침이음의 길이 l 은 철근이 전강(全强)을 발휘할 수 있도록 충분한 길이만큼 겹쳐져야 한다. 이형철근을 겹침이음할 때는 일반적으로 갈고리를 하지 않는다. 그러나 원형철근의 겹침이음에는 갈고리를 붙인다.

D 35를 초과하는 철근은 겹침이음을 해서는 안 된다. 지름이 너무 큰 철근의 겹침이음은 힘의 전달에 여러 가지 문제가 있기 때문이다. 그래서 D 35를 초과하는 철근은 용접에 의한 맞댐이음을 한다. 이때 이음부가 항복강도의 125% 이상의 인장력을 발휘할 수 있어야 한다.

7.4.1 인장철근의 겹침이음

설계기준의 이음규정은 부재 전체가 균일한 구조강도를 가지면서 가장 경제적으로 되도록 배려된 것이다. 철근의 겹침이음길이는 부재의 종류, 이어댈 철근응력의 크기 및 해당 단면의 철근 중에서 이어댈 철근의 양에 따라 달라진다. 따라서 설계기준에서는 겹침이음의 길이를 다음과 같이 두 종류로 구분하고 있다. 즉, 이형철근을 인장철근으로 사용할 경우, 그 겹침이음길이는 다음 값 이상이라야 하고, 또 300 mm 이상이라야 한다.

A 급 이음 : $1.0 l_d$

B 급 이음 : $1.3 l_d$

여기서 l_d는 7.3.2항의 [1]에 따라 계산되는 정착길이이다. 이때 $\dfrac{\text{소요 } A_s}{\text{배근 } A_s}$의 보정계수는 적용하지 않는다.

이들 두 종류의 이음길이를 계산된 철근응력의 대소(大小)에 따라, 즉 이음부에서 사용된 철근 단면적 A_s가 계산상 필요로 하는 양의 2배보다 적으냐 또는 많으냐에 따라, 또 겹침이음길이 내에서 이어댈 철근의 양에 따라 표 7-6과 같이 구분하여 사용하도록 설계기준은 규정하고 있다. 표 7-6의 두 번째 조건은 B급 이음이어야 하되, 300 mm 이상이라야 한다.

표 7-6 인장철근의 겹침이음

겹침이음길이 내에서의 철근량의 조건	겹침이음의 종류
$\dfrac{\text{소요 } A_s}{\text{배근 } A_s} \geq 2$ 이고, 또 $\dfrac{\text{겹침이음된 } A_s}{\text{전체철근량 } A_s} \leq \dfrac{1}{2}$ 인 경우	A급 이음
위의 조건에 해당되지 않는 경우	B급 이음

7.4.2 압축 이형철근의 겹침이음

콘크리트구조기준(2012)에서는 압축 이형철근의 겹침이음길이를 다음과 같이 주고 있다.

$$l_s = \left(\frac{1.4 f_y}{\lambda \sqrt{f_{ck}}} - 52 \right) d_b \qquad (7 \cdot 10)$$

이 식으로 계산된 값은, f_y가 400 MPa 이하인 경우 $0.072 f_y d_b$ 보다 길 필요가 없고, f_y가 400 MPa를 초과하는 경우 $(0.13 f_y - 24) d_b$ 보다 길 필요가 없다. 그러나 어느 경우에나 300 mm 이상이어야 하며, 인장철근의 겹침이음길이보다 더 길 필요는 없다. 콘크리트의 설계기준압축강도가 f_{ck} <21 MPa이면 그 겹침이음길이를 위의 값의 1/3만큼 더 증가시켜야 한다.

서로 다른 지름의 철근을 압축부에서 겹침이음할 경우, 이음길이는 지름이 큰 철근의 정착길이와 지름이 작은 철근의 겹침이음길이 중 큰 값 이상이라야 한다. 이 경우 $D\,41$, $D\,51$은 $D\,35$ 이하의 철근과 겹침이음해도 좋다.

철근이 압축만을 받는 경우에는 수직하게 절단된 철근의 양끝을 적절한 장치로 중심이 잘 맞도록 접촉시킴으로써 압축력을 직접지압에 의해 전달시킬 수 있다. 이러한 이음을 단부 지압이음(end-bearing splice)이라고 한다. 이 이음은 폐쇄띠철근, 폐쇄스터럽 또는 나선철근으로 둘러 감아진 압축부재에만 사용해야 한다.

연습문제

7.1. $f_{ck}=21$ MPa, $f_y=300$ MPa일 때 인장철근 $D\,29$의 기본정착길이를 계산하라. 이 철근에 갈고리를 부쳐서 정착할 경우의 기본정착길이는 얼마나 될까? 또 이 철근을 압축철근으로 사용할 경우의 기본정착길이는 얼마일까?

7.2. 6장의 예제 6-6(그림 6-24)에서 주철근 A_s (3-$D\,22$)의 필요한 정착길이를 계산하고, 이것이 확보될 수 있는가를 검토하라.

7.3. 그림 7-21과 같이 기둥에 접합된 캔틸레버가 19.6 kN/m의 사용 고정하중(자중포함)과 39.2 kN/m의 사용 활하중을 지지해야 한다. $D\,35$의 철근 2개가 인장철근으로 배치되었으며, 그 유효높이는 533 mm이다. $D\,10$의 폐쇄스터럽이 기둥면에서 100 mm 떨어진 단면으로부터 200 mm 간격으로 3개, 260 mm 간격으로 5개가 배치되었고, 그 피복두께는 40 mm이다. 보통 콘크리트와 표면처리하지 않은 철근이 사용되었다. 다음 각 물음에 답하라.

(1) 캔틸레버에서 $f_{ck}=21$ MPa, $f_y=400$ MPa일 때, $D\,35$의 필요한 정착길이가 확보될 수 있는지의 여부를 식 (7·6)으로 검토하라.

(2) $D\,35$의 정착길이를 식 (7·7)로 계산하라.

(3) 기둥의 콘크리트 및 철근이 각각 $f_{ck}=35$ MPa, $f_y=400$ MPa일 때, $D\,35$의 기둥 속으로의 묻힘길이가 적절한가를 검토하라. 만약 갈고리가 필요하다면 그 정착길이도 검토하라.

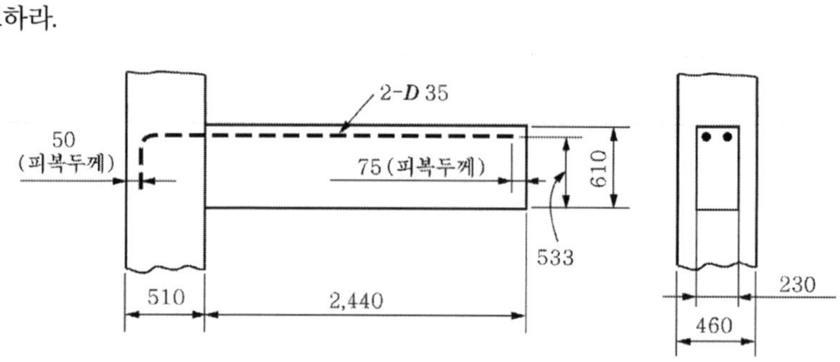

그림 7-21

7.4. 순경간이 7.5 m인 그림 7-22와 같은 단순보가 7.6 kN/m의 사용 고정하중(자중 포함)과 15 kN/m의 사용 활하중을 받고 있다. D 32의 철근 3개가 인장철근으로 배치되어 있으며, 그 중 1개의 철근은 더 연장할 필요가 없는 단면에서 끊어내려고 한다. 철근의 유효깊이는 406 mm이고, $f_{ck}=$ 27 MPa, $f_y=$ 400 MPa이다. D 10의 스터럽이 설계기준에서 요구하는 최대간격보다 작게 배치되었고, 그 피복두께는 40 mm이다. 다음 각 물음에 답하라.

(1) 3개의 인장철근 중에서 중앙에 배치된 철근을 끊어내도 좋은 단면의 위치를 구하라.

(2) 받침부까지 연장된 철근 및 연장시키지 않는 철근의 각각의 묻힘길이가 적절한가를 검토하라.

(3) 받침부까지 연장된 철근이 지점에서의 정착에 대한 조건을 만족하고 있는가를 검토하라.

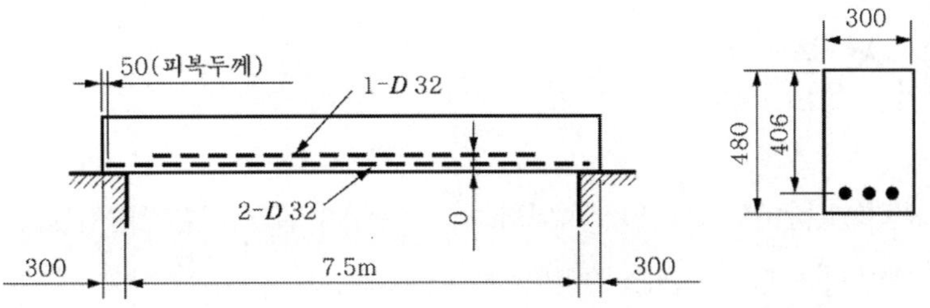

그림 7-22

제8장 사용성과 내구성

8.1 서 론

구조물에 외력(外力)이 작용하면 그 외력의 크기에 따라 구조물의 안전에는 지장이 없으나, 구조물을 사용하는 데 있어서는 어떠한 지장을 초래하는 경우가 있다. 예를 들면, 구조물 또는 구조부재에 과대한 처짐, 균열, 피로 등이 일어나면 구조물의 기능에 지장을 초래할 뿐 아니라, 미관을 해치고 또 사용자에게 불안감을 주게 된다. 이러한 것을 **사용성**(serviceability)이 좋지 않다고 말한다. 특히 폭이 큰 균열, 과대한 처짐, 반복하중으로 인한 피로 등은 철근의 부식과 피로파괴를 유발하여 구조물의 **내구성**(durability)을 저하시키게 된다. 그러므로 구조물은 외력에 대하여 안전해야 할 뿐 아니라, 사용성과 내구성도 확보되어야 한다.

허용응력설계법은 사용성에 중점을 둔 설계법이고, 초기의 강도설계법은 기본적으로 안전성에 중점을 두고 사용성은 따로 검토하는 방법을 취하고 있으며, 근래의 강도설계법과 한계상태설계법은 안전성과 사용성을 하나의 설계체계 속에서 다루려는 설계법이라고 할 수 있다. 그러므로 허용응력설계법으로 설계된 구조부재는 처짐이나 균열에 대하여 거의 자동적으로 안전한 설계가 되어, 사용성에 대하여는 거의 신경을 쓰지 않았다. 그러나 최근 콘크리트나 철근이 고강도화의 경향에 있고, 또 설계법이 정밀해짐에 따라 부재단면이 작아지는 경향이 있으므로, 처짐이나 균열 또는 피로에 대하여 검토하지 않으면 안 되게 되었다.

부재의 안전성은 계수하중(factored load)에 의하여 검토하지만, 처짐이나 균열 또는 피로 등 사용성은 사용하중(service load)에 의하여 검토한다. 부재의 처짐이나 균열, 피로 등은 보통의 사용 상태에서 문제가 되기 때문이다.

8.2 균 열

허용응력설계법에 의하여 낮은 철근응력으로 설계된 종래의 구조물에서는 휨균열은 그다지 문제되지 않았다. 그러나 근래에 와서 고강도 철근을 사용하는 경향이 늘어나고, 또 설계법이 정밀해짐에 따라 균열이 문제로 등장하게 되었다. 즉, 고강도 철근이 높은 응력으로 사용될 경우 눈에 띌 만큼 큰 균열이 발생할 수 있기 때문이다. 그러므로 400 MPa 이상의 항복강도를 가지는 철근을 사용할 경우, 휨부재의 인장측 콘크리트에 일어나는 균열에 대하여 과거보다 더욱 신중하게 대처해야 할 필요가 있게 되었다. 이러한 균열은 외관상 좋지 않을 뿐 아니라, 폭이 큰 균열은 철근을 부식케 하여 구조물의 내구성(耐久性)을 저하시킨다. 그러므로 구조물의 내구성을 위해서는 폭이 큰 몇 개의 균열보다는 많은 수의 미세한 균열(hairline crack)이 바람직하다. 즉, 균열의 수가 문제가 아니고, 균열의 폭이 문제가 되는 것이다.

8. 2. 1 균열발생의 요인

콘크리트의 균열은 많은 요인에 의해 발생하고 또 그들 요인의 영향을 받는다. 그 요인들은 사용재료에 기인하는 요인, 시공상의 문제에 기인하는 요인, 설계상의 문제에 기인하는 요인, 사용환경에 기인하는 요인 등으로 구분할 수 있다.

알칼리 골재반응과 같은 반응성 골재로 인한 균열은 재료적 요인에 의한 균열의 대표적인 경우이고, 수화열로 인한 균열, 큰 물·시멘트 비로 인한 건조수축 균열등도 재료적인 요인으로 인한 균열로 볼 수 있다.

조기재령에서의 부적절한 양생으로 인한 균열, 재료분리, 콜드 조인트(cold joint)의 형성으로 인한 균열 등은 시공 상의 요인에 기인하는 균열이다.

철근의 피복두께 부족, 철근의 정착길이 부족, 응력의 집중부, 기초의 부등침하 등으로 인한 균열 등은 설계상의 결함이 아니면 시공의 부실로 인한 균열이다.

그 밖에 구조물이 놓인 환경에 따라 온도의 변화, 건습의 반복, 동결융해, 화학작용 등으로 인하여 균열이 발생하기도 한다.

콘크리트의 균열은 이상의 많은 요인 중 어느 한 요인에 의해 발생하기도 하고, 여러 요인의 복합된 작용에 의해 발생하기도 한다.

또한 균열은 구조적인 균열과 비구조적인 균열로 구분되기도 한다. 예를 들면 건조수축균열은 비구조적 균열이지만 휨균열, 전단균열 등은 구조적 균열이다.

8.2.2 균열의 종류와 형태

하중에 의해 일어나는 균열은 그림 8-1에 보인 바와 같이 서로 다른 형태를 보인다.

낮은 하중에서의 휨균열은 육안으로 볼 수 없는 실균열(hairline crack)이다. 하중이 균열하중을 넘어 점차로 증가하면 그림 8-1 (a)에 보인 것처럼 균열의 수와 폭이 증가한다. 하중이 더 증가하면 균열폭은 더 커진다. 이렇게 발전된 균열은 중립축 쪽으로 진행한다.

전단으로 인한 균열은 그림 8-1 (b)에 보인 바와 같이 특색있는 경사진 형태를 나타낸다. 이 전단균열은 중립축의 높이만큼 위쪽으로 진행되며, 때로는 압축구역으로

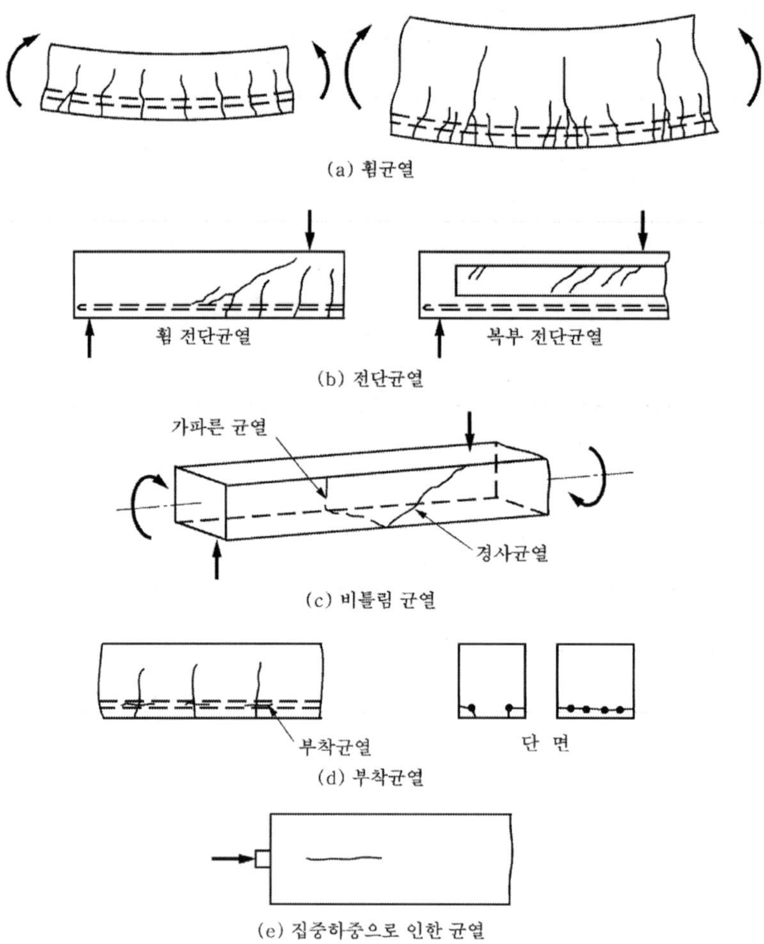

그림 8-1 하중에 의한 균열의 종류와 형태[참고문헌 20]

발전한다. 비틀림에 의한 균열도 그림 8-1 (c)에 보인 바와 같이 전단의 경우와 비슷하다. 부착균열은 그림 8-1 (d)에 보인 바와 같이 할렬(split)을 유발한다.

집중하중은 때로는 그림 8-1 (e)에 보인 바와 같이 할렬균열(splitting crack) 또는 파열균열(bursting crack)을 일으키는 수가 있다. 이러한 균열은 특히 포스트텐션 방식의 PSC보(프리스트레스트 콘크리트 보)의 정착부 근처에서 종종 볼 수 있다.

강요된 변형, 예를 들면 부등침하, 건조수축, 온도변화 등에 의해서도 균열이 발생한다. 체적이 크고 강한 구조물(massive and stiff structure)에 연결된 얇은 부재의 경우, 수축이 구속되면 수축균열이 일어난다.

구조물에서 자주 볼 수 있는 균열은 어린 재령의 부재에서 수화열에 의해 상승된 온도가 냉각하는 과정에서, 수축이 구속되어 일어나는 균열이다. 이러한 경우의 예로는 콘크리트를 타설한 지 얼마 되지 않은 기초 위에 어떤 길이의 벽체를 이어치는 곳에서 볼 수 있다(그림 8-2). 벽체가 냉각했을 때, 그 수축이 기초에 의해 구속되기 때문이다. 일반적으로 부재의 기부(基部)의 구속 또는 다른 부재에 의한 구속은 균열을 유발한다.

그림 8-2는 수화열에 의한 균열패턴을 보인 것이다. 이러한 균열은 수화열로 인한 온도의 상승 및 냉각속도를 조절함으로써 제어할 수 있다. 또는 벽체를 짧은 길이로 타설하거나 철근을 보통의 수축철근 이상으로 충분히 배근함으로써 제어할 수 있다. 콘크리트의 소성수축(plastic shrinkage)과 내려앉음(slump)은 새로 타설한 콘크리트의 블리딩(bleeding)과 표면건조 때문에 일어나며, 이 침하로 인하여 그림 8-3 (a)와 같이 철근을 따라 균열이 일어나고, 또는 그림 8-3 (b)와 같은 map crack이라 일컬어지는 균열패턴을 보이기도 한다. 이러한 균열은 적절한 배합설계 및 타설 직후의 표면건조를 방지함으로써 피할 수 있다.

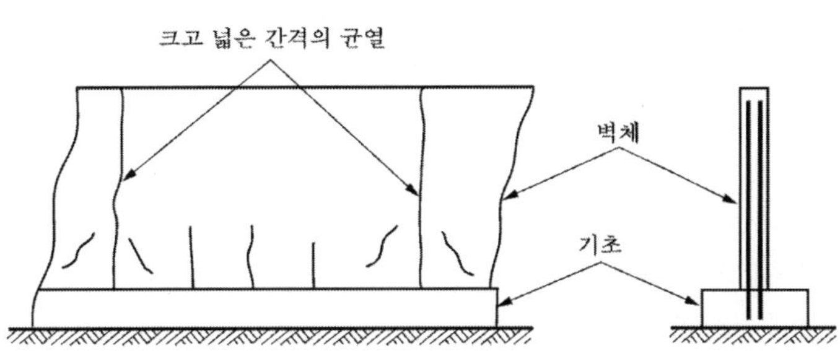

그림 8-2 수화열로 인한 균열의 예[참고문헌 21]

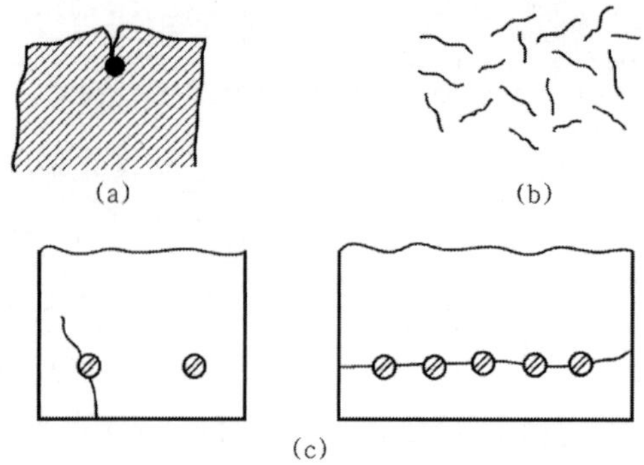

그림 8-3 그 밖의 형태의 균열[참고문헌 22]

금속의 녹(rust)은 녹슬기 전의 부피의 2~3배로 부피를 불린다. 그래서 철근에 녹이 슬면 철근의 부피팽창으로 콘크리트에 할렬균열(splitting crack)이 발생하여 그림 8-3(c)와 같이 철근의 피복두께의 상실을 가져온다. 이러한 균열은 마치 그림 8-1(d)와 같은 부착균열(bond crack)처럼 보이며, 또 실제로 부착균열을 수반하는 경우도 있다.

8.2.3 균열폭 제어의 중요성

균열폭은 외관, 액체의 누출(leakage), 철근의 부식 등에 관계된다.

폭이 넓은 균열은 외관상 좋지 않을 뿐만 아니라, 구조물 이용자에게 불안감을 준다. 액체저장용 구조물에 발생한 균열은 액체 누출의 원인이 된다.

폭이 매우 큰 균열은 철근을 부식시켜, 구조물의 내구성을 저하시키기도 한다. 철근의 부식은 콘크리트의 탄화(carbonization)가 철근에 도달했을 때, 또는 염화물이 콘크리트를 통하여 철근표면에 침투했을 때 시작된다. 이들이 일어나는 데 걸리는 시간은 균열 발생여부, 피복두께 및 침투성, 구조물이 놓인 환경 등에 지배된다.

철근의 부식은 다음과 같은 경우에 일어나기 쉽다.

(1) 염화물 또는 그 밖의 부식성 물질이 있을 때

(2) 상대습도가 60%를 초과할 때

(3) 주위의 온도가 높을 때

(4) 건조와 습윤이 반복될 때

(5) 예상외의 전류가 철근에 흐를 때

8. 2. 4 균열폭에 영향을 미치는 요인

전술한 바와 같이 폭이 큰 균열은 철근을 부식시킴으로써 구조물의 내구성을 저하시킨다. 그러므로 균열의 발생을 막을 수는 없지만, 균열의 폭은 제어할 필요가 있다. 균열폭에 영향을 미치는 요인들은 다음과 같다.

(1) 철근의 종류의 영향

일반적으로 원형철근으로 보강된 보는 비교적 적은 수의 폭이 큰 균열을 나타낸다. 이형철근과 같이 활동(slip)에 적절히 저항할 수 있는 철근으로 보강된 보는 많은 수의 폭이 작은 균열을 나타낸다.

(2) 철근의 응력의 영향

많은 연구의 결과 균열폭은$(f_s)^n$에 비례한다는 사실이다. 여기서 f_s는 철근의 응력이고, n은 1.0~1.4의 범위로 변하는 지수(exponent)이다. 철근의 응력이 140 MPa ~250 MPa의 범위에서는 $n = 1.0$이다.

(3) 피복두께의 영향

균열의 간격과 폭이 철근의 피복두께 d_c에 관계된다는 것도 잘 알려진 사실이다. 여기서 d_c는 철근의 중심으로부터 콘크리트 표면까지의 거리이다. 일반적으로 피복두께의 증가는 균열의 간격을 증가시키고, 또 균열의 폭도 증가시킨다.

일반적으로 균열의 제어를 위해서는 작은 지름의 많은 수의 철근을 사용하는 것이 큰 지름의 철근을 적게 사용하는 것보다 유리하다. 또한 철근들을 콘크리트의 인장구역에 고르게 분포시키는 것이 균열폭을 제어하는 데 효과적이다.

8. 2. 5 휨균열 제어를 위한 설계기준의 규정

전술한 바와 같이 균열폭은 여러 가지 요인에 의해 변화한다. 그러므로 균열의 제어를 계산으로 알아낸다는 것은 어려운 일이다. 이러한 문제의 복잡성 때문에 현 단계에서는 균열폭의 예측은 실험관측에 기초하고 있다. 최대 균열폭을 예측하기 위해 제안된 대부분의 계산식들은 부재에 일어난 실제의 균열폭의 약 90%가 계산치 이하임을 나타내고 있다. 그래서 콘크리트구조기준(2012)에서는 부록에서 균열폭을 계산하여 허용균열폭과 비교하는 방법을 규정하고, 본문에서는 철근을 인장영역에 고르게 분산 배치함으로서 휨균열을 제어하는 방법을 채택하고 있다. 즉 인장철근의 간격을 제한함으로서 균열을 제어하자는 것이다.

(1) 보 및 1방향 슬래브에 있어서 힘균열을 제어하기 위하여 다음에 따라 휨철근을 배치하여야 한다.

인장연단에 가장 가까이 배치되는 철근의 중심간격 s 는 다음 두 식으로 계산되는 값 중에서 작은 값 이하라야 한다.

$$s = 375\left(\frac{\kappa_{cr}}{f_s}\right) - 2.5c_c \qquad (8 \cdot 1\,\text{a})$$

$$s = 300\left(\frac{\kappa_{cr}}{f_s}\right) \qquad (8 \cdot 1\,\text{b})$$

여기서 κ_{cr} : 노출환경에 따른 계수. 건조환경에 노출되는 경우에는 280, 그 외의 환경에 노출되는 경우에는 210.

f_s : 인장철근의 응력 즉 사용하중 모멘트로 계산한, 인장연단에 가장 가까이 위치한 철근의 응력(MPa)(간단한 방법으로 균열을 검증하고자 할 때는 근사값으로 $f_s = \frac{2}{3}f_y$를 사용해도 좋다.)

c_c : 인장철근 표면과 콘크리트 표면 사이의 최소 두께(mm)

위의 식 (8 · 1 a) 및 식 (8 · 1 b)의 철근 간격은 Frosch의 균열폭 해석모델로 계산한 균열폭 0.3～0.4 mm와 유사한 결과를 제공한다.

(2) T형보 구조에서 플랜지가 인장을 받는 경우에는 휨 인장철근을 플랜지의 유효폭과 경간의 1/10에 해당하는 폭 중에서 작은 폭에 분산 배치해야 한다.

플랜지의 유효폭이 경간의 1/10보다 큰 경우에는 종방향 철근을 플랜지 바깥 부분에 추가로 배치해야 한다.

(3) 보의 높이 h가 900 mm을 초과할 경우에는 인장 연단으로부터 $h/2$의 높이까지, 보의 양쪽 측면을 따라 **종방향 표피철근**(longitudinal skin reinforcement)을 균일하게 배치하여야 한다. 이때 표피철근의 간격 s 는 앞의 (1)에 따라야 하고, c_c는 표피철근 표면으로부터 부재 측면까지의 최단거리이다.

여기서 표피철근(skin reinforcement)이란 그림 8-4에 보인 바와 같이 보의 전체 높이가 900 mm을 초과하는 휨부재에서 복부의 양 측면에 부재 축방향으로 배치하는 보조철근을 말한다. 설계기준의 이 규정은 표피철근의 양보다는 간격이 균열제어에 주된 영향을 준다는 연구결과에 따른 것이다. 일반적으로 $D10 \sim D16$의 철근이나 또는 1 m당 280 mm^{2}이상의 단면적을 가지는 철선이 표피철근으로 사용되고 있다.

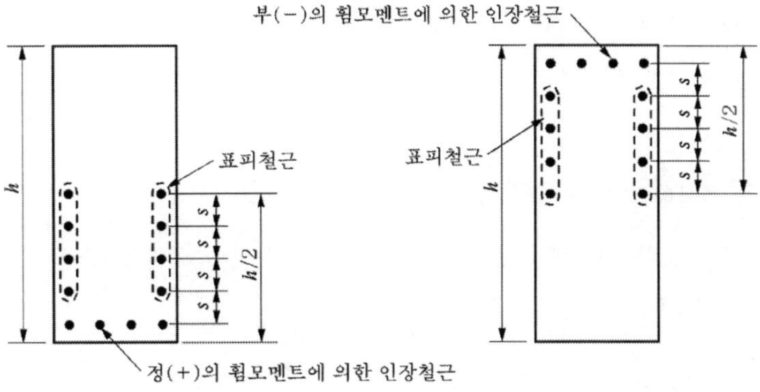

그림 8-4 보 및 장선(joist)에 있어서의 표피철근[참고문헌 23]

예제8-1 사용하중에 의한 휨모멘트 $M = 620\text{kN} \cdot \text{m}$를 받고 있는 그림 8-5와 같은 단면이 있다. 2열로 배치된 인장철근의 연직 순 간격은 25 mm이고, 인장연단으로부터 스터럽 철근 표면까지의 순 피복두께는 40 mm이다. 철근은 SD400이 사용되었다. 습윤환경에 노출되는 경우 콘크리트구조기준(2012)의 규정에 따라 휨균열제어를 위한 철근 간격을 검토해 보자.

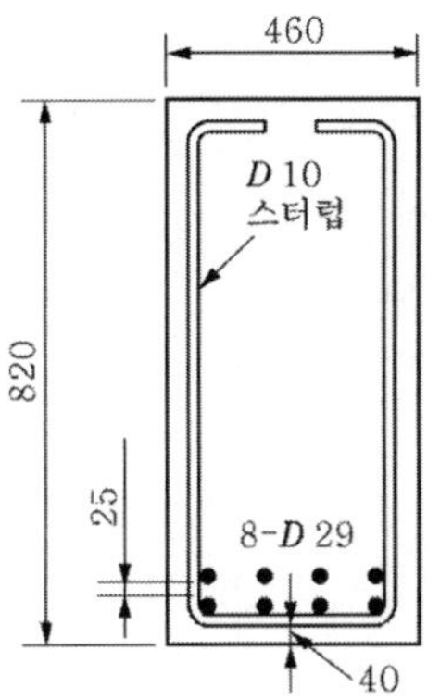

그림 8-5

풀이 (i) 인장연단에 가장 가까이 배치된 철근 4-$D29$의 유효깊이는

$$d = 820 - 40(\text{피복두께}) - 9.53(\text{스터럽 } D10\text{의 지름})$$

$$-\frac{1}{2} \times 28.6\left(D29\text{의 지름의 } \frac{1}{2}\right) = 756\text{mm}$$

인장연단에 가장 가까이 위치한 철근의 사용하중 모멘트에 의한 응력 f_s를 구하기 위하여 부록 A의 식 (A·8)의 $d - \frac{x}{3} = jd \doteqdot 0.87d$로 보고, 식 (A·7)로 f_s를 계산하면

($A_s = 8 - D29 = 8 \times 642.4 = 5,139\text{mm}^2$ 이므로)

$$f_s = \frac{M}{A_s\left(d - \frac{x}{3}\right)} = \frac{M}{A_s \times 0.87d} = \frac{620 \times 10^3 \times 10^3}{5,139 \times 0.87 \times 756} = 183\text{MPa}$$

인장연단으로부터 최외단 철근 표면까지의 거리는

$$c_c = 40(\text{피복두께}) + 9.53(\text{스터럽 } D10\text{의 지름}) = 49.5\text{mm}$$

식 (8·1 a)로부터

$$s = 375\left(\frac{\kappa_{cr}}{f_s}\right) - 2.5c_c = 375 \times \frac{210}{183} - 2.5 \times 49.5 = 307\text{mm}$$

식 (8·1 b)로부터

$$s = 300\left(\frac{\kappa_{cr}}{f_s}\right) = 300 \times \frac{210}{183} = 344\text{mm} > 307\text{mm}$$

그림 8-5에서 단면의 측면 가까이에 위치한 철근 $D29$의 중심으로부터 단면의 측면까지의 거리는

$$40(\text{피복두께}) + 9.53(\text{수터럽 } D10\text{의 지름}) + \frac{1}{2} \times 28.6\left(D29\text{의 지름의 } \frac{1}{2}\right)$$
$$= 64\text{mm}$$

따라서 인장연단에 가장 가까이 배치된 4-$D29$의 중심간 거리는

$$(460 - 2 \times 64) \times \frac{1}{3} = 111\text{mm} < 307\text{mm} \quad (\text{OK})$$

즉 8.2.5의 (1)의 조건을 만족하고 있다.

(ii) $f_s = \frac{2}{3}f_y$ 로 계산해 보자.

SD 400의 항복강도는 $f_y = 400\text{MPa}$ 이므로〔2장의 표 2-6〕

$$f_s = \frac{2}{3}f_y = \frac{2}{3} \times 400 = 267\text{MPa}$$

식 (8·1 a)로부터

$$s = 375\left(\frac{\kappa_{cr}}{f_s}\right) - 2.5c_c = 375 \times \frac{210}{267} - 2.5 \times 49.5 = 171\text{mm} > 111\text{mm}$$

식 (8·1 b)로부터

$$s = 300\left(\frac{\kappa_{cr}}{f_s}\right) = 300 \times \frac{210}{267} = 236\text{mm} > 111\text{mm}$$

즉 이 경우도 앞의 (1)의 조건을 만족하고 있다.

예제8-2) 습윤환경에 노출되는 경우 콘크리트구조기준(2012)의 규정에 따라 그림 8-6과 같은 단면의 표피철근을 설계해 보자. 인장철근의 연직 순 간격은 25 mm, 인장연단에서의 피복두께는 40 mm이고, $f_{ck}=28\text{MPa}$, $f_y=400\text{MPa}$이다.

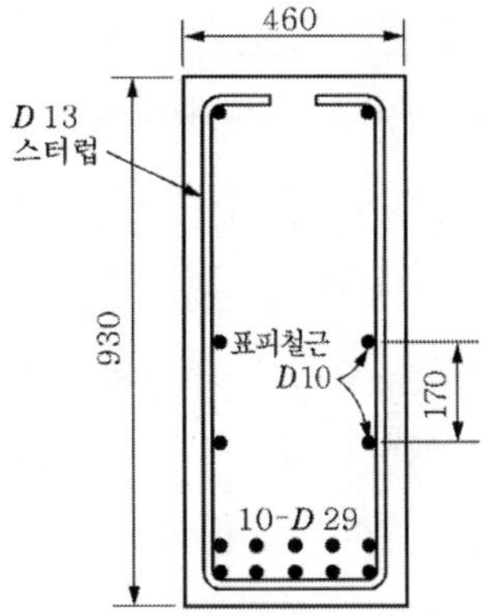

그림 8-6

풀이 보의 깊이 h가 900 mm를 초과하므로 종방향 표피철근이 필요하다.
표피철근으로 $D10$을 사용하기로 하고 $D10$의 피복두께를 $c_c=50\text{mm}$로 한다.

f_s를 근사 값 $f_s=\dfrac{2}{3}f_y=\dfrac{2}{3}\times 400=267\text{MPa}$를 사용한다면

식 (8·1 a)로부터

$$s=375\left(\frac{\kappa_{cr}}{f_s}\right)-2.5c_c=375\times\frac{210}{267}-2.5\times 50=170\text{mm}$$

식 (8·1 b)로부터

$$s=300\left(\frac{\kappa_{cr}}{f_s}\right)=300\times\frac{210}{267}=236\text{mm}>170\text{mm}$$

따라서 표피철근의 간격은 170 mm이다.
인장연단으로부터 상단(2열)에 배치된 철근의 중심까지의 거리는

$$\begin{aligned}&40(\text{피복두께})+12.7(\text{스터럽 }D13\text{의 지름})+28.6(D29\text{의 지름})\\&+25(\text{인장철근의 연직 순 간격})+\frac{1}{2}\times 28.6\left(\text{상단철근 }D29\text{의 지름의 }\frac{1}{2}\right)\\&=121\text{mm}\end{aligned}$$

여기서부터 $\dfrac{h}{2}=\dfrac{930}{2}=465\text{mm}$까지 그림 8-6에 보인 바와 같이 종방향 표피철근 2-$D10$을 170 mm의 간격으로 양쪽 측면에 배치한다.

8.2.6 균열의 검증

콘크리트구조기준(2012)에서는 콘크리트 구조물의 내구성, 사용성, 미관 등에 대한 균열폭의 검증이 필요한 경우를 고려하여 부록 III(균열의 검증)을 따로 주고 있다. 콘크리트구조기준(2012) 6.3.3에서 주고 있는 식 (8·1a) 및 식 (8·1b)의 철근 간격으로 균열폭을 간접 검토하는 규정은 피복두께가 매우 두꺼운 경우 철근 간격 한계가 매우 작아져서 설계가 어렵게 되는 경우가 발생한다. 특히 철근응력 f_s의 값을 계산하지 않고 근사값으로 f_y의 2/3을 사용하는 경우에 규정을 만족하지 못할 가능성이 커진다. 콘크리트구조기준(2012) 부록 III의 균열검증방법은 균열폭을 직접 계산하고 허용균열폭과 비교하는 방식으로, 철근 간격으로 균열폭을 간접 검토하는 방법을 대신하여 적용한다. 이때 철근 간격으로 검토하는 규정은 사용하중 상태를 균열검증의 하중수준으로 하지만, 부록 III은 지속하중 상태를 균열검증의 하중수준으로 한다는 것을 유의하여야 한다.

[1] 균열의 분류

균열은 하중작용에 따라 다음과 같이 두 가지로 분류할 수 있다.

휨 인장균열(flexural cracking) : 휨모멘트에 의해 발생되는 균열로서 단면의 한쪽 부분에만 발생되는 균열

전 단면 인장균열(hoop/direct tension cracking) : 주로 축 인장력에 의해 단면 전체에 인장응력이 발생되어 단면전체에 걸쳐 발생되는 균열

또 균열의 진전 정도에 따라 다음과 같이 두 가지로 분류할 수 있다.

단일상태 균열(first cracking) : 인장응력이 발생하여 부재에 처음으로 발생되는 균열

안정상태 균열(steady state cracking) : 균열이 다수 발생하여 균열 수는 어느 정도 안정화되어 증가하지 않고 균열폭이 커지는 상태의 균열

단일상태는 처음 균열이 발생한 후 이미 발생한 균열들 사이에서 새로운 균열이 발생할 수 있는 상태를 의미하고, 안정상태는 하중이 증가하더라도 더 이상 새로운 균열이 발생하지 않고 균열폭만 증가하는 상태를 의미한다. 2007년 기준에서는 단일상태 균열과 안정상태 균열을 구분하여 균열폭을 계산하도록 하였으나, 실무설계에서는 이 구분이 큰 의미를 갖는 것이 아니므로 해석의 간편성을 위하여 콘크리트구조기준(2012)에서는 안정상태 균열만을 대상으로 하고 있다.

[2] 환경조건과 허용균열폭

균열로 인한 강재(철근)의 부식은 철근의 피복두께, 철근의 종류, 구조물이 놓이는 환경 등에 따라 크게 영향을 받는다. 콘크리트구조기준(2012) 부록 III에서는 강재부식에 대한 환경조건을 표 8-1과 같이 주고 있다.

내구성 확보를 위하여 허용되는 균열폭은 표 8-2와 같고, 수처리 구조물의 내구성과 누수방지를 위하여 허용되는 균열폭은 표 8-3과 같다.

표 8-1 강재의 부식에 대한 환경조건의 구분

건 조 환 경	일반옥내 부재, 부식의 우려가 없을 정도로 보호한 경우의 보통주거 및 사무실 건물 내부
습 윤 환 경	일반옥외의 경우, 흙 속의 경우, 옥내의 경우에 있어서 습기가 찬 곳
부식성 환경	1) 습윤환경과 비교하여 건습의 반복작용이 많은 경우, 특히 유해한 물질을 함유한 지하수위 이하의 흙 속에 있어서 강재의 부식에 해로운 영향을 주는 경우, 동결작용이 있는 경우, 결빙 방지제를 사용하는 경우 2) 해양 콘크리트 구조물 중 해수 중에 있거나 극심하지 않은 해양환경에 있는 경우(가스, 액체, 고체)
고(高)부식성 환경	1) 강재의 부식에 현저하게 해로운 영향을 주는 경우 2) 해양 콘크리트 구조물 중 간만조위의 영향을 받거나 비말대(飛沫帶)에 있는 경우, 극심한 해풍의 영향을 받는 경우

표 8-2 허용균열폭 w_a(mm)

강재의 종류	강재의 부식에 대한 환경조건			
	건 조 환 경	습 윤 환 경	부식성 환경	고 부식성 환경
이형철근	0.4 mm와 $0.006t_c$ 중 큰 값	0.3 mm와 $0.005t_c$ 중 큰 값	0.3 mm와 $0.004t_c$ 중 큰 값	0.3 mm와 $0.0035t_c$ 중 큰 값
PS 강재	0.2 mm와 $0.005t_c$ 중 큰 값	0.2 mm와 $0.004t_c$ 중 큰 값	–	–

이 표에서 t_c는 최외단 철근의 표면과 콘크리트 표면 사이의 최소 피복두께(mm)

표 8-3 수처리 구조물의 허용균열폭

	휨 인장균열	전 단면 인장균열
오염되지 않은 물[1]	0.25 mm	0.20 mm
오염된 액체[2]	0.20 mm	0.15 mm

〔주1〕 음용수(상수도) 시설물

〔주2〕 오염이 매우 심한 경우 발주처 또는 건축주와 협의하여 결정

[3] 균열폭의 검증

해석에 의해 균열폭을 검토할 때는 다음 식이 만족되어야 한다.

$$w_d \leq w_a \tag{8 · 2}$$

여기서 w_d : 설계 균열폭으로서 지속하중이 작용할 때 계산된 균열폭.

w_a : 내구성, 사용성(누수) 및 미관에 관련하여 허용되는 균열폭

유럽의 구조설계기준에서는 일반적인 철근콘크리트 구조물에 대한 균열을 검증할 때 하중의 종류로 영구하중(permanent load)을 대상으로 하고 있다. 영구하중을 기준으로 하는 이유는 장기간 열려 있는 균열폭이 구조물의 사용성 및 내구성에 영향을 주며, 단기간에 열렸다가 닫히는 균열폭은 크게 영향을 주지 않는다는 개념이다. 2007년 콘크리트구조설계기준은 부록에서 이 개념을 채택하였다. 영구하중은 지속하중(sustained load)과 동일한 의미를 갖는 하중으로, 고정하중과 장시간 가해지는 활하중의 일부를 포함하는 하중이다. 지속하중은 설계수명 동안 항상 작용하는 고정하중과 설계수명의 절반 이상의 기간 동안 지속해서 작용하는 하중들의 합으로 정의되며, 구조물의 용도에 따라 지속하중의 특성이 각기 다르기 때문에 구조물의 특성을 고려하여 발주자 또는 건축주가 결정한다.

[4] 균열폭의 계산

(1) 철근콘크리트 구조물의 균열폭은 균열간격 내의 평균 철근변형률과 평균 콘크리트변형률의 차이에 균열간격을 곱하여 구할 수 있다. 인장력에 의하여 철근이 늘어난 길이와 콘크리트가 늘어난 길이가 동일하지 않고 차이가 생기게 되는데, 그 차이가 균열폭이라는 개념이다. 설계 균열폭 w_d는 다음 식으로 구한다.

$$w_d = \kappa_{st}\, w_m = \kappa_{st}\, l_s (\varepsilon_{sm} - \varepsilon_{cm}) \tag{8 · 3}$$

여기서 κ_{st} : 균열폭 평가계수

w_m : 평균 균열폭

l_s : 평균 균열간격으로 철근과 콘크리트 사이에 미끄럼이 발생하는 길이[식 (8 · 4)와 식 (8 · 5)로 계산한다.]

ε_{sm} : 균열간격 내의 평균 철근변형률

ε_{cm} : 균열간격 내의 평균 콘크리트변형률

2007년 콘크리트구조설계기준에서는 수축에 의한 콘크리트의 변형률이 균열폭 계산식에 포함되어 있었다. 그러나 수축에 의한 콘크리트의 변형률을 구하는 과정이 매우

복잡하여 실무설계에서 효율적이지 못하였다. 따라서 균열폭 해석의 편의를 위하여, 철근과 콘크리트의 변형률 차이와 균열 간격의 계산식을 수정한 모델로서, 수축에 의한 콘크리트의 변형률을 직접 계산하지 않고 균열폭을 해석하는 식(8・3)의 모델로 개정하였다. 건조수축에 의한 균열을 검토할 때에는, 건조수축변형률과 철근의 구속변형률을 고려하여 콘크리트와 철근의 변형률 차이를 구한 후 균열폭 계산식을 적용한다.

콘크리트 구조물에 실제로 발생하는 균열폭은 동일한 조건에서도 크기가 매우 달라서, 변동폭이 매우 큰 특성을 가지고 있다. 따라서 최대 균열폭을 기준으로 균열을 검토하면 경우에 따라서는 비경제적인 설계가 될 수도 있다. 한편 철근 부식에 대한 균열의 영향은 논란의 여지가 많았다. 이전에는 균열폭이 크면 철근의 부식이 더 빨리 진행되는 것으로 생각하였으나, 근래의 연구결과는 철근의 부식이 일반적인 사용하중 수준의 철근응력에서 발생하는 표면 균열폭과 직접적인 관계가 없는 것으로 나타나고 있다. 또 노출 실험에서 부식을 방지하는 데는 콘크리트의 품질, 적절한 다짐, 충분한 콘크리트 피복 등이 콘크리트 표면의 균열폭보다 더 큰 중요성을 가진 것으로 지적되고 있다. 따라서 이 모델은 평균 균열간격 l_s를 적용하여 평균 균열폭을 구한 후 균열폭의 변동성을 고려한 균열폭 평가계수 κ_{st}를 적용한다. 균열폭 평가계수는 구조물의 특성을 고려하여 발주자 또는 건축주가 결정할 수 있다. 평균 균열폭을 계산할 때에는 1.0을 적용하며, 최대 균열폭을 계산할 때에는 1.7을 적용한다.

(2) 평균 균열간격 l_s는, 부착된 철근의 중심간격이 $5(c_c+d_b/2)$ 이하인 경우는 식(8・4)로 계산하고, 부착된 철근의 중심간격이 $5(c_c+d_b/2)$를 초과하는 경우는 식(8・5)로 계산한다.

$$l_s = 2\,c_c + \frac{0.25\,k_1\,k_2\,d_b}{\rho_e} \qquad (8\cdot4)$$

$$l_s = 0.75\,(h-x) \qquad (8\cdot5)$$

여기서 c_c : 최외단 인장철근이나 긴장재의 표면과 콘크리트 표면 사이의 최소 피복 두께

k_1 : 부착강도에 따른 계수

k_2 : 부재의 하중작용에 따른 계수

d_b : 철근의 지름이나 다발철근의 등가지름

ρ_e : 콘크리트의 유효인장면적을 기준으로 한 철근비

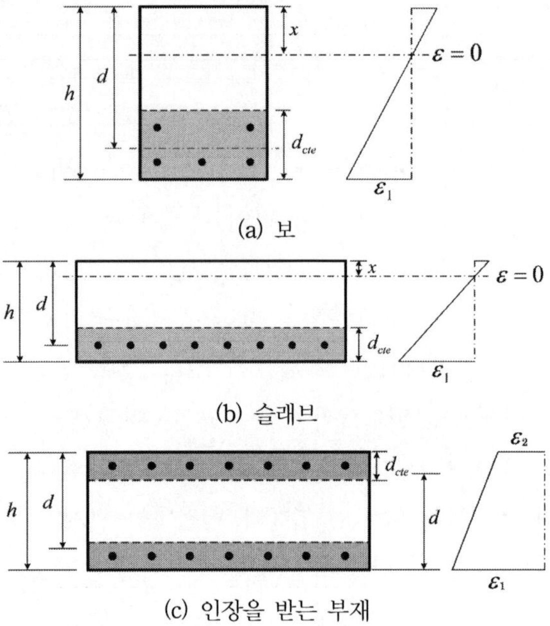

그림 8-7 콘크리트의 유효인장면적

부착강도에 따른 계수 k_1은 이형철근에 0.8, 원형철근과 긴장재에 1.6을 사용한다. 부재의 하중작용에 따른 계수 k_2는 휨모멘트를 받는 부재에 0.5, 직접인장력을 받는 부재에 1.0을 사용한다. 편심을 가진 직접인장력을 받는 부재나 부재의 국부적인 부분의 균열을 검증할 때에는 $k_2 = (\varepsilon_1 + \varepsilon_2)/(2\,\varepsilon_1)$로 한다. 여기서 ε_1과 ε_2는 단면 표면의 인장변형률로서 둘 중의 큰 값을 ε_1으로 한다. 크기가 각기 다른 철근이 조합된 경우에는 d_b 대신 $d_{beq} = \left(m_1 d_{b1}^2 + m_2 d_{b2}^2\right)/\left(m_1 d_{b1} + m_2 d_{b2}\right)$로 계산되는 평균 철근지름 d_{beq}를 사용한다. 여기서 m_1은 철근의 지름이 d_{b1}인 철근의 개수이고, m_2는 철근의 지름이 d_{b2}인 철근의 개수이다.

콘크리트의 유효인장면적을 기준으로 한 철근비 ρ_e는 식 (8 · 6)으로 계산하고, 콘크리트의 유효인장면적 A_{cte}는 식 (8 · 7)로 계산한다.

$$\rho_e = \frac{A_s}{A_{cte}} \qquad (8 \cdot 6)$$

$$A_{cte} = b\, d_{cte} \qquad (8 \cdot 7)$$

여기서 d_{cte}는 콘크리트 유효인장깊이로서, 휨모멘트를 받는 부재는 $2.5(h-d)$와 $(h-x)/3$ 중 작은 값으로 하고, 직접인장력을 받는 부재는 $2.5(h-d)$와 $h/2$ 중 작은 값으로 한다. 그림 8-7은 휨모멘트를 받는 부재의 예로서 보와 슬래브의 콘크리트 유효인장깊이와 유효인장면적, 직접인장력을 받는 부재의 예로서 편심을 가진 인장력이 작용하는 벽체의 콘크리트 유효인장깊이와 유효인장면적을 나타낸다.

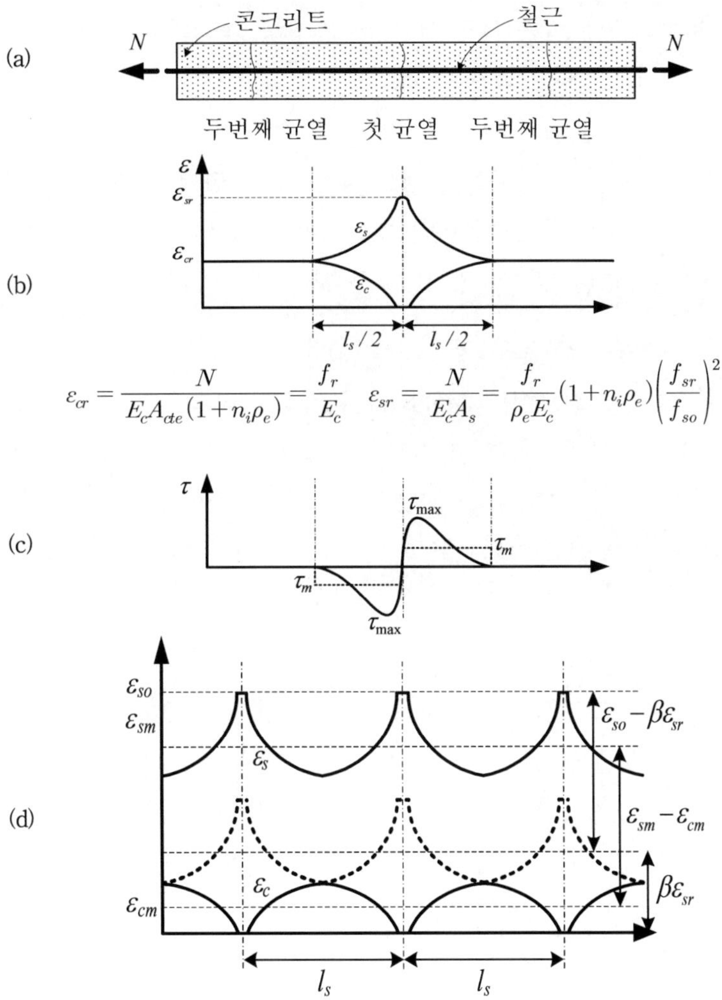

그림 8-8 균열 간격과 평균 변형률을 계산하기 위한 변형률
(a) 직접인장 부재 (b) 첫 균열 발생 때의 변형률 분포
(c) 부착응력 분포 (d) 균열 안정화 단계의 변형률 분포

(3) 평균 변형률은 다음 식으로 계산한다.

$$\varepsilon_{sm} - \varepsilon_{cm} = \frac{f_{so}}{E_s}\left[1 - \beta_1\beta_2(1+n_i\rho_e)\left(\frac{f_{sr}}{f_{so}}\right)^2\right] \geq 0.6\frac{f_{so}}{E_s} \qquad (8 \cdot 8)$$

여기서 f_{so} : 균열단면의 철근응력

f_{sr} : 균열이 발생한 직후 균열 면에서 계산한 철근응력

β_1 : 부착특성에 따른 계수(이형철근은 1.0, 원형철근이나 강연선은 0.5)

β_2 : 하중조건에 따른 계수(반복하중은 0.5, 그 외의 경우에는 1.0)

n_i : 콘크리트의 초기접선 탄성계수에 대한 철근의 탄성계수비

균열단면의 철근응력 f_{so}는 균열이 발생한 후 검토 대상 하중인 지속하중에 의하여 발생하는 철근의 응력이다. 균열이 발생한 직후 균열 면에서 계산한 철근응력 f_{sr}은, 휨모멘트가 작용하는 경우에는 균열휨모멘트 M_{cr}과 균열단면의 단면2차모멘트 I_{cr}을 적용하여 계산한다. 따라서 f_{so}는 f_{sr}보다 큰 값을 갖는다.

예제8-3) 보통중량콘크리트로 된 그림 8-9와 같은 단면에 고정하중과 활하중의 20 %가 지속하중으로서 휨모멘트 340kN·m가 작용하는 경우의 균열폭을 계산해 보자. 인장철근 4-D32가 배치되어 있고, D13이 스터럽으로 사용되었으며 피복두께는 40 mm이다. 이 단면에는 고정하중모멘트가 $M_D = 300$ kN·m이고, 활하중모멘트가 $M_L = 200$ kN·m인 옥외 구조물로서, $f_{ck} = 27$MPa, $f_y = 400$MPa이다.

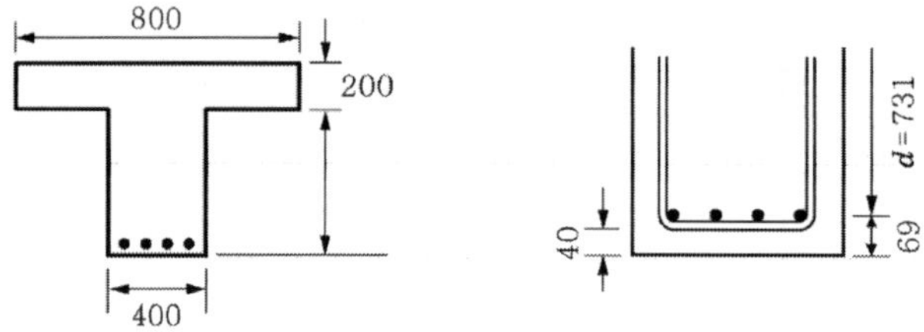

그림 8-9

풀이 콘크리트구조기준(2012)에 따라 균열을 검토한다.

(1) 재료상수 및 철근단면적

철근의 탄성계수, $E_s = 200{,}000$ MPa

콘크리트의 평균압축강도, 식 (2·3), $f_{cu} = f_{ck} + 4 = 31\,\text{MPa}$

콘크리트의 탄성계수, 식 (2·2), $E_c = 8,500\sqrt[3]{f_{cu}} = 8,500\sqrt[3]{31} = 26,700\,\text{MPa}$

콘크리트의 초기접선 탄성계수, 식 (2·4), $E_{ci} = 1.18E_c = 1.18 \times 26,700 = 31,500\,\text{MPa}$

콘크리트의 파괴계수, 식 (8·15), $f_r = 0.63\lambda\sqrt{f_{ck}} = 0.63 \times 1.0 \times \sqrt{27} = 3.27\,\text{MPa}$

4-D32 인장철근 : $A_s = 3,177\,\text{mm}^2$, $d_b = 31.8\,\text{mm}$

(2) 지속하중 모멘트

$$M_{sust} = M_D + 0.2M_L = 300 + 0.2(200) = 340\,\text{kN·m}$$

(3) 전단면2차모멘트

탄성계수비, $n_i = \dfrac{E_s}{E_{ci}} = \dfrac{200,000}{31,500} = 6.3$

철근의 환산단면적, $n_i A_s = 6.3(3,177) = 20,000\,\text{mm}^2$

비균열 환산단면에 대한 해석으로, 단면 상단으로부터의 중립축 거리, $y_o = 355\,\text{mm}$

전단면 2차모멘트, $I_g = 25.49 \times 10^9\,\text{mm}^4$

(4) 균열단면 2차모멘트

균열 환산단면에 대한 해석으로, 단면 상단으로부터의 중립축 거리, $y_o = 168\,\text{mm}$

균열단면 2차모멘트, $I_{cr} = 7.60 \times 10^9\,\text{mm}^4$

(5) 균열모멘트

단면 총 높이, $h_t = 800\,\text{mm}$

균열모멘트, $M_{cr} = \dfrac{f_r I_g}{h_t - y_o} = \dfrac{3.27(25.49 \times 10^9)}{(800-355)(10^6)}$

$$= 187\,\text{kN·m}$$

(6) 균열발생 여부 판정 및 철근응력

지속하중 휨모멘트와 균열모멘트 비교, $M_s = 340\,\text{kN·m} > M_{cr}$

따라서 균열이 발생하는 것으로 판정한다.

지속하중 휨모멘트에 의한 철근응력, $f_{so} = n_i \dfrac{M_s}{I_{cr}}(d - y_o) = (6.3)\dfrac{340(10^6)}{7.60 \times 10^9}(731-168)$

$$= 158.7\text{MPa}$$

균열이 발생한 직후 균열면에서 계산한 철근응력,

$$f_{sr} = n_i \frac{M_{cr}}{I_{cr}}(d - y_o) = (6.3)\frac{187(10^6)}{7.60 \times 10^9}(731-168) = 87.3\text{MPa}$$

(7) 콘크리트 유효인장면적

휨모멘트가 작용하는 보이므로,

$$d_{cte} = \min\begin{Bmatrix} 2.5(h-d) = 2.5(800-731) = 172.5 \\ (h-x)/3 = (800-168)/3 = 210.7 \end{Bmatrix}$$

따라서 $d_{cte} = 172.5\text{mm}$

콘크리트 유효인장면적, 식 (8·7), $A_{cte} = bd_{cte} = 400(172.5) = 69{,}000\text{mm}^2$

콘크리트 유효인장철근비, 식 (8·6), $\rho_e = \dfrac{A_s}{A_{cte}} = \dfrac{3{,}177}{69{,}000} = 0.046$

(8) 부착된 철근의 중심간격 판정 및 평균 균열간격

$5(c_c + d_b/2) = 5(52.7 + 31.8/2) = 343\text{mm}$이고, 부착된 철근의 중심간격이 343mm 이하이므로, 평균 균열간격은 식 (8·4) 적용

$$l_s = 2c_c + \frac{0.25k_1k_2d_b}{\rho_e} = 2(52.7) + \frac{0.25(0.8)(0.5)31.8}{0.046}$$

$$= 174.5\text{mm}$$

여기서, k_1은 부착강도에 따른 계수로 이형철근에 해당하는 0.8, 그리고 k_2는 부재의 하중작용에 따른 계수로 휨모멘트를 받는 부재에 해당하는 0.5 사용

(9) 평균 변형률

식 (8·8), $\varepsilon_{sm} - \varepsilon_{cm} = \dfrac{f_{so}}{E_s}\left[1 - \beta_1\beta_2(1+n_i\rho_e)\left(\dfrac{f_{sr}}{f_{so}}\right)^2\right] \geq 0.6\dfrac{f_{so}}{E_s}$

$$= \frac{158.7}{200{,}000}\left[1-(1.0)(1.0)[1+6.3(0.046)]\left(\frac{87.3}{158.7}\right)^2\right] \geq 0.6\frac{158.7}{200{,}000}$$

$$= 0.4838\times 10^{-3} \geq 0.4761\times 10^{-3}$$

여기서, β_1은 부착특성에 따른 계수로서 이형철근에 해당하는 1.0, 그리고 β_2는 하중조건에 따른 계수로서 그 외의 경우에 해당하는 1.0 사용

(10) 균열폭 검증

설계 균열폭 $w_d = \kappa_{st}w_m = \kappa_{st}l_s(\varepsilon_{sm} - \varepsilon_{cm}) = 1.7(174.5)(0.4838)\times 10^{-3} = 0.14\text{ mm}$

여기서, κ_{st}는 균열폭 평가계수로서 최대 균열폭을 계산하기 위해 1.7 적용

이 보는 일반 옥외구조물이므로 습윤환경으로 보고, 또 최외단 철근과 콘크리트 표면 사이의 피복두께가

$t_c = 40(\text{피복두께}) + 12.7(\text{D13의 지름}) = 52.7\text{mm}$ 이므로,

허용균열폭은 0.3mm와 $0.005t_c = 0.005\times 52.7 = 0.26\text{mm}$ 중 큰 값이므로, 허용균열폭은 $w_a = 0.3\text{mm}$이다.

즉 최대 균열폭을 설계 균열폭으로 선택했을 때에도 허용균열폭 이내에 있다.

8.3 처 짐

철근콘크리트 부재의 처짐은 즉각적인 처짐과 장기적인 처짐으로 구분된다. 즉각적인 처짐은 하중이 실리자마자 일어나는 처짐으로서, 이것을 **탄성처짐**(elastic deflection) 또는 **즉시처짐**(immediate deflection)이라고 한다. 부재의 처짐은 사용하중 하에서 일어나는 처짐을 검토해야 하는 바, 사용하중 하에서 부재는 탄성거동을 한다고 볼 수 있으므로, 즉시처짐은 역학에서 배운 보통의 방법으로 계산할 수 있다. 장기적인 처짐은 주로 콘크리트의 크리프와 건조수축으로 인하여 시간의 경과와 더불어 진행되는 처짐으로서, 이것을 **장기처짐**(long-term deflection)이라고 한다. 장기처짐은 콘크리트의 크리프와 건조수축 외에 다른 여러 가지 요인에 의해 변화하기 때문에, 이것을 계산으로 알아낸다는 것은 매우 어렵다.

8.3.1 하중-처짐 거동

그림 8-10(a)는 그림 (b)와 같은 고정보가 등분포 하중을 받을 때의 하중-처짐 곡선을 보인 것이다. 처음에 작용하는 하중이 매우 작으면 균열이 발생하지 않으며,

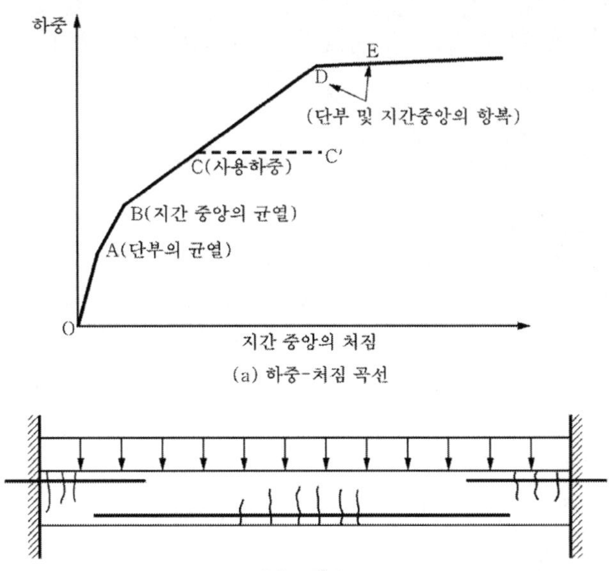

(a) 하중-처짐 곡선

(b) 고정보

그림 8-10 보의 하중-처짐 곡선[참고문헌 24]

보는 강(stiff)한 채로 있다. 그림 (a)의 OA가 이 단계를 나타낸다. 하중이 증가하여 보의 고정단 모멘트가 균열모멘트를 초과하면 보의 양쪽 고정단에는 균열이 발생할 것이다. 단면에 균열이 발생하면 보의 강성이 저하하고, 단면2차모멘트 I가 감소한다. 이 단계가 그림의 AB 구간이다. 하중이 더 증가하여 지간중앙에 균열이 발생하면 보의 강성은 더 많이 감소한다. 이것이 그림의 점 B이다. 이후 하중이 약간 증가해도 처짐은 매우 커져서 보의 단부 또는 지간중앙에서 항복을 초래한다. 그림의 점 D 및 E가 그것이다.

사용하중의 단계가 점 C로 나타나 있다. 보는 점 C에서는 기본적으로 탄성적이다. 시간이 경과함에 따라 콘크리트의 크리프로 인하여 사용하중 처짐은 점 C에서 점 C′로 증가한다. 사용하중으로 인한 즉시처짐(점 C)과 크리프, 건조수축으로 인한 장기처짐(점 C′)은 둘 다 설계에 고려해야 한다.

8. 3. 2 휨강성과 단면2차모멘트

재료역학으로부터 알 수 있는 바와 같이 탄성보의 곡률 φ는 다음 식으로 계산한다.

$$\varphi = \frac{M}{EI} \tag{a}$$

여기서 EI는 보의 휨강성이다. 철근콘크리트 보에 있어서 E는 일정하지만, I는 보에 균열이 발생하면 감소한다. 그래서 철근콘크리트 보에 있어서는 3개의 서로 다른 EI 값을 생각하지 않으면 안 된다. 이것은 그림 8-11 (d)에 보인 모멘트-곡률도 (moment-curvature diagram)에 의해 설명할 수 있다. 이 그림에서 알 수 있는 바와 같이 원점에서 그은 방사선의 기울기 $\dfrac{M}{\varphi}$을 식 (a)와 함께 생각하면 다음과 같이 된다.

$$\frac{M}{\varphi} = EI \tag{8·9}$$

즉 이 그림에서 방사선의 기울기는 단면의 휨강성 EI를 나타낸다.

균열이 발생하기 전에는 그림 8-11 (b)에 보인 바와 같이 단면 전체가 유효하다. 따라서 이 경우의 단면2차모멘트 I_g는 콘크리트 총 단면에 대하여 계산되며, 이 경우의 휨강성 EI_g가 그림 8-11 (d)의 OA이다. 그림 8-11 (c)에 보인 바와 같이 보에 균열이 발생하면 단면의 인장측 콘크리트는 무시한다. 인장측 콘크리트 단면을 무시하고 계산한 단면2차모멘트 I_{cr}를 균열환산단면2차모멘트라고 하며[3장의 3. 3. 2항 참조], 그 값은 비균열 단면2차모멘트 I_g보다 작다. 그러므로 $EI_{cr} < EI_g$이다. 이 EI_{cr}이 그림 8-11

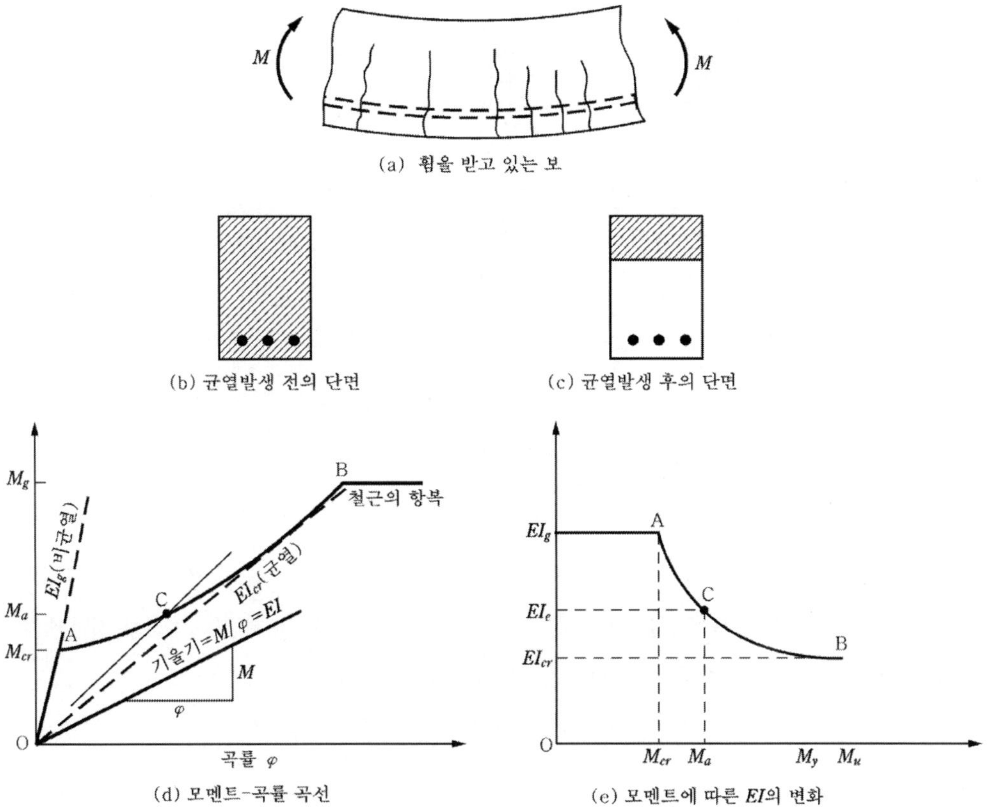

그림 8-11 모멘트-곡률 곡선과 EI의 변화[참고문헌 25]

(d)의 OB이다. 사용하중 상태에 해당하는 점 C의 EI 값은 위의 두 값 사이에 있다. 즉 사용하중 상태의 범위에서 실제의 EI 값은 EI_g와 EI_{cr} 사이에서 변한다. 이러한 관계가 그림 8-11 (e)에도 나타나 있다.

사용하중 상태에서 이렇게 변하는 EI 값을 사용하여 처짐을 계산한다는 것은 쉬운 일이 아니며, 실용적이 못된다. 그래서 다음에 설명하는 유효단면2차모멘트 I_e 또는 평균 단면2차모멘트 I_e를 사용하여, EI_e로 처짐을 계산한다.

8.3.3 유효단면2차모멘트

그림 8-11 (d)에서 균열이 발생한 점 A와 항복이 일어난 점 B 사이에서는 이 두 점의 휨강성 EI_g와 EI_{cr} 사이의 값에 해당하는 EI가 있을 것이다. 그래서 I_g서부터 I_{cr}까지의 변화를 나타내는 값 I_e가 많은 시험의 결과로 얻어졌으며, 그것을 단순화하여

다음 식과 같이 설계기준에서는 주고 있다.

$$I_e = \left(\frac{M_{cr}}{M_a}\right)^3 I_g + \left\{1 - \left(\frac{M_{cr}}{M_a}\right)^3\right\} I_{cr} \le I_g \qquad (8 \cdot 10)$$

여기서 M_{cr} : 균열 모멘트

M_a : 처짐이 계산되는 단계에서 사용하중에 의해 일어나는 최대 휨모멘트

I_g : 철근을 무시한 콘크리트 전체 단면의 중심축에 대한 단면2차모멘트

I_{cr} : 균열단면의 단면2차모멘트

위의 식의 I_e 를 **유효단면2차모멘트**(effective moment of inertia)라고 하며, 처짐계산에 사용된다. 대개의 경우 I_e 는 다음 범위에 있다.

$$I_{cr} < I_e < I_g$$

연속보에 있어서는 정 모멘트 구역과 부 모멘트 구역에서 I_e 의 값이 매우 다르다. 특히 T형 단면, 복철근 단면의 경우에는 그 차이가 크기 때문에, 연속보에 대하여는 다음과 같은 가중평균(weighted average)의 I_e 를 사용한다.

양단이 연속단으로 된 부재에 대하여[그림 8-12 (a)]

$$I_e = 0.70 I_{em} + 0.15(I_{e1} + I_{e2}) \qquad (8 \cdot 11)$$

여기서 I_{em} : 지간중앙의 유효단면2차모멘트

I_{e1}, I_{e2} : 양단의 부모멘트 단면에 대한 유효단면2차모멘트

1단이 연속단으로 된 부재에 대하여[그림 8-12 (b)]

$$I_e = 0.85\, I_{em} + 0.15\, I_{e1} \qquad (8 \cdot 12)$$

여기서 I_{e1} : 연속단의 유효단면2차모멘트

위의 가중평균 I_e 대신에 다음 식의 산술평균 I_e 를 사용해도 좋다.

$$I_e = 0.5\{I_{em} + 0.5(I_{e1} + I_{e2})\} \qquad (8 \cdot 13)$$

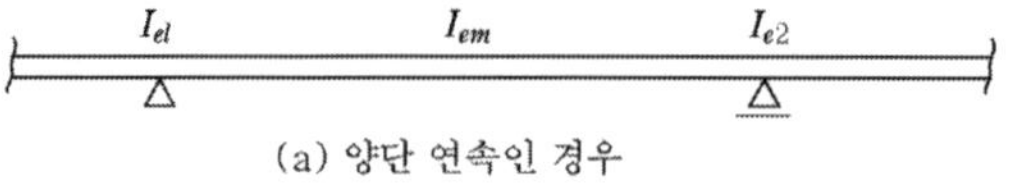

(a) 양단 연속인 경우

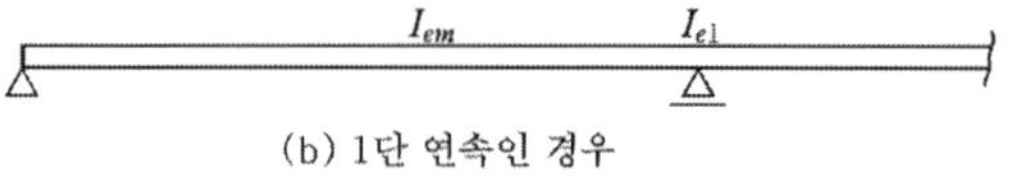

(b) 1단 연속인 경우

그림 8-12 연속보의 I_e 계산

단순보는 지간중앙 단면에 대하여, 캔틸레버는 지점 단면에 대하여 식 (8 · 10)으로 계산되는 I_e를 사용한다.

8. 3. 4 탄성처짐의 계산

지간 l인 단순보에 등분포 하중 w가 작용할 때, 이 보에 일어나는 최대 처짐은 다음과 같다.

$$\delta = \frac{5wl^4}{384EI}$$

철근콘크리트 부재의 즉시처짐도 이러한 식으로 계산한다. 이때 E는 콘크리트의 탄성계수 E_c를 사용한다. 다만, 문제되는 것은 단면2차모멘트 I이다.

전술한 바와 같이 응력이 작아서 인장측 콘크리트에 균열이 발생하지 않았다면 전단면(全斷面)을 유효하다고 보고, 총 단면에 대한 2차 모멘트 I_g를 사용하여 계산한다. 이때 철근은 무시하는 것이 보통이다.

인장측 콘크리트에 균열이 발생하기 전에는 인장측 하단의 콘크리트 응력 f_t는 다음 식으로 계산할 수 있다.

$$f_t = \frac{M}{I_g} y_t$$

여기서 M은 외력에 의한 휨모멘트이고, y_t는 중립축에서 인장측 연단까지의 거리이다. f_t가 콘크리트의 휨인장 강도(파괴계수) f_r를 초과하면 균열이 발생한다. 이때의 휨모멘트를 **균열 모멘트**(cracking moment)라고 하며, M_{cr}로 나타낸다. 위의 식에 M 대신 M_{cr}를 대입하고 또 $f_t = f_r$로 놓으면 균열 모멘트는 다음과 같이 된다.

$$M_{cr} = \frac{f_r}{y_t} I_g \qquad (8 \cdot 14)$$

여기서 I_g : 철근을 무시하고 계산한 콘크리트 총 단면에 대한 단면2차모멘트

f_r : 콘크리트의 휨인장강도(파괴계수)

콘크리트구조기준(2012)에서는 f_r의 값을 다음과 같이 주고 있다.

$$f_r = 0.63\lambda\sqrt{f_{ck}} \qquad (8 \cdot 15)$$

여기서 λ는 경량콘크리트계수이다.(6.6.2 참조)

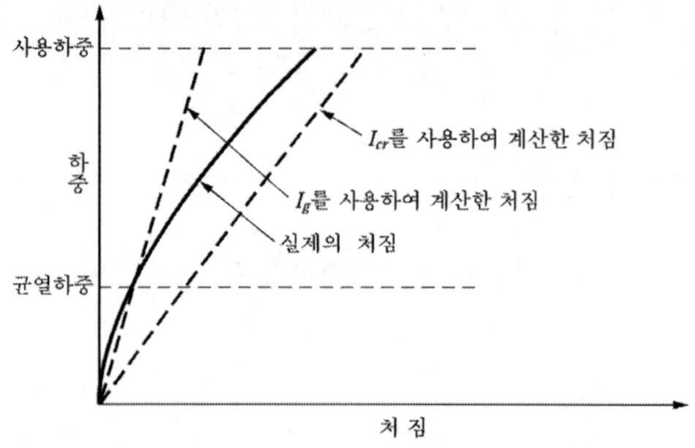

그림 8-13 철근콘크리트 보의 하중-처짐 곡선[참고문헌 26]

외력(外力)에 의한 휨모멘트 M이 균열 모멘트 M_{cr} 보다 커지면, 인장측 콘크리트에 균열이 발생한다. 이때의 처짐은 I_g를 사용하여 계산할 수 없으며, 균열단면에 대한 단면2차모멘트 I_{cr}를 사용해야 한다.

그러나 철근콘크리트 보의 실제 처짐은 그림 8-13에 보인 바와 같이 I_{cr}에 의해 계산된 값보다 작다. 이것은 전술한 바와 같이 실제의 I가 휨모멘트도의 형상 및 균열의 상태에 따라 변화하기 때문이다. 그래서 설계기준에서는 처짐계산을 위한 I로서 식 (8・10)의 I_e를 주고 있는 것이다.

연속보의 처짐은 다음과 같은 방법으로 계산할 수 있다. 예를 들면 등분포 하중을 받고 있는 연속보의 임의 경간을 따로 떼어내면 그림 8-14(a)의 맨 오른쪽의 보와 같다고 볼 수 있다. 따라서 연속보의 이 경간의 중앙단면의 처짐은 그림 8-14(c)의 맨 오른쪽 보의 중앙단면의 처짐 Δ_c와 같다. 이 처짐 Δ_c는 그림에서 알 수 있는 바와 같이

$$\Delta_c = \Delta_0 + \Delta_{am} + \Delta_{bm}$$

이다. 그런데

$$\Delta_0 = \frac{5wl^4}{384EI} = \frac{5M_0 l^2}{48EI} \left(M_0 = \frac{wl^2}{8}\right)$$

$$\Delta_{am} = \frac{3M_a l^2}{48EI}, \qquad \Delta_{bm} = \frac{3M_b l^2}{48EI}$$

따라서

$$\Delta_c = \frac{5M_0 l^2}{48EI} + \frac{3M_a l^2}{48EI} + \frac{3M_b l^2}{48EI}$$

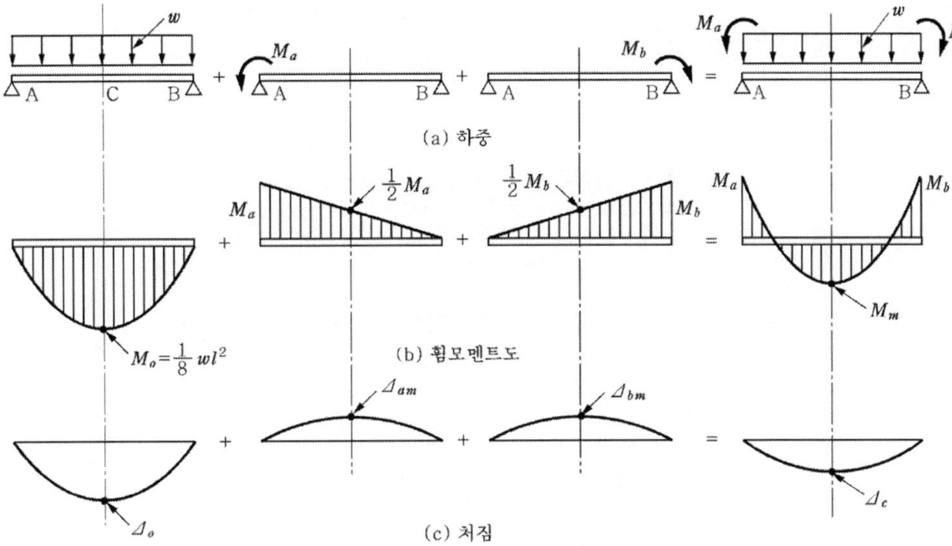

그림 8-14 연속보의 처짐 계산

경간 중앙단면의 휨모멘트 M_m 은

$$M_m = M_0 + \frac{M_a}{2} + \frac{M_b}{2}$$

그러므로

$$\begin{aligned}\Delta_c &= \frac{l^2}{48EI}\left[5M_m - \frac{5}{2}(M_a + M_b) + 3(M_a + M_b)\right] \\ &= \frac{5l^2}{48EI}[M_m + 0.1(M_a + M_b)] \qquad (8 \cdot 16)\end{aligned}$$

위의 계산식을 사용하지 않고, 모멘트 면적법을 사용하여 처짐을 계산해도 좋다.

8. 3. 5 장기처짐의 계산

철근콘크리트 보는 탄성처짐 외에 시간의 경과와 더불어 진행되는 장기처짐이 추가된다. 장기처짐은 주로 콘크리트의 건조수축과 크리프에 의해 일어난다. 콘크리트의 크리프는 자중 및 기타의 지속하중(sustained load)에 의해 진행되는 변형의 시간적 변화이다. 그러므로 장기처짐은 결국 지속하중에 의해 일어나는 것이다. 한편, 장기처짐은 콘크리트가 받는 온도와 습도, 양생조건, 재하시의 재령과 함수량, 압축철근의 단면적, 기타의 요인에 의하여 변화하기 때문에 실험에 의해 수정하는 수밖에 없다.

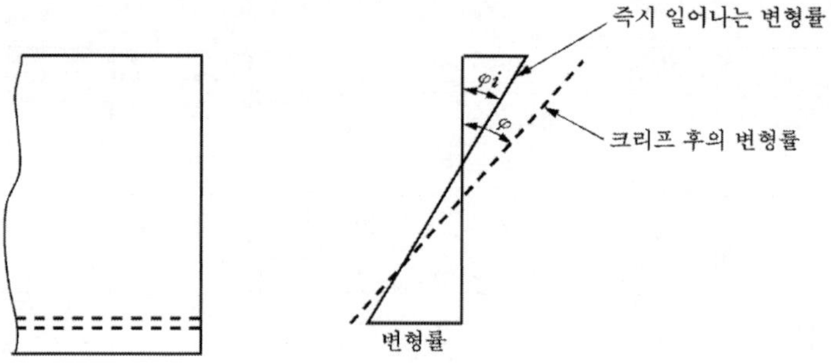

그림 8-15 변형률과 곡률에 대한 크리프의 영향[참고문헌 27]

지속하중하에서 콘크리트는 크리프 변형을 일으켜, 그림 8-15에 보인 바와 같이 단면의 곡률을 증가시킨다. 따라서 내력 모멘트의 팔길이가 감소하므로 철근의 응력은 약간 증가한다. 그러나 이것은 매우 미미하다. 이때 압축측의 면적이 약간 증가하기 때문에 콘크리트의 압축응력은 조금 감소한다.

만약 압축철근이 있다면, 증가되는 압축 변형률로 인하여 압축철근의 응력은 증가한다. 그것은 얼마간의 압축응력이 콘크리트로부터 압축철근으로 옮겨가기 때문이다. 그 결과 콘크리트의 압축응력이 감소하고, 크리프 변형률의 감소를 가져온다. 압축 철근비 ρ'가 크면 크리프의 감소도 커진다. 그래서 설계기준에서는 다음 식의 λ를 지속하중에 의한 탄성처짐에 곱하여 장기처짐을 추정하도록 하고 있다.

$$\lambda = \frac{\xi}{1+50\rho'} \qquad (8 \cdot 17)$$

여기서 $\rho' = \dfrac{A_s'}{bd}$ 〔단순보 및 연속보에서는 지간 중앙단면의 압축 철근비를, 캔틸레버에서는 지지부 단면의 압축 철근비를 취한다〕

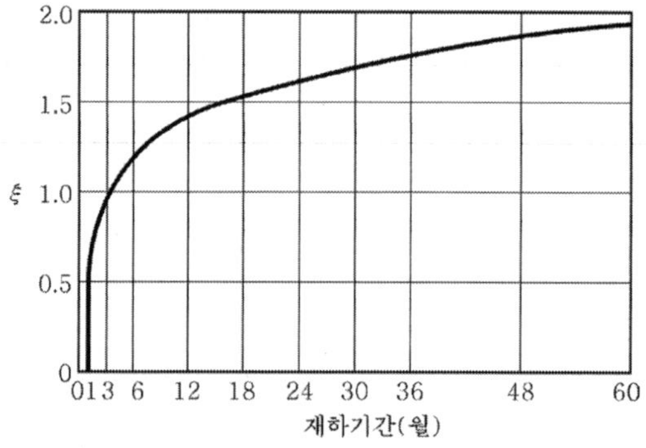

그림 8-16 재령에 따른 ξ의 값

ξ : 지속하중의 재하기간에 따르는 계수이며 다음 값을 취한다(그림 8-16).

5년 이상 ……… $\xi = 2.0$, 12개월 ……… $\xi = 1.4$

6개월 ………… $\xi = 1.2$, 3개월 ……… $\xi = 1.0$

위의 식에서 $\dfrac{1}{1+50\rho'}$은 장기처짐을 감소시키는 압축철근 A_s'의 영향을 반영한 단면특성이고, ξ는 크리프와 건조수축에 의한 재료특성을 나타낸 것이다. 이유는 압축철근이 크리프와 건조수축을 구속하기 때문이다. 즉, 압축철근은 장기처짐을 감소시키는 데 효과적이다.

지속하중은 주로 자중이지만, 구조물의 종류에 따라서는 활하중의 일부를 지속하중으로 보아야 할 경우도 있다.

8.3.6 처짐의 제한

이상에서 본 바와 같이 철근콘크리트 부재의 처짐은 정확하게 계산할 수 없으며, 또 정확한 처짐이 실용상 그렇게 중요한 것도 아니다. 그러므로 설계기준에서는 부재의 두께를 표 8-5의 값 이상이 되도록 규정함으로써 처짐을 간접적으로 규제하고 있다. 즉, 보통 콘크리트로 된 보 또는 1방향 슬래브에서 그 높이나 두께는 표 8-5의 값 이상으로 해야 한다.

이 표에서 l은 mm 단위의 지간길이이다. 또, 표의 값은 보통 콘크리트와 설계기준 항복강도 $f_y = 400$ MPa의 철근을 사용한 부재에 대한 값이다. f_y가 400 MPa 이외인 철근에 대하여는 표의 값에 식 (8・18)의 값을 곱해야 한다.

$$0.43 + \frac{f_y}{700} \tag{8・18}$$

표 8-5 휨부재의 최소두께[콘크리트구조기준(2012)]

부재	최소 두께 또는 깊이			
	단순지지	일단연속	양단연속	캔틸레버
보	l/16	l/18.5	l/21	l/8
1방향 슬래브	l/20	l/24	l/28	l/10

2방향 슬래브 및 합성부재의 최소두께도 설계기준에 규정되어 있다.

한편, 설계기준에서는 다음과 같은 경우에는 처짐을 계산해 보고, 그 계산된 처짐량이 허용한계를 넘지 않는다는 것을 확인하도록 규정하고 있다. 즉, 최소두께의 규정을 만족하지 않는 부재, 또는 과도한 처짐에 의해 손상되기 쉬운 칸막이 등을 지지하거나, 이들에 부착된 부재에 대하여는 처짐을 계산해 보고 그 값을 허용한계 이하로 되게 하는 것이다. 이러한 경우의 처짐의 허용한계가 설계기준에 주어져 있다.

도로교설계기준(2010)에서는 상부 구조물의 최소두께를 표 8-6과 같이 주고 있다. 그러나 처짐을 계산에 의해 제한할 경우에는 다음의 허용처짐에 따르도록 규정하고 있다.

표 8-6 깊이가 일정한 도로교 상부구조 부재의 최소 깊이[도로교설계기준(2010)]

상부구조 형식	최소두께(m)	
	단 순 지 간	연 속 지 간
주철근이 차량 진행방향에 평행한 교량 슬래브	$\frac{1.2(l+3)}{30}$	$\frac{l+3}{30}$
T형 거더	$0.070l$	$0.065l$
박스 거더	$0.060l$	$0.055l$
보행구조 거더	$0.033l$	$0.033l$

〔주1〕 l : 경간 길이(m)
〔주2〕 높이가 변하는 부재(변단면 부재)의 경우, 위의 값은 정모멘트와 부모멘트 단면의 상대강성의 변화를 고려하여 수정될 수 있다.

단순교 및 연속교에 있어서 충격을 포함한 활하중으로 인한 처짐은 $\frac{l}{800}$ 이하라야 하고, 보행자도 이용하는 시가지 교량에 있어서는 $\frac{l}{1000}$ 이하라야 한다. 여기서 l은 교량의 지간이다. 사용 활하중과 충격으로 인한 캔틸레버의 처짐은 $\frac{l}{300}$ 이하라야 하고, 보행자도 이용할 경우에는 $\frac{l}{375}$ 이하라야 한다. 여기서 l은 캔틸레버의 길이이다.

철도 설계기준(철도교 편)에서도 부재의 최소두께 및 처짐의 제한값을 주고 있다.

예제8-4) 지간이 12.2 m인 그림 8-17과 같은 단순보의 즉시처짐을 계산하라. 사용 고정하중에 의한 집중하중 45 kN과 사용 활하중에 의한 집중하중 82 kN이 지간중앙에 작용하고 있으며, 보의 자중은 5250 N/m이다. 단면은 강도설계법으로 설계되었으며, $b=$ 350 mm, $h=$ 600 mm, $d=$ 546 mm, A_s =5,746 mm²이고, f_{ck} =30 MPa, f_y =400 MPa이다.

풀이 $f_y=$ 400 MPa이므로 이 보의 필요한 최소 높이는 표 8-5로부터

$$\frac{l}{16}=\frac{12.2\times10^3(\mathrm{mm})}{16}=762.5\mathrm{mm}$$

즉 지간 12.2 m에 대하여 보의 높이는 최소한 770 mm는 되어야 하는데, 주어진 보의 높

이는 600 mm이므로 처짐을 검토해 보아야 한다.

(i) 자중을 포함한 모든 하중이 실렸을 때의 처짐

보의 총 단면에 대한 단면2차모멘트는

$$I_g = \frac{1}{12} \times 350 \times 600^3 = 63 \times 10^8 \text{mm}^4$$

최대 휨모멘트는 지간중앙에서

$$M_{max} = M_a = \frac{1}{4} \times 127,000 \times 12.20 + \frac{1}{8} \times 5,250 \times 12.20^2 = 485,000 \text{N·m}$$

균열환산단면의 중립축은 그림 8-17 (b)로부터

$$\frac{350x^2}{2} = nA_s(d-x)$$

$$n = \frac{E_s}{E_c} = \frac{2.0 \times 10^5}{8,500\sqrt[3]{30+4}} = 7$$ 이므로[E_s 는 식 (2 · 45), E_c 는 식 (2 · 2) 참조]

$$\frac{1}{2} \times 350x^2 = 7 \times 5746(546 - x)$$

$$\therefore x = 258\text{mm}$$

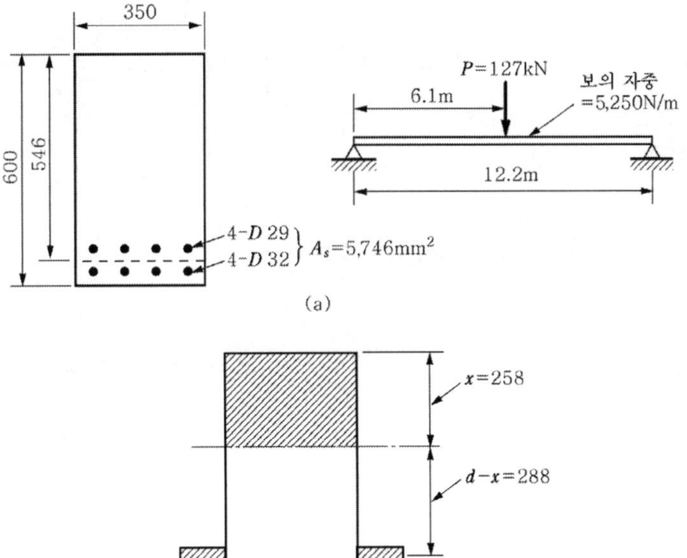

(a)

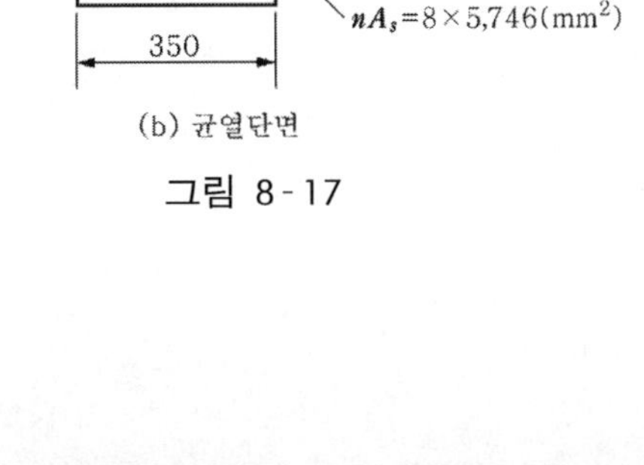

(b) 균열단면

그림 8-17

균열환산단면2차모멘트는 3장의 식 (3 · 13) 또는 부록 A의 식 (A · 11)로부터

$$I_{cr} = \frac{1}{3} \times 350 \times 258^3 + 7 \times 5746 \times (546 - 258)^2 = 5,340 \times 10^6 \mathrm{mm}^4$$

균열 모멘트는 식 (8 · 14) 및 식 (8 · 15)으로부터

$$M_{cr} = \frac{f_r}{y_t} I_g = \frac{0.63\lambda\sqrt{f_{ck}}}{y_t} I_g = \frac{0.63 \times 1.0\sqrt{30}}{600 - 258} \times 63 \times 10^8$$

$$= 636 \times 10^5 \mathrm{N \cdot mm} = 63,600\ \mathrm{N \cdot m}$$

$$\frac{M_{cr}}{M_a} = \frac{M_{cr}}{M_{max}} = \frac{63,600}{485,000} = 0.131$$

$$\left(\frac{M_{cr}}{M_a}\right)^3 = (0.131)^3 = 0.00224$$

유효단면2차모멘트는 식 (8 · 10)으로부터

$$I_e = \left(\frac{M_{cr}}{M_a}\right)^3 I_g + \left\{1 - \left(\frac{M_{cr}}{M_a}\right)^3\right\} I_{cr}$$

$$= 0.00224 \times (63 \times 10^8) + (1 - 0.00224) \times (5,340 \times 10^6)$$

$$= 5,342 \times 10^6 \mathrm{mm}^4 < I_g$$

실용상으로는 $I_e = I_{cr}$ 이다.

$$E_c = 8,500\sqrt[3]{f_{cu}} = 8,500\sqrt[3]{30+4} = 27,500 \mathrm{N/mm}^2$$

최대처짐은 지간중앙에서 일어난다.

보의 자중에 의한 처짐은

$$\frac{5wl^4}{384EI} = \frac{5 \times 5.250 \times 12,200^4}{384 \times 27,500 \times 5,342 \times 10^6} = 10.3 \mathrm{mm}$$

집중하중 127 kN에 의한 처짐은

$$\frac{Pl^3}{48EI} = \frac{127,000 \times 12,200^3}{48 \times 27,500 \times 5,342 \times 10^6} = 32.7 \mathrm{mm}$$

따라서 모든 하중이 실렸을 때의 즉시처짐은

$$\Delta_{i(D+L)} = 10.3 + 32.7 = 43.0 \mathrm{mm}$$

(ii) 자중을 포함한 고정하중만이 작용할 때의 처짐

다음에 자중을 포함한 고정하중(사하중)에 의한 탄성처짐을 계산해 보자.

자중 및 고정하중(45 kN의 집중하중)에 의한 최대 휨모멘트는

$$M_{max} = M_a = \frac{1}{8} \times 5,250 \times 12.20^2 + \frac{1}{4} \times 45,000 \times 12.20 = 235,000 \mathrm{N \cdot m}$$

$$\frac{M_{cr}}{M_a} = \frac{63,600}{235,000} = 0.271, \qquad \left(\frac{M_{cr}}{M_a}\right)^3 = 0.0199$$

$$\therefore I_e = 0.0199 \times 63 \times 10^8 + (1-0.0199) \times 5,342 \times 10^6 = 5,360 \times 10^6 \text{mm}^4 < I_g$$

$I_e \fallingdotseq I_{cr}$ 이므로, 자중 및 고정하중에 의한 처짐은 다음과 같이 된다.

$$\Delta_{iD} = 10.3 + 32.7 \times \frac{45}{127} = 21.9\text{mm}$$

보의 자중과 고정하중에 의한 이 처짐은 보를 만들 때 솟음을 줌으로써 조절할 수 있다.

(iii) 활하중만에 의한 처짐

활하중(82 kN)만에 의한 탄성처짐은 다음과 같이 된다.

$$\begin{aligned}\Delta_{iL} &= \Delta_{i(D+L)} - \Delta_{iD} \\ &= 43.0 - 21.9 = 21.1\text{mm}\end{aligned}$$

이 값이 처짐의 허용한계를 넘지 않으면 되는 것이다.

예제8-5) 앞의 예제의 보에서 5년 후의 장기처짐을 계산하라. 고정하중만을 지속하중으로 본다.

풀이 지속하중에 의한 즉시처짐을 계산해야 한다. 지금의 경우 지속하중은 고정하중(사하중)이고, 고정하중에 의한 즉시처짐은 앞의 예제로부터

$$\Delta_{iD} = 21.9\text{mm}$$

5년 후이므로 $\xi = 2.0$이고, 압축철근이 없으므로 $\rho' = 0$이다. 따라서 장기처짐의 계수 λ는 식 (8・17)로부터

$$\lambda = \frac{\xi}{1+50\rho'} = \frac{2.0}{1+50\times 0} = 2.0$$

따라서 장기처짐은 다음과 같다.

$$\Delta_l = \lambda \Delta_{iD} = 2.0 \times 21.9 = 43.8\text{mm}$$

8.4 피 로

교통량이 나날이 증가함에 따라 교량은 극심한 반복하중을 받게 되어 그 피로(fatigue)가 문제로 되기에 이르렀다. 즉, 교량은 공용기간 중 수백만 회의 반복하중을 받을 것이 예상되며, 이런 경우 과재하중(過載荷重)으로 인한 파괴위험보다는 계속되

는 반복하중으로 인한 구조재료의 누가손상(累加損傷)으로 말미암아 급격한 취성파괴 양상을 보이는 피로파괴 위험이 유발될 수 있기 때문이다. 따라서 이러한 구조물에 대하여는 피로에 대한 안정성을 검토해 보아야 한다.

보와 슬래브의 피로에 대하여는 휨과 전단에 대하여 검토해야 하고, 기둥의 피로에 대하여는 검토하지 않아도 좋다. 휨부재는 저보강보(과소 철근보)로 설계되는 것이 보통이므로, 휨부재의 피로는 반복 인장응력을 받는 철근의 피로에 의하여 검토하는 것이 일반적이다.

콘크리트구조기준(2012)에서는 충격을 포함한 사용 활하중에 의한 철근의 응력범위가 표 8-7의 값 이내이면 피로에 대하여 검토하지 않아도 좋으나, 표의 값을 초과할 경우에는 피로에 대한 안전성을 적절한 방법으로 검토하도록 요구하고 있다.

표 8-7 피로를 고려하지 않아도 되는 철근의 응력범위

철근의 종류	인장응력 및 압축응력 범위
SD300 (f_y =300 MPa)	130 MPa
SD350 (f_y =350 MPa)	140 MPa
SD400 (f_y =400 MPa) 이상	150 MPa

피로에 대한 검토가 필요한 구조부재에서 높은 응력을 받는 부위에서는 철근을 구부려서는 안 된다.

한편, 콘크리트교에 있어서 활하중과 충격에 의해 야기되는 직선철근의 최대 인장응력과 최소응력 사이의 범위 등이 도로교 및 철도교의 각각의 설계기준에 주어져 있다.

예제 8-6 폭 $b = 1000$ mm, 유효깊이 $d = 450$ mm, 인장철근 $A_s = 8\text{-}D\,32 = 6{,}354\text{mm}^2$ 인 단철근 직사각형 단면의 단순보가 사용 고정하중 모멘트 145 kN·m, 충격을 포함한 사용 활하중 모멘트 285 kN·m를 받고 있다. 피로에 대하여 검토하라. $f_{ck} =$ 30 MPa이고, $f_y =$ 400 MPa이다.

풀이 피로에 대한 검토의 필요여부는 충격을 포함한 사용 활하중에 의한 철근의 응력범위가 표 8-7의 범위에 있는가 아닌가에 의해 정해진다. 철근의 응력은 사용하중에 의해 계산해야 한다.

탄성계수비 $n (= E_s / E_c)$는 표 4-3으로부터 $n =$ 7이고, 철근비는

$$\rho = \frac{A_s}{bd} = \frac{6,354}{1,000 \times 450} = 0.01412$$

이므로 부록 A의 식 (A · 6)으로부터

$$k = -n\rho + \sqrt{(n\rho)^2 + 2n\rho}$$
$$= -7 \times 0.01412 + \sqrt{(7 \times 0.01412)^2 + 2 \times 7 \times 0.01412} = 0.357$$

따라서 중립축의 위치는

$$x = kd = 0.357 \times 450 = 161\text{mm}$$

중립축의 위치는 부록 A의 식 (A · 5)로 계산해도 좋다. 즉

$$x = -\frac{nA_s}{b} + \frac{nA_s}{b}\sqrt{1 + \frac{2bd}{nA_s}}$$
$$= -\frac{7 \times 6{,}354}{1{,}000} + \frac{7 \times 6{,}354}{1{,}000}\sqrt{1 + \frac{2 \times 1{,}000 \times 450}{7 \times 6{,}354}} = 160\text{mm}$$

따라서 내력의 팔길이는

$$z = d - \frac{x}{3} = 450 - \frac{160}{3} = 397\text{mm}$$

사용하중에 의해 이 보에 일어나는 최대 및 최소 휨모멘트는

$$M_{max} = 145 + 285 = 430\text{kN·m}$$
$$M_{min} = 145\text{kN·m}$$

따라서 철근에 일어나는 최대 및 최소응력은 부록 A의 식 (A · 7)로부터

$$f_{s.max} = \frac{M_{max}}{A_s\left(d - \frac{x}{3}\right)} = \frac{430 \times 10^3 \times 10^3}{6{,}354 \times 397} = 170\text{N/mm}^2 = 170\text{ MPa}$$

$$f_{s.min} = \frac{M_{min}}{A_s\left(d - \frac{x}{3}\right)} = \frac{145 \times 10^3 \times 10^3}{6{,}354 \times 397} = 57\text{N/mm}^2 = 57\text{ MPa}$$

따라서 철근응력의 범위는

$$f_{s.max} - f_{s.min} = 170 - 57$$
$$= 113\text{MPa} < 140\text{ MPa}$$

즉, 표 8-7의 응력범위 이하에 있다. 그러므로 피로에 대한 검토를 따로 하지 않아도 좋다.

8.5 내구성 설계

이상에서 설명한 균열 및 처짐의 제한, 피로의 억제 등은 구조물의 사용성 확보를 목적으로 하는 것이지만, 동시에 구조물의 내구성 확보를 위해서도 필요한 것이다. 근

래에 와서는 대기의 오염, 물과 흙의 오염 등 자연환경뿐 아니라, 그 밖에 구조물이 놓이는 환경이 열악하여 철근의 부식뿐 아니라, 콘크리트의 열화(劣化, deterioration)를 촉진시킴으로써 내구성에 심각한 영향을 미치게 되어 구조물의 내구연한(耐久年限)을 단축시키는 현실에 직면하기에 이르렀다.

이러한 현실을 감안하여 구조물의 내구성 확보를 위한 연구가 많은 진전을 보이고 있으며, **내구성 설계**(durability design)라는 이름으로 이것을 체계화해가고 있는 단계에 있다.

우리나라도 설계기준에서 "주어진 주변 환경 조건에서 설계 공용기간 동안 안전성, 사용성, 내구성을 갖도록 설계, 시공, 유지관리되어야 한다"고 원칙을 제시하고, 설계 착수 전에 구조물 소유주와 설계자는 구조물의 목표 수명기간을 결정해야 한다고 기술하고 있다.

그리고 내구성 설계의 기준을 제시하면서, 노출 범주와 등급에 따라 동해(凍害)저항 콘크리트에 대한 공기량, 특수 노출상태에 대한 요구사항, 황산염을 포함한 용액에 노출된 콘크리트에 대한 요구사항, 철근 부식 방지를 위한 최대 수용성 염소이온 비율, 제빙화학제에 노출된 콘크리트의 혼화재의 비율 등을 상세하게 주고 있다[콘크리트구조기준(2012) 4장 4.5 참조].

연습문제

8.1. 그림 8-18과 같은 단면이 사용하중에 의한 휨모멘트 $M = 60\text{kN·m}$를 받고 있다. 인장철근은 $f_y = 350\text{MPa}$인 $3\text{-}D25(= 3 \times 506.7 = 1{,}520\text{mm}^2)$가 배치되었고, 스터럽은 $D10$(지름 9.53mm)이 사용되었으며, 콘크리트의 피복두께는 40 mm이다. 균열제어를 위하여 주철근의 간격이 적절한가를 검토하라.

8.2. 그림 8-19와 같은 단면의 표피철근을 설계하라. 인장철근의 연직 순간격은 25 mm이고, 인장연단에서의 피복두께는 40 mm이며, $f_{ck} = 28\text{MPa}$, $f_y = 400\text{MPa}$이다.

8.3. 지간이 9.10 m인 단순보가 있다. 사용 고정하중(자중 포함) 및 사용 활하중에 의한 지간중앙의 휨모멘트는 각각 28 kN·m 및 20 kN·m이다. 지간중앙에 일어나는 탄성처짐을 계산하라. 또, 5년 후에 일어날 장기처짐을 계산하라. 단면은 $b = 250$ mm, $h = 420$ mm, $d = 356$ mm, $A_s = 3\text{-}D\,25$인 단철근 직사각형이다. $f_{ck} = 21\text{MPa}$, $f_y = 300\text{MPa}$이다. 활하중의 50%를 지속하중으로 본다.

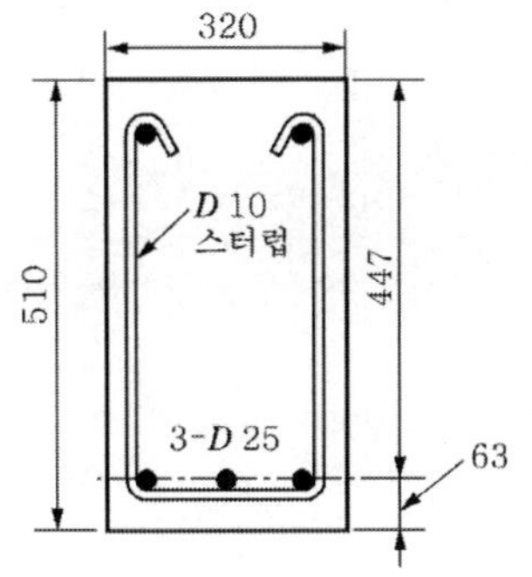

그림 8 - 18

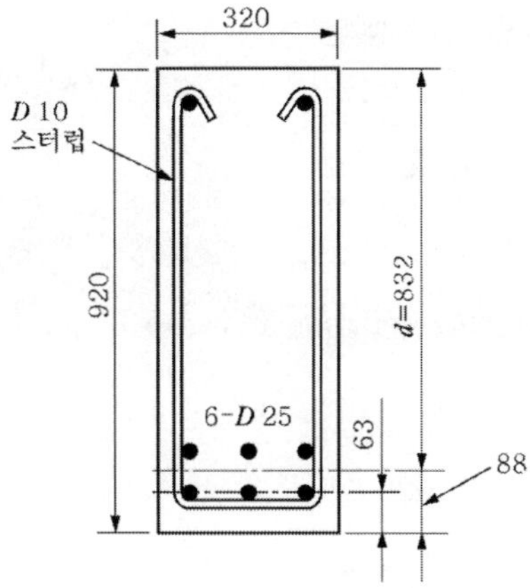

그림 8 - 19

8.4. 폭 $b = 380\text{mm}$, 유효깊이 $d = 609\text{mm}$ 이고, 인장철근 $8\text{-}D29(A_s = 5{,}139\text{mm}^2)$가 배치된 단철근 직사각형 단면의 단순보가 있다. 이 단면의 보가 자중을 포함한 사용고정하중 모멘트 144 kN · m와 충격을 포함한 사용활하중 모멘트 232 kN · m를 받고 있다. 피로여부를 검토하라.

제9장 기 둥

9.1 서 론

축방향 압축을 받는 부재를 **기둥**(column) 또는 **압축부재**(compression member)라고 한다. 축방향 압축하중을 받는 데 사용하는 부재로서, 높이가 단면의 최소치수의 3배 이상인 것을 기둥이라고 한다. 그러나 압축부재가 순수한 축방향 압축하중만을 받는 일은 거의 없다. 대부분의 기둥은 여러 가지 원인에 의하여 모멘트를 받는다. 예를 들면, 기둥이 보와 일체로 만들어짐으로써 기둥단부에 걸려오는 모멘트가 있고, 또는 예상하지 않은 축방향 하중의 편심 때문에 일어나는 모멘트가 있다. 이와 같이 기둥은 축방향 압축과 휨을 동시에 받는 것이 보통이다. 아치 리브(arch rib)라든가 라멘의 부재 등도 축방향력과 휨을 동시에 받는 부재이다.

압축부재의 강도는 길이의 영향을 크게 받는다. 즉, 단주(短柱)냐 장주(長柱)냐에 따라 동일한 단면이라도 그 강도가 달라진다. 장주는 좌굴의 영향 때문에 강도가 감소한다. 또, 압축부재는 양단의 지지조건에 따라 그 강도가 변화한다. 그러므로 일반적으로 압축부재의 해석이나 설계는 매우 번거롭다.

9.2 기둥의 종류

철근콘크리트의 기둥은 다음과 같은 세 가지 형식으로 분류된다. 가장 보편적인 것은 띠철근 기둥과 나선철근 기둥이다.

[1] 띠철근 기둥

그림 9-1 (a)와 같이 축방향 철근을 적당한 간격의 띠철근(tie)으로 둘러 감은 압축부재를 말하며, 보통 **띠철근 기둥**(tied column)이라고 한다. 단면은 정사각형 또는 직사각형이 많이 쓰이며 띠철근의 간격은 보통 300～450 mm 정도이다.

[2] 나선철근 기둥

그림 9-1 (b)와 같이 축방향 철근을 나선철근(spiral)으로 촘촘하게 나선형으로 둘러 감은 압축부재를 말하며, 보통 **나선철근 기둥**(spiral column)이라고 한다. 단면은 원형이 주로 쓰이며, 나선철근의 피치(pitch)는 50～75 mm 정도이다.

[3] 합성기둥

그림 9-1 (c) 또는 (d)와 같이 구조용 강재(鋼材)나 강관(鋼管)을 축방향으로 보강한 압축부재를 말하며, 이때 축방향 철근을 사용해도 좋고 또는 사용하지 않아도 좋다. 이러한 압축부재를 **합성기둥**(composite column)이라고 한다. 그림 9-1 (c)는 합성기둥의 대표적인 것으로서 구조용 강재 외에 축방향 철근과 나선철근이 배치되어 있다. 즉 나선철근 기둥의 심부에 구조용 강재가 추가로 배치된 형식이다. 그림 9-1 (d)는 강관(鋼管) 속을 콘크리트로 채운 것으로서 그림과 같이 축방향 철근을 사용하지 않을 수도 있고, 또는 축방향 철근을 사용할 수도 있다.

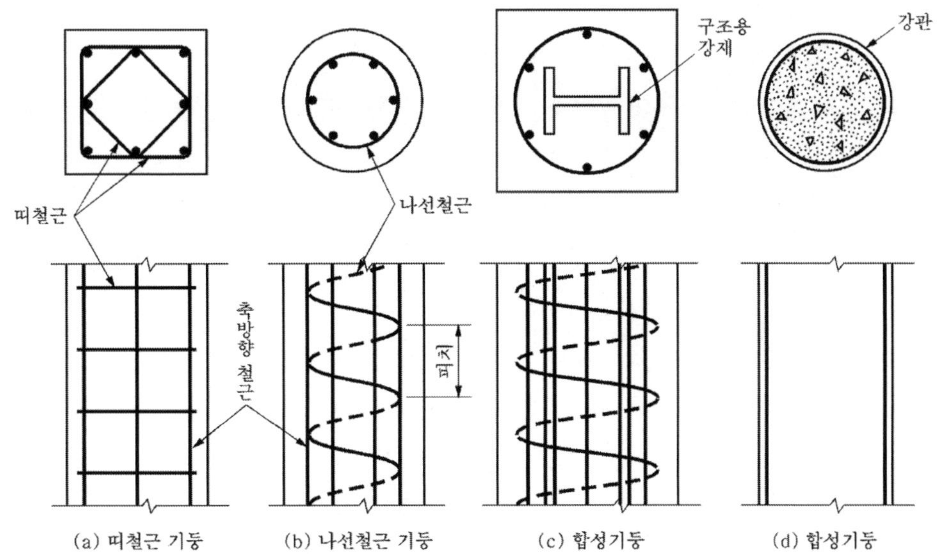

그림 9-1 철근콘크리트 기둥의 종류

9.3 기둥의 구조상세

9.3.1 띠철근 기둥

(1) 축방향 철근의 단면적 A_{st}는 $0.01A_g$ 이상, $0.08A_g$ 이하라야 한다. 여기서 A_g는 기둥의 총 단면적이다. 즉

$$0.01A_g \leq A_{st} \leq 0.08A_g$$

$\frac{A_{st}}{A_g} = \rho_g$(축방향 철근비)로 놓으면 다음과 같이 된다.

$$0.01 \leq \rho_g \leq 0.08$$

축방향 철근이 겹침이음되는 경우에는 $A_{st} \leq 0.04A_g$, 즉 $\rho_g \leq 0.04$이라야 한다.

이와 같이 축방향 철근 단면적에 최소한도를 두는 이유는 다음과 같다.

① 예상외의 휨에 대비할 필요가 있고,

② 콘크리트의 크리프 및 건조수축의 영향을 감소시키는 데 효과가 있으며,

③ 철근 때문에 콘크리트가 잘 타설되지 못함으로써 저하되기 쉬운 콘크리트 강도를 일정량 이상의 철근을 사용함으로써 보충해야 하고,

④ 콘크리트의 부분적 결함을 철근으로 보충하기 위해서이다.

반대로 철근을 너무 많이 사용하면 콘크리트 작업에 지장을 초래할 뿐 아니라 비경제적이기 때문에 철근비에 상한(上限)을 둔 것이다.

(2) 띠철근은 축방향 철근의 위치확보와 좌굴방지를 위하여 축방향 철근을 횡방향으로 결속하는 보조철근이다. D32 이하의 철근을 축방향 철근으로 사용할 경우에는 D10 이상의 철근을 띠철근으로 사용해야 하고, D35 이상의 철근을 축방향 철근으로 사용할 경우에는 D13 이상의 철근을 띠철근으로 사용해야 한다. 띠철근의 간격은 축방향 철근 지름의 16배 이하, 띠철근 지름의 48배 이하, 또 기둥단면의 최소치수 이하라야 한다. 그림 9-2는 띠철근의 배치 예를 보인 것이다.

(3) 모서리의 축방향 철근과 하나 건너 위치하고 있는 축방향 철근들은 그림 9-2(d)와 같이 135° 이하로 구부린 띠철근의 모서리에 의해 횡지지되어야 한다. 동일한 방향의 힘(압축 또는 인장)을 받는 축방향 철근들 사이의 순간격이 150 mm를 초과하는 경우에는 모든 축방향 철근이 띠철근의 모서리에 의해 횡지지되어야 한다.

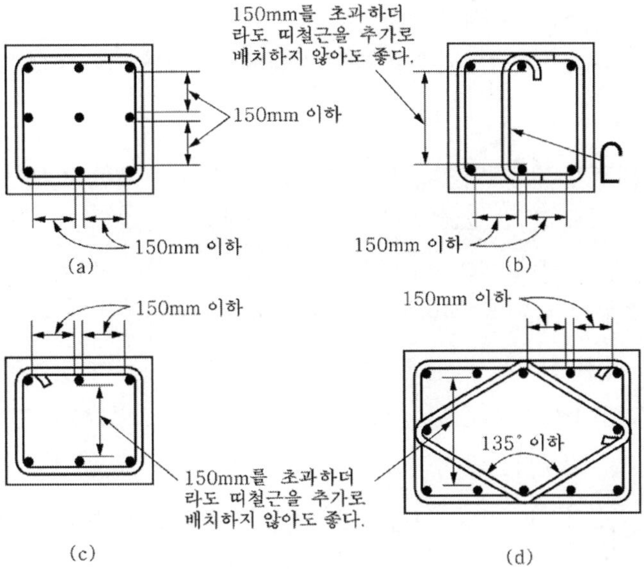

그림 9-2 띠철근의 배치

(4) 확대기초의 상면(上面)이나 건물의 각종 바닥 상하면(上下面)처럼 기둥이 바닥층이나 보와 접합되는 부위에서는 띠철근의 간격을 다른 부위의 띠철근 간격의 1/2 이하의 간격으로 촘촘히 배치해야 한다.

9. 3. 2 나선철근 기둥

(1) 축방향 철근은 원형단면에 대하여 6개 이상을 배치해야 하며, 철근비는 1~8%의 범위이다. 철근비에 하한과 상한을 둔 이유는 띠철근 기둥의 경우와 같다.

(2) 나선철근 기둥은 촘촘히 감은 나선철근으로 콘크리트의 횡방향 변형을 방지하여 보다 큰 하중을 받을 수 있도록 한 기둥이므로, 콘크리트도 보다 높은 강도의 것을 사용하는 것이 바람직하다.

(3) 나선철근은 다음 식의 ρ_s 이상이 되도록 배치해야 한다.

$$\rho_s = 0.45\left(\frac{A_g}{A_{ch}} - 1\right)\frac{f_{ck}}{f_{yt}} \tag{9·1}$$

여기서 ρ_s : 나선철근비 $= \dfrac{\text{나선철근의 체적}}{\text{심부의 체적}}$

A_g : 기둥의 총 단면적

A_{ch} : 심부(core, 나선철근의 바깥선으로 둘러싸인 부분)의 단면적

f_{ck} : 콘크리트의 설계기준압축강도

f_{yt} : 나선철근의 설계기준항복강도(700 MPa 이하라야 하며, 400 MPa를 초과하는 경우에는 겹침이음을 할 수 없다.)

(4) 나선철근 기둥을 현장타설 콘크리트로 만들 경우, 나선철근은 지름 10 mm 이상의 것을 사용해야 한다. 나선철근의 순간격은 25 mm 이상 75 mm 이하라야 하고, 정착을 위하여 나선철근 끝에서 1.5 회전만큼 더 연장해야 한다. 그러나 내진설계된 교각에서는 25 mm 이상 75 mm 이하라는 나선철근의 순간격 규정은 적용되지 않는다. 나선철근의 이음은 용접이음 또는 겹침이음으로 하되, 겹침이음의 길이는 이형철근 또는 철선인 경우 지름의 48배 이상, 원형철근 또는 철선인 경우 지름의 72배 이상 또 300 mm 이상이라야 한다.

(5) 나선철근은 수직 간격재를 사용하여 단단하고 곧게 조립해야 한다.

9.3.3 축방향 철근의 간격과 이음

기둥 축방향 철근의 순간격은 40 mm 이상, 또 그 지름의 1.5배 이상이라야 한다. 띠철근 기둥에서 하나 건너 위치하고 있는 축방향 철근만을 띠철근의 모서리로 횡지지하려면, 그림 9-2와 같이 축방향 철근의 순간격이 150 mm 이하가 되어야 한다. 축방향 철근의 순간격이 150 mm를 초과하는 경우에는 모든 축방향 철근이 띠철근의 모서리에 의해 횡지지되어야 한다.

기둥 축방향 철근의 이음은 구조물의 종류와 하중작용을 고려하여 이음방법과 이음위치를 결정하여야 한다. 내진설계를 수행하지 않는 경우에는 건물과 같은 일반 구조물의 기둥이나 교량의 교각이 주로 축압축력을 지배적으로 받아서 축방향 철근의 연결을 압축 겹침이음으로 하는 경우가 많았다. 그러나 내진설계를 수행하는 경우에는 수평진동에 의한 수평관성력에 의하여 기둥이나 교각이 축력과 함께 휨모멘트가 크게 작용하여 축방향 철근이 압축력과 인장력을 반복적으로 받게 된다. 따라서 이러한 경우에는 축방향 철근의 연결을 인장 겹침이음으로 하여야 한다.

한편 내진설계에서 기둥의 축방향 철근을 인장 겹침이음으로 연결할 때 연결 위치의 선택이 매우 중요하다. 콘크리트구조기준(2012)에서는 건물과 같은 일반 구조물을 내진설계할 때에 기둥의 상단과 하단에서 겹침이음을 하지 말고 기둥의 중간부부분에서 하도록 하고 있다. 도로교설계기준(2010)에서는 교량을 내진설계할 때 교각의 소성힌지구간에서는 축방향 철근의 겹침이음을 엄격히 금지하고 있다.

근래에는 기둥 축방향 철근의 연결에 기계적 이음을 사용하는 예가 많다. 이는 철근의 단가가 매우 높은 경우에 겹침이음으로 인한 추가 철근의 비용보다 기계적 이음의 시공비가 더 저렴한 경우도 발생하기 때문이다. 기둥 축방향 철근의 연결에 용접이음을 할 수 있지만, 이 경우에는 용접용 철근을 사용하여야 한다. 기계적 이음이나 용접이음을 할 경우에는 철근의 설계기준항복강도 f_y의 125 % 이상을 발휘할 수 있는 완전 기계적이음이나 완전용접이어야 한다.

9.3.4 합성기둥

합성기둥은 구조용 강재를 철근과 함께 콘크리트 단면의 내부에 배치하는 강재 매립형 합성기둥(SRC-steel framed reinforced concrete)과 원형이나 각형 강관에 콘크리트를 충전하는 충전형 합성기둥(CFT-concrete filled steel tube)을 사용할 수 있는데, 한국콘크리트학회와 한국강구조학회에서 통합된 설계기준을 개발 중에 있다.

9.4 축방향 압축과 휨의 조합작용

기둥의 중심축(도심축)에 따라 작용하는 압축하중을 축력, 축방향 압축하중, 축하중이라고 한다.

실제로는 축력만을 받는 기둥은 거의 없으며, 대부분의 기둥은 그림 9-4 (d)와 같이 편심하중을 받는다. 골조(라멘)의 연직부재[그림 9-3 (a)], 아치 리브[그림 9-3 (b)] 등은 그림 9-4 (c)와 같이 축력과 휨모멘트를 동시에 받는다. 그림 9-4 (d)와 그림

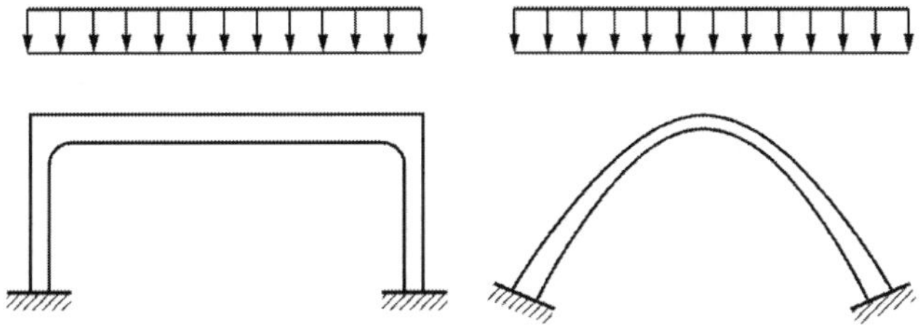

(a) 라 멘 (b) 아 치

그림 9-3 축방향 압축과 휨을 받는 부재[참고문헌 28]

9-4(c)는 역학적으로 동일하다. 이론적으로 축력만을 받는 기둥이라 하더라도 예상 외로 편심하중이 걸려올지도 모른다. 그래서 모든 압축부재는 축력과 휨모멘트를 동시에 받는 부재로 설계하는 것이 보통이다.

그림 9-4(a)는 이와 같은 부재의 압축력 P와 휨모멘트 M의 관계를 보인 것이다. 이 그림을 기둥강도 상관도(column strength interaction diagram) 또는 P-M 상관도($P-M$ interaction diagram)라고 한다. 그림의 P_o는 축강도(중심축 압축강도)이고, 이때 $M=0$이다. 그림의 M_o는 휨강도이고, 이때 $P=0$이다. 압축파괴 영역에서 모멘트가 증가하면 축강도가 감소함을 그림은 보여 주고 있다. P와 M이 이 곡선으로 둘러싸인 면적 안에 들면 기둥은 안전하지만, 곡선 밖으로 나가면 기둥은 파괴될 것이다. 원점 O에서 곡선에 이르는 방사선(放射線)은 휨모멘트와 축력의 비 $M/P(=e)$를 나타낸다. 즉, 편심거리를 나타내며, 이 값은 기둥에 따라 일정하다.

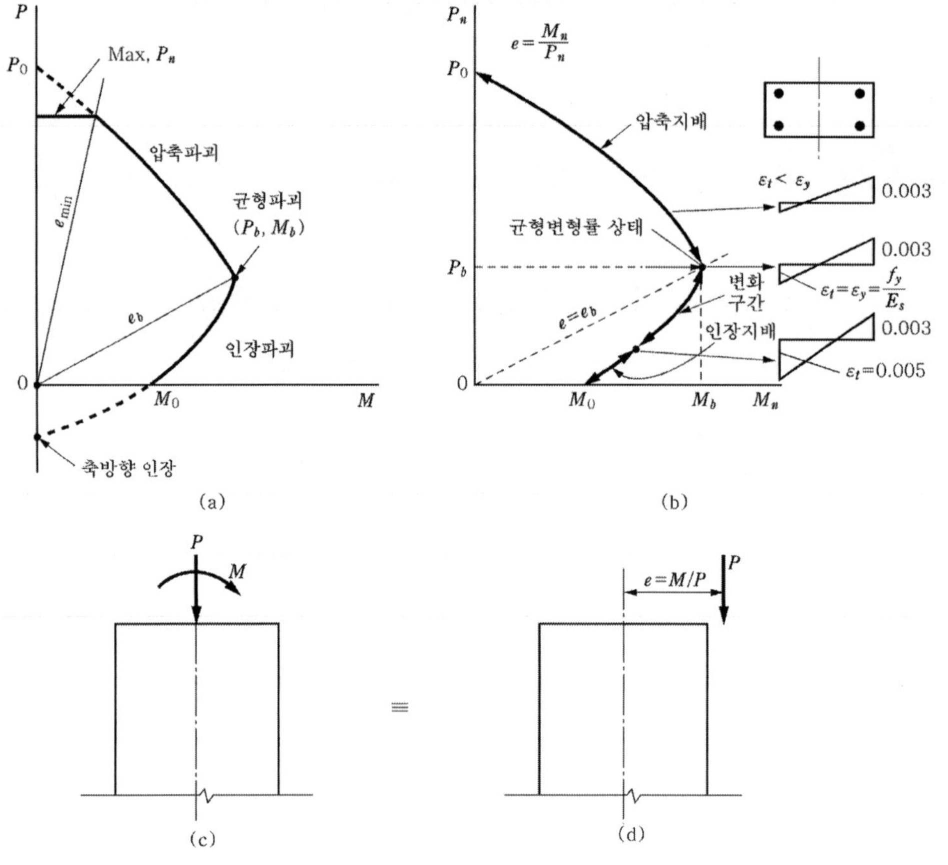

그림 9-4 기둥강도 상관도($P-M$ 상관도)

그림 9-4 (b)는 P의 위치에 따라 변화하는 부재단면의 변형률도를 보인 것이다. P와 M을 동시에 받는 이러한 부재에서 콘크리트의 변형률이 극한변형률 0.003에 도달하고, 동시에 철근의 변형률이 항복변형률 $\varepsilon_y\left(=\dfrac{f_y}{E_s}\right)$에 도달하는 상태가 있다. 이러한 상태를 **균형변형률상태**(balanced failure condition)라고 하며, 그림 9-4 (b)에 나타나 있다. 그림 9-4 (a)의 균형파괴점은 이 상태의 파괴를 나타낸다. 이 경우의 변형률도가 그림 9-4 (b)의 오른쪽에 보인 3개의 변형률도 중 가운데의 것이다.

이때의 편심거리를 **균형편심**(평형편심)이라 하고 e_b로 나타낸다. 균형변형률상태에서 파괴될 때의 축강도와 휨강도를 각각 P_b와 M_b로 나타낸다.

그림 9-4 (b)에 보인 바와 같이 균형변형률상태의 점을 경계로 위쪽은 압축지배구간이고, 아래쪽은 변화구간과 인장지배구간으로 구분된다. 압축지배구간에서는 $\phi=0.65$ (띠철근 기둥), $\phi=0.70$(나선철근 기둥)이고, 인장지배구간에서는 $\phi=0.85$이다. 변화구간에서는 5장의 그림 5-3에 보인 바와 같이 직선보간법에 의해 ϕ를 결정해야 한다.

9.5 설계 원칙

콘크리트구조기준(2012)에서는 축방향 압축부재 및 압축력과 휨을 동시에 받는 압축지배 부재의 강도감소계수 ϕ를 다음과 같이 주고 있다[4장의 표 4-5 참조].

나선철근 부재 ······ $\phi = 0.70$

띠철근 부재 ········· $\phi = 0.65$

압축부재에 대한 강도감소계수 ϕ값을 휨부재의 ϕ값에 비하여 작게 취하는 이유는 다음과 같다. 일반적으로 휨부재의 강도는 주로 철근의 인장강도에 지배되는 데 대하여, 축방향 압축부재의 강도는 주로 콘크리트 강도에 지배된다. 콘크리트는 철근에 비하여 품질의 변동이 심하고, 또 압축부재는 높은 곳에서 콘크리트를 쏟아 붓는 경우가 많으므로 결함이 있는 콘크리트가 되기 쉽다. 이것이 ϕ값을 작게 취하는 가장 큰 이유이다.

따라서 축방향 압축과 휨을 동시에 받는 압축지배 부재의 설계강도(design strength)는 다음과 같이 된다.

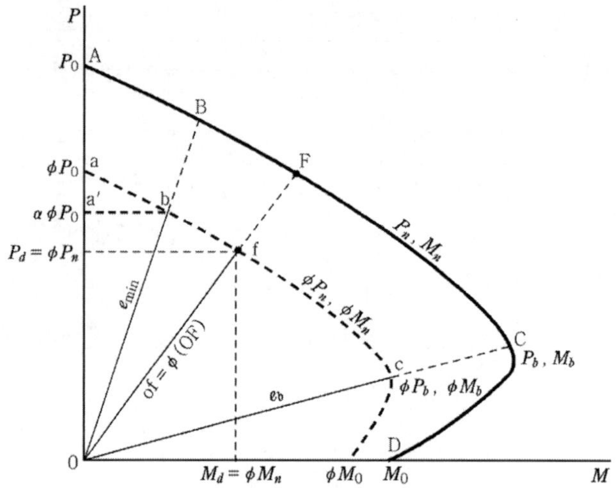

그림 9-5 기둥강도 상관도

$$P_d = \phi P_n \tag{9·2}$$

$$M_d = \phi M_n \tag{9·3}$$

여기서 P_n 및 M_n 은 부재단면이 동시에 발휘할 수 있는 공칭축강도 및 공칭휨강도이다(5장의 식 (5·1 c) 및 식 (5·1 a) 참조).

위의 관계를 알기 쉽게 보인 것이 그림 9-5이다. 그림에서 실선으로 나타낸 곡선 ABFCD는 압축부재가 축방향 압축과 휨의 조합작용에 의해 파괴될 때의 실제의 P_n, M_n 의 상관도이고, 파선으로 나타낸 곡선 abfcd는 ϕ 계수에 의해 감소된 ϕP_n, ϕM_n 의 상관도이다. 그러므로 예를 들면, 점 F의 실제의 공칭강도를 ϕ 계수에 의해 감소시켜서 얻은 설계강도 P_d 및 M_d 는 점 f로 나타내어진다. 즉, 그림에서 $\overline{OF} = \phi \times \overline{OF}$ 이다.

그림 9-5에서 P_o (점 A)는 부재의 축방향 압축강도를 나타내며, 이것을 ϕ 에 의해 감소시킨 강도가 점 a의 ϕP_o 이다. 계산상으로는 $M=0$ 이므로, 축방향 압축만을 받는 기둥이지만 시공오차 또는 예상하지 않은 원인에 의하여 편심하중이 걸릴지 모르기 때문에, 이에 대비하여 설계기준에서는 ϕP_o 를 다시 다음과 같이 감소시키고 있다. 즉

띠철근 기둥에 대하여는

$$\alpha \phi P_o = 0.80(\phi P_o)$$

나선철근 기둥에 대하여는

$$\alpha \phi P_o = 0.85(\phi P_o)$$

이것이 그림의 점 a′이며 축방향 압축의 최대 설계하중이다. 점 a′에서 그은 수평선이 상관도와 만난 점이 b이고, 점 b가 나타내는 편심거리가 최소편심 e_{min}이다. $e < e_{min}$인 구간, 즉 그림 a′b 구역에서 부재의 설계는 $0.80\phi P_o$(띠철근 기둥) 또는 $0.85\phi P_o$(나선철근 기둥)로 지배되며, 이때 $M=0$으로 본다.

$e_{min} < e < e_b$이면 $P_d(=\phi P_n)$와 $M_d(=\phi M_n)$의 조합작용에 대하여 설계해야 하며, 이때 부재의 강도는 콘크리트의 압축으로 지배된다.

$e > e_b$이면 역시 P_d와 M_d의 조합작용에 대하여 설계해야 하지만, 이때 부재의 강도는 철근의 인장으로 지배된다. 그림 9-5에서 M_0(점 D)는 보로서의 휨모멘트 능력을 나타낸다. P가 작고, 편심이 큰 경우에는 부재는 보와 같은 거동을 하게 된다.

9.6 단 주

기둥은 단주(short column)와 장주(long column, slender column)로 구분된다. 세장비(slenderness ratio)가 어느 한도 이하인 기둥을 단주, 그 한도를 넘어선 기둥을 장주라 한다. 철근콘크리트 기둥의 단주와 장주의 구분은 9.7.4항에 설명되어 있다. 단주는 기둥 길이의 영향을 받지 않고 콘크리트의 파쇄나 철근의 항복으로 파괴되지만, 장주는 기둥 길이의 영향에 따른 $P-\Delta$ 효과로 인하여 2차모멘트($P-\Delta$ 모멘트)가 증가하여 파괴되거나 세장비가 매우 큰 경우에는 좌굴(buckling)로 파괴된다.

여기서는 단주를 다루고, 장주는 9.7절에서 다룬다.

9.6.1 중심 축하중을 받는 단주

[1] 나선철근 기둥의 축강도

콘크리트구조기준(2012)이나 도로교설계기준(2010)에서, 기둥의 단면적이 A_g, 축방향 철근의 단면적이 A_{st}인 나선철근 기둥(단주)의 공칭축강도는 다음과 같이 된다.

$$P_n = P_o = 0.85 f_{ck}(A_g - A_{st}) + f_y A_{st} \qquad \text{(a)}$$

이 P_n이 그림 9-5의 점 A의 P_o이다. 여기에 강도감소계수 ϕ를 적용하면

$$\phi P_n = \phi P_o = \phi[0.85 f_{ck}(A_g - A_{st}) + f_y A_{st}] \qquad \text{(b)}$$

이것이 그림 9-5의 점 a이다. 그러나 계산상으로 편심거리가 0일 경우라도, 바꾸어 말해서 축방향 압축만을 받는 기둥이라 하더라도 여러 가지 원인에 의하여 예상하지 않은 모멘트가 작용하는 수가 있다. 이러한 경우를 고려해서 식 (b)의 ϕP_n을 다시 85%만큼 낮추도록 설계기준은 요구하고 있다. 즉, 나선철근 기둥(단주)의 설계축강도를 다음과 같이 주고 있다.

$$\phi P_n = 0.85\phi[0.85 f_{ck}(A_g - A_{st}) + f_y A_{st}] \qquad (9 \cdot 4)$$

[2] 띠철근 기둥의 축강도

콘크리트구조기준(2012)이나 도로교설계기준(2010)에서, 띠철근 기둥(단주)의 설계축강도는 다음과 같이 주고 있다.

$$\phi P_n = 0.80\phi[0.85 f_{ck}(A_g - A_{st}) + f_y A_{st}] \qquad (9 \cdot 5)$$

식 (9・4) 또는 식 (9・5)의 강도가 그림 9-5의 점 a′에 해당한다. 그리고 이것이 a′에서 그은 수평선이 상관도와 만나는 점 b까지 적용된다.

나선철근 압축부재에서 식 (9・4)의 ϕP_n에 대응하는 점 b의 편심거리는 $0.05h$ 정도이고, 띠철근 부재의 식 (9・5)에 대응하는 점 b의 편심거리는 $0.10h$ 정도이다. 여기서 h는 부재단면의 가로치수이다. 이것을 **최소편심**이라 하고, $e_{\min}$으로 나타내고 있다. 따라서 그림 9-5의 a′b 구역에 해당하는 압축부재에 대하여는 모멘트는 없고, 식 (9・4) 또는 식 (9・5)로 계산되는 축방향 압축만 작용하는 것으로 보는 것이다.

예제9-1 단면이 400 mm×500 mm인 띠철근 압축부재가 있다. 6-D29의 축방향 철근이 소정간격의 띠철근으로 둘러싸여 있으며, 횡방향 상대변위가 없는 단주이다. 이 압축부재에 사용 고정하중 950 kN, 사용 활하중 806 kN, 활하중에 의한 모멘트 58.2 kN·m가 작용한다. 안전을 검토하라. f_{ck}= 24 MPa, f_y= 350 MPa이다.

풀이 계수축력은(4장의 표 4-4 참조)

$$P_u = 1.2 \times 950 + 1.6 \times 806 = 2,430\text{kN}$$

계수휨모멘트는

$$M_u = 1.6 \times 58.2 = 93\text{kN·m}$$

축력의 편심거리는

$$e = \frac{M_u}{P_u} = \frac{93}{2,430} = 0.038\text{m} = 38\,\text{mm}$$

띠철근 부재의 최소편심을 $0.10h$ 로 보면

$$e_{min} = 0.10\,h = 0.10 \times 400 = 40\text{mm} > 38\text{mm}$$

즉, $e < e_{min}$ 이므로 이 부재의 강도는 축방향 압축으로 지배된다. 바꾸어 말하면, 이 부재는 그림 9-5의 a′b 구역에 해당되며, 따라서 식 (9·5)의 설계축강도에 의해 설계가 지배된다.

축방향 철근의 단면적은(D 29의 단면적은 642.4 mm^2이므로)

$$A_{st} = 6 \times 642.4 = 3{,}854\text{mm}^2$$

식 (9·5)로부터(띠철근 기둥에 대하여 $\phi =$ 0.65이므로)

$$\begin{aligned}\phi P_n &= 0.80\,\phi\,[0.85 f_{ck}(A_g - A_{st}) + f_y A_{st}]\\ &= 0.80 \times 0.65\,[0.85 \times 24 \times (400 \times 500 - 3{,}854) + 350 \times 3{,}854]\\ &= 2{,}782{,}000\text{N} = 2{,}782\text{ kN} > 2{,}430\text{ kN}\end{aligned}$$

즉, $\phi P_n > P_u$ 이므로 안전하다.

9. 6. 2 압축과 휨을 받는 띠철근 기둥

그림 9-6과 같은 띠철근 기둥(단주)이 인장철근의 도심으로부터 e′ 의 편심으로 작용할 수 있는 축하중 P_n 은 다음과 같다.

$$P_n = C_c + C_s - T$$

여기서

$$C_c = 0.85 f_{ck} ab$$

$$C_s = A_s' f_y$$

$$T = A_s f_s$$

이때 인장철근은 항복하지 않는다고 본 것이다. 이들을 위의 식에 대입하면

$$P_n = 0.85 f_{ck} ab + A_s' f_y - A_s f_s$$

따라서 이 경우의 단면의 설계축강도는

$$P_d = \phi P_n = \phi(0.85 f_{ck} ab + A_s' f_y - A_s f_s) \qquad (9 \cdot 6)$$

인장철근의 도심에 대하여 $\Sigma M = 0$을 적용하면

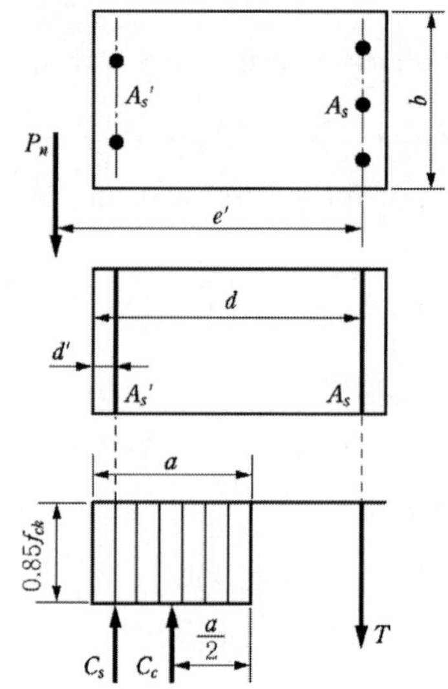

그림 9-6 편심하중을 받는 기둥

$$P_d e' = \phi P_n e' = \phi\left\{0.85 f_{ck} ab\left(d - \frac{a}{2}\right) + A_s' f_y (d - d')\right\} \qquad (9 \cdot 7)$$

[1] 균형변형률상태

콘크리트의 전단면(全斷面)이 균등하게 $0.85f_{ck}$의 응력을 받고 철근도 균등하게 압축으로 항복응력 f_y를 받는다고 가정했을 때, 전체 응력의 합력 작용점을 단면의 **소성중심**(plastic centroid)이라고 한다. 철근이 대칭으로 배치된 대칭단면에서 소성중심은 단면의 중심(도심)이다. 보통의 기둥에서는 철근은 대칭으로 배치된다. 그러나 하중이 큰 편심으로 작용하는 라멘의 기둥과 같은 부재에서는 철근이 비대칭으로 배치된다. 철근이 비대칭으로 배치된 단면의 소성중심은 단면의 중심에 있지 않다.

이런 기둥에 작용하는 하중의 편심거리는 그림 9-7에 보인 바와 같이 소성중심으로부터 잰 거리이다. 따라서 편심하중은 소성 중심에 대하여 휨을 일으킨다.

콘크리트의 변형률이 0.003이 되고 동시에 모든 철근응력이 항복점 응력 f_y에 달하게 되는 상태를 **균형변형률상태**(balanced strain condition) 또는 **균형상태**(balanced condition)라고 한다. 균형변형률상태를 이루는 축하중을 **균형축하중** 또는 **균형축강도**라 하고, P_b로 나타내며, 이때의 모멘트를 **균형모멘트**라 하고 M_b로 나타낸다. 그림 9-5에서 점 C의 P_b, M_b가 그것이다.

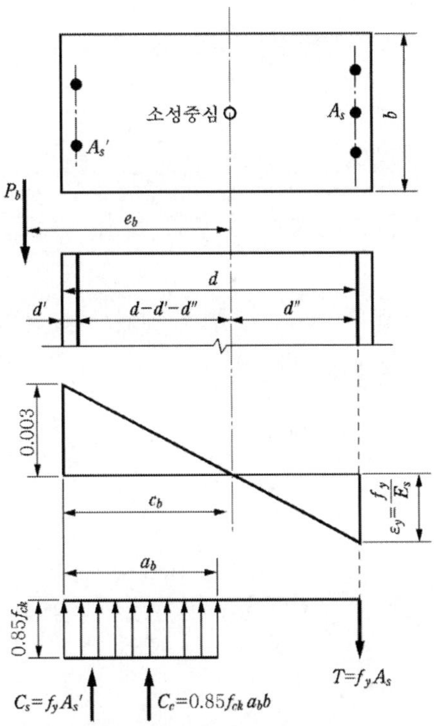

그림 9-7 균형변형률상태의 기둥

그림 9-7과 같은 단면이 균형변형률상태에 있다면 변형률은 위에서 세 번째 그림과 같이 될 것이므로, 중립축의 위치 c_b 는

$$c_b = \frac{0.003}{0.003 + f_y/E_s} d$$

그러므로 콘크리트의 응력사각형의 깊이는

$$a_b = \beta_1 c_b = \beta_1 \frac{0.003}{0.003 + f_y/E_s} d$$

그림에서 $\sum V = 0$을 적용하면

$$P_b = 0.85 f_{ck} a_b b + f_y A_s' - f_y A_s$$

강도감소계수를 생각하면

$$\phi P_b = \phi(0.85 f_{ck} a_b b + f_y A_s' - f_y A_s) \qquad (9 \cdot 8)$$

다음에 소성중심에 대하여 $\sum M = 0$을 적용하면

$$M_b = P_b e_b$$
$$= 0.85 f_{ck} a_b b \left(d - d'' - \frac{a_b}{2}\right) + f_y A_s'(d - d' - d'') + f_y A_s d''$$

따라서

$$\phi M_b = \phi P_b e_b$$
$$= \phi\left\{0.85 f_{ck} a_b b \left(d - d'' - \frac{a_b}{2}\right) + f_y A_s'(d - d' - d'') + f_y A_s d''\right\} \qquad (9 \cdot 9)$$

식 (9・8) 및 식 (9・9)에 위의 a_b의 값을 대입하면 균형하중 P_b 및 균형모멘트 M_b를 얻을 수 있다. 균형편심 e_b는 식 (9・9)로부터 구할 수도 있고, 또는 다음 식으로부터 구해도 된다.

$$e_b = \frac{M_b}{P_b} \qquad (9 \cdot 10)$$

보가 균형상태로 되기 위해서는 어떤 특정 비율의 철근비, 즉 균형철근비를 필요로 하지만, 압축부재가 균형상태로 되기 위해서는 어떤 특정한 편심 e_b를 가지고 특정하중 P_b가 작용해야 한다. 즉, 균형보는 보의 단면비의 문제이지만 균형기둥은 기둥의 재하조건의 문제이다. 또한, 보는 압축파괴를 피하고 연성파괴를 얻기 위하여 균형보로 하지 않을 수도 있지만, 기둥에서는 압축파괴나 균형파괴를 회피할 수는 없다.

[2] 기둥강도가 인장으로 지배되는 경우

$e > e_b$이면 $P_b > P_u$로 되어, 기둥의 강도가 철근의 인장으로 지배되며, 인장철근이 먼저 항복한다. 따라서 인장철근의 응력은 $f_s = f_y$이고 압축철근의 응력은 정확하게는 $(f_y - 0.85 f_{ck})$이지만 실용적으로는 f_y로 볼 수 있으므로, 이들을 식 (9・6)과 식 (9・7)에 대입하여 P_n을 소거하고 $\frac{a}{d}$를 구하면

$$\frac{a}{d} = 1 - \frac{e'}{d} + \sqrt{\left(1 - \frac{e'}{d}\right)^2 + 2\left\{\frac{e'}{d}(\rho m - \rho' m) + \rho' m\left(1 - \frac{d'}{d}\right)\right\}} \qquad \text{(c)}$$

여기서

$$\rho = \frac{A_s}{bd}, \qquad \rho' = \frac{A_s'}{bd}, \qquad m = \frac{f_y}{0.85 f_{ck}}$$

따라서 이 경우의 단면의 설계강도 P_d는 식 (c)를 식 (9・6)에 대입함으로써

$$P_d = \phi P_n = \phi \left[0.85 f_{ck} bd \left\{ \rho' m - \rho m + \left(1 - \frac{e'}{d}\right) + \sqrt{\left(1 - \frac{e'}{d}\right)^2 + \frac{2e'}{d}(\rho m - \rho' m) + 2\rho' m \left(1 - \frac{d'}{d}\right)} \right\} \right] \quad (9 \cdot 11)$$

단면이 대칭이고 $A_s = A_s{}'$이면, $\rho = \rho'$이므로

$$P_d = \phi P_n = \phi \left[0.85 f_{ck} bd \left\{ 1 - \frac{e'}{d} + \sqrt{\left(1 - \frac{e'}{d}\right)^2 + 2\rho' m \left(1 - \frac{d'}{d}\right)} \right\} \right] \quad (9 \cdot 12)$$

압축철근을 두지 않을 때는 $\rho' = 0$이므로, 이때의 P_d는 식 (9 · 11)로부터

$$P_d = \phi P_n = \phi \left[0.85 f_{ck} bd \left\{ -\rho m + \left(1 - \frac{e'}{d}\right) + \sqrt{\left(1 + \frac{e'}{d}\right)^2 + 2\rho m \frac{e'}{d}} \right\} \right] \quad (9 \cdot 13)$$

[3] 기둥강도가 압축으로 지배되는 경우

$e < e_b$이면 기둥의 강도가 콘크리트의 압축으로 지배된다. 그림 9-8의 기둥상관도에서 BC구간에 해당되며 $P_b < P_u$로 되어 인장철근이 항복하기 전에 콘크리트가 먼저 압축파괴를 일으킨다.

이때의 공칭강도 P_n은 P_o와 P_b 사이에서 P_n이 M_n에 비례한다고 보고 구한다. 즉, 그림 9-8의 상관도에서 ABC 구간이 직선적으로 변한다고 보고 M_n이 0으로부터 M_b까지 증가함에 따라 P_n은 P_o로부터 P_b까지 직선적으로 감소한다고 보면, P_n은 다음과 같이 된다.

$$P_n = P_o - (P_o - P_b)\frac{M_n}{M_b}$$

위의 식에 $M_n = P_n e$, $M_b = P_b e_b$를 대입하면

$$P_n = \frac{P_o}{1 + \dfrac{e}{e_b}\left(\dfrac{P_o}{P_b} - 1\right)} \quad (9 \cdot 14)$$

여기서 $P_o = 0.85 f_{ck}(A_g - A_{st}) + f_y A_{st}$

특히, 대칭철근($A_s = A_s{}'$)을 가지는 직사각형 단면에서 P_n은 근사적으로 다음과 같이 된다.

$$P_n = \frac{f_y A_s{}'}{\dfrac{e}{d - d'} + 0.5} + \frac{bh f_{ck}}{\dfrac{3he}{d^2} + 1.18} \quad (9 \cdot 15)$$

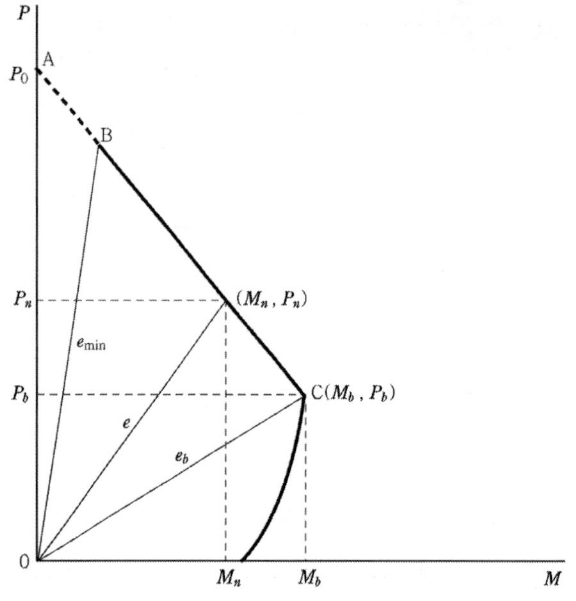

그림 9-8 $P-M$ 상관도

여기서 b는 단면의 폭이고 h는 편심방향의 단면 두께이다.

기둥의 강도해석은 변형률 적합조건에 의한 해석(strain compatibility analysis)을 사용하는 것이 원칙이다. 식 (9・13)과 식 (9・15)는 근사해법으로, 기둥의 강도를 간편하게 계산할 수 있으나 근래에는 잘 사용되지 않는다. 실제의 설계에 있어서는 부록 D와 같은 기둥의 설계강도 상관도나 컴퓨터 프로그램을 이용하면 편리하다.

예제9-2 그림 9-9와 같은 띠철근 압축부재의 균형하중 P_b를 구하라. $f_{ck}=21$ MPa, $f_y=350$ MPa이고 기둥은 단주이다.

풀이 균형변형률상태에서 중립축의 위치 c_b는 그림 9-9의 변형률도에서 삼각형의 닮음비를 이용하면($f_y = 350$MPa, $E_s = 2.0\times10^5$ MPa이므로)

$$c_b = \frac{0.003}{0.003+f_y/E_s}d = \frac{0.003\times E_s}{0.003\times E_s+f_y}d = \frac{600}{600+350}\times 450 = 284\text{mm}$$

콘크리트의 직사각형 응력분포의 깊이는[$f_{ck}=21$ MPa에 대하여 $\beta_1=0.85$이므로]

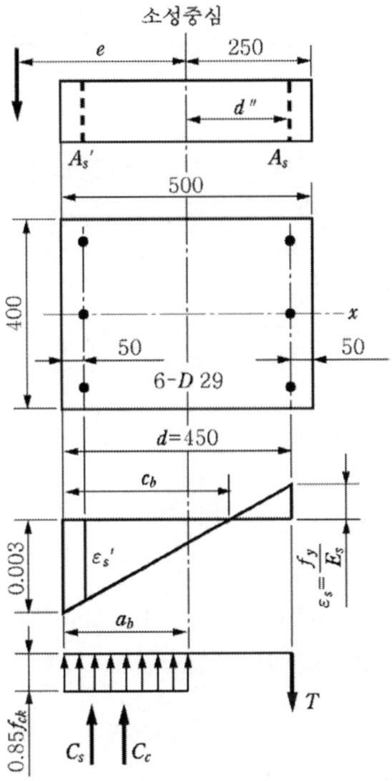

그림 9-9

$$a_b = \beta_1 c_b = 0.85 \times 284 = 241\text{mm}$$

압축철근의 변형률 ε_s'는 그림 9-9의 변형률도로부터

$$\varepsilon_s' = \frac{(284-50)}{284} \times 0.003 = 0.00247$$

인장철근의 변형률 ε_s 는

$$\varepsilon_y = \frac{f_y}{E_s} = \frac{350}{200{,}000} = 0.00175 < \varepsilon_s'$$

즉 압축철근도 항복한다.

콘크리트의 압축력은

$$C_c = 0.85 f_{ck} a_b b = 0.85 \times 21 \times 241 \times 400 = 1{,}720{,}740\text{N}$$

압축철근의 압축력은 $A_s'(3-D\,29) = 3 \times 642.4 = 1{,}927\text{mm}^2$ 이므로

$$C_s = (f_y - 0.85 f_{ck}) A_s' = (350 - 0.85 \times 21) \times 1{,}927 = 332{,}150\text{N}$$

인장철근의 인장력은

$$T = f_y A_s = 350 \times 1{,}927 = 674{,}450\text{N}$$

따라서 균형축하중 P_b는 $\sum V = P_b + T - C_c - C_s = 0$으로부터

$$P_b = C_c + C_s - T = 1{,}720{,}740 + 332{,}150 - 647{,}450$$
$$= 1{,}378{,}440\text{N} = 1{,}378\text{kN}$$

강도감소계수 ϕ를 적용하면(띠철근 기둥에서 $\phi = 0.65$이므로)

$$\phi P_b = 0.65 \times 1{,}378{,}440 = 896{,}000\text{N} = 896\text{kN}$$

소성중심(대칭단면이므로 단면의 도심)에 대하여 $\sum M = 0$을 적용하면

$$T \times 200 + C_c\left(250 - \frac{a_b}{2}\right) + C_s \times 200 - P_b \times e_b = 0$$
$$1{,}378{,}440 \times e_b = 674{,}450 \times 200 + 1{,}720{,}740 \times \left(250 - \frac{241}{2}\right) + 332{,}150 \times 200$$
$$\therefore e_b = 293\text{mm}$$

따라서 균형모멘트 M_b는

$$M_b = P_b \times e_b = 1{,}378{,}440 \times 293 = 403{,}883{,}000\text{N·mm} = 403.9\,\text{kN·m}$$
$$\therefore \phi M_b = 0.65 \times 403.9 = 262.5\,\text{kN·m}$$

이 단면에서 $P_n > 1{,}378\text{kN}(P_b)$이거나 또는 편심이 $e < 293\text{mm}(e_b)$이면 단면은 압축으로 지배될 것이고, $P_n < 1{,}378\text{kN}$이거나 또는 편심이 $e > 293\text{mm}$이면 단면은 변화구간(transition region)에 있게 될 것이며[그림 9-4 (b) 참조], 편심이 충분히 더 클 경우에는 단면은 인장으로 지배될 것이다.

예제 9-3) 그림 9-9의 띠철근 기둥에서 x축 방향으로 $e = 120$ mm의 편심으로 작용할 수 있는 하중을 구하라. 기둥의 조건은 예제 9-2와 같다.

풀이 최소편심은 $e_{min} = 0.10h = 0.10 \times 500 = 50$ mm로 볼 수 있고, 균형편심은 예제 9-2에서 $e_b = 293$ mm이므로

$$e_{min} < e < e_b$$

즉, 기둥의 강도가 압축으로 지배되는 경우이다. 이것은 다음과 같은 방법으로 판정해도 좋다. 즉 식 (9·5)로부터

$$\phi P_n = \phi[0.80\{0.85 f_{ck}(A_g - A_{st}) + f_y A_{st}\}]$$
$$= 0.65[0.80\{0.85 \times 21 \times (500 \times 400 - 3{,}854) + 350 \times 3{,}854]$$
$$= 2{,}522{,}000\text{N} = 2{,}522\,\text{kN}$$

예제 9-2로부터 $\phi P_b = 896$ kN, 즉 $\phi P_n > \phi P_b$이므로 압축파괴의 경우이다.

그러므로 식 (9·14)로부터 소요의 하중 P_n을 구한다. 그런데 P_0는 9.6.1항의 식 (a)로부터

$$P_0 = 0.85 f_{ck}(A_g - A_{st}) + f_y A_{st}$$

$$= 0.85 \times 21(500 \times 400 - 3{,}854) + 350 \times 3{,}854 = 4{,}850{,}000\text{N} = 4{,}850\ \text{kN}$$

예제 9-2로부터 P_b= 1,378,440 N이므로 식 (9・14)로부터

$$P_n = \frac{P_o}{1+\dfrac{e}{e_b}\left(\dfrac{P_o}{P_b}-1\right)} = \frac{4{,}850{,}000}{1+\dfrac{120}{293}\left(\dfrac{4{,}850{,}000}{1{,}378{,}440}-1\right)}$$
$$= 2{,}425{,}000\text{N} = 2{,}425\ \text{kN}$$

따라서 x축 방향으로 120 mm의 편심으로 작용시킬 수 있는 하중은 다음과 같다.

$$\phi P_n = 0.65 \times 2425 = 1{,}576\text{kN}$$

주어진 기둥이 대칭철근을 가진 직사각형 단면이므로 식 (9・15)로 계산해도 좋다. 이것은 근사값이다.

예제9-4) 그림 9-10(a)와 같이 300 mm×500 mm의 직사각형 단면에 D29 철근 4개를 배치한 띠철근 기둥이 있다. f_{ck}= 24 MPa이고 f_y= 350 MPa이다. 다음 것들을 구하라.

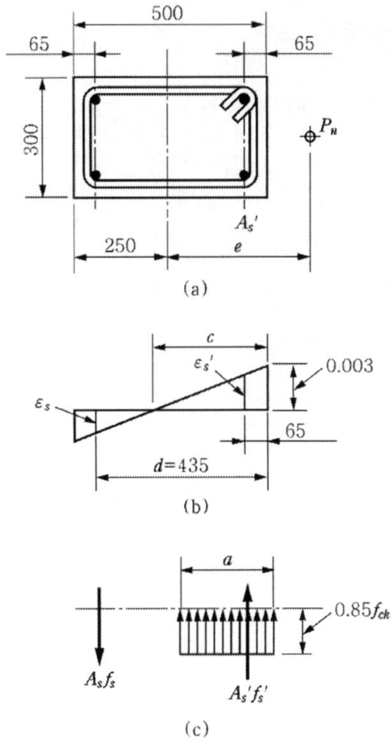

그림 9-10

(1) 균형하중 P_b와 M_b를 계산하라.

(2) 기둥강도가 인장으로 지배되는 구역의 임의점에 대한 축하중과 모멘트를 계산하라.

(3) 압축으로 지배되는 구역의 임의점에 대한 축하중과 모멘트를 계산하라.

(4) 편심이 0일 때의 축강도를 구하라.

(5) 이 기둥의 $P-M$ 상관도를 그려라.

(6) 띠철근을 설계하라.

풀이 변형률 적합조건(strain compatibility)을 이용하여 계산한다.

(1) 균형변형률상태에서 중립축은 그림 9-10 (b)의 변형률도를 참고하면

$$c_b = \frac{0.003}{0.003+\varepsilon_s}d = \frac{0.003}{0.003+f_y/E_s}d$$
$$= \frac{0.003}{0.003+350/2.0\times10^5}\times435 = 275\text{mm}$$

따라서 콘크리트의 응력분포 사각형의 깊이는

$$a_b = \beta_1 c_b = 0.85\times275 = 234\text{mm}$$

균형파괴상태 즉 균형변형률상태에서 인장철근 A_s의 응력은 f_y에 달해야 한다. 이때 압축철근 $A_s{}'$의 응력은 다음과 같다.

$$f_s{}' = E_s\varepsilon_s{}' = E_s\left(0.003\frac{c-d'}{c}\right)$$
$$= 2.0\times10^5\times0.003\times\frac{275-65}{275} = 458\text{N/mm}^2 > f_y$$

즉 압축철근 $A_s{}'$도 항복한다. 따라서 균형축하중 P_b는 식 (9·8)로부터 다음과 같이 된다. $A_s = A_s{}' = 2\times642.4 = 1,284\,\text{mm}^2$이므로

$$P_b = 0.85f_{ck}a_b b + f_y A_s{}' - f_y A_s$$
$$= 0.85\times24\times234\times300 + 350\times1,284 - 350\times1,284$$
$$= 1,432,000\text{N} = 1,432\,\text{kN}$$
$$\therefore \phi P_b = 0.65\times1,432 = 930\text{kN}$$

균형모멘트 M_b는 단면의 중심선(소성중심)에 대하여 모멘트를 취함으로써 다음과 같이 된다[그림 9-7과 식 (9·9) 참조].

$$M_b = 0.85f_{ck}a_b b\left(\frac{h}{2}-\frac{a_b}{2}\right) + f_y A_s{}'\left(\frac{h}{2}-d'\right) + f_y A_s\left(d-\frac{h}{2}\right)$$
$$= 0.85\times24\times234\times300\left(\frac{500}{2}-\frac{234}{2}\right) + 350\times1,284\left(\frac{500}{2}-65\right)$$
$$+ 350\times1,284\left(435-\frac{500}{2}\right)$$

$$= 356,745,000\text{N·mm} = 357\,\text{kN·m}$$

$$\therefore \phi M_b = 0.65 \times 357 = 232\text{kN·m}$$

따라서 균형편심은

$$e_b = \frac{M_b}{P_b} = \frac{356,745,000}{1,432,000} = 249\text{mm}$$

이상의 계산결과가 그림 9-11에 나타나 있다.

(2) 중립축의 위치 c가 $c < c_b$이면 인장지배의 경우로 되어 $e > e_b$로 된다. 예를 들어 $c = 127$ mm의 경우를 생각해 보자. 이때 인장철근 A_s는 항복하지만, 압축철근 $A_s{}'$의 응력은 다음과 같이 된다.

$$f_s{}' = E_s \varepsilon_s{}' = E_s \times \left(0.003 \times \frac{c - d'}{c}\right)$$

$$= 2.0 \times 10^5 \times 0.003 \times \frac{127 - 65}{127} = 293\text{N/mm}^2 < f_y$$

즉 압축철근 $A_s{}'$는 항복하지 않는다. 이 경우

$$a = \beta_1 c = 0.85 \times 127 = 108\text{mm}$$

이므로, 중립축이 $c = 127$ mm에 있을 때의 축하중 P_n과 모멘트 M_n은 각각 다음과 같이 된다.

$$P_n = 0.85 f_{ck} ab + f_s{}' A_s{}' - f_y A_s$$

$$= 0.85 \times 24 \times 108 \times 300 + 293 \times 1,284 - 350 \times 1,284 = 587,600\text{N} = 588\,\text{kN}$$

$$\therefore \phi P_n = 0.65 \times 588 = 382\,\text{kN}$$

$$M_n = 0.85 f_{ck} ab \left(\frac{h}{2} - \frac{a}{2}\right) + f_s{}' A_s{}' \left(\frac{h}{2} - d'\right) + f_s A_s \left(d - \frac{h}{2}\right)$$

$$= 0.85 \times 24 \times 108 \times 300 \times \left(\frac{500}{2} - \frac{108}{2}\right)$$

$$+ 293 \times 1,284 \times \left(\frac{500}{2} - 65\right) + 350 \times 1,284 \times \left(435 - \frac{500}{2}\right)$$

$$= 282,262,000\text{N·mm} = 282\,\text{kN·m}$$

$$\therefore \phi M_n = 0.65 \times 282 = 183\text{kN·m}$$

이 경우의 편심거리는

$$e = \frac{M_n}{P_n} = \frac{282,262,000}{587,600} = 480\text{mm} > e_b$$

위의 계산결과도 그림 9-11에 나타나 있다.

(3) $c > c_b$인 경우에는 압축지배로 되어 $e < e_b$로 된다. 이런 경우의 예로 c= 457 mm인 경우를 생각해 보자.

$$a = \beta_1 c = 0.85 \times 457 = 388\text{mm}$$
$$C = 0.85 \times 24 \times 388 \times 300 = 2{,}374{,}600\text{N}$$

이때 인장철근 A_s의 응력은

$$f_s = E_s \varepsilon_s = 2.0 \times 10^5 \times \left(0.003 \times \frac{435 - 457}{457}\right) = -28.9\text{N/mm}^2$$

즉 철근 A_s도 압축을 받는다. 이것은 $c > d$이면 철근 A_s도 압축을 받는다는 것을 의미한다. 압축철근$A_s{}'$의 응력은

$$f_s{}' = E_s \varepsilon_s{}' = 2.0 \times 10^5 \times 0.003 \times \frac{457 - 65}{457} = 514.7\text{N/mm}^2 > f_y$$

따라서 이 경우의 축하중과 모멘트는 각각 다음과 같다.

$$P_n = 2{,}374{,}600 + 350 \times 1{,}284 - (-28.9) \times 1{,}284 = 2{,}861{,}100\text{N} = 2{,}861\,\text{kN}$$
$$\therefore \phi P_n = 0.65 \times 2{,}861 = 1{,}860\text{kN}$$
$$M_n = 2{,}374{,}600 \times \left(\frac{500}{2} - \frac{388}{2}\right) + 350 \times 1{,}284 \times \left(\frac{500}{2} - 65\right)$$
$$+ (-28.9) \times 1{,}284 \times \left(435 - \frac{500}{2}\right) = 209{,}251{,}000\text{N·mm} = 209\,\text{kN·m}$$
$$\therefore \phi M_n = 0.65 \times 209 = 136\text{kN·m}$$

이 경우의 편심거리는

$$e = \frac{M_n}{P_n} = \frac{209{,}251{,}000}{2{,}861{,}100} = 73\text{mm} < e_b$$

(4) 하중이 단면도심에 작용할 경우, 즉 $e = 0$, $c = \infty$ 일 때 기둥의 축방향 강도는 9.6.1항의 식 (a)로부터(A_{st} = 642.4×4= 2,570 mm^{2}이므로)

$$P_0 = 0.85 f_{ck}(A_g - A_{st}) + f_y A_{st}$$
$$= 0.85 \times 24 \times (300 \times 500 - 2{,}570) + 350 \times 2{,}570$$
$$= 3{,}907{,}000\text{N} = 3{,}907\,\text{kN}$$
$$\therefore \phi P_0 = 0.65 \times 3{,}907 = 2{,}540\text{kN}$$

위의 값을 다시 80%로 감소시켜야 하므로[9.5절 및 식 (9·5) 참조]

$$\phi P_n = 0.80 \phi P_0 = 0.80 \times 2{,}540 = 2{,}032\text{kN}$$

(5) 이 단면에 P는 작용하지 않고 M만 작용하는 보로 보고 그 휨강도를 계산해 본다. 압축철근 $A_s{}'$는 없고, 인장철근 A_s (= 1,284 mm^2)만 배근된 단철근보로 보고, 인장철근

비 ρ 와 균형철근비 ρ_b 를 계산하면

$$\rho = \frac{1,284}{300 \times 500} = 0.0086$$

$$\rho_b = 0.85\,\beta_1 \frac{f_{ck}}{f_y} \frac{600}{600 + f_y}$$

$$= 0.85 \times 0.85 \times \frac{24}{350} \times \frac{600}{600 + 350} = 0.0313 > \rho$$

즉 $\rho < \rho_b$ 이므로 압축철근 $A_s{}'$를 무시하고 휨강도를 계산한다(5장의 5.3.1항 참조).
최소철근비는 식 (5·4b)와 식 (5·5b)로부터

$$\rho_{\min} = \frac{0.25\sqrt{f_{ck}}}{f_y} = \frac{0.25\sqrt{24}}{350} = 0.0035$$

$$\frac{1.4}{f_y} = \frac{1.4}{350} = 0.004 < \rho$$

콘크리트의 응력 사각형의 깊이는

$$a = \frac{A_s f_y}{0.85 f_{ck} b} = \frac{1,284 \times 350}{0.85 \times 24 \times 300} = 73.4\text{mm}$$

따라서 이 단면의 휨강도는

$$M_0 = M_n = A_s f_y \left(d - \frac{a}{2}\right) = 1,284 \times 350 \times \left(435 - \frac{73.4}{2}\right)$$

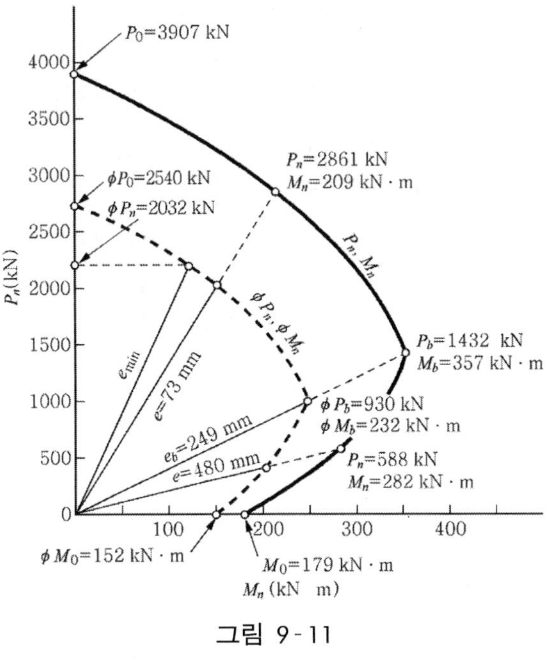

그림 9-11

$$= 178,860,00\text{N}\cdot\text{mm} = 179\,\text{kN}\cdot\text{m}$$

$$\therefore \phi M_0 = \phi M_n = 0.85 \times 179 = 152\text{kN}\cdot\text{m}$$

앞의 (2)~(5)에서 계산한 결과와 또 (2), (3)에서 한 것처럼 c를 가정해서 계산을 반복한 결과를 플롯하면 기둥 상관도를 얻을 수 있다. 그림 9-11이 그것이다.

(6) 축방향 철근이 $D\,29$이므로 $D\,10$을 띠철근으로 사용한다(9. 3. 1항 참조). 그 간격은 다음 세 값 가운데 작은값 이하라야 한다.

축철근 지름의 16배 = 28.6×16= 458 mm

띠철근 지름의 48배 = 9.53×48= 457 mm

기둥단면의 최소치수 = 300 mm

따라서 $D\,10$의 띠철근을 300 mm의 간격으로 그림 9-10 (a)와 같이 축방향 철근을 둘러 감는다.

9. 6. 3 압축과 휨을 받는 나선철근 기둥

띠철근 기둥은 직사각형 단면이나 정사각형 단면이 주로 쓰이지만, 나선철근 기둥은 원형단면이 쓰인다. 편심이 작은 범위에서는 나선철근 기둥이 띠철근 기둥보다 인성(toughness)이 크다. 이것이 나선철근의 강도감소계수나 최소편심에 대한 공칭축강도를 띠철근 기둥보다 크게 취하는 이유이다.

원형단면의 나선철근 기둥에 있어서도 그 해석과 설계방법은 앞에서 설명한 띠철근 기둥의 경우와 같다. 근래에는 컴퓨터에 의한 해석이 주로 사용되고 있다.

다음은 나선철근 기둥(단주)의 공칭축강도를 근사적 방법으로 해석한 것이다.

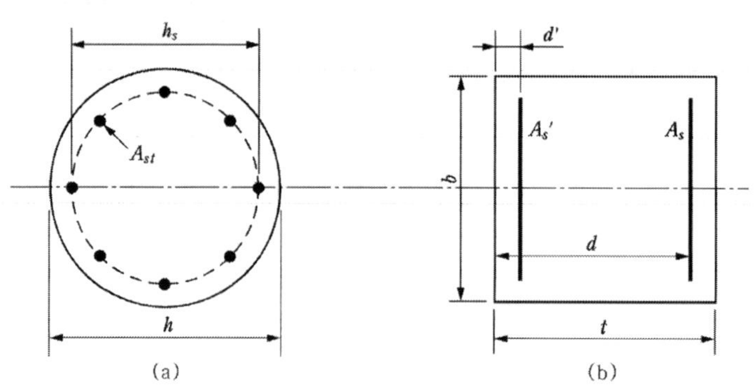

그림 9-12 나선철근 기둥의 근사해석($e < e_b$)

[1] 기둥강도가 압축으로 지배되는 경우

$e < e_b$ 이면 기둥의 강도가 콘크리트의 압축으로 지배된다. 그림 9-12(a)의 원형 단면을 그림 (b)와 같이 직사각형 단면으로 다음과 같이 환산한다. 즉

$$A = A_s{}' = \frac{A_{st}}{2},\ d - d' = \frac{2}{3}h_s,\ t = 0.8h,\ d = 0.4h + \frac{h_s}{3},\ bt = A_g$$

로 놓으면 식 (9·15)의 우변의 제1항 및 제2항은 각각 다음과 같이 된다.

$$\frac{A_s{}' f_y}{e/(d-d') + 0.5} = \frac{\dfrac{A_{st}}{2} f_y}{\dfrac{e}{2h_s/3} + 0.5} = \frac{A_{st} f_y}{\dfrac{3e}{h_s} + 1}$$

$$\frac{bt f_{ck}}{3te/d^2 + 1.18} = \frac{A_g f_{ck}}{\dfrac{3 \times 0.8h \times e}{(0.4h + h_s/3)^2} + 1.18} = \frac{A_g f_{ck}}{\dfrac{9.6he}{(0.8h + 0.67h_s)^2} + 1.18}$$

위의 관계를 식 (9·15)에 대입하면

$$P_n = \frac{A_{st} f_y}{\dfrac{3e}{h_s} + 1} + \frac{A_g f_{ck}}{\dfrac{9.6he}{(0.8h + 0.67h_s)^2} + 1.18} \qquad (9 \cdot 16)$$

[2] 기둥강도가 인장으로 지배되는 경우

$e > e_b$ 이면 기둥의 강도가 철근의 인장력으로 지배되며, M이 크기 때문에 인장철근과 압축철근의 응력이 모두 f_y에 달하게 된다.

그림 9-13과 같이 $A_s = A_s{}' = 0.4A_{st}$로 보고, 또 A_s와 $A_s{}'$ 사이의 거리를 $0.75h_s$로 본다. 단면의 압축부분(사선부분)의 면적 A_{seg}에 $0.85f_{ck}$가 고르게 작용한다고 가정하면 $\sum V = 0$에 의하여

$$P_n = 0.85 f_{ck} A_{seg} + 0.4 A_{st} f_y - 0.4 A_{st} f_y$$

$$\therefore A_{seg} = \frac{P_n}{0.85 f_{ck}} \qquad (d)$$

원의 중심에서 A_{seg}의 도심까지의 거리 x는

$$x = 0.212t + 0.576\left(0.393 - \frac{A_{seg}}{t^2}\right)t \qquad (e)$$

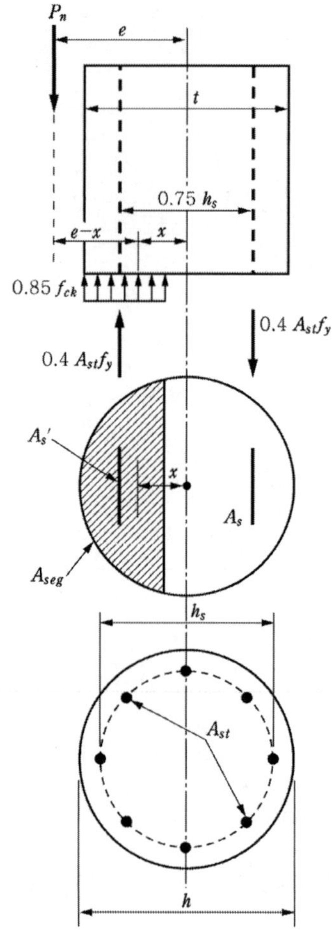

그림 9-13 나선철근 기둥의 근사해석($e > e_b$)

식 (d)를 식 (e)에 대입하면

$$x = 0.212\,t + 0.576\left(0.393\,t - \frac{P_n}{0.85\,f_{ck}\,t}\right) \tag{f}$$

A_{seg} 의 도심에 모멘트의 중심을 두고 $\Sigma M = 0$ 을 적용하면

$$P_n\,(e - x) = 0.4\,A_{st}\,f_y \times 0.75\,h_s \tag{g}$$

식 (f)를 식 (g)에 대입하면

$$P_n\left[e - 0.212t - 0.576\left(0.393t - \frac{P_n}{0.85\,f_{ck}\,t}\right)\right] = 0.3\,A_{st}\,f_y\,h_s$$

위식을 P_n에 관하여 풀면

$$P_n = 0.85 f_{ck} h^2 \left[\sqrt{\left(\frac{0.85e}{h} - 0.38\right)^2 + \frac{\rho_g m h_s}{2.5h}} - \left(\frac{0.85e}{h} - 0.38\right) \right] \qquad (9 \cdot 17)$$

여기서 $\rho_g = \dfrac{A_{st}}{A_g}$, $m = \dfrac{f_y}{0.85 f_{ck}}$

예제9-5 고정하중(고정하중) 390 kN, 활하중 310 kN, 고정하중 모멘트 47 kN·m, 활화중 모멘트 40 kN·m을 받는 나선철근 압축부재(원형단면)를 설계하라. 하중은 전부 사용하중이고 f_{ck}= 30 MPa, f_y= 400 MPa이다.

풀이 계수하중은(4장의 표 4-4 참조)

$$P_u = 1.2 \times 390 + 1.6 \times 310 = 964\text{kN}$$

$$P_n = \frac{P_u}{\phi} = \frac{964}{0.70} = 1{,}377\text{kN}$$

$$M_u = 1.2 \times 47 + 1.6 \times 40 = 120.4\text{kN·m}$$

$$M_n = \frac{M_u}{\phi} = \frac{120.4}{0.70} = 172\text{kN·m}$$

$$\therefore e = \frac{M_n}{P_n} = \frac{172}{1377} = 0.125\text{m} = 125\text{ mm}$$

앞의 계산식들을 이용하여 설계할 수 있지만, 여기서는 설계도표, 즉 그림 9-14(나선철근 기둥의 설계강도 상관도)을 이용한다.

단면을 지름 h= 400 mm의 원형으로 하고 축방향 철근은 D 25(지름 25.4 mm), 나선철근은 D 16(지름 15.9 mm), 피복두께를 50 mm로 하면, 인장철근과 압축철근 사이 거리는

$$\gamma h = 400 - (50 \times 2 + 15.9 \times 2 + 25.4) = 243\text{mm}$$

$$\therefore \gamma = \frac{243}{400} = 0.60$$

$$\frac{e}{h} = \frac{125}{400} = 0.30$$

$$A_g = \frac{1}{4} \times 3.14 \times 400^2 = 125{,}600\text{mm}^2$$

$$\frac{\phi P_n}{A_g} = \frac{0.70 \times 1{,}377{,}000}{125{,}600} = 7.7\text{N/mm}^2$$

$$\frac{\phi P_n}{A_g} \times \frac{e}{h} = \frac{\phi M_n}{A_g h} = \frac{0.70 \times 172{,}000{,}000}{125{,}600 \times 400} = 2.4\text{N/mm}^2$$

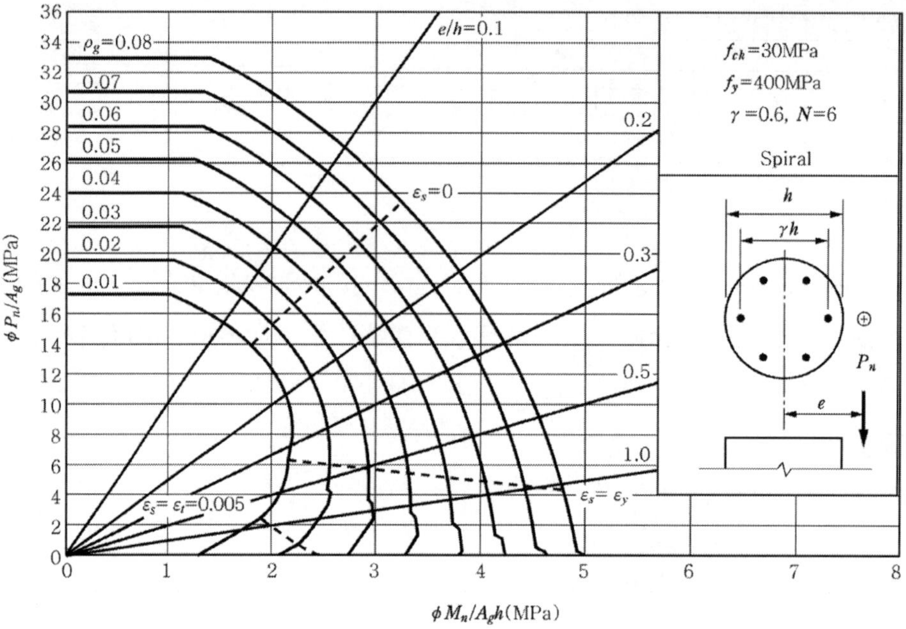

그림 9-14 나선철근 기둥의 설계강도 상관도(예제 9-5)

위의 두 값의 교점은 그림 9-14에서 $\dfrac{e}{h}$=0.30에 해당하는 직선 위에 있고, 따라서 그 교점에서 ρ_g= 0.016을 읽을 수 있다.

따라서 이 기둥에 소요되는 철근량은

$$A_{st}=\rho_g A_g=0.016\times 125{,}600=2{,}010\text{mm}^2$$

이에 대하여 6-D 25(= 3,040 mm^2)를 사용한다.

다음에 나선철근비를 검토해 보자. D 13= 126.7 mm^2)을 50 mm의 피치로 감는다면 나선철근비는(심부의 지름은 나선철근의 바깥선으로 측정한 300 mm이므로)

$$\frac{\text{나선철근의 체적}}{\text{심부의 체적}}=\frac{126.7\times(3.14\times 287.3)}{\left(\dfrac{1}{4}\times 3.14\times 300^2\right)\times 50}=0.0324$$

이 값이 식 (9 · 1)의 값보다 커야 한다.

$$\rho_s=0.45\left(\frac{A_g}{A_{ch}}-1\right)\frac{f_{ck}}{f_{yt}}=0.45\left(\frac{\dfrac{1}{4}\times 3.14\times 400^2}{\dfrac{1}{4}\times 3.14\times 300^2}-1\right)\frac{30}{400}=0.0263<0.0324$$

즉 나선철근도 적절하다.

9. 6. 4 2축휨을 받는 기둥

앞에서 다루어온 기둥의 휨은 주축하나에 대한 휨이었다. 즉 1축휨(uniaxial bending)에 대한 것이었다. 그러나 압축과 동시에 두 주축에 대한 휨, 즉 2축휨(bixial bending)을 받는 경우도 있다.

그림 9-15(c)에 보인 바와 같이 압축하중 P_n이 복편심으로 작용하면 단면은 2축휨을 받게 된다. 빌딩(building)의 모서리기둥(corner column)이 그렇고, 불규칙한 기둥배열을 가지는 빌딩의 내부기둥이 그렇다. 교량에 있어서는 인접지간의 불균형 하중으로 인하여, 그 사이에 있는 교각은 2축휨을 받게 된다.

2축휨을 받는 기둥의 $P-M$ 상관도를 보인 것이 그림 9-15이다. x 및 y는 단면의 주축이다. 그림 9-15(d)에서 경우(a)는 그림 9-15(a)와 같이 y축에 대한 1축휨을 받을 때의 상관도이고, 경우(b)는 그림 9-15(b)와 같이 x축에 대한 1축휨을 받을 때의 상관도이다. 경우(c)는 x축 및 y축에 대한 휨의 조합된 경우이며, 합성편심(resultant eccentricity)의 방향은 다음 식의 각 λ로 결정된다.

$$\lambda = \arctan\frac{e_x}{e_y} = \arctan\frac{M_{ny}}{M_{nx}}$$

이 조합된 휨은 x축과 각 θ를 이루는 축에 대한 것이다[그림 9-15(c)]. 이 축이 2축휨에 대한 중립축이다. 그림 9-15(c)의 각 λ는 그림 9-15(d)에 보인 바와 같이 P_n축을 지나 M_{nx}축과 각 λ를 가지는 평면을 이룬다. 따라서 기둥강도는 경우(c)의 상관도 즉 상호작용곡선(interaction curve)에 의해 정의된다. 즉 P_u, M_{ux} 및 M_{uy}가 이 상관도 안에 있으면 기둥은 안전하고, 벗어나면 파괴를 의미한다. 파괴면(failure surface)은 P_n축을 지나는 방사평면(radial plane)에 의해 정의된다[그림 9-15(d)의 경우(c)]. 그리고 일정한 P_n에 대하여 얻어지는 P_n면(plane of constant P_n)이 그리는 곡선이 하중컨투어(load contour)이다[그림 9-15(d)].

2축휨을 받는 기둥은 다음 방법의 하나로 설계할 수 있다.

[1] 등하중법(하중컨투어법)

그림 9-15(d)에 보인 바와 같이 P_n의 일정한 값에 해당하는 곡선(하중컨투어)들에 의해 얻어지는 파괴면에 바탕을 둔 설계방법이 **등하중법**(**하중컨투어법**, load contour method, Bresler-Parme contour method)이다. 이들 곡선의 일반적 형태는 다음과 같은 무차원의 상호작용 방정식(interaction equation)으로 나타낼 수 있다.

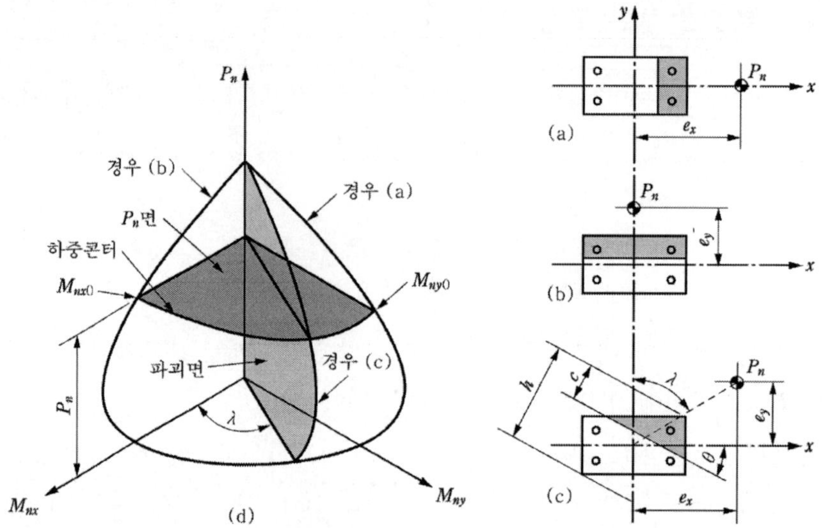

그림 9-15 압축과 2축휨을 받는 부재의 상관도

$$\left(\frac{M_{nx}}{M_{nxo}}\right)^{\alpha_1}+\left(\frac{M_{ny}}{M_{nyo}}\right)^{\alpha_2}=1.0 \tag{9 · 18}$$

여기서 $M_{nx}=P_n e_y$

$M_{nxo}=M_{nx}\,(M_{ny}=0$일 때$)$

$M_{ny}=P_n e_x$

$M_{nyo}=M_{ny}\,(M_{nx}=0$일 때$)$

α_1, α_2 : 기둥단면의 치수, 철근량과 배치, 철근과 콘크리트의 응력-변형률 특성, 철근의 피복두께, 띠철근 또는 나선 철근의 치수 등에 따른 지수

$\alpha_1=\alpha_2=\alpha$ 인 경우의 상호작용 컨투어(interaction contour)를 보인 것이 그림 9-16이다. 그래서 $\alpha_1=\alpha_2=\alpha$ 로 놓고, 강도감소계수 ϕ 를 적용하면 식 (9 · 18)은 다음과 같이 된다.

α 의 값은 그림 9-16으로부터 얻을 수 있다. Bresler에 의하면, 정사각형 단면은 $\alpha=$ 1.5~2.0의 범위로서 대푯값으로 1.75를 사용할 수 있으며, 직사각형 단면은 $\alpha=$ 1.15~1.55의 범위로서 대푯값으로 1.5를 사용할 수 있다.

$$\left(\frac{\phi M_{nx}}{\phi M_{nxo}}\right)^{\alpha}+\left(\frac{\phi M_{ny}}{\phi M_{nyo}}\right)^{\alpha}=1.0 \tag{9 · 19}$$

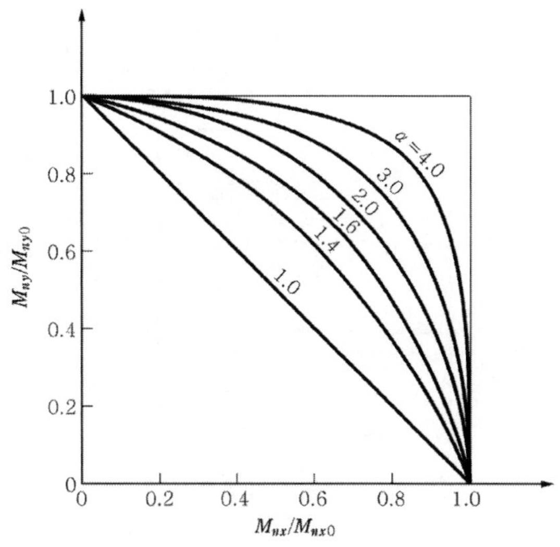

그림 9-16 α의 변화에 대한 P_n의 상호작용 컨투어

[2] 역하중법

그림 9-15(d)의 P_n, M_{nx}, M_{ny}의 상관도로부터 $\frac{1}{P_n}$, e_x, e_y의 상관도를 얻을 수 있다. 후자의 상관도에서 파괴면은 하중의 역수로 나타내어진다. 이로부터 Bresler는 다음과 같은 **역하중 방정식**(reciprocal load equation)을 주고 있다.

$$\frac{1}{P_n} = \frac{1}{P_{nxo}} + \frac{1}{P_{nyo}} - \frac{1}{P_o} \qquad (9 \cdot 20)$$

여기서 P_n : 편심거리 e_x, e_y를 가지고 2축휨이 작용할 때의 공칭 축하중강도

P_{nxo} : $e_x = 0$이고, e_y만 있을 때의 공칭 축하중강도

P_{nyo} : $e_y = 0$이고, e_x만 있을 때의 공칭 축하중강도

P_o : $e_x = e_y = 0$일 때의 공칭 축하중강도

설계를 위하여 강도감소계수 ϕ를 적용하면 위의 식은 다음과 같이 된다.

$$\frac{1}{\phi P_n} = \frac{1}{\phi P_{nxo}} + \frac{1}{\phi P_{nyo}} - \frac{1}{\phi P_o} \qquad (9 \cdot 21)$$

이 설계방법을 **역하중법**(reciprocal load method)이라고 한다.

예제9-6) 그림 9-17에 보인 바와 같이 400 mm×500 mm의 단면에 철근 8-D29 (A_s=5,139 mm^2)가 배치된 기둥이 있다. 계수하중 P_u =1,400 kN이 편심거리 e_x=150 mm, e_y= 75 mm로 작용할 때 안전을 검토하라. f_{ck}= 24 MPa, f_y= 400 MPa이다.

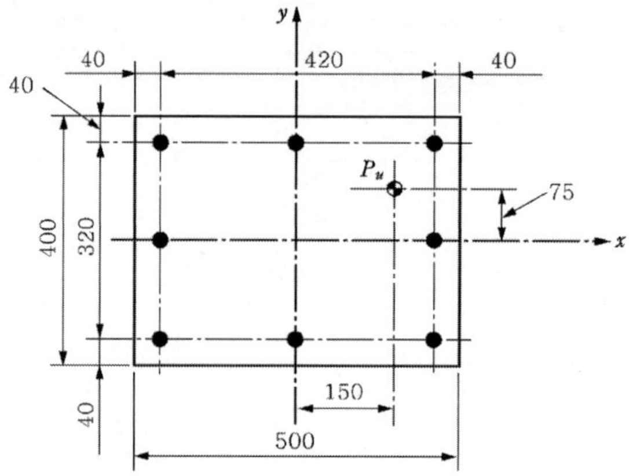

그림 9-17

풀이 (1) 역하중법에 의할 경우

먼저 y 축에 대하여 생각하면

$$\gamma = \frac{\gamma h}{h} = \frac{420}{500} = 0.84$$

$$\frac{e}{h} = \frac{e_x}{h} = \frac{150}{500} = 0.3$$

철근비는

$$\rho_b = \frac{A_{st}}{bh} = \frac{5139}{400 \times 500} = 0.026$$

부록 D의 그림 D-11(γ= 0.8)에서 $\frac{e}{h} = 0.3$과 ρ_g= 0.026의 교점으로부터

$$\frac{\phi P_{nyo}}{A_g} = 9.8\text{MPa} = 9.8\ \text{N/mm}^2$$

$$\therefore \phi P_{nyo} = 9.8 \times (400 \times 500) = 1{,}960{,}000\text{N} = 1{,}960\ \text{kN}$$

부록 D의 그림 D-12(γ= 0.9)로부터

$$\frac{\phi P_{nyo}}{A_g} = 11\text{MPa}$$

$$\therefore \phi P_{nyo} = 11 \times (400 \times 500) = 2{,}200{,}000\text{N} = 2{,}200\ \text{kN}$$

γ= 0.84이므로 보간법에 의하여 위의 값을 수정한다.

$$\frac{\phi P_{nyo}}{A_g} = 9.8 + \frac{(0.84 - 0.8)}{(0.9 - 0.8)} \times (11 - 9.8) = 9.8 + 0.48 = 10.3\text{MPa}$$

$$\therefore \phi P_{nyo} = 10.3 \times (400 \times 500) = 2{,}060{,}000\text{N} = 2{,}060\ \text{kN}$$

부록 D의 그림 D-11에서 철근비 $\rho_g = 0.026$의 연장선이 상관도 좌표의 수직축 $\left(\frac{\phi P_n}{A_g}\right)$ 과 만나는 점이 $\frac{\phi P_o}{A_g}$ 이므로

$$\frac{\phi P_o}{A_g} = 21\text{MPa}$$

$$\therefore \phi P_o = 21 \times (400 \times 500) = 4,200,000\text{N} = 4,200\text{ kN}$$

x 축에 대하여는

$$\gamma = \frac{320}{400} = 0.8$$

$$\frac{e}{h} = \frac{e_y}{b} = \frac{75}{400} = 0.2$$

$$\rho_g = 0.026$$

따라서 부록 D의 그림 D-11로부터

$$\frac{\phi P_{nxo}}{A_g} = 12.2\text{MPa}$$

$$\therefore \phi P_{nxo} = 12.2 \times (400 \times 500) = 2,440,000\text{N} = 2,440\text{ N}$$

이 도표에서 $\rho_g = 0.026$의 연장선이 상관도 좌표의 수직축과 만나는 점은

$$\frac{\phi P_o}{A_g} = 21\text{MPa}$$

$$\therefore \phi P_o = 21 \times (400 \times 500) = 4,200,000\text{N} = 4,200\text{kN}$$

위의 값들을 식 (9・22)에 대입하면

$$\frac{1}{\phi P_n} = \frac{1}{2,440} + \frac{1}{2,060} - \frac{1}{4,200}$$

$$\therefore \phi P_n = 1,520\text{kN} > 1,400\text{kN}$$

즉 $\phi P_n > P_u$ 이므로 기둥은 안전하다.

(2) 등하중법에 의할 경우

y 축에 대하여

$$P_u = \phi P_n = 1,400\text{kN}$$

$$\frac{\phi P_n}{A_g} = \frac{1,400,000}{400 \times 500} = 7\text{N/mm}^2 = 7\text{ MPa}$$

위의 값과 $\rho_g = 0.026$에 대하여 부록 D의 그림 D-11로부터

$$\frac{\phi M_{nyo}}{A_g h} = 3.6\text{MPa}$$

부록 D의 그림 D-12로부터는

$$\frac{\phi M_{nyo}}{A_g h} = 3.8\text{MPa}$$

$\gamma = 0.84$이므로 보간법으로 수정한다.

$$\frac{\phi M_{nyo}}{A_g h} = 3.6 + \frac{(0.84 - 0.8)}{(0.9 - 0.8)} \times (3.8 - 3.6) = 3.6 + 0.08 = 3.7\text{MPa}$$

$$\therefore \phi M_{nyo} = 3.7 \times (400 \times 500) \times 500 = 370 \times 10^6 \text{N·mm} = 370\text{kN·m}$$

x 축에 대하여

$$\frac{\phi P_n}{A_g} = 7\text{MPa}$$

위의 값과 $\rho_g = 0.026$를 사용하여 부록 D의 그림 D-11로부터

$$\frac{\phi M_{nxo}}{A_g h} = 3.4\text{MPa}$$

$$\therefore \phi M_{nxo} = 3.4 \times (400 \times 500) \times 400 = 272 \times 10^6 \text{N·mm} = 272\text{kN·m}$$

그런데 x 축 및 y 축에 대한 계수하중 모멘트(factored load moment)는

$$M_{ux} = 1,400 \times 0.075 = 105\text{kN·m}$$

$$M_{uy} = 1,400 \times 0.15 = 210\text{kN·m}$$

$M_{ux} = \phi M_{nx}$, $M_{uy} = \phi M_{ny}$ 이고, $\alpha = 1.15$로 보면 식 (9 · 19)로부터

$$\left(\frac{105}{272}\right)^{1.15} + \left(\frac{210}{370}\right)^{1.15} = 0.34 + 0.52 = 0.86 < 1.0$$

1.0보다 작으므로 식 (9 · 19)가 만족된다고 볼 수 있고, 따라서 기둥은 안전하다.

9.7 장 주

9.7.1 서 론

앞에서 다루어 온 단주는 땅딸막한 기둥(stocky column)이어서, 콘크리트의 파쇄(crushing)나 철근의 항복으로 파괴된다. 기둥 길이에 비하여 단면이 작은 장주(slender column)는 기둥 길이의 영향에 따른 $P-\Delta$ 효과로 인하여 2차모멘트($P-\Delta$ 모멘트)가 증가하여 파괴되거나 세장비가 매우 큰 경우에는 좌굴(buckling)에 의하여

파괴된다. 이것을 장주의 **세장효과**(effect of slenderness)이라고 한다. 장주는 같은 단면치수를 가지는 단주보다 훨씬 작은 하중으로 파괴된다. 단주와 장주의 구분은 일반적으로 **세장비**(slenderness ratio)에 의하여 결정된다.

또한 장주는 **횡이동 변위**(sidesway)가 있는 경우와 없는 경우로 나뉜다. 브레이싱(bracing)이 있는 골조(braced frame, nonsway frame)의 기둥은 횡이동 변위가 없어서 횡방향 상대변위가 일어나지 않지만, 브레이싱 없는 골조(unbraced frame, sway frame)의 기둥은 횡이동 변위로 인하여 횡방향 상대변위가 일어난다.

빌딩(building, 건물)에 있어서는 횡이동 변위가 방지된 기둥(braced column)의 90%와 횡이동 변위가 방지되어 있지 않은 기둥(unbraced column)의 40%가 단주로 설계되었다는 사실이 ACI-ASCE의 공동조사에서 밝혀진 바 있다. 이것은 횡방향 상대변위가 일어나는 기둥을 장주로 설계하는 것은 피하고, 단주로 설계하려는 경향임을 말해주는 것이다. 빌딩에서 전단벽, 엘리베이터 통로 벽체, 계단, 대각선 브레이싱 등이 기둥 양단의 횡방향 상대변위를 방지해주는 유효한 횡방향 브레이싱의 구실을 한다. 교량구조물에 있어서는 교각이 장주로 설계되는 경우가 매우 보편적이다. 재료의 고강도화와 함께 장주의 설계방법이 많이 발전되기는 하였지만, 보통의 구조물은 많은 기둥이 단주로 설계되고 있다.

9. 7. 2 기둥의 좌굴과 유효길이

중심축하중을 받는 장주의 좌굴하중(임계하중)은 다음과 같다(Euler의 장주공식).

$$P_c = \frac{\pi^2 EI}{(kl)^2} \tag{9・22}$$

따라서 좌굴응력(임계응력)은 다음과 같이 된다.

$$f_c = \frac{P_c}{A} = \frac{\pi^2 E}{(kl/r)^2} \tag{9・23}$$

여기서 l은 기둥의 비지지 길이이고, kl/r은 세장비이다. kl를 **기둥의 유효길이**(effective length)라하고, k를 **유효길이 계수**(effective length factor)라고 한다.

그림 9-18 (a)에 보인 바와 같이 양단이 힌지로 된 기둥이 중심축 하중을 받으면 그림과 같이 휜다. 이때 임의 단면 a에는 휨 모멘트 $P_c\,y$가 작용하게 된다. 여기서 y는 단면 a의 처짐이다. 이 처짐은 모멘트의 증가로 인하여 휨응력이 증가하면서 계속된

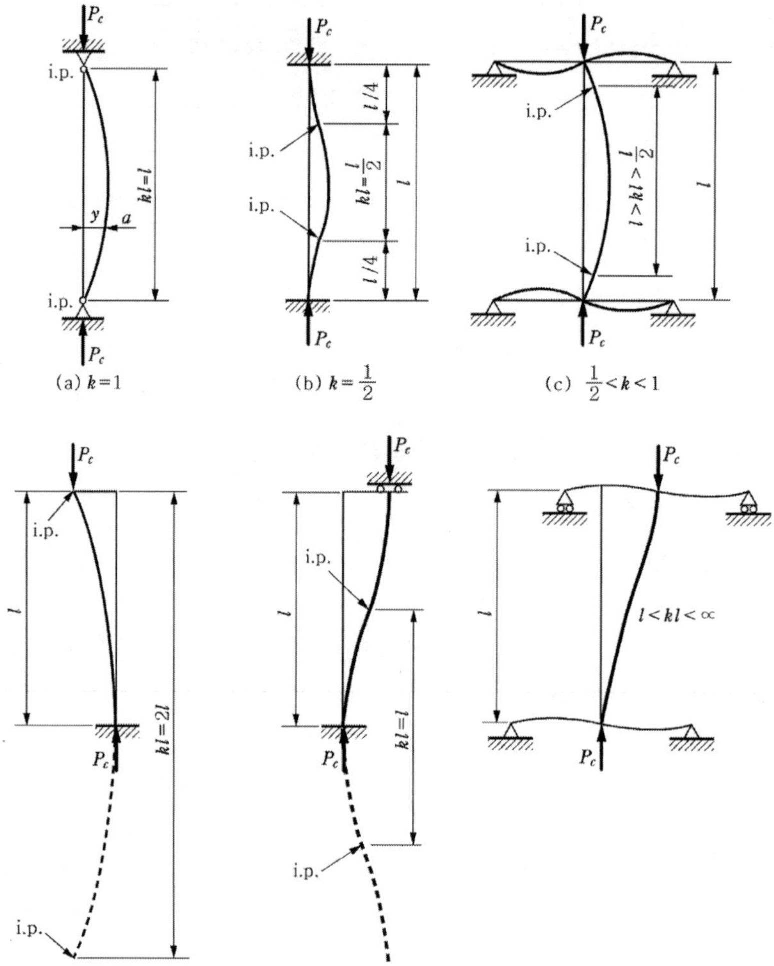

그림 9-18 중심축하중을 받는 기둥의 좌굴과 유효길이[참고문헌 29]

다. 그리하여 압축응력과 함께 초과응력 상태가 되어 기둥은 파괴된다. 이 기둥의 처짐곡선의 반곡점(변곡점, inflection point, i.p.)은 양단에 있으며, 따라서 그 유효길이 kl은 반곡점 사이의 거리 l와 같다. 즉 양단 힌지기둥의 유효길이는 기둥의 길이와 같다. 따라서 이 경우의 유효길이 계수는 $k=1$이다.

세장비와 좌굴하중의 관계는 그림 9-19와 같은 모양이 된다. 이 그림은 세장비의 증가에 따라 좌굴강도가 감소하는 것을 보여 주고 있다. 매우 땅딸막한 기둥(stocky column)에 대하여 식 (9·22)로 계산되는 좌굴하중의 값은 9.6.1항의 식 (a)로 주어

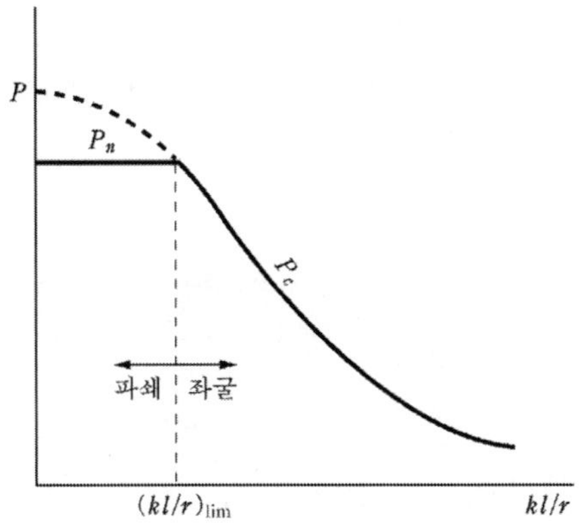

그림 9-19 중심축하중과 세장비와의 관계[참고문헌 30]

지는 동일한 기둥의 직접 파쇄강도(direct crushing strength)보다 크다. 이에 해당하는 한계의 세장비가 그림 9-19에 보인 $\left(\frac{kl}{r}\right)_{\lim}$ 이다. 이 값보다 작은 세장비의 기둥은 $\frac{kl}{r}$ 에 관계없이 단순파쇄(simple crushing)로 파괴된다. 그러나 $\left(\frac{kl}{r}\right)_{\lim}$ 보다 큰세장비의 기둥은 좌굴에 의해 파괴된다.

양단의 회전이 구속된 부재는 그림 9-18(b)의 모양으로 좌굴한다. 반곡점 사이의 부분은 그림 9-18(a)의 양단힌지 기둥의 경우와 같다. 그러므로 양단고정 기둥의 유효길이 kl 은 반곡점 사이의 거리와 같다. 즉 $kl = \frac{l}{2}$ 이다. 따라서 양단고정의 기둥은 양단힌지 기둥이 지지할 수 있는 하중의 4배를 지지할 수 있다.

실제의 구조물에서 기둥의 단부가 힌지 또는 고정으로 되는 일은 거의 없으며, 접속된 구조물에 의해 회전이 부분적으로 구속되는 단부를 가지는 것이 보통이다. 이러한 경우를 보인 것이 그림 9-18(c)이다. 이런 경우의 유효길이 kl, 즉 반곡점 사이의 거리는 l 와 $l/2$ 사이의 값을 갖는다. 그 정확한 값은 단부의 구속도(degree of end restraint), 즉 양단에서 구속된 부재의 강성(EI/l)의 합계에 대한 기둥 강성(EI/l)의 비에 의해 정해진다.

그림 9-18(a)~(c)의 기둥에 있어서는 수평브레이싱 또는 그 밖의 방법에 의하여 기둥단부의 횡방향 상대변위가 방지되어 있다고 본다. 이러한 기둥의 유효길이 kl 은 실제의 기둥길이 l 보다 작거나 또는 같다.

1단 고정(1端 固定) 타단 자유(他端 自由)인 기둥(cantilever column)은 그림 9-18(d)와 같이 좌굴한다. 상단은 하단에 대하여 횡방향으로 이동한다. 이러한 변형을 횡이동 변위(sidesway) 또는 **횡방향 상대변위**라고 한다. 이 기둥은 sine curve의 1/4의 형태로 좌굴하며, 그림 9-18(a)의 기둥의 상반부(上半部)와 비슷한 모양이 된다. 그림 9-18(d)에 보인 바와 같이 상단에서의 반곡점과 sine curve의 연장선 위에서의 반곡점은 $2l$ 만큼의 거리를 가지며, 따라서 이 기둥의 유효길이는 $kl=2l$이다.

양단의 회전은 구속되어 있으나 1단이 횡방향으로 이동할 수 있는 기둥은 그림 9-18(e)와 같이 좌굴한다. 따라서 이런 기둥의 유효길이는 $kl=l$이다. 양단이 고정이지만 횡이동 변위가 자유인 기둥[그림 9-18(e)]을 횡이동 변위가 없는 양단 고정의 기둥[그림 9-18(b)]과 비교해 보면, 전자의 유효길이는 후자의 그것의 2배이다.

따라서 양단이 고정이지만 횡이동 변위가 자유인 기둥의 좌굴강도는 횡이동 변위가 방지된 기둥의 좌굴강도의 1/4로 된다. 이것은 횡이동 변위에 대하여 자유로운 압축부재는 횡이동 변위가 방지된 압축부재보다 훨씬 약하다는 것을 말해주는 것이다.

실제의 구조물에서 기둥의 단부가 힌지, 고정 중 어느 하나로 되거나 또는 자유단으로 되는 일은 거의 없으나, 접속구조물에 의하여 구속되는 일은 있을 수 있다. 이러한 기둥이 횡이동 변위가 방지되어 있지 않으면 그림 9-18(f)와 같이 좌굴하며, 그 유효길이는 구속도에 지배된다. 가로보가 기둥에 비해 매우 강(rigid)하다면 kl은 l보다 약간 큰 값이 된다. 한편 구속된 부재가 극단적으로 유연(flexible)하다면 양단은 힌지상태에 가까워진다. 양단이 힌지이고 횡이동 변위가 자유인 기둥은 분명히 불안정이다. 그것은 어떠한 하중에 대해서도 불안정하여 쉽게 무너진다.

RC 구조물은 여러 형태의 라멘구조와 관련되는 일이 많다. 라멘의 좌굴거동은 그림 9-20과 같은 라멘에 의하여 설명할 수 있다. 그림 9-20(a)와 같이 브레이싱에 의하여 횡이동 변위가 방지되어 있다면 좌굴형태는 그림과 같이 될 것이다. 이 라멘의 기둥의 좌굴형상은 하단이 힌지인 것을 제외하고, 그림 9-18(c)에 해당한다. 그래서 그 유효길이 kl은 l보다 작을 것이다. 이와 똑같은 라멘에 브레이싱이 없다면 좌굴은 그림

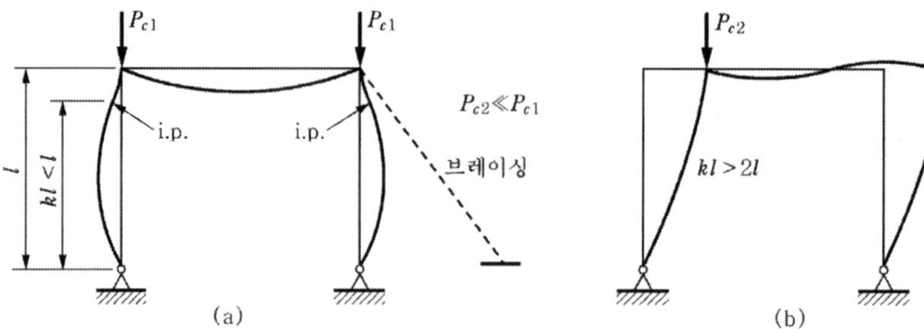

그림 9-20 골조 기둥의 좌굴[참고문헌 31]

9-20 (b)와 같이 될 것이다. 이 라멘의 기둥 상단이 고정이 아니고 또 거더에 의해 부분구속된 것을 제외하면, 기둥은 그림 9-18 (d)와 비슷한 상태로 된다. 그러므로 유효길이 kl 은 구속도의 영향에 의해 $2l$ 을 초과하게 된다. 따라서 골조의 모든 치수가 똑같더라도 브레이싱 없는 골조(unbraced frame)는 브레이싱 있는 골조 (braced frame)보다 작은 하중으로 좌굴을 일으킨다.

이상을 요약하면 다음과 같다.

(1) 중심축하중을 받는 기둥의 강도는 세장비 kl/r 의 증가에 따라 감소한다.

(2) 브레이싱에 의하여 횡방향 상대변위가 방지된 기둥 또는 그러한 골조의 기둥은 그 유효길이 kl, 즉 반곡점 사이의 거리는 구속도에 따라 $l/2$와 l 사이에 있다.

(3) 브레이싱이 없어서 횡방향 상대변위가 방지되어 있지 않은 기둥 또는 그러한 라멘의 부재의 유효길이 kl 은 l 보다 크다. 따라서 횡방향 상대변위에 대한 브레이싱이 없는 골조의 좌굴하중은 브레이싱 있는 골조의 좌굴하중보다 작다.

9.7.3 2차 휨모멘트 및 확대 휨모멘트

철근콘크리트 압축부재는 구조의 연속성 또는 횡하중 때문에 그림 9-21 (a) 또는 (c)에 보인 바와 같이 압축과 동시에 휨을 받는 것이 보통이다.

그림 9-21 (a)는 축방향 하중 P 와 모멘트 M_o를 받는 부재의 변형을 보인 것이다. 만약, P 가 없고 M_o만 작용한다면 그 처짐곡선은 그림 (a)의 파선과 같이 되어 임의 점의 처짐 y_o 를 나타낼 것이고, 그 M 도(圖)는 그림 (b)의 왼쪽 직사각형 부분과 같이 된다. 여기에 P 를 작용시키면 더욱 처져서 실선과 같은 처짐곡선이 될 것이며, 임의 점에는 Py 만큼의 모멘트가 증가된다. 그러므로 임의점의 모멘트 M 은 다음과 같이 된다.

$$M = M_o + Py$$

그림 9-21 (c)와 같이 수평하중 H 와 축하중 P 가 작용할 경우에도 임의 단면의 휨모멘트는 위의 식과 같다.

그림 9-21 (a) 및 (c)에서 Δ 만큼 처지는 곳에서 최대 모멘트 M_{max} 이 일어난다면 M_{max} 은 근사적으로 다음과 같이 된다.

$$M_{max} = \frac{1}{1 - P/P_c} M_o \qquad (9 \cdot 24)$$

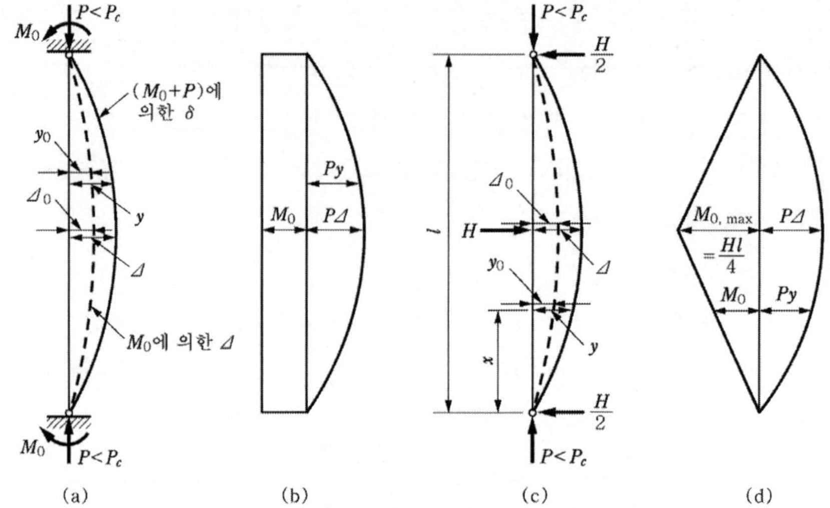

그림 9-21 압축과 휨을 받는 장주[참고문헌 32]

위의 식에서 $\left(\dfrac{1}{1-P/P_c}\right)$을 **휨모멘트 확대계수**(moment magnification factor)라고 하며, 본래의 모멘트 M_o는 동시에 작용하는 축방향력 P로 인하여 그 양만큼 확대된다. 모멘트 확대는 두 단 모멘트의 상대적 크기에 좌우되기 때문에 식 (9 · 24)를 다음과 같이 나타낼 수 있다.

$$M_{\max} = \frac{C_m}{1-\dfrac{P}{P_c}} M_o \qquad (9 \cdot 25)$$

여기서

$$C_m = 0.6 + 0.4\frac{M_1}{M_2} \qquad (9 \cdot 26)$$

M_1은 두 단부 모멘트 중 작은 값이고 M_2는 큰 값이다. 그러므로 $M_o = M_2$이다.

그리고 단 모멘트로 인하여 부재가 단일 곡률을 일으키면 M_1/M_2는 (+), 이중 곡률을 일으키면 (−)부호를 취한다. 그림 9-21 (a)의 경우는 $M_1 = M_2 = M_o$이고, 따라서 식 (9 · 26)에서 $C_m = 1$이 된다. 식 (9 · 26)은 횡방향 상대변위가 방지된 부재에만 적용된다.

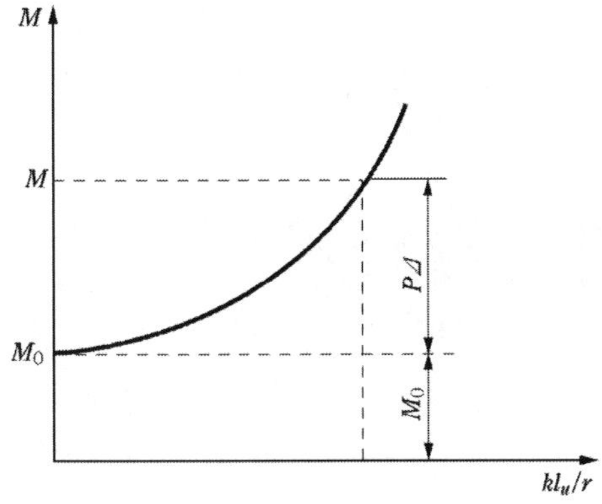

그림 9-22 세장비와 모멘트의 관계]
[참고문헌 33]

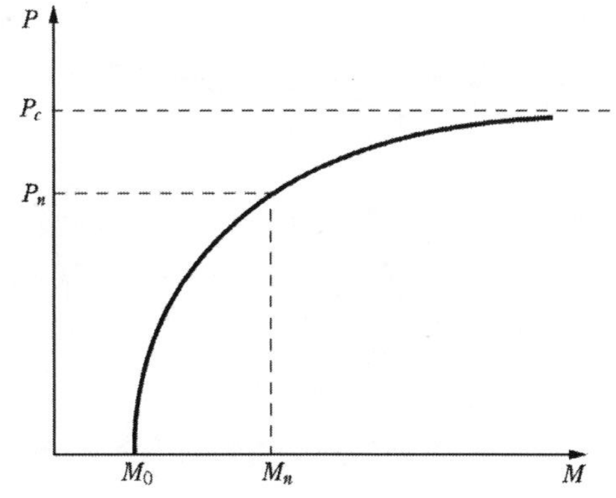

그림 9-23 축하중과 모멘트의 관계
[참고문헌 33]

세장비가 커짐에 따라 M이 커진다는 것을 식 (9・24) 및 그림 9-22로부터 알 수 있고, 또 P가 커지는 비율보다 더 빠른 비율로 M이 커진다는 것을 그림 9-23은 보여 주고 있다.

브레이싱이 없으면 횡방향 상대변위가 전체 골조(라멘)에 대하여 일어날 수 있다. 예를 들어 그림 9-24(a)와 같이 수평하중 H와 압축하중 P를 받고 있는 골조를 생각해 보자. P는 없고 H만 작용할 때의 모멘트 M_o는 그림 9-24(b)와 같이 되고, 라멘의 변형은 그림 (a)의 파선과 같이 된다. 여기에 P의 작용이 추가되면 전체 모멘트도는 그림 (d)와 같이 되고, 확대된 변형은 그림 (a)의 실선과 같이 된다. 정, 부의 M_o의 최대값과 추가 모멘트 M_P의 최대값이 각각 기둥단부에서 일어난다. 따라서 이들 값을 합해야 한다. 그래서 큰 모멘트 확대를 유도한다. 그림 9-24의 골조가 그림 9-25와 같이 횡방향 상대변위가 방지되고, 수직하중만을 받는다면, 두 모멘트의 최대값은 서로 다른 위치에서 일어난다. 그래서 모멘트의 확대는 작으며, C_m에 의해 정확하게 나타낼 수 있다.

라멘의 횡방향 상대변위는 수평하중에 의해서만 일어나는 것은 아니다. 라멘이 비대칭이거나, 수직하중이 작용하거나 또는 이 두 가지가 함께 있을 때에도 횡방향 상대변위가 일어난다. 이러한 경우 기둥의 축하중이 모멘트 확대를 가져온다.

이상을 요약하면 다음과 같다.

① 휨부재에 축방향 압축력이 작용하면 추가 모멘트 Py를 일으키고, 그 크기는 $\frac{kl}{r}$가 커질수록 커진다.

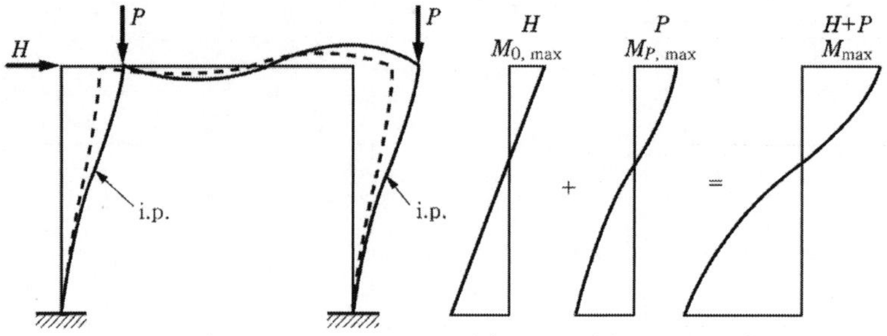

그림 9-24 횡방향 브레이싱이 없는 골조[참고문헌 34]

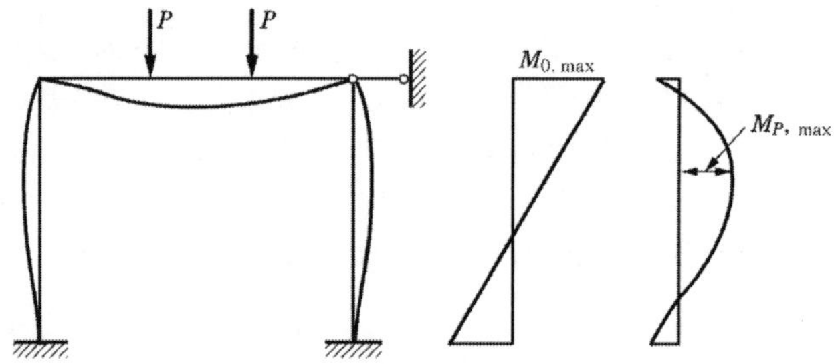

그림 9-25 횡방향 브레이싱이 있는 골조[참고문헌 35]

② 횡방향 상대변위가 방지된 부재가 단일 곡률로 휘어지면 M_o와 Py의 최대값은 같은 위치 또는 가까운 위치에서 일어나고, 이 두 모멘트는 합산할 수 있으므로 큰 모멘트 확대를 일으킨다. 모멘트 M_o가 하나의 변곡점이 생기도록 2중 곡률을 일으키면 모멘트 확대는 작거나 또는 없다.

③ 횡방향 상대변위가 방지되어 있지 않은 부재에서는 M_o 및 Py의 최대값은 양단에서 일어나며, 반곡점의 유무에 관계없이 합산할 수 있다.

9.7.4 2차 휨모멘트에 대한 해석방법

기둥은 하중 작용으로 발생한 횡방향 변위의 크기에 따라 추가로 발생하는 2차 휨모멘트의 크기가 결정된다. 횡방향 변위가 매우 작으면 2차 휨모멘트의 크기가 무시할 수 있는 정도로 작아서, 변형이 일어나기 이전의 기하학적 형상을 기준으로 한 평형방정식을 이용하는 소변위 이론(small displacement theory)을 적용한 구조해석으로 충분하다. 이러한 해석을 선형해석(linear analysis) 또는 탄성 1차 해석(first-order elastic analysis)이라고 한다.

횡방향 변위가 크면 2차 휨모멘트가 무시할 수 없는 정도여서, 변형이 일어난 후의 형상을 기준으로 한 평형방정식을 이용하는 대변위 이론(large displacement theory)을 적용한 구조해석을 수행하여야 한다. 이러한 해석을 기하비선형해석(geometric nonlinear analysis)이라고 한다. 한편 철근콘크리트 기둥이 파괴에 도달할 때에는 재료가 비선형으로 거동하여 단면의 휨모멘트와 곡률이 비선형 관계를 보인다. 따라서 철근콘크리트 장주는 기하학적 비선형성을 보일뿐만 아니라 재료적으로도 비선형성을 보이므로 재료비선형해석(material nonlinear analysis)도 필요하다. 콘크리트구조기준(2012)에서는 이 두 가지 비선형해석을 포함하여 '비선형 2차 해석'으로 표현하고 있다. 그러나 철근콘크리트 장주의 설계에 비선형 2차 해석을 수행하는 것은 매우 높은 수준의 지식과 복잡한 과정이 필요하므로, 콘크리트구조기준(2012)에서는 비선형 2차 해석을 대신하여 적용할 수 있는 두 가지의 해석방법, 즉 탄성 2차 해석과 모멘트확대계수법을 주고 있다. 해석방법의 내용은 다음과 같다.

[1] 비선형 2차 해석

콘크리트구조기준(2012)에서는, 장주효과에 대한 비선형 2차 해석은 부정정 콘크리트 구조물의 기둥에 대한 강도실험결과와 유사한 결과를 예측하는 해석 방법을 사용하여야 한다고 규정하고 있으며, 사항을 고려하여 해석을 수행하도록 하고 있다.

① 재료의 비선형성에 따른 거동

② 균열의 영향

③ 부재곡률의 변화 및 분포의 영향

④ 횡방향 변위의 영향

⑤ 재하기간의 영향

⑥ 건조수축과 크리프의 영향

⑦ 기둥이 지지된 기초와의 상호작용의 영향

[2] 탄성 2차 해석

위와 같은 비선형 2차 해석은 철근콘크리트 구조물의 거동에 대한 매우 높은 수준의 지식과 복잡한 해석과정이 필요하므로 실제 설계에 적용하는 것이 매우 어렵다. 따라서 철근콘크리트 장주를 설계하기 위한 구조해석에서 재료비선형해석과 기하비선형해석을 수행하는 대신 탄성 2차 해석을 수행할 수 있다. 탄성 2차 해석법은 일반적인 구조해석에 사용하는 선형구조해석(탄성 1차 해석)을 응용하는 방법이다. 즉 극한상태를 고려한 단면상수를 입력 값으로 하여 재료비선형성을 반영하고, 탄성 1차 해석을 반복 수행하여 기하비선형성을 반영하는 것이다. 이러한 해석을 수행하는 데는 몇 가지 해석기법이 이용될 수 있는데, 그 중 하나가 '반복 $P-\Delta$ 해석(iterative $P-\Delta$ analysis)'이다. 반복 $P-\Delta$ 해석은 비횡구속 골조의 해석에 적합한 방법으로, 다음의 과정으로 2차 휨모멘트와 확대 휨모멘트를 구한다.

① 극한상태를 고려한 단면상수를 입력 값으로 하여 선형구조해석(탄성 1차 해석)을 수행한다.

② 탄성 1차 해석의 결과로 얻은 기둥 상단 횡방향 변위와 기둥 하단 횡방향 횡변위의 차이인 횡방향 상대변위를 구한다.

③ 횡방향 상대변위에 축력을 곱하여 추가로 발생하는 2차 휨모멘트($P-\Delta$ 휨모멘트)를 구한다.

④ 2차 휨모멘트를 기둥 길이(층간 높이)로 나누어 기둥의 상단과 하단에 작용하는 전단력을 구한다.

⑤ 골조가 여러 층인 경우에는 아래층 기둥 상단과 위층 기둥 하단의 전단력을 합하여 가상의 추가 횡방향 하중을 얻는다. 여러 층이 아닌 경우에는 기둥 상단의 전단력이 가상의 추가 횡방향 하중이 된다.

⑥ 추가 횡방향 하중에 대한 선형구조해석(탄성 1차 해석)을 수행한다.

⑦ 위의 ②에서 ⑥까지의 과정을 반복하여, 추가되는 횡방향 하중이 0에 가까운 값이 될 때까지 반복해석을 수행한다. 일반적으로 2~4회의 반복해석으로 충분한 정밀도의 해석결과를 얻을 수 있다.

⑧ 이 과정에서 추가된 횡방향 하중에 의하여 기둥에 발생한 총 추가 휨모멘트를 2차 휨모멘트로 하고, 최초의 해석에서 구한 탄성 1차 휨모멘트에 더하여 총 휨모멘트(확대 휨모멘트)를 구한다.

콘크리트구조기준(2012)에서는 축력의 영향, 부재 길이에 걸쳐있는 균열 구역, 하중 지속효과 등을 고려하여 계산된 부재의 단면특성을 사용하여 탄성 2차 해석을 수행하도록 하고 있다. 부재단면의 특성을 계산할 때, 탄성계수는 설계기준에서 규정하는 콘크리트의 탄성계수를 사용하고, 단면적은 전체 단면의 면적을 사용하며, 단면2차모멘트는 다음 값들을 사용해도 좋다. 여기서 I_g는 철근을 무시하고 계산한 콘크리트 전체 단면에 대한 단면2차모멘트이다.

보 ·· $0.35I_g$

기둥 ·· $0.70I_g$
비균열 벽체 ·· $0.70I_g$
균열 벽체 ·· $0.35I_g$
플랫 플레이트 및 플랫 슬래브 ····· $0.25I_g$

기둥의 단면2차모멘트로는 $0.70I_g$를 사용하고 보의 단면2차모멘트로는 $0.35I_g$를 사용하는 것은 균열의 영향을 고려한 것이다. 기둥은 축력의 영향으로 보에 비하면 균열이 크게 진전되지 않기 때문이다. 기둥에 적용하는 I_g에 대한 비율 0.70은, 기둥에 발생하는 균열의 영향으로 I_g의 0.8배를 가지고 있다고 보고, 여기에 기둥의 강성감소계수 ϕ_K로 0,875를 적용한 결과이다. 즉 $0.875(0.8I_g)=0.70I_g$인 것이다. 기둥의 강성감소계수 ϕ_K는 이론적으로 구한 콘크리트 구조요소의 강성 EI의 변동성을 고려하여 적용하는 감소계수이다. 보에 적용하는 I_g에 대한 비율 0.35는 일반적인 철근콘크리트 휨부재의 균열단면2차모멘트가 그 정도의 비율을 갖기 때문이다.

횡방향 지속하중이 작용하는 경우에는 압축부재의 단면2차모멘트를 $(1+\beta_{ds})$로 나눈다. 여기서 β_{ds}는 1개 층 전체의 최대 계수전단력에 대한 최대 계수지속전단력의 비로서 1.0 이하의 값을 사용하여야 한다.

[3] 모멘트확대계수법

철근콘크리트 장주를 실제로 설계할 때에도 역시 위와 같은 탄성 2차 해석을 적용하는 것이 매우 번거롭고 복잡한 과정을 거쳐야 한다. 따라서 선형구조해석(탄성 1차 해석)을 한 번만 수행하고, 그 결과를 이용하여 확대된 휨모멘트를 수식으로 계산하는 것이 가장 간단한 방법일 것이다. 즉 탄성 2차 해석에 적용하는 단면특성(위의 [2]에서 제시하는 단면2차모멘트, 탄성계수, 단면적)을 입력 자료로 한 탄성 1차 해석을 수행하고, 그 결과로 얻은 기둥의 탄성휨모멘트에 몇 가지 제안된 방법으로 계산한 모멘트확대계수 δ를 곱하는 것이다. 모멘트확대계수법에 대한 자세한 내용은 9.7.7항과 9.7.8항에서 다룬다.

9.7.5 횡구속 여부의 판정

콘크리트구조기준(2012)에서는 골조가 횡구속이 되어 있는지를 판정하는 방법으로 다음의 세 가지 방법을 주고 있다.

[1] 2차 모멘트의 크기 비율로 판정하는 방법

2차 해석에 의한 기둥 단부 휨모멘트의 증가량이 탄성 1차 해석에 의한 단부 휨모멘트의 5%를 초과하지 않는 경우에는 횡구속 구조물로 판정하고, 5%를 초과하는 경우에 비횡구속 구조물로 판정한다. 이 방법에서 기둥 단부 휨모멘트를 기준으로 판정하는 이유는, 횡구속 구조물은 횡이동 변위(sidesway)가 발생하지 않기 때문에 횡구속 구조물의 장주는 기둥 단부에서 휨모멘트가 확대되지 않고 기둥 길이의 중간부분에서 확대되며, 횡이동 변위(sidesway)가 발생하는 비횡구속 구조물의 장주는 기둥 단부에서 휨모멘트가 확대되기 때문이다. 따라서 장주효과로 인하여 기둥 단부의 휨모멘트가 5% 넘게 증가하여 그 영향을 무시하지 못하는 경우를 비횡구속 구조물로 취급하는 것이다.

이 방법은 횡구속의 정의를 충실하게 검증하는 방법이라고 할 수 있으나, 실제의 설계에서 비선형 2차 해석이나 탄성 2차 해석을 수행해야 하는 번거로움이 있다.

[2] 구조물의 횡방향 강성으로 판정하는 방법

이 방법에서는 횡변위에 저항하는 구조요소 중 기둥을 제외한 구조요소의 전체 층 강성이 해당 층에 있는 기둥 전체 강성의 12배보다 큰 골조를 횡구속 골조로 판정한다. 구조요소의 전체 층 강성이란 전단벽, 엘리베이터 통로 벽체, 대각선 브레이싱 등 기둥 양단의 횡방향 상대변위를 방지해주는 횡방향 브레이싱의 구실을 하는 구조요소의 횡방향 강성과 기둥의 횡방향 강성을 합한 것을 의미한다. 실제 설계에서는 이 강성의 비율을 검토하는 대신에, 횡방향 브레이싱의 구실을 하는 구조요소를 제외하고 기둥만을 고려하여 해석한 횡방향 상대 변위가 모든 구조요소를 고려하여 해석한 횡방향 상대 변위의 12배가 넘는지 검토하는 방법을 사용할 수 있다.

[3] 구조물의 층 안정 지수로 판정하는 방법

다음 식으로 주어지는 층 안정 지수(stability index) Q의 값을 구하고, 그 값이 0.05보다 크지 않으면 그 층(story)은 횡방향 상대변위가 없는 것으로 보고 횡구속 구조물로 판정한다.

$$Q = \frac{\sum P_u \Delta_o}{V_u l_c} \qquad (9 \cdot 27)$$

여기서 $\sum P_u$: 해당 층의 전체 수직 계수축력(factored vertical load)

V_u : 해당 층의 층전단력(factored shear)

Δ_o : V_u 로 인한 해당 층의 상단과 하단 사이의 탄성 1차 해석에 의한 상대 변위(first-order relative lateral deflection)

l_c : 골조에서 절점 중심을 기준으로 측정된 압축부재의 길이

ΣP_u 는 ΣP_u 의 값을 최대로 되게 하는 횡방향 하중에 의하여 계산한다. 그러나 $V_u=0$의 경우는 포함되지 않는다. 대개의 경우 이 계산은 풍하중, 지진, 토압에 대한 하중조합[예를 들면 $1.2D+1.3W+1.0L+0.5L_r$ (표 4-4 참조)]을 포함한다.

층 안정 지수 Q는 P/P_c의 비와 거의 같다. 따라서 식 (9 · 24)의 $\dfrac{1}{1-P/P_c}$ 대신 $\dfrac{1}{1-Q}$를 대입하고, $Q=0.05$로 보면 $M_{\max}=1.05M_o$로 된다.

Q를 계산하기 위하여 사용할 골조부재의 단면 성질은 축방향 하중의 영향을 고려해야 하고, 또 부재 길이에 따른 균열구역과 재하기간도 고려해야 한다.

횡방향 지속하중이 작용하는 경우에는 압축부재의 단면2차모멘트를 $(1+\beta_{ds})$로 나누어서 Δ_o를 계산한다. β_{ds}는 1개 층 전체의 최대 계수전단력에 대한 최대 계수지속전단력의 비로서 1.0 이하의 값을 사용하여야 한다.

9.7.6 단주와 장주의 구분

일반적인 경우의 장주설계에서 요구되는 복잡한 해석을 생략하도록 허용하기 위해서, 콘크리트구조기준(2012)에서는 장주효과(slenderness effect, 세장효과)를 무시할 수 있는 하한을 다음과 같이 주고 있다. 즉 세장비가 다음 조건을 만족할 경우에는 장주효과를 무시한다. 따라서 단주로 설계한다.

(1) 횡방향 상대변위가 없는 압축부재(횡구속 골조의 압축부재)

$$\frac{kl_u}{r} \le \left(34-12\frac{M_1}{M_2}\right) \qquad (9 \cdot 28)$$

여기서

$$\left(34-12\frac{M_1}{M_2}\right) \le 40$$

이라야 하고

부재가 단일 곡률로 휠 때 $\dfrac{M_1}{M_2}$는 정(+)

부재가 이중 곡률로 휠 때 $\dfrac{M_1}{M_2}$는 부(−)

를 취한다.

(2) 횡방향 상대변위가 있는 압축부재(비횡구속 골조의 압축부재)

$$\frac{kl_u}{r} < 22 \qquad (9 \cdot 29)$$

여기서 k : 기둥의 유효길이 계수

l_u : 기둥의 비지지 길이

r : 단면의 회전반경

M_1 : 해석에 의해 구한 압축부재의 단부 계수휨모멘트(factored end moment) 중 작은 값[부재가 단일 곡률로 휘면 양(+), 이중 곡률로 휘면 음(−)]

M_2 : 해석으로 구한 압축부재의 단부 계수휨모멘트 중 큰 값[항상 양(+)]

단면의 회전반경 r은 다음 값을 사용해도 좋다.

직사각형 단면 : $r = 0.30h$ (h는 좌굴이 고려되는 방향의 단면치수)

원형 단면 : $r = 0.25d$ (d는 지름)

그 밖의 단면 : 콘크리트 총 단면에 대하여 계산한 값

유효길이 계수 k는 다음에 따른다.

횡방향 상대변위가 없는 라멘의 기둥 : 이론적으로 0.5~1.0 사이의 값이지만 안전하게 1.0을 사용할 수 있다.

횡방향 상대변위가 있는 라멘의 기둥 : 1.0 이상의 값을 해석으로 정한다.

9.7.7 횡구속 골조 압축부재의 확대휨모멘트

그림 9-26은 주어진 단면을 가진 기둥의 $P-M$ 상관도이다. 기둥이 양단에서 같은 편심을 가지고 단일 곡률로 휘어진다고 가정한다. 이 편심에 대한 단면의 강도가 그림 9-26의 상관도의 점 A이다. 만약 모멘트 확대가 무시할 수 있을 정도로 작아서, 기둥이 충분히 땅딸막(stocky)하다면 점 A의 P_{ns}는 동시에 일어나는 $M_{ns}(= e_0 P_{ns})$하에서의 기둥강도를 나타낸다.

한편 기둥이 충분히 길면 P의 증가와 더불어 모멘트 확대가 일어날 것이다. 매우 큰 응력이 일어나는 단면의 모멘트는 식 (9・25)로 주어지는 $M_{\max}$이고, 단부에서의 편심이 같으므로 $C_m = 1$이다.

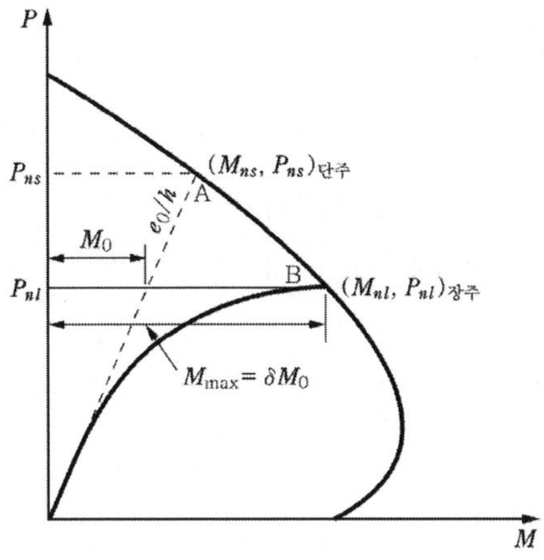

그림 9-26 장주효과에 의한 기둥의 강도

그림 9-26에서 실선으로 된 곡선은 M_{max}의 비선형 증가를 나타내고 있다. 이 곡선이 상관도와 만나는 점 B가 동시에 작용하는 단 모멘트 $M_0(=e_0 P_{nl})$와 조합된 장주의 강도 P_{nl}를 나타낸다.

축하중과 단 모멘트는 앞에서 설명한 단면성질을 사용하여 재래적인 탄성해석에 의하여 계산한다. 그래서 부재는 축하중과 동시에 일어나는 확대모멘트에 대하여 설계한다.

횡방향 상대변위가 방지된 라멘 즉 횡구속 골조의 압축부재에 있어서 계수축하중 P_u와 함께 작용하는 확대모멘트는 다음과 같다.

$$M_c = \delta_{ns} M_2 \tag{9・30}$$

여기서 δ_{ns}는 횡구속 골조의 모멘트확대계수이며, 다음과 같다.

$$\delta_{ns} = \frac{C_m}{1 - \dfrac{P_u}{0.75\,P_c}} \geq 1 \tag{9・31}$$

콘크리트구조기준(2012)에서는 압축부재, 구속 보, 기타 지지부재는 2차 해석에 의한 총 휨모멘트가 탄성 1차 해석에 의한 휨모멘트의 1.4배를 초과하지 않도록 설계하여야 한다고 규정하고 있으므로, 모멘트확대계수의 최대 허용값은 1.4이다. 위의 식에서 0.75는 강성감소계수(stiffness reduction factor)이며, P_c의 여유 있는 추정을 위하여 사용된다. 식 (9・22)로부터 좌굴하중 P_c는 다음과 같다.

$$P_c = \frac{\pi^2 EI}{(kl_u)^2} \qquad (9 \cdot 32)$$

여기서 l_u 는 기둥의 비지지 길이이다. 위의 식에서 k 는 9. 7. 4[2]항에 주어진 I를 사용하여 계산하지 않는다면 $k = 1.0$으로 본다.

식 (9 · 31)의 C_m 의 값은 식 (9 · 26)에서 주어진 값과 같다. 즉

$$C_m = 0.6 + 0.4\frac{M_1}{M_2} \qquad (9 \cdot 26)$$

이 값은 브레이싱에 의해 횡방향 상대변위가 방지되고, 또 지점 사이에 횡하중이 없는 부재에 대한 것이다. M_2 는 두 단부 모멘트 중 큰 값이다. M_1/M_2 는 단부 모멘트가 단일 곡률을 일으킬 때에는(+)이고, 이중 곡률을 일으킬 때에는 (−)이다.

M_1/M_2 에 따른 C_m 의 변화가 그림 9-27에 나타나 있다. 식 (9 · 31)로 계산된 δ_{ns} 의 값이 1보다 작으면, 두 단 모멘트 중 큰 값이 M_2 이고, 이 값이 기둥에서 가장 큰 모멘트임을 뜻한다. 즉, 횡방향 상대변위가 없는 라멘에서 장주의 용량감소의 영향을 모멘트 확대계수 δ_{ns} 를 사용함으로써 얻는 것이다. 모멘트가 작거나 없는 기둥, 즉 중심축하중 또는 거의 이에 가까운 하중을 받는 기둥에 있어서는 세장비의 증가는 기둥 강도의 감소를 가져온다. 그래서 식 (9 · 30)의 모멘트 M_2 는 다음 식의 값보다 작게 취해서는 안 된다.

$$M_{2\min} = P_u(15 + 0.03h) \qquad (9 \cdot 33)$$

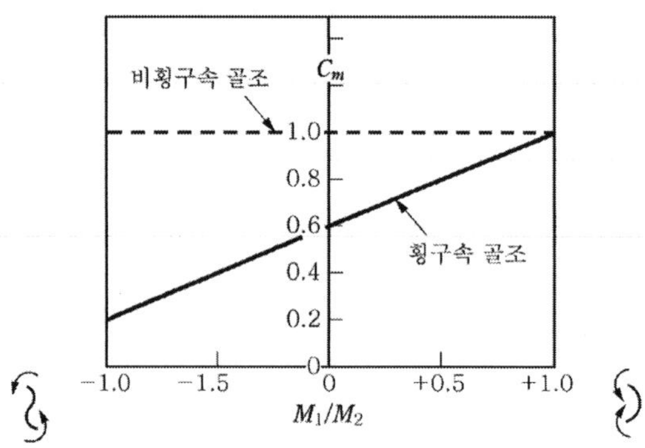

그림 9-27 장주에 대한 C_m 값

여기서 상수 15 및 h는 mm 단위이다. 이식에서 우 항의 $(15+0.03h)$는 기둥의 시공오차를 고려한 최소편심 $e_{\min}$을 의미한다. 기둥의 시공오차는 기둥의 거푸집이 완벽히 수직이 되지 않을 가능성과 축방향 철근이 완벽히 수직으로 배치되지 않을 가능성 등 설계 때 예상하지 못한 시공 상의 오차를 의미한다. 또 단면 내에서 콘크리트 강도의 편차로 인하여 축력이 단면의 중심에 작용하지 않고 편심을 유발할 가능성도 염두에 둔 것이다. $M_{2\min} > M_2$인 부재에 대해서는 식 (9・26)의 C_m은 1.0과 같게 취하거나 또는 계산된 단부 모멘트 M_1 및 M_2의 비에 기초해서 구해야 한다.

철근콘크리트 부재의 휨강성은 많은 요인의 영향을 받는다. 콘크리트구조기준(2012)에서는 해석과 시험 등의 많은 연구결과를 바탕으로 하여 다음의 두 식 중 큰 값을 사용하도록 하고 있다.

$$EI = \frac{0.2\,E_c I_g + E_s I_{se}}{1+\beta_{dns}} \tag{9・34}$$

$$EI = \frac{0.4\,E_c I_g}{1+\beta_{dns}} \tag{9・35}$$

여기서 E_c : 콘크리트의 탄성계수

I_g : 기둥의 총 단면에 대한 단면2차모멘트

E_s : 철근의 탄성계수

I_{se} : 부재단면의 도심축에 대한 철근의 단면2차모멘트

β_{dns} : 각각의 하중조합에서 축방향 계수지속하중을 최대 축방향 계수하중으로 나눈 값으로, 1.0 이하의 하중지속효과를 고려하는 계수

식 (9・35)는 식 (9・34)의 간략식이라고 할 수 있는데, 경우에 따라서는 간략식인 식 (9・34)가 더 실제에 근접한 값을 제공하기도 한다. 따라서 설계기준에서는 두 식으로 계산한 값 중 큰 값을 사용하도록 하고 있다. 일반적으로 철근비가 적은 경우에는 식 (9・35)로 계산한 값이 더 크게 되며, 그 외에는 식 (9・34)로 계산한 값이 더 크게 되므로 이 값을 설계에 사용하여야 한다.

기둥의 유효길이 계수 k는 그림 9-18에서 설명한 바와 같이 단부회전에 대한 구속도(degree of restraint)에 따라 변한다.

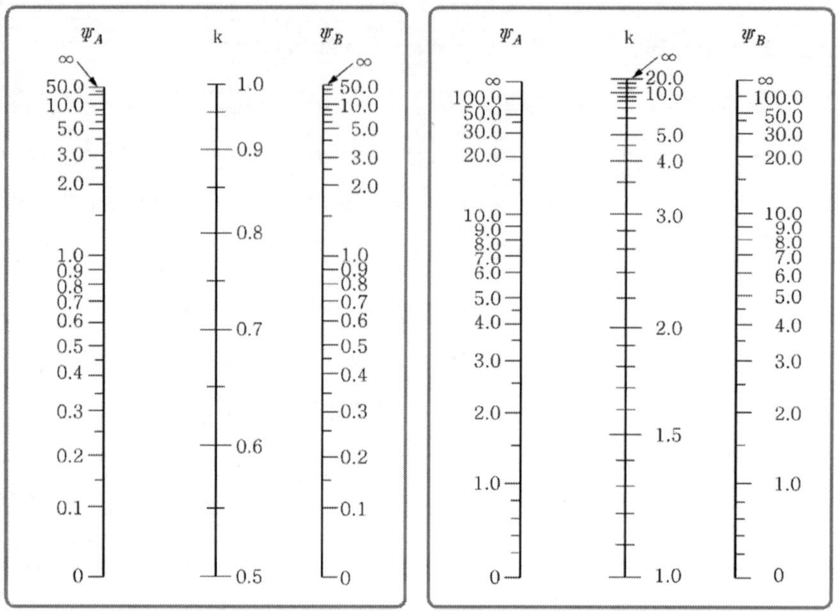

(a) 브레싱이 있는 경우(nonsway frame) (b) 브레싱이 없는 경우(sway frame)

Ψ : 압축부재의 단부에서의 압축부재와 휨부재의 강성비 즉, $\Psi = (\Sigma EI/l)_{col} / (\Sigma EI/l)_{beam}$

그림 9-28 압축부재의 유효길이 계수(k)

골조에 있어서 회전에 대한 구속도는 기둥의 상하에 연결된 보의 강성(rigidity)이 기둥 자신의 강성에 비하여 크냐 또는 작으냐에 달려 있다. 단부의 구속도는 다음과 같다.

$$\Psi = \frac{\Sigma(\text{기둥의 } EI/l)}{\Sigma(\text{휨부재의 } EI/l)}$$

k 값은 그림 9-28로부터 바로 얻을 수 있다.

k는 라멘의 기둥치수를 결정하기 전에 알아야 한다. 따라서 기둥치수를 가정해서 EI/l를 계산하여 k를 구하고 하는 일을 반복해야 한다. 즉 하나의 부재치수, 휨강성 및 k값을 계산한 다음, 이들 k값에 따라 보다 정확한 부재치수를 계산한다. 가정한 값이 최종 부재치수와 일치하고 또 충분히 만족될 때까지 반복한다.

횡구속 골조에 대한 해석과 설계는 다음 순서에 따른다.

(1) 골조의 탄성 1차 해석(first-order elastic analysis)에 의하여 계수축력 P_u와 계수휨모멘트 $M_u(=M_2)$를 구하고, 기둥의 단면을 선정한다. 단주로 가정하고

9.6절의 절차에 따른다.

(2) 골조의 횡방향 상대변위 발생의 유무(braced 또는 unbraced)를 결정한다.

(3) 기둥의 비지지 길이 l_u 를 구한다.

(4) 가정한 기둥에 대하여 $k=1.0$으로 보고 9.7.6항에 의하여 세장의 영향 유무를 검토한다.

(5) 만약 세장의 영향이 있다면 부재강성 EI/l (9.7.4[2]항)에 따라 그림 9-28 (a)에 근거한 k와 가정한 부재치수에 근거한 회전구속 계수(rotational restraint factor) Ψ를 다시 계산해 본다. 그리고 세장의 기준에 대하여 검토한다.

(6) 골조해석에서 얻은 모멘트가 작으면, 식 (9·33)으로부터 얻어지는 최소 모멘트로 지배되는가를 검토해야 한다.

(7) 식 (9·26)에 의해 등가 등분포 모멘트계수 C_m 를 계산한다.

(8) 가정한 기둥에 대하여 식 (9·34) 또는 식 (9·35)로 EI를 계산하고, 식 (9·32)로 P_c를 계산한다.

(9) 식 (9·31)로 모멘트 확대계수 δ_{ns}를 계산하고, 식 (9·30)으로 확대모멘트 M_c를 계산한다.

(10) 기둥의 축력 및 확대모멘트에 저항하기 위한 기둥의 타당성, 즉 설계강도를 검토한다. 필요하면 기둥단면 또는 철근을 수정한다.

(11) 기둥치수를 변경해야 한다면, 새 단면에 대한 k, Ψ 및 P_c의 계산을 반복한다. 수정된 모멘트확대계수를 결정하고 새 설계의 타당성을 검증한다.

예제9-7 연직방향의 고정하중과 활하중만을 받는 그림 9-29와 같은 골조구조물이 있다. 기둥의 순높이(비지지 길이)는 4 m이고, 보의 경간(절점간 거리)은 7.3 m이다. 내측 기둥의 단면은 460 mm×460 mm로서 단면2차모멘트 I_g 가 3.73×10^9 mm^{4}이고, 외측 기둥의 단면은 410 mm×410 mm로서 단면2차모멘트 I_g 가 2.35×10^9 mm^{4}이다. 보는 두께가 300 mm로서 단면2차모멘트 I_g 가 5.40×10^9 mm^{4}이다. 이 구조물은 슬래브와 일체로 된 콘크리트 벽체를 가지는 계단과 엘리베이터 통로에 의하여 횡방향 상대변위가 방지되어 있다. 그림과 같은 재하상태에서 기둥 C3은 최대 축력 하에서 단일 곡률을 가지는 최대 휨모멘트를 일으킨다. 해석결과 기둥 C3에 작용하는 축력과 휨모멘트는 사용하중으로서 아래와 같다.

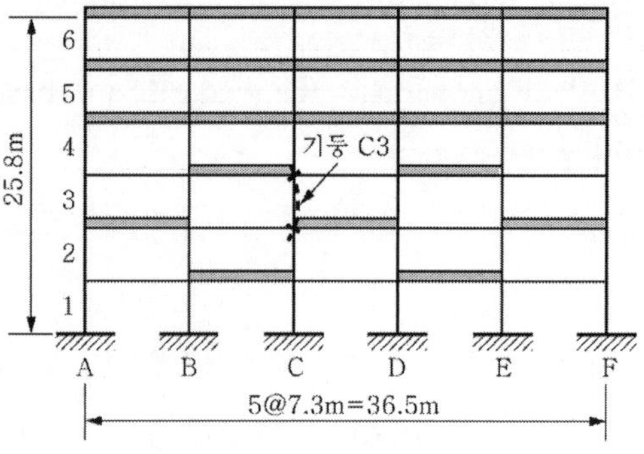

그림 9-29

	고정하중	활하중
축력	$P_{s,D}=1,220\text{kN}$	$P_{s,L}=832\text{kN}$
상단 휨모멘트	$M_{s,D,top}=2.8\text{kN·m}$	$M_{s,L,top}=160\text{kN·m}$
하단 휨모멘트	$M_{s,D,bot}=-2.6\text{kN·m}$	$M_{s,L,bot}=148\text{kN·m}$

기둥이 고정하중만으로는 이중 곡률, 활하중으로는 단일 곡률을 일으킨다.

기둥 C3을 설계하라. $f_{ck}=28\text{ MPa}$, $f_y=400\text{ MPa}$이다.

풀이 세장효과가 없다고 가정하고 일단 단주로 설계한다.

계수하중(factored load)은 표 4-4로부터

계수축력 $P_u=1.2\times1,220+1.6\times832=2,795\text{kN}$

상단 계수휨모멘트 $M_{u,top}=1.2\times2.8+1.6\times160=259\text{kN·m}$

하단 계수휨모멘트 $M_{u,bot}=1.2\times2.6+1.6\times148=221\text{kN·m}$

상단 계수휨모멘트가 하단 계수휨모멘트보다 크므로, 단주의 강도검토에서 설계에 고려하는 계수휨모멘트는 $M_u=M_{u,top}=259\text{kN·m}$ 로 하고 계수축력 $P_u=2,795\text{kN}$ 과 함께 검토한다.

기둥 C3(단면 460 mm×460 mm)에 축방향 철근으로 D 32(지름 31.8 mm), 띠철근으로 D 10(지름 9.53 mm)을 사용하기로 하고, 피복두께를 40 mm로 하면

$$\gamma h=460-(40\times2+9.53\times2+31.8)=329\text{mm}$$

$$\therefore\ \gamma=\frac{329}{460}=0.72$$

$$\frac{P_u}{A_g}=\frac{2,795,000}{460\times460}=13.2\text{N/mm}^2=13.2\text{ MPa}$$

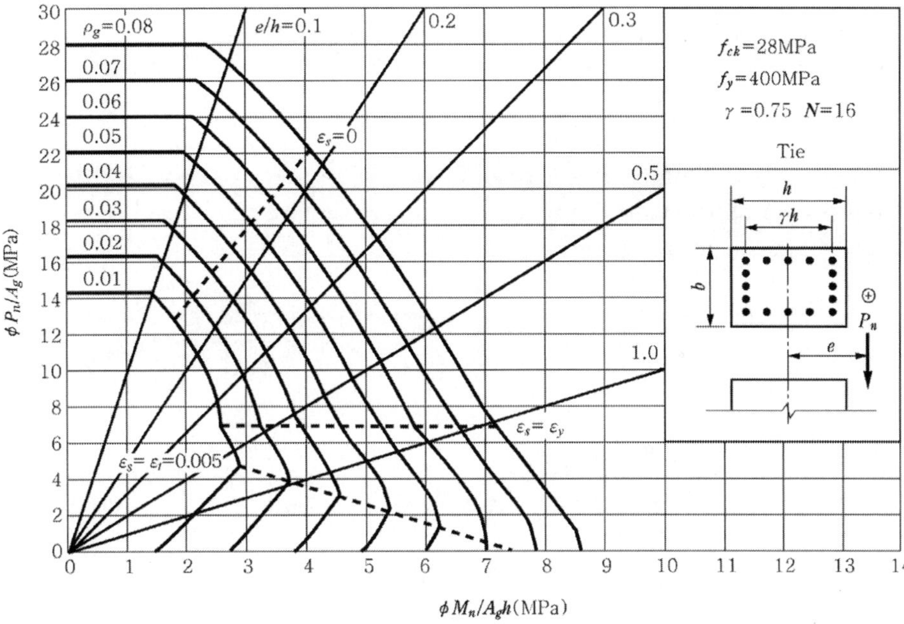

그림 9-30 기둥강도 상관도(예제 9-7)

$$\frac{M_u}{A_g h} = \frac{259 \times 10^6}{(460 \times 460) \times 460} = 2.7\text{N/mm}^2 = 2.7\text{ MPa}$$

따라서 그림 9-30의 기둥강도 상관도로부터 철근비 $\rho_g = 0.025$를 얻는다. 이 값은 이 기둥이 장주일 때, 단면은 그대로 둔 채 철근량을 늘릴 수 있을 만큼 충분히 작은 값이다. (그림 9-30은 $\gamma = 0.75$에 대한 상관도이다. 따라서 $\gamma = 0.70$의 상관도와 $\gamma = 0.80$의 상관도를 이용하여 보간법에 의하여 P_u/A_g 와 $M_u/A_g h$ 의 값을 수정해야 하지만 이 예제에서는 γ=0.72≒0.75으로 보고, 그림 9-30을 그대로 사용하기로 한다.)

세장효과를 검토하기 위하여 유효길이 계수를 $k = 1.0$으로 보면

$$\frac{kl_u}{r} = \frac{1.0 \times 4}{0.3 \times 0.46} = 29.0$$

이 기둥은 횡방향 상대변위가 방지되어 있으므로 장주 여부의 판별은 식 (9·27)을 적용한다. 식 (9·27)의 값을 단주한계세장비 λ_{max} 라고 하고, 이 식에 적용할 M_2 와 M_1 을 결정하면 양단의 계수휨모멘트 중 절대 값이 큰 것이 M_2 이므로

$$M_2 = M_{u,top} = 259\text{kN·m} \qquad M_1 = M_{u,bot} = 221\text{kN·m}$$

단주한계세장비 λ_{max} 를 계산하고 검토하면

$$\lambda_{max} = 34 - 12\frac{M_1}{M_2} = 34 - 12 \times \frac{221}{259} = 23.8 < \frac{kl_u}{r}(= 29.0)$$

즉, 이 기둥은 장주로 보아야 한다. 따라서 더 정밀한 k의 계산이 필요하다.

기둥과 보의 콘크리트의 탄성계수 E_c가 같으므로 기둥과 보의 $\frac{E_c I}{l}$ 계산에 E_c를 포함시키지 않는 것이 계산이 간편해진다.

기둥의 단면2차모멘트는[9.7.4항 참조]

$$I_c = 0.7 I_g = 0.7 \times 3.73 \times 10^9 = 2{,}610 \times 10^6 \text{mm}^4$$

$$\therefore \frac{I_c}{l_c} = \frac{2{,}610 \times 10^6}{4{,}000 + 300} = 607{,}000 \text{mm}^3$$

보의 단면2차모멘트는[9.7.4항 참조]

$$I_b = 0.35 I_g = 0.35 \times 5.40 \times 10^9 = 1{,}890 \times 10^6 \text{mm}^4$$

$$\therefore \frac{I_b}{l_b} = \frac{1{,}890 \times 10^6}{7{,}300} = 259{,}000 \text{mm}^3$$

따라서 기둥 C3의 상하단에 있어서의 강성비(회전 구속계수)는

$$\Psi_A = \Psi_B = \frac{\Sigma(EI_c/l_c)}{\Sigma(EI_b/l_b)} = \frac{\Sigma(I_c/l_c)}{\Sigma(I_b/l_b)} = \frac{607{,}000 + 607{,}000}{259{,}000 + 259{,}000} = 2.34$$

이 기둥은 횡방향 상대변위가 방지되어 있으므로 브레이싱이 있는 경우이다. 따라서 그림 9-28(a)로부터 $k = 0.87$을 얻는다. 그러면 세장비는

$$\frac{kl_u}{r} = \frac{0.87 \times 4}{0.3 \times 0.46} = 25.2 > \lambda_{max}(= 23.8)$$

따라서 이 기둥은 장주로 설계해야 한다.

최소 모멘트는 식 (9·33)으로부터

$$M_{2min} = P_u(15 + 0.03h)$$
$$= 2{,}795(15 + 0.03 \times 460) = 80{,}496 \text{kN·mm} = 80.5 \text{ kN·m} < M_2$$

그러므로 위의 M_2, M_1의 값으로 C_m을 계산한다. 식 (9·26)으로부터

$$C_m = 0.6 + 0.4\frac{M_1}{M_2} = 0.6 + 0.4 \times \frac{221}{259} = 0.94$$

고정하중만을 지속하중으로 취급할 때, 축방향 계수지속하중과 최대 축방향 계수하중의 비는

$$\beta_{dns} = \frac{1.2 P_{s,D}}{P_u} = \frac{1.2 \times 1{,}220}{2{,}795} = 0.52$$

식 (2・2)로부터 콘크리트의 탄성계수 E_c는

$$E_c = 8{,}500\ \sqrt[3]{f_{cu}} = 8{,}500\ \sqrt[3]{f_{ck} + \Delta f} = 8{,}500\ \sqrt[3]{28+4} = 27{,}000\,\mathrm{N{\cdot}mm^2}$$

식 (9・35)로 계산되는 강성이 식 (9・34)로 계산되는 값보다 크다면, 식 (9・35)로부터

$$EI = \frac{0.4\,E_c I_g}{1+\beta_{dns}} = \frac{0.4 \times 27{,}000 \times 3.73 \times 10^9}{1+0.52} = 26{,}500 \times 10^9\,\mathrm{N{\cdot}mm^2}$$

좌굴하중은 식 (9・32)로부터

$$P_c = \frac{\pi^2 EI}{(kl_u)^2} = \frac{3.14^2 \times 26{,}500 \times 10^9}{(0.87 \times 4000)^2} = 21{,}600 \times 10^3\mathrm{N} = 21{,}600\,\mathrm{kN}$$

모멘트확대계수는 식 (9・31)로부터

$$\delta_{ns} = \frac{C_m}{1 - \dfrac{P_u}{0.75P_c}} = \frac{0.94}{1 - \dfrac{2{,}795}{0.75 \times 21{,}600}} = 1.14 > 1.0 \quad \text{(OK)}$$

확대모멘트는 식 (9・30)으로부터

$$M_c = \delta_{ns} M_2 = 1.14 \times 259 = 295\mathrm{kN{\cdot}m}$$

단면의 강도 검토는 설계강도 상관도로 검토해 본다.

$$\frac{P_u}{A_g} = \frac{2{,}795 \times 10^3}{460 \times 460} = 13.2\mathrm{N/mm^2} = 13.2\ \mathrm{MPa}$$

$$\frac{M_u}{A_g h} = \frac{295 \times 10^3 \times 10^3}{(460 \times 460) \times 460} = 3.0\mathrm{N/mm^2} = 3.0\ \mathrm{MPa}$$

그림 9-30에서 위의 두 값의 교점으로부터 $\rho_g = 0.03$을 얻는다. 따라서 이 기둥의 소요 철근량은

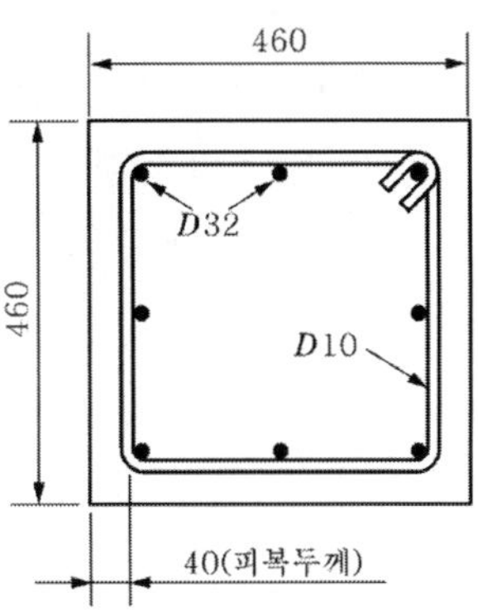

그림 9-31

$$A_{st} = \rho_g A_g = 0.03 \times (460 \times 460) = 6348\text{mm}^2$$

이에 대하여 8-D 32(총 단면적 6,354mm^2)를 기둥단면의 네 변에 등 간격으로 배치하고, D 10의 띠철근으로 둘러 감는다[그림 9-31]. 이 단면은 강도를 만족한다.

9.7.8 비횡구속 골조 압축부재의 확대휨모멘트

횡구속 되어 있지 않은 골조(unbraced frame)에 하중이 작용하면 각 절점에는 횡방향 상대변위가 일어난다. 이러한 골조의 기둥 상단과 하단의 단부모멘트는 다음과 같이 된다.

$$M_1 = M_{1ns} + \delta_s M_{1s} \qquad (9 \cdot 36)$$

$$M_2 = M_{2ns} + \delta_s M_{2s} \qquad (9 \cdot 37)$$

여기서 M_1 : 압축부재 단부의 계수휨모멘트(factored end moment) 중 작은 값[부재가 단일 곡률로 휠 경우에는(+), 이중 곡률로 휠 경우에는(−)부호이다]

M_2 : 압축부재의 계수 단 모멘트 중 큰 값[항상 (+)이다]

M_{1ns} : 골조의 탄성 1차 해석(first-order elastic analysis)에 의해 계산된 횡방향 상대변위를 일으키지 않는 하중으로 인한 M_1이 작용하는 단부의 계수휨모멘트

M_{2ns} : 골조의 탄성 1차 해석에 의해 계산된, 횡방향 상대변위를 일으키지 않는 하중으로 인한 M_2가 작용하는 단부의 계수휨모멘트

M_{1s} : 골조의 탄성 1차 해석에 의해 계산된, 횡방향 상대변위를 일으키는 하중으로 인한 M_1이 작용하는 단부의 계수휨모멘트

M_{2s} : 골조의 탄성 1차 해석에 의해 계산된, 횡방향 상대변위를 일으키는 하중으로 인한 M_2가 작용하는 단부의 계수휨모멘트

δ_s : 횡방향 하중과 연직하중으로 인한 횡방향 변위를 반영하기 위하여 적용되는 비횡구속 골조의 모멘트확대계수

위의 식에서 M_{1ns}와 M_{2ns}는 횡방향 상대변위를 일으키지 않는 하중에 의해 발생하는 탄성모멘트이므로, 그림 9-20(a)나 그림 9-25와 같이 횡변위가 발생하지 않도록 구속시킨 구조 모델, 즉 횡구속 골조형식(braced frame system)으로 모델링하고 수직하중만을 작용시킨 경우를 탄성 1차 해석으로 구한다.

위의 식의 확대휨모멘트(magnified sway moment) $\delta_s M_s$ ($\delta_s M_{1s}$와 $\delta_s M_{2s}$)는 비선

형 2차 해석을 수행하지 않는 경우, 다음 세 가지 방법 중 하나로 계산한다. 이때의 구조형식은 그림 9-20(b)와 같은 비횡구속 골조형식(unbraced frame system)으로 모델링하고 수평하중만을 작용시킨 후 구조해석을 수행한다. 다음 (1)의 방법으로 구하는 경우에는 탄성 2차 해석으로 $\delta_s M_{1s}$ 와 $\delta_s M_{2s}$ 를 직접 구하며, 다음 (2)나 (3)의 방법을 사용하는 경우에는 탄성 1차 해석으로 M_{1s} 와 M_{2s} 를 구하고 모멘트확대계수를 계산한 후, 이 둘을 곱하여 얻는다.

따라서 다음의 세 가지 방법을 적용할 때에는, 수직하중만 작용하는 횡구속 골조형식(braced frame system)에 대한 구조해석과 수평하중만 작용하는 비횡구속 골조형식(ubbraced frame system)에 대한 구조해석을 나누어서 수행하여야 한다.

(1) 9.7.4[2]항에 주어진 부재강성(member stiffness)을 적용한 탄성 2차 해석(second-order elastic analysis)을 수행함으로써 기둥의 단부모멘트 $\delta_s M_{1s}$ 와 $\delta_s M_{2s}$ 를 직접 계산한다.

(2) 층 안정 지수로 표현한 모멘트확대계수를 사용하여 다음 식으로 계산한다.

$$\delta_s M_s = \frac{M_s}{1-Q} \geq M_s \qquad (9 \cdot 38)$$

즉

$$\delta_s = \frac{1}{1-Q} \geq 1.0 \qquad (9 \cdot 39)$$

여기서 Q는 식 (9 · 27)로 계산되는 층 안정성 지수이다. 즉

$$Q = \frac{\Sigma P_u \Delta_o}{V_u l_c} \qquad (9 \cdot 27)$$

세장비가 매우 큰 경우에는 기둥 양단 사이의 상대변위 Δ_o가 커지므로 층 안정성 지수 Q가 커지게 되고, 이에 따라 모멘트확대계수 δ_s도 커진다. 이때 이 식으로 계산한 모멘트확대계수 δ_s가 1.5를 초과할 정도라면 (1)의 방법인 탄성 2차 해석 결과와 오차가 커진다. 따라서 콘크리트구조기준(2012)에서는 층 안정 지수로 표현한 모멘트확대계수 식으로 계산한 값이 1.5를 초과하면 위의 (1)의 방법 또는 다음의 (3)의 방법으로 $\delta_s M_s$ 를 계산하도록 규정하고 있다.

(3) 좌굴하중으로 표현한 모멘트확대계수를 사용하여 다음 식으로 계산한다.

$$\delta_s M_s = \frac{M_s}{1 - \frac{\sum P_u}{0.75 \sum P_c}} \geq M_s \qquad (9 \cdot 40)$$

즉

$$\delta_s = \frac{1}{1 - \frac{\sum P_u}{0.75 \sum P_c}} \geq 1.0 \qquad (9 \cdot 41)$$

여기서 $\sum P_u$: 고려하고 있는 층(story)에서 모든 기둥의 계수축력의 합계

$\sum P_c$: 같은 층에서 모든 기둥의 좌굴하중의 합계

위의 식에서는 고려하고 있는 층의 모든 기둥에 작용하는 계수축력의 합계 $\sum P_u$ 와 좌굴하중의 합계 $\sum P_c$ 를 적용한다. 이것은 다수의 기둥이 비횡구속 골조를 구성하는 경우 각 기둥의 횡방향 변위는 전체 기둥의 횡방향 강성으로 계산된 횡방향 변위로 동일하기 때문이다. 즉 횡구속 골조에서는 기둥의 양 단부 사이 임의의 위치에서 휨모멘트가 확대되므로 식 (9 · 31)을 적용하여 각각의 기둥에 대하여 모멘트확대계수를 계산하지만, 비횡구속 골조에서는 기둥의 양 단부 사이에서 휨모멘트가 확대고 횡방향 변위가 동일하므로 같은 층에 위치하는 기둥들에 대해서는 식 (9 · 41)을 적용하여 모두 동일한 값의 모멘트확대계수를 계산하는 것이다.

한편 위의 식의 0.75는 식 (9 · 31)의 경우와 마찬가지로, 좌굴하중 P_c 의 여유 있는 추정을 위한 강성감소계수(stiffness reduction factor)이다. 개개의 P_c 는 비횡구속 골조에 대한 유효길이 계수 k 를 사용하여 식 (9 · 32)로 계산한다. 즉

$$P_c = \frac{\pi^2 EI}{(kl_u)^2} \qquad (9 \cdot 32)$$

좌굴하중 P_c 를 계산할 때 기둥의 강성 EI 는 식 (9 · 42)와 식 (9 · 43) 중 큰 값을 사용한다.

$$EI = \frac{0.2 E_c I_g + E_s I_{se}}{1 + \beta_{ds}} \qquad (9 \cdot 42)$$

$$EI = \frac{0.4 E_c I_g}{1 + \beta_{ds}} \qquad (9 \cdot 43)$$

이 식들은 횡구속 골조 기둥의 좌굴하중을 계산할 때 사용하는 식 (9 · 34)와 식 (9 · 35)에서 β_{dns} 를 β_{ds} 로 바꾸어 적용한 식들이다. β_{dns} 는 축방향 계수지속하중과

최대 축방향 계수하중의 비이며, β_{ds} 는 기둥에 작용하는 계수지속전단력과 최대 계수 전단력의 비이다. 횡토압이 지속하중으로 작용하는 등의 경우를 제외하면 횡하중이 기둥에 지속하중으로 작용하는 경우가 드물기 때문에, 일반적으로는 β_{ds} 를 0으로 하여 다음의 식을 적용하게 된다.

$$EI = 0.2\,E_c I_g + E_s I_{se} \tag{9·44}$$

$$EI = 0.4\,E_c I_g \tag{9·45}$$

콘크리트구조설계기준(2007) 등 과거의 설계기준에서는 횡구속 골조 기둥의 모멘트 확대계수 δ_s 를 2.5까지 사용하게 하여, 세장비가 매우 큰 경우도 설계 대상으로 하였다. 세장비가 매우 큰 횡구속 골조 기둥은 최대 휨모멘트가 기둥의 단부에서 발생하지 않고 임의의 위치에서 발생할 수 있기 때문에 횡구속 골조 기둥의 안정을 검토하고 추가로 휨모멘트를 확대하는 규정을 두고 있었다. 그러나 과도하게 큰 기둥의 2차 효과는 좌굴 안정성(stability)에 문제를 유발할 수 있기 때문에, 콘크리트구조기준(2012)에서는 2차 해석에 의한 총 휨모멘트가 탄성 1차 해석에 의한 휨모멘트의 1.4배를 초과하지 않도록 설계하여야 한다고 규정하고 있다. 즉 모멘트확대계수 δ_s 를 최대 1.4까지로 설계하도록 하였다. 이 범위의 2차 효과로는 좌굴 안정성(stability)에 문제를 유발할 정도가 아니므로, 콘크리트구조기준(2012)에서는 안정을 검토하고 추가로 휨모멘트를 확대하는 규정을 삭제하였다.

한편 비횡구속 골조에서 기둥과 연결되어 있는 휨부재는 기둥의 단부에서 확대된 휨모멘트가 전달되므로, 휨부재를 기둥 단부의 확대된 계수휨모멘트를 저항할 수 있도록 설계하여야 한다.

예제9-8 그림 9-29(예제 9-7)의 빌딩골조가 계단 벽이나 엘리베이터 통로 등을 가지지 않는 경우의 설계를 검토한다. 모든 치수는 그림 9-29와 같고, 내측기둥(460 mm×460 mm)의 철근은 8-D 35를 단면의 네 면에 균등 배치하며, 외측 기둥(410 mm×410 mm)의 철근은 8-D 29를 단면의 네 면에 균등 배치할 예정이다. 기둥 C3에 대하여 검토하라. f_{ck} = 28 MPa, f_y = 400 MPa이다.

풀이 콘크리트구조기준(2012)을 적용하여 다음 과정에 따라 검토한다.

(1) 하중조합 및 구조해석

콘크리트구조기준(2012)의 하중조합[4장의 표 4-6 참조]에서 풍하중을 포함하는 하중조합은 $U = 1.2D + 1.0L + 1.3W$와 $U = 0.9D + 1.3W$이다[표 4-6 참조]. 실제 설계에서는 이 두 하중조합을 모두 검토하여야 한다. 그 이유는 축력과 휨모멘트가 동시에 작용하는 기둥은 어느 하중조합이 설계를 지배할지 알 수 없기 때문이다. 즉 계수축력과 계수휨모멘트의 값 자체는 $U=1.2D+1.0L+1.3W$의 하중조합이 $U=0.9D+1.3W$의 하중조합보다 더 크겠지만, 기둥의 축력-휨 설계강도 상관도의 형상을 보면 인장지배구간은 축력이 낮으면 휨강도가 작아서, 축력이 낮을 때가 설계를 지배할 수 있기 때문이다. 그러나 이 예제에서는 $U=1.2D+1.0L+1.3W$의 하중조합이 설계를 지배한다고 가정하고 검토를 수행한다.

구조해석에서는 9.7.4[2]항에 주어진 단면2차모멘트를 사용하여 골조를 모델링하고, 수직하중만 작용하는 횡구속 골조형식(braced frame system)에 대한 탄성 1차 구조해석을 수행하여 고정하중과 활하중에 의한 단면력을 구하고 수평하중만 작용하는 비횡구속 골조형식(ubbraced frame system)에 대한 탄성 1차 구조해석을 수행하여 풍하중에 의한 단면력을 구하였다. 그 결과 3층에 대하여 아래와 같은 값을 얻었다.

	기둥 A3, F3	기둥 B3, E3	기둥 C3, D3
P_D	520 kN	1040 kN	1,040 kN
P_L	400 kN	780 kN	780 kN
P_W	±136 kN	±81 kN	±27 kN
V_W	25 kN	50 kN	50 kN
M_{2D}			2.8 kN·m
M_{2L}			160 kN·m
M_{2W}			±117 kN·m
M_{1D}			− 2.6 kN·m
M_{1L}			148 kN·m
M_{1W}			±96 kN·m

총 풍하중 전단력 $V_W=$ 250kN 하에서 3층의 횡방향 상대변위는 19 mm이다.

(2) 횡구속 골조 및 비횡구속 골조 판정

층 안정 지수 Q로 횡구속 여부를 판정한다.

$U=1.2D+1.0L+1.3W$의 하중조합에 따라, 계수전단력은

$$V_u = 1.3\times V_W = 1.3\times 250 = 325\text{kN}$$

이로 인한 횡방향 상대변위는

$$\Delta_o = 1.3\times 19 = 24.7\text{mm}$$

3층 기둥 A3 및 F3의 계수축력은

$$P_u = 1.3D+1.0L = 1.3\times 520 + 1.0\times 400 = 1{,}076\text{kN}$$

3층 기둥 B3, C3, D3 및 E3의 계수축력은

$$P_u = 1.3D + 1.0L = 1.3 \times 1{,}040 + 1.0 \times 780 = 2{,}132\text{kN}$$

이 경우 기둥에 있어서는 P_W를 고려하지 않는다. 따라서 계수축력의 합계는

$$\sum P_u = 2 \times 1{,}076 + 4 \times 2{,}132 = 10{,}680\text{kN}$$

층 안정 지수는 식 (9 · 29)로부터

$$Q = \frac{\sum P_u \Delta_o}{V_u l_c} = \frac{10{,}680 \times 24.7}{325 \times 4{,}300} = 0.189 > 0.05$$

따라서 비횡구속 골조(unbraced frame, sway frame)로의 해석이 필요하다.

(3) 단주 및 장주 판정

(i) 연직하중

비횡구속 골조의 모든 기둥은 연직하중($U = 1.2D + 1.6L$)만의 작용 하에서, 처음에는 횡구속 기둥(braced column)으로 검토한다. 이 검토는 예제 9-7에서 기둥 C3에 대하여 이미 다루었다.

(ii) 연직하중과 풍하중

예제 9-7로부터

$$\Psi_A = \Psi_B = 2.34$$

이므로, 그림 9–28 (b)에 의하여 비횡구속 골조에 대한 유효길이 계수 $k = 1.68$을 얻는다. 따라서

$$\frac{kl_u}{r} = \frac{1.68 \times 4000}{0.3 \times 460} = 48.7 > 22$$

즉 장주효과를 고려하여 장주로 설계해야 한다.

(4) 기둥단부의 탄성 계수휨모멘트

기둥 C3에 대하여 횡변위를 일으키지 않는 하중(nonsway load)에 의한 기둥단부의 탄성 계수휨모멘트는 다음과 같다.

$$M_{1ns} = 1.2 \times (-2.6) + 1.0 \times 148 = 145\text{kN·m}$$
$$M_{2ns} = 1.2 \times 2.8 + 1.0 \times 160 = 163\text{kN·m}$$

횡변위를 일으키는 하중(sway load)에 의한 기둥단부의 탄성 계수휨모멘트는

$$M_{1s} = 1.3 \times (-96) = -125\text{kN·m}$$
$$M_{2s} = 1.3 \times 117 = 152\text{kN·m}$$

(5) 층 안정 지수를 이용한 모멘트확대계수

층 안정 지수를 이용한 모멘트확대계수법을 적용해 본다.

층 안정 지수는 위의 (2)에서

$$Q = \frac{\Sigma P_u \Delta_o}{V_u l_c} = \frac{10,680 \times 24.7}{319 \times 4,300} = 0.192$$

따라서 모멘트확대계수는 식 (9・38)로부터

$$\delta_s = \frac{1}{1-Q} = \frac{1}{1-0.189} = 1.23$$

(6) 좌굴하중을 이용한 모멘트확대계수

좌굴하중을 이용한 모멘트확대계수법을 적용해 본다. 이를 위해서는 각 기둥에 대한 좌굴하중을 계산해야 한다. 좌굴하중을 계산하기 위해서는 기둥의 부재강성 EI와 유효길이계수 k를 구하여야 한다.

기둥 A3 및 F3에 대하여는

기둥 : $I_c = 0.7I_g = 0.7 \times \dfrac{410 \times 410^3}{12} = 1,650 \times 10^6 \text{mm}^4$

$$\frac{I_c}{l_c} = \frac{1,650 \times 10^6}{4,000 + 300} = 384,000 \text{mm}^3$$

보 : 예제 9-7로부터

$$\frac{I_b}{l_b} = 259,000 \text{mm}^3$$

이 경우의 강성비, 즉 회전 구속계수(rotational restraint factor)는 다음과 같이 된다.

$$\Psi_A = \Psi_B = \frac{\Sigma(EI_c/l_c)}{\Sigma(EI_b/l_b)} = \frac{\Sigma(I_c/l_c)}{\Sigma(I_b/l_b)} = \frac{384,000 + 384,000}{259,000} = 2.96$$

그림 9-28 (b)로부터 $k = 1.82$를 얻는다.

기둥 단면의 강성을 구하기 위하여 탄성계수와 단면2차모멘트를 구한다.

$$E_c = 8,500 \sqrt[3]{28+4} = 27,000 \text{MPa} \qquad E_s = 200,000 \text{MPa}$$

외측 기둥에 철근 8-D29를 피복두께 40 mm로 하여 기둥단면 둘레에 등간격으로 배치하고 D10을 띠철근으로 사용한다면, 단면 도심에서 철근 중심까지의 거리는

$$y_i = \frac{410}{2} - 40 - 9.53 - \frac{28.6}{2} = 141 \text{mm}$$

단면의 도심축 위치의 철근 2개는 단면2차모멘트에 기여하지 못하므로, 한쪽 면에 철근 3개씩 상하 양면에 있는 철근에 의한 단면2차모멘트는

$$I_{se} = \Sigma n A_s y_i = 2 \times (3 \times 642.4) \times 141^2 = 76.63 \times 10^6 \text{mm}^4$$

풍하중은 지속하중이 아니므로 $\beta_{ds} = 0$인 식 (9・44)와 식 (9・45)로 EI를 계산한다.

$$EI = 0.2 E_c I_g + E_s I_{se}$$

$$= 0.2 \times 27{,}000 \times \frac{410 \times 410^3}{12} + 200{,}000 \times 76.63 \times 10^6 = 28.04 \times 10^{12}\text{N}\cdot\text{mm}^2$$

$$EI = 0.4\,E_c I_g$$

$$= 0.4 \times 27{,}000 \times \frac{410 \times 410^3}{12} = 25.41 \times 10^{12}\text{N}\cdot\text{mm}^2$$

두 값 중 큰 값을 사용하여야 하므로

$$EI = 28.04 \times 10^{12}\text{N}\cdot\text{mm}^2$$

따라서 외측 기둥의 좌굴하중은 식 (9・32)로부터

$$P_c = \frac{\pi^2 EI}{(kl_u)^2} = \frac{3.14^2 \times 28.04 \times 10^{12}}{(1.82 \times 4{,}000)^2} = 5{,}222 \times 10^3\text{N} = 5{,}222\text{ kN}$$

내측 기둥 B3, C3, D3 및 E3에 대하여는 예제 9-7에서 기둥 C3의 계산 결과로부터 $\Psi_A = \Psi_B = 2.34$이고, 브레이싱 없는 경우이므로 그림 9-28(b)로부터 $k = 1.68$를 얻는다.

내측 기둥에 철근 8-D 35를 피복두께 40 mm로 하여 기둥단면 둘레에 등간격으로 배치하고 D 13을 띠철근으로 사용한다면, 단면 도심에서 철근 중심까지의 거리는

$$y_i = \frac{460}{2} - 40 - 12.7 - \frac{34.9}{2} = 160\text{mm}$$

단면의 도심축 위치의 철근 2개는 단면2차모멘트에 기여하지 못하므로, 한쪽 면에 철근 3개씩 상하 양면에 있는 철근에 의한 단면2차모멘트는

$$I_{se} = \sum n A_s y_i = 2 \times (3 \times 956.6) \times 160^2 = 146.9 \times 10^6\text{mm}^4$$

풍하중은 지속하중이 아니므로 $\beta_{ds} = 0$인 식 (9・44)와 식 (9・45)로 EI를 계산한다.

$$EI = 0.2\,E_c I_g + E_s I_{se}$$

$$= 0.2 \times 27{,}000 \times \frac{460 \times 460^3}{12} + 200{,}000 \times 146.9 \times 10^6 = 49.52 \times 10^{12}\text{N}\cdot\text{mm}^2$$

$$EI = 0.4\,E_c I_g$$

$$= 0.4 \times 27{,}000 \times \frac{460 \times 460^3}{12} = 40.28 \times 10^{12}\text{N}\cdot\text{mm}^2$$

두 값 중 큰 값을 사용하여야 하므로

$$EI = 49.52 \times 10^{12}\text{N}\cdot\text{mm}^2$$

따라서 내측 기둥의 좌굴하중은 식 (9・32)로부터

$$P_c = \frac{\pi^2 EI}{(kl_u)^2} = \frac{3.14^2 \times 49.52 \times 10^{12}}{(1.68 \times 4{,}000)^2} = 10{,}823 \times 10^3\text{N} = 10{,}823\text{ kN}$$

따라서 3층에서 6개 기둥의 좌굴하중 합계는

$$\sum P_c = 2 \times 5{,}222 + 4 \times 10{,}823 = 53{,}700\text{kN}$$

위의 (2)에서의 계산 결과, 3층에서 6개 기둥의 계수축력의 합계는 10,680kN 이다. 따라서 모멘트확대계수는 식 (9 · 41)로부터

$$\delta_s = \frac{1}{1 - \dfrac{\sum P_u}{0.75\sum P_c}} = \frac{1}{1 - \dfrac{10,680}{0.75 \times 53,700}} = 1.36$$

(7) 총 확대휨모멘트 및 단면 검토

즉 $\sum P_u / \sum P_c$ 에 근거한 식 (9 · 41)로 계산된 δ_s 값이 Q에 근거한 식 (9 · 38)로 계산된 값보다 크다. 따라서 값이 작은 쪽의 δ_s 인 1.23을 사용하여 검토한다.

총 확대휨모멘트는 식 (9 · 36) 및 식 (9 · 37)에 의하여

$$M_1 = M_{1ns} + \delta_s M_{1s} = 145 + 1.23 \times (-125) = -9kN{\cdot}m$$

$$M_2 = M_{2ns} + \delta_s M_{2s} = 163 + 1.23 \times 152 = 350\text{kN}\cdot\text{m}$$

풍하중 35 kN$(= 1.3\,P_W = 1.3 \times 27)$를 포함시키면, 기둥 C3의 계수축력 P_u 는

$$P_u = 2,232 + 35 = 2,167\text{kN}$$

따라서 $P_u = 2,167\text{kN}$ 와 $M_u = M_2 = 350\text{kN}\cdot\text{m}$ 에 대하여 축력-휨강도를 검토한다.

연습문제

9.1. 그림 9-32의 기둥단면에 대하여 다음을 계산하라. $f_{ck} = 27$ MPa, $f_y =$ 400 MPa이다.

(1) 이 기둥의 중심축방향 압축강도를 계산하라.

(2) 이 기둥에 허용될 수 있는 최대 축하중을 구하라.

(3) 균형하중 P_b 및 M_b를 계산하라.

(4) 이 기둥의 $P - M$ 상관도를 작성하라.

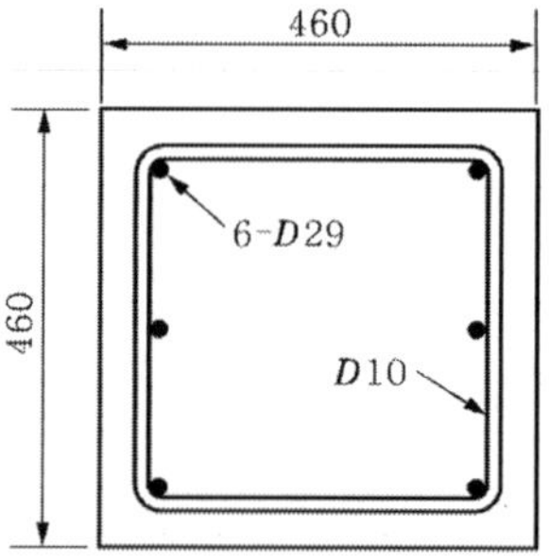

그림 9-32

9.2. 한 변이 400 mm인 정사각형 단면의 네 귀퉁이에 $D\,35$철근이 1개씩 배근된 띠철근 기둥(단주)이 있다. 이 철근의 도심으로부터 콘크리트 표면까지의 거리는 76 mm이고, $f_{ck} = 30$ MPa, $f_y = 400$ MPa이다. $P - M$ 상관도를 그려라. 휨은 한 변에 평행한 중심축에 대한 1축 휨이다.

9.3. 앞의 문제에서 ϕP_n-ϕM_n 상관도를 그려라. 또 이 기둥의 띠철근을 설계하고, 편심거리 $e = 110$ mm로 작용하는 계수축력 $P_u = 1{,}600$KN을 지지할 수 있는지 검토하라.

제10장 슬래브

10.1 슬래브의 종류

철근콘크리트 슬래브는 구조에 따라 다음과 같이 분류된다.

1방향 슬래브(one-way slab) : 그림 10-1 (a) 또는 (b)와 같이 마주 보는 두 변에 의하여 지지되는 슬래브로서, 구조적으로 1방향 작용을 한다. 따라서 지간방향(경간방향)으로만 주철근을 배치한다.

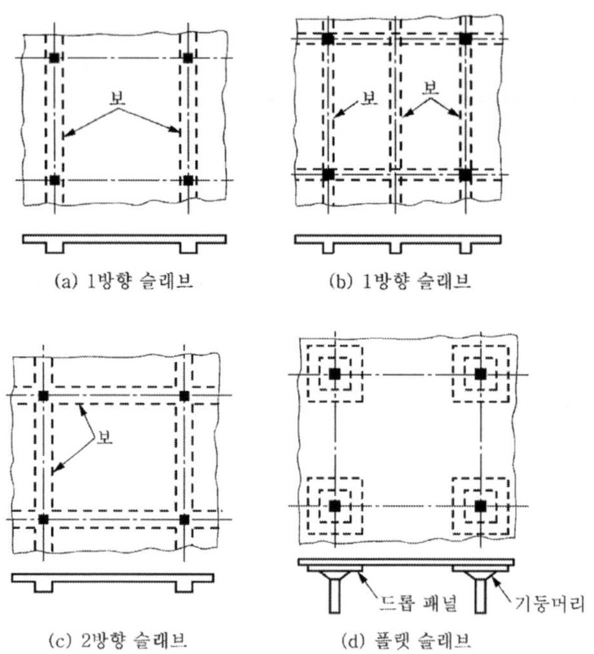

그림 10-1 슬래브의 종류

2방향 슬래브(two-way slab) : 그림 10-1 (c)와 같이 네 변으로 지지되는 슬래브로서, 서로 직교하는 두 방향으로 주철근을 배치한다.

플랫 슬래브(flat slab) : 그림 10-1 (d)와 같이 보는 없고 기둥만으로 지지되는 슬래브로서, 기둥 둘레의 전단력과 부(負)모멘트를 감소시키기 위하여 드롭 패널(지판, drop pannel)과 기둥머리(column capital)를 둔 것이다.

드롭 패널과 기둥머리 없이 기둥만으로 지지하는 슬래브도 있는데, 이를 평판 슬래브(flat plate slab)라고 하며, 하중이 크지 않거나 지간이 짧은 경우에 사용된다.

이상은 슬래브를 구조상으로 분류한 것이지만 슬래브를 그 지지조건에 따라 단순 슬래브, 고정 슬래브, 연속 슬래브 등으로 분류할 수 있으며, 또 지지변의 수에 따라 1변 지지 슬래브(캔틸레버 슬래브), 2변 지지 슬래브, 3변 지지 슬래브, 4변 지지 슬래브 등으로도 구분한다. 그림 10-2는 단순지지의 1방향 슬래브의 배근상태를 보인 것이다.

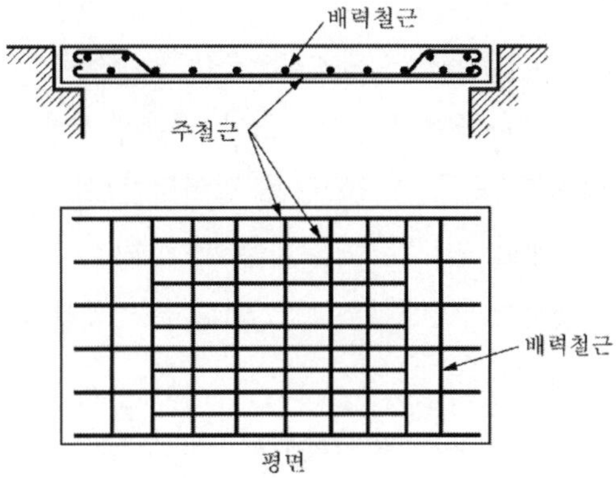

그림 10-2 단순지지의 1방향 슬래브

10.2 슬래브의 설계방법

슬래브는 판이론(plate theory)에 의하여 설계하는 것이 원칙이지만, 너무 복잡하기 때문에 근사해법에 의해 설계하는 것이 보통이다.

1방향 슬래브는 폭이 넓은 보와 같다고 생각하고 보로서 설계한다. 즉, 1방향 슬래브는 1방향 작용을 하는 방향을 지간으로 하는 폭이 1 m인 직사각형 단면의 보로 설계한다.

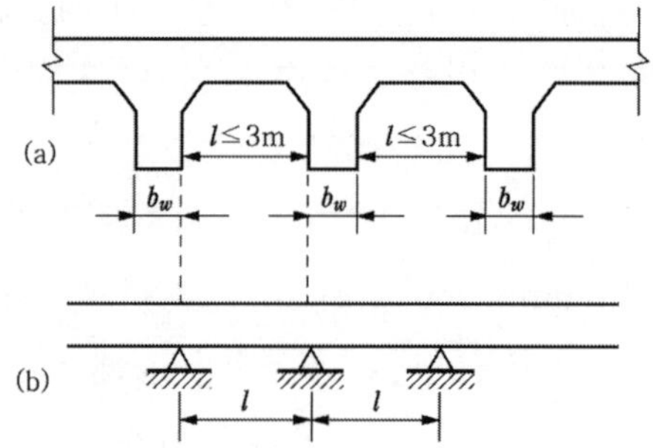

그림 10-3 순경간 3m 이하인 연속슬래브의 계산지간

2방향 슬래브는 종래 허용응력설계법에서는 근사해법에 의해 설계해왔지만, 강도설계법에서는 **직접설계법**(direct design method) 또는 **등가골조법**(equivalent frame method)에 의해 설계하도록 하고 있다.

이상의 어느 방법으로 설계하든지 슬래브의 지간은 다음과 같이 취한다. 즉, 받침부와 일체로 되어 있지 않은 슬래브에서는 순경간에 슬래브 중앙의 두께를 더한 것을 지간으로 하되, 그 값이 받침부 중심간의 거리를 넘어서는 안 된다.

연속 슬래브의 응력계산에서 휨모멘트를 구할 때는 받침부의 중심간 거리를 지간으로 하되 단면설계에는 순경간 내면에서의 휨모멘트를 사용한다.

지지보와 일체로 된 3m 이하의 순경간을 갖는 그림 10-3(a)와 같은 슬래브는 그림 10-3(b)와 같이 지지 폭이 없는 것으로 보고, 순경간을 지간(경간)으로 하는 연속보로 설계한다.

10.3 슬래브에 있어서의 전단

10.3.1 1방향 슬래브의 전단

이 장과 제5장에서 설명한 바와 같이 1방향 슬래브의 휨설계는 짧은 지간을 지간으로 하고 단위 폭(1m)를 폭으로 하는 직사각형 단면의 보로 설계한다. 그러므로 전단에 대한 검토방법도 보의 경우에 준한다. 따라서 1방향 슬래브의 전단설계는 제6장에 따른다. 일반적으로 슬래브에서 전단이 설계를 지배하는 일은 거의 없다.

10. 3. 2 2방향 슬래브의 전단

등분포 하중을 받는 2방향 슬래브가 보 또는 벽체로 지지되어 있을 때는 보의 경우에 따른다. 이와 같은 2방향 슬래브는 전단응력이 작으며 특히 4변 지지인 경우에는 거의 전단보강이 필요하지 않다.

그러나 2방향 슬래브가 플래트 슬래브나 평판 슬래브와 같이 보 없이 기둥으로 지지되거나, 확대기초와 같이 집중하중을 받는 경우에는 기둥 둘레의 전단력이 매우 크고 복잡하다. 많은 실험결과에 의하면 이러한 슬래브나 확대기초는 보와 같은 사인장 파괴가 아니고 뚫림전단파괴(punching shear failure, 펀칭전단파괴)가 일어난다.

집중하중(集中荷重) 또는 집중반력(集中反力) 부근에서의 슬래브나 확대기초의 전단강도는 다음 두 가지 조건 중 불리한 것에 의해 결정해야 한다.

(1) 폭이 넓은 보와 같이 작용하는 슬래브나 확대기초에서 사인장 균열이 전폭에 걸쳐 일어난다고 생각될 때에는, 그 전단계산은 보의 경우에 따른다.

이러한 전단은 지간이 길고 폭이 좁은 슬래브나 확대기초에서 볼 수 있는 특수한 경우이며, 이때 슬래브와 확대기초는 보와 같은 1방향 작용(one way action)을 하기 때문이다. 이러한 경우의 전단계산은 제6장에 따른다.

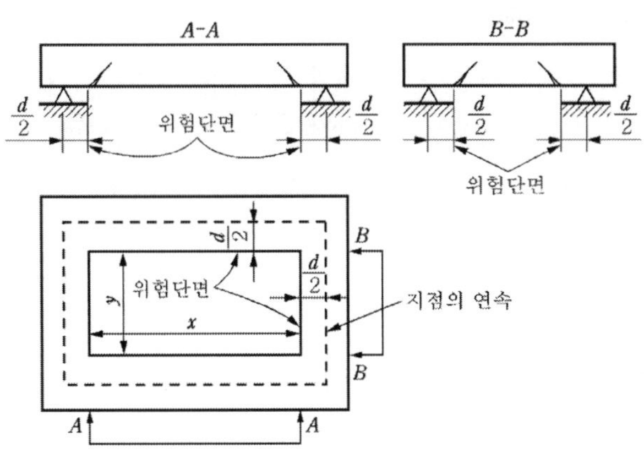

그림 10-4 2방향 슬래브의 전단에 대한 위험단면

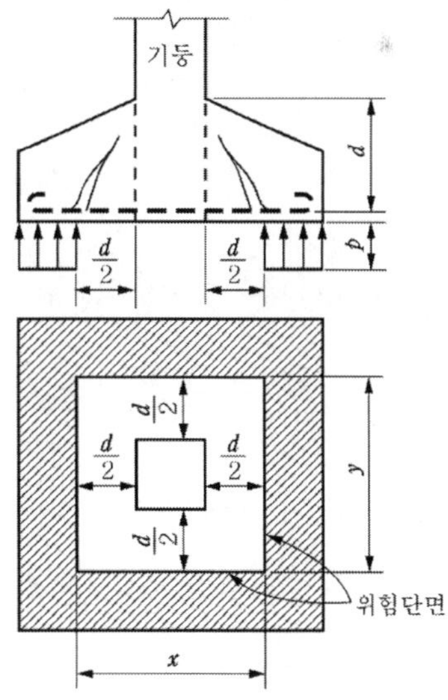

그림 10-5 확대기초의 전단에 대한 위험단면

(2) 2방향 배근의 슬래브(그림 10-4)나 확대기초(그림 10-5)에서 2방향 작용(two way action)으로 인하여 사인장 균열이 집중하중 또는 집중반력의 주위에서 원뿔대(truncated cone)모양이나 각뿔대(truncated pyramid)모양으로 일어난다고 생각될 때, 즉 펀칭전단이 일어난다고 생각될 때, 그 전단계산은 다음에 따라야 한다. 이때 위험단면은 그림 10-4 및 그림 10-5에 보인 바와 같이 집중하중이나 집중반력을 받는 면의 주변에서 $d/2$만큼 떨어진 주변단면(周邊斷面)이다.

[1] 설계기준에서 규정하는 2방향 슬래브의 전단강도

설계기준에서는 6장의 6.6.1항의 원칙에 따라 설계하도록 하고 있다. 전단철근을 배치하지 않는 2방향 슬래브는 콘크리트만으로 전단에 저항해야 한다. 따라서 식 (6·13)은

$$V_n = V_c + V_s = V_c + 0 = V_c$$

로 되어 식 (6·12)는 다음과 같이 된다.

$$V_u \leq \phi V_c$$

전단철근을 배치하는 2방향 슬래브는 6장의 6.6.1항의 원칙에 따라 콘크리트에 의한 전단강도와 전단철근에 의한 전단강도를 합한다. 따라서 식 (6·12)와 식 (6·13)은 다음과 같이 적용된다.

$$V_u \leq \phi V_n, \; V_n = V_c + V_s$$

이와 같은 개념은 모든 강도설계법을 채택한 모든 설계기준이 동일하지만, V_c의 계산식은 설계기준마다 달리 규정하고 있다. 또 전단철근을 배치하지 않은 2방향 슬래브의 전단강도를 계산할 때의 V_c(콘크리트가 부담하는 전단강도)와 전단철근을 배치한 2방향 슬래브의 전단강도를 계산할 때의 V_c를 동일한 식으로 규정하는 설계기준도 있으나 이들을 달리 규정한 설계기준도 있다.

다음은 각 설계기준에서 규정하고 있는 2방향 슬래브의 전단강도이다.

[2] 콘크리트구조설계기준(2007)과 ACI 318-11 Code

종전에 적용하던 콘크리트구조설계기준(2007)과 현재 미국에서 적용하는 ACI 318 Code(2011)은 전단철근을 배치하지 않는 2방향 슬래브에서는 전단강도를 계산할 때의 V_c를 다음 세 값 중에서 가장 작은 값으로 취하도록 규정하고 있다.

$$V_c = \frac{1}{6}\left(1 + \frac{2}{\beta_c}\right)\sqrt{f_{ck}}\, b_o d \qquad (10 \cdot 1\,\mathrm{a})$$

$$V_c = \frac{1}{6}\left(1 + \frac{\alpha_s d}{2b_o}\right)\sqrt{f_{ck}}\, b_o d \qquad (10 \cdot 1\,\mathrm{b})$$

$$V_c = \frac{1}{3}\sqrt{f_{ck}}\, b_o d \qquad (10 \cdot 1\,\mathrm{c})$$

여기서 β_c : 집중하중이나 집중반력을 받는 면적의 긴 변의 짧은 변에 대한 비

b_o : 위험단면의 둘레 길이

α_s : V_c를 계산하는 데 사용되는 상수

즉, 내부기둥에 대하여는 $\alpha_s = 40$

외부기둥에 대하여는 $\alpha_s = 30$

모서리기둥에 대하여는 $\alpha_s = 20$

전단철근을 배치하는 2방향 슬래브에서는 전단강도를 계산할 때의 V_c를 위의 식 (10・1)으로 하지 않고 다음 식 (10・2)를 적용하도록 하고 있다[식 (6・14) 참조].

$$V_c = \frac{1}{6}\sqrt{f_{ck}}\, b_o d \qquad (10 \cdot 2)$$

그러나 전단철근을 배치하는 2방향 슬래브의 V_n은 $0.50\sqrt{f_{ck}}\, b_o d$ 이하라야 한다.

[3] 도로교설계기준(2010)

도로교설계기준(2010)은 전단철근을 배치하는 2방향 슬래브에 대해서는 종전에 적용하던 콘크리트구조설계기준(2007)과 현재 미국에서 적용하는 ACI 318 Code(2011)과 동일하게 규정하고 있다. 그러나 전단철근을 배치하지 않는 2방향 슬래브에 대해서는 공칭전단강도 V_c를 식 (10・1) 대신 다음의 간략한 식을 적용하도록 하고 있다.

$$V_c = \frac{1}{6}\left(1 + \frac{2}{\beta_c}\right)\sqrt{f_{ck}}\, b_o d \le \frac{1}{3}\sqrt{f_{ck}}\, b_o d \qquad (10 \cdot 3)$$

[4] 콘크리트구조기준(2012)

콘크리트구조기준(2012)은 최근에 국내에서 연구된 결과를 반영하여 V_c(콘크리트가 부담하는 전단강도)를 다음의 식으로 계산하도록 규정하고 있다.

$$V_c = v_c b_o d \qquad (10 \cdot 4)$$

$$v_c = \lambda k_s k_{bo} f_{te} \cot\psi \left(\frac{c_u}{d}\right) \qquad (10 \cdot 5)$$

$$k_s = (300/d)^{0.25} \le 1.0 \qquad (10 \cdot 6)$$

$$k_{bo} = \frac{4}{\sqrt{\alpha_s (b_o/d)}} \le 1.25 \qquad (10 \cdot 7)$$

$$f_{te} = 0.21\sqrt{f_{ck}} \qquad (10 \cdot 8)$$

$$\cot\psi = \frac{\sqrt{f_{te}(f_{te} + f_{cc})}}{f_{te}} \qquad (10 \cdot 9)$$

$$c_u = d\left[25\sqrt{\frac{\rho}{f_{ck}}} - 300\left(\frac{\rho}{f_{ck}}\right)\right] \qquad (10 \cdot 10)$$

$$f_{cc} = \frac{2}{3} f_{ck} \qquad (10 \cdot 11)$$

여기서 d : 인장철근의 유효깊이, k_s 를 계산할 때에는 mm 단위 사용

v_c : 콘크리트 재료의 공칭전단응력강도

b_o : 위험단면의 둘레 길이

λ : 경량콘크리트계수

k_s : 슬래브의 두께계수

k_{bo} : 위험단면 둘레길이의 영향계수

α_s : 내부기둥은 1.0, 외부기둥은 1.33, 모서리기둥은 2.0

f_{te} : 압축대 콘크리트의 인장강도

ψ : 슬래브 휨 압축대의 균열각도

c_u : 압축철근의 영향을 무시하고 계산된 슬래브 위험단면 압축대 깊이의 평균값으로 식 (10 · 10)은 ρ 가 0.03 이하인 경우 사용하고 ρ 가 0.005 이하인 경우 0.005를 사용할 수 있음

ρ : 인장 주철근비

f_{cc} : 위험단면의 압축대에 작용하는 평균압축응력

식 (10 · 4)의 V_c 는 전단철근을 배치하지 않은 2방향 슬래브와 전단철근을 배치한 2방향 슬래브에 모두 동일하게 적용한다. 이 식은 휨압축부의 깊이를 의미하는 c_u 를 변수로 함에 따라 인장철근의 양이 증가하면 전단강도도 증가하는 결과를 주며, 인장철근의 양이 결정되어야만 전단강도를 계산할 수 있다. 또 k_s 로 부재의 크기효과(size effect)를 고려하는 특징이 있다.

전단철근을 배치한 2방향 슬래브의 경우, 전단철근의 설계기준항복강도 f_{yt} 는 400 MPa를 초과할 수 없으며, 다음 식으로 전단철근에 의한 공칭전단강도를 계산한다.

$$V_s = \frac{0.5\,A_v f_{yt}\,d}{s} \qquad (10 \cdot 12)$$

식 (10・12)에서 0.5의 계수를 사용한 것은, 전단철근으로 보강된 슬래브-기둥 접합부의 경우 접합부가 최대강도에 도달하는 시점에서 뚫림전단파괴 면 이내에 내치된 전단철근이 항복에 도달하지 않는 것이 일반적이므로 안전측의 설계를 위하여 도입한 것이다. 공칭전단강도 V_n은 $0.34 f_{ck} b_o c_u$ 이하이어야 한다.

한편 두께가 비교적 얇은 2방향 슬래브에 대한 실험결과를 기반으로 한 이 해석법은 슬래브-기둥 접합부나 두께가 비교적 얇은 2방향 슬래브에 대하여는 합리적인 방법이라고 할 수 있으나, 교량바닥판과 같은 2방향 슬래브나 두께가 매우 두꺼운 기초의 뚫림전단에 대한 설계에 적용하여도 좋은지에 대해서는 통일된 결론이 유보된 상태이다.(예제 11-1의 (8) 참조)

10.4 1방향 슬래브

10.4.1 모멘트 계수

단순 슬래브이건 연속 슬래브이건 1방향 슬래브는 생각하는 경간에 최대 휨모멘트가 일어나도록 재하하여 탄성이론에 의한 정밀해석으로 휨모멘트를 구해야 하는 것이지만, 설계기준에서는 설계의 편의를 위해 다음과 같은 근사적인 모멘트와 전단력을 주고 있다.

다만, 이 값들은 활하중이 고정하중의 3배를 넘지 않는 계수 등분포 하중 w_u를 받는 2경간 이상의 연속보 및 1방향 슬래브에 적용되며, 또는 서로 이웃한 경간이 20% 이상 차이가 나지 않으며, 단면의 크기가 일정한 경우에 한하여 적용된다. 여기서 l_n은 부재의 순경간이다.

① 정(正)모멘트

(가) 최외측 경간(端徑間, end span)

불연속 단부가 구속되어 있지 않은 경우 ·················· $\frac{1}{11} w_u l_n^2$

불연속 단부가 받침부와 일체로 된 경우 ·················· $\frac{1}{14} w_u l_n^2$

(나) 내부경간 ·················· $\frac{1}{16} w_u l_n^2$

② 첫 번째 내부 받침부 외측면(外側面)의 부(負)모멘트

(가) 2경간인 경우 ············ $\frac{1}{9}w_u l_n^2$

(나) 3경간 이상인 경우 ············ $\frac{1}{10}w_u l_n^2$

③ 일반 내부 받침부의 부모멘트 ············ $\frac{1}{11}w_u l_n^2$

④ 경간이 3 m 이하인 슬래브의 지점 부모멘트 ············ $\frac{1}{12}w_u l_n^2$

⑤ 보의 경간단부에서 보의 강성(剛性)에 대한 기둥 강성의 합과의 비가 8 이상 ($\sum K_c > 8K_b$)인 보의 지점 부모멘트 ············ $\frac{1}{12}w_u l_n^2$

⑥ 받침부와 일체로 된 부재의 최외단 받침부 내면의 부모멘트

(가) 받침부가 테두리보(spandrel beam)인 경우 ············ $\frac{1}{24}w_u l_n^2$

(나) 받침부가 기둥인 경우 ············ $\frac{1}{16}w_u l_n^2$

⑦ 전 단 력

(가) 첫 번째 내부 받침부 외측면의 전단력 ············ $1.15\frac{w_u l_n}{2}$

(나) 그 밖의 받침부의 전단력 ············ $\frac{w_u l_n}{2}$

위의 모멘트 계수를 알기 쉽게 보인 것이 그림 10-6이다.

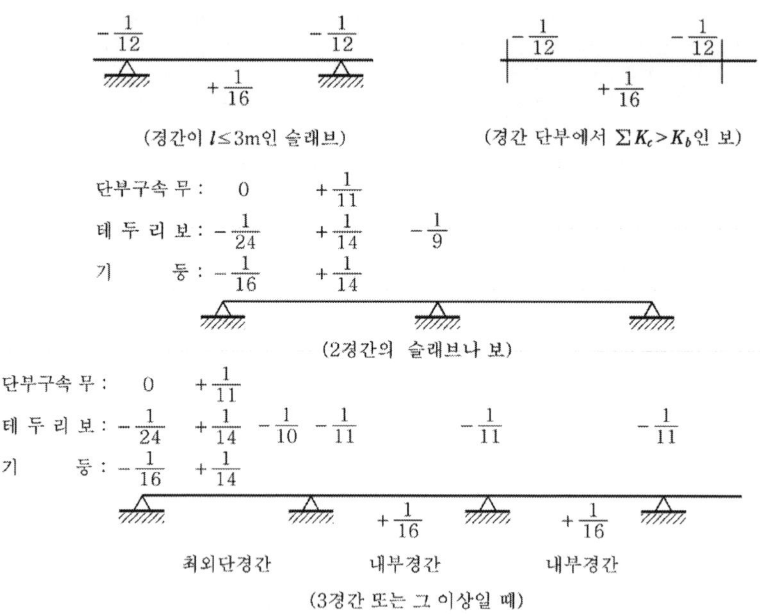

그림 10-6 모멘트 계수

10.4.2 구조상세

[1] 슬래브의 두께

강도상으로나 실용상으로나 구조물에 해로운 영향을 주는 처짐을 피하기 위하여 1방향 슬래브는 적절한 두께를 갖도록 하여야 한다. 따라서 콘크리트구조기준(2012)에서는 1방향 슬래브의 두께가 100 mm 이상이도록 하고 있으며, 표 10-1의 값 이상의 두께일 때는 처짐검토를 생략할 수 있게 하였다. 여기서 l 은 경간길이(mm)이다.

표 10-1 1방향 슬래브의 최소두께[콘크리트구조기준(2012)]

단순 지지	1단(端) 연속	양단(兩端) 연속	캔틸레버
$l/20$	$l/24$	$l/28$	$l/10$

표 10-1의 값은 보통 골재를 사용한 콘크리트와 항복강도 f_y= 400 MPa인 철근을 사용할 경우의 값이다. f_y= 400 MPa 이외의 항복강도를 가진 철근을 사용할 경우에는 표의 값에 다음 값을 곱해야 한다[8장의 8.3.6항 참조].

$$0.43 + \frac{f_y}{700} \qquad (10 \cdot 13)$$

[2] 주철근의 간격

정철근(正鐵筋) 또는 부철근(負鐵筋)의 중심간격은 최대 모멘트가 일어나는 단면에서는 슬래브 두께의 2배 이하, 300 mm 이하로 한다. 그 밖의 단면에서는 슬래브 두께의 3배 이하, 450 mm 이하로 한다.

[3] 수축·온도철근

1방향 슬래브는 하중이 주로 짧은 변 방향으로 전달되므로 주철근을 짧은 변 방향으로 배치한다. 그러나 콘크리트의 건조수축이나 온도변화에 의하여 축방향으로 변형이 생길 때 이를 구속하는 인장응력이 작용하면 콘크리트에 균열이 발생할 수 있다. 따라서 1방향 슬래브의 긴 변 방향, 즉 주철근의 직각 또는 직각에 가까운 방향으로 보조철근을 배치하여야 한다. 이 철근은 콘크리트의 건조수축이나 온도변화에 의한 수축을 감소시키며 균열을 분포시키는 데 유효하다. 이러한 목적으로 배치하는 철근을 수축·온도철근(shrinkage and temperature reinforcement)이라고 한다.

콘크리트구조기준(2012)에서는 수축·온도철근을 콘크리트 총 단면적에 대한 철근비로 다음 값 이상이 되도록 요구하고 있다. 그러나 어느 경우에도 그 값이 0.0014보다 작아서는 안 된다.

(1) $f_y \le 400\,\text{MPa}$인 이형철근을 사용한 슬래브 ································ 0.0020

(2) $f_y > 400\,\text{MPa}$인 철근을 사용한 슬래브 ································ $0.0020 \times \dfrac{400}{f_y}$

그러나 위의 철근비에 콘크리트의 총 단면적을 곱하여 계산한 수축·온도철근의 단면적을 단위 m당 1,800 m^2보다 크게 취할 필요는 없다. 두께가 매우 두꺼운 경우 부등건조수축 등의 영향으로 수축에 대한 구속응력에 의한 균열이 콘크리트 표면에 주로 발생하므로, 단면적에 비례하도록 수축·온도철근을 배치할 필요가 없기 때문이다. 수축·온도철근의 간격은 균열을 분포시키는 데 영향이 크므로, 콘크리트구조기준(2012)에서는 슬래브 두께의 5배 이하, 또 450 mm 이하의 간격으로 수축·온도철근을 배치하도록 하고 있다.

수축·온도철근의 배치에 있어서는, 슬래브의 두께가 얇은 경우에는 슬래브의 하면이나 상면 가까이 또는 두께의 중간 중에서 시공 상 배치하기 편리한 위치에 1열로 배치하여도 큰 문제는 발생하지 않는다. 그러나 슬래브의 두께가 얇지 않은 경우나 단면의 상하면 가까이에 철근을 2열로 배치하는데 시공 상의 문제가 없다면, 단면의 상하면 가까이에 수축·온도철근을 2열로 배치하여야 한다.

도로교설계기준(2010)에서는 벽체와 슬래브의 경우 노출면에 가깝게 양면의 각 방향으로 각각 단위 m당 300 mm^2 이상 수축·온도철근을 배치하도록 규정하고 있다. 교대나 기초 등 교량의 하부구조에 대해서는 콘크리트 총 단면적에 대한 철근비로 0.0015 이상의 수축·온도철근을 배치하여야 하지만, 단면적을 단위 m당 1,800 mm^2보다 크게 취할 필요는 없다고 규정하고 있다.

[4] 배력철근

1방향 슬래브는 하중이 주로 짧은 변 방향으로 전달되므로 짧은 변 방향으로 주철근을 배치하지만, 긴 변 방향으로도 하중의 일부가 전달된다. 따라서 긴 변 방향으로도 다소의 철근을 배치하여야 한다. 이 철근들은 응력을 분포시키기 위한 것으로서 **배력철근**(distribution bar)이라고 한다. 이 배력철근은 주로 긴 변 방향의 정모멘트에 저항하면서 균열을 제어하는 역할도 하는 것이므로, 단면의 하면 가까이에 긴 변 방향으로 배치된 철근만을 배력철근이라고 한다.

콘크리트구조기준(2012)에서는 일반구조를 대상으로 한 설계기준이므로 배력철근의 양을 특별히 규정하고 있지는 않지만, 매우 큰 집중하중이 작용하는 교량에서는 배력철근의 양이 중요하므로 도로교설계기준(2010)에서는 이를 규정하고 있다.

교량바닥판이 1방향 슬래브인 경우에 배력철근과 수축·온도철근이 모두 긴 변 방향으로 배치되므로, 이 철근들을 합리적으로 설계하여야 한다. 즉, 설계기준에서 규정하는 수축·온도철근을 단면의 상하면 가까이에 2열 배치하는 경우, 수축·온도철근을 배치하고 나서, 단면의 하면 가까이에서 정모멘트를 받는 주철근에 직각방향으로 배치된 수축·온도철근의 양이 설계기준에서 규정하는 배력철근의 양보다 크다면 추가의 배력철근을 배치할 필요가 없다. 그러나 그렇지 않다면 철근을 추가하여 단면의 하면 가까이에서 긴 변 방향으로 배치된 철근이 설계기준에서 규정하는 배력철근의 양보다 크게 되도록 하여야 한다.

[5] 보와 일체로 된 연속 슬래브

그림 10-7과 같이 철근콘크리트 보와 일체로 된 연속 슬래브가 고정하중(사하중)의 3배를 넘지 않는 등분포 활하중을 받거나, 서로 이웃한 지간이 20% 이상의 차이가 나지 않는 1방향 슬래브는 10.4.1의 모멘트 계수를 사용하여 휨모멘트와 전단력을 계산하는 것이 편리하지만, 그렇지 않은 경우, 또는 그와 같은 경우라도 그 연속 슬래브를 단순받침 위에 놓은 연속보로 보고 계산해도 좋다. 이때 경간은 10.2절에서 설명한 경간을 사용한다.

그러나 이와 같이 단순지지된 연속보로 보고 계산한 휨모멘트는 다음과 같이 수정해야 한다.

(1) 활하중에 의한 경간중앙의 부(−)모멘트는 계산된 값의 1/2만 취한다.

그 이유는 그림 10-7과 같이 하중이 작용할 경우 점 C에는 부(−)모멘트가 일어나는데, 슬래브와 보의 일체성을 생각하면 이 부(−)모멘트의 값은 일체성을 무시한 단순지지된 연속보로 보고 계산한 부(−)모멘트보다 훨씬 작기 때문이다.

(2) 경간중앙의 정(+)모멘트는 양단 고정보로 보고 계산한 값보다 작게 취해서는 안 된다.

그림 10-7과 같이 보와 일체로 된 연속 슬래브를 단순지지의 연속보로 보고 모멘트를 계산하면, 지점의 부(−)모멘트가 양단고정으로 본 것보다 커지는 경우가 있고, 따라서 이때 경간중앙의 정(+)모멘트는 매우 작아진다. 그러나 보와 일체로 되어 강성(剛性)이 큰 연속 슬래브에서는 그 부(−)모멘트가 양단고정으로 본 것보다 더 크게 나올 수 없다. 그래서 안전을 위하여 경간중앙의 정(+)모멘트를 양단고정으로 본 값보다 작게 취하지 않도록 하는 것이다.

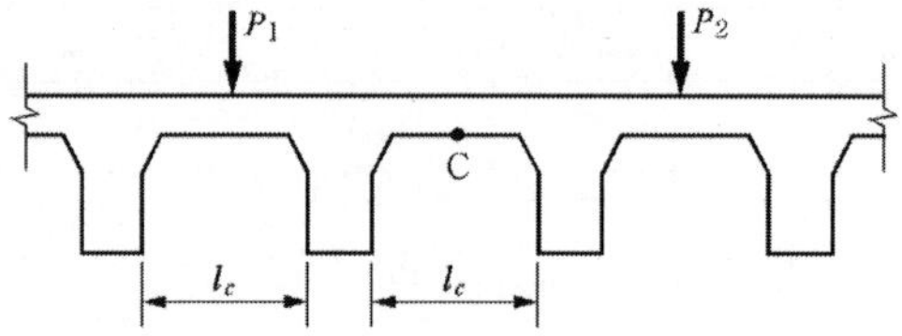

그림 10-7 보와 일체로 된 연속 슬래브

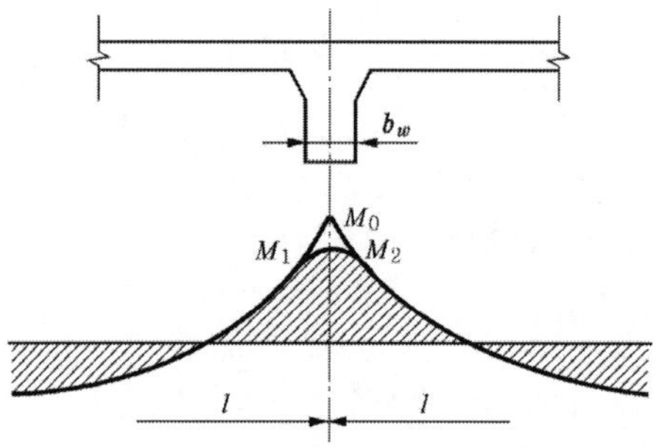

그림 10-8 연속 슬래브의 순경간 내면의 설계모멘트

(3) 순경간이 3 m를 넘을 때 순경간 내면에서의 휨모멘트 M_1 및 M_2는 그림 10-8과 같이 취하되, 그 값들이 순경간 l_n을 경간으로 하는 고정단 모멘트보다 작아서는 안 된다.

단순지지된 연속 슬래브에서는 받침부 위의 슬래브 상면(上面)에 균열이 생기지만, 보와 일체로 된 연속 슬래브에서는 지지보와 슬래브의 접합부 상면에 균열이 생긴다. 그래서 M_1 및 M_2를 설계 모멘트로 하는 것이다. 또, 그림 10-7에서 알 수 있는 바와 같이 이 슬래브는 순경간 l_n을 경간으로 하는 고정 슬래브로 볼 수 있으므로 M_1 및 M_2가 l_n을 경간으로 하는 고정단 모멘트보다 작아서는 안 되는 것이다.

10. 4. 3 1방향 슬래브의 설계 예

예제 10-1) 중심간격이 4.4 m인 보와 일체로 된 그림 10-9와 같은 연속 슬래브를 1방향 슬래브로 설계하라. 활하중은 9,730 N/m^{2}이고 f_{ck}= 21 MPa, f_y= 350 MPa이다.

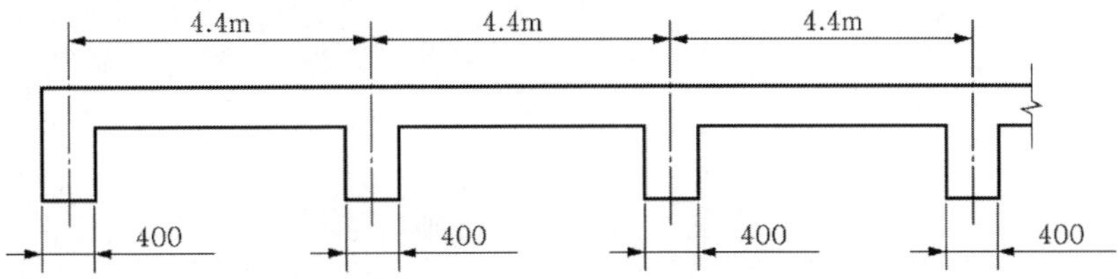

그림 10-9

풀이 1방향 연속 슬래브이므로, 폭 1 m인 연속보로 계산한다. 1방향 슬래브의 최소두께는 표 10-1로부터 $l/28$이다. $f_y = 350$ MPa이므로 $l/28$에 $(0.43+f_y/700)$를 곱해야 한다. 따라서 슬래브의 최소 두께는 다음과 같이 된다.

$$\frac{l}{28}\times\left(0.43+\frac{f_y}{700}\right)=\frac{4400}{28}\times\left(0.43+\frac{350}{700}\right)=146\text{mm}$$

이에 대하여 슬래브 두께를 150 mm로 하고 슬래브 자중을 계산하면

$$w_D = 2{,}500(\text{kg/m}^3)\times(1\times0.15)(\text{m}^2)=375\text{kgf/m}=3{,}750\text{N/m}$$

따라서 계수하중은

$$w_u = 1.2w_D+1.6w_L = 1.2\times3{,}750+1.6\times9{,}730=20{,}000\text{N/m}$$

슬래브의 순경간은 $l_n = 4.40-0.40=4.0$ m이고, 활하중이 고정하중의 3배를 넘지 않으므로 모멘트 계수를 사용한다.

최외단 받침부 내면의 부(−)모멘트

$$M=-\frac{1}{24}w_ul_n^2=-\frac{1}{24}\times20{,}000\times4^2=-13{,}300\text{N·m}$$

최외측 경간 중앙의 정(+)모멘트

$$M=\frac{1}{14}w_ul_n^2=\frac{1}{14}\times20{,}000\times4^2=22{,}900\text{N·m}$$

내부 경간 중앙의 정(+)모멘트

$$M=\frac{1}{16}w_ul_n^2=\frac{1}{16}\times20{,}000\times4^2=20{,}000\text{N·m}$$

첫 번째 내부 받침부 외측면의 부(−)모멘트

$$M=-\frac{1}{10}w_ul_n^2=-\frac{1}{10}\times20{,}000\times4^2=-32{,}000\text{N·m}$$

일반 내부 받침부의 부(−)모멘트

$$M=-\frac{1}{11}w_ul_n^2=-\frac{1}{11}\times20{,}000\times4^2=-29{,}100\text{N·m}$$

허용되는 철근비의 상한(최대 철근비)은 식 (5·8a)로부터

$$\rho_{max} = 0.85\beta_1 \cdot \frac{f_{ck}}{f_y} \cdot \frac{\varepsilon_{cu}}{\varepsilon_{cu} + 0.004}$$

$$= 0.85 \times 0.85 \times \frac{21}{350} \times \frac{0.003}{0.003 + 0.004} = 0.019$$

슬래브의 유효깊이는 절대값 최대의 모멘트가 일어나는 단면, 즉 첫 번째 내부 받침부에 일어나는 부(−)모멘트에 의해 정해진다. 5장의 식 (5·13)으로부터

$$M_d = \phi M_n = \phi \rho f_y b d^2 \left(1 - 0.59\rho \frac{f_y}{f_{ck}}\right)$$

$$\therefore\ d^2 = \frac{M_u}{\phi \rho f_y b \left(1 - 0.59\rho \dfrac{f_y}{f_{ck}}\right)}$$

$$= \frac{32,000 \times 1,000}{0.85 \times 0.019 \times 350 \times 1,000 \times \left(1 - 0.59 \times \dfrac{0.019 \times 350}{21}\right)} = 6,988\text{mm}^2$$

$$\therefore d = 84\text{mm}$$

이에 대하여 125 mm를 유효깊이로 한다[이 슬래브는 두께가 150 mm이고, 외기나 흙에 접하지 않으며 $D\,35$ 이하의 철근이 사용될 것이므로 최소 피복두께 20 mm를 확보할 수 있다. 표 7-2(a) 참조]. 콘크리트 응력의 등가 사각형 분포의 깊이를 a=18 mm로 가정하고 철근량을 계산하면

$$A_s = \frac{M_u}{\phi f_y \left(d - \dfrac{a}{2}\right)} = \frac{32,000 \times 1,000}{0.85 \times 350 \times \left(125 - \dfrac{18}{2}\right)} = 927\text{mm}^2$$

a를 검토하면

$$a = \frac{A_s f_y}{0.85 f_{ck} b} = \frac{927 \times 350}{0.85 \times 21 \times 1,000} = 18\text{mm} \quad (\text{OK})$$

최외단 받침부의 철근량은

$$A_s = \frac{13,300 \times 1,000}{0.85 \times 350 \times \left(125 - \dfrac{18}{2}\right)} = 385\text{mm}^2$$

최외측 경간 중앙단면의 철근량은

$$A_s = \frac{22,900 \times 1,000}{0.85 \times 350 \times \left(125 - \dfrac{18}{2}\right)} = 664\text{mm}^2$$

내부 경간 중앙단면의 철근량은

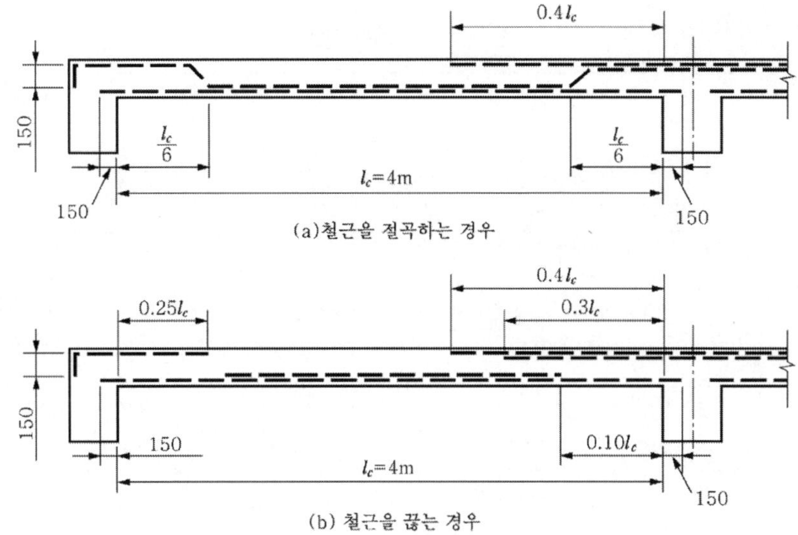

그림 10-10 휨철근의 배근

$$A_s = \frac{20,000 \times 1,000}{0.85 \times 350 \times \left(125 - \dfrac{18}{2}\right)} = 580\text{mm}^2$$

일반 내부 받침부의 철근량은

$$A_s = \frac{29,100 \times 1,000}{0.85 \times 350 \times \left(125 - \dfrac{18}{2}\right)} = 843\text{mm}^2$$

이들 인장철근은 규정된 간격 내에서 임의로 정할 수 있지만, 실제 시공할 때 손쉽고 빠르게 배근할 수 있도록 정해야 한다. 그러기 위해서는 다소 철근이 많이 들어가겠지만 같은 종류의 철근을 같은 간격으로 배치하는 것이 좋다. 여기서는 D 16과 D 13을 250 mm 간격으로 그림 10-10 (a) 또는 (b)와 같이 배근한다. 이것이 표 10-2의 맨 아래의 난에 나타나 있다. 이 철근량들은 최대 철근비 ρ_{max}로 계산한 값보다 적고, 또 식 (5·4 a) 및 식 (5·5 a)로 계산되는 최소 철근량보다 많다. 이들 정철근 및 부철근의 묻힘길이, 정착길이, 끊는 점 등은 7장의 7.3절에 따라 정해야 한다.

수축 및 온도철근의 최소량은(f_y = 350 MPa이므로)

$$0.0020 \times (1,000 \times 150) = 300\text{mm}^2$$

D 10(단면적 71.3 mm^2)을 200 mm 간격으로 주철근에 직각방향으로 배근한다면

$$71.3 \times 5 = 356\text{mm}^2/\text{m} > 300\text{mm}^2$$

최대 전단력은 내부 받침부 전면(前面)으로부터 d=125 mm 떨어진 단면에 일어나므로

표 10-2　계산결과

	최외측 경간			첫 번째 내부경간			그 밖의 경간	
	최외단 받침부	중앙	첫 내부 지점의 외측면	첫 내부 받침부	중앙	내부 받침부	받침부	중앙
모멘트 계수	$-\frac{1}{24}$	$+\frac{1}{14}$	$-\frac{1}{10}$	$-\frac{1}{11}$	$+\frac{1}{16}$	$-\frac{1}{11}$	$-\frac{1}{11}$	$+\frac{1}{16}$
M (N·m)	−13,300	+22,900	−32,000	−29,100	+20,000	−29,100	−29,100	+20,000
A_s (mm^2)	385	664	927	843	580	843	843	580
사용철근과 간격	D16 @ 250 (794 mm^2)	D16 @ 250 D13 @ 250 (1,300 mm^2)	D16 @ 250 D13 @ 250 (1,300 mm^2)	〃	〃	〃	〃	〃

$$V_u = 1.15\frac{w_u l_n}{2} - w_u d = 1.15\times\frac{1}{2}\times 20,000\times 4 - 20,000\times 0.125 = 43,500\text{N}$$

이 슬래브 콘크리트의 공칭전단강도는 식 (6 · 14)로부터

$$V_c = \frac{1}{6}\lambda\sqrt{f_{ck}}\,b_w d = \frac{1}{6}(1.0)\sqrt{21}\times 1,000\times 125 = 96,000\text{N}$$

$$\phi V_c = 0.75\times 96,000 = 72,000\text{N} > V_u$$

$$\frac{1}{2}\phi V_c = \frac{1}{2}\times 72,000 = 36,000\,\text{N} < V_u$$

즉 $\frac{1}{2}\phi V_c < V_u < \phi V_c$이어서 최소 전단철근량을 배근해야 하는 범위에 있지만, 슬래브에서는 이 조건을 적용하지 않으므로 전단보강을 할 필요가 없다.

10.5 2방향 슬래브

10.5.1 서 론

2방향 슬래브는 그림 10-1 (c)와 같이 비교적 강성(剛性)이 큰 보 또는 벽체로 지지된 슬래브로서 서로 직교하는 2방향으로 주철근을 배치한 슬래브를 말한다.

그림 10-11과 같이 긴 변 L, 짧은 변 S인 4변 지지의 직사각형 2방향 슬래브가 등

분포의 사용하중 w를 받을 때 각 변에 평행하고, 서로 직교하는 두 슬래브대(帶) ab와 cd가 각각 분담 지지해야 할 하중 w_{ab} 및 w_{cd}를 구해 보자.

ab대와 cd대의 교점 e의 처짐은 같아야 하므로

$$\delta_e = \frac{5w_{ab}S^4}{384EI} = \frac{5w_{cd}L^4}{384EI}$$

$$\therefore \frac{w_{ab}}{w_{cd}} = \frac{L^4}{S^4} \qquad \text{(a)}$$

즉, 짧은 경간과 긴 경간이 분담하는 하중의 비는 경간 길이의 역비의 4제곱에 비례하여 짧은 경간의 부담이 크다. 또

$$w_{ab} + w_{cd} = w \qquad \text{(b)}$$

이므로 (a), (b) 두 식을 연립시켜 풀면

$$w_{ab} = \frac{L^4}{L^4+S^4}w, \qquad w_{cd} = \frac{S^4}{L^4+S^4}w$$

즉, ab대 및 cd대가 분담해야 할 하중은 슬래브의 두 경간 L과 S에 관계됨을 알 수 있다. 여기서 $L=1.5S$이라면

$$w_{ab} = 0.835w, \qquad w_{cd} = 0.165w$$

$L=2.0S$이라면

$$w_{ab} = 0.941w, \qquad w_{cd} = 0.059w$$

즉, 긴 변 L이 짧은 변 S의 2배가 되면 슬래브에 작용하는 하중의 대부분을 짧은 변 방향의 슬래브대가 부담하게 된다.

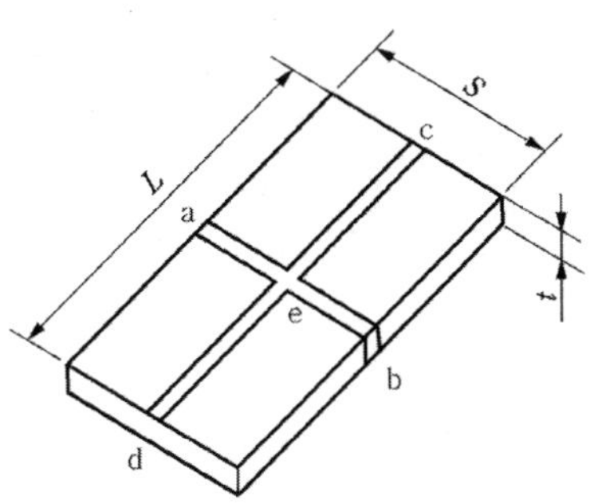

그림 10-11 2방향 슬래브$\left(0.5 < \frac{S}{L} \le 1\right)$

이것은 긴 변과 짧은 변의 비가 2를 넘으면 짧은 변을 경간으로 하는 1방향 슬래브로 설계해야 함을 의미한다. 다시 말해서 짧은 경간 S와 긴 경간 L의 비 S/L가 다음과 같은 범위에 있을 때만 2방향 슬래브로 설계한다.

$$0.5 < \frac{S}{L} \leq 1.0$$

그림 10-11에서 알 수 있는 바와 같이 ab대가 이동하면 점 e는 cd대의 중앙점이 아니므로 처짐을 계산하는 정수 5/384는 cd대에는 성립되지 않으며, 이때 ab대는 휨뿐 아니라 비틀림까지 받게 된다. ab대가 단부(端部)에 가까워지면 cd대의 처짐은 0에 가까워져서 ab대의 하중 부담률은 커진다.

이와 같이 2방향 슬래브는 그 해석이 복잡하여 여러 가지 근사해법이 제안되고 있다. 과거의 설계기준에는 허용응력설계법으로서 세 가지 방법이 부록으로 주어져 있었다. 이때 슬래브를 그림 10-12와 같이 주열대(柱列帶, column strip)와 중간대(中間帶, middle strip)로 나누어 각 대에 각각 균일한 크기의 모멘트가 작용하는 것으로 생각하고 설계한다.

설계기준에서는 보의 유무에 관계없이 모든 2방향 슬래브를 **직접설계법**(direct design method) 또는 **등가골조법**(등가 뼈대법, equivalent frame method)에 의해 설계하도록 하고 있다.

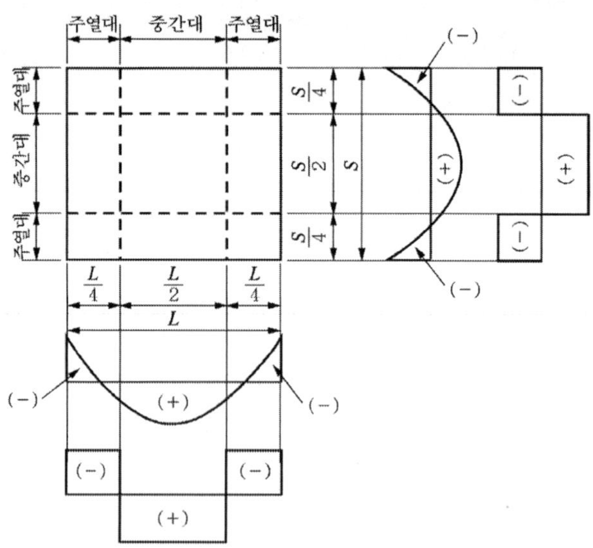

그림 10-12 주열대와 중간대

10.5.2 구조상세

[1] 주철근의 배치

2방향 슬래브에서는 그림 10-13에 보인 바와 같이 짧은 경간방향의 철근을 긴 경간 방향의 철근보다 슬래브 표면에 가깝게 놓는다. 그 이유는 전술한 바와 같이 짧은 경간방향의 하중 부담률이 크기 때문이다.

굽힘철근을 사용하는 경우, 그 배근순서는 그림 10-14와 같이 한다. 즉

① 제일 먼저 짧은 경간방향으로 슬래브 바닥에 직선철근을 배치한다.

② 다음에 긴 경간방향 철근을 짧은 경간의 양단 $\frac{S}{8}$ 내에 배치한다. 이때 짧은 경간방향 철근을 $\frac{S}{8}$ 되는 점에서 구부려 올린다.

③ 이 짧은 경간방향의 굽힘철근과 함께 직선상단(直線上端) 철근을 배치한다.

④ 모든 긴 경간방향 철근은 짧은 경간의 중앙 $\frac{3}{4}S$의 범위에 배치한다.

[2] 주철근의 간격과 정착

격막(cellular) 또는 리브(rib)를 가지는 슬래브를 제외하고 위험단면에서의 주철근의 간격은 슬래브 두께의 2배 이하, 또 300 mm 이하라야 한다. 한편 불연속단부에 수직인 모든 정철근은 슬래브 단부를 지나 150 mm 이상 단부보 또는 기둥 속에 묻어 넣어야 한다. 불연속단부에 수직인 모든 부철근은 단부보 또는 기둥 속에서 절곡하거나 갈고리를 붙여 정착하되, 지지부 전면에서 소요의 정착길이를 갖도록 해야 한다.

[3] 슬래브의 두께

슬래브의 두께는 짧은 경간 상면에 일어나는 부모멘트에 의해 지배되는 것이 보통이다. 그래서 슬래브 두께 t는 그림 10-13에서 알 수 있는 바와 같이 $t=(d_s+0.5d_b+\text{피복두께})$로 된다. 정사각형의 2방향 슬래브에서는 짧은 경간과 긴 경간의 유효깊이의 평균값을 유효깊이로 하여 슬래브 두께를 정한다.

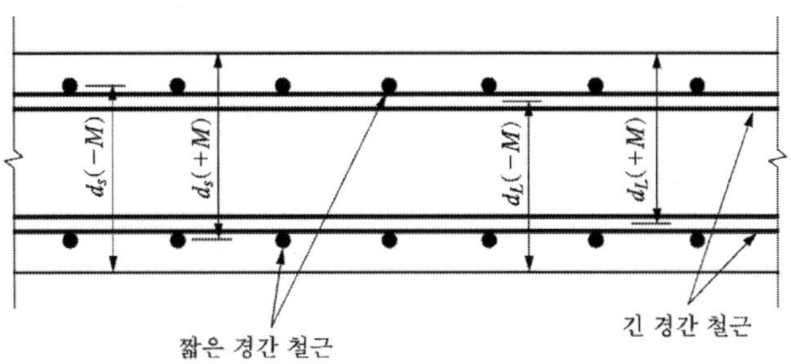

그림 10-13 2방향 슬래브의 주철근의 배치

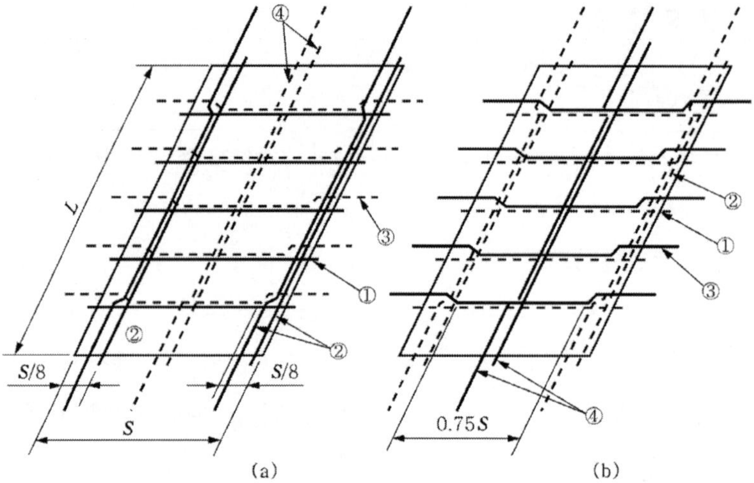

그림 10-14 2방향 슬래브의 배근순서

[4] 슬래브 모서리의 보강

2방향 슬래브는 지지보와 일체로 만드는 것이 보통이지만 지지보와 일체로 되어 있지 않을 때는 슬래브의 네 모서리가 위로 솟는 경향이 있다. 그 결과 모서리에는 모멘트가 작용하게 되어 모서리 상면(上面)에는 슬래브 바닥의 대각선 방향으로 인장력이 일어나고 하면(下面)에는 대각선에 직각방향으로 인장력이 작용한다. 그러므로 이 부분을 다음과 같이 철근으로 보강해야 한다. 장지간(長支間)의 1/5되는 모서리 부분을, 상면에서는 대각선의 방향으로, 하면에서는 대각선에 직각방향으로 배근하거나 〔그림 10-15(b)〕 또는 그림 10-15(a)와 같이 양변에 평행한 2방향 철근을 상하면에 배근한다. 이 보강철근의 지름과 간격은 슬래브의 최대 정철근 단면에서와 같도록 한다.

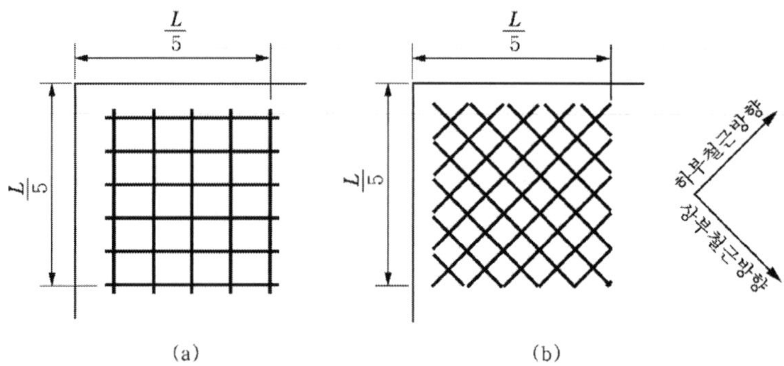

그림 10-15 슬래브 모서리의 보강

10. 5. 3 지지보가 받는 하중

등분포 하중을 받는 2방향 슬래브의 지지보가 부담할 하중은 그림 10-16에 보인 바와 같이 슬래브의 네 모서리에서 변과 45°의 각을 이루는 선과 슬래브의 장변에 평행한 중심선이 만드는 삼각형 또는 사다리꼴 부분의 하중을 받는 것으로 본다. 즉, 그림에서 보 AB는 삼각형 부분의 하중을, 보 EF는 사다리꼴 부분의 하중을 각각 받으며 CD 및 GH는 각각 빗금 친 부분의 하중을 받는다고 본다. 그리고 이들 하중은 설계에 편리하도록 등분포 하중으로 환산한다.

지금 그림 10-17과 같은 슬래브가 계수 등분포 하중 w_u를 받을 때 짧은 경간의 지지보의 삼각형 하중을 등분포 하중 $w_s{}'$로 환산하기 위하여 경간중앙에 대한 휨모멘트를 같다고 놓으면

$$M=\frac{w_uS^2}{8}\times\frac{S}{2}-\frac{w_uS^2}{8}\times\frac{S}{6}=\frac{w_s{}'S^2}{8}$$

$$\therefore w_s{}'=\frac{w_uS}{3}$$

같은 방법으로 긴 경간의 보의 환산 등분포 하중 $w_L{}'$는

$$w_L{}'=\frac{w_uS}{3}\left(\frac{3-m^2}{2}\right)$$

여기서

$$m=\frac{S}{L}$$

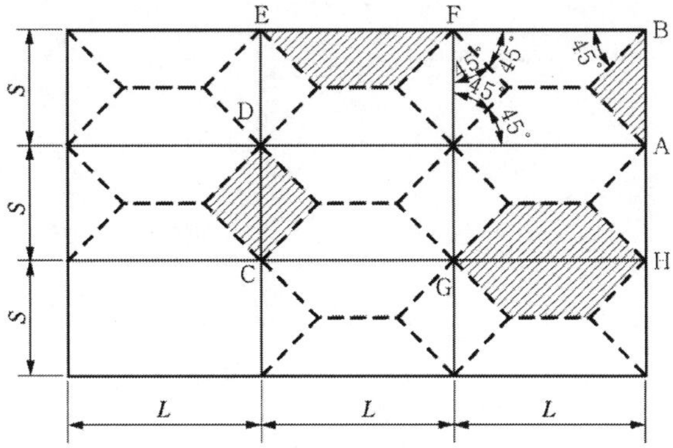

그림 10-16 2방향 슬래브의 지지보가 받는 하중

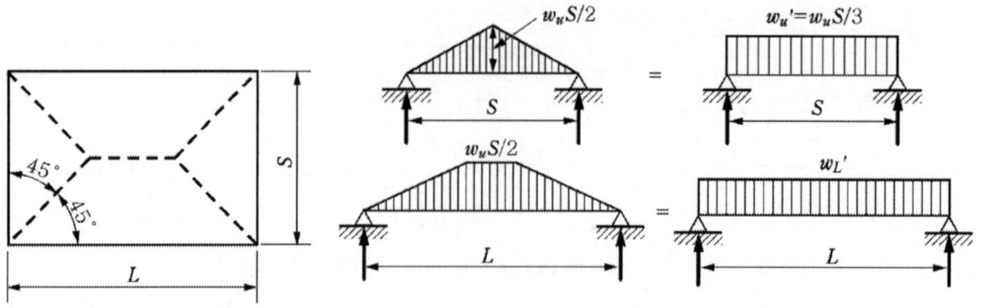

그림 10-17 지지보가 받는 하중의 환산

지지보의 양쪽에 슬래브가 있는 경우에는 짧은 경간 및 긴 경간에 대하여 각각 위의 값을 2배하면 된다.

10. 5. 4 2방향 슬래브의 설계 예

2방향 슬래브의 강도설계는 직접설계법에 의하거나 또는 등가골조법에 의하여야 한다. 이 설계법들은 보로 지지된 2방향 슬래브뿐 아니라 기둥으로 지지된 플랫 슬래브나 평판 슬래브에도 적용된다. 여기서는 직접설계법의 예를 들어 보기로 한다.

예제 10-2 그림 10-18과 같이 보와 일체로 된 2방향 슬래브가 사용 활하중 5,625 N/m²을 받고 있을 때 Ⓟ패널(panel)을 직접설계법으로 설계하라. f_{ck} = 21 MPa이고 f_y = 240 MPa이다.

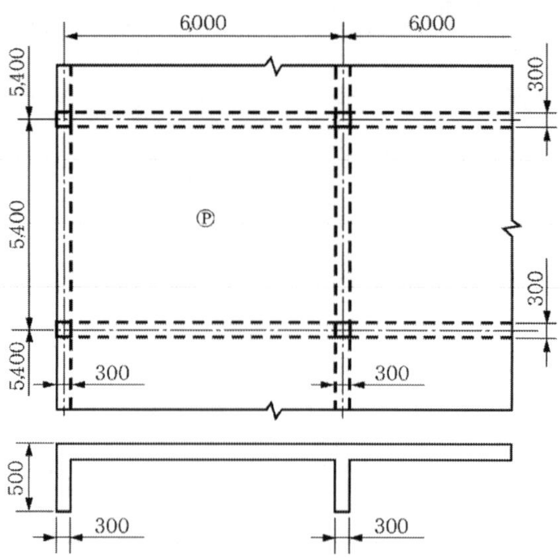

그림 10-18 2방향 슬래브(설계 예)

풀이 직접설계법은 각 방향으로 3경간 이상 연속이고 긴 경간이 짧은 경간의 2배 이하인 직사각형 슬래브로서, 활하중이 고정하중의 3배 이하이어야 하는 등의 조건하에서만 적용되는 설계방법이다.

(1) 슬래브 두께의 결정

슬래브 두께를 $h=130$ mm로 가정하면 지지보를 T형보로 볼 수 있는 유효플랜지 폭, 즉 보의 복부로부터 한쪽으로 내민 플랜지의 유효 길이는 다음과 같이 취한다. 대칭 단면인 경우에는 슬래브 아래로 내민 보의 깊이만큼을 보의 복부로부터 한 쪽으로 연장된 길이이고[설계기준 10.3.1의 (4)], 비대칭 단면인 경우에는 보의 한 쪽으로만 슬래브 두께의 4배 이하만큼 연장된 길이이다[6장의 그림 6-27]. 즉 다음과 같이 된다.

$$500-130=370\text{mm}\ (\text{대칭})$$
$$4h=4\times130=520\text{mm}\ (\text{비대칭})$$

따라서 370 mm를 취한다[그림 10-20 참조].

강성비(剛性比)를 구하기 위하여 단면2차모멘트를 계산한다.

계산을 간단히 하기 위하여 그림 10-20 (a) 및 (b)의 T형 단면의 2차 모멘트를 각각 300 mm×500 mm의 직사각형 단면의 2차 모멘트의 1.5배 및 2배로 본다.

단부(端部)보

$$I=\left(\frac{1}{12}\times300\times500^3\right)\times1.5=4{,}687.5\times10^6\text{mm}^4$$

내측(內側)보

$$I=\left(\frac{1}{12}\times300\times500^3\right)\times2=6{,}250\times10^6\text{mm}^4$$

단부(端部)보를 포함한 3.15 m $\left(=\dfrac{6}{2}+\dfrac{0.30}{2}\right)$폭의 슬래브(짧은 경간 단면)

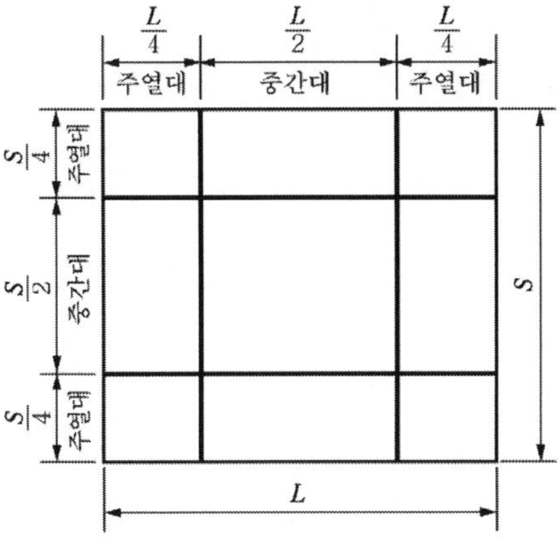

그림 10-19 주열대와 중간대

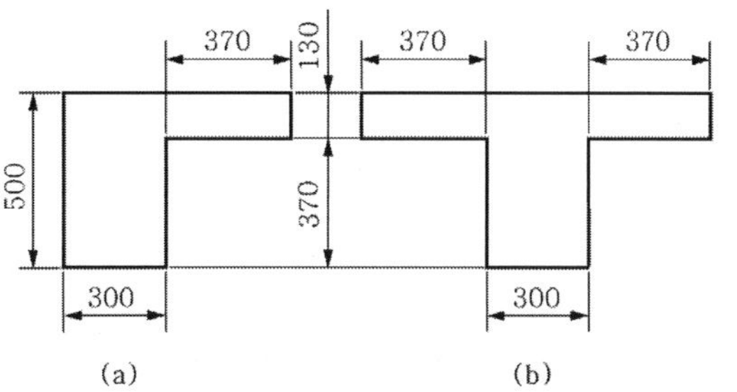

그림 10-20 플랜지의 유효길이

$$I = \frac{1}{12} \times 3,150 \times 130^3 = 576.7 \times 10^6 \text{mm}^4$$

5.4 m 폭의 슬래브

$$I = \frac{1}{12} \times 5,400 \times 130^3 = 988.65 \times 10^6 \text{mm}^4$$

6.0 m 폭의 슬래브

$$I = \frac{1}{12} \times 6,000 \times 130^3 = 1,098.5 \times 10^6 \text{mm}^4$$

보와 슬래브의 강성비(剛性比) $\alpha\left(=\frac{E_{cb} I_b}{E_{cs} I_s}\right.$, 설계기준 10.1.2의 기호 참조)는 탄성계수가 같으므로($E_{cb} = E_{cs}$) 단면2차모멘트의 비로 된다. 즉

$$\alpha = \frac{E_{cb} I_b}{E_{cs} I_s} = \frac{I_b}{I_s}$$

따라서 단부(端部)보에 대한 α 는

$$\alpha = \frac{4,687.5}{576.7} = 8.13$$

6.0 m 폭에 대한 α 는

$$\alpha = \frac{6,250}{988.65} = 6.32$$

5.4 m 폭에 대한 α 는

$$\alpha = \frac{6,250}{1,098.5} = 5.69$$

이들 α 의 평균값 α_m 은

$$\alpha_m = \frac{1}{3}(8.13 + 6.32 + 5.69) = 6.71$$

긴 지간의 순경간 l_n 은

$$l_n = 6.0 - 0.3 = 5.7\text{m}$$

짧은 지간의 순경간은

$$5.4 - 0.3 = 5.1\text{m}$$

긴 지간과 짧은 지간의 순경간비 β 는

$$\beta = \frac{5.7}{5.1} = 1.12$$

$\alpha_m > 2.0$ 이므로 슬래브의 최소두께는 콘크리트구조기준(2012) 4.3.2 (3)의 ②에 따라 구한다. 콘크리트구조기준(2012)의 식 (4.3.6)으로부터

$$h = \frac{l_n\left(800 + \frac{f_y}{1.4}\right)}{36,000 + 9,000\beta} = \frac{5,700\left(800 + \frac{240}{1.4}\right)}{36,000 + 9,000 \times 1.12} = 120\text{mm} > 90\,\text{mm}$$

즉 슬래브 두께 h는 120 mm보다 작아서는 안 된다. 따라서 슬래브 두께를 처음에 가정한 대로 $h=130$ mm로 한다. 그러면

슬래브의 자중 : $2,500(\text{kg/m}^3) \times 0.13 = 325\ \text{kgf/m}^2 = 3,250\ \text{N/m}^2$

하중계수와 하중조합은 $U = 1.2D + 1.6L$을 사용하기로 한다. 그러면

계수하중 : $w_u = 1.2D + 1.6L = 1.2 \times 3,250 + 1.6 \times 5,625 = 12,900\text{N/m}^2$

(2) 계수 모멘트의 계산과 분배

① 내측(內側) 지지부 중심선 양쪽 패널의 중심선으로 구분되는 슬래브대(slab-beam strip)[그림 10-21 (a)의 Ⓐ패널]의 짧은 지간방향의 정역학적 계수 모멘트는 설계기준 10.4.2의 식 (10.4.2)로부터

$$M_0 = \frac{1}{8} w_u l_2 l_n^2 = \frac{1}{8} \times 12,900 \times 6.0 \times 5.1^2 = 252,000\text{N·m}$$

이것을 다음과 같이 분배한다[설계기준 10.4.3의 (2) 참조]

부(−) 모멘트= 252,000×0.65= 164,000 N·m

정(+) 모멘트= 252,000×0.35= 88,000 N·m

그런데

주열대의 폭 $2 \times \frac{5.4}{4} = 2.7\text{m}$

$\frac{l_2}{l_1} = \frac{6.0}{5.4} = 1.11,\qquad \frac{\alpha_1 l_2}{l_1} = \frac{5.69 \times 6.0}{5.4} = 6.32$

설계기준 10.4.1의 식 (10.4.1)로부터

$$\frac{\alpha_1 l_2^2}{\alpha_2 l_1^2} = \frac{5.69 \times 6.0^2}{6.32 \times 5.4^2} = 1.11,\quad \text{즉 } 0.20 < \frac{\alpha_1 l_2^2}{\alpha_2 l_1^2} < 5.0$$

따라서 주열대가 부담해야 할 부(−) 모멘트는 설계기준 10.4.4의 (1)에 따라, 설계기준의 표 10.4.2의 분배율 75%를 $\frac{l_2}{l_1} = 1.11$ 에 대하여 직선보간한다. 즉

$$164,000 \times (0.75 - 0.30 \times 0.11) = 164,000 \times 0.72 = 118,000\text{N·m}$$

이것을 주열대의 보와 주열대 슬래브가 각각 분담하는데, 그 분담률은 85%를 보가 부담하고 나머지는 슬래브가 부담한다[설계기준 10.4.5].

따라서 주열대의 보가 부담할 부(−) 모멘트는

$$118,000 \times 0.85 = 100,000\text{N·m}$$

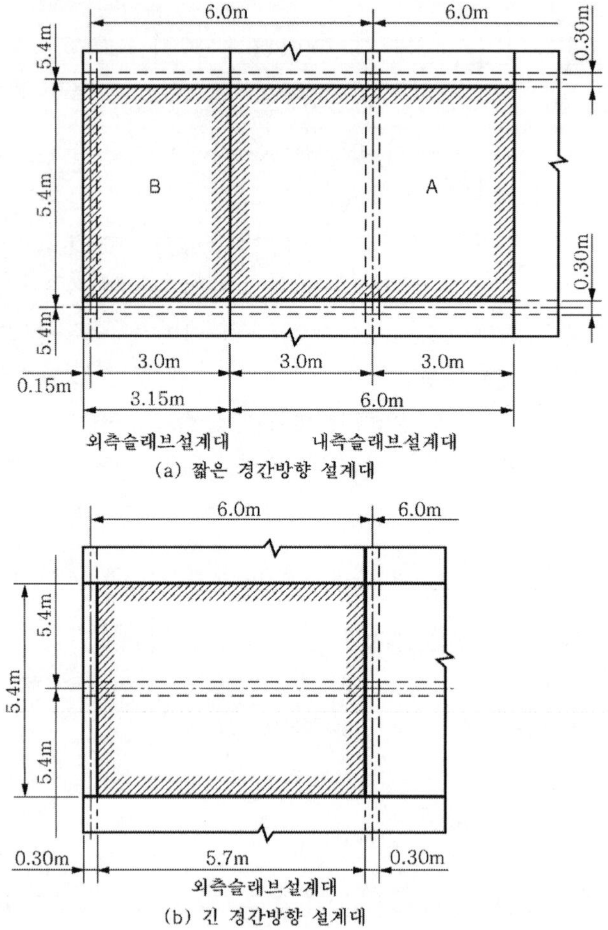

그림 10-21 슬래브의 설계대

주열대 슬래브가 부담할 부(−) 모멘트는

$$118,000 - 100,000 = 18,000\text{N·m}$$

주열대가 부담하고 남은 부(負) 모멘트 164,000−118,000=46,000 N·m은 중간대에 부담시킨다.

주열대가 부담해야 할 정(正) 모멘트는 설계기준 10.4.4의 (4)와 표 10.4.4에 의하여

$$88,000 \times 0.72 = 63,000\text{N·m}$$

이것을 설계기준 10.4.5에 따라 주열대의 보와 주열대 슬래브에 분담시켜야 하는데, 그 양은 각각 다음과 같다.

$$63,000 \times 0.85 = 54,000\text{ N·m}$$
$$63,000 - 54,000 = 9,000\text{ N m}$$

주열대가 부담하고 남은 정(正) 모멘트 88,000 − 63,000 = 25,000 N·m은 중간대가 부담한다.

② 단부(端部)보를 포함한 짧은 경간방향의 외측 슬래브[그림 10-21(a)의 Ⓑ 패널]의 계수 모멘트는

$$M_0 = \frac{1}{8} w_u l_2 l_n^2 = \frac{1}{8} \times 12,900 \times 3.15 \times 5.1^2 = 132,000 \mathrm{N \cdot m}$$

내측 슬래브대의 경우와 같은 방법으로

부(−) 모멘트 = 132,00 × 0.65 = 86,000 N·m

정(+) 모멘트 = 132,00 × 0.35 = 46,000 N·m

그런데

$$\frac{l_2}{l_1} = \frac{6.0}{5.4} = 1.11$$

$$\frac{\alpha_1 l_2}{l_1} = \frac{8.13 \times 6.0}{5.4} = 9.4$$

$$\frac{\alpha_1 l_2^2}{\alpha_2 l_1^2} = \frac{8.13 \times 6.0^2}{6.32 \times 5.4^2} = 1.59, \text{ 즉 } 0.20 < \frac{\alpha_1 l_2^2}{\alpha_2 l_1^2} < 5.0$$

따라서 주열대에 대한 모멘트의 분배율은 내측 슬래브대의 경우와 같다. 이들의 계산결과는 표 10-3과 같다.

표 10-3 짧은 지간방향의 모멘트(N·m)

지간 5.4 m		주 열 대		중간대
		보	슬래브	슬래브
내측 슬래브대	−	100,000	18,000	46,000
	+	54,000	9,000	25,000
외측 슬래브대	−	53,000	9,000	25,000
	+	28,000	5,000	13,000

③ 외측 슬래브[단부패널, 즉 그림 10-21(b)]의 긴 경간방향의 설계 모멘트는

$$M_0 = \frac{1}{8} w_u l_2 l_n^2 = \frac{1}{8} \times 12,900 \times 5.4 \times 5.7^2 = 283,000 \mathrm{N \cdot m}$$

이 슬래브대는 단부패널이기 때문에 비틀림의 영향을 고려해야 한다.

이 슬래브대는 설계기준 10.4.3의 표 10.4.1의 (2)에 해당되므로, 그 분배률은 0.70, 0.57, 0.16이다. 따라서

내측 부(−) 모멘트 = 283,000 × 0.70 = 198,000 N m

정(+) 모멘트 = 283,000 × 0.57 = 161,000 N m

외측 부(−) 모멘트 = 283,000 × 0.16 = 45,000 N·m

단부보(외측보)의 비틀림의 영향을 정의하는 단면상수(cross-sectional constant) C는 그림 10-20 (a)에 대하여 설계기준 10.1.2의 기호에서 주고 있는 값을 적용한다(그림 10-20 (a)의 단면의 두 개의 직사각형 370 mm×500 mm와 370 mm×130 mm에서 각각 짧은 변의 길이가 x이고, 긴 변의 길이가 y이다).

$$C = \sum\left(1-0.63\frac{x}{y}\right)\frac{x^3y}{3}$$
$$= \left[\left(1-0.63\times\frac{300}{500}\right)\times\frac{300^3\times500}{3}\right]+\left[\left(1-0.63\times\frac{130}{370}\right)\times\frac{130^3\times370}{3}\right]$$
$$= 3{,}016\times10^6\,\mathrm{mm}^4$$

그런데

$$\frac{l_2}{l_1} = \frac{5{,}400}{6{,}000} = 0.9$$

$$\frac{\alpha_1 l_2}{l_1} = \frac{6.32\times5{,}400}{6{,}000} = 5.7$$

$$\frac{\alpha_1 l_2^2}{\alpha_2 l_1^2} = \frac{6.32\times5{,}400^2}{8.13\times6{,}000^2} = 0.63 \quad \text{즉 } 0.20 < \frac{\alpha_1 l_2^2}{\alpha_2 l_1^2} < 5.0$$

$$\beta_t = \frac{E_{cb}C}{2E_{cs}I_s} = \frac{C}{2I_s} = \frac{3{,}016}{2\times988.65} = 1.52$$

따라서 주열대에 분배될 내측 부(−) 모멘트는 설계기준 10.4.4의 표 10.4.2로부터(직선보간법에 의해 구한 분배율이 78%이므로)

$$198{,}000\times0.78 = 154{,}000\,\mathrm{N\cdot m}$$

이것의 85%는 보에 분배되고, 나머지 15%는 슬래브에 분배된다. 따라서 주열대의 보가 부담할 부(−) 모멘트는

$$154{,}000\times0.85 = 131{,}000\,\mathrm{N\cdot m}$$

주열대 슬래브가 부담할 부(−) 모멘트는

$$154{,}000-131{,}000 = 23{,}000\,\mathrm{N\cdot m}$$

주열대가 부담하고 남는 부(−) 모멘트

$$198{,}000-154{,}000 = 44{,}000\,\mathrm{N\cdot m}$$

는 중간대에 부담시킨다.

주열대가 부담해야할 정(+) 모멘트는 설계기준 10.4.4의 표 10.4.4로부터(직선 보간법에 의해 구한 분배율이 78%이므로)

$$161{,}000\times0.78 = 126{,}000\,\mathrm{N\cdot m}$$

따라서 주열대의 보와 주열대의 슬래브가 부담할 정(+) 모멘트는 각각

표 10-4 단부 슬래브의 긴 지간방향의 모멘트(N·m)

지간 6.0 m	주 열 대		중간대 슬래브
	보	슬래브	
외측 부(−) 모멘트	32,000	6,000	7,000
정(+) 모멘트	107,000	19,000	35,000
내측 부(−) 모멘트	131,000	23,000	44,000

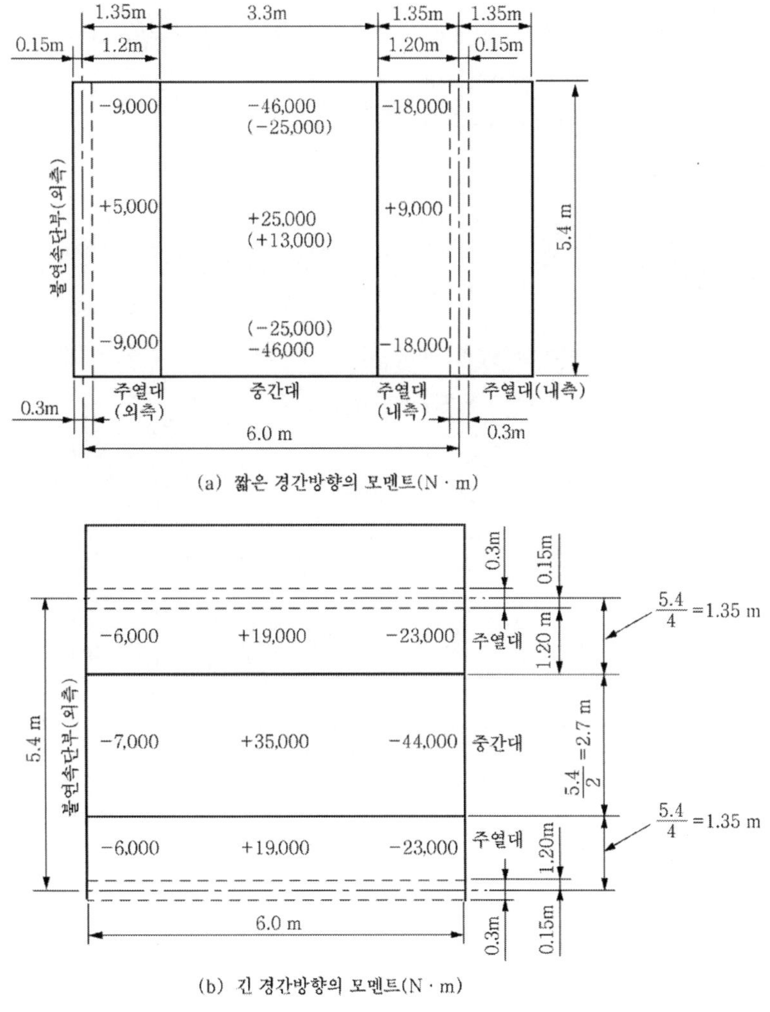

그림 10-22 각 지간방향의 모멘트

$$126,000 \times 0.85 = 107,000\text{N}\cdot\text{m}$$
$$126,000 - 107,000 = 19,000\text{N}\cdot\text{m}$$

나머지

$$161,000 - 126,000 = 35,000\text{N}\cdot\text{m}$$

는 중간대에 부담시킨다.

주열대에 분배될 외측 부(−) 모멘트는 설계기준 10.4.4의 표 10.4.3으로부터(직선 보간법에 의해 얻어진 분배율이 84%이므로)

$$45,000 \times 0.84 = 38,000\text{N}\cdot\text{m}$$

따라서 주열대의 보와 주열대 슬래브에 분배되는 부(−) 모멘트는 각각

$$38,000 \times 0.85 = 32,000\text{N}\cdot\text{m}$$
$$38,000 - 32,000 = 6,000\text{N}\cdot\text{m}$$

중간대가 부담할 부(−) 모멘트는

$$45,000 - 38,000 = 7,000\text{N}\cdot\text{m}$$

이상의 계산결과를 보인 것이 표 10-4와 그림 10-22이다.

(3) 철근량의 계산

다음에 유효높이 d와 철근량 A_s를 계산한다.

철근비의 상한(최대 철근비)은 식 (5·8a)로부터

$$\rho_{\max} = 0.85\beta_1 \cdot \frac{f_{ck}}{f_y} \cdot \frac{\varepsilon_{cu}}{\varepsilon_{cu} + 0.004}$$
$$= 0.85 \times 0.85 \times \frac{21}{240} \times \frac{0.003}{0.003 + 0.004} = 0.027$$
$$M_u \le \phi A_s f_y \left(d - \frac{a}{2}\right) = \phi \rho f_y b d^2 \left(1 - 0.59 \frac{\rho f_y}{f_{ck}}\right)$$
$$d^2 \ge \frac{M_u}{0.85 \times 0.027 \times 240 \times 1,000 \left(1 - 0.59 \times 0.027 \times \dfrac{240}{21}\right)} = \frac{M_u}{4,506}$$
$$\therefore d \ge \sqrt{\frac{M_u}{4,506}}$$

짧은 지간 슬래브의 유효깊이는 다음과 같다(M_u는 단위 폭에 대한 값이며, 표 10-5에 나타나 있다).

$$d \ge \sqrt{\frac{13,900 \times 1,000}{4506}} = 56\text{mm}$$

긴 지간 슬래브의 유효높이는

$$d \geq \sqrt{\frac{16,300 \times 1,000}{4506}} = 60\text{mm}$$

짧은 지간 슬래브(중간대)의 철근량은 $a = 10$ mm로 가정하면

$$A_s = \frac{M_u}{\phi f_y \left(d - \dfrac{a}{2}\right)} = \frac{13,900 \times 1,000}{0.85 \times 240 \times \left(100 - \dfrac{10}{2}\right)} = 717\text{mm}^2$$

a를 검토하면

$$a = \frac{A_s f_y}{0.85 f_{ck} b} = \frac{717 \times 240}{0.85 \times 21 \times 1,000} = 9.6\text{mm} \fallingdotseq 10\text{mm}$$

표 10-5　계산결과

지간	설계대	위치 (부호)	M (N·m)	b (mm)	$M \times \dfrac{1000}{b}$ (N·m/m)	d (mm)	A_s (mm^2)	D13의 철근수
짧은 지간 (5.4 m)	외측 주열대	(−)	9,000	1,200	7,500	100	387	4
		(+)	5,000	1,200	4,200	100	207	4
	중간대	(−)	46,000	3,300	13,900	100	717	6
		(+)	25,000	3,300	7,600	100	387	4
	내측 주열대	(−)	$\frac{1}{2} \times 18,000$	1,200	7,500	100	387	4
		(+)	$\frac{1}{2} \times 9000$	1,200	3,800	100	207	4
긴 지간 (6.0 m)	주열대	외측 (−)	6,000	2,400	2,500	90	138	4
		중앙 (+)	19,000	2,400	7,900	90	445	4
		내측 (−)	23,000	2,400	9,600	90	544	6
	중간대	외측 (−)	7,000	2,700	2,600	90	143	4
		중앙 (+)	35,000	2,700	13,000	90	750	6
		내측 (−)	44,000	2,700	16,300	90	957	8

긴 지간 슬래브(중간대 내측)의 철근량은 $a = 12$ mm로 가정하면

$$A_s = \frac{16,300 \times 1,000}{0.85 \times 240 \times \left(90 - \frac{12}{2}\right)} = 951\text{mm}^2$$

a를 검토하면

$$a = \frac{951 \times 240}{0.85 \times 21 \times 1,000} = 12.8\text{mm} > 12\text{mm}$$

$a = 13$ mm로 가정하면, $A_s = 957$ mm^2

a를 검토하면 $a = 12.9$ mm ≒ 13 mm

이와 같은 방법으로 철근량을 계산한다.

계산결과를 보인 것이 표 10-5이다. 이들 철근량은 10.4.2항의 [3]의 수축 및 온도 철근량보다 적어서는 안 된다.

(4) 전단강도의 검증

다음에 전단에 대하여 검증한다. 2방향 슬래브이지만 등분포 하중을 받고 있으므로, 보로 보고 검토한다(10.3.2항 참조). 그림 10-23과 같은 부담면적에 대하여 긴 지간 지지보의 면으로부터 $d = 100$ mm 되는 점에서의 계수전단력은($w_u = 12,900$ N/m^{2}이므로)

$$V_u = 12,900 \times \left(\frac{5.1}{2} - 0.10\right) = 32,000\text{N}$$

슬래브 콘크리트의 전단강도는

$$\phi V_c = \phi\left(\frac{1}{6}\lambda\sqrt{f_{ck}}\,bd\right)$$
$$= 0.75 \times \frac{1}{6}(1.0)\sqrt{21} \times 1,000 \times 100$$
$$= 61,300\text{N} > 32,000\text{N}$$

즉 $V_u < \phi V_c$이고 또 등분포하중을 받는 슬래브이므로 전단보강을 하지 않아도 좋다.

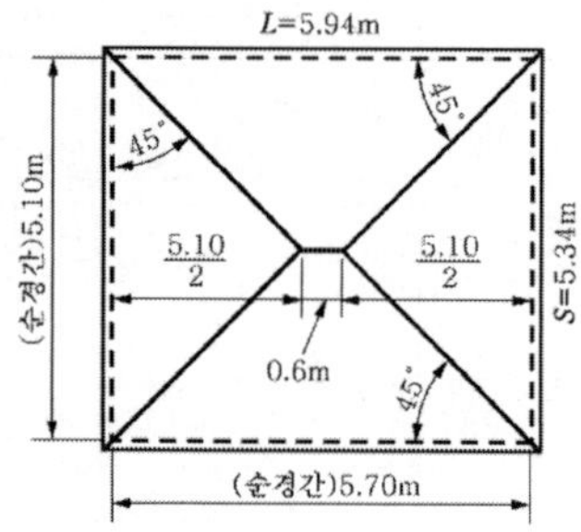

그림 10-23 하중분담면적

연습문제

10.1. 지간이 3.6 m인 1방향 슬래브가 있다. 자중을 포함해서 $w = 34$ kN/m가 작용한다. D 19 철근을 100 mm 간격으로 배치하기로 한다면 슬래브 두께는 얼마로 해야 하는가? $f_{ck} = 21$ MPa, $f_y = 300$ MPa이다.

10.2. 두께가 300 mm인 1방향 슬래브가 사용하중에 의한 모멘트 $M = 74$ kN·m을 받을 경우,

필요로 하는 철근량을 구하라. $f_{ck}=$ 21 MPa, $f_y=$ 300 MPa이다.

10.3. 그림 10-24와 같이 보와 일체로 된 슬래브가 있다. 이 슬래브에 사용 활하중 7kN/m^{2}가 작용한다. 1방향 슬래브로 설계하라. $f_{ck}=$ 28 MPa이고, $f_y=$300 MPa이다.

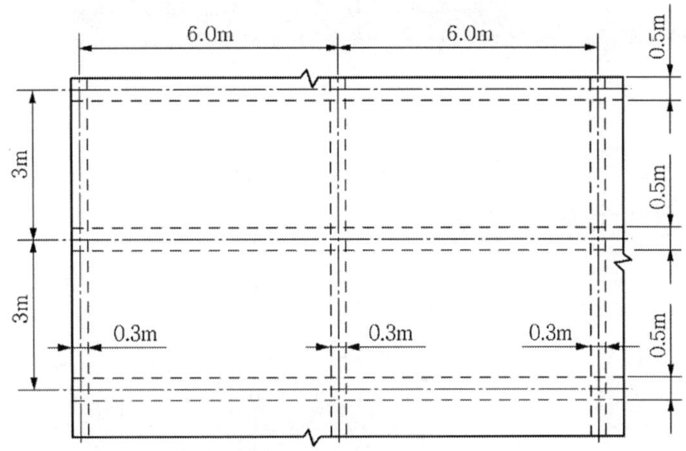

그림 10-24

제11장 확대기초

11.1 확대기초의 종류

확대기초(footing)란 상부(上部) 구조물의 하중을 지반(地盤)에 전달하기 위하여 설치하는 구조물을 말한다. 즉, 구조물이 침하되는 일 없이 안전하게 지지될 수 있도록 상부 구조물의 하중을 넓은 면적에 분포시키기 위한 구조물을 말한다. 이때 상부하중에 의하여 확대기초 밑면(底面)에 일어나는 압력이 기초지반의 허용지지력보다 작게 되도록 해야 한다. 확대기초는 대개 지지력이 좋은 지반 위에 직접기초로서 놓이는 경우가 많지만, 말뚝기초 위에 설치되는 경우도 있다.

확대기초에는 다음과 같은 종류가 있다.

독립 확대기초(isolated footing) : 그림 11-1 (a)와 같이 하나의 기둥을 지지하는 확대기초를 말하며, 주로 정사각형 또는 직사각형으로 만들어진다. 독립 확대기초를 그림 11-1 (b)와 같은 **경사 확대기초**(sloped footing) 또는 그림 11-1 (c)와 같은 **계단식 확대기초**(stepped footing)로 만드는 경우도 있다.

벽의 확대기초(wall footing) : 그림 11-1 (d)와 같이 벽체를 지지하는 확대기초를 말한다.

연결 확대기초(combined footing) : 그림 11-1 (e) 또는 (f)와 같이 하나의 확대기초로 2개 이상의 기둥을 지지하도록 된 확대기초를 말한다.

그림 11-1 (g)와 같이 2개의 독립 확대기초를 하나의 보로 연결한 것도 연결 확대기초이며, 이것을 특히 **캔틸레버 확대기초**(cantilever footing, strap footing)라고 한다.

전면기초(raft footing) : 그림 11-1 (h)와 같이 모든 기둥을 하나의 연속된 확대기

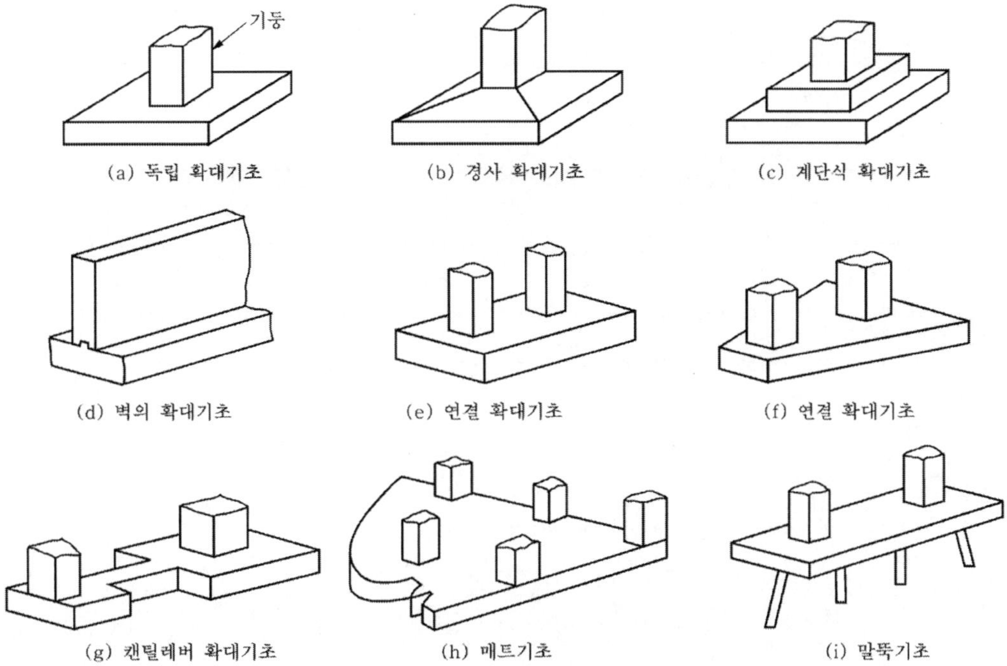

그림 11-1 확대기초의 종류

초로 지지하도록 만든 기초를 말하며, **매트기초**(mat foundation)라고도 한다. 연약지반에 주로 쓰이며, 구조적으로는 평판 슬래브(flat plate slab)와 같다.

말뚝기초(pile foundation, pile cap) : 그림 11-1 (i)와 같이 기둥하중을 말뚝에 의해 지반에 전달하는 기초를 말한다.

11.2 확대기초의 파괴형태

확대기초의 파괴는 집중하중에 의한 슬래브 작용에 의하여 일어난다. 확대기초의 파괴는 전단지간(a/d)에 관계되며[6장의 6.3.2 참조], 그 파괴형태는 다음과 같이 몇 가지 형태로 구분할 수 있다.

(1) 전단 압축파괴

지간이 짧고 높이가 큰 확대기초(즉, a/d가 작은 확대기초)에서는 먼저 사인장 균열이 형성되고, 이것이 압축측으로 발달하여 압축구역을 감소시킴으로써 압축응력과 전단응력의 합성에 의해 파괴된다. 그림 11-2 (a)는 이 경우를 보인 것이다.

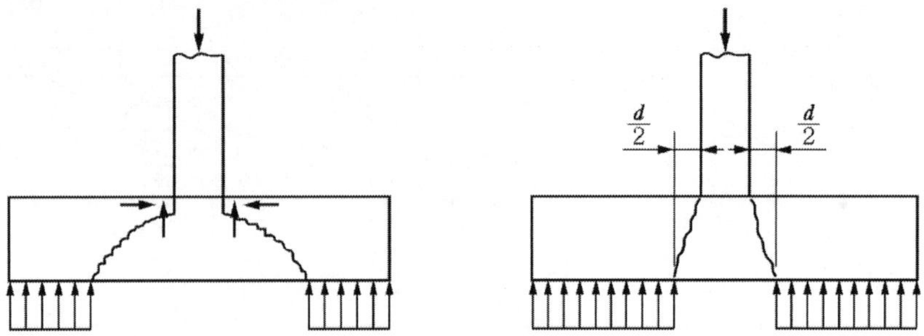

(a) 전단 압축파괴　　(b) 펀칭 전단파괴

그림 11-2 확대기초의 파괴형태[참고문헌 36]

(2) 사인장 균열 후의 휨파괴

a/d가 작은 확대기초에서 사인장 균열이 발생한 후, 이것이 압축구역으로 발전하기 전에 인장철근의 항복으로 파괴가 시작된다.

(3) 사인장 파괴(뚫림전단파괴, 펀칭전단파괴)

a/d가 중간 정도인 보통의 확대기초에서 집중하중의 네 주변에서 사인장 균열이 발생함으로써 파괴되는 경우이다. 그림 11-2(b)는 이 경우를 보인 것이다. 이런 파괴를 뚫림전단파괴(punching shear failure, 펀칭전단파괴)라고 한다.

(4) 사인장 균열 전의 휨파괴

a/d가 큰 확대기초에서는 사인장 균열이 발생하기 전에 인장철근이 항복함으로써 휨파괴를 일으킨다.

보의 경우와 마찬가지로, a/d가 큰 확대기초에서는 휨강도에 도달하기 전에 전단파괴가 먼저 발생하는 경우는 거의 없다.

11.3 계산을 위한 가정

확대기초의 설계계산을 단순화하기 위하여 다음과 같은 몇 가지 가정을 둔다.

(1) 확대기초 밑면의 압력분포를 선형으로 본다. 확대기초 밑면의 압력분포는 기초지반의 흙의 성질과 확대기초의 휨강성에 따라 다르기 때문에 엄밀하게는 선형분포로 되지 않는다. 그러나 계산의 간편을 위하여 이렇게 가정한다. 따라서 기둥이 확대기초 중앙에 위치하는 독립 확대기초에서는, 기초 밑면에 일어나는 압력은 등분포한다고 생

각한다.

(2) 확대기초 밑면과 기초지반 사이에는 압축력만이 작용한다고 본다. 확대기초에 일어나는 휨모멘트가 큰 경우에는 기초 밑면에 계산상 인장응력이 일어난다. 그러나 특별한 공법을 사용하지 않는 한 기초 밑면과 지반 사이에서는 인장력이 작용할 수 없으므로 압축력만을 생각하는 것이다.

(3) 연결 확대기초에서는 하중을 기초 밑면에 등분포시키는 것을 원칙으로 한다. 그러기 위해서는 하중의 합력의 작용선을 확대기초 도심(圖心)에 일치시킨다.

(4) 보로 연결된 연결 확대기초(캔틸레버 확대기초)에서는 휨모멘트의 일부 또는 전부를 연결보에 부담시키고, 확대기초는 연직하중만을 받는 것으로 본다.

11.4 독립 확대기초

11.4.1 확대기초의 넓이

확대기초는 기둥하중을 안전하게 지반에 전달하기 위한 구조물이다. 즉, 확대기초는 침하를 일으키는 일이 없이 기둥하중을 지지할 수 있어야 한다. 그러기 위해서는 기둥하중에 의하여 확대기초 밑면에 일어나는 압력이 기초지반의 허용지지력보다 커서는 안 된다. 그림 11-3과 같은 독립 확대기초에서 기둥하중 P에 의하여 기초밑면에 일어나는 압력 p는 다음과 같다.

$$p = \frac{P}{A} = \frac{P}{HL}$$

이 p가 기초지반의 허용지지력 p_a 이하라야 한다. 여기서 A는 확대기초의 넓이이다.

확대기초의 설계에 있어서는 기둥하중 P와 지반의 허용지지력 p_a를 알고 확대기초의 필요한 면적을 구하는 것이 보통이다. 따라서 확대기초의 필요한 넓이는 다음과 같이 된다.

$$A = \frac{P}{p_a}$$

확대기초를 강도설계법에 의해 설계할 경우라도 확대기초의 넓이를 계산할 때는 기둥하중 P는 사용하중(service load)을 사용한다.

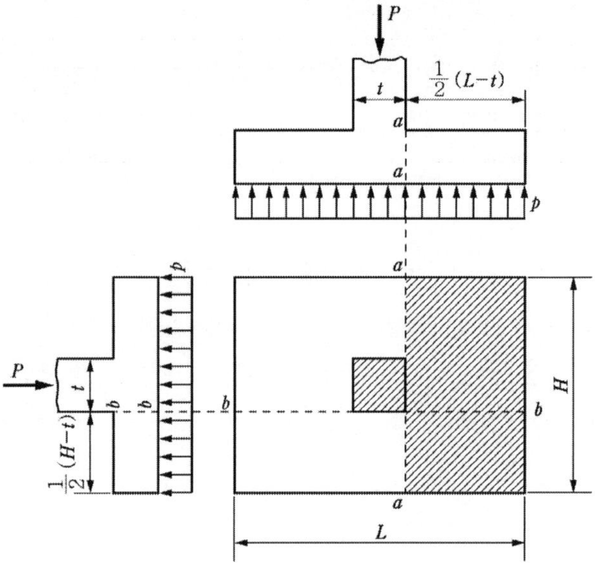

그림 11-3 휨에 대한 위험단면

11.4.2 휨모멘트

[1] 위험단면

확대기초의 휨모멘트는 확대기초를 가로 지른 연직단면을 생각하고, 그 연직단면 바깥쪽의 확대기초 면적에 작용하는 힘에 대하여 계산한다. 이러한 연직단면 가운데 설계를 위한 모멘트를 계산하는 단면을 **위험단면**이라고 한다.

독립 확대기초에서 휨에 대한 위험단면은 다음과 같다.

(1) 콘크리트로 된 기둥, 받침대 또는 벽체를 지지하는 확대기초에 있어서는 기둥, 받침대 또는 벽체의 전면(前面)을 휨에 대한 위험단면으로 본다. 그림 11-3의 단면 $a \sim a$ 및 $b \sim b$가 이것이다.

그러나 콘크리트 기둥 또는 받침대의 단면이 원형 또는 정다각형인 경우에는 이것과 같은 단면적을 가지는 동심(同心)의 정사각형을 생각하여 그 전면(前面)을 휨에 대한 위험단면으로 한다.

(2) 석공벽(石工壁)을 지지하는 확대기초에서는 벽의 중심선과 전면(前面)과의 중간선을 휨에 대한 위험단면으로 본다. 그림 11-4(a)에 나타나 있다.

(3) 강철저판(鋼鐵底版)을 통하여 강제(鋼製)기둥을 지지하는 확대기초에서는 강철저판 연단과 기둥전면과의 중간선을 휨에 대한 위험단면으로 본다. 그림 11-4(b)에 나타나 있다.

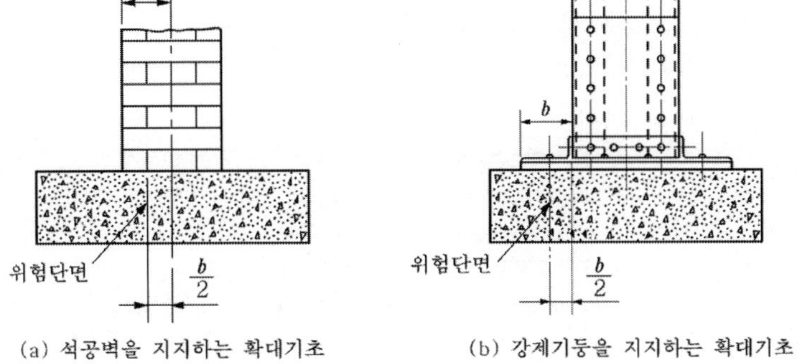

그림 11-4 휨에 대한 위험단면

하나의 예로서 그림 11-3과 같은 확대기초의 휨모멘트를 계산해 보자. 위험단면 $a-a$에 대한 휨모멘트는 다음과 같이 계산한다. 단면 $a-a$를 고정단으로 하고 지간이 $\frac{1}{2}(L-t)$인 캔틸레버로 보고, 단면 $a-a$의 외측부분에 작용하는 압력 p에 의한 모멘트를 구하는 것이다. 즉, 다음과 같다.

$$M_a = p \times \frac{1}{2}(L-t) \times H \times \frac{1}{4}(L-t) = \frac{1}{8}pH(L-t)^2$$

위험단면 $b-b$에 대한 휨모멘트도 같은 방법으로 다음과 같이 된다.

$$M_b = \frac{1}{8}pL(H-t)^2$$

M_a로 계산되는 철근량 A_{sL}은 긴 변(L변) 방향으로 배근하고, M_b로 계산되는 철근량 A_{ss}는 짧은 변(H변) 방향으로 배치한다.

[2] 휨철근의 배치

직사각형 확대기초에서의 휨철근은 다음과 같이 배치한다.

(1) 긴 변 방향의 철근은 확대기초의 전 폭에 걸쳐 등간격으로 배치한다.

(2) 짧은 변 방향의 철근은 다음 식으로 계산되는 양을 짧은 변의 폭만큼의 중앙구간에 균등하게 배치하고, 나머지 양은 양쪽 구간에 등간격으로 배치한다.

$$A_{sc} = \frac{2}{\beta+1}A_{ss} \qquad (11 \cdot 1)$$

여기서 A_{sc} : 중앙구간에 배치할 철근량(그림 11-5 참조)

A_{ss} : 짧은 변 방향으로 배치해야 할 전체 철근량

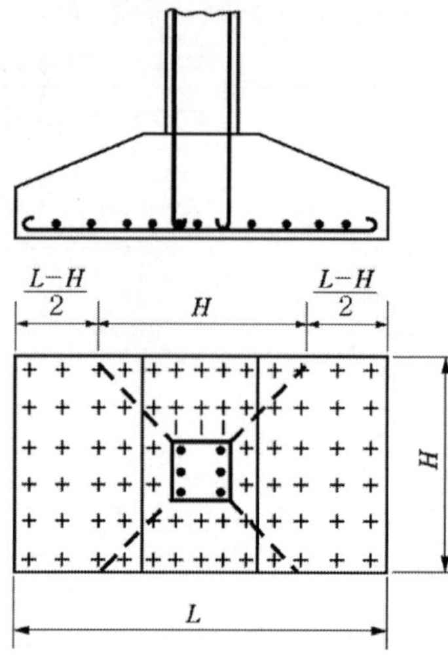

그림 11-5 휨철근의 배치

β : 긴 변과 짧은 변의 비, 즉 $\beta = \dfrac{L}{H}$

이러한 배근을 보인 것이 그림 11-5이다. 즉, 짧은 변 방향의 배근은 그림 11-5의 중앙 H구간에 식 (11 · 1)의 A_{sc}를 배치하고, 나머지 철근은 양쪽 $\dfrac{L-H}{2}$구간에 배치하는 것이다.

정사각형 확대기초에서는 두 방향 모두 등간격으로 배치한다.

확대기초에서의 철근의 정착은 7장에 따른다. 다만, 정착에 대한 위험단면은 휨에 대한 위험단면과 같다고 본다.

11. 4. 3 전 단

확대기초의 전단거동은 10장의 10. 3. 2에서 설명한, 집중하중을 받는 2방향 슬래브의 경우와 같다. 따라서 확대기초의 전단설계는 다음 두 가지 영향 가운데서 큰 것에 의해 지배된다.

[1] 1방향 작용의 경우

폭이 넓은 보와 같이 작용하여 사인장 균열이 전폭(全幅)에 걸쳐 일어난다고 생각될 경우에는 그 전단계산은 보의 경우에 따른다. 이와 같이 확대기초나 슬래브가 폭이 넓은 보와 같이 작용하는 것을 1방향 작용(one-way action)이라고 한다. 이런 경우의 전단에 대한 위험단면은 그림 11-6 (a)에 보인 것처럼 기둥전면(前面)에서 d만큼 떨어진 단면 $c-c$ 이다. 따라서 위험단면에서의 전단력은 다음과 같이 된다.

$$V = p\left(\frac{L-t}{2} - d\right)H$$

[2] 2방향 작용의 경우

사인장 균열이 그림 11-2(b)와 같이 집중하중의 둘레에서 원뿔대(truncated cone) 또는 각뿔대(truncated pyramid) 모양으로 일어난다고 생각될 경우, 즉 2방향 작용에 의하여 펀칭전단이 일어난다고 생각될 경우에는 집중하중을 받는 슬래브의 경우와 같다. 이때 위험단면은 그림 11-6(b)에 보인 바와 같이 기둥전면에서 $d/2$만큼 떨어진 단면으로 본다. 그러면 $B=(t+d)$로 되어 위험단면의 둘레 길이는 다음과 같이 된다.

$$b_o = 4B = 4(t+d)$$

따라서 전단력은 다음과 같이 계산된다.

$$V = p(HL - B^2)$$

확대기초의 2방향 작용에 대한 전단강도 검증은 2방향 작용의 슬래브의 경우와 같다[10장의 10.3.2 참조]. 슬래브와 기초판에는 전단철근을 두지 않는 것이 보통이다. 슬래브와 기초판에 전단철근을 두도록 설계하면, 시공할 때 판두께가 얇아서 길이가 짧은 전단철근을 가공하고 배치하는데 어려움이 있고 또 넓은 판에 전단철근을 다수 배치하여야 하므로 실용적이지 못하다. 따라서 콘크리트만으로 전단에 견디도록 두께를 결정하고 설계하는 것이 일반적이므로, 다음 식으로 전단강도를 검증한다.

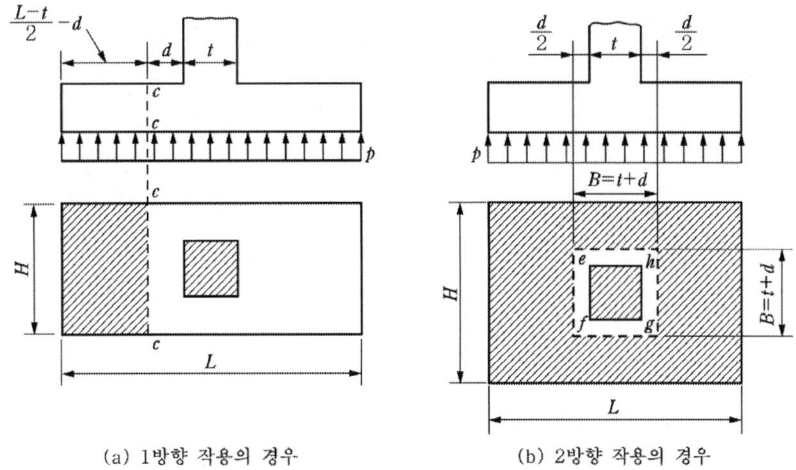

그림 11-6 전단에 대한 위험단면

$$V_u \le \phi V_c \tag{11 · 2}$$

여기서 V_c는 10장의 10. 3. 2에 따라 구조물의 용도를 고려하여 적용하는 설계기준의 규정에 따른다.

11. 4. 4 지압강도

기둥에 작용하는 모든 하중은 콘크리트와 철근의 압축에 의하여 확대기초 상부(上部)에 전달된다. 이 압축력은 기둥의 밑면과 확대기초 상면(上面)의 접합부에서 콘크리트의 지압강도(bearing strength)에 의하여 전달된다.

기둥의 밑면이 견딜 수 있는 콘크리트의 공칭 지압강도는 $0.85 f_{ck}$이다. 그래서 재하면적이 A_1인 기둥의 설계지압 강도는 다음과 같이 된다.

$$B_{dc} = \phi (0.85 f_{ck} A_1) \tag{11 · 3}$$

여기서 ϕ는 콘크리트의 지압에 대한 강도감소계수이며 $\phi = 0.65$이다[표 4-5 참조].

그러나 확대기초에서의 콘크리트의 지압에 대한 능력은 기둥 콘크리트보다 크다. 그 이유는 확대기초 면적이 기둥의 밑면의 단면적보다 크기 때문이다. 그러므로 설계기준에서는 확대기초 콘크리트의 설계지압강도를 다음과 같이 주고 있다.

$$B_{df} = \alpha_b \phi (0.85 f_{ck} A_1) \tag{11 · 4}$$

여기서

$$\alpha_b = \sqrt{\frac{A_2}{A_1}} \le 2 \tag{11 · 5}$$

A_1 : 재하면적(loaded area)

A_2 : 재하면과 닮은꼴이고 중심이 같은 지지부(支持部) 표면의 최대 면적

그림 11-1 (a)와 같은 확대기초에서는 A_1은 기둥 밑면의 단면적이고, A_2는 확대기초의 면적이다. 그림 11-1 (b)와 같은 경사 확대기초 또는 그림 11-1 (c)와 같은 계단식 확대기초에서의 A_2는 다음과 같이 정한다. 즉, 재하면을 기준으로 하여 수직 1, 수평 2의 경사를 가지는 각뿔 또는 원뿔의 밑면의 면적을 A_2로 한다. 이런 경우의 A_2를 구하는 방법이 그림 11-7에 나타나 있다.

확대기초 콘크리트는 기둥 콘크리트의 강도보다 낮은 것을 사용하는 것이 보통이다. 이런 경우에는 확대기초 상면의 지압이 문제로 된다. 그러므로 기둥과 기초 사이에서

의 힘의 전달에 대하여 고려해야 한다. 기둥이 지압에 의하여 하중을 전부 전달할 수 없는 경우에는, 지압에 의해 전달하고 남는 하중은 철근에 의하여 전달해야 한다. 그러기 위해서는 기둥철근을 확대기초 속에 연장하거나 연결철근을 사용하여 기둥철근과 겹침이음을 해서 확대기초 속에 묻어 넣어야 한다. 이 연결철근을 다월철근(dowel reinforcement)라고 하는데, 크기는 $D\,35$ 이하로 단면적은 기둥 단면적의 0.5% 이상이라야 한다. 기둥이 압축력을 받을 때에는 다월철근이 압축겹침이음길이 이상으로 기둥의 축방향 철근과 겹쳐져야 하지만, 휨모멘트도 같이 작용하는 경우 철근이 인장력을 받을 수도 있으므로 인장겹침이음이 필요한지 검토하여야 한다. 또 이 다월철근은 기초판 상면부터 하면 방향으로 충분한 정착길이를 가져야 한다.

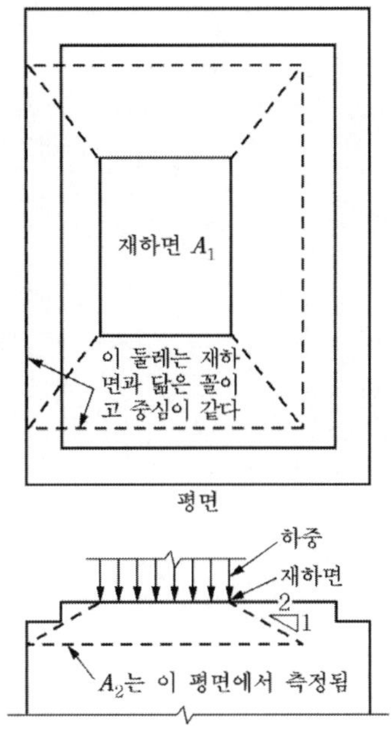

그림 11-7 A_2의 계산

11. 4. 5 정사각형 확대기초의 설계 예

예제11-1) 사용 고정하중 940 kN, 사용 활하중 690 kN을 받고 있는 띠철근 기둥이 있다. 기둥의 단면은 460 mm×460 mm의 정사각형이고, 축방향 철근은 $D\,22$를 사용하였다. 그림 11-8과 같은 조건하에서 이 기둥을 지지할 정사각형의 확대기초를 설계하라. 지반의 허용지지력은 240 kN/m^{2}이다. 콘크리트의 설계기준압축강도는 기둥이 27 MPa, 확대기초는 21 MPa이고 철근은 $f_y = 300$ MPa이다.

풀이 (1) 확대기초 넓이의 결정

확대기초의 두께를 610 mm로 가정하면 확대기초의 중량은

$$2{,}500(\text{kg/m}^3) \times 0.61(\text{m}) = 1{,}525\text{kg/m}^2 = 15{,}250\text{N/m}^2 = 15.25\text{kN/m}^2$$

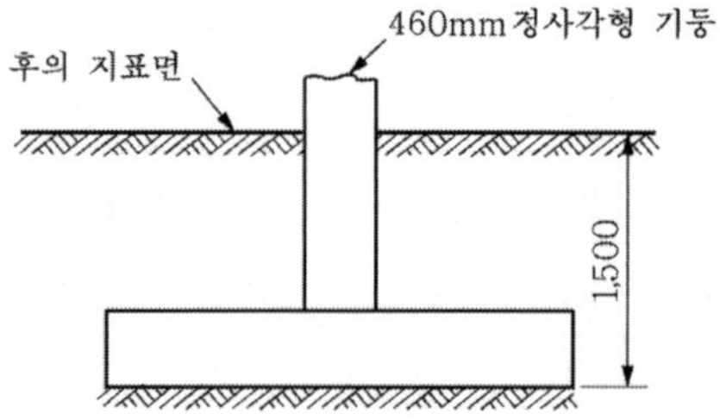

그림 11-8

18kN/m^{3}의 흙으로 확대기초 상면을 되메운다면 그 흙(복토)의 중량은

$$18(\text{kN/m}^3) \times (1.5 - 0.61)(\text{m}) = 16.02\text{kN/m}^2$$

따라서 기초 밑면에 있어서 기초 지반의 실제의 허용지지력은

$$240 - (15.25 + 16.02) = 208.7\text{kN/m}^2$$

확대기초의 면적은 사용하중과 지반의 허용지지력에 의하여 결정해야 하므로, 확대기초의 소요면적은 다음과 같이 된다.

$$A = \frac{940 + 690}{208.7} = 7.8\text{m}^2$$

그러면 1변이 2.85m인 정사각형 확대기초를 채택하면 충분하다. 즉

$$2.85 \times 2.85 = 8.1\text{m}^2 > 7.8\text{m}^2$$

설계를 위해서는 계수하중을 사용해야 하므로

$$P_u = 1.2 \times 940 + 1.6 \times 690 = 2{,}232\text{kN}$$

따라서 기초지반에 일어나는 압력은

$$p_u = \frac{P_u}{A} = \frac{2{,}232}{8.1} = 276\text{kN/m}^2$$

(2) 확대기초의 두께의 결정

확대기초의 두께는 대개의 경우 전단에 의해 결정된다. 그리고 전단철근을 사용하지 않고 콘크리트만으로 전단에 견디도록 확대기초의 두께를 정하는 것이 보통이다. 지금 확대기초의 두께를 610 mm로 가정하고, 주철근으로 D 22를 가로 세로 두 방향으로 배치한다면 유효깊이는 다음과 같이 된다.

$$d = 610 - 80(\text{피복두께}) - 22.2(D22\text{의 지름}) = 510\text{mm}$$

이 유효높이는 평균 유효깊이이며, 이것을 계산에 사용한다.

(3) 전단강도

확대기초의 전단강도는 다음 두 조건 중 더 위험한 것에 의해 좌우된다. 즉, 2방향 작용에 의한 뚫림전단과 1방향 작용에 의한 보로서의 전단이다[10장의 10.3.2항 참조]. 두 경우의 위험단면이 그림 11-9에 나타나 있다.

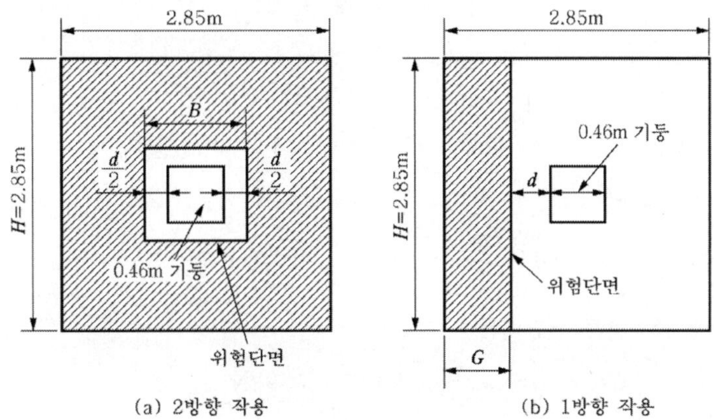

그림 11-9 전단에 대한 위험단면

① 2방향 작용의 경우 : 먼저 10장의 10.3.2항에 따라 전단철근을 배치하지 않을 경우에 대하여 검토해 본다. 그림 11-9(a)로부터

$$B = t(\text{기둥의 폭}) + \frac{d}{2} \times 2 = 460 + 510 = 970\text{mm} = 0.97\text{m}$$

위험단면 둘레에 작용하는 전단력은

$$V_u = p_u(H^2 - B^2) = 276(2.85^2 - 0.97^2) = 1{,}987\text{kN}$$

10장의 10.3.2 [2]에 소개된 콘크리트구조설계기준(2007)의 규정을 적용해보면, β_c는

$$\beta_c = \frac{\text{기둥단면의 긴 변 길이}}{\text{기둥단면의 짧은 변 길이}} = 1.0$$

위험단면의 둘레길이는

$$b_0 = 4B = 4 \times 970 = 3{,}880\text{mm}$$

기둥이 기초판의 중앙에 위치하고 있으므로 내부기둥으로 보아

$$\alpha_s = 40$$

따라서 확대기초 콘크리트의 전단강도는 식 (10·1 a)로부터

$$V_c = \frac{1}{6}\left(1 + \frac{2}{\beta_c}\right)\sqrt{f_{ck}}\,b_o d = \frac{1}{6}\left(1 + \frac{2}{1.0}\right)\sqrt{21} \times 3{,}880 \times 510 = 4{,}550{,}000\text{N}$$

식 (10・1 b)로부터

$$V_c = \frac{1}{6}\left(1 + \frac{\alpha_s d}{2b_o}\right)\sqrt{f_{ck}}\, b_o d = \frac{1}{6}\left(1 + \frac{40 \times 510}{2 \times 3,880}\right)\sqrt{21} \times 3,880 \times 510 = 5,461,000\text{N}$$

식 (10・1 c)로부터

$$V_c = \frac{1}{3}\sqrt{f_{ck}}\, b_0 d = \frac{1}{3}\sqrt{21} \times 3,880 \times 510 = 3,034,000\text{N}$$

콘크리트가 부담하는 전단강도는 위의 세 값 중 가장 작은 $V_c = 3,034,000\text{N}$ 이므로

$$\phi V_c = 0.75 \times 3,034 = 2,276\text{kN} > 1,987\text{ kN} (= V_u)$$

즉 $\phi V_c > V_u$ 이므로 펀칭전단에 대하여 안전하다.

② 1방향 작용의 경우 : 이 경우의 위험단면은 기둥전면(前面)에서 d 만큼 떨어진 곳이므로 그림 11-9 (b)로부터

$$G = \frac{H}{2} - \left(\frac{t}{2} + d\right) = \frac{1}{2} \times 2.85 - \left(\frac{1}{2} \times 0.46 + 0.51\right) = 0.685\text{m}$$

위험단면에 작용하는 전단력은

$$V_u = p_u HG = 276 \times 2.85 \times 0.685 = 539\text{kN}$$

콘크리트가 부담할 수 있는 전단강도는 식 (6・14)로부터

$$V_c = \frac{1}{6}\sqrt{f_{ck}}\, bd = \frac{1}{6}\sqrt{21} \times 2,850 \times 510 = 1,114,000\text{N} = 1,114\text{ kN}$$

$$\phi V_c = 0.75 \times 1,114 = 836\text{kN} > 539\text{ kN} (= V_u)$$

즉, $\phi V_c > V_u$ 이므로 1방향 작용의 경우에도 전단에 대하여 안전하다.

이상의 어느 경우에도 전단철근은 필요하지 않다. 따라서 가정한 확대기초의 두께 610 mm는 적당하다.

(4) 휨 설 계

휨에 대한 위험단면이 그림 11-10에 나타나 있다.

그림 11-10에서

$$F = \frac{1}{2} \times 2.85 - \frac{1}{2} \times 0.46 = 1.195\text{m}$$

$$M_u = p_u \times (H \times F) \times \frac{F}{2} = 276 \times (2.85 \times 1.195) \times \frac{1.195}{2} = 562\text{kN·m}$$

확대기초에서는 전단에서 요구되는 유효깊이가 휨에서 요구되는 유효깊이보다 큰 것이 보통이므로, 콘크리트의 응력 사각형의 깊이 a 는 일반적으로 작다.

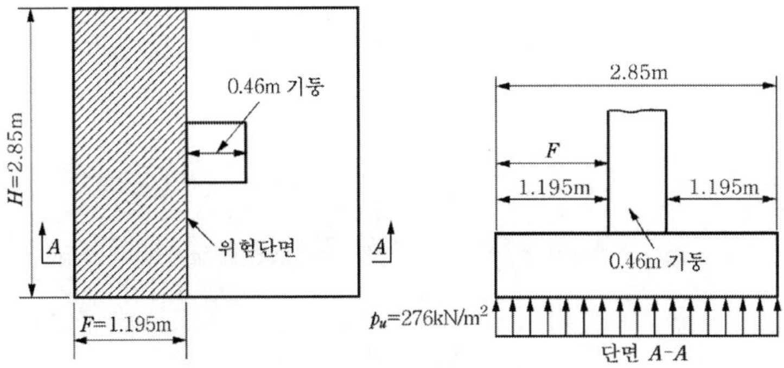

그림 11-10 휨에 대한 위험단면

$a=50\,\text{mm}$로 가정하면 중립축의 위치는

$$c=\frac{a}{\beta_1}=\frac{50}{0.85}=59\text{mm}$$

확대기초 밑면 피복두께를 80 mm로 하면 최외단 철근 유효깊이는[그림 11-11 참조]

$$d_t=610-80-22.2\times1.5=497\text{mm}$$

최외단 철근의 순인장변형률은 식 (5·6 b)로부터

$$\varepsilon_t=\frac{497-59}{59}\times0.003=0.0223>0.005$$

즉 인장지배단면이므로 $\phi=0.85$이다. 따라서 철근량은 다음과 같이 된다.

$$A_s=\frac{M_u}{\phi f_y\left(d-\dfrac{a}{2}\right)}=\frac{562\times10^3\times10^3}{0.85\times300\left(510-\dfrac{50}{2}\right)}=4{,}544\text{mm}^2$$

a를 검토해 보면

$$a=\frac{A_s f_y}{0.85 f_{ck} b}=\frac{4{,}544\times300}{0.85\times21\times2{,}850}=27\text{mm}<50\,\text{mm}$$

그런데 최소 철근량은 식 (5·4 a), 식 (5·5 a)로 계산되는 다음 두 값 중 큰 것이라야 한다.

$$A_{s.\min}=\frac{0.25\sqrt{f_{ck}}}{f_y}b_w d=\frac{0.25\sqrt{21}}{300}\times2{,}850\times510=5{,}572\text{mm}^2$$

$$\frac{1.4}{f_y}b_w d=\frac{1.4}{300}\times2{,}850\times510=6{,}783\text{mm}^2>5{,}572\text{mm}^2$$

따라서 6,783 mm^2 이상의 철근을 배근해야 한다. 이에 대하여 20-D22(7,742 mm^2)를 사용하기로 하고 확대기초의 가로 세로 두 방향에 대하여 그림 11-11과 같이 등간격으로 배치한다.

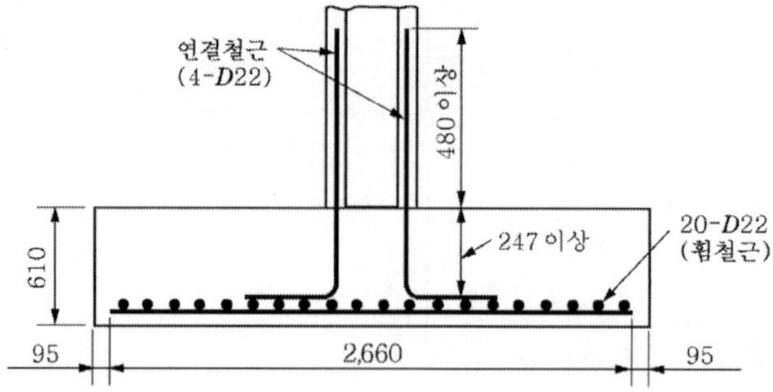

그림 11-11 휨철근과 연결철근의 배치

휨에 대하여 검토해 보자.

$$d = 610 - 80 - 22.2 = 510\text{mm}$$
$$C = 0.85 f_{ck} ab = 0.85 \times 21 \times a \times 2{,}850 = 50{,}873a(\text{N})$$
$$T = A_s f_y = 7{,}742 \times 300 = 2{,}322{,}600\text{N}$$

$C = T$로부터 $a = 46\text{mm}$

$$\therefore \phi M_n = \phi A_s f_y \left(d - \frac{a}{2}\right) = 0.85 \times 7{,}742 \times 300\left(510 - \frac{46}{2}\right) = 961{,}440{,}000\text{N·mm}$$
$$= 961\text{kN·m} > 562\text{kN·m} (= M_u)$$

즉, $M_u < \phi M_n$ 이므로 휨에 대하여도 안전하다.

(5) 휨철근의 정착길이 검토

휨 인장철근 D 22의 기본정착 길이는 7장의 식 (7 · 6)으로부터

$$l_{db} = \frac{0.6\, d_b f_y}{\lambda\sqrt{f_{ck}}} = \frac{0.6 \times 22.2 \times 300}{1.0\sqrt{21}} = 870\text{mm}$$

순간격 및 피복두께가 7장의 표 7-3의 ②에 해당되고, 또 보통의 콘크리트에 보통철근 D 22를 기초 하면에 배근하므로 보정계수는 $\alpha\beta = 1.0 \times 1.0 = 1.0$이다. 또 소요량 이상의 철근을 배근하므로

$$\frac{\text{소요 } A_s}{\text{배근 } A_s} = \frac{6{,}783}{7{,}742} = 0.88$$

따라서 필요한 정착길이는

$$l_d = 870 \times 1.0 \times 0.88 = 770\text{mm}$$

그런데 정착에 대한 위험단면은 휨에 대한 위험단면과 같으므로, 이 예제에서 휨에 대한 위험단면은 기둥의 전면(前面)이고, 따라서 정착에 이용될 수 있는 실제의 길이는[그림 11-11 참조]

$$(2{,}850 - 2 \times 95 - 460) \times \frac{1}{2} = 1{,}190\text{mm} > 770\text{mm}$$

따라서 정착 길이는 충분히 확보될 수 있다.

(6) 기둥 밑면에서의 힘의 전달검토

기둥 밑면에서의 계수지압하중은

$$P_u = 1.2 \times 940 + 1.6 \times 690 = 2{,}232\text{kN}$$

그런데 지지면적(확대기초)이 재하면(기둥)보다 크므로 확대기초의 설계지압강도는 식 (11 · 4)로 계산해야 한다. 식 (11 · 5)로부터

$$\alpha_b = \sqrt{\frac{A_2}{A_1}} = \sqrt{\frac{2.85^2}{0.46^2}} = 6.2 > 2$$

$\alpha_b \leq 2$이라야 하므로 확대기초의 설계지압강도는 식 (11 · 4)로부터

$$B_{df} = \alpha_b \phi \times 0.85 f_{ck} A_1$$
$$= 2 \times 0.65 \times 0.85 \times 21 \times 460^2 = 4{,}910{,}000\text{N} = 4{,}910\,\text{kN} > 2{,}232\,\text{kN}$$

따라서 $B_{df} > P_u$

즉, 기둥하중을 확대기초에 전달하는 데 있어서 확대기초는 그 콘크리트의 지압강도만으로 충분하다. 기둥의 설계지압강도는 식 (11 · 3)으로부터

$$B_{dc} = \phi \times 0.85 f_{ck} A_1$$
$$= 0.65 \times 0.85 \times 27 \times 460^2 = 3{,}156{,}500\text{N} = 3{,}157\,\text{kN} > 2{,}232\,\text{kN}$$

따라서 $B_{df} > P_u$

즉, 기둥 밑면에서 기둥하중을 확대기초에 전달하는 데 있어서 기둥은 그 콘크리트의 지압강도만으로 충분하다. 결국, 기둥하중은 콘크리트만으로 전달될 수 있지만 설계기준에서는 다음과 같은 최소 철근량의 연결철근(dowel)을 요구하고 있다[11. 4. 4 참조].

$$A_s = \text{기둥단면적의 } 0.5\% = 0.005 A_g = 0.005 \times 460^2 = 1{,}058\text{mm}^2$$

따라서 4-D 19(=1,146 mm^2)가 연결철근으로 적당하지만, 일반적으로 기둥철근과 동일한 철근을 사용하는 것이 보통이므로, 4-D 22(=1,548 mm^2)를 연결철근으로 사용한다.

연결철근은 기둥철근과 겹침이음을 하여 기둥의 네 모서리에서 기둥과 확대기초 속에 묻어 넣는다.

(7) 연결철근의 묻힘길이 검토

기둥철근과 겹침이음을 해서 기둥과 확대기초 속에 묻어 넣어야할 연결철근의 묻힘길이를 검토한다.

① 연결철근의 겹침이음길이 및 기둥 압축철근의 정착길이

연결철근(D 22)은 기둥 하단에서 기둥 철근과 연결되어 압축력을 받으므로 그 겹침

이음길이는 7장의 7.4.2에 의해

$$l_s = \left(\frac{1.4 f_y}{\lambda \sqrt{f_{ck}}} - 52\right) d_b = \left(\frac{1.4 \times 300}{1.0 \sqrt{27}} - 52\right) \times 22.2 = 640\text{mm}$$

f_y가 400 MPa 이하인 경우 $0.072 f_y d_b$ 보다 길 필요가 없으므로, 이를 검토하면

$$0.072 f_y d_b = 0.072 \times 300 \times 22.2 = 480\text{mm}$$

따라서 겹침이음길이는 480 mm 이상이면 된다.

참고로 기둥철근(D 22)의 정착길이를 계산해 보면, 압축 이형철근의 기본정착길이는 7장의 표 7-4로부터

$$l_{ab} = \frac{0.25 d_b f_y}{\lambda \sqrt{f_{ck}}} = \frac{0.25 \times 22.2 \times 300}{1.0 \sqrt{27}} = 320\text{mm}$$

이 값은 다음 식으로 계산된 값보다 작으면 안 되므로, 이를 검토하면

$$0.043 d_b f_y = 0.043 \times 22.2 \times 300 = 286\text{mm} < 320\text{mm}$$

따라서 기본정착길이는 320 mm이고 이 길이는 보정계수로 수정하지 않더라도 겹침이음길이 480 mm보다 짧다.

② 연결철근의 정착길이

연결철근은 기초판에 압축응력을 받는 상태로 정착하여야 하므로, 연결철근의 기본정착길이는 7장의 표 7-4로부터

$$l_{ab} = \frac{0.25 d_b f_y}{\lambda \sqrt{f_{ck}}} = \frac{0.25 \times 22.2 \times 300}{1.0 \sqrt{21}} = 363\text{mm}$$

이 값은 다음 식으로 계산된 값보다 작으면 안 되므로, 이를 검토하면

$$0.043 d_b f_y = 0.043 \times 22.2 \times 300 = 286\text{mm} < 363\text{mm}$$

따라서 기본정착길이는 363 mm이다. 그런데 연결철근을 필요량 이상 사용하므로 보정한다면, 7장의 표 7-4에서

$$\text{보정계수} = \frac{\text{소요 } A_s}{\text{배근 } A_s} = \frac{1{,}058}{1{,}548} = 0.68$$

따라서 연결철근의 필요한 정착 길이는

$$l_d = 363 \times 0.68 = 247\text{mm}$$

확대기초의 가로 및 세로에 배치되는 휨 철근 중[그림 11-11], 위쪽에 배치되는 철근(D 22)의 위쪽 표면으로부터 확대기초 상면까지의 깊이는 247 mm를 확보할 수 있어야 하고, 아래쪽에 배치되는 철근의 피복두께는 80 mm 이상이어야 하므로[표 7-2 (a)], 필요한 확대기초의 두께는 다음과 같다.

$$h = 247 + 22.2(D22\text{의 지름}) \times 2.0 + 80 = 371\text{mm} < 610\text{mm}$$

즉 처음에 가정한 확대기초의 두께 610 mm는 적당하다.

확대기초 속으로 연장되어 묻히는 연결철근의 끝부분은 그림 11-11에 보인 바와 같이 90°로 구부려 확대기초의 대각선 방향으로 위치시킨다.

(8) 콘크리트구조기준(2012)에 따른 뚫림전단강도 검증 및 고찰

10장의 10.3.2 [4]에서 설명한 콘크리트구조기준(2012)의 뚫림전단강도 검증방법을 적용해 본다.

앞의 예제에서, 인장철근 단면적 $A_s = 7{,}742\text{mm}^2$, 인장철근 유효깊이 $d = 510\text{mm}$, 단면의 폭 $b = 2{,}850\text{mm}$, 2방향 전단 위험단면의 둘레길이 $b_o = 3{,}880\text{mm}$ 이다.

인장철근비, $\rho = \dfrac{A_s}{bd} = \dfrac{7{,}742}{2{,}850 \times 510} = 0.00533$

경량콘크리트계수, $\lambda = 1.0$

슬래브의 두께계수, $k_s = \left(\dfrac{300}{d}\right)^{0.25} = \left(\dfrac{300}{510}\right)^{0.25} = 0.876 < 1.0$ 이므로 $k_s = 0.876$

내부기둥이므로, $\alpha_s = 1.0$

위험단면 둘레길이의 영향계수, $k_{b_o} = \dfrac{4}{\sqrt{\alpha_s\left(\dfrac{b_o}{d}\right)}} = \dfrac{4}{\sqrt{1.0 \times \left(\dfrac{3{,}880}{510}\right)}} = 1.45 > 1.25$

따라서 $k_{b_o} = 1.25$

압축대 콘크리트의 인장강도, $f_{te} = 0.21\sqrt{f_{ck}} = 0.21\sqrt{21} = 0.96\text{MPa}$

위험단면의 압축대에 작용하는 평균압축응력, $f_{cc} = \dfrac{2}{3}f_{ck} = \dfrac{2}{3} \times 21 = 14\text{MPa}$

슬래브 휨 압축대의 균열 각도, $\cot\psi = \dfrac{\sqrt{f_{te}(f_{te} + f_{cc})}}{f_{te}} = \dfrac{\sqrt{0.96(0.96 + 14)}}{0.96} = 3.95$

슬래브 위험단면 압축대 깊이의 평균값,

$$c_u = d\left[25\sqrt{\frac{\rho}{f_{ck}}} - 300\left(\frac{\rho}{f_{ck}}\right)\right] = 510 \times \left[25\sqrt{\frac{0.00533}{21}} - 300 \times \left(\frac{0.00533}{21}\right)\right] = 164\text{mm}$$

따라서 $v_c = \lambda k_s k_{bo} f_{te} \cot\psi\left(\dfrac{c_u}{d}\right) = 1.0 \times 0.876 \times 1.25 \times 0.96 \times 3.95\left(\dfrac{164}{510}\right) = 1.335\text{MPa}$

콘크리트가 부담하는 공칭전단강도,

$$V_c = v_c b_o d = 1.335 \times 3{,}880 \times 510 = 2{,}642{,}000\text{N} = 2{,}642\text{kN}$$

설계전단강도 및 강도 검증,

$$\phi V_c = 0.75 \times 2{,}642 = 1{,}982\text{kN} < 1{,}987\text{ kN} (= V_u)$$

설계전단강도는 계수전단력의 99.7% 수준으로 엄밀히 판정하면 설계전단강도가 부족하

지만, 이 정도의 수준이라면 설계자의 경험과 판단으로 강도에 문제가 없는 것으로 판단할 수 있다. 만일 이 예제와 같은 경우에서 설계전단강도를 증가시키고자 할 때에는, 기초판의 콘크리트 설계기준압축강도를 증가시키거나 단면의 두께를 증가시키는 방법도 있지만, 인장철근의 양을 증가시키는 것도 하나의 대안이 될 수 있다.

한편 콘크리트구조설계기준(2007)에 따른 설계전단강도는 2,276 kN으로 계산되었으므로, 콘크리트구조기준(2012)에 따른 설계전단강도 1,982 kN은 콘크리트구조설계기준(2007)에 따른 설계전단강도의 87% 수준으로 계산되었다. 이것은 기초판의 두께에 대한 크기효과가 영향을 미친 것으로, 항상 그런 것은 아니지만 이 예제의 경우에는 슬래브의 두께계수 $k_s = 0.876$의 값과 유사한 비율로 설계전단강도가 작게 계산되었다.

슬래브의 두께계수는 슬래브의 두께가 300 mm를 넘으면 1.0보다 작게 되어, 두께가 매우 두꺼운 기초판의 경우 상당한 정도로 설계전단강도가 작게 계산된다. 또 인장철근의 단면적이 작을 때에도 설계전단강도가 작게 계산된다. 따라서 10장의 10. 3. 2 [4]에서 언급한 바와 같이, 두께가 비교적 얇은 2방향 슬래브에 대한 실험결과를 기반으로 한 이 해석법은 슬래브-기둥 접합부나 두께가 비교적 얇은 2방향 슬래브에 대하여는 합리적인 방법이라고 할 수 있으나, 교량바닥판과 같은 2방향 슬래브나 두께가 매우 두꺼운 기초의 뚫림전단에 대한 설계에 적용하여도 좋은지에 대해서는 통일된 결론이 유보된 상태이다.

11. 4. 6　직사각형 확대기초의 설계 예

예제 11-2 사용 고정하중 700 kN, 사용 활하중 640 kN을 받고 있는 띠철근 기둥이 있다. 기둥의 단면은 460 mm×460 mm이고 $D25$를 축방향 철근으로 사용하고 있다. 이 기둥을 지지할 확대기초를 그림 11-12의 조건에 따라 설계하라. 부득이한 사정으로 확대기초의 한 변의 길이는 2.10 m로 제한을 받는다. 기초지반의 허용지지력은 240 kN/m^{2}이고 기둥 및 확대기초의 콘크리트의 설계기준압축강도는 $f_{ck} = 21$ MPa이고 $f_y = 300$ MPa이다.

풀이 (1) 확대기초의 면적

확대기초의 두께를 620 mm로 가정하면 확대기초의 중량은

$$2{,}500(\mathrm{kg/m^3}) \times 0.62(\mathrm{m}) = 1{,}550\mathrm{kg/m^2} = 15{,}500\mathrm{N/m^2} = 15.5\mathrm{kN/m^2}$$

$18\mathrm{kN/m^3}$의 흙으로 확대기초 상면을 되메운다면 그 흙(복토)의 중량은

$$18 \times (1.2 - 0.62) = 10.44\mathrm{kN/m^2}$$

따라서 기초 밑면에 있어서 기초지반의 실제의 허용지지력은

$$240 - (15.5 + 10.44) = 214.1\mathrm{kN/m^2}$$

확대기초의 필요한 넓이는

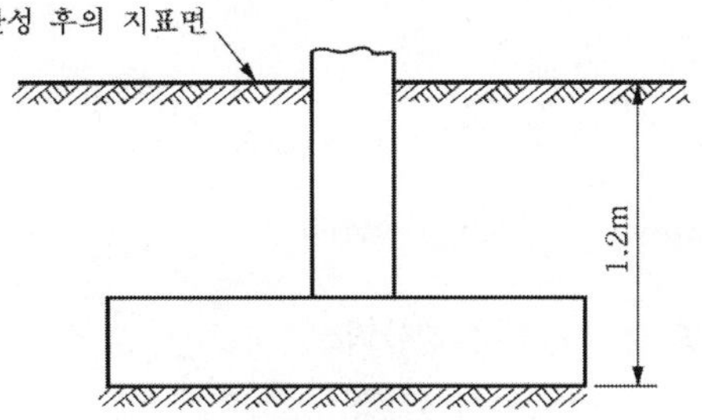

그림 11-12

$$A = \frac{700 + 640}{214.1} = 6.3\text{m}^2$$

그러므로 다음과 같은 직사각형을 사용한다.

$$A = 2.10 \times 3.30 = 6.93\text{m}^2 > 6.3\,\text{m}^2$$

(2) 확대기초의 두께

이러한 직사각형 확대기초는 긴 변 방향의 1방향 작용으로 전단이 지배된다고 보고 유효 높이를 계산한다. 기둥의 계수하중은

$$P_u = 1.2 \times 700 + 1.6 \times 640 = 1{,}864\text{kN}$$

따라서 계수압력은

$$p_u = \frac{P_u}{A} = \frac{1{,}864}{6.93} = 270\text{kN/m}^2 = 0.27\,\text{N/mm}^2$$

1방향 작용의 보로 보면, 그림 11-13 (b)의 위험단면에서의 전단력은

$$V_u = p_u \times H \times \left(\frac{L}{2} - \frac{460}{2} - d\right)$$

$$= 0.27 \times 2{,}100\left(\frac{3{,}300}{2} - 230 - d\right) = 805{,}140 - 567d$$

보라고 생각할 때 콘크리트만으로 부담할 수 있는 전단강도는 식 (6·14)로부터

$$V_c = \frac{1}{6}\sqrt{f_{ck}}\,bd = \frac{1}{6}\sqrt{21} \times 2{,}100 \times d = 1{,}604d$$

$$\therefore \phi V_c = 0.75 \times 1{,}604d = 1{,}203d$$

$V_u \le \phi V_c$ 이라야 하므로

$$805{,}140 - 567d \le 1{,}203d$$

$$\therefore d \ge 455\text{mm}$$

이에 대하여 $d = 510\,\text{mm}$를 취한다. 그러면 확대기초의 두께는 다음과 같이 된다.

$$h = 510 + 80(\text{피복두께}) + 25.4(D25\text{의 철근 지름}) = 620\text{mm}$$

이것은 처음에 가정한 두께와 같다.

(3) 전단강도

① 2방향작용의 경우 : 그림 11-13 (a)에서

$$B = 460 + \frac{510}{2} \times 2 = 970\text{mm}$$

위험단면 둘레에 작용하는 전단력은

$$V_u = p_u \times (A - B^2) = 270 \times (6.93 - 0.97^2) = 1{,}620\text{kN}$$

그림 11-13을 참고하면[10장 10.3.2항의 (2)의 ① 참조]

$$\beta_c = \frac{\text{기둥단면의 긴 변길이}}{\text{기둥단면의 짧은 변 길이}} = 1.0$$

$$b_0 = 4 \times B = 4 \times 970 = 3{,}880\,mm \qquad \alpha_s = 40$$

콘크리트구조설계기준(2007)을 적용하면, 식 (10・1)의 세 식으로 계산되는 V_c는

$$V_c = \frac{1}{6}\left(1 + \frac{2}{1.0}\right)\sqrt{21} \times 3{,}880 \times 510 = 4{,}534{,}000\text{N}$$

$$V_c = \frac{1}{6}\left(1 + \frac{40 \times 510}{2 \times 3{,}880}\right)\sqrt{21} \times 3{,}880 \times 510 = 5{,}484{,}000\text{N}$$

$$V_c = \frac{1}{3}\sqrt{21} \times 3{,}880 \times 510 = 3{,}023{,}000\text{N}$$

따라서 콘크리트가 부담할 수 있는 전단강도는

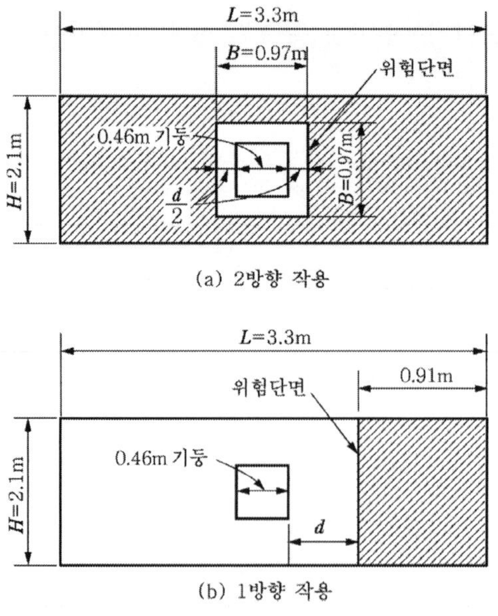

그림 11-13 전단에 대한 위험단면

$$V_c = 3{,}023\text{kN}$$

$$\therefore \phi V_c = 0.75 \times 3{,}023 = 2{,}267\text{kN} > 1{,}620\,\text{kN}$$

즉 $\phi V_c > V_u$ 이므로 전단에 대하여 안전하다.

② 1방향작용의 경우 : 그림 11-13 (b)에서 위험단면의 전단력은

$$V_u = 270 \times (2.1 \times 0.91) = 516\text{kN}$$

콘크리트가 부담할 수 있는 전단강도는 식 (6・14)로부터

$$V_c = \frac{1}{6}\sqrt{f_{ck}}\,bd = \frac{1}{6} \times \sqrt{21} \times 2{,}100 \times 510 = 818{,}000\text{N} = 818\text{kN}$$

$$\therefore \phi V_c = 0.75 \times 818 = 614\text{kN} > V_u$$

즉 1방향작용에 대해서도 전단은 안전하다.

(4) 긴 변 방향의 휨철근

긴 변 방향의 휨모멘트는 그림 11-14 (b)의 위험단면에서

$$M_{ul} = 270 \times (2.1 \times 1.42) \times \frac{1.42}{2} = 572\text{kN}\cdot\text{m}$$

$a = 50\text{mm}$로 가정하고 최외단 철근의 순인장변형률을 계산하면 $\varepsilon_t = 0.0223$를 얻는다 〔앞의 예제 11-1의 풀이 (4) 참조〕. 즉 $\varepsilon_t > 0.005$이므로 $\phi = 0.85$이다. 따라서 긴 변 방향의 휨 철근량은

$$A_{sl} = \frac{M_{uL}}{\phi f_y\left(d - \dfrac{a}{2}\right)} = \frac{572 \times 10^3 \times 10^3}{0.85 \times 300 \times \left(510 - \dfrac{50}{2}\right)} = 4{,}625\text{mm}^2$$

a를 구해 보면

$$C = 0.85 f_{ck} ab = 0.85 \times 21 \times 2{,}100 \times a = 37{,}485a(\text{N})$$

$$T = A_s f_y = 4{,}625 \times 300 = 1{,}387{,}500\text{N}$$

$C = T$로부터

$$a = 37\text{mm}$$

철근량을 다시 계산하면

$$A_{sl} = \frac{572 \times 10^3 \times 10^3}{0.85 \times 300 \times \left(510 - \dfrac{37}{2}\right)} = 4{,}560\text{mm}^2$$

휨철근의 최소량은 식 (5・4 a), 식 (5・5 a)로부터

$$A_{s.\min} = \frac{0.25\sqrt{21}}{300} \times 2{,}100 \times 510 = 4{,}090\text{mm}^2$$

$$\frac{1.4}{300} \times 2{,}100 \times 510 = 5{,}000\text{mm}^2 > 4{,}560\,\text{mm}^2$$

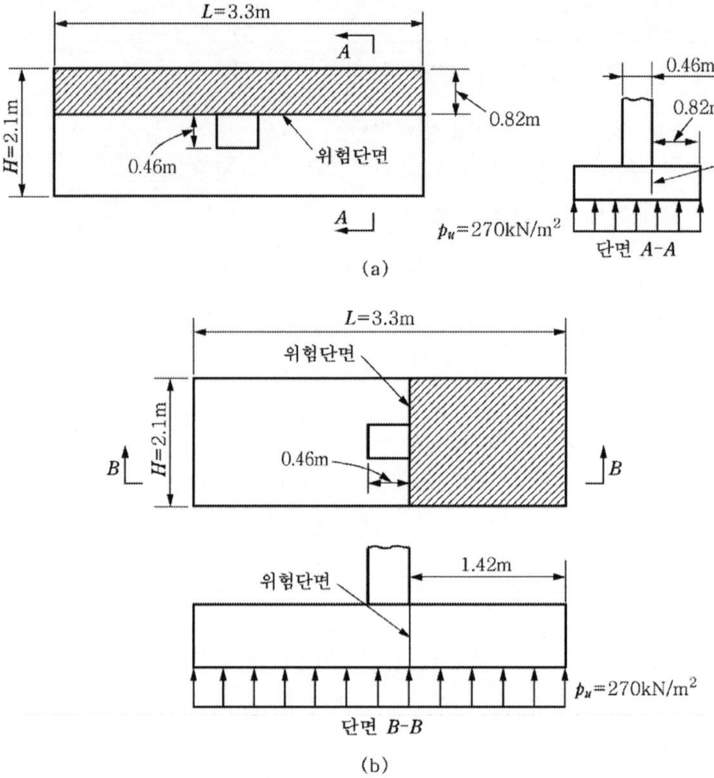

그림 11-14 휨에 대한 위험단면

이에 대하여

$$A_{sl}(12\text{-}D25) = 6{,}080\text{mm}^2$$

를 긴 변 방향으로 배치하되 폭 2.1 m에 170 mm 간격으로 배근한다. 긴 변 방향 철근은 짧은 변 방향의 철근 밑에 놓는다.

휨에 대하여 검토해 보자.

$$d = 620 - 80 - \frac{1}{2} \times 25.4 = 527\,\text{mm}$$

$$C = 0.85 \times 21 \times 2{,}100 \times a = 374{,}850a(\text{N})$$

$$T = 6{,}080 \times 300 = 1{,}824{,}000\text{N}$$

$$\therefore a = 49\text{mm}$$

$$\phi M_{nL} = \phi A_s f_y \left(d - \frac{a}{2}\right) = 0.85 \times 1{,}824{,}000 \times \left(527 - \frac{49}{2}\right)$$

$$= 771{,}000{,}000\,\text{N·mm} = 771\text{kN·m} > 572\,\text{kN·m}$$

즉 $M_{uL} < \phi M_{uL}$ 이므로 안전하다.

(5) 짧은 변 방향의 휨철근

짧은 변 방향의 휨모멘트는 그림 11-14(a)의 위험단면에서

$$M_{us} = 270 \times (3.3 \times 0.82) \times \frac{0.82}{2} = 300\text{kN·m}$$

$a = 14\text{mm}$로 가정하고, 최외단 철근의 순인장변형률을 계산하면 $\varepsilon_t > 0.005$임이 확인된다. 따라서 $\phi = 0.85$이다.

철근량을 계산하면

$$A_{ss} = \frac{300 \times 10^3 \times 10^3}{0.85 \times 300 \times \left(510 - \dfrac{14}{2}\right)} = 2{,}339\text{mm}^2$$

a를 검토해 보면

$$C = 0.85 \times 21 \times 3{,}300 \times a = 58{,}905a(\text{N})$$
$$T = 2{,}339 \times 300 = 701{,}700\text{N}$$
$$\therefore a = 12\text{mm}$$

철근량을 다시 계산하면

$$A_{ss} = \frac{300 \times 10^3 \times 10^3}{0.85 \times 300 \times \left(510 - \dfrac{12}{2}\right)} = 2{,}334\text{mm}^2$$

최소 철근량은

$$A_{s.\min} = \frac{0.25\sqrt{21}}{300} \times 3{,}300 \times 510 = 6{,}430\text{mm}^2$$
$$\frac{1.4}{300} \times 3{,}300 \times 510 = 7{,}850\text{mm}^2 > 6{,}430\text{mm}^2$$

실제 사용은

$$A_{sl}(17\text{-}D25) = 8{,}614\text{mm}^2 > 7850\,\text{mm}^2$$

이들 철근은 11.4절의 11.4.2의 [2]의 (2)에 따라 배근해야 한다.

식 (11 · 1)에서

$$\beta = \frac{L}{H} = \frac{3.3}{2.1} = 1.57$$
$$\frac{2}{\beta + 1} = \frac{2}{1.57 + 1} = 0.78$$

즉, 짧은 변 방향으로 배치할 철근량의 78%를 그림 11-5에 보인 것처럼 기둥을 중심으로 한 중앙구간에 배치해야 한다. 중앙구간에 배치해야 할 철근의 수는 식 (11 · 1)로부터

$$A_{sc} = \frac{2}{\beta + 1} A_{ss} = 0.78 \times 17 = 13.3\,(\text{개})$$

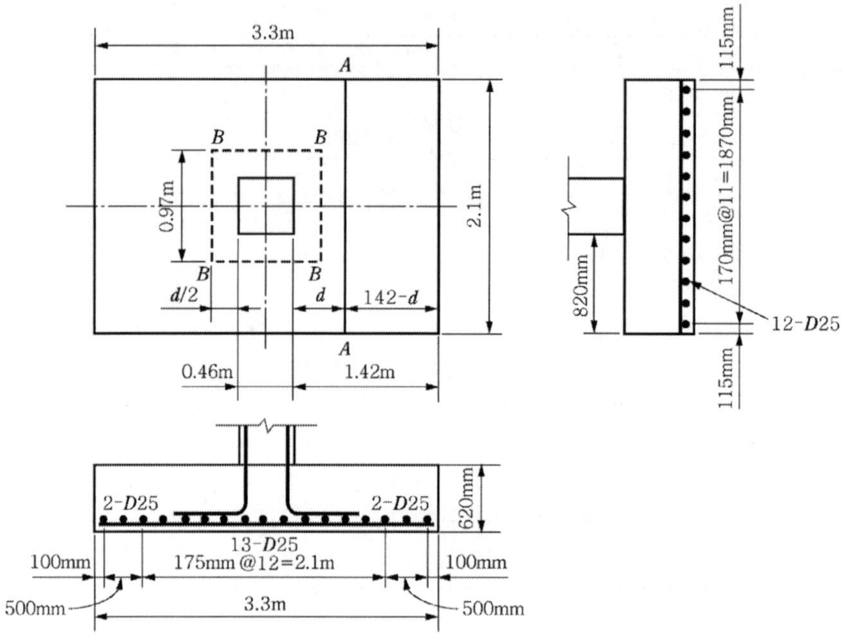

그림 11-15 휨철근의 배근

즉, 중앙구간에 D 25 철근 13개를 175 mm의 간격으로 배치하고 나머지 4개는 양쪽 외측구간에 250 mm 간격으로 2개씩 배치한다. 이러한 배근을 보인 것이 그림 11-15이다.

(6) 휨 철근의 정착길이 검토

$K_{tr}=0$으로 보고, 식 (7·7)로 인장철근 D 25의 정착길이를 계산하면 $l_d=450$ mm이다. 그런데 짧은 변 방향의 철근이 묻힐 수 있는 길이는 위험단면으로부터 820 mm이므로 정착 길이는 충분하다.

(7) 기둥 밑면에서의 힘의 전달

기둥 밑면에서의 계수지압하중은

$$P_u = 1.2 \times 700 + 1.6 \times 640 = 1,864\text{kN}$$

확대기초의 지압강도는 식 (11·4)로 계산해야 한다. 지지부 면적 A_2는 재하면 A_1과 중심이 일치하는 닮은꼴의 최대면적이라야 하므로

$$A_2 = 2.1^2(\text{m}^2)$$

따라서

$$\alpha_b = \sqrt{\frac{A_2}{A_1}} = \sqrt{\frac{2.1^2}{0.46^2}} = 4.6 > 2.0$$

$\alpha_b \le 2$ 이라야 하므로 확대기초의 설계지압강도는 식 (11 · 4)로부터

$$B_{df} = \alpha_b \phi \times 0.85 f_{ck} A_1$$
$$= 2 \times 0.65 \times 0.85 \times 21 \times 460^2 = 4{,}910{,}000\text{N} = 4{,}910\,\text{kN} > 1{,}864\,\text{kN}$$

기둥의 설계지압강도는 식 (11 · 3)으로부터

$$B_{df} = \phi \times 0.85 f_{ck} A_1$$
$$= 0.65 \times 0.85 \times 21 \times 460^2 = 2{,}455{,}000\text{N} = 2{,}455\,\text{kN} > 1{,}864\,\text{kN}$$

즉, 콘크리트만으로 힘이 전달될 수 있다. 그러나 설계기준에 따라 최소연결철근(다월철근)을 배치하여야 한다. 이 예제에서는 연결철근의 겹침이음길이와 정착길이에 대한 설계 및 검토는 생략한다. 이에 대해서는 예제 11-1의 (7)을 참조하면 될 것이다.

11.5 벽의 확대기초

그림 11-16과 같이 벽체를 지지하는 확대기초를 **벽의 확대기초**(wall footing)라고 하며, **연속기초**라고도 한다. 벽의 확대기초는 휨이 1방향으로만 일어나기 때문에 그림 11-16에 보인 바와 같이 폭이 1 m인 1방향 슬래브로 보고 설계한다. 따라서 그 설계는 독립 확대기초보다 단순하다. 벽의 확대기초는 작용하는 하중이 작은 경우에는 무근 콘크리트의 확대기초로 하고, 하중이 큰 경우에는 철근콘크리트의 확대기초로 한다. 벽체에 모멘트가 작용하면 옹벽과 같은 경우로 된다.

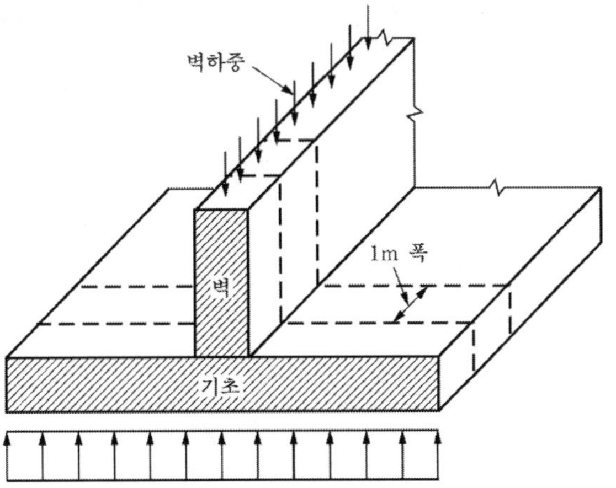

그림 11-16 벽의 확대기초

11.6 연결 확대기초

그림 11-1의 (e), (f) 또는 (g)와 같이 2개 이상의 기둥을 하나의 확대기초로 지지하도록 된 확대기초가 **연결 확대기초**이다. 연결 확대기초가 필요한 경우는 다음과 같다.

(1) 2개의 기둥 사이가 너무 좁아서 독립 확대기초로 할 경우, 두 기초가 겹쳐지는 경우, 또는 2개의 독립 확대기초가 연결 확대기초보다 비경제적인 경우

(2) 토지의 경계선 또는 다른 제약 때문에 외측기둥의 확대기초를 대칭으로 만들 수 없는 경우

어떠한 경우라도 연결 확대기초의 도심은 두 기둥하중의 합력의 작용선과 일치하도록 해야 한다. 연결 확대기초는 기둥하중으로 인한 기초지반의 상향압력(上向壓力)을 외력(外力)으로 하는 보로 보고 설계한다.

예제 11-3 그림 11-17과 같은 2개의 기둥을 지지할 확대기초를 설계하라. $P_A=$ 1,420 kN(40%는 활하중), $P_B=$1,610 kN(40%는 활하중)이다. 지반의 허용지지력은 240 kN/m^{2}이고 $f_{ck}=$ 21 MPa, $f_y=$ 300 MPa이다.

풀이 (1) 확대기초의 넓이

확대기초의 필요한 넓이는 사용하중에 의하여 계산한다. 기둥하중의 합력의 작용선이 왼쪽의 토지경계선에서 x 의 거리에 있다면

$$(1,420+1,610)\times x=1,420\times 0.40+1610\times 5.80$$

$$\therefore x=3.27\text{m}$$

기둥하중의 합력의 작용선이 확대기초의 도심을 통과해야 하므로, 확대기초의 필요한 길이는 다음과 같다.

$$L=3.27\times 2=6.54\text{m}$$

이에 대하여 $L=$ 6.60 m를 사용하기로 한다. 확대기초의 두께를 760 mm로 가정하면 자중은

$$25\times 0.76=19\text{kN/m}^2$$

따라서 확대기초 밑면에서의 지반의 허용지지력은

$$240-19=221\text{kN/m}^2$$

확대기초의 필요한 가로치수는

$$H=1,420+\frac{1,610}{6.6\times 221}=2.1\text{m}$$

$H=$ 2.20 m로 한다. 그러면 확대기초의 넓이는 다음과 같다.

$$6.6\times 2.2=14.52\text{m}^2$$

(2) 전단력과 휨모멘트

A기둥의 사용 활하중은 $1420 \times 0.4 = 568\text{kN}$

A기둥의 사용 고정하중은 $1,420 - 568 = 852\text{kN}$

B기둥의 사용 활하중은 $1,610 \times 0.4 = 644\text{kN}$

B기둥의 사용 고정하중은 $1,610 - 644 = 966\text{kN}$

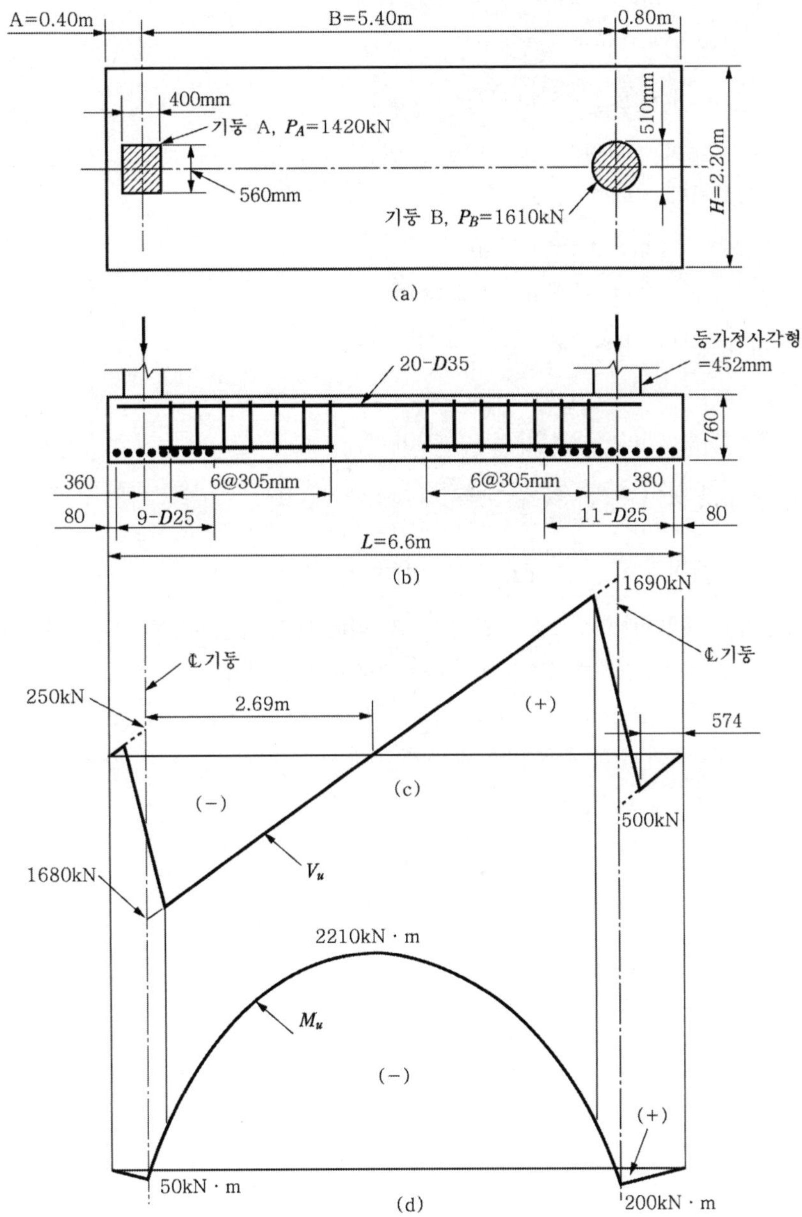

그림 11-17

따라서 계수하중은 각각 다음과 같다.

기둥 A : $P_u = 1.2 \times 852 + 1.6 \times 568 = 1{,}930\text{kN}$

기둥 B : $P_u = 1.2 \times 966 + 1.6 \times 644 = 2{,}190\text{kN}$

계수하중에 의하여 기초 밑면에 일어나는 압력은

$$p_u = \frac{1{,}930 + 2{,}190}{6.6 \times 2.2} = 284\text{kN/m}^2$$

따라서 긴 변 방향 1 m에 대한 상향(上向)의 압력은

$$w_u = 284 \times 2.2 = 625\text{kN/m}$$

연결 확대기초의 전단력 및 휨모멘트는 연결 확대기초를 보로 보고 계산한다. A기둥의 중심선에 있어서의 전단력은

$$+V_u = 625 \times 0.4 = +250\text{kN}$$
$$-V_u = +250 - 1{,}930 = -1{,}680\text{kN}$$

B기둥의 중심선의 전단력은

$$-V_u = -625 \times 0.80 = -500\text{kN}$$
$$+V_u = -500 + 2{,}190 = +1{,}690\text{kN}$$

전단력이 0인 곳이 A기둥의 중심에서 x 거리에 있다면

$$x = 5.40 \times \frac{1{,}680}{1{,}680 + 1{,}690} = 2.69\text{m}$$

전단력도가 그림 11-17 (c)에 나타나 있다. 이때 B기둥은 동일한 단면적을 가진 정사각형으로 보아도 좋으므로, 그 한 변의 길이는 452 mm로 된다.

휨모멘트 역시 보로 보고 계산한다. 최대 휨모멘트는 전단력이 0인 단면에서 일어나므로, 전단력이 0인 단면의 왼쪽 부분을 생각하면 최대 휨모멘트는 다음과 같다.

$$M_u = \frac{625 \times 3.09^2}{2} - 1{,}930 \times 2.69 = -2{,}210\text{kN·m}$$

오른쪽 부분을 생각하면

$$M_u = \frac{625 \times 3.51^2}{2} - 2{,}190 \times 2.71 = -2{,}090\text{kN·m}$$

두 값이 동일한 크기를 나타내지 않는 이유는 $L = 6.54$ m 대신에 $L = 6.60$ m를 사용하였기 때문이다. 휨모멘트도가 그림 11-17 (d)에 나타나 있다. 기둥 바깥쪽의 양쪽으로 내민 부분은 이 부분에 작용하는 상향압력을 집중하중으로 보고 나타낸 것이다.

(3) 확대기초의 두께

이러한 직사각형 확대기초에 있어서는 긴 변 방향의 유효깊이가 짧은 변 방향의 유효깊

이보다 크다.

그러므로 연결 확대기초는 폭이 넓은 보로 보고 유효깊이를 계산한다. 휨에 의하여 확대기초의 유효깊이를 구해 보자. 철근비의 상한(최대 철근비)를 식 (5·8 a)로 계산하면

$$\rho_{\max} = 0.0217$$

처짐 등을 고려하여 철근비를 위의 값의 반 정도로 보고, 즉 $\rho = 0.011$로 보아 식 (5·13)으로 유효깊이 d를 계산해 본다.

$$M_u = \phi \rho f_y b d^2 \left(1 - 0.59 \rho \frac{f_y}{f_{ck}}\right)$$

$$= 0.85 \times 0.011 \times 300 \times 2{,}200 d^2 \left(1 - 0.59 \times 0.011 \times \frac{300}{21}\right)$$

$$= 2{,}210 \times 10^3 \times 10^3 \text{N·mm} (M_u)$$

$$\therefore d = 628\text{mm}$$

다음에 전단에 대하여 필요한 유효깊이를 계산해 보자. 연결 확대기초의 전단도 1방향 작용의 보로 보고 계산한다. 전단에 대한 위험단면은 기둥 B의 등가사각형(452 mm×452 mm)의 전면(前面)에서 d만큼 안쪽으로 떨어진 단면이므로

$$V_u = 1{,}690{,}000 - 625 \times \frac{10^3}{10^3}\left(\frac{452}{2} + d\right) = 1{,}548{,}750 - 625d$$

전단철근 없이 콘크리트가 부담할 수 있는 보의 설계전단강도는

$$\phi V_c = \phi \times \frac{1}{6}\sqrt{f_{ck}}\, bd = 0.75 \times \frac{1}{6}\sqrt{21} \times 2{,}200 \times d = 1{,}260d$$

$V_u \le \phi V_c$ 이라야 하므로

$$1{,}548{,}750 - 625d \le 1{,}260d \qquad \therefore d \ge 819\text{mm} > 628\text{mm}$$

확대기초의 유효깊이가 전단으로 지배됨을 알 수 있다. 그러나 앞에서 확대기초의 두께를 760 mm로 가정하였으므로 $d = 628$ mm로 하고, 전단철근을 사용하기로 한다(전단철근의 설계는 보의 경우와 같다. 여기서는 계산을 생략한다). 그러면 확대기초의 두께는

$$h = 628 + 80(\text{피복두께}) + 12.7(\text{스터럽}\ D13\text{의 지름}) + 15.9\left(D32\text{의 지름의 } \frac{1}{2}\right)$$

$$= 737\text{mm}$$

$h = 760$ mm로 하면, 확대기초의 자중은

$$25 \times 0.76 = 19\text{kN/m}^2$$

기초 밑면의 최대압력은

$$\frac{1420 + 1610}{6.6 \times 2.2} + 19 = 228\text{kN/m}^2 < 240\text{kN/m}^2$$

확대기초의 유효깊이는

$$d = 760 - (80 + 12.7 + 15.9) = 650\text{mm}$$

(4) 2방향 작용에 대한 전단강도

B기둥의 뚫림전단을 검토해 보자. 위험단면은 등가사각형(452 mm×452 mm)의 전면(前面)으로부터 $\frac{d}{2}$ 되는 곳이므로[그림 11-2 (b) 또는 그림 10-5 참조] 위험단면의 한 변의 길이는

$$0.452 + \frac{0.65}{2} \times 2 = 1.10\text{m} = 1,100\text{mm}$$

위험단면에서의 전단력은

$$V_u = 1,690 - 284 \times 1.10^2 = 1,390\text{kN}$$

콘크리트가 부담하는 전단강도는 식 (10 · 1 c)로 지배된다.

$$V_c = \frac{1}{3}\sqrt{f_{ck}}\, b_0 d = \frac{1}{3}\sqrt{21} \times (1,100 \times 4) \times 650 = 4,369,000\text{N} = 4,369\text{kN}$$

$$\phi V_c = 0.75 \times 4,369 = 3,277\text{kN} > V_u$$

즉 뚫림전단에 대하여는 안전하다.

(5) 긴 변 방향의 휨 철근

a=118 mm로 가정하면

$$A_s = \frac{M_u}{\phi f_y\left(d - \frac{a}{2}\right)} = \frac{2,210 \times 10^3 \times 10^3}{0.85 \times 300\left(650 - \frac{118}{2}\right)} = 14,700\text{mm}^2$$

$$a = \frac{A_s f_y}{0.85 f_{ck} b} = \frac{14,700 \times 300}{0.85 \times 21 \times 2,200} = 112\text{mm} \fallingdotseq 118\text{mm}$$

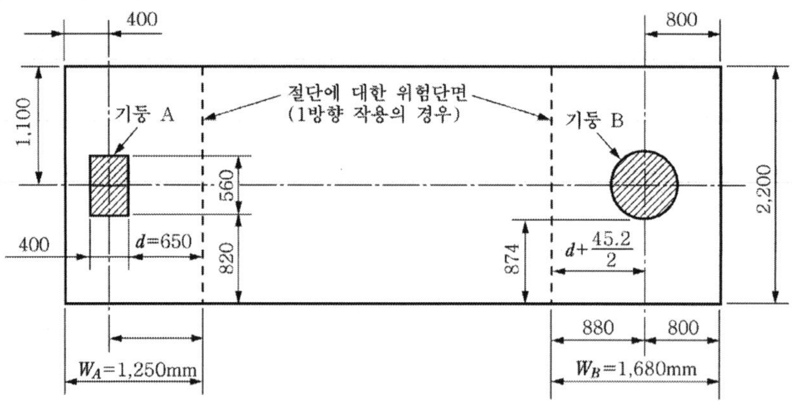

그림 11 - 18

20-D 35(= 19,132 mm^2)를 약 105 mm 간격으로 그림 11-17(b)와 같이 배치한다. 철근의 정착길이를 제7장에 따라 검토해야 한다.

(6) 짧은 변 방향의 휨 철근

짧은 변 방향의 휨철근은 독립 확대기초의 경우와 같은 방법으로 처리한다. 각 기둥의 아래 부분에 있어서의 가로방향 철근은 그림 11-18에 보인 바와 같이 기둥을 중심으로 하여 기둥 폭에 확대기초의 유효깊이의 2배를 더한 값을 넘지 않는 구간에 등간격으로 배치한다.

이 예제와 같이 기둥의 간격이 커서 확대기초의 폭이 비교적 좁은 경우에는 기둥과 기둥 사이에서는 주로 긴 변 방향의 휨을 받고 기둥근처에서는 2방향의 휨을 받는다. 기둥 A에서 짧은 변 방향 즉 긴 변 방향에 직각인 방향으로 철근을 배치할 구간 W_A는 그림 11-18을 참고하면

$$W_A = 400 + \frac{400}{2} + 650 = 1{,}250\text{mm}$$

확대기초 가로방향 1 m에 대한 상향압력(上向壓力)은

$$\frac{1{,}930}{2.2} = 877\text{kN/m}$$

위험단면, 즉 기둥 A의 전면(前面)에 대한 휨모멘트는

$$M_u = \frac{1}{2} \times 877 \times 0.82^2 = 295\text{kN·m}$$

유효높이는

$$d = 760 - 80(\text{피복두께}) - 12.7\left(D\,25\text{의 지름의 } \frac{1}{2}\right) = 667\text{mm}$$

이에 대한 콘크리트 응력의 분포 사각형의 깊이 a는 매우 작다. 따라서 휨철근의 최소량을 배치한다.

$$A_s = A_{s.\min} bd = \frac{1.4}{f_y} \times bd = \frac{1.4}{300} \times 1{,}250 \times 667 = 3{,}890\text{mm}^2$$

9-D 25(= 4,560 mm^2)를 그림 11-18의 W_A 구간에 등간격으로 배치한다. 이 철근들을 기초 아래 부분에서 짧은 변 방향으로 배치한다.

기둥 B에서 가로방향 철근의 배치구간은

$$W_B = 800 + \left(\frac{452}{2} + 650\right) = 1{,}680\text{mm}$$

가로방향에 대한 상향압력은

$$\frac{1{,}930}{2.2} = 877\text{kN/m}$$

기둥 B의 등가정사각형 단면의 전면(前面)에 대한 휨모멘트는

$$M_u = \frac{1}{2} \times 877 \times 0.874^2 = 335\text{kN·m}$$

이에 대하여 휨철근의 최소량을 사용한다.

$$A_s = A_{s.\min} = \frac{1.4}{f_y} \times bd = \frac{1.4}{300} \times 1,680 \times 667 = 5,230\text{mm}^2$$

11-D 25(= 5,574 mm^2)를 그림 11-18의 W_B 구간에 등간격으로 배치한다.

휨에 대하여 검토해 보면

$$C = 0.85 f_{ck} ab = 0.85 \times 21 \times 1,680 \times a = 30,000a(\text{N})$$

$$T = A_s f_y = 5,574 \times 300 = 1,672,200\text{N}$$

$$\therefore a = 56\text{mm}$$

$$\begin{aligned}\phi M_n &= \phi A_s f_y \left(d - \frac{a}{2}\right) \\ &= 0.85 \times 5,574 \times 300 \times \left(667 - \frac{56}{2}\right) \\ &= 908,000,000\text{N·mm} = 908\text{kN·m} > M_u \quad (\text{OK})\end{aligned}$$

(7) 철근의 정착길이, 기둥저부에서의 힘의 전달 및 연결철근의 묻힘길이 검토

철근의 정착 길이, 지압강도, 연결철근 등은 예제 11-1의 경우와 같은 방법으로 계산한다(여기서는 계산을 생략한다).

11.7 캔틸레버 확대기초

그림 11-19와 같은 연결 확대기초를 특히 **캔틸레버 확대기초**(cantilever footing 또는 strap footing)라고 한다. 이 확대기초는 토지 경계선 근처에서는 다른 형식의 확대기초보다 경제적이다. 독립 확대기초로 하면 확대기초의 면적이 너무 커지는 경우, 또는 두 기둥 사이가 너무 떨어져 있어서 직사각형이나 사다리꼴의 연결 확대기초로 하면 비경제적으로 되는 경우에 채택된다. 캔틸레버 확대기초는 2개의 독립 확대기초를 **연결보**(strap beam)로 연결한 것으로 보고 설계한다.

그림 11-19의 외측(外側) 확대기초는 토지 경계선을 침범하지 않기 위하여 기둥하중이 편심으로 작용한다. 그러므로 기초 밑면에 일어나는 압력은 균등분포로 되지 않으며 확대기초는 한쪽으로 기울어지려는 경향을 나타낸다. 이러한 편심의 영향을 방지

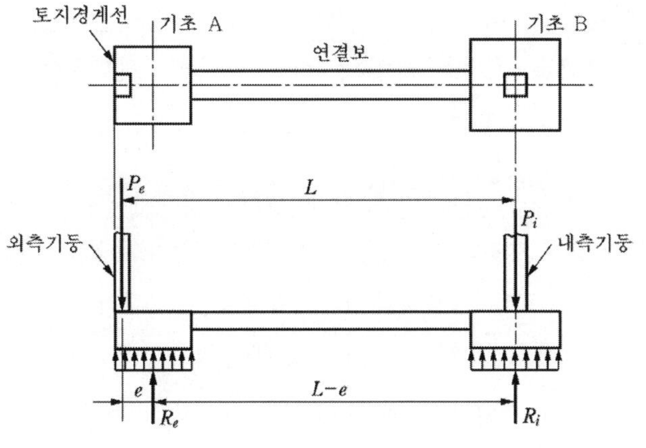

그림 11-19 캔틸레버 확대기초

하기 위하여 외측 확대기초를 튼튼한 연결보에 의하여 가장 가까운 내측(內側) 확대기초에 연결하는 것이다. 이렇게 하면 확대기초 밑면의 압력이 균등분포로 된다. 실제로 연결보는 지반압력을 받지 않도록 시공되는 것이 보통이다. 이때 연결보는 그림 11-21에 보인 바와 같이 외측기초에 작용하는 기둥하중과 반력에 의하여 휨모멘트와 전단력을 일으키는 보로 작용한다.

외측기초와 내측기초를 적절하게 배치함으로써 사용하중에 의한 기초 밑면의 압력을 균등하게 할 수 있다. 그러기 위해서는 두 기초의 도심을 기둥하중의 합력의 위치와 일치시켜야 한다. 내측기초는 내측기둥의 도심과 일치하므로 R_i와 P_i는 동일 직선상에 있다. 그러나 기초중심과 기둥중심이 편심되어 있는 외측기초에서는 R_e와 P_e가 우력 모멘트를 일으킨다.

외측기초는 독립 확대기초로 설계한다. 외측기둥이 외측기초의 끝에 위치함으로써 균등분포로 되지 않는 기초 밑면의 압력을 연결보에 의하여 균등분포로 되게 하는 것이다. 바꾸어 말하면 편심된 기둥하중 P_e를 연결보에 의하여 균등하게 지반에 전달하게 하는 것이다. 그래서 외측 확대기초는 독립 확대기초로 설계한다.

내측 확대기초도 독립 확대기초로 설계한다. 연결보의 일부가 내측기초에 묻혀 있기는 하지만, 독립 확대기초로 설계하면 안전측이 된다. 연결보의 존재 때문에 펀칭전단이 일어나지 않는 점이 보통의 독립 확대기초와 다르다.

실제로 연결보는 내측기초와 일체로 되어 있지만, 전술한 바와 같이 내측기초를 설계할 때, 연결보가 없는 것으로 설계하므로, 이때 연결보는 기초 밑면의 지반반력을 받지 않는다. 그러나 외측기초는 연결보에 의하여 전달되는 지반반력을 받는 벽의 확대기초로 설계하기 때문에, 이때 연결보는 확대기초로부터 전달되는 상향압력을 받는다. 따라서 연결보는 외측기둥 밑에서 상향(上向)의 지지력 분포하중을 받고, 각 기둥 중심선에서 하향반력(下向反力)을 받는 단순보로 보고 설계한다[그림 11-21 참조].

예제 11-4) 그림 11-20과 같은 연결 확대기초를 설계하라. 기둥 A는 고정하중 410 kN, 활하중 315 kN를 지지하고, 기둥 B는 고정하중 690 kN, 활하중 482 kN을 받고 있다. 이들 하중은 전부 사용하중이다. 기둥 A는 240 mm×240 mm의 정사각형 단면이고, 기둥 B는 280 mm×280 mm의 정사각형 단면이다. 기초지반의 허용지지력은 205 kN/m^{2}이고, 콘크리트의 설계기준압축강도는 기둥이 $f_{ck}=28$ MPa, 확대기초는 $f_{ck}=21$ MPa이며, $f_y=300$ MPa이다.

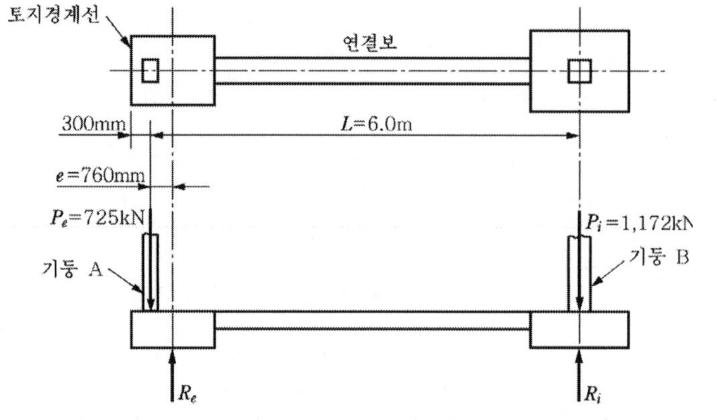

그림 11-20

풀이 (1) 확대기초의 면적

외측기초에서 기둥하중 P_e 와 기초의 반력 R_e 와의 편심거리를 $e=760$ mm로 가정하고, 또 기초의 두께를 600 mm로 가정한다. 그러면 확대기초의 자중은

$$25\times0.60=15\text{kN/m}^2$$

따라서 확대기초 밑면에서 지반의 허용지지력은

$$205-15=190\text{kN/m}^2$$

그림 11-20에서 내측기둥의 중심에 대하여 $\sum M=0$ 을 적용하면

$$-725\times6+R_e\times(6-0.76)=0$$

$$\therefore R_e=830\text{kN}(\uparrow)$$

외측 확대기초 도심에 대하여 모멘트를 취하면

$$-725\times0.76+1{,}172\times(6-0.76)-R_i\times(6-0.76)=0$$

$$\therefore R_i = 1{,}067\text{kN}(\uparrow)$$

따라서 외측 확대기초의 필요한 면적은

$$A_e = \frac{830}{190} = 4.37\text{m}^2$$

이에 대하여 다음과 같은 정사각형 확대기초를 채택한다.

$$2.12\text{m} \times 2.12\text{m} = 4.49\text{m}^2$$

그러면 외측기둥 A의 편심거리는

$$e = \frac{2.12}{2} - 0.30 = 0.76\text{m}$$

이것은 가정한 편심거리와 일치한다. 내측 확대기초의 필요한 면적은

$$A_i = \frac{1{,}067}{190} = 5.62\text{m}^2$$

이에 대하여 다음과 같은 정사각형을 사용한다.

$$2.4\text{m} \times 2.4\text{m} = 5.76\text{m}^2$$

(2) 연결보의 전단력과 휨모멘트

각 기둥의 계수하중은

$$P_A = 1.2 \times 410 + 1.6 \times 315 = 996\text{kN}$$
$$P_B = 1.2 \times 690 + 1.6 \times 482 = 1{,}399\text{kN}$$

계수하중에 의한 외측 확대기초의 반력 R_A 는

$$-996 \times 6 + R_A \times (6 - 0.76) = 0$$
$$\therefore R_A = 1{,}140\text{kN}$$

같은 방법으로 내측 확대기초의 반력은

$$-996 \times 0.76 + 1{,}399 \times (6 - 0.76) - R_B \times (6 - 0.76) = 0$$
$$\therefore R_B = 1{,}255\text{kN}$$

외측 확대기초의 밑면에 균등한 압력이 일어나도록 하기 위하여 연결보의 오른쪽 끝에 작용해야 할 전단력 V_u 는 다음과 같다[그림 11-21 참조].

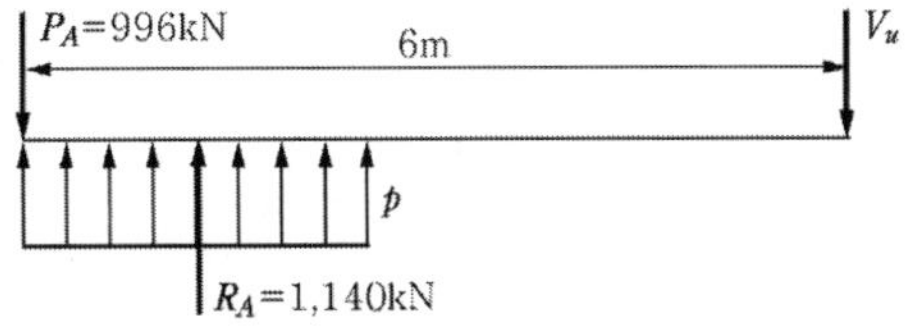

그림 11-21

$$V_u = -996 + 1,140 = 144\text{kN}$$

따라서 연결보의 오른쪽 끝에 일어나는 계수 모멘트는

$$M_{ur} = 144 \times \frac{2.4}{2} = 173\text{kN}\cdot\text{m}$$

연결보의 왼쪽 끝에 일어나는 계수 모멘트는

$$M_{ul} = -144 \times (6 + 0.3 - 2.12) = -602\text{kN}\cdot\text{m}$$

(3) 연결보의 설계

앞에서 계산된 전단력과 휨모멘트를 받는 직사각형단면의 보로 설계한다(계산 생략).

(4) 외측 확대기초의 설계

가로방향의 휨모멘트는 0.94 m$\left(= \frac{2.12}{2} - \frac{0.24}{2}\right)$의 위험단면에 대하여

$$M_u = \frac{1,140}{2.12} \times 0.94 \times \frac{0.94}{2} = 238\text{kN}\cdot\text{m}$$

1방향 작용의 전단력은 기둥전면에서 d(= 500 mm로 가정)만큼 떨어진 단면(0.94 − 0.5 = 0.44 m)에 대하여

$$V_u = \frac{1140}{2.12} \times 0.44 = 237\text{kN}$$

위의 휨모멘트와 전단력을 사용하여 독립 확대기초로 설계한다.

(5) 내측 확대기초의 설계

기초 밑면의 평균압력은

$$p_u = \frac{1255}{2.4 \times 2.4} = 218\text{kN/m}^2$$

이를 사용하여 독립 확대기초로 설계한다. 〔이하 생략, 예제 11 - 1 및 11 - 2 참조〕

연습문제

11.1. 그림 11−22와 같은 확대기초가 사용 고정하중 1,400 kN, 사용 활하중 900 kN의 기둥하중을 받는다. 안전을 검토하라. 기초지반의 허용지지력은 200 kN/m^{2}이다. 콘크리트의 설계기준 강도는 기둥이 f_{ck} = 24 MPa, 확대기초는 f_{ck} = 21 MPa이고, f_y = 300 MPa이다.

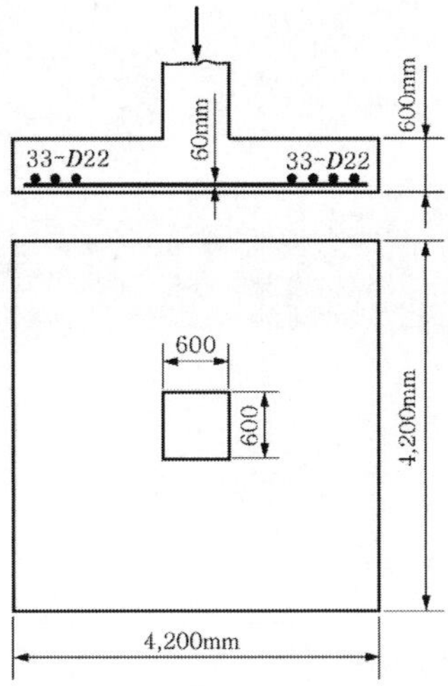

그림 11-22

11.2. 사용 고정하중 1,400 kN, 사용 활하중 850 kN을 받고 있는 기둥을 지지할 독립 확대기초를 설계하라. 기둥은 500 mm×500 mm의 정사각형 단면이고, 기초지반의 허용지지력은 180 kN/m^{2}이다. 기둥은 f_{ck}= 24 MPa, 확대기초는 f_{ck}= 21 MPa이고, f_y= 300 MPa이다.

11.3. 그림 11-23과 같은 연결 확대기초를 설계하라. 기둥 A는 고정하중 940 kN, 활하중 650 kN를 받으며, 기둥 B는 고정하중 1,100 kN, 활하중 650 kN을 받는다. 이들 하중은 전부 사용하중이다. 지반의 허용지지력은 230 kN/m^{2}이고, 기둥 및 확대기초에서 f_{ck}= 21 MPa, f_y= 300 MPa이다.

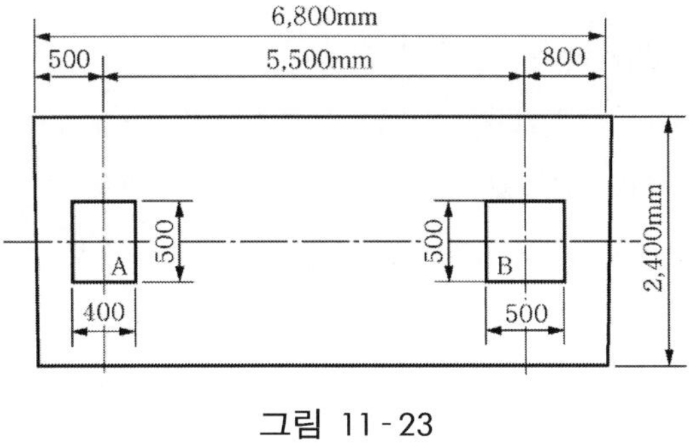

그림 11-23

제12장 옹 벽

12.1 옹벽의 종류

옹벽(retaining wall)이란 배후의 토사(土砂)의 붕괴를 방지할 목적으로 만들어지는 구조물을 말하며, 배후의 토압(土壓)에 대하여 옹벽의 자중으로 안정을 유지하는 구조물이다.

옹벽의 종류는 다음과 같다.

중력식 옹벽(gravity wall) : 그림 12-1 (a)와 같이 무근 콘크리트로 만들어지며 자중에 의하여 안정을 유지한다. 보통 3 m 정도의 높이까지 쓰인다.

캔틸레버 옹벽(cantilever retaining wall) : 그림 12-1 (b)와 같은 옹벽으로서, 철근콘크리트로 만들어지며 **역 T형 옹벽**이라고도 한다. 가장 보편적으로 쓰이는 옹벽이며, 보통 3~7.5 m 정도의 높이에 사용된다. 옹벽의 **벽체**(stem), **뒤판**(heel) 및 **앞판**(toe)은 각각 캔틸레버로 작용한다.

뒷부벽식 옹벽(counterfort wall) : 그림 12-1 (c)와 같이 캔틸레버 옹벽의 후면에 일정한 간격의 부벽(counterfort)을 설치하여 보강한 옹벽을 말한다. 이때 부벽은 인장타이(tension tie)로 작용한다. 높이가 7.5 m를 넘는 경우에 사용하면 경제적이다.

앞부벽식 옹벽(buttress wall) : 그림 12-1 (d)와 같이 캔틸레버 옹벽의 전면에 일정한 간격의 부벽(buttress)을 설치하여 보강한 옹벽을 말한다. 이때 부벽은 스트럿(compression strut)으로 작용하기 때문에 뒤부벽보다 효율적이고 경제적이다. 그러나 뒷부벽식 옹벽이 앞부벽식 옹벽보다 많이 사용된다. 그 이유는 앞부벽이 전면(前面)의 공간을 차지하는 결점이 있는 데 대하여 뒤부벽은 그런 결점이 없기 때문이다.

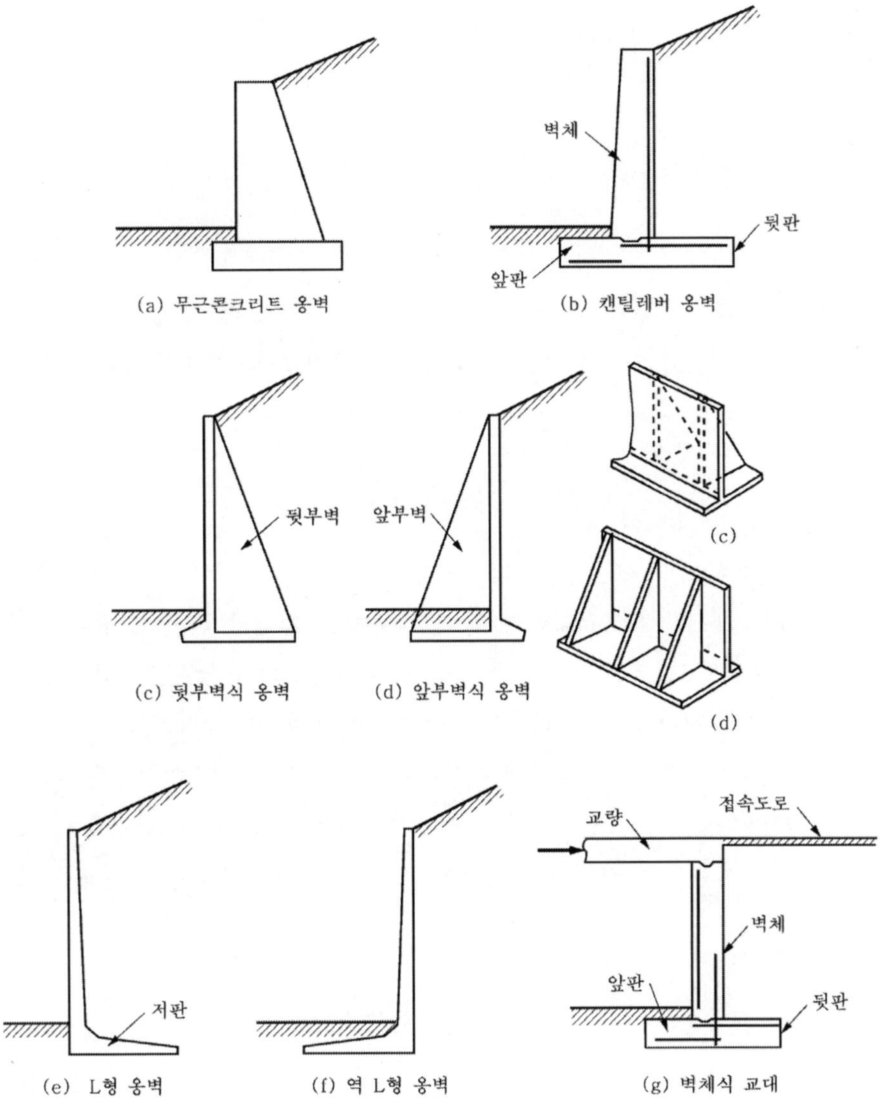

그림 12-1 옹벽의 종류

그 밖에 그림 12-1 (e)와 같은 **L형 옹벽** 또는 그림 12-1 (f)와 같은 **역 L형 옹벽**이 사용되는 수도 있다.

그림 12-1 (g)와 같은 **벽체식 교대**(wall type bridge abutment)는 교면(橋面)으로부터 벽체상부에 작용하는 수평력의 영향을 제외하면, 캔틸레버 옹벽과 동일하다. 따라서 이러한 교대는 저부(底部)가 고정되고 상부(上部)는 단순지지 또는 부분적으로 구속된 보로 보고 설계한다.

12.2 옹벽에 작용하는 외력

옹벽에 작용하는 외력은 주로 토압이고, 상재하중(上載荷重)이 있는 경우에는 그 영향도 생각해야 한다.

12.2.1 토 압

토압은 흙의 단위중량과 깊이에 비례한다. 지표면(地表面)에서 h의 깊이에 있는 토압 p는 다음과 같다.

$$p = C\gamma h \qquad (12 \cdot 1)$$

여기서 γ : 흙의 단위중량

C : 흙의 물리적 성질에 따르는 계수

옹벽의 뒤채움 재료는 배수(排水)가 잘 될 수 있는 것이라야 한다. 배수가 잘 되지 않는 재료, 예를 들면 점토질 흙을 사용하면 배수가 잘 되지 않을 뿐 아니라 물로 포화되어, 계산으로 추정한 값보다 더 큰 토압이 작용하게 된다.

옹벽에 있어서는 옹벽 전면(前面)에 작용하는 수동토압은 생각하지 않으며, 옹벽 배후의 흙에 의한 주동토압만을 고려한다. 토압계산에는 Coulomb, Rankine, Terzaghi 등의 토압공식이 사용되고 있으나, 일반적으로 Coulomb의 공식이 사용되고 있다.

[1] 주동토압

일반적으로 주동토압 P_a는 다음 식으로 계산한다.

$$P_a = \frac{1}{2} C_a \gamma h^2 \qquad (12 \cdot 2)$$

여기서 γ : 뒤채움 흙의 단위중량

h : 옹벽의 높이

C_a : 주동 토압계수

Coulomb의 토압계수 Coulomb은 일반적인 경우의 주동 토압계수로서 다음 값을 주고 있다[그림 12-2 참조].

$$C_a = \frac{\sin^2(\beta - \phi)}{\sin^2\beta \sin(\beta + \delta)\left[1 + \sqrt{\dfrac{\sin(\phi + \delta)\sin(\phi - \alpha)}{\sin(\beta + \delta)\sin(\beta - \alpha)}}\right]^2} \qquad (12 \cdot 3)$$

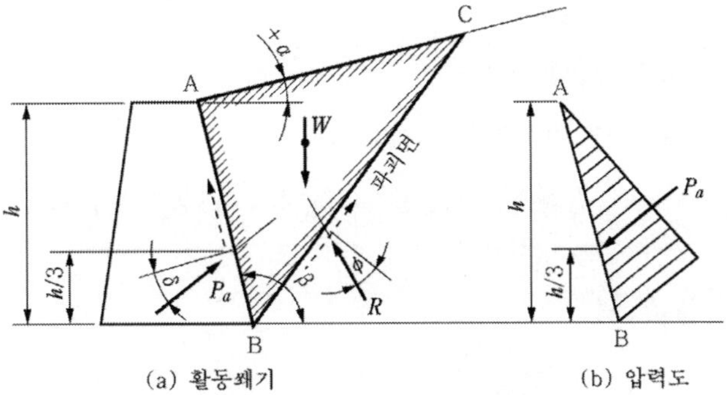

그림 12-2 Coulomb의 주동토압

여기서 β : 옹벽배면이 수평면과 이루는 각

ϕ : 뒤채움 흙의 내부 마찰각(전단 저항각)

δ : 벽면 마찰각(옹벽배면과 뒤채움 흙 사이의 마찰각)

α : 옹벽 배후의 지표면이 수평면과 이루는 각

옹벽 배면이 수평면에 수직이고($\beta=90°$), 벽면 마찰각이 $\delta=\alpha$ 이면 C_a 는 다음과 같이 된다.

$$C_a = \cos\alpha\left(\frac{\cos\alpha - \sqrt{\cos^2\alpha - \cos^2\phi}}{\cos\alpha + \sqrt{\cos^2\alpha - \cos^2\phi}}\right) \qquad (12 \cdot 4)$$

옹벽 배후의 지표면이 수평이면($\alpha=0$)

$$C_a = \frac{1-\sin\phi}{1+\sin\phi} \qquad (12 \cdot 5)$$

[2] 수 동 토 압

수동토압은 식 (12・2)에 C_a 대신 다음의 수동 토압계수 C_p 를 대입하여 구한다.

$$C_p = \cos\alpha\left(\frac{\cos\alpha + \sqrt{\cos^2\alpha - \cos^2\phi}}{\cos\alpha - \sqrt{\cos^2\alpha - \cos^2\phi}}\right) \qquad (12 \cdot 6)$$

$\alpha=0$이면, 위의 식은 다음과 같이 된다.

$$C_p = \frac{1+\sin\phi}{1-\sin\phi} \qquad (12 \cdot 7)$$

[3] 설계기준에서 주고 있는 토압공식

도로교설계준해설(2008) 5.5.9 및 철도설계기준(노반편)(2011) 8.2.2에서는 평상시

토압을 다음과 같이 주고 있다.

(1) 가동벽(可動壁)에 작용하는 토압

구체 자신이 강체(剛體)로서, 회전하거나 전면(前面)으로 밀려나오는 경우, 예를 들면 옹벽이나 교대(橋臺)와 같은 구조물은 그 벽체를 가동벽으로 보고 다음 식들에 의해 토압을 계산한다[그림 12-3 참조].

사질토(砂質土)에 대하여

$$p_a = K_A \gamma z + K_A q \tag{12·8}$$

$$p_p = K_P \gamma z + K_P q \tag{12·9}$$

점성토(粘性土)에 대하여

$$p_a = K_A \gamma z - 2c\sqrt{K_A} + K_A q \ (\text{단 } p_a \geq 0) \tag{12·10}$$

$$p_p = K_P \gamma z + 2c\sqrt{K_P} + K_P q \tag{12·11}$$

여기서 p_a : 깊이 z에 대한 주동 토압강도(kN/m^2)

p_p : 깊이 z에 대한 수동 토압강도(kN/m^2)

K_A : Coulomb 토압에 따른 주동 토압계수

K_P : Coulomb 토압에 따른 수동 토압계수

γ : 흙의 단위중량(kN/m^3)

c : 흙의 점착력(kN/m^2)

q : 평상시의 지표 재하하중(상재하중)(kN/m^2)

z : p_a, p_b가 벽면에 작용하는 깊이(m)

$$K_A = \frac{\cos^2(\phi - \theta)}{\cos^2\theta\cos(\theta+\delta)\left[1 + \sqrt{\dfrac{\sin(\phi+\delta)\sin(\phi-\alpha)}{\cos(\theta+\delta)\cos(\theta-\alpha)}}\right]^2} \tag{12·12}$$

$$K_P = \frac{\cos^2(\phi + \theta)}{\cos^2\theta\cos(\theta+\delta)\left[1 - \sqrt{\dfrac{\sin(\phi-\delta)\sin(\phi+\alpha)}{\cos(\theta+\delta)\cos(\theta-\alpha)}}\right]^2} \tag{12·13}$$

여기서 ϕ : 흙의 전단 저항각(내부 마찰각)

θ : 벽 배면과 연직면이 이루는 각

α : 지표면과 수평면이 이루는 각

δ : 벽 배면과 흙 사이의 벽면 마찰각

θ와 α는 반시계 방향을 정(+)으로 한다. 또 $\phi \pm \alpha < 0$인 경우에는 $\sin(\phi \pm \alpha) = 0$

으로 본다.

따라서 위의 토압강도에 따라 사질토인 경우의 옹벽 단위 폭에 작용하는 주동토압은 식 (12・2)에 의하여

$$P_a = \frac{1}{2} K_A \gamma h^2 \tag{12・14}$$

으로 되고 재하하중(상재하중)에 의한 토압은

$$P_s = K_A q h \tag{12・15}$$

로 된다.

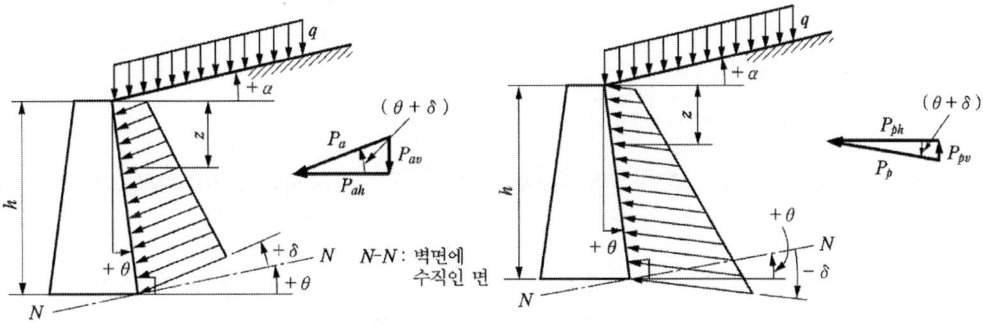

그림 12-3 토압의 분포

(2) 고정벽(固定壁)에 작용하는 토압

지하철 구조물이나 암거와 같이 땅 속에 설치되는 구조물의 벽체에 작용하는 토압은 고정벽에 작용하는 토압상태에 있다고 생각되기 때문에, 이러한 구조물의 벽체에 작용하는 토압은 정지토압으로 보고, 다음 식으로 계산한다.

$$p_o = K_o \gamma z + K_o q \tag{12・16}$$

여기서 p_o : 깊이 z 에 대한 정지 토압강도(kN/m^2)

K_o : 정지 토압계수[$(1-\sin\phi)$로 구하는 것을 원칙으로 한다]

12.2.2 상재하중

옹벽의 상부(上部) 가까이 차량교통이 있거나 건물이 있는 경우에는 이들 하중이 옹벽에 횡방향 압력을 증가시킨다. 건물과 같은 고정하중은 건물의 중량을 옹벽의 뒤채움 흙의 중량으로 환산하여, 그만큼 흙이 더 있는 것으로 보고 토압을 계산한다.

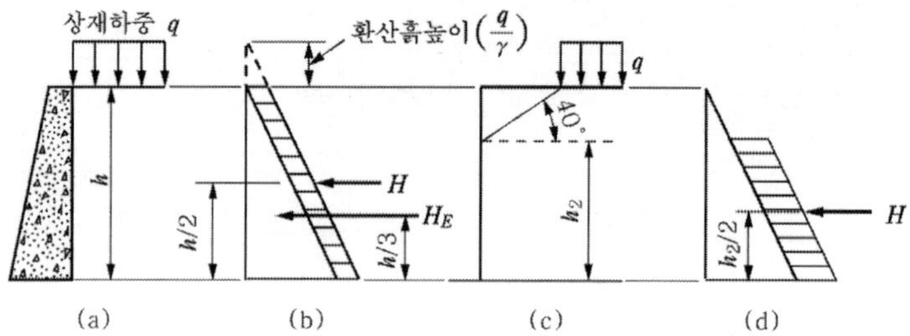

그림 12-4 상재하중의 영향

옹벽의 상부근처에 설치된 도로나 철도의 영향은 동력학적(動力學的) 반력(反力)을 일으키기 때문에 정확하게 정적하중(靜的荷重)으로 환산할 수 없다. 그러나 도로의 경우 DB-24 및 DB-18 하중에 대하여는 10 kN/m^2, DB-13.5 하중에 대하여는 7 kN/m^{2}를 재하하중으로 보고 설계하는 것이 보통이다.

이와 같은 건물의 중량이나 교통하중을 그림 12-4(a) 또는 (c)에 보인 바와 같이 단위면적에 작용하는 등분포 하중 q로 생각한다. 이것을 **상재하중**(surcharge) 또는 **재하하중**이라고 한다.

상재하중 q를 뒤채움 흙의 단위중량 γ로 나누면 흙의 높이로 된다. 이 높이만큼 뒤채움 흙이 더 놓인 것으로 보고, 이로 인한 토압 H가 옹벽배면에 더 작용하는 것으로 보는 것이다. 이러한 관계를 보인 것이 그림 12-4(b) 및 (d)이다. 즉, 그림 12-4(a)의 상재하중 q로 인하여 옹벽에는 그림 12-4(b)에 보인 바와 같이 횡방향압력 H가 더 작용하게 된다. 그림 12-4(c)와 같이 상재하중이 옹벽에서 얼마간 떨어진 곳에서 작용할 경우에는, 상재하중은 그림에 보인 것처럼 수평면과 40°를 이루는 곳에서부터 옹벽에 영향을 미친다고 본다.

그러나 도로교설계기준에서는 상재하중 q에 토압계수를 곱한 값만큼 더 토압이 작용하는 것으로 보도록 되어 있다[식 (12·8)~식 (12·11) 및 식 (12·15) 참조].

12.3 옹벽의 안정

옹벽이 외력에 대하여 안정하기 위해서는 다음의 세 가지 조건을 만족해야 한다. 즉, 전도(overturning)하지 않아야 하고, 활동(sliding)하지 않아야 하며, 침하(settlement)를 일으키지 않아야 한다. 이들 안정은 사용하중(service load)에 의하여 검토한다.

[1] 전도에 대한 안정

그림 12-5의 옹벽에서 토압 등 모든 수평력의 합계를 ΣH, 옹벽의 자중 등 모든 연직력의 합계를 ΣW 라고 하면 전도 모멘트(overturning moment)는 다음과 같다.

$$M_0 = n(\Sigma H)$$

이 전도 모멘트에 대하여 옹벽이 안정을 유지하려는 저항 모멘트는 다음과 같다.

$$M_r = m(\Sigma W)$$

따라서 전도에 대한 안전율은

$$\frac{\text{저항 모멘트}}{\text{전도 모멘트}} = \frac{M_r}{M_0} \geq 2.0$$

설계기준에서는 전도에 대한 안전율은 2.0 이상 요구하고 있다. 즉 옹벽의 전도에 대한 저항 모멘트는 전도 모멘트의 2배 이상 되어야 한다. 이때 모든 외력의 합력 R의 작용선(그림의 파선)은 기초저판의 중앙 $\frac{1}{3}$ 안에 있어야 한다. 즉 $e \leq \frac{B}{6}$이라야 한다.

[2] 활동에 대한 안정

그림 12-5에서 수평토압의 합계 ΣH는 옹벽을 기초 밑면에서 활동을 일으킨다. 이 활동에 저항하는 힘은 기초 밑면에서의 마찰력과 앞판 전면(前面)에서의 수동토압이다. 그러나 수동토압은 무시하는 것이 보통이므로 활동에 저항하는 힘은 마찰력뿐이다. 기초 밑면에서의 마찰력은 다음과 같다.

$$f(\Sigma W)$$

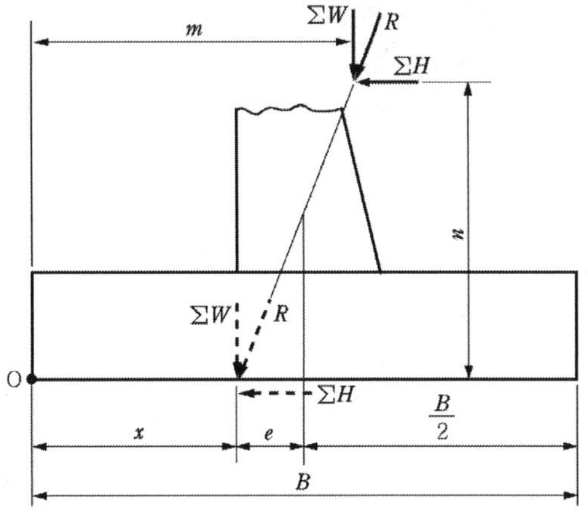

그림 12-5 전도 모멘트의 계산

여기서 f : 기초지반과 옹벽의 기초 밑면 사이의 마찰계수

따라서 활동에 대한 안전율은 다음과 같다.

$$\frac{f(\sum W)}{\sum H} \geq 1.5$$

설계기준에서는 활동에 대하여 1.5 이상의 안전율을 요구하고 있다. 즉 마찰력이 수평토압의 합계의 1.5배 이상 되어야 한다.

표 12-1 콘크리트와 흙 사이의 마찰계수

기초지반의 토질	마찰계수 f
실 트 (silt)	0.35
실트가 섞인 모래나 자갈	0.45
실트가 섞이지 않은 모래나 자갈	0.55
암 반(砂岩)	0.60

앞판 선단(先端)의 지반을 흐트러뜨리는 일 없이 기초를 시공한다면, 다시 말해서 앞판 선단의 흙을 파헤치지 않고 저판 콘크리트를 칠 수 있다면, 그림 12-6에 보인 바와 같이 수동토압 P_{p1} 이 작용할 것이다. 그러나 실제의 공사에서는 그렇게 할 수 없다. 그러므로 설계에서는 수동토압 P_{p1} 을 무시한다.

활동에 대한 안전율이 1.5를 만족하지 않을 경우에는 그림 12-6과 같이 활동 방지벽(base shear key)을 설치하는 수도 있다. 이때 활동 방지벽을 그 둘레의 지반을 흐트러뜨리지 않고 설치할 수 있다면 수동토압 P_{p2} 가 그림과 같이 작용할 것이고, 따라서 마찰면은 bd면에서 ce면으로 이동한다. ce면에 따라 작용하는 마찰력은 흙의 내부 마찰각 α 에 의해 정해진다. 그러므로

$$\tan\alpha > f$$

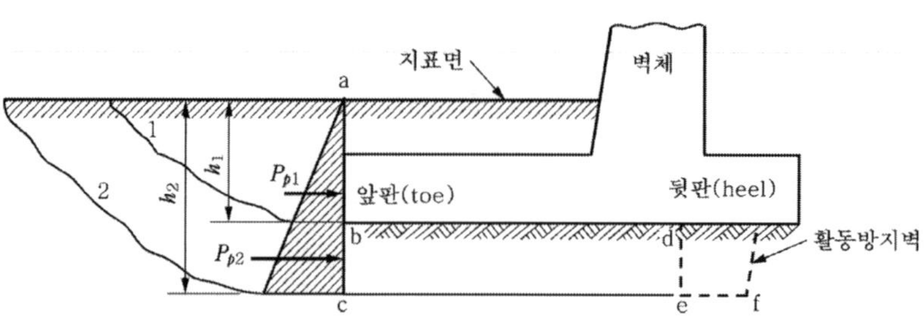

그림 12-6 수동토압과 활동방지벽[참고문헌 37]

인 지반에서 충분한 깊이의 활동 방지벽을 설치하면 추가적인 마찰저항을 얻을 수 있다.

[3] 침하에 대한 안정

그림 12-7에 보인 바와 같이 자중(自重)을 포함하여 옹벽에 작용하는 모든 외력의 합력을 R라 하고, 그 연직분력을 ΣW라고 하자. 옹벽도 1방향 슬래브의 경우와 마찬가지로 단위 폭에 대하여 설계하므로, 옹벽의 정면을 향하여 1 m 폭을 생각한다. ΣW가 편심거리 e를 가지고 작용한다면 저판 밑에 일어나는 압력은 다음과 같이 된다.

$$\left.\begin{matrix} p_{max} \\ p_{min} \end{matrix}\right\} = \frac{P}{A} \pm \frac{M}{I}y = \frac{\Sigma W}{B \times 1} \pm \frac{(\Sigma W)e}{\dfrac{1 \times B^3}{12}} \times \frac{B}{2}$$

$$= \frac{\Sigma W}{B} + \frac{6e(\Sigma W)}{B^2} = \frac{\Sigma W}{B}\left(1 \pm \frac{6e}{B}\right) \qquad (12 \cdot 17)$$

① $e < \dfrac{B}{6}$일 때

이때는 ΣW가 저판의 폭 B의 중앙 1/3 안에 있는 경우이며, 압력의 분포는 그림 12-7 (c)와 같다. 이 경우의 압력 p는 식 (12・17)로 계산한다.

② $e = \dfrac{B}{6}$일 때

이때는 ΣW가 $a = \dfrac{B}{3}$ 되는 점에 작용하는 경우이며, 압력의 분포는 그림 12-7(a)와 같다. 이 경우의 최대압력은 식 (12・17)에 $e = \dfrac{B}{6}$를 대입함으로써 다음과 같이 된다.

$$p = 2\left(\frac{\Sigma W}{B}\right)$$

③ $e > \dfrac{B}{6}$일 때

이 경우는 $a < \dfrac{B}{3}$이며 압력분포는 그림 12-7 (b)와 같이 되어, p를 식 (12・17)로 계산할 수 없다. 콘크리트 저판과 기초지반 사이에서는 인장응력이 작용할 수 없으므로, 압력분포는 그림 (b)와 같이 된다. 따라서 이때 압력분포 삼각형의 합력의 크기는 ΣW와 같아야 하고, 그 작용선은 ΣW와 동일 직선상에 있어야 한다. 그러므로 이 경우에는 $\Sigma V = 0$에 의하여 다음 관계가 성립한다.

$$\left(p \times 3a \times \frac{1}{2}\right) \times 1 = \Sigma W$$

$$\therefore p = \frac{2(\Sigma W)}{3a}$$

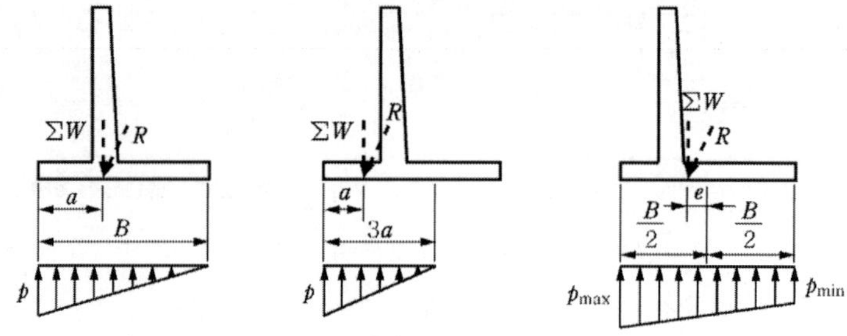

그림 12-7 기초저판에 일어나는 압력

이상과 같이 계산되는 기초저판 밑의 최대압력 p가 기초지반의 허용지지력을 넘지 않아야 옹벽은 침하하지 않는다. 그러나 실제의 설계에 있어서는 합력 R의 작용선이 기초저판 폭의 중앙 1/3 안에 들도록 해서 ①의 경우, 즉 식 (12 · 17)로 검토하는 것이 보통이다.

지반의 허용지지력은 원칙적으로 시험에 의해 구해야 하는 것이지만, 중요하지 않은 구조물에서는 표 12-2의 값을 사용해도 좋다.

표 12-2 기초지반의 허용지지력(kN/m²)

기 초 지 반	허용지지력	기 초 지 반	허용지지력
경암반(화강암 등)	5,000	자갈 또는 암석과 모래의 혼합물	200~400
연암반(사암 등)	2,500		
연암반(연사암 등)	800	모래	200~400
밀실(密實)한 자갈	500	사 질 토	150~300
밀실하지 않은 자갈	300	점 성 토	100~200
자갈과 모래의 혼합물	300~500	실트 및 점토	50~100

12.4 구조상세

[1] 수축이음

옹벽 연직벽의 표면에는 연직방향으로 그림 12-8(a)와 같은 V형 홈의 수축이음을 두어야 한다. 그 간격은 9 m 이하라야 한다. 수축이음에서는 철근을 끊어서는 안 된다. 이러한 V형 홈의 수축이음을 설치하면 벽 표면의 건조수축으로 인한 균열을 V형 홈

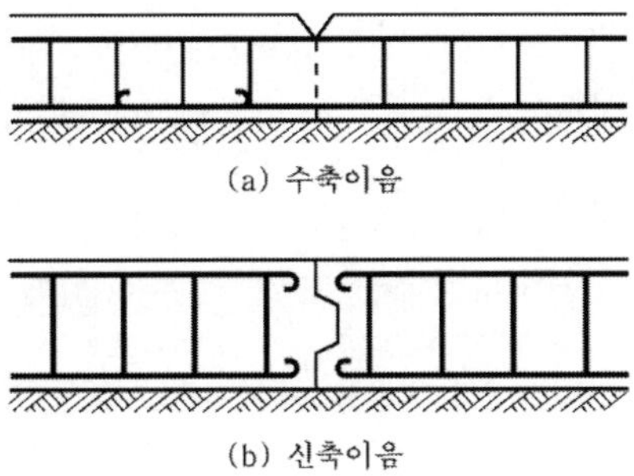

그림 12-8 옹벽의 수축이음과 신축이음

에서 받아들이게 되어 균열방지가 된다.

[2] 수축 및 온도철근

수축과 온도변화에 의한 균열을 방지하기 위하여 벽의 노출면에 가깝게 수평, 수직 두 방향으로 철근을 배치해야 한다. 이 철근은 될 수 있는 대로 가는 것을 좁은 간격으로 배치하는 것이 좋다. 콘크리트구조기준 11장에서는 벽체에 대한 최소 철근비를 다음과 같이 주고 있다.

① 수직으로 배치되는 수축 및 온도철근의 벽체 단면적에 대한 최소 철근비

$f_y \geq$ 400 MPa인 D 16 이하의 이형철근 ······ 0.0012

그 밖의 이형철근 ······ 0.0015

지름이 16 mm 이하인 용접철망 ······ 0.0012

② 수평으로 배치되는 수축 및 온도철근의 벽체 단면적에 대한 최소 철근비

$f_y \geq$ 400 MPa인 D 16 이하의 이형철근 ······ 0.0020

그 밖의 이형철근 ······ 0.0025

지름이 16 mm 이하인 용접철망 ······ 0.0020

수직 및 수평철근의 간격은 벽체두께의 3배 이하, 또한 450 mm 이하라야 한다. 지하실 벽체를 제외하고, 두께 250 mm 이상의 벽체는 수직 및 수평철근을 벽면에 평행하게 양면으로 배치하여야 한다. 단면의 양면에 수직 및 수평철근을 배치할 때, 벽체의 외측면 철근은 각 방향에 대하여 전체 소요철근량의 1/2 이상, 2/3 이하로 하며, 외측면부터 50 mm 이상, 벽두께의 1/3 이내에 배치하여야 한다. 벽체의 내측면 철근은 각 방향에 대한 소요철근량의 잔여분을 내측면부터 20 mm 이상, 벽두께의 1/3 이내에 배치하여야 한다.

[3] 신축이음

옹벽의 연장이 30 m 이상 될 경우에는 신축이음을 두어야 한다. 신축이음은 30 m 이하의 간격으로 설치하되 완전히 끊어서 온도변화와 지반의 부등침하에 대비해야 한다. 신축이음에서는 철근도 끊어야 하며, 그림 12-8(b)에 보인 바와 같이 콘크리트가 서로 물리게 해야 한다.

[4] 피복두께

D35 이하의 철근이 배치된 벽체의 노출면에서의 피복두께는 20 mm 이상이라야 하고, 흙에 접하여 타설되고 영구히 흙에 묻히는 콘크리트의 피복두께는 80 mm 이상이라야 한다.

[5] 배수공(排水工)

옹벽 배면(背面)의 배수가 잘 되지 않으면 옹벽 배면의 토사가 물에 의하여 포화상태로 되어 토압이 커질 뿐 아니라, 수압까지 작용하게 되어 위험한 응력상태로 된다. 그러므로 옹벽에서는 배수가 잘 되도록 해야 한다.

옹벽에는 쉽게 배수될 수 있는 높이에 65 mm 이상의 지름의 배수구멍을 4.5 m 정도의 간격으로 설치해야 한다. 뒷부벽식 옹벽에서는 부벽의 각 격간(格間)에 1개 이상의 배수구멍을 두어야 한다.

옹벽의 뒤채움 속에는 배수구멍으로 물이 잘 모이도록 배수층을 두어야 한다. 배수층에는 조약돌이나 부순돌 또는 자갈을 사용하며, 배수층의 두께는 300～400 mm 정도로 한다.

배수가 잘될 수 있는 높이는 지하수 또는 외부도랑의 수위(水位)이다. 배수구멍은 수평 배수층과 연직방향 배수층의 교점에 두는 것이 좋다.

[6] 옹벽 노출면의 경사

옹벽 노출면에는 1 : 0.02 정도의 경사를 붙이는 것이 좋다. 노출면을 연직으로 하면 앞으로 넘어질 것처럼 보일 뿐 아니라, 시공오차나 지반침하로 인하여 벽면이 앞으로 나올 염려가 있기 때문이다.

12.5 캔틸레버 옹벽

옹벽의 설계는 1방향 슬래브의 경우와 같이 단위 폭에 대하여 설계한다. 즉, 옹벽의 길이 1 m에 대하여 생각한다. 캔틸레버 옹벽은 벽체, 뒤판 및 앞판을 각각 캔틸레버로 보고 설계한다.

캔틸레버 옹벽의 치수는 대략 다음과 같은 범위에 있으므로, 설계에 있어서는 이것을 참고하면 편리하다.

① 기초저판의 폭은 옹벽 높이의 1/2 ~ 2/3의 범위이다.

② 기초저판의 두께는 옹벽 높이의 7 ~ 10%의 범위이다.

③ 앞판(toe)의 폭은 저판 폭의 1/4 ~ 1/3을 취한다.

④ 벽체하부의 두께는 옹벽 높이의 10 ~ 12% 또는 저판 폭의 12 ~ 16%의 범위이다.

⑤ 벽체상부의 두께는 250 ~ 300 mm 이상이라야 한다.

예제 12-1) 그림 12-9와 같은 옹벽을 설계하라. 옹벽 배후의 지표면은 수평이고 $q=$ 10 kN/m^{2}의 상재하중이 작용한다. 흙의 단위중량은 $\gamma=16$ kN/m^{3}이고 내부 마찰각(전단 저항각)은 $\phi=35°$이다. 콘크리트와 지반 사이의 마찰계수는 $f=0.50$이고 $f_{ck}=$ 24 MPa, $f_y=300$ MPa이다. 기초지반의 허용지지력은 190 kN/m^{2}이다.

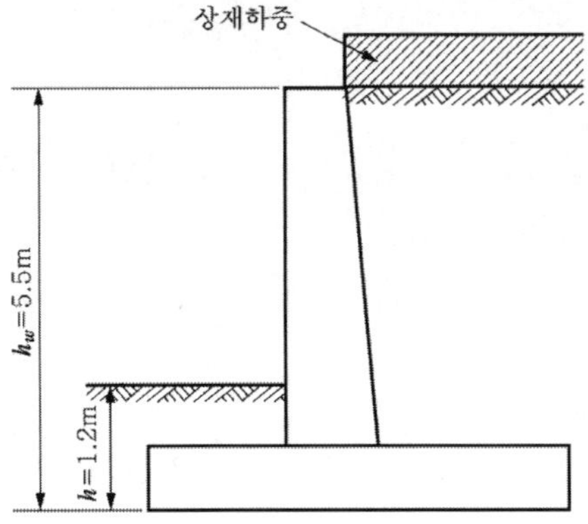

그림 12-9

풀이 옹벽의 치수를 다음과 같이 가정한다.

$$저판폭 = 5.5\times\left(\frac{1}{2}\sim\frac{2}{3}\right) = 2.75\sim3.67(\text{m})$$
$$= 3.66\text{m}로\ 가정$$

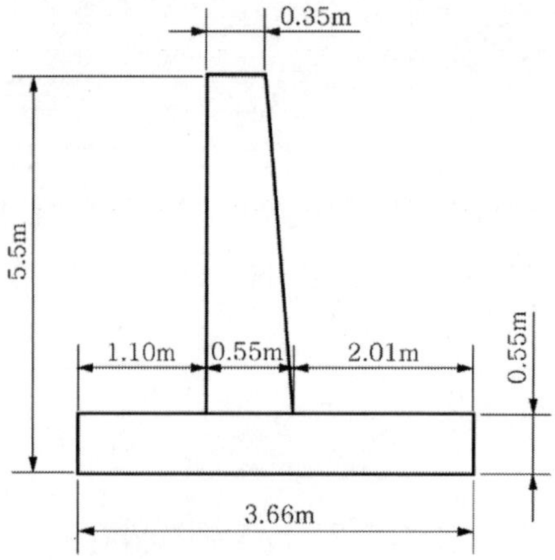

그림 12-10

저판 두께 $= 5.5 \times (0.07 \sim 0.10) = 0.385 \sim 0.55(\mathrm{m})$

$= 0.55\mathrm{m}$ 로 가정

앞판의 폭 $= 3.66 \times \left(\frac{1}{4} \sim \frac{1}{3}\right) = 0.92 \sim 1.22(\mathrm{m})$

$= 1.10\mathrm{m}$ 로 가정

벽체하부의 두께 $= 5.5 \times (0.10 \sim 0.12) = 0.55 \sim 0.66(\mathrm{m})$

$= 0.55\mathrm{m}$ 로 가정

벽체상부의 두께 $= 0.35\mathrm{m}$ 로 가정

이상의 치수가 그림 12-10에 나타나 있다. 벽체 배면의 기울기는 그림 12-10을 참조하면

$$\frac{0.55 - 0.35}{5.5 - 0.55} = 0.04$$

그림 12-10의 치수로 옹벽의 안정을 검토한다. 옹벽의 안정검토는 사용하중에 의하고 옹벽 길이 1 m를 생각한다.

토압은 Coulomb의 토압계수[식 (12・3)~식 (12・5)]로 계산하고, 상재하중에 의한 토압은 12.2.2항에 따라 계산한다.

(1) 전도에 대한 검토

옹벽 배면(背面)의 지표면이 수평이므로 주동 토압계수는 식 (12・5)로부터

$$C_a = \frac{1 - \sin\phi}{1 + \sin\phi} = \frac{1 - \sin 35°}{1 + \sin 35°} = 0.271$$

상재하중을 흙의 높이로 환산하면

$$h_{su} = \frac{q}{\gamma} = \frac{10}{16} = 0.63\mathrm{m}$$

옹벽 높이 5.5 m에 대한 토압강도는 식 (12・1)로부터

$$p_1 = C_a \gamma h = 0.271 \times 16 \times 5.5 = 23.85\text{kN/m}^2$$

따라서 옹벽에 작용하는 횡토압은

$$H_1 = 23.85 \times 5.5 \times \frac{1}{2} \times 1 = 65.6\text{kN}$$

상재하중에 의한 토압강도는 식 (12・1)로부터

$$p_2 = C_a \gamma h_{su} = 0.271 \times 16 \times 0.63 = 2.73\text{kN/m}^2$$

따라서 상재하중에 의한 횡방향압력은

$$H_2 = 2.73 \times 5.5 \times 1 = 15.0\text{kN}$$

이들 토압과 작용점이 그림 12-11에 나타나 있으며, 이들 횡토압으로 인한 옹벽 앞판(toe)의 점 O에 대한 전도모멘트가 표 12-3에 계산되어 있다.

옹벽의 자중을 계산하기 위하여 옹벽을 그림 12-11과 같이 세 부분으로 구분해서 각 부분의 중량 W_1, W_3, W_4 및 뒤판 위에 놓인 흙의 무게 W_2를 계산하면

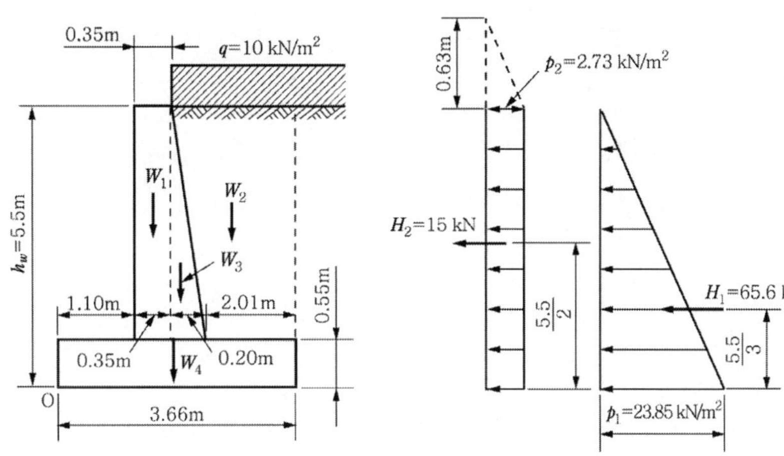

그림 12-11

표 12-3 전도 모멘트

수 평 력	크 기(kN)	팔 길 이(m)	모멘트(kN·m)
H_1	65.6	5.5/3	120
H_2	15.0	2.75	41
합 계	$\sum H = 80.6$		$M = 161$

$$W_1 = [0.35 \times (5.5 - 0.55) \times 1] \times 25 = 43.3\text{kN}$$
$$W_2 = [(2.01 + 0.20) \times (5.5 - 0.55 + 0.63) \times 1] \times 16 = 197.3\text{kN}$$
$$W_3 = [0.20 \times (5.5 - 0.55) \times \frac{1}{2} \times 1] \times 25 = 12.4\text{kN}$$
$$W_4 = [3.66 \times 0.55 \times 1] \times 25 = 50.3\text{kN}$$

그림 12-11의 점 O에 대한 이들 힘의 저항 모멘트는 표 12-4와 같이 계산된다. 따라서 전도에 대한 안전율은

$$\frac{670}{161} = 4.12 > 2.0 \quad \text{(OK)}$$

표 12-4 저항 모멘트

연 직 력	크 기(kN)	팔 길 이(m)	모멘트(kN·m)
W_1	43.3	1.275	55.2
W_2	197.3	2.555	504.1
W_3	12.4	1.52	18.8
W_4	50.3	1.83	92.0
합 계	$\sum W$=303.3		$\sum M$=670

(2) 활동에 대한 검토

활동에 대한 저항력은

$$F = f(\sum W) = 0.50 \times 303.3 = 152\text{kN}$$

활동에 대한 안전율은

$$\frac{f \sum W}{\sum H} = \frac{152}{80.6} = 1.9 > 1.5 \quad \text{(OK)}$$

(3) 침하에 대한 검토

그림 12-5에 보인 바와 같이 옹벽에 작용하는 모든 외력의 합력 R의 작용선이 기초 밑면과 만나는 점을 먼저 구해야 한다. 이를 위해서는 각 힘의 점 O에 대한 모멘트의 합은 합력 R의 점 O에 대한 모멘트와 같다고 놓으면 된다. 그런데 연직력들의 점 O에 대한 모멘트의 합은 670 kN m(표 12-4)이고, 수평토압의 점 O에 대한 모멘트의 합은 161 kN·m (표 12-3)이므로, 모든 외력들의 점 O에 대한 모멘트의 합은 다음과 같다.

$$\sum M_0 = 670 - 161 = 509\text{kN·m}$$

합력 R의 작용선이 기초 밑면과 만나는 점이 그림 12-11의 점 O로부터 x의 거리에 있다면[그림 12-5 참조] 힘 R의 점 O에 대한 모멘트는 다음과 같이 나타낼 수 있다.

$$\sum M_0 = (\sum W) \times x + (\sum H) \times 0 = 303.3x$$

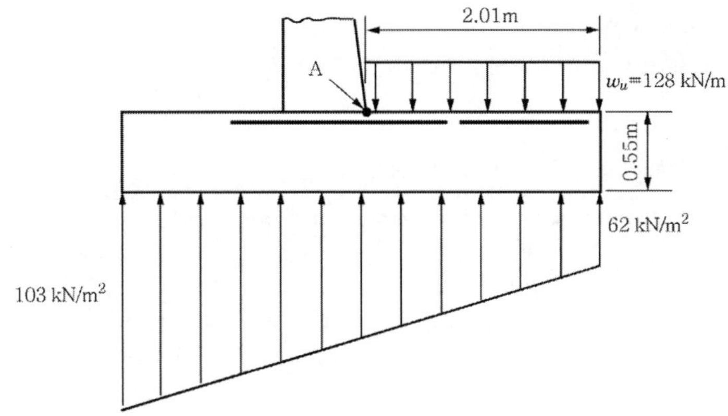

그림 12-12

위의 두 모멘트는 같아야 하므로

$$303.3x = 509 \qquad \therefore x = 1.68\text{m}$$

그러므로 저판중심에 대한 편심거리는

$$e = \frac{3.66}{2} - 1.68 = 0.15\text{m}$$

그런데 저판의 폭은 B= 3.66 m이므로

$$\frac{B}{6} = \frac{3.66}{6} = 0.61\text{m} > 0.15\,\text{m}$$

즉, $e < \dfrac{B}{6}$ 이므로 합력 R의 작용선은 기초저판의 중앙 1/3 안에 있다. 그러므로 저판 밑에 일어나는 압력은 식 (12 · 17)에 의하여

$$\left.\begin{matrix} p_{max} \\ p_{min} \end{matrix}\right\} = \frac{\sum W}{B}\left(1 \pm \frac{6e}{B}\right)$$

$$= \frac{303.3}{3.66}\left(1 \pm \frac{6 \times 0.15}{3.66}\right) = \begin{cases} 103\text{kN/m}^2 \\ 62\text{kN/m}^2 \end{cases}$$

$$p_{max} = 103\text{kN/m}^2 < 190\ \text{kN/m}^2\ \ (\text{OK})$$

즉, 최대압력이 기초지반의 허용지지력을 넘지 않으므로 옹벽은 침하되지 않는다. 이 압력분포가 그림 12-12에 나타나 있다.

(4) 뒤판의 설계

뒤판(heel)은 그림 12-12에 보인 바와 같이 벽체의 배면(점 A)을 고정지점으로 하고, 지간 2.01 m, 폭 1 m의 캔틸레버로 보고 설계한다.

뒤판의 자중은

$$25 \times (0.55 \times 1) = 13.8\text{kN/m}$$

뒤판 위에 놓인 흙의 무게는

$$16\times[(5.5-0.55)\times 1]=79.2\text{kN/m}$$

상재하중은 10 kN/m

상재하중은 활하중으로 보아야하므로 계수하중은

$$w_u=1.2\times(13.8+79.2)+1.6\times 10=128\text{kN/m}$$

따라서 벽체배면(접 A)에서의 계수모멘트는

$$M_u=-128\times 2.01\times\frac{2.01}{2}=-259\text{kN·m}$$

저판 밑에 작용하는 상향압력은 위의 모멘트를 감소시킨다. 그러나 설계에서는 이것을 무시한다. 저판 밑에 일어나는 상향압력은 실제로는 선형분포를 하지 않으며 더욱이 4장의 표 4-4의 식 (f)에서 $0.9(D+H_v)$ 와 $1.6H_h$를 고려하면 뒤판 밑의 상향압력의 영향은 없는 것이나 다름이 없다.

① 다음에 전단력을 구해 보자. 전단에 대한 위험단면은 반력이 부재의 단부(端部)를 압축할 경우, 즉 보의 경우에는 받침부 전면(前面)에서 d 만큼 떨어진 단면이지만, 지금의 경우는 그렇지 않다. 즉, 이 뒤판은 6장의 그림 6-14 (d)에 해당하므로 그 위험단면은 벽체와 뒤판의 접합부인 점 A의 단면이다. 따라서 점 A의 단면의 계수전단력은

$$V_u=128\times 2.01=257\text{kN}$$

뒤판은 부(−)의 휨모멘트를 받으므로 인장철근은 뒤판의 상면(上面) 가까이에 배치된다. 뒤판의 상면(上面)은 완성 후에 흙이 놓이므로 철근의 피복두께를 80 mm로 하고, D 25를 인장철근으로 사용한다면 뒤판의 유효깊이는

$$d=550-80-25.4\times\frac{1}{2}=457\text{mm}$$

전단철근 없이 콘크리트만으로 부담할 수 있는 전단강도는 6장의 식 (6 · 14)로부터

$$\phi V_c=\phi\times\frac{1}{6}\sqrt{f_{ck}}\,bd=0.75\times\frac{1}{6}\sqrt{24}\times 1{,}000\times 457$$
$$=280{,}000\text{N}=280\text{kN}>257\text{kN}\,(=V_u)\quad\text{(OK)}$$

② 다음에 인장 철근량을 구해 보자.

$a=$ 34 mm로 가정하면

$$A_s=\frac{M_u}{\phi f_y\left(d-\dfrac{a}{2}\right)}=\frac{259\times 10^3\times 10^3}{0.85\times 300\left(457-\dfrac{34}{2}\right)}=2{,}310\text{mm}^2$$

$C=T$에 의하여 a를 검토하면

$$a = \frac{A_s f_y}{0.85 f_{ck} b} = \frac{2,310 \times 300}{0.85 \times 24 \times 1,000} = 34\text{mm}$$

최소 철근량은 5장의 식 (5·5a)로 지배되므로

$$A_{s.\min} = \frac{1.4}{f_y} \times bd = \frac{1.4}{300} \times 1,000 \times 457 = 2,133\text{mm}^2 < 2,310\,\text{mm}^2(A_s)$$

$A_s > A_{s.\min}$ 이므로 A_s 계산에 적용한 $\phi = 0.85$가 적절한가를 검토해야 한다. $d_t = d = 457\text{mm}$ 이고 중립축의 위치가

$$c = \frac{a}{\beta_1} = \frac{34}{0.85} = 40\text{mm}$$

이므로 식 (5·6b)로부터

$$\varepsilon_t = \frac{d_t - c}{c}\varepsilon_c = \frac{457 - 40}{40} \times 0.003 = 0.031 > 0.005$$

따라서 $\phi = 0.85$ 이므로[그림 5-3 참조] $A_s = 2,310\text{mm}^2$는 적당하다.

$D\,25(506.7\text{mm}^2)$를 180 mm 간격으로 배치하면 뒤판의 폭 1 m에 대한 철근 단면적은

$$A_s = \frac{506.7}{0.18} = 2,815\text{mm}^2 > A_{s.\min} \quad \text{(OK)}$$

③ 인장철근($D25$)의 정착길이를 계산해 보자. 식 (7·6)을 사용하면 기본정착길이는

$$l_{db} = \frac{0.6\, d_b f_y}{\lambda\sqrt{f_{ck}}} = \frac{0.6 \times 25.4 \times 300}{1.0\sqrt{24}} = 933\text{mm}$$

이 철근은 일반철근으로 상부철근이고, 보통중량콘크리트를 사용하였으므로

$$\alpha = 1.3,\ \beta = 1.0,\ \lambda = 1.0$$

철근의 순간격 및 피복두께가 표 7-3의 ②에 해당하므로 보정계수는

$$\alpha\beta = 1.3 \times 1.0 = 1.3$$

따라서 기본정착길이를 보정하면

$$l_d = 933 \times 1.3 = 1,213\text{mm}$$

소요량 이상의 철근이 배치되므로

$$\frac{\text{소요 } A_s}{\text{사용 } A_y} = \frac{2,133}{2,815} = 0.78$$

그러므로 필요한 정착길이는

$$l_d = 1,213 \times 0.78 = 946\text{mm}$$

뒤판의 길이가 2.01 m이므로 정착길이를 확보하고도 여유가 있다.

(5) 앞판의 설계

앞판(toe)은 그림 12-13과 같이 벽체와 저판의 접합부에서 벽체의 전면(점 B)을 고정지점으로 하는 캔틸레버로 설계한다. 이때 앞판 위에 놓이는 복토는 무시하는 것이 보통이다.

앞판의 자중은

$$25 \times 0.55 = 14\,\mathrm{kN/m}$$

단면 B 밑에 작용하는 상향압력의 크기는 그림 12-13을 참고하면

$$62 + (103 - 62) \times \frac{3.66 - 1.10}{3.66} = 91\mathrm{kN/m^2}$$

앞판 밑면의 상향압력은 근원적으로는 횡토압에 기인한다. 횡토압에 대한 하중계수는 1.6을 취하도록 되어 있으므로[표 4-4 참조] 상향압력에 대해서도 하중계수는 1.6을 취한다. 앞판의 자중은 횡토압의 영향을 감소시키므로 앞판의 자중에 대한 하중계수는 0.9를 취한다[표 4-4 참조]. 여기서 표 4-4의 하중조합 (f)는 H_v 에 대해서도 0.9를 적용하도록 하고 있으나, H_v 는 흙, 지하수 또는 기타 재료의 자중에 의한 연직방향 하중이므로, 밑면의 상향압력을 H_v 로 취급하지 않는다. 따라서 단면 B에 대한 계수휨모멘트는 다음과 같이 된다.

$$M_u = 1.6\left[\left(103 \times 1.10 \times \frac{1}{2}\right) \times \left(1.10 \times \frac{2}{3}\right) + \left(91 \times 1.10 \times \frac{1}{2}\right) \times \left(\frac{1}{3} \times 1.10\right)\right] - 0.9 \times \left(14 \times 1.10 \times \frac{1.10}{2}\right) = 88\mathrm{kN \cdot m}$$

① 단면 B에서의 계수전단력은

$$V_u = 1.6\left(103 \times 1.10 \times \frac{1}{2} + 91 \times 1.10 \times \frac{1}{2}\right) - 0.9(14 \times 1.10) = 157\mathrm{kN}$$

인장철근이 앞판의 바닥에 배치되므로 피복두께를 80 mm로 하고 $D\,25$를 사용한다면 유효깊이는

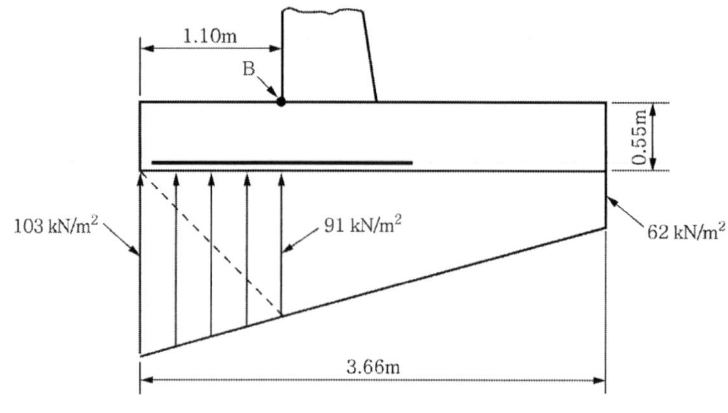

그림 12-13

$$d = 550 - 80 - 25.4 \times \frac{1}{2} = 457\text{mm}$$

앞판은 보통의 캔틸레버와 같이 작용하므로 전단에 대한 위험단면은 벽체전면에서 d 만큼 떨어진 단면이다. 이 단면에서의 상향압력의 크기는[그림 12-13 참조]

$$62 + (103 - 62) \times \frac{3.66 - (1.10 - 0.457)}{3.66} = 96\text{kN/m}^2$$

따라서 벽체전면에서 d (= 457 mm)만큼 떨어진 단면의 계수전단력은

$$V_u = 1.6 \times \left[\frac{1}{2}(103 + 96) \times (1.10 - 0.457)\right] - 0.9 \times [14 \times (1.10 - 0.457)]$$
$$= 94\text{kN}$$

전단철근 없이 콘크리트만으로 부담할 수 있는 전단강도는

$$\phi V_c = \phi \times \frac{1}{6}\sqrt{f_{ck}}\,bd = 0.75 \times \frac{1}{6}\sqrt{24} \times 1{,}000 \times 457$$
$$= 280{,}000\text{N} = 280\text{kN} > 157\,\text{kN}\,(= V_u) \quad \text{(OK)}$$

② 다음의 철근량을 계산해 보자.

M_u가 비교적 작아서 철근량은 식 (5 · 5 a)의 최소 철근단면적으로 지배될 것이다.

$$A_{s.\min} = \frac{1.4}{f_y}bd = \frac{1.4}{300} \times 1{,}000 \times 457 = 2{,}133\text{mm}^2$$

이에 대하여 $D25(506.7\text{mm}^2)$를 180 mm 간격으로 배치한다면 앞판의 폭 1 m에 대한 철근 단면적은

$$A_s = \frac{506.7}{0.18} = 2{,}815\text{mm}^2/\text{m} > A_{s.\min} \quad \text{(OK)}$$

③ 철근의 정착길이 검토

뒤판의 경우와 같이 검토한다(계산 생략).

(6) 벽체의 설계

벽체(stem)는 그림 12-14에 보인 바와 같이 벽체와 저판의 접합부 상면(上面)을 고정지점으로 하는 캔틸레버로 설계한다. 벽체의 높이 4.9 m(= 5.5-0.60)를 지간으로 하고 1방향 슬래브의 경우와 같이 폭이 1 m인 직사각형 보로 설계한다(벽체철근의 정착길이에 대비해서 판 두께를 50 mm 늘려서 600 mm로 한다). 벽체에 작용하는 하중은 그림 12-14에 보인 바와 같이 토압 H_1과 상재하중에 의한 횡방향압력 H_2이다.

상재하중에 의한 횡압강도는 (1)에서 $p_2 = 2.73\text{kN/m}^2$로 계산되어 있다. 따라서

$$\therefore H_2 = 2.73 \times 4.9 = 13\text{kN}$$

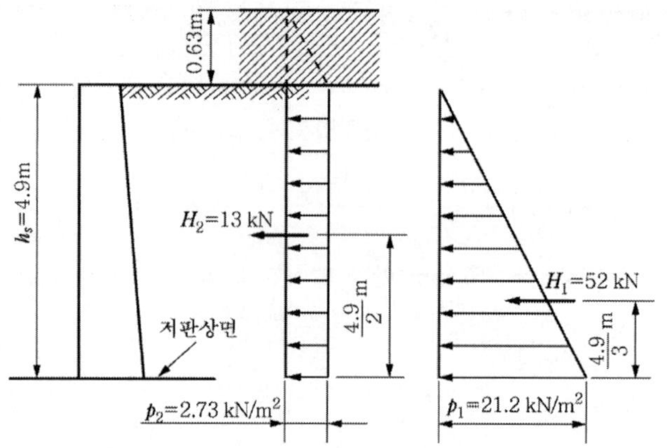

그림 12-14

4.9 m 아래의 토압강도는

$$p_1 = C_a \gamma h = 0.271 \times 16 \times 4.9 = 21.2\text{kN/m}^2$$

$$\therefore H_1 = \frac{1}{2} \times 21.2 \times 4.9 = 52\text{kN}$$

횡토압에 대하여 하중계수는 1.6이므로[표 4-4 참조] 계수 모멘트는

$$M_u = 1.6\left(52 \times \frac{4.9}{3}\right) + 1.6\left(13 \times \frac{4.9}{2}\right) = 187\text{kN·m}$$

벽체밑면에서의 계수전단력은

$$V_u = 1.6(52 + 13) = 104\text{kN}$$

① D 25를 인장철근으로 사용하고 피복두께를 80 mm로 한다면 벽체밑면에서의 유효깊이는 다음과 같다. 벽체저부의 두께를 550 mm로 가정하였으므로

$$d = 550 - 80 - 25.4 \times \frac{1}{2} = 457\text{mm}$$

콘크리트가 부담하는 전단강도는

$$\phi V_c = \phi \times \frac{1}{6}\sqrt{f_{ck}}\, bd = 0.75 \times \frac{1}{6}\sqrt{24} \times 1{,}000 \times 457$$
$$= 280{,}000\text{N} = 280\text{kN} > 104\,\text{kN}$$

즉 $V_u < \phi V_c$ 이므로 전단철근이 필요하지 않다.

② 인장 철근량을 계산한다.

$a =$ 24 mm로 가정하면

$$A_s = \frac{M_u}{\phi f_y\left(d - \frac{a}{2}\right)} = \frac{187 \times 10^3 \times 10^3}{0.85 \times 300\left(457 - \frac{24}{2}\right)} = 1{,}648\text{mm}^2$$

$C = T$에 의하여 a를 검토하면

$$a = \frac{A_s f_y}{0.85 f_{ck} b} = \frac{1{,}648 \times 300}{0.85 \times 24 \times 1{,}000} = 24\text{mm}$$

최소 철근단면적은 식 (5 · 5 a)로 지배될 것이므로

$$A_{s.\min} = \frac{1.4}{f_y} b_w d = \frac{1.4}{300} \times 1{,}000 \times 457 = 2{,}133\text{mm}^2 > 1648\text{mm}^2$$

D 25를 200 mm 간격으로 배치한다면 폭 1 m에 대한 철근 단면적은

$$A_s = \frac{506.7}{0.20} = 2{,}533\text{mm}^2/\text{m} > A_{s.\min} \quad \text{(OK)}$$

③ 철근의 정착길이, 연결철근의 묻힘길이 및 철근의 절단

벽체의 주철근($D25$)은 기초판 속으로 그 정착길이 l_d 이상 연장해야 한다. 연결철근(dowel)은 벽체의 주철근과 겹침이음을 하여 벽체와 기초저판 속으로 연장해서 묻어 넣어야 한다. 이때의 설계는 기초판의 설계와 동일하다.[11. 4. 4항 및 예제 11 - 1 참조].

벽체(stem)의 휨모멘트는 상부로 올라감에 따라 감소하므로, 철근 단면적도 감소시켜야 한다. 그러기 위해서는 휨모멘트도를 이용하여 연장할 필요가 없는 철근은 끊어낸다. 벽체의 이 철근은 인장철근이고, 이것을 인장구역에서 끊어내므로 7장의 7. 3. 4항의 (3)의 조건에 따라 끊어낸다[예제 7 - 3 참조]. 보통은 벽체상면으로부터 1.5 m, 3.0 m되는 단면에 대하여 모멘트를 계산하여 하나 건너씩 철근을 끊어낸다. 이때 절단 점은 계산상 필요하지 않은 점을 지나서 유효깊이 이상, 철근 지름의 12배 이상 연장해야 한다.

(7) 온도 및 수축철근

옹벽의 노출면 가까이에는 온도의 변화와 콘크리트의 수축으로 인한 균열에 대비하여 가로 세로 두 방향으로 다음 값 이상의 철근을 배치해야 한다[12. 4절의 [2] 참조].

수평철근(옹벽 높이 1 m에 대하여)

$A_s = 0.0025\,bt$ (t는 벽체의 두께)

수직철근(수평방향 1 m에 대하여)

$A_s = 0.0015bt$

옹벽의 평균 두께를 취하여 $t = 450$ mm로 하면

수평 철근량 $= 0.0025 \times 1{,}000 \times 450 = 1{,}125\text{mm}^2/\text{m}$

이것의 2/3를 전면(노출면)에 배치하고 나머지 1/3은 후면(비노출면)에 배치한다.

$$노출면의\ 수평\ 철근량 = \frac{2}{3} \times 1,125 = 750\text{mm}^2/\text{m}$$

D 16을 250 mm 간격으로 배치한다.

$$후면의\ 수평\ 철근량(배력철근) = \frac{1}{3} \times 1,125 = 3,75\text{mm}^2/\text{m}$$

D 13을 300 mm 간격으로 배치한다.

$$수직\ 철근량 = 0.0015 \times 1,000 \times 450 = 675\text{mm}^2/\text{m}$$

이것의 2/3를 노출면에 배치한다.

$$\frac{2}{3} \times 675 = 450\text{mm}^2/\text{m}$$

D 13을 250 mm 간격으로 배치한다.

(8) 전단 홈(shear key)

벽체(stem)와 기초저판 사이에 그림 12-16에 보인 것처럼 50 mm×150 mm 정도의 전단 홈(shear key)을 두는 경우가 있다. 이것은 벽체와 기초저판 사이에서 수평력을 전달하기 위하여 설치하는 것이며, 전단마찰(shear friction) 이론에 의해 설계한다.

전단마찰 철근량은 6장의 식 (6・27)에 의하여

$$A_{vf} = \frac{V_u}{\phi \mu f_y} = \frac{104 \times 10^3}{0.75 \times 1.0 \times 300} = 460\text{mm}^2/\text{m}$$

2-D 13을 그림 12-15와 같이 옹벽의 전면(前面)과 배면(背面)에 각각 하나씩 배치하 되, 옹벽 길이 방향에 대하여 200 mm 간격으로 배치한다. 그러면 1 m 길이에 대한 전단마찰 철근량은

$$A_{vf} = \frac{2 \times 126.7}{0.20} = 1,267\text{mm}^2/\text{m} > 460\,\text{mm}^2/\text{m}$$

$$\therefore V_n = \mu A_{vf} f_y = 1.0 \times 1,267 \times 300 = 380,000\text{N} = 380\text{kN}$$

위의 V_n 의 값은 다음 값 중 작은 값인 최대 허용값을 넘지 않는다. 여기서 A_c 는 벽체와 밑판의 접촉면적이다.

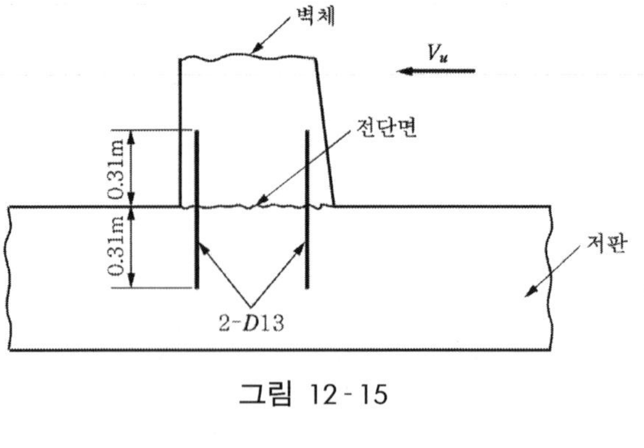

그림 12-15

$$0.2f_{ck}A_c = 0.2 \times 24 \times (550 \times 1{,}000) = 2{,}640{,}000\text{N}$$
$$(3.3 + 0.08f_{ck})A_c = (3.3 + 0.08 \times 24)(550 \times 1{,}000) = 2{,}871{,}000\text{N} < 0.2f_{ck}A_c$$

따라서 $\phi V_n = 0.75 \times 380 = 285\text{kN} > 104\text{kN}\ (= V_u)$ (OK)

정착 길이는 7장에 의하여 검토해야 한다.

이 예제의 설계결과를 보인 것이 그림 12-16이다.

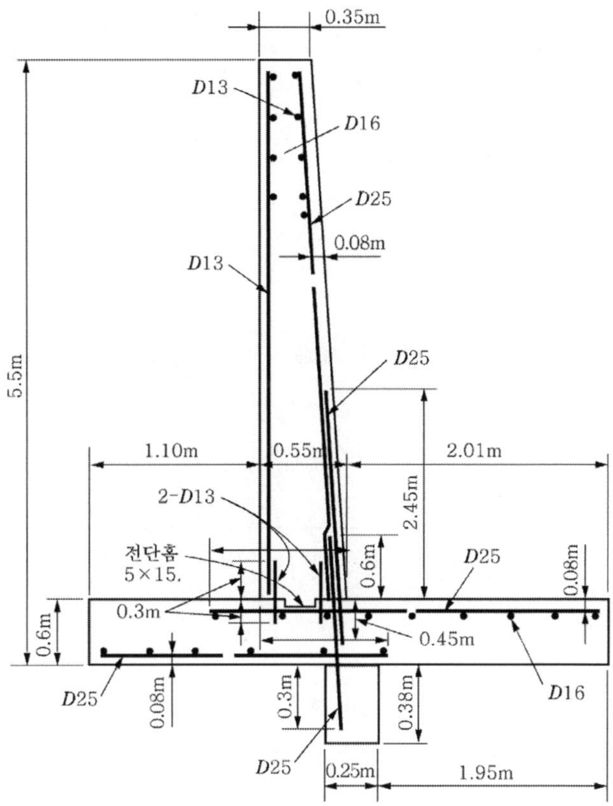

그림 12-16

12.6 부벽식 옹벽

옹벽의 높이가 7.5 m를 넘는 경우에는 부벽식 옹벽이 경제적이며, 또 앞부벽식보다는 뒷부벽식이 더 많이 사용된다.

뒷부벽이나 앞부벽은 각각 기초저판의 상면(上面)을 고정지점으로 하는 캔틸레버로 설계한다. 따라서 앞부벽은 직사각형 단면의 캔틸레버로 되고, 뒷부벽은 그림 12-17에 보인 것처럼 전면벽(前面壁)을 플랜지로 하고 부벽을 복부로 하는 T형 단면의 보로 된다. 이때 설계단면은 그림 12-17의 $A-A$ 단면이다. 뒷부벽은 토압에 의하여 인장력을 받으므로 충분한 양의 철근을 사용하는 동시에 전면벽과의 연결을 확실하게 해야 한다. 부벽의 간격은 옹벽 높이의 1/2~1/3 정도이다.

옹벽의 전면벽은 부벽을 지점(支點)으로 하는 1방향 연속 슬래브로 보고 설계한다. 이때 연직방향으로 충분한 양의 배력철근을 배치해야 한다.

뒷부벽식 옹벽의 뒤판(heel)과 앞부벽식 옹벽의 앞판(toe)은 부벽을 지점으로 하는 1방향 연속 슬래브로 설계한다.

뒷부벽식 옹벽의 앞판(toe) 및 앞부벽식 옹벽의 뒤판(heel)은 각각 캔틸레버로 보고 설계한다.

부벽식 옹벽에서는 전면벽과 저판에 각각 인장 주철근의 20% 이상의 배력철근을 배치해야 한다.

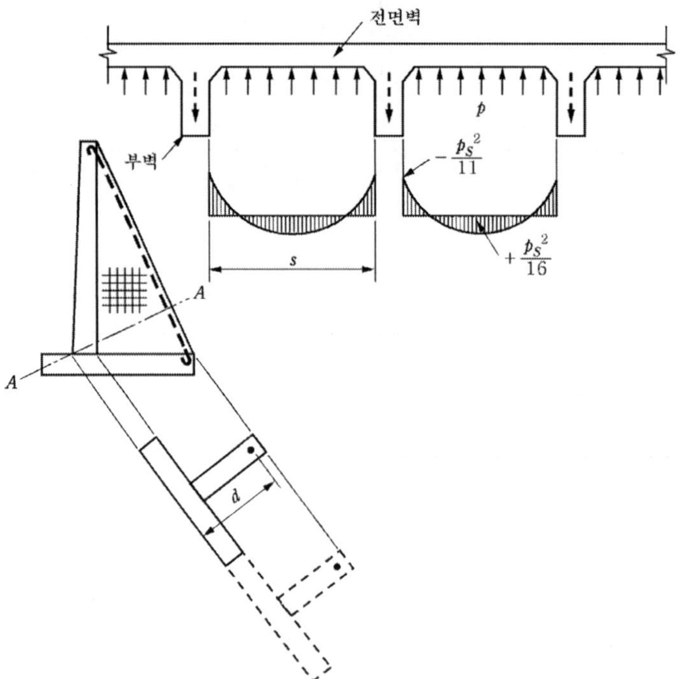

그림 12-17 뒷부벽식 옹벽의 설계

연습문제

12.1. 그림 12-18과 같은 옹벽이 있다. 흙의 단위중량은 $\gamma = 16\,\text{kN/m}^3$, 상재하중은 $q = 10\,\text{kN/m}^2$, 지반의 허용지지력은 $170\,\text{kN/m}^2$이고, 콘크리트와 기초지반 사이의 마찰계수는 $f = 0.40$이다. 뒤채움 흙은 사질토이고, 그 전단 저항각(내부 마찰각)은 $\phi = 30°$이고, 벽배면과 흙 사이의 벽면 마찰각은 $\delta = \phi/3$, 벽배면과 연직면이 이루는 각은 $\theta = 0°$이다. $f_{ck} = 21\,\text{MPa}$, $f_y = 300\,\text{MPa}$으로 보고 다음 것들을 구하라.

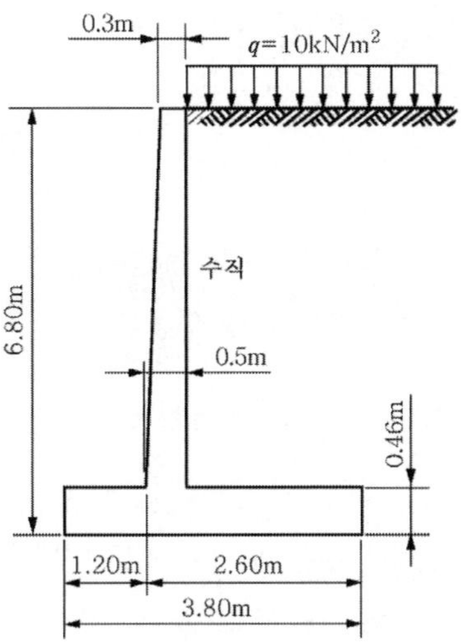

그림 12-18

(1) 옹벽의 안정을 검토하라.

(2) 필요한 철근량을 계산하라.

12.2. 다음과 같은 조건의 옹벽을 설계하라. 옹벽의 높이는 $h = 5.8\,\text{m}$, 옹벽배후의 토사는 수평이고, 상재하중은 $q = 10\,\text{kN/m}^2$, 흙의 단위중량은 $\gamma = 18\,\text{kN/m}^3$, 마찰계수는 $f = 0.5$, 지반의 허용지지력은 $180\,\text{kN/m}^2$이고, $f_{ck} = 21\,\text{MPa}$, $f_y = 300\,\text{MPa}$이다. 뒤채움 흙은 사질토이고, 그 전단 저항각(내부 마찰각)은 $\phi = 30°$이고, 벽배면과 흙 사이의 벽면 마찰각은 $\delta = \phi/3$, 벽배면과 연직면이 이루는 각은 $\theta = 0°$이다.

제13장 교 량

13.1 철근콘크리트교의 형식

철근콘크리트는 내구성, 강성(剛性), 경제성이 좋고 또 원하는 형식의 교량을 비교적 쉽게 만들 수 있기 때문에 모든 종류의 교량에 많이 사용되고 있다.

철근콘크리트교(RC 교)를 그 형식에 따라 분류하면 다음과 같다.

[1] 슬래브교(slab bridge)

3~7.5 m 정도의 짧은 지간에 대해서는 그림 13-1 (a)와 같은 단면의 1방향 슬래브교가 경제적이다. 10 m 내외까지의 지간에 대해서도 1방향 슬래브교가 사용된다. 10장의 그림 10-2는 단순지지의 1방향 슬래브교를 보여 주고 있다. 그림 13-1 (b) 또는 (c)와 같은 속빈 슬래브교(void slab bridge 또는 hollow slab bridge)는 10~15 m 정도까지의 지간에 사용되지만, 중공관의 부력에 따른 시공 상 어려움이 있다.

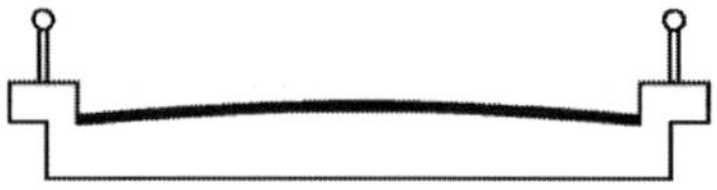

(a)

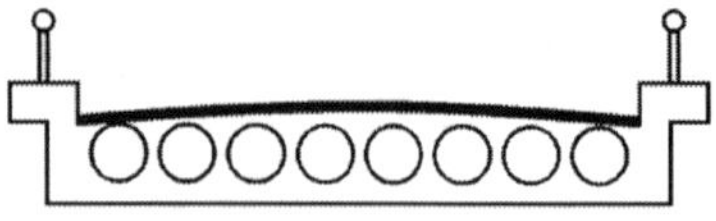

(b)

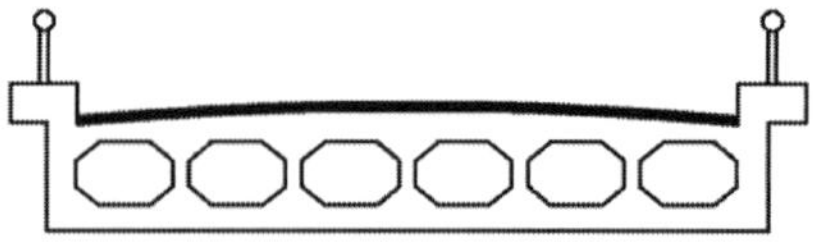

(c)

그림 13-1 슬래브교의 단면

과거에는 외국은 물론 우리나라에서도 알루미늄 주름관을 중공관으로 사용하여 많은 시공사례가 있었으나, 600~1,200 mm 지름의 중공관에 의한 부력이 매우 커서 설계도에 명시되어 있는 위치에 정밀하게 중공관을 시공하기 어려운 단점으로 최근에는 별로 많은 시공사례를 보기 어렵다.

위에서 말한 지간은 단순지지의 슬래브교의 경우이고, 연속 슬래브교에서는 그 지간 길이를 20~30 m 정도까지 할 수 있다.

[2] T형 거더교(T-beam bridge, T-girder bridge)

10~25 m 정도까지의 지간에 대하여는 그림 13-2와 같은 현장치기 콘크리트의 T형 거더교가 사용된다. T형 거더교의 단면 예를 보인 그림 13-3에서 알 수 있는 바와 같이 **주거더**(main girder)와 일체로 된 콘크리트 바닥판은 가로방향을 지간으로 하는 슬래브로 작용하는 동시에 주거더에 대하여는 압축 플랜지로 작용한다. 즉, 주거더는 T형 단면보로 된다. 이러한 교량은 그림 13-2에 보인 바와 같이 단순지지의 단일경간(single span)으로 사용되기도 하고 또는 2경간 이상의 연속교로 하기도 한다. 연속교로 할 경우에는 그 지간은 20~30 m 정도까지이다.

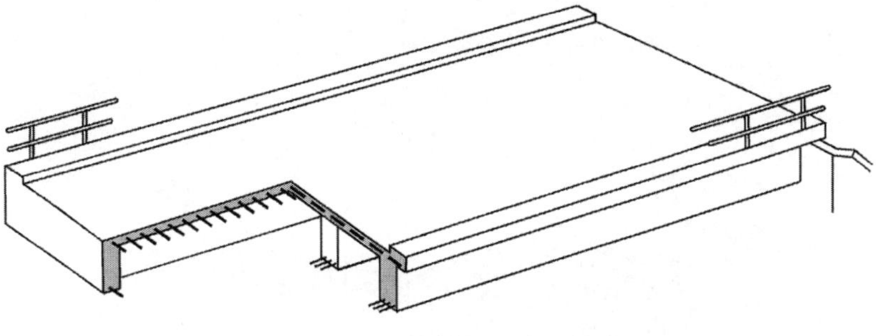

그림 13-2 T형 거더교[참고문헌 38]

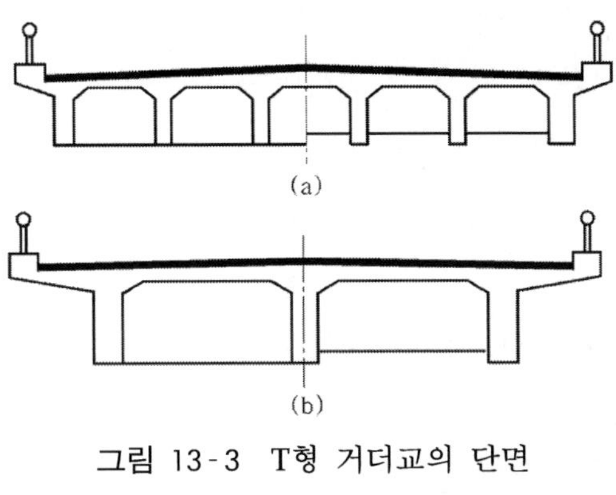

(a)

(b)

그림 13-3 T형 거더교의 단면

[3] 합성 거더교(composite girder bridge)

강 거더(steel girder) 또는 프리캐스트 PSC거더(prestressed concrete girder) 등을 소정위치에 올려놓은 다음 바닥판 슬래브 콘크리트를 현장에서 이어쳐서 완성한 것을 **합성구조**(composite structure)라 하고, 이렇게 만든 보를 **합성보**(composite beam) 또는 **합성거더**(composite girder)라고 한다. 그림 13-4는 강재보(steel girder)와 콘크리트의 합성구조로서 **강합성 거더교**라 하고, 그림 13-5는 PSC보와 콘크리트의 합성구조로서 **PSC 합성 거더교**라고 한다. 지간이 18~30 m 정도의 교량에 많이 쓰이고 있다. 근래에는 고강도 콘크리트를 사용한 PSC 합성 거더교가 40 m 이상의 지간으로 시공된 예가 있다.

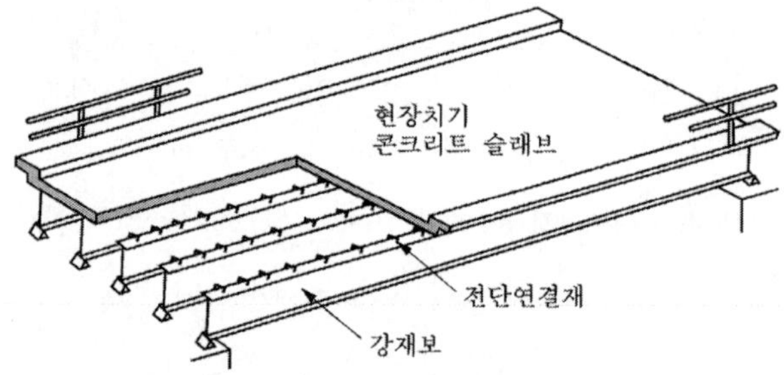

그림 13-4 강합성 거더교[참고문헌 38]

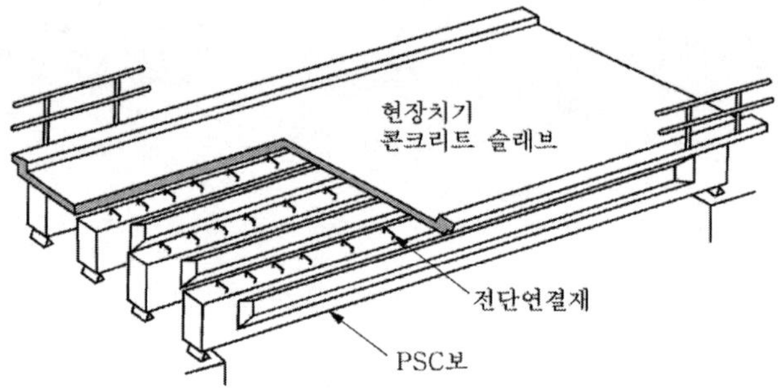

그림 13-5 PSC 합성 거더교[참고문헌 38]

강합성 거더교는 **전단연결재**(shear connector)에 의하여 철근콘크리트 바닥판이 강 거더와 일체로 작용하도록 만든다. 전단연결재는 강 거더의 상부 플랜지에 용접되고, 콘크리트 슬래브 속에 묻히게 된다.

프리스트레스트 콘크리트교(PSC교)도 합성단면이 많이 쓰인다. 주거더는 프리캐스트의 PSC보를 기중기로 소정위치에 올려놓고, 그 위에 현장치기 철근콘크리트로 바닥판을 타설한다. 이때 바닥판 슬래브는 전단연결재에 의해 PSC보에 결합된다. 근래에는 프리캐스트 바닥판을 사용하여 공기단축을 이룬 시공사례가 많다.

[4] 라멘교(rigid frame bridge)

평면교차를 피하여 도로나 철도를 가로질러 넘어가는 교량(over-bridge) 등은 라멘교로 하는 경우가 많다. 또 도로, 철도 등의 밑을 가로지르는 비교적 경간이 비교적 짧은 곳에는 라멘 또는 박스 라멘으로 하는 것이 보통이다. 경간이 매우 짧은 라멘교는 구조요소를 판부재로만 구성하여 슬래브와 벽체로 이루어진 박스 라멘형식을 사용하는 것이 일반적이다. 도로나 철도를 가로질러 넘어가는 파이(π)형 라멘교와 같이 경간이 비교적 긴 라멘교를 판부재로만 구성하기도 하지만, 다수의 기둥과 T형 거더로 골조(라멘)를 구성한 형식을 사용하는 것이 일반적이다(14장의 14.1절 참조).

[5] 아치교(arch bridge)

아치 축선(軸線)을 압력선(thrust line)에 일치시키면 아치 리브(arch rib)에 축방향 압축만이 작용하게 되는 장점이 있어서, 예로부터 아치가 구조물에 많이 이용되어 왔다. 지간이 비교적 큰 경우 또는 깊고 넓은 계곡을 가로질러 건너야 할 경우 등에 아치교가 채택된다. 교량 밑에 높고 넓은 공간을 확보할 수 있는 이점이 있고, 또 외관이 아름다운 장점도 있다.

[6] 박스 거더교(box girder bridge)

중간 정도 경간의 콘크리트교에는 그림 13-6과 같은 단면의 철근콘크리트 박스 거더(RC box girder)가 종종 사용된다.

긴 지간의 콘크리트교로서, 근래에는 PSC 박스 거더교(prestressed concrete box girder bridge)가 많이 가설되고 있다.

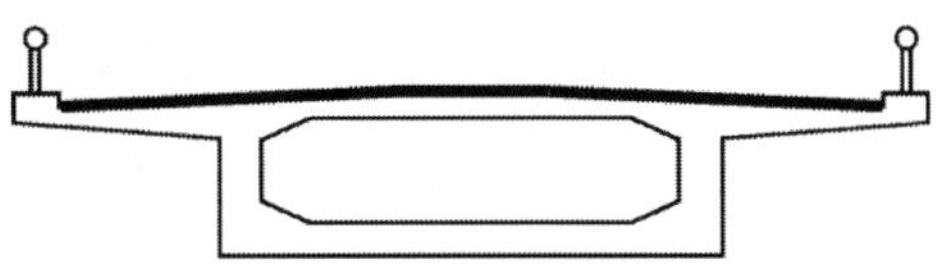

(a)

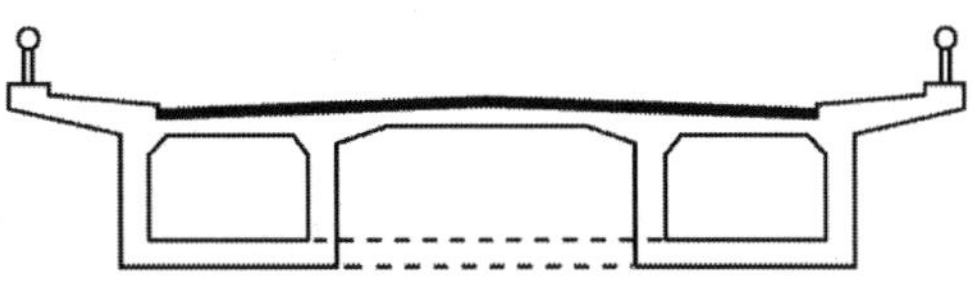

(b)

그림 13-6 박스 거더교의 단면

13.2 설계기준과 표준시방서

1996년 개정 출간된 "도로교 표준시방서"는 설계편과 시공 및 유지관리편으로 구성되어 있었고, 하중-저항계수 설계편을 별책 부록으로 주고 있었다. 그 후 건설교통부의 각종 표준시방서의 정비방침에 따라, 도로교 표준시방서의 설계편을 한데 묶어 "도로교설계기준"으로 이름하여 2000년에 개정되었고, 시공 및 유지관리편을 따로 모아 "도로교표준시방서"라는 이름으로 1999년에 개정 출간된 바 있다. 그 후 약 5년이 경과한 2005년 상기 "도로교설계기준"이 다시 개정 출간되었으며, 전적으로 SI 단위를 채택하였다. 2010년에는 "도로교설계기준"이 다시 개정 출간되었는데, 콘크리트구조물의 거동, 해석, 설계에 관련된 최신의 연구결과를 반영하고 콘크리트 구조물의 설계방법과 성능검증 방법을 가능하면 통일하기 위하여, 콘크리트구조설계기준(2007)의 내용이 도입되었다, 이 도로교설계기준(2010)에서 채택하고 있는 설계법으로는 강교에 대해서는 허용응력설계법을, 콘크리트교에 대해서는 강도설계법을 원칙으로 하고 있다. 한편 2012년에는 도로교에 대한 새로운 설계기준인 "도로교설계기준 한계상태설계법"이 제정되었다. 이 설계기준에서는, 강교의 경우 미국에서 적용하는 개념의 한계상태설계법, 즉 하중-저항계수설계법(LRFD)을 채택하고 있으며, 콘크리트교의 경우 유럽에서 적용하는 전통적 개념의 한계상태설계법(limit state design, LSD)을 채택하고 있다(4장의 4.1.3항 참조). 2012년부터 3년간은 도로교설계기준(2010)을 주 설계기준으로 하고 도로교설계기준 한계상태설계법(2012)을 병용하다가, 그 후에는 도로교설계기준 한계상태설계법(2012)을 주 설계기준으로 시행할 계획이다.

철도교는 과거에 교량의 종류에 따라 표준시방서가 각각 별책으로 되어 있었는데, 1999년 개정에 있어서는 도로교의 경우와 마찬가지로 설계편을 모두 한데 묶어 "철도설계기준(철도교편)"으로 하고, 시공편을 따로 모아 "철도공사 전문 시방서(토목편)"로 하여 각각 분리해서 출간되었다. 그 후 약 5년이 경과한 2004년에 이들 "철도설계기준(철도교편)" 및 "철도공사 전문시방서"(토목편)이 개정 출간되면서 SI 단위를 채택하였다. 한편 1990년대 중반부터 고속철도를 건설하게 됨에 따라 고속철도용 철도교의 설계지침이 시행되다가, 2005년에 제정된 "고속철도 설계기준(노반편)"의 6~8장에 고속철도용 철도교의 설계기준으로 통합되었다. 2007년에는 그 이전에 건설되었던 경부고속철도에 적용하던 고속철도용 철도교의 설계지침을 발전시킨 "호남고속철도 설계지침

(노반편)"이 제정되었다. 2011년에는 철도설계에 대한 모든 기준을 통합한 "철도설계기준(노반편)"을 제정하여, 고속철도와 일반철도를 모두 다루는 철도교설계기준을 8~11장에서 규정하고 있다. 이상의 철도교설계기준에 있어서 강교는 허용응력설계법을, 콘크리트교는 강도설계법을 원칙으로 하고 있다.

13.3 도로교의 하중

고정하중(dead load, 사하중), 활하중(live load), 충격, 프리스트레스, 토압, 수압 등을 **주하중**(主荷重)이라 하고 풍하중(風荷重), 온도 변화의 영향, 지진의 영향 등을 **부하중**(副荷重)이라고 한다. 지진에 대해서는 지진하중이라는 용어도 통용되고 있으므로 주하중으로 분류할 수도 있지만, 지진에 의하여 작용하게 되는 하중은 외부에서 직접 하중이 작용하는 것이 아니라 지반운동에 의하여 구조물의 중량과 가속도가 곱해진 힘이 부차적으로 작용하게 되는 것이므로 부하중으로 분류한다. 지반변동의 영향, 지점이동의 영향, 원심하중, 제동하중, 충돌하중 등을 **특수하중**이라고 한다. 교량에는 이들 하중이 단독으로 작용하는 일은 거의 없으며, 몇 개의 하중이 동시에 작용한다. 그래서 설계기준에서는 동시에 작용할 가능성이 많은 하중의 조합 가운데서 구조물 또는 부재(部材)에 불리한 영향을 미칠 것으로 생각되는 하중의 조합을 제시하고, 그 중에서 가장 불리한 조합에 대하여 설계하도록 규정하고 있다. 이 절에서는 도로교설계기준(2010)의 규정을 중심으로 도로교의 하중을 다룬다.

13.3.1 고정하중

고정하중(dead load)은 교량의 자중 및 교량에 부가되는 물체들의 중량을 말하며, 토목분야에서는 과거에 "사하중"이라는 용어를 사용했었다. 고정하중의 계산은 표 13-1과 같은 단위중량을 사용하여 계산한다.

표 13-1 재료의 단위중량(kg/m^3)

재 료	단위중량	재 료	단위중량
강재, 주강, 단강	7,850	콘크리트	2,350
주철	7,250	시멘트모르터	2,150
알루미늄	2,800	목재	800
철근콘크리트	2,500	역청재(防水用)	1,100
프리스트레스트 콘크리트	2,500	아스팔트포장	2,300

13. 3. 2 활 하 중

차량이나 군중과 같이 교량 위를 이동하는 하중을 활하중(活荷重)이라고 한다.

[1] 트럭하중

도로교설계기준(2010)은 활하중으로 **표준트럭하중(DB하중)**과 **차로하중(차선하중, DL하중)**을 주고 있다. DB하중은 이상화한 표준트럭하중으로 그림 13-7과 같이 2축 차륜 견인차에 1축 차륜 세미트레일러를 연결한 것이며, 교량의 등급에 따라 표 13-2와 같이 적용한다. 도로교설계기준 한계상태설계법(2012)은 새로운 트럭하중모델을 규정하고 있다. 그림 13-8에 보인 차로하중(lane loading)은 대응하는 표준트럭하중보다 더 큰 응력을 일어나게 할 때 사용한다. 차로하중은 연행(連行)하는 트럭하중과 등가(等價)가 되도록 한 활하중으로서, 장지간(長支間) 교량의 설계를 지배한다.

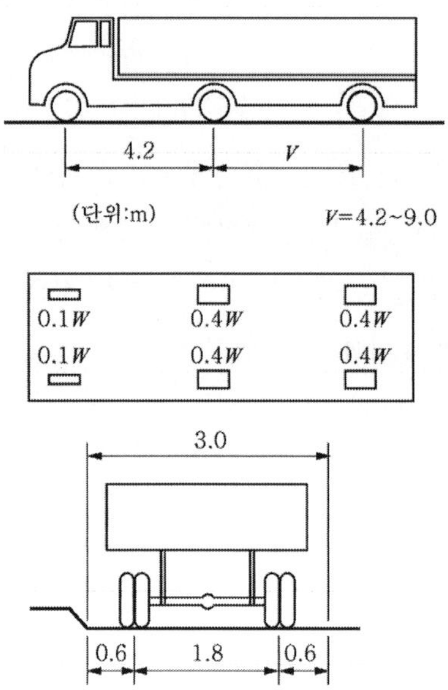

그림 13-7 DB하중

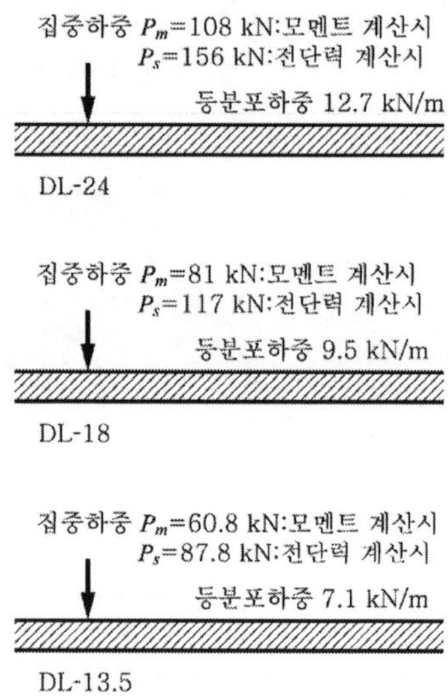

그림 13-8 DL하중

표 13-2 DB하중

교량등급	하중등급	중량 W (kN)	총 중량 $1.8W$ (kN)	전륜하중 $0.1W$ (kN)	후륜하중 $0.4W$ (kN)
1등교	DB-24	240	432	24	96
2등교	DB-18	180	324	18	72
3등교	DB-13.5	135	243	13.5	54

[2] 그 밖의 차도하중

전철 등 궤도의 차량하중, 기타 특수차량 등의 통과가 예상되는 교량에 있어서는 설계에 이것을 고려해야 한다.

[3] 보 도 하 중

보도의 바닥, 세로보 및 이에 직결된 지지점은 보도면적에 5×10^{-3} MPa의 활하중이 작용하는 것으로 보고 설계한다[도로교설계기준의 2.1.3의 (2)의 ⑧ 참조].

[4] 하중의 선택

DB-24로 설계되는 교량을 1등교, DB-18로 설계되는 교량을 2등교, DB-13.5로 설계되는 교량을 3등교라고 한다.

고속도로, 자동차 전용도로, 특별시도(道), 직할시도(道)에 가설되는 교량은 1등교라야 하고, 따라서 DB-24로 설계해야 한다. 일반국도 및 국방상 중요한 도로에 가설되는 교량, 교통량이 많고 중차량의 통행이 불가피한 지방도(地方道), 시도(市道), 군도(郡道)에 놓이는 교량은 1등교로 한다.

지방도, 시도 및 군도 중에서 교통량이 적은 교량은 2등교로 한다. 산간벽지에 있는 지방도와 시도 및 군도에서 교통량이 매우 적은 곳에 가설되는 교량은 3등교로 하여 DB-13.5로 설계한다.

13.3.3 활하중의 재하방법

[1] 주거더(main girder)를 설계할 경우

(1) 차도부분에는 교축방향으로 차로당 1대의 DB하중 또는 1차로분의 DL하중 가운데 설계부재에 불리한 응력을 일으키는 것을 재하한다.

(2) DB하중이나 DL하중의 점유 폭은 3 m로 본다. 설계할 때 이 하중은 표준차로 폭 3.6 m 안에 두어야 한다.

(3) 연석(curb stone)과 연석 사이의 교폭 W_c에 따른 설계차로의 수 N은 표 13-3에 따라 결정한다. 이때 설계차로 폭 W는 다음 식으로 정한다.

$$W=\frac{W_c}{N}\leq 3.6\text{m} \tag{13·1}$$

여기서 W_c : 연석 사이의 교폭(차도 폭)

W : 설계차로 폭(설계차선 폭)

N : 표 13-3에 보인 차로(차선)의 수

표 13-3 교폭과 차로(차선)의 수

W_c(m)	N	W_c(m)	N
$6.0 \leq W_c < 9.1$	2	$23.8 \leq W_c < 27.4$	7
$9.1 \leq W_c < 12.8$	3	$27.4 \leq W_c < 31.1$	8
$12.8 \leq W_c < 16.4$	4	$31.1 \leq W_c < 34.7$	9
$16.4 \leq W_c < 20.1$	5	$34.7 \leq W_c < 38.4$	10
$20.1 \leq W_c < 23.8$	6		

(4) 차도부분에서 DB하중이나 DL하중은 (3)에서 계산된 설계차로 폭 W의 크기에 따라, 교축에 직각방향으로 설계차로 폭마다 차로를 침범하지 않는 범위 내에서 설계부재에 가장 불리한 응력이 일어나도록 동시 재하한다.

(5) 곡선교에서는 표준차로 폭이나 설계차로 폭에 관계없이 DB하중이나 DL하중을 표준 점유폭인 3 m마다 연속시켜서 설계차로 수 이내로, 최대의 편심효과가 일어날 수 있도록 재하한다.

(6) 어느 부재의 최대응력이 몇 개 차로에 활하중이 동시 재하됨으로써 일어날 경우에는 그 활하중 응력을 다음의 백분율로 감소시킨다. 이것은 3차로 이상의 교량에서 어느 부재에 최대응력이 일어나도록 활하중이 동시 재하되는 확률이 거의 없기 때문이다.

3 차선 90%

4 차선 이상 75%

(7) 연속보의 부(負)모멘트(지점 모멘트)를 구하고자 할 때는, 차로하중을 재하하되 생각하는 단면에 최대 부(負)모멘트가 일어나도록 같은 크기의 다른 하나의 집중하중을 인접한 지간에 실어야 한다. 최대 정(正)모멘트를 구하고자 할 때는, 생각하는 단면에 최대 정(正)모멘트가 일어나도록 연속 또는 불연속으로 차로하중을 재하하되 하나의 집중하중을 가장 불리한 위치에 놓는다.

(8) 보도 등에는 5×10^{-3} MPa의 등분포하중을 재하한다.

[2] 바닥판을 설계할 경우

(1) 차도부분에는 DB하중을 재하하되 종방향에는 한 대, 횡방향에는 재하가능한 대수를 재하한다. 이때 차륜하중의 중심위치는 연석면으로부터 300 mm로 한다.

(2) 궤도에는 궤도 차량하중과 DB하중 가운데 불리한 영향을 주는 것을 재하한다.

(4) 차륜의 접지면은 DB하중의 각 차륜에 대해 면적이 $\frac{12,500}{9}P(\text{mm}^2)$인 하나의 직사각형(폭과 길이의 비는 2.5:1)으로 간주한다. 여기서 P는 차륜의 중량(kN)이다.

13.3.4 충 격

차량하중의 주행으로 말미암아 구조물에 일어나는 동적(動的) 영향을 충격이라고 하며, 구조물은 충격으로 인하여 그만큼 활하중응력이 증가된다. 그 증가량은 활하중의 정적(靜的) 효과에 **충격계수**(impact factor)를 곱하여 계산한다. 도로교설계기준(2010)에서는 충격계수를 다음과 같이 주고 있다.

$$i = \frac{15}{40+L} \leq 0.3 \qquad (13 \cdot 2)$$

여기서 L은 미터단위로 나타낸 지간(경간) 길이이며, 구조형식과 재하위치에 따라 L을 취하는 방법이 도로교설계기준(2010) 2.1.4에 규정되어 있다.

활하중이 등분포 하중인 경우에는 설계부재에 최대응력이 일어나도록 활하중이 재하된 지간부분의 길이(m)를 취한다.

13.4 도로교에 있어서의 하중의 분포

집중하중이 철근콘크리트 슬래브 위에 놓일 때, 그 하중은 실제의 접촉면적보다 더 큰 면적에 걸쳐 분포된다. 예를 들면, 1 m^2의 지압면적을 가진 하나의 집중하중이 거더교(girder bridge)의 슬래브 위에 놓인다면, 슬래브의 강성(剛性)으로 인하여 거더(girder)와 직각을 이루고 그 하중과 직접 접하고 있는 1 m 폭의 띠(帶)에 인접한 부분의 슬래브가 그 하중을 공동으로 부담한다고 생각하는 것이 합리적이다.

마찬가지로 거더들이 좁은 간격으로 배치되어 있는 T형 거더교에 있어서 하나의 집중하중이 하나의 거더 위에 바로 놓일 경우, 그 하중 전부를 그 거더 혼자서 다 부담하지는 않을 것이다. 그 이유는 강성(剛性)이 큰 슬래브가 하중의 일부를 인접한 거더에 전달하기 때문이다.

부재의 지간방향(경간방향)으로는 하중의 분포를 생각하지 않는다. 지간방향의 하중

분포는 비교적 적기 때문이다.

이 절에서는 도로교설계기준(2010)의 규정을 중심으로 도로교의 하중의 분포를 다룬다.

13.4.1 바닥판에 놓인 차륜하중의 분포

철근콘크리트 바닥판 위에 놓인 차륜하중(車輪荷重)의 분포 및 설계조건들을 들어 보면 다음과 같다.

[1] 바닥판의 지간

콘크리트교에서 바닥판의 지간은 단순지지의 경우 지지보의 중심간격으로 한다. 이때 지간은 바닥판의 순지간에 바닥판의 두께를 더한 값을 초과할 필요는 없다. 연속바닥판의 유효지간은 도로교설계기준(2010) 4.7.3 (2)에 따른다.

[2] 차륜하중의 연단 거리

바닥판 슬래브의 설계에 있어서 차륜하중의 중심선은 연석면으로부터 300 mm 거리에 있다고 본다.

[3] 휨 모 멘 트

바닥판 슬래브의 단위 폭(1 m)에 대한 휨모멘트는 다음과 같이 계산한다.

여기서 L : 바닥판의 지간(m)

E : 하나의 차륜이 바닥판에 분포되는 폭(m)

P : DB하중 후륜 하나의 중량, 즉

P_{24} : DB-24에 대하여 96 kN

P_{18} : DB-18에 대하여 72 kN

$P_{13.5}$: DB-13.5에 대하여 54 kN

(1) 단순 바닥판 및 연속 바닥판

① 주철근이 차량 진행방향에 직각인 경우(계산지간 0.6~7.3 m까지)

단순 지지판의 활하중 모멘트는 다음 식으로 계산한다(충격은 별도로 계산한다).

$$\text{DB-24}: M_L = \frac{L+0.6}{9.6} P_{24}\ (\text{kN}\cdot\text{m/m}) \tag{13·3}$$

$$\text{DB-18}: M_L = \frac{L+0.6}{9.6} P_{18}\ (\text{kN}\cdot\text{m/m}) \tag{13·4}$$

$$\text{DB - 13.5}: M_L = \frac{L+0.6}{9.6} P_{13.5}\,(\text{kN}\cdot\text{m/m}) \tag{13·5}$$

바닥판이 3개 이상의 지점을 가진 연속 슬래브인 경우 그 정(正), 부(負)의 휨모멘트는 위의 값의 0.8배로 한다.

② 주철근이 차량 진행방향에 평행인 경우

이 경우의 차륜하중의 분포 폭은 다음 식으로 계산한다. 그러나 2.1 m를 넘어서는 안 된다.

$$E = 1.2 + 0.06L < 2.1\text{m} \tag{13·6}$$

이 폭을 갖는 바닥판에 소정의 트럭 차륜하중이 작용한다고 보고 설계한다. 차로하중은 $2E$의 폭에 걸쳐 분포한다고 본다.

15 m 이하의 지간의 단순 지지판의 최대 활하중 모멘트 M_L은 대략 다음과 같다(충격은 따로 생각해야 한다).

$$\left.\begin{aligned} &\text{DB - 24}: && M_L = 18L\,(\text{kN}\cdot\text{m/m}) \\ &\text{DB - 18}: && M_L = 13.4L\,(\text{kN}\cdot\text{m/m}) \\ &\text{DB - 13.5}: && M_L = 10L\,(\text{kN}\cdot\text{m/m}) \end{aligned}\right\} \tag{13·7}$$

경간이 15 m를 넘거나 연속 바닥판인 경우의 휨모멘트는 트럭하중 또는 차로하중을 사용하여 적합한 방법으로 해석해야 한다.

(2) 캔틸레버 바닥판

① 주철근이 차량 진행방향에 직각인 경우

캔틸레버 판에 작용하는 차륜하중의 분포 폭은 다음 식으로 계산한다.

$$E = 0.8X + 1.14 \tag{13·8}$$

여기서 X는 하중점에서 지지점까지의 거리(m)이다. 이 경우의 휨모멘트는 다음 식으로 계산한다.

$$M = \frac{P}{E} X\,(\text{kN}\cdot\text{m}) \tag{13·9}$$

② 주철근이 차량 진행방향에 평행인 경우

캔틸레버 판에 작용하는 윤하중의 분포 폭은 다음 식으로 계산하되 2.1 m를 넘어서는 안 된다.

$$E = 0.35X + 0.98 < 2.1\,\text{m} \tag{13·10}$$

여기서 X는 하중점에서 지지점까지의 거리이다. 이 경우 휨모멘트는 다음 식으로 계산한다.

$$M = \frac{P}{E}X\,(\mathrm{kN \cdot m}) \qquad (13 \cdot 11)$$

[4] 종방향 단부보(longitudinal edge beam)

차량 진행방향에 평행으로 주철근이 배근된 바닥판 슬래브에는 종방향으로 단부보를 두어야 한다. 그 보는 철근을 더 보강한 슬래브 단면으로 할 수도 있고, 또는 보를 슬래브와 일체로 하되, 슬래브보다 더 두껍게 할 수도 있다. 이러한 단부보는 다음과 같은 휨모멘트에 저항할 수 있도록 설계해야 한다.

$$\left.\begin{array}{ll} \text{단순지지 판의 경우: } & M = 0.10PL\,(\mathrm{kN \cdot m/m}) \\ \text{연속 판의 경우: } & M = 0.08PL\,(\mathrm{kN \cdot m/m}) \end{array}\right\} \qquad (13 \cdot 12)$$

여기서 P : 윤하중

L : 종방향 단부보의 지간(m)

[5] 배력철근

집중 활하중을 가로방향으로 분포시키기 위하여 슬래브에서는 주철근에 직각방향으로 배력철근을 배치한다. 그 양은 정(正)의 휨모멘트에 소요되는 주철근량의 백분율로 나타내며, 다음과 같다.

주철근이 차량 진행방향에 직각인 경우

$$\frac{120}{\sqrt{L}}\,(\%),\ \text{최대 } 67\% \qquad (13 \cdot 13)$$

주철근이 차량 진행방향에 평행인 경우

$$\frac{55}{\sqrt{L}}\,(\%),\ \text{최대 } 50\% \qquad (13 \cdot 14)$$

여기서 L : 바닥판의 지간(m)

[6] 전 단

위와 같은 기준에 따라 계산한 휨모멘트로 설계된 바닥판 슬래브는 전단과 부착에 대하여 안전한 것이 보통이다. 따라서 전단에 대한 검토를 생략해도 좋다. 이것은 설계기준에 규정하고 있는 바닥판의 최소두께가 전단에 대하여 충분하기 때문이다. 도로교설계기준에 규정하고 있는 철근콘크리트 바닥판의 최소두께는 표 13-4와 같으며, 그 값이 220 mm보다 작아서는 안 된다.

보도부분 바닥판의 두께는 140 mm 이상이라야 한다.

표 13-4 차도부분 바닥판의 최소두께(mm) [도로교설계기준(2010), 콘크리트교]

바닥판 ＼ 바닥판 지간의 방향		차량 진행방향에 직각	차량 진행방향에 평행
단 순 판		$40L+130$	$65L+130$
연 속 판		$30L+130$	$50L+130$
갠틸레버 판	$L \le 0.25$	$280L+130$	$240L+130$
	$L > 0.25$	$80L+130$	

〔주〕 L은 13.4.1에서 정한 지간(m)

13.4.2 세로보 및 가로보에 대한 차륜하중의 분포

콘크리트 슬래브를 지지하는 세로 및 가로방향의 바닥틀(강보 또는 콘크리트보)에 대한 차륜하중의 분포는 다음과 같다.

[1] 전단력 계산을 위한 활하중의 위치

세로보(주거더)의 단부 전단력을 계산할 때, 단부 가까이에 있는 차륜하중은 가로방향 분포는 없다고 생각한다. 가로보의 단부 전단력을 구할 때도 그 단부 근처에 놓인 하중은 세로방향 분포는 없다고 생각한다. 그 밖의 위치에 놓인 차륜하중에 대하여는 다음에 설명하는 휨모멘트의 경우와 같이 분포한다고 생각한다.

[2] 세로보의 휨모멘트

세로보(stringer, longitudinal beam)의 휨모멘트를 계산함에 있어서는 차륜하중의 세로방향 분포는 생각하지 않지만, 가로방향의 분포는 고려한다. 따라서 세로보의 휨모멘트는 다음과 같은 하중을 사용하여 계산한다.

(1) 내측 세로보 또는 주거더

1차선의 경우

$$\left(\frac{L}{2.10}\right)P \ (L \le 3.0\,\text{m}) \qquad (13 \cdot 15)$$

2차선 이상의 경우

$$\left(\frac{L}{1.65}\right)P\ (L \leq 4.2\,\text{m}) \qquad (13 \cdot 16)$$

여기서 L : 세로보의 간격(m)

P : 표준트럭의 차륜하중

세로보의 간격이 위의 한계값을 넘을 경우에는 바닥판을 단순보로 가정하고 계산한 세로보 위의 반력(反力)을 취한다.

(2) 외측 세로보 또는 주거더

바닥판을 단순보로 가정하고 계산한 세로보의 반력(反力)을 취한다. 세로보가 4개 이상인 경우에는 외측 세로보의 차륜하중의 반력은 다음 값 이상이어야 한다.

$$\left.\begin{array}{l}\left(\dfrac{L}{1.65}\right)P(L \leq 1.8\,\text{m}) \\ \left(\dfrac{L}{1.20+0.25L}\right)P(1.8\,\text{m} < \text{L} \leq 4.2\,\text{m})\end{array}\right\} \qquad (13 \cdot 17)$$

여기서 L : 외측 세로보와 인접한 내측 세로보 사이의 거리(m)

L이 4.2 m를 넘을 경우에는 세로보 사이의 바닥판을 단순보로 가정하고 계산한 세로보 위의 반력을 취한다.

[3] 가로보의 휨모멘트

가로보(floor beam, transverse beam)의 휨모멘트를 계산함에 있어서는 차륜하중의 가로방향 분포는 없다고 생각한다. 바닥판 슬래브가 세로보 없이 가로보에 의해 지지되어 있을 때 가로보의 휨모멘트의 계산에는 다음 하중을 사용한다.

$$\left(\frac{L}{1.8}\right)P(L \leq 1.8\,\text{m}) \qquad (13 \cdot 18)$$

여기서 L : 가로보의 중심간격(m)

P : 트럭의 후륜하중

가로보의 간격이 1.8 m를 넘을 경우에는 바닥판을 단순보로 가정하고 계산한 가로보 위의 반력(反力)을 취한다.

13.5 도로교의 주요 하중조합과 하중계수 및 강도감소계수

도로교설계기준(2010)에서는 주요한 하중조합과 하중계수를 다음과 같이 주고 있다. 이들 하중조합 가운데 가장 불리한 외력을 일으키는 하중조합을 사용하여 설계 단면력을 계산해야 한다. 이때 구조물의 특성, 재하환경으로 인하여 강설, 강우, 또는 특수 상재하중 등이 재하되는 경우에는 이와 같은 특수하중의 재하효과도 하중조합에 포함시켜야 한다.

장대교량의 설계에 있어서는 작용하중, 사용조건, 구조재료 등이 설계기준의 조항과 다른 경우에는 이들을 합리적으로 고려하여 설계하여야 하며, 따라서 다음의 하중계수를 증감시켜서 설계할 수 있다.

$$U = 1.3D + 2.15(L+I) + 1.3CF + 1.7H + 1.3Q$$

$$U = 1.3D + 1.7H + 1.3Q + 1.3W$$

$$U = 1.3D + 1.3(L+I) + 1.3CF + 1.7H + 1.3Q + 1.3(0.5W + WL + BK)$$

$$U = 1.3D + 1.3(L+I) + 1.3CF + 1.7H + 1.3Q + 1.3G$$

$$U = 1.25D + 1.65H + 1.25Q + 1.25W + 1.25G$$

$$U = 1.25D + 1.25(L+I) + 1.25CF + 1.65H + 1.25Q + 1.25(0.5W + WL + BK) + 1.25G$$

$$U = 1.0D + 1.0H + 1.0Q + 1.0E$$

$$U = 1.3D + 1.3(L+I) + 1.3CF + 1.7H + 1.3Q + 1.3CO$$

$$U = 1.2D + 1.55H + 1.2Q + 1.2W + 1.2CO$$

여기서 D : 고정하중 또는 이에 따른 단면력

L : 활하중 또는 이에 따른 단면력

I : 충격 또는 이에 따른 단면력

H : 토압 또는 이에 따른 단면력

W : 풍하중 또는 이에 따른 단면력

WL : 차량 활하중에 작용하는 풍하중 또는 이에 따른 단면력

BK : 제동하중 또는 이에 따른 단면력

E : 지진의 영향 또는 이에 따른 단면력

CF : 원심하중 또는 이에 따른 단면력

CO : 충돌하중 또는 이에 따른 단면력

G : 부등침하, 크리프, 건조수축, 제작과 시공시의 치수의 오차, 습도변화와

온도변화 등으로 인한 팽창 또는 수축변형으로 유발된 변형력 또는 이에 따른 단면력

Q : 부력 또는 양압력, 수압, 파압 등의 하중 또는 이에 따른 단면력

도로교설계기준(2010)에서는 주요한 하중조합과 하중계수를 다음과 같이 주고 있다.

강도감소계수 ϕ는 도로교설계기준 2.2.3.3에 주어져 있으며, 표 13-5와 같다. 이 강도감소계수 값은 콘크리트구조기준(2012)의 강도감소계수 값과 동일하지 않다. 이것은 도로교의 하중 조건, 하중분포, 하중의 변동성이 일반 구조물의 하중 조건, 하중분포, 하중의 변동성과 다르므로, 이를 고려하여 강도감소계수의 값을 결정하였기 때문이다.

표 13-5 강도감소계수 ϕ의 값[도로교설계기준(2010)]

<table>
<tr><th colspan="3">부재, 단면 또는 하중(단면력)의 종류</th><th>ϕ</th></tr>
<tr><td colspan="3">축방향인장부재</td><td>0.85</td></tr>
<tr><td rowspan="7">축방향압축 부재, 휨과 축방향인장을 겸하여 받는 부재, 휨과 축방향압축을 겸하여 받는 부재</td><td rowspan="4">인장지배 단면(1)</td><td>보통철근콘크리트부재</td><td>0.85</td></tr>
<tr><td>공장에서 생산된 프리캐스트 프리스트레스트 콘크리트 부재</td><td>0.90</td></tr>
<tr><td>현장타설 된 포스트텐션 프리스트레스트 콘크리트 부재</td><td>0.85</td></tr>
<tr><td>적절한 품질관리로 공장생산 된 프리캐스트 부재</td><td>0.90</td></tr>
<tr><td rowspan="3">압축지배 단면(2)</td><td>나선 철근 부재</td><td>0.75</td></tr>
<tr><td>그 이외의 부재</td><td>0.70</td></tr>
<tr><td>공칭강도에서 최외단 인장철근의 순인장변형률 ε_t 가 압축지배와 인장지배단면 사이에 있을 경우</td><td>ε_t 가 압축지배 변형률 한계에서 0.005로 증가함에 따라 ϕ 값을 압축지배단면에 대한 값에서 0.85까지 증가시킨다.</td></tr>
<tr><td colspan="3">전단력과 비틀림</td><td>0.80</td></tr>
<tr><td colspan="3">콘크리트의 지압력</td><td>0.70</td></tr>
<tr><td colspan="3">무근콘크리트</td><td>0.65</td></tr>
</table>

[주] (1) 및 (2) : 5장의 5.2.3항 참조

13.6 도로교의 구조상세

13.6.1 교 대

교대(abutment)는 상부구조로부터의 하중을 기초에 전달하고, 뒷면의 토압을 지지하는 옹벽으로 작용한다.

그림 13-9는 전형적인 교대의 모양을 보인 것이다. 흉벽(breast wall)은 교량의 주거더로부터 전달되는 반력(反力)을 지지해야 하고 또 뒤채움 토압에 견디어야 한다. 이 토압에 대하여 흉벽은 확대기초(footing)를 고정지점으로 하는 캔틸레버 옹벽으로 설계한다. 그러나 양쪽 날개벽(wing wall)에 지지된 슬래브로도 작용하므로, 흉벽은 2방향 작용(two-way action)에 대하여 설계하는 것이 경제적이다. 흉벽의 상면(上面)은 주거더가 놓이는 교좌(bridge seat)로 된다.

날개벽은 그림 13-9 (a)처럼 캔틸레버로 해도 좋고 또는 그 전체 길이를 확대기초까지 연장해도 좋다. 뒤채움 흙의 붕괴를 방지하기 위해서 날개벽을 그림 13-9 (b)와 같이 하는 수도 있다. 이와 같이 흉벽, 날개벽, 확대기초로 이루어지는 교대는 3차원 구조계이기 때문에 해석이 복잡하여 실제의 설계에 있어서는 근사해법이 사용된다. 특히 중요한 구조물에 대해서는 모델해석 또는 유한요소 해석이 사용된다.

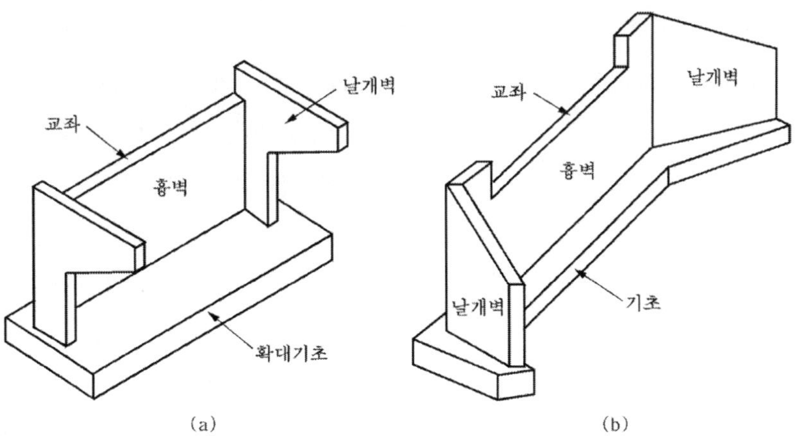

그림 13-9 교 대

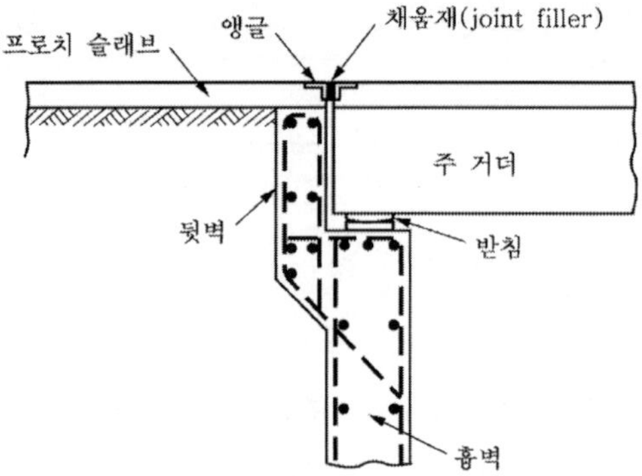

그림 13-10 교 좌[참고문헌 39]

그림 13-10은 전형적인 교좌의 단면을 보인 것이다. 교좌에 흙이 흘러들어가는 것을 방지하기 위하여 그림에 보인 것처럼 뒷벽(back wall)을 설치한다. 또, 흉벽 뒤에 뒤채움 흙의 침하(沈下)로 인한 문제를 완화하기 위해서 뒷벽 위에 그림과 같은 어프로치 슬래브(approach slab)를 설치하는 경우도 있다.

13. 6. 2 그 밖의 구조상세

[1] **격벽**(diaphragm)

T형 거더교에서는 가로방향으로 주거더와 주거더 사이에 **격벽**(diaphragm)을 설치한다. 주거더의 단부(端部)에 설치하는 격벽을 **단부 격벽**(end diaphragm), 지간(支間)의 중간에 설치하는 격벽을 **중간 격벽**(intermediate diaphragm)라고 한다. 이들 격벽은 바닥판에서 내려오는 하중을 직접 분담하는 가로보와는 달리 주거더의 가로방향 강성(剛性)을 높여 주는 보조부재이므로, 격벽의 콘크리트를 바닥판과 일체로 타설할 필요는 없다.

단부 격벽은 큰 집중하중의 반력을 받는 주거더를 가로방향으로 지지해 주고, 또 뒷벽이 없는 경우 교좌에 토사(土砂)의 유입을 방지해 준다. 지간이 12 m 정도 이상 되는 T형 거더교에는 중간 격벽을 두어야 하는데, 설계기준에서는 한 지간에 1개소 이상, 또 15 m 이하의 간격으로 설치하도록 하고 있다. 종전에는 중간 격벽을 5 m 간격으로 두는 경우가 많았으나, 근래에는 경간 중앙에 하나만을 두는 것이 보편화되고 있다. 중간 격벽은 주거더의 가로방향 안정에 유효하고, 또 하중의 횡분배 효과를 다소간 증진시키는 역할을 한다.

[2] 받침(bearing)

교량의 설계에 있어서는 온도변화로 인한 길이의 변화에 대비할 필요가 있다. 또, 긴 지간(支間)의 교량에 있어서는 처짐으로 인한 지점의 회전을 고려해야 한다. 주거더의 일단은 고정시키고 타단(他端)은 이동할 수 있게 하는 것이 보통이다.

일반적으로 고정받침으로는 피벗(pivot)받침, 받침판받침, 고무받침 등이 사용되고, 가동(可動)받침으로는 받침판받침, 고무받침 등이 사용되고 있다.

지간이 15 m 정도 이하인 교량에 있어서는 주거더의 일단(一端)에 고무받침 또는 금속판(metal plate)을 설치하여 그 위에서 주형이 활동할 수 있게 하고 회전에 대하여는 고려하지 않아도 좋다. 그보다 긴 교량에 있어서 신축은 롤러(roller), 록커(rocker) 또는 활동판(sliding plate)으로 해결하고, 회전은 힌지(hinge), 곡면판(curved bearing plate) 또는 핀(pin)으로 대처한다. 이러한 받침들은 그 기능을 제대로 발휘시키기 위하여 주기적으로 점검하여 깨끗하고 또 녹슬지 않게 해야 한다.

그림 13-11은 평면판과 곡면판으로 된 받침을 보인 것이다. 그림 13-12는 엘라스토머 패드(elastomeric pad)를, 그림 13-13은 TFE(polytetrafluo-roethylene) 받침을 보인 것이다. 이러한 받침들은 수평이동과 회전에 대하여 매우 효과적이다.

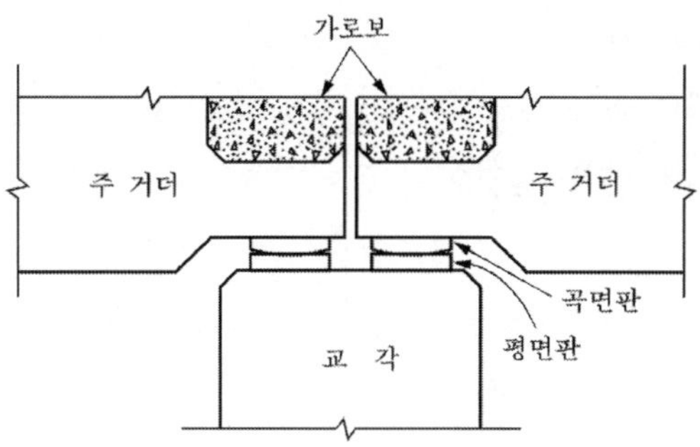

그림 13-11 평면판과 곡면판으로 된 받침

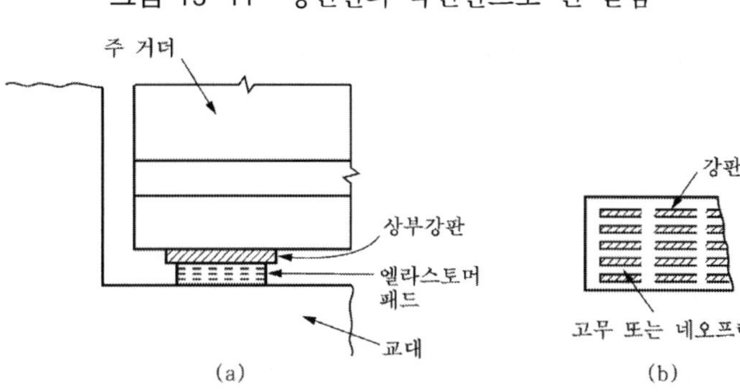

그림 13-12 엘라스토머 패드

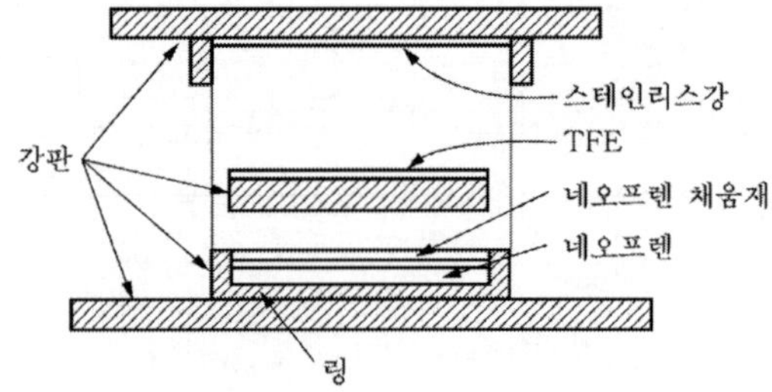

그림 13-13 TFE 받침

[3] 신축이음

교량의 바닥판 슬래브(deck slab)에는 신축이음(expansion joint)을 두어야 하는데, 이 이음부가 잘 파손되어 보수가 늘 문제로 된다. 물이나 화학물질이 침입하여 이음부를 부식시키고 또 통과하중에 의하여 이음부가 파손된다.

최근에는 이음의 간격을 그전보다 넓게 하는 경향이 있다. 짧은 지간에 대하여는 그림 13-10과 같은 간단한 구조로 한다. 그림 13-10에 보인 바와 같이 앵글(L형강)을 바닥판 콘크리트와 어프로치 슬래브 끝에 각각 묻어서 정착시키고, 이음부 홈에는 아스팔트 매스틱(bituminous mastic)으로 채우거나 성형된 고무를 끼운다. 그리고 그 위에 트레드 플레이트(tread plate)를 깔기도 한다. 이 트레드 플레이트는 리벳이나 나사못에 의하여 양쪽 앵글에 고정시킨다. 이렇게 하면 바닥판 슬래브가 자유롭게 신축할 수 있다. 이동량이 큰 넓은 간격의 이음에 대하여는 세로방향 활동에 대하여 원활한 수평정렬 상태를 유지해 주는 주물(鑄物) 등이 사용된다. 신축이음은 차량의 정숙주행에 방해가 되므로 신축이음의 수를 줄이기 위하여 연속보 구조를 택하는 경향이 있다. 그러나 이 경우, 신축량이 큰 고가의 신축이음장치가 필요하게 된다.

[4] 배 수

교량 위의 표면수는 가급적 빨리, 그리고 직접 처리되어야 한다. 그러기 위해서는 교면에 1% 정도의 횡단구배를 붙이고 배수구를 설치해야 한다. 보통의 구배를 가지는 단일경간의 교량에 있어서는 세로방향 배수에 대하여 별도로 고려하지 않아도 좋다. 세로방향 배수가 필요한 경우에는 종단구배를 붙여서 교량의 중앙을 약간 높게 하면 된다.

13.7 도로교의 설계 예

13.7.1 슬래브교의 설계 예

단순지지의 슬래브교를 도로교설계기준(2010)에 따라 설계해 보자.

[1] 설 계 조 건

순경간	4.5 m
유효폭	7.9 m
활하중	DB - 18
표층의 중량	1,500 N/m^2
콘크리트의 설계기준압축강도	$f_{ck}=$ 24 MPa
철근의 항복강도(SD300)	$f_y=$ 300 MPa

[2] 슬래브의 지간

슬래브교의 지간은 받침부 중심간 거리이지만, 이것을 다음과 같이 가정한다. 슬래브 두께를 330 mm(>250 mm)로 가정하면(슬래브교의 최소두께는 250 mm)

$$L= \text{순경간} + \text{슬래브 두께} = 4.5 + 0.33 = 4.83\text{m}$$

[3] 고정하중 모멘트

하중조합은 $1.3D+2.15(L+I)$를 생각한다[13. 5절 참조].

자중	$25 \times 0.33 = 8.25$ kN/m^2
총 고정하중	$w = 8.25 + 1.5 = 9.75$ kN/m^2
계수 고정하중(factored dead load)	$1.3w = 1.3 \times 9.75 = 12.7$ kN/m^2

따라서 고정하중 모멘트는

$$M_D = \frac{1}{8} \times 12.7 \times 4.83^2 = 37\text{kN·m}$$

[4] 활하중 모멘트

DB - 18의 후륜하중은 72 kN이고 주철근은 차량 진행방향에 평행하게 배치해야 하므로, 그 분포 폭은 식 (13 · 6)에 의하여

$$E = 1.2 + 0.06L = 1.2 + 0.06 \times 4.83 = 1.49\text{m} < 2.1\text{m}$$

따라서 슬래브의 단위 폭(1m)에 작용하는 하중은

$$\frac{72}{1.49} = 48.3\text{kN}$$

그러므로 계수 활하중 모멘트(factored live load moment)는

$$M_L = \frac{1}{4} \times (2.15 \times 48.3) \times 4.83 = 125.4\text{kN·m}$$

[5] 충 격

충격계수는 식 (13・2)로부터

$$i = \frac{15}{40+L} = \frac{15}{40+4.83} = 0.335$$

그런데 $i \leq 0.3$이라야 하므로 $i = 0.3$으로 계산한다.
활하중의 충격으로 인한 모멘트는

$$M_i = iM_L = 0.3 \times 125.4 = 37.6\text{kN·m}$$

따라서 총 모멘트는

$$\begin{aligned} M_u &= M_D + M_L + M_i \\ &= 37 + 125.4 + 37.6 = 200\text{kN·m} \end{aligned}$$

[6] 인장철근량 계산

주철근으로 $D\,25$(공칭 지름 25.4 mm)를 사용하기로 하고, 또 철근의 피복두께는 30 mm 이상이라야 하므로 슬래브의 유효깊이는

$$d = 330 - 30 - \frac{1}{2} \times 25.4 = 287\text{mm}$$

콘크리트의 응력사각형의 깊이를 $a = 50$ mm로 가정하면 중립축의 위치는 $c = \alpha/\beta_1 = 50/0.85 = 59\text{mm}$이므로, 철근의 순인장변형률은 식 (5・6 b)로부터 $\varepsilon_t = 0.0154$를 얻는다. 즉 $\varepsilon_t > 0.005$이므로 $\phi = 0.85$이다[그림 5-3 참조].

$a = 50$ mm로 가정하고 철근량을 계산하면

$$A_s = \frac{M_u}{\phi f_y\left(d - \frac{a}{2}\right)} = \frac{200 \times 10^3 \times 10^3}{0.85 \times 300\left(287 - \frac{50}{2}\right)} = 2{,}994\text{mm}^2$$

이에 대하여 $D\,25$(공칭 단면적 506.7 mm^2)를 150 mm 간격으로 배치한다. 그러면

단위 폭(1 m)에 대한 철근량은 다음과 같다.

$$A_s = \frac{506.7}{150} \times 1{,}000 = 3{,}378\text{mm}^2 > 2{,}994\,\text{mm}^2$$

a를 검토하면

$$a = \frac{A_s f_y}{0.85 f_{ck} b} = \frac{3{,}378 \times 300}{0.85 \times 24 \times 1{,}000} = 50\text{mm}$$

철근량을 다시 계산할 필요는 없다.

다음에 철근비를 검토해 본다[식 (5・8 a), 식 (5・5 a) 참조].

$$\rho_{max} = 0.85\beta_1 \cdot \frac{f_{ck}}{f_y} \cdot \frac{\varepsilon_{cu}}{\varepsilon_{cu} + 0.004}$$

$$= 0.85 \times 0.85 \times \frac{24}{300} \times \frac{0.003}{0.003 + 0.004} = 0.0248$$

$$\rho = \frac{A_s}{bd} = \frac{3{,}378}{1{,}000 \times 287} = 0.0118 < \rho_{max}$$

$$\rho_{min} = \frac{0.25\sqrt{f_{ck}}}{f_y} = \frac{0.25\sqrt{24}}{300} = 0.0041$$

$$\frac{1.4}{f_y} = \frac{1.4}{300} = 0.0047 < \rho$$

즉 $\rho_{max} > \rho > \rho_{min}$이므로 철근량은 적당하다.

위의 철근량은 최대 모멘트 단면, 즉 지간중앙에서 필요로 하는 철근량이다. 따라서, 그 양의 1/3 이상은 지점을 넘어 150 mm 이상 받침부속으로 연장하고, 나머지 철근량은 7장의 7. 3. 4에 따라 지간 내에서 끝내도록 한다.

[7] 배력철근

주철근이 차량 진행방향에 평행이므로 식 (13・14)로부터

$$\frac{55}{\sqrt{L}} = \frac{55}{\sqrt{4.83}} = 25\% < 50\%$$

따라서 필요한 배력 철근량은

$$2994 \times 0.25 = 748\text{mm}^2/\text{m}$$

이에 대하여 D 16을 20 cm 간격으로 주철근에 직각방향으로 주철근 위에 배치한다.

[8] 단 부 보

교축방향으로 단부보를 두어야 하는데 이것은 단부 슬래브 단면에 철근을 더 넣음으로써 얻어진다[13.4절의 13.4.1 [4] 참조].

단부보를 그림 13-14 (b)와 같이 가정하면 그 자중은

$$25 \times 0.6 \times 0.58 = 8.7\text{kN/m}$$

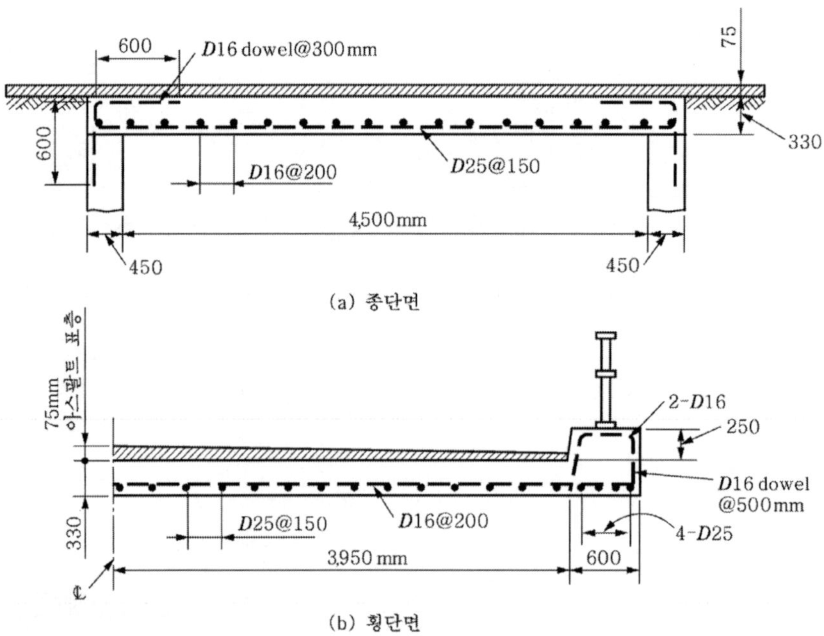

그림 13-14

따라서 계수 고정하중 모멘트는

$$M_D = \frac{1}{8} \times (1.3 \times 8.7) \times 4.83^2 = 33\text{kN·m}$$

계수 활하중 모멘트는 식 (13 · 12)로부터

$$M_L = (0.10PL) \times 2.15 = 0.10 \times 72 \times 4.83 \times 2.15 = 74.8\text{kN·m}$$

따라서 총 계수 모멘트는

$$M_u = M_D + M_L = 33 + 74.8 = 107.8\text{kN·m}$$

그런데 이 단부보는

$$\rho = \frac{A_s}{bd} = \frac{506.7 \times 4}{600 \times 287} = 0.0118$$

$$\rho_{max} = 0.0248$$

$$\rho_{min} = \frac{1.4}{f_y} = \frac{1.4}{300} = 0.0047$$

즉 $\rho_{max} > \rho > \rho_{min}$ 이므로 이 단부보는 저보강보이다.

$$a = \frac{A_s f_y}{0.85 f_{ck} b} = \frac{(506.7 \times 4) \times 300}{0.85 \times 24 \times 600} = 50\text{mm}$$

따라서 이 단면의 설계휨 강도는

$$\begin{aligned}\phi M_n &= \phi A_s f_y \left(d - \frac{a}{2}\right) \\ &= 0.85 \times (506.7 \times 4) \times 300 \left(287 - \frac{50}{2}\right) \\ &= 135{,}400{,}000\text{N·mm} = 135.4\text{kN·m} > 107.8\text{kN·m}\end{aligned}$$

즉, $\phi M_n > M_u$ 이므로 이 단면으로 충분하다.

[9] 전 단 강 도

속빈 슬래브교를 제외한 슬래브교에 있어서는 반력이 받침선상에 분포되어 작용하기 때문에, 일반적으로 전단에 대하여 안전하므로 전단검토는 생략한다.

[10] 사용성 검토

슬래브 두께가 최소두께 이상이므로 처짐에 대한 검토는 하지 않아도 좋을 것이다. 균열과 피로에 대하여는 도로교설계기준(2010) 4장(콘크리트교)의 4.4.9에 따라 검토해 보아야 한다(여기서는 생략한다).

[11] 받 침

지간이 12 m 이하인 교량에는 신축이음을 둘 필요가 없으며, 양단을 모두 고정받침으로 한다. 즉, 그림 13-14 (a)에 보인 바와 같이 교대 속에 수직철근(vertical dowel)을 배치하고, 이들을 슬래브 콘크리트 속에 묻어 넣는다. 그리고, 받침부 끝부분의 슬래브에 발생할지 모를 균열에 대비하여 이들을 수평으로 600 mm 정도 연장한다. 슬래브 콘크리트를 치기 전에 교좌 위에 역청질 혼합물(bituminous mixture)을 발라둔다.

13. 7. 2 T형 거더교의 설계 예

단순지지의 T형 거더교를 도로교설계기준(2010)에 따라 설계해 보자.

[1] 설 계 조 건

순경간	14.6 m
유효폭	8.84 m
활하중	DB - 18

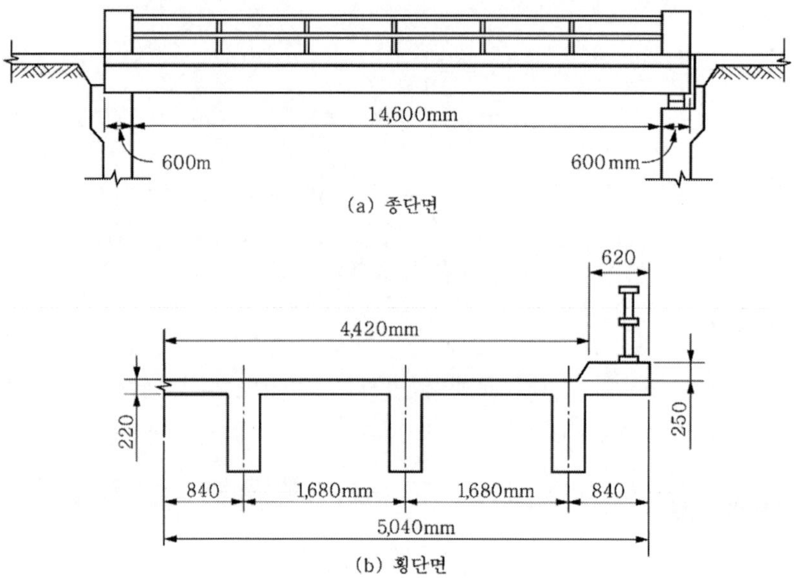

그림 13-15

표층	1,500 N/m^2
콘크리트의 설계기준압축강도	$f_{ck} = 24$ MPa
철근(SD300)의 항복강도	$f_y = 300$ MPa

그림 13-15에 보인 바와 같이 이 교량을 6개의 주거더로 구성한다.

[2] 바닥판의 설계

바닥판은 주거더와 일체로 콘크리트를 치기 때문에 연속 슬래브로 되어, 그 계산지간은 주거더와 주거더 사이의 순경간을 사용한다. 주거더의 복부 폭을 450 mm로 가정하면 순경간은 1,230 mm로 된다. 바닥판의 최소두께 220 mm가 표 13-4의 값보다

크므로 바닥판의 두께를 220 mm로 가정한다. 그러면 바닥판의 자중은

$$w = 25 \times 0.22 = 5.5\,\text{kN/m}$$

고정하중에 대한 정(正), 부(負)의 모멘트 계수를 1/10[10장의 10.4.1항 참조]로 보면 정, 부의 계수고정하중모멘트는

$$M_D = \frac{1}{10} \times [1.3 \times (5.5 + 1.5)] \times 1.23^2 = 1.4\text{kN·m}$$

슬래브의 주철근이 차량 진행방향에 직각이고, 또 3개 이상의 지점을 가지는 슬래브이므로 계수 활하중 모멘트는 13.4.1항의 [3] (1) ① 및 식 (13・4)에 의하여

$$M_L = 0.8 \times \left[\frac{L + 0.6}{9.6} P_{18}\right] \times 2.15 = 0.8 \times \frac{1.23 + 0.6}{9.6} \times 72 \times 2.15$$
$$= 23.6\text{kN·m}$$

충격계수는 식 (13・2)로부터

$$i = \frac{15}{40 + L} = \frac{15}{40 + 1.23} = 0.364 > 0.3$$

따라서 $i = 0.3$이다.

충격에 의한 모멘트는

$$M_i = 0.3 \times 23.6 = 7.08\text{kN·m}$$

총 모멘트는

$$M_u = 1.4 + 23.6 + 7.08 = 32\text{kN·m}$$

D 19(공칭 지름 19.1 mm)를 사용하기로 하고 피복두께를 30 mm로 하면 유효깊이는

$$d = 220 - 30 - \frac{1}{2} \times 19.1 = 180\text{mm}$$

$a = 22\text{mm}$로 가정하면 $c = 22/0.85 = 26\text{mm}$이므로, 철근의 순인장변형률은 식 (5・6 b)로부터 $\varepsilon_t = 0.0178$을 얻는다. 즉 $\varepsilon_t > 0.005$이므로 $\phi = 0.85$이다.

따라서 $a = 22\text{mm}$로 가정하면 단위폭당 소요철근량은

$$A_s = \frac{M_u}{\phi f_y\left(d - \frac{a}{2}\right)} = \frac{32 \times 10^3 \times 10^3}{0.85 \times 300\left(180 - \frac{22}{2}\right)} = 742\text{mm}^2$$

이에 대하여 D 19(286.5 mm^2)를 200 mm 간격으로 배치한다면 단위폭당 철근량은

$$A_s = 5 \times 286.5 = 1{,}432\text{mm}^2$$

a를 검토하면

$$a = \frac{1,432 \times 300}{0.85 \times 24 \times 1,000} = 21\text{mm} \fallingdotseq 22\text{mm}$$

철근비를 검토하면

$$\rho_{max} = 0.85 \times 0.85 \times \frac{24}{300} \times \frac{0.003}{0.003 + 0.004} = 0.0186$$

$$\rho = \frac{A_s}{bd} = \frac{1,432}{1,000 \times 180} = 0.0080 < \rho_{max}$$

$$\rho_{min} = \frac{1.4}{f_y} = \frac{1.4}{300} = 0.0047 < \rho$$

즉 $\rho_{max} > \rho > \rho_{min}$ 이므로 철근량은 적당하다.

지간이 짧은데다 철근을 여러 곳에서 절곡(折曲)해야 하는 번거움이 있으므로, 이것을 피하여 5-D19를 슬래브의 상부와 하부에 각각 직선배치한다. 이렇게 하면 철근이 필요 이상으로 들어가지만, 철근의 조립 및 가공비용이 절약되어 추가된 철근값이 상쇄될 수 있을 것이다.

배력철근으로 D16을 주철근에 직각방향으로 200 mm 간격으로 상하 주철근 위에 배치한다.

[3] 내측 주거더

내측 주거더는 바닥판을 플랜지로 하는 대칭 T형 단면이다. 지금의 경우 플랜지의 유효폭은 양쪽 슬래브의 중심간 거리 1,680 mm로 지배된다. 복부의 폭은 최대 모멘트 또는 최대 전단력에 의해 결정된다. 교좌는 600 mm의 폭을 갖는다고 보고, 주거더의 유효지간(양쪽 받침 중심간 거리)을 15.2 m로 한다.

(1) 고정하중 모멘트

주거더의 단위 길이(1m)에 작용하는 바닥판의 중량은

$$(5.5 + 1.5) \times 1.68 = 11.8\text{kN/m}$$

주거더의 복부단면을 450 mm×850 mm로 가정하면 단위 길이의 중량은

$$25 \times 0.45 \times 0.85 = 9.60\text{kN/m}$$

따라서 주거더의 계수 고정하중은

$$w = 1.3 \times (11.8 + 9.6) = 27.8\text{kN/m}$$

주거더의 지간중앙에서의 고정하중 모멘트는

$$M_{D\cdot\max} = \frac{1}{8} \times 27.8 \times 15.2^2 = 803\text{kN}\cdot\text{m}$$

(2) 활하중 모멘트

이 T형 거더교의 유효폭이 8.84 m이므로 2차선 교량이다[표 13-3 참조]. 따라서 내측 주거더의 휨모멘트는 식 (13 · 16)의 활하중으로 계산해야 한다. 식 (13 · 16)에 하중계수 2.15를 적용하면

$$\text{후륜하중} = \left(\frac{L}{1.65} P_{18}\right) \times 2.15 = \left(\frac{1.68}{1.65} \times 72\right) \times 2.15 = 73.3 \times 2.15 = 157.6\text{kN}$$

$$\text{전륜하중} = \left(\frac{1.68}{1.65} \times 18\right) \times 2.15 = 18.3 \times 2.15 = 39.3\text{kN}$$

위의 차륜하중들이 그림 13-16과 같이 주거더에 실렸을 때, 가운데 하중점에서 절대최대 휨모멘트가 일어난다. 따라서 지점반력과 휨모멘트는 다음과 같이 된다[그림 13-15 (a) 참조].

$$R_L = \frac{1}{15.2}(157.6 \times 11.1 + 157.6 \times 6.9 + 39.3 \times 2.7) = 193.6\text{kN}$$

$$M_{\max} = 193.6 \times 8.3 - 157.6 \times 4.2 = 945\text{kN}\cdot\text{m}$$

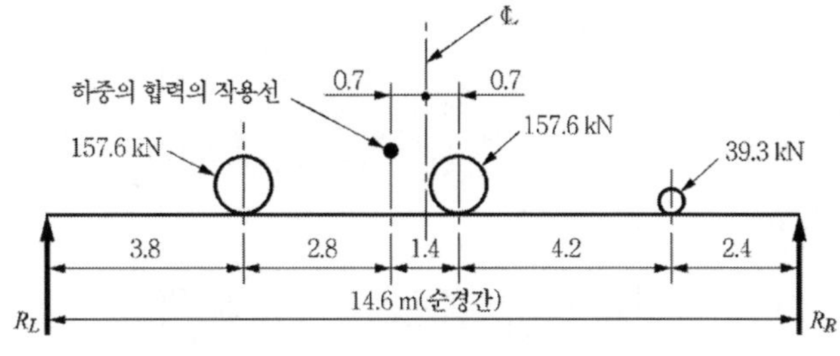

그림 13-16

(3) 충격계수 및 충격 휨모멘트

$$\text{충격계수 } i = \frac{15}{40+L} = \frac{15}{40+15.2} = 0.272 < 0.3$$

$$M_{i\max} = 945 \times 0.272 = 257\text{kN}\cdot\text{m}$$

(4) 휨모멘트의 합계

$$M_{\max} = 803 + 945 + 257 = 2{,}005\text{kN}\cdot\text{m}$$

(5) 고정하중 전단력

지점단면에서

$$V_{D.\max} = 27.8 \times 15.2 \times \frac{1}{2} = 211\text{kN}$$

(6) 활하중 전단력

보의 절대최대 전단력은 최대반력이고, 그것은 DB-18 하중이 그림 13-17과 같이 재하될 때 지점반력 R_L과 같다. 이때 지점에 놓인 후륜하중은 가로방향 분포는 없다고 생각하므로 72 kN이고, 중간 차륜하중과 전륜하중은 가로방향 분포를 생각해야 하므로, 각각 73.3 kN 및 18.3 kN로 된다[앞의 (2)의 활하중 모멘트에서 차륜하중 계산 참조]. 하중계수를 고려하면

$$V_{L\max} = R_L = 2.15 \times \left[72 + \frac{1}{15.2}(73.3 \times 11 + 18.3 \times 6.8)\right]$$
$$= 286.5\text{kN}$$

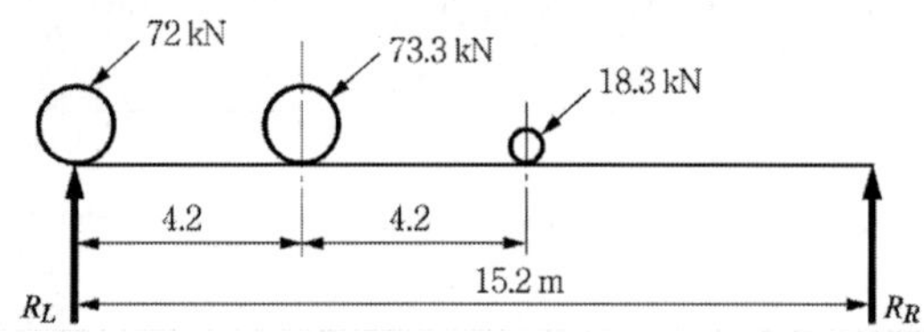

그림 13-17

(7) 충격 전단력

$$\text{지점} \cdots\cdots V_{i\max} = 286.5 \times 0.272 = 77.9\text{kN}$$

(8) 전단력의 합계

$$\text{지점} \cdots\cdots V_{\max} = 211 + 286.5 + 77.9 = 575\text{kN}$$

(9) 단면과 철근량의 결정

보에서 콘크리트가 부담하는 전단력은

$$V_c = \frac{1}{6}\sqrt{f_{ck}}\, b_w d = \frac{1}{6}\sqrt{24} \times 450 \times d = 367d$$

전단철근의 간격을 최대간격인 $0.5d$ 이하로 하려면 스터럽이 부담하는 전단력은

$$V_s = \frac{1}{3}\sqrt{f_{ck}}\, b_w d = \frac{1}{3}\sqrt{24} \times 450 \times d = 735d$$

$V_u < \phi(V_c + V_s)$이라야 하므로

$$575 \times 10^3 < 0.8(368d + 735d)$$
$$\therefore d > 652\text{mm}$$

즉, 주거더의 유효높이는 652 mm 이상이 되어야 한다. 주철근으로 D 32를 2단으로 배치하기로 하고 그 연직 순간격을 40 mm, 피복두께를 40 mm, D 16을 스터럽으로 사용하기로 한다면 인장철근의 도심은 보의 바닥으로부터 다음 거리에 있게 된다.

$$40 + 15.9 + 31.8 + 40 \times \frac{1}{2} = 108\text{mm}$$

그러면, 보의 높이는 다음 값 이상이어야 한다.

$$652 + 108 = 760\text{mm}$$

그런데 슬래브 두께가 220 mm이고, 복부 높이를 850 mm로 가정하였으므로 보의 총 높이는

$$220 + 850 = 1{,}070\text{mm}$$

이것을 그대로 사용한다면 보의 유효높이는

$$d = 1{,}070 - 50(\text{표층 두께}) - 108 = 912\text{mm}$$

이렇게 하면 콘크리트가 많이 소용되는 대신 인장철근과 전단철근의 양이 적게 될 것이다.

다음에 철근량을 계산해 보자.

T형 단면이므로 중립축의 위치를 알아야 하고, 그러자면 철근량을 알아야 한다. 그러기 위해서는 내력 C와 T 사이의 거리를

$$0.9d = 0.9 \times 912 = 821\text{mm}$$

$$d - \frac{t}{2} = 912 - \frac{220}{2} = 802\text{mm}$$

중에서 큰 값을 취하여 시험적인 A_s를 계산해 본다.

$$M_n = \frac{M_u}{\phi} = \frac{2{,}005}{0.85} = 2{,}360\text{kN·m}$$

$$A_s = \frac{M_n}{f_y \times 0.9d} = \frac{2{,}360 \times 10^3 \times 10^3}{300 \times 821} = 9{,}582\text{mm}^2$$

그러면

$$T = A_s f_y = 9{,}582 \times 300 = 2{,}874{,}600\text{N} = 2{,}875\text{kN}$$

$$C = 0.85 f_{ck} t b = 0.85 \times 24 \times 220 \times 1{,}680 = 7{,}540{,}000\text{N}$$
$$= 7{,}540\text{kN} > T$$

즉, 중립축은 플랜지 안에 있다. 따라서 플랜지 폭 1,680 mm를 폭으로 하는 직사각

형 단면으로 계산한다.

$$a=\frac{A_s f_y}{0.85 f_{ck} b}=\frac{9,582\times 300}{0.85\times 24\times 1,680}=84\text{mm}$$

필요한 철근량은

$$A_s=\frac{M_u}{\phi f_y\left(d-\dfrac{a}{2}\right)}=\frac{2,005\times 10^3\times 10^3}{0.85\times 300\left(912-\dfrac{84}{2}\right)}=9,030\text{mm}^2$$

a를 검토하면

$$a=\frac{9030\times 300}{0.85\times 24\times 1680}=79\text{mm}$$

$a=79$ mm를 사용하여 철근량을 다시 계산하면 $A_s=8{,}980\text{ mm}^2$로 된다. 이에 대하여 12-D32(= $9{,}530\text{ mm}^2$)를 2단으로 배치하기로 한다. 철근비는

$$\rho=\frac{A_s}{bd}=\frac{9,530}{1,680\times 912}=0.0062$$

이므로 $\rho_{max}>\rho>\rho_{min}$임을 확인할 수 있다.

(10) 휨철근의 절단과 정착

인장철근의 1/3 이상은 지점을 넘어 150 mm 이상 연장해야 한다. 나머지 철근은 소정의 위치에서 절단하거나 또는 구부려 올린다. 여기서는 하단에 배치된 철근 중 5개를 지점까지 연장하고, 나머지 7개는 휨을 저항하는 데 더 필요하지 않은 점을 지나 유효높이 이상, 철근 지름의 12배 이상 되는 지점에서 절단한다. 인장철근을 인장구역에서 절단하는 경우이므로 설계기준의 해당규정에 따라야 한다.

(11) 전단철근

지점에서 $d=912$ mm만큼 떨어진 단면의 계수전단력(factored shear)은 고정하중, 활하중 및 충격에 대하여 각각 다음과 같다.

$$V_D=211-27.8\times 0.912=185.5\text{kN}$$

$$\begin{aligned}V_L=&[2.15\times 73.3\times(15.2-0.912)+2.15\times 73.3\\&\times(15.2-4.2-0.912)+2.15\times 18.3\\&\times(15.2-4.2\times 2-0.912)]\times\frac{1}{15.2}=267.9\text{kN}\end{aligned}$$

$$V_i=267.9\times 0.272=72.9\text{kN}$$

이들을 합하면

$$V_u = 185.5 + 267.9 + 72.9 = 526\text{kN}$$

콘크리트가 부담하는 전단강도는

$$V_c = \frac{1}{6}\sqrt{f_{ck}}\,b_w d = \frac{1}{6} \times \sqrt{24} \times 450 \times 912 = 335{,}000\text{N} = 335\,\text{kN}$$

$$\phi V_c = 0.8 \times 335 = 268\text{kN} < V_u$$

즉, 전단철근이 필요하다.

$$\frac{1}{3}\sqrt{f_{ck}}\,b_w d = \frac{1}{3} \times \sqrt{24} \times 450 \times 912 = 670{,}000\text{N} = 670\text{kN}$$

$V_u \leq \phi(V_c + V_s)$로부터

$$V_s = \frac{V_u - \phi V_c}{\phi} = \frac{526 - 268}{0.80} = 323\text{kN} < 670\,\text{kN}$$

즉, $V_s < \frac{1}{3}\sqrt{f_{ck}}\,b_w d$ 이므로 스터럽의 최대간격은

$$0.5d = 0.5 \times 912 = 456\text{mm} < 600\,\text{mm}$$

D 16의 U형 스터럽을 사용하기로 한다면

$$A_v = 198.6 \times 2 = 397\text{mm}^2$$

그 간격은 6장의 식 (6 · 18)로부터

$$s = \frac{\phi A_v f_y d}{V_u - \phi V_c} = \frac{0.80 \times 397 \times 300 \times 912}{526 \times 10^3 - 268 \times 10^3} = 337\text{mm}$$

이것은 전단에 대한 위험단면에서의 최대간격이다.

따라서 스터럽은 다음과 같이 배치한다. 즉, 지점의 중심으로부터 100 mm 떨어진 단면에 첫 번째 스터럽을 배치하고, 그 점으로부터 200 mm 간격으로 13개, 다음에 250 mm 간격으로 12개, 나머지 중앙구간을 300 mm 간격으로 배치한다. 이것이 그림 13-19에 나타나 있다.

[4] 외측 주거더

연석부분은 슬래브와 별도로 콘크리트를 치는 것이 보통이므로, 이 부분은 하중을 받는다고 볼 수 없다. 따라서 외측 주거더의 단면은 내측 주거더의 단면과 동일하게 한다.

(1) 휨모멘트

외측 주거더의 중량은 내측 주거더의 중량과 같고, 여기에 연석중량 3.7 kN/m를 더하면 계수 고정하중은

$$w = 27.8 + 1.3 \times 3.7 = 32.6\text{kN/m}$$

고정하중 모멘트는

$$M_D = \frac{1}{8} \times 32.6 \times 15.2^2 = 941\text{kN·m}$$

외측 슬래브에 실리는 차륜하중은 외측 주거더가 받는다. 이때 차륜하중은 될 수 있는 대로 연석에 접근시켜 재하하고, 외측 주거더를 단순보로 보고 계산한다. 이 재하위치를 보인 것이 그림 13-18이다.

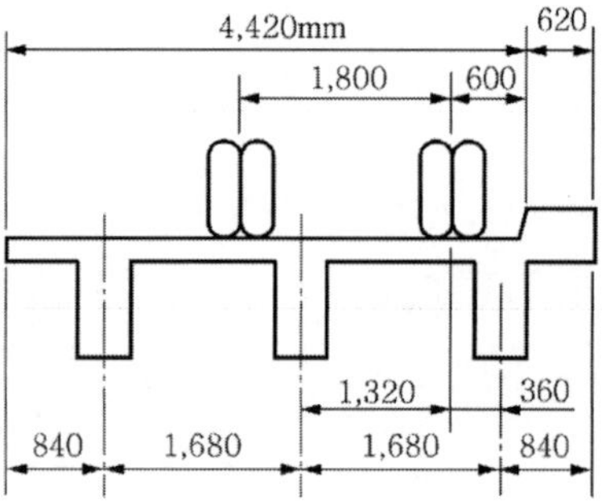

그림 13-18

외측 주거더의 차륜하중의 분포는 식 (13 · 17)로부터 $\left(\frac{L}{1.65}\right)P$ 이므로 그 분포계수는

$$\frac{L}{1.65} = \frac{1.23}{1.65} = 0.745$$

외측 주거더에서 절대최대 모멘트를 일으키는 트럭하중의 세로방향 위치는 내측 주거더의 경우와 같다. 그러므로 비례에 의하여 최대 활하중 모멘트는 다음과 같이 구해진다(내측 주거더에 대한 차륜하중의 분포계수는 1.68/1.65=1.018이므로).

$$M_L = 945 \times \frac{0.745}{1.018} = 691.6\text{kN·m}$$

충격모멘트는

$$M_i = 691.6 \times 0.272 = 188.1\text{kN·m}$$

따라서 지간중앙의 계수모멘트는

$$M = 941 + 691.6 + 188.1 = 1{,}820\text{kN·m}$$

(2) 전단력

고정하중 전단력

$$V_D = 32.6 \times 15.2 \times \frac{1}{2} = 248\text{kN}$$

활하중 전단력

$$V_L = 286.5 \times \frac{0.745}{1.018} = 210\text{kN}$$

충격 전단력

$$V_i = 210 \times 0.272 = 57\text{kN}$$

따라서 지점에서의 계수전단력의 합계는

$$V = 248 + 210 + 57 = 515\text{kN}$$

기타 단면의 전단력도 같은 방법으로 구한다.

(3) 단면과 철근량의 결정

이상과 같이 휨모멘트와 전단력이 구해지면 그 설계는 내측 주거더와 같은 방법에 따르면 된다. 외측 주거더의 재하용량이 내측 주거더보다 작은 경우는 거의 없으므로, 외측 주거더의 단면을 내측 주거더의 단면과 같게 한다.

[5] 그 밖의 구조상세

(1) 격벽

교량의 양단(兩端)에서 주거더 사이에 단부 격벽(end diaphragm)을 설치한다. 또, 지간중앙에도 중간 격벽을 설치한다.

(2) 고정받침

교량의 1단(端)은 고정받침으로 한다. 즉, 교대의 흉벽 속에 수직철근(vertical dowel)을 묻고, 이것을 구부려서 주거더나 슬래브 콘크리트 속으로 묻어 넣는다. 그리고 수평철근(horizontal dowel)을 슬래브 콘크리트와 어프로치 슬래브(approach slab) 속에 묻는다. 단부 가로보는 교좌 위에 직접 얹어 놓는다.

(3) 이동받침

교량의 한쪽 단(端)에는 엘라스토머 패드(elastomeric pad)를 설치하여 이동받침으로 한다. 이 패드는 주거더 밑에만 놓는다. 그렇게 하면 단부 격벽의 바닥은 주거더의 바닥과 같은 높이이지만 교좌에는 직접 닿지 않는다.

(4) 방수와 배수

이음부를 통하여 물이 스며드는 것을 방지하기 위하여 이음부는 매스틱(mastic compound)으로 채운다. 노면배수를 위하여 노면의 중앙을 30 mm 정도 높게 횡단구배를 붙이고, 또 지간중앙을 60 mm 정도 솟음(camber)을 주어 표면수를 배수홈통으로 유도한다. 이러한 솟음은 노면배수에 필요할 뿐 아니라 주거더의 높이가 같을 때 일어날 수 있는 처짐에 대해서도 유용하다. 그림 13-19는 이 교량의 전체 상세를 보인 것이다.

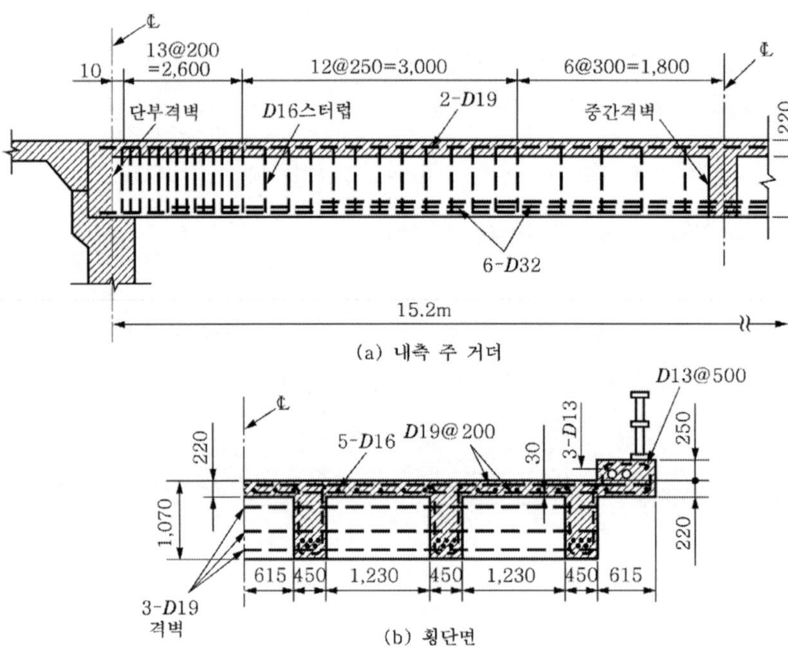

그림 13-19

13.8 합성 거더교

13.8.1 서 론

주거더는 강재(鋼材)보(steel girder) 또는 프리캐스트의 PSC보로 하고 바닥판은 현장치기 철근콘크리트로 하는 합성 거더교가 많이 가설되고 있다. 그림 13-4는 강재보와 RC 슬래브와의 합성 거더교이고, 그림 13-5는 프리캐스트 PSC보와 RC 슬래브와의 합성 거더교이다. 여기서는 강재보와 RC 슬래브와의 합성 거더교에 대하여 논의한다. 주거더와 바닥판 슬래브가 일체로 작용하도록 하기 위하여 전단연결재(shear connector)가 사용된다. 전단연결재는 강재보의 상부 플랜지에 용접되고, 슬래브 콘크리트 속에 묻히도록 한다. 합성 거더교는 단순교의 경우 지간이 37 m 정도까지 가설되고 있으며, 연속교로 할 경우에는 경간을 그 이상으로 할 수 있다.

합성 거더교의 장점은 보통 공법으로는 교축방향의 강도에 기여하지 못하는 슬래브 콘크리트가 교축방향의 휨에도 저항한다는 점이다. 또, 이러한 합성단면은 강재(鋼材) 세로보 위에 콘크리트 슬래브가 단순히 놓이기만 하여 합성작용을 할 수 없도록 된 보통의 단면에 비하여 얇고 가벼우며 또한 강성이 크다.

합성구조에 있어서의 콘크리트 슬래브의 두께는 일반적으로 가로방향 휨에 의하여 결정된다. 따라서 주철근은 교축에 직각방향으로 배치되고 교축방향으로는 배력철근만이 배치된다.

주거더에는 압연강판, 덮개판(cover plate)을 붙인 압연강판 또는 플레이트 거더(plate girder)가 사용된다. 하부 플랜지에만 덮개판을 붙인 단면을 사용하면 유리하다. 지간이 큰 경우에는 높이가 변하는 단면을 사용하기도 하고 또는 연속교로 설계하기도 한다.

13. 8. 2 합성단면의 설계

합성거더(composite girder)는 다음 두 가지 방법 중의 하나로 설계되고 시공된다.

하나는 소정위치에 올려놓은 강 거더(steel girder)들을 처지지 않도록 지간중간 몇 곳에서 지보공(支保工)으로 받친 후, 슬래브 콘크리트를 치고 콘크리트가 경화한 후에 지보공을 제거하는 방법이다. 이렇게 하면 슬래브의 자중(自重)뿐 아니라 그 후에 실리는 고정하중(사하중) 및 활하중을 모두 합성단면이 받게 된다. 이러한 합성을 **사활하중 합성**이라고 한다.

강 거더를 동바리로 받치는 일 없이 강 거더 자체를 지보공으로 하여 거푸집을 조립하고 슬래브 콘크리트를 쳐서 합성하는 방법도 있다. 이렇게 할 경우에는 강 거더의 자중, 굳지 않는 슬래브 콘크리트의 무게, 거푸집 중량 등 대부분의 고정하중을 강 거더가 받게 되고, 활하중과 고정하중의 일부는 합성단면이 받게 된다. 이러한 합성을 **활하중 합성**이라고 한다.

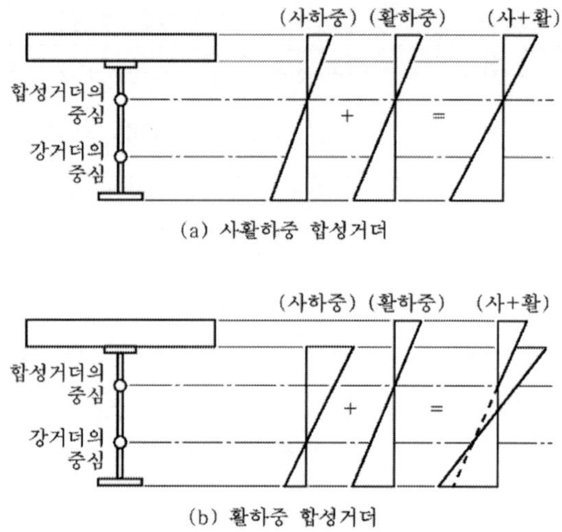

그림 13-20 합성거더의 응력상태

그림 13-20(a)는 사활하중 합성인 경우의 합성작용을 보인 것이고, 그림 13-20(b)는 활하중 합성인 경우의 합성작용을 보인 것이다. 그림에서 알 수 있는 바와 같이 합성작용의 결과 강 거더의 중심이 위쪽으로 이동하기 때문에 강 거더의 단면은 상부 플랜지를 작게 하고 하부 플랜지를 크게 하는 것이 유리하다.

사활하중 합성거더는 활하중 합성거더에 비하여 강 거더의 단면을 다소 작게 할 수 있는 이점이 있는 반면에, 전단연결재에 사활하중이 다 작용하여 부담이 커지는 결점이 있다. 또, 사활하중 합성거더는 지간중앙 부근에서 전단력의 부호가 변함으로써 정적강도 외에 반복작용으로 인한 피로에 대하여 특별한 고려가 필요하게 된다. 그러나 활하중 합성거더에서는 이러한 경향이 다소 감소된다. 사활하중 합성거더는 가설조건, 지형 조건 등에 따라 시공이 곤란한 경우가 있을 뿐 아니라, 지보공의 비용이 별도로 더 드는 결점이 있다. 따라서 활하중 합성거더교를 채택하는 경우가 많다. 여기서는 활하중 합성거더교에 대해서만 논의한다.

합성단면의 저항 모멘트는 콘크리트 슬래브를 이와 동등한 양의 강재(鋼材)로 대체하여 얻는 환산단면을 사용하여 계산하는 것이 보통이다. 콘크리트 슬래브를 이와 등가인 강재로 환산함에 있어서는 환산단면의 높이는 그대로 두고, 폭을 실제 폭의 $1/n$로 감소시킨다. 여기서 $n = E_s/E_c$이고, E_s는 강재의 탄성계수, E_c는 콘크리트의 탄성계수이다. 장기하중(고정하중의 일부가 합성단면에 작용하는 경우)에 대하여는 크리프의 영향을 근사적으로 반영하기 위하여 E_c를 정상값의 1/3로 감소시킨다. 그러므로 장기하중으로 인한 응력을 계산함에 있어서는 환산 강재 단면적을 단기하중에 대한 환산 단면적의 1/3로 보아야 한다.

합성단면의 설계는 시산법에 의한다. 즉, 단면을 미리 가정하고, 콘크리트와 강재의 응력이 허용응력 이하로 되는가를 검토하는 것이다.

13. 8. 3 전단연결재

전단연결재(shear connector)는 합성작용(composite action)의 기본적 역할을 담당한다. 강(鋼)과 콘크리트가 일체로 되어 보로 작용하도록 하기 위하여 전단연결재는 아주 작은 변형을 가지고 수평전단력을 전달할 수 있어야 하고, 또 좌굴이나 기타 원인으로 콘크리트 슬래브가 강 거더의 플랜지로부터 분리되어 떠오르는 것을 방지할 수 있어야 한다. 그러기 위해서는 전단연결재는 강성(剛性)이 좋고 지압면의 압력분포가 균등해야 하며, 용접량이 적어서 플랜지에 미치는 용접변형이 작아야 한다.

[1] 전단연결재의 종류

그림 13-21은 전단연결재의 종류를 보인 것이다. 그림 13-21 (b)와 같은 전단연결재를 스터드(stud)라고 하며 많이 쓰이는 전단연결재이다. 이것은 볼트 모양의 스터드를 강 거더의 상부(上部) 플랜지에 용접한 것이다. 전단연결재는 스터드를 표준으로 한다고 도로교설계기준(2010)은 기술하고 있다.

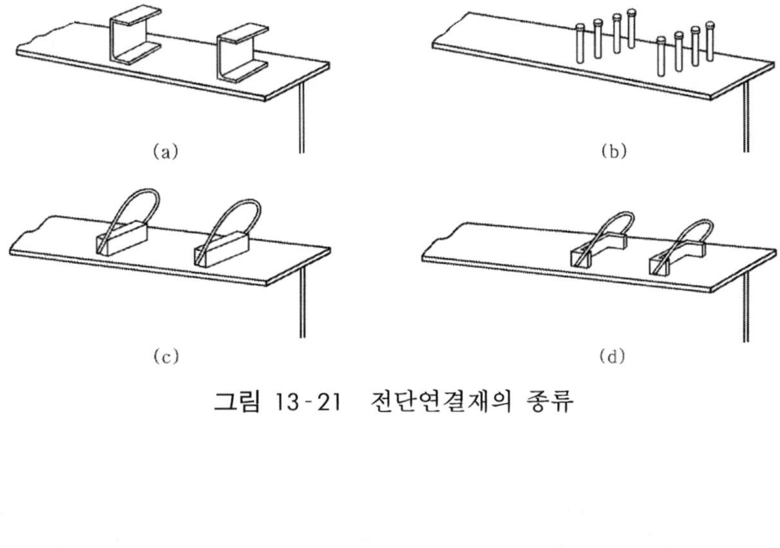

(a) (b) (c) (d)

그림 13-21 전단연결재의 종류

그림 13-21 (a)는 ㄷ형강을 강 거더에 직각방향으로 용접한 것으로서 미국에서 많이 쓰이고 있다. 그림 13-21 (d)는 ㄷ형강과 반원형 철근으로 된 전단연결재이고, 그림 13-21 (c)는 독일에서 개발된 블록식 전단연결재로서 블록과 반원형 철근으로 되어 있다. 콘크리트 슬래브가 강 거더로부터 분리되려는 경향을 막기 위하여 그림처럼 반원형의 철근을 경사지게 또는 수직으로 병용한다. 이 경우 병용철근은 전단연결재 단면에 가산하지 않는 것이 보통이다. 이 종류의 전단연결재는 강(剛)하긴 하지만, 용접량이 많아 플랜지에 미치는 변형이 크다.

[2] 전단연결재의 간격

전단연결재는 강도가 큰 것을 넓은 간격으로 배치하는 것보다 강도가 낮은 것을 좁은 간격으로 배치하는 것이 효과적이다. 전단연결재의 최대간격은 바닥판 콘크리트 두께의 3배 이하, 또 600 mm 이하라야 한다. 스터드의 교축방향 최소중심간격은 $5d$ (d는 스터드의 지름) 또는 100 mm이고, 교축 직각방향의 최소중심간격은 $d+30$ mm이다. 스터드와 플랜지 연단(緣端) 사이의 최소간격은 25 mm이다.

[3] 전단연결재의 설계

전단연결재는 강 거더와 바닥판 콘크리트 사이에 일어나는 최대 전단력에 대하여 안전하도록 설계해야 한다. 전단연결재의 설계에 있어서는 전단연결재 전면(前面)의 콘크리트의 지압응력과 그 지압응력에 의하여 전단연결재에 일어나는 응력 및 전단연결재와 강 거더의 결합강도를 검토해 보아야 한다.

바닥판 콘크리트의 건조수축 및 바닥판 콘크리트와 강재 주거더의 온도차로 인한 전단력은 바닥판의 단부(端部)에서 주거더의 간격의 범위에 설치되는 전단연결재에 부담시킨다. 이때 주거더의 간격이 $L/10$보다 큰 경우에는 $L/10$의 범위에 있는 전단연결재에 부담시킨다. 여기서 L은, 단순보의 경우는 경간이고 연속 거더교의 경우는 경간의 합계를 취한다.

(1) 전단연결재의 허용전단력

스터드의 허용전단력을 도로교설계기준(2010)에서는 다음과 같이 주고 있다.

$$\left.\begin{aligned} \frac{H}{d} \geq 5.5 \text{인 경우, } Q_a = 9.5\,d^2\sqrt{f_{ck}} \\ \frac{H}{d} < 5.5 \text{인 경우, } Q_a = 1.74dH\sqrt{f_{ck}} \end{aligned}\right\} \qquad (13 \cdot 19)$$

여기서 Q_a : 스터드 1개의 허용전단력(N)

H : 스터드의 높이(mm) (150 mm 정도를 표준으로 한다)

d : 스터드의 지름(mm) (19 mm, 22 mm, 25 mm로 한다)

f_{ck} : 콘크리트의 설계기준압축강도(MPa)

(2) 전단연결재의 안전성 검토

스터드에 대하여는 안전성을 검사하지 않아도 좋다고 설계기준은 기술하고 있다. 그러나 블록 또는 ㄷ형강과 반원형 철근을 병용할 경우에는 그 강도를 검토해야 한다.

(3) 피로에 대한 설계

전단연결재 전면(前面)의 지압응력과 이 지압응력으로 인하여 전단연결재에 일어나는 응력 및 전단연결재와 강 거더의 결합강도를 검토해 보아야 한다. 또 전단 연결재는 피로에 대하여 설계해야 하며, 이때 스터드의 높이 H와 지름 d의 비는 $\frac{H}{d} \geq 4.0$이라야 한다. 이렇게 해서 얻어진 스터드의 수가 부재의 재하능력을 발휘하는 데 충분한 강도를 가지는가를 검토해 보아야 한다.

피로에 대한 설계에 있어서는 활하중과 충격이 가해질 때의 수평전단력의 변화가 문제로 된다. 도로교설계기준에서는 활하중과 충격이 가해질 때 일어나는 수평전단력의 변화를 다음 식으로 계산하도록 규정하고 있다.

$$S_r = \frac{V_r Q}{I} \tag{13·20}$$

여기서 S_r : 슬래브와 주거더 사이의 수평전단력 범위

V_r : 충격을 포함한 활하중에 대한 전단력의 범위

Q : 정모멘트부 콘크리트의 환산단면 또는 부 모멘트부 철근 단면적의 합성단면 중립축에 대한 단면1차모멘트

I : 합성단면의 단면2차모멘트

전단력의 범위는 최대 전단력과 최소 전단력의 차로 본다.

각 전단연결재의 허용수평전단력범위 Z_r는 다음과 같다.

$$Z_r = \beta d^2 \tag{13·21}$$

여기서 d : 스터드의 지름(mm)

$\beta =$ 91 (반복회수 100,000에 대하여)

74 (반복회수 500,000에 대하여)

55 (반복회수 2,000,000에 대하여)

39 (반복회수 2,000,000 이상에 대하여)

Z_r : 허용수평전단력범위(N)

한 단면에 있는 전단연결재들의 허용수평전단력범위의 합 ΣZ_r를 보의 횡방향으로 잰 전단연결재의 간격 d_o로 나눈 값은 수평전단력 범위 S_r 이상이어야 한다. 그러므로 전단연결재의 최대간격은 다음과 같이 된다.

$$d_o = \frac{\Sigma Z_r}{S_r} \qquad (13 \cdot 22)$$

(4) 강도에 대한 설계

피로에 의해 구해진 전단연결재의 수가 합성거더의 강도(强度)를 발휘시키는 데 충분한가를 검토해 보아야 한다. 단순보의 경우, 최대 정(正)모멘트가 일어나는 점과 보의 지점 사이에서 필요로 하는 전단연결재의 수 N은 다음과 같다.

$$N = \frac{P}{\phi V_u} \qquad (13 \cdot 23)$$

여기서 V_u : 전단연결재의 극한강도

ϕ : 감소계수(= 0.85)

P : 슬래브에 작용하는 힘

P는 다음 값 중에서 작은 값을 취한다.

$$P_1 = A_s f_y \qquad (13 \cdot 24)$$

$$P_2 = 0.85 f_{ck} b t_s \qquad (13 \cdot 25)$$

여기서 A_s : 덮개판을 포함한 강 거더의 단면적

f_y : 강 거더의 항복강도

b : 슬래브의 유효폭

t_s : 슬래브 두께

스터드의 극한강도 V_u는 시험에 의한 다음 식이 추천되고 있다.

$$V_u = 0.4 d^2 \sqrt{f_{ck} E_c} \leq A_{sc} f_u \qquad (13 \cdot 26)$$

여기서 d : 스터드의 지름(mm)

f_{ck} : 콘크리트의 설계기준압축강도(MPa)

E_c : 콘크리트의 탄성계수(MPa)

A_{sc} : 스터드의 1개의 단면적(mm^2)

f_u : 스터드의 인장강도(MPa)

13.8.4 설 계 예

[1] 설계조건

다음과 같은 조건으로 강 합성 거더교(도로교)를 설계해 보자.

교량의 계산지간	21 m
유효폭(차도 폭)	8.5 m
활하중	DB-18
표층	1,400 N/m^2
콘크리트의 설계기준압축강도	$f_{ck} = 21$ MPa
철근(SD 300)의 항복강도	$f_y = 300$ MPa

활하중 합성으로 설계하되 전단연결재는 스터드를 사용한다. 강 거더의 하부 플랜지에는 덮개판(cover plate)을 한 장 붙이되 필요없는 구간에서는 절단한다. 그림 13-22에 보인 것처럼 5개의 주거더를 나란히 설치하며, 2×10^{6}번의 반복재하에 대하여 설계한다.

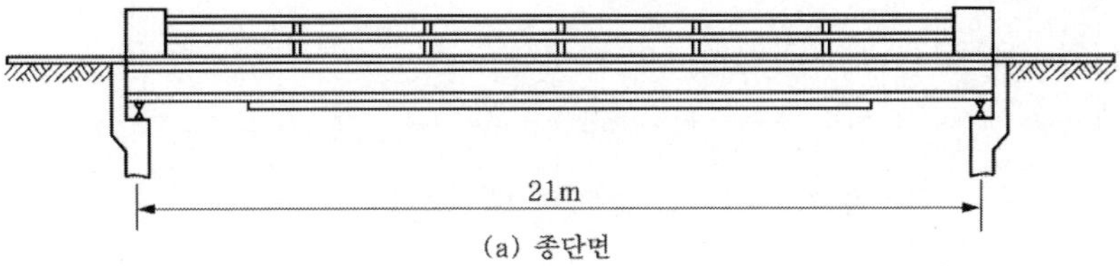

(a) 종단면

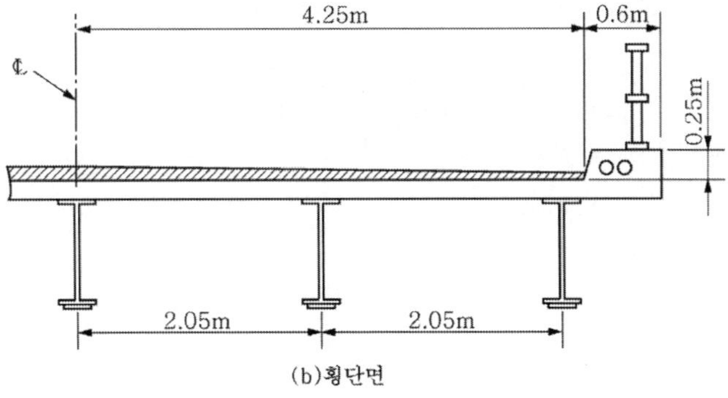

(b)횡단면

그림 13-22

[2] 바닥판의 설계

바닥판 슬래브의 설계는 T형 거더교에서의 바닥판 슬래브의 설계 방법을 따르면 된다. 그러므로 여기서는 계산을 생략하고 결과만을 보이면 다음과 같다. 슬래브의 두께는 170 mm이고, 철근은 D 19를 200 mm 간격으로 슬래브의 상하면에 배치하되 교축에 직각방향으로 배치한다. 주거더에 평행하게 배력철근을 두되, 슬래브의 경간마다 6-D 19를 같은 간격으로 배치한다[바닥판 콘크리트의 설계기준압축강도는 $f_{ck} \geq 27$ MPa 이상이라야 하고(도로교설계기준(2010) 3장 3.9.2.1) 차도부분 바닥판의 두께는 220 mm 이상이라야 하지만(도로교설계기준(2010) 3장 3.6.1.5) 이 설계 예는 앞에서 주어진 값으로 계산한 것이다].

[3] 내측 주거더

플랜지의 유효폭은 주거더의 중심간격인 2,050 mm로 한다.

(1) 강 거더의 고정하중 모멘트

활하중 합성이므로 강 거더(steel girder)에 걸리는 고정하중은 슬래브 콘크리트의 중량, 강 거더의 자중, 가로보의 중량 등이다. 이들 고정하중의 합계를 12 kN/m로 가정하면 고정하중 모멘트는

$$M_{DS} = \frac{1}{8} \times 12 \times 21^2 = 661.5\text{kN·m}$$

(2) 합성거더의 고정하중 모멘트

합성거더에 걸리는 고정하중은 난간, 연석, 아스팔트 포장 등의 중량이며, 이들의 합계를 4.5 kN/m로 보면, 합성거더의 고정하중 모멘트는

$$M_{DC} = \frac{1}{8} \times 4.5 \times 21^2 = 248\text{kN·m}$$

(3) 활하중 모멘트

활하중의 분포계수는 식 (13・16)으로부터

$$\frac{L}{1.65} = \frac{2.05}{1.65} = 1.24$$

그런데, DB-18 하중이 21 m 지간의 단순보 위를 진행할 때 일으키는 절대최대 모멘트는 중간차륜 72 kN이 지간중심으로부터 0.70 m의 위치에 실릴 때 그 단면에 일어난다. 즉, 그림 13-23의 점 C에서 일어나며 그 값은 M_c= 665.3 kN·m이다. 따라서, 이 경우의 최대 활하중 모멘트는 다음과 같다.

$$M_L = 665.3 \times 1.24 = 845\text{kN·m}$$

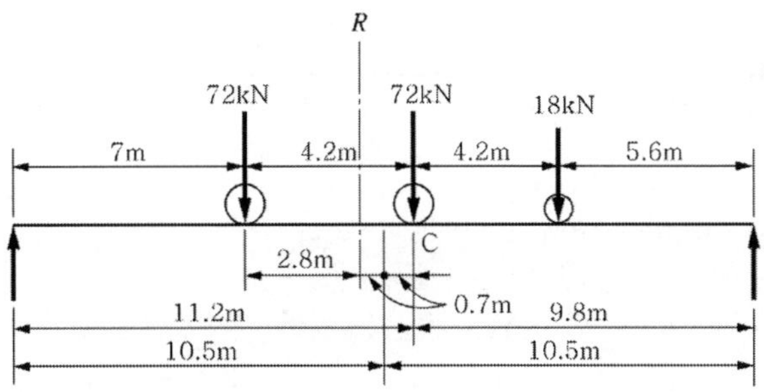

그림 13-23

(4) 충격계수 및 충격모멘트

$$i = \frac{15}{40+L} = \frac{15}{40+21} = 0.282$$

$$M_i = 845 \times 0.282 = 238.3\text{kN·m}$$

(5) 단면의 선정

덮개판 붙인 강 거더를 결정함에 있어서는 시산법에 의하여 한다. 900×300의 I형강(SS400)을 강 거더로 사용하기로 하고, 그 하부 플랜지에 1PL− 250×32를 덮개판으로 붙인 그림 13-24와 같은 단면을 가정한다. 단면의 성질을 계산한 결과가 표 13-5에 나타나 있다. 슬래브 콘크리트를 등가의 강재단면으로 환산해야 하는데, 이 때 슬래브 두께는 그대로 두고 슬래브 폭을 $1/n$로 감소시켜서 계산한다. 지속하중에 대하여는 콘크리트의 탄성계수를 $1/3\,E_c$로 보고, $1/3n$로 감소시켜 환산한다.

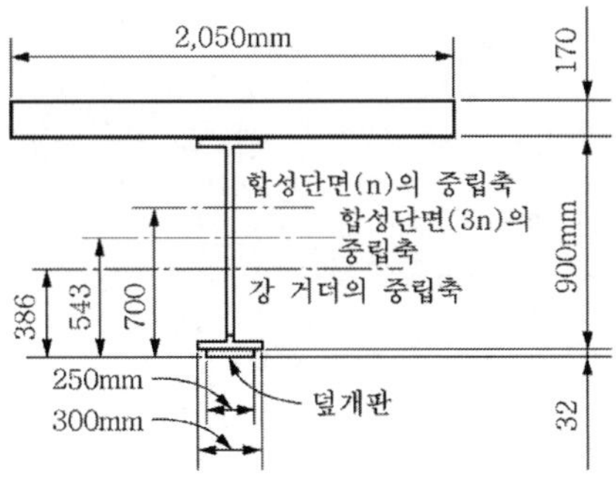

그림 13-24

표 13-6의 단면계수를 사용하여 응력을 계산한 결과를 보인 것이 표 13-7이다. 강 거더 하단의 인장응력은 허용 인장응력(140 N/mm^2)의 84% 정도이고, 강 거더 상단의 압축응력은 그 허용응력의 68% 정도임을 알 수 있다. 재료를 절약하기 위하여

표 13-6 덮개판 있는 단면의 계수

	I_0 (cm⁴)	A (cm²) (단면적)	y_b (cm) (하단에서 도심까지의 거리)	$A y_b$ (cm³)	d (cm) (중립축에서 도심까지의 거리)	Ad^2 (cm⁴)
강 거더						
I형강 900×3000	411,000	309.8	48.2	14,932	9.6	28,550
PL 250×32	(무시함)	80	1.6	128	37.0	109,520
	411,000	389.8		15,060		
						138,070
						411,000
						I=549,070
	하단에서 중립축까지의 거리	$\bar{y}=\dfrac{15{,}060}{389.8}=38.6\text{cm}$				
	하단에 대한 단면계수	$Z_b=\dfrac{549{,}070}{38.6}=14{,}220\text{cm}^3$				
	상단에 대한 단면계수	$Z_{ts}=\dfrac{549{,}070}{54.6}=10{,}060\text{cm}^3$				
합성거더($3n$)						
강 거더	549,070	389.8	38.6	15,046	15.7	96,080
슬래브(7.6×17 cm)	3110	129.2	101.7	13,140	47.4	290,280
(환산 폭 $=205\times\dfrac{1}{3\times 9}$ $=7.6\text{cm}$)	552,180	519.0		28,186		
						386,360
						552,180
						I=938,540
	하단에서 중립축까지의 거리	$\bar{y}=\dfrac{28{,}186}{519}=54.3\text{cm}$				
	하단에 대한 단면계수	$Z_b=\dfrac{938{,}540}{54.3}=17{,}280\text{cm}^3$				
	상단에 대한 단면계수	$Z_{tc}=\dfrac{938{,}540}{55.9}=16{,}790\text{cm}^3$				
	강 거더의 상단에 대한 단면계수	$Z_{ts}=\dfrac{938{,}540}{38.9}=24{,}130\text{cm}^3$				
합성거더(n)						
강 거더	549,070	389.8	38.6	15,046	31.4	384,330
슬래브(22.8×17cm)	9330	387.6	101.7	39,418	31.7	389,500
(환산 폭 $=205\times\dfrac{1}{9}$ = 22.8 cm)	558,400	777.4		54,464		773,830
						558,400
						I=1,332,230
	하단에서 중립축까지의 거리	$\bar{y}=\dfrac{54464}{777.4}=70\text{cm}$				
	하단에 대한 단면계수	$Z_b=\dfrac{1{,}332{,}230}{70}=19{,}030\text{cm}^3$				
	상단에 대한 단면계수	$Z_{tc}=\dfrac{1{,}332{,}230}{40.2}=33{,}140\text{cm}^3$				
	강 거더의 상단에 대한 단면계수	$Z_{ts}=\dfrac{1{,}332{,}230}{23.2}=57{,}420\text{cm}^3$				

표 13-7 응 력

하 중	모멘트 (kN·m)	f_{sb} (N/mm²) (강 거더의 하단응력)	f_{st} (N/mm²) (강 거더의 상단응력)	$3nf_c$ 및 nf_c (등가환산단면의 상단응력)	f_c(N/mm²) (콘크리트 응력)	비 고
M_{DS}	661.5	$\frac{661.5\times10^3\times10^3}{14{,}220\times10^3}=46.5$	$\frac{661.5\times10^3\times10^3}{10{,}060\times10^3}=65.8$			합성 전의 강 거더의 응력
M_{DC}	248	$\frac{248\times10^3\times10^3}{17{,}280\times10^3}=14.4$	$\frac{248\times10^3\times10^3}{24{,}130\times10^3}=10.3$	$\frac{248\times10^3\times10^3}{16{,}790\times10^3}=14.8(3nf_c)$	$\frac{14.8}{3\times9}=0.6$	합성 후의 고정하중 응력
M_{L+i}	1083.3	$\frac{1083.3\times10^3\times10^3}{19{,}030\times10^3}=56.9$	$\frac{1083.3\times10^3\times10^3}{57{,}420\times10^3}=18.9$	$\frac{1083.3\times10^3\times10^3}{33{,}140\times10^3}=32.7(nf_c)$	$\frac{32.7}{9}=3.6$	합성 후의 활하중 응력
응력의 합계		117.8	95.0		4.2	합성 후의 총 응력

표 13-8 덮개판 없는 단면의 계수

	I_0 (cm⁴)	A (cm²) (단면적)	y_b (cm) (하단에서 도심까지의 거리)	Ay_b (cm³)	d (cm) (중립축에서 도심까지의 거리)	Ad^2 (cm⁴)
강 거더	$Z_b=$ 9140 cm³			$Z_t=$ 9140 cm³		
합성거더($3n$)						
강 거더	411,000	309.8	45	13,941	15.7	76,360
슬래브	3110	129.2	98.5	12,726	37.8	184,610
	414,110	439.0		26,667		
						260,970
						414,110
						$I=$675,080

하단에서 중립축까지의 거리 $\bar{y}=\frac{26{,}667}{439}=60.7\text{cm}$

하단에 대한 단면계수 $Z_b=\frac{675{,}080}{60.7}=11{,}120\text{cm}^3$

상단에 대한 단면계수 $Z_{tc}=\frac{675{,}080}{46.3}=14{,}580\text{cm}^3$

강 거더의 상단에 대한 단면계수 $Z_{ts}=\frac{675{,}080}{29.3}=23{,}040\text{cm}^3$

표 13-8 계 속

합성거더						
강 거더	411,000	309.8	45	13,947	29.7	273,270
슬래브	9330	387.6	98.5	38,179	23.8	219,550
	420,330	697.4		52,120		
						492,820
						420,330
						I=913,150
	하단에서 중립축까지의 거리			$\bar{y}=\dfrac{52,120}{697.4}=74.7\text{cm}$		
	하단에 대한 단면계수			$Z_b=\dfrac{913,150}{74.7}=12,220\text{cm}^3$		
	상단에 대한 단면계수			$Z_{tc}=\dfrac{913,150}{32.3}=28,270\text{cm}^3$		
	강 거더의 상단에 대한 단면계수			$Z_{ts}=\dfrac{913,150}{15.3}=59,680\text{cm}^3$		

보다 더 작은 I형강이나 적절하게 조립된 플레이트 거더(plate girder)를 쓸 수도 있겠지만, 여기서는 처음에 가정한 I형강을 그대로 사용하기로 한다. 콘크리트의 허용휨 압축응력은 도로교설계기준(2010) 3장의 3.9 (합성거더)에 따르면

$$0.4f_{ck}=0.4\times 21=8.4\text{MPa}$$

이므로 콘크리트의 응력은 허용응력의 50% 정도이다.

하부 플랜지의 덮개판은 응력을 저항하는 데 더 필요하지 않은 곳에서 끊어낸다. 덮개판을 붙이지 않은 단면의 성질이 표 13-8에 계산되어 있다. 이 표의 단면계수를 사용하여 덮개판 없이 허용응력을 넘지 않는 점을 시산법으로 찾아내야 한다. 그 점이 이 예제에서는 지점 중심선으로부터 3.9 m 되는 곳에 있다. 그러나 설계기준에서는 그 점을 지나 덮개판 폭의 1.5배(250×1.5= 375 mm) 이상 또 300 mm 이상 더 연장하도록 규정하고 있다. 덮개판은 그 끝에서 하부 플랜지에 용접한다.

[4] 전단연결재

최대 전단력은 DB-18이 그림 13-25와 같이 재하되었을 때 지점에서 일어난다. 이때 지점에 작용하는 윤하중의 분포는 생각하지 않으며, 다른 2개의 차륜하중은 가로방향 분포를 생각해야 한다. 그 분포계수는 식 (13·16)으로부터 1.24이다. 따라서 활하중에 의한 지점의 전단력은 다음과 같다.

$$V_L = 156.8\text{kN}$$

충격에 의한 전단력은

$$V_i = 156.8 \times 0.282 = 44.2\text{kN}$$

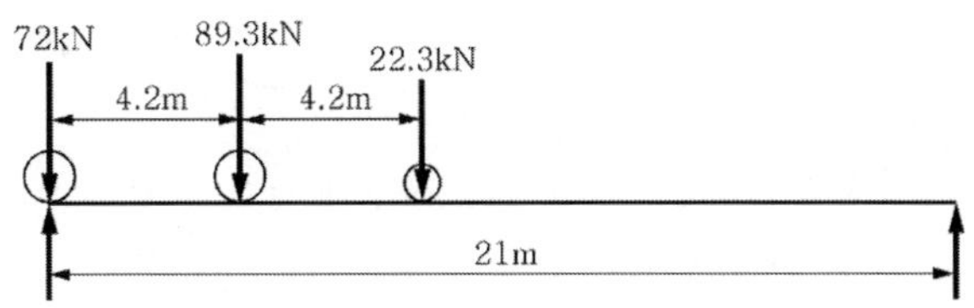

그림 13-25

따라서 활하중과 충격에 의한 지점의 전단력은

$$V_{L+i} = 156.8 + 44.2 = 201\text{kN}$$

지점에서의 수평전단력의 변화는 식 (13・20)으로 계산한다. 지점단면에는 덮개판이 없으므로 덮개판 없는 단면을 사용해야 하고, 또 슬래브는 $n = 9$를 적용한 환산단면을 사용한다. 즉, 표 13-7을 참조하면

$$S_r = \frac{V_r Q}{I} = \frac{201{,}000 \times (387.6 \times 10^2 \times 238)}{913{,}150 \times 10^4} = 2{,}030\text{N/mm}$$

ϕ19의 스터드를 사용하기로 하고, 가로방향에 3개씩을 높이 100 mm($4d = 4 \times 19 = 76$ mm 이상)로 세운다. 이들 3개의 스터드의 허용전단력의 범위는 식 (13・21)로부터(2×10^6번의 반복재하에 대하여 $\beta = 55$이므로)

$$\sum Z_r = 3 \times Z_r = 3 \times \beta d^2$$
$$= 3 \times 55 \times 19^2 = 59{,}565\text{N}$$

따라서 지점에서 스터드의 소요간격은 식 (13・22)로부터

$$d_o = \frac{\sum Z_r}{S_r} = \frac{59{,}565}{2{,}030} = 293\text{mm}$$

이러한 방법으로 지점에서부터 2.1 m, 4.2 m, 6.3 m, 8.4 m, 10.5 m 떨어진 점들의 스터드의 간격을 구하면 각각 333 mm, 422 mm, 493 mm, 592 mm, 747 mm로 된다. 그런데 전단연결재의 간격은 슬래브 두께의 3배(3×170= 510 mm) 이하, 600 mm 이하로 해야 한다. 따라서 왼쪽 지점으로부터 지간중앙으로 향하여 다음과 같은 간격으로 배치한다.

250 mm 간격×13 = 3,250 mm
350 mm 간격×10 = 3,500 mm
500 mm 간격×7 = 3,500 mm

그러면, 왼쪽 지점에서 지간중앙까지 스터드의 총수는 다음과 같다.

$$(14+10+7)\times3=31\times3=93$$

다음에 최대 모멘트 단면과 지점 사이의 전단연결재의 수가 합성보로서의 수평력을 전달할 수 있을 만큼 충분한가를 검토해야 한다. 식 (13・24)와 식 (13・25)로부터

$$P_1=A_sf_y=389.8\times10^2\times240=9{,}355{,}200\text{N}$$
$$P_2=0.85f_{ck}bt_s=0.85\times21\times2{,}050\times170=6{,}221{,}000\text{N}<\text{P}_1$$

위의 두 값 중에서 작은 값으로 계산한다. 1개의 스터드의 극한강도는 식 (13・26)으로부터($E_c=8{,}500\sqrt[3]{f_{cu}}=8{,}500\sqrt[3]{21+4}=24{,}900\,\text{MPa}$이므로)

$$V_u=0.4d^2\sqrt{f_{ck}E_c}$$
$$=0.4\times19^2\sqrt{21\times24{,}900}=104{,}000\text{N}$$

스터드 ϕ19의 단면적은 $A_{sc}=280\text{ mm}^2$이고, 인장강도를 $f_u=410\text{ MPa}$로 보면

$$A_{sc}f_u=280\times410=114{,}800\text{N}>V_u$$

따라서 콘크리트 슬래브에서 힘을 전달하기 위하여 필요로 하는 스터드의 수는 식 (13・23)으로부터

$$N=\frac{P}{\phi V_u}=\frac{6{,}221{,}000}{0.80\times98{,}200}=79<93$$

이것은 피로에 대하여 필요한 개수 93보다 적다. 따라서 93개의 스터드는 충분하다.

하부 플랜지에 덮개판을 붙이는 필릿용접(fillet weld)의 간격도 전단력 전달의 요구가 감소하는 데 따라 넓힐 수 있다. 그 계산방법은 스터드의 배치간격의 계산방법에 따르면 된다.

[5] 외측 주거더

외측 주거더의 설계방법은 내측 주거더의 설계방법과 같기 때문에 생략한다. 고정하중과 활하중이 약간 다르며, 활하중의 가로방향 분포는 T형 거더교의 외측 주거더의 경우에 따르면 된다.

[6] 그 밖의 구조상세

(1) 격벽

지점의 중심선과 지간의 1/3점에 각각 격벽(diaphragm)을 둔다. 450×100의 ㄷ형강을 사용하되, 그림 13-26과 같이 주거더에 용접된 수직리브에 현장볼트로 연결한다. 이들 격벽은 차도 위에 걸리는 가로방향 힘에 의해 야기될지 모르는 주거더의 전도를 방지해 주고, 또 주거더 사이에 작용하는 수직하중을 분포시켜줌으로써 교량이 단일체로 거동하도록 해준다.

(2) 받 침

주거더의 일단(一端)은 힌지받침(hinged bearing)으로 하고 다른 쪽은 록커받침(rocker bearing)으로 하여 교량의 신축에 대비한다. 바닥판 슬래브와 어프로치 슬래브(approach slab) 사이에는 그림 13-10과 같은 이음장치를 둔다.

(3) 배 수

노면의 가로방향 배수를 위하여 아스팔트 표층을 중앙부는 75 mm의 두께로, 연석쪽은 45 mm의 두께로 되게 횡단구배를 붙인다. 세로방향 배수를 위하여 75 mm 정도의 솟음을 둔다.

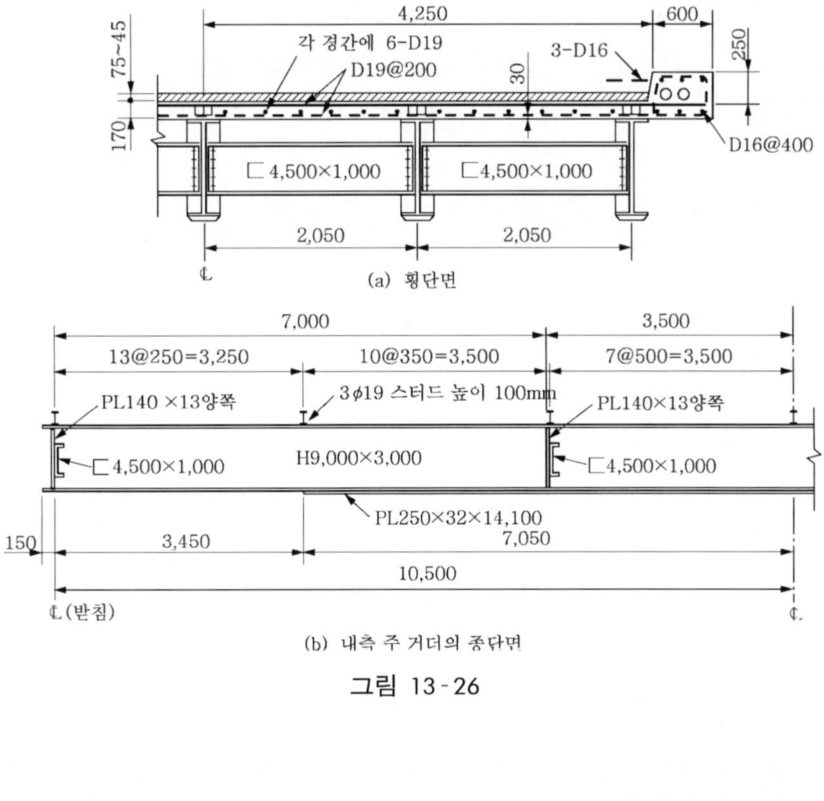

그림 13-26

13.9 철도교의 설계

이 절에서는 2011년에 철도설계에 대한 모든 기준을 통합한 "철도설계기준(노반편)(2011)"에 따라 철도교의 설계에 대하여 간략하게 설명한다.

콘크리트로 가설되는 철도교는 짧은 지간에 대하여는 철근콘크리트의 슬래브교 또는 T형 거더교가 많았다. 근래에는 보통 지간에 대하여 PSC 합성 거더교(프리스트레스트 콘크리트 합성 거더교) 또는 프리플렉스 합성 거더교가 주로 가설되고 있고, 장지간에 대하여는 PSC 박스 거더교(프리스트레스트 콘크리트 박스 거더교)가 가설되고 있다.

13.9.1 철도의 구분 및 표준열차하중

우리나라 철도는 표 13-9와 같이 분류하고 있으며, 철도의 종류에 따라 세 가지의 표준열차하중을 규정하고 있다. HL-25는 시속 200 km 이상의 고속철도, LS-22는 시속 200 km 이하의 일반철도, EL-18은 지하철 등 도시철도의 표준열차하중이다. 이 절에서는 일반철도를 중심으로 설명한다.

표 13-9 철도의 구분 및 표준열차하중

철도의 구분	표준열차하중	비고
고속철도	HL-25	관계장관이 지정, 고시한 노선
일반철도	LS-22	고속철도와 도시철도를 제외한 철도
전동차 전용선	EL-18	도시철도 운행이 주목적인 철도

13.9.2 하 중

[1] 고정하중

고정하중(고정하중)의 계산을 위한 재료의 단위중량은 표 13-1과 같다. 다만, 철도교에는 도상(道床, ballast)이 있으므로 그 단위중량은 다음과 같이 취한다.

도상자갈 또는 도상쇄석 : 19 kN/m^3

또한, 1궤도의 최소중량은 다음과 같다.

유도상(有道床)인 경우 : 3 kN/m

무도상(無道床)인 경우 : 7 kN/m

[2] 활하중

전술한 바와 같이, 일반철도는 LS-22[그림 13-27(a) 참조]를, 도시철도는 EL-18[그림 13-27(b) 참조]을 표준열차하중으로 하고 있다.

LS-22의 L하중은 그림 13-27(a)에 보인 바와 같이 기관차 2량을 중련(重連)으로 하고, 그 뒤에 객화차(客貨車)에 해당하는 등분포 하중을 연행시킨 것이며, S하중은 2축의 대형 중차량(重車輛)을 생각한 것이다. 지간이 3 m 이상인 주거더에 대해서는 L하중으로 계산하고 지간이 3 m 미만인 주거더에 대해서는 S하중으로 계산하여, L하중과 S하중 가운데 큰 영향을 미치는 쪽의 하중을 설계에 사용한다.

L하중은 기관차 단기(單機) 또는 중련으로 하고, 등분포 하중은 임의의 길이로 하되, 부재에 최대응력이 일어나도록 재하한다. 이때 하중을 단속(斷續)시켜서는 안 된다. 복선교에 있어서는 활하중은 같은 방향으로 재하한다.

풍압(風壓)으로 인한 교량의 전도에 대한 검토에서 공차하중(空車荷重)을 사용한 경우에는 1궤도당 16 kN/m의 등분포 하중으로 하고, 충격은 가산하지 않는다.

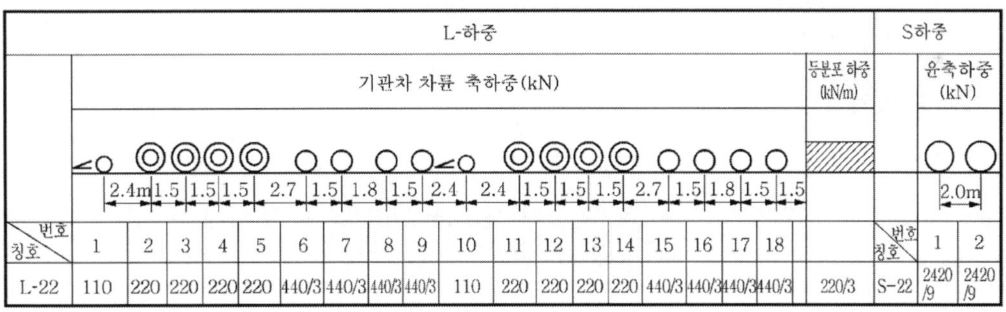

(a) LS-22

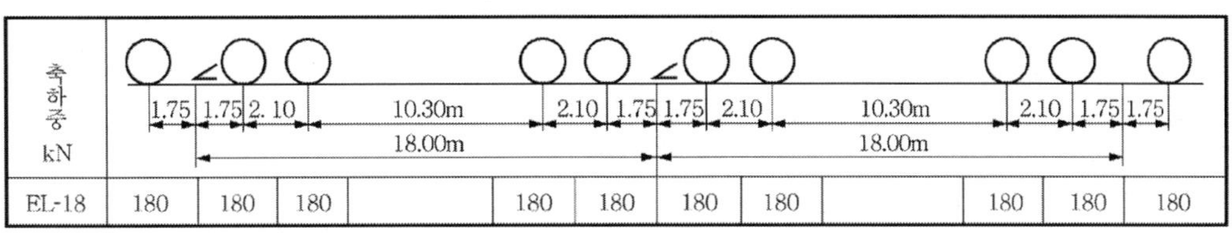

(b) EL-18

그림 13-27 일반철도와 도시철도의 표준열차하중

[3] 충 격

RC교 및 PSC교에 대한 충격계수 i(%)는 다음 식으로 계산한다.

$$\left.\begin{aligned} &l \leq 4m\text{인 경우} : i = 60\% \\ &4m \leq l \leq 39m\text{인 경우} : i = \frac{125}{\sqrt{l}}\% \\ &l > 39m\text{인 경우} : i = 20\% \end{aligned}\right\} \qquad (13 \cdot 27)$$

여기서 l은 부재의 지간 길이(m)이다.

① 북선을 지지하는 부재의 충격은 다음과 같이 취한다.

$l \leq 50m$: 두 궤도의 전 충격

$50m \leq l \leq 70m$: 한 궤도의 전 충격과 다른 궤도의 전 충격의 (350-5l)%

$l > 70m$: 한 궤도만의 전 충격

② 구조물 상면에 흙이 1 m 이상 덮어져 있는 경우의 충격계수 i는 다음 식으로 계산해도 좋다.

$$i = i_0[1 - 0.1(H_c - 1.0)](\%) \qquad (13 \cdot 28)$$

여기서 i_0 : 구조물에 복토가 없다고 보았을 때의 충격계수(%)

H_c : 구조물 상면에서 침목상단까지의 복토 높이(m)

[4] 원심하중

열차가 곡선부를 주행할 때는 원심력이 일어난다. 따라서 교량 위에서 궤도가 곡선을 이룰 경우에는 열차의 주행으로 인하여 구조물에 원심력을 미치게 된다. 이것을 원심하중이라고 하며 설계에 고려해야 한다.

원심하중은 활하중에 다음 식의 값을 곱한 값이다.

$$\frac{V^2 f}{127R} \qquad (13 \cdot 29)$$

여기서 V : 설계 최대속도(km/h)

R : 곡선 반경(m)

f : 속도와 지간에 따른 감소계수

$$= 1 - \frac{V - 120}{1000}\left(\frac{814}{V} + 1.75\right)\left(1 - \sqrt{\frac{2.88}{L}}\right)$$

여기서 L은 교량 설계시 고려되는 곡선궤도의 재하 길이(m)이다.

원심하중은 차량의 중심에 대해 수평력으로 작용한다. 차량의 중심은 레일면에서 2.0 m의 높이에 있다고 본다. 원심하중에는 충격계수를 적용하지 않는다.

[5] 장대레일의 종하중

구조물 위의 궤도가 장대레일(long rail)인 경우에는 구조물과 장대레일의 온도변화에 의한 신축량(伸縮量)이 서로 다르기 때문에 레일과 체결장치 사이에 마찰력이 일어나며, 이 마찰력에 의한 반력이 구조물에 작용하게 된다. 이 힘을 **장대레일의 종하중**(縱荷重)이라고 하며, 구조물 설계에 고려해야 한다. 설계에서는 레일의 신축이음의 유무에 따라 종하중을 달리 적용해야 하며, 특별한 경우에는 그에 합리적으로 적용될 수 있는 특별한 해석을 수행하여야 한다.

[6] 차량 횡하중

차량의 진동에 의하여 일어나는 횡방향의 힘을 **차량 횡하중**이라고 한다. 곡선궤도에 있어서는 차량 횡하중은 원심하중과 겹쳐진 형태로 나타난다. 따라서 곡선궤도를 지지하는 부재는 차량 횡하중과 원심하중이 동시에 일어난다고 보고 설계해야 한다.

차량 횡하중은 그림 13-28에 보인 바와 같은 연행 집중 이동하중으로서, 레일면에서 레일에 직각으로, 그리고 수평으로 작용한다고 본다. 그 크기 Q는 L하중의 1동륜축중(一動輪軸重)의 15%로 본다.

복선선로를 지지하는 구조물의 경우, 차량 횡하중은 1궤도에 대해서만 생각한다.

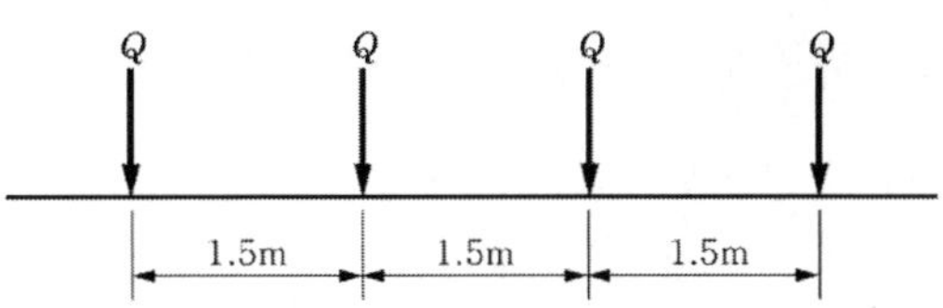

그림 13-28 차량 횡하중

[7] 시동하중 및 제동하중

열차가 교량 위에서 시동(始動)하거나 또는 제동(制動)을 걸면, 그 관성력에 대한 반작용으로 선로방향의 힘이 차륜으로부터 레일에 작용하며, 다시 레일로부터 거더(girder)에 전달된다. 이러한 힘을 **시동하중** 또는 **제동하중**이라고 한다.

시동하중 및 제동하중은 레일면 위 2.0 m의 높이에서 궤도에 대해 평행 및 수평으로 작용한다고 본다. 그 크기는 다음과 같다.

시동하중 : 동륜하중의 25%

제동하중 : LS 하중의 15%

그러나 충격은 생각하지 않는다. 복선은 복선재하 상태에서 검토한다.

[8] 풍하중

풍하중은 교축에 대하여 직각 및 수평으로 작용한다고 본다. 그 크기는 다음과 같다.

① 교량에 열차가 없을 때

교량의 연직 투사면에 대하여	$3.0\,kN/m^2$

② 교량에 열차가 있을 때

교량의 연직 투사면에 대하여	$1.5\,kN/m^2$
통과열차의 연직 투사면에 대하여	$1.5\,kN/m^2$

열차의 연직 투사면은 레일면 위에서 4.0 m의 폭으로 한다. 열차와 겹쳐지는 보(girder)의 바람맞이 쪽과 바람맞이 반대쪽의 부재에 대하여는 풍하중을 생각하지 않는다.

13. 9. 3 주요 하중조합과 하중계수

부재의 소요강도(required strength)는 다음과 같은 하중계수를 사용한 하중조합에 따라 계산된 설계 단면력 U에 기초를 둔다. 이때 가장 불리한 단면력을 일으키는 하중조합에 대하여 설계한다[철도설계기준(노반편)(2011) 8. 3. 4 참조].

[1] 주요 하중조합의 하중계수

$$U = 1.4D + 2.0(L + I) + 1.4CF + 1.7H + 1.4Q$$

$$U = 1.7(D + L + I + CF + H + Q)$$

$$U = 1.4D + 1.7H + 1.4Q + 1.4W$$

$$U = 1.4D + 1.4(L + I) + 1.4CF + 1.7H + 1.4Q + 1.4(0.5W + WL + SB + LR)$$

$$U = 1.4D + 1.4(L + I) + 1.4CF + 1.7H + 1.4Q + 1.4G$$

$$U = 1.4D + 1.7H + 1.4Q + 1.4W + 1.4G$$

$$U = 1.4D + 1.4(L + I) + 1.4CF + 1.7H + 1.4Q + 1.4(0.5W + WL + SB + LR) + 1.4G$$

$$U = 1.0D + 1.0H + 1.0Q + 1.0E$$

$$D = 1.4D + 1.4(L + I) + 1.7H + 1.4Q + 1.4CO$$

$U = 1.2D + 1.5H + 1.2Q + 1.2W + 1.2CO$

여기서 D : 고정하중 또는 이에 따른 단면력

L : 활하중 또는 이에 따른 단면력

I : 충격 또는 이에 따른 단면력

CF : 원심하중 또는 이에 따른 단면력

H : 토압 또는 이에 따른 단면력

W : 풍하중 또는 이에 따른 단면력

WL : 차량하중에 작용하는 풍하중 또는 이에 따른 단면력

SB : 시동 및 제동하중 또는 이에 따른 단면력

LR : 장대레일의 종하중 또는 이에 따른 단면력

E : 지진의 영향 또는 이에 따른 단면력

CO : 충돌하중 또는 이에 따른 단면력

G : 부등침하, 크리프, 건조수축, 제작 또는 시공시의 치수착오, 습도변화 또는 온도변화 등으로 인한 팽창 또는 수축변형으로 유발된 변형력 또는 이에 따른 단면력

Q : 부력 또는 양압력, 수압 및 파압 등의 하중 또는 이에 따른 단면력

[2] 강도감소계수

강도감소계수는 철도설계기준(노반편)(2011) 10.6.2에 주어져 있다.

13.9.4 궤도 위에 실린 윤하중의 분포

[1] 주거더의 휨모멘트와 전단력을 계산할 경우

궤도 위에 실린 윤하중(輪荷重)은 경간방향의 분포를 생각하지 않고, 단순하게 집중하중으로 보고 휨모멘트와 전단력을 계산한다.

[2] 바닥판을 설계할 경우

주거더에 지지된 바닥판을 설계할 경우, 즉 도상궤도 및 슬래브 궤도를 지지하는 1방향 슬래브 또는 2방향 슬래브 바닥판의 궤도상의 윤하중에 의한 휨모멘트는, 다음 식으로 주어지는 환산 등분포 하중 w로 계산한다.

$$w = \frac{P}{a'b'} \tag{13·30}$$

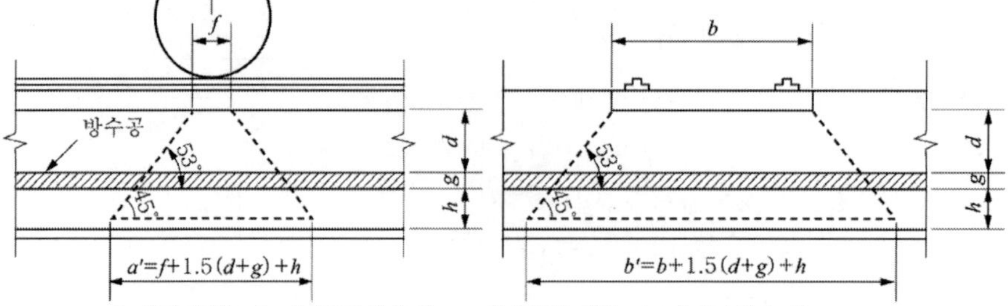

f : 침목의 폭, d : 자갈도상의 높이, g : 방수공의 지름, h : 슬래브의 높이

(a) 자갈도상궤도(도막 및 쉬트방수의 경우)

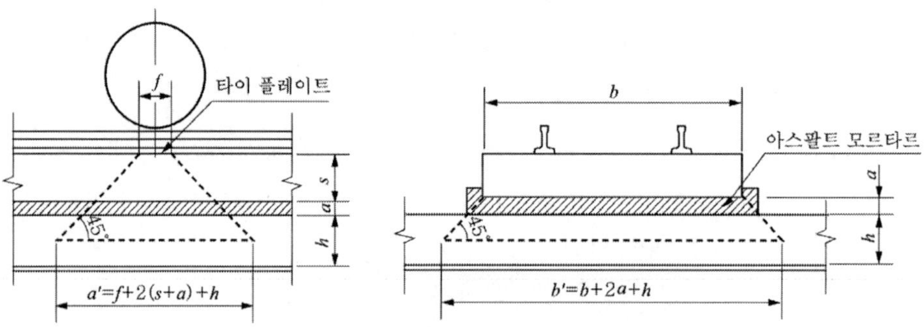

s : 슬래브 궤도의 높이, a: 모르타르의 높이, h : 슬래브의 높이, f : 타이 플레이트의 폭

(b) 슬래브 궤도

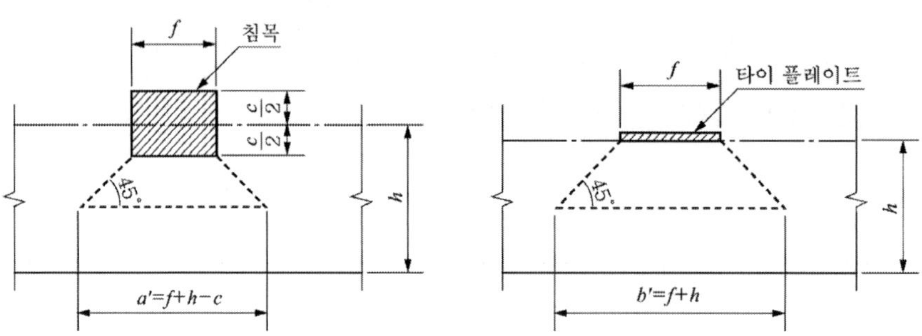

f : 침목의 폭 또는 타이 플레이트의 폭 c : 침목의 높이

(c) 직결 궤도

그림 13-29 궤도상의 윤하중의 분포 폭

여기서 w : 환산 등분포 하중(kN/m^2)

P : 축중(軸重) (kN)

a', b' : 그림 13-29에 보인 환산 등분포 하중의 분포 폭(m)

13. 9. 5 바닥판의 설계

콘크리트 거더로 지지되고, 경간과 폭의 비가 $l/b \geq 0.5$인 철근콘크리트 바닥판 및 프리스트레스트 콘크리트 바닥판의 설계는 다음에 따른다.

(1) 바닥판에 사용되는 콘크리트의 설계기준압축강도는 24 MPa 이상이라야 한다.

(2) 바닥판의 경간은 바닥판을 지지하는 거더 사이의 순간격으로 본다.

(3) 바닥판의 두께는 200 mm 이상이라야 하고, 또 표 13-10에 주어진 값 이상이라야 한다.

표 13-10 궤도부분 바닥판의 최소두께(mm)

바닥판 경간의 방향 / 바닥판의 구분		궤도 진행방향에 직각	궤도 진행방향에 평행
단 순 판		$40l+110$	$65l+130$
연 속 판		$30l+110$	$50l+130$
캔틸레버판	$l \leq 0.25$	$280l+160$	$240l+130$
	$l > 0.25$	$80l+210$	

〔주〕 l은 바닥판의 지간(m)

(4) 바닥판의 설계휨모멘트의 계산은 다음에 따른다.

① 궤도상의 윤하중에 의한 바닥판의 휨모멘트의 계산은 13. 9. 4항의 [2]에 따른다.

② 등분포 고정하중에 의한 연속 바닥판의 휨모멘트는 표 13-11에 의하여 계산해도 좋다.

(5) 바닥판의 최소두께가 (3)을 만족하고, 또 (4)로 계산된 휨모멘트에 의해 바닥판을 설계한 경우에는 전단에 대한 검토를 하지 않아도 좋다.

(6) 단순지지의 1방향 슬래브에는 다음에 따라 지간의 직각방향에 배력철근을 배치해야 한다.

① 등분포 하중만이 작용할 경우에는, 슬래브의 정철근(正鐵筋)의 단위폭당 단면적의 1/6 이상을 단위폭당의 배력철근으로 배치해야 한다.

② 등분포 하중과 집중하중이 작용할 경우, 즉 부분 분포하중이 작용할 경우에는 철도설계기준(노반편)(2011) 10. 10. 5 (2)에 따른다.

표 13-11 등분포 고정하중에 의한 바닥판의 단위폭당 설계휨모멘트(kN·m/m)

판의 구분	휨모멘트의 종류	바닥판 경간방향의 휨모멘트
단 순 판	경간 휨모멘트	$wl_d^2/8$
캔틸레버판	지점 휨모멘트	$-wl_d^2/2$
연 속 판	경간 휨모멘트	$wl_d^2/10$
	지점 휨모멘트	$-wl_d^2/10$

〔주〕 w는 등분포 고정하중(kN/m^2), l_d는 고정하중에 대한 바닥판의 지간(m)

13.10 그 밖의 교량

13.10.1 박스 거더교

주거더가 그림 13-30과 같은 단면으로 된 교량을 박스 거더교(box girder bridge)라고 하며, T형 거더교보다 긴 지간의 교량에 사용된다. 그림 13-30 (a)와 같은 단면의 교량을 단일 박스 거더교라고 하며, 그림 13-30 (b)와 같은 것을 **다열(多列) 박스 거더교**, 그림 13-30 (c)와 같은 것을 **다중(多重) 박스 거더교**라고 한다.

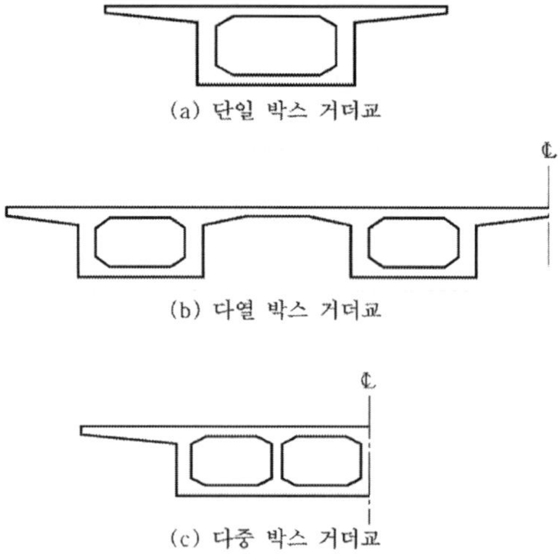

(a) 단일 박스 거더교

(b) 다열 박스 거더교

(c) 다중 박스 거더교

그림 13-30 박스 거더교의 단면의 분류

[1] 설계원칙

박스 거더교는 박스 거더부의 전단면을 하나의 거더로 보고 단면력을 계산하는 것이 보통이다. 그러나 교량의 전폭(全幅)과 지간의 비가 0.5 이상인 비교적 교폭(橋幅)이 넓은 다중박스 거더교는 직교 이방성(直交異方性) 판이론(版理論)이나 격자이론(格子理論)에 의해 단면력을 계산하는 것이 좋다. 편재하중(偏載荷重)에 의한 비틀림모멘트에 대하여는 이로 인한 전단응력과 휨인장 응력을 검토해 보아야 한다.

다열 박스 거더교는 주거더의 비틀림 강성(剛性)이 크고, 하중 분배도 좋기 때문에 원칙적으로 격자이론에 의해 단면력을 계산해야 한다. 그러나 교량의 전폭과 지간의 비가 0.5 이상인 다열 박스 거더교에서 소정위치에 격벽(diaphragm)을 둘 경우에는, 주 재하하중을 교량의 차도부에 만재하고 계산한 단면력을 주거더의 수로 나누어서 구한 단면력으로 각 주거더를 설계해도 좋다. 교량의 강성(剛性)과 하중분배를 위하여 주거더의 받침부와 지간중앙에는 반드시 격벽(diaphragm)를 두어야 한다.

[2] 하부 플랜지와 복부의 응력

하부 플랜지와 복부는 상하 플랜지와 복부로 구성된 라멘구조로 보고 그 응력을 검토한다. 이때 라멘의 단면력은 그림 13-31과 같은 하중상태에 대하여 계산한다.

그림 13-31에 보인 기호는 다음과 같다.

p_u : 상부 슬래브의 고정하중

p_t : 하부 플랜지의 고정하중

M, M' : 13장의 13. 4. 1항에 따라 계산되는 활하중에 의한 바닥판의 지점 모멘트

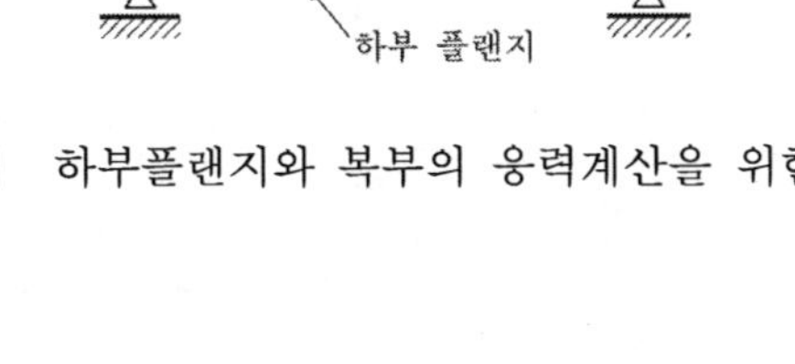

그림 13-31 하부플랜지와 복부의 응력계산을 위한 하중상태

13.10.2 연속거더교

주거더가 연속보로 된 교량을 **연속거더교**라고 한다. T형 거더교나 박스 거더교를 연속으로 하는 경우도 있고, 슬래브교를 연속으로 하는 경우도 있다. 여기서는 연속 거더교에서 특별히 고려해야 할 사항에 대해서만 언급한다.

[1] 활하중의 재하방법

활하중은 생각하는 단면에 가장 불리한 응력상태가 되도록 재하해야 한다. 그러기 위해서는 연속보의 영향선을 이용해야 한다.

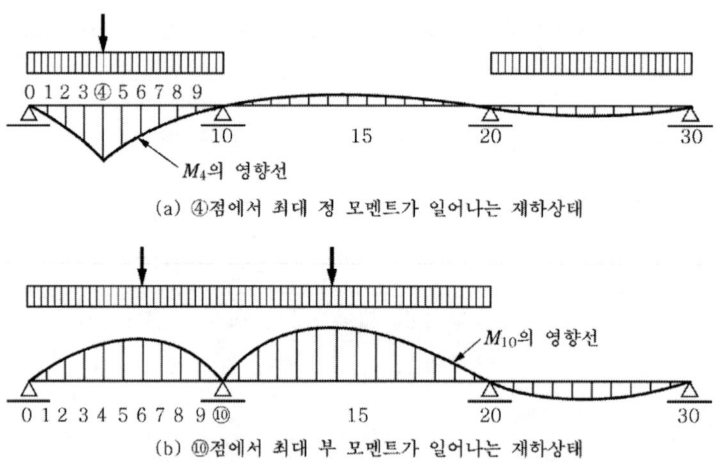

그림 13-32 연속보의 재하방법

예를 들어 도로교의 경우, 그림 13-32 (a)는 제 1 지간의 ④점의 정(+)모멘트가최대로 되도록 DL하중을 재하한 경우이고, 그림 13-32 (b)는 중간지점 ⑩의 부(−)모멘트를 최대로 되도록 재하한 경우를 보인 것이다.

[2] 중간지점의 설계 모멘트

연속 거더교의 중간지점의 휨모멘트도(圖)는 이론상으로는 그림 13-33에 보인 바와 같이 뾰족하게 되지만, 실제로는 받침부의 폭, 주거더의 높이, 가로보 등의 영향을 받아서, 지점 반력 R이 어떤 폭 a에 분포하기 때문에 그림처럼 둥글게 된다[13장의 13.3.3항의 (5), 14.4.1항 및 그림 14-6 참조]. 그래서 도로교설계기준에는 중간 받침부의 주거더의 설계 모멘트로서 다음 식의 M_1을 주고 있다.

$$\left.\begin{aligned} M_1 &= M - \frac{wa^2}{8} \\ &\geq 0.9M \end{aligned}\right\} \qquad (13 \cdot 31)$$

여기서 M_1 : 중간 받침부의 주거더의 설계 모멘트

M : 중간지점의 이론 모멘트

$w = \dfrac{R}{a}$

R : 중간지점의 반력

a : 교축방향에 대한 반력의 분포 폭

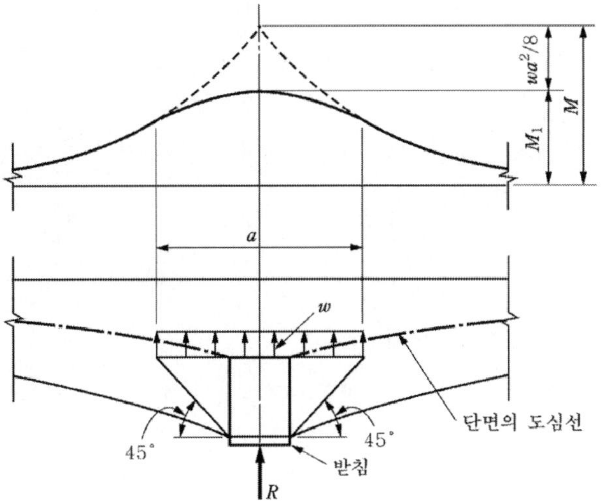

그림 13-33 중간지점의 휨모멘트

중간 받침부에서 주거더의 하면에는 지점반력이 직접 작용하기 때문에, 계산으로 구한 휨응력보다 큰 응력이 작용한다. 그러므로 이 부분에는 가외철근을 충분히 배치해야 한다. 연속교에서 고정받침은 될 수 있는 대로 중앙에 가까운 지점에 두는 것이 좋다.

13.10.3 아 치 교

아치(arch)를 구조 역학적으로 분류하면, 그림 13-34에 보인 바와 같이 3힌지 아치(그림 a), 2힌지 아치(그림 b), 1힌지 아치 (그림 c) 및 고정아치 (그림 d)로 분류할 수 있다.

그림 13-35는 아치교의 각부의 명칭을 보인 것이고, 그 정의는 다음과 같다.

아치 리브(arch rib) : 아치부재를 말한다.

아치 크라운(arch crown) : 아치구조의 정점(頂點)을 말한다.

스프링잉(springing) : 아치부재의 양쪽 단부(端部)를 말한다.

라이즈(rise) : 아치축선의 양쪽 기점(起點)을 연결한 직선으로부터 정점까지의 높이를 말한다.

철근콘크리트 아치교는 상로식(上路式)의 고정아치로 하는 경우가 많다. 그림 13-36은 그 구조형식을 보인 것이다. 폐복식(閉腹式) 아치교는 지간이 30 m 이하인 비교적 짧은 지간에 쓰이며, 개복식(開腹式) 아치교는 비교적 긴 지간에 쓰인다.

아치 리브에 일어나는 단면력은 아치축선의 형상과 단면2차모멘트의 변화의 영향을 받는다. 또, 콘크리트의 건조수축과 온도변화의 영향을 설계에 고려해야 한다.

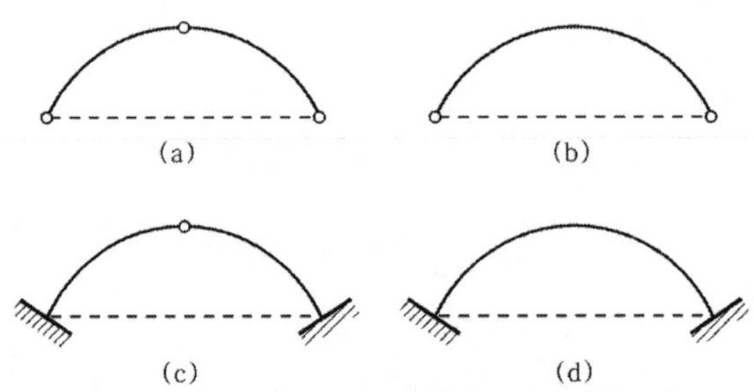

그림 13-34 아치의 역학적 분류

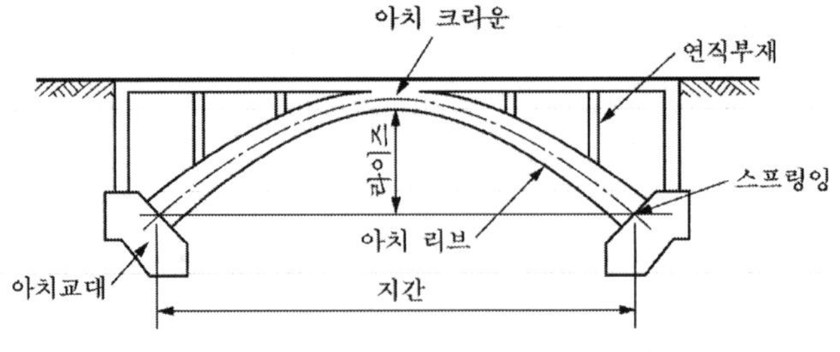

그림 13-35 아치교의 각부 명칭

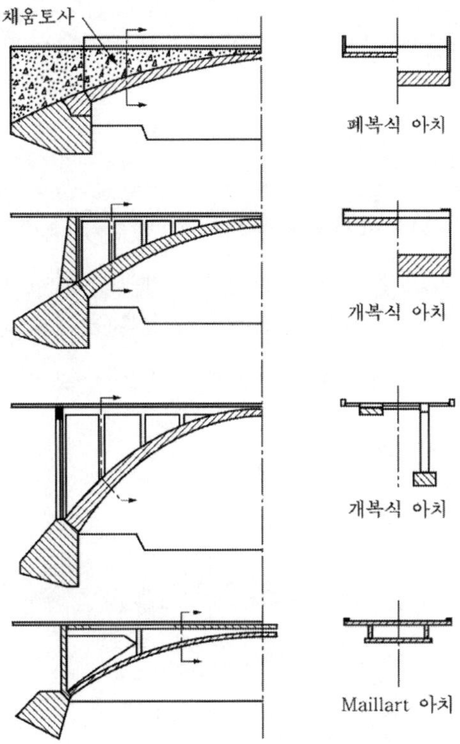

그림 13-36 아치교의 구조형식

[1] 설 계 원 칙

아치 리브의 단면도심을 연결한 선을 **아치축선**이라고 한다. 아치 리브의 단면에 있어서 합력(合力)의 작용점을 연결한 선을 하중(荷重)에 의한 **아치의 압력선**(thrust line)이라고 한다. 아치 축선을 압력선에 일치시키면, 아치 리브에는 축방향 압축력만이 작용하고 휨모멘트는 일어나지 않는다. 압력선은 하중상태에 따라 변화하며, 고정하중이 활하중보다 작을수록 아치축선을 압력선에 일치시키기가 어렵다. 그러나 콘크리트 아치교에서는 고정하중이 비교적 크기 때문에 설계에서는 일반적으로 다음의 하중조합 가운데 하나를 사용한다. 즉, 아차축선을 고정하중 및 활하중 작용시의 압력선에 일치시키거나, 아니면 고정하중 및 등분포 활하중의 1/2을 재하했을 때의 압력선에 일치시킨다.

아치 리브의 단면형상과 치수는 지간-라이즈비(지간과 라이즈의 비), 아치축선, 좌굴 강도, 콘크리트 강도, 시공방법 등을 고려하여 선정해야 하지만, 기왕에 시공된 교량을 참고하면 좋다.

아치 리브의 기초는 아치 리브 끝에 일어나는 반력(反力)에 충분히 견딜 수 있는 견고한 지반 위에 설치해야 한다.

[2] 단면력의 계산

단면력의 계산에 있어서는 아치축선의 이동의 영향을 고려해야 하고, 또 콘크리트의 건조수축과 온도변화의 영향을 생각해야 한다. 아치는 아치 리브를 포함하는 면내(面內)에서 좌굴하는 경향이 있고, 또 면외(面外)로 좌굴하려는 경향이 있기 때문에 설계에 있어서는 이러한 좌굴에 대하여 안전한가를 검토해 보아야 한다.

제14장 라멘과 암거

14.1 서 론

부재의 절점(節點)들이 강결(剛結)되어 있는 뼈대 구조물을 라멘(rigid frame, Rahmen)이라고 한다. 실제의 라멘 구조물은 입체라멘이지만, 평면라멘으로 분해해서 해석하는 것이 보통이다. 철근콘크리트 라멘구조는 그 연속성에 의해 구조물을 일체적으로 만들 수 있는 이점이 있기 때문에 많이 사용된다.

그림 14-1은 교량에 많이 쓰이는 라멘구조를 보인 것이다. 그림 14-1 (a) 및 (b)는 라멘교로 많이 쓰이는 형식이고, 그림(c)는 파이(π)형 라멘이라고 하여 고속도로를

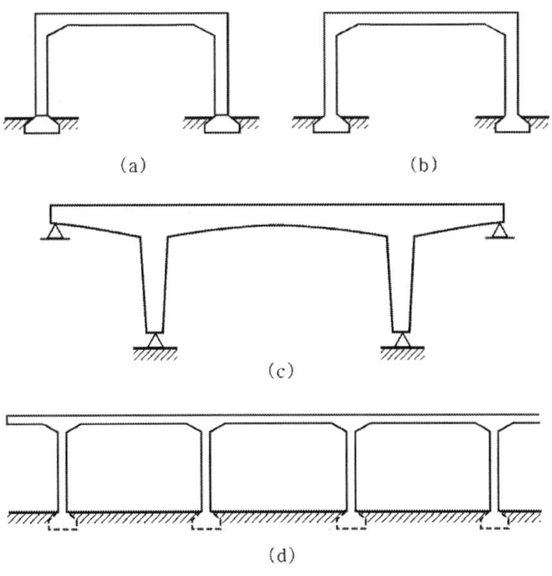

그림 14-1 라 멘 교

횡단하는 교량(over bridge)에 많이 쓰이고 있다. 그림 14-1(d)는 고가도로(高架道路)나 또는 고가철도에서 흔히 볼 수 있는 라멘구조이다.

그림 14-2는 지하철도에 쓰이는 라멘구조를 보인 것이다. 그림 14-2(a)는 단선(單線)에 쓰이는 박스 라멘이고, 그림 (b)는 2련 박스 라멘으로서 복선(複線)에 쓰인다. 그림 14-2(c)는 2층 라멘으로서 상하 2선의 경우이고, 그림 (d)는 높이를 달리할 경우의 구조이다. 그림 14-2(e)는 라멘구조의 정거장을 보인 것이다.

암거(culvert)는 원래 땅 속에 묻힌 비교적 작은 통수로(通水路)를 뜻하는 것이었지만, 근래에는 사람이나 차량의 통행을 목적으로 도로나 철도 밑을 가로질러 설치하여 흙으로 덮은 구조물도 암거로 부르고 있다. 소량의 통수(通水)만을 목적으로 하는 작은 암거에는 RC관이나 PC관이 쓰이지만, 대량의 통수 또는 사람과 차량의 통행을 목적으로 하는 큰 단면의 암거에는 그림 14-1(b)와 같은 문형(門形) 라멘(portal frame)이나, 그림 14-2(a) 또는 (b)와 같은 박스 라멘이 쓰인다.

이와 같이 실제로 쓰이는 라멘은 부정정 구조이기 때문에 기초의 부등침하나 이동을 일으키지 않는 견고한 지반이나 기초 위에 설치해야 한다. 또, 온도변화와 건조수축을 설계에 고려해야 한다.

라멘구조는 탄성이론에 의하여 해석한다. 붕괴상태를 기준으로 하는 이른바 극한설계(limit design)의 연구가 많이 진전되기는 하였지만, 라멘구조의 설계에는 제한적으로 적용되고 있다.

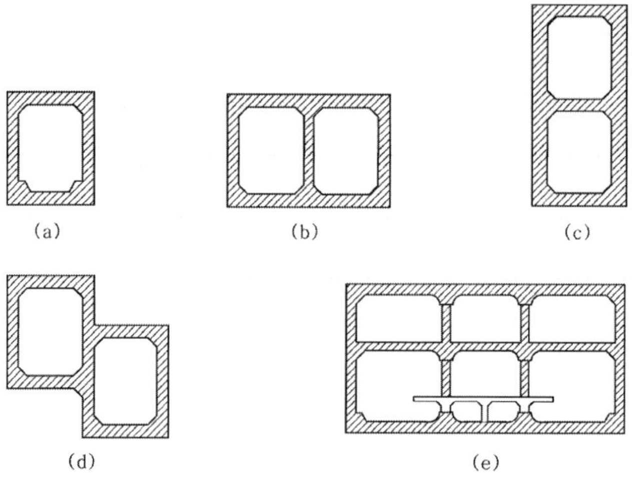

그림 14-2 박스라멘

14.2 철근콘크리트 라멘구조의 특성

14.2.1 연 속 성

강구조물(鋼構造物)이나 목조 구조물의 부재들은 제작 또는 절단된 다음에 리벳, 볼트, 용접, 또는 못으로 연결된다. 이러한 절점들은 높은 강성(剛性)을 얻도록 특별히 설계하지 않는 한, 절점의 강성이 작아서 소정의 모멘트를 한 부재로부터 다른 부재에 전달할 수 없게 된다. 그러나 철근콘크리트 구조물은 절점에서 철근이 연속되어 있을 뿐 아니라, 콘크리트도 연속적으로 타설되기 때문에 연속적이고 일체적인 구조로 된다. 그러므로, 철근콘크리트 연속보나 라멘에 있어서는 하중이 어느 한 부재에만 작용하더라도 다른 부재에 변형과 응력이 일어나게 된다. 이러한 관계를 보인 것이 그림 14-3이다.

그림 14-3 (a)는 부재 3~4에만 하중이 작용한 경우에 변형의 모양을 보인 것이고, 그림 (c)는 이 경우의 부재 1~2의 처짐곡선을 알기 쉽게 보인 것이다. 그림 14-3 (b)는 수평하중이 작용할 때의 변형을 보인 것이고, 그림 (d)는 이때의 부재 2~4의

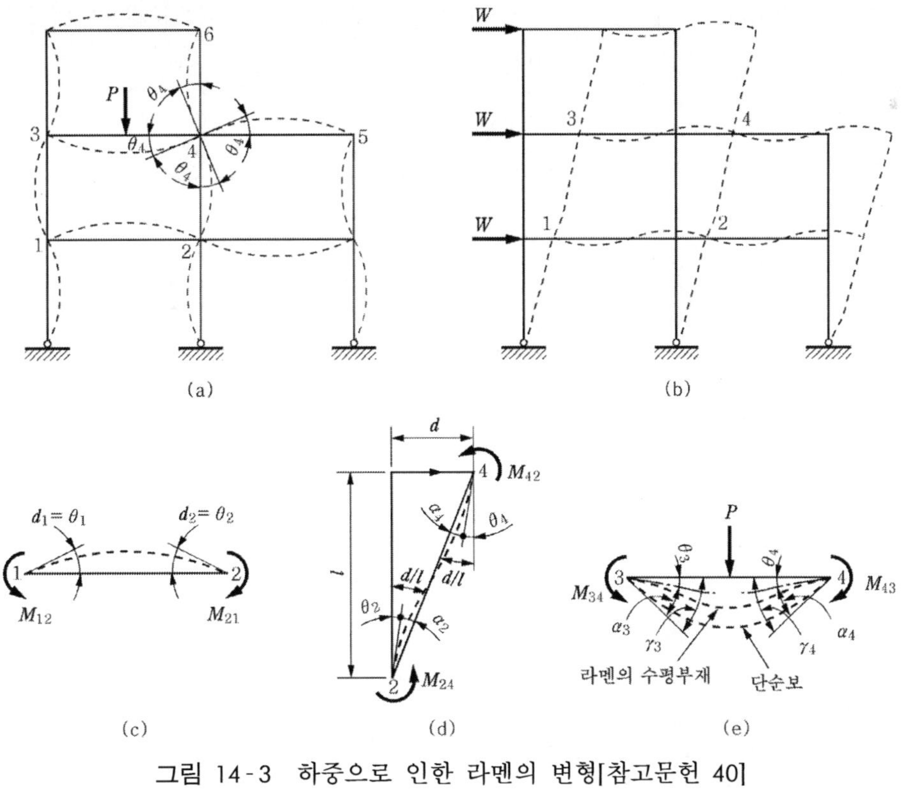

그림 14-3 하중으로 인한 라멘의 변형[참고문헌 40]

탄성곡선을 보인 것이다. 부재 3~4의 처짐곡선을 보인 그림 (e)는 이 부재를 단순보로 보고 계산한 처짐보다 작다는 것을 보여 주고 있다. 이것은 구조물의 연속성 때문이다. 그러므로, 라멘 구조물을 설계함에 있어서는 이러한 절점의 연속성의 영향을 고려하여 휨모멘트, 전단력, 축방향력을 구해야 한다.

14. 2. 2 활하중의 재하방법

라멘이나 연속보는 사용기간 동안에 일어날 수 있는 하중의 조합 가운데 가장 불리한 하중조합에 대하여 설계해야 한다. 부재의 휨모멘트, 전단력, 축방향력은 고정하중(고정하중)과 활하중의 조합된 영향으로 일어난다. 고정하중은 일정하기 때문에 문제가 없지만, 활하중은 생각하는 단면에 가장 위험한 영향을 주는 재하위치를 생각해야 한다.

하나의 예로 그림 14-4(a)와 같은 라멘에서 부재 CD에 정(+)의 최대 모멘트를 일으키는 활하중의 재하방법을 생각해 보자. 부재 CD에만 활하중이 재하될 경우, 그림 14-4 (a)와 같은 영향을 미칠 것이고, 이때 부재 CD의 정(+)모멘트는 극대값을 나타내지만 최대값은 아니다. 이 상태에서 부재 AB에 재하되면 CD부재의 정모멘트는 약간 증가될 것이고, 부재 CD와 AB에 재하된 상태에서 부재 EF에 재하되면 CD부재의 정(+)모멘트는 더 증가될 것이다. 결국, 부재 AB, CD, EF에 활하중이 재하될

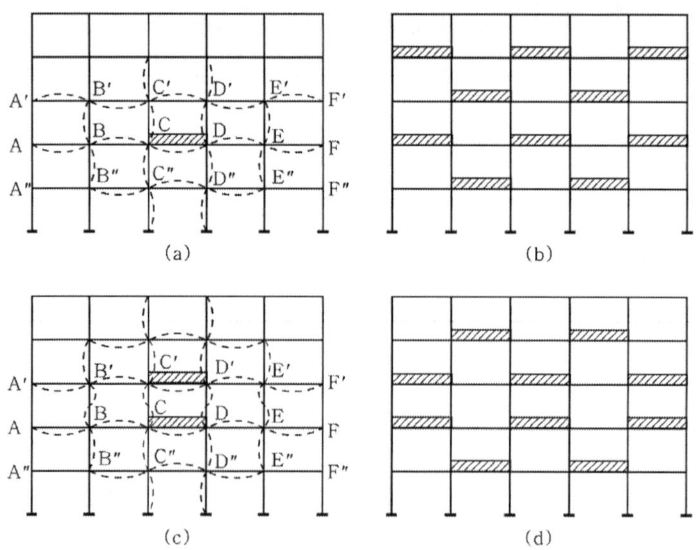

그림 14-4 활하중의 재하방법[참고문헌 41]

때, CD부재의 정(+)모멘트는 최대로 된다. 일반적으로 그림 14-4(b)와 같이 활하중이 재하될 때, 각 재하경간(載荷徑間)에 정(+)의 최대 모멘트가 일어난다. 이때 재하되지 않은 경간에는 부(−)의 모멘트가 일어난다.

보의 지점에 일어나는 부(−)의 최대 모멘트는 그 지점의 양쪽 두 지간(支間)에 활하중이 재하될 때 일어난다.

기둥에서는 상하단에서 최대 모멘트가 일어난다. 그림 14-4(c)와 같이 재하되었을 때, 기둥 CC′ 및 DD′의 단부(端部)에서 최대 모멘트가 일어나며, 여기에 그림 14-4(d)와 같은 재하상태가 추가되면 그 모멘트는 더 증가된다.

이상에서 알 수 있는 바와 같이 라멘 각 점의 최대 모멘트를 구하기 위해서는 활하중의 재하위치를 여러 가지로 바꾸어야 한다. 그러나 이러한 방법은 극히 중요한 구조물의 해석에만 적용하고, 실제의 대부분의 구조물에서는 단순화된 근사방법이 사용된다.

14.2.3 설계의 단순화

건물뼈대의 복잡함과 재하조건의 번거로움을 생각할 때, 설계계산을 단순화할 필요가 있다. 그러기 위해서는 필요한 정확도를 가지고, 계산량을 대폭 줄일 수 있는 근사해법을 생각해야 한다.

비대칭 형상이나 비대칭 재하를 가지지 않는 비교적 규칙적인 건물뼈대의 해석에서는 연직하중으로 인한 횡방향 변위(sidesway)는 무시한다. 이 경우 연직하중에 의한 모멘트는 전체 뼈대를 단순화한 부분뼈대(subframe)로 분해함으로써 비교적 정확하게 구할 수 있다. 즉, 하나의 연속보와 그 연속보에 연결된 상하의 기둥들로 되어 있다고 본다. 그리고 이 연속보에 가장 불리하게 활하중을 재하하면 보의 모멘트와 하부 기둥의 상단(上端) 모멘트 및 상부기둥의 하단(下端) 모멘트를 충분히 정확하게 구할 수 있다. 이때 토질과 기초의 조건으로 보아 힌지단(端)으로 볼 수 있는 제1층 또는 기초면의 기둥을 제외하고 기둥의 원단(遠端)은 고정으로 본다.

임의의 절점(節點)의 최대 부(負)모멘트를 구할 때, 각 방향의 절점들이 완전히 고정된 것으로 보고 계산하여도 오차는 무시할 수 있을 정도이다. 마찬가지로 경간의 최대 또는 최소 모멘트를 구할 때, 인접경간의 원단(遠端)은 고정으로 보아도 좋다. 이와 같이 많은 부재로 된 라멘을 부분적으로 분리하여 해석해도 좋다.

기둥의 계산은 다음과 같이 단순화한다.

① 기둥은 모든 층(floor)에 걸리는 계수하중(factored load)에 의한 축방향력과 인

접한 하나의 층에 작용하는 계수하중에 의한 최대 모멘트에 견딜 수 있도록 설계해야 한다. 이때 모멘트와 축력(軸力)의 비가 최대로 되는 하중상태를 고려해야 한다.

② 라멘에 있어서는 외측 및 내측기둥 위의 층에 작용하는 불균형 하중과 기타 원인으로 인한 편심하중의 영향을 고려해야 한다.

③ 연직하중으로 인한 기둥의 모멘트를 계산함에 있어서는 구조물과 일체로 만들어진 기둥의 원단은 고정된 것으로 본다.

14.3 라멘의 해석방법

몇 개의 경간을 가진 연속보나 간단한 라멘의 해석에는 3연 모멘트의 정리, 최소일의 원리, 변형일치의 방법 등 고전적인 해법이 종래 주로 사용되어 왔다. 그러나 실제의 구조물은 보다 더 복잡하며, 이러한 구조물을 위의 방법으로 해석한다는 것은 매우 번거롭다. 서로 밀접한 관계에 있는 처짐각법과 모멘트 분배법이 철근콘크리트의 부정정보와 라멘의 기본적인 해석수단으로 오랫동안 사용되어 왔다.

근래에는 전자계산기에 의한 매트릭스 구조해석법으로 대체되기에 이르렀으며, 모든 구조해석이 컴퓨터에 의해 이루어지고 있다. 부정정 구조물의 근사해법이나 모멘트 계수법은 단면력의 신속한 추정에 유용하다. 이러한 근사해법은 예비설계 및 정밀해(精密解)의 검토에 유용하며, 또 중요하지 않은 구조물에 있어서는 최종설계에 이용될 수 있다.

14.4 구조물의 이상화

실제의 복잡한 부정정 구조물을 그대로 해석한다는 것은 거의 불가능하다. 그러므로 모든 구조물은 해석가능한 모델로 이상화하지 않으면 안 된다.

부재는 도심축과 일치하는 직선으로 나타낸다. 이것을 부재의 **축선**(軸線)이라고 하며, 헌치(haunch)에 의한 도심선의 변화는 무시하는 것이 보통이다. 이것은 부재의 두께가 부재의 길이에 비하여 매우 작기 때문이다. 지점(支點)은 롤러(roller), 힌지(hinge), 또는 강절(剛節, rigid joint)로 이상화한다. 예를 들면, 그림 14-5 (a)와 같은 라멘은 그림 14-5 (b)와 같이 이상화하여 해석한다.

이때 수평부재의 축선의 길이, 즉 보의 지간(支間) l은 연직부재의 축선간 거리로 보며, 기둥(연직부재)의 높이 h는 수평부재의 축선간 거리 또는 수평부재의 축선으로부터 확대기초 상면(上面)까지의 거리로 본다. 확대기초에 놓인 연직부재의 하단(下端)이 힌지인 경우에는 힌지의 중심까지의 거리로 본다.

그러나 그림 14-5 (d)와 같이 수평부재에 비하여 연직부재가 짧고, 커다란 수평반력(水平反力)이 일어나는 변단면(變斷面)의 라멘교의 경우에는 단면변화의 영향을 무시할 수 없으므로 축선을 변화시켜서 해석해야 한다.

실제의 라멘은 입체적이어서 3차원 구조물이지만 평면라멘으로 분해하여 해석한다. 이때 이들은 서로 연결되어 있어서 상호작용을 하는 것이지만 독립적으로 거동한다고 가정한다.

철근콘크리트 라멘을 이상화함에 있어서는 상기(上記)와 같은 이상화에 관련하여 다음 사항들이 고려되어야 한다.

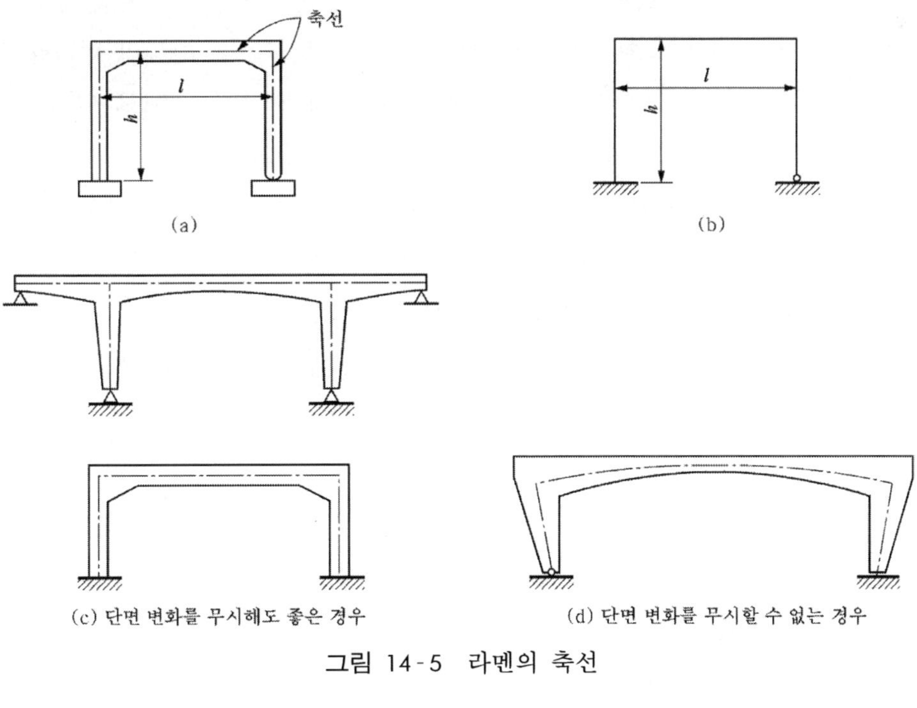

(c) 단면 변화를 무시해도 좋은 경우

(d) 단면 변화를 무시할 수 없는 경우

그림 14-5 라멘의 축선

14. 4. 1 지점 모멘트

라멘을 해석할 때, 부재는 일정한 단면2차모멘트를 가지는 균일단면이라고 가정하는 것은 엄밀하게는 옳지 않다. 예를 들면, 보는 기둥의 전면(前面) 사이에서는 균일단면이지만, 기둥전면에서부터 기둥 중심선 사이에서는 보의 높이가 매우 커져서 단면2차모멘트는 무한대로 된다고 볼 수 있다. 이러한 관계는 기둥에서도 마찬가지이다. 그러므로 정확한 모멘트를 얻으려면, 부재 높이의 변화가 고려되어야 한다.

부재 높이의 변화를 고려하여 해석하면 부재 높이가 일정하다고 가정하고 해석한 것보다 수평부재의 지점(支點) 모멘트는 약간 크게 나오고, 경간 모멘트는 약간 작은 값이 된다. 이때 부(−)모멘트의 위험단면은 기둥(받침부) 중심선이 아니고 기둥전면(前面)이다. 그 이유는 보와 기둥의 접합부에서 보의 유효높이는 무한대이기 때문이다.

기둥의 경우에는 모멘트 곡선의 기울기가 급하지 않으므로 중심선 모멘트와 보의 상면(또는 하면) 모멘트의 차가 작아서 무시할 수 있다. 그러나 수평부재의 받침부에서는 일반적으로 모멘트도(圖)의 기울기가 급하기 때문에 받침부 중심선 모멘트와 전면 모멘트의 차가 크다. 따라서 받침부 중심선의 모멘트를 설계에 사용한다면 단면이 필요 이상으로 커질 것이다. 그러므로 균일단면으로 보고 계산한 지점 모멘트를 감소시킬 필요가 있다.

이상에서 논의한 것을 그림 14-6에서 살펴보자. 그림 14-6에서 기둥 중심선 모멘트와 기둥전면 모멘트의 차는 그 두 점 사이의 전단력도(剪斷力圖)의 면적과 같다. 그 두 점 사이의 전단력도의 면적은 $\frac{Vt}{2}$로 볼 수 있다. 그런데, 실제에 있어서 반력(反力)은 기둥의 전폭(全幅)에 분포하여 작용한다. 그러므로 받침부(기둥)의 전단력도는 그림의 파선처럼 수정되어야 하고, 따라서 그 면적은 $\frac{Vt}{3}$로 감소된다고 볼 수 있다. 그러므로 기둥 중심선 모멘트와 전면 모멘트의 차도 $\frac{Vt}{2}$에서 $\frac{Vt}{3}$로 감소되고, 중심선 모멘트도(圖)는 그림처럼 둥글게 수정되어야 한다.

다음에 보와 기둥의 접합부에서 보의 단면2차모멘트의 증가가 지점 모멘트에 미치는 영향을 고려해야 한다. 이 영향은 헌치(haunch)의 영향과 같으며, 부(−) 모멘트를 약간 증가시키고 정(+) 모멘트를 약간 감소시킨다. 그 증감은 일반적인 경우 $\frac{Vt}{6}$ 정도이다. 즉, 정(+)모멘트는 $\frac{Vt}{6}$만큼 감소되고, 부(−) 모멘트는 $\frac{Vt}{6}$만큼 증가한다. 그래서 균일단면으로 보고 계산한 모멘트 곡선은 전체적으로 그림처럼 위쪽으로 이동하며 수정된 모멘트도가 얻어진다. 이때 받침부의 뾰족한 부(−) 모멘트도는 반력의 분포로 인하여 그림처럼 둥글게 된다.

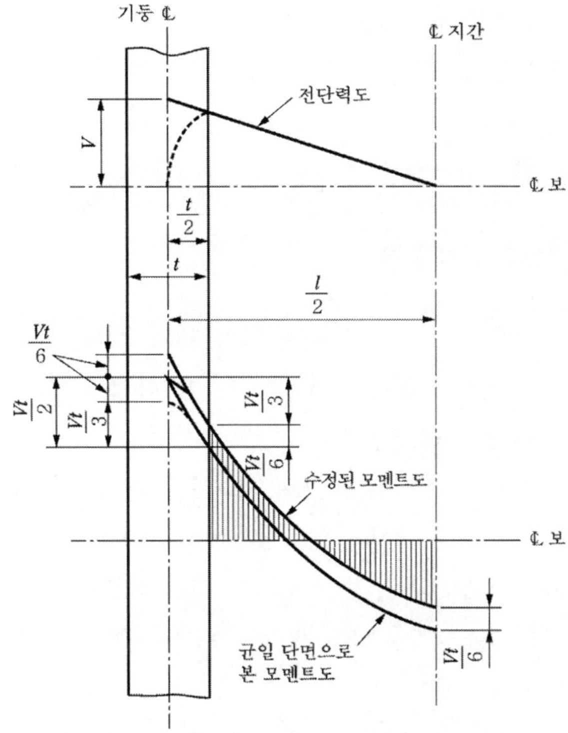

그림 14-6 지점 모멘트

14. 4. 2 단면2차모멘트

RC 휨부재는 인장측 콘크리트를 무시하고 설계한다. 그래서 단면2차모멘트도 균열환산단면의 2차 모멘트를 사용한다. 그러므로 라멘의 해석에 있어서도 단면2차모멘트는 균열환산단면을 사용해야 할 것이다.

그러나 라멘의 해석결과에 영향을 미치는 것은 강성비(剛性比, stiffness ratio)이지, 강성도(剛性度, stiffness) 자체는 아니다. 단면2차모멘트를 계산할 때 균열환산단면을 사용하든, 총단면을 사용하든 어느 한 방법으로 일관하기만 하면 강비에는 큰 차이가 없다. 그러므로 라멘의 해석에 있어서 총 단면에 대한 2차 모멘트를 사용하여 계산하는 것이 편리하므로 그렇게 해석하는 경우가 많으나 바람직한 해석은 아니다. 이때 철근을 무시한 총 단면에 대하여 2차 모멘트를 계산하는 것이 보통이다.

T형단면 부재의 강도(剛度)를 계산할 때의 단면2차모멘트는 플랜지의 영향을 고려한 총 단면에 대하여 계산한다. 이때 단면이 T형이어서 2차 모멘트의 계산이 번거롭기 때문에 다음과 같은 근사계산에 의하여 2차 모멘트를 구해도 실용상 충분하다. 즉,

T형 단면의 2차 모멘트가 복부 폭 b_w, 단면 높이 h 인 직사각형 단면의 2차 모멘트에 어떤 배수(倍數)를 곱한 값과 같다고 보는 것이다. 플랜지 폭이 복부 폭의 4~6배이고, 플랜지 두께가 단면 높이의 0.2~0.4배인 보통 많이 쓰이는 T형 단면에 대하여 그 배수는 2.0으로 보아도 좋다.

14. 4. 3 부재단부의 지지조건

구조물을 해석하기 위해서는 그 구조물을 여러 개의 2차원 구조물(평면 구조물)로 분할한다. 이때 부재단부(部材端部)의 구속상태를 정확하게 판단하기란 거의 불가능하며, 지지조건의 해석여하에 따라 모멘트의 전달에 상당한 차이가 있다. 어느 절점(節點)의 회전에 대한 구속은 그 절점에서 서로 직교하는 다른 부재들에 의해 영향을 받으며, 또 생각하고 있는 부재에 평행한 인접부재들에 의해서도 영향을 받는다.

철근콘크리트 벽체와 일체로 시공된 가로보의 단부(端部)는 완전히 고정된 것으로 볼 수 있으며, 조적벽체 위에 놓인 보의 단부는 회전에 대한 구속이 없다고 보아야 한다. 즉, 힌지지점으로 보아야 한다.

압축성 있는 토질(土質) 위에 놓인 비교적 작은 확대기초가 기둥을 지지할 경우, 그 토질이 기초의 회전에 대한 저항력이 작기 때문에 기둥하단을 힌지단(端)으로 보는 것이 보통이다. 암반 위에 놓인 확대기초 또는 말뚝기초에 접속된 기둥의 하단은 완전히 고정된 것으로 본다. 전면기초(mat foundation)로 지지된 기둥의 하단도 고정으로 본다.

14.5 부재단면의 추정

보는 단면2차모멘트를 모르는 상태에서도 주어진 하중에 대하여 단면력을 구할 수 있다. 그러나 라멘에 있어서는 단면2차모멘트를 모르는 상태에서는 주어진 하중에 대한 부재들의 단면력을 구할 수 없다. 즉, 부정정 라멘을 해석하기 위해서는 부재들의 강도($K = I/l$)를 알아야 한다. 그러기 위해서는 단면2차모멘트를 알아야 하고, 따라서 단면의 가정이 필요하다.

가정한 단면으로 라멘을 해석하고, 그 결과를 비교하여 필요하면 단면을 수정하여 다시 해석한다. 이러한 계산을 반복하지 않기 위해서는 최초의 단면가정이 적절해야 한다.

그러나 보통의 라멘해석에 있어서는 강비, 즉 상대강성(relative stiffness)만이 필요하지, 부재 개개의 강도, 즉 절대강성(absolute stiffness)이 꼭 필요한 것은 아니다. 최초의 단면가정에 있어서 부재강도가 과대 또는 과소로 되어서 1차 해석 후 단면을 수정하더라도 상대강성은 크게 변하지 않는다. 그래서 해석을 다시 할 필요가 없게 된다. 가정한 단면치수에 불균일한 오차가 생기거나 또는 상대강도가 가정한 값과 30% 이상의 차이가 날 때는 해석을 다시 해야 한다.

라멘구조의 건물에 있어서 보의 단면은 일반적으로 부(負) 모멘트 또는 지점의 전단력으로 지배된다. 이때 부(負) 모멘트는 양단을 고정으로 본 고정단 모멘트를 취해도 좋고, 또는 모멘트 계수를 사용해도 좋다. 또한, 지점의 전단력은 단순보로 보고 구한 전단력과 큰 차이가 없다. 기둥에는 축방향 하중 외에 모멘트가 작용하는 것이 보통이지만, 단면은 축하중에 의하여 추정하고 이것을 적절히 증가시킨다. 즉, 내측(內側)기둥은 10% 정도 증가시키고 외측(外側)기둥은 50% 정도 증가시킨다.

14.6 하 중

라멘은 사용목적과 설치되는 위치에 따라 작용하는 하중(荷重)이 다르고 또 복잡하다. 연직하중 외에 수평하중(水平荷重)이 작용하는 것이 보통이고, 또 콘크리트의 건조수축과 온도변화의 영향을 생각해야 한다. 건조수축과 온도변화에 의한 영향에 대하여는 2장의 2.1.7 및 2.1.8에 논의되어 있고, 교량설계에서 사용되는 하중에 대하여는 13장의 13.3 및 13.9에 설명되어 있다. 여기서는 라멘교와 박스암거(지하라멘)의 설계에서 특별히 고려해야 할 하중에 대해서만 논의한다.

14.6.1 라멘교에 작용하는 하중

[1] 등가 등분포 하중

활하중에 의한 단면력을 구하고자 할 때는 영향선을 이용하는 것이 보통이다. 그러나 2경간 이상 연속되는 라멘에서 DB하중이나 DL하중에 의한 단면력을 구하고자 할 경우에는 많은 계산을 반복해야 하는 번거로움이 있다. 이것을 피하기 위하여 집중하중을 이와 등가(等價)인 등분포 하중으로 환산하여 계산을 간편하게 하는 수가 있다.

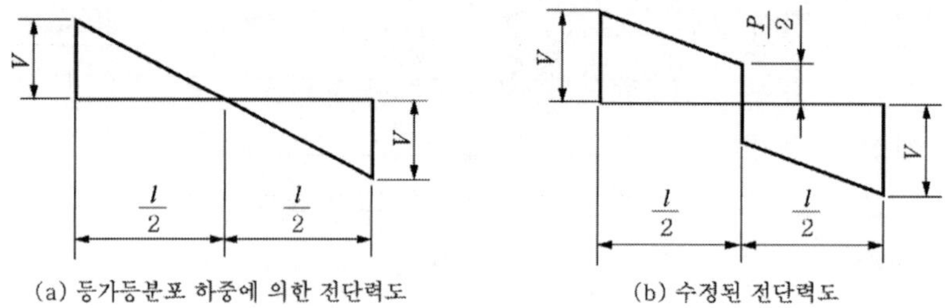

그림 14-7 전단력의 수정

예를 들면, DB하중을 등가 등분포 하중으로 환산하면 다음과 같이 된다. 즉, 지간(支間) l 인 단순보로 보고, 지간의 1/4점에 집중하중(차륜하중)을 재하하여 얻은 휨모멘트와 동일한 휨모멘트를 나타내는 등분포 하중을 등가 등분포 하중으로 한다. 즉, 지간의 1/4점에 차륜하중을 재하하고 구한 DB하중의 휨모멘트가 등가 등분포 하중 w 에 의한 그 점의 휨모멘트와 같다고 놓고 구하는 것이다.

이렇게 환산한 등가 등분포 하중을 사용하면 절점 모멘트는 약간 크게 나오고, 경간 모멘트는 약간 작게 되지만 그 차는 크지 않다. 그러나 단면설계에 고려하는 하중 가운데서 활하중의 비율은 그렇게 크지 않으며, 또 지간이 12 m 정도 이상되면 활하중의 영향의 비율이 작아져서 등가 등분포 하중을 사용하더라도 오차는 크지 않다.

등가 등분포 하중을 사용하면, 지간 중앙에서 전단력이 0으로 되기 때문에 그 전단력을 그림 14-7(b)와 같이 수정해야 한다.

[2] 수평토압

라멘교에는 13장의 13.3 및 13.9에서 설명한 하중 외에 토압이 작용하는 경우가 있다. 예를 들면, 벽식 교각의 라멘교에서는 교각에 수평토압이 작용하게 된다. 이 토압은 12장의 12.2절에 따라 계산하면 된다.

그러나 라멘은 여러 가지 하중에 의한 응력의 조합(組合)에 의하여 설계하기 때문에 토압을 크게 취하는 것이 반드시 안전측은 아니며, 또 토압은 여러 가지 요인으로 인하여 설계에서 생각한 대로 작용하지 않는 수도 있다. 그래서 도로교설계기준에서는 토압을 받는 라멘교는 전 설계토압이 작용하는 경우와 전 설계토압의 1/2이 작용하는 경우 가운데서 불리한 경우에 대하여 설계하도록 규정하고 있다.

14. 6. 2 암거에 작용하는 하중

[1] 연직토압

땅을 파서 암거나 지하철 구조물을 설치하고 흙으로 되메울 경우, 구조물 상면에 걸리는 연직토압은 되메울 흙의 중량으로 본다. 즉, 구조물 상면에서 되메운 흙의 높이를 H, 흙의 단위중량을 γ라고 하면, 연직토압 P_v는 다음과 같다.

$$P_v = \gamma H \tag{14・1}$$

미국의 AASHTO 설계기준에서도 보통의 암거의 경우, 연직토압으로서 식 (14・1)을 주고 있으나, 흙의 단위중량 γ는 실제 중량의 70%를 취하도록 하고 있다. 암거가 가요성(可撓性)의 관(管)일 경우에는 γ를 실제값의 83%로 보도록 규정하고 있다.

[2] 수평토압

측벽(側壁)에 걸리는 수평토압은 12장의 12. 2절에서 설명한 Coulomb의 공식에 의한 주동토압으로 한다. 암거의 강성(剛性)이 충분히 크면 주동토압이 정지토압과 거의 같아지기 때문에 이러한 경우에는 토압계수를 0.5로 하는 정지토압을 사용하는 수도 있다. 암거의 측벽에는 토압 외에 수압도 작용하므로 그 영향을 고려해야 한다. 그러나 수평토압을 크게 보고 설계하는 것이 구조 전체가 반드시 안전측으로 되는 것은 아니다. 앞의 14. 6. 1항의 [2]에서 설명한 이유 때문에, 또 연직부재의 하중의 대소(大小)가 수평토압에는 역(逆)의 영향을 미치기 때문이다.

[3] 활하중

도로교 설계에 사용하는 활하중과 충격은 13장의 13. 3절에 설명되어 있다. 도로 밑을 가로지르는 박스암거(box culvert)나 도로 밑에 설치된 지하철 구조물은 되메운 흙을 통하여 활하중을 받게 된다. 구조물 위에 되메운 흙의 높이가 600 mm 정도 이상되면, 차륜하중은 구조물에 분포하중으로 작용한다. 그리고 되메운 흙의 깊이가 클수록 구조물에 미치는 활하중의 영향은 작아진다.

일반적으로 차륜하중이 암거의 지간방향(支間方向)에 대하여 그림 14-8과 같이 분포한다고 본다. 즉, 차륜의 접지(接地) 길이를 20 cm로 보고, 45°의 방향으로 분포한다고 생각한다. 그러면, 차량 진행방향에 대한 분포 길이는 $F = 2H + 0.2$로 된다. 이에 직각방향으로 트럭 1대를 생각하면 차량 진행방향에 직각인 방향에 대한 분포 폭은 3 m로 볼 수 있다. 따라서 암거 상면(上面)에는 2개의 차륜하중이 $3 \times (2H + 0.2)$의 면적에 분포하여 작용하게 된다. 그러므로 암거 상면의 단위면적에 작용하는 활하중의 영향은 충격을 합쳐서 다음과 같은 등분포 하중으로 된다.

$$W_L = \frac{2W}{3(2H+0.2)}(1+i) \tag{14・2}$$

여기서 W : DB하중의 차륜하중(kN)

H : 되메운 흙의 높이(m)

i : 충격계수

충격의 영향도 되메운 흙의 깊이가 깊을수록 작아진다. 일반적으로 $H < 3.5\,\text{m}$인 경우에는 $i = 0.3$으로 보고 식 (14・2)로 활하중의 영향을 계산한다. 그림 14-8에서 $X > F$인 경우에는 이것을 등가(等價)의 등분포 하중으로 환산하여 계산해도 좋다.

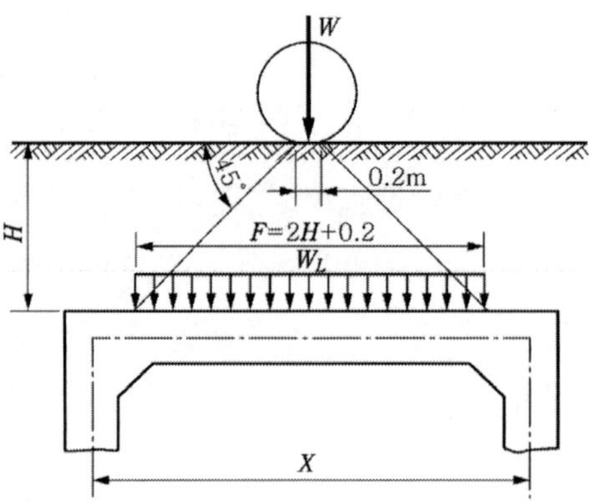

그림 14-8 차륜하중의 분포

이상은 되메운 흙의 깊이 H가 3.5 m 미만인 경우이고, 3.5 m 이상인 경우에는 슬래브 상면에 균일하게 $W_L = 10\,\text{kN/m}^2$가 작용한다고 본다.

미국의 AASHTO 설계기준에서는 다음과 같이 규정하고 있다.

되메운 흙의 깊이가 $H = 600\,\text{mm}$ 이상인 경우에는 차륜하중이 암거 슬래브 상면에서 $1.75H$를 한 변으로 하는 정사각형으로 분포한다고 본다. 2개 이상의 차륜하중이 재하되어 분포면적이 겹쳐질 경우에는 그 전체 분포면적에 등분포한다고 본다. 이때 그 분포 폭이 암거 상부(上部) 슬래브의 지간(支間)을 넘지 않는다고 본다.

단일경간의 구조물에서 되메운 흙의 깊이가 2.5 m 이상이고, 또 지간 이상일 때는 차륜하중의 영향은 없다고 본다. 다경간(多徑間)의 경우, 되메운 흙의 깊이가 양쪽 끝 받침부 전면(前面) 사이의 거리 이상일 때도 차륜하중의 영향은 무시할 수 있다.

14.7 라멘의 설계

14.7.1 절점부의 설계 모멘트

라멘의 절점, 즉 부재들의 접합부(接合部)에는 매우 큰 모멘트와 전단력이 작용한다. 그러므로 절점부는 접합되는 부재들이 서로 단면력을 확실하게 전달할 수 있도록 설계해야 한다. 접합부의 모서리(隅角部)에 헌치(haunch)를 붙이면, 전술한 바와 같이 그 부분의 모멘트는 증가하고, 경간 모멘트는 감소한다. 그러므로 모서리에 헌치를 붙이는 것이 역학적으로 유리하며, 또 헌치는 응력을 원활하게 전달하는 구실도 한다. 그래서 원칙적으로 모서리에 헌치를 붙이되, 응력을 검토할 때는 그림 14-9와 같이 1:3의 경사부만이 유효한 것으로 본다.

절점부에서 수평부재의 모멘트에 대한 위험단면은 그림 14-9에 보인 바와 같이 연직부재의 전면(前面)으로 본다[14.4.1항 참조]. 마찬가지로 연직부재의 위험단면은 수평부재의 하면으로 본다.

도로교설계기준에서는 라멘의 절점부의 설계휨 모멘트를 다음과 같이 취하도록 규정하고 있다. 즉, 헌치나 단면변화의 영향을 고려하여 라멘을 해석한 경우에는 설계 모멘트로서 그림 14-9(a)에 보인 바와 같이 연직부재 전면의 모멘트를 사용한 다. 균일단면으로 보고 라멘을 해석한 경우에는 그림 14-9(b)와 같이 기둥 중심선의 모멘트를 설계 모멘트로 본다. 즉, 균일단면으로 보고 계산한 모멘트도(圖)를 그림 14-9(b)와 같이 오른쪽으로 이동시킨 모멘트도를 설계에 사용한다[14.4.1항 및 그림 14-6 참조].

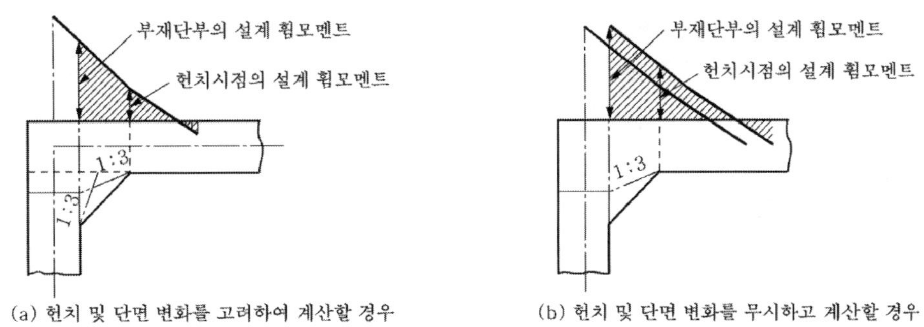

그림 14-9 수평부재의 모멘트에 대한 위험단면

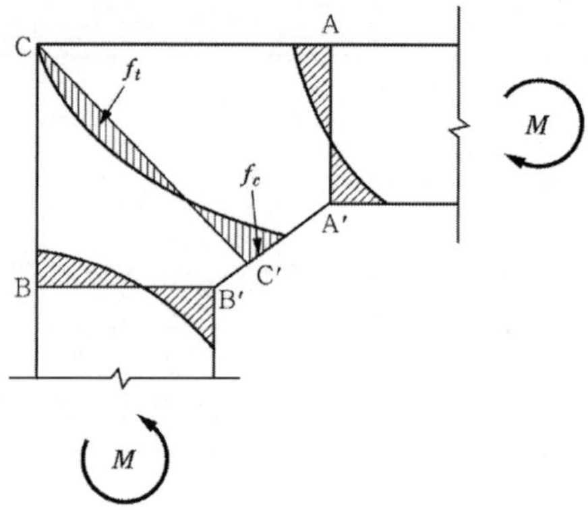

그림 14-10 절점부의 응력분포

14. 7. 2 절점부의 응력분포

라멘의 절점부에서는 단면력에 의한 응력의 방향이 급변하여 응력의 전달기구(傳達機構)가 복잡하다. 그림 14-10은 절점부의 부(負) 모멘트로 인한 응력의 분포를 보인 것이다. 이 그림은 헌치 시점(始點)의 응력이 중앙부보다도 크다는 것을 보여 주고 있다. 그리고 단면 A-A′ 및 B-B′의 응력은 탄성이론에 의한 보통의 방법으로 계산한 응력에 비하여 점 A′ 및 B′의 압축응력은 약간 크고, A 및 B의 인장응력은 거의 같다. 그러나 실험의 결과들은 별문제가 없다는 것을 보여 주고 있기 때문에, 이들 단면에서의 응력검토는 보통의 부재단면과 같은 방법으로 해도 좋다.

그림 14-10과 같이 헌치를 가지는 모서리에서는 C-C′ 단면의 인장응력이 작아서 C-C′ 방향으로 균열이 발생하지 않는다고 보고, A-A′ 단면 및 B-B′ 단면에 대하여 설계하고, 가외철근을 적절히 배치한다. 그러나 헌치의 크기가 작거나 헌치를 두지 않는 경우에는 C-C′ 단면의 인장응력이 콘크리트의 인장강도를 초과해서 C-C′ 방향으로 균열이 발생하는 수도 있다. 이 균열이 직접 파괴로 이어지지는 않지만, 설계가 적절하지 못하면 균열이 발전하여 구조상 좋지 않다. 이러한 경우에는 C-C′ 단면의 응력도 검토하여 충분히 보강해야 한다.

14. 7. 3 절점부의 철근배치

절점부의 모서리에는 휨모멘트의 작용방향에 따라 그림 14-11과 같이 균열이 발생하려는 경향이 있다.

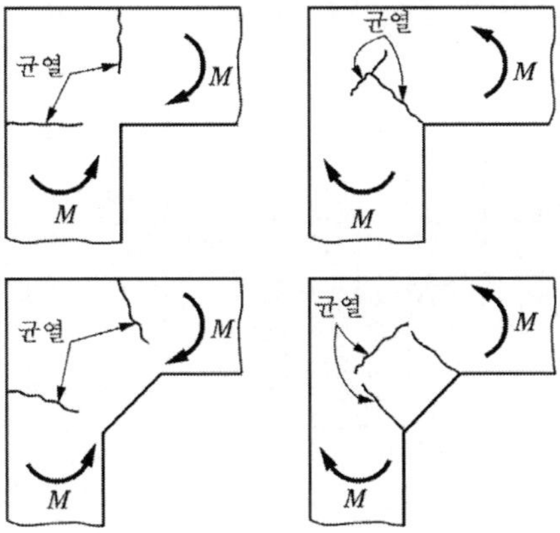

그림 14-11 절점부에 발생하는 균열

시공중의 지보공(支保工)의 변형 또는 지점의 침하, 지진 등에 의하여 측면(側面)에 연직방향 균열이나 헌치 하면(下面)에 균열이 발생할 염려가 있다. 이와 같이 라멘의 모서리에 작용하는 휨모멘트는 상태에 따라 변하고, 그 크기도 설계 모멘트에 비하여 작지 않으며, 응력의 분포도 복잡하게 변화하므로 수평, 연직 및 사방향(斜方向)으로 가외철근을 충분히 배치하여 보강해야 한다. 또, 모서리의 헌치내측(內側)에는 그림 7-4(b)와 같이 별도의 직선철근을 배치해야 한다[7장의 7.1.2 참조]. 이 철근의 양은 헌치 단면적의 0.15% 이상으로 하는 것이 좋다.

그림 14-12는 라멘의 중간 절점부에서의 철근의 배치를 보인 것이다. 수평부재와 접합되는 연직부재의 상단부($h = b \sim 1.5b$)에는 연직부재 중간부에 배치된 띠철근량의 2배 정도의 띠철근량을 배치하되, D13을 150 mm 이하의 간격으로 또는 이와 동등 이상의 철근량을 배치한다.

그림 14-13은 라멘의 단부 절점부(端部 節點部)의 배근을 보인 것이다. 이 절점부에서는 서로 접합되는 부재의 주철근량의 적어도 1/2은 그림처럼 외측에 따라 배치한다. 모서리에서 라멘의 대각선 방향으로 배치된 철근은 정(+)모멘트에 대한 보강 철근이고, 이에 직각으로 배치된 철근은 부(−)모멘트에 대한 것이다.

절점부에는 많은 철근이 교차해서 배치되기 때문에 주철근의 이음은 될 수 있는 대로 두지 않는 것이 좋다. 절점부에서 접합되는 부재들의 주철근이 절점부에서 끝날 경우에는 갈고리를 붙여서 정착하는 것이 좋다.

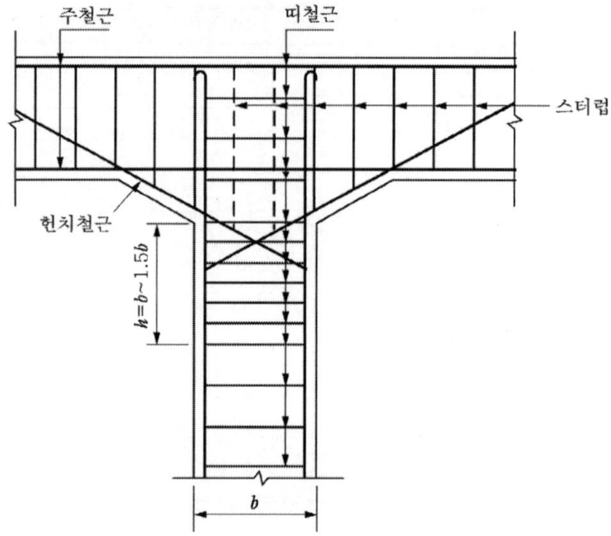

그림 14-12 라멘의 중간 절점부의 철근배치

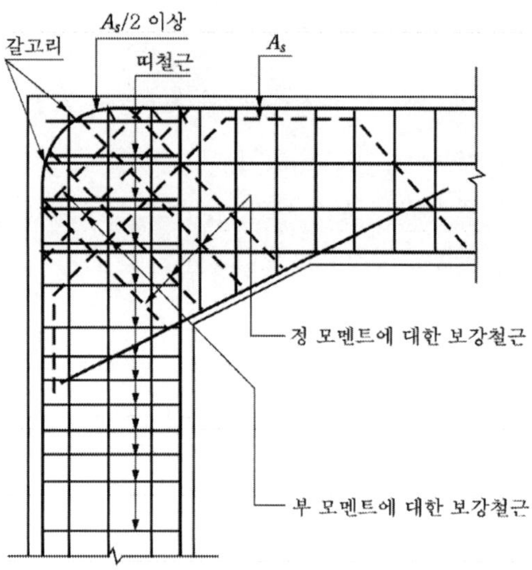

그림 14-13 라멘의 단부 절점부의 철근배치

14.8 설계 예

14.8.1 라멘교의 설계 예

라멘교에는 그림 14-1 (b)와 같은 문형 라멘(portal rigid frame)이 주로 쓰인다. 지간이 짧은 경우에는 슬래브 라멘교로 하고, 지간이 다소 큰 경우에는 T형 라멘교로 한다. 여기서는 슬래브 라멘교의 설계를 예로 들어 본다.

[1] 설 계 조 건

형식	고정각(固定脚) 문형라멘(슬래브)
교량의 등급	2등교
지간	6 m
유효폭	7.5 m
벽체 높이	5 m
아스팔트 포장의 두께	50 mm
콘크리트의 설계기준압축강도	f_{ck} = 21 MPa
철근(SD 300)	f_y = 300 MPa

[2] 하중의 계산

구조의 기본형은 그림 14-14와 같은 좌우대칭의 문형고정 라멘으로 하고 헌치의 영향은 무시한다. 슬래브와 벽체의 두께를 400 mm로 가정하고 폭 1 m에 대하여 설계한다.

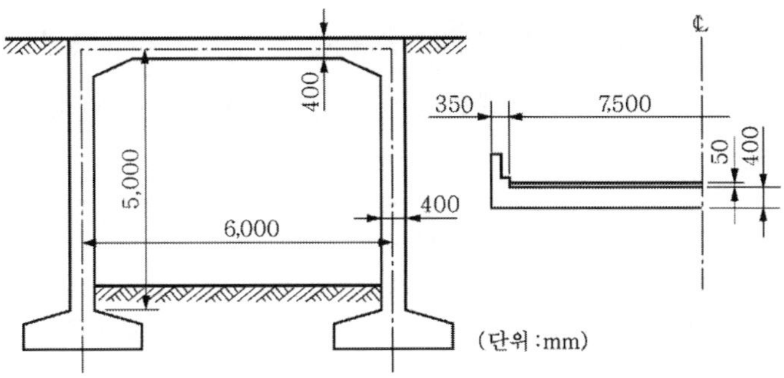

그림 14-14

이러한 슬래브 라멘교의 설계에는 활하중으로 DB하중을 사용해야 하는데, DB하중은 집중하중이기 때문에 14. 6. 1항의 [1]에서 설명한 바와 같이 계산이 번거롭다. 2등교이므로 DB - 18 하중으로 설계하되 계산의 간편을 위하여 환산등가 등분포 하중을 사용하기로 한다.

(1) 고정하중

포장	$0.05 \times 23 = 1.15$ kN/m
슬래브	$0.40 \times 25 = 10$ kN/m
난간, 연석 등	0.85 kN/m
합 계	12 kN/m
계수 고정하중	$W_D = 1.3 \times 12 = 15.6$ kN/m

(2) 활하중

충격계수 $i = \dfrac{15}{40+L} = \dfrac{15}{40+6} = 0.326 > 0.3$

따라서 $i = 0.3$으로 본다.

주철근이 차량 진행방향에 평행하게 배치될 것이므로 차륜하중의 분포 폭은 식(13 · 6)으로부터

$$E = 1.2 + 0.06L = 1.2 + 0.06 \times 6 = 1.56\text{m}$$

따라서 슬래브 폭 1m에 대한 DB - 18의 후륜하중의 크기는

$$P_L = \frac{72}{1.56} = 46.15\text{kN/m}$$

충격을 고려하면

$$P_{L+i} = 46.15 \times (1 + 0.3) = 60\text{kN/m}$$

하중계수를 고려하면

$$2.15 \times 60 = 129\text{kN/m}$$

이러한 DB하중이 지간 6 m의 단순보에 그림 14−15와 같이 재하될 때, 지간의 1/4 점 C에 일어나는 계수휨모멘트는 다음과 같다.

$$M_c = \frac{1}{6}(129 \times 4.5 + 129 \times 0.3) \times 1.5 = 154.8\text{kN·m}$$

한편, 이 단순보에 등분포 하중 W_E가 만재되었다면, 점 C의 휨모멘트는 $\frac{3}{32}W_E l^2$이다. 따라서 위의 $M_c = 154.8$ kN·m을 등가 등분포 하중으로 환산하면

$$\frac{3}{32}W_E \times 6^2 = 154.8 \qquad \therefore\ W_E = 45.9\text{kN/m}$$

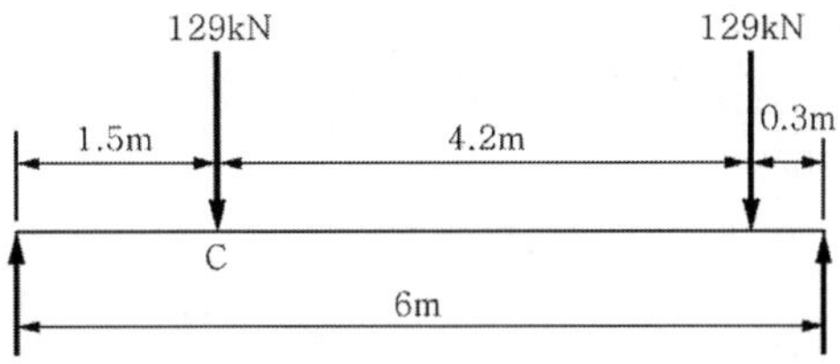

그림 14-15

그러므로 고정하중, 활하중 및 충격하중의 합계는

$$W = 15.6 + 45.9 = 61.5\text{kN/m}$$

(3) 수평토압

흙의 단위중량을 16 kN/m^3, 내부 마찰각을 30°로 보고, 측벽에 걸리는 토압을 계산한다. 지표면이 수평이므로 주동 토압계수는 식 (12·5)로부터

$$C_a = \frac{1-\sin\phi}{1+\sin\phi} = \frac{1-\sin 30°}{1+\sin 30°} = \frac{1}{3}$$

교량 전후(前後)에서 노면교통으로 인한 상재하중을 10 kN/m^{2}로 보고, 이것을 흙의 높이로 환산하면

$$\frac{10}{16} = 0.62\text{m}$$

라멘의 축선은 슬래브의 도심선이므로 측벽상단의 토압을 계산하기 위한 흙의 깊이는 다음과 같다.

$$h_1 = 0.62 + \frac{0.40}{2} = 0.82\text{m}$$

따라서 측벽상단의 토압강도는 식 (12·1)로부터

$$C_a \gamma h_1 = \frac{1}{3} \times 16 \times 0.82 = 4.4\text{kN/m}$$

토압에 대한 하중계수는 1.7이므로[13장의 13.5절 참조]

$$p_1 = 1.7 \times 4.4 = 7.5\text{kN/m}$$

측벽하단의 토압강도는

$$C_a \gamma (h_1 + h) = \frac{1}{3} \times 16 \times (0.82 + 5) = 31\text{kN/m}$$

하중계수를 고려하면

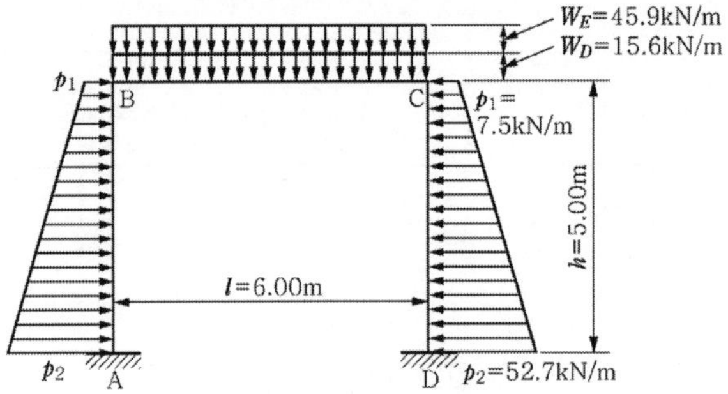

그림 14-16

$$p_2 = 1.7 \times 31 = 52.7\text{kN/m}$$

이상의 하중상태가 그림 14-16에 나타나 있다.

[3] 강성비의 계산

슬래브와 측벽의 단면2차모멘트는 폭 1 m를 생각하므로

$$I_{AB} = I_{BC} = I = \frac{1 \times 0.4^3}{12} = 0.00533\text{m}^4$$

부재 AB의 강성도 ………… $K_{AB} = \dfrac{I}{5}$

부재 BC의 강성도 ………… $K_{BC} = \dfrac{I}{6}$

부재 AB의 강성도를 표준강성도로 하면, 각 부재의 강성비는 다음과 같다.

$$k_{AB} = \frac{K_{AB}}{K_{AB}} = 1$$

$$k_{BC} = \frac{K_{BC}}{K_{AB}} = \frac{I/6}{I/5} = \frac{5}{6} = 0.83$$

[4] 단면력의 계산

하중상태와 부재의 강성비가 주어졌으므로 구조역학의 지식을 이용하여 라멘을 해석한다. 이때 고정하중, 활하중, 토압 등 하중별로 라멘을 풀어서 절점 및 경간 각 점의 모멘트, 전단력, 축방향력을 각각 구한 다음, 동시에 작용할 가능성이 많은 하중의 조합 가운데, 가장 불리한 영향을 주는 하중조합에 대한 최대값을 설계 단면력으로 한다. 이 예제에서는 헌치의 영향을 무시하므로 부재단(部材端) 설계 모멘트로 절점 모

멘트를 사용한다. 또 전 설계토압의 1/2이 작용할 경우에 대하여도 계산해 보고, 이 경우가 위험측이면 이에 따라야 한다.

콘크리트의 건조수축, 온도하강 및 온도 상승시에 대한 단면력을 계산하여 이들 응력의 영향을 검토한다(여기서는 이상의 모든 계산을 생략한다).

[5] 단면의 설계

라멘의 부재는 휨과 축방향력을 받는 부재이므로 이에 대하여 단면을 설계해야 한다. 축방향력은 압축인 경우가 보통이므로, 휨과 압축을 받는 부재로 설계한다. 그 설계는 제9장에 따르면 된다.

이렇게 하여 얻은 단면이 가정한 단면과 큰 차이가 있으면, 단면을 수정하여 다시 계산해야 한다.

[6] 확대기초의 설계

벽의 확대기초이므로 측벽의 폭 1m에 대하여 설계하되, 그 설계는 제11장에 따르면 된다. 다만, 이 확대기초에 작용하는 하중은 기초 및 측벽의 자중 W_1, 기초 위에 실린 흙의 중량 W_2, 외에 라멘해석에서 얻은 수직반력 N, 수평반력 H 및 모멘트 M이 더 있다는 점에 주의해야 한다. 이들 수직반력, 수평반력 및 모멘트는 확대기초에 대하여는 모두 반대 방향의 외력으로 작용한다. 이러한 관계가 그림 14-17에 나타나 있다.

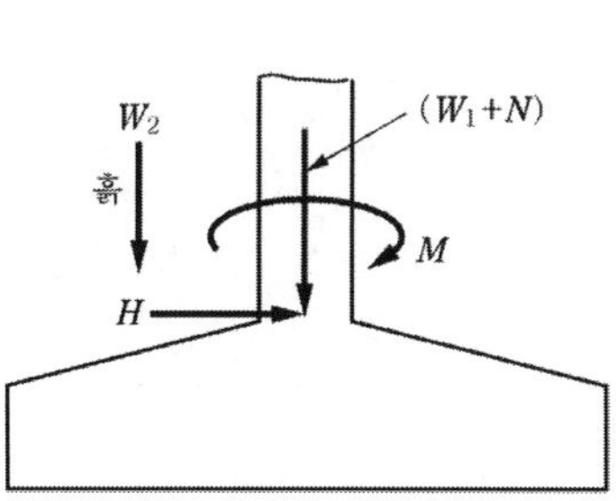

그림 14-17

14.8.2 박스암거의 설계 예

도로 밑을 횡단하는 박스암거(box culvert)를 설계해 보자

[1] 설계조건

구조형식	박스 라멘
암거 내면치수	폭 4.0 m×높이 3.0 m
되메움 흙 높이	3.0 m
되메움 흙의 중량	18 kN/m^3
흙의 내부 마찰각	$\alpha = 30°$
활하중	DB - 18
콘크리트의 설계기준압축강도	$f_{ck} = 21$ MPa
철근(SD 300)	$f_y = 300$ MPa

[2] 하중의 계산

그림 14-18 (a)와 같이 도로 밑을 횡단하는 암거의 단면을 그림 14-18 (b)와 같이 가정한다. 상부 슬래브와 측벽의 두께는 400 mm이고, 바닥 슬래브의 두께는 500 mm이다. 따라서 계산을 위한 라멘치수는 지간(支間)이 $X = 4{,}400$ mm이고, 높이는 $Y = 3{,}450$ mm이며, 헌치의 영향을 생각하지 않는다.

(1) 상부 슬래브에 작용하는 하중

① 활하중

암거 위의 도로를 통행하는 트럭하중(DB - 18)의 영향은 14. 6. 2항의 [3]에 따라 계산한다. 복토(되메운 흙)의 깊이가 3 m이므로 충격계수를 $i = 0.3$으로 보고 DB - 18의 후륜하중에 대하여 식 (14 · 2)로 그 영향을 계산한다.

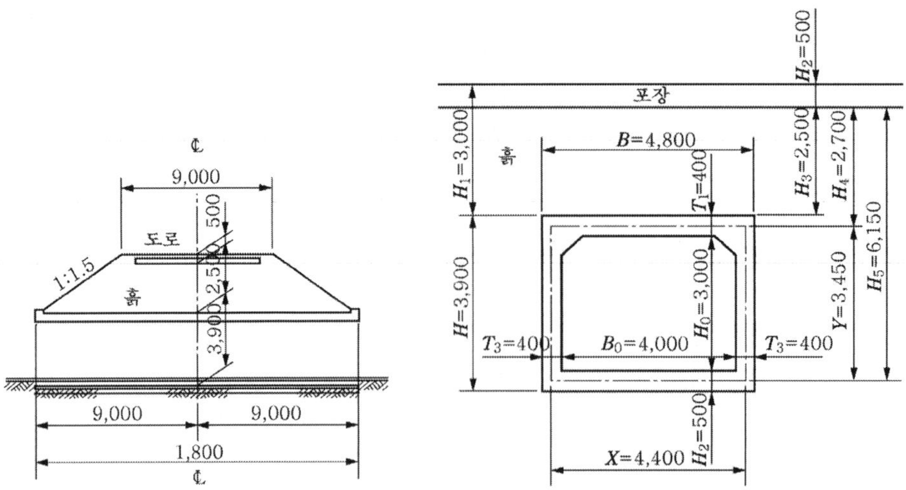

(a) 종단면 (b) 횡단면

그림 14 - 18

$$\frac{2W}{3(2H+0.2)}(1+i)=\frac{2\times 72}{3(2\times 3+0.2)}(1+0.3)$$

$$=\frac{2\times 72}{3\times 6.2}\times 1.3=10.1\text{kN/m}^2$$

하중계수를 고려하면

$$W_L=10.1\times 2.15=21.7\text{kN/m}^2$$

② 포장중량

$$23\times 0.50=11.5\text{kN/m}^2$$

하중계수를 적용하면

$$W_p=11.5\times 1.3=15.0\text{kN/m}^2$$

③ 연직토압(슬래브 상면의 흙의 중량)

$$W_s=(18\times 2.50)\times 1.3=58.5\text{kN/m}^2$$

④ 상부 슬래브 자중

$$W_t=(25\times 0.4)\times 1.3=13.0\text{kN/m}^2$$

(2) 측벽에 작용하는 하중

① 수평토압

Coulomb의 주동토압을 생각한다. 내부 마찰각이 30°인 흙의 주동 토압계수는 식 (12・5)에 의하여 $C_a=\frac{1}{3}$이므로, 상부 슬래브 축선위치에서의 수평 토압강도는 식 (12・1)로부터

$$p_1=(0.3\times 23\times 0.50+0.3\times 18\times 2.70)\times 1.7=30.6\text{kN/m}^2$$

바닥 슬래브의 축선위치에서의 토압강도는

$$p_2=(0.3\times 23\times 0.50+0.3\times 18\times 6.15)\times 1.7=62.4\text{kN/m}^2$$

상재하중을 10 kN/m^{2}로 보면, 환산 흙 높이는

$$\frac{10}{18}=0.55\text{m}$$

따라서 상재하중에 의한 상부 슬래브 축선위치의 수평 토압강도는

$$p_s=(0.3\times 18\times 0.55)\times 1.7=5.1\text{kN/m}^2$$

측벽자중

$$W_W = (25 \times 0.40 \times 3.45) \times 1.3 = 44.9\mathrm{kN/m^2}$$

[3] 하중의 조합

동시에 작용할 가능성이 많은 하중의 조합 가운데, 가장 불리한 영향을 주는 조합에 대하여 구조물을 설계해야 한다. 이 예제에서는 그림 14-19와 같은 두 종류의 하중조합을 생각한다. 즉, 이 두 가지 하중상태에 대하여 각각 라멘을 해석하여 단면력을 구하고, 그 가운데 큰 값으로 단면응력을 검토한다.

그림 14-19(a)의 하중상태 (A)는 트럭하중이 재하된 상태에서 상재하중의 영향은 생각하지 않은 경우이다. 그러므로 상부 슬래브에 작용하는 하중 p_{v1} 은 다음과 같다.

$$p_{v1} = \text{슬래브 자중}(W_t) + \text{연직토압}(W_s) + \text{포장중량}(W_p) + \text{활하중}(W_L)$$
$$= 13.0 + 58.5 + 15.0 + 21.7 = 108.2\mathrm{kN/m^2}$$

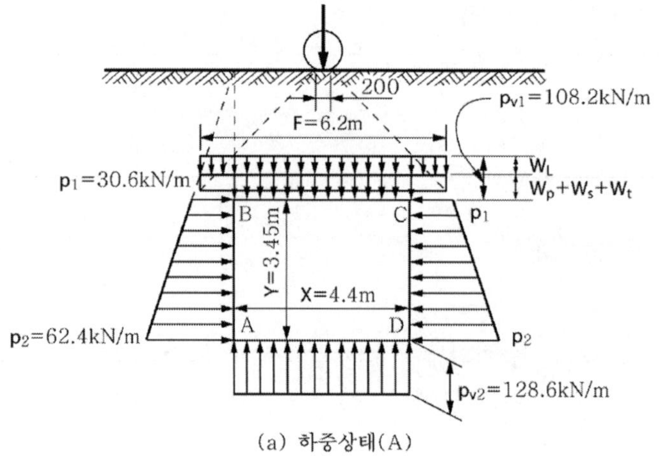

(a) 하중상태(A)

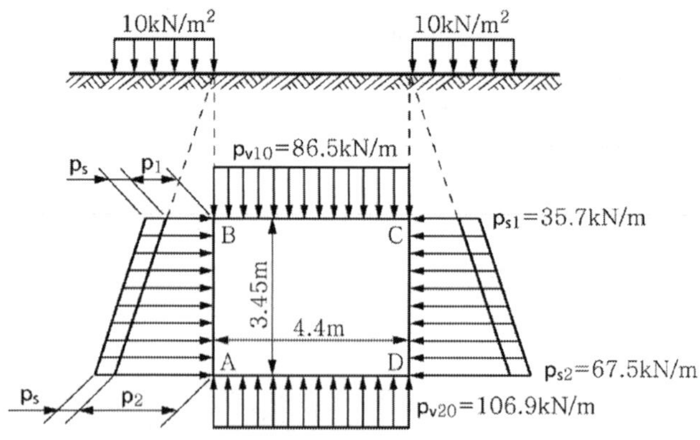

(b) 하중상태(B)

그림 14-19

따라서 바닥 슬래브에 작용하는 반력(反力), 즉 상향압력(上向荷重) p_{v2} 는 다음과 같이 된다. 이때 측벽의 자중은 바닥 슬래브에 등분포한다고 생각한다.

$$p_{v2} = p_{v1} + \frac{2W_W}{X} = 108.2 + \frac{2 \times 44.9}{4.4} = 128.6\text{kN/m}^2$$

그림 14-19(b)의 하중상태 (B)는 DB하중이 제하되지 않는 상태에서 상재하중의 영향을 고려한 경우이다. 따라서 상부 슬래브에 작용하는 하중 p_{v10} 은

$$p_{v10} = 13.0 + 58.5 + 15.0 = 86.5\text{kN/m}^2$$

그러므로 저판(底板)의 반력 p_{v20} 은

$$p_{v20} = 86.5 + \frac{2 \times 44.9}{4.4} = 106.9\text{kN/m}^2$$

측벽 상하에 작용하는 수평토압은 상재하중의 영향을 가산함으로써 각각 다음과 같다.

$$p_{s1} = 30.6 + 5.1 = 35.7\text{kN/m}^2$$
$$p_{s2} = 62.4 + 5.1 = 67.5\text{kN/m}^2$$

[4] 강성비

암거의 폭 1 m에 대하여 설계하므로 측벽과 상부(上部) 슬래브의 단면2차모멘트는

$$I_{AB} = I_{CD} = I_{BC} = I = \frac{1 \times 0.4^3}{12}\text{m}^4$$

저판 슬래브의 단면2차모멘트는

$$I_{AD} = \frac{1 \times 0.5^3}{12}\text{m}^4$$

따라서 각 부재의 강성도는

$$K_{AB} = K_{CD} = \frac{I}{3.45}$$
$$K_{BC} = \frac{I}{4.4}$$
$$K_{AD} = \frac{I_{AD}}{4.4}$$

K_{AB} 를 표준강도로 하면 강성비는 다음과 같다.

$$k_{AB} = k_{CD} = 1$$

$$k_{BC}=\frac{K_{BC}}{K_{AB}}=\frac{I}{4.4}\times\frac{3.45}{I}=0.784$$

$$k_{AD}=\frac{K_{AD}}{K_{AB}}=\frac{I_{AD}}{4.4}\times\frac{3.45}{I}=\frac{3.45}{4.4}\times\frac{0.5^3}{0.4^3}=1.531$$

[5] 설계단면력의 결정

위의 강성비를 사용하여 전기(前記) 두 종류의 하중상태에 대하여 라멘을 풀어서 단면력을 구하고, 절대값이 큰 쪽을 설계단면력으로 한다(여기서는 계산 생략).

[6] 단면설계

상부(上部) 슬래브와 저판 슬래브는 휨만 받는다고 보고 설계하고, 측벽은 휨과 압축을 받는 부재로 설계한다. 계산된 단면이 가정한 단면과 큰 차이가 나거나, 또는 설계 단면력(U)이 설계강도(ϕR_n)를 초과할 경우에는 단면을 수정하여 다시 계산해야 한다.

제15장 극한해석과 한계상태설계

15.1 서 론

극한설계(limit design)란 구조물의 붕괴하중을 상정하여 극한해석을 하고 설계하는 구조물의 설계법이다. 극한설계와 소성설계(plastic design)가 종종 같은 용어로 사용되고 있는데, 일반적으로 소성설계 또는 소성해석(plastic analysis)이라는 말은 강구조(鋼構造)에서 주로 쓰이고, 철근콘크리트에서는 **극한설계** 또는 **극한해석**(limit analysis)이라는 용어가 주로 쓰인다. 강구조에서 말하는 소성설계는 항복 후의 모멘트의 변화뿐 아니라 단면 연단이 항복한 이후 연단 이외의 단면에서도 항복하게 되어 증가되는 단면의 저항모멘트까지 고려한다. 그러나 철근콘크리트의 극한설계는 모멘트의 변화만을 대상으로 한다. 철근콘크리트의 전통적 개념의 한계상태설계법(limit state design)(4장의 4.1.3항 참조)은 물론이고 강도설계법(strength design)에서도 인장철근의 항복 후 증가된 단면강도가 이미 포함되어 있기 때문이다. 한편 구조해석에 있어서는 극한해석과 소성해석이 동일한 의미의 용어로 통용되고 있다.

철근콘크리트 구조물이 고정하중을 받을 경우 그 모멘트도(圖)와 거의 일치하는 강도를 갖도록 설계할 수 있다. 이 경우에는 극한설계 개념은 보탬이 되지 않는다. 왜냐하면, 극한능력이 여러 곳에서 동시에 도달되고, 또 탄성이론 해석이 붕괴를 예측하는 데 충분히 적절하기 때문이다. 그러나 활하중이 추가로 작용하므로, 활하중의 위치에 따라 몇 가지 재하상태가 있을 수 있는 연속 휨부재에 있어서는 최대 정(+)모멘트의 합과 두 최대 부(−)모멘트의 평균이 단순보 모멘트보다 그 합계가 클 것이다. 이러한 경우에 극한설계를 적용하면 단면이 감소될 수 있을 것이다.

이 장은 철근콘크리트 연속보의 극한해석과 이를 고려한 설계를 간단히 논의한다.

15.2 모멘트의 재분배

극한하중의 1/2 이상의 하중에 대하여 콘크리트는 탄성적으로 거동하지 않는다. 그러므로 휨모멘트는 탄성이론에 의하여 구하고, 단면은 비탄성적으로 거동한다고 보고 설계하는 강도설계법은 어떤 모순점을 가지고 있다.(4장의 4.1.3항 참조) 이와 같이 구조해석은 탄성적으로 하고, 단면설계는 비탄성적으로 하고 있는 이 설계법은 모순점이 있기는 하지만, 안전측이고 또 강도에 여유가 있다.

일반적으로 철근콘크리트 부정정 구조물에 있어서는 하나의 단면의 항복이 곧 붕괴(collapse)를 가져오지 않으며, 첫 항복과 붕괴 사이에는 상당한 강도의 여유가 있다. 즉, 부정정보나 라멘은 어느 한 단면이 극한 모멘트에 도달했다고 해서 곧 파괴되는 것은 아니다. 파괴에 이르기 전에 하중이 더 증가하여 높은 응력을 받는 단면에서 소성힌지(plastic hinge)가 형성되고, 모멘트 분포에 변화가 일어나는 과정을 밟는다. 이 현상을 **모멘트의 재분배**(redistribution of moment)라고 한다. 다시 말하면 파괴에 이르는 단계에서 단면이 소성적으로 저항하여 부재에 회전가능한 부분이 생기는 바, 이 부분을 **소성힌지**라고 하며 소성힌지가 형성된 후 휨모멘트의 분포가 변화하는 현상이 일어난다. 즉, 소성힌지가 형성된 후 그 점의 모멘트는 변화하지 않고, 응력이 작은 부분의 모멘트가 증가해 간다. 이 현상이 모멘트의 재분배이다.

모멘트의 재분배는 부재강도의 합리적인 평가에 매우 중요하다. 모멘트의 재분배는 설계에 사용할 모멘트도(圖)를 그 한도 내에서 수정할 수 있도록 해주기 때문이다. 이러한 모멘트의 수정은 부재의 어떤 단면을 과소철근으로 되게 할 것이고, 또 기둥과 보의 접합부와 같이 모멘트가 큰 곳에서 철근의 과밀(過密)을 완화시킬 것이다.

이상과 같은 생각에 기초를 둔 설계법을 철근콘크리트에서 **극한설계**(limit design)라 하고 강구조에서는 **소성설계**(plastic design)라 부르고 있다.

15.3 소성힌지와 붕괴기구

철근콘크리트의 극한해석(limit analysis)에 쓰이는 용어의 정의를 미리 알아둘 필요가 있다. 휨을 받는 부재에 있어서 부재의 상면 또는 하면이 최초로 항복점 응력에 도달했을 때의 단면의 모멘트를 **항복 모멘트**(yield moment)라고 한다. 저 보강보(under reinforced beam)로 설계되는 보통의 철근콘크리트 보에 있어서는 인장철근이 항복할 때의 모멘트가 항복 모멘트이다. 단면이 저항할 수 있는 최대 모멘트를 **극한 모멘트**(ultimate moment)라 하며, 항복 모멘트로부터 극한 모멘트에 이를 때까지의 모멘트를 총칭해서 **소성 모멘트**(plastic moment)라고 한다. 모멘트가 증가해 갈 때 부재의 상하면으로부터 부재중심으로 향하여 철근의 항복응력, 또는 콘크리트의 최대응력이 서서히 침투해 들어가는 상태를 **단면의 소성화**(plastification)라고 하며, 모멘트가 극한 모멘트에 이르렀을 때 단면의 소성화는 완전히 이루어진다. 구조물에 작용하는 하중들이 그 작용위치를 바꾸는 일 없이 그 크기만을 동일한 비율로 증가시키면, 구조물의 어느 단면의 휨모멘트가 소성 모멘트와 같아진 후 그 단면은 소성 모멘트와 같은 저항을 유지하면서 마치 힌지와 같이 거동한다. 이러한 점을 **소성힌지**(plastic hinge)라고 한다.

철근콘크리트 보는 휨을 받으면 보의 축이 곡률을 이루어 회전을 일으킨다. 이 회전을 부재의 단위 길이에 대한 각 변화 Ψ로 나타내면 편리하다. 그림 15-1 (a)에 있어서 실선으로 나타낸 곡선은 저 보강보에 있어서의 M와 Ψ의 관계를 보인 것이다.

이 그림은 균열 모멘트 M_{cr}까지는 직선이고, 그 후 약간 경사진 직선임을 보여 주고 있다. 항복 모멘트 M_y부터는 단위회전 Ψ의 증가는 직선적이 아니다. 모멘트가 더

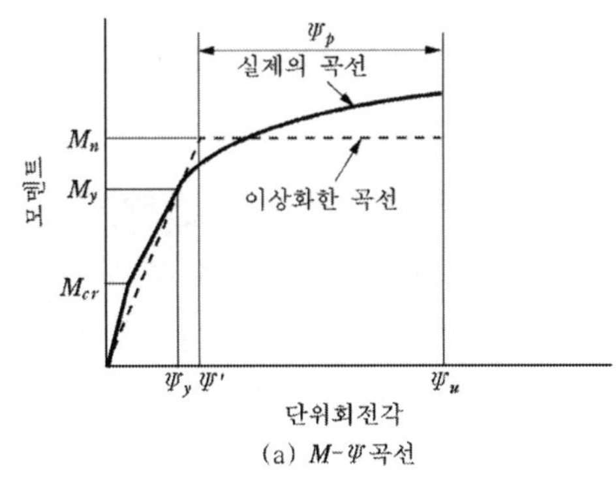

(a) M-Ψ 곡선

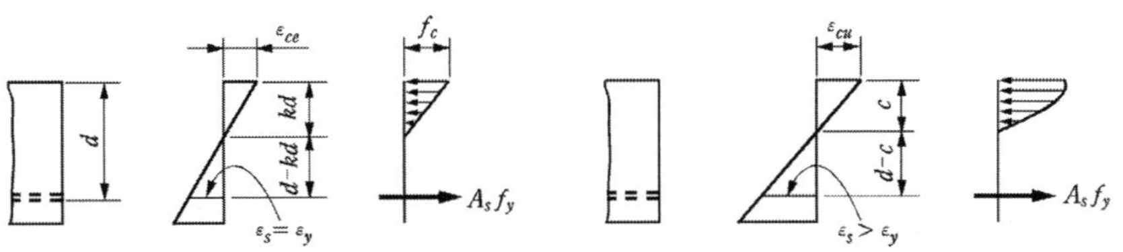

(b) 탄성응력상태 (c) 극한 강도 상태

그림 15-1 $M-\Psi$의 관계[참고문헌 42]

증가하면 비탄성적 회전이 증가되어 극한회전 능력 Ψ_u 에 도달할 때 종국적인 붕괴(collapse)가 일어날 것이다.

항복 모멘트 M_y 는 그림 15-1 (b)와 같은 탄성응력 분포에 의하여 계산한다. 즉

$$M_y = A_s f_y \left(d - \frac{kd}{3}\right)$$

극한 모멘트 M_u 는 그림 15-1 (c)로부터

$$M_n = A_s f_y \left(d - \frac{\beta_1 c}{2}\right)$$

그림 15-1 (b)와 같은 응력상태에서 그림 15-1 (c)와 같은 응력상태로 되면 내력(內力) 모멘트의 팔 길이가 약간 증가하기 때문에 항상 M_n 은 M_y 보다 얼마간 큰 값이 된다.

극한해석을 위하여 $M-\Psi$ 곡선을 그림 15-1 (a)의 점선과 같이 2개의 직선으로 이상화하는 것이 보통이다. 그리고 이 곡선의 탄성부분의 기울기를 균열환산단면2차모멘트를 사용하여 정확하게 계산할 수 있다. 단면의 휨모멘트가 계산으로 구한 공칭휨강도 M_n 에 도달한 후에는, 단면의 모멘트가 변화하지 않아도 소성회전(plastic rotation)이 계속하여 일어난다고 가정한다. 이러한 단면에서 보의 처짐 곡선은 기울기의 급격한 변화를 나타낸다. 그리고 보는 마치 그 점에 힌지가 있는 것처럼 거동한다. 그러나 이 힌지는 마찰이 없는 힌지가 아니라, 회전에 대하여 상당한 저항력을 가진 힌지가 될 것이다. 이것이 **소성힌지**이다.

그림 15-2에 보인 바와 같이 정정보에 1개의 소성힌지가 형성된다면 억제할 수 없는 처짐이 일어나서 보는 붕괴될 것이다. 이러한 형태를 극한해석에서는 **붕괴기구**(collapse mechanism)라고 한다. 정정 구조물이 붕괴기구를 이루기 위해서는 단 1개의 소성힌지의 형성만이 필요하다. 부정정 구조물에 있어서는 사정이 다르다. 이 경우에는 소성힌지가 여러 곳에 형성되더라도 구조물은 안정을 유지할 것이다. 부정정 구조물에 있어서 이러한 소성힌지의 형성은 부재에 모멘트의 재분배를 가져오기 때문이다.

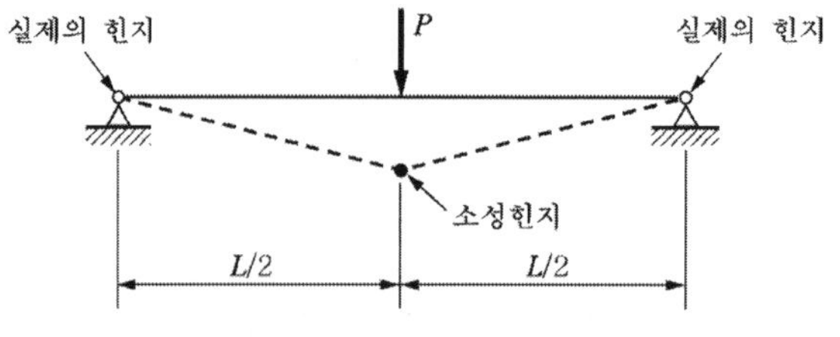

그림 15-2 단순보의 경우[참고문헌 43]

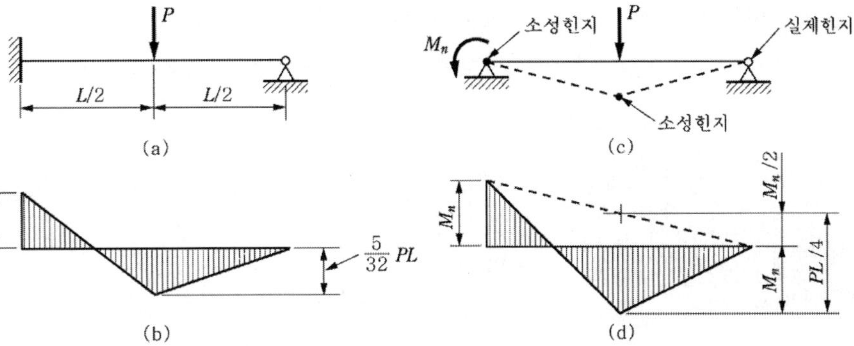

그림 15-3 부정정보의 경우[참고문헌 44]

하나의 예로 그림 15-3(a)와 같은 부정정보를 생각해 보자. 부철근(負鐵筋)과 정철근(正鐵筋)을 대칭으로 배치하였다면 고정지점의 부(負)모멘트 용량과 지간중앙의 정(正) 모멘트 용량은 똑같을 것이다. 지금 고정지점의 탄성 모멘트 $\frac{3}{16}PL$이 그 점의 소성 모멘트 용량 M_n과 똑같게 될 때까지 하중 P를 서서히 증가시켜 보자. 그러면 그 하중의 크기는 다음과 같다.

$$P = P_{el} = \frac{16}{3} \cdot \frac{M_n}{L} = 5.33\frac{M_n}{L} \qquad \text{(a)}$$

이 하중하에서 하중 작용점의 정모멘트는 그림 15-3(b)에 보인 바와 같이 $\frac{5}{32}PL$이다. 이때 보는 좌측지점을 제외한 다른 부분은 아직도 탄성적으로 거동한다. 그러므로 해석을 위하여 좌측지점을 M_n의 용량을 가진 소성힌지로 바꾸어 놓을 수 있다. 따라서 이 지점의 부정정 여력은 기지(旣知)의 M_n으로 대치되므로 보는 정정으로 된다.

하중 작용점에 제2의 소성힌지가 형성될 때까지 하중은 계속 증가한다. 그리하여 하중 작용점의 모멘트도 M_n에 도달한다. 그리고 보는 그림 15-3(c)와 같은 메커니즘으로 전환하여 붕괴를 일으킨다. 붕괴하중에서의 모멘트도(圖)가 그림 15-3(d)이다.

붕괴를 일으키는 하중의 크기는 그림 15-3(d)로부터 다음과 같이 계산할 수 있다.

$$M_n + \frac{M_n}{2} = \frac{PL}{4} \qquad \therefore P = P_n = \frac{6M_n}{L} \qquad \text{(b)}$$

식 (b)와 식 (a)를 비교해 보면 첫 번째 소성힌지가 형성된 후 제2의 소성힌지가 형성되어 보가 붕괴직전에 이르는 동안 하중이 12.5% 정도 증가함을 알 수 있다. 또한, 소성힌지의 형성으로 인하여 모멘트의 재분배가 일어났음을 알 수 있다. 즉, 붕괴시 정(+) 모멘트와 부(−) 모멘트의 비가 고정지점과 지간중앙의 철근량의 비와 같도록 재분배된다. 결국, 첫 번째의 소성힌지가 형성되면 그 점에서의 모멘트는 변하지 않고 응력이 작은 부분으로 모멘트가 증가해 가면서 제 2의 소성힌지가 형성되어 붕괴기구를 이루게 되고 붕괴하게 된다.

15.4 소성힌지의 회전각

재분배되는 모멘트량은 소성힌지의 회전각과 밀접한 관계가 있다. 일반적으로 정모멘트와 부모멘트 사이의 탄성 모멘트의 비가 클수록 회전량도 커진다.

주어진 휨모멘트에 대한 소성힌지의 회전량은 변위의 적합조건(strain compatibility)에 의하여 구할 수 있으며, 모멘트 면적법이나 공액보의 방법을 이용하면 된다. 이때 소성힌지는 한 점에서 형성된다고 생각하고 집중하중으로 간주한다.

하나의 예로 그림 15-4(a)와 같은 2경간 연속보에서 소성힌지의 회전각을 계산해 보자. 그림 15-4(b)는 이 보의 탄성 모멘트도를 보인 것이다. 이 모멘트도(圖)를 사용하여 단위 회전각이 $\dfrac{M}{EI}$와 같다고 놓고 지점 C의 처짐을 계산하면 0을 얻는다. 그림 15-4(c)는 지점 모멘트를 $0.096PL$에서 $0.150PL$로 증가시키고, 경간(徑間) 모멘트는 $0.182PL$에서 $0.150PL$로 감소시킨 모멘트도이다. 이 모멘트도를 이용하여 지점 C의 처짐을 계산하면 0이 되지 않는다. 이 사실은 우측 지점이 기하학적 적합조건을 유지하기 위하여는 하나 이상의 점에서 비탄성 회전이 필요하다는 것을 의미한다.

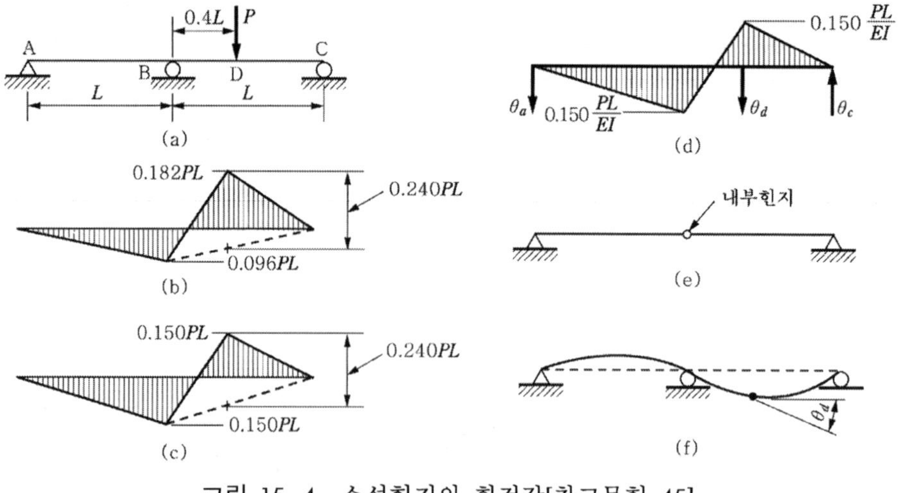

그림 15-4 소성힌지의 회전각[참고문헌 45]

이 보를 그림 15-4 (c)의 모멘트도에 따라 철근을 배근했다면 하중이 증가할 때 강도가 부족한 점 D에서 첫 번째의 소성힌지가 형성될 것이다. 이 상태에서 계속 재하하면 점B에 제2의 소성힌지가 발생하여 붕괴기구를 형성하고 구조물은 붕괴에 이르게 된다.

극한해석에서는 실제 붕괴가 시작되는 마지막 소성힌지를 제외하고 그 밖의 모든 소성힌지의 회전각을 계산해야 한다. 그림 15-4 (d)는 그림 15-4 (e)의 공액보에 재하할 $\frac{M}{EI}$도(圖)이며, 계산해야 할 집중 각변화 θ_d 도 나타나 있다. 공액보의 내부힌지 B에 대하여 왼쪽 지간의 $\frac{M}{EI}$하중의 모멘트를 취하면, 공액보의 좌측반력 θ_a 가 얻어진다(이 θ_a 는 실제보의 점 A의 기울기이다).

$$-\theta_a L + \left(0.150\frac{PL}{EI} \times L \times \frac{1}{2}\right) \times \frac{L}{3} = 0$$

$$\therefore \theta_a = 0.025\frac{PL^2}{EI}$$

다음에 공액보의 지점 C에 대하여 모멘트를 취하면 θ_d 가 얻어진다.

$$\therefore \theta_d = 0.060\frac{PL^2}{EI}$$

이것은 그림 15-4 (f)에 보인 바와 같이 오른쪽 지점의 처짐이 0으로 복귀하기 위해서는 처짐곡선의 기울기가 불연속이어야 한다는 것을 뜻하는 것이다. 그림 15-4 (c)의 수정된 모멘트도(圖)를 살리려면 보가 최소한 이만한 소성 회전량을 낼 수 있어야 한다.

15.5 회전능력

콘크리트 구조물의 소성힌지가 비탄성 회전을 흡수하는 능력에 한도가 없는 것은 아니다. 콘크리트 구조물의 극한해석에 있어서는 재분배할 모멘트량을 얻는 데 필요한 위험단면의 회전량을 계산해야 하고, 또 그 단면에서의 부재의 회전능력도 계산해야 한다.

항복초기의 곡률 Ψ_y 는 그림 15-1 (b)의 변형률도로부터 다음과 같이 구해진다.

$$\Psi_y = \frac{\varepsilon_y}{d(1-k)} \tag{15・1}$$

여기서 k는 부록 A의 식 (A · 6)으로부터 구한다. 극한 단위 회전각 Ψ_u는 그림 15-1 (c)로부터 다음과 같이 된다.

$$\Psi_u = \frac{\varepsilon_{cu}}{c} \tag{15 · 2}$$

강도설계법의 휨강도 해석에서는 $\varepsilon_{cu} = 0.003$을 사용하는 것이 보통이지만, 극한해석에서는 더 정확한 값이 요구된다. 많은 실험결과에 의하면 연속보의 부(負) 모멘트 구역에서 콘크리트의 극한변형률은 받침의 폭 b, 모멘트와 전단력의 비 M/V 및 압축철근과 복부철근의 존재에 의해 크게 영향을 받는다. 압축철근과 복부철근의 영향은 다음과 같이 정의되는 철근비 ρ''로 나타낸다. 즉, ρ''는 1개의 스터럽 체적에 1개의 스터럽 구간에 있는 압축철근의 체적을 합한 것과 그 구간의 콘크리트 체적과의 비이다. 그러면 소성힌지에서의 콘크리트의 극한 휨 변형률은 다음과 같이 된다.

$$\varepsilon_{cu} = 0.003 + 0.02b\frac{V}{M} + 0.20\,\rho'' \tag{15 · 3}$$

그런데, 그림 15-1 (a)에서 이상화한 곡선에 대하여 기하학적 관계를 이용하면 비탄성의 단위 회전각 Ψ_p는 다음과 같이 된다.

$$\Psi_p = \Psi_u - \Psi' = \Psi_u - \Psi_y \frac{M_n}{M_y} \tag{15 · 4}$$

이 소성회전은 하나의 단면에 국한된 것이 아니고 **힌지작용 길이**(hinging length)라고 하는 어떤 길이에 분포된다. 실험에 기초를 둔 식 (15 · 3)은 부재의 유효높이 d와 같은 길이에서 측정된 값이다. 따라서 ε_{cu}는 극한변형률의 평균값이고 식 (15 · 4)의 Ψ_p는 단위 회전각의 평균값이다. 그러므로 총 비탄성 회전각 θ_p는 Ψ_p에 힌지작용 길이 l_p를 곱하여야 한다. 즉

$$\theta_p = \left(\Psi_u - \Psi_y \frac{M_n}{M_y}\right) l_p \tag{15 · 5}$$

받침부의 어느 한쪽에서의 힌지작용 길이 l_p는 다음과 같이 주어진다.

$$l_p = 0.5d + 0.05z \tag{15 · 6}$$

여기서 z는 최대 모멘트점으로부터 모멘트가 0인 점까지의 거리 가운데 작은 값이다.

15.6 도로교설계기준 한계상태설계법(2012)의 휨설계

15.6.1 구조해석

도로교설계기준 한계상태설계법(2012)에서는 5장에서 콘크리트교의 극한한계상태의 설계에 사용되는 구조해석의 방법으로 비선형해석, 소성해석, 탄성해석 후의 휨모멘트 재분배 기법을 규정하고 있다.

비선형해석은 재료의 비선형 거동을 적절히 반영하여야 하며 실질적인 강성을 나타내는 재료 성질을 사용하여야 한다. 이때 해석은 기하비선형 해석을 포함한 2차 해석도 포함할 수 있으며(9장의 9.7.4항 참조), 극한한계상태뿐만 아니라 사용한계상태에도 적용할 수 있다.

소성해석은 소성힌지영역에서 충분한 회전능력을 발휘할 수 있어야 하므로, 조건을 만족하는 경우에 수행하여야 한다. 즉, 극한한계상태에서 단면의 휨강도해석으로 구한 중립축의 위치 c와 인장철근의 유효깊이 d의 비율이, 콘크리트 설계기준압축강도가 40 MPa 이하인 경우에는 0.30 이하, 콘크리트 설계기준압축강도가 45 MPa 이상인 경우에는 0.23 이하이어야 하며, 소성힌지영역에서 계산된 회전각(θ_s)이 다음식의 허용소성회전각($\theta_{pl,d}$) 이하인 경우에 소성해석을 수행할 수 있다.

$$\theta_{pl,d} = k_\lambda \, \theta_{pl} \tag{15·7}$$

여기서 k_λ : 전단지간비에 따른 보정계수$\left(= \sqrt{\dfrac{\lambda}{3}}\right)$

λ : 전단지간비$\left(= \dfrac{M_u}{V_u d}\right)$

θ_{pl} : 기준 소성회전각으로, 도로교설계기준 한계상태설계법(2012) 그림 5.4.2에 그림으로 주어져 있다.

그러나 어느 단면에서나 극한한계상태에서 단면의 휨강도해석으로 구한 중립축의 위치 c와 인장철근의 유효깊이 d의 비율이, 콘크리트 설계기준압축강도가 40 MPa 이하인 경우에는 0.30 이하, 콘크리트 설계기준압축강도가 45 MPa 이상인 경우에는 0.23 이하이고, 받침부의 부모멘트에 대한 경간 중앙의 정모멘트 비가 0.5와 2.0 사이에 있는 경우에는 위의 회전능력 요구조건을 만족하지 않아도 소성해석을 적용할 수 있다.

탄성해석 후의 휨모멘트 재분배는 15.6.4항과 15.7.1항에서 설명한다.

15. 6. 2 콘크리트의 압축응력-변형률 관계

[1] 비선형해석을 위한 콘크리트의 압축응력-변형률 관계

단기하중이 작용하는 콘크리트 구조물의 구조해석으로 비선형해석을 수행하는 경우, 실험 또는 적절한 통계자료에 근거한 신뢰할 수 있는 콘크리트의 압축응력-변형률 ($f_c - \varepsilon_c$) 관계를 구할 수 있다면 이를 사용할 수 있으나, 그렇지 않은 경우에는 다음의 곡선을 사용할 수 있다.

$$f_c = f_{cm}\left[\frac{k(\varepsilon_c/\varepsilon_{co,r}) - (\varepsilon_c/\varepsilon_{co,r})^2}{1+(k-2)(\varepsilon_c/\varepsilon_{co,r})}\right] \qquad (15 \cdot 8)$$

여기서 k : 곡선의 기울기를 정의하는 상수 $\left(k = \dfrac{1.1E_c\varepsilon_{co,r}}{f_{cm}}\right)$

$\varepsilon_{co,r}$: 최대 응력에 도달하였을 때의 정점 변형률

$\varepsilon_{cu,r}$: 비선형해석을 수행하는 경우의 콘크리트 극한한계변형률

f_{cm} : 콘크리트의 평균압축강도로 콘크리트구조기준(2012)의 f_{cu}와 동일하다 (2장의 2. 1. 5 [3]항, 식 (2 · 3) 참조).

이 곡선은 정점 응력의 대략 40 %까지 거의 직선이며, 그 기울기에 해당하는 탄성계수는 콘크리트 강도에 따라 증가한다. 작용 응력이 커질수록 비선형성이 증가하여 결국 정점에서 최대 응력이 발현되며, 이때의 변형률 $\varepsilon_{co,r}$은 콘크리트 강도가 증가할수록 커진다. 반면에 극한변형률 $\varepsilon_{cu,r}$은 콘크리트 강도가 증가할수록 작아진다. 저강도일수록 압축에 대한 연성이 증가하며, 콘크리트 강도가 커질수록 취성이 증가하는 1축 압축강도 시험결과를 반영한 것이다.

표 15-1은 응력-변형률 곡선의 형상과 변형률 특성을 콘크리트 강도등급에 따라 나타낸 것이다.

표 15-1 비선형해석을 위한 콘크리트 응력-변형률 곡선의 계수

f_{ck} (MPa)	18	21	24	27	30	35	40	50	60	70	80	90
$\varepsilon_{co,r}$ (‰)	1.92	2.0	2.05	2.1	2.2	2.25	2.3	2.45	2.6	2.7	2.8	2.8
$\varepsilon_{cu,r}$ (‰)	3.3							3.2	3.1	3.0	2.9	2.8

[2] 단면설계를 위한 콘크리트의 압축응력-변형률 관계

콘크리트 휨부재의 단면설계에는 포물-사각형 곡선(parabola-rectangle diagram; p-r곡선)의 다음 식으로 표현되는 압축응력-변형률 관계를 사용한다. 식 (15·9)는 변형률이 $0 \le \varepsilon_c \le \varepsilon_{co}$인 구간의 상승곡선부이며, 식 (15·10)은 최대응력에 도달한 후 극한변형률까지인 $\varepsilon_{co} < \varepsilon_c \le \varepsilon_{cu}$ 구간에서 응력이 일정함을 나타낸다.

$$f_c = \phi_c(0.85 f_{ck})\left[1-\left(1-\frac{\varepsilon_c}{\varepsilon_{co}}\right)^n\right] \tag{15·9}$$

$$f_c = \phi_c(0.85 f_{ck}) \tag{15·10}$$

여기서 ϕ_c : 콘크리트의 재료계수로 값은 0.65 (4장의 4.1.3항 참조)

n : 상승 곡선부의 형상을 나타내는 지수 (표 15-2)

ε_{co} : 최대 응력에 처음 도달하였을 때의 변형률 (표 15-2)

ε_{cu} : 콘크리트의 극한변형률 (표 15-2)

이 곡선은 극한한계상태에서의 실제 응력분포를 근사적으로 나타낼 수 있는 곡선으로 장기하중을 받는 부재의 극한한계상태 단면설계를 위한 응력분포이다. 따라서 사용하중단계이거나 또는 단기하중이 편심으로 작용하고 있는 콘크리트 부재의 응력-변형률 곡선과 정확히 일치하지는 않는다. 그러나 이러한 경우에도 해당하는 부재의 실험강도는 이 곡선을 적용하여 구한 강도와 약간의 차이가 있을 뿐이며, 모든 경우에 안전한 결과에 해당한다. 이 식에서 유효계수 0.85는 장기거동에 따른 응력의 재분배와 휨 변형에 따른 변형률 경사(strain gradient), 그리고 실린더 공시체의 압축강도와 실제 크기 구조물의 압축강도와의 차이를 반영하는 계수이다.

상승곡선의 형상은, 설계기준압축강도가 40 MPa 이하인 콘크리트는 2차식이며 40 MPa보다 큰 고강도 콘크리트에서는 직선에 가까워진다. 최대응력에 도달할 때의 변형률 ε_{co}는 40 MPa보다 큰 콘크리트에서는 강도가 증가할수록 커진다. 반면에 극한 변형률 ε_{cu}는 40 MPa보다 큰 콘크리트에서는 강도가 증가할수록 작아진다. 여기서 정의하는 극한변형률 ε_{cu}는 국내외의 휨실험 결과로부터 취한 것으로 실험값의 중간 값 정도이다. 이는 유럽과 일본의 설계기준에 비하여 보통강도 콘크리트에 대해서는 작은 값이며 고강도 콘크리트에서는 극한변형률의 감소 값이 크지 않다. 재료계수를 적용하지 않은 콘크리트 압축강도에 따른 응력분포의 형상은 그림 15-5와 같다.

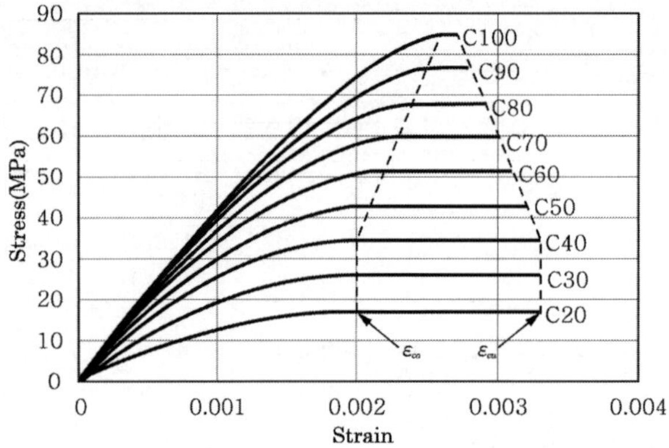

그림 15-5 콘크리트의 압축강도에 따른 응력-변형률 분포

이 식에 적용하는 계수 n과 변형률 ε_{co}와 ε_{cu}는 콘크리트 압축강도에 따라 다음 식으로 결정하며, 그 값은 표 15-2에 나타나 있다.

표 15-2 비선형해석을 위한 콘크리트 응력-변형률 곡선의 계수 및 합력의 계수

f_{ck} (MPa)	18	21	24	27	30	35	40	50	60	70	80	90	100
n	2.0							1.9	1.8	1.7	1.6	1.5	1.4
ε_{co} (‰)	2.0							2.1	2.2	2.3	2.4	2.5	2.6
ε_{cu} (‰)	3.3							3.2	3.1	3.0	2.9	2.8	2.7
α	0.80							0.77	0.75	0.72	0.68	0.64	0.60
β	0.41(0.4)							0.40	0.39	0.38	0.37	0.36	0.35

$$n = 2.0 - \left(\frac{f_{ck} - 40}{100}\right) \le 2.0 \qquad (15 \cdot 11)$$

$$\varepsilon_{co} = 0.002 + \left(\frac{f_{ck} - 40}{100{,}000}\right) \ge 0.002 \qquad (15 \cdot 12)$$

$$\varepsilon_{cu} = 0.0033 - \left(\frac{f_{ck} - 40}{100{,}000}\right) \le 0.0033 \qquad (15 \cdot 13)$$

극한한계상태에서의 콘크리트 압축력은 압축응력의 합이므로, 극한변형률까지의 포물선-직선 응력을 적분하여 압축합력의 크기를 나타내는 계수 α와 작용점 위치를 나타내는 계수 β로 나타낼 수 있다(그림 15-6 참조). 이 값이 표 15-2에 나타나 있는데, 이 값은 단면이 직사각형일 때(압축 영역이 사각형인 경우) 적용하는 값이며, 원형 또는 삼각형 단면 등과 같은 직사각형이 아닌 단면에서는 적용되지 않는다. 40 MPa 이하에서의 β는 설계 편의를 위해 실제로 산출된 번거로운 계수 값 0.41 대신에 괄호 안에 주어진 간편한 계수 0.40을 사용할 수 있다.

15. 6. 3 단면의 설계휨강도

한계상태설계법에서는 재료계수(재료저항계수, 재료강도감소계수 또는 재료부분안전계수)를 재료별로 달리 적용하는 방법을 채택하고 있다. 도로교설계기준 한계상태설계법(2012)에서는 극한한계상태의 검증에 적용하는 재료저항계수로서 콘크리트에는 0.65 $(=\phi_c)$, 철근과 프리스트레스 강재에는 0.95$(=\phi_s)$를 적용하도록 하고 있다.

이 재료저항계수를 적용한 콘크리트의 압축응력분포와 철근의 인장력으로 단면의 설계휨강도를 직접 구한다. 즉 그림 15-6 (c)에 나타난 바와 같이, 콘크리트의 설계압축력은 포물선-직선 응력분포의 면적인 $\alpha\phi_c(0.85f_{ck})c$에 단면의 폭 b를 곱하고, 인장철근의 설계인장력은 철근의 단면적과 항복강도에 철근의 재료저항계수를 곱하여 다음 식으로 얻을 수 있다.

$$C_d = \alpha\phi_c(0.85f_{ck})cb \quad (15 \cdot 14)$$

$$T_d = \phi_s f_y A_s \quad (15 \cdot 15)$$

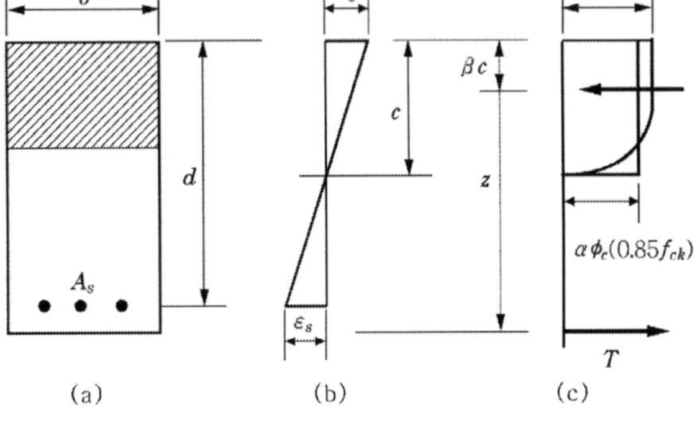

그림 15-6 설계휨강도해석의 콘크리트 응력분포

단면의 크기, 재료강도, 철근의 단면적이 정해져 있다면, 평형조건에 의해서 두 힘이 같으므로 중립축의 위치 c를 얻을 수 있다. 중립축의 위치를 알면 압축력과 인장력 사이의 팔길이 $z = d - \beta c$를 구하고, 다음 식으로 설계휨강도를 구한다.

$$M_d = T_d(d - \beta c) \tag{15·16}$$

여기서 압축합력의 크기를 나타내는 계수 α와 작용점 위치를 나타내는 계수 β는 표 15-2에 나타나 있는 값을 사용한다.

예제 15-1) $b = 280\text{ mm}$, $d = 500\text{ mm}$, $A_s = 3\text{-}D25 = 1{,}520\text{ mm}^2$가 1열로 배치된 단철근 직사각형 단면의 설계휨강도를 도로교설계기준 한계상태설계법(2012)에 따라서 계산하라. $f_{ck} = 24\text{ MPa}$, $f_y = 400\text{ MPa}$이다. (참고 : 예제 5-1과 동일한 단면이다)

풀이 $f_{ck} = 24\text{ MPa}$ 이므로 표 15-2에서 $\alpha = 0.80$, $\beta = 0.41$

설계압축력과 설계인장력은

$$C_d = \alpha\phi_c(0.85 f_{ck})cb = 0.80 \times 0.65 \times (0.85 \times 24)c \times 280 = 2{,}970c\ (\text{N})$$

$$T_d = \phi_s f_y A_s = 0.95 \times 400 \times 1{,}520 = 577{,}600\text{ N}$$

평형방정식 ($C_d = T_d$)으로부터

$$c = \frac{577{,}600}{2{,}970} = 194\text{ mm}$$

철근의 변형률을 검토해 보면 철근은 항복한다.

$$\varepsilon_s = \varepsilon_{cu}\frac{d-c}{c} = 0.0033\frac{500-194}{194} = 0.00527 > \varepsilon_y\ (= 0.002)$$

단면의 설계휨강도는

$$M_d = T_d(d - \beta c) = 577{,}600 \times (500 - 0.41 \times 194)$$
$$= 242{,}900{,}000\text{ N}\cdot\text{mm} = 243\text{ kN}\cdot\text{m}$$

동일한 단면에 대하여 콘크리트구조기준(2012)에 따른 예제 5-1에서는 설계휨강도 ϕM_n이 231 kN·m로 계산되었으나, 위의 예제 15-1에서는 243 kN·m로 계산되었으므로, 도로교설계기준 한계상태설계법(2012)으로 계산했을 때는 1.05배의 설계휨강도를 얻게 된다. 이 단면에 대하여 재료저항계수를 적용하지 않고 공칭휨강도를 구해 보면 271 kN·m로 계산되어, 예제 5-1에서 계산한 공칭휨강도 M_n의 값 272 kN·m와 거의 유사하다. 도로교설계기준 한계상태설계법(2012)으로 계산한 설계휨강도를 재료저항계수를 적용하지 않은 공칭휨강도로 나눈 등가의 부재강도감소계수를 구해 보면, 243 ÷ 271 = 0.897임을 알 수 있다. 이 값은 콘크리트구조기준(2012)의 강도감소계수 0.85의 1.05배쯤 되는 값이다.

그러나 이러한 경향은 인장철근비가 낮을 때의 경우이며, 인장철근비가 증가하면 등가의 부재강도감소계수는 감소한다. 즉 콘크리트구조기준(2012)에 따른 균형철근비 ρ_b를 기준으로, 약 $0.4\rho_b$ 이하에서는 0.90 이상, 약 $0.4 \sim 0.65\rho_b$에서는 0.9에서 0.85, 약 $0.65\rho_b$ 이상에서는 0.85 미만의 값을 갖게 된다. 복철근 단면에서는 압축철근의 양이 증가하면 등가의 부재강도감소계수가 증가한다. 이것은 인장철근량이 증가하면 연성이 감소하고 압축철근량이 증가하면 연성이 증가하는 휨거동을 반영하는 것이다.

15.6.4 휨모멘트 재분배와 단면의 철근 설계

콘크리트 구조물에 대한 구조해석으로 재료의 비선형 거동을 적절히 반영하여야 하는 비선형해석이나 소성힌지영역에서의 회전각 성능을 검토하여야 하는 소성해석은 높은 지식수준과 복잡한 과정을 거쳐야 한다. 따라서 콘크리트 구조물에 대한 실제 설계에서는 탄성해석 후에 휨모멘트를 재분배하는 기법이 실용적일 수 있다.

도로교설계기준 한계상태설계법(2012)에서는, 5장의 5.4.3에서 연속보 또는 슬래브에 대하여 회전능력에 대한 명확한 검토가 없더라도, 휨이 지배적인 거동을 보이면서 인접한 부재와의 지간의 비가 0.5와 2.0의 범위 안에 있을 때 다음 식으로 계산된 η의 비율 이하로 휨모멘트를 재분배할 수 있도록 규정하고 있다

$$\eta \le 1 - \frac{0.0033}{\varepsilon_{cu}}\left(0.6 + \frac{c}{d}\right) \le 0.15 \qquad (15 \cdot 17)$$

여기서 η : 탄성해석으로 구한 휨모멘트에서 재분배할 수 있는 휨모멘트의 비율
c : 극한한계상태에서의 중립축의 깊이
d : 최단면의 유효깊이
ε_{cu} : 콘크리트의 극한변형률 (표 15-2)

한편 이 규정과 관련된 규정으로서 도로교설계기준 한계상태설계법(2012) 5장의 5.10.2.1에서는, 극한한계상태에서 중립축의 깊이 c가 다음 식으로 계산되는 최대 중립축 깊이 c_{max} 이하가 되도록 인장철근 단면적 또는 긴장재 단면적을 제한하거나 압축철근 단면적을 증가시키도록 규정하고 있다.

$$c_{max} = \left(\frac{\delta\,\varepsilon_{cu}}{0.0033} - 0.6\right)d \qquad (15 \cdot 18)$$

여기서 c_{max} : 극한한계상태에서의 최대중립축 깊이

δ : 모멘트 재분배 후의 계수휨모멘트/탄성휨모멘트 비율

이 규정은 부재 단면의 연성을 보장하기 위한 부재 상세 기준으로, 모멘트 재분배 비율에 따른 위험단면의 회전능력을 보장하기 위한 것이다. 식 (15 · 17)의 η와 식 (15 · 18)의 δ는 다음 식과 같은 관계가 있으며, 만일 모멘트 재분배를 하지 못하는 경우에는 δ가 1.0이 되고, η는 0이 된다.

$$\eta = 1 - \delta \qquad (15 \cdot 19)$$

실질적으로 이 규정들은 휨부재 단면의 최대철근비 기준의 역할을 한다. 즉, 보통강도 콘크리트는 극한변형률 ε_{cu}가 0.0033이므로, 모멘트 재분배를 하지 않는 경우 δ를 1.0으로 하여 식 (15 · 18)로 계산한 c_{max}은 $0.4d$가 되는데, 설계된 단면의 설계휨강도해석으로 구한 중립축의 깊이 c가 c_{max}보다 크면 단면의 연성이 부족하므로 압축철근을 보강하여 연성을 증가시킨 복철근 단면으로 설계하여야 한다.

또 단철근 단면이든 복철근 단면이든, 설계휨강도해석으로 구한 중립축의 깊이 c를 적용하여 식 (15 · 17)로 계산한 η만큼 휨모멘트를 재분배할 수 있다. 단 재분배 비율은 15 %를 넘지 못한다.

고강도 콘크리트의 경우에는 보통강도 콘크리트에 비하여 모멘트 재분배의 요구조건도 엄격하며 재분배의 비율도 감소하게 된다. 식 (15 · 17)에서 재분배 비율 η을 계산할 때 콘크리트의 극한변형률 ε_{cu}이 사용되는데, 표 15-2에 나타나 있는 바와 같이 콘크리트의 압축강도가 40 MPa을 초과하면 압축강도가 증가할수록 극한변형률 ε_{cu}이 감소한다. 즉 콘크리트의 압축강도가 40 MPa까지는 극한변형률 ε_{cu}이 0.0033으로 일정하여, 설계휨강도해석으로 구한 중립축의 깊이 c가 $0.4d$보다 작으면 모멘트 재분배가 허용되지만, 압축강도가 70 MPa인 경우에는 극한변형률 ε_{cu}이 0.0030으로, 중립축의 깊이 c가 $0.309d$보다 작아야 모멘트 재분배가 허용된다. 또 중립축의 깊이 c가 $0.28d$로 동일하더라도, 콘크리트의 압축강도가 40 MPa까지는 12 %까지 재분배가 가능하지만, 압축강도가 70 MPa인 경우에는 3 %까지만 재분배가 가능하다. 이것은 고강도 콘크리트의 취성을 반영한 것이다.

예제 15-2 도로교설계기준 한계상태설계법(2012)에 따라서, 앞의 예제 15-1의 단면에 대하여 최대 인장철근단면적을 검토하고, 허용할 수 있는 모멘트 재분배 비율을 계산하라.

풀이 예제 15-1에서 $c=194\,\text{mm}$를 얻었다.

식 (15·17)에 따라 재분배할 수 있는 휨모멘트의 비율을 구하면

$$\eta = 1-\frac{0.0033}{\varepsilon_{cu}}\left(0.6+\frac{c}{d}\right) = 1-\frac{0.0033}{0.0033}\left(0.6+\frac{194}{500}\right) = 0.012 \le 0.15$$

따라서 탄성구조해석으로 구한 휨모멘트의 1.2%까지를 재분배할 수 있다.

식 (15·19)를 치환하여 δ를 계산하고, 식 (15·18)에 따라 최대허용중립축 깊이를 구하면

$$\delta = 1-\eta = 1-0.012 = 0.988$$

$$c_{\max} = \left(\frac{\delta\,\varepsilon_{cu}}{0.0033}-0.6\right)d = \left(\frac{0.988\times 0.0033}{0.0033}-0.6\right)\times 500 = 194\,\text{mm}$$

이 값은 $c=194\,\text{mm}$과 같으므로 인장철근단면적에 문제가 없다.

예제15-3 위의 예제 15-2의 단면 중에서 유효깊이 d만 650 mm로 증가시킨 단면에 대하여 동일한 검토를 수행하라.

풀이 유효깊이 d 외에는 변화가 없으므로, 중립축은 $c=194\,\text{mm}$로 동일하다.

중립축과 유효깊이의 비율을 구하면

$$\frac{c}{d} = \frac{194}{650} = 0.298$$

식 (15·17)에 따라 재분배할 수 있는 휨모멘트의 비율을 구하면

$$\eta = 1-\frac{0.0033}{\varepsilon_{cu}}\left(0.6+\frac{c}{d}\right) = 1-\frac{0.0033}{0.0033}(0.6+0.298) = 0.102 \le 0.15$$

따라서 탄성구조해석으로 구한 휨모멘트의 10.2%까지를 재분배할 수 있다.

식 (15·19)를 치환하여 구한 δ로 식 (15·18)에 따라 최대허용중립축 깊이를 구하면

$$\delta = 1-\eta = 1-0.102 = 0.898$$

$$c_{\max} = \left(\frac{\delta\,\varepsilon_{cu}}{0.0033}-0.6\right)d = \left(\frac{0.898\times 0.0033}{0.0033}-0.6\right)d = 0.298\,d$$

이 값은 $c=0.298\,d$과 같으므로 인장철근단면적에 문제가 없다.

예제15-4 위의 예제 15-2의 단면 중에서 유효깊이 d만 400 mm로 감소시킨 단면에 대하여 동일한 검토를 수행하라.

풀이 유효깊이 d 외에는 변화가 없으므로, 중립축은 $c=194\,\text{mm}$로 동일하다.

중립축과 유효깊이의 비율을 구하면

$$\frac{c}{d} = \frac{194}{400} = 0.485$$

식 (15 · 17)에 따라 재분배할 수 있는 휨모멘트의 비율을 구하면

$$\eta = 1 - \frac{0.0033}{\varepsilon_{cu}}\left(0.6 + \frac{c}{d}\right) = 1 - \frac{0.0033}{0.0033}(0.6 + 0.485) = -0.085 < 0$$

따라서 모멘트 재분배가 허용되지 않는 단면이며, η는 0으로, δ는 1.0으로 취한다.
식 (15 · 18)에 따라 최대허용중립축 깊이를 구하면

$$c_{\max} = \left(\frac{\delta\,\varepsilon_{cu}}{0.0033} - 0.6\right)d = \left(\frac{1.0 \times 0.0033}{0.0033} - 0.6\right)d = 0.4\,d < c$$

$c = 0.458\,d$가 $c_{\max}$보다 크므로 인장철근단면적이 너무 커서 허용되지 않는 단면이다. 콘크리트의 단면적을 증가시키고 인장철근단면적을 감소시키는 방안과 콘크리트의 단면적을 유지한 채 인장철근단면적을 감소시키고 압축철근을 추가하는 방안을 검토하여, 설계휨강도와 연성을 만족시키도록 단면을 재설계하여야 한다.

15.7 설계기준에 규정된 휨모멘트 재분배

15.7.1 도로교설계기준 한계상태설계법(2012)의 휨모멘트 재분배

도로교설계기준 한계상태설계법(2012)에서는, 5장의 5.4.3에서 연속보 또는 슬래브에 대하여 회전능력에 대한 명확한 검토가 없더라도, 휨이 지배적인 거동을 보이면서 인접한 부재와의 지간의 비가 0.5와 2.0의 범위 안에 있을 때 휨모멘트를 재분배할 수 있도록 규정하고 있다. 이때는 탄성해석으로 구한 휨모멘트의 15%까지 재분배할 수 있으며, 설계휨강도 해석에서 구한 중립축의 위치로 재분배 비율을 결정한다(15.6.4항 참조).

15.7.2 콘크리트구조기준(2012)의 휨모멘트 재분배

콘크리트구조기준(2012)은 기본적으로 강도설계법을 바탕으로 하고 있지만, 3장의 3.4.2에서 전통적 개념의 한계상태설계법 개념인 휨모멘트 재분배 규정을 두고 있다. 휨모멘트 재분배는 연속보와 연속슬래브에 적용하지만, 직접설계법에 의해 설계된 슬래브 시스템과 근사해법으로 휨 모멘트를 계산한 경우에는 적용할 수 없다.

종전의 콘크리트구조설계기준(2003)까지는 철근비에 따라 최대 허용재분배율을 규정하였으나, 콘크리트구조설계기준(2007)부터 최대 허용재분배율을 공칭강도해석에서 구한 최외단 인장철근의 순인장변형률 ε_t에 따라 규정하고 있으며, 이 규정은 콘크리트구조기준(2012)에서도 동일하다.

휨모멘트의 재분배는 휨모멘트를 감소시킬 단면에서 최외단 인장철근의 순인장변형률 ε_t가 0.0075 이상인 경우에만 가능하다고 규정하고 있다. 이는 연성능력을 의미하는 것으로, SD400 철근의 항복변형률이 0.002인 것을 기준으로 하면 극한강도에서 철근의 변형률이 항복변형률의 3.75배 이상 발생하는 경우에만 휨모멘트 재분배를 허용하는 것이다. 이 요구 사항을 만족하고 있다면, 구조기준에서 허용한 휨모멘트 재분배에 대한 회전능력이 충분히 있다고 보는 것이다. 재분배의 비율로는, 탄성이론에 의해 산정한 연속 휨부재 받침부의 부모멘트를 20 % 이내에서 $1,000\,\varepsilon_t$ (%)만큼 증가 또는 감소시킬 수 있다고 규정하고 있다. 부모멘트를 증가시킬 수도 있다는 규정은 정모멘트 구간에서 먼저 소성힌지가 발생하는 경우를 의미하는 것이다.

15.8 설계강도 해석에서의 재료계수 적용 개념

철근콘크리트 구조물의 설계에서 설계강도를 해석할 때 적용하는 안전계수(강도감소계수, 저항계수, 부분안전계수)는 부재계수와 재료계수의 두 가지 형태를 적용할 수 있다. 미국형의 강도설계법에서는 휨, 전단, 축압축, 축인장 등 부재거동 별로 강도감소계수를 적용하는데, 이러한 개념은 거동 별 파괴특성을 고려한 안전율 변동개념을 반영할 수 있는 장점이 있다. 즉 연성적인 파괴에는 상대적으로 큰 값의 부재계수(강도감소계수)를 적용하고, 취성적인 파괴에는 상대적으로 작은 값의 부재계수(강도감소계수)를 적용하는 것이다. 그러나 부재계수만을 적용할 때에는 서로 다른 재료의 특성을 설계에 합리적으로 반영하기가 어렵다고 할 수 있다. 철근콘크리트 구조물과 같이 서로 다른 재료를 합성한 합성구조에서 서로 다른 재료의 특성을 설계에 합리적으로 반영하기 위해서는 재료 별 안전계수, 즉 재료계수를 적용하는 것이 합리적이다. 따라서 전통적 개념의 한계상태설계법에서는 재료계수(재료저항계수, 재료강도감소계수 또는 재료부분안전계수)를 재료별로 달리 적용하는 방법을 채택하고 있다. 도로교설계기준 한계상태설계법(2012)에서는 극한한계상태의 검증에 적용하는 재료저항계수로서 콘크리트에는 0.65($=\phi_c$), 철근과 프리스트레스 강재에는 0.95($=\phi_s$)를 적용하도록 하고 있다. 일반적으로 안전계수는 하중작용과 저항성능의 확률적 분포를 고려하는 신뢰도 해석의 결과로 결정하는 것이지만, 철근콘크리트 구조물의 재료계수를 신뢰도 측면에서만 설명할 수는 없다. 철근콘크리트 구조물의 설계강도 해석에서 재료계수를 적용하는 개념은 다음의 다섯 가지로 정리할 수 있는데, 재료계수를 적용하여 구한 설계강도를 공칭강도로 나누어 얻은 등가 부재계수(등가 강도감소계수)를 예로 들어 설명하면 다음과 같다.

[1] 압축부재의 재료 구성 비율에 따른 설계축강도

축방향 압축력만이 작용하는 압축부재에서는 콘크리트와 철근의 압축응력으로 축력을 저항하므로, 두 재료의 한계상태 강도에 각각의 단면적을 곱한 후 이를 합하여 축강도를 해석한다. 이때 도로교설계기준 한계상태설계법(2012)의 재료계수를 적용하여 설계축강도를 계산한 후 등가 부재계수(등가 강도감소계수)를 구해 보면, 단면에 배치된 철근의 양에 따라 다른 값을 얻게 된다. 철근비가 상대적으로 작아서 대부분의 축력을 콘크리트가 저항하는 경우에는 등가 부재계수(등가 강도감소계수)가 콘크리트의 재료계수 0.65에 가까운 값으로 나타난다. 철근비가 증가하면 등가 부재계수가 증가하며, 철근비가 매우 높아서 대부분의 축력을 철근이 저항하는 경우에는 등가 부재계수(등가 강도감소계수)가 철근의 재료계수 0.95에 가까운 값으로 나타난다. 즉 단면을 구성하는 재료의 비율을 반영하는 합리적인 해석결과를 제공하는 것이다.

[2] 휨부재의 연성을 고려한 설계휨강도

휨부재에서는 인장철근의 단면적이 증가하면 단면의 연성이 감소하고, 압축철근의 단면적이 증가하면 단면의 연성이 증가한다. 부재계수(강도감소계수)를 적용하는 콘크리트구조기준(2012)에서는 철근의 순인장변형률이 0.005 이상인 경우에는 인장철근의 단면적과 무관하게 상수의 강도감소계수를 적용하여 철근량에 따른 단면의 연성 변화를 완벽히 반영하지는 못한다고 할 수 있다. 재료계수를 적용하여 휨부재의 설계휨강도를 해석하면 인장철근이 증가함에 따른 연성감소와 압축철근이 증가함에 따른 연성증가를 설계휨강도 계산에 반영할 수 있다. 도로교설계기준 한계상태설계법(2012)의 재료계수를 적용하여 설계휨강도를 계산한 후 등가 부재계수(등가 강도감소계수)를 구해 보면, 단면에 배치된 철근의 양에 따라 다른 값을 얻게 된다. 즉 콘크리트구조기준

(2012)에 따른 균형철근비 ρ_b를 기준으로 단철근 단면을 해석하면, 약 $0.4\rho_b$ 이하의 단면에서는 0.90 이상의 값, 약 $(0.4 \sim 0.65)\rho_b$의 단면에서는 0.9에서 0.85 범위의 값, 약 $0.65\rho_b$ 이상의 단면에서는 0.85 미만의 값을 갖는 등가 부재계수를 나타낸다. 복철근 단면에서는 압축철근의 양이 증가하면 등가 부재계수가 증가한다. 즉 단면을 구성하는 재료의 비율에 따른 연성 능력을 반영하여 합리적인 설계강도 해석결과를 제공하는 것이다.

[3] 압축과 휨을 받는 부재의 설계강도

압축과 휨을 동시에 받는 부재는 축력이 증가함에 따라 취성의 파괴형태를 나타낸다. 따라서 부재계수(강도감소계수)를 적용하는 콘크리트구조기준(2012)에서는 압축지배단면과 인장지배단면을 구분하여 각기 다른 값의 강도감소계수를 적용하고 변화구간단면에는 두 값 사이에서 선형적으로 변화하는 값을 적용한다. 따라서 설계강도 곡선의 형태를 보면 변화구간단면과 인장지배단면이 만나는 위치에서 설계휨강도가 급격히 변화하는 다소 비논리적인 형태를 피할 수 없게 된다. 그러나 재료계수를 적용하면 축력이 증감에 따른 연성의 증감을 설계휨강도 계산에 반영할 수 있으며, 축력-휨 설계강도 곡선에 급격한 변화가 발생하지 않게 된다. 도로교설계기준 한계상태설계법(2012)의 재료계수를 적용하여 설계강도를 계산한 후 등가 부재계수(등가 강도감소계수)를 구해 보면, 축방향철근비와 재료 강도에 따라 변화가 크지만 일반적으로 많이 사용 되는 변수를 가진 단면의 경우, 압축지배단면에서는 0.67에서 0.80의 범위를 보이고, 균형파괴하중 이하인 축력에서는 축력이 감소함에 따라 값이 증가하여 축력이 0인 경우 0.90에서 0.95의 범위를 보인다. 즉 단면을 구성하는 재료의 비율과 함께 축력에 따른 연성 능력을 반영하여 합리적인 설계강도 해석결과를 제공하는 것이다.

[4] 보의 전단 강도

변각트러스 모델을 사용하는 전단설계에서는 트러스 모델의 압축대(strut)가 콘크리트의 압축력으로 파괴되거나 트러스 모델의 수직부재 역할의 전단철근이 항복하거나의 두 가지 중 하나로 전단강도가 결정된다. 이때 콘크리트 압축대(strut)는 인장주응력에 따른 횡방향 인장변형에 의하여 콘크리트의 압축강도가 1축 압축강도보다 작아지는데 그 비율이 대략 콘크리트의 재료계수 값과 유사하다고 할 수 있다. 또 전단철근의 항복으로 인한 한계상태는 콘크리트 압축대(strut)의 파괴보다 상대적으로 연성이므로, 이를 반영하여 철근의 재료계수는 콘크리트의 재료계수에 비하여 큰 값을 사용하는 것이 합리적이다. 따라서 트러스 압축대(strut) 콘크리트의 압축파괴와 트러스 수직부재 역할을 하는 전단철근의 항복을 한계상태로 하여, 변각트러스 시스템의 전단 한계상태를 대상으로 하는 정통적 개념의 한계상태설계법의 전단설계에서는 재료계수를 적용하는 것이 합리적이다.

[5] 설계수명 동안의 재료강도 및 구조물 강도

일반적으로 부재계수(강도감소계수)의 분석을 위한 신뢰도 해석에 적용하는 재료강도는 시공 당시의 재료강도를 대상으로 한, 가장 성능이 우수한 조건에서의 재료강도 분포를 사용한 것이라고 할 수 있다. 따라서 구조물의 설계수명 동안 변화하는 재료강도와 구조물 강도를 고려하여 부재계수가 결정되었다고는 말하기 어렵다. 그러나 재료계수는 재료별 강도의 분포를 고려한다는 의미가 없지는 않지만, 그 보다는 정상적으로 설계되고 시공된 콘크리트구조물에서 목표설계수명(예를 들어 100년) 동안 나타내는 최악의 경우를 제시하는 것으로 볼 수 있다. 즉 시공 당시의 콘크리트 압축강도는 대부분 설계기준압축강도보다 크고, 철근의 실제 항복강도는 설계기준항복강도보다 상당히 큰 값을 가지고 있지만, 시간이 지남에 따라 재료강도가 감소할 수 있고, 이에 따라 구조물 강도가 감소할 수 있음을 반영한 것이다. 도로교설계기준 한계상태설계법(2012)의 재료계수 0.65와 0.95는 정상적으로 설계되고 시공된 콘크리트구조물이 오랜 기간 동안 노후가 진행되더라도, 콘크리트의 강도는 최소한 설계기준압축강도의 0.65배 이상이 되고, 철근의 부식이 진행되더라도 철근이 받을 수 있는 인장력은 설계기준항복강도와 철근 단면적을 곱한 값의 0.95배 이상이 된다는 의미가 있는 것이다.

제16장 내진설계

16.1 서 론

우리나라는 현재까지 지진(地震)으로 인하여 건물이나 교량과 같은 구조물이 손상된 일이 없었다. 그러나 근래에 와서는 지역에 따라 가벼운 지진이 종종 일어나고 있다. 세계 지진대의 하나인 환태평양 지진대에 접해 있는 우리 한반도의 지리적 여건으로 보아, 지진에 대하여 안심할 수 있는 상항이 아니라는 것이 일반적인 인식인 것 같다.

종래 우리나라의 모든 설계기준에서는 지진에 대한 규정이나 언급이 없었고, 또 실제로 그렇게 할 필요가 없었기 때문에, 지진에 대한 고려 없이 모든 구조물을 설계하고 건설해 왔었다. 다만 원자력발전소의 원자로 겹납용기, LNG저장탱크 등과 같은 특수구조물에 대해서만 내진설계가 이루어졌을 뿐이다. 그러나 전술한 바와 같이 우리 한반도가 환태평양 지진대에 근접해 있고 또 가벼운 지진이긴 하지만 지역에 따라 그 빈도가 잦아짐에 따라, 최근에는 중요한 구조물의 설계에 내진설계(耐震設計, seismic design)를 요구하는 추세에 있다.

이러한 현실이 감안되어 1996년 개정된 콘크리트 표준시방서 설계편에서는 처음으로 "내진설계시 특별 고려사항"이라는 항목으로 내진설계에 대한 규정이 신설되었고, 도로교표준 시방서 설계편에서는 1992년 개정에서 "내진설계 편"이 신설되었으며, 1999년 개정된 철도 설계기준(철도교 편)에도 "내진설계 편"이 신설되기에 이르렀다. 현재는 콘크리트구조기준(2012)에서 일반구조물의 내진상세를 규정하고 있고, 도로교설계기준(2010), 도로교설계기준 한계상태설계법(2012), 철도설계기준(노반편)(2011)에서 교량의 내진설계기준을 규정하고 있다. 이 장은 내진설계를 간단하게 논의한다.

16.2 지진의 영향과 내진설계

지진(earthquake)은 지각(地殼)의 갑작스러운 운동으로 인하여 일어난다. 이 지각운동은 단층(斷層)에 따라 일어나며 이때 방출되는 에너지는 진앙(진원지, epicenter)으로부터의 지반운동(ground motion)에 의해 파상(波狀)으로 전달된다. 이것을 지진파(seismic wave)라고 하며 P파(primary wave, 상하진동)와 S파(secondary wave, 수평진동)로 구분된다.

지진의 세기를 나타내는 척도로 **규모**(seismic magnitude, M) 또는 **진도**(震度, seismic intensity, I)가 사용되고 있다. 규모는 진앙으로부터 100 km의 거리에서 지진파의 최대진폭을 상용대수 함수로 변환시킨 값으로서, 지진 크기를 나타내는데 일반적으로 사용된다. 이것을 발전시킨 Richter의 이름을 따서 **리히터 규모**(Richter scale)로 부른다. 규모 M은 지진계로 측정되며, $M \geq 5.5$(리히터 규모 5.5 이상)에서 피해가 발생하고 $M \geq 7$이면 매우 큰 지진으로 본다. 규모가 1 증가하면 방출되는 에너지는 32배가 증가하여, 규모 2의 차이는 에너지 1,000배의 차이를 의미한다.

진도 I는 어떤 지점의 지진동에 대한 인지도를 숫자로 표시한 것이다. 즉 진도 4는 매달려 있는 물건이 흔들리는 진동이며, 진도 7은 사람이 서 있기 어려운 진동을 의미한다. 따라서 하나의 지진에 대해서 규모는 하나의 값이지만, 진도는 진앙에서 떨어진 거리에 따라 다수의 값으로 표현된다.

지진은 지표면의 수평운동과 연직운동으로 이루어진다. 지반이 운동할 때, 관성력(慣性力)은 구조물을 제 위치에 유지하려 할 것이고, 그 결과 구조물에는 큰 변형과 힘이 일어나게 된다[그림 16-7 참조]. 따라서 관성력을 다루는 내진설계에는 가속도가 이용된다. 최대지반가속도(peak ground acceleration) $a_{g,peak}$의 지반운동이 발생할 때, 구조물의 강성과 질량으로 결정되는 구조물의 고유주기에 따라 구조물의 가속도 a_s가 발생되는데, 구조물의 질량을 m, 중량을 W라고 하면, 구조물에 작용하는 관성력(지진력) F는 다음과 같이 된다.

$$F = m a_s = \frac{W}{g} a_s \qquad (16 \cdot 1)$$

여기서 g는 중력가속도(9.81 m/sec^2)이다.

내진설계는 지진으로 인한 변형과 힘에 대하여 구조물이 견디어 낼 수 있도록 하는 것이므로, 이 관성력에 대한 검토와 대안제시를 내진설계라고 할 수 있다.

16.3 일반 철근콘크리트 구조물의 내진설계

일반적인 철근콘크리트 구조물에 대하여 내진설계를 할 때 특별히 고려해야 할 사항들은 콘크리트구조기준(2012)에서 규정하고 있다. 특별히 고려해야 할 사항이란 주로 내진구조물로서 성능을 발휘하기 위한 몇 가지 구조적 요구조건과 철근상세를 말한다. 구조물의 내진설계를 수행하기 위해서는 설계지반가속도, 지진하중의 결정방법 및 설계스펙트럼 등도 설계기준에 포함되어야 하는데, 이러한 사항들은 각 구조물 별로 적용하는 설계기준에서 다루고 있고, 콘크리트구조기준(2012)은 건물 등의 일반적인 철근콘크리트 구조물의 내진설계에서 특별히 고려해야 할 사항만을 다루고 있다. 교량을 비롯한 그 밖의 특수한 구조물의 내진설계는 해당 구조물의 설계기준에서 다루고 있다.

콘크리트구조기준(2012)에서는 21장에서 내진설계 특별히 고려 사항을 다루고 있다. 이 규정은 지진운동에 의해 발생된 하중에 저항하는 일체식 철근콘크리트 골조에만 적용하여야 한다. 일체식 구조물과 다른 조립식 구조물의 경우 이 규정을 적용하여야 할 때는 적절한 물리적 증거와 해석에 따라 수정되어야 하며, 구조물에 따른 특별 내진설계는 해당 기준을 만족하여야 한다. 지진하중에 대한 하중계수 및 하중조합은 4장의 표 4-4에서 식 (g)와 식 (h)와 같은데, 지진에 대한 하중계수가 1.0인 것은 지진하중의 크기를 1,000년 또는 2,400년 등 재현주기로 결정하기 때문이다. 강도감소계수는 표 4-5에 주어진 값을 적용한다.

콘크리트구조기준(2012) 21장의 규정 중 특수모멘트골조의 내진설계에 관한 내용은 다음과 같다.

16.3.1 특수모멘트골조의 내진설계

특수모멘트골조(special moment frame)란 지진에 대하여 매우 연성으로 거동할 수 있는 일체식 현장타설 철근콘크리트 모멘트 골조를 의미한다. 매우 높은 연성능력을 보유하기 위해서는 특별한 요구조건이 필요하다.

[1] 설계기준 재료강도

특수모멘트골조에 사용되는 콘크리트는, 부재가 비탄성 회전(inelastic rotation) 하에서 적당한 연성(ductility)과 인성(toughness)을 보유하기 위하여 설계기준압축강도가 21 MPa 이상이도록 규정하고 있다.

구조용 철근으로서, 지진력에 의한 휨이나 축방향력을 받는 라멘이나 벽체에 사용할 보강철근은 주철근과 전단철근에 각각 600 MPa, 500 MPa까지 허용된다. 그러나 이 철근들은 실제의 항복강도가 설계기준항복강도를 120 MPa 이상 초과하지 않아야 하고, 실제 인장강도가 실제 항복강도의 1.25배를 초과해야 한다. 항복강도의 상한(上限)은 단면의 최대모멘트 용량을 제한하기 위해서이고, 항복강도에 대한 인장강도의 최소비율은 적당한 비탄성 회전성능을 보장하기 위한 것이다.

[2] 휨 부 재

지진력을 받거나 주로 휨을 받도록 설계되는 특수모멘트골조에 있어서 설계축방향 압축하중은 $\dfrac{A_g f_{ck}}{10}$를 초과해서는 안 된다. 그리고 이 부재의 순경간은 유효 깊이의 4배 이상이라야 하고, 부재높이에 대한 폭의 비는 0.3 이상이라야 하며, 부재의 폭은 250 mm 이상 또 휨부재의 축방향과 직각으로 잰 지지부재의 폭에 휨부재 높이의 3/4을 초과하지 않는 거리를 지지부재의 양측면에 더한 값보다 커서는 안 된다.

(1) 축방향 철근

단면의 상하에 축방향 철근(휨철근)이 필요하다. 그 값은 5장의 식 (5・4 a)와 식 (5・5 a)로 계산되는 값보다 작아서는 안 된다. 또 그 철근비는 0.025 이하라야 한다. 기둥면에 있어서의 정모멘트 강도는 부모멘트 값의 1/2 이상이라야 한다. 또 부재의 어느 단면에서나 정 또는 부모멘트 값은 부재양단 접합면에서의 최대 모멘트 값의 1/4이상이라야 한다 이러한 제한은 부재의 연성거동을 위하여 필요하다.

부재의 연성(延性)을 얻기 위하여 절점면으로부터 부재높이의 2배의 길이구간과 뼈대의 횡변위의 결과로 기대되는 휨항복(flexural yielding)을 일으키는 위치에서는 겹침이음을 해서는 안 된다. 휨방향 철근의 겹침이음길이 부분은 후프 또는 나선철근으로 둘러 감아야 한다. 겹침이음 철근을 둘러 감은 횡방향 철근의 최대간격은 $d/4$ 이하 또 100 mm 이하라야 한다. 용접이나 기계적 이음은 철근의 각층에서 하나 건너 이어져야 하고, 인접철근의 이음의 중심간격은 부재의 축방향에 따라 600 mm 이상 떨어져 있어야 한다.

(2) 횡방향 철근

지진력에 저항토록 하기 위하여 라멘의 휨부재에는 다음과 같이 횡방향 철근을 배치해야 한다.

① 휨부재 양단에 있어서 지지부재면으로부터 지간중앙으로 측정된 부재높이의 2배 이상의 거리구간에는 후프를 배치해야 한다.

② 라멘의 비탄성 횡변위를 가지는 연결부에서 휨항복이 일어날 수 있는 단면의 양쪽에 부재높이의 2배의 길이 구간에도 후프를 배치해야 한다.

③ 첫 번째 후프는 지지부재면으로부터 50 mm 이내에 두어야 한다. 후프의 최대 간격은 다음 값들을 초과해서는 안 된다.

i) $\dfrac{d}{4}$ (d는 유효깊이)

ii) 축방향 철근의 최소지름의 8배

iii) 후프철근의 지름의 24배

iv) 300 mm

④ 후프가 필요한 곳에서는 후프둘레의 축방향 철근은 횡방향으로 지지되어야 한다.

⑤ 후프가 필요하지 않은 곳에서는 부재의 전 길이에 걸쳐서 $d/2$ 이내의 간격으로 스터럽을 배치해야 한다.

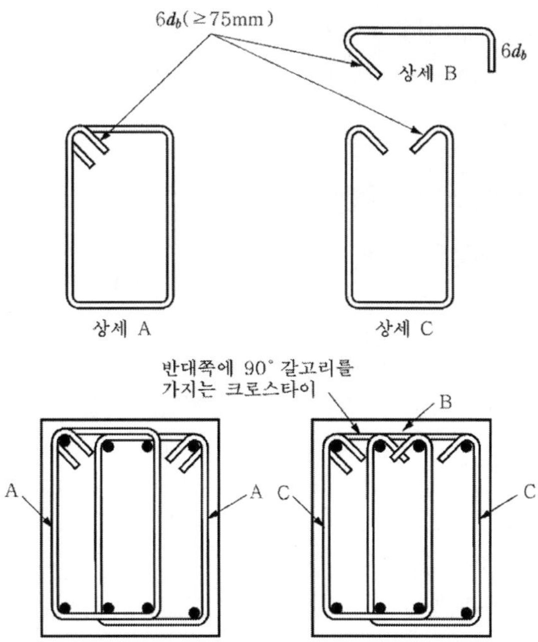

그림 16-1 후프철근의 배치 예

⑥ 후프는 양끝에 내진 갈고리를 가지는 스터럽으로 이루어지는 단일철근 또는 2개의 철근으로 만들어져야 한다.

그림 16-1은 후프철근의 배치 예를 보인 것이다.

[3] 휨과 축방향하중을 받는 부재

$A_g f_{ck}/10$를 초과하는 계수축력(factored axial force) P_u를 지지해야 할 특수 모멘트 골조(special moment frame)의 부재가 지진력에 저항하도록 설계해야 할 경우, 그 부재의 최소 단면치수는 300 mm이라야 하고 또 가장 짧은 단면치수의 수직치수에 대한 비는 0.4 이상이라야 한다.

(1) 기둥의 최소 휨강도

특수모멘트골조에서 지진력에 대하여 이른바 **약한 보-강한 기둥**(weak beam-strong column)의 설계를 위하여, 절점에서 기둥의 설계휨강도가 거더(girder)의 설계휨강도를 20% 이상 초과하도록 요구하고 있다. 즉 다음 관계가 성립해야 한다.

$$\Sigma M_{nc} \geq \frac{6}{5} \Sigma M_{nb} \qquad (16 \cdot 2)$$

여기서 ΣM_{nc} : 절점에서 기둥의 설계휨강도의 합계[M_{nc}의 계산은 계수축력 (factored axial load)에 근거한다]

ΣM_{nb} : 절점에서 거더의 설계휨강도의 합계

(2) 축방향 철근

기둥의 축방향 철근비 ρ_g는 다음과 같은 범위에 있어야 한다.

$$0.01 \leq \rho_g \leq 0.06$$

기둥에서 철근의 용접이음과 기계적 이음은 휨부재에 대하여 규정한 요구를 만족해야 한다.

(3) 횡방향 철근

라멘의 비탄성 횡변위로 인하여 휨항복이 일어나는 단면 양쪽에, 절점면으로부터 l_0의 길이 범위에 최소 횡방향 철근을 배치해야 한다. 길이 l_0는 절점면 또는 휨항복이 일어날 수 있는 단면의 부재 높이보다 작아서는 안 되며, 부재의 순경간의 1/6 또는 450 mm보다 작아서는 안 된다.

최소 횡방향 철근량은 철근으로 둘러싸인 콘크리트 부피에 대한 횡철근의 부피와의 비 ρ_s로 나타내며 그 값은 다음과 같다.

$$\rho_s = 0.12 \frac{f_{ck}}{f_{yh}} \tag{16·3}$$

여기서 f_{yh} : 횡방향 철근의 설계기준항복강도

위의 식의 ρ_s 는 제9장의 식 (9·1)의 ρ_s 보다 작아서는 안 된다.

한편 내진설계기준에서는 횡방향 철근의 최소 단면적 A_{sh} 를 다음과 같이 주고 있다.

$$A_{sh} = 0.3 \frac{s h_c f_{ck}}{f_{yh}} \left(\frac{A_g}{A_{ch}} - 1 \right) \tag{16·4}$$

그러나 다음 값보다 작아서는 안 된다.

$$A_{sh} = 0.09 \frac{s h_c f_{ck}}{f_{yh}} \tag{16·5}$$

여기서 A_{ch} : 횡방향 철근의 외곽으로 측정한 구조부재의 단면적(mm^2)

s : 구조부재의 축방향에 따라 측정한 횡방향 철근의 간격(mm)

h_c : 둘러감은 철근(구속 보강철근, confining reinforcement)의 중심과 중심 사이를 측정한 기둥 내부의 단면치수(mm)

길이 l_0 내에 있는 횡방향 철근의 간격은 부재의 최소치수의 1/4, 축방향 철근 지름의 6배, 다음 식의 s_x 중 작은값 이하라야 한다.

$$s_x = 100 + \frac{350 - h_x}{3} \tag{16·6}$$

여기서 s_x : 길이 l_o 이내에서 횡방향철근의 간격(mm)[그 범위는 100 mm$\le s_x \le$150 mm이다.]

h_x : 후프철근 또는 기둥 띠철근의 최대 수평간격(mm)

콘크리트를 구속(confine)하고 보호하기 위하여 스터럽, 후프(hoop, 후프철근) 및 연결철근(cross tie, 크로스 타이, 보강띠철근)으로 이루어지는 횡방향 철근(횡철근, transverse reinforcement)이 사용된다. 이때 적절한 정착을 위하여 스터럽, 후프, 연결철근 등에는 **내진 갈고리**(seismic hook)를 두어야 한다. 여기서 내진 갈고리란 그림 16-1에 보인 바와 같이 철근지름의 6배 이상(75 mm 이상)의 연장길이를 가지는 135° 갈고리를 말한다. 이때 갈고리는 축방향 철근과 맞물리게 해야 한다. **후프**는 폐쇄띠철근(closed tie) 또는 연속적으로 감은 띠철근을 말하며, 그 양끝에는 내진 갈고리를 두어야 한다. 연결철근은 그림 16-2에 보인 바와 같이 한쪽 끝에 내진 갈고리를 가지며, 다른 쪽 끝에는 철근

지름의 6배 이상의 연장길이를 가지는 90° 갈고리로 된 연속철근이다. 크로스타이의 갈고리는 둘레의 축방향 철근과 맞물리게 해야 한다.

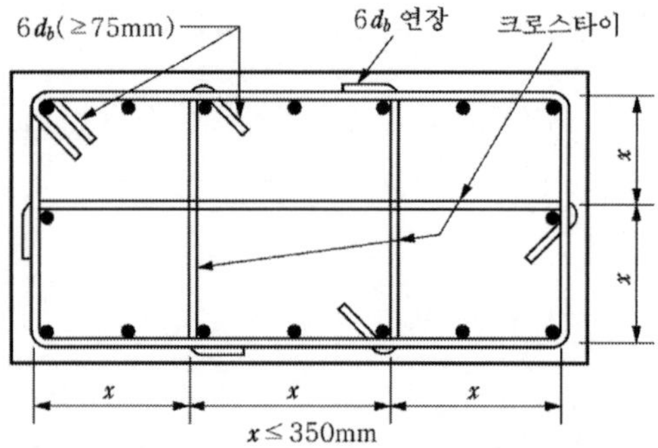

그림 16-2 기둥의 횡방향 철근 상세

예제 16-1) 그림 16-3은 지진하중에 저항하도록 설계된 철근콘크리트 라멘의 외측기둥에서 서로 직교하는 2개의 보가 접합된 접합부를 보인 것이다. 단면치수와 철근은 그림에 보인 바와 같고, 층의 높이는 3.65 m이며, f_{ck} = 27 MPa, f_y = 400 MPa이다. 상부기둥의 최대 계수축력(factored axial load) 은 7,000 kN이고, 하부기둥의 최대 계수축력은 7,400 kN이다. 다음 것들을 구하라.

(1) 기둥의 설계휨강도가 보의 설계휨강도를 20%만큼 초과하도록 기둥의 설계휨강도를 결정하라.

(2) 기둥에서 길이 l_0 에 배치해야 할 최소 횡방향 철근량을 구하라.

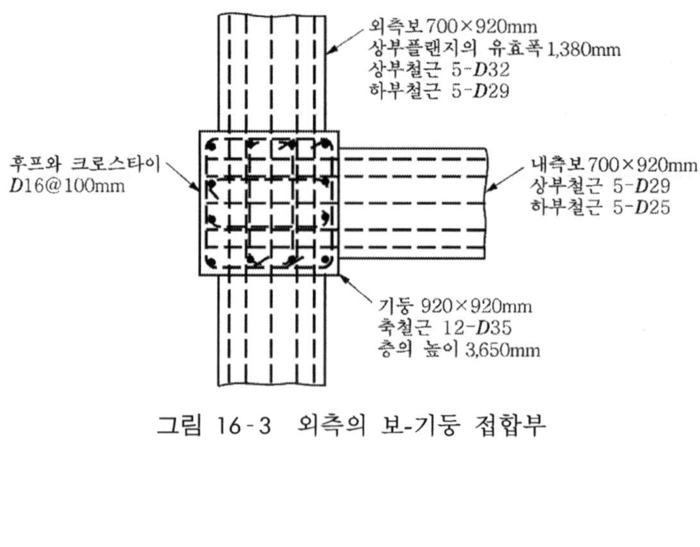

그림 16-3 외측의 보-기둥 접합부

풀이 (1) 접합부에서 부(−)의 설계휨강도는 외측보의 상부철근 5-D 32(A_s = 3,971 mm^2)에 의해 지배된다.

이 철근의 총인장력은

$$A_s f_y = 3,971 \times 400 = 1,588,400\text{N}$$

유효깊이는D 16을 횡방향 철근으로 사용한다면

$$d = 920 - 40(\text{피복두께}) - 15.9(D16\text{의 지름}) - 31.8 \times \frac{1}{2}(D\,32\text{의 지름의 }1/2)$$
$$= 848\text{mm}$$

콘크리트의 응력분포 사각형의 깊이는

$$a = \frac{A_s f_y}{0.85 f_{ck} b} = \frac{1,588,400}{0.85 \times 27 \times 700} = 99\text{mm}$$

따라서 접합부에서 외측보의 부(−)의 설계휨강도는

$$M_g = \phi M_n = \phi A_s f_y \left(d - \frac{a}{2}\right)$$
$$= 0.85 \times 1,588,400\left(848 - \frac{99}{2}\right) = 1,078,000,000\text{N·mm} = 1,078\,\text{kN·m}$$

접합부에서 정(+)의 설계휨강도는 외측보의 하부철근(5-D 29, A_s = 3,212 mm^2)에 의해 정해진다. 이 철근의 총인장력은

$$A_s f_y = 3,212 \times 400 = 1,284,800\text{N}$$

이 보의 유효깊이는

$$d = 920 - 40 - 15.9 - \frac{28.6}{2} = 850\text{mm}$$

응력사각형의 깊이는

$$a = \frac{1,284,800}{0.85 \times 27 \times 1,380} = 40.6\text{mm}$$

따라서 접합부에서 외측보의 정(+)의 설계휨강도는

$$M_g = \phi M_n = 0.85 \times 1,284,800\left(850 - \frac{40.6}{2}\right)$$
$$= 906,100,000\text{N·mm} = 906\,\text{kN·m}$$

이 예제에서 기둥의 최소 설계휨강도는 상하기둥의 최대 계수축하중 7,000 kN 및 7,400 kN에 의해 정해진다.

기둥의 치수가 920×920 mm이므로

$$\frac{P_u}{A_g} = \frac{7,000 \times 10^3}{920 \times 920} = 8.3\text{N/mm}^2(\text{상부기둥})$$

$$\frac{P_u}{A_g} = \frac{7,400 \times 10^3}{920 \times 920} = 8.7\text{N/mm}^2(\text{하부기둥})$$

이 기둥의 축방향 철근은 12-D 35이므로 그 단면적은

$$A_{st} = 956.6 \times 12 = 11,479\text{mm}^2$$

철근비는

$$\rho_g = \frac{A_{st}}{A_g} = \frac{11,479}{920 \times 920} = 0.0135$$

철근의 중심까지의 피복두께를 80 mm로 보면

$$\gamma h = 920 - (80 \times 2) = 760\text{mm}$$

$$\therefore \gamma = \frac{760}{920} = 0.83 \approx 0.80$$

부록 D의 그림 D-8로부터 다음을 얻을 수 있다.

상부기둥에 대하여

$$\frac{M_e}{A_g h} = \frac{\phi M_n}{A_g h} = 3.1\text{MPa} = 3.1\,\text{N/mm}^2$$

따라서 상부기둥의 설계휨강도는

$$M_e = 3.1 \times A_g h$$
$$= 3.1 \times (920 \times 920) \times 920 = 2,414,000,000\text{N·mm} = 2,414\,\text{kN·m}$$

하부기둥에 대하여(부록 D의 그림 D-8로부터)

$$\frac{M_e}{A_g h} = \frac{\phi M_n}{A_g h} = 3.0\text{MPa} = 3.0\,\text{N/mm}^2$$

따라서 하부기둥의 설계휨강도는

$$M_e = 3.0 \times (920 \times 920) \times 920 = 2,336,000,000\text{N·mm} = 2,336\,\text{kN·m}$$

상대휨강도 용량을 검토한다.

$$\Sigma M_{nc} = 2,414 + 2,336 = 4,750\text{kN·m}$$

$$\Sigma M_{nb} = 1,048 + 906 = 1,984\text{kN·m}$$

$$\frac{6}{5}\Sigma M_{nb} = \frac{6}{5} \times 1984 = 2,381\text{kN·m} < 4,750\,\text{kN}$$

$$\therefore \Sigma M_{nc} > \frac{6}{5}\Sigma M_{nb}$$

즉 식 (16・2)를 만족시키고 있다. 이것은 기둥의 설계휨강도가 보의 설계휨강도를 20% 이상 초과하고 있다는 것을 말해주는 것이다. 그러므로 그림 16-3에 보인 기둥의 설계는 적절하다.

(2) 접합부에서 기둥 상하 l_0의 길이에 최소 횡철근량을 배치해야 한다.

l_0는 보의 높이 h(=920 mm)보다 커야 하고 순경간 2,730 mm(=3,650−920)의 $\frac{1}{6}$(=455 mm)보다 커야 하며 또 450 mm보다 커야 한다. 각 모서리 및 축방향 철근 하나 건너마다 횡방향 지지점이 있어야 하고, 횡철근면 내에서 연결철근 및 후프다리의 간격은 350 mm 이하라야 하며, 그림 16-3과 같은 구성으로 되어야 한다. 횡철근의 최대간격 s는 부재의 최소치수(920 mm)의 $\frac{1}{4}$(=230 mm), 축방향 철근 지름의 6배(34.9×6=209 mm), 식 (16・6)으로 계산되는 s_x 중 작은 값 이하라야 한다.

식 (16・6)으로부터

$$s_x = 100 + \frac{350 - h_x}{3} = 100 + \frac{350 - 350}{3} = 100\text{mm}$$

따라서 횡방향철근의 최대 간격은 $s = 100\text{mm}$이다.

횡방향 철근으로 D 16을 사용한다면 기둥의 심부(core)의 치수 h_c는 둘러 감은 철근의 중심간 거리이므로

$$h_c = 920 - 40(\text{덮개}) \times 2 - 15.9(D16\text{의 지름}) = 824\text{mm}$$

기둥심부의 단면적 A_{ch}는 둘러 감은 철근의 외측표면 사이의 거리 840 mm(=920−40×2)로 계산해야 하므로

$$A_{ch} = 840 \times 840 = 705{,}600\text{mm}^2$$

횡방향 철근을 100 mm의 간격으로 배치하기로 하고, 그 항복강도의 규격치가 f_{yh} = 400 MPa이므로 횡방향 철근의 최소 단면적은 식 (16・4)로부터

$$\begin{aligned} A_{sh} &= 0.3\frac{sh_c f_{ck}}{f_{yh}}\left(\frac{A_g}{A_{ch}} - 1\right) \\ &= 0.3 \times \frac{100 \times 824 \times 27}{400}\left(\frac{920 \times 920}{705{,}600} - 1\right) = 334\text{mm}^2 \end{aligned}$$

이 값이 식 (16・5)로 계산되는 값보다 작아서는 안 된다.

$$\begin{aligned} A_{sh} &= 0.09\frac{sh_c f_{ck}}{f_{yh}} \\ &= 0.09 \times \frac{100 \times 824 \times 27}{400} = 501\text{mm}^2 > 334\text{ mm}^2 \end{aligned}$$

따라서 횡방향 철근의 필요한 최소 단면적은 501 mm^{2}이다. 이에 대하여 4-D 16(= 794 mm^2)를 100 mm 간격으로 배치한다.

16. 3. 2 특수모멘트골조의 전단강도에 대한 요구사항

[1] 보의 경우

지진하중을 받는 구조물의 설계에 있어서 제일의 관심사는 휨의 비선형 거동으로 인하여 부재에 일어나는 전단력이다. 보와 기둥의 휨강도의 증가는 이들 부재에 전단력의 증가를 가져온다. 이들 구조물이 가혹한 횡하중을 받을 때 더욱 그러하다.

콘크리트구조기준(2012)에서는 라멘의 보와 기둥을 계수연직하중(factored gravity load)과 부재 단부의 소성힌지의 형성으로 인하여 일어나는 전단력과의 조합된 영향에 대하여 설계하도록 하고 있다.

$A_g f_{ck}/10$보다 작은 축력을 받는 부재에 있어서 설계전단력 V_e는 계수연직하중(factored tributary gravity load)에 반대부호의 모멘트 M_{pr}에 의해 일어나는 전단력을 더한 값에 기초를 둘 것을 규정하고 있다. 이런 경우에 해당하는 재하상태가 그림 16-4이다. 일어날 수 있는 모멘트 강도(probable moment strength) M_{pr}는 철근이 $1.25f_y$의 응력에 도달하는 것으로 보고 계산한다. 즉

$$M_{pr} = 1.25\,A_s f_y\left(d - \frac{a}{2}\right) \tag{16・7}$$

여기서

$$a = \frac{1.25 f_y A_s}{0.85 f_{ck} b} \tag{16・8}$$

따라서 전단력 V_e는 다음과 같이 된다.

$$V_e = \frac{M_{pr\,1} + M_{pr\,2}}{l} \pm \frac{W}{2} \tag{16・9}$$

여기서 $M_{pr\,1}, M_{pr\,2}$: 부재 양단의 모멘트 강도(probable moment strength)

l : 지지면 사이의 부재길이

$\frac{W}{2}$: 부재의 각 단부(端部)에 있어서의 계수 연직하중의 영향($1.2D+1.0L+0.2S$로 계산된다.)

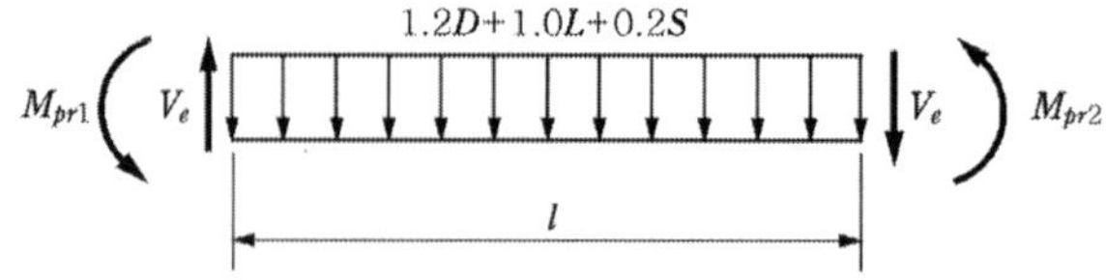

그림 16-4 지진하중을 받는 휨부재의 전단설계에서 고려해야 할 힘들

식 (16・9)는 시계방향(clockwise) 및 반시계방향(counter-clockwise)으로 작용하는 양단의 모멘트에 대하여 따로따로 계산한다.

적당한 연성(ductility)과 콘크리트의 구속(confinement)을 위하여 지지면으로부터 부재 높이의 2배되는 길이에 배치되는 휨부재 양단의 횡방향 철근은 콘크리트의 전단용량을 $V_c=0$으로 보고 횡방향 철근이 총전단력을 받는 것으로 설계해야 한다. 이것은 식 (16・8)의 지진으로 인한 전단력$(M_{pr\,1}+M_{pr\,2})/l$가 최대 소요전단 강도 (maximum required shear strength)의 1/2 이상이고 또 지진의 영향을 포함한 부재의 계수 축방향 압축력 P_u가 $A_g f_{ck}/20$ 이하일 때 그러하다.

예제 16-2 강진(high seismic risk)지역에 대하여 설계된 라멘구조의 건물에서 두 내측기둥 사이에 있는 철근콘크리트 보의 전단설계를 하려고 한다. 이 보의 단면은 480×640 mm이고 순경간은 7.3 m이다. 이 보의 지지면에서의 철근은 4-D 32(상부)와 4-D 25(하부)이다. 상부철근과 하부철근에 대한 유효깊이는 574 mm이다. 보의 양단에서 최대 계수전단력은

$$1.2\,V_d+1.0\,V_l=186\text{ kN}$$

이고, $f_{ck}=$ 35 MPa, $f_y=$ 400 MPa이다. 기둥면에 인접한 구역에 대한 전단철근을 설계하라.

풀이 보의 양단에서 부(−)의 휨에 대한 철근 단면적은 $A_s=$ 3,826 mm^2(4-D 32)이다.

이 단면에서 콘크리트의 응력분포 사각형의 깊이 a는 식 (16・8)로부터

$$a=\frac{1.25 f_y A_s}{0.85 f_{ck} b}=\frac{1.25\times400\times3{,}826}{0.85\times35\times480}=134\text{mm}$$

식 (16・7)로부터

$$M_{pr1}=1.25 f_y A_s\left(d-\frac{a}{2}\right)$$

$$=1.25\times400\times3{,}826\left(574-\frac{134}{2}\right)=969{,}891{,}000\text{N·mm}=970\text{ kN·m}$$

정(+)의 휨에 대한 철근 단면적은 $A_s=$ 2,027 mm^2(4-D 25)이고, 플랜지의 유효폭을 2280 mm로 보면 응력사각형의 깊이는

$$a=\frac{1.25\times400\times2{,}027}{0.85\times35\times2{,}280}=15\text{mm}$$

따라서

$$M_{pr\,2} = 1.25 \times 400 \times 2{,}027\left(574 - \frac{15}{2}\right) = 574{,}148{,}000\text{N·mm} = 574\,\text{kN·m}$$

계수 연직하중(factored gravity load)은

$$\frac{W}{2} = 1.2D + 1.0L\,(= 1.2\,V_d + 1.0\,V_l\,) = 186\text{kN}$$

보의 각 단부에서의 설계 전단력은 식 (16・9)로부터

$$V_e = \frac{M_{pr\,1} + M_{pr\,2}}{l} + \frac{W}{2}$$

$$= \frac{970 + 574}{7.3} + 186 = 212 + 186 = 398\text{kN}$$

즉, 지진으로 인한 전단력(212 kN)이 최대 소요 전단강도(398 kN)의 1/2보다 크므로, 총 전단력 V_e (= 398 kN)를 후프철근이 받도록 설계해야 한다. 후프철근의 배치구간은 기둥면으로부터 $2h$ (= 2×640=1,280 mm) 이상의 길이에 걸쳐야 한다.

후프철근의 간격 s 는

$$\frac{d}{4} = \frac{574}{4} = 143\text{mm}$$

종방향철근의 최소지름의 8배, 즉

$$8d_b = 8 \times 25.4 = 203\text{mm}$$

후프철근(D10 사용) 지름의 24배, 즉

$$24d_b = 24 \times 9.5 = 228\text{mm}$$

보다 작아야 하고, 또 300 mm 이하라야 한다. s =120 mm로 한다면 간격 s 내에서 필요한 전단철근은 제6장의 식 (6・18)에서 $V_c = 0$으로 놓으면(또 $V_u = V_e,\ f_y = f_{yh}$ 이므로)

$$A_v \geq \frac{(V_e/\phi)s}{f_{yh}\,d} = \frac{(398 \times 10^3/0.75) \times 120}{400 \times 574} = 208\text{mm}^2$$

이에 대하여 4-D 10(285 mm²)을 그림 16-5와 같이 배치한다.

첫 번째 후프는 기둥면으로부터 50 mm의 위치에 둔다. 그 밖의 후프는 120 mm의 간

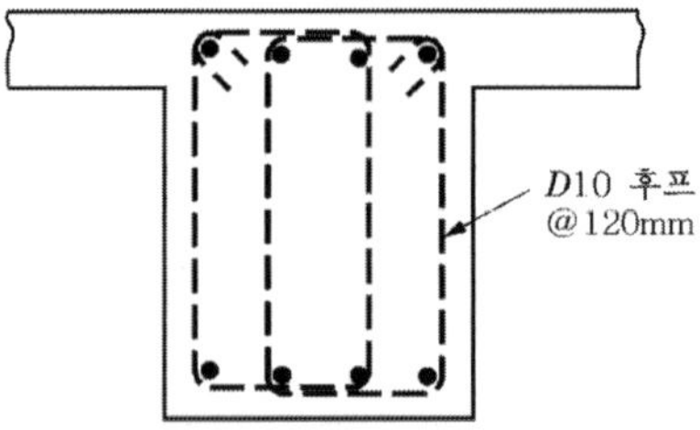

그림 16-5 후프 철근의 배치

격으로 배치하되, 각 기둥면으로부터 1,280 mm($=2h$) 내에 배치한다.

스터럽은 내진 갈고리를 부쳐서 $d/2\left(\dfrac{574}{2}=287\text{mm}\right)$ 이하의 간격으로 배치한다.

[2] 기둥의 경우

콘크리트구조기준(2012)에서는 보에 적용했던 것과 같은 전단규정을 $A_g f_{ck}/10$보다 큰 축력을 지지하는 부재에도 적용하도록 규정하고 있다. 이러한 경우의 재하상태가 그림 16-6에 나타나 있으며, 그 계수전단력은 다음과 같이 된다.

$$V_e = \frac{M_{pr\,1} + M_{pr\,2}}{H} \tag{16 · 10}$$

여기서 H : 보 사이의 순간격

$M_{pr\,1}$, $M_{pr\,2}$: $1.25f_y$ 의 철근응력으로 계산되는 모멘트 강도

위 식의 $M_{pr\,1}$, $M_{pr\,2}$는 그림 16-6에 보인 바와 같이 기둥이 지지해야 할 계수 축방향 하중의 범위에 대한 최대 모멘트 강도(maximum probable moment strength)이다.

그러나 V_e는 절점에서 연결되는 가로부재(transverse member)에 대한 M_{pr}에 근거한 값보다 크지 않아도 좋다.

각 절점면으로부터 l_0 길이에 있는 기둥의 횡방향 철근은 콘크리트가 전단능력이 없다는 전제하에 설계해야 한다. 이것은 지진력으로 인한 전단력이 l_0 길이 내에서 최대 소요 전단강도의 1/2 이상이고, 또 지진의 영향을 포함한 계수 축방향 압축력이 $A_g f_{ck}$/20보다 작을 때에 그러하다.

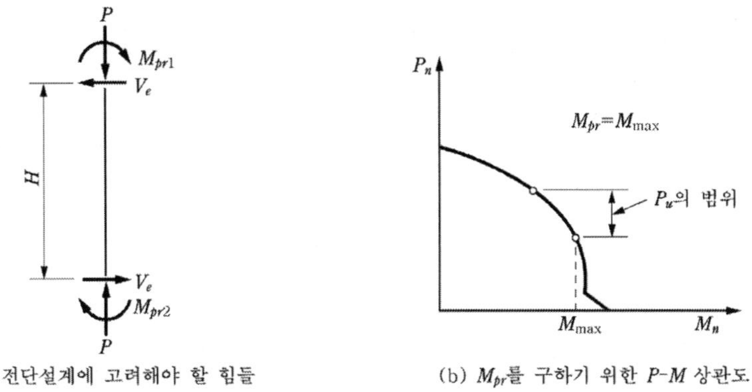

(b) 전단설계에 고려해야 할 힘들　　(b) M_{pr}를 구하기 위한 P-M 상관도

그림 16-6 지진하중을 받는 기둥의 전단설계

16.4 교량의 내진설계

도로교의 내진설계는 도로교설계기준(2010) 6장이나 도로교설계기준 한계상태설계법(2012) 8장에 따라야 하고, 철도교는 철도설계기준(노반편)(2011) 8장에 따라야 한다. 도로교를 다루는 도로교설계기준(2010)과 도로교설계기준 한계상태설계법(2012)은 교량의 내진설계기준이 내용 상 동일하다. 철도설계기준(노반편)(2011)의 철도교 내진설계기준은 철도의 특성을 고려한 몇 가지 규정 외에는 도로교의 내진설계기준과 기본적으로 동일하다. 이 절에서는 교량의 내진설계개념과 최근의 내진설계 경향을 소개하고 내진설계기준을 간단히 설명한다.

16.4.1 교량 내진설계의 목적 및 내진설계개념

[1] 교량 내진설계의 목적 및 기본 방침

일반적으로 교량의 내진설계는 지반운동에 의한 구조물의 진동을 감쇠시킴으로써 지진에 저항하도록 하는 것이라고 할 수 있다. 이러한 설계의 목적은 지진에 의해 교량이 입는 피해의 정도를 최소화하여 설계지진수준에서 교량의 붕괴방지로 긴급차량의 통행을 보장하는 내진성능을 확보하는데 그 목적이 있다. 도로교설계기준은 내진설계기준의 기본 방침을 다음과 같이 기술하고 있다.

(1) 인명피해를 최소화 한다.

(2) 지진 시 교량 부재들의 부분적인 피해는 허용하나 전체적으로 붕괴는 방지한다.

(3) 지진 시 가능한 한 교량의 기본 기능은 발휘할 수 있게 한다..

(4) 교량의 정상수명 기간 내에 설계지진력이 발생할 가능성은 희박하다.

(5) 설계기준은 남한 전역에 적용될 수 있다.

(6) 이 규정을 따르지 않더라도 창의력을 발휘하여 보다 발전된 설계를 할 경우에는 이를 인정한다.

이러한 기본 방침을 구현하기 위한 구체적인 방법으로 도로교설계기준은 “낙교방지가 확보되어야 하며, 낙교방지는 가능하면 교각의 연성거동에 의한 연성파괴메커니즘을 유도하여 확보하고, 그렇지 않은 경우 낙교방지 대책(전단키, 변위구속장치 등)을 제시하여 확보하여야 한다. 또한 필요한 경우 지진격리시스템을 설치할 수 있다.”고 규정하고 있다.

[2] 교량의 내진설계개념 및 내진설계법

구조물의 내진설계 개념은 목표로 하는 설계지진 수준에서 붕괴를 방지하는 것인데, 구체적으로는 구조물의 용도에 따라, 구조물 기능, 구조형식, 보수의 용이성 등을 고려하여 내진 구조시스템을 결정한다. 일반적으로 건물의 내진설계 목적은 건물 각 구조요소에 국부적인 파괴와 손상이 발생하더라도 붕괴를 방지하여 인명피해를 최소화하는데 있다. 교량의 경우는 교량 각 구조요소에 국부적인 파괴와 손상이 발생하더라도 붕괴를 방지하여 긴급차량의 통행을 보장하는데 있다. 한편 국부적인 파괴와 손상이 발생하는 위치에서 구조요소가 충분한 연성능력을 발휘할 수 있으면 지진에너지를 소산시켜서 경제적인 설계를 가능하게 한다. 또 국부적인 파괴와 손상이 발생하는 위치가 관찰이 가능하며 보수가 용이한 위치인지를 고려하여야 한다.

따라서 이와 같은 모든 사항을 고려하여, 건물의 내진 구조시스템은 기둥을 강하게, 보를 약하게 하여 극한상태에서 소성힌지가 보의 단부에 발생하도록 유도한다. 반대로, 교량은 기둥을 약하게, 보를 강하게 설계하여 극한상태에서 소성힌지가 기둥 단부에 발생하도록 유도한다. 한편 건물과 교량은 구조시스템이 다르기 때문에 지진하중에 대해서 저항하는 거동형태도 다르다. 건물 구조시스템은 대부분 골조(frame, 라멘) 거동을 나타내고 부정정 차수가 높다. 따라서 구조시스템이 발휘하는 연성능력(ductility)을 활용할 수 있는 반면, 비탄성 거동에 대한 예측 및 해석은 상대적으로 어렵다. 교량 구조시스템은 단일기둥(single column)인 경우 캔틸레버(cantilever) 거동을 나타내며 부정정 차수도 상대적으로 낮다. 따라서 교량 구조시스템에서는 교각 단면의 연성능력(ductility)을 활용할 수밖에 없으나, 비탄성 거동에 대한 예측 및 해석이 비교적 용이하여 다음에 기술하는 변위 기반 설계나 연성도 내진설계의 적용이 다소 용이하다는 특징을 가지고 있다.

교량의 내진설계에 사용되는 설계법으로는 힘 기반 설계(force-based design), 변위 기반 설계(displacement-based design), 연성도 내진설계(ductility-based design)가 있다. 힘 기반 설계(force-based design)는 대부분의 설계기준에서 채택하고 있는 가속도 응답스펙트럼을 기준으로, 연성도를 간접적으로 고려하는 설계법이다. 또한 이 설계법에서는 완전연성 설계개념을 적용하여 응답수정계수는 상수로 적용하는 것이 일반적이다. 이와는 달리, 변위 기반 설계(displacement-based design)는 변위 응답스펙트럼을 기준으로 설계하는 방법으로서, 상대적으로 힘 기반 설계법보다 더 합리적인 내진설계법이다. 그러나 이 설계법은 구조물의 변위성능을 검증해야 하므로 구조물에 대한 비선형 거동해석을 수행해야 하는 등 매우 높은 수준의 지식과 기술이 필요하여 널리 사용되지는 않고 있다. 연성도 내진설계(ductility-based design)는 도로교설계기준(2010) 부록, 도로교설계기준 한계상태설계법(2012), 철도설계기준(노반편)(2011) 부록에 채택된 설계법으로서, 힘 기반 설계와 변위 기반 설계를 복합한 방법이다. 이 설계법에서는 연성도를 직접적으로 고려하지만, 철근콘크리트 구조물에 대한 복잡한 재료 비선형 성능해석을 수행하지 않고 수식을 사용하여 교각의 연성능력 및 변위성능을 검증하는 설계법이다.

한편 많은 내진설계기준에서 채택하고 있는 힘 기반 설계법(force-based design)은 경험적으로 결정된 응답수정계수 R을 적용하고 있다. 건축분야의 내진설계에서는 반응수정계수라는 용어를 사용한다. 이는 연성계수, 강도계수, 잉여도계수, 감쇠계수를 고려하여 경험적으로 결정된 값이다. 예를 들어, 건물의 내진설계에서 철근콘크리트 특수모멘트 연성골조는 R의 값으로 7을 적용하고, 철골 보통모멘트 연성골조는 R의 값으로 4.5를 적용한다. 교량의 내진설계에서는, 전술한 바와 같이 교량 구조시스템이 건물 구조시스템과 다르기 때문에 연성계수가 주 인자로 경험적으로 결정된 값, 예를 들어 단일기둥(single column)이나 말뚝가구(pile bent)에는 R의 값으로 3을, 다주가구(multiple column bent)에는 R의 값으로 5를 적용한다. 그러나 이러한 사양기반 설계기준(prescriptive code) 형식을 갖는 기존의 설계법은 규제 중심으로 설계 적용이 간단하지만, 주로 경험에 기반을 둔 방법이므로 재료와 거동에 대한 불확실성으로 인하여 지나치게 보수적인 부분이 많다. 또 지금까지 사용되지 않았던 새로운 재료 및 시스템, 즉 신기술 적용에 있어서는 제한적일 수밖에 없는 한계가 있다.

따라서 최근에는 내진구조공학자들 사이에서, 기존에 사용하고 있는 사양기반 설계기준(prescriptive code)을 대신할 성능기반 설계기준(performance-based code)이 바람직하다는 의견이 많아지고 있다. 성능기반 설계기준은 구조물의 성능수준을 선정하고 검증하는 과정이 필요하기 때문에 설계자가 구조물의 파괴거동을 인지하는 설계법이라고 할 수 있다. 이는 높은 수준의 지식을 필요로 하며 개발과 적용 및 조절에 어려움은 있지만, 새로운 설계개념으로서 바람직한 방향으로 평가받고 있다.

[3] 지진에 의한 교량의 파괴 유형 및 설계 방향

지진에 의한 교량의 파괴 유형은 지진의 진동이 수직 또는 수평진동에 따라서 다르게 나타난다. 수직 진동에 의한 파괴는 대표적으로 뚫림전단(punching shear)에 의한 파괴형태로 나타나는 경우도 있지만 교량에서는 거의 대부분 수평진동에 의한 다양한 파괴형태로 고려할 수 있다. 강진 지진지역에서는 수직진동이 중요한 요소 중의 하나가 되지만, 중약진 지진지역인 우리나라는 수평진동에 대하여 설계 및 검토가 이루어지고 있다.

지진에 의한 교량의 파괴형태와 특성은 다음과 같다.

(1) 교각의 파괴(휨, 전단, 철근의 정착파괴) :
내진철근상세를 가진 교각의 휨파괴는 연성거동을 보이지만, 그 외의 원인으로 인한 교각의 파괴는 취성파괴로서 교량 전체 시스템의 붕괴를 유발하거나 기능을 상실하게 한다.

(2) 낙교 :
취성파괴로서 교량의 기능을 상실한다.

(3) 받침파괴 :
파괴 자체는 취성이지만 교량 전체 시스템의 붕괴를 유발할 정도는 아니다.

(4) 기초구조물 및 지반의 파괴
교량 전체 시스템의 붕괴를 유발하는 취성파괴이다.

(5) 교대 파괴 및 뒤채움재의 소성변형
교량 전체 시스템의 붕괴를 유발할 수도 있는 취성파괴이고, 교량이 붕괴되지 않더라도 기능을 상실하게 된다.

(6) 충돌 및 신축이음장치 파괴
교량 전체 시스템의 붕괴를 유발할 정도는 아니지만 부분적인 기능 상실을 유발할 수도 있다.

이러한 파괴유형들을 고려하여, 우리나라의 교량 내진설계방향은 위의 [1]에서 소개한 기본 방침에 의해 결정한다. 그 구체적인 방법으로, 설계기준에는 "성능보장설계(capacity design)"가 규정되어 있다.

[4] 교량의 성능보장 내진설계

교량의 성능보장설계(capacity design)는 설계에서 목표로 하는 수준 이상의 지진이 발생하는 경우, 교량이 지진동에 의하여 파괴되더라도 교각이 완전한 소성회전성능을 발휘할 때까지 다른 구조요소들 또는 교각 자체가 취성파괴 되지 않도록 설계하여, 교량 전체 시스템의 연성파괴메커니즘을 확보하는 설계를 말한다.

연성파괴메커니즘을 보장하려면, 위의 [3]에 언급된 파괴유형 중에서 취성인 파괴형태를 피하도록 하여야 한다. 따라서 교각의 휨파괴가 가장 연성파괴이므로, 교각에서 매우 큰 휨 변형이 진행되는 동안 다른 형태의 파괴가 발생하지 않도록 설계하는 것이다. 결국 교각에서 휨 작용에 의한 소성힌지가 발생하게 한 후(15장의 15.3절 참조), 이 소성힌지에서 지진에너지를 흡수하는 동안 교각의 전단파괴, 교각 철근의 정착파괴, 낙교, 받침파괴, 기초구조물 및 지반의 파괴, 교대 파괴 및 뒤채움재의 소성변형, 충돌 및 신축이음장치 파괴가 발생하지 않도록 하는 것이다.

이러한 목적으로 시행하는 설계방법 중의 하나는 응답수정계수로 지진력을 조정하는 방법이다. 도로교설계기준의 예를 들면, 탄성지진해석으로 구한 교각의 탄성휨모멘트에는 3의 응답수정계수를 적용하지만, 교각의 탄성전단력에는 응답수정계수를 적용하지 않으며, 부재의 연결부에는 1보다 작은 값의 응답수정계수를 적용하고, 기초에는 교각의 휨에 적용한 응답수정계수의 1/2을 적용하는 방법이다. 즉 교각의 설계휨모멘트는 탄성지진해석으로 구한 교각의 탄성휨모멘트를 응답수정계수 R로 나누어 1/3로 낮추지만, 교각의 탄성전단력에는 응답수정계수를 적용하지 않고 그대로 사용함으로써 전단강도가 휨강도의 3배가 되게 설계하는 것이다. 또 기초에는 교각의 휨에 적용한 응답수정계수 3의 1/2인 1.5를 적용하여, 기초가 교각의 휨강도보다 2배의 강도를 갖도록 설계하는 개념이다. 그러나 이 방법은 근래에 우리나라에서 종종 시행되어 온 탄성내진설계에 문제점이 될 수 있다. 탄성설계는 설계지진수준에서 교각의 주철근이 항복하지 않는 탄성 상태를 유지하도록 하는 것인데, 심부구속 횡방향 철근의 시공이 필요하지 않아 시공성을 향상시키는 방법의 하나로 채택되는 예가 종종 있다. 이 설계에서는 교각의 휨에도 응답수정계수를 적용하지 않으므로, 휨파괴에 대한 안전율과 전단파괴의 안전율이 큰 차이를 보이지 않게 된다. 즉 확실하게 휨파괴를 유도하였다고 보장할 수는 없는 것이다.

응답수정계수로 지진력을 조정하는 방법보다 더 합리적인 방법은 교각의 최대 소성힌지력을 설계에 적용하는 방법이다. 이는 교각이 소성 휨거동으로 지지할 수 있는 최대의 힘인 최대 소성힌지력을 구하고, 다른 부분은 그 힘을 보다 더 큰 힘까지 지지할 수 있도록 설계하는 방법이다. 교각의 최대 소성힌지력은 소성힌지 단면이 보유할 수 있는 최대 소성휨강도를 횡력으로 변환하여 구한다. 교량의 내진설계기준에서는 이 힘을 계산하는 방법이 주어져 있는데, 재료의 초과강도를 고려하는 방법과 함께 간략식으로 계산하는 방법도 함께 주고 있다. 재료의 초과강도는, 설계계산에는 재료의 설계기준강도가 사용되지만 실제 시공될 때는 그보다 더 큰 강도의 재료가 사용된다는 점을 반영하는 것이다. 예를 들어 교각의 주철근으로 설계기준항복강도 400 MPa의 철근으로 설계된 경우, SD400으로 생산된 철근의 실제 항복강도가 450 MPa이라면 교각 단면의 휨강도는 철근의 항복강도를 400 MPa로 계산한 휨강도보다 더 큰 휨강도를 갖게 될 것이다. 또 동일한 강도의 철근으로 설계되어도 전단철근의 실제 항복강도보다 주철근의 실제항복강도가 더 높을 수도 있을 것이다. 콘크리트의 압축강도에도 초과강도가 있으며, 교각에 배치되는 횡방향 철근에 의한 횡구속 효과 등으로도 교각 단면의 휨강도는 설계기준강도로 계산한 것보다 크게 될 것이다. 따라서 재료의 설계기준강도를 기준으로 힌지력을 구하고, 그 힘으로 다른 부분을 설계하는 것은 안전하지 않을 것이다. 한편 재료특성과 재료강도의 변동폭이 나라마다 다를 수 있으므로, 각국의 내진설계기준은 나라마다 이를 결정하는 방법에 차이가 있다. 우리나라의 교량 내진설계기준에서는 우리나라 재료특성을 반영한 최대 소성힌지력 계산방법을 규정하고 있으며, 응답수정계수로 지진력을 조정하는 방법과 함께 설계자가 두 가지 방법 중 하나를 선택하여 적용하도록 하고 있다(16.4.6[5] 참조).

16. 4. 2 지진구역의 분류 및 교량의 내진등급

[1] 지진구역의 분류와 구역계수

교량의 내진설계기준에서는 남한의 전지역을 2개의 지진구역으로 구분하고, 각 지진 구역별 **구역계수**(zone factor) Z를 표 16-1과 같이 주고 있다.

표 16-1 지진구역의 구분 및 구역계수(재현주기 500년에 해당)

지 진 구 역	행정구역		구역계수(Z)
I	시	서울특별시, 인천광역시, 대전광역시, 부산광역시, 대구광역시, 울산광역시, 광주광역시	0.11
	도	경기도, 강원도 남부(1), 충청북도, 충청남도, 경상북도, 경상남도, 전라북도, 전라남도 북동부(2)	
II	도	강원도 북부(3), 전라남도 남서부(4), 제주도	0.07

〔주〕 표의 (1), (2), (3), (4)의 지역에 속하는 시, 군이 설계기준에 명시되어 있다.

이 표에서 구역계수(Z)는 각 지진구역에서의 평균 재현주기 500년에 해당하는 지진 지반운동의 최대 지반 가속도의 값을 중력 가속도(g)로 나눈 값이다. 여기서 평균 재현주기(mean return period)란 어떤 크기나 특성을 가지는 지진이 발생하는 평균 시간간격을 말한다.

[2] 지진의 위험도 계수

지진의 위험도 계수(seismic risk factor)란 500년 재현주기를 기준으로 한 지진의 위험도를 나타내는 계수로서, 평균 재현 주기별 구역계수의 비로 나타낸다. 위험도 계수를 설계기준에서는 표 16-2와 같이 주고 있다.

표 16-2 위험도 계수

재 현 주 기(년)	500	1,000
위험도 계수(I)	1.0	1.4

[3] 교량의 내진등급과 가속도계수

교량의 내진등급이란 교량의 중요도에 따른 분류로서, 도로교설계기준에서는 교량의 내진등급을 표 16-3과 같이 분류하고, 내진 등급별 평균 재현주기를 가지는 지진에 대하여 설계하도록 요구하고 있다.

표 16-3 도로교 내진등급과 설계 지진의 수준

내 진 등 급	교 량	설계지진의 평균 재 현 주 기
내진 I등급교	· 고속도로, 자동차 전용도로, 특별시도, 광역시도 또는 일반 국도상의 교량 · 지방도, 시도 및 군도 중 지역의 방재 계획상 필요한 도로에 건설된 교량, 해당도로의 일일 계획 교통량을 기준으로 판단 했을 때 중요한 교량 · 내진 I등급교가 건설되는 도로 위를 넘어가는 고가교량	1,000년
내진 II등급교	내진 I등급교에 속하지 않는 교량	500년

가속도계수(acceleration coefficient)는 내진설계에 있어서 설계지진력을 계산하기 위한 계수로서, 그 값은 위험도 계수 I에 구역계수 Z를 곱하여 구한다. 따라서 가속도계수(A)는 표 16-4와 같이 된다.

표 16-4 가속도계수

내 진 등 급	내진 II등급교		내진 I등급교	
재 현 주 기	500년		1,000년	
지 진 구 역	I	II	I	II
가속도계수(A)	0.11	0.07	0.154	0.098

16. 4. 3 지반계수와 응답수정계수

[1] 지반의 분류 및 지반계수

교량의 내진설계에 있어서는 지반의 영향도 고려해야 한다. 지진시의 구조물의 동적 거동이 기초지반의 상태에 따라 그 응답특성이 다르기 때문이다. 그래서 지반상태가 탄성지진 응답계수에 미치는 영향을 반영하기 위하여 보정계수가 사용된다. 이 보정계수를 **지반계수**(site coefficient)라고 한다.

설계기준에서는 지반의 특성에 따라 지반을 분류하고, 분류된 지반종류에 따른 지반계수 S를 표 16-5와 같이 주고 있다. 이 표에서 지반종류 V는 별도로 부지에 대한 특성조사를 필요로 하는 지반으로서, 이에 해당되는 지반이 설계기준에 명시되어 있다. 이들 지반의 특성에 따른 지반계수 S를 응답 스펙트럼에 반영해야 한다.

표 16-5 지반의 분류 및 지반계수

지반종류	지반종류의 호칭	지표면 아래 30 m 토층에 대한 평균값			지반계수 (S)
		전단파 속도 (m/s)	표준 관입시험 (N치[1])	비배수 전단강도 (kPa)	
I	경 암 지 반 보통 암지반	760 이상	–	–	1.0
II	매우 조밀한 토사지반 또는 연암지반	360~760	50 이상	100 이상	1.2
III	단단한 토사지반	180~360	15~50	50~100	1.5
IV	연약한 토사지반	180 미만	15 미만	50 미만	2.0
V	부지 고유의 특성 평가가 요구되는 지반				

〔주〕 (1) 비 점착성 토층만을 고려한 평균 N 값

[2] 응답수정계수

응답수정계수(response modification factor)란 탄성해석으로 구한 각 요소의 단면력으로부터 설계지진력을 계산하기 위한 수정계수를 말하며, 그 값을 설계기준에서는 표 16-6과 같이 주고 있다.

교량의 각 부재와 연결부분에 대한 설계지진력은 16.4.4항에서 얻어지는 탄성지진력을 표 16-6의 응답수정계수 R로 나눈 값으로 한다. 그러나 하부구조의 경우 축방향력과 전단력은 응답수정계수로 나누지 않는다.

표 16-6 응답수정계수 R의 값

구분	구조	R
하부구조	벽식 교각	$R=2$
하부구조	철근콘크리트 말뚝가구(pile bent) ① 수직말뚝만 사용한 경우 ② 1개 이상의 경사말뚝을 사용한 경우	 $R=3$ $R=2$
하부구조	단일기둥(single column)	$R=3$
하부구조	강재 또는 합성강재와 콘크리트 말뚝가구 ① 수직말뚝만 사용한 경우 ② 1개 이상의 경사말뚝을 사용한 경우	 $R=5$ $R=3$
하부구조	다주가구(multiple column bent)	$R=5$
연결부[(1)]	상부구조와 교대	$R=0.8$
연결부[(1)]	상부구조와 한 지간 내의 신축이음	$R=0.8$
연결부[(1)]	기둥, 교각, 말뚝가구와 캡빔(cap beam) 또는 상부구조	$R=1.0$
연결부[(1)]	기둥 또는 교각과 기초	$R=1.0$

〔주〕 (1) 연결부는 부재간에 전단력과 압축력을 전달하는 기구를 말하며, 교량받침과 전단키(shear key)가 이에 해당한다. 이 경우 응답수정계수는 구속된 방향으로 작용하는 탄성지진력에 대하여 적용된다.

16.4.4 지진의 영향과 관성력

교량의 내진설계에 있어서는 일반적으로 활하중은 고려하지 않는다. 활하중은 시간적으로 또 공간적으로 변동하므로, 활하중의 만재(滿載)와 지진이 동시에 일어나는 확률은 일반적으로 작기 때문이다.

교량의 내진설계에서 고려해야 할 지진의 영향으로서는 구조물의 중량에 기인하는 관성력(inertia force)이다. 그림 16-7에 보인 바와 같이 지진으로 인하여 지반운동이

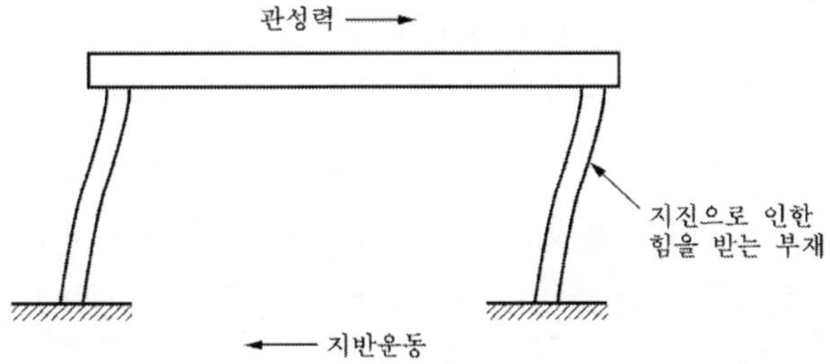

그림 16-7 지반운동을 받고 있는 구조물[참고문헌 46]

일어나서 상부구조가 운동상태에 있게 되면 구조물에는 식 (16・1)로 계산되는 관성력이 일어난다. 그 결과 구조물에는 큰 변형이 일어나고 큰 힘이 작용하게 된다. 그 밖에 지진시의 토압과 동수압도 고려해야 한다.

관성력, 즉 수평 지진력은 임의 방향으로 일어나지만, 설계에 있어서는 직교하는 두 수평방향으로 작용하는 것으로 생각한다. 즉, 교량에 있어서는 교축(橋軸) 방향과 교축에 직각인 방향으로 각각 수평 지진력이 작용한다고 본다. 상부구조와 하부구조의 연결부 등에는 **연결력**(connection force)이라고 일컬어지는 수평지진력이 작용한다. 단일경간의 교량에 있어서 구속된 방향의 최소설계 연결력, 즉 최소수평 지진력은 고정하중 반력에 가속도계수를 곱한 값이다.

16. 4. 5 교량의 지진해석과 설계

[1] 해 석 방 법

교량의 지진해석은 **단일모드스펙트럼해석법**(single-mode spectral analysis)의 사용을 원칙으로 하되 정밀한 해석이 필요하다고 판단되는 교량에 대하여는 **다중모드스펙트럼해석법**(multi-mode spectral analysis) 또는 그 밖의 공인된 해석법을 사용해야 한다. 그러나 단일 경간교(single span bridge)와 지진구역 II에 위치하는 내진 II 등급교에 대하여는 상세한 지진해석을 하지 않아도 좋다.

[2] 설계응답스펙트럼

지반운동의 영향으로 구조물에 작용하게 되는 관성력은 그 구조물의 고유주기에 따라 달라진다. 따라서 교량의 내진설계에서 수행하는 지진해석은 설계지진수준의 지진파를 입력 자료로 하여 시간이력해석(time history analysis)을 수행할 수도 있으나, 일반적으로 모드스펙트럼해석을 통하여 탄성해석을 수행하고 설계하중을 결정한다. 응답스펙트럼이란 특정 지진파에 의하여 구조물에 발생하게 되는 가속도, 속도, 변위의 최대값을 구조물의 고유주기를 변수로 나타낸 것으로, 설계스펙트럼은 다수의 지진파에 대한 해석 및 분석으로 설계에 사용할 스펙트럼으로 택한 것이다. 교량의 내진설계에서는 가속도, 속도, 변위 중에서 가속도 응답스펙트럼을 설계스펙트럼으로 하고 있다.

단일모드스펙트럼해석에서는 탄성지진응답계수 C_s를 다음과 같은 응답스펙트럼으로 구한다. 이것은 구조물의 주기에 따라 발생하는 최대 가속도를 의미한다.

$$C_s = \frac{1.2\,A\,S}{T^{2/3}} \leq 2.5\,A \qquad (16 \cdot 11)$$

여기서 A : 가속도계수(16.4.2항 참조)

S : 지반계수(16.4.3항 참조)

T : 교량의 주기

이식은 주기가 짧은 단주기(short period) 교량은 지진에 의하여 구조물에 발생하는 가속도가 지반의 가속도의 2.5배까지로 증폭되고, 주기가 긴 장주기(long period) 교량은 주기가 길어짐에 따라 지진에 의하여 구조물에 발생하는 가속도가 감소됨을 나타낸다.

다중모드스펙트럼해석에서는 m 번째 진동모드에 대한 탄성지진응답계수 C_{sm}을 다음과 같은 응답스펙트럼으로 구한다.

$$C_{sm} = \frac{1.2\,A\,S}{{T_m}^{2/3}} \leq 2.5\,A \qquad (16 \cdot 12)$$

여기서 T_m : m 번째 진동모드의 주기

T_m 값이 4.0초를 넘는 구조물에 대해서 m 번째 진동모드에 대한 C_{sm} 값은 다음에 따라 결정할 수 있다.

$$C_{sm} = \frac{3\,A\,S}{{T_m}^{4/3}} \leq 2.5\,A \qquad (16 \cdot 13)$$

[3] 지진력의 조합

지진운동은 임의의 방향을 가지기 때문에, 이를 고려한다. 즉, 교축방향과 교축에 직각인 방향으로 지진력이 작용한다고 보고, 각각의 지진력을 독립적으로 계산한 후 이들을 다음과 같이 조합한다. 이 조합의 결과는 양방향에 대한 해석결과를 제곱합 평방근 방법(SRSS, square root of sum of square)으로 구한 값과 유사하다.

$$\text{하중 경우 1:} \quad 1.0F_L + 0.3F_T \tag{16·14}$$

$$\text{하중 경우 2:} \quad 0.3F_L + 1.0F_T \tag{16·15}$$

여기서 F_L : 교축방향의 해석으로부터 구한 탄성지진력(절대값)

F_T : 교축에 직각방향에 대한 해석으로부터 구한 탄성지진력(절대값)

[4] 단일 경간교의 내진설계

상부구조와 교대 사이의 연결부에 있어서는 고정하중 반력에 가속도계수를 곱한 크기의 수평 지진력(연결력)이 작용한다고 보고, 교축방향 및 교축에 직각방향에 대하여 안전하도록 설계해야 한다.

단일 경간교(single span bridge)에 있어서는 거더의 받침부가 종방향 및 횡방향의 지진하중에 대하여 견딜 수 있으면 교량은 안전하기 때문이다.

[5] 내진 2등급교의 설계지진력

상부구조와 하부구조 사이의 연결부에 대하여 고정하중 반력의 20%에 해당하는 수평 지진력(연결력)이 구속방향으로 작용한다고 보고, 이에 저항하도록 설계한다.

[6] 내진 1등급교의 설계지진력

(1) 구조부재 및 연결부의 설계지진력

상부구조, 상부구조의 신축이음, 상부구조와 하부구조 사이의 연결부 등에 대한 설계지진력은 식 (16·14) 및 식 (16·15)로부터 구한 탄성지진력을 표 16-6의 응답수정계수 R로 나눈 값으로 한다.

위에서 구한 설계지진력은 다른 설계력과 함께 전체 하중 조합식에 조합해야 하고, 각 요소에 대한 최대하중은 식 (16·16)으로 구한다. 이때 설계지진력의 부호는 정(+) 또는 부(−) 중 불리한 경우를 취한다.

$$\text{최대하중} = 1.0(D + B + F + H + E_M) \tag{16·16}$$

여기서 D : 고정하중(고정하중)

B : 부력

F : 유체압

H : 횡토압

E_M : 설계지진력

(2) 기초의 설계지진력

확대기초, 말뚝머리 및 말뚝을 포함하는 기초의 설계지진력은 식 (16·11), 식 (16·12)로부터 얻은 탄성지진력을 표 16-6의 응답수정계수 R의 1/2로 나눈 값으로 하거나 교각의 최대 소성힌지력과 탄성지진력 중 작은 값으로 한다. 그러나 말뚝가구(pile bent)의 설계지진력은 탄성지진력을 해당구조의 응답수정계수 R로 나눈 값으로 한다.

위에서 구한 각 설계지진력은 다른 설계력과 함께 전체 하중 조합식에 조합하여야 하고, 각 요소에 대한 최대하중은 식 (16·17)로 구한다. 이때 설계지진력의 부호는 정 또는 부 중 불리한 경우를 취한다.

$$\text{최대하중} = 1.0(D + B + F + H + E_F) \tag{16·17}$$

여기서 E_F : 설계지진력

그 밖의 기호는 식 (16·16)과 같다.

(3) 교대 및 옹벽의 설계

상부구조와 교대의 연결부(받침, 전단연결재 등)는 (1)의 설계지진력에 저항하도록 설계해야 한다.

[7] 설계변위와 받침의 지지 길이

큰 지진에 있어서는 낙교(落橋)하는 경우가 많다. 이것은 지진으로 인하여 상부구조와 하부구조 사이에서 매우 큰 상대변위가 일어나기 때문이다. 따라서 설계 변위량의 계산도 매우 중요하다.

(1) 지역구역 II에 위치하는 내진 2등급교에 있어서 받침의 최소 지지 길이는 다음 식의 N(mm)보다 작아서는 안 된다.

$$N = (200 + 1.67L + 6.66H)(1 + 0.000125\theta^2) \tag{16·18}$$

여기서 L : 인접한 신축 이음부까지 또는 교량 단부까지의 거리(m)

〔지간 내에 힌지가 있는 경우의 L은 힌지 좌우의 축방향 거리 L_1과 L_2의 합으로 본다(그림 16-8)〕

H : 다음 각 경우에 대한 평균 높이(m)

교대 : 인접 신축 이음부의 교량상부를 지지하는 기둥의 평균 높이(m)

(단일경간의 교량에 대하여는 $H=0$으로 본다)

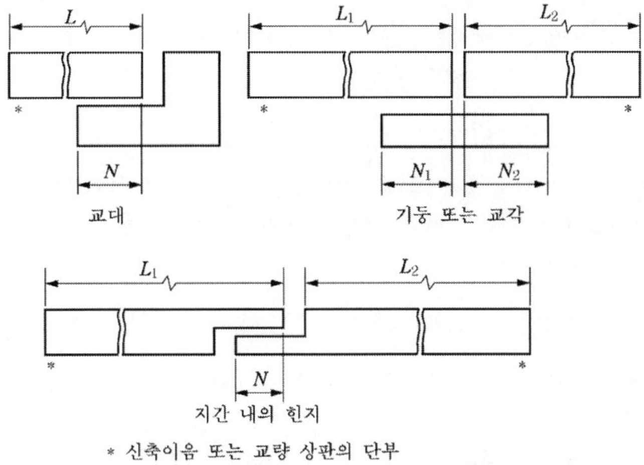

그림 16-8 받침의 최소 지지 길이 계산을 위한 L

기둥 또는 교각 : 기둥 또는 교각의 평균 높이(m)

지간 내의 힌지 : 인접한 두 기둥 또는 교각의 평균 높이(m)

θ : 받침선과 교축 직각방향이 이루는 각(도)

(2) 내진 1등급교의 설계 지진변위는 [1]의 해석방법으로 얻어지는 값과 식 (16·18)로 계산되는 값 중에서 큰 값으로 한다.

예제16-3) 고정하중 117 kN/m를 받고 있는 지간 21 m인 단순지지의 교량이 있다. 이 교량은 교축방향으로 1개의 받침은 이동에 대하여 자유이고, 다른 하나는 고정이며, 교대와의 연결부는 횡방향(교축에 직각방향)으로 구속되어 있다. 이 교량은 지진구역 II에 위치한 내진 II등급교이고, 직교(直橋)이다. 다음에 답하라.

(1) 교축방향 및 교축에 직각인 방향에 대한 수평 지진력(연결력)을 계산하라.

(2) 받침의 지지 길이를 구하라.

풀이 지진구역 II에 위치한 내진 II등급교이므로, 가속도계수는 표 16-4로부터 $A=0.07$이다.

이 교량의 상부구조의 총고정하중은

$$W_D = 117 \times 21 = 2,457\text{kN}$$

따라서 이 교량의 지점의 고정하중 반력은

$$R = 2,457 \times \frac{1}{2} = 1,228.5\text{kN}$$

(1) 수평 지진력

단일 경간교의 경우 상부구조와 교대 사이에서 구속된 교축방향으로 작용하는 최소 수평 지진력(연결력)은 고정하중 반력에 가속도계수를 곱한 값이므로

$$F_L = R \times A = 1{,}228.5 \times 0.07 = 86\text{kN}$$

한편, 이 교량은 내진 2등급교이므로, 상부구조와 하부구조 사이의 연결부에 작용하는 설계지진력은 고정하중 반력의 20%가 구속방향으로 작용한다고 생각하므로 그 크기는 다음과 같다.

$$F_L = R \times 0.20 = 1{,}228.5 \times 0.20 = 245.7\text{kN} > 86\,\text{kN}$$

그러므로 교축방향의 수평 지진력은 245.7 kN로 지배된다.

이 교량의 상부구조와 교대 사이의 연결부가 횡방향으로 구속되어 있으므로, 횡방향(교축에 직각방향)의 수평 지진력은 받침에서의 고정하중 반력의 20%이다. 따라서 이 연결부의 횡방향 수평 지진력은 다음과 같이 된다.

$$F_T = 1{,}228.5 \times 0.20 = 245.7\text{kN}$$

즉, 이 교량은 고정받침에서 교축방향으로, 또 교대와의 연결부에서 횡방향으로 각각 247.5 kN의 수평력이 작용한다.

(2) 받침의 지지 길이

내진 2등급교이므로 식 (16 · 15)로 계산한다. 이 교량은 직교이므로 $\theta = 0$이고 또 $L = 21\text{m}$, $H = 0$이므로

$$\begin{aligned} N &= (200 + 1.67L + 6.66H)(1 + 0.000125\,\theta^2) \\ &= (200 + 1.67 \times 21 + 6.66 \times 0)(1 + 0.000125 \times 0) = 235\text{mm} \end{aligned}$$

즉 받침의 지지 길이는 240 mm 이상 되어야 한다.

16. 4. 6 콘크리트교의 내진설계

철근콘크리트교의 내진설계에 대한 교량 내진설계기준의 내용은 다음과 같다.

[1] 철근

철근콘크리트 교각의 철근은 설계기준항복강도가 500 MPa 이하이어야 한다. 단, 소성힌지가 형성되는 교각의 축방향 철근은 실제 인장강도가 실제 항복강도의 1.25배 이상인 철근이어야 교각의 소성힌지부가 휨강도를 유지하면서 충분한 회전성능을 발휘할 수 있다. KS D 3688(2011)의 SD400S와 SD500S 철근(2장의 2. 2. 1항 참조)은 이 요구조건을 만족하는 철근들이다.

[2] 지진해석에서의 휨강성

지진하중에 대한 구조해석으로 탄성해석을 수행할 때에는 다음 식으로 결정되는 교각의 항복강성을 적용하여 탄성단면력과 변위를 구한다.

$$EI_y = \frac{M_y}{\varphi_y} \tag{16·19}$$

여기서 EI_y : 축력을 고려하여 구한, 최 외단 축방향 철근이 항복할 때의 단면강성

M_y : 축력을 고려하여 구한, 최 외단 축방향 철근이 항복할 때의 휨모멘트

φ_y : 축력을 고려하여 구한, 최 외단 축방향 철근이 항복할 때의 곡률

교량의 내진설계기준에서는 교각의 축방향철근이 항복할 것으로 예상되는 소성설계의 경우에 이 항복강성을 사용하도록 하고 있다. 그러나 그림 15-1에 나타낸 바와 같이 교각의 휨모멘트-곡률 곡선과 하중-변위 곡선을 2개의 직선으로 이상화하여 내진설계를 수행하는 것이고, 또 항복강성은 축방향 철근이 소성상태로 가기 직전의 단면강성을 의미하므로, 탄성설계를 수행할 때의 지진해석에 이 항복강성을 사용하여도 큰 문제는 발생하지 않는다.

위 식에 사용되는 항복모멘트와 항복곡률은 교각 단면에 대한 모멘트-곡률 해석으로 구할 수 있다. 그러나 실제 설계에서 모멘트-곡률 해석을 수행하는 과정이 복잡하므로, 모멘트-곡률 해석을 대신하여 다음 식으로 교각의 항복유효 단면2차모멘트을 계산하고 콘크리트의 탄성계수를 곱하여 단면의 항복유효강성을 구할 수 있다.

$$I_{y,eff} = \left(0.16 + 12\,\rho_l + 0.3\sqrt{\frac{P_u}{f_{ck}\,A_g}} \right) I_g \tag{16·20}$$

여기서 A_g : 교각의 단면적

I_g : 철근을 무시한 교각 전체 단면의 중심축에 대한 단면2차모멘트

P_u : 교각의 계수축력

ρ_l : 교각의 축방향 철근비

교각의 항복강성 EI_y는 그림 15-1에 나타낸 휨모멘트-곡률 곡선을 2개의 직선으로 이상화한 점선의 상승부 기울기를 의미한다. 일반적으로 축력비 $P_u/(f_{ck}A_g)$가 0.1 내외인 교각은 항복강성이 전단면강성 EI_g의 0.3∼0.5 배 범위에 있다.

[3] 강도감소계수 및 설계강도

내진설계에서 단면의 설계강도를 계산할 때에는, 1.0의 강도감소계수를 적용한다. 재

료저항계수(15. 6. 3 참조)를 적용하는 도로교설계기준 한계상태설계법(2012)에서는 콘크리트의 재료계수와 철근의 재료계수를 모두 1.0으로 하여 지진하중에 대한 강도성능을 검증한다. 이것은 지진에 의한 파괴확률을 고려할 때 설계지진하중의 크기를 재현주기로 결정하여 지진하중에 대한 하중계수를 1.0으로 하는 것과 유사한 의미이며, 또 재료의 초과강도도 고려한 것이다.

[4] 교각의 휨강도해석

철근콘크리트 교각의 휨강도는 콘크리트의 등가직사각형 응력분포 또는 응력-변형률 곡선을 이용한 휨강도 해석이나 콘크리트와 축방향 철근의 응력-변형률 곡선을 이용한 모멘트-곡률 해석에 의하여 결정할 수 있다. 이때의 휨강도 해석에는 축력의 영향이 고려되어야 하며, 횡구속 철근의 영향을 고려한 콘크리트의 응력-변형률 곡선을 이용하여 횡방향 철근에 의한 심부구속효과를 반영할 수 있다. 이것은 성능기반 내진설계와 같은 진보된 개념을 설계에 반영할 수 있도록 한 것이다.

[5] 교각의 최대 소성힌지력

교각의 최대 소성힌지력은 휨 초과강도에 해당하는 전단력으로 결정한다. 캔틸레버로 거동하는 교각의 최대 소성힌지력은 교각 하단의 휨 초과강도를 교각의 길이로 나누어 결정한다. 다주가구에서 골조로 거동하는 방향에 대하여는 기둥 상단과 하단의 휨 초과강도 합을 교각의 길이로 나누어 결정한다. 이때 교각의 길이는 캔틸레버로 거동하는 방향에 대하여는 기둥 하단에서 수평하중이 작용하는 위치까지의 길이로 하며 다주가구에서 골조로 거동하는 방향에 대하여는 기둥 순높이로 한다.

교각 단면의 휨 초과강도는 다음 두 가지 방법 중 하나를 적용하여 결정한다.

첫 번째는, 설계기준압축강도의 1.7배인 콘크리트 압축강도와 설계기준항복강도의 1.3배인 축방향 철근의 항복강도를 적용한 재료모델과, 소성힌지구역 횡방향 철근의 심부구속 효과와 축하중의 영향을 고려하여 모멘트-곡률 해석을 수행하는 방법이다.

두 번째는 간략식으로 계산하는 방법이다. 콘크리트 설계기준압축강도가 60 MPa 이하이고, 계수축력이 $0.3 f_{ck} A_g$ 이하이며, 축방향 철근비가 0.03 이하인 교각은, 모멘트-곡률 해석을 수행하는 대신 콘크리트의 등가직사각형 응력분포를 이용한 축력-휨강도 해석으로 구한 공칭휨강도에 다음 식으로 계산되는 휨 초과강도계수 λ_o를 곱하여 휨 초과강도를 결정할 수 있다. 여기서 R은 설계에 사용한 응답수정계수이다.

$$\lambda_o = 1.25 + 0.05\,R \qquad (16 \cdot 21)$$

[6] 교각 및 기둥의 정의 및 설계

최대단면치수에 대한 순높이의 비가 2.5 이상인 교각은 일반 기둥으로 간주한다. 기둥상단에서 단면이 커지는 기둥의 경우에는 단면이 커진 부분을 무시하고 최대단면치수를 결정한다. 최대단면치수에 대한 순높이의 비가 2.5 미만인 교각은 짧은 기둥으로 간주하여 벽식 교각에 대한 응답수정계수를 적용한다. 벽식 교각은, 강축방향에 대하여 벽식 교각에 대한 응답수정계수를 적용하고 벽체로 설계하여야 한다. 벽식 교각의 약축방향은 일반 기둥으로 설계할 수 있다.

[7] 기둥의 단부구역과 소성힌지구역

캔틸레버로 거동하는 기둥의 하단과 골조로 거동하는 기둥의 하단과 상단을 단부구역으로 하며, 단부구역에 요구되는 철근상세를 갖도록 설계한다. 기둥 하단의 단부구역은 기초의 상면에서부터의 길이로 결정하며, 골조로 거동하는 기둥의 상단 단부구역은 기둥과 연결된 부재의 하면에서부터의 길이로 결정한다. 기둥 단부구역의 길이는 기둥의 최대 단면치수, 기둥 순높이의 1/6, 450 mm 중 가장 큰 값으로 한다.

단부구역 중에서 설계휨강도보다 큰 탄성지진모멘트가 작용하는 단부구역을 소성힌지구역으로 하고, 이에 해당하는 철근상세를 갖도록 설계한다.

강진지역에서는 기둥의 양단부가 인접한 상부구조 또는 기초와 강절로 연결되는 지진저항 구조형식을 주로 사용하므로 기둥의 단부가 항상 소성힌지구역이 된다. 그러나 중약진지역의 교량에서는 기둥의 단부가 상부구조나 기초에 강절로 연결되는 지진저항 구조형식을 항상 사용하는 것은 아니므로, 소성힌지가 형성되는 단부와 그렇지 않은 단부를 구분할 필요가 있다. 설계지진하중이 작용할 때 단부구역 중에서 소성힌지가 발생될 것으로 해석되는 단부를 소성힌지구역으로 하고, 그 외의 단부구역은 설계지진하중이 작용할 때에는 소성힌지가 발생되지 않을 것으로 해석되지만 예기치 못하게 설계지진하중보다 큰 지진이 발생하여 소성힌지가 발생될 가능성이 있는 단부구역을 의미한다.

[8] 단부구역의 철근상세

단부구역에 배치되는 횡방향 철근은 D13 이상으로서, 지름이 축방향 철근 지름의 2/5 이상이어야 한다. 소성거동이 예측되지 않는 단부구역은 모든 축방향 철근이 겹침이음 없이 연속될 필요는 없으나, 횡방향 철근은 소성힌지구역의 철근상세와 동일한 상세를 갖도록 한다. 횡방향 철근의 수직간격은 부재 최소 단면치수의 1/4 또는 축방향 철근지름의 6배 중 작은 값을 초과하지 않아야 한다.

[9] 소성힌지구역의 심부구속 횡방향 철근량 및 수직간격

소성힌지구역의 콘크리트 심부는 횡방향 철근으로 충분히 구속하여야 한다. 원형기둥의 소성힌지구역은 다음 식 중 큰 값의 나선철근비 이상으로 심부를 구속한다.

$$\rho_s = 0.45\left(\frac{A_g}{A_c} - 1\right)\frac{f_{ck}}{f_{yh}} \qquad (16 \cdot 22)$$

$$\rho_s = 0.12\,\frac{f_{ck}}{f_{yh}} \qquad (16 \cdot 23)$$

여기서 A_c : 나선철근 외측표면을 기준으로 한 기둥 심부의 면적

A_g : 기둥의 총 단면적

f_{ck} : 콘크리트의 설계기준압축강도

f_{yh} : 횡방향 철근의 설계기준항복강도

원형기둥에서 원형띠철근이 나선철근과 동등한 심부구속효과를 발휘할 수 있다면, 나선철근식을 사용하여 심부구속 철근량을 결정할 수 있다.

사각형기둥에서 심부구속 횡방향 철근의 총 단면적 A_{sh} 는 다음 식 중 큰 값을 취한다.

$$A_{sh} = 0.30\,a\,h_c\,\frac{f_{ck}}{f_{yh}}\left(\frac{A_g}{A_c} - 1\right) \qquad (16 \cdot 24)$$

$$A_{sh} = 0.12\,a\,h_c\,\frac{f_{ck}}{f_{yh}} \qquad (16 \cdot 25)$$

여기서 a : 띠철근의 수직간격

A_{sh} : 수직간격이 a 이고, 심부의 단면치수가 h_c 인 단면을 가로지르는 보강띠철근을 포함하는 횡방향철근의 총 단면적.. 직사각형 기둥의 두 주축 모두에 대하여 별도로 계산해야 한다.

h_c : 띠철근 기둥의 고려하는 방향으로의, 띠철근 외측표면을 기준으로 한 심부의 단면 치수

소성힌지구역의 심부구속 횡방향 철근의 수직간격은 부재 최소 단면치수의 1/4 또는 축방향 철근지름의 6배 중 작은 값을 초과하지 않아야 한다. 횡방향 철근의 수직간

격을 축방향 철근지름의 6배 이하로 하면, 콘크리트의 피복이 탈락한 후 축방향 철근이 좌굴되는 것을 방지하는데 효과적이다.

나선철근에 대하여는 최대 수직 순간격을 75 mm로 규정한 나선철근의 일반규정을 적용하지 않는다.

[10] 소성힌지구역의 심부구속 횡방향 철근상세

소성힌지구간에서 나선철근의 연결은 기계적 연결이나 완전 용접이음으로 하여야 하며, 겹침이음을 하지 않아야 한다.

사각형 후프띠철근은 외측 축방향철근들을 감싸는 폐합띠철근 형태이거나 또는 나선철근과 유사하게 연속적으로 감은 연속띠철근 형태로 사용할 수 있다. 사각형 폐합띠철근 형태는 양단에 띠철근 지름의 6배와 80 mm 중 큰 값 이상의 연장길이를 갖는 135° 갈고리를 가져야 한다. 사각형 연속띠철근 형태는 양단에 띠철근 지름의 6배와 80 mm 중 큰 값 이상의 연장길이를 갖는 135° 갈고리를 가져야 하며, 이 갈고리는 축방향 철근에 걸리게 하여야 한다. 보강띠철근(연결철근, cross tie)은 하나의 연속된 철근으로 한쪽 단에 135° 이상의 갈고리를 갖고, 다른 쪽 단에 90° 이상의 갈고리를 갖도록 하여야 한다. 이 때, 135° 갈고리는 띠철근 지름의 6배와 80 mm 중 큰 값 이상의 연장길이를 가져야 하며 90° 갈고리는 띠철근 지름의 6배 이상의 연장길이를 가져야 한다. 사각형 후프띠철근에 추가되는 보강띠철근의 갈고리는 외측 축방향 철근에 걸리게 하여야 하며, 보강띠철근을 연속적으로 같은 축방향 철근에 걸리게 할 경우 90° 갈고리가 연달아 걸리지 않도록 연속된 보강띠철근의 양단을 바꿔주어야 한다. 사각형 심부구속 횡방향 철근은 후프띠철근과 보강띠철근의 수평간격과 보강띠철근 간의 수평간격이 350 mm를 초과하지 않도록 하여야 한다.

원형 띠철근 중에서 양단에 90° 갈고리를 갖고 1개소 또는 2개소에서 철근 지름의 40배 이상으로 겹침이음된 원형 후프띠철근에 2개의 보강띠철근이 후프띠철근의 겹침이음 구간을 감싸는 경우에는 완전원형후프로 간주할 수 있다. 이때 후프띠철근의 90° 갈고리는 축방향 철근에 걸리게 하여야 하며, 2개의 보강띠철근은 후프띠철근의 겹침이음 구간의 양쪽 끝부분에 배치하여야 한다. 또 교각의 종방향과 단면 평면방향으로 보강띠철근의 90° 갈고리가 연달아 걸리지 않도록 보강띠철근의 양단을 바꿔주어야 하며, 원형 후프띠철근의 겹침이음 부분이 교각의 종방향으로 연달아 위치하지 않도록 배치하여야 한다.

[11] 교각의 축방향 철근 상세

소성힌지구역에서는 축방향 철근을 겹침이음하지 않아야 한다. 따라서 소성힌지구역에서는 축방향 철근이 연속되도록 배치하여야 하지만, 연결을 피할 수 없을 때에는 완전 기계적 이음을 사용할 수 있다.

소성거동이 예측되지 않는 단부구역은 모든 축방향 철근이 겹침이음 없이 연속될 필요는 없으므로, 전체 축방향 철근의 절반까지는 겹침이음을 할 수 있다. 이때의 겹침이음길이는 인장철근의 겹침이음길이로 하여야 한다.

[12] 기둥의 연성도 내진설계

철근콘크리트 기둥에 대한 내진성능 실험결과로, 기둥의 소성힌지부에 축방향 철근이 연속되고 내진철근상세를 갖는 횡방향 철근이 축방향 철근 지름의 6배 이하의 수직간격으로 배치되면 매우 높은 연성능력을 발휘할 수 있는 것으로 보고되었다. 따라서 우리나라와 같은 중약진 지진지역은, 철근을 내진상세로 한다면 심부구속 철근량은 연성요구량에 따라 감소시키는 효율적인 내진설계가 가능하다. 이를 위해서는 철근콘크리트 기둥의 하중-변위 성능곡선 평가 및 연성도 평가가 필요한데, 철근콘크리트 기둥에 대한 재료비선형 성능해석을 수행하여야 가능하다. 그러나 비선형 거동해석은 매우 높은 수준의 지식과 기술이 필요하여 널리 사용되지는 않고 있다.

연성도 설계법은 설계의 편의를 위하여, 복잡한 재료비선형 성능해석을 수행하지 않고 수식을 사용하여 교각의 연성능력 및 변위성능을 검증하는 설계법이다(16.4.1 [2] 참조). 연성도 설계법에서는 지진해석으로 구한 탄성지진모멘트를 교각의 설계휨강도로 나누어 소요 응답수정계수를 구하고, 주 지진방향의 고유주기를 고려하여 소요 변위연성도를 결정한 후, 제시된 수식으로 계산된 양의 심부구속철근을 배치하는 과정으로 설계한다. 전단강도 검토 및 설계는 소요 변위연성도를 고려하여 제시된 식에 따라 수행한다.

부 록

[부록 A] 허용응력설계법

[부록 B] 전단 이론 및 전단설계 모델

[부록 C] 설계 보조자료

[부록 D] 기둥의 설계강도 상관도

[부록 E] SI 단위 및 단위의 환산표

[부록 F] 콘크리트용 앵커

[부록 G] 통합된 주요 용어

[부록 H] 그리스 문자

부록 A 허용응력설계법

강도설계법이 설계기준에서 주 설계법이 된 이후에도 상당 기간 동안 허용응력설계법이 설계기준에 규정되어 있었다. 콘크리트구조설계기준(2003)은 부록Ⅰ의 "별도설계법"에서 "허용응력설계법"을 간략하게 규정하고 있었다. 콘크리트구조설계기준(2007)에서는 부록의 허용응력설계법 규정을 삭제하였지만, 발주자가 필요하다고 인정하는 경우에는 콘크리트구조설계기준(2003) 부록 Ⅰ의 "별도설계법"에 따라 설계할 수 있다고 적용범위에서 언급함으로써 허용응력설계법을 사용할 수 있게 하였다. 그러나 콘크리트구조기준(2012)에서는 적용범위에서도 허용응력설계법을 언급하지 않음으로 해서, 허용응력설계법이 설계기준에서 완전히 삭제되었다고 할 수 있다.

따라서 허용응력설계법으로 설계하는 경우는 없겠지만, 설계를 강도설계법에 따라 수행하더라도 균열, 처짐, 피로 등 사용성 검증에서 허용응력설계법에서 해왔던 탄성이론에 따른 단면해석이 사용되고 있으므로, 이에 대한 이해를 돕기 위하여 콘크리트구조설계기준(2003) 부록 Ⅰ의 "별도설계법"을 여기에서 간략하게 다룬다.

A.1 보의 휨해석

허용응력설계법에 있어서 보의 휨해석 및 설계는 3장의 3.3.1과 3.3.2에서 설명한 탄성거동에 근거하고, 4장의 4.1.1에서 설명한 기본가정에 기초를 둔다.

A.1.1 단철근 직사각형 보

[1] 응 력 계 산

그림 A-1과 같은 직사각형 단면의 보가 사용하중에 의한 휨모멘트 M을 받으면 응력의 분포는 그림과 같이 된다(3장의 3.3.2 및 그림 3-5 참조).

(1) 중 립 축

단면의 중립축이 압축측 연단에서 x의 거리에 있다고 가정하자. 압축측 연단의 콘크리트 응력을 f_c, 철근의 인장응력을 f_s라고 하면 압축측 콘크리트의 압축력 C 및 철근의 인장력 T는 각각 다음과 같이 된다.

$$C = \frac{1}{2} f_c bx \qquad (A \cdot 1)$$

$$T = f_s A_s \qquad (A \cdot 2)$$

단면이 평형을 유지하기 위해서는

$$C - T = 0 \qquad (a)$$

즉, C와 T는 우력을 이룬다. 따라서 식 (a)는 다음과 같이 된다.

$$\frac{1}{2} f_c bx - f_s A_s = 0 \qquad (b)$$

그림 A-1의 응력도에서 삼각형의 닮음비를 이용하면

$$f_s = n f_c \frac{d-x}{x} \qquad (A \cdot 3)$$

여기서

$$n = \frac{E_s}{E_c}$$

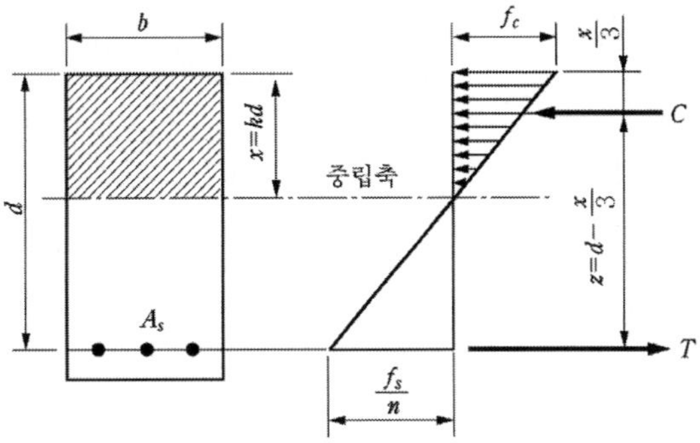

그림 A-1 단철근 직사각형 보

식 (A · 3)을 식 (b)에 대입하면

$$\frac{1}{2}bx - nA_s\frac{d-x}{x} = 0$$

$$\therefore \frac{1}{2}bx^2 - nA_s(d-x) = 0 \qquad (A \cdot 4)$$

위의 식은 휨을 받는 단면의 중립축은 도심축과 일치하며, 도심축에 대한 단면1차모멘트는 0이라는 조건으로부터도 얻을 수 있다[이 식이 제3장에도 식 (3 · 8)로 계산되어 있다]. 위의 식을 x에 관하여 풀면 중립축의 위치 x는 다음과 같이 된다.

$$x = -\frac{nA_s}{b} + \frac{nA_s}{b}\sqrt{1+\frac{2bd}{nA_s}} \qquad (A \cdot 5)$$

$\frac{x}{d} = k$, $\frac{A_s}{bd} = \rho$로 놓고 위의 식을 정리하면

$$k = -n\rho + \sqrt{(n\rho)^2 + 2n\rho} \qquad (A \cdot 6)$$

k를 **중립축비**, ρ를 **철근비**라고 한다.

(2) 응 력

이 단면에 사용하중에 의한 휨모멘트 M이 작용할 때 콘크리트에 일어나는 압축응력 f_c 및 철근에 일어나는 인장응력 f_s를 구해 보자. 콘크리트의 압축력 C의 작용선은 응력분포 삼각형의 도심을 지나야 하므로 내력(우력) C와 T 사이의 팔길이(arm length) z는 다음과 같이 된다.

$$z = d - \frac{x}{3} \qquad (c)$$

단면이 평형을 유지하기 위해서는 내력(內力)에 의한 우력 모멘트 Cz 또는 Tz가 외력(外力)에 의한 휨모멘트 M과 비겨야 한다. 즉

$$\left.\begin{aligned} Cz &= \frac{1}{2}f_c bx\left(d-\frac{x}{3}\right) = M \\ Tz &= f_s A_s\left(d-\frac{x}{3}\right) = M \end{aligned}\right\} \qquad (d)$$

따라서 위의 식으로 부터 f_c 및 f_s는 다음과 같이 된다.

$$\left.\begin{aligned} f_c &= \frac{2M}{bx\left(d-\frac{x}{3}\right)} \\ f_s &= \frac{M}{A_s\left(d-\frac{x}{3}\right)} \end{aligned}\right\} \qquad (A \cdot 7)$$

이 식들이 제3장의 3. 3. 2에도 계산되어 있다[식 (3・9) 및 식 (3・10)].

식 (c)는 다음과 같이 고쳐 쓰는 경우가 많다.

$$\left.\begin{aligned} z &= d-\frac{x}{3}=d-\frac{kd}{3}=\left(1-\frac{k}{3}\right)d=jd \\ \therefore j &= 1-\frac{k}{3} \end{aligned}\right\} \qquad (A \cdot 8)$$

위의 관계와 $x = kd$, $A_s = \rho bd$를 식 (A・7)에 대입하면

$$\left.\begin{aligned} f_c &= \frac{2M}{kjbd^2} \\ f_s &= \frac{M}{\rho jbd^2} \end{aligned}\right\} \qquad (A \cdot 9)$$

n과 ρ를 알면 식 (A・6)으로부터 k를 알 수 있고, 식 (A・8)로부터 j를 알 수 있다.

f_c 및 f_s는 다음 식으로 계산해도 좋다.

$$\left.\begin{aligned} f_c &= \frac{M}{I_{cr}}x \\ f_s &= n\frac{M}{I_{cr}}(d-x) \end{aligned}\right\} \qquad (A \cdot 10)$$

여기서 I_{cr}는 중립축에 대한 환산단면2차모멘트이며 다음과 같다.

$$I_{cr} = \frac{1}{3}bx^3 + nA_s(d-x)^2 \qquad (A \cdot 11)$$

이것은 인장측 콘크리트에 균열이 발생했다고 보고 인장측 콘크리트 단면은 무시하고, 인장철근 A_s를 nA_s로 환산하여 계산한 단면2차모멘트이다[제3장의 식 (3・13)이 이것이다].

예제A-1) 폭 b=300 mm, 유효깊이 d=500 mm, 철근량 A_s =3-D25= 1,520 mm^{2}인 단철근 직사각형 단면의 보가 있다. 이 단면에 사용하중에 의한 휨모멘트 M=90 kN·m가 작용할 때, 콘크리트 및 철근에 일어나는 응력을 계산하라. f_{ck}= 24 MPa인 보통 콘크리트와 f_y= 300 MPa인 SD 300의 철근이 사용되었다.

풀이 f_{ck}=24 MPa인 보통의 콘크리트이고, 식(2・3)에 의하여

$$f_{cu} = f_{ck} + 8 = 24 + 4 = 28$$

MPa이므로, 콘크리트의 탄성계수는 식 (2・2)로부터

$$E_c = 8{,}500\sqrt{f_{cu}} = 8{,}500 \times {}^{3}\sqrt{28}\,(\text{MPa})$$

철근의 탄성계수는 식 (2 · 45)로부터

$$E_s = 2.0 \times 10^5 (\mathrm{MPa})$$

따라서 탄성계수비는

$$n = \frac{E_s}{E_c} = \frac{2.0 \times 10^5}{8{,}500\sqrt[3]{28}} = 7.7$$

허용응력설계법에서 n의 값은 가장 가까운 정수(整數)를 사용한다. 따라서 $n=8$이다.

(i) 식 (A · 7)로 계산해 보자.

중립축의 위치는 식 (A · 5)로부터

$$x = -\frac{nA_s}{b} + \frac{nA_s}{b}\sqrt{1+\frac{2bd}{nA_s}}$$
$$= -\frac{8 \times 1{,}520}{300} + \frac{8 \times 1{,}520}{300}\sqrt{1+\frac{2 \times 300 \times 500}{8 \times 1{,}520}} = 155\mathrm{mm}$$

따라서 콘크리트의 압축응력 및 철근의 인장응력은 식 (A · 7)로부터

$$f_c = \frac{2M}{bx\left(d-\frac{x}{3}\right)} = \frac{2 \times (90 \times 10^3 \times 10^3)}{300 \times 155\left(500-\frac{155}{3}\right)} = 8.6\mathrm{N/mm^2} = 8.6\mathrm{MPa}$$

$$f_s = \frac{M}{A_s\left(d-\frac{x}{3}\right)} = \frac{90 \times 10^3 \times 10^3}{1{,}520\left(500-\frac{155}{3}\right)} = 132\mathrm{N/mm^2} = 132\mathrm{MPa}$$

(ii) 식 (A · 9)로 계산해 보자.

철근비는

$$\rho = \frac{A_s}{bd} = \frac{1{,}520}{300 \times 500} = 0.0101$$

식 (A · 6)으로부터

$$k = -n\rho + \sqrt{(n\rho)^2 + 2n\rho}$$
$$= 8 \times 0.0101 + \sqrt{(8 \times 0.0101)^2 + 2 \times 8 \times 0.0101} = 0.329$$

식 (A · 8)로부터

$$j = 1 - \frac{k}{3} = 1 - \frac{0.329}{3} = 0.890$$

따라서 응력은 식 (A · 9)로부터

$$f_c = \frac{2M}{kjbd^2} = \frac{2 \times (90 \times 10^3 \times 10^3)}{0.329 \times 0.890 \times 300 \times 500^2} = 8.2\mathrm{N/mm^2} = 8.2\mathrm{MPa}$$

$$f_s = \frac{M}{\rho j b d^2} = \frac{90\times 10^3 \times 10^3}{0.0101\times 0.890\times 300\times 500^2} = 133\mathrm{N/mm^2} = 133\mathrm{MPa}$$

(iii) 식 (A · 10)으로 계산해 보자.

환산단면2차모멘트는 식 (A · 11)로부터

$$I_{cr} = \frac{1}{3}bx^3 + nA_s(d-x)^2$$
$$= \frac{1}{3}\times 300\times 155^3 + 8\times 1{,}520(500-155)^2 = 18{,}197\times 10^5\mathrm{mm^4}$$

따라서 식 (A · 10)으로부터

$$f_c = \frac{M}{I_{cr}}x = \frac{90\times 10^3\times 10^3}{18{,}197\times 10^5}\times 155 = 7.7\mathrm{N/mm^2} = 7.7\mathrm{MPa}$$

$$f_s = n\frac{M}{I_{cr}}(d-x) = 8\times\frac{90\times 10^3\times 10^3}{18{,}197\times 10^5}(500-155) = 136\mathrm{N/mm^2} = 136\mathrm{MPa}$$

이상의 계산에서 알 수 있는바와 같이 f_{ck}, f_y, E_c, E_s 등의 단위가 MPa(N/mm^2)이므로 길이는 mm, 철근의 단면적은 mm^2, 힘은 N, 모멘트는 N · mm로 계산해야 한다.

콘크리트의 허용 휨압축응력은 4장의 표 4-1로부터

$$f_{ca} = 0.40 f_{ck} = 0.40\times 21 = 8.4\mathrm{MPa} = 8.4\mathrm{N/mm^2}$$

철근의 허용 휨인장응력은 4장의 표 4-2로부터

$$f_{sa} = 150\mathrm{MPa} = 150\mathrm{N/mm^2}$$

철근의 응력은 허용응력 이하이다. 그러나 식 (A · 7)로 계산한 콘크리트 응력은 허용응력을 0.2 MPa 초과하고 있으나, 이 정도이면 허용응력과 같다고 볼 수 있다. 그러나 엄밀하게는 단면을 키워서 콘크리트 응력이 허용응력을 초과하지 않도록 해야 한다.

A. 1. 2 복철근 직사각형 보

[1] 압축철근의 응력

그림 A-2 (a)의 단면이 정(+)의 휨모멘트를 받으면 단면의 변형률도는 평면보존의 법칙에 따라 그림 (b)와 같이 된다. 지금 압축철근의 변형률을 ε_s', 압축철근과 같은 깊이에 있는 콘크리트의 변형률을 ε_c'라고 하면 철근과 콘크리트는 부착에 의하여 일체작용을 하므로, 이들 변형률의 크기는 같다.

$$\varepsilon_s' = \varepsilon_c' \qquad \text{(a)}$$

압축철근의 응력을 f_s', 압축철근과 같은 깊이에 있는 콘크리트의 응력을 f_{cs}라고 하면 Hooke의 법칙에 의하여

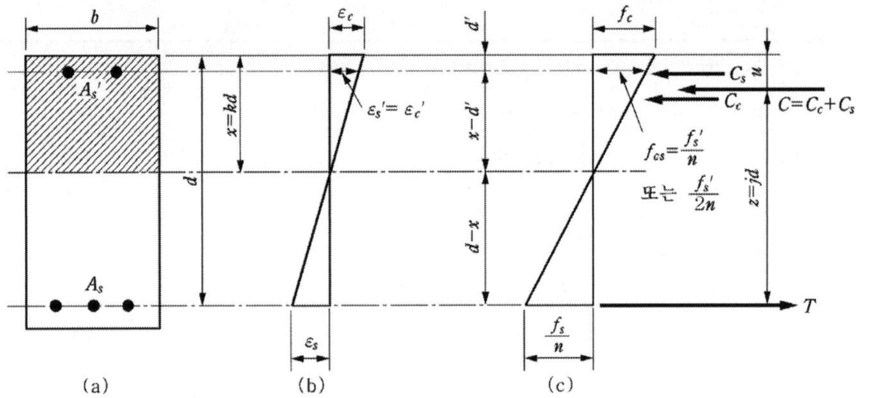

그림 A-2 복철근 직사각형 보

$$\varepsilon_s{}' = \frac{f_s{}'}{E_s}, \qquad \varepsilon_c{}' = \frac{f_{cs}}{E_c} \tag{b}$$

위의 관계를 식 (a)에 대입하면

$$f_s{}' = \frac{E_s}{E_c} f_{cs} = n f_{cs} \tag{A · 12}$$

즉, 보의 압축철근의 응력은 같은 변형률을 일으키는 콘크리트 응력의 n 배이다.

따라서 보의 압축철근의 단면적 $A_s{}'$를 콘크리트로 환산하면 $nA_s{}'$로 된다. 정확한 계산을 위하여 $A_s{}'$에 의해 배제된 콘크리트 단면적을 고려하면 환산 단면적은 $(n-1)A_s{}'$로 된다.

이러한 탄성해석이 성립하는 것은 활하중과 같은 단기하중이 작용하여 허용응력 이하의 낮은 응력이 일어날 때 뿐이고 고정하중과 같은 장기하중이 작용할 경우에는 콘크리트의 크리프의 영향 때문에 매우 복잡하게 된다.

철근은 비례한도까지는 탄성을 나타내지만, 콘크리트는 허용응력보다 작은 응력에서도 소성성질을 나타낸다. 그러므로 콘크리트가 자중 및 기타의 지속하중에 의해 소성변형을 일으키면, 어떤 양의 응력이 콘크리트로부터 압축철근으로 옮아간다. 즉, 콘크리트의 소성변형이 압축철근에 의해 구속되어 크리프로 말미암아 콘크리트 응력은 감소하지만 그 응력은 압축철근으로 전가된다. 이러한 사실이 많은 실험에 의해 확인되었다. 즉, 단기하중에 의한 압축철근의 응력을 실측한 결과는 탄성이론에 의한 계산값과 거의 일치하지만, 시일이 경과함에 따라 압축철근의 응력의 실측값은 탄성 이론값보다 커진다. 이것은 지속하중으로 인한 콘크리트의 크리프의 영향 때문이다.

구조물은 완성직후에 바로 사용하중이 실리는 일은 거의 없으며, 자중과 기타의 지속하중에 의한 콘크리트의 크리프로 인하여 응력의 재분배(再分配)가 이루어진 후에 사용하중이 실리는 것이 보통이다. 따라서 압축철근의 단면적을 탄성이론으로 계산한 단면적보다 적게 배치하여도 철근의 최종응력이 허용응력을 초과하는 일은 없다.

그래서 보의 압축철근의 응력을 탄성이론으로 계산한 식 (A・12)의 값의 2배를 취하되, 철근의 허용 인장응력을 넘지 않도록 한다. 즉

$$f_s' = 2nf_{cs} \le f_{sa} \qquad \text{(A・13)}$$

여기서 f_{cs} 는 압축철근과 같은 위치에 있는 콘크리트의 응력이다. 압축철근 응력의 이러한 해석을 **반 탄성해석**(semi-elastic analysis)이라고 한다. 압축철근의 응력을 이렇게 해석하면 그 환산 단면적은 $2nA_s'$에 의해 배제된 콘크리트의 단면적을 고려함으로써 $(2n-1)A_s'$로 된다.

[2] 응력계산

(1) 탄성해석

압축철근의 응력을 $f_s' = nf_{cs}$로 보고 모든 계산을 진행한다. 따라서 압축철근의 환산단면적은 정확하게는 $(n-1)A_s'$이지만 nA_s'로 보고 계산한다. 그림 A-2의 단면의 도심축에 대한 단면1차모멘트를 취하면

$$\frac{1}{2}bx^2 + nA_s'(x-d') - nA_s(d-x) = 0$$

$$\left.\begin{aligned} \therefore\ x = kd &= \frac{-n(A_s+A_s')}{b} + \sqrt{\left\{\frac{n(A_s+A_s')}{b}\right\}^2 + \frac{2n}{b}(A_s d + A_s'd')} \\ k &= -n(\rho+\rho') + \sqrt{n^2(\rho+\rho')^2 + 2n\left(\rho+\rho'\frac{d'}{d}\right)} \end{aligned}\right\} \qquad \text{(A・14)}$$

여기서

$$\rho = \frac{A_s}{bd}, \qquad \rho' = \frac{A_s'}{bd}$$

그림 A-2 (c)의 응력도로부터

$$\left.\begin{aligned} f_s' &= nf_{cs} = nf_c\frac{x-d'}{x} \\ f_s &= nf_c\frac{d-x}{x} \end{aligned}\right\} \qquad \text{(A・15)}$$

따라서 콘크리트의 압축력 C_c는

$$C_c = \frac{1}{2} f_c bx$$

압축철근의 압축력 C_s는

$$C_s = f_s' A_s' = n f_c A_s' \frac{x - d'}{x}$$

그러므로 총압축력은

$$C = C_c + C_s = f_c \left(\frac{1}{2} bx + n A_s' \frac{x - d'}{x} \right)$$

인장철근의 인장력 T는

$$T = f_s A_s = n f_c A_c \frac{d - x}{x}$$

압축력 C의 압축측 연단에 대한 모멘트를 취하면

$$Cu = C_c \frac{x}{3} + C_s d'$$

C, C_c 및 C_s의 값들을 대입하고 u에 관하여 정리하면

$$u = \frac{\frac{1}{6} k^2 d + n\rho' d' \left(1 - \frac{d'}{kd} \right)}{\frac{1}{2} k + n\rho' \left(1 - \frac{d'}{kd} \right)} \qquad (\text{A} \cdot 16)$$

따라서

$$z = jd = d - u, \qquad \therefore j = 1 - \frac{u}{d}$$

콘크리트의 응력 f_c는 $Cz = M$에 의하여

$$f_c = \frac{M}{\left(\frac{1}{2} bx + n A_s' \frac{x - d'}{x} \right) z} \qquad (\text{A} \cdot 17)$$

f_c는 다음과 같이 계산해도 좋다. 즉, C_c 및 C_s의 인장철근 도심에 대한 모멘트가 외력 모멘트와 같다고 놓으면

$$C_c \left(d - \frac{x}{3} \right) + C_s (d - d') = M$$

$$\therefore f_c = \frac{M}{\frac{1}{2}bx\left(d-\frac{x}{3}\right)+nA_s'\left(\frac{x-d'}{x}\right)(d-d')} \qquad (\text{A}\cdot 18)$$

f_c가 구해지면 철근의 응력은 식 (A · 15)로 계산한다. 인장철근의 응력은 $Tz=M$에 의해 계산해도 좋다. 즉

$$f_s = \frac{M}{A_s z} = \frac{M}{\rho j bd^2} \qquad (\text{A}\cdot 19)$$

(2) 반 탄성해석

압축철근의 응력을 $f_s' = 2nf_{cs}$로 보고 계산한다. 그리고 A_s'에 의해 배제된 콘크리트 단면적을 고려한다. 계산방법은 앞의 탄성해석의 경우와 같다.

그림 A-2에서 도심축에 대한 단면1차모멘트를 계산하면

$$\frac{1}{2}bx^2 + (2n-1)A_s'(x-d') - nA_s(d-x) = 0$$

$$\left.\begin{aligned} \therefore x = kd =& -\frac{nA_s+(2n-1)A_s'}{b} \\ &+\sqrt{\left\{\frac{nA_s+(2n-1)A_s'}{b}\right\}^2+\frac{2}{b}\{nA_s d+(2n-1)A_s'd'\}} \\ k =& -n\left(\rho+2\rho'-\frac{\rho'}{n}\right) \\ &+\sqrt{n^2\left(\rho+2\rho'-\frac{\rho'}{n}\right)^2+2n\rho+2(2n-1)\rho'\frac{d'}{d}} \end{aligned}\right\} \qquad (\text{A}\cdot 20)$$

여기서

$$\rho = \frac{A_s}{bd}, \qquad \rho'\frac{A_s'}{bd}$$

A_s'에 의해 배제된 콘크리트 단면적을 고려하면 압축철근의 환산 단면적은$(2n-1)A_s'$이고, 또 압축철근과 같은 위치에 있는 콘크리트 응력 f_{cs}는 그림 A-2(c)로부터

$$f_{cs} = f_c\frac{x-d'}{x}$$

이므로, A_s'가 나타내는 압축력 C_s는 다음과 같이 된다.

$$C_s = f_s'A_s' = (2n-1)A_s'f_{cs} = (2n-1)f_c A_s'\frac{x-d'}{x}$$

따라서 총압축력 C는

$$C = C_c + C_s = \frac{1}{2} f_c bx + (2n-1) f_c A_s{}' \frac{x-d'}{x}$$

이들을 다음 관계에 대입하여 u를 계산하면

$$C \times u = C_c \times \frac{x}{3} + C_s \times d'$$

$$\therefore u = \frac{\frac{1}{6}k^2 d + (2n-1)\rho' d'\left(1 - \frac{d'}{kd}\right)}{\frac{1}{2}k + (2n-1)\rho'\left(1 - \frac{d'}{kd}\right)} \qquad \text{(A · 21)}$$

따라서

$$z = jd = d - u \qquad \therefore j = 1 - \frac{u}{d}$$

그러므로 콘크리트 및 철근의 응력은 각각 $Cz = M$, $Tz = M$에 의하여 다음과 같이 된다.

$$\left.\begin{aligned} f_c &= \frac{M}{\left\{\frac{1}{2}bx + (2n-1)A_s{}'\frac{x-d'}{x}\right\}z} \\ f_s &= \frac{M}{A_s z} = \frac{M}{\rho jbd^2} \end{aligned}\right\} \qquad \text{(A · 22)}$$

단면의 저항 모멘트는 다음 중 작은 값이다.

$$\left.\begin{aligned} M_{rc} &= f_{ca}\left\{\frac{1}{2}bx + (2n-1)A_s{}'\frac{x-d'}{x}\right\}z \\ &= \frac{1}{2}f_{ca}bx\left(d - \frac{x}{3}\right) + (2n-1)f_{ca}A_s{}'\frac{x-d'}{x}(d-d') \\ M_{rs} &= f_{sa}A_s z = f_{sa}\rho jbd^2 \end{aligned}\right\} \qquad \text{(A · 23)}$$

예제 A-2 $b = 350$ mm, $d = 560$ mm, $A_s = 3{,}177$ mm^2, $A_s{}' = 1{,}420$ mm^2, $d' = 60$ mm인 복철근 직사각형 단면에 사용하중 모멘트 $M = 190$ kN·m가 작용할 때 콘크리트 및 철근의 응력을 계산하라. $f_{ck} = 24$ MPa, $f_y = 300$ MPa(SD 300)이다.

풀이 (i) 계산식들을 사용하여 계산해 보자.

압축철근의 응력에 반 탄성이론을 적용하고, 또 $A_s{}'$에 의해 배제된 콘크리트 단면적을 고려한 계산식들을 사용한다.

철근비는

$$\rho = \frac{A_s}{bd} = \frac{3,177}{350 \times 560} = 0.0162, \qquad \rho' = \frac{A_s'}{bd} = \frac{1,420}{350 \times 560} = 0.0072$$

$f_{cu} = f_{ck} + 4 = 21 + 4 = 25\text{MPa}$이므로 콘크리트의 탄성계수는 식 (2・2)로부터 $E_c = 8,500\sqrt[3]{25} = 24,900\text{MPa}$이다. 따라서 탄성계수비는

$$n = \frac{E_s}{E_c} = \frac{2.0 \times 10^5}{24,900} = 8.0$$

즉 $n = 8$이다.

식 (A・20)으로부터

$$k = -8\left(0.0162 + 2 \times 0.0072 - \frac{0.0072}{8}\right)$$
$$+ \sqrt{8^2\left(0.0162 + 2 \times 0.0072 - \frac{0.0072}{8}\right)^2 + 2 \times 8 \times 0.0162 + 2(2 \times 8 - 1) \times 0.0072\frac{6}{56}}$$
$$= 0.344$$

중립축의 위치는

$$x = kd = 0.344 \times 560 = 193\ mm$$

전체 압축력 C의 작용점은 식 (A・21)로부터

$$u = \frac{\frac{1}{6} \times 0.344^2 \times 560 + (2 \times 8 - 1) \times 0.0072 \times 60\left(1 - \frac{60}{193}\right)}{\frac{1}{2} \times 0.344 + (2 \times 8 - 1) \times 0.0072\left(1 - \frac{60}{193}\right)} = 86\ mm$$

$$\therefore z = jd = d - u = 560 - 86 = 474\text{mm}$$

따라서 콘크리트 및 철근에 일어나는 응력은 식 (A・22)로부터

$$f_c = \frac{190 \times 10^3 \times 10^3}{\left\{\frac{1}{2} \times 350 \times 193 + (2 \times 8 - 1) \times 1,420 \times \frac{193 - 60}{193}\right\} \times 474} = 8.3\text{N/mm}^2$$

$$f_s = \frac{M}{A_s z} = \frac{190 \times 10^3 \times 10^3}{3,177 \times 474} = 126\text{N/mm}^2$$

압축철근에 일어나는 응력은 그림 A-2(c)를 참고하면

$$f_s' = 2nf_c\frac{x - d'}{x} = 2 \times 8 \times 8.3 \times \frac{193 - 60}{193} = 92\text{N/mm}^2$$

그런데 콘크리트의 허용 휨 압축응력은 4장의 표 4-1로부터

$$f_{ca} = 0.40 f_{ck} = 0.40 \times 21 = 8.4\text{MPa}$$

철근(SD 300)의 허용 인장응력은 4장의 표 4-2로부터

$$f_{sa} = 150\text{MPa}$$

즉, 콘크리트 및 철근의 응력이 허용응력을 초과하지 않는다.

(ii) 계산식들을 사용하지 않고, 그림 A-2를 이용하여 계산해 보자.

압축철근의 응력에 반 탄성이론을 적용하고, 또 A_s'에 의해 배제된 콘크리트 단면적을 고려하여 계산한다. 도심축에 대한 단면1차모멘트를 계산하면[그림 A-2(a) 참조]

$$b\times x\times \frac{x}{2}+(2n-1)A_s'(x-d')-nA_s(d-x)=0$$

$$350\times x\times \frac{x}{2}+(2\times 8-1)\times 1{,}420\times (x-60)-8\times 3{,}177\times (560-x)=0$$

$$\therefore x=193\text{ mm}$$

압축철근과 같은 높이에 있는 콘크리트의 응력 f_{cs}는 그림 A-2(c)를 참고하면

$$f_{cs}=f_c\frac{x-d'}{x}=\frac{193-60}{193}\times f_c=0.689f_c$$

압축철근 A_s'의 환산 단면적은

$$(2n-1)A_s'=(2\times 8-1)\times 1{,}420=21{,}300\text{mm}^2$$

따라서 압축철근의 압축력은

$$C_s=(2n-1)A_s'\times f_{cs}=21{,}300\times 0.689f_c=14{,}680f_c$$

콘크리트의 압축력은

$$C_c=\frac{1}{2}f_cbx=\frac{1}{2}\times f_c\times 350\times 193=33{,}780f_c$$

총압축력은

$$C=C_c+C_s=33{,}780f_c+14{,}680f_c=48{,}460f_c$$

압축측 연단에 대하여 모멘트를 취하면[그림 A-2(c) 참조]

$$C\times u=C_c\times \frac{x}{3}+C_s\times d'$$

$$48{,}460f_c\times u=33{,}780f_c\times \frac{193}{3}+14{,}680f_c\times 60$$

$$\therefore u=63\text{mm}$$

$$\therefore z=jd=d-u=560-63=497\text{mm}$$

인장철근의 응력은

$$f_s=\frac{M}{A_sjd}=\frac{190\times 10^3\times 10^3}{3{,}177\times 497}=120\text{N/mm}^2$$

콘크리트의 응력은 $C=\dfrac{M}{jd}$로부터

$$48,460 f_c = \frac{190 \times 10^3 \times 10^3}{497}, \qquad \therefore f_c = 7.9\text{N/mm}^2$$

또는 그림 A-2(c)의 응력도를 이용하면

$$f_c = \frac{f_s}{n}\frac{x}{d-x} = \frac{120}{8} \times \frac{193}{560-193} = 7.9\text{N/mm}^2$$

압축철근의 응력은

$$f_s{}' = 2nf_{cs} = 2n(0.689 f_c) = 2 \times 8 \times (0.689 \times 7.9) = 87\text{N/mm}^2$$

허용응력은 각각

$$f_{ca} = 0.40 f_{ck} = 0.4 \times 21 = 8.4\text{N/mm}^2$$
$$f_{sa} = 150\text{N/mm}^2$$

즉, 콘크리트, 인장철근 및 압축철근의 응력이 각각의 허용응력을 초과하지 않는다.

A.1.3 T형보

[1] 응력계산

T형 단면의 응력을 계산하기 위해서는 먼저 중립축의 위치를 알아야 한다. 중립축이 플랜지 안에 있거나 또는 플랜지와 복부의 경계면에 있으면 플랜지 폭 b를 폭으로 하는 직사각형 단면으로 계산한다. 중립축이 복부에 있을 때만 T형 단면으로 계산한다.

T형 단면의 중립축이 플랜지에 있는가, 복부에 있는가를 판별하기 위해서는 다음 방법 중의 하나를 사용하면 된다. 하나는 플랜지 하단에 대한 인장철근 환산 단면적의 1차 모멘트와 플랜지의 단면1차모멘트를 비교하는 것이다. 이때 전자의 값이 후자의 값보다 크면 중립축이 복보에 있어야 함을 뜻한다. 다른 하나는 플랜지 폭 b를 폭으로 하는 직사각형 단면의 도심축의 위치 x를 계산하여 플랜지 두께 t와 비교하는 것이다. 이때 $x > t$ 이면 중립축이 복부에 있어야 함을 뜻한다.

이와 같이 하여 중립축이 그림 A-3에 보인 바와 같이 복부에 있다는 것이 확인되면 중립축의 위치 x는 다음 방법 중의 하나로 계산할 수 있다. 즉, $C = T$에 의해 구하거나, 또는 도심축에 대한 단면1차모멘트는 0이라는 조건을 이용하는 것이다.

한편, T형 단면의 계산에 있어서는 중립축과 플랜지 하단 사이의 복부 콘크리트의 압축력을 무시하는 것이 보통이다. 그 이유는 그 부분의 압축응력의 크기가 작고 또 면적도 플랜지 면적에 비하여 작기 때문이다.

(1) 복부의 압축력을 무시할 경우

복부의 압축력을 무시하면 그림 A-3과 같이 된다. 도심축에 대한 단면1차모멘트를 취하면

$$bt_f\left(x-\frac{t_f}{2}\right)-nA_s(d-x)=0$$

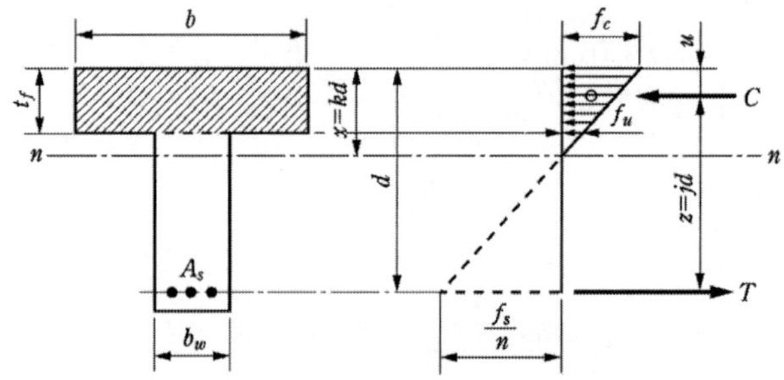

그림 A-3 복부의 압축력을 무시한 경우

$$\left.\begin{aligned}\therefore x=kd&=\frac{nA_s d+\frac{1}{2}bt_f^2}{nA_s+bt_f}\\ k&=\frac{n\rho+\frac{1}{2}\left(\frac{t_f}{d}\right)^2}{n\rho+\frac{t_f}{d}}\end{aligned}\right\}\qquad(\mathrm{A}\cdot 24)$$

여기서 $\rho=A_s/bd$ 이고 T형 단면의 철근비이다.

플랜지와 복부의 경계면에 작용하는 응력 f_u 는 응력분포 삼각형의 닮음비에 의하여

$$f_u=f_c\frac{x-t_f}{x}$$

따라서 압축력 C는

$$C=\frac{1}{2}(f_c+f_u)t_f\,b=f_c bt_f\left(1-\frac{t_f}{2x}\right)$$

C의 작용선은 응력 사다리꼴의 도심을 지나므로

$$u=\frac{t_f}{3}\frac{f_c+2f_u}{f_c+f_u}=\frac{t_f}{3}\frac{3x-2t_f}{2x-t_f}=\frac{t_f}{3}\frac{3k-2\left(\frac{t_f}{d}\right)}{2k-\frac{t_f}{d}}$$

$$\therefore z = jd = d - u = \left[1 - \frac{1}{3} \frac{t_f}{d} \frac{3k - 2\left(\frac{t_f}{d}\right)}{2k - \frac{t_f}{d}} d \right] \qquad (A \cdot 25)$$

식 (A · 24)의 k를 대입하여 정리하면

$$j = \frac{1 - \frac{t_f}{d} + \frac{1}{3}\left(\frac{t_f}{d}\right)^2 + \frac{\left(\frac{t_f}{d}\right)^3}{12n\rho}}{1 - \frac{1}{2}\left(\frac{t_f}{d}\right)} \qquad (A \cdot 26)$$

따라서 콘크리트 및 철근의 응력은 $Cz = M$ 및 $Tz = M$으로부터 각각 다음과 같이 된다.

$$\left. \begin{aligned} f_c &= \frac{M}{bt_f\left(1 - \frac{t_f}{2kd}\right)jd} \\ f_s &= \frac{M}{A_s jd} \end{aligned} \right\} \qquad (A \cdot 27)$$

(2) 복부의 압축력을 무시하고, $z \fallingdotseq \left(d - \frac{t_f}{2}\right)$로 볼 경우

압축력 C의 작용선이 근사적으로 플랜지의 도심을 지난다고 보아도 실용상 문제는 없다. 즉

$$z = jd \fallingdotseq d - \frac{t_f}{2}$$

로 보면 식 (A · 34)의 응력은 다음과 같이 간단해진다.

$$\left. \begin{aligned} f_c &= \frac{M}{bt_f\left(1 - \frac{t_f}{2x}\right)\left(d - \frac{t_f}{2}\right)} \\ f_s &= \frac{M}{A_s\left(d - \frac{t_f}{2}\right)} \end{aligned} \right\} \qquad (A \cdot 28)$$

응력은 또 $\frac{M}{I}y$의 공식을 써서 계산해도 좋다. 이때 환산단면2차모멘트는 다음과 같이 된다.

$$I_{cr} = \frac{1}{3}bx^3 - \frac{1}{3}b(x - t_f)^3 + nA_s(d - x)^2 \qquad (A \cdot 29)$$

예제 A-3 $b=1{,}600$ mm, $t_f=120$ mm, $b_w=400$ mm, $d=640$ mm, $A_s=14\text{-}D\,25=7{,}094\ \mathrm{mm}^2$인 단철근 T형 단면이 $M=600\ \mathrm{kN\cdot m}$(자중 포함 사용하중 모멘트)을 받는다. 콘크리트와 철근의 응력을 계산하라. $f_{ck}=21$ MPa, $f_y=300$ MPa, $n=8$이다. 보의 지간은 12 m이고, 주거더(main girder)의 간격은 1.6 m이다.

풀이 제5장의 5.4.2항에 따라 플랜지의 유효폭을 검토한다.

대칭 T형 단면이므로

$$16t_f+b_w=16\times120+400=2{,}320\ \mathrm{mm}$$

양쪽 슬래브의 중심간 거리$=1{,}600$ mm

$$\text{보의 지간의 }\frac{1}{4}=12{,}000\times\frac{1}{4}=3{,}000\ \mathrm{mm}$$

따라서 플랜지의 유효폭은 $b=1{,}600$ mm이다.

다음에 중립축이 복부에 있는지 플랜지에 있는지를 알아야 한다. 플랜지 단면 및 인장철근 환산단면적의 플랜지 하단에 대하여 각각 단면1차모멘트를 계산하면

$$\text{압축 플랜지}\cdots\cdots1{,}600\times120\times\frac{120}{2}=11{,}520{,}000\ \mathrm{mm}^3$$

$$\text{인장철근}\cdots\cdots8\times7{,}094\times(640-120)=29{,}500{,}000\ \mathrm{m}^3>11{,}520{,}000\ \mathrm{mm}^3$$

즉, 중립축은 복부에 있어야 한다. 그러므로 T형 단면으로 계산한다.

(i) 복부의 압축력을 무시할 경우

$$\rho=\frac{A_s}{bd}=\frac{7{,}094}{1{,}600\times640}=0.00693,\qquad \frac{t_f}{d}=\frac{120}{640}=0.1875,\qquad n=8$$

이므로 중립축은 식 (A・24)에 의하여

$$k=\frac{8\times0.00693+\dfrac{1}{2}\times0.1875^2}{8\times0.00693+0.1875}=0.30$$

$$\therefore x=kd=0.30\times640=192\ \mathrm{mm}$$

j는 식 (A・26)에 의하여

$$j=\frac{1-0.1875+\dfrac{1}{3}\times0.1875^2+\dfrac{0.1875^3}{12\times8\times0.00693}}{1-\dfrac{1}{2}\times0.1875}=0.92$$

$$\therefore z=jd=0.92\times640=589\ \mathrm{mm}$$

콘크리트 및 철근의 응력은 식 (A・27)로부터

$$f_c=\frac{600\times10^3\times10^3}{1{,}600\times120\left(1-\dfrac{120}{2\times192}\right)\times589}=7.7\mathrm{N/mm^2}=7.7\ \mathrm{MPa}$$

$$f_s = \frac{600 \times 10^3 \times 10^3}{7{,}094 \times 589} = 144\text{N/mm}^2 = 144\text{ MPa}$$

(ii) 복부의 압축력을 무시하고, $z \fallingdotseq d - \dfrac{t_f}{2}$로 볼 경우

$$z = jd \fallingdotseq d - \frac{t_f}{2} = 640 - \frac{120}{2} = 580\text{ mm}$$

따라서 응력은 식 (A・28)에 의하여

$$f_c = \frac{600 \times 10^3 \times 10^3}{1{,}600 \times 120\left(1 - \dfrac{120}{2 \times 192}\right) \times 580} = 7.8\text{N/mm}^2 = 7.8\text{ MPa}$$

$$f_s = \frac{600 \times 10^3 \times 10^3}{7{,}094 \times 580} = 146\text{N/mm}^2 = 146\text{ MPa}$$

이상의 근사계산의 결과는 복부 콘크리트의 압축력을 무시하지 않은 정밀계산 결과와 대비할 때 콘크리트의 응력은 4~5% 정도 큰 값을 나타내고, 철근응력은 2% 이내의 증가를 보인다. 이것은 번거로운 정밀계산보다는 (ii)의 경우와 같은 근사계산이 실용적이고 안전측임을 말해 주는 것이다.

A.2 보의 전단응력

A.2.1 전단응력과 사인장 응력

인장측 콘크리트에 균열이 발생하기 전에는 탄성거동을 하므로 전단면(全斷面)을 유효하다고 보고, 다음 식에 의하여 철근콘크리트 보의 전단응력을 계산할 수 있다.

$$v = \frac{VQ}{Ib}$$

인장측 콘크리트에 균열이 발생하고, 이때 단면의 응력이 허용응력 이하인 보통의 사용상태에 있다면 전단응력은 탄성이론에 의하여 계산할 수 있다. 그 결과를 보인 것이 그림 A-4 (b)이다. 즉, 전단응력은 압축측 상단에서 0이고, 포물선상으로 증가하여 중립축에서 최대로 되며 그 값은 다음과 같다.

$$v = v_{max} = \frac{V}{b\left(d - \dfrac{x}{3}\right)} = \frac{V}{bz} = \frac{V}{bjd} \qquad (\text{A} \cdot 30)$$

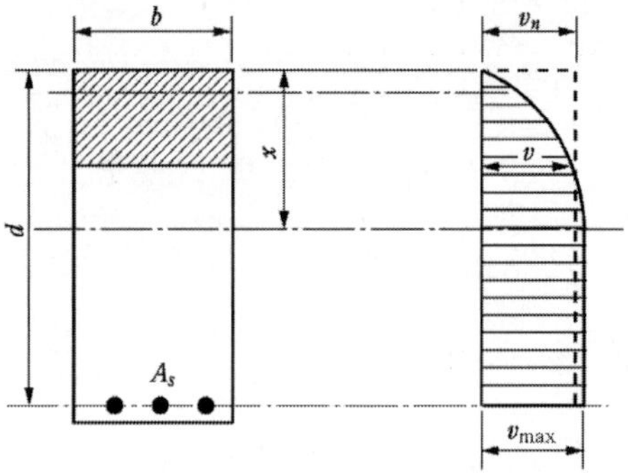

그림 A-4 전단응력의 분포

여기서 V는 단면에 작용하는 사용하중에 의한 전단력이고, $z=jd$는 내력모멘트의 팔길이이다〔그림 A-1 및 식 (A · 8) 참조〕. 인장측 콘크리트의 휨 인장응력은 무시하므로, 인장측 콘크리트의 전단응력은 중립축에서의 전단응력과 같다. 따라서 단철근 직사각형 단면의 전단응력의 분포는 그림 A-4(b)와 같이 된다.

식 (A · 30)은 콘크리트의 인장응력을 무시하고 유도된 단순한 이론식에 불과하며, 휨 균열이 발생하는 곳에서의 복잡성이 무시된 것이다. 그래서 실제의 계산에 있어서는 식 (A · 30) 대신 다음과 같은 평균 전단응력을 사용한다.

$$v_n = \frac{V}{bd} \tag{A · 31}$$

위의 식으로 계산한 전단응력은 식 (A · 30)으로 계산한 값보다 약간 작으며, 그 분포는 그림 A-4(b)에서 파선으로 나타낸 바와 같이 전단면에 대하여 일정한 값이 된다. T형 단면이나 I형 단면에서는 위의 식의 b 대신 복부의 폭 b_w를 사용해야 한다. 또, 위의 식 의 V는 지점(支點)에서 지간 중앙쪽으로 d만큼 떨어진 단면의 전단력을 사용한다. 그 이유는 사인장 균열이 보의 지점에서 얼마간 떨어진 단면에서 발생하기 때문이다.

한편 보통의 사용 상태하에 있는 철근콘크리트 보의 인장측에 일어나는 주응력의 크기는 전단응력과 같고, 보의 축에 대하여 45°의 경사로 작용한다. 이것이 6장의 6.2절에 설명되어 있고, 그림 6-1이 이러한 관계를 잘 보여 주고 있다.

주 압축응력은 콘크리트가 충분히 받을 수 있지만, 이것에 직각으로 작용하는 인장주응력은 철근콘크리트 보에 불리하게 작용한다. 이것이 지점부근에서 사인장 균열을 일으키는 원인이 된다.

인장주응력은 크기가 전단응력 v와 같기 때문에 **전단응력**이라고 부르기도 하며, 또 보의 축에 대하여 45°의 경사로 작용하기 때문에 **사인장 응력**(diagonal tension stress)이라고도 한다.

A. 2. 2 콘크리트의 허용 전단응력

콘크리트의 허용 전단응력은 4장의 표 4-1에서 다음과 같이 주고 있다.

$$v_{ca} = 0.08\sqrt{f_{ck}}\,(\text{MPa}) \qquad (\text{A} \cdot 32)$$

이 허용 전단응력은 전단철근 없이 콘크리트가 부담할 수 있는 전단응력이다.

A. 2. 3 전단철근

외력(外力)에 의하여 보의 단면에 일어나는 사인장 응력, 즉 전단응력 v는 식 (A · 31)에 의하여

$$v = \frac{V}{b_w d}$$

로 계산된다. 여기서 b_w는 단면의 복부 폭이다.

보에 있어서 콘크리트의 허용 전단응력 v_{ca}는 식 (A · 32)에 주어진 바와 같다.

계산결과 $v \le v_{ca}$이면 이론상 전단철근을 필요로 하지 않는다. 그러나 $v_{ca} > v > \frac{1}{2}v_{ca}$인 경우에는 소정의 최소 전단철근을 배치해야 한다.

계산결과 $v > v_{ca}$이면 전단철근을 배치해서 콘크리트가 부담하고 남는 전단응력 $(v - v_{ca})$를 부담하도록 해야 한다.

전단철근은 주로 수직 스터럽이 사용되지만, 경사 스터럽 또는 굽힘철근이 사용되기도 한다〔6장의 6.4 참조〕. 이하 전단철근의 설계는 생략한다.

연습문제

A.1. $b = 350$ mm, $d = 600$ mm, $A_s = 2{,}027$ mm^{2}인 단철근 직사각형 단면에 사용하중에 의한 휨 모멘트 $M = 160$ kN·m가 작용한다. 콘크리트 및 철근의 응력을 계산하라.

$f_{ck} = 27$ MPa, $f_y = 300$ MPa이다.

A.2. $b = 400$ mm, $d = 450$ mm, $d' = 50$ mm, $A_s = 2{,}533$ mm^2, $A_s' = 1{,}520$ mm^{2}인 복철근 직사각형 단면에 사용하중에 의한 휨모멘트 $M = 168$ kN·m가 작용하고 있다. 콘크리트 및 철근의 응력을 계산하라. $f_{ck} = 21$ MPa, $f_y = 300$ MPa(SD 300)이다.

A.3. $b = 1{,}250$ mm, $b_w = 300$ mm, $t_f' = 100$ mm, $d = 570$ mm, $A_s = 3\text{-}D\,32 = 2{,}383$ mm^{2}인 단철근 T형 단면에 사용하중에 의한 휨모멘트 $M = 140$ kN m가 작용한다. 복부의 압축력을 무시하고, 또 $z \fallingdotseq d - \dfrac{t_f}{2}$로 보고, 콘크리트 및 철근의 응력을 계산하라. $f_{ck} = 27$ MPa, $f_y = 300$ MPa이다.

부록 B 전단 이론 및 전단설계 모델

B.1 서 론

철근콘크리트 보의 전단거동은 단순히 보에 전단력만 작용하는 것이 아니라, 항상 휨모멘트가 전단력과 동시에 작용하고 있으므로 매우 복잡한 양상을 보인다. 또 콘크리트와 철근의 재료 특성과 부착 특성, 인장철근의 양, 전단철근의 양 및 간격 등 매우 많은 변수에 따라 상이한 거동을 보인다. 따라서 철근콘크리트 보의 전단거동을 하나의 간단한 이론으로 정립하는 것은 매우 어려운 일로, 현재까지 완벽하게 정립된 상태는 아니라고 할 수 있다.

한편 철근콘크리트 보의 전단거동을 크게 두 가지 부분으로 나눈다면, 하중을 받기 전에 평면인 단면은 하중을 받은 후에도 평면이라는 가정(즉 평면보존의 법칙)이 성립하는 구간의 전단거동과 이 가정이 성립하지 않는 구간의 전단거동으로 나눌 수 있다. 전자의 구간은 Bending과 Bernoulli의 첫 글자를 따서 B영역(B-region)이라고 하며, 이 구간의 설계모델을 **단면설계모델**(section design model)이라고 부른다. 후자의 구간은 **응력교란구역**(disturbed region) 또는 **응력불연속구역**(discontinuity region)으로 영어 단어의 첫 글자를 따서 D영역(D-region)이라고 부르며, 이 구간은 경험적으로 적용하였던 설계방법이나 **스트럿-타이 모델**(strut-and-tie model)을 적용할 수 있다.

여기서는 B영역의 단면설계모델을 전단이론에 입각하여 정리하고, D영역에 대한 스트럿-타이 모델을 소개한다.

B.2 변각트러스 기본 이론

변각트러스 기본 이론은 철근콘크리트 보의 전단거동을 설명하기 위하여 19세기 말부터 연구된 트러스 이론을 발전시킨 것이다. 이 이론이 완벽하지는 않지만, 콘크리트 구조물에 대한 대부분의 설계기준은 이 이론에 바탕을 두고 전단에 대한 단면설계모델을 개발한 것이다. 즉 변각트러스 기본 이론에 바탕을 두고 실제 철근콘크리트 보가 가지는 조건들과 변수들을 고려하여, 설계를 위한 단순화 및 수정 보완 과정으로 현재의 설계기준이 만들어졌다고 할 수 있다.

B.2.1 트러스 모델

트러스 모델(truss model, truss analogy)은 19세기 말 Ritter와 Mörsch에 의해 처음 도입된 것이다. 이 단순화된 이론이 전단설계에 기초를 제공해온 것이다.

그림 B-1 (a)에 보인 바와 같이 사인장 균열이 발생한 보에는 압축력 C, 인장력 T, 스터럽의 수직인장력 $A_v f_y$ 및 균열 사이의 경사부 콘크리트의 경사 압축응력 f_2가 작용하게 된다. 이 관계를 단순화하여 나타낸 것이 그림 B-1 (b)와 같은 트러스 모델이다.

그 구조적 작용은 그림 B-1 (b)로 설명할 수 있다. 즉, 인장현(tension chord)에 배치된 주철근, 압축현(compression chord)으로 작용하는 상부 플랜지의 콘크리트, 수직방향 인장을 받는 스터럽, 압축을 받는 45° 경사의 사재(diagonal)로 작용하는 사인장 균열 사이의 콘크리트로 이루어진다. 이 트러스는 수직부재(스터럽)를 단면 $A-A$로 절단한 **인장타이**(tension tie)와 압축사재를 단면 $B-B$로 절단한 **압축스트럿**(compression strut)으로 이루어져 있다. 이 경사된 콘크리트 부분은 단면 $B-B$에 작용하는 전단력에 저항하기 위하여 압축을 받는다. 트러스 상부의 압축현재는 콘크리트가 발휘하는 압축력으로서, 트러스의 상현재로 나타내어져 있다. 콘크리트가 발휘하는 이들 압축부재(압축스트럿, compression strut)는 파선(dashed line)으로 나타나 있고, 철근이 발휘하는 인장부재(인장타이, tension tie)는 실선으로 나타나 있다.

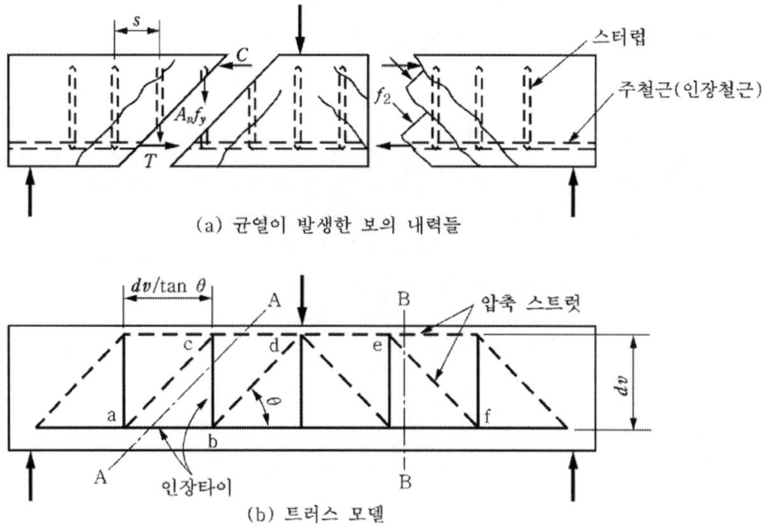

그림 B-1 스터럽이 배치된 보의 트러스 모델[참고문헌 47]

그림 B-2(a)는 수직 스터럽이 배치된 보에 사인장 균열이 발생된 상태를 보인 것이고, 그림 B-2(b)는 이 보의 왼쪽부분을 트러스 모델로 나타낸 것이다. 설계에 있어서는 파괴 때 모든 스터럽은 항복하는 것으로 가정한다. 따라서 스터럽은 균열을 가로질러 $A_v f_y$의 힘을 전달하게 된다. 균열의 기울기, 즉 콘크리트 스트럿의 경사각 θ는 실제로는 45°가 아니고 25°~65°의 범위에 있다. 그래서 그림 B-2(b)의 트러스를 **변각트러스 모델**(variable angle truss model)이라고 한다.

그림 B-2(b)에서 하중 P는 경사 압축스트럿(diagonal compression strut)에 의하여 스터럽의 하부에 전달되어야 한다. 따라서 하중 P는 3개의 경사 압축스트럿 AB, AD, AF에 의하여 절점 B, D, F에 전달된다. 그래서 이들 경사 압축스트럿들은 점 A에서 부채살(fan) 모양으로 벌어진다. 이들 경사 압축스트럿 AB, AD, AF를 **압축팬**(compression fan)이라고 한다. 압축팬은 지점 R에도 있으며, RN, RL, RJ가 그것이다. 즉 지점 R에서도 N, L, J에 힘을 전달하기 위하여 경사 압축스트럿들이 부채살 모양으로 벌어진다. 위의 두 압축팬 사이, 즉 나란한 경사 압축스트럿 CH, EK 및 GM로 이루어지는 구역을 **압축장**(compression field)이라고 한다. 개개의 스터럽(수직 인장타이)들은 $A_v f_y$의 수직력을 상현재의 각각의 절점에 전달하며, 이 힘들은 개개의 경사 압축스트럿의 수직분력에 의해 저항된다.

스트럿, 타이, 압축팬 등은 그림 B-2(b)에 보인 바와 같이 핀으로 가정되는 트러스 부재의 절점(joint 또는 node) A, B, C 등에서 서로 연결된다.

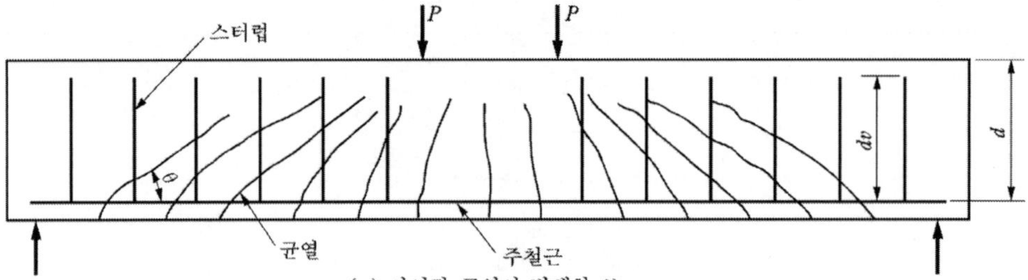

(a) 사인장 균열이 발생한 보

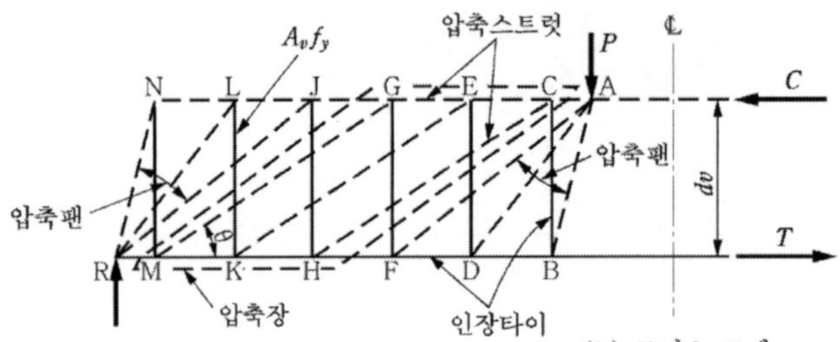

(b) 트러스 모델

그림 B-2 스터럽이 배치된 보의 트러스 모델과 압축장

B. 2. 2 변각트러스 기본 모델

그림 B-3 (a)는 인장철근과 스터럽이 배치된 단순보가 등분포 하중을 받을 때의 트러스 모델을 보인 것이다. 설계를 위하여 이 트러스를 그림 B-3 (b)와 같이 나타낸다.

상현재(upper chord)에 해당하는 콘크리트 압축력은 하현재(lower chord)에 해당하는 주철근의 인장력과 비기게 되고, 이 두 힘의 우력모멘트가 하중에 의한 휨모멘트에 저항한다. 경사진 콘크리트의 압축 스트럿은 보의 축과 θ 의 기울기를 가진다.

그림 B-3 (a) 및 (c)에서 알 수 있는 바와 같이 휨으로 인한 압축력 C와 인장력 T 사이의 거리 d_v 를 **유효 전단깊이**(effective shear depth)라고 한다. d_v 는 $0.9d$ 와 $0.72h$ 중 큰 값보다 작아서는 안 된다. 여기서 d 는 단면의 유효높이이고, h 는 단면의 높이이다.

그림 B-3 (c)는 그림 B-3 (b)의 트러스의 부재력을 구하기 위한 자유물체도의 예를 보인 것이고, 그림 B-3 (d)는 스터럽의 힘과 인장철근의 힘의 변화를 나타낸 것이다. 이 변화는 상하현재의 절점의 평형을 고려함으로써 설명할 수 있다. 경사 스트럿으로부터의 압축력은 스터럽의 인장력을 감소시키고, 또 상현재의 압축력을 감소시키며, 하현재의 인장력을 증가시킨다.

그림 B-4 (a)는 그림 B-3 (a)에서 순수전단(pure shear, $M=0$)을 받는 단면으로 절단한 자유물체도이다. 변각트러스(variable angle truss)에서 스터럽에 의해 전달되는 전단력을 구하기 위하여 순수전단을 받는 단면의 평형조건을 생각해 보자. 그림 B-4(a)에서 수직력이 평형을 유지해야 하므로

$$V = [f_2 b_w d_v \cos\theta]\sin\theta$$

$$\therefore f_2 = \frac{V}{b_w d_v \sin\theta\cos\theta} \tag{B・1}$$

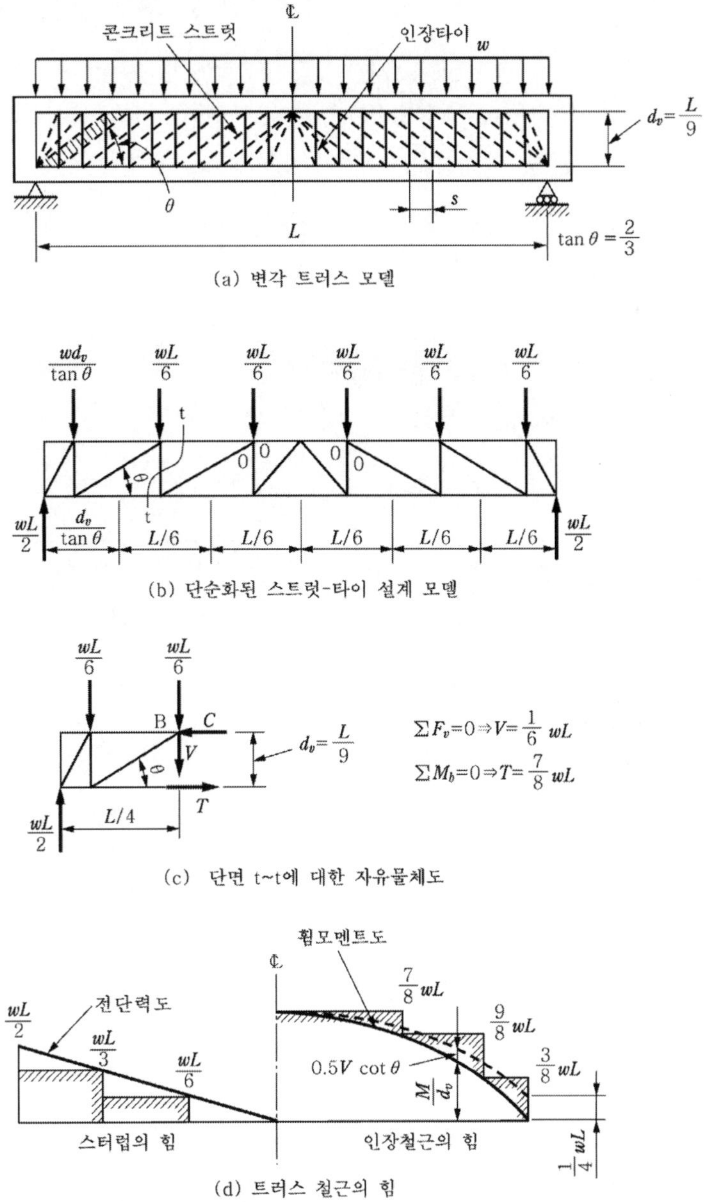

그림 B-3 등분포 하중을 받는 보의 트러스 모델

여기서 f_2 : 복부의 압축주응력

그림 B-4 (a)의 힘의 삼각형으로부터

$$N_v = \frac{V}{\tan\theta} = V\cot\theta \qquad \text{(B · 2)}$$

여기서 N_v 는 단면에 작용하는 전단력 V와 비기기 위하여 필요로 하는 종방향 인장력이다. 이 인장력 N_v 는 그림에 보인 바와 같이 트러스 모델의 상하현에 1/2씩 작용하는 것으로 가정한다. 그럼으로써 상현재의 압축력은 그만큼 감소하고, 하현재의 인장력을 그만큼 증가한다. 추가되는 인장력 $0.5\,V\cot\theta\,(=0.5N_v)$는 그림 B-3 (d)의 오른쪽 그림에서 인장력 M/d_v 에 더해져서, 파선(dashed line) 모양으로 된다.

그림 B-4 (c)는 간격 s 와 같은 길이의 하현재와 스터럽이 만난 절점을 보인 것이다. 이 그림에서 간격 s 에 걸쳐 작용하는 경사 압축력의 수직분력은 스터럽의 인장력과 비겨야 하므로

$$A_v f_v = [f_2 b_w s\sin\theta]\sin\theta$$

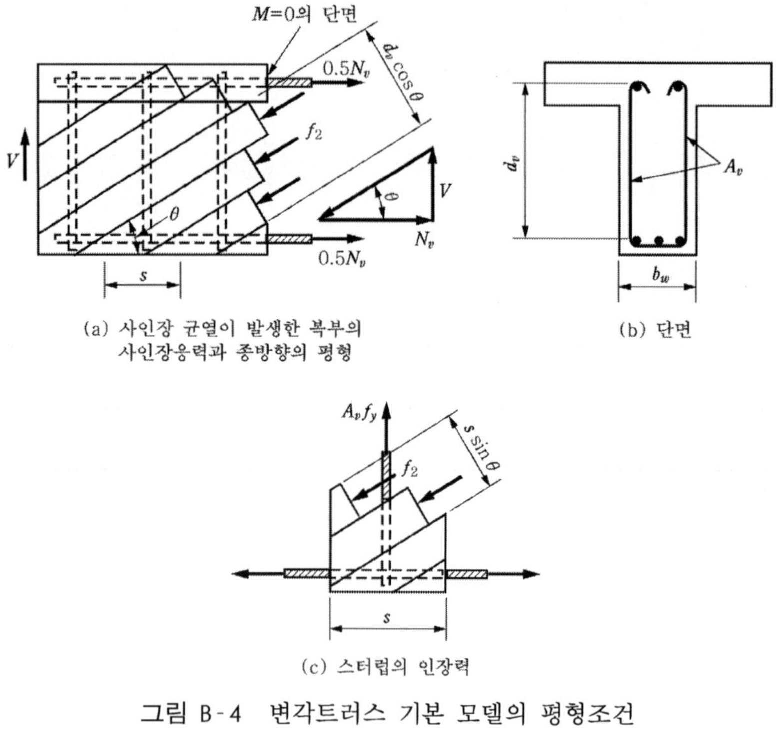

(a) 사인장 균열이 발생한 복부의 사인장응력과 종방향의 평형

(b) 단면

(c) 스터럽의 인장력

그림 B-4 변각트러스 기본 모델의 평형조건

여기서 A_v : 스터럽의 단면적

f_v : 스터럽의 인장응력

위의 식에 식 (B・1)을 대입하면

$$A_v f_v = \frac{Vs}{d_v}\tan\theta$$

$$\therefore V = \frac{A_v f_v d_v}{s\tan\theta} = \frac{A_v f_v d_v}{s} cot\theta \qquad (B \cdot 3)$$

이 변각트러스 기본 모델의 방정식을 고찰해 보면, 식 (B・1), 식 (B・2), 식 (B・3)의 3 개의 방정식에 4 개의 미지수, θ, f_2, N_v, f_v가 포함되어 있다. 따라서 이 상황에서는 방정식의 해를 구할 수가 없고, 콘크리트의 주응력 방향도 역시 예측할 수 없다.

이와 같은 변각트러스 기본 모델로는 철근콘크리트 보의 전단거동을 해석할 수 없으므로, 전단력 V가 작용할 때 콘크리트의 주응력 방향과 균열의 각도 θ, 복부 콘크리트의 압축주응력 f_2, 전단력 작용에 의해 발생하는 종방향 인장력 N_v, 전단철근의 인장응력 f_v를 구할 수 없다.

그러나 실제 철근콘크리트 보가 가지는 조건들과 변수들을 고려하여 단순화 하면 해를 구할 수 있다. 다음은 주요 설계기준에서 채택하고 있는 전단모델에서 취하고 있는 가정이나 단순화의 내용이다.

(1) 45도 트러스 모델

변각트러스 기본 모델의 4 개의 미지수, θ, f_2, N_v, f_v 중에서, 콘크리트의 주응력 방향과 균열의 각도 θ를 45°로 가정하고, 전단철근이 항복하는 경우로서 전단철근의 응력 f_v를 상수인 항복응력 f_y로 하면, 미지수가 2개로 줄어들어서 방정식의 해를 구할 수 있다. 미국의 ACI Code, 콘크리트구조기준(2012), 도로교설계기준(2010) 등이 45도 트러스 모델을 수정 보완한 설계모델을 채택하고 있다.

(2) 변각트러스 모델

변각트러스 기본 모델 4 개의 미지수, θ, f_2, N_v, f_v 중에서, 전단철근이 항복하는 경우로서 전단철근의 응력 f_v를 상수인 항복응력 f_y로 하면, 미지수가 3개로 줄어들어서 방정식의 해를 구할 수 있다. 유럽의 Eurocode 2, 도로교설계기준 한계상태설계법(2012) 등이 변각트러스 모델을 수정 보완한 설계모델을 채택하고 있다.

(3) 수정압축장 이론 및 모델

변각트러스 기본 모델 4 개의 미지수, θ, f_2, N_v, f_v 중에서, 전단철근이 항복하는 경우로서 전단철근의 응력 f_v를 상수인 항복응력 f_y로 하면, 미지수가 3개로 줄어들어서 방정식의 해를 수할 수 있다. 또 콘크리트의 주인장 응력의 값을 고려하여 주응력의 방향 θ를 구한다. 캐나다의 CSA-A23.3(콘크리트구조설계기준)과 CSA-S6(교량설계기준), 미국의 AASHTO-LRFD(교량설계기준) 등이 수정압축장 이론을 수정 보완한 설계모델을 채택하고 있다.

B.3 45도 트러스 모델 및 설계

콘크리트의 주응력 방향과 균열각도 θ를 45°로 가정하면 전단철근이 항복하는 경우에 변각트러스 기본 모델의 식 (B・1), 식 (B・2), 식 (B・3)은 다음과 같게 된다.

$$f_2 = \frac{V}{b_w d_v \sin\theta \cos\theta} = \frac{V}{b_w d_v \sin 45^\circ \cos 45^\circ} = \frac{V}{b_w d_v} \qquad (\text{B} \cdot 4)$$

$$N_v = \frac{V}{\tan\theta} = V\cot\theta = V\cot 45^\circ = V \qquad (\text{B} \cdot 5)$$

$$V = \frac{A_v f_v d_v}{s}\cot\theta = \frac{A_v f_y d_v}{s}\cot 45^\circ = \frac{A_v f_y d_v}{s} \qquad (\text{B} \cdot 6)$$

보의 전단설계에서 취성파괴를 피하려면 전단철근이 먼저 항복에 도달한 후에도 콘크리트의 압축대가 파괴되지 않도록 하여야 한다. 따라서 식 (B・6)의 전단력 V를 단면의 전단강도로 설계하도록 한다. 그러나 실험에 의하면, 균열의 각도 θ를 45°로 가정하고 식 (B・6)으로 계산한 값보다 큰 전단강도를 보이는데, 이것은 실제의 균열각도가 45°보다 작음에도 불구하고 45°로 계산하기 때문이다. 따라서 이와 같은 오차를 보정하기 위하여, 콘크리트가 부담하는 전단강도 V_c 항을 추가한 식 (B・7)의 공칭전단강도를 설계에 사용한다.

$$V_n = V_c + V_s = \frac{1}{6}\lambda\sqrt{f_{ck}}\,b_w d + \frac{A_v f_{yt} d}{s} \qquad (\text{B} \cdot 7)$$

식 (B・5)로 계산되는 종방향 인장력 N_v는 최소연장길이 d 또는 $12d_b$ 만큼 인장철근을 연장하여 절단하게 하는 규정으로 감당하게 한다[7장의 7.3.4 [1] 참조].

B.4 변각트러스 모델 및 설계

B.4.1 변각트러스 모델

전단철근이 항복하는 경우에는 전단철근의 응력 f_v에 철근의 항복강도 f_y를 대입하여, 변각트러스 기본 모델의 식 (B・3)이 다음과 같이 된다.

$$V = \frac{A_v f_v d_v}{s} \cot\theta = \frac{A_v f_y d_v}{s} \cot\theta \qquad \text{(B・8)}$$

식 (B・1)을 전단력 V로 변환하고, 복부 콘크리트의 주압축응력 f_2를 콘크리트의 압축강도 f_{ck}로 하면 다음과 같게 된다.

$$V = f_2 b_w d_v \sin\theta \cos\theta = \frac{f_{ck} b_w d_v}{\cot\theta + \tan\theta} \qquad \text{(B・9)}$$

만일 식 (B・8)로 계산되는 전단력이 식 (B・9)로 계산되는 전단력보다 작다면, 이 경우에는 콘크리트 압축대가 압축으로 파괴되기 전에 전단철근이 먼저 항복하게 된다는 것을 의미한다. 반대로 식 (B・9)로 계산되는 전단력이 식 (B・8)로 계산되는 전단력보다 작다면, 이 경우에는 전단철근이 항복하기 전에 콘크리트 압축대가 압축으로 파괴된다는 것을 의미한다. 즉 전단강도는 두 식 중에서 작은 값으로서, 전단철근이 항복하거나 콘크리트 압축대가 파괴되거나, 둘 중 하나인 것이다.

식 (B・2)는 변화 없이 다음과 같다.

$$N_v = \frac{V}{\tan\theta} = V\cot\theta \qquad \text{(B・2)}$$

이 종방향 인장력 N_v는 인장철근의 절단점을 단면의 유효깊이 d만큼 연장 이동시킴으로서 감당하게 한다[7장의 7.3.4 [1] 참조].

B.4.2 도로교설계기준 한계상태설계법(2012)의 변각트러스 모델

변각트러스 모델에 따르면, 보의 전단강도는 전단철근이 항복하는 전단강도와 콘크리트 압축대가 압축으로 파괴되는 전단강도 중에서 작은 값으로 결정된다. 따라서 도로교설계기준 한계상태설계법(2012)에서는 전단철근이 배치된 철근콘크리트 부재의 설계전단강도를 식 (B · 10)으로 구하며, 이 값은 식 (B · 11)으로 계산되는 최대설계전단강도보다 크지 않아야 한다.

$$V_d = \frac{\phi_s f_{vy} A_v z}{s} \cot\theta \tag{B · 10}$$

$$V_{d,\max} = \frac{\nu \phi_c f_{ck} b_w z}{\cot\theta + \tan\theta} \tag{B · 11}$$

$$\nu = 0.6\left(1 - \frac{f_{ck}}{250}\right) \tag{B · 12}$$

여기서 ϕ_s 는 철근의 재료계수 0.95이고 ϕ_c 는 콘크리트의 재료계수 0.65[4장의 4.1.3 참조]이다. f_{vy} 는 전단철근의 항복강도이고, A_v 는 전단철근 단면적, z 는 단면 내부팔길이로 근사적으로 $0.9d$ 값을 사용할 수 있다. s 는 전단철근 간격이고, b_w 는 복부폭이며, ν 는 식 (B · 12)로 정의되는 콘크리트 유효강도계수, θ 는 콘크리트 스트럿과 주인장 철근 사이의 경사각이다.

콘크리트 스트럿(압축대)과 주인장 철근 사이의 경사각 θ 는 $1.0 \le \cot\theta \le 2.5$ 범위 내에서 선택하여야 한다. 이는 21.8°∼45° 사이의 각도로서, 하중의 크기에 따라 각도가 결정된다. 즉, ACI Code, 콘크리트구조기준(2012), 도로교설계기준(2010) 등에서 채택된 45도 트러스 모델은 외력, 즉 계수전단력 V_u 와 무관하게 설계전단강도 $V_d(=\phi V_n)$ 가 결정되지만, Eurocode 2와 도로교설계기준 한계상태설계법(2012) 등에서 채택된 변각트러스 모델은 외력, 즉 계수전단력 V_u 에 따라 설계전단강도 V_d 가 달리 계산될 수 있다. 일반적으로 크기가 크지 않은 등분포하중이 작용하는 경우에 21.8°의 각도를 갖게 되고, 크기가 큰 등분포하중이나 집중하중이 작용하는 경우에 각도가 증가할 수 있다. 각도가 21.8°인 경우에는 45°인 경우의 1.45배인 설계전단강도가 된다.

실제 설계에서는 다음의 사항에 따라 전단설계를 수행할 수 있을 것이다.

(1) 계수하중에 대한 구조해석으로 계수전단력 V_u 를 구한다.

(2) 최대설계전단강도를 계산하는 식 (B · 11)에 경사각 θ 로 21.8° 또는 22°를 대입하여, 최대설계전단강도 하한값 $V_{d,\max(22)}$ 를 구한다.

(3) 최대설계전단강도를 계산하는 식 (B · 11)에 경사각 θ 로 45°를 대입하여, 최대설

계전단강도 상한값 $V_{d,\max(45)}$를 구한다.

(4) 만일 최대설계전단강도 하한값보다 계수전단력이 작으면($V_{d,\max(22)} > V_u$), θ를 21.8° 또는 22°로 하여 식 (B·10)으로 설계전단강도를 구한다.

(5) 만일 최대설계전단강도 하한값보다 계수전단력이 크면($V_{d,\max(22)} < V_u$), θ는 21.8°~45° 사이의 각도가 되므로 식 (B·13) 또는 식 (B·14)로 θ를 구하고, 이 각도를 이용하여 식 (B·10)으로 설계전단강도를 구한다.

$$\theta = 0.5\sin^{-1}\left[\frac{V_u}{V_{d,\max(45)}}\right] \le 45^\circ \tag{B·13}$$

$$\theta = 0.5\sin^{-1}\left[\frac{v_u}{0.2f_{ck}(1-f_{ck}/250)}\right] \le 45^\circ \tag{B·14}$$

$$v_u = \frac{V_u}{b_w z} = \frac{V_u}{0.9b_w d} \tag{B·15}$$

(6) 만일 최대설계전단강도 상한값보다 계수전단력이 크면($V_{d,\max(45)} < V_u$), 콘크리트 스트럿(압축대)가 매우 큰 압축응력을 받게 되어 전단철근이 항복하기 전에 콘크리트 압축대가 파괴된다. 이는 바람직한 경우가 아니므로, 단면의 크기를 증가시키는 등의 재설계를 한다.

한편 차량의 집중하중이 작용하는 교량의 지점부는, $0.5d < x < 2.0d$인 구간 내에 하중이 작용하는 깊은 부재로 취급하여 콘크리트가 부담하는 전단강도와 전단철근이 부담하는 전단강도를 합하여 설계전단강도를 구할 수 있다〔기준 5.5.2.3 참조〕.

B.5 수정압축장 이론 및 설계

B.5.1 수정압축장 이론

전단을 받는 철근콘크리트 보의 거동을 설명하기 위한 **압축장 이론**(compression field theory)은 일단 복부균열이 일어나면 주응력이 소멸된 것으로 가정한다. 바꾸어 말하면 압축장 이론에서는 균열 발생 후에는 콘크리트의 주인장 응력은 $0(f_1 = 0)$이라고 가정한다. 이에 대하여 **수정압축장 이론**에서는 균열 사이의 콘크리트의 인장응력을 고려한다.

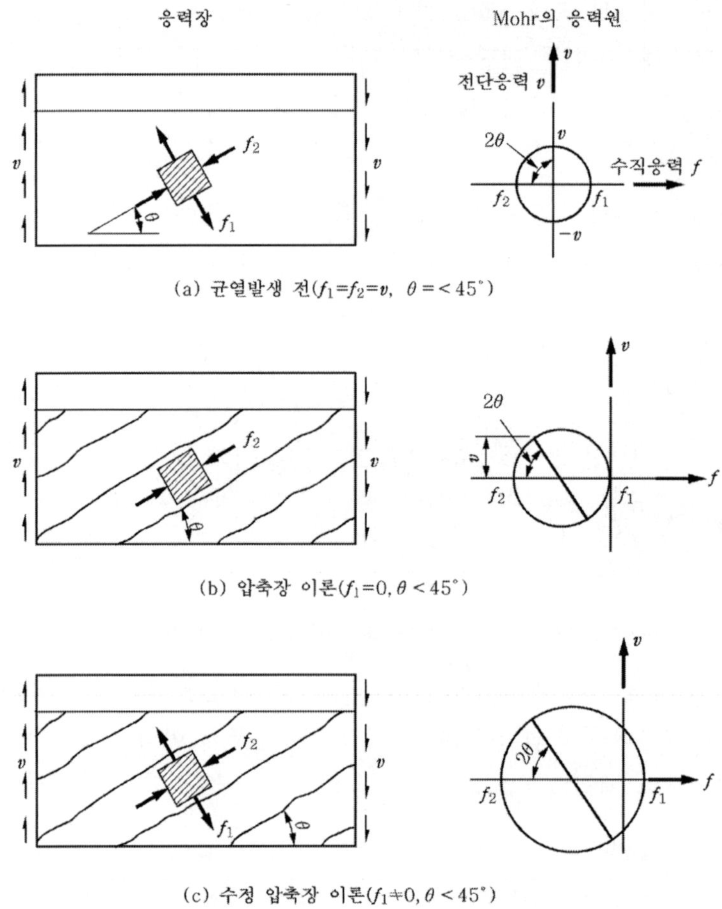

그림 B-5 순수전단을 받고 있는 RC보의 복부의 응력장

그림 B-5는 균열 전후 복부의 순수전단 응력장(pure shear stress field)과 Mohr의 응력원을 보인다. 균열이 발생하기 전에는 균등질보로 보아, Mohr의 응력원은 그림 B-5(a)와 같이 된다. 균열발생 후에는 그림 B-5(b)와 같이 복부철근이 인장응력을 받고 콘크리트 스트럿이 압축응력을 받는데, 이것이 압축장 이론의 응력상태이다. 콘크리트의 인장강도를 무시하지 않음으로써, 콘크리트가 인장응력을 전달한다고 보면 그림 B-5 (c)와 같이 되며, 이것이 수정압축장 이론의 응력상태이다.

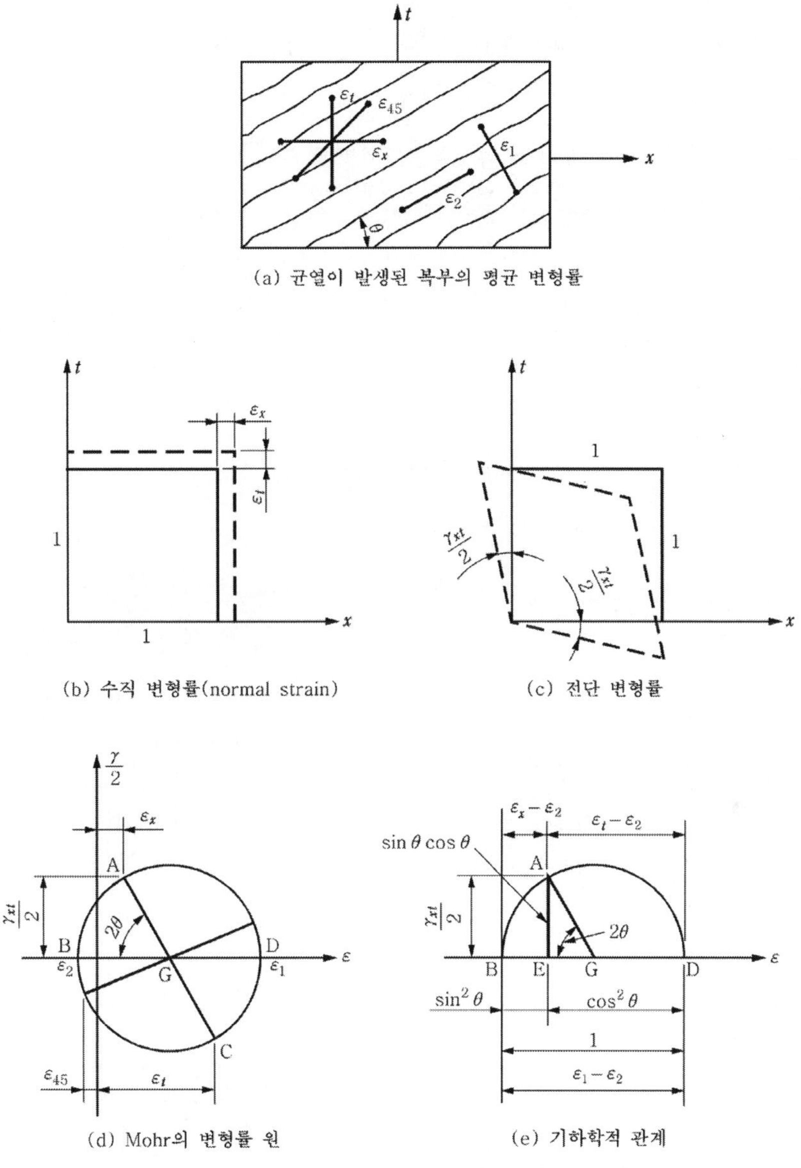

(a) 균열이 발생된 복부의 평균 변형률

(b) 수직 변형률(normal strain)

(c) 전단 변형률

(d) Mohr의 변형률 원

(e) 기하학적 관계

그림 B-6 균열이 발생된 복부의 변형률 적합조건

그림 B-6은 균열이 발생한 복부단면에서 변형률 적합조건(strain campatibility condition)을 고려하기 위한 그림들을 보인 것이다. 그림 B-6(a)는 2축응력 상태에 대한 변형률을 보인 것이고, 그림 B-6(b)는 수직 변형률(normal strain)을, 그림 B-6(c)는 전단 변형률의 관계를 나타낸 것이다. 그림 B-6(d)는 Mohr의 변형률원이고, 그림 B-6 (e)는 적합조건을 유도하기 위하여 고려해야 할 Mohr의 변형률원의 상반부(上半部)를 보인 것이다. 해석의 결과만을 식 (B · 23)으로 나타내었다.

수정압축장 이론에서의 평형조건은 그림 B-7의 자유물체도로부터 얻을 수 있다. 그림 B-7(a)는 콘크리트의 평균 인장주응력 f_1 을 추가한 것을 제외하고, 그림 B-4(a)와 동일하다. 그림 B-7(a)에서 수직방향의 평형을 생각하면

$$V = [f_2 b_w d_v \cos\theta]\sin\theta + [f_1 b_w d_v \sin\theta]\cos\theta$$

콘크리트의 주 압축응력 f_2 는 다음과 같이 나타낼 수 있다.

$$f_2 = \frac{v}{\sin\theta\cos\theta} - f_1 \qquad \text{(B · 16)}$$

여기서

$$v = \frac{V}{b_w d_v} \qquad \text{(B · 17)}$$

식 (B · 16)의 f_2 는 그림 B-7(a) 및 (c)에 보인 방향으로 작용하는 압축응력이다. 그림 B-7(c)에서 수직방향의 평형을 생각하면

$$A_v f_y = f_2 s b_w d_v \sin^2\theta - f_1 s b_w \cos^2\theta$$

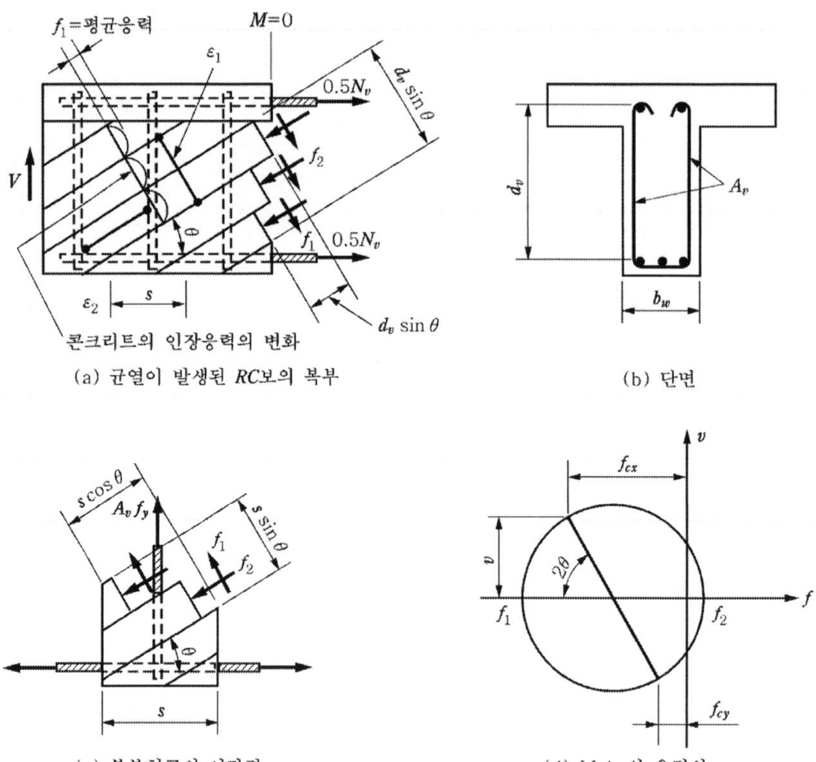

(a) 균열이 발생된 RC보의 복부

(b) 단면

(c) 복부철근의 인장력

(d) Mohr의 응력원

그림 B-7 수정압축장 이론에 있어서의 평형조건

식 (B・4)의 f_2 와 식 (B・17)의 v 를 위의 식에 대입하여 정리하면

$$V = f_1 b_w d_v \cot\theta + \frac{A_s f_v d_v}{s} cot\theta \qquad (B \cdot 18)$$

위의 식에서 전단력 V는 콘크리트의 인장응력(f_1)이 전단저항에 기여하는 몫[식 (B・18)의 우변의 제 1 항]과 스터럽의 인장력($A_v f_v$)이 전단저항에 기여하는 몫[식 (B・18)의 우변의 제 2 항]과의 합계임을 나타내고 있다. 식 (B・3)과 식 (B・18)을 비교함으로써, 변각 트러스 모델에는 반영되지 않은 콘크리트의 인장응력에 의한 전단저항이 수정압축장 이론에는 반영되어 있음을 알 수 있다.

그림 B-7 (a)에서 종방향의 평형을 생각하면

$$N_v = f_2 b_w d_v \cos^2\theta - f_1 b_w d_v \sin^2\theta$$

위의 식에 식 (B・16)의 f_2 를 대입하여 정리하면

$$N_v = (v\cot\theta - f_1) b_w d_v$$

부재에 작용하는 축방향력이 없다면, N_v 는 종방향 철근으로 저항해야 하므로

$$N_v = A_{sx} f_{sx} + A_{px} f_{px}$$

여기서 A_{sx} : 종방향 철근의 단면적
A_{px} : 종방향 PS 강재의 단면적
f_{sx} : 종방향 철근의 응력
f_{px} : 종방향 PS 강재의 응력

위의 두 식을 같다고 놓고, $b_w d_v$ 로 나누면

$$\rho_{sx} f_{sx} + \rho_{px} f_{px} = v\cot\theta - f_1 \qquad (B \cdot 19)$$

여기서

$$\rho_{sx} = \frac{A_{sx}}{b_w d_v}, \rho_{px} = \frac{A_{px}}{b_w d_v}$$

그림 B-8 (a)는 사인장 균열이 발생한 보의 복부를 보인 것이다. 이 복부에서 평균 주 인장 변형률 ε_1 은 균열의 발생에 기인하며, 그 크기는 다음과 같다.

$$\varepsilon_1 \approx \frac{w}{s_{m\theta}}$$

여기서 w : 균열폭

$s_{m\theta}$: 사인장 균열의 평균간격

균열폭이 너무 커지면, 골재의 맞물림 작용으로는 전단력을 전달할 수 없게 될 것이다. 바꾸어 말하면 균열폭이 너무 넓으면, 균열면에 따라 일어나는 미끄럼(slipping)에 의하여 전단파괴가 일어난다.

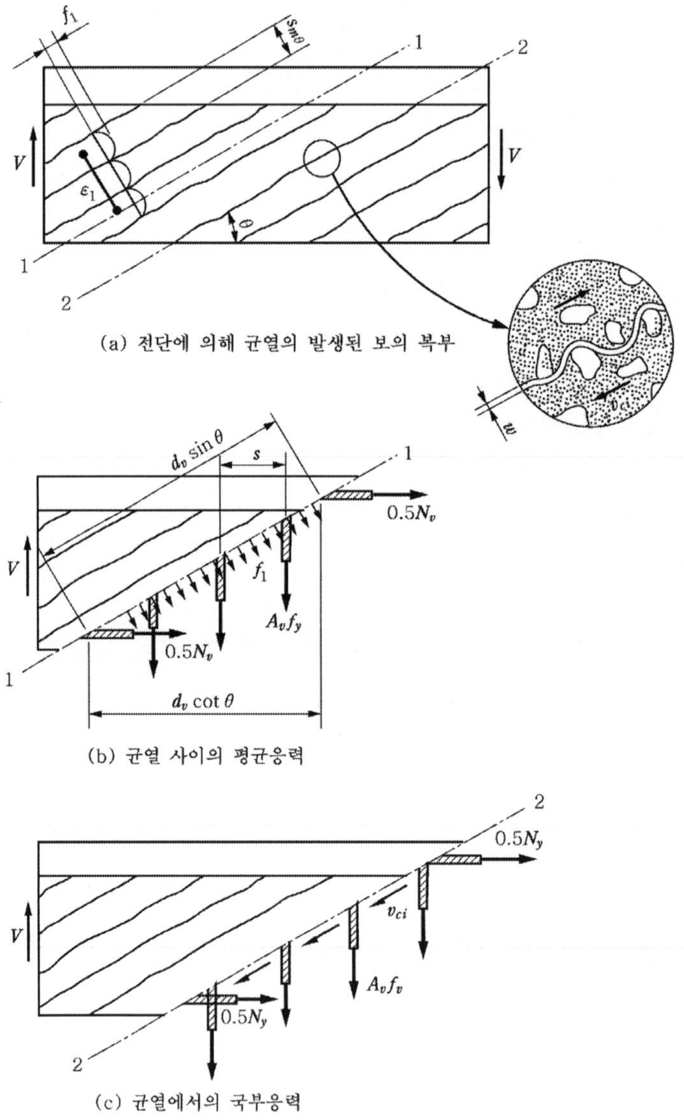

(a) 전단에 의해 균열의 발생된 보의 복부

(b) 균열 사이의 평균응력

(c) 균열에서의 국부응력

그림 B-8 균열을 가로질러 전달되는 인장력

골재의 맞물림 메커니즘(aggregate interlock mechanism)은 균열면 사이에 일어나는 쐐기 작용(wedging action)에 바탕을 두고 있으며, 많은 요인의 영향을 받는다. 균열에는 국부전단응력 v_{ci}가 일어나며 그 값은 다음과 같다.

$$v_{ci} \leq \frac{0.18\sqrt{f_{ck}}}{0.3 + 24w/(a_{\max} + 16)} \qquad (B \cdot 20)$$

여기서 w : 균열폭(mm)

$a_{\max}$: 골재의 최대치수(mm)

f_{ck} : 콘크리트의 설계기준압축강도(MPa)

균열에 작용하는 전단응력 v_{ci}가 위의 식을 만족하면 균열 미끄럼 파괴(crack slipping failure)는 일어나지 않는다고 본다.

그림 B-8(a)의 단면 1~1에 작용하는 평균응력이 그림 B-8(b)에 나타나 있다. 횡방향 철근 및 종방향 철근의 응력도 역시 평균응력이고, 그것은 콘크리트 속에 묻힌 철근의 강화효과(stiffening effect) 때문이다. 그림 B-8(a) 및 (c)에서 단면 2~2에 따라 일어난 균열에 있어서는 콘크리트의 인장응력은 소멸하고, 골재의 맞물림이 있게 된다. 그리고 철근의 응력은 그 항복강도에 이를 때까지 증가한다.

그림 B-8(b) 및 (c)의 응력들은 동일한 전단력 V와 비겨야 한다. 즉 다음과 같이 된다.

$$A_v f_v \frac{d_v \cot\theta}{s} + f_1 \frac{b_w d_v}{\sin\theta} cos\,\theta = A_v f_y \frac{d_v \cot\theta}{s} + v_{ci} \frac{b_w d_v}{\sin\theta} sin\,\theta$$

이것을 평균 인장주응력에 관하여 풀면

$$f_1 \leq v_{ci} \tan\theta + \frac{A_v}{b_w s}(f_y - f_v) \qquad (B \cdot 21)$$

그림 B-8 (b) 및 (c)의 응력들은 동일한 수평력에 대하여 비겨야 한다. 즉

$$N_v + f_1 \frac{b_w d_v}{\sin\theta} sin\,\theta = N_y + v_{ci} \frac{b_w d_v}{\sin\theta} cos\,\theta$$

위의 식에 식 (B・20)으로부터 얻어지는 v_{ci}를 대입하여 정리하면

$$N_y = N_v + f_1 b_w d_v + \left\{ f_1 - \frac{A_v}{b_w s}(f_y - f_v) \right\} b_w d_v \cot^2\theta \qquad (B \cdot 22)$$

여기서 $N_y = A_{sx} f_y + A_{px} f_{ps}$ (B・23)

$N_v = A_{sx} f_{sx} + A_{px} f_{px}$ (B・24)

f_y : 철근의 항복강도

f_{ps} : PS 강재의 응력$= f_{pu}\left(1-k\dfrac{c}{d_p}\right)$, $k=2\left(1.04-\dfrac{f_{py}}{f_{pu}}\right)$

식 (B・22)는 종방향 철근이 균열시에 항복상태에 있고, 콘크리트의 인장응력이 최대 인장주응력 f_1 에 도달되었을 상태에서 f_1 의 제한을 나타내는 것이다. 그리고 다음 식을 만족해야 한다.

$$f_1 \le \frac{N_y - N_v}{b_w d_v} sin^2\theta + \frac{A_s}{b_w s}(f_y - f_v)\cos^2\theta$$

위의 식은 다음과 같이 응력의 항으로 나타낼 수 있다.

$$f_1 \le [\rho_{sx}(f_y - f_{sx}) + \rho_{px}(f_{ps} - f_{px})]\sin^2\theta + \rho_v(f_y - f_v)\cos^2\theta \qquad \text{(B・25)}$$

여기서 $\rho_v = \dfrac{A_v}{b_w s}$ (횡방향 철근비)

전단을 받는 RC보의 거동은 이상에서 설명한 관계로부터 얻을 수 있다. 그러나 이 방법은 실제의 설계에 적용하기에는 너무 번거롭다. 바꾸어 말하면 이 이론은 단순보나 연속보와 같은 구조물의 통상적인 전단설계에 사용하기에는 너무 복잡하다. 그러나 전단과 축하중을 받는 전단벽(shear wall), 칸막이(diaphragm), 막 구조요소(membrance element) 등과 같이 복잡한 기하구조나 하중을 받는 부재의 해석에 대하여는 귀중한 도구로 된다.

B. 5. 2 수정압축장 이론에 의한 전단설계

단면설계 모델에서 공칭전단강도 V_n 은 다음과 같다.

$$V_n = V_c + V_s + V_p \qquad \text{(B・26)}$$

여기서 V_c : 콘크리트가 부담하는 공칭전단강도

V_s : 복부철근이 부담하는 공칭전단강도

V_p : 경사진 프리스트레스 힘(prestress force)의 수직분력이 부담하는 공칭전단강도

수정압축장 이론으로 얻어진 콘크리트 및 복부철근에 의한 전단저항, 즉 식 (B・18)의 우변을 위의 식에 대입하면

$$V_n - V_p = f_1 b_w d_v \cot\theta + \frac{A_v f_v d_v}{s} cot\theta \qquad \text{(B・27)}$$

한계상태(limit state)에 이르게 되면 $f_v = f_y$ 이므로, 식 (B・21)과 식 (B・20)으로부터 평균 인장주응력 f_1 의 상한(上限)은 다음과 같이 된다.

$$f_1 \le v_{ci}\tan\theta = \frac{0.18\sqrt{f_{ck}}}{0.3 + \dfrac{24w}{a_{\max}+16}}\tan\theta \qquad (B \cdot 28)$$

따라서 식 (B・27)은 다음과 같이 나타낼 수 있다.

$$V_n - V_p = \beta\sqrt{f_{ck}}\,b_w d_v + \frac{A_v f_y d_v}{s}\cot\theta \qquad (B \cdot 29)$$

여기서

$$\beta \le \frac{0.18}{0.3 + \dfrac{24w}{a_{\max}+16}} \qquad (B \cdot 30)$$

균열폭 w 는 평균 주 인장변형률 ε_1 과 사인장 균열의 평균간격 $s_{m\theta}$ 와의 곱으로 나타낼 수 있으므로

$$w = \varepsilon_1 s_{m\theta} \qquad (B \cdot 31)$$

계산을 간단히 하기 위하여 $s_{m\theta} = 300$ mm, 골재의 최대치수를 $a_{\max} = 20$ mm로 가정하면, β 의 상한 값은 다음과 같이 된다.

$$\beta \le \frac{0.18}{0.2 + 200\varepsilon_1} \qquad (B \cdot 32)$$

한편 주 압축응력 f_2 는 인장주응력 f_1 에 비하여 비교적 크므로, 식 (B・4)의 f_2 를 다음과 같이 볼 수 있다.

$$f_2 = \frac{v}{\sin\theta\cos\theta} \qquad (B \cdot 33)$$

콘크리트의 공칭 전단응력 v 는 경사진 프리스트레스 힘의 수직분력에 의해 감소되는 전단력을 고려해야 하므로

$$v = \frac{V_n - V_p}{b_w d_v} = \frac{V_u - \phi V_p}{\phi b_w d_v} \qquad (B \cdot 34)$$

한편 주 인장변형률 ε_1 은 다음 같이 주어진다(그림 B-6).

$$\varepsilon_1 = \varepsilon_x + \left\{\varepsilon_x + 0.002\left(1 - \sqrt{1 - \frac{v}{f_{ck}}\frac{0.8+170\varepsilon_1}{\sin\theta\cos\theta}}\right)\right\}\cot^2\theta \qquad (B \cdot 35)$$

위의 식에서 $\theta, v/f_{ck}, \varepsilon_x$ 를 알면 ε_1 을 얻을 수 있다.

식 (B · 19)를 참고하면서 그림 B-7(a)에서 종방향 평형을 생각하면

$$N_v = (v\cot\theta - f_1)b_w d_v = V\cot\theta - f_1 b_w d_v \qquad (B \cdot 36)$$

여기서 N_v 는 $b_w d_v$ 면의 평균응력을 모든 종방향 철근에 곱함으로써 얻어지는 축방향력의 합계이다. 다음에 식 (B · 22)를 참고하면서, 그림 B-8에서 종방향 평형을 생각하면 $f_v = f_y$ 이므로

$$N_y \geq N_v + f_1 b_w d_v + f_1 b_w d_v \cot^2\theta \qquad (B \cdot 37)$$

여기서 N_y 는 철근의 항복응력과 PS 강재응력을 각각 곱해서 얻어지는 종방향 철근이 나타내는 축방향력의 합계이다.

식 (B · 37)에 식 (B · 36)을 대입하고, 또 식 (B · 23)의 N_y 를 사용하면

$$A_{sx} f_y + A_{px} f_{ps} \geq V\cot\theta + f_1 b_w d_v \cot^2\theta \qquad (B \cdot 38)$$

위의 식에 식 (B · 18)을 대입하면

$$\begin{aligned} A_{sx} f_y + A_{px} f_{ps} &\geq 2f_1 b_w d_v \cot^2\theta + \frac{A_v f_y d_v}{s} cot^2\theta \\ &= (2V_c + V_s)\cot\theta \qquad (B \cdot 39) \end{aligned}$$

여기서

$$V_c = f_1 b_w d_v \cot\theta = 0.083\beta\sqrt{f_{ck}}\, b_w d_v \qquad (B \cdot 40)$$

$$V_s = \frac{A_v f_y d_v}{s} cot\theta \qquad (B \cdot 41)$$

대부분의 종방향 철근은 부재의 휨 인장측에 배치되므로, 보통 사용하는 기호인 인장철근 단면적 A_s 및 PS 강재 단면적 A_p 를 사용하고, 또 전단높이 d_v 를 2로 나눈다면 식 (B · 39)는 다음과 같이 된다.

$$A_s f_y + A_p f_p \geq (V_c + 0.5V_s)\cot\theta \qquad (B \cdot 42)$$

따라서 식 (B · 26)으로부터

$$V_c + 0.5V_s = V_n - 0.5V_s - V_p$$

따라서 전단으로 인한 종방향 인장력은 다음과 같이 된다.

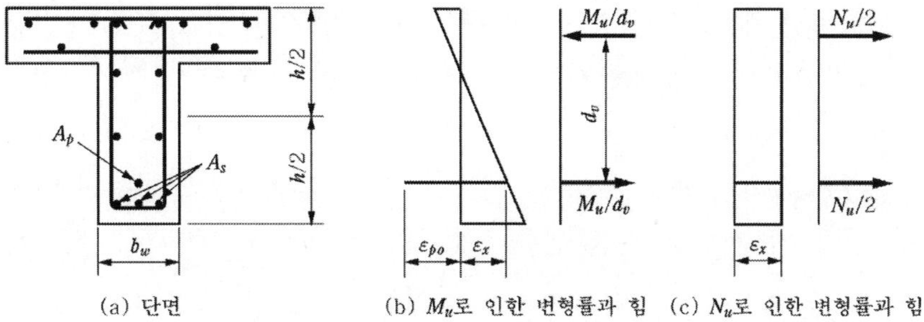

그림 B-9 모멘트와 인장력으로 인한 종방향 변형률 및 힘

$$A_s f_y + A_p f_p \geq \left(\frac{V_u}{\phi_v} - 0.5\,V_s - V_p\right)\cot\theta \qquad \text{(B・43)}$$

결국 위의 식은 종방향 인장력이 전단에 저항해야 한다는 것으로 귀착된다.

또한 종방향 인장철근은 그림 B-9에 보인 바와 같이 모멘트 M_u 와 축하중 N_u 로 인한 인장력에도 저항해야 한다. 이러한 경우에는 다음 식을 만족해야 한다.

$$A_s f_y + A_p f_p \geq \frac{M_u}{d_v \phi_f} + 0.5\frac{N_u}{\phi_\alpha} + \left(\frac{V_u}{\phi_v} - 0.5\,V_s - V_p\right)\cot\theta \qquad \text{(B・44)}$$

여기서 ϕ_f, ϕ_α, ϕ_v : 각각 휨, 축력, 전단에 대한 강도감소계수(저항계수)

종방향의 평균 변형률 ε_x (그림 B-6)은 모멘트, 축방향력 및 전단을 받을 때 단면의 강도(stiffness)를 결정하는 데 사용된다. ε_x 가 작으면 복부변형은 작고, 콘크리트의 전단강도 V_c 는 크다. ε_x 가 크면 변형도 크고 V_c 는 감소한다. 그림 B-9에 보인 바와 같이 ε_x 는 부재의 인장측 복부의 종방향 변형률이고, 이것은 인장철근의 위치의 값을 계산함으로써 추정할 수 있다. 식 (B・44)의 종방향 인장력을 $(E_s A_s + E_p A_p)$로 나누고, $A_p f_{p0}$ (precompression force)를 고려하면 ε_x 는 다음과 같이 된다.

$$\varepsilon_x = \frac{(M_u/d_v) + 0.5\,N_u + 0.5\,V_u\cot\theta - A_p f_{p0}}{E_s A_s + E_p A_p} \leq 0.002 \qquad \text{(B・45)}$$

여기서 f_{p0} 는 둘레 콘크리트의 응력이 0일 때의 PS 강재의 응력이다. $A_p f_{p0}$ 의 값이 큼으로써, ε_x 가 부(−)의 값을 가질 때는, 식 (B・45)의 분모를 $(E_c A_c + E_s A_s + E_p A_p)$로 바꾸어 계산한다.

ε_1 을 알면 β 는 식 (B・20)으로 구할 수 있다. 그러면 콘크리트의 전단강도 V_c 는 식 (B・40)으로 계산할 수 있고, 복부철근의 전단강도 V_s 는 식 (B・26)으로 구할 수

있으며, 스터럽의 간격 s는 식 (B·41)로 계산된다. 따라서 주어진 힘에 저항해야 할 복부철근의 소요량은 θ의 추정값을 사용하여 직접 계산할 수 있다. 추정한 θ가 복부철근의 최소량에서 생기는가 아닌가 하는 것을 결정하기 위해서는 최적조건(optimum)이 얻어질 때까지 θ의 값의 추정을 반복해야 한다. 이 지루한 수순은 설계보조물(design aid)을 사용함으로써 덜 수 있다. 이를 위하여 도로교시방서(1996) 부록 "하중-저항계수 설계 편"(AASHTO LRFD specification, 1994)에서는 그림 B-10을 주고 있다.

수정압축장 이론에 의하여 복부철근을 가지는 부재의 전단설계를 할 경우에는 다음과 같은 단계에 따라 수행한다.

단계 1 강도한계상태(strength limit state)에 의한 계수 전단강도 V_u 및 계수 휨강도 M_u의 그림(envelope)을 구한다.

단계 2 식 (B·34)로 공칭 전단응력 v를 계산하고, 이것을 콘크리트 강도 f_{ck}로 나누어 전단응력비 v/f_{ck}를 얻는다. 이 값이 0.25보다 크면, 큰 단면을 선정한다.

단계 3 θ의 값을 추정하고, 식 (B·45)로부터 종방향 변형률 ε_x를 계산한다. 프리스트레스트 콘크리트 보에 대해서는 식 (B·45)의 f_{p0}는 다음 값을 사용한다.

$$f_{p0} = f_{pe} + f_{pc} E_p / E_c$$

여기서 f_{pe} : 모든 프리스트레스 손실 후 PS 강재의 유효 인장응력

f_{pc} : 모든 프리스트레스 손실 후 단면도심의 콘크리트의 압축응력

단계 4 계산된 값 v/f_{ck}와 ε_x를 사용하여, 그림 B-10으로부터 θ를 구하여 단계 3에서 추정한 θ값과 비교한다. 두 값이 일치하지 않으면 ε_x를 다시 계산하여, θ의 추정값과 그림 B-10에서 얻어지는 θ값이 일치할 때까지 반복한다. 그런 후에 그림 B-10의 위의 그림으로부터 β를 구한다.

단계 5 식 (B·40)의 V_c를 사용하여, 식 (B·26)으로부터 복부철근의 소요강도 V_s를 구한다. 즉 다음과 같다.

$$V_s = \frac{V_u}{\phi_v} - V_p - 0.083\beta\sqrt{f_{ck}}\, b_w d_v \qquad \text{(B·46)}$$

단계 6 식 (B·41)로부터 스터럽의 간격 s를 계산한다. 즉 다음 식과 같이 된다.

$$s \le \frac{A_v f_y d_v}{V_s} \cot\theta \qquad \text{(B·47)}$$

이 간격은 다음 값을 초과해서는 안 된다(다음 식의 간격 s는 최소 횡방향 철근 단면적의 규정으로부터 얻어지는 값이다).

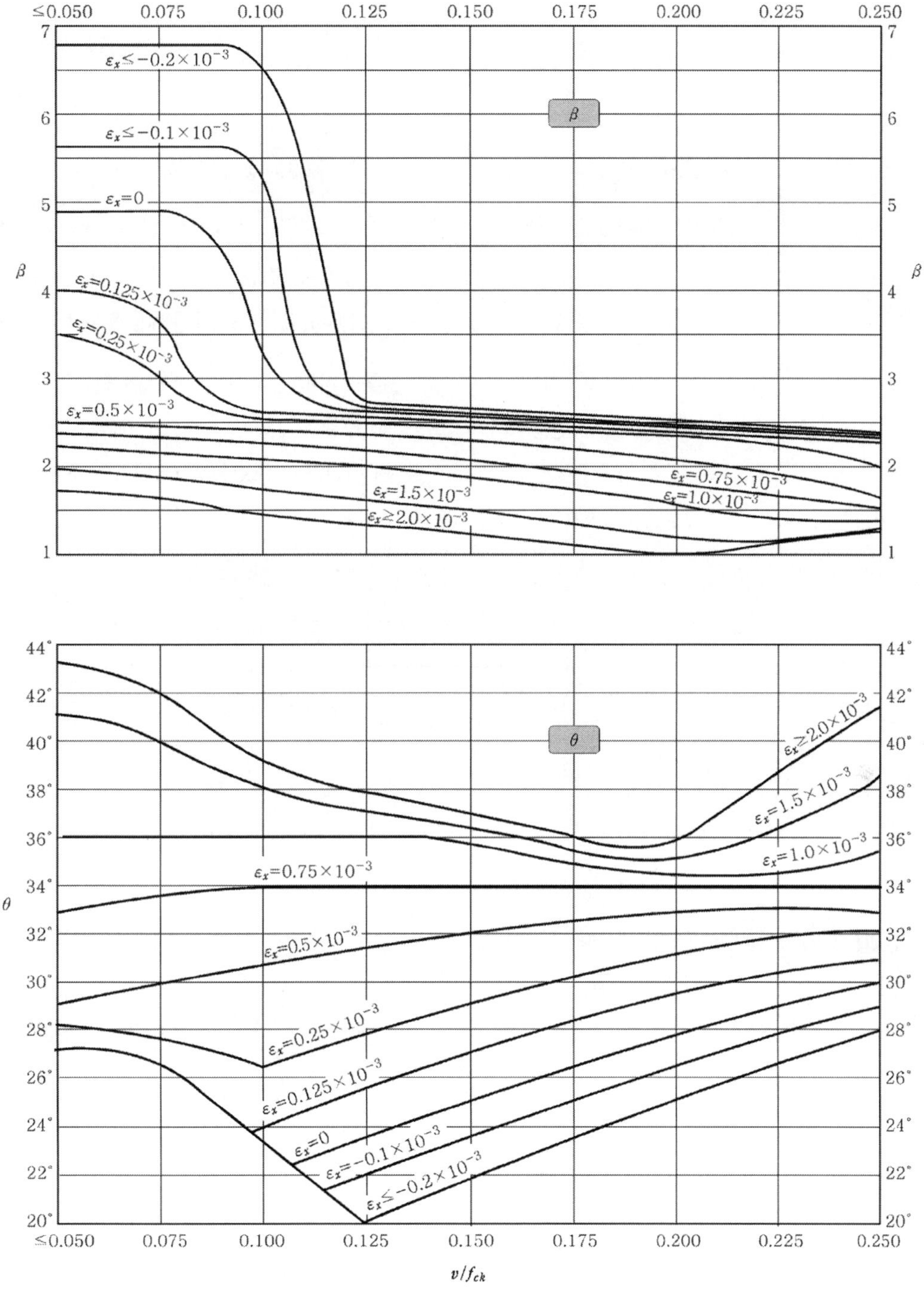

그림 B-10 복부철근을 가지는 단면의 θ 및 β의 값[참고문헌 48]

$$s \le \frac{A_v f_y}{0.083\sqrt{f_{ck}}\,b_w} \qquad (B \cdot 48)$$

또한 간격 s는 다음 값을 초과할 수 없다(하중-저항계수 설계 편 5.8.2.7).

$$\left.\begin{array}{ll} V_u < 0.1 f_{ck} b_w d_v \text{ 일 때} & s \le 0.8 d_v \le 600\text{mm} \\ V_u \ge 0.1 f_{ck} b_w d_v \text{ 일 때} & s \le 0.4 d_v \le 300\text{mm} \end{array}\right\} \qquad (B \cdot 49)$$

단계 7 식 (B・44)에 의하여 종방향 철근이 적절한가를 검토한다. 이 식이 만족되지 않으면 종방향 철근을 더 넣거나 또는 스터럽의 단면적을 늘리거나 해야 한다.

예제 B-1 그림 B-11과 같은 철근콘크리트 보의 T형 단면에 2-D38(A_s = 2,280 mm^2)의 인장철근과 D13(A_v = 126.6×2= 253.2 mm^2)의 U형 스터럽이 배근되어 있다. 스터럽의 간격을 구하라. 정(+)모멘트 구역에서 M_u = 300 kN·m, V_u = 700 kN이고, f_{ck} = 30 MPa, f_y = 400 MPa이다.

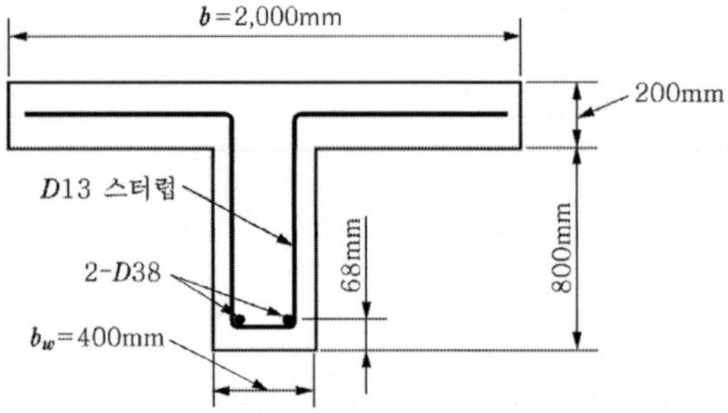

그림 B-11

풀이 앞에서 설명한 단계에 따라 계산한다.

단계 1 계수전단력과 계수휨모멘트는 다음과 같다.

$$V_u = 700\text{kN},\ M_u = 300\text{kN·m}$$

콘크리트의 응력사각형의 깊이는

$$a = \frac{A_s f_y}{0.85 f_{ck} b} = \frac{2280 \times 400}{0.85 \times 30 \times 2000} = 18\text{mm} < 200\text{mm}$$

그러므로 중립축은 플랜지에 있다.

단면의 압축력과 인장력의 팔 길이 d_v는

$$d_v = d - \frac{a}{2} = (1000 - 68) - \frac{18}{2} = 923\text{mm}$$

이 값은 다음 두 값보다 작아서는 안 된다.

$$0.9\,d = 0.9 \times (1000 - 68) = 839\text{mm} < 923\,\text{mm}$$
$$0.72\,h = 0.72 \times 1000 = 720\text{mm}$$

따라서 $d_v = 923\,\text{mm}$를 사용한다.

단계 2 프리스트레스트 콘크리트 보가 아니므로 $V_p = 0$이고, 전단에 대한 저항계수(강도감소 계수)는 $\phi = 0.80$〔도로교 표준시방서(1996) 부록 하중-저항계수 설계 편 5.5.4.2〕이므로 식 (B·34)로부터

$$v = \frac{V_u - \phi V_p}{\phi b_w d_v} = \frac{700{,}000 - 0}{0.80 \times 400 \times 923} = 2.37\text{MPa}$$
$$\therefore \frac{v}{f_{ck}} = \frac{2.37}{30} = 0.080 < 0.25 \quad \text{(OK)}$$

단계 3 $N_u = 0$, $A_p = 0$이고, $\theta = 40°$로 가정하면 $\cot\theta = 1.192$이므로 식 (B·45)로부터

$$\varepsilon_x = \frac{M_u / d_v + 0.5\,V_u \cot\theta}{E_s A_s}$$
$$= \frac{300 \times 10^6 / 923 + 0.5(700 \times 10^3) \times 1.192}{(2.0 \times 10^5) \times 2{,}280} = 1.63 \times 10^{-3}$$

단계 4 그림 B-10의 아래 그림에서 $\frac{v}{f_{ck}} = 0.080$과 $\varepsilon_x = 1.63 \times 10^{-3}$의 교점으로부터 $\theta \approx 40°$를 읽을 수 있다. 이것은 처음에 가정한 값과 같다. 따라서 $\theta = 40°$를 사용한다. 그림 B-10의 위의 그림에서 $\frac{v}{f_{ck}} = 0.080$과 $\varepsilon_x = 1.63 \times 10^{-3}$의 교점으로부터 $\beta = 1.80$을 얻을 수 있다.

단계 5 따라서 스터럽의 소요강도 V_s는 식 (B·46)으로부터

$$V_s = \frac{V_u}{\phi} - V_p - 0.083\beta\sqrt{f_{ck}}\,b_w d_v$$
$$= \frac{700 \times 10^3}{0.80} - 0 - 0.083 \times 1.80\sqrt{30} \times 400 \times 923 = 573{,}000\text{N}$$

단계 6 다음에 스터럽의 간격을 계산한다. $A_v = 253.2\,\text{mm}^2$이므로 식 (B·47)로부터

$$s \le \frac{A_v f_y d_v}{V_s}\cot\theta = \frac{253.2 \times 400 \times 923}{573{,}000} \times 1.192 = 194\text{mm}$$

식 (B·48)로부터

$$s \le \frac{A_v f_y}{0.083\sqrt{f_{ck}}\,b_w} = \frac{253.2 \times 400}{0.083\sqrt{30} \times 400} = 557\text{mm} > 194\,\text{mm}$$

식 (B·49)로부터

$$0.1\,f_{ck} b_w d_v = 0.1 \times 30 \times 400 \times 923 = 1{,}107{,}600\text{N}$$

$$= 1,107.6\text{kN} > 700\,\text{kN}(= V_u)$$

즉 $V_u < 0.1 f_{ck} b_w d_v$ 이므로

$$\therefore s \leq 0.8 d_v = 0.8 \times 923 = 738\text{mm} > 600\,\text{mm}$$

따라서 스터럽의 간격은 $s = 194$ mm로 지배된다.

단계 7 다음에 식 (B · 44)를 만족하는가를 검토한다. 이 보는 RC 보이므로 $A_p = 0, V_p = 0$이고, 또 $N_u = 0$이므로, 식 (B · 44)로부터

$$A_s f_y \geq \frac{M_u}{d_v \phi_f} + \left(\frac{V_u}{\phi_v} - 0.5\,V_s\right)\cot\theta$$

$$= \frac{300 \times 10^6}{923 \times 0.85} + \left(\frac{700 \times 10^3}{0.80} - 0.5 \times 573,000\right) \times 1.192 = 1,083,877\text{N}$$

그런데 이 단면에 배치된 인장철근 2-D 38(2,280 mm^2)이 발휘하는 인장력은

$$A_s f_y = 2,280 \times 400 = 912,000\text{N} < 1,083,877\,\text{N}$$

즉 식 (B · 44)가 만족되지 않는다. 따라서 인장철근을 늘리거나 스터럽을 늘리거나 해야 한다. 식 (B · 44)를 만족시키는 스터럽 강도 V_s 는 식 (B · 44)로부터

$$V_s \geq 2\left[\frac{V_u}{\phi_v} - \left(A_s f_y - \frac{M_u}{d_v \phi_f}\right)\tan\theta\right]$$

$$= 2\left[\frac{700 \times 10^3}{0.80} - \left(2280 \times 400 - \frac{300 \times 10^6}{923 \times 0.85}\right) \times \tan 40°\right] = 861,300\text{N}$$

이 강도에 대하여 스터럽 단면적을 늘리는 대신, 스터럽의 간격을 좁히기로 한다면, 그 간격은 식 (B · 47)로부터

$$s \leq \frac{253.2 \times 400 \times 923}{861,300} \times 1.192 = 109\text{mm}$$

즉 스터럽을 109 mm 이하의 간격으로 배치하면 식 (B · 44)는 만족된다. 그러나 식 (B · 44)를 만족하도록 다음과 같이 인장철근을 늘리는 것이 더 좋겠다.

$$A_s f_y \geq 1,083,877 \qquad \therefore A_s \geq \frac{1,083,877}{400} = 2,710\text{mm}^2$$

인장철근으로 1-D 25(506.7 mm^2)를 추가한다면

$$A_s = (2 - D\,38) + (1 - D\,25) = 2,280 + 506.7 = 2,787\text{mm}^2 > 2,710\,\text{mm}^2$$

스터럽은 D 13의 U형을 190 mm 간격으로 배치한다.

B.6 스트럿-타이 모델

변형 전에 평면인 단면은 변형 후에도 평면이다라는 평면보존의 법칙이 성립되지 않는 부재 또는 영역, 바꾸어 말해서 보의 이론을 적요할 수 없는 부재 또는 영역의 해석과 설계를 위한 것이 스트럿-타이 모델이다. 예를 들면 깊은보(deep beam), 브래킷(bracket), 내민 받침(corbel) 또는 집중하중 작용점 부근, 지점반력이 작용하는 부위, 턱이 진 단부(dapped end), 단면이 급변하는 곳, 개구부(開口部), 절점영역(nodal zone) 등 응력교란영역의 해석과 설계를 위한 것이 스트럿-타이 모델이다.

콘크리트구조기준(2012)에서는 부록 I 에 스트럿-타이 모델을 주고 있으며, 그 적용범위에서 "이 부록은 응력교란영역에 대한 합리적인 설계를 위한 규정으로서, 모든 계산에서 평형조건과 항복조건을 만족해야 한다."고 기술하고 있다.

도로교설계기준 한계상태설계법(2012)에서도 스트럿-타이 모델을 규정하고 있으나, 여기서는 콘크리트구조기준(2012)부록 I 의 스트럿-타이 모델을 설명한다.

B.6.1 D영역과 B영역

스트럿-타이 모델에서는 부재를 D영역(D-region, discontinuity region, disturbed region)과 B영역(B-region)으로 구분한다.

D영역 : 집중하중에 의한 하중 불연속부(load discontinuity), 단면이 급변하는 기하학적 불연속부(geometric discontinuity), 그리고 평면보존의 법칙이 성립되지 않는 영역을 말한다.

여기서 불연속부란 그림 B-12에 보인 바와 같이 하중이 있는 곳 또는 기하학적 변화가 있는 단면으로부터 부재 높이 h 만큼 연장된 부분을 말한다.

이것이 그림 B-12에 음영부분으로 나타내어져 있으며, 이 음영부분이 D영역으로서 이른바 응력교란영역이다. 그림 B-12 (a)는 기하학적 불연속부이고, 그림 B-12 (b)는 하중 및 기하학적 불연속부이다.

D영역에서는 전단지간이 작아서 아치작용(arch action)에 의해 하중이 지지되며, 보 이론을 적용할 수 없다. 예를 들면 집중하중 작용점 부근, 지점반력이 작용하는 부위, 단면이 급변하는 곳, 턱이 진 단부(dapped end), 개구부(開口部), 깊은보, 브래킷(bracket), 내민받침(corbel) 등이 그러하다. 이러한 부위 또는 부재는 힘의 실제흐름에 가까운 설

계수순이 요구된다. 이 요구에 부응할 수 있는 설계수순이 스트럿-타이 모델이다.

B영역 : 보 이론의 평면보존의 법칙이 성립되는 부분을 말한다. 일반적으로 D영역 이외의 영역이 B영역이다.

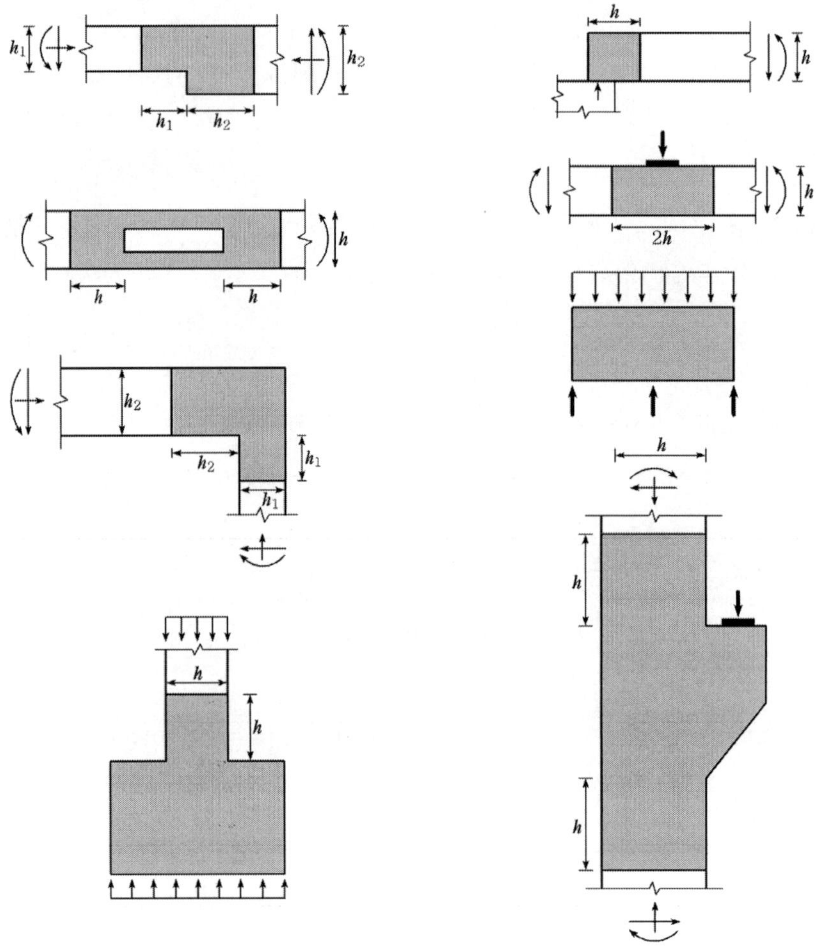

(a) 기하학적 불연속부

(b) 하중 및 기하학적 불연속부

그림 B-12 D영역(응력교란 영역)의 예

B. 6. 2 스트럿과 타이 및 절점영역

스트럿-타이 모델은 스트럿(strut), 타이(tie) 그리고 스트럿과 타이의 단면력을 지점 또는 이웃한 B영역으로 전달시켜 주는 절점영역(nodal zone)으로 구성된 D영역 설계를 위한 트러스 모델(truss model)이다.

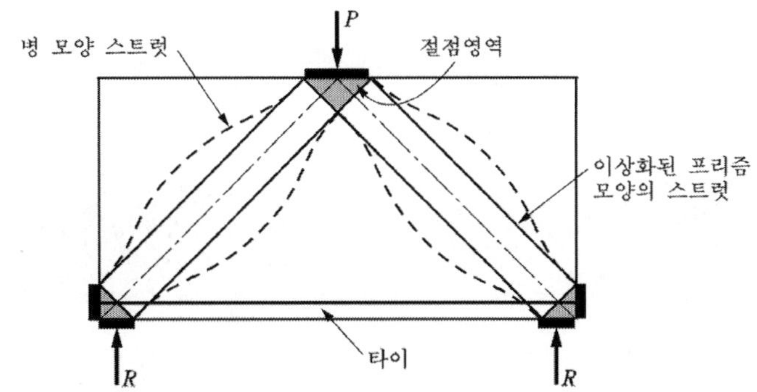

그림 B-13 스트럿-타이 모델의 구성요소

그림 B-13은 집중하중을 받는 깊은보의 스트럿-타이 모델을 보인 것이다. 이 그림은 스트럿-타이 모델이 스트럿, 타이 및 절점영역으로 구성된다는 것을 보여주고 있다. 스트럿은 콘크리트로 이루어지는 압축부재(compression sturt)로, 타이는 인장철근이 나타내는 인장부재(tension tie)로, 스트럿과 타이가 만나서 그들의 힘을 받는 절점영역으로 모델링할 수 있다. 스트럿과 타이의 단면치수는 스트럿과 타이의 축(중심선)에 직각인 두께와 폭으로 나타낸다.

그림 B-13 또는 그림 B-14(b)에 보인 바와 같이 타이는 실선으로, 스트럿은 점선(dashed line)으로 나타낸다.

스트럿 : 스트럿은 스트럿-타이 모델에서 압축부재를 말하며, 압축 스트럿(compression strut)이라고도 한다[그림 B-13 참조]. 프리즘(prism) 모양 또는 부채꼴 모양의 압축장(compression field)으로 나타낸다.

그림 B-14에 보인 바와 같이 압축장이 절점영역사이에서 옆으로 퍼지는 경우에는 스트럿은 그 길이에 따라 직사각형 모양 또는 병 모양(bottle shape)으로 된다. 그러나 설계목적을 위해서 이것을 프리즘 부재(prismatic member)로 이상화한다. 스트럿의 단면치수는 스트럿과 절점영역사이의 접촉면적에 의해 정해진다.

병 모양 스트럿은 단부에서 보다 중앙부에서 넓어지며, 압축장이 옆으로 퍼지는데 자유로운 곳에 형성된다. 압축영역이 병 모양 스트럿의 길이에 따라 퍼지는 경우, 스트럿의 축에 수직으로 작용하는 인장응력은 종방향 균열을 유발한다[그림 B-14(a) 참조]. 이 인장응력을 위하여 스트럿의 축에 직각방향으로 구속철근(confining rein-forcement)을 배치하기도 한다.

한편 설계를 단순화하기 위하여 병 모양 스트럿을, 직선적으로 테이퍼진 단부(tapered end)와 균일한 폭을 가지는 중앙 단면으로 이상화한다. 이때 테이퍼진 단부의 경사(기울기)는 1 : 2를 취한다[그림 B-14(b) 참조].

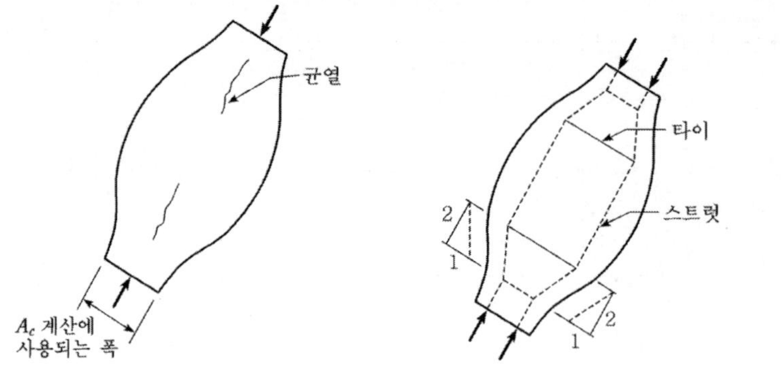

(a) 병 모양 스트럿에서의 균열 (b) 병 모양 스트럿에서의 스트럿-타이 모델

그림 B-14 병 모양 스트럿

스트럿의 용량은 콘크리트의 유효압축강도 f_{ce} 의 함수이며, 이 강도는 스트럿 내의 횡방향 응력에 의해 영향을 받는다. 그림 B-14(a)의 병 모양 스트럿의 단면적 A_c는 스트럿 양단의 단면적 가운데 작은 값을 취한다.

타이 : 스트럿-타이 모델에서의 인장부재를 말한다. 타이는 철근 또는 긴장재 및 이들과 동일한 중심축을 갖는 이들의 둘레의 콘크리트로 이루어진다.

둘레의 콘크리트는 스트럿과 타이의 힘을 정착시키는 절점영역(nodal zone)을 정의하는데도 사용된다. 그러나 이 둘레의 콘크리트는 인장에 저항하지 못하는 것으로 본다. 따라서 설계에는 고려하지 않지만, 사용하중 하에서의 타이의 인장변형을 둘레의 콘크리트가 감소시켜준다.

절점 : 스트럿-타이 모델의 연결점으로서, 스트럿, 타이 및 집중하중의 중심선이 만나는 점을 말한다.

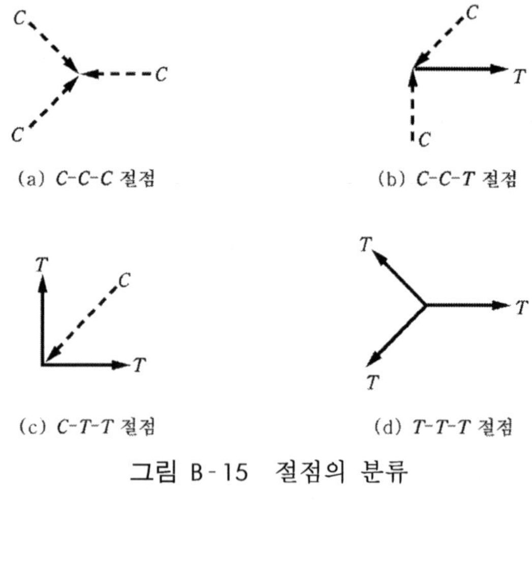

(a) C-C-C 절점 (b) C-C-T 절점

(c) C-T-T 절점 (d) T-T-T 절점

그림 B-15 절점의 분류

힘의 평형을 위해 한 절점(node)에는 적어도 3개의 힘이 작용해야 한다. 그림 B-15에 보인 바와 같이 절점은 이들 힘의 부호에 의해 분류된다. 즉 C−C−C절점은 3개의 압축력에 저항하고, C−C−T절점은 2개의 압축력과 1개의 인장력에 저항하며, C−T−T절점은 1개의 압축력과 2개의 인장력에 저항하고, T−T−T절점은 3개의 인장력에 저항한다.

절점영역 : 스트럿과 타이의 힘이 절점을 통해서 전달될 수 있도록 해주는 절점 둘레의 콘크리트 체적을 말한다.

이전에는 그림 B-16과 같은 **정수압 절점영역**(hydrostatic nodal zone)이 사용되어 왔으나, 이것이 그림 B-17과 같은 **확장 절점영역**(extended nodal zone)으로 대체 되었다.

정수압 절점영역은 스트럿과 타이의 축에 직각인 하중면(절점영역의 경계면)을 가지며, 모든 하중면에서는 같은 크기의 응력이 작용한다. 그림 B-16 (a)는 C-C-C절점영역을 보여준다. 만약 절점영역의 각 방향에 작용하는 3개의 스트럿의 응력이

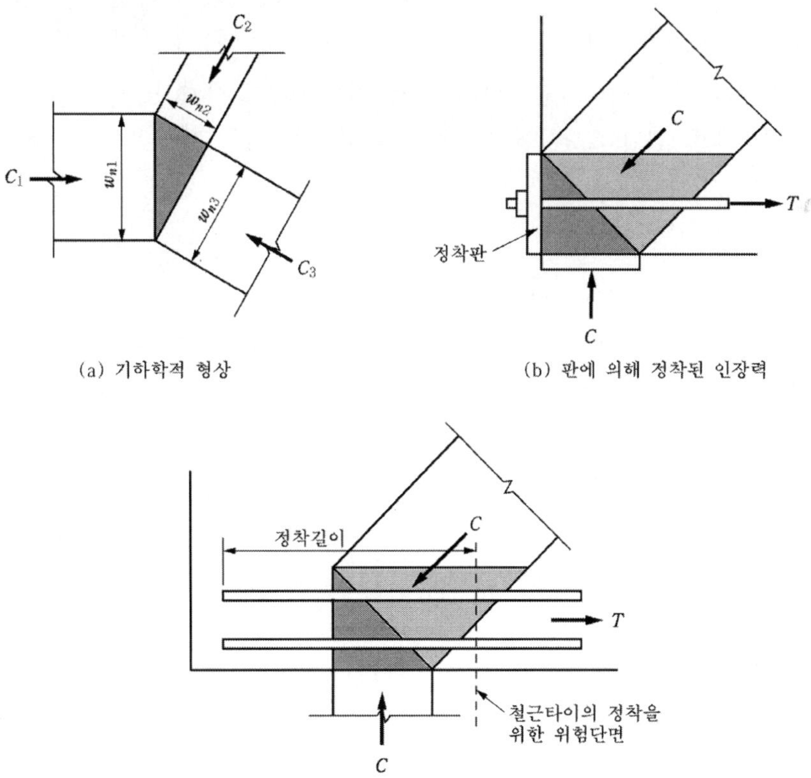

(a) 기하학적 형상 (b) 판에 의해 정착된 인장력

(c) 부착에 의해 정착된 인장력

그림 B-16 정수압 절점영역

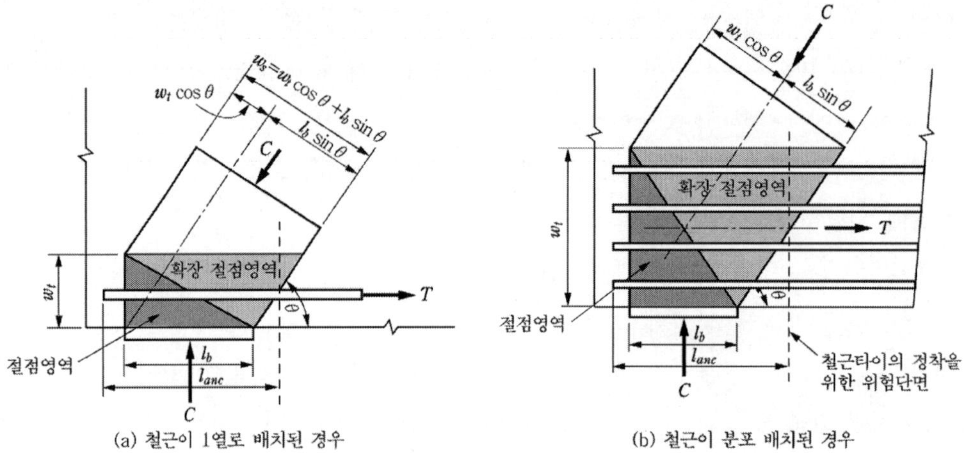

(a) 철근이 1열로 배치된 경우 (b) 철근이 분포 배치된 경우

그림 B-17 인장력 분포의 영향을 고려한 확장 절점영역

모두 같다면, 절점영역의 경계면의 길이의 비율 $w_{n1} : w_{n2} : w_{n3}$은 세 힘의 비율 $C_1 : C_2 : C_3$와 같다.

그림 B-16(b)와 같이 타이의 반대편에 스트럿의 응력과 같은 크기의 지압응력을 유발하는 크기의 정착판을 사용하여 절점영역을 확장시킨다면, C-C-T절점영역은 정수압 절점영역으로 된다. 그림 B-16(b)의 좌측 지압판을 실제 타이의 정착을 위해 사용할 수 있으며, 그림 B-16(c)의 철근타이를 지압판이나 직선 또는 갈고리 철근을 사용하여 정착하기도 한다.

그림 B-17(a) 및 (b)에 보인 바와 같이 덜 진한 음영부분이 확작 절점영역이다. 이 확장 절점영역은 스트럿의 유효폭 w_s와 타이의 유효폭 w_t의 교차점을 연결하므로서 얻어지는 부재의 부분이다.

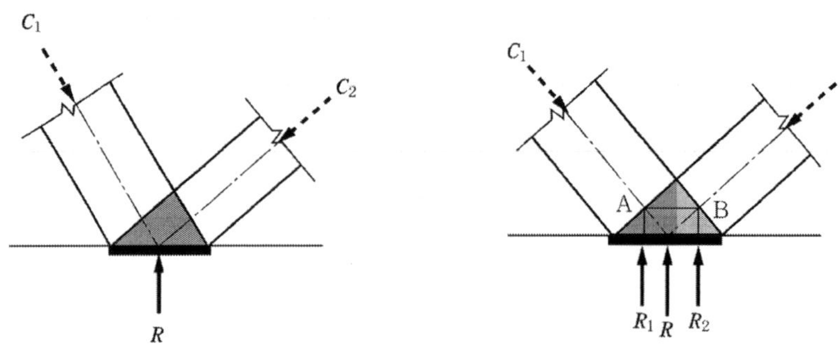

(a) 절점영역 (b) 분할된 절점영역

그림 B-18 절점영역의 분할

한편 절점영역은 힘의 평형을 위하여 2개의 작은 영역으로 분할하기도 한다. 예를 들면 그림 B-18(a)의 절점영역을 그림 (b)와 같이 분할하는 것이다. 그림 B-18(a)의 절점영역에서 반력 R은 스트럿의 힘 C_1과 C_2의 수직분력과 비긴다. 이 반력 R을 그림 (b)와 같이 C_1의 수직분력과 비기는 R_1과 C_2의 수직분력과 비기는 R_2로 분할하여 생각하면 계산이 간편해진다.

B. 6. 3 스트럿-타이 모델의 설계절차

콘크리트 구조부재 또는 D영역은 이상화된 트러스 모델〔B. 3. 2 참조〕에 의해 설계할 수 있다. 이 트러스 모델은 스트럿, 타이 및 절점으로 구성된다. 모든 계수하중은 트러스 모델을 통해서 지점 또는 인접한 B영역으로 전달되어야 한다.

(1) 설계절차

D영역의 설계는 다음의 4단계로 이루어진다.

① D영역을 정의(定義)하고 분리(分離)하는 일

② 각 D영역에 작용하는 합력을 계산하는 일

③ D영역에 작용하는 합력을 전달하는 트러스 모델을 선정하는 일

이때 스트럿과 타이의 축은 각각 압축부와 인장부의 축과 일치하도록 선정해야 한다. 그리고 스트럿과 타이의 힘을 계산한다.

④ 스트럿과 절점영역의 유효폭은 앞의 ③에서 얻어진 힘과 B. 3. 4의 (2) 및 B. 3. 6의 (2)에 정의된 콘크리트의 유효강도(effective concrete strength)를 고려하여 결정한다.

타이 즉 철근은 B. 3. 5의 (1)에 정의된 철근 강도에 의해 결정한다. 이 타이철근은 절점영역에 정착시켜야 한다.

한편 사용성의 검토는 설계기준의 요구조건에 따른다. 깊은보의 처짐은 탄성해석에 의해 추정해도 좋다. 타이에 있어서의 균열폭은, 타이가 타이의 단면적과 동일한 콘크리트 푸리즘으로 둘러 쌓였다고 보고, 설계기준 6장의 6. 3. 3의 (4)에 따라 검토한다.

(2) 설계원칙

스트럿, 타이 및 절점영역은 다음 식이 만족되도록 설계해야 한다.

$$\phi F_n \geq F_u \qquad \text{(B·50)}$$

여기서 F_u : 스트럿, 타이, 지압부 또는 절점영역에 작용하는 계수하중(kN)

F_n : 스터럿, 타이 및 절점영역의 공칭강도(MPa)

$\phi = 0.75$: 강도감소계수

B. 6. 4 스트럿의 강도

(1) 스트럿의 공칭 압축강도

콘크리트 스트럿의 공칭 압축강도(F_{ns})는 다음 식으로 계산되는 콘크리트 스트럿의 양쪽 단부의 값 중에서 작은 값을 취한다.

$$F_{ns} = f_{ce} \ A_c \qquad (B \cdot 51)$$

여기서 F_{ns} : 콘크리트 스트럿의 공칭 압축강도(MPa)

A_c : 스트럿의 한쪽 끝에서 스트럿 축에 직각으로 취한 유효 단면적(mm^2)

f_{ce} : 스트럿 또는 절점영역의 콘크리트의 유효압축강도(MPa)〔식 (B · 52)로 계산되는 값과 식 (B · 58)로 계산되는 값 중에서 작은 값을 취한다.〕

(2) 스트럿의 유효압축강도

스트럿에 있어서 콘크리트의 유효압축강도 f_{ce}는 다음 식으로 계산한다.

$$f_{ce} = 0.85\beta_s f_{ck} \qquad (B \cdot 52)$$

여기서 f_{ck} : 콘크리트의 설계 기준강도(MPa)

β_s : 스트럿에 있어서 콘크리트의 유효압축강도에 따라 일어날 수 있는 균열과 철근의 영향을 반영하기 위한 계수

β_s의 값은 스트럿의 조건에 따라 표 B-1과 같다.

표 B-1 스트럿 강도에 대한 β_s 의 값

스트럿의 조건	β_s
(1) 전 길이에 걸쳐 단면적이 일정한 스트럿	1.0
(2) 중간 단면의 폭이 양단의 폭(절점에서의 폭)보다 큰 스트럿(병모양 스트럿)	
① B.3.4의 (3)의 철근 배치의 기준을 만족할 경우	0.75
② B.3.4의 (3)의 철근 배치의 기준을 만족하지 않을 경우	0.60λ
(3) 인장부재 또는 콘크리트 구조부재의 인장 플랜지에 있어서의 스트럿	0.40
(4) 기타의 모든 경우	0.60

위의 표 B-1에서 λ는 콘크리트의 단위 중량에 따른 수정계수이며, 다음과 같다.

보통의 일반 콘크리트 : $\lambda = 1.0$

모래－경량 콘크리트(sand－lightweight concrete) : $\lambda = 0.85$

경량 콘크리트(lightweight concrete) : $\lambda = 0.75$

(3) 철근에 의한 스트럿의 보강

스트럿의 강도를 증가시키기 위하여 철근이 사용되기도 한다. 즉 콘크리트 스트럿의 중심선에 평행하게 압축철근을 배치하고, 횡방향철근(띠철근 또는 나선철근)으로 둘러 감는다. 이런 경우의 스트럿의 강도는 다음과 같다.

$$F_{ns} = f_{ce}\,A_c + 1.13\,A_s{}'f_s{}' \qquad \text{(B · 53)}$$

여기서 $A_s{}'$: 철근 스트럿(압축철근)의 단면적(mm^2)

$f_s{}'$: 철근의 압축응력(MPa)

이때 철근의 압축응력 $f_s{}'$는 스트럿이 파쇄될 때의 스트럿 콘크리트의 변형률로부터 얻어지는 값이라야 한다. 그러나 SD300, SD350 및 SD400의 철근에 대해서는 $f_s{}' = f_y$로 본다.

횡방향 철근은 스트럿 압축력의 확산 현상으로 인한 스트럿의 횡방향 인장력에 저항시킬 목적으로 배치한다. 병모양 스트럿에 대한 횡방향 철근은 그림 B-14(b)에 보인 바와 같이 스트럿의 압축력이 2 : 1(스트럿의 종방향대 횡방향의 비)의 경사로 확산된다고 보고 설계한다.

횡방향 철근에 대한 위의 조건은 $f_{ck} \leq 40\text{MPa}$인 경우, 스트럿의 중심선이 다음 식을 만족하도록 배치된 횡방향철근과 교차할 때 만족된다.

$$\sum \frac{A_{si}}{bs_i} sin^2\gamma_i \geq 0.003 \qquad \text{(B · 54)}$$

여기서 A_{si} : 스트럿과 교차하는 i 번째 열에서의 철근 단면적(mm^2)(콘크리트 스트럿 중심선과 이루는 각 γ_i와 철근의 간격 s_i로 배치된 철근의 전체 단면적)

b : 부재의 폭(mm), 즉 스트럿의 두께

s_i : 부재의 표면에 인접한 i 번째 열에서의 철근의 간격(mm)

γ_i : 스트럿과 교차하는 i 번째 열에서 철근과 스트럿이 이루는 각

철근은 스트럿의 축(중심선)에 수직이거나 또는 격자형으로 배치된다. 이것을 보인 것이 그림 B-19이다.

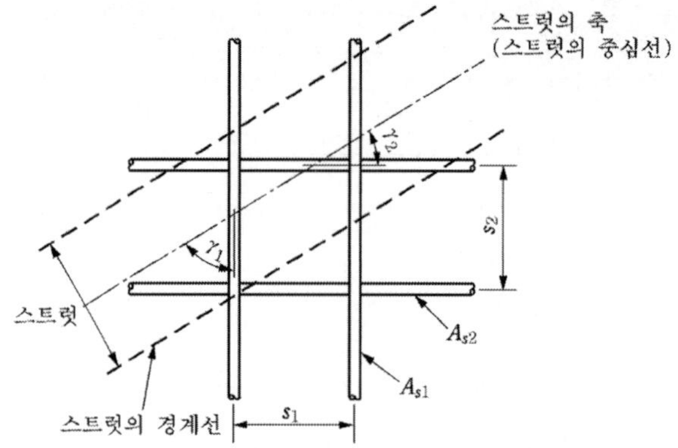

그림 B-19 스트럿을 가로지르는 철근

B. 6. 5 타이의 강도

(1) 타이의 공칭강도

타이의 공칭강도 F_{nt} 는 철근의 강도와 긴장재의 강도의 합으로서, 다음 식으로 계산한다.

$$f_{nt} = A_{st} f_y + A_{ps}(f_{pe} + \Delta f_p) \qquad \text{(B · 55)}$$

여기서 F_{nt} : 타이의 공칭강도(MPa)

A_{st} : 철근 타이의 단면적(mm^2)

f_y : 철근의 항복강도(MPa)

A_{ps} : 긴장재(PSC 강재) 타이의 단면적(mm^2)

f_{pe} : 프리스트레스 손실 후의 긴장재(PS강재)의 유효응력(MPa)

Δf_p : 계수하중에 의한 긴장재(PS강재) 응력의 증분(MPa)

$(f_{pe} + \Delta f_p)$는 긴장재(PS강재)의 항복강도 f_y 이하라야 하고, 긴장재가 없는 부재에서는 $A_{ps} = 0$ 이다.

Δf_p는 해석에 의해 구해야 하는 것이지만, 그렇지 못할 경우에는 다음과 같이 취한다. 즉

부착된 긴장재의 경우 : $\Delta f_p = 420\text{MPa}$

부착되지 않은 긴장재의 경우 : $\Delta f_p = 70\text{MPa}$

(2) 타이의 유효폭

철근의 중심선은 타이의 중심선과 일치해야한다. 철근 타이의 유효폭 w_t 는 철근의 배치형태에 따라 다음과 같이 취한다.

① 철근이 1열로 배치된 경우, 철근타이의 유효폭은 철근 표면에서 부재 경계면까지의 거리의 2배에 철근 지름을 더한 값으로 본다[그림 B-17(a) 참조].

② 절점영역의 응력을 정수압 상태로 볼 경우, 철근 타이 유효폭의 상한 값 $w_{t.\max}$ 은 정수압 절점영역에서의 폭과 일치하는 다음 값으로 본다.

$$w_{t.\max} = \frac{F_{nt}}{f_{ce}} \tag{B · 56}$$

여기서 f_{ce} : 절점영역의 유효압축강도(MPa)[식 (B · 46) 참조]

(3) 타이의 정착

다음의 각 경우, 철근 타이의 정착은 기계적 정착, 포스트텐션 정착장치, 표준갈고리 또는 철근의 연장에 의해 정착시킨다.

① 절점을 기준으로 서로 맞은편에 있는 타이의 단면력 차이는 절점 영역에서 정착시켜야 한다.

② 하나의 타이가 연결된 절점영역에서, 타이의 단면력을 확장 절점영역의 경계면과 철근 타이의 도심이 교차하는 곳에서부터 확장 절점영역 내측에서 정착시켜야 한다.

③ 2개 이상의 타이가 연결된 절점영역에서, 각 방향의 타이의 단면력은 확장 절점영역의 경계면과 철근 타이의 도심이 교차하는 곳에서부터 각각 확장 절점역역 내측으로 정착시켜야 한다.

④ 복부철근은 복부철근의 정착에 대한 설계기준의 규정에 따라 정착시킨다.

그림 B-17은 확장 절점영역과 타이의 정착길이 l_{anc}를 보여주고 있다. 이 경우 타이철근은 충분한 정착을 위하여 절점영역의 왼쪽까지 연장시킨다. 확장 절점영역의 형상은 스트럿의 경사각 θ와 타이의 폭 w_t 의 함수이다. 그림 B-16(b)는 여러 열(layer)의 철근이 배치된 인장 타이를 가지는 C-C-T절점의 치수와 기하학적 조건을 보여준다.

B. 6. 6 절점영역의 강도

(1) 절점영역의 공칭강도

절점영역의 공칭 압축강도 F_{nn}(MPa)은 다음 식으로 계산한다.

$$F_{nn} = f_{ce} A_n \quad (B \cdot 57)$$

여기서 f_{ce} : 절점영역의 유효압축강도(MPa)

A_n : F_n〔식 (B · 50) 참조〕의 작용선에 수직인 절점영역 경계면의 면적 또는 합력 작용선에 수직인 절점영역 경계면의 면적(mm^2)

(2) 절점영역의 유효압축강도

절점영역에 배치된 구속철근이 없거나 또는 구속철근을 배치했더라도 그 영향을 시험과 해석에 의해 평가하지 않는다면, 스트럿과 타이의 단면력에 의한 절점영역 경계면에 있어서의 유효 압축응력 f_{cu}(MPa)는 다음 식으로 계산되는 값을 초과해서는 안 된다.

$$f_{ce} = 0.85 \beta_n f_{ck} \quad (B \cdot 58)$$

여기서 β_n : 절점영역의 유효압축강도에 대한 타이의 정착의 영향을 고려한 계수로서 표 B-2와 같다.

표 B-2 절점영역의 유효압축강도 계산을 위한 β_n의 값

절점영역의 조건	절점의 분류	β_n
지지판, 스트럿 또는 지지판과 스트럿에 의해 형성된 절점영역	C−C−C	1.0
하나의 타이가 연결된 절점영역	C−C−T	0.80
두개 이상의 타이가 연결된 절점영역	C−T−T 또는 T−T−T	0.60

B. 5. 7 깊은보의 전단설계

깊은보란 순경간 l_n 이 부재높이 h 의 4배이하인 부재 또는 집중하중이 받침점으로부터 부재높이 h 의 2배 이내의 거리에 작용하는 부재를 말한다〔6장의 6.7.3항 참조〕.

깊은보의 강도는 전단으로 지배된다. 그래서 그림 B-20에 보인 바와 같이 휨 인장철근에 수직으로 수직 전단철근(수직스터럽)을 배치하는 외에 휨 인장철근에 평행하게 수평전단철근을 배치한다.

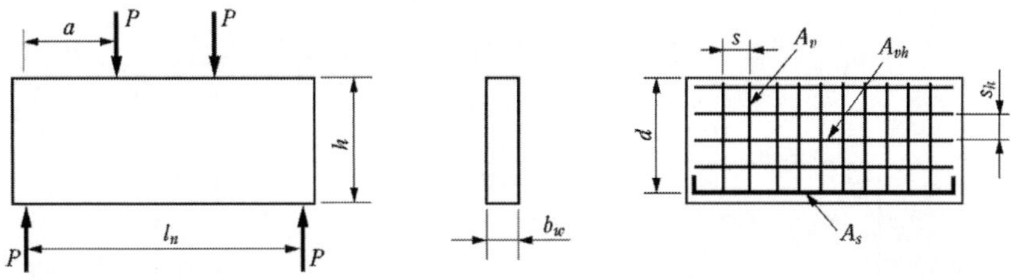

(a) 하중과 반력 (b) 단면 (c) 전단철근의 배치

그림 B-20 깊은보의 전단철근

(1) 깊은보의 공칭전단강도

깊은보의 공칭전단강도는 다음과 같다.

$$V_n \leq \frac{5}{6}\sqrt{f_{ck}}\,b_w\,d \qquad \text{(B·59)}$$

여기서 V_n : 깊은보의 공칭전단강도(kN)

b_w : 깊은보의 폭(mm)

d : 유효깊이 즉, 휨 인장철근의 중심으로부터 압축측 연단까지의 거리(mm)

(2) 최소 전단철근량

수직 전단철근(수직 스터럽)의 단면적은 다음 식을 만족해야 한다.

$$A_v \geq 0.0025 b_w\,s \qquad \text{(B·60)}$$

여기서 A_v : 수직 전단철근의 단면적(mm^2)

s : 수직 전단철근의 간격(mm)으로서, $\frac{d}{5}$이하 또는 300 mm이하라야 한다.

수평 전단철근의 단면적은 다음 식을 만족해야 한다.

$$A_{vh} \geq 0.0015 b_w\,s_h \qquad \text{(B·61)}$$

여기서 A_{vh} : 수평 전단철근의 단면적(mm^2)

s_h : 수평 전단철근의 간격(mm)으로서, $\frac{d}{5}$이하 또는 300 mm이하라야 한다.

예제A-2) 그림 B-21에 보인 바와 같은 깊은보를 자중은 무시하고, 두개의 기둥에 작용하는 계수하중(factored load) 4,800 kN에 대하여 설계해 보자.
보의 지간은 $l = 10.8$m, 보의 높이 $h = 3.6$m, 보의 폭 $b = 600$mm이고, $f_{ck} =$ 35 MPa, $f_y = 400$MPa이다.

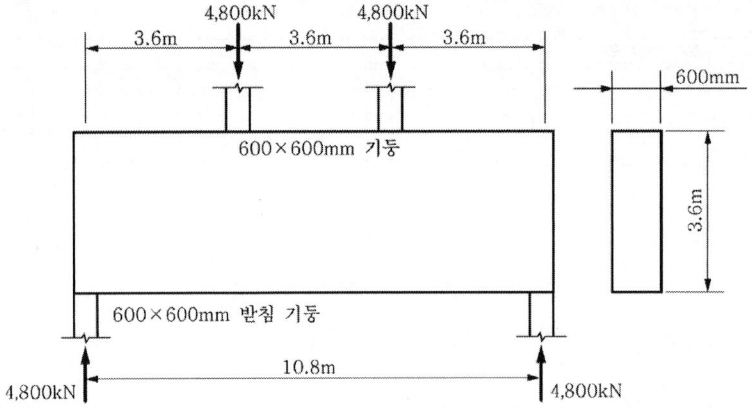

그림 B-21 깊은보

풀이 6장의 6.7.3항에 따라, 이 보가 깊은보인가 아닌가를 확인해보아야 한다. 이 보의 순경간은 $l_n = 10.8\text{m} - \dfrac{600}{10^3}\text{m} = 10.2\text{m}$ 이므로

$$\frac{l_n}{h} = \frac{10.2}{3.6} = 2.8 < 4$$

즉 이 보는 깊은보이다. 따라서 스트럿－타이 모델을 사용하여 설계한다.

(i) D영역의 정의

모든 지점과 하중이 서로 보 높이 $h(=3.6\text{m})$의 범위에 있으므로, 이 보 전체를 D영역으로 보아야한다. 스트럿과 타이의 폭은 보의 폭 $b(=600\text{mm})$과 같다.

보의 지간의 $\dfrac{1}{3}$ 되는 단면에서 보의 유효깊이 d를 다음과 같이 가정한다.

$$d = 0.9h = 0.9 \times 3.6\text{m} = 3.24\text{m}$$

이 보의 설계전단강도는 식 (B・47)의 공칭전단강도 V_n에 강도감소계수 $\phi = 0.75$〔4장의 표 4-4〕를 고려하면 다음과 같이 된다.

$$\phi V_n = \phi\left(\frac{5}{6}\sqrt{f_{ck}}\, b_w\, d\right) = 0.75\left(\frac{5}{6} \times \sqrt{35} \times 600 \times 3.24 \times 10^3\right)$$

$$= 7,168,500\text{N} = 7,169\text{kN}$$

그런데 이 보의 계수전단력은 $V_n = 4,800\text{kN}$ 이므로

$$\phi V_n > V_u$$

그러므로 전단에 대하여 설계해야 한다.

(ii) D영역 경계면의 합력

스트럿과 타이의 중심선(축)을 그림 B-22 (a)와 같이 나타내고, 횡방향 스트럿(수평 스트럿)과 타이의 중심선 사이의 거리를 다음과 같이 가정한다.

$$0.85h = 0.8 \times 3.6\text{m} = 2.88\text{m}$$

그러면 경사 스트럿의 중심선과 타이의 중심선이 이루는 각 θ는 다음과 같이 된다.

$$\sin^{-1}\left(\frac{2.88}{\sqrt{3.6^2 + 2.88^2}}\right) = \sin^{-1}0.6247$$

$$\therefore \theta = 38.66°$$

그림 B-22(a)의 왼쪽에 있는 경사 스트럿과 타이의 교점에서 힘의 평형을 생각하면, 경사 스트럿의 압축력 C의 수직분력은 $C\sin\theta = C\sin 38.66°$이고, 수평분력은 $C\cos\theta = C\cos 38.66°$이므로

$$\sum V = 4800 - C\sin 38.66° = 0 \quad \therefore C = 7{,}684\text{kN}$$

$$\sum H = T - C\cos 38.66° = 0 \quad \therefore T = 6{,}000\text{kN}$$

횡방향 스트럿의 압축력을 C'라 하고, 왼쪽의 경사 스트럿과 횡방향 스트럿의 교점에서 힘의 평형을 생각하면

$$\sum H = C' - C\cos 38.66° = 0 \quad \therefore C' = 6{,}000\text{kN}$$

이상의 결과가 그림 B-22(a)에 나타내어져 있다.

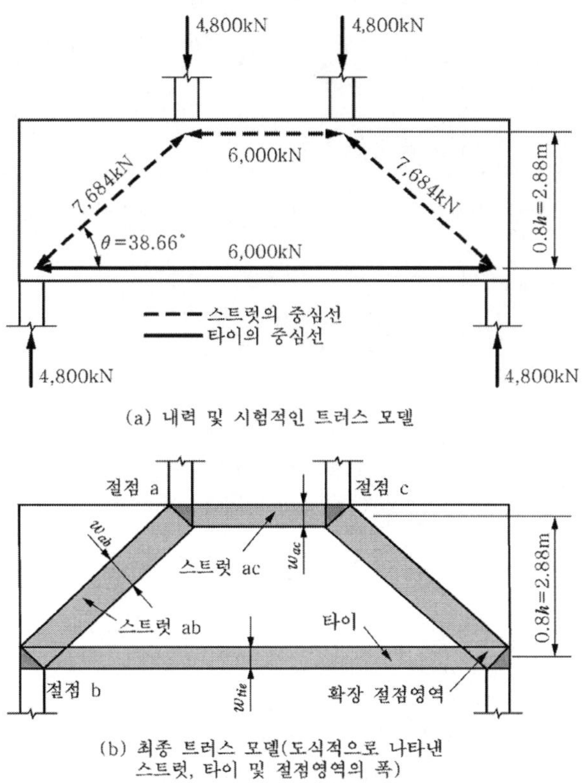

그림 B-22 트러스 모델

(iii) 트러스 모델

그림 B-22(b)에 보인 보의 기하학적 조건과 재하상태에 근거한 이 단순 트러스는 기둥하중을 지지하는데 충분하다. 절점이 핀(pin)이 아니고 또 트러스 면내에서의 불안정이 스트럿-타이 모델에 영향을 주지 않으므로 이 트러스 모델은 허용될 수 있다. 트러스의 기하학적 조건은 스트럿과 타이의 교점에 의해 정해지며, 따라서 θ를 결정하는데 사용할 수 있다.

(iv) 스트럿과 절점영역의 치수선정

절점의 응력 p는 기둥 아래의 평균응력에 의해 정해진다.

$$p = \frac{4,800 \times 10^3(\mathrm{N})}{600 \times 600(\mathrm{mm}^2)} = 13.3\mathrm{N/mm^2} = 13.3\mathrm{MPa}$$

따라서 횡방형 스트럿 ac 의 폭 w_{ac} 는

$$w_{ac} = \frac{C'}{b \times p} = \frac{6,000 \times 10^3(\mathrm{N})}{600 \times 13.3} = 752\mathrm{mm}$$

경사 스트럿 ab 의 폭 w_{ab} 와 타이의 폭 w_{tie} 는 각각

$$w_{ab} = \frac{7,684 \times 10^3(\mathrm{N})}{600 \times 13.3} = 963\mathrm{mm}$$

$$w_{tie} = \frac{6,000 \times 13^3(\mathrm{N})}{600 \times 13.3} = 752\mathrm{mm}$$

스트럿 ac 와 타이 사이의 중심간 거리는

$$3.6(\mathrm{m}) - \frac{752}{10^3}(\mathrm{m}) = 2.85\mathrm{m} = 0.79 \times 3.6 = 0.79h$$

따라서 경사 스트럿 ab 와 타이가 이루는 각 θ는

$$\sin^{-1}\left(\frac{2.85}{\sqrt{3.6^2 + 2.85^2}}\right) = \sin^{-1}0.6209$$

$$\therefore \theta = 38.38°$$

$\theta = 38°$ 로 보고 스트럿과 타이의 힘을 다시 계산한다.

경사 스트럿 ab 의 압축력 C와 타이의 인장력 T는

$$\sum V = 4,800 - C\sin 38° = 0 \quad \therefore C = 7,796\mathrm{kN}$$

$$\sum H = T - C\cos 38° = 0 \quad \therefore T = 6,143\mathrm{kN}$$

횡방향 스트럿 ac 의 압축력 C'는

$$\sum H = C' - C\cos 38° = 0 \quad \therefore C' = 6,143\mathrm{kN}$$

위의 스트럿과 타이의 힘으로 스트럿과 타이의 폭을 다시 계산하면

스트럿 ac 의 폭 $\quad w_{ac}=\dfrac{6,143\times10^3}{600\times13.3}=770\text{mm}$

스트럿 ab 의 폭 $\quad w_{ab}=\dfrac{7,796\times10^3}{600\times13.3}=977\text{mm}$

타이의 폭 $\quad w_{tie}=\dfrac{6,143\times10^3}{600\times13.3}=770\text{mm}$

(v) 스트럿의 강도

횡방향 스트럿 ac 는 균열한 단면(직사각형 스트럿)으로 보고, 경사 스트럿 ab 는 병모양 스트럿으로 본다.

① 횡방향 스트럿 ac 의 강도

스트럿의 강도는 식 (B · 52)의 f_{cu} 와 식 (B · 58)의 f_{cu} 의 값 가운데 작은 값을 식 (B · 51)에 대입하여 얻어지는 F_{ns} 가 식 (B · 50)을 만족하는가에 따라 결정된다.

횡방향 스트럿 ac 는 균일한 단면으로 봄으로서, 표 B-1로부터 $\beta_s=1.0$ 이다. 따라서 식 (B · 52)로부터

$$f_{ce}=0.85\beta_s f_{ck}=0.85\times1.0\times35=29.75\text{MPa}$$

절점 a에서의 β_n 은 표 B-2로부터 $\beta_n=1.0$ 이므로 식 (B · 58)로부터

$$f_{ce}=0.85\beta_n f_{ck}=0.85\times1.0\times35=29.75\text{MPa}$$

즉 두 값이 같다.

횡방향 스트럿 ac 의 유효 단면적은

$$A_c=w_{ac}\times b(\text{보의폭})=770\times600=462{,}000\text{mm}^2$$

이것을 식 (B · 51)에 대입하면 스트럿 ac 의 공칭강도는

$$F_{ns}=f_{ce}A_c=29.75\times462{,}000=13{,}744{,}500\text{N}=13{,}745\text{kN}$$

따라서 스트럿 ac 의 설계강도는 식 (B · 50)으로부터

$$\phi F_n=\phi F_{ns}=0.75\times13{,}745=10{,}310\text{kN}>6{,}143\text{kN}$$

즉 식 (B · 50)을 만족하므로 횡방향 스트럿 ac 는 적당하다.

② 경사 스트럿 ab 의 강도

경사 스트럿 ab 를 병모양 스트럿으로 봄으로서 표 B-1로부터 $\beta_s=0.75$ 이고, 절점 b 에서 하나의 타이와 만나므로 표 B-2로부터 $\beta_n=0.80$ 이다.

따라서 식 (B · 52)와 식 (B · 58)로부터

$$f_{ce}=0.85\beta_s f_{ck}=0.85\times0.75\times35=22.3\text{MPa}$$

$$f_{ce}=0.85\beta_n f_{ck}=0.85\times0.80\times35=23.8\text{MPa}>22.3\text{MPa}$$

작은 쪽의 값을 식 (B・51)에 대입하면

$$F_{ns} = f_{ce}\,A_c = 22.3(w_{ab} \times b) = 22.3 \times 977 \times 600 = 13{,}072{,}300\text{N} = 13{,}072\text{kN}$$

식 (B・50)으로부터

$$\phi F_n = \phi F_{ns} = 0.75 \times 13.072 = 9{,}804\text{kN} > 7{,}796\text{kN}$$

즉 식 (B・50)을 만족하므로 경사 스트럿 ab 도 적당하다.

③ 절점영역의 강도

절점영역 a는 C−C−C절점이므로〔그림 B−22 (b)〕 $\beta_n = 1.0$ 이고(표 B−2), 절점영역 b는 C−C−T절점이므로〔그림 B−22 (b)〕 $\beta_n = 0.80$(표 B−2)이다. 따라서 경사 스트럿 ab의 강도는 절점 b에서 정해진다.

식 (B・58)로부터

$$f_{ce} = 0.85\beta_n\,f_{ck} = 0.85 \times 0.80 \times 35 = 23.8\text{MPa}$$

그러므로 식 (B・57)로부터

$$F_{nn} = f_{ce}\,A_n = f_{cu}(w_{ab} \times b) = 23.8 \times 977 \times 600 = 13{,}951{,}600\text{N} = 13{,}952\text{kN}$$

식 (B・50)으로부터

$$\phi F_n = \phi F_{nn} = 0.75 \times 13.952 = 10{,}464\text{kN} > 7{,}796\text{kN}$$

즉 절점영역 b의 강도는 충분하다.

다음에 횡방향 스트럿 ac의 절점단부의 강도는 $\beta_n = 1.0$ 이므로

식 (B・58)로부터

$$f_{ce} = 0.85\beta_n\,f_{ck} = 0.85 \times 1.0 \times 35 = 29.75\text{MPa}$$

식 (B・57)로부터

$$F_{nn} = f_{ce}\,A_n = 29.75(w_{ab} \times b) = 29.75 \times 770 \times 600$$
$$= 13{,}744{,}500\text{N} = 13{,}745\text{kN}$$

식 (B・50)으로부터

$$\phi F_n = \phi F_{nn} = 0.75 \times 13.745 = 10{,}308\text{kN} > 6{,}143\text{kN}$$

즉 횡방향 스트럿 ac의 단부 및 절점영역의 강도가 각각 계수하중에 의한 강도를 초과하므로 이 스트럿은 적절하다.

(vi) 타이 및 정착의 설계

① 타이의 설계

타이의 설계는 타이 철근의 단면적 선정, 정착 설계 및 타이의 폭을 검토하는 3단계로 이루어진다.

이 보는 RC보이고, 또 (iv)에서 계산된 타이의 인장력 $T = 6{,}143\text{kN}$은 계수하중으

로 계산된 값이므로 식 (B・43)에서 $F_{nt} = \dfrac{T}{\phi}$로 놓아야 한다. 즉 식 (B・55)는 다음과 같이 된다.

$$F_{nt} = \frac{T}{\phi} = A_{st} f_y$$

따라서 타이 철근의 필요한 단면적은 다음과 같이 된다.

$$A_{st} = \frac{T}{\phi f_y} = \frac{6,143 \times 10^3}{0.75 \times 400} = 200,477\text{mm}^2$$

이에 대하여 $22 - D35(= 21,045\text{mm}^2)$를 그림 B-23과 같이 배치한다. 즉 보의 바닥에서의 피복두께는 65 mm로, 철근의 순 간격은 110 mm로 한다. 그러면 타이의 폭은 다음과 같이 된다.

$$5 \times 34.9(D35\text{의 지름}) + 4 \times 110 + 2 \times 65 = 745\text{mm}$$

이것은 (iv)에 계산된 타이의 폭 $w_{tie} = 770\text{mm}$와 거의 같다.

② 타이의 정착길이 계산

인장을 받는 타이 철근 $D35$의 기본정착길이는 7장의 식 (7・6)으로부터

$$l_{db} = \frac{0.6\, d_b f_y}{\lambda \sqrt{f_{ck}}} = \frac{0.6 \times 34.9 \times 400}{1.0\sqrt{35}} = 1,420\text{mm}$$

보정계수는 $\alpha = 1.0, \beta = 1.0$ 이므로[7장의 7.3.2항 참조] $\alpha\beta = 1.0$이다. 그러므로 이 인장타이 철근의 정착길이는 $l_d = 1,420\text{mm}$ 이다.

한편 절점영역과 확장 절점영역의 길이 즉 타이의 필요한 정착길이 l_{anc}는 다음과 같다[그림 B-17(b) 참조].

$$l_{anc} = l_b + \frac{1}{2} w_t \cot\theta = 600 + \frac{1}{2} \times 770 \times \cot 38° = 1,093\text{mm} < 1,420\text{mm}$$

즉 타이의 정착길이는 충분하다.

보의 기하학적 조건으로는 타이철근을 절점을 지나 더 연장할 수 없기 때문에, 90°갈고리나 기계적 정착이 필요하다.

보의 측면에서의 피복두께를 35mm(D 35의 지름)로 하여, $D16$을 전단철근으로 보의 가로 세로 두 방향으로 배치하고, 타이 철근 $D35$의 순 간격을 $2d_b$(70mm)로 한다면, 5개의 타이철근의 필요한 폭은

$$\begin{aligned} b &= 2 \times 35(\text{피복두께}) + 4 \times 15.9(D16\text{의 지름}) + 4(\text{간격}) \\ &\quad \times 2 \times 34.9(D35\text{의 지름}) + 5 \times 34.9 \\ &= 587\text{mm} < 600\text{mm}(\text{보의 폭}) \end{aligned}$$

즉 보의 폭 이내에 든다.

(vii) 전단철근량의 계산

타이철근(휨 인장철근)에 수직으로 배치할 수직 전단철근을 $s = 300\text{mm}$의 간격으로 배치한다면 그 최소량은 식 (B・60)으로부터

$$A_v \geq 0.0025 b_w s = 0.0025 \times 600 \times 300 = 450\text{mm}^2$$

이에 대하여 $D16$을 250 mm의 간격으로 배치한다.

수평 전단철근의 최소량은 식 (B・61)로부터

$$A_{vh} \geq 0.0015 b_w s_h = 0.0015 \times 600 \times 300 = 270\text{mm}^2$$

이에 대하여 $D13$을 250 mm의 간격으로 배치한다.

다음에 식 (B・54)가 만족되는가를 검토한다. 수직 전단철근 $D16(\gamma = 38°)$의 단면적은 $A_v = 397.2\text{mm}^2(2 \times 198.6\text{mm}^2)$이고, 수평 전단철근 $D13(\gamma = 52°)$의 단면적은 $A_{vh} = 253.4\text{mm}^2(2 \times 126.7\text{mm}^2)$이므로 식 (B・54)로부터

$$\sum \frac{A_{si}}{bs_i} sin^2\gamma_i = \frac{397.2\sin^2 52° + 253.4\sin^2 38°}{600 \times 250} = 0.0022 < 0.003$$

이것은 식 (B・54)를 만족하지 못하므로 철근이 병모양 스트럿의 종방향 균열을 조절하지는 못한다는 것을 의미하지만, 큰 문제는 없을 것으로 설계자가 판단하고 특별한 조치는 하지 않았다.

타이철근 $D35$는 기계적으로 정착하거나 갈고리로 정착시킨다. 그림 B-23은 타이철근 $D35$의 배치와 수직 전단철근 $D16$ 및 수평 전단 철근 $D13$의 배치를 보인 것이다.

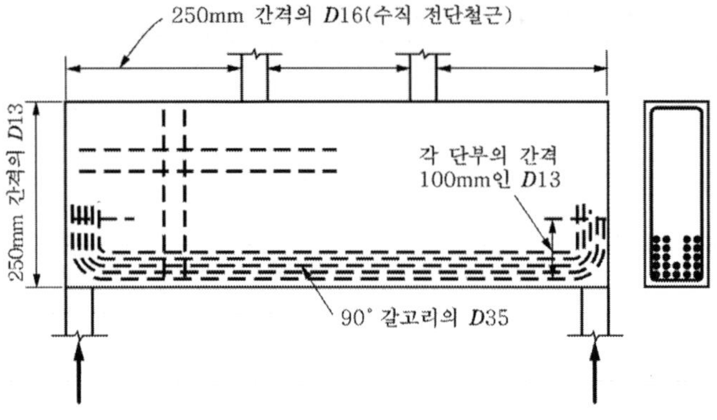

그림 B-23 철근배치의 상세

참고 2007년 한국콘크리트학회가 발간한 "콘크리트 구조부재의 스트럿-타이 모델 설계 예제집"을 참고하기 바란다.

부록 C 설계 보조자료

표 C-1 철근의 수에 따른 단면적(mm^2)

철근	공칭 지름 (mm)	철근의 수									
		1	2	3	4	5	6	7	8	9	10
D10	9.53	71.3	142.6	213.9	285.2	356.5	427.8	499.1	570.4	641.7	713
D13	12.7	126.7	253.4	380.1	506.8	633.5	760.2	886.9	1014	1140	1267
D16	15.9	198.6	397.2	595.8	794.4	993.0	1191	1390	1589	1787	1986
D19	19.1	286.5	573.0	859.5	1146	1433	1719	2006	2292	2579	2865
D22	22.2	387.1	774.2	1161	1548	1935	2322	2710	3097	3484	3871
D25	25.4	506.7	1013.4	1520	2027	2534	3040	3547	4054	4560	5067
D29	28.6	642.4	1285	1927	2570	3212	3854	4497	5139	5782	6424
D32	31.8	794.2	1588	2383	3177	3971	4765	5559	6354	7148	7942
D35	34.9	956.6	1913	2870	3826	4783	5740	6696	7653	8609	9566
D38	38.1	1140	2280	3420	4560	5700	6840	7980	9120	10260	11400

표 C-2 단철근 직사각형 보의 균형철근비, 최대 철근비 및 최소 철근비

f_y(MPa)	f_{ck}(MPa)	β_1 〔식 (5·3)〕	ρ_b 〔식 (5·2 b) 또는 식 (5·2 c)〕	ρ_{max} 〔식 (5·8 b) 또는 식 (5·8 a)〕	ρ_{min} 〔식(5·4 b) 와 식(5·5 b) 중 큰값〕
300	21	0.85	0.0337	$0.643\rho_b = 0.0217$	0.0047
	24	0.85	0.0385	$0.643\rho_b = 0.0248$	0.0047
	27	0.85	0.0434	$0.643\rho_b = 0.0279$	0.0047
	30	0.84	0.0476	$0.643\rho_b = 0.0306$	0.0047
	35	0.80	0.0529	$0.643\rho_b = 0.0340$	0.0049
350	24	0.85	0.0313	$0.679\rho_b = 0.0213$	0.0040
	27	0.85	0.0352	$0.679\rho_b = 0.0239$	0.0040
	30	0.84	0.0387	$0.679\rho_b = 0.0264$	0.0040
	35	0.80	0.0429	$0.679\rho_b = 0.0291$	0.0042
400	24	0.85	0.0260	$0.714\rho_b = 0.0186$	0.0035
	27	0.85	0.0293	$0.714\rho_b = 0.0209$	0.0035
	30	0.84	0.0338	$0.714\rho_b = 0.0241$	0.0035
	35	0.80	0.0357	$0.714\rho_b = 0.0255$	0.0037
	40	0.766	0.0391	$0.714\rho_b = 0.0279$	0.0040
	50	0.696	0.0444	$0.714\rho_b = 0.0317$	0.0044
	60	0.65	0.0497	$0.714\rho_b = 0.0355$	0.0048
500	27	0.85	0.0213	$0.688\rho_b = 0.0147$	0.0028
	30	0.84	0.0234	$0.688\rho_b = 0.0161$	0.0028
	35	0.80	0.0260	$0.688\rho_b = 0.0179$	0.0030
	40	0.766	0.0284	$0.688\rho_b = 0.0195$	0.0032
	50	0.696	0.0323	$0.688\rho_b = 0.0222$	0.0035
	60	0.65	0.0362	$0.688\rho_b = 0.0249$	0.0039
600	30	0.84	0.0179	$0.667\rho_b = 0.0119$	0.0023
	35	0.80	0.0198	$0.667\rho_b = 0.0132$	0.0025
	40	0.766	0.0217	$0.667\rho_b = 0.0145$	0.0026
	50	0.696	0.0247	$0.667\rho_b = 0.0165$	0.0029
	60	0.65	0.0276	$0.667\rho_b = 0.0184$	0.0032

표 C-3 인장철근을 1단(1열)로 배치할 수 있는 복부의 최소 폭(mm)

철근의 간격 : 25 mm 이상
굵은 골재 최대치수의 3/4배 이상
철근지름 이상
철근의 피복두께 : 40 mm 이상
굵은 골재의 최대치수 : 25 mm

(1) D 13(공칭지름 12.7 mm)을 스터럽으로 사용할 경우

주 철근의 수 / 주 철근(지름)	5	6	7	8	9	10	11	12	13
D16(15.9 mm)	290	330	370	410	450	500	530	580	620
D19(19.1 mm)	300	350	390	440	480	530	570	610	650
D22(22.2 mm)	320	370	410	460	510	560	600	650	700
D25(25.4 mm)	340	390	440	490	540	600	640	690	740
D29(28.6 mm)	370	420	480	540	600	650	710	770	820
D32(31.8 mm)	400	460	520	580	650	710	780	840	
D35(34.9 mm)	420	490	560	630	700	770	870		
D38(38.1 mm)	450	520	600	680	760	840			

(2) D 16(공칭지름 15.9 mm)을 스터럽으로 사용할 경우

주 철근의 수 / 주 철근(지름)	5	6	7	8	9	10	11	12	13
D19(19.1 mm)	310	360	400	440	490	530	580	620	660
D22(22.2 mm)	330	370	420	470	520	560	610	660	700
D25(25.4 mm)	340	400	450	500	550	600	650	700	750
D29(28.6 mm)	370	430	490	540	600	660	720	770	830
D32(31.8 mm)	400	470	530	590	660	720	780	850	
D35(34.9 mm)	430	500	570	640	710	780	850		
D38(38.1 mm)	460	530	610	690	760	840			
D41(41.3 mm)	490	570	650	740	820				

표 C-4 식 (7·6)으로 계산된 인장철근의 기본정착길이 l_{db} 의 값 (mm)

$$l_{db} = \frac{0.6\, d_b f_y}{\lambda \sqrt{f_{ck}}} \text{ (mm)} \quad (\lambda = 1.0)$$

철근(공칭지름 d_b)	f_y (MPa)	f_{ck} (MPa)					
		24	27	30	40	50	60
D13 (12.7 mm)	300	467	440	416	361	323	295*
	400	622	586	554	482	431	393
	500	778	733	696	602	539	492
	600	933	880	835	723	647	590
D16 (15.9 mm)	300	584	550	520	453	405	369
	400	779	734	694	603	540	493
	500	974	918	871	754	675	616
	600	1,168	1,102	1,045	905	809	739
D19 (19.1 mm)	300	702	661	625	544	486	444
	400	936	882	833	725	648	592
	500	1,170	1,103	1,046	906	810	740
	600	1,404	1,323	1,255	1,087	972	888
D22 (22.2 mm)	300	816	768	727	632	565	516
	400	1,087	1,025	969	842	753	688
	500	1,359	1,282	1,216	1,053	942	860
	600	1,631	1,538	1,459	1,264	1,130	1,032
D25 (25.4 mm)	300	933	879	831	723	647	590
	400	1,244	1,172	1,108	964	862	787
	500	1,555	1,466	1,391	1,205	1,078	984
	600	1,867	1,760	1,669	1,446	1,293	1,180
D29 (28.6 mm)	300	1,051	990	936	814	723	665
	400	1,401	1,320	1,248	1,085	971	886
	500	1,751	1,651	1,566	1,357	1,213	1,108
	600	2,102	1,981	1,880	1,628	1,456	1,329
D32 (31.8 mm)	300	1,168	1,101	1,040	905	809	739
	400	1,558	1,468	1,388	1,207	1,079	985
	500	1,947	1,836	1,742	1,508	1,349	1,232
	600	2,337	2,203	2,090	1,810	1,619	1,478
D35 (34.9 mm)	300	1,282	1,208	1,142	993	888	811
	400	1,709	1,611	1,523	1,324	1,185	1,081
	500	2,137	2,015	1,912	1,655	1,481	1,352
	600	2,565	2,418	2,294	1,987	1,777	1,622
D38 (38.1 mm)	300	1,400	1,319	1,247	1,084	970	885
	400	1,866	1,758	1,663	1,446	1,293	1,180
	500	2,333	2,200	2,087	1,807	1,616	1,456
	600	2,800	2,640	2,504	2,169	1,940	1,771

주 *) 인장철근의 정착길이는 300 mm 이상이어야 함.

표 C-5 압축철근의 기본정착길이(mm)

$$\text{기본정착길이 } l_{db} = \frac{0.25\, d_b f_y}{\lambda \sqrt{f_{ck}}} \geq 0.043\, d_b f_y (\text{mm}) \quad (\lambda = 1.0)$$

철근(공칭지름 d_b)	f_y (MPa)	f_{ck} (MPa)			
		24	27	30	33.8 이상
D13 (12.7 mm)	300	194*	183*	173*	164*
	400	259	244	231	218
	500	324	305	290	273
	600	389	367	348	318
D16 (15.9 mm)	300	243	229	217	205
	400	324	306	289	273
	500	406	382	363	342
	600	487	459	435	410
D19 (19.1 mm)	300	292	275	260	246
	400	390	367	347	329
	500	487	459	436	411
	600	585	551	523	493
D22 (22.2 mm)	300	340	320	303	286
	400	453	427	404	382
	500	566	534	507	477
	600	680	641	608	573
D25 (25.4 mm)	300	389	366	346	328
	400	518	488	462	437
	500	648	611	580	546
	600	680	733	696	655
D29 (28.6 mm)	300	438	413	390	369
	400	584	550	520	492
	500	730	688	653	615
	600	876	826	783	738
D32 (31.8 mm)	300	487	459	434	410
	400	649	612	578	547
	500	811	765	726	684
	600	974	918	871	820
D35 (34.9 mm)	300	534	503	476	450
	400	712	671	635	600
	500	890	840	796	750
	600	1,069	1,007	956	900
D38 (38.1 mm)	300	583	550	520	491
	400	778	633	693	655
	500	972	917	870	819
	600	1,167	1,100	1,043	983

주 *) 압축철근의 정착길이는 200 mm 이상이어야 함.

표 C-6 표준갈고리를 가지는 인장철근의 기본정착길이(mm)

$$\text{기본정착길이 } l_{hb} = \frac{0.24\beta d_b f_y}{\lambda\sqrt{f_{ck}}} \text{ (mm)} \quad (\lambda = 1.0,\ \beta = 1.0)$$

철근(공칭지름 d_b)	f_y (MPa)	f_{ck} (MPa)					
		24	27	30	40	50	60
D13 (12.7 mm)	300	187	176	167	145*	129*	118*
	400	249	235	223	193	172	157
	500	311	293	278	241	216	197
	600	373	352	334	289	259	236
D16 (15.9 mm)	300	234	220	209	181	162	148*
	400	312	294	279	241	216	197
	500	389	367	348	302	270	246
	600	467	441	418	362	324	296
D19 (19.1 mm)	300	281	265	251	217	194	178
	400	374	353	335	290	259	237
	500	468	441	418	362	324	296
	600	561	529	502	435	389	355
D22 (22.2 mm)	300	326	308	292	253	226	206
	400	435	410	389	337	301	275
	500	534	513	486	421	377	344
	600	653	615	584	505	452	413
D25 (25.4 mm)	300	373	352	334	289	259	236
	400	498	469	445	386	345	315
	500	622	587	556	482	431	393
	600	747	704	668	578	517	472
D29 (28.6 mm)	300	420	396	376	326	291	266
	400	560	528	501	434	388	354
	500	701	660	627	543	485	443
	600	841	793	752	651	582	532
D32 (31.8 mm)	300	467	441	418	362	324	296
	400	623	588	557	483	432	394
	500	779	734	697	603	540	493
	600	935	884	836	724	648	591
D35 (34.9 mm)	300	513	484	459	397	355	324
	400	684	645	612	530	474	433
	500	855	806	765	662	592	541
	600	1,026	967	918	795	711	649
D38 (38.1 mm)	300	560	528	501	434	388	354
	400	747	704	668	578	517	472
	500	933	880	835	723	647	590
	600	1,120	1,056	1,002	867	776	708

주 *) 표준갈고리 철근의 정착길이는 150 mm 이상이어야 함.

부록 D 기둥의 설계강도 상관도

일러두기 : 축방향 철근이 4면에 균등하게 배치된 사각형단면과 원형단면에서 축방향 철근의 수(N)가 24개 이상이면 철근 수와 무관하게 동일한 그림의 기둥강도 상관도를 사용할 수 있다. 철근의 수(N)가 24개 미만이면 이 부록에 수록된 기둥강도 상관도와는 오차가 있을 수 있다.

그림 D-1

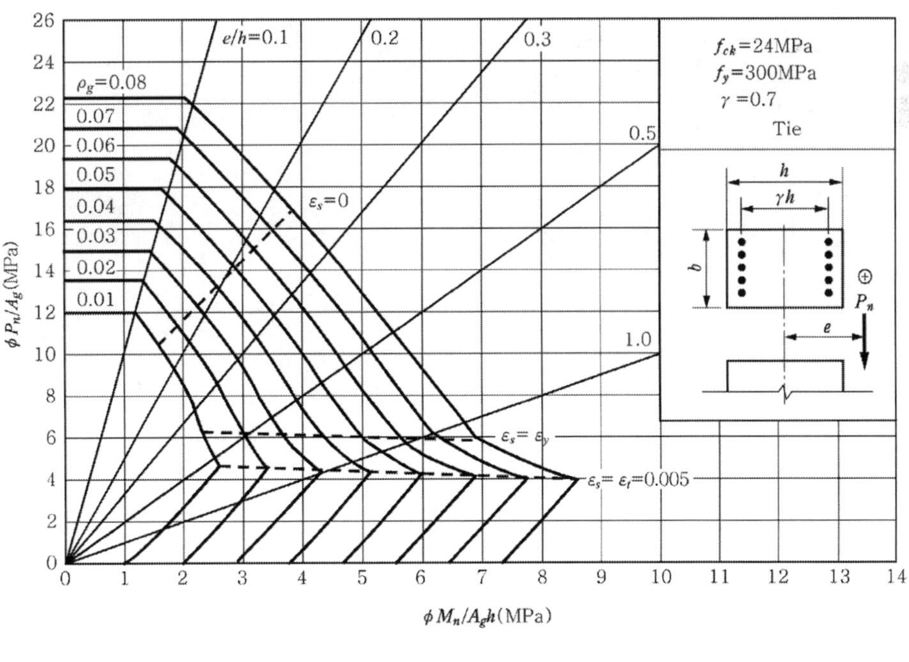

그림 D-2

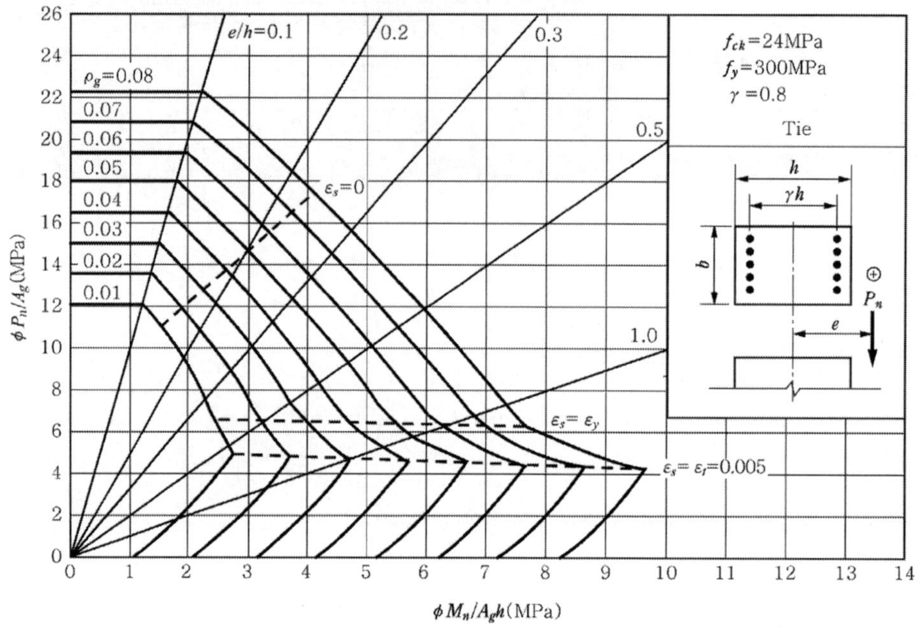
f_{ck}=24MPa
f_y=300MPa
γ=0.8
Tie
e/h=0.1
0.2
0.3
0.5
1.0
ρ_g=0.08
0.07
0.06
0.05
0.04
0.03
0.02
0.01
ε_s=0
$\varepsilon_s=\varepsilon_y$
$\varepsilon_s=\varepsilon_t$=0.005
$\phi P_n/A_g$(MPa)
$\phi M_n/A_gh$(MPa)

그림 D-3

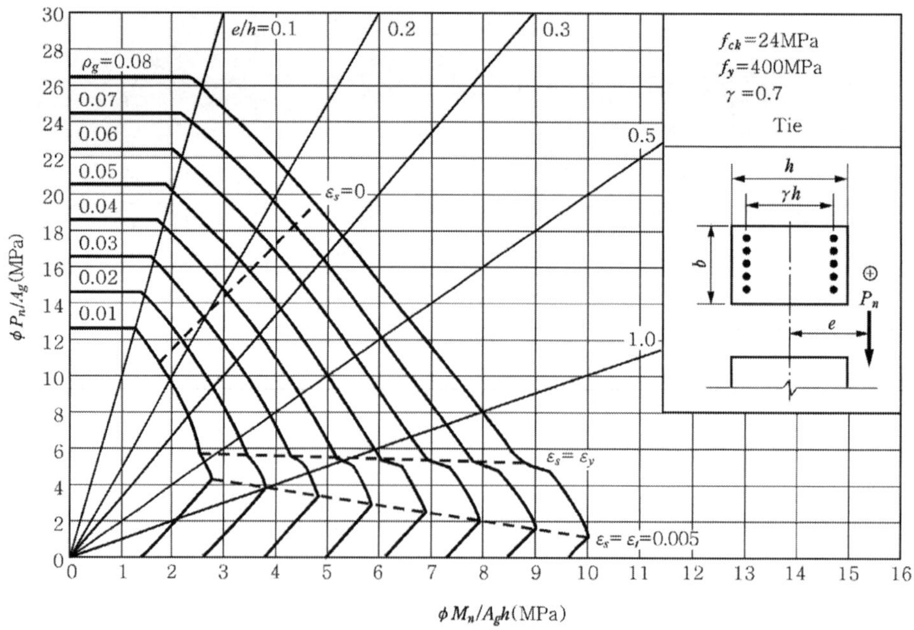
f_{ck}=24MPa
f_y=400MPa
γ=0.7
Tie
e/h=0.1
0.2
0.3
0.5
1.0
ρ_g=0.08
0.07
0.06
0.05
0.04
0.03
0.02
0.01
ε_s=0
$\varepsilon_s=\varepsilon_y$
$\varepsilon_s=\varepsilon_t$=0.005
$\phi P_n/A_g$(MPa)
$\phi M_n/A_gh$(MPa)

그림 D-4

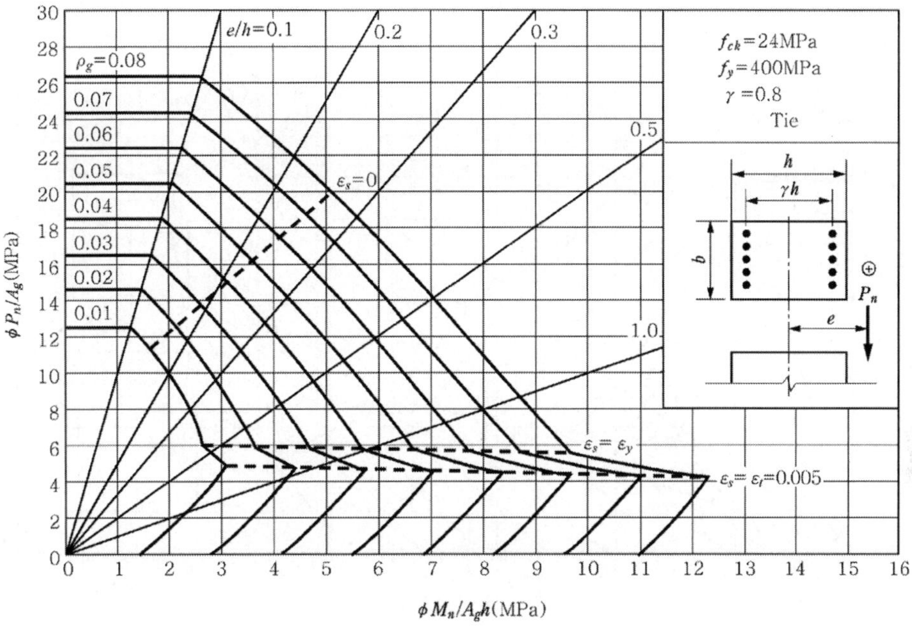
f_{ck}=24MPa
f_y=400MPa
γ =0.8
Tie
e/h=0.1
0.2
0.3
0.5
1.0
ρ_g=0.08
0.07
0.06
0.05
0.04
0.03
0.02
0.01
ε_s=0
ε_s= ε_y
ε_s= ε_t=0.005
$\phi P_n/A_g$(MPa)
$\phi M_n/A_g h$(MPa)

그림 D-5

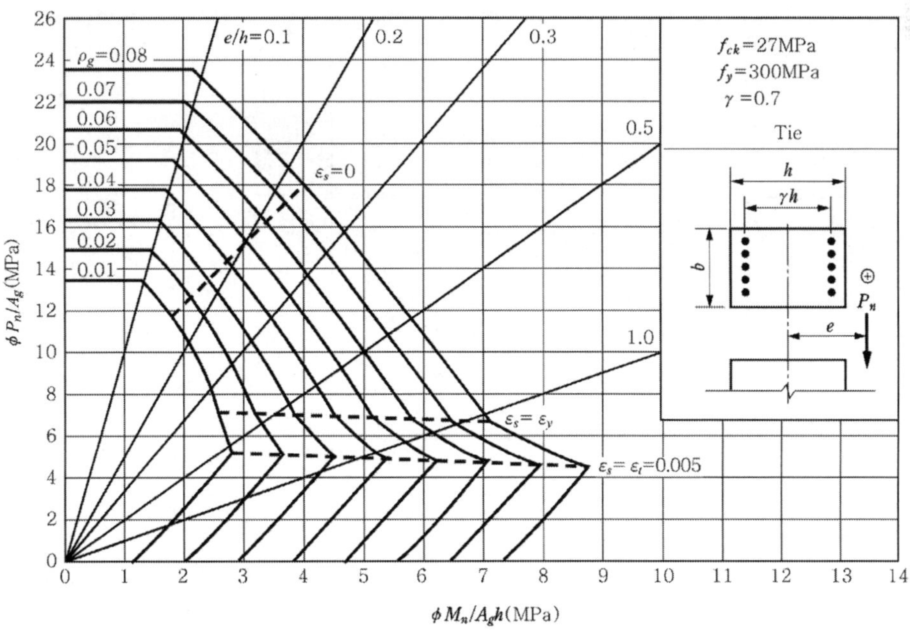
f_{ck}=27MPa
f_y=300MPa
γ =0.7
Tie
e/h=0.1
0.2
0.3
0.5
1.0
ρ_g=0.08
0.07
0.06
0.05
0.04
0.03
0.02
0.01
ε_s=0
ε_s= ε_y
ε_s= ε_t=0.005
$\phi P_n/A_g$(MPa)
$\phi M_n/A_g h$(MPa)

그림 D-6

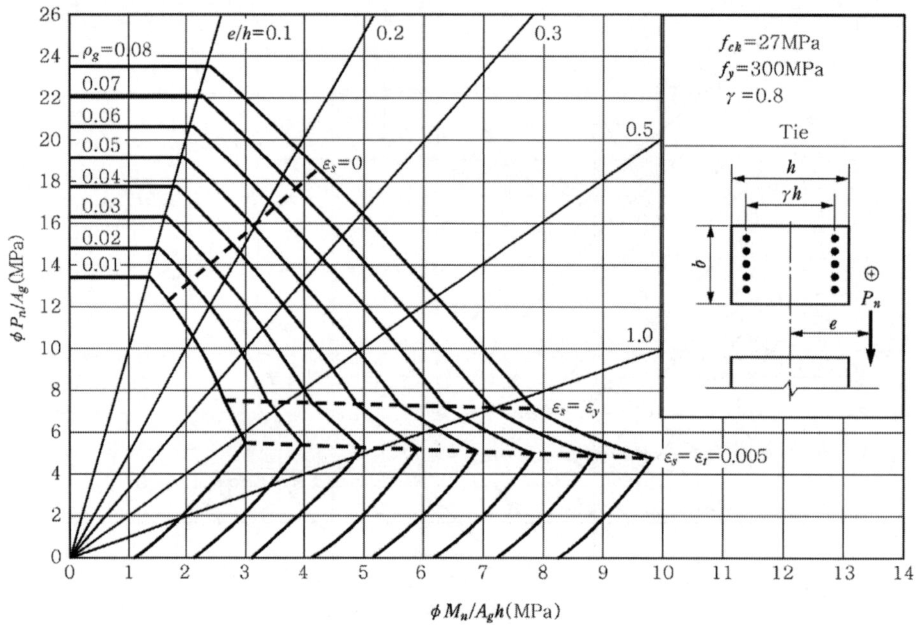

e/h=0.1
0.2
0.3
0.5
1.0
ρ_g=0.08
0.07
0.06
0.05
0.04
0.03
0.02
0.01
ε_s=0
$\varepsilon_s=\varepsilon_y$
$\varepsilon_s=\varepsilon_t$=0.005
f_{ck}=27MPa
f_y=300MPa
γ=0.8
Tie
h
γh
b
P_n
e
$\phi P_n/A_g$(MPa)
$\phi M_n/A_g h$(MPa)

그림 D-7

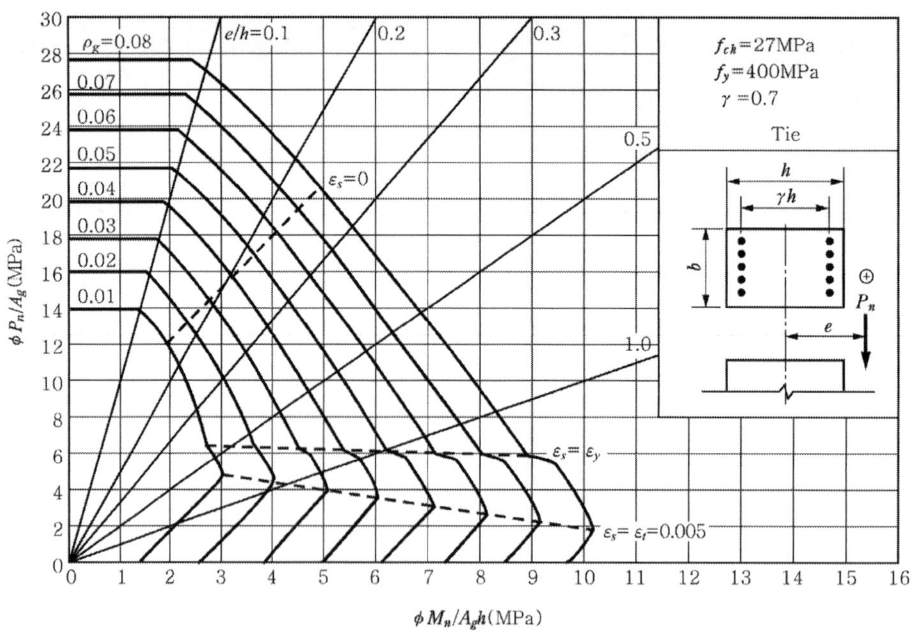

e/h=0.1
0.2
0.3
0.5
1.0
ρ_g=0.08
0.07
0.06
0.05
0.04
0.03
0.02
0.01
ε_s=0
$\varepsilon_s=\varepsilon_y$
$\varepsilon_s=\varepsilon_t$=0.005
f_{ck}=27MPa
f_y=400MPa
γ=0.7
Tie
h
γh
b
P_n
e
$\phi P_n/A_g$(MPa)
$\phi M_n/A_g h$(MPa)

그림 D-8

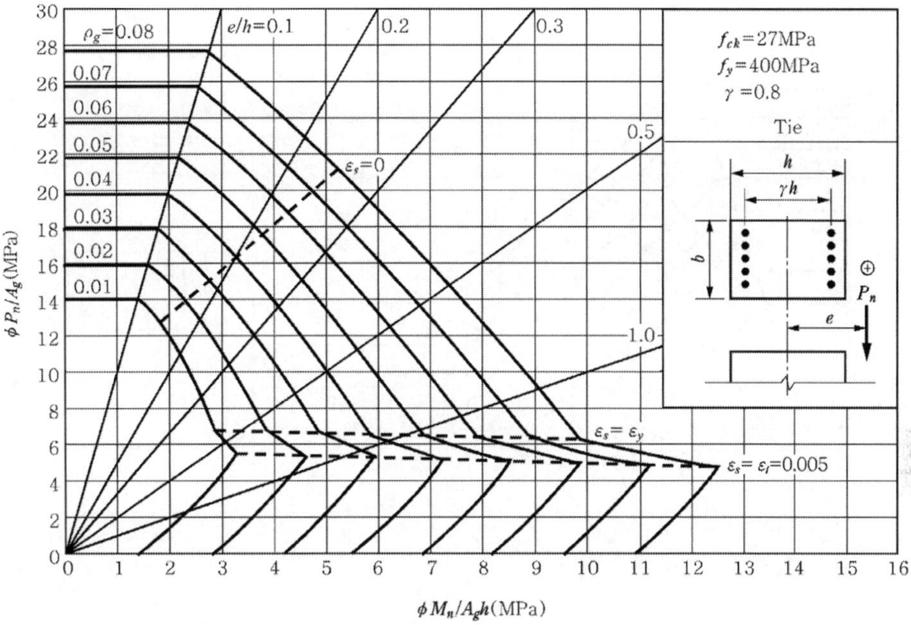
f_{ck}=27MPa
f_y=400MPa
γ =0.8
Tie
ρ_g=0.08
0.07
0.06
0.05
0.04
0.03
0.02
0.01
e/h=0.1
0.2
0.3
0.5
1.0
ε_s=0
ε_s= ε_y
ε_s= ε_t=0.005
$\phi P_n/A_g$(MPa)
$\phi M_n/A_gh$(MPa)

그림 D-9

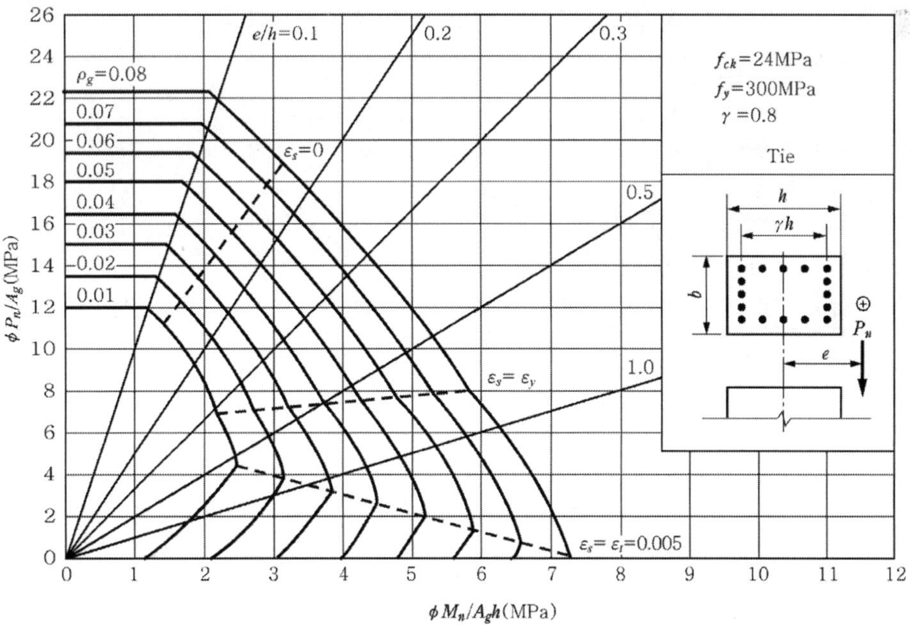
f_{ck}=24MPa
f_y=300MPa
γ =0.8
Tie
ρ_g=0.08
0.07
0.06
0.05
0.04
0.03
0.02
0.01
e/h=0.1
0.2
0.3
0.5
1.0
ε_s=0
ε_s= ε_y
ε_s= ε_t=0.005
$\phi P_n/A_g$(MPa)
$\phi M_n/A_gh$(MPa)

그림 D-10

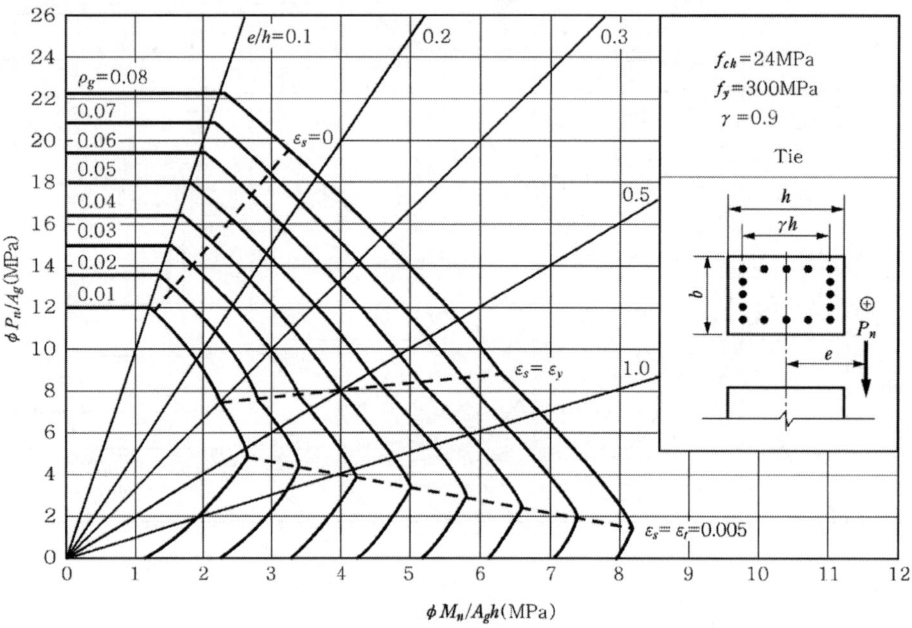
e/h=0.1
0.2
0.3
0.5
1.0
ρ_g=0.08
0.07
0.06
0.05
0.04
0.03
0.02
0.01
ε_s=0
ε_s= ε_y
ε_s= ε_t=0.005
f_{ck}=24MPa
f_y=300MPa
γ =0.9
Tie
h
γh
b
P_n
e
$\phi P_n/A_g$(MPa)
$\phi M_n/A_g h$(MPa)

그림 D-11

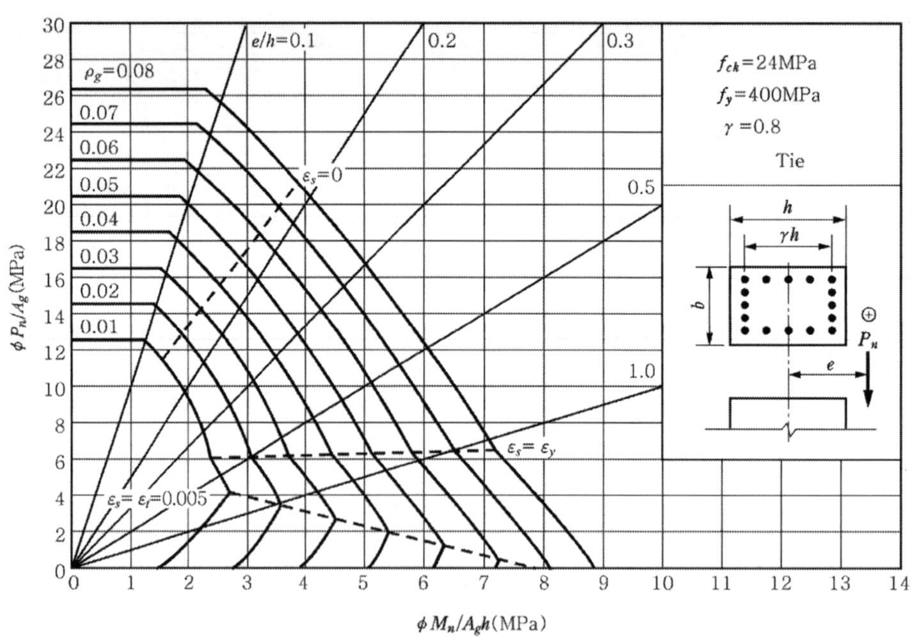
e/h=0.1
0.2
0.3
0.5
1.0
ρ_g=0.08
0.07
0.06
0.05
0.04
0.03
0.02
0.01
ε_s=0
ε_s= ε_y
ε_s= ε_t=0.005
f_{ck}=24MPa
f_y=400MPa
γ =0.8
Tie
h
γh
b
P_n
e
$\phi P_n/A_g$(MPa)
$\phi M_n/A_g h$(MPa)

그림 D-12

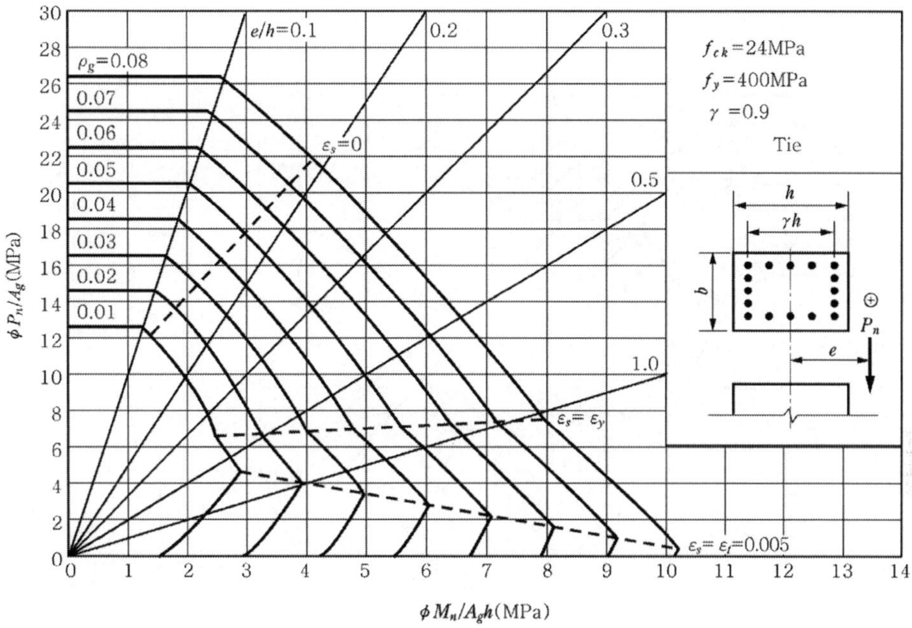
e/h=0.1
0.2
0.3
0.5
1.0
ρ_g=0.08
0.07
0.06
0.05
0.04
0.03
0.02
0.01
ε_s=0
$\varepsilon_s=\varepsilon_y$
$\varepsilon_s=\varepsilon_t$=0.005
f_{ck}=24MPa
f_y=400MPa
γ =0.9
Tie
h
γh
b
e
P_n
$\phi P_n/A_g$(MPa)
$\phi M_n/A_g h$(MPa)

그림 D-13

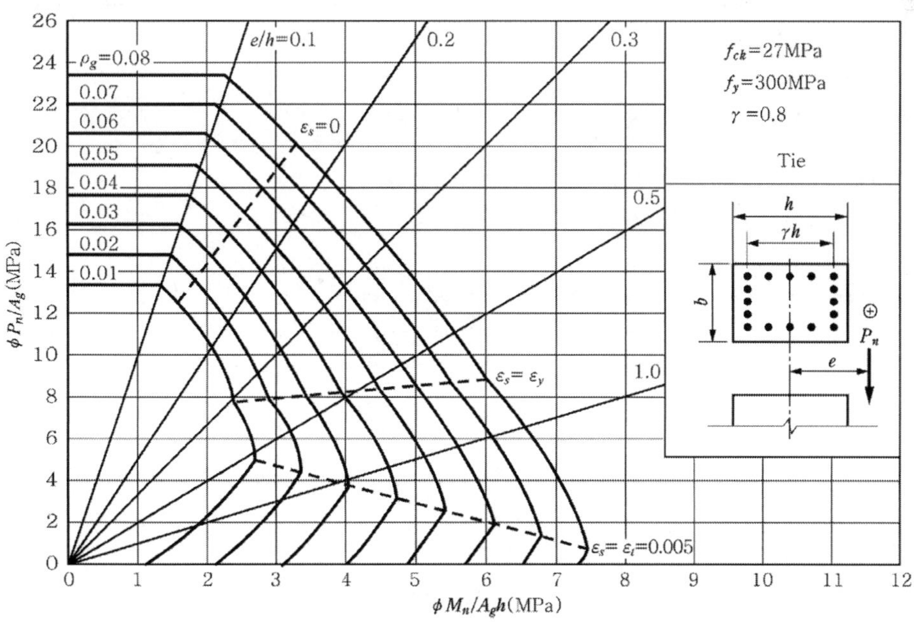
e/h=0.1
0.2
0.3
0.5
1.0
ρ_g=0.08
0.07
0.06
0.05
0.04
0.03
0.02
0.01
ε_s=0
$\varepsilon_s=\varepsilon_y$
$\varepsilon_s=\varepsilon_t$=0.005
f_{ck}=27MPa
f_y=300MPa
γ =0.8
Tie
h
γh
b
e
P_n
$\phi P_n/A_g$(MPa)
$\phi M_n/A_g h$(MPa)

그림 D-14

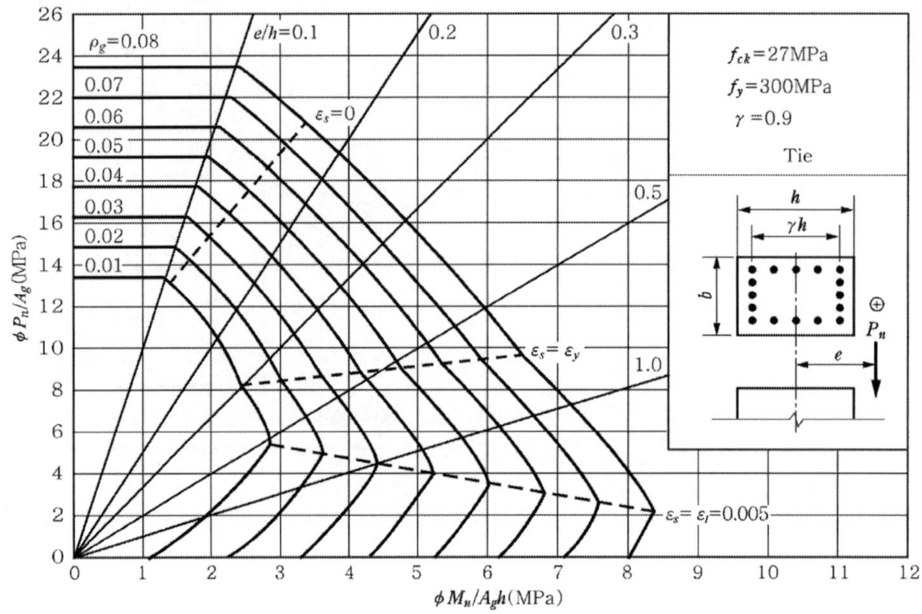

ρ_g=0.08
0.07
0.06
0.05
0.04
0.03
0.02
0.01
e/h=0.1
0.2
0.3
0.5
1.0
ε_s=0
ε_s= ε_y
ε_s= ε_t=0.005
f_{ck}=27MPa
f_y=300MPa
γ =0.9
Tie
h
γh
b
P_n
e
$\phi P_n/A_g$(MPa)
$\phi M_n/A_g h$(MPa)

그림 D-15

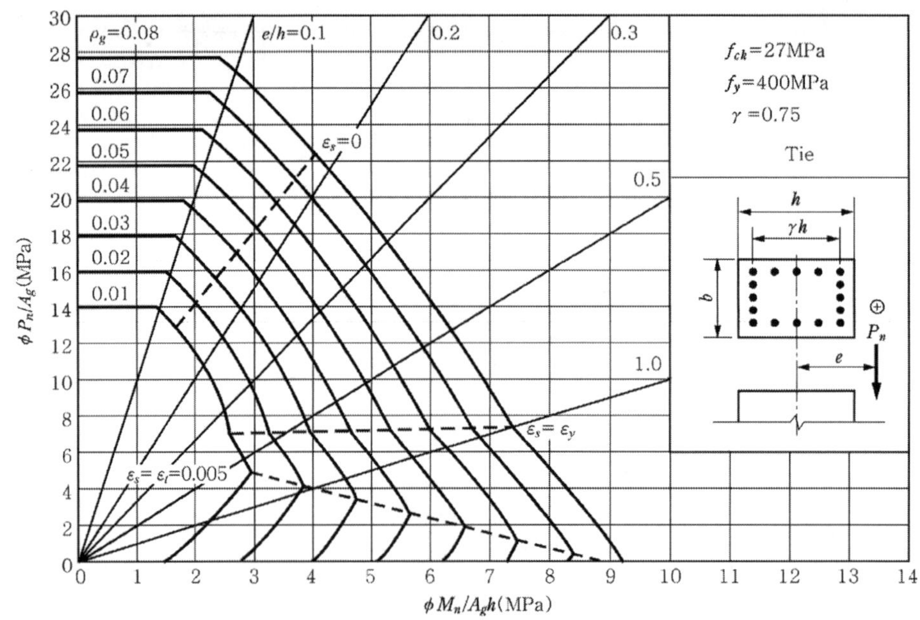

ρ_g=0.08
0.07
0.06
0.05
0.04
0.03
0.02
0.01
e/h=0.1
0.2
0.3
0.5
1.0
ε_s=0
ε_s= ε_y
ε_s= ε_t=0.005
f_{ck}=27MPa
f_y=400MPa
γ =0.75
Tie
h
γh
b
P_n
e
$\phi P_n/A_g$(MPa)
$\phi M_n/A_g h$(MPa)

그림 D-16

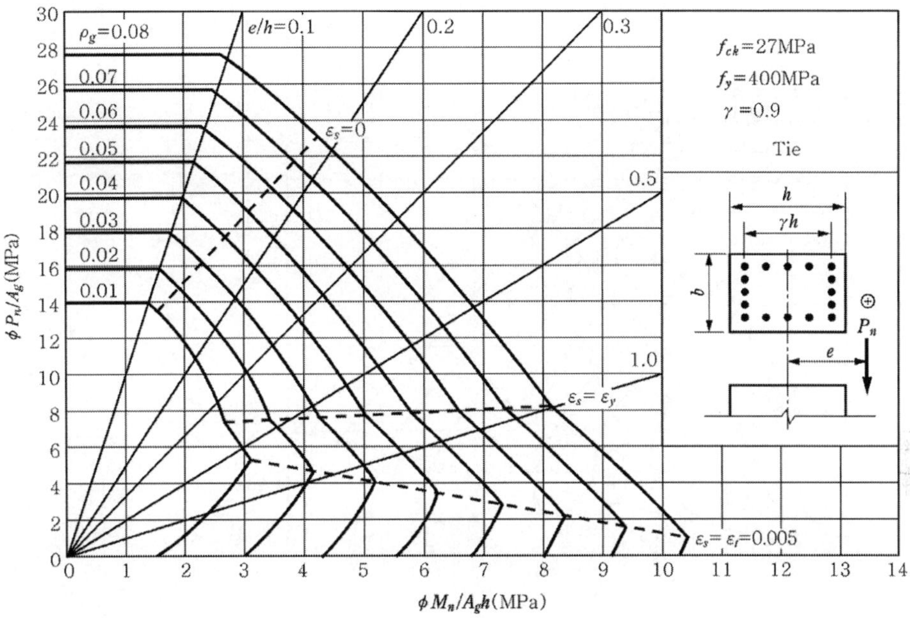
ρ_g=0.08
0.07
0.06
0.05
0.04
0.03
0.02
0.01
e/h=0.1
0.2
0.3
0.5
1.0
ε_s=0
ε_s= ε_y
ε_s= ε_t=0.005
f_{ck}=27MPa
f_y=400MPa
γ =0.9
Tie
h
γh
b
P_n
e
$\phi P_n/A_g$(MPa)
$\phi M_n/A_g h$(MPa)

그림 D-17

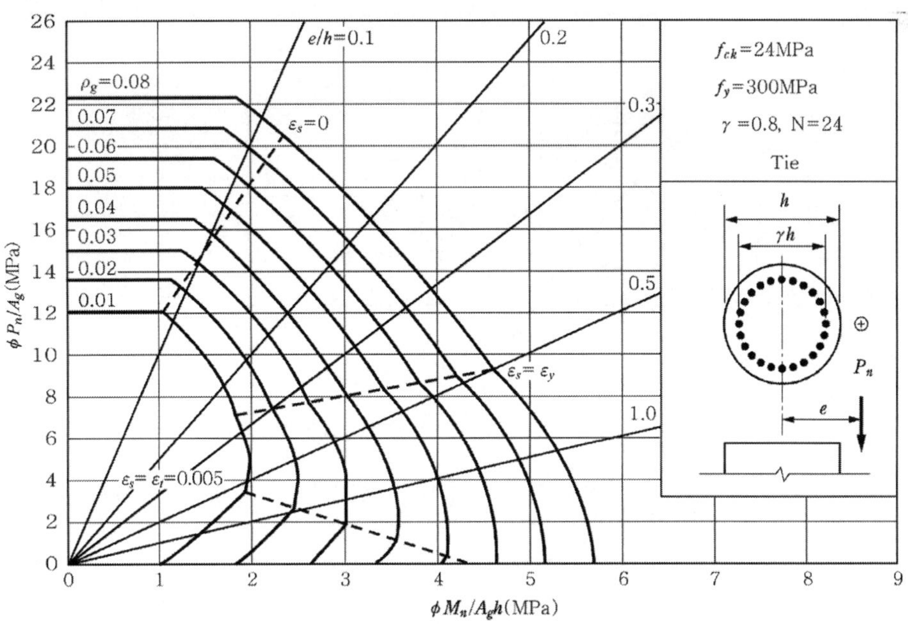
ρ_g=0.08
0.07
0.06
0.05
0.04
0.03
0.02
0.01
e/h=0.1
0.2
0.3
0.5
1.0
ε_s=0
ε_s= ε_y
ε_s= ε_t=0.005
f_{ck}=24MPa
f_y=300MPa
γ =0.8, N=24
Tie
h
γh
P_n
e
$\phi P_n/A_g$(MPa)
$\phi M_n/A_g h$(MPa)

그림 D-18

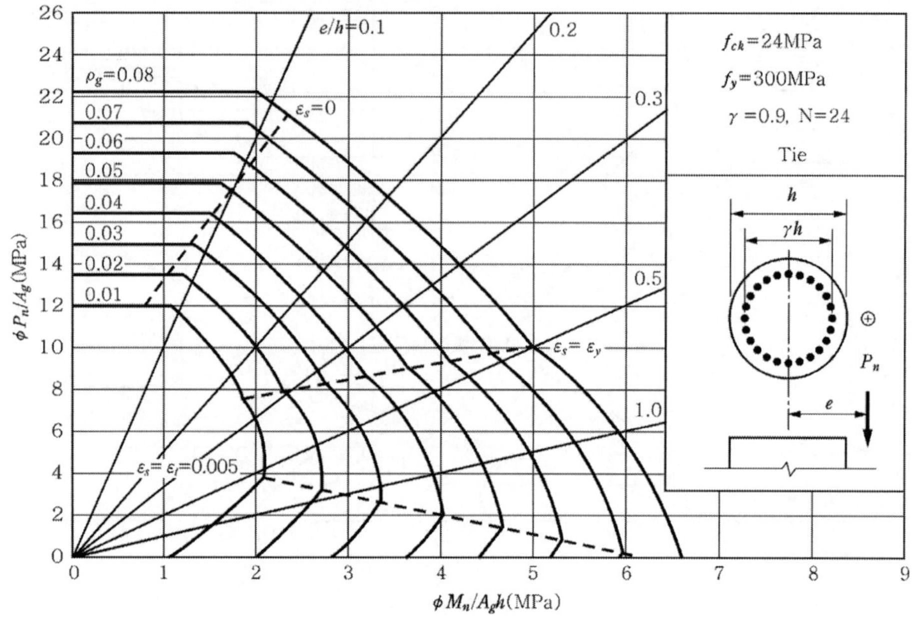
f_{ck}=24MPa
f_y=300MPa
γ=0.9, N=24
Tie
e/h=0.1
0.2
0.3
0.5
1.0
ρ_g=0.08
0.07
0.06
0.05
0.04
0.03
0.02
0.01
ε_s=0
$\varepsilon_s=\varepsilon_y$
$\varepsilon_s=\varepsilon_t$=0.005
$\phi P_n/A_g$(MPa)
$\phi M_n/A_g h$(MPa)
h
γh
P_n
e

그림 D-19

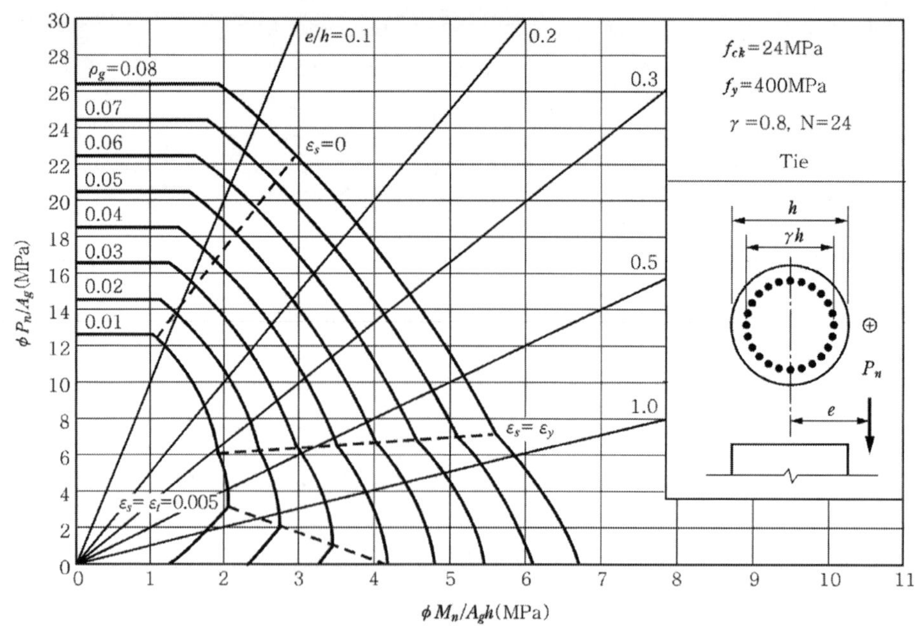
f_{ck}=24MPa
f_y=400MPa
γ=0.8, N=24
Tie
e/h=0.1
0.2
0.3
0.5
1.0
ρ_g=0.08
0.07
0.06
0.05
0.04
0.03
0.02
0.01
ε_s=0
$\varepsilon_s=\varepsilon_y$
$\varepsilon_s=\varepsilon_t$=0.005
$\phi P_n/A_g$(MPa)
$\phi M_n/A_g h$(MPa)
h
γh
P_n
e

그림 D-20

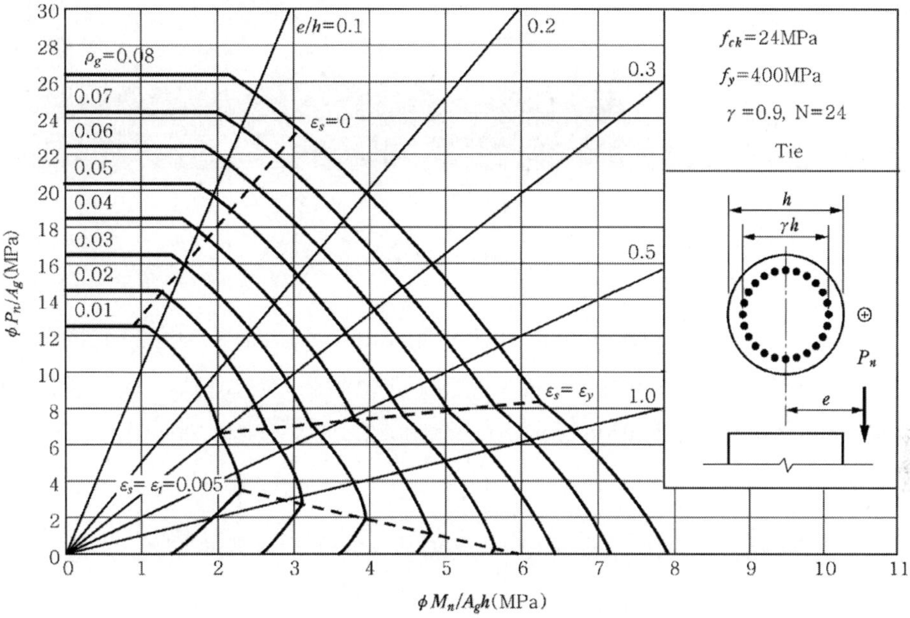
f_{ck}=24MPa
f_y=400MPa
γ =0.9, N=24
Tie
e/h=0.1
0.2
0.3
0.5
1.0
ρ_g=0.08
0.07
0.06
0.05
0.04
0.03
0.02
0.01
ε_s=0
$\varepsilon_s=\varepsilon_y$
$\varepsilon_s=\varepsilon_t$=0.005
$\phi P_n/A_g$(MPa)
$\phi M_n/A_g h$(MPa)
h
γh
P_n
e

부록 E SI 단위 및 단위의 환산표

SI 단위계(Systéme Internationale d'Unites, International System of Units)

단위의 국제적 통일을 위하여 국제도량형기구에 의해 작성되고, 국제표준화기구인 ISO(International Organization for Standardization)에 의해 채택되어 국제적으로 널리 통용되고 있는 국제단위이다.

(1) SI 기본단위 길이, 질량 및 시간의 기본단위는 다음과 같다.

길이 : m(meter)

질량 : kg(kilogram)

시간 : s(second)

환산의 편위를 위하여 in(inch), ft(foot) 및 lb(pound)를 SI 기본단위로 나타내면 다음과 같다.

$$1\,\text{in} = 25.40\,\text{mm}, \quad 1\,\text{mm} = 0.03937\,\text{in}$$
$$1\,\text{ft} = 0.3048\,\text{m}, \quad 1\,\text{m} = 3.2808\,\text{ft}$$
$$1\,\text{lb} = 0.4536\,\text{kg}, \quad 1\,\text{kg} = 2.2046\,\text{lb}$$

(2) 힘의 단위 SI 단위계에서는 힘의 단위기호를 N(Newton)으로 하고, 1 N의 힘을 다음과 같이 정의하고 있다.

$$\begin{aligned} 1\,\text{N} &= \text{질량 } 1\,\text{kg의 물체에 작용하여 } 1\,\text{m/s}^2\text{의 가속도를 내게 하는 힘} \\ &= (1\,\text{kg}) \times (1\,\text{m/s}^2) \\ &= 1\,\text{kg} \cdot \text{m/s}^2 \end{aligned}$$

1 kgf의 힘을 N으로 나타내면

$$\begin{aligned} 1\,\text{kgf} &= \text{질량 } 1\,\text{kg의 물체에 작용하여 중력가속도}(9.8\,\text{m/s}^2)\text{를} \\ &\quad \text{내게 하는 힘} \\ &= (1\,\text{kg}) \times 9.8\,\text{m/s}^2 \end{aligned}$$

$$= 9.8\,\text{kg}\cdot\text{m/s}^2$$
$$= 9.8\,\text{N}$$
$$\therefore\ 1\text{N} = \frac{1}{9.8}\,\text{kgf} = 0.102\,\text{kgf}$$

1 lb의 힘을 N으로 나타내면

1 lb= 질량 1 lb에 작용하여 중력가속도(32.2 ft/s²)를 내게 하는 힘

$$= (1\,\text{lb})\times(32.2\,\text{ft/s}^2)$$
$$= 32.2\,\text{lb}\cdot\text{ft/s}^2$$
$$= 32.2\times\frac{0.4536\,\text{kg}\times0.3048\,\text{m}}{\text{s}^2}$$
$$= 4.45\,\text{kg}\cdot\text{m/s}^2$$
$$= 4.45\,\text{N}$$
$$\therefore\ 1\text{N} = \frac{1}{4.45}\,\text{lb} = 0.2247\,\text{lb}$$

〔주 1〕 중량, 하중 등의 용어가 나타내려는 개념(物理量)이 질량의 개념에 해당된다고 판단될 경우에는 그 물리량의 단위는 질량의 단위(kg)를 사용한다.

예를 들면, 사람의 몸무게(체중)나 물건의 무게 등의 단위는 kg으로 나타내야 하며 N으로 나타내지 않는다. 마찬가지로 콘크리트의 단위중량(단위무게)의 단위도 kg/m^3로 나타내며 N으로 나타내지 않는다. SI 단위계에서는 단위무게를 밀도(density)라 하여 단위기호로 kg/m^3를 주고 있으며, 설계기준에서도 그렇게 나타내고 있다.

〔주 2〕 중량, 하중 등의 용어가 나타내려는 개념(物理量)이 힘의 개념에 해당된다고 판단될 경우에는 그 물리량의 단위는 N으로 한다. 예를 들면 보에 작용하는 등분포 하중은 N/m로 나타낸다.

표 E-1 각 단위계별 단위 대조표

양 / 단위계	길 이	질 량	시 간	힘	응 력	압 력
SI 계	m	kg	s	N	N/m^2 또는 Pa	Pa
CGS 계	cm	g	s	dyn	dyn/cm^2	dyn/cm^2
MKS 계	m	kg	s	kgf	kgf/m^2	kgf/m^2
ft-lb 계	ft	lb	s	lb	psi(lb/in^2)	psi(lb/in^2)

〔주〕 (1) SI 단위계에서는 응력의 단위로 N/m^2 또는 Pa(Pascal)을 주고 있다(즉 $1\,\text{Pa}=1\,\text{N/m}^2$). 그러나 MPa(Mega Pascal) 또는 N/mm^2가 주로 사용되고 있다〔즉 $1\,\text{MPa}=1\,\text{N/mm}^2$, 부록 표 E-5 참조〕.

(2) ft-lb계(US customary units)에서는 힘의 단위로 lb(pound)를 사용하고 있고, 따라서 응력의 단위도 psi(lb per sq in, lb/in^2)를 사용하고 있다.

표 E-2 SI 접두어

단위에 곱하는 배수	접두어의 명칭	기호	단위에 곱하는 배수	접두어의 명칭	기 호
10^{12}	테라(tera)	T	10^{-1}	데시(deci)	d
10^{9}	기가(giga)	G	10^{-2}	센티(centi)	c
10^{6}	메가(mega)	M	10^{-3}	밀리(mili)	m
10^{3}	킬로(kilo)	k	10^{-6}	마이크로(micro)	μ
10^{2}	헥토(hecto)	h	10^{-9}	나노(nano)	n
10	데카(deca)	da	10^{-12}	피코(pico)	p

표 E-3 힘의 단위

N	dyn	kgf	lb
1	1×10^{5}	1.01972×10^{-1}	2.2481×10^{-1}
1×10^{-5}	1	1.01972×10^{-6}	2.2481×10^{-6}
9.80665	9.80665×10^{5}	1	2.20462
4.44822	4.44822×10^{5}	4.5359×10^{-1}	1

표 E-4 모멘트의 단위

N·m	kgf·m	ft·lb
1	0.10197	0.73756
9.80665	1	7.23305
1.35581	0.13825	1

표 E-5 응력의 단위

kPa	MPa(N / mm²)	kgf / mm²	kgf / cm²	psi(lb / in²)
1	1×10^{-3}	1.01972×10^{-4}	1.01972×10^{-2}	1.4504×10^{-1}
1×10^{3}	1	1.01972×10^{-1}	1.01972×10	1.4504×10^{2}
9.80665×10^{3}	9.80665	1	1×10^{2}	1.4223×10^{3}
9.80665×10	9.80665×10^{-2}	1×10^{-2}	1	1.4223×10
6.89476	6.89476×10^{-3}	7.031×10^{-4}	7.031×10^{-2}	1

〔주〕 (1) 1 kPa(killo Pascal) $=10^3$ Pa $=10^3$ N/m², 1 MPa(Mega Pascal) $=10^6$ Pa $=10^6$ N/m² $=$ 1 N/mm²

(2) 설계기준에서는 종래의 단위(CGS 단위)로 된 계산식이나 값들을 SI 단위로 환산함에 있어서, 1 kgf=9.8 N[표 E-3 참조]을 1 kgf≒10 N으로 보고, 또 1 kgf/cm²=0.098 MPa (0.098 N/mm²)을 1 kgf/cm²≒0.1 MPa(0.1 N/mm²)로 보고 환산하고 있다.

표 E-6 응력 환산표(1)

kgf/cm^2	psi	MPa	kgf/cm^2	psi	MPa
1	14.2	0.098	210	2,987	20.6
4	56.9	0.39	240	3,414	23.5
12	170.7	1.18	280	3,982	27.5
16	227.6	1.57	350	4,978	34.3
60	853.4	5.88	500	7,112	49.0
70	995.6	6.86	1,400	19,912	137
80	1,138	7.85	3,000	42,600	294
90	1,280	8.83	3,500	49,700	343
180	2,560	17.65	4,000	56,800	392

표 E-7 응력 환산표(2)

psi	MPa	kgf/cm^2	psi	MPa	kgf/cm^2
1	0.007	0.07	4000	27.6	281
60	0.41	4.22	5000	34.5	352
150	1.03	10.5	20,000	137.9	1,406
200	1.38	14.1	30,000	206.8	2,109
500	3.45	35.2	33,000	227.5	2,320
2500	17.2	176	40,000	275.8	2,812
3000	20.7	211	60,000	413.7	4,219
3500	24.1	246			

표 E-8 응력 환산표(3)

MPa	kgf/cm^2	psi	MPa	kgf/cm^2	psi
1	10.2	145	23	234.5	3,336
3	30.6	435	28	285.5	4,061
7	71.4	1,015	35	357	5,076
9	91.8	1,305	137	1,397	19,870
18	183.5	2,611	235	2,396	34,084
21	214.1	3,046	412	4,201	59,756

표 E-9 콘크리트 설계기준압축강도(f_{ck})의 제곱근의 환산표(1)

psi	kgf/cm^2	MPa	psi	kgf/cm^2	MPa
$\sqrt{f_{ck}}$	$0.265\sqrt{f_{ck}}$	$0.083\sqrt{f_{ck}}$	$3.5\sqrt{f_{ck}}$	$0.928\sqrt{f_{ck}}$	$0.291\sqrt{f_{ck}}$
$0.6\sqrt{f_{ck}}$	$0.159\sqrt{f_{ck}}$	$0.049\sqrt{f_{ck}}$	$4.0\sqrt{f_{ck}}$	$1.060\sqrt{f_{ck}}$	$0.332\sqrt{f_{ck}}$
$1.25\sqrt{f_{ck}}$	$0.331\sqrt{f_{ck}}$	$0.104\sqrt{f_{ck}}$	$5.0\sqrt{f_{ck}}$	$1.325\sqrt{f_{ck}}$	$0.415\sqrt{f_{ck}}$
$1.7\sqrt{f_{ck}}$	$0.451\sqrt{f_{ck}}$	$0.141\sqrt{f_{ck}}$	$6.0\sqrt{f_{ck}}$	$1.590\sqrt{f_{ck}}$	$0.498\sqrt{f_{ck}}$
$1.9\sqrt{f_{ck}}$	$0.504\sqrt{f_{ck}}$	$0.158\sqrt{f_{ck}}$	$7.5\sqrt{f_{ck}}$	$1.988\sqrt{f_{ck}}$	$0.623\sqrt{f_{ck}}$
$2.0\sqrt{f_{ck}}$	$0.530\sqrt{f_{ck}}$	$0.166\sqrt{f_{ck}}$	$8.0\sqrt{f_{ck}}$	$2.12\sqrt{f_{ck}}$	$0.664\sqrt{f_{ck}}$
$3.0\sqrt{f_{ck}}$	$0.795\sqrt{f_{ck}}$	$0.249\sqrt{f_{ck}}$	$12.0\sqrt{f_{ck}}$	$3.18\sqrt{f_{ck}}$	$0.996\sqrt{f_{ck}}$

표 E-10 콘크리트 설계기준압축강도(f_{ck})의 제곱근의 환산표(2)

kgf/cm^2	MPa	psi	kgf/cm^2	MPa	psi
$\sqrt{f_{ck}}$	$0.313\sqrt{f_{ck}}$	$3.771\sqrt{f_{ck}}$	$0.93\sqrt{f_{ck}}$	$0.291\sqrt{f_{ck}}$	$3.507\sqrt{f_{ck}}$
$0.16\sqrt{f_{ck}}$	$0.050\sqrt{f_{ck}}$	$0.603\sqrt{f_{ck}}$	$1.06\sqrt{f_{ck}}$	$0.332\sqrt{f_{ck}}$	$3.997\sqrt{f_{ck}}$
$0.25\sqrt{f_{ck}}$	$0.078\sqrt{f_{ck}}$	$0.943\sqrt{f_{ck}}$	$1.33\sqrt{f_{ck}}$	$0.416\sqrt{f_{ck}}$	$5.015\sqrt{f_{ck}}$
$0.45\sqrt{f_{ck}}$	$0.141\sqrt{f_{ck}}$	$1.697\sqrt{f_{ck}}$	$1.59\sqrt{f_{ck}}$	$0.498\sqrt{f_{ck}}$	$5.996\sqrt{f_{ck}}$
$0.50\sqrt{f_{ck}}$	$0.157\sqrt{f_{ck}}$	$1.886\sqrt{f_{ck}}$	$1.60\sqrt{f_{ck}}$	$0.501\sqrt{f_{ck}}$	$6.034\sqrt{f_{ck}}$
$0.53\sqrt{f_{ck}}$	$0.166\sqrt{f_{ck}}$	$1.999\sqrt{f_{ck}}$	$2.0\sqrt{f_{ck}}$	$0.626\sqrt{f_{ck}}$	$7.542\sqrt{f_{ck}}$
$0.80\sqrt{f_{ck}}$	$0.250\sqrt{f_{ck}}$	$3.017\sqrt{f_{ck}}$	$2.12\sqrt{f_{ck}}$	$0.664\sqrt{f_{ck}}$	$7.994\sqrt{f_{ck}}$

표 E-11 콘크리트 설계기준압축강도(f_{ck})의 제곱근의 환산표(3)

MPa	kgf/cm^2	psi	MPa	kgf/cm^2	psi
$\sqrt{f_{ck}}$	$3.193\sqrt{f_{ck}}$	$12.043\sqrt{f_{ck}}$	$0.29\sqrt{f_{ck}}$	$0.926\sqrt{f_{ck}}$	$3.492\sqrt{f_{ck}}$
$0.05\sqrt{f_{ck}}$	$0.160\sqrt{f_{ck}}$	$0.602\sqrt{f_{ck}}$	$(1/3)\sqrt{f_{ck}}$	$1.064\sqrt{f_{ck}}$	$4.014\sqrt{f_{ck}}$
$(1/12)\sqrt{f_{ck}}$	$0.266\sqrt{f_{ck}}$	$1.003\sqrt{f_{ck}}$	$0.42\sqrt{f_{ck}}$	$1.341\sqrt{f_{ck}}$	$5.058\sqrt{f_{ck}}$
$0.14\sqrt{f_{ck}}$	$0.447\sqrt{f_{ck}}$	$1.686\sqrt{f_{ck}}$	$0.50\sqrt{f_{ck}}$	$1.597\sqrt{f_{ck}}$	$6.022\sqrt{f_{ck}}$
$0.16\sqrt{f_{ck}}$	$0.511\sqrt{f_{ck}}$	$1.927\sqrt{f_{ck}}$	$0.63\sqrt{f_{ck}}$	$2.012\sqrt{f_{ck}}$	$7.587\sqrt{f_{ck}}$
$(1/6)\sqrt{f_{ck}}$	$0.532\sqrt{f_{ck}}$	$2.007\sqrt{f_{ck}}$	$(2/3)\sqrt{f_{ck}}$	$2.129\sqrt{f_{ck}}$	$8.029\sqrt{f_{ck}}$
$0.25\sqrt{f_{ck}}$	$0.798\sqrt{f_{ck}}$	$3.010\sqrt{f_{ck}}$	$(5/6)\sqrt{f_{ck}}$	$2.661\sqrt{f_{ck}}$	$10.036\sqrt{f_{ck}}$

부록 F 콘크리트용 앵커

F.1 서 론

콘크리트 구조물에서 종종 콘크리트와 강구조(鋼構造)의 접합부를 두어야 할 경우가 있게 되고, 이때 기기(機器), 배관(配管) 및 덕트(duct) 지지대등과 같은 부속물(attachment)의 정착(碇着)을 위해서 앵커(anchor)를 사용하게 된다.

우리나라에서는 종래 이러한 부속물을 콘크리트 구조물에 정착시키는 앵커시스템을 고려해오지 않았으나, 미국, 유럽 등에서는 일찍이 그 필요성을 인정하고 설계기준 등에 반영하고 있다.

즉 미국 ACI에서는 2002년 개정된 ACI 318－02에서 부록(Appendix D)으로 “Anchoring to concrete”를 처음 규정하였고, 개정을 이어오고 있다. 우리나라는 2007년 개정된 “콘크리트구조설계기준”에서 처음으로 부록 Ⅳ에 “콘크리트용 앵커”를 규정하였다. 여기서는 콘크리트구조기준(2012) 부록Ⅱ에 주고 있는 “콘크리트용 앵커”에 대하여 간략하게 소개한다. 자세한 것은 콘크리트학회에서 발간한 “콘크리트용 앵커설계법 및 예제집”을 참고하기 바란다.

F.2 용어의 정의

콘크리트구조기준(2012) 부록Ⅱ에서 주고 있는 콘크리트용 앵커에 관한 용어를 먼저 소개한다.

간격슬리브(distance sleeve)

언더컷앵커(undercut anchor), 비틀림에서 확장앵커(expansion anchor) 및 변위 제어 확장앵커의 중심부를 둘러싸는 확장되지 않는 슬리브

갈고리볼트(hooked bolt)

앵커 하단에 위치하고 e_h가 최소한 $3d_a$인 90°갈고리(L 볼트) 또는 180°갈고리(J 볼트)의 기계적 맞물림에 의하여 정착되는 선 설치앵커(cast-in-place anchor)

여기서 e_h : J 또는 L 볼트 샤프트의 안쪽면으로부터 J 또는 L 볼트의 바깥쪽 끝까지의 거리(mm)

d_a : 앵커의 외경, 또는 헤드스터드(headed stud), 헤드볼트, 갈고리형 볼트의 샤프트 지름(mm)

보조철근(supplementary reinforcement)

잠재적인 콘크리트의 파괴 프리즘을 구조부재에 연결시키기 위하여 설계 및 설치되는 철근

부속물(attachment)

콘크리트면의 외부에서 앵커에 하중을 전달하거나 또는 앵커로부터 하중을 전달받는 구조부재

선 설치앵커(cast-in-place anchor)

콘크리트 치기 이전에 설치되는 헤드볼트, 헤드스터드 또는 갈고리볼트

앵커(anchor)

헤드볼트(headed bolt), 갈고리볼트(J 또는 L 볼트), 헤드스터드, 확장앵커 및 언더컷 앵커를 포함하는 강제요소로서, 콘크리트 치기 전 설치되거나 또는 굳은 콘크리트 부재에 후 설치되어 작용하중을 전달하는데 사용된다.

앵커그룹(anchor group)

대체로 동등한 유효 묻힘 깊이를 갖고, 인접앵커간 간격이 앵커 묻힘 깊이의 3배 이하인 많은 수의 앵커

앵커 뽑힘 강도(anchor pullout strength)

앵커자체 또는 앵커의 주요부가 주변 콘크리트를 심각하게 파괴시키지 않은 상태로 미끄러져 뽑히는 경우의 강도

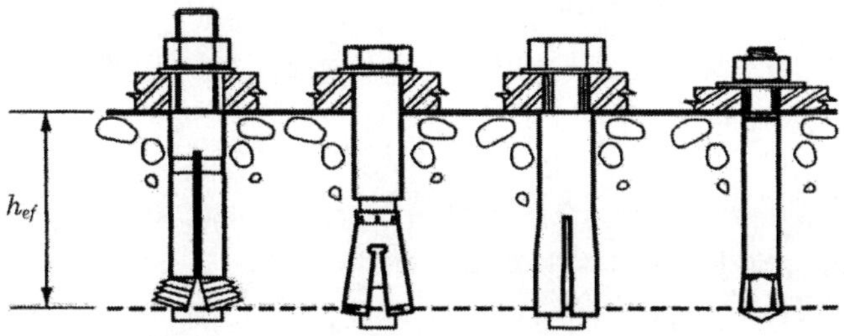

(a) 후 설치 앵커

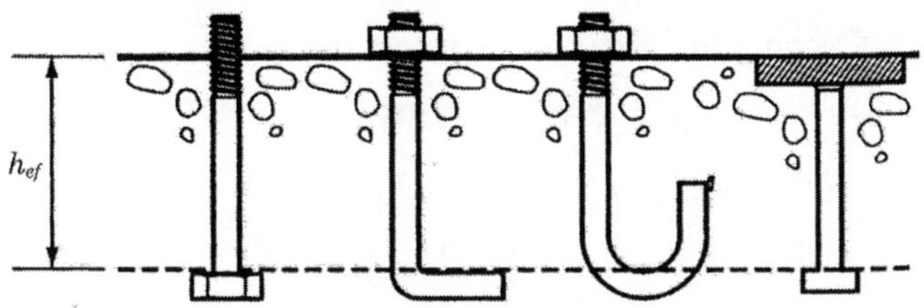

(b) 선 설치 앵커

그림 F-1 앵커의 종류(h_{ef}는 유효묻힘깊이)

언더컷 앵커(undercut anchor)

앵커의 묻힌 단부 부위 콘크리트를 도려내고(언더커팅) 기계적 맞물림으로 인장 강도를 얻는 후 설치앵커(post-installed anchor)

언더커팅(under cutting)은 앵커설치 이전에 특수 드릴을 사용할 수도 있고, 앵커 설치 중 앵커에 의하여 자체적으로 수행될 수도 있다.

연단거리(edge distance)

콘크리트면의 가장자리로부터 가장 가까운 앵커 중심까지의 거리

연성강재요소(ductile steel element)

인장시험 결과 연신율이 14% 이상이고, 단면적의 감소가 30% 이상인 요소〔KS B ISO 898-1 : 2003(탄소강과 합금강으로 제작한 나사부품의 기계적 성질-제1부 : 볼트, 스크루 및 스터드)의 요구사항을 만족하는 강재요소는 연성강재요소임〕

유효 묻힘 깊이(effective embedment depth)

앵커가 힘을 주변 콘크리트에 전달하거나 또는 전달받는 전체 깊이,

인장 적용시의 유효 묻힘 깊이는 보통 콘크리트 파괴면의 깊이이며, 선 설치 헤드 볼트 또는 헤드스터드의 경우 유효 묻힘 깊이는 헤드의 지압 접촉면으로부터 측정한다〔그림 F-1 참조〕.

취성강재요소(brittle steel element)

인장시험결과 연신율이 14% 미만이거나 단면적 감소가 30% 미만인 경우 또는 두 가지 모두에 해당되는 요소

측면파열강도(side－face blowout strength)

앵커의 묻힘 깊이가 크고 측면 파괴두께가 작은 경우 콘크리트 상부면에서는 파괴가 거의 발생하지 않으면서 묻힘 헤드 주변 콘크리트의 측면 파괴가 발생하는 강도

콘크리트 파괴강도(concrete breakout strength)

앵커 또는 앵커 그룹 주변 콘크리트 일부가 모재로부터 분리되는 경우의 강도

콘크리트 프라이아웃 강도(concrete pryout strength)

짧고 강성이 큰 앵커가 작용하는 전단력의 반대방향으로 변위하면서 앵커의 후면 콘크리트를 탈락시키는 경우의 강도

투영면적(projected area)

사각뿔로 가정한 파괴면의 밑면을 대표하기 위해 사용되는 콘크리트 부재면상의 면적

특수 삽입물(special insert)

부속물(attachment)의 볼팅(bolting) 및 슬롯(slot)연결을 위해 미리 설계되고 제작된 선 설치앵커

특수 삽입물은 취급, 운반 및 시공 목적으로 자주 사용되고, 또한 구조요소의 정착에도 사용된다.

헤드 스터드(headed stud)

KS D 4106(용접 구조용 주강품)의 요구사항을 만족하고, 콘크리트를 치기 전에 아크용접과정에 의하여 스터드에 판 또는 유사한 강재 부속물을 고정시킨 강재앵커

확장슬리브(expansion sleeve)

가하진 비틀림 또는 충격으로 중심부에 의하여 바깥쪽으로 밀려나는 확장앵커의 바깥부분. 미리 천공된 구멍 측면에 지압을 가한다.

확장앵커(expansion anchor)

굳은 콘크리트에 삽입되어 직접적인 지압 또는 마찰, 혹은 지압과 마찰에 의하여 콘크리트에 힘을 전달하거나 전달받는 후 설치앵커

확장앵커의 나사 또는 볼트에 비틀림을 가하여 확장시키는 경우는 비틀림제어 확

장앵커이고, 확장앵커의 슬리브(sleeve) 또는 플러그(plug)에 충격하중을 가하여 확장시키고 슬리브 또는 플러그의 이동 길이에 의하여 확장을 제어하는 경우는 변위제어 확장앵커이다.

후 설치앵커(post-installed anchor)

굳은 콘크리트에 설치하는 앵커. 확장앵커 및 언더컷앵커가 후 설치앵커의 종류이다.

5% 분위수(five percent fractile)

실제 강도가 공칭 축 강도를 초과할 확률 95%에 대한 90%의 신뢰도를 의미하는 통계용어

F.3 적용 범위

콘크리트구조기준(2012) 부록Ⅱ는 그 적용범위를 다음과 같이 주고 있다.

(1) 연결된 구조요소간 또는 안전에 관련된 부속물과 구조요소간에 인장, 전단 및 인장과 전단의 조합에 의해 구조하중을 전달하는데 사용되는 콘크리트 앵커에 관한 설계조건을 주고 있다.

이 부록의 범위는 강도, 안전성 또는 생명의 안전과 관련 있는 구조적 하중을 전달하는 구조용 앵커에 극한하고 있다. 그리고 다음과 같은 두 가지 적용방법이 제시되어 있다.

첫 번째는 구조요소의 연결부에서 단일 앵커나 앵커그룹의 파괴가 구조물 임의의 위치에서 힘의 평형 또는 안정성의 상실을 초래하는 경우이고, 두 번째는 구조물의 일부는 아니지만 구조물에 부착된 안전에 관련된 부속물(스프링클러 시스템, 매달려 있는 중량 파이프, 방어벽 레일 등) 부분이다.

(2) 이 부록은 선 설치앵커와 후 설치앵커에 모두 적용된다. 그러나 특수 삽입물, 관통볼트, 다수 앵커의 묻힌 단부쪽에 한 개의 강판에 연결된 앵커, 부착식 또는 주입식 앵커, 화약이나 압축공기에 의하여 직접 앵커링 되는 못 또는 볼트 등은 포함하지 않는다.

(3) 비균열 콘크리트에서 $1.4N_p$ 이상의 뽑힘 강도를 발휘할 수 있는 형태의 헤드스터드와 헤드볼트가 포함된다〔여기서 N_p는 설계기준 부록 Ⅱ의 식(Ⅱ.4.13)으로 주고

있는 뽑힘 강도].

비균열 콘크리트에서 마찰을 제외하고 $1.4N_p$ 이상의 뽑힘 강도를 발휘할 수 있는 형태의 갈고리볼트도 포함된다[여기서 N_p는 설계기준 부록 Ⅱ의 식(Ⅱ.4.14)으로 주고 있는 뽑힘 강도].

F.4 설계일반

콘크리트구조기준(2012) 부록Ⅱ는 콘크리트용 앵커의 설계에 대한 일반사항을 다음과 같이 주고 있다.

(1) 앵커와 앵커그룹은 탄성해석에 의해서 계수하중에 대해 설계해야한다.

소성해석(plastic analysis)은 변형 적합조건이 고려되고 공칭 축 강도가 연성강재요소(ductile steel element)에 의해 결정될 때 허용된다.

(2) 앵커의 강도는 적용 가능한 하중조합[4장의 표 4-4 참조]에 의해 결정되는 최대 소요강도(required strength) 이상이 되도록 설계하여야 한다.

(3) 앵커를 설계할 때 지진하중이 포함되는 경우는 설계기준 부록 Ⅱ의 Ⅱ.2에서 주고 있는 요구사항이 적용되어야 한다.

(4) 앵커의 종방향인장 및 전단강도의 모든 규정은 보통 콘크리트에 적용된다[경량 콘크리트의 경우는 부록 Ⅱ의 Ⅱ.2의 (4) 참조].

(5) 이 부록에서 계산용도로 사용하는 콘크리트의 설계 기준강도 f_{ck}는 선 설치앵커의 경우 70 MPa, 후 설치앵커의 경우 55 MPa를 초과할 수 없다.

F.5 앵커강도에 관한 일반규정

(1) 앵커의 강도설계는 콘크리트구조기준(2012) 부록Ⅱ.3의 (2)의 조건을 만족하는 설계모델을 이용한 계산 또는 아래 실험결과의 5% 분위수를 사용한 실험평가에 따라 정한다. 이와 더불어 쪼갬파괴(concrete splitting)를 방지하기 위해 F.6(부록 Ⅱ.7)에서

주고 있는 연단거리, 간격, 두께를 만족하여야 한다.

(가) 인장을 받는 앵커의 강재강도(부록Ⅱ.4.1)

(나) 전단을 받는 앵커의 강재강도(부록Ⅱ.5.1)

(다) 인장을 받는 앵커의 콘크리트 파괴강도(부록Ⅱ.4.2)

(라) 전단을 받는 앵커의 콘크리트 파괴강도(부록Ⅱ.5.2)

(마) 인장을 받는 앵커의 뽑힘강도(부록Ⅱ.4.3)

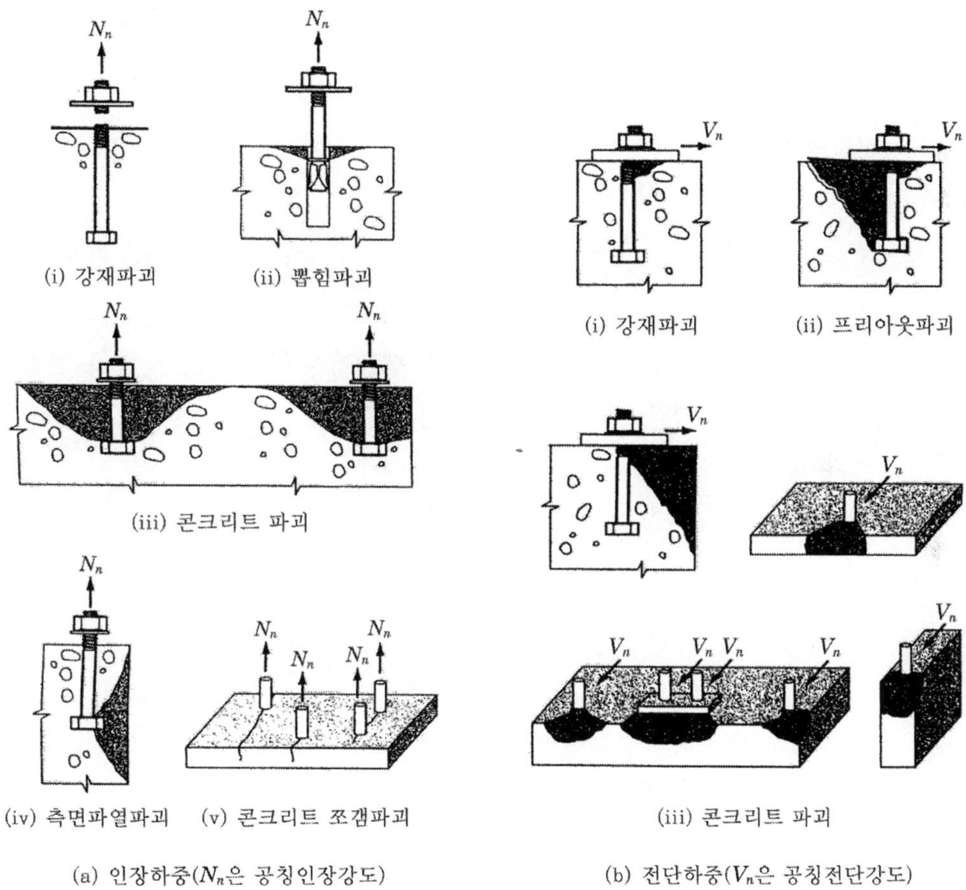

그림 F-2 앵커 파괴 형상

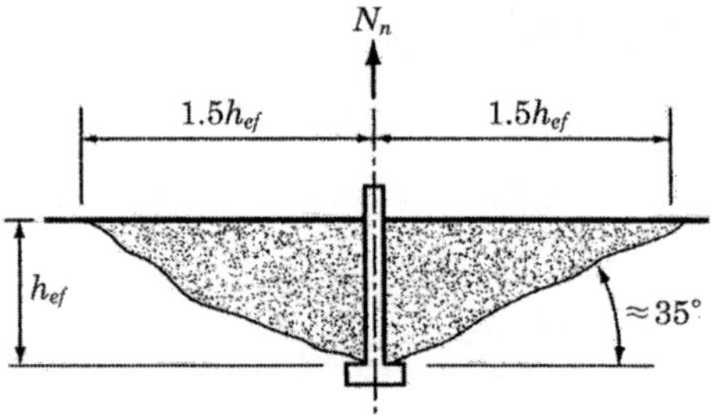

(a) 인장에 의한 콘크리트 파괴형상

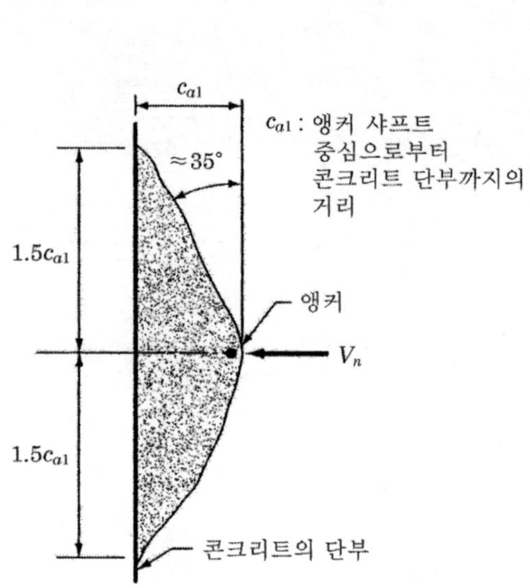

(b) 전단에 의한 콘크리트 파괴형상

그림 F-3 콘크리트의 파괴형상

(바) 인장을 받는 앵커의 콘크리트 측면파열강도(부록 Ⅱ.4.4)

(사) 전단을 받는 앵커의 콘크리트 프라이아웃강도(부록 Ⅱ.5.3)

이상은 콘크리트 앵커의 강도를 정하는데 요구되는 사항을 제시한 것이고, 그림 F-2는 앵커에 관련한 강재와 콘크리트의 다양한 파괴형상을 보인 것이며, 그림 F-3은 콘크리트의 파괴형상을 보인 것이다.

(2) 지진하중을 고려하지 않을 경우의 앵커설계는 다음 식에 의한다.

$$\phi N_n \geq N_{ua} \qquad (F \cdot 1)$$

$$\phi V_n \geq V_{ua} \qquad (F \cdot 2)$$

여기서 N_n : 공칭인장강도(N)

N_{ua} : 앵커 또는 앵커그룹에 작용하는 계수 인장하중(N)

V_n : 공칭전단강도(N)

V_{ua} : 단일앵커 또는 앵커그룹에 작용하는 계수 전단하중(N)

ϕ : 강도감소계수[콘크리트구조기준(2012) 부록Ⅱ.3 참조]

여기서 이하는 생략한다. 인장하중에 대한 설계조건, 전단하중에 대한 설계조건 및 인장과 전단의 상관작용은 콘크리트구조기준(2012) 부록Ⅱ의 Ⅱ.4, Ⅱ.5 및 Ⅱ.6을 각각 참고하기 바란다. 특히 2007년 한국콘크리트학회에서 발행한 "콘크리트용 앵커의 설계법 및 예제집"을 참고하기 바란다.

F.6 쪼갬파괴를 방지하기 위한 연단거리, 앵커간격 및 두께

쪼갬파괴를 방지하기 위한 연단거리, 앵커간격 및 두께를 콘크리트구조기준(2012) 부록Ⅱ에서는 다음과 같이 주고 있다.

(1) 쪼개짐을 제어하기 위한 보조철근이 배치되어 있지 않으면, 앵커의 최소간격과 연단거리 및 부재의 최소두께는 다음의 (2)에서부터 (7)까지의 규정에 따라야 한다.

(2) 다음 (5)에 의해 결정되지 않는 경우, 앵커의 최소 중심간격은 비틀림이 가해지지 않는 선 설치앵커에서는 $4d_a$, 비틀림이 가해지는 선 설치앵커 및 후 설치 앵커에서는 $6d_a$이라야 한다.

여기서 d_a는 앵커의 외경, 또는 헤드스터드, 헤드볼트, 갈고리형 볼트의 샤프트지름(mm)이다.

(3) 다음의 (5)에 의해 결정되지 않는 경우, 비틀림이 가해지지 않는 선 설치 헤드앵커에 대한 최소 연단거리는 7장의 7.1.4항의 철근의 최소 피복두께[표 7-2(a)]의 요구조건에 근거하여야 한다. 비틀림이 가해지는 선 설치 헤드앵커에 대한 최소 연단거리는 $6d_a$이상이라야 한다.

(4) 다음의 (5)에 의해 결정되지 않는 경우, 후 설치 헤드앵커에 대한 최소 연단거리는 7장의 7.1.4항의 철근의 최소 피복두께 요구조건 이상이거나, 별도의 시험에 따른 제품의 최소 연단거리 요구조건에 근거하여야 하되, 최대 골재치수의 2배 이상이라야 한다.

별도의 시험을 거치지 않은 경우 최소 연단거리는 다음 값 이상이라야 한다.

언더컷 앵커 ………………………………… $6d_a$

비틀림제어 앵커 …………………………… $8d_a$

변위제어 앵커 ……………………………… $10d_a$

(5) 비틀림이 가해지지 않거나 설치할 때 쪼개짐을 발생시키지 않는 앵커에 대해, 연단거리나 앵커간격이 (2)에서 (4)까지의 규정된 값보다 작으면 d_a를 (2)에서 (4)까지의 요구조건을 만족시키는 더 작은 값 d_a'로 대체하여 계산할 수 있다. 앵커에 가해지는 힘은 지름 d_a'를 가지는 앵커에 상응하는 값으로 제한된다.

여기서 d_a'는 대 구경 앵커를 사용하는 경우의 d_a 대체 값(mm)이다.

(6) 확장 또는 언더컷 후 설치앵커에 대한 h_{ef}의 값은 부재치수의 2/3와 (부재치수 -100 mm) 중 큰 값을 초과하지 않아야 한다.

여기서 h_{ef}는 앵커의 유효 묻힘깊이(mm)이다.

(7) 별도의 인장시험에 의해 결정되지 않는 경우, 위험 연단거리 c_{ac}는 다음 값 이상이라야 한다.

언더컷 앵커 ·· $2.5h_{ef}$

비틀림제어 앵커 ···································· $4h_{ef}$

변위제어 앵커 ·· $4h_{ef}$

여기서 c_{ac}는 콘크리트의 쪼개짐을 방지하기 위한 보조철근이 없는 경우의 비균열 콘크리트에 설치된 후 설치앵커가 기본 콘크리트 파괴강도를 발현할 수 있기 위해 요구되는 위험 연단거리(mm)이다.

부록 G 통합된 주요 용어

종래 토목분야와 건축분야가 각기 독자적인 설계기준과 표준시방서를 가지고 있었으나, ACI 318 Code에 따라 1999년 두 분야를 통합한 설계기준과 표준시방서가 개정 출관 됨에 따라 용어도 이 표와 같이 통합되었다.

통합된 용어	ACI 318	종래 사용해온 용어	
		토 목	건 축
고정하중	dead load	고정하중	고정하중
계수하중	factor load	극한하중	계수하중
유효깊이	effective depth	유효높이	유효춤
균형철근비	balanced reinforcement ratio	평형철근비	평형철근비
깊은보	deep beam	높이가 큰 보	춤이 큰 보
피복두께	cover	덮개	피복두께
폐쇄스터럽	closed stirrup	폐합 스터럽	폐쇄형 스터럽
겹침이음	lap splice	겹이음	겹침이음
경간	span	지간	스팬
골조	frame	뼈대	골조
받침부	support	받침부, 지점	지지부, 지점
모르타르	mortar	모르터	모르타르
거더	girder	형(桁), 들보	
주거더	main girder	주형(主桁)	
플레이트 거더	plate girder	판형	
합성 거더교	composite girder bridge	합성형교	
박스 거더	box girder	상자형(桁)	
T형 거더교	T-girder bridge	T형교	
연속 거더교	continuous girder bridge	연속형교	
강 거더	steel girder	강형, 강들보	

부록 H 그리스 문자

대문자	소문자	이 름
A	α	alpha
B	β	beta
Γ	γ	gamma
Δ	δ	delta
E	ϵ	epsilon
Z	ζ	zeta
H	η	eta
Θ	θ	theta
I	ι	iota
K	κ	kappa
Λ	λ	lambda
M	μ	mu
N	ν	nu
Ξ	ξ	xi
O	o	omicron
Π	π	pi
P	ρ	rho
Σ	σ	sigma
T	τ	tau
Υ	υ	upsilon
Φ	ϕ	phi
X	χ	chi
Ψ	ψ, φ	psi
Ω	ω	omega

참고문헌

1. G. E. Troxell, H. E. Davis, and J. W. Kelly, Composition and Properties of Concrete, 2nd edition, McGraw-Hill, 1968.
2. R. L. Carrasquillo, A. H. Nilson, F. O. Slate, "Properties of High Strength Concrete Subject to Short Tern Loads," *ACI Journal, Proceedings*, 78, May-June 1981, pp. 171-178.
3. H. Rüsch, "Researches Toward a General Flexural Theory for Structural Concrete," *ACI Journal, Proceedings*, 57, July 1960, pp. 1-28.
4. G. Winter and A. H. Nilson, *Design of Concrete Structures*, 9th edition, McGraw-Hill, 1979 (p. 19).
5. M. E. Tasuji, F. O. Slate, and A. H. Nilson, "Stress-Strain Response and Fracture of Concrete in Biaxial Loading," *ACI Journal, Proceedings*, 75, July 1978, pp. 306-312.
6. A. S. Nowak and M. M. Szerszen, "Calibration of Design Code for Buildings (ACI 318): Part 1-Statistical Models for Resistance," *ACI Structural Journal*, 100, May-June 2003, pp. 377-382, "Calibration of Design Code for Buildings (ACI 318): Part 2-Reliability Analysis and Resistance Factors," May-June 2003, pp. 383-389.
7. G. Winter and A. H. Nilson, *Design of Concrete Structures*, 9th edition, McGraw-Hill, 1979 (p. 32).
8. G. Winter and A. H. Nilson, *Design of Concrete Structures*, 9th edition, McGraw-Hill, 1979 (p. 40).
9. B. Bresler and J. G. MacGregor, "Review of Concrete Beams Failing in Shear," *Journal of the Structural Division*, ASCE, 93, ST1, February 1967, pp. 343-372.
10. C. K. Wang and C. G. Salmon, *Reinforced Concrete Design*, 4th edition, Harper & Row, 1985 (p. 130).
11. ACI-ASCE Committee 426, "The Shear Strength of Reinforced Concrete Members-Chapters 1 to 4," *Journal of the Structural Division*, ASCE, 99, June 1973, pp. 1091-1187.
12. C. K. Wang and C. G. Salmon, *Reinforced Concrete Design*, 4th edition, Harper & Row, 1985 (p. 201).
13. C. K. Wang and C. G. Salmon, *Reinforced Concrete Design*, 4th edition, Harper & Row, 1985 (p. 200).
14. A. H. Nilson, D. Darwin, and C. W. Dolan, *Design of Concrete Structures*, 14th edition, McGraw-Hill, 2010 (p. 173).
15. P. M. Ferguson, R. D. Turpin, and J. N Thompson, "Minimum Bar Spacing as a Function of Bond and Shear Strength," *ACI Journal, Proceedings*, 50, June 1954, pp. 869-887.
16. A. H. Nilson, D. Darwin, and C. W. Dolan, *Design of Concrete Structures*, 14th edition,

McGraw-Hill, 2010 (p. 174).

17. G. Winter and A. H. Nilson, *Design of Concrete Structures*, 9th edition, McGraw-Hill, 1979 (p. 151).
18. C. K. Wang and C. G. Salmon, *Reinforced Concrete Design*, 4th edition, Harper & Row, 1985 (p. 230).
19. G. Winter and A. H. Nilson, *Design of Concrete Structures*, 9th edition, McGraw-Hill, 1979 (p. 153).
20. J. G. MacGregor and J. K. Wight, *Reinforced Concrete*, 5th edition, Prentice Hall, 2008 (p. 393).
21. J. G. MacGregor and J. K. Wight, *Reinforced Concrete*, 5th edition, Prentice Hall, 2008 (p. 394).
22. J. G. MacGregor and J. K. Wight, *Reinforced Concrete,* 5th edition, Prentice Hall, 2008 (p. 395).
23. A. H. Nilson, D. Darwin, and C. W. Dolan, *Design of Concrete Structures*, 14th edition, McGraw-Hill, 2010 (p. 218).
24. J. G. MacGregor and J. K. Wight, *Reinforced Concrete*, 5th edition, Prentice Hall, 2008 (p. 403).
25. J. G. MacGregor and J. K. Wight, *Reinforced Concrete*, 5th edition, Prentice Hall, 2008 (p. 405).
26. C. K. Wang and C. G. Salmon, *Reinforced Concrete Design*, 4th edition, Harper & Row, 1985 (p. 493).
27. J. G. MacGregor and J. K. Wight, *Reinforced Concrete*, 5th edition, Prentice Hall, 2008 (p. 408).
28. C. K. Wang and C. G. Salmon, *Reinforced Concrete Design*, 4th edition, Harper & Row, 1985 (p. 407).
29. G. Winter and A. H. Nilson, *Design of Concrete Structures*, 9th edition, McGraw-Hill, 1979 (p. 325).
30. G. Winter and A. H. Nilson, *Design of Concrete Structures*, 9th edition, McGraw-Hill, 1979 (p. 326).
31. G. Winter and A. H. Nilson, *Design of Concrete Structures*, 9th edition, McGraw-Hill, 1979 (p. 327).
32. G. Winter and A. H. Nilson, *Design of Concrete Structures*, 9th edition, McGraw-Hill, 1979 (p. 328).
33. G. Winter and A. H. Nilson, *Design of Concrete Structures*, 9th edition, McGraw-Hill, 1979 (p. 330).
34. G. Winter and A. H. Nilson, *Design of Concrete Structures*, 9th edition, McGraw-Hill, 1979 (p. 332).

35. G. Winter and A. H. Nilson, *Design of Concrete Structures*, 9th edition, McGraw-Hill, 1979 (p. 333).
36. C. K. Wang and C. G. Salmon, *Reinforced Concrete Design*, 4th edition, Harper & Row, 1985 (p. 814).
37. C. K. Wang and C. G. Salmon, *Reinforced Concrete Design*, 4th edition, Harper & Row, 1985 (p. 379).
38. G. Winter and A. H. Nilson, *Design of Concrete Structures*, 9th edition, McGraw-Hill, 1979 (p. 562).
39. G. Winter and A. H. Nilson, *Design of Concrete Structures*, 9th edition, McGraw-Hill, 1979 (p. 574).
40. G. Winter and A. H. Nilson, *Design of Concrete Structures*, 9th edition, McGraw-Hill, 1979 (p. 376).
41. G. Winter and A. H. Nilson, *Design of Concrete Structures*, 9th edition, McGraw-Hill, 1979 (p. 377).
42. G. Winter and A. H. Nilson, *Design of Concrete Structures*, 9th edition, McGraw-Hill, 1979 (p. 395).
43. G. Winter and A. H. Nilson, *Design of Concrete Structures*, 9th edition, McGraw-Hill, 1979 (p. 396).
44. G. Winter and A. H. Nilson, *Design of Concrete Structures*, 9th edition, McGraw-Hill, 1979 (p. 397).
45. G. Winter and A. H. Nilson, *Design of Concrete Structures*, 9th edition, McGraw-Hill, 1979 (p. 399).
46. A. H. Nilson, D. Darwin, and C. W. Dolan, *Design of Concrete Structures*, 14th edition, McGraw-Hill, 2010 (p. 716).
47. J. G. MacGregor and J. K. Wight, *Reinforced Concrete*, 5th edition, Prentice Hall, 2008 (p. 226).
48. AASHTO, *LRFD Bridge Design Specifications*, SI Units, 1st edition, American Association of State Highway and Transportation Officials, Washington, DC, USA, 1994 (p. 5-59).

찾아보기(국문)

ㄱ

ㅈ

기타

찾아보기(영문)

A

B

C

D

E

F

G

H

I

L

M

N

O

P

R

S

T

U

V

W

Y

Z